Grundlagen des U-Boot-Designs und -Baus

Richard Skiba

AFTER MIDNIGHT
PUBLISHING

Skiba, Richard (author)

Grundlagen des U-Boot-Designs und -Baus

ISBN 978-1-7637696-1-8 (Paperback) 978-1-7637696-2-5 (eBook) 978-1-7637696-6-3 (Hardcover)

Non-fiction

Dieses Buch wurde aus der ursprünglichen englischen Version mit Hilfe von TranslateGPT übersetzt.

Inhaltsverzeichnis

Vorwort

Der Bau von U-Booten ist ein komplexer Prozess, der spezialisierte Werften, hochqualifizierte Arbeitskräfte, fortschrittliche Technologie und strenge Qualitätskontrollen erfordert. Aufgrund der Komplexität des U-Boot-Baus verfügen nur wenige Länder über die industrielle, finanzielle und technische Kapazität, solche Schiffe zu produzieren. Diese Nationen bauen U-Boote für ihre eigenen Marinen und in einigen Fällen auch für den Export in andere Länder. Die weltweite Nachfrage nach U-Boot-Bau ist in den letzten Jahren gestiegen, getrieben durch strategische Bedürfnisse, nationale Sicherheitsbedenken und maritime Verteidigungspolitiken.

Aufgrund der spezialisierten Natur des U-Boot-Baus besitzen nur wenige Länder die notwendigen industriellen, finanziellen und technischen Fähigkeiten, um solche Schiffe zu bauen. Diese Exklusivität spiegelt oft nationale Sicherheitsprioritäten und strategische militärische Bedürfnisse wider. So betont beispielsweise der strategische Plan Indonesiens die Notwendigkeit, eigene U-Boot-Kapazitäten zu entwickeln, um die maritime Verteidigungsstrategie zu stärken [1]. Ebenso wird das globale Umfeld des U-Boot-Baus durch geopolitische Dynamiken geprägt, bei denen Länder nicht nur U-Boote für ihre eigenen Seestreitkräfte bauen, sondern auch Exportaktivitäten betreiben, um ihre Verteidigungspartnerschaften zu stärken [1, 2]. Die Nachfrage nach U-Booten ist in den letzten Jahren aufgrund wachsender nationaler Sicherheitsbedenken und sich entwickelnder maritimer Verteidigungspolitiken, die die Bedeutung der Seemacht in modernen Verteidigungsstrategien betonen, gestiegen [3].

Die zunehmende Komplexität der maritimen Sicherheitsherausforderungen hat zu einem verstärkten Fokus auf U-Boot-Fähigkeiten als Abschreckungsmittel und Mittel zur Durchsetzung nationaler Interessen in umstrittenen Gewässern geführt. Die strategischen Implikationen des U-Boot-Baus werden im Kontext der internationalen Beziehungen weiter untersucht, in dem Nationen ihre maritimen Fähigkeiten angesichts wahrgenommener Bedrohungen ausbauen [3]. Dieser Trend unterstreicht die entscheidende Rolle, die U-Boote in der modernen Seekriegsführung und im weiteren Kontext nationaler Verteidigungsstrategien spielen.

Der U-Boot-Bau ist ein kritischer Aspekt der maritimen Verteidigungsfähigkeiten vieler Länder weltweit. Zu den führenden Akteuren in diesem Bereich zählen die USA, Großbritannien, Frankreich, Russland, China, Deutschland, Südkorea, Indien und Australien, wobei jedes Land über spezifische Einrichtungen und strategische Schwerpunkte verfügt.

In den USA wird der U-Boot-Bau hauptsächlich in zwei großen Werften durchgeführt: General Dynamics Electric Boat in Connecticut und Newport News Shipbuilding in Virginia. Diese Einrichtungen sind für die Produktion fortschrittlicher nuklearbetriebener U-Boote verantwortlich, einschließlich der Virginia-Klasse und der Columbia-Klasse, die integraler Bestandteil der strategischen Fähigkeiten der US-Marine sind. Die Zusammenarbeit zwischen diesen Werften und der Marine stellt sicher, dass die USA über eine der weltweit fortschrittlichsten U-Boot-Flotten verfügen, die sowohl Angriffs- als auch ballistische Raketen-U-Boote umfasst.

Der U-Boot-Bau im Vereinigten Königreich konzentriert sich auf die Werft von BAE Systems in Barrow-in-Furness, wo der Fokus hauptsächlich auf nuklearbetriebenen U-Booten liegt. Großbritannien entwickelt derzeit die Astute-Klasse SSNs und die Dreadnought-Klasse SSBNs, die die alternden Vanguard-Klasse-U-Boote ersetzen sollen. Diese U-Boote sind wesentliche Bestandteile der britischen strategischen Abschreckungskraft und unterstreichen die Bedeutung einer robusten U-Boot-Flotte.

Frankreichs U-Boot-Baukapazitäten befinden sich in den Werften der Naval Group in Cherbourg. Die französische Marine produziert sowohl nuklearbetriebene als auch konventionell betriebene U-Boote, darunter die Suffren-Klasse (Barracuda) SSNs und die Scorpène-Klasse dieselelektrischer U-Boote, die auch an verschiedene Länder wie Indien und Brasilien exportiert werden. Dieser doppelte Fokus auf den heimischen Markt und den Exportmarkt zeigt die strategische Herangehensweise Frankreichs an U-Boot-Technologie und Verteidigung.

In Russland erfolgt der U-Boot-Bau in der Sevmash-Werft in Sewerodwinsk und in den Admiralitätswerften in Sankt Petersburg. Das russische U-Boot-Programm umfasst eine Vielzahl von nuklearbetriebenen und dieselelektrischen U-Booten, darunter die Yasen-Klasse SSNs und die Borei-Klasse SSBNs. Russland setzt seine Fortschritte in der U-Boot-Technologie fort und exportiert U-Boote wie die Kilo-Klasse an Länder wie Indien und Vietnam, was sein fortlaufendes Engagement für eine starke Marinepräsenz widerspiegelt.

Chinas U-Boot-Bau wird hauptsächlich in staatlichen Werften durchgeführt, insbesondere in der Bohai-Werft und der Wuchang-Werft. Die chinesische Marine konzentriert sich sowohl auf nukleare als auch auf konventionelle U-Boote, darunter die Typ 093 SSN und die Typ 039A/B dieselelektrischen U-Boote. Die wachsende U-Boot-Flotte Chinas ist ein wesentlicher Bestandteil seiner maritimen Strategie, die darauf abzielt, Dominanz im indo-pazifischen Raum zu etablieren.

Deutschland spezialisiert sich auf die Produktion fortschrittlicher dieselelektrischer U-Boote, insbesondere der Typ 212- und Typ 214-Klassen, die von ThyssenKrupp Marine Systems (TKMS) gebaut werden. Diese U-Boote sind für ihre luftunabhängigen Antriebssysteme (AIP) bekannt, die ihre Einsatzfähigkeit verbessern, indem sie längere Tauchzeiten ermöglichen. Deutschlands U-Boot-Exporte in Länder wie Norwegen und Israel unterstreichen seine technologischen Fortschritte in diesem Bereich.

In Südkorea wird der U-Boot-Bau bei Daewoo Shipbuilding & Marine Engineering (DSME) und Hyundai Heavy Industries (HHI) durchgeführt. Das Land hat fortschrittliche dieselelektrische U-Boote wie die KSS-III-Klasse entwickelt, die sowohl für den heimischen Einsatz als auch für den Export, einschließlich Verträgen mit Indonesien, bestimmt sind. Diese Entwicklung spiegelt Südkoreas wachsende Präsenz auf dem globalen U-Boot-Markt wider.

Indiens Bemühungen um den Bau von U-Booten werden von staatlichen Werften, insbesondere Mazagon Dock Shipbuilders (MDL) in Mumbai, angeführt. Indien konzentriert sich auf die Entwicklung sowohl konventioneller als auch nuklearbetriebener U-Boote, darunter die inländisch gebaute Arihant-Klasse SSBNs und die lizenzierte Produktion von Scorpène-Klasse U-Booten in Zusammenarbeit mit der Naval Group aus Frankreich. Dieses strategische Ziel soll Indiens Seestreitkräfte stärken und die Eigenständigkeit in der Verteidigungsproduktion erhöhen.

Australien modernisiert derzeit seine U-Boot-Flotte im Rahmen des AUKUS-Abkommens, das es ihm ermöglicht, nuklearbetriebene U-Boote zu erwerben. Obwohl Australien derzeit nicht in der Lage ist, nukleare U-Boote im eigenen Land zu bauen, investiert es in U-Boot-Infrastruktur und die Entwicklung von Arbeitskräften, um die gemeinsame Produktion mit den Vereinigten Staaten und dem Vereinigten Königreich zu erleichtern.

Die weltweite Nachfrage nach U-Boot-Bau wird von verschiedenen Faktoren beeinflusst, darunter strategische Abschreckung, konventionelle Verteidigungsbedürfnisse, geopolitische Spannungen und technologische Fortschritte. Diese Nachfrage spiegelt die sich wandelnde Natur der maritimen Sicherheit und die strategischen Erfordernisse von Nationen weltweit wider.

- **Strategische Abschreckung und nukleare Fähigkeiten**: Die Rolle von U-Booten, insbesondere ballistischer Raketen-U-Boote (SSBNs), ist von entscheidender Bedeutung in den nuklearen Abschreckungsstrategien von Ländern mit Atomwaffenarsenalen, wie den Vereinigten Staaten, Russland, China, Frankreich und dem Vereinigten Königreich. Diese U-Boote bieten eine glaubwürdige Zweitschlagfähigkeit, die für die Aufrechterhaltung der strategischen Stabilität unerlässlich ist. Der Bau und die Modernisierung von SSBNs sind entscheidend, um sicherzustellen, dass diese Nationen effektiv durch garantierte Vergeltung abschrecken können [4]. Die Integration fortschrittlicher Technologien in diese U-Boote erhöht ihre operative Effektivität, was die Nachfrage nach ihrem Bau weiter antreibt [5].

- **Konventionelle Verteidigung und maritime Überwachung**: Für Länder ohne nukleare Fähigkeiten liegt der Fokus auf dem Erwerb konventioneller U-Boote, wie dieselelektrische und luftunabhängige Antriebssysteme (AIP). Diese Schiffe werden zunehmend aufgrund ihrer Wirksamkeit in der Küstenverteidigung, Überwachung und maritimen Patrouillen gesucht. Ihre leiseren Betriebsgeräusche und kleinere Größe machen sie besonders geeignet für küstennahe Einsätze, die in der modernen Seekriegsführung zunehmend relevant werden [6]. Länder wie Japan und Südkorea erweitern aktiv ihre U-Boot-Flotten, um ihre maritime Sicherheit und operative Einsatzbereitschaft zu erhöhen [7].

- **Geopolitische Spannungen und regionale Rivalitäten**: Der Anstieg geopolitischer Spannungen, insbesondere im indo-pazifischen Raum, hat zu einer Eskalation der Beschaffungs- und Modernisierungsbemühungen für U-Boote unter den regionalen Mächten geführt. Länder wie Indien, Australien und Südkorea investieren stark in ihre U-Boot-Fähigkeiten, um wahrgenommene Bedrohungen durch China entgegenzuwirken und ihre maritime Souveränität zu behaupten [8]. Dieses regionale Wettrüsten ist geprägt von einem strategischen Schwerpunkt auf der Verbesserung der Seestreitkräfte, was direkt mit einer erhöhten Nachfrage nach U-Boot-Bau korreliert [9].

- **Exportmarkt für U-Boote**: Der globale U-Boot-Markt wird auch durch die Exportaktivitäten von Ländern mit fortschrittlichen U-Boot-Produktionskapazitäten wie Frankreich, Deutschland und Südkorea geprägt. Diese Länder verkaufen aktiv U-Boote an Staaten, die ihre Marinekräfte stärken wollen, darunter Brasilien, Ägypten und Indonesien [10]. Der Export von U-Booten unterstützt nicht nur die Wirtschaft dieser Produktionsländer, sondern trägt auch zur Verbreitung fortschrittlicher Marinetechnologien weltweit bei [11].

- **Technologische Fortschritte und Modernisierung**: Die Nachfrage nach U-Booten der nächsten Generation wird durch technologische Fortschritte angetrieben, insbesondere in Bereichen wie luftunabhängiger Antrieb (AIP) und unbemannten Unterwasserfahrzeugen (UUVs). Diese Innovationen sind entscheidend, um die Tarnung und die operativen Fähigkeiten von U-Booten zu verbessern, wodurch sie in modernen Kriegsszenarien effektiver werden [6]. Länder konzentrieren sich zunehmend auf die Modernisierung ihrer Flotten, um diese fortschrittlichen Systeme zu integrieren, was die Nachfrage nach U-Boot-Bau weiter antreibt [5].

- **Erhöhtes Augenmerk auf Tarnung und Unterwasserkampf**: Die operative Effektivität von U-Booten hängt stark von ihren Tarnfähigkeiten ab. Da Nationen die Bedeutung verdeckter Operationen in der Seekriegsführung erkennen, wird zunehmend in Tarntechnologien investiert, darunter fortschrittliche Sonarsysteme und akustische Beschichtungen. Dieser Fokus auf Tarnung verbessert nicht nur die Überlebensfähigkeit von U-Booten, sondern erhöht auch ihren strategischen Wert, was zur steigenden Nachfrage nach ihrem Bau beiträgt [6].

Der Zweck dieses Buches über U-Boot-Design besteht darin, ein breites Spektrum von Lesern anzusprechen, die spezifische Bedürfnisse und Interessen in Bezug auf U-Boot-Engineering, -Betrieb und -strategische Anwendungen haben. Durch die Erkundung der grundlegenden und fortschrittlichen Prinzipien des U-Boot-Designs soll dieses Buch eine Vielzahl von Fachleuten und Enthusiasten mit dem Wissen ausstatten, das erforderlich ist, um sich mit diesem hochspezialisierten Bereich auseinanderzusetzen.

Zuallererst werden Schiffbauingenieure und Marineingenieure dieses Buch als wertvoll empfinden. Es bietet tiefgehende Einblicke in die Prinzipien des modernen U-Boot-Designs, wobei strukturelle Überlegungen, Antriebssysteme und die Integration fortschrittlicher Technologien behandelt werden. Für diejenigen, die mit dem Entwurf, Bau und der Wartung von U-Booten betraut sind, wird dieses Buch als unverzichtbare Ressource dienen, um über die Innovationen auf dem Laufenden zu bleiben, die die Zukunft der U-Boot-Fähigkeiten vorantreiben.

Militärpersonal und Verteidigungsanalysten werden ebenfalls erheblich von diesem Buch profitieren. Es beleuchtet, wie das U-Boot-Design taktische Operationen beeinflusst, einschließlich Tarnung, Ausdauer und Waffeneinsatz. Für Marineoffiziere, Strategen und Verteidigungsexperten bietet das Buch Informationen über das Zusammenspiel von U-Boot-Fähigkeiten und Seekriegsführung, strategischer Abschreckung und Machtprojektion.

Dieses Buch ist gleichermaßen wichtig für U-Boot-Techniker und Wartungsteams. Durch detaillierte Erklärungen darüber, wie U-Boote funktionieren und wie verschiedene Systeme arbeiten, ermöglicht das Buch Technikern, U-Boote besser zu warten, zu reparieren und zu modernisieren. Das Verständnis der Feinheiten der U-Boot-Architektur kann zu effizienterer Wartung und höherer Einsatzbereitschaft führen.

Für Studenten und Akademiker im Bereich Marineingenieurwesen oder Verteidigungsstudien dient dieses Buch sowohl als grundlegender Text als auch als tiefgehende Erkundung fortgeschrittener Konzepte im U-Boot-Design. Es unterstützt die akademische Entwicklung, indem es einen umfassenden Überblick über Ingenieurpraktiken, historische Innovationen und die Zukunft von U-Boot-Technologien bietet und somit eine ausgezeichnete Referenz für Forschung oder Studienarbeiten darstellt.

Darüber hinaus werden Fachleute aus der Verteidigungsindustrie und Auftragnehmer dieses Buch besonders nützlich finden. Es hebt die technischen Anforderungen, Herausforderungen und Innovationen im Zusammenhang mit dem U-Boot-Bau hervor und hilft diesen Fachleuten, effektiver zu Projekten beizutragen und diese zu verwalten. Das Verständnis der Komplexitäten des U-Boot-Designs ermöglicht bessere Entscheidungsfindung und erfolgreiche Projektausführung.

Neben Fachleuten richtet sich dieses Buch auch an U-Boot-Enthusiasten und Historiker, die sich für die Entwicklung der U-Boot-Technologie und ihre Rolle in der Militärgeschichte interessieren. Das Buch bietet eine gründliche Untersuchung, wie Designinnovationen die Ergebnisse der Seekriegsführung beeinflusst haben, und vermittelt ein tieferes Verständnis für die strategischen und technologischen Meilensteine der U-Boot-Entwicklung.

Für politische Entscheidungsträger und Regierungsbeamte, die mit der Beschaffung von Verteidigungsgütern, der maritimen Strategie oder militärischen Richtlinien befasst sind, bietet das Buch ein klares Verständnis der Komplexitäten des U-Boot-Designs. Dieses Wissen unterstützt fundiertere Entscheidungsfindungen bei der Genehmigung von Verteidigungsbudgets, der Auswahl von U-Boot-Technologien oder der Aushandlung internationaler Verträge.

Mit der zunehmenden Relevanz autonomer Unterwasserfahrzeuge (AUVs) und unbemannter Systeme werden auch Forscher auf diesem Gebiet von der Erkundung profitieren, wie traditionelle Prinzipien des U-Boot-Designs auf unbemannte Technologien angewendet werden können. Die bereitgestellten Einblicke können die Entwicklung der nächsten Generation von Unterwasserdrohnen und Robotik beeinflussen.

Umweltschützer und Meeresbiologen werden es wertvoll finden zu verstehen, wie das U-Boot-Design mit marinen Ökosystemen interagiert. Das Buch bietet eine Perspektive auf die Umweltauswirkungen des U-Boot-Betriebs und hilft, nachhaltigere Praktiken zu fördern, die Störungen unter Wasser minimieren.

Schließlich werden Investoren und Stakeholder, die in Verteidigungsprojekte investieren, von den technischen Einblicken in das U-Boot-Design profitieren. Mit diesem Wissen können sie die potenziellen Risiken, Innovationen und Erfolge der Projekte, die sie finanzieren oder unterstützen, besser bewerten.

Dieses Buch dient als umfassende Ressource für ein breit gefächertes Publikum, darunter Ingenieure, Militärfachleute, Studenten, Branchenführer, politische Entscheidungsträger und Enthusiasten, die ein tieferes Verständnis für die Komplexitäten und Innovationen im Bereich der U-Boot-Technologie von heute suchen.

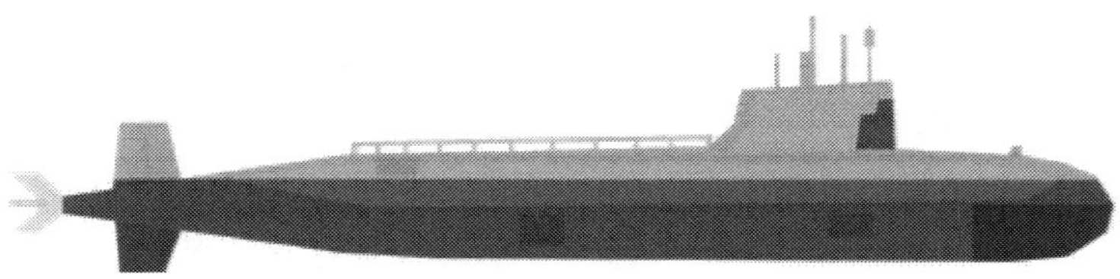

Kapitel 1

Einführung in die U-Boot-Technik

U-Boote sind selbstfahrende Unterwasserfahrzeuge, die dafür ausgelegt und gebaut sind, Unterwasseroperationen für einen festgelegten Zeitraum durchzuführen [12].

Ein U-Boot ist ein spezialisiertes Wasserfahrzeug, das unter Wasser operieren kann. Im Gegensatz zu Überwasserschiffen können U-Boote tauchen und über längere Zeiträume unter der Meeresoberfläche fahren. Sie werden typischerweise für militärische Zwecke wie Aufklärung, verdeckte Angriffe und Abschreckung eingesetzt, dienen jedoch auch der wissenschaftlichen Forschung, der Unterwassererkundung und Bergungsoperationen in der Tiefsee.

Abbildung 1: Forschungs-U-Boot Remora 2000 des Hellenic Centre for Marine Research. Montereypine, CC BY-SA 4.0, über Wikimedia Commons.

U-Boote sind mit fortschrittlichen Navigations-, Kommunikations- und Antriebssystemen ausgestattet, die es ihnen ermöglichen, sich unter Wasser zu manövrieren. Sie halten ihren Auftrieb durch Ballasttanks aufrecht, die entweder mit Wasser gefüllt werden können, um abzutauchen, oder mit Luft, um aufzutauchen. Viele U-Boote sind nuklearbetrieben, was es ihnen ermöglicht, monatelang unter Wasser zu bleiben, ohne auftanken zu müssen. Andere sind dieselelektrisch und müssen häufiger auftauchen, um ihre Batterien wieder aufzuladen.

Figure 1: The SS-083 ROKS Dosan Ahn Chang-ho Cruising above Water. ROK Ministry of National Defense's public work is used according to Korea Open Government License (KOGL) (KOGL Type 1, via Wikimedia Commons.

Ihre Rümpfe sind so gebaut, dass sie dem enormen Druck der Tiefseeumgebungen standhalten, und sie sind oft mit Torpedos oder Raketen bewaffnet, was sie zu einem strategischen Vermögenswert in der Seekriegsführung macht. Das U-Boot-Design besteht aus einem Einhüllen- oder Zweihüllensystem, das alle notwendigen Systeme und die Besatzung beherbergt, die für die Erfüllung ihrer Mission erforderlich sind.

Beim Entwurf eines U-Bootes besteht das oberste Ziel darin, sicherzustellen, dass das U-Boot die funktionalen Anforderungen des Kunden erfüllt. Dies beinhaltet die Berücksichtigung des Verwendungszwecks des U-Bootes, sei es für militärische Verteidigung, wissenschaftliche Erkundungen oder kommerzielle Zwecke wie Tiefseebergbau oder Bergungsoperationen. Das funktionale Design muss die spezifischen betrieblichen Anforderungen unterstützen, sei es Tarnung, Geschwindigkeit, Ausdauer oder spezielles Equipment für die Forschung. Daher erfordert der Designprozess ein tiefes Verständnis der beabsichtigten Mission des U-Bootes und die Abstimmung der Designeigenschaften – wie Größe, Form, Antrieb und Bordsysteme – auf die effektive Erfüllung dieses Zwecks [12].

Das nächste entscheidende Ziel besteht darin, sicherzustellen, dass das Design des U-Bootes mit den verfügbaren Ressourcen gebaut werden kann. Dies umfasst die Berücksichtigung der Fähigkeiten der Werften, der Verfügbarkeit von Materialien und des technischen Fachwissens, das für den Bau erforderlich ist. Selbst wenn das Design in der Theorie perfekt ist, muss es in der Praxis umsetzbar sein, was bedeutet, dass Materialien und Technologien verwendet werden, die zugänglich und dem Fertigungsteam vertraut sind. Oft geht es darum, bahnbrechende Innovationen mit bewährten Techniken zu kombinieren, um sicherzustellen, dass das U-Boot effizient und ohne unnötige Verzögerungen gebaut werden kann [12].

Schließlich muss das Budget des U-Boot-Projekts für den Kunden akzeptabel sein. Der Bau eines U-Bootes ist ein kostspieliges und komplexes Unterfangen, daher spielt das Budget eine entscheidende Rolle bei den Designentscheidungen. Die Designer müssen die Kosten für Materialien, Arbeitskräfte, Tests und alle technologischen Systeme, die in das U-Boot integriert werden, sorgfältig abwägen. Das Ziel ist es, ein Design zu liefern, das nicht nur den betrieblichen Anforderungen des Kunden entspricht, sondern auch innerhalb eines angemessenen Budgets bleibt. Die Balance zwischen Funktionalität, Machbarkeit und Kosten sorgt dafür, dass das endgültige U-Boot-Design den Kunden sowohl in Bezug auf Leistung als auch auf Erschwinglichkeit zufriedenstellt [12].

Das Design eines U-Bootes ist von entscheidender Bedeutung, da es direkt die Funktionalität, Sicherheit und Wirksamkeit des Schiffs bei der Erfüllung seiner Mission beeinflusst. Mehrere Schlüsselgründe verdeutlichen die Bedeutung des U-Boot-Designs:

- **Betriebliche Effektivität**: Das Design eines U-Bootes bestimmt, wie gut es seine vorgesehene Mission erfüllen kann, sei es militärische Operationen wie Überwachung, Aufklärung und Abschreckung oder zivile Anwendungen wie Tiefseeforschung und Erkundung. Ein gut gestaltetes U-Boot stellt sicher, dass es spezifische funktionale Anforderungen erfüllt, wie z. B. Tarnung, Geschwindigkeit, Ausdauer und die Fähigkeit, Waffen oder wissenschaftliche Instrumente einzusetzen. Für militärische U-Boote ermöglicht ein effektives Design den unentdeckten Betrieb, die Projektion von Macht und dient als strategisches Abschreckungsmittel, während es für zivile U-Boote eine sichere und effektive Erkundung der Unterwasserwelt ermöglicht.

- **Überlebensfähigkeit und Sicherheit**: U-Boote operieren in einer der feindseligsten Umgebungen der Erde: tief unter Wasser, wo hoher Druck, begrenzter Sauerstoff und das Risiko mechanischer Ausfälle lebensbedrohlich sein können. Ein ordnungsgemäßes Design stellt sicher, dass das U-Boot den extremen Bedingungen von Tiefseeoperationen standhält, einschließlich Druckfestigkeit, struktureller Integrität und zuverlässiger Lebenserhaltungssysteme. Das U-Boot-Design muss auch die Sicherheit der Besatzung während längerer Missionen berücksichtigen, mit Vorkehrungen für Notfallsysteme, Fluchtwege und redundanten Systemen, um katastrophale Ausfälle zu verhindern.

- **Tarnung und Vermeidung von Detektion**: Für militärische U-Boote ist Tarnung einer der kritischsten Aspekte des Designs. U-Boote müssen unentdeckt operieren können, indem sie Sonar, Radar und anderen Überwachungssystemen ausweichen. Dies erfordert die Gestaltung des Rumpfs, um Lärm und hydrodynamischen Widerstand zu minimieren, den Einsatz von Schalldämmmaterialien und den Einbau fortschrittlicher Antriebssysteme zur Reduzierung akustischer Signaturen. Ein effektives U-Boot-Design verschafft Marinen einen strategischen Vorteil, indem es verdeckte Operationen ermöglicht und die Verwundbarkeit gegenüber feindlichen Angriffen verringert.

- **Technologische Integration**: Das U-Boot-Design muss eine Vielzahl fortschrittlicher Technologien integrieren, darunter Navigationssysteme, Sonar, Kommunikationsausrüstung, Waffensysteme und Antriebstechnologien. Diese Systeme müssen nahtlos in das Design des U-Bootes integriert werden, um sicherzustellen, dass sie unter anspruchsvollen Bedingungen effizient und zuverlässig funktionieren. Ein effektives Design stellt sicher, dass das U-Boot neue Technologien aufnehmen kann, wodurch Upgrades im Laufe der Zeit ohne wesentliche Änderungen an der Struktur des Schiffes möglich sind.

- **Ressourceneffizienz und Kostenmanagement**: Das Design von U-Booten erfordert die Balance zwischen der Notwendigkeit modernster Technologien und den Einschränkungen der verfügbaren Ressourcen und des Budgets. Ein ordnungsgemäßes Design ermöglicht den effizienten Einsatz von Materialien, Energie und Arbeitskräften, während die Bau- und Betriebskosten innerhalb akzeptabler Grenzen gehalten werden. Dies umfasst Überlegungen zur einfachen Konstruktion, Wartung und zum langfristigen Lebenszyklus des U-

Bootes. Ein effektives Design trägt dazu bei, Kostenüberschreitungen zu vermeiden und sicherzustellen, dass das Schiff über seine Einsatzdauer hinweg Wert liefert.

- **Umweltauswirkungen**: Das U-Boot-Design spielt auch eine Rolle bei der Minimierung der Umweltauswirkungen von Unterwasseroperationen. Dazu gehört der Einsatz sauberer, effizienter Antriebssysteme (wie Kernreaktoren oder fortschrittlicher Batterietechnologien), die Emissionen und Umweltstörungen reduzieren. Zivile U-Boot-Designs können sich zudem auf nicht-invasive Erkundungstechniken konzentrieren, um empfindliche Unterwasserökosysteme zu schützen.

- **Strategische und politische Implikationen**: Das U-Boot-Design beeinflusst die Seemacht und die strategischen Fähigkeiten einer Nation. U-Boote sind oft ein Schlüsselelement der nationalen Verteidigung, insbesondere bei der Aufrechterhaltung einer nuklearen Abschreckung. Das Design der U-Boot-Flotte eines Landes kann sich auf internationale Beziehungen, militärische Allianzen und strategische Positionierungen auswirken. Eine gut gestaltete U-Boot-Flotte stärkt die Fähigkeit einer Nation, Macht zu projizieren, ihre Interessen zu schützen und Sicherheit in umstrittenen Regionen aufrechtzuerhalten.

U-Boot-Typen

U-Boote können grob in militärische und zivile Typen unterteilt werden, die jeweils für unterschiedliche Zwecke, Fähigkeiten und Merkmale entworfen wurden, um ihre jeweiligen Ziele zu erfüllen. Sie lassen sich nach ihrem Design, Antriebssystemen und ihren operativen Rollen in mehrere Kategorien einteilen. Die Hauptkategorien umfassen militärische U-Boote, Forschungs-U-Boote und Touristen-U-Boote, die jeweils unterschiedliche Funktionen und technologische Anforderungen haben.

Militärische U-Boote

Diese werden weiter in nuklearbetriebene und dieselelektrische U-Boote unterteilt. Nuklearbetriebene U-Boote, wie die russische "Alpha"-Klasse, verwenden flüssige Metallkühlmittel wie Blei-Wismut-Eutektikum (LBE) für ihre Reaktoren, was ihnen eine längere Unterwasserausdauer und Geschwindigkeit ermöglicht [13]. Sie sind auf Tarnung ausgelegt und können eine Vielzahl von Missionen ausführen, darunter U-Boot-Abwehr, Aufklärung und strategische Abschreckung durch nukleare Fähigkeiten. Dieselelektrische U-Boote sind im Vergleich zu ihren nuklearen Gegenstücken zwar langsamer und haben eine begrenzte Unterwasserausdauer, sind aber oft leiser und kostengünstiger im Betrieb, was sie für die Küstenverteidigung und Einsätze in flachen Gewässern geeignet macht [14].

Militärische U-Boote sind in erster Linie für Verteidigungs- und Offensivoperationen konzipiert und dienen als strategische Vermögenswerte in der Seekriegsführung. Die wichtigsten Typen umfassen:

- **Angriffs-U-Boote (SSNs und SSKs)**: Diese sind dafür ausgelegt, feindliche U-Boote und Überwasserschiffe zu jagen und zu zerstören. Sie können mit Kernreaktoren (SSNs) oder dieselelektrischen Motoren (SSKs) betrieben werden. Nuklearbetriebene Angriffs-U-Boote können aufgrund ihrer nahezu unbegrenzten Reichweite und Ausdauer längere Zeit unter Wasser operieren, während dieselelektrische U-Boote, die leiser sind, häufiger auftauchen müssen, um die Batterien aufzuladen. Angriffs-U-Boote sind oft mit Torpedos, Marschflugkörpern und manchmal Spezialeinheiten für verdeckte Missionen ausgerüstet.

- **Ballistische Raketen-U-Boote (SSBNs)**: Diese U-Boote sind darauf ausgelegt, nukleare ballistische Raketen zu tragen und abzufeuern. Sie bilden den Kern der nuklearen Abschreckungsstrategie einer Nation, da sie lange verborgen unter Wasser bleiben können, um eine Zweitschlagfähigkeit im Falle eines nuklearen Angriffs zu gewährleisten. SSBNs sind in der Regel groß, schwer bewaffnet und so konzipiert, dass sie während Patrouillen in tiefen Ozeanen unentdeckt bleiben.

- **Marschflugkörper-U-Boote (SSGNs)**: Diese U-Boote sind dafür ausgelegt, eine große Anzahl konventioneller oder nuklear bestückter Marschflugkörper abzufeuern, typischerweise gegen landgestützte Ziele. SSGNs können auch Spezialeinheiten unterstützen und für Geheimdienstmissionen genutzt werden. Wie SSBNs sind sie oft nuklearbetrieben, um eine verlängerte Ausdauer und Reichweite zu gewährleisten.
- **Kleinst-U-Boote**: Diese U-Boote sind kleiner und werden für Spezialeinsätze wie Aufklärung, das Einschleusen von Spezialeinheiten oder das Legen von Minen verwendet. Sie haben eine begrenzte Einsatzreichweite und werden oft von größeren U-Booten oder Überwasserschiffen zu ihren Einsatzgebieten transportiert.
- **Unbemannte Unterwasserfahrzeuge (UUVs)**: Diese sind autonome oder ferngesteuerte U-Boote, die für Aufklärung, Minenerkennung oder andere Missionen eingesetzt werden, ohne Menschen an Bord zu gefährden. UUVs werden aufgrund der Fortschritte in der Unterwasserdronentechnologie in modernen Marinen immer häufiger eingesetzt.

Die Abkürzungen für verschiedene U-Boot-Typen stehen für Folgendes:

- **SSN**: "Ship Submersible Nuclear" – ein nuklearbetriebenes Angriffs-U-Boot.
- **SSK**: "Ship Submersible Killer" – ein dieselelektrisches Angriffs-U-Boot (auch als Jagd-U-Boot bezeichnet).
- **SSBN**: "Ship Submersible Ballistic Nuclear" – ein nuklearbetriebenes U-Boot, das ballistische Raketen trägt und abfeuert.
- **SSGN**: "Ship Submersible Guided Missile Nuclear" – ein nuklearbetriebenes U-Boot, das Marschflugkörper trägt und abfeuert.

Jede Abkürzung spiegelt das Antriebssystem (nuklear oder dieselelektrisch) und die Hauptfunktion des U-Bootes (Angriff, ballistische Raketen oder Marschflugkörper) wider.

Die Klassifizierung von U-Booten in Kategorien wie Angriffs-U-Boote (SSNs und SSKs), Ballistische Raketen-U-Boote (SSBNs), Marschflugkörper-U-Boote (SSGNs), Kleinst-U-Boote und Unbemannte Unterwasserfahrzeuge (UUVs) wird von vielen Marinen und Verteidigungsorganisationen weltweit anerkannt. Diese Klassifikationen sind jedoch nicht vollständig universell. Verschiedene Länder können Abweichungen in der Art und Weise aufweisen, wie sie ihre U-Boot-Flotten kategorisieren, oder alternative Bezeichnungen verwenden, je nach den spezifischen Rollen oder Fähigkeiten, für die ihre U-Boote ausgelegt sind. Dieses Klassifikationssystem ist entscheidend, um die strategischen Rollen und Fähigkeiten der verschiedenen U-Boot-Typen zu verstehen. Zum Beispiel sind Angriffs-U-Boote (SSNs und SSKs) in erster Linie für die U-Boot-Abwehr und Landangriffseinsätze ausgelegt, während Ballistische Raketen-U-Boote (SSBNs) als strategische Abschreckung dienen, indem sie nukleare Raketen transportieren [15]. Ebenso sind Marschflugkörper-U-Boote (SSGNs) darauf ausgelegt, Präzisionsangriffe gegen Landziele durchzuführen und zeigen so die Vielseitigkeit der modernen U-Boot-Kriegsführung [15].

Angriffs-U-Boote (SSNs und SSKs) werden nach ihrer Energiequelle und ihrem Einsatzzweck klassifiziert. Nuklearbetriebene Angriffs-U-Boote (SSNs) sind in den Flotten großer Mächte wie den Vereinigten Staaten, Russland, dem Vereinigten Königreich und Frankreich weit verbreitet. Diese U-Boote bieten aufgrund ihres nuklearen Antriebs eine verlängerte Einsatzdauer. Im Gegensatz dazu sind dieselelektrische Angriffs-U-Boote (SSKs) in kleineren oder regionalen Marinen verbreiteter, da sie leiser und kostengünstiger im Betrieb sind. Trotz dieser allgemeinen

Klassifizierung können einige Länder einzigartige Bezeichnungen für ihre Angriffs-U-Boote haben, insbesondere wenn Unterschiede in Größe, Reichweite oder Einsatzschwerpunkt eine Rolle spielen.

Abbildung 3: Festmacherleinen sichern das nuklearbetriebene Angriffs-U-Boot USS ALBANY (SSN 753) am Pier für die Indienststellungszeremonie des Schiffs. U.S. National Archives, Public Domain, über Picryl.

Ballistische Raketen-U-Boote (SSBNs), oft als "Boomer" bezeichnet, bilden einen wichtigen Bestandteil der nuklearen Triade in Großmächten wie den Vereinigten Staaten, Russland, China, Frankreich und dem Vereinigten Königreich. Diese Klassifizierung ist weltweit anerkannt, da SSBNs eine entscheidende Rolle bei der Aufrechterhaltung der nuklearen Abschreckung spielen. Ihr strategischer Zweck – das Tragen und Abschießen nuklearer ballistischer Raketen – ist klar definiert, wodurch die SSBN-Klassifizierung in den Ländern, die sie betreiben, nahezu universell ist.

Abbildung 4: Die USS Kentucky (SSBN 737) kehrt zum Heimathafen auf der Naval Base Kitsap-Bangor, Washington, zurück. U.S. Navy, CC BY 2.0, über Flickr.

Marschflugkörper-U-Boote (SSGNs) sind ebenfalls eine bedeutende Kategorie, die hauptsächlich von Ländern mit fortgeschrittenen Marinefähigkeiten wie den Vereinigten Staaten und Russland genutzt werden. Diese U-Boote werden entweder von SSBNs umgebaut oder speziell dafür entwickelt, konventionelle oder nuklear bestückte Marschflugkörper abzufeuern. Obwohl die SSGN-Klassifizierung weithin anerkannt ist, betreiben nicht alle Länder U-Boote, die ausschließlich als SSGNs bezeichnet werden. Stattdessen verlassen sich einige Nationen auf Mehrzweck-U-Boote, die verschiedene Aufgaben erfüllen, darunter den Abschuss von Marschflugkörpern, ohne einer speziellen SSGN-Klassifizierung zugeordnet zu werden.

Kleinst-U-Boote sind kleiner und werden von mehreren Nationen für Spezialeinsätze, Küstenverteidigung und Aufklärungsmissionen eingesetzt. Länder wie Nordkorea, Iran und einige europäische Staaten nutzen diese U-Boote für bestimmte taktische Zwecke. Die Klassifizierung und Terminologie von Kleinst-U-Booten kann je nach Land variieren, wobei einige Marinen sie als "Mini-U-Boote" bezeichnen oder andere lokale Begriffe verwenden, die auf ihre Einsatzrolle, Größe oder Technologie basieren.

Unbemannte Unterwasserfahrzeuge (UUVs) stellen eine sich entwickelnde Klasse von U-Booten in modernen Marineoperationen dar. Diese autonomen oder ferngesteuerten Unterwasserfahrzeuge werden zunehmend für Aufklärungs-, Minenerkennungs- und Überwachungsmissionen eingesetzt, ohne Menschen an Bord zu gefährden. Während sich die UUV-Klassifizierung immer mehr etabliert, werden Begriffe wie "Autonome Unterwasserfahrzeuge" (AUVs) oder "Ferngesteuerte Fahrzeuge" (ROVs) manchmal je nach Grad der Autonomie und dem spezifischen Einsatzprofil austauschbar verwendet.

Obwohl diese U-Boot-Klassifizierungen—SSNs, SSKs, SSBNs, SSGNs, Kleinst-U-Boote und UUVs—von den führenden Marinen der Welt weitgehend anerkannt und genutzt werden, können die Terminologie und Klassifizierung je nach nationaler Marinedoktrin, Flottenfähigkeiten und operativem Schwerpunkt leicht variieren. Diese allgemeinen Kategorien bleiben jedoch bei den großen U-Boot-Betreibern konsistent und spiegeln die unterschiedlichen Rollen wider, die die verschiedenen U-Boot-Typen in Marineoperationen spielen.

Zivile U-Boote

Zivile U-Boote sind für friedliche Zwecke wie Forschung, Erkundung und kommerzielle Aktivitäten konzipiert. Sie sind in der Regel kleiner und weniger stark bewaffnet, verfügen jedoch über fortschrittliche Technologien für ihre spezifischen Anwendungen. Zu den Haupttypen gehören:

1. **Forschungs-U-Boote**: Diese U-Boote werden von wissenschaftlichen Institutionen eingesetzt, um Unterwasserumgebungen zu erkunden und zu studieren, darunter Tiefsee-Ökosysteme, Geologie und Unterwasserarchäologie. Sie sind mit wissenschaftlichen Instrumenten, Kameras und Roboterarmen ausgestattet, um Daten, Proben und Aufnahmen zu sammeln. Beispiele sind Alvin und DSV Limiting Factor, die für die Erforschung der Tiefsee entwickelt wurden. Diese U-Boote sind mit fortschrittlichen wissenschaftlichen Instrumenten ausgestattet und werden für ozeanografische Forschung, Unterwassererkundung und Umweltüberwachung eingesetzt. Sie können in verschiedenen Tiefen operieren und sind so konzipiert, dass sie extremen Unterwasserbedingungen standhalten. Die von diesen Fahrzeugen in geschichteten Flüssigkeiten erzeugten Strömungen sind von besonderem Interesse, da sie die hydrodynamische Leistung beeinflussen und die Genauigkeit der während der Missionen gesammelten Daten beeinträchtigen können [16]. Forschungs-U-Boote arbeiten oft mit Unterwassersensornetzen zusammen, um Daten über Meeresökosysteme und geologische Formationen zu sammeln [17].

2. **Touristen-U-Boote**: Diese U-Boote sind für kurze, flache Tauchgänge ausgelegt und bieten Touristen ein einzigartiges Erlebnis, indem sie Korallenriffe, Schiffswracks oder Meereslebewesen in Gebieten erkunden, in denen Tauchen schwierig wäre. Diese U-Boote sind unter Druck gesetzt, um die Sicherheit der Passagiere zu gewährleisten, und bieten durch große Fenster einen Panoramablick. Sie sind für den zivilen Gebrauch bestimmt und ermöglichen es Touristen, Unterwasserumgebungen sicher zu erkunden. Sie sind typischerweise kleiner und mit großen Fenstern ausgestattet, um ein immersives Erlebnis der Meereswelt zu bieten. Im Gegensatz zu militärischen und Forschungs-U-Booten operieren Touristen-U-Boote in flacheren Gewässern und sind nicht für Tiefseeerkundungen ausgelegt [14].

3. **Kommerzielle U-Boote**: Diese U-Boote werden in industriellen Anwendungen wie Unterwasserkonstruktion, Wartung und Reparatur eingesetzt, typischerweise in der Öl- und Gasindustrie. Sie werden verwendet, um Pipelines, Tiefseebohrungen und Unterwasserinfrastrukturen zu inspizieren. Einige werden auch für Bergungsoperationen unter Wasser eingesetzt, um gesunkene Schiffe oder Schätze vom Meeresboden zu bergen.

4. **Private U-Boote**: Private oder Freizeitu-Boote sind kleine, privat betriebene U-Boote, die von Einzelpersonen für die Unterwassererkundung verwendet werden. Diese U-Boote haben typischerweise begrenzte Reichweiten- und Tiefenfähigkeiten, bieten den Besitzern jedoch die Möglichkeit, Unterwasserorte zu Freizeitzwecken oder persönlichen Projekten zu erkunden.

Hybride und aufkommende Typen

Mit dem technologischen Fortschritt entstehen neue Arten von U-Booten, die die Grenzen zwischen militärischen und zivilen Verwendungszwecken verwischen. Dazu gehören Mehrzweck-U-Boote, die für den dualen Einsatz konzipiert sind und sowohl für wissenschaftliche Forschung als auch für militärische Aufklärung genutzt werden können. Darüber hinaus treiben Innovationen bei autonomen Unterwasserfahrzeugen die Grenzen dessen, was U-Boote in zivilen und militärischen Sektoren leisten können, weiter voran und führen zu immer anspruchsvolleren und leistungsfähigeren U-Booten für ein breites Spektrum von Anwendungen.

Die Entwicklung von U-Booten wurde maßgeblich durch Fortschritte in der Materialwissenschaft und Kommunikationstechnologien beeinflusst. Beispielsweise hat der Einsatz von faserverstärkten Verbundwerkstoffen die strukturelle Integrität und Leistung von U-Boot-Komponenten verbessert [18]. Darüber hinaus bleibt die Unterwasserkommunikation aufgrund der Absorption elektromagnetischer Wellen im Meerwasser eine Herausforderung, was zur Erforschung akustischer und optischer Kommunikationsmethoden führt, um die Einsatzfähigkeit zu verbessern [19, 20].

Geschichte der U-Boot-Entwicklung

U-Boote wurden erstmals während des Ersten Weltkriegs (1914–1918) zu einer bedeutenden Kraft in der Seekriegsführung, vor allem aufgrund des effektiven Einsatzes durch Deutschland, das mit ihnen Handelsschiffe angriff und zerstörte. Ihre Hauptwaffe war der Torpedo, ein selbstangetriebener Unterwassermissile, der es U-Booten ermöglichte, Schiffe anzugreifen, ohne entdeckt zu werden. Diese strategische Nutzung von U-Booten setzte sich im Zweiten Weltkrieg (1939–1945) fort, wo sie eine noch größere Rolle spielten, sowohl im Atlantik, wo Deutschlands U-Boote alliierte Schiffe ins Visier nahmen, als auch im Pazifik, wo amerikanische U-Boote japanische Schiffe angriffen. Die 1960er Jahre markierten einen bedeutenden Fortschritt im U-Boot-Design mit dem Aufkommen nuklearbetriebener U-Boote. Diese Schiffe konnten über längere Zeiträume, manchmal Monate, unter Wasser bleiben und waren in der Lage, Langstrecken-Atomraketen abzufeuern, ohne aufzutauchen. Damit festigten sie ihren Platz als Eckpfeiler der strategischen militärischen Macht. Ausgerüstet mit Torpedos sowie Anti-Schiff- und Anti-U-Boot-Raketen ist das nukleare Angriffs-U-Boot seitdem zu einem kritischen Bestandteil der Seekriegsführung geworden [21].

Das Konzept eines „U-Bootes“, eines Fahrzeugs, das unter Wasser navigieren kann, tauchte erstmals 1578 auf, als der britische Mathematiker William Bourne ein vollständig geschlossenes Boot vorschlug, das tauchen und unter Wasser gerudert werden konnte. Sein Entwurf sah ein Holzgestell vor, das mit wasserdichtem Leder überzogen war, und es sollte durch das Zusammenziehen der Seiten mit Schraubzwingen zum Tauchen gebracht werden, um das Volumen zu verringern. Obwohl Bourne seinen Entwurf nie baute, wurde die Idee später vom niederländischen Erfinder Cornelis Drebbel umgesetzt, der zwischen 1620 und 1624 das erste funktionsfähige U-Boot baute. Drebbels Fahrzeug, das aus einem mit gefettetem Leder überzogenen Holzrahmen bestand, wurde mit Rudern angetrieben und konnte bei Tests in der Themse Tiefen von 12 bis 15 Fuß erreichen. Es wird berichtet, dass sogar König James I. von England eine kurze Fahrt in dem Fahrzeug unternahm. Drebbels Arbeit legte den Grundstein für zukünftige U-Boot-Designs, und auf seinen Erfolg folgten zwei größere Versionen seines ursprünglichen Fahrzeugs [21].

Im frühen 18. Jahrhundert kam es zu einer Vermehrung von U-Boot-Konzepten, mit zahlreichen Entwürfen und Patenten. Bis 1727 waren allein in England 14 Typen von U-Booten patentiert. 1747 schlug ein Erfinder eine innovative Methode des Tauchens vor, bei der Ziegenlederbeutel verwendet wurden, die sich mit Wasser füllten, um das Fahrzeug zu versenken, und dann mithilfe eines Drehstabs geleert wurden, um es wieder an die Oberfläche zu bringen. Dieses Design war ein früher Vorläufer des modernen U-Boot-Ballastsystems. Bis Mitte des 18. Jahrhunderts waren in England mehr als ein Dutzend Patente für U-Boot-Designs vergeben worden. Nathaniel Symons wird zugeschrieben, 1747 das erste funktionierende Ballastsystem gebaut zu haben, bei dem Lederbeutel mit Wasser gefüllt wurden, um das U-Boot zu tauchen, und ein Mechanismus, der das Wasser herausdrückte, um es wieder an die Oberfläche zu bringen. Obwohl diese frühen Designs vielversprechend waren, stagnierte der Fortschritt für mehr als ein Jahrhundert, bis technologische Fortschritte bei Antrieb und Stabilität das Interesse wieder entfachten [21].

Das U-Boot wurde erstmals während des Amerikanischen Unabhängigkeitskriegs (1775–1783) als Angriffswaffe eingesetzt, als David Bushnells Einmannfahrzeug „Turtle“ entwickelt wurde. Die Turtle war walnussförmig und wurde von handbetriebenen Propellern angetrieben. Sie war dafür konzipiert, sich unter Wasser feindlichen Schiffen zu nähern, eine Pulverladung anzubringen und sich vor der Explosion zurückzuziehen. Obwohl der Angriff der Turtle auf ein britisches Kriegsschiff erfolglos war, markierte er den ersten Einsatz eines U-Bootes in der Seekriegsführung [21].

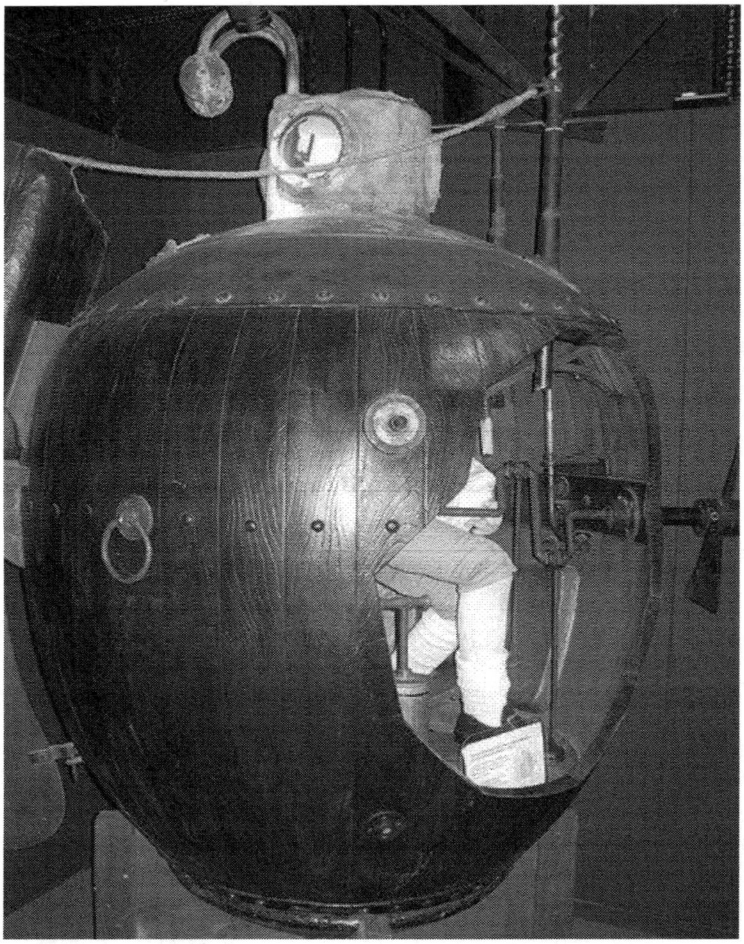

Abbildung 5: Modell in Originalgröße des U-Boots Turtle, ausgestellt im Royal Navy Submarine Museum. Geni, CC BY-SA 4.0, über Wikimedia Commons.

Jahre später experimentierte der amerikanische Erfinder Robert Fulton mit dem U-Boot-Design. Im Jahr 1800 baute Fulton während seines Aufenthalts in Frankreich die Nautilus, ein Kupfer-U-Boot mit Eisenrippen, einem einklappbaren Mast und Segel für den Antrieb an der Oberfläche sowie einem handbetriebenen Propeller für die Fortbewegung unter Wasser. Die Nautilus konnte mit Ballasttanks tauchen und mit einem horizontalen Ruder, einem Vorläufer moderner Tiefenruder, die Tiefe halten. Obwohl es Fulton gelang, bei Versuchen einen Schoner zu versenken, wurden seine Bemühungen, die Nautilus im Krieg einzusetzen, durch das Desinteresse Frankreichs und Großbritanniens vereitelt. Obwohl er seine Bemühungen in den Vereinigten Staaten fortsetzte, starb Fulton, bevor sein dampfbetriebenes U-Boot fertiggestellt werden konnte [21].

Während des Krieges von 1812 wurde eine Kopie der Turtle gebaut und bei einem Angriff auf das britische Schiff HMS Ramillies vor der Küste von Connecticut eingesetzt. Dem Bediener gelang es, ein Loch in die Kupferverkleidung des Kriegsschiffs zu bohren, konnte jedoch den Sprengsatz nicht anbringen, da die Schraube sich löste. Trotz dieser frühen Rückschläge legten die bahnbrechenden Bemühungen von Erfindern wie Bushnell und Fulton den Grundstein für die zukünftige U-Boot-Entwicklung und bewiesen das Potenzial von Unterwasserfahrzeugen in der Seekriegsführung [21].

Während des Amerikanischen Bürgerkriegs (1861–1865) suchte die Konföderation nach unkonventionellen Methoden, um der überlegenen Stärke der Union Navy, insbesondere der Blockade südlicher Häfen, entgegenzuwirken. Ein solcher Versuch beinhaltete den Einsatz von U-Booten. Im Jahr 1862 finanzierte Horace L. Hunley aus Mobile, Alabama, den Bau eines konföderierten U-Bootes namens Pioneer. Dieses 34 Fuß lange Fahrzeug wurde von einem handbetriebenen Propeller angetrieben, der von drei Männern bedient wurde. Obwohl einige Berichte darauf hindeuten, dass die Pioneer bei einem Tauchgang verloren ging, wurde sie vermutlich versenkt, um ihre Gefangennahme zu verhindern, als Unionstruppen die Kontrolle über New Orleans übernahmen [21].

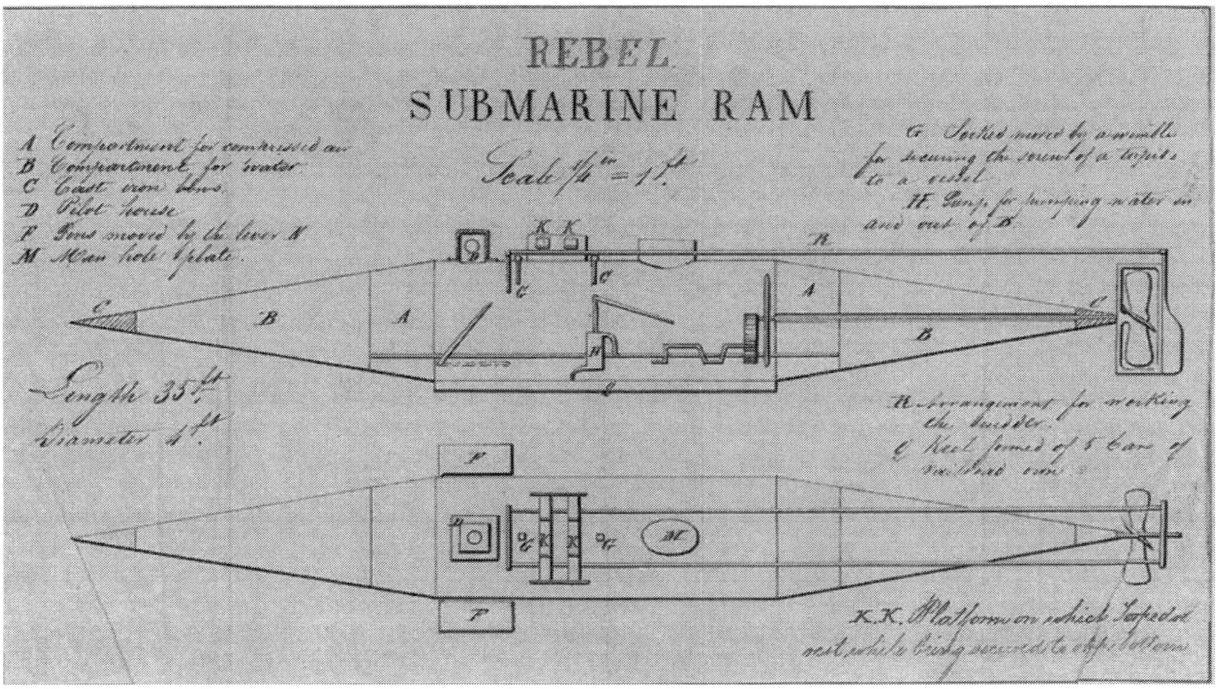

Abbildung 6: Die Konstruktionszeichnungen des konföderierten U-Bootes Pioneer, übergeben an William Shock, Flotteningenieur des Western Gulf Blockading Squadron im Jahr 1862. William Shock, Public Domain, über Wikimedia Commons.

Nach der Pioneer entwickelten dieselben Erbauer ein zweites, fortschrittlicheres U-Boot. Dieses 25 Fuß lange Eisenboot war ursprünglich für den Antrieb durch Batterien und Elektromotoren ausgelegt, aber geeignete Motoren konnten nicht gefunden werden. Stattdessen wurde erneut ein handbetriebener Propeller verwendet, der von vier Männern angetrieben wurde. Leider sank dieses U-Boot bei schwerer See vor der Mobile Bay, als es versuchte, den Feind anzugreifen. Glücklicherweise kamen bei dem Vorfall keine Menschen ums Leben [21].

Das dritte konföderierte U-Boot war die H.L. Hunley, ein modifizierter Eisenkessel, der auf etwa 36 bis 40 Fuß verlängert wurde. Es verfügte über Ballasttanks und ein Gewichtssystem zum Abtauchen des Fahrzeugs. Angetrieben von acht

Männern, die den Propeller drehten, konnte die Hunley Geschwindigkeiten von vier Meilen pro Stunde erreichen. Ihre Waffe war ein „Torpedo“ mit 90 Pfund Schießpulver, der hinter dem U-Boot an einer 200-Fuß-Leine gezogen wurde. Der Plan war, dass das U-Boot unter ein feindliches Kriegsschiff tauchen und den Torpedo in dessen Rumpf schleppen würde. Nach einem erfolgreichen Test gegen einen Lastkahn wurde die Hunley nach Charleston, South Carolina, transportiert. Trotz mehrerer Unfälle, darunter drei Sinkungen, die zum Tod zahlreicher Besatzungsmitglieder, einschließlich Hunley selbst, führten, setzte die Hunley ihre Operationen fort.

Am 17. Februar 1864 griff die Hunley das Union-Kriegsschiff Housatonic im Hafen von Charleston an. Sie verwendete einen an einer langen Stange montierten Torpedo, um das Kriegsschiff zu treffen. Die Explosion entzündete die Munitionskammern der Housatonic, wodurch das Schiff in flachem Wasser sank und fünf Menschen starben. Allerdings wurde auch die Hunley bei der Explosion zerstört, wobei die gesamte Besatzung ums Leben kam [21].

Zur gleichen Zeit machte der bayerische Artillerie-Unteroffizier Wilhelm Bauer Fortschritte im U-Boot-Design. Bauer baute zwei U-Boote: Le Plongeur-Marin (1851) und Le Diable-Marin (1855). Das erste Boot sank am 1. Februar 1851 im Kieler Hafen, aber Bauer und seine beiden Assistenten konnten aus einer Tiefe von 60 Fuß entkommen, nachdem sie fünf Stunden lang gefangen waren. Sein zweites U-Boot, das für die russische Regierung gebaut wurde, war erfolgreicher und absolvierte Berichten zufolge 134 Tauchgänge, bevor es auf See verloren ging. Im September 1856, während der Krönung von Zar Alexander II., tauchte Bauer sein U-Boot im Hafen von Kronshtadt mit Musikern an Bord, die unter Wasser die russische Nationalhymne spielten—eine beeindruckende Leistung, die von den Besatzungen der nahegelegenen Schiffe klar zu hören war.

Ein großes Problem früher U-Boote war der Antrieb. 1880 gelang es dem englischen Geistlichen George W. Garrett, ein U-Boot mit Dampf aus einem kohlebefeuerten Kessel zu betreiben, das einen einziehbaren Schornstein hatte. Der Kessel musste jedoch vor dem Abtauchen gelöscht werden, da sonst der gesamte verfügbare Sauerstoff im U-Boot verbraucht worden wäre. Trotzdem ermöglichte der verbleibende Dampf dem Boot, mehrere Meilen unter Wasser zurückzulegen. Zur gleichen Zeit baute der schwedische Waffendesigner Torsten Nordenfelt ein dampfbetriebenes U-Boot mit zwei Propellern. Sein Entwurf beinhaltete vertikale Propeller, die es dem U-Boot ermöglichten, auf Tiefen von bis zu 50 Fuß zu tauchen. Nordenfelts U-Boot war auch eines der ersten, das mit einem praktischen Torpedorohr ausgestattet war, und mehrere Nationen übernahmen seinen Entwurf.

Die Bemühungen, den Antrieb von U-Booten zu verbessern, gingen weiter. 1864 bauten zwei französische Marineoffiziere die Le Plongeur, ein 146 Fuß langes U-Boot, das von einem 80-PS-Druckluftmotor angetrieben wurde. Die Lufttanks waren jedoch schnell erschöpft, sobald das Fahrzeug in Bewegung war. Die Entwicklung des Elektromotors brachte einen Durchbruch im Antrieb. Die Nautilus, die 1886 von zwei Engländern gebaut wurde, war ein rein elektrisches U-Boot, das von zwei 50-PS-Elektromotoren angetrieben wurde und mit einer 100-Zellen-Batterie betrieben wurde. Dieses U-Boot konnte eine Oberflächengeschwindigkeit von sechs Knoten (etwa 6,9 Meilen pro Stunde oder 11,1 Kilometer pro Stunde) erreichen, aber seine Reichweite war auf 80 Meilen begrenzt, bevor die Batterie wieder aufgeladen werden musste. In Frankreich brachte Gustave Zédé 1888 die Gymnote auf den Markt, die ebenfalls von einem Elektromotor angetrieben wurde. Obwohl sie sehr manövrierfähig war, hatte die Gymnote Probleme mit der Kontrolle beim Tauchen.

Abbildung 7: Foto des französischen U-Boots Gymnote in der Zeitschrift Page's Magazine Nr. 2 von 1902. Diese Ausgabe enthielt einen Artikel über die Entwicklung von U-Booten. Beachten Sie, dass dieses Foto den kleinen Kommandoturm zeigt, der 1898 hinzugefügt wurde. archive.org, Public Domain, über Wikimedia Commons.

Das späte 19. Jahrhundert war eine Zeit rascher Entwicklungen in der U-Boot-Technologie, insbesondere in Frankreich. Zédé arbeitete an verschiedenen von der französischen Marine geförderten Entwürfen, die 1899 zur erfolgreichen Einführung der Narval führten. Entworfen von dem Marineingenieur Maxime Laubeuf, war die Narval ein doppelhülliges U-Boot, 111,5 Fuß lang, das einen Dampfmotor für den Antrieb an der Oberfläche und Elektromotoren für den Unterwasserbetrieb nutzte. Die Ballasttanks befanden sich zwischen den doppelten Hüllen, ein Merkmal, das noch heute verwendet wird. Die Narval absolvierte zahlreiche erfolgreiche Tauchgänge und stellte einen bedeutenden Fortschritt im U-Boot-Design dar. Die französischen Fortschritte setzten sich mit den dampfbetriebenen U-Booten der Sirène-Klasse fort, die zwischen 1900 und 1901 fertiggestellt wurden, sowie mit der Aigrette, die 1905 als erstes dieselbetriebenes U-Boot in einer Marine eingeführt wurde [21].

In den Vereinigten Staaten leisteten die konkurrierenden Erfinder John P. Holland und Simon Lake ebenfalls bedeutende Beiträge zum U-Boot-Design. Holland, ein irischer Einwanderer, brachte 1875 sein erstes U-Boot zu Wasser. Seine Entwürfe zeichneten sich dadurch aus, dass sie Wasserballast mit horizontalen Rudern zum Tauchen kombinierten. 1895 beauftragte die U.S. Navy Holland mit dem Bau eines U-Bootes, der Plunger, die an der Oberfläche mit Dampf und unter Wasser mit Strom angetrieben werden sollte. Das Projekt stieß jedoch auf zahlreiche Schwierigkeiten und wurde schließlich aufgegeben. Holland baute später auf eigene Kosten ein weiteres U-Boot, die Holland. Diese 53,25 Fuß lange U-Boot wurde 1897 zu Wasser gelassen und 1900 von der U.S. Navy übernommen. Sie wurde unter Wasser von einem Elektromotor und an der Oberfläche von einem Benzinmotor angetrieben. Die Holland war mit einem Bugtorpedorohr und zwei Dynamitkanonen bewaffnet und erwies sich als erfolgreiches Schiff, das mehrfach modifiziert wurde, um verschiedene Konfigurationen von Propellern, Tiefenrudern, Steuerflächen und anderer Ausrüstung zu testen [21].

Hollands Hauptkonkurrent, Simon Lake, baute 1894 sein erstes U-Boot, die Argonaut I. Angetrieben von einem Benzinmotor und einem Elektromotor, war die Argonaut I hauptsächlich für Unterwasserforschungen konzipiert. 1898 wurde sie das erste U-Boot, das ausgedehnte Fahrten unter Seebedingungen unternahm und aus eigener Kraft von Norfolk, Virginia, nach New York City reiste. Diese Leistung ging den Fahrten der französischen Narval voraus und zeigte das Potenzial von U-Booten für Langstreckenmissionen. Lakes zweites U-Boot, die Protector, wurde 1901 zu Wasser gelassen.

Abbildung 8: Das U-Boot Narval (S 64) im Hafen von Melilla; es ist die vierte und letzte Einheit der Delfín-Klasse. Bruno Cleries, hochgeladen von Basilio, CC BY-SA 3.0, über Wikimedia Commons.

Um die Jahrhundertwende investierten die meisten großen Seemächte in die Entwicklung von U-Booten, mit Großbritannien als bemerkenswerter Ausnahme, bis die Royal Navy 1901 fünf U-Boote nach den Entwürfen von Holland bestellte. Auch Deutschland trat in das Wettrennen um U-Boote ein und stellte 1905 sein erstes U-Boot, die **U-1**, fertig. Die **U-1** war 139 Fuß lang und wurde an der Oberfläche von einem Schwerölmotor und unter Wasser von einem Elektromotor angetrieben. Sie war mit einem Torpedorohr bewaffnet. Diese frühen U-Boote legten den Grundstein für das U-Boot des 20. Jahrhunderts, das an der Oberfläche von Dieselmotoren und unter Wasser von Elektromotoren angetrieben wurde, durch das Aufnehmen von Wasserballast tauchte, mit Tiefenrudern ausgestattet war und Torpedos zum Versenken feindlicher Schiffe verwendete. Trotz dieser Fortschritte war das Leben an Bord der frühen U-Boote alles andere als angenehm; die Quartiere waren beengt, oft nass und rochen nach Dieselöl [21].

*Abbildung 9: Deutsches U-Boot **U 1** bei Probefahrten. navyphotos.co.uk, Public Domain, über Wikimedia Commons.*

Bis zum Ausbruch des Ersten Weltkriegs hatten alle großen Seemächte U-Boote in ihre Flotten integriert. Diese frühen U-Boote waren jedoch relativ klein und in erster Linie für den Einsatz in Küstengewässern vorgesehen, wobei ihr militärischer Wert noch mit Skepsis betrachtet wurde. Eine bemerkenswerte Ausnahme von dieser Küstenfokussierung war die deutsche Deutschland-Klasse von Handels-U-Booten. Diese U-Boote waren deutlich größer, 315 Fuß lang und verfügten über zwei geräumige Frachträume. Sie konnten 700 Tonnen Fracht transportieren und erreichten eine Geschwindigkeit von 12 bis 13 Knoten an der Oberfläche und sieben Knoten unter Wasser. Schließlich wurde die Deutschland selbst zur U-155 umgebaut, indem sie mit Torpedorohren und Deckgeschützen ausgestattet wurde, und spielte zusammen mit sieben ähnlichen U-Booten in den späteren Kriegsphasen eine Kampfrolle. Im Gegensatz dazu war das Standard-U-Boot des Ersten Weltkriegs kleiner, typischerweise etwas über 200 Fuß lang und verdrängte weniger als 1.000 Tonnen an der Oberfläche [21].

Vor dem Krieg waren U-Boote hauptsächlich mit selbstangetriebenen Torpedos bewaffnet, die dazu bestimmt waren, feindliche Schiffe anzugreifen. Im Laufe des Krieges wurden U-Boote jedoch auch mit Deckgeschützen ausgestattet, die es ihnen ermöglichten, an die Oberfläche zu kommen und feindliche Handelsschiffe zur Inspektion anzuhalten (eine Politik, die zu Beginn des Krieges verwendet wurde), oder kleinere oder unbewaffnete Schiffe zu versenken, ohne Torpedos zu verschwenden. Die meisten im Krieg gebauten U-Boote verfügten über ein oder zwei Deckgeschütze mit einem Kaliber von drei oder vier Zoll, obwohl einige spätere deutsche U-Boote, einschließlich der Deutschland-Klasse in ihrer militärischen Konfiguration, größere 150-Millimeter-Geschütze trugen.

Eine wichtige Variation in der Bewaffnung von U-Booten während des Krieges war die Entwicklung von Minenleger-U-Booten. Die Deutschen bauten mehrere spezialisierte U-Boote, die mit vertikalen Minenrohren ausgestattet waren, wodurch sie heimlich Minen in feindlichen Häfen legen konnten. Einige U-Boote konnten bis zu 48 Minen zusätzlich zu ihren Torpedos transportieren, was ihre strategische Wirkung erheblich steigerte.

Eine weitere bedeutende Innovation im Ersten Weltkrieg war die Einführung von U-Booten, die speziell zum Kampf gegen feindliche U-Boote entwickelt wurden. Britische U-Boote versenkten während des Krieges 17 deutsche U-Boote, was zur Entwicklung der R-Klasse führte, die speziell für die U-Boot-Abwehr entwickelt wurde. Diese U-Boote waren relativ klein, 163 Fuß lang und verdrängten 410 Tonnen an der Oberfläche. Sie hatten nur einen Propeller (während die meisten U-Boote dieser Zeit zwei hatten). Die U-Boote der R-Klasse konnten an der Oberfläche Geschwindigkeiten von neun Knoten mit Dieselmotoren erreichen, aber unter Wasser ermöglichten ihre großen Batterien, dass sie mit Elektromotoren beeindruckende Unterwassergeschwindigkeiten von bis zu 15 Knoten für bis zu zwei Stunden erreichten. Dies machte sie sowohl sehr manövrierfähig als auch schnell, insbesondere im Vergleich zu anderen U-Booten der damaligen Zeit, die bis nach dem Zweiten Weltkrieg unter Wasser in der Regel Geschwindigkeiten von etwa 10 Knoten erreichten. Die R-Klasse war auch mit fortschrittlicher Unterwasserhorch-Ausrüstung, bekannt als Asdic oder Sonar, ausgestattet und trug sechs Bugtorpedorohre, was sie zu einer furchteinflößenden Waffe machte. Obwohl sie zu spät kamen, um im Krieg eine große Rolle zu spielen, waren sie Vorreiter eines neuen Konzepts in der U-Boot-Entwicklung [21].

Mit Ausnahme der britischen Swordfish- und K-Klasse-U-Boote verwendeten alle U-Boote aus der Zeit des Ersten Weltkriegs Dieselmotoren für den Antrieb an der Oberfläche und Elektromotoren für den Betrieb unter Wasser. Die Swordfish- und K-Klasse-U-Boote waren als Aufklärer für Überwasserschiffe gedacht und benötigten höhere Geschwindigkeiten, die zu dieser Zeit nur mit Dampfturbinen erreicht werden konnten. Diese U-Boote konnten an der Oberfläche Geschwindigkeiten von 23,5 Knoten erreichen, während ihre Elektromotoren Unterwassergeschwindigkeiten von bis zu 10 Knoten ermöglichten [21].

*Abbildung 10: Deutsches Frachtsubmarin **Deutschland** 1916-22. tormentor4555, Public Domain, über Flickr.*

In der Zeit zwischen dem Ersten und dem Zweiten Weltkrieg blieb das Interesse an U-Booten in den Marinen der Welt stark. Länder wie Großbritannien, Frankreich und Japan bauten weiterhin verbesserte U-Boot-Modelle, während die US-Marine 1928 ihr erstes großes Langstrecken-U-Boot, die Argonaut, einführte. Mit einer Länge von 381 Fuß und einer Verdrängung von 2.710 Tonnen an der Oberfläche war die Argonaut mit zwei 6-Zoll-Geschützen, vier Bugtorpedorohren und 60 Minen bewaffnet. Dieses U-Boot wurde das größte nicht-nukleare U-Boot, das jemals von der US-Marine gebaut wurde, und ebnete den Weg für die sehr erfolgreichen U-Boote der Gato- und Balao-Klasse, die im Zweiten Weltkrieg eingesetzt wurden.

In den 1930er Jahren konzentrierte sich auch die Sowjetunion auf den Bau von U-Booten, vor allem kleiner Küstenfahrzeuge, als Teil eines Bemühens, ihre Seemacht zu stärken, ohne stark in Überwasserschiffe zu investieren. Trotz der Produktion einer großen Anzahl von U-Booten waren die sowjetischen Schiffe jedoch für den Einsatz gegen die deutsche Marine ungeeignet. Die Besatzungen waren oft schlecht ausgebildet, und ihre Stützpunkte wurden häufig durch Eis blockiert, was ihre Effektivität stark einschränkte [21].

Der Zweite Weltkrieg brachte weitverbreitete U-Boot-Kampagnen in allen Ozeanen der Welt mit sich. Im Atlantik war das primäre deutsche U-Boot der Typ VII, ein relativ kleines, aber bei richtiger Anwendung äußerst effektives Fahrzeug. Die Variante VIIC war 220,25 Fuß lang und hatte eine Verdrängung von 769 Tonnen an der Oberfläche. Angetrieben von diesel-elektrischen Maschinen, erreichte sie Geschwindigkeiten von 17 Knoten an der Oberfläche und 7,5 Knoten unter Wasser. Ihre Bewaffnung umfasste ein 90-Millimeter-Deckgeschütz, verschiedene Flugabwehrkanonen und fünf Torpedorohre. Diese U-Boote, die von einer Besatzung von 44 Mann bemannt wurden, hatten eine Reichweite von 6.500 Meilen bei 12 Knoten an der Oberfläche, konnten jedoch weniger als einen Tag unter Wasser bleiben, wenn sie mit vier Knoten fuhren [21].

Der deutsche Typ XXI stellte die ultimative Entwicklung von diesel-elektrischen U-Booten während des Krieges dar. Mit einer Länge von 250 Fuß und einer Verdrängung von 1.600 Tonnen konnte dieses U-Boot über eine Stunde lang Unterwassergeschwindigkeiten von 17,5 Knoten erreichen, bei sechs Knoten zwei Tage lang unter Wasser fahren oder bei langsameren Geschwindigkeiten bis zu vier Tage unter Wasser bleiben. Ausgestattet mit Schnorchelsystemen musste der Typ XXI nicht vollständig auftauchen, um seine Batterien aufzuladen. Seine maximale Betriebstiefe betrug beeindruckende 850 Fuß, mehr als das Doppelte des damaligen Durchschnitts, und er war mit vier 33-Millimeter-Geschützen und sechs Bugtorpedorohren bewaffnet und konnte 23 Torpedos transportieren. Hätte der Krieg über das Frühjahr 1945 hinaus angedauert, hätten die alliierten Streitkräfte erhebliche Herausforderungen beim Kampf gegen diese fortschrittlichen U-Boote gehabt [21].

Eine weitere bemerkenswerte deutsche Innovation während des Krieges war das Walter-Turbinenantriebssystem, entwickelt von Wissenschaftler Hellmuth Walter. Dieses System ermöglichte es U-Booten, Dampfturbinen unter Wasser zu verwenden, indem Sauerstoff aus Wasserstoffperoxid gewonnen wurde. Das experimentelle U-Boot V-80, gebaut im Jahr 1940, erreichte Unterwassergeschwindigkeiten von über 26 Knoten für kurze Zeiträume. Spätere mit Walter-Antrieben ausgestattete U-Boote vom Typ XVII erreichten unter Wasser 25 Knoten, wobei Tests zeigten, dass Geschwindigkeiten von 20 Knoten für fünf Stunden und 30 Minuten aufrechterhalten werden konnten. Diese fortschrittlichen U-Boote, wie der Typ XXI, waren jedoch bis zum Ende des Krieges nicht einsatzbereit.

Eine der bedeutendsten deutschen Innovationen im Krieg war das Schnorchel-System, das ursprünglich von dem niederländischen Offizier Leutnant Jan J. Wichers 1933 entwickelt wurde. Der Schnorchel ermöglichte es U-Booten, ihre Dieselmotoren unter Wasser zu betreiben, indem Frischluft durch ein Rohr eingesaugt wurde. Die niederländische Marine begann 1936 mit der Nutzung dieser Technologie, und nach der Eroberung durch Deutschland im Jahr 1940 wurde der Schnorchel weit verbreitet von deutschen U-Booten eingesetzt. Der Schnorchel ermöglichte es den U-Booten, ihre Batterien in Periskoptiefe aufzuladen und gleichzeitig das Risiko einer Entdeckung durch alliierte Radargeräte zu minimieren.

Im Pazifik setzte die japanische Marine eine vielfältige Palette von U-Booten ein, darunter Flugzeug-tragende U-Boote, Kleinst-U-Boote und „menschliche Torpedos", die von größeren U-Booten gestartet wurden. Eine bemerkenswerte japanische Klasse war die I-201, ein Hochgeschwindigkeits-U-Boot, das 259 Fuß lang war und eine Verdrängung von 1.291 Tonnen hatte. Dieses U-Boot konnte an der Oberfläche mit Dieselantrieben 15 Knoten und unter Wasser dank seiner großen Batterien und Elektromotoren 19 Knoten fast eine Stunde lang erreichen. Die I-201 war mit zwei 25-Millimeter-Geschützen und vier Bugtorpedorohren bewaffnet und konnte zehn Torpedos transportieren.

Abbildung 11: Japanisches U-Boot HA-201 (SENTAKA-SHO-Klasse) in der Nähe von Sasebo. Unbekannter Autor, Public Domain, über Wikimedia Commons.

Die U-Boot-Kampagne der USA im Pazifik während des Zweiten Weltkriegs war äußerst erfolgreich, wobei hauptsächlich U-Boote der Gato- und Balao-Klasse eingesetzt wurden. Diese U-Boote waren etwa 311,5 Fuß lang, verdrängten 1.525 Tonnen und wurden von diesel-elektrischen Maschinen angetrieben, was Oberflächengeschwindigkeiten von 20 Knoten und Unterwassergeschwindigkeiten von neun Knoten ermöglichte. Der Hauptunterschied zwischen den beiden Klassen bestand in der Tauchtiefe: Die Gato-Klasse konnte bis zu 300 Fuß tief tauchen, während die Balao-Klasse bis auf 400 Fuß hinabtauchen konnte. Mit einer Besatzung von 65 bis 70 Mann waren diese U-Boote mit einem oder zwei 5-Zoll-Deckgeschützen, kleineren Flugabwehrwaffen und zehn Torpedorohren (sechs vorn und vier achtern) bewaffnet und konnten insgesamt 24 Torpedos mitführen.

Nach dem Zweiten Weltkrieg übernahmen die Alliierten schnell fortschrittliche deutsche U-Boot-Technologie. Die Briten experimentierten mit zwei U-Booten, die mit Peroxidturbinen angetrieben wurden, aber das Konzept verlor aufgrund der instabilen Natur von Wasserstoffperoxid und des Erfolgs des nuklearen Antriebs in den USA an Popularität. Gleichzeitig begann die Sowjetunion mit der Produktion von Modifikationen des deutschen Typ XXI-U-Bootes, was zur Entwicklung der Whiskey- und Zulu-Klasse führte. Zwischen 1950 und 1958 bauten die Sowjets 265 dieser U-Boote – mehr als alle anderen Marinen zusammen zwischen 1945 und 1970. Insgesamt produzierten sowjetische Werften in dieser Zeit 560 neue U-Boote [21].

Auch die US-Marine studierte die deutsche Technologie und rüstete 52 im Krieg gebaute U-Boote zur Guppy-Konfiguration um (die Abkürzung steht für "greater underwater propulsive power"). Diese U-Boote wurden ihrer Deckgeschütze beraubt, erhielten stromlinienförmige Kommandotürme und wurden mit größeren Batterien und Schnorcheln ausgestattet. In einigen Fällen wurde ein Dieselmotor und einige Torpedos entfernt, was zu erhöhten Unterwassergeschwindigkeiten von 15 Knoten und einer verbesserten Ausdauer führte [21].

Während die Großmächte nach dem Krieg schließlich auf nuklearbetriebene U-Boote umstiegen, setzten viele Marinen weltweit weiterhin diesel-elektrische U-Boote ein, die aus den schnellen U-Booten des Zweiten Weltkriegs abgeleitet wurden. Mehrere dieser U-Boote wurden in Westdeutschland entworfen und gebaut. Obwohl diese Nachkriegs-U-Boote noch Schnorchel verwendeten, ermöglichten Fortschritte in der Radartechnologie die Entdeckung selbst des kleinen Kopfes eines Schnorchels, ähnlich wie primitive Radargeräte während des Krieges getauchte U-Boote entdeckten.

Die bedeutendsten Nachkriegsfortschritte wurden in den Bereichen Bewaffnung und Sensoren erzielt. Deckgeschütze wurden weitgehend durch Antischiffsraketen ersetzt, während Torpedos erheblich schneller geworden sind und Geschwindigkeiten von über 50 Knoten erreichen können. Diese Torpedos werden entweder durch integrierte Sonarführung oder elektronische Kommandos, die über ein hinter dem Torpedo ausgelegtes Kabel übertragen werden, gesteuert. Viele U-Boote sind jetzt mit Marschflugkörpern oder Antischiffsraketen ausgerüstet, die sowohl See- als auch Landziele angreifen können. Auch die Sonartechnologie für U-Boote hat sich erheblich verbessert, was die Fähigkeit zur Erkennung von Überwasserschiffen und anderen U-Booten verbessert. Auf den fortschrittlichsten U-Booten werden herkömmliche Periskope zunehmend durch photonische oder optronische Masten ersetzt, die Sensoren an die Oberfläche projizieren und Informationen elektronisch an den Kontrollraum weiterleiten. Dadurch wird die Notwendigkeit vermieden, dass Hardware die Hülle des U-Bootes durchdringt, und diese Masten werden mit einem einfachen Joystick bedient, wobei die Daten auf Bildschirmen im gesamten U-Boot angezeigt werden.

Während die maximale Unterwassergeschwindigkeit moderner U-Boote leicht auf über 20 Knoten gestiegen ist, bleibt die Ausdauer bei Höchstgeschwindigkeit ähnlich wie am Ende des Zweiten Weltkriegs. Verbesserungen im Design von Blei-Säure-Batterien haben die Ausdauer bei niedrigeren Geschwindigkeiten erhöht und ermöglichen es modernen U-Booten, mit etwa drei Knoten für bis zu eine Woche bis zehn Tage unter Wasser zu bleiben. Diese Fähigkeit ist bedeutend, da sie es den U-Booten ermöglicht, von sich ändernden Seebedingungen zu profitieren oder Überwasserjäger zu zerstreuen. Die Entwicklung des luftunabhängigen Antriebs (AIP), insbesondere durch Brennstoffzellen, die Strom aus gespeichertem Wasserstoff und Sauerstoff erzeugen, hat die Unterwasserausdauer weiter verlängert. Einige U-Boote mit AIP-Technologie können bei niedrigen Geschwindigkeiten bis zu einem Monat lang operieren [21].

Diesel-elektrische U-Boote bleiben daher leise und effektive Plattformen, die sich unauffällig bewegen und Energie für die Flucht nach Angriffen sparen. Ihre Elektromotoren sind leiser als nukleare Antriebseinheiten und können sogar abgeschaltet werden, um das U-Boot still und unbemerkt auf feindliche U-Boote warten zu lassen. Die AIP-Technologie bietet zusätzliche Möglichkeiten, wie etwa langfristige Operationen unter dem Eis in Polarmeeren, die Überwachung der Küstenschifffahrt bei Antiterror-Einsätzen oder das Absetzen von Spezialeinheiten an fremden Küsten. Moderne diesel-elektrische U-Boote, ob mit AIP ausgestattet oder nicht, bleiben erschwingliche und effektive Werkzeuge für Marinen weltweit und ermöglichen es ihnen, ihre Küstengewässer gegen alle potenziellen Bedrohungen zu verteidigen, sogar gegen Nuklearmächte [21].

Im Jahr 1954 wurde mit der Indienststellung der USS Nautilus die Kernkraft für U-Boote Realität. Die Einführung des Nuklearantriebs ermöglichte es U-Booten, ohne Sauerstoffbedarf zu operieren, sodass ein einziges Kraftwerk sowohl an der Oberfläche als auch unter Wasser verwendet werden konnte. Darüber hinaus lieferte nuklearer Brennstoff (angereichertes Uran) Energie für lange Zeiträume, sodass U-Boote bei hohen Geschwindigkeiten unbegrenzt unter Wasser bleiben konnten. Dies revolutionierte die U-Boot-Kriegsführung. Zuvor näherten sich U-Boote ihren Zielen an der Oberfläche, um Batteriestrom zu sparen, und tauchten erst kurz vor Erreichen des Ziels ab. Unter Wasser mussten sie sich langsam bewegen – oft mit zwei bis drei Knoten – um ihre Batterien nicht zu erschöpfen. Nach einem Angriff nutzten U-Boote ihre volle Unterwasserleistung (sieben bis zehn Knoten), um Gegenangriffe zu entkommen, was jedoch die Batterien innerhalb von ein bis zwei Stunden aufbrauchen würde. Infolgedessen waren diesel-elektrische U-Boote in ihrer Fähigkeit, schnelle Kriegsschiffe wie Flugzeugträger und Schlachtschiffe anzugreifen, stark eingeschränkt.

Abbildung 12: USS Nautilus (SSN-571). Offizielles Foto der U.S. Navy, Public Domain, über Wikimedia Commons.

Nuklearbetriebene U-Boote veränderten jedoch das Spiel grundlegend. Diese Schiffe konnten vor und nach Angriffen frei operieren, ohne sich Gedanken über erschöpfte Batterien machen zu müssen, und sie konnten mit schnellen Überwasserschiffen mithalten. Dieser Vorteil wurde während des Falklandkriegs 1982 demonstriert, als das britische nuklearbetriebene U-Boot HMS Conqueror den argentinischen Kreuzer General Belgrano über 48 Stunden verfolgte, bevor es ihm nahekam und ihn versenkte. Eine solche Leistung wäre mit U-Booten vor der Atomära nicht möglich gewesen. Der nukleare Antrieb gab U-Boot-Kommandanten eine beispiellose Freiheit bei der Manövrierfähigkeit unter Wasser und machte schnelle Überwasserschiffe anfällig für Angriffe.

Anfangs bauten viele Marinen weiterhin dieselelektrische U-Boote neben ihren nuklearen Gegenstücken, aber die Kosten für die Instandhaltung beider Typen führten schließlich dazu, dass einige Nationen vollständig auf nuklearbetriebene Flotten umstellten. Die US-Marine stellte 1959 den Bau nicht-nuklearer U-Boote ein. Ähnlich konzentrierte sich die Royal Navy, nachdem sie 1963 ihr erstes nukleares U-Boot, die HMS Dreadnought, fertiggestellt hatte, nach einem kurzen Bau der dieselelektrischen Upholder-Klasse in den 1980er und 1990er Jahren ausschließlich auf nuklearbetriebene Schiffe. Frankreich brachte 1971 sein erstes nukleares U-Boot, die Le Redoutable, auf den Markt und stellte den Bau dieselelektrischer U-Boote für die eigene Marine 1976 ein, setzte jedoch die Produktion konventioneller U-Boote für den Export fort. Die Sowjetunion folgte einem ähnlichen Weg, indem sie sowohl nukleare als auch dieselbetriebene U-Boote baute, obwohl ihr Hauptaugenmerk nach der Indienststellung ihrer ersten nuklearbetriebenen U-Boote der November-Klasse 1958 auf der Atomkraft lag. Russland, der Nachfolgestaat der Sowjetunion, unterhielt nach 1991 weiterhin eine gemischte Flotte aus nuklearen und konventionellen U-Booten. Gleichzeitig begann China 1968 mit dem Bau nuklearer U-Boote, während es weiterhin große Mengen an dieselelektrischen Schiffen produzierte – ein Muster, dem Indien folgte, das 1998 sein erstes nukleares U-Boot in Dienst stellte.

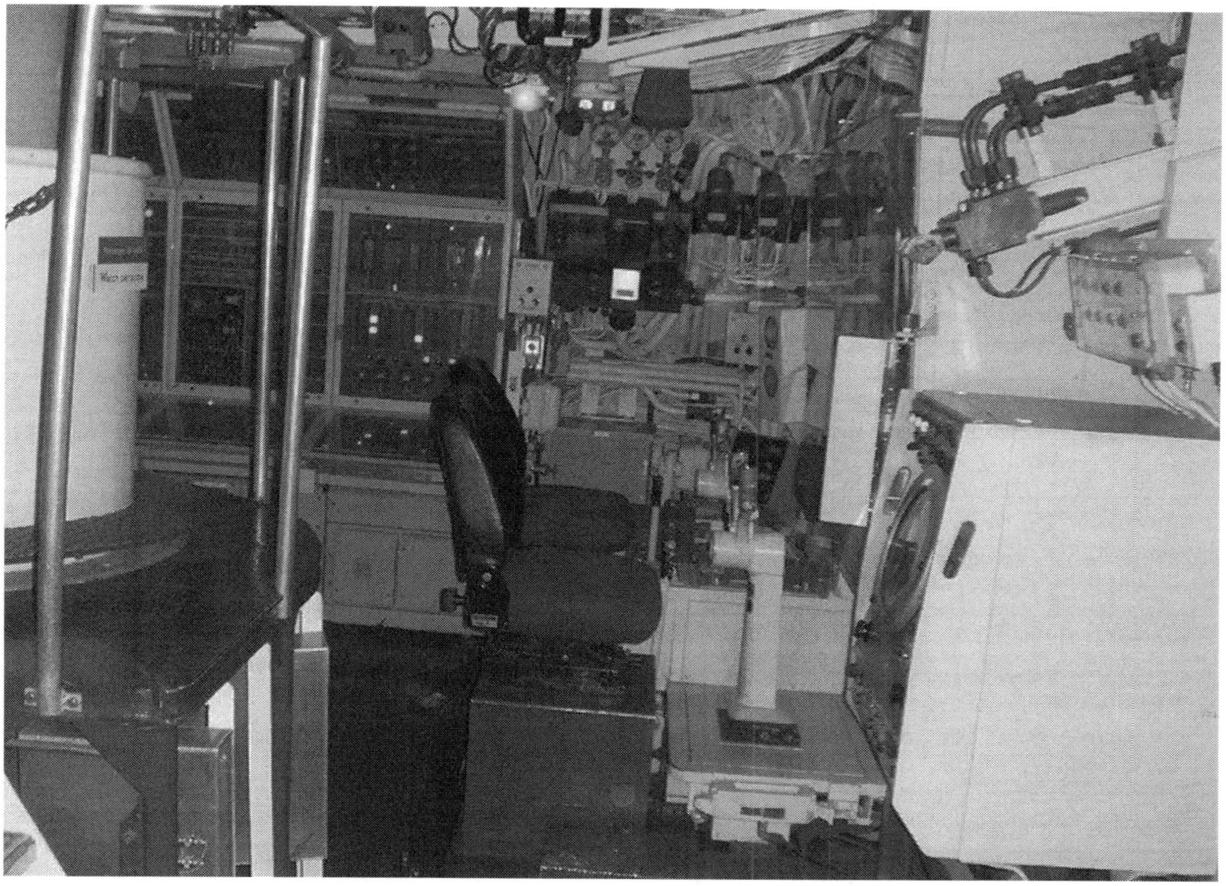

Abbildung 13: Le Redoutable im Cherbourg Maritime Museum, Frankreich, 28. Mai 2008. Hugh Llewelyn, CC BY-SA 2.0, über Wikimedia Commons.

Wasser im Primärkreislauf wird normalerweise gepumpt, aber einige Reaktoren nutzen die natürliche Zirkulation, die auf Temperaturunterschieden basiert. In diesen Reaktoren wird kühleres Wasser aus dem Wärmetauscher in den unteren Teil des Reaktors geleitet, wo es sich beim Durchströmen der Brennelemente erhitzt. Eine andere Art von Reaktor, der flüssigmetallgekühlte Reaktor, verwendet geschmolzenes Metall, das mehr Wärme als Wasser transportieren kann, wodurch kompaktere Turbinen ermöglicht werden. Dies bringt jedoch Herausforderungen mit sich, wie das potenzielle Risiko radioaktiver Lecks und die Gefahr, dass das geschmolzene Metall in den Rohren erstarrt, was zu katastrophalen Ausfällen führen kann.

Unter der Leitung von Admiral Hyman Rickover entwickelte die US-Marine Prototypen sowohl für Druckwasserreaktoren als auch für flüssigmetallgekühlte Reaktoren. Die ersten beiden nuklearen U-Boote, die Nautilus und die Seawolf, testeten diese Systeme, aber Probleme mit dem Flüssigmetallreaktor der Seawolf führten zur Aufgabe dieses Ansatzes. Die US-Marine übernahm daraufhin Druckwasserreaktoren für ihre Angriffs-U-Boote, während ihre strategischen U-Boote der Ohio-Klasse leisere Naturumlaufreaktoren verwenden. Auch andere Atommächte setzen auf Druckwasser- oder Naturumlaufreaktoren, mit einer Ausnahme: Die Alfa-Klasse der Sowjetunion nutzte Flüssigmetallreaktoren für Hochgeschwindigkeitsoperationen.

*Abbildung 14: Steuerbord-Buganansicht eines sowjetischen Angriffs-U-Bootes der **Alfa**-Klasse in Fahrt. NARA & DVIDS, Public Domain, Public Domain Archive.*

Die Einführung von nuklearbetriebenen U-Booten hatte zwei wesentliche Folgen. Erstens führte sie zur Entwicklung strategischer U-Boote, die U-Boot-gestützte ballistische Raketen (SLBMs) tragen. Diese U-Boote sind aufgrund ihrer Tarnfähigkeit äußerst wertvoll, was es schwierig macht, sie zu entdecken und zu zerstören. Zweitens revolutionierte sie die U-Boot-Abwehr, da nukleare Angriffs-U-Boote zu den primären Werkzeugen für die Jagd auf feindliche U-Boote wurden. Mit Torpedos und Antischiffsraketen bewaffnet, unterstützen diese U-Boote auch Spezialeinsätze und elektronische Aufklärungsmissionen.

Strategische U-Boote spielen eine entscheidende Rolle in der Landesverteidigung, indem sie eine sichere Plattform für SLBMs bieten, die für Feinde schwer zu lokalisieren und zu zerstören sind. Die ersten strategischen U-Boote erschienen in den 1950er Jahren, als die US- und sowjetischen Marinen raketentragende diesel-elektrische U-Boote entwickelten. Diese U-Boote mussten jedoch auftauchen, um ihre Raketen zu starten, was ihre Effektivität einschränkte. Die Einführung von nuklearbetriebenen strategischen U-Booten mit Tauchstart-Raketen ermöglichte es diesen Schiffen, über längere Zeiträume getaucht zu bleiben, was ihre Überlebensfähigkeit erheblich steigerte [21].

Die ersten modernen strategischen U-Boote waren die US-amerikanischen U-Boote der George Washington-Klasse, die 1959 einsatzbereit waren und Polaris-Raketen trugen. Die Sowjetunion folgte mit der Yankee-Klasse im Jahr 1967 und später mit den Delta- und Typhoon-Klassen. Die Typhoon-Klasse, die 1982 in Dienst gestellt wurde, war die größte jemals gebaute U-Boot-Klasse und bleibt im Dienst der russischen Marine. Da diese Schiffe altern, hat Russland die Borey-Klasse eingeführt, die 2007 ins Leben gerufen wurde und mit den neuen Bulava-SLBMs ausgestattet ist [21].

Auch andere Atommächte entwickelten strategische U-Boote. Die US-Marine stellte zwischen 1981 und 1997 insgesamt 18 U-Boote der Ohio-Klasse in Dienst, die jeweils bis zu 24 Trident-Raketen tragen können. Die britischen U-Boote der Resolution-Klasse, die 1967 gestartet wurden, wurden in den 1990er Jahren durch die Vanguard-Klasse ersetzt. Frankreich ersetzte seine U-Boote der Redoutable-Klasse durch die Triomphant-Klasse, während China und Indien beide ihre eigenen Programme für strategische U-Boote entwickelten und die Jin-Klasse bzw. die Arihant in Dienst stellten [21].

Nuklearbetriebene Angriffs-U-Boote wurden in der Nachkriegszeit zu den primären Waffen zur U-Boot-Abwehr. Diese U-Boote sind dafür ausgelegt, feindliche Überwasserschiffe und U-Boote zu zerstören, während sie auch zusätzliche Rollen wie Landangriffe, Minenlegung und Aufklärung unterstützen. Die vier Generationen von nuklearen Angriffs-U-Booten der US-Marine – die Sturgeon-, Los Angeles-, Seawolf- und Virginia-Klassen – haben sich weiterentwickelt, um den sich ändernden Anforderungen der Seekriegsführung gerecht zu werden. Die U-Boote der Seawolf-Klasse, die während des Kalten Krieges gebaut wurden, waren für die U-Boot-Jagd optimiert, während die vielseitigeren U-Boote der Virginia-Klasse in der Lage sind, verschiedene Missionen sowohl in Küstennähe als auch auf hoher See auszuführen [21].

*Abbildung 15: Das Angriffs-U-Boot der **Virginia**-Klasse vor der Indienststellung. NARA & DVIDS, Public Domain, Public Domain Archive.*

Die sowjetische Marine entwickelte ebenfalls eine Reihe von Angriffs-U-Booten, darunter die **Victor**- und **Oscar**-Klassen. Diese Schiffe waren mit einer Mischung aus Torpedos und Marschflugkörpern ausgestattet, darunter die Langstreckenrakete SS-N-19 **Shipwreck**. Neuere russische Angriffs-U-Boote, wie die **Akula**- und **Yasen**-Klassen, tragen fortschrittliche U-Boot-Abwehr- und Landangriffsraketen. Auch andere Nationen, darunter Großbritannien,

Frankreich und China, haben nukleare Angriffs-U-Boote entwickelt, die sowohl zur U-Boot-Abwehr als auch für Landangriffe geeignet sind [21].

Nuklearbetriebene U-Boote, sowohl strategische als auch Angriffs-U-Boote, haben die Seekriegsführung grundlegend verändert, indem sie beispiellose Tarnung, Ausdauer und Feuerkraft bieten. Sie bleiben ein zentraler Bestandteil der Verteidigungsstrategien der großen Seemächte [21].

Während des Kalten Krieges traten drei Haupttrends im Design nuklearer Angriffs-U-Boote bei NATO- und sowjetischen Streitkräften auf: erhöhte Geschwindigkeit, größere Tauchtiefe und verbesserte Schalldämpfung. Diese Entwicklungen wurden durch die Notwendigkeit vorangetrieben, im Unterwasserkrieg einen taktischen Vorteil zu erlangen, und wurden von den U-Boot-Flotten der USA, Großbritanniens und der Sowjetunion verkörpert.

Eines der Hauptziele im U-Boot-Design war die Erhöhung der Geschwindigkeit, was eine größere Leistung erforderte. Die Erhöhung der Leistung stellte jedoch Herausforderungen dar. Der Widerstand, dem ein U-Boot ausgesetzt ist, hängt von seiner Oberfläche ab, sodass es ideal war, höhere Geschwindigkeiten ohne Vergrößerung der Größe oder des Gewichts des Kraftwerks zu erreichen. Ein stärkerer Motor konnte mehr Lärm erzeugen, aber Schalldämpfungsmaßnahmen erforderten eine Vergrößerung des U-Boots, was mögliche Geschwindigkeitsvorteile wieder ausgleichen könnte. Dieses Gleichgewicht der Kompromisse zeigte sich in der Entwicklung von der **Sturgeon**-Klasse zur **Los Angeles**-Klasse, bei der sich die Reaktorleistung verdoppelte, die Oberflächenverdrängung jedoch von 3.600 auf 6.000 Tonnen anstieg. Die sowjetische **Alfa**-Klasse, die Geschwindigkeiten von etwa 40 Knoten erreichte, schneller als die 30 Knoten westlicher U-Boote, opferte wahrscheinlich eine leise Betriebsweise zugunsten dieser Geschwindigkeit [21].

Geschwindigkeit war aus mehreren Gründen wichtig. Ursprünglich wurden schnelle U-Boote als Waffe gegen Überwasserschiffe entwickelt. Zum Beispiel konnte die **USS Nautilus** mehr als 20 Knoten unter Wasser erreichen, was ausreichte, um Angriffen zu entkommen, jedoch unzureichend für Gegenangriffe war. Um dies zu beheben, wurde der nukleare Antrieb an den stromlinienförmigen „Tropfen"-Rumpf der **Albacore** angepasst, was zur **Skipjack**-Klasse führte, die eine Höchstgeschwindigkeit von mehr als 30 Knoten erreichte. In einem Vorfall während des Kalten Krieges zeigte ein sowjetisches U-Boot diese Fähigkeit, indem es 1968 den nuklearen Flugzeugträger **USS Enterprise** verfolgte und dabei eine ausreichende Geschwindigkeit beibehielt, um den Träger in Reichweite seiner Waffen zu halten.

Während die Sowjetunion ihr Nuklear-U-Boot-Programm weiter vorantrieb, konzentrierte sich die US-Marine auf Mehrzweck-Schiffe, die sowohl gegen U-Boote als auch gegen Überwasserschiffe eingesetzt werden konnten. Die hohe Geschwindigkeit der U-Boote der **Los Angeles**-Klasse, die in den 1970er und 1980er Jahren eingeführt wurden, ermöglichte es ihnen, mit den schnellen Überwasserschiffen Schritt zu halten, die die Sowjets voraussichtlich angreifen würden. Geschwindigkeit half auch dabei, U-Boote effizienter zu entfernten Patrouillengebieten zu entsenden, da ihre Vorräte sie auf Missionen von 60 bis 90 Tagen beschränkten. Je schneller sie ihre Patrouillengebiete erreichten, desto effektiver wurden ihre Einsätze [21].

Allerdings war Geschwindigkeit allein keine Garantie für ein erfolgreiches Entkommen. U-Boote, die eine leise Betriebsweise zugunsten von Geschwindigkeit opferten, wurden leichter entdeckt, und Mitte der 1950er Jahre waren die wichtigsten U-Boot-Abwehrwaffen – selbstlenkende Torpedos und nukleare Wasserbomben – schneller als die U-Boote, die sie anvisierten. Geschwindigkeit blieb ein wichtiger Faktor in der Unterwasserkriegsführung, doch sie brachte Kompromisse mit sich, insbesondere hinsichtlich Lärm und Erkennbarkeit.

Eine größere Tauchtiefe war ein weiterer wichtiger Designtrend und bot mehrere Vorteile. Tieftauchen ermöglichte eine bessere Tarnung und verbesserte die Sonarleistung, da U-Boote in verschiedenen Schichten des Meeres operieren konnten. Dies spiegelte sich in den Veränderungen der US-amerikanischen U-Boot-Sonarsysteme um 1960 wider, als neue kugelförmige Sonare die früheren zylindrischen Einheiten ersetzten. Die neuen Sonare produzierten schmalere Strahlen, die Ziele in unterschiedlichen Tiefen erkennen und die Reflexionen des Meeresbodens und der Oberfläche ausnutzen konnten.

Eine größere Tauchtiefe wurde auch bei hohen Geschwindigkeiten wichtig, da die Gefahr bestand, dass ein U-Boot versehentlich unter sichere Betriebstiefen sinken könnte. Die sowjetische **Alfa**-Klasse kombinierte die größte gemeldete Tauchtiefe (etwa 2.800 Fuß) mit der höchsten Geschwindigkeit (43 Knoten). Größere Tauchtiefen erforderten jedoch stärkere, schwerere Rümpfe und leistungsstärkere Kraftwerke. Dies stellte eine Herausforderung dar: Größere Rümpfe erhöhten den Widerstand und reduzierten den Geschwindigkeitsvorteil, der durch leistungsstärkere Motoren erzielt wurde. Die U-Boote der **Los Angeles**-Klasse tauschten zum Beispiel etwas von ihrer Tauchtiefe gegen höhere Geschwindigkeit ein, während die **Alfa**-Klasse eine teure Titanlegierung für den Rumpf verwendete, um Gewicht zu sparen und sowohl Geschwindigkeit als auch Tiefe beizubehalten [21].

Schalldämpfung wurde Ende der 1950er Jahre zu einem entscheidenden Fokus im U-Boot-Design. Bis dahin wurden U-Boote typischerweise durch aktives Sonar entdeckt, das Schallwellen von ihren Rümpfen reflektierte. Aktives Sonar hatte jedoch Einschränkungen in der Reichweite, und die Schallwellen, die es erzeugte, konnten vom gejagten U-Boot erkannt werden und es auf mögliche Gefahren aufmerksam machen. Anfang der 1950er Jahre entwickelte sich das passive Sonar zu einer neuen Methode der Ortung, bei der der Lärm erfasst wurde, den die eigenen Maschinen des U-Bootes erzeugten. Frühe Atom-U-Boote waren besonders anfällig für diese Art der Ortung, da ihre Maschinen, insbesondere die Pumpen zur Kühlmittelzirkulation, sehr laut waren [21].

Infolgedessen wurde die Schalldämpfung zur Priorität im U-Boot-Design. Pumpen von Druckwasserreaktoren wurden so umgestaltet, dass sie leiser arbeiteten, und viele U-Boote montierten ihre Maschinen auf schalldämpfenden Aufhängungen, die vom Rumpf getrennt waren. Diese Maßnahmen erhöhten die Größe, das Gewicht und die Kosten der U-Boote, reduzierten jedoch die Lärmbelastung erheblich. Einige U-Boote setzten auch Naturumlauf-Reaktoren ein, die leiser arbeiteten, da sie bei geringer bis mittlerer Leistung keine Pumpen benötigten.

Weitere Anstrengungen zur Lärmminderung umfassten das Beschichten der Rümpfe mit schallabsorbierendem Material, das auch dazu beitrug, selbstlenkende Torpedos abzuwehren. Diese Beschichtungen, kombiniert mit anderen Schalldämpfungstechniken, verbesserten die Tarnfähigkeit moderner U-Boote erheblich.

Die Ära des Kalten Krieges brachte die Entwicklung von U-Booten mit erhöhter Geschwindigkeit, größeren Tauchtiefen und fortschrittlicher Schalldämpfungstechnologie. Diese Verbesserungen ermöglichten es U-Booten, effektiver in der Unterwasserkriegsführung zu operieren, sei es bei der Jagd auf feindliche Schiffe oder beim Vermeiden der eigenen Erkennung [21].

Zusammenfassend lässt sich sagen, dass die Geschichte der U-Boot-Entwicklung von bedeutenden technologischen Fortschritten und strategischen militärischen Anwendungen geprägt ist, die sich von primitiven Entwürfen zu hoch entwickelten Schiffen mit Tarnfähigkeiten und fortschrittlichen Kampffähigkeiten entwickelt haben.

Teile eines U-Bootes

Ein U-Boot ist ein hochkomplexes Schiff, das aus zahlreichen Systemen und Komponenten besteht, die es ihm ermöglichen, über längere Zeiträume unter Wasser zu operieren. Im Folgenden finden Sie eine Übersicht über die allgemeinen Teile eines U-Bootes:

1. Rumpf

- **Druckkörper**: Der innere Rumpf, der dem äußeren Wasserdruck in der Tiefe standhält und die Besatzung schützt. Er ist in der Regel zylindrisch, um maximale Festigkeit und minimale Belastung zu gewährleisten.
- **Außenhülle**: Auch als „leichter Rumpf“ bekannt, sorgt sie für eine hydrodynamische Form und enthält die Ballasttanks, muss jedoch keinem hohen Druck standhalten.

2. Ballast- und Trimm-Systeme

- **Ballasttanks**: Zwischen dem inneren und äußeren Rumpf gelegen, kontrollieren diese Tanks den Auftrieb des U-Bootes, indem sie sich zum Tauchen mit Wasser und zum Auftauchen mit Luft füllen.
- **Trimmtanks**: Kleinere Tanks, die verwendet werden, um das Gleichgewicht (Trimm) des U-Bootes zu justieren und eine stabile Lage unter Wasser zu erhalten.

3. Antriebssystem

- **Kernreaktor (oder Dieselmotoren)**: Liefert die Energie für den Antrieb und die elektrischen Systeme des U-Bootes. Nukleare U-Boote verwenden einen Kernreaktor, während konventionelle U-Boote Dieselmotoren nutzen.
- **Elektromotoren**: Treiben das U-Boot unter Wasser an (bei nuklearen U-Booten werden sie vom Reaktor, bei diesel-elektrischen U-Booten von Batterien betrieben).
- **Propeller (Schraube)**: Liefert den Schub, um das U-Boot durch das Wasser zu bewegen.

4. Energiespeicherung

- **Batterien**: Speichern elektrische Energie, insbesondere bei diesel-elektrischen U-Booten, um die Elektromotoren zu betreiben, wenn das U-Boot unter Wasser ist und die Motoren nicht verwendet werden.
- **Brennstoffzellen (AIP-Systeme)**: In einigen modernen diesel-elektrischen U-Booten ermöglichen sie eine längere Unterwasserfahrt, ohne dass das U-Boot auftauchen muss.

5. Sonar- und Sensorsysteme

- **Sonar (Sound Navigation and Ranging)**: Wird zur Erkennung anderer Schiffe, zur Navigation unter Wasser und zur Kartierung des Meeresbodens verwendet. Es gibt aktives Sonar (sendet Schallwellen aus) und passives Sonar (horcht auf Geräusche).
- **Periskop oder Photonischer Mast**: Wird verwendet, um die Oberfläche zu beobachten, während das U-Boot in Periskoptiefe bleibt. Moderne U-Boote können optronische Masten verwenden, die Sensorarrays ohne das traditionelle Rohr umfassen, das die Hülle durchdringt.

6. Steuerflächen

- **Ruder**: Steuert die Richtung des U-Bootes (links oder rechts).
- **Tiefenruder**: Horizontale Flossen am Bug und/oder Heck, die die Tiefe des U-Bootes (auf oder ab) steuern, indem sie die Neigung des Fahrzeugs anpassen.

7. Besatzungs- und Kommandoräume

- **Kontrollraum (Brücke)**: Das Steuerzentrum des U-Bootes, in dem Navigation, Sonar und Waffensysteme überwacht und gesteuert werden.
- **Besatzungsquartiere**: Lebensräume für die Besatzung, einschließlich Schlafräume, Essbereiche und Freizeiträume.
  • **Messe/Kombüse**: Der Essbereich, in dem für die Besatzung Essen zubereitet und serviert wird.

8. Waffensysteme

- **Torpedorohre**: Am Bug (und manchmal am Heck) zur Abschuss von Torpedos.
- **Raketenstartsysteme**: In ballistischen Raketen-U-Booten (SSBNs) und Marschflugkörper-U-Booten (SSGNs) werden vertikale Startsysteme oder Raketenschächte verwendet, um Langstreckenraketen zu transportieren und abzuschießen.
- **Deckgeschütze**: Einige ältere U-Boote verfügen über externe Geschütze für den Kampf an der Oberfläche.

9. Lebenserhaltungssysteme

- **Sauerstofferzeugung und CO2-Abscheidung**: Systeme, die Sauerstoff erzeugen und Kohlendioxid aus der Luft entfernen, damit die Besatzung bei langen Tauchgängen atmen kann.
- **Wasseraufbereitung**: Wandelt Meerwasser in Trinkwasser für die Besatzung um.
- **Klimaanlage und Belüftung**: Hält angenehme und sichere atmosphärische Bedingungen im Inneren des U-Bootes aufrecht.

10. Navigations- und Kommunikationssysteme

- **Navigationssysteme**: Umfassen Trägheitsnavigationssysteme, GPS und sonarbasierte Navigation für getauchte Operationen.
- **Kommunikationssysteme**: Verschiedene Funk- und Satellitenkommunikationssysteme, um Kontakt mit anderen Schiffen und Kommandoeinrichtungen herzustellen. U-Boote können auch Schwimmantennen oder Schleppantennen verwenden, um im getauchten Zustand zu kommunizieren.

11. Steuer- und Tauchkontrollen

- **Rudersteuerung**: Die Steuerung des U-Bootes für Richtung, Geschwindigkeit und Tiefe.
- **Ballaststeuerung**: Dient der Verwaltung der Ballasttanks zum Auftauchen, Tauchen und zur Beibehaltung des korrekten Trimmzustands.

12. Notfallsysteme

- **Rettungskapseln/-luken**: Sicherheitssysteme, die der Besatzung im Notfall das Verlassen des U-Bootes ermöglichen.
- **Notfallboje**: Wird eingesetzt, um die Position des U-Bootes in Notsituationen zu signalisieren.

Diese Komponenten arbeiten zusammen, um es dem U-Boot zu ermöglichen, seine Missionen zu erfüllen, sei es für militärische Operationen, wissenschaftliche Erforschung oder andere Zwecke.

Abbildung 16: Das ballistische Raketen-U-Boot der Ohio-Klasse USS Tennessee (SSBN 734). Defense Visual Information Distribution Service, Public Domain, über Picryl.

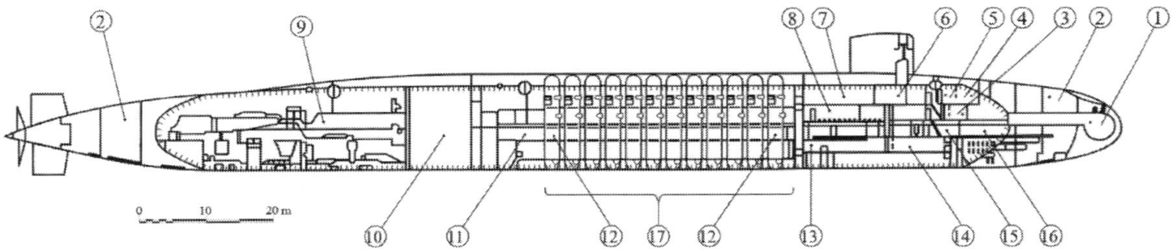

*Abbildung 17: Zeichnung eines U-Bootes der **Trident/Ohio**-Klasse. Voytek S, CC BY 3.0, über Wikimedia Commons.*

Komponenten:

1. Sonarkuppel
2. Hauptballasttanks
3. Computerraum
4. Integrierter Funkraum
5. Sonarraum

6. Kommando- und Kontrollzentrum
7. Navigationszentrum
8. Raketenleitzentrale
9. Maschinenraum
10. Reaktorkompartiment
11. Hilfsmaschinenraum Nr. 2
12. Schlafquartiere der Besatzung
13. Hilfsmaschinenraum Nr. 1
14. Torpedoraum
15. Offiziersmesse
16. Quartiere der Unteroffiziere
17. Raketenkompartiment

Außenhülle und Druckkörper

U-Boote sind in der Regel mit zwei Hauptkörpern konzipiert: der Außenhülle und dem Druckkörper. Der Druckkörper ist die innere Struktur, die alle kritischen Komponenten des U-Bootes beherbergt, einschließlich der Wohnräume, Waffensysteme, Kommunikations- und Kontrollsysteme, Batteriebänke sowie der Haupt- und Hilfsmaschinen. Die Hauptfunktion des Druckkörpers besteht darin, eine sichere, geschlossene Umgebung für die Besatzung und die empfindlichen Geräte zu bieten und sie vor dem enormen Wasserdruck zu schützen, der in großen Tiefen auftritt [12].

Der Druckkörper hat seinen Namen daher, dass er speziell dafür konstruiert ist, dem extremen hydrostatischen Druck standzuhalten, der entsteht, wenn das U-Boot in größere Tiefen hinabtaucht. Je tiefer das U-Boot operiert, desto größer wird der Druck, den das umgebende Wasser auf den Rumpf ausübt. Der Druckkörper wird aus robusten Materialien, häufig aus Stahl oder Titan, gefertigt, um diesen Bedingungen standzuhalten und sicherzustellen, dass das U-Boot seine strukturelle Integrität auch in der maximalen Betriebstiefe aufrechterhalten kann.

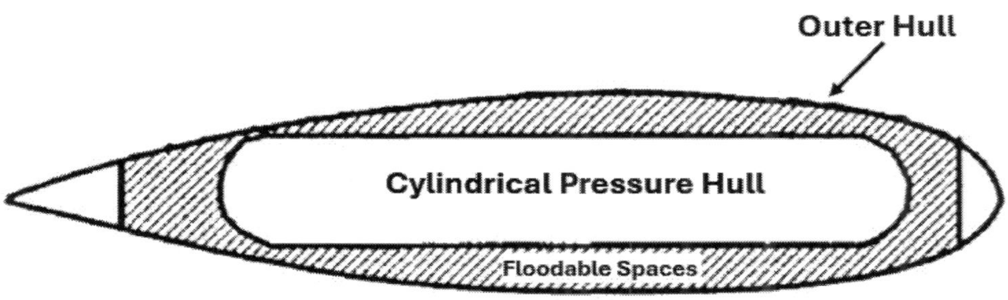

Abbildung 18: Zylindrischer Druckkörper und Außenhülle eines U-Bootes [12].

Die Druckhülle wird von der Außenhülle umgeben, die manchmal auch als leichte Hülle bezeichnet wird. Diese Hülle verleiht dem U-Boot seine hydrodynamische Form und ermöglicht es, effizient durch das Wasser zu gleiten. Der Raum zwischen der Außenhülle und der Druckhülle beherbergt oft die Ballasttanks, die entscheidend sind, um den Auftrieb des U-Bootes zu steuern und es bei Bedarf tauchen oder auftauchen zu lassen. Im Gegensatz zur Druckhülle ist die Außenhülle nicht dafür ausgelegt, dem Druck der Tiefsee standzuhalten, sondern dient dazu, das Schiff stromlinienförmig zu machen und seine Leistung in der Unterwasserumgebung zu verbessern. Gemeinsam ermöglichen die Druck- und die Außenhülle dem U-Boot, sicher und effektiv in großer Tiefe zu operieren.

Die Druckhülle eines U-Bootes befindet sich innerhalb der Außenhülle, die nicht druckdicht ist. Der Grund dafür liegt in den unterschiedlichen Funktionen der beiden Hüllen und der speziellen Umgebung, in der U-Boote operieren. Wenn ein U-Boot getaucht ist, wird der Raum zwischen der Außenhülle und der Druckhülle absichtlich mit Meerwasser geflutet. Dieser Bereich, oft als Ballasttankbereich bezeichnet, wird als Teil des Prozesses, der den Auftrieb des U-Bootes steuert, mit Wasser gefüllt, um das U-Boot tauchen oder auftauchen zu lassen [12].

Da dieser Raum unter Wasser ständig geflutet ist, wirkt der gleiche äußere Wasserdruck sowohl auf die Innen- als auch auf die Außenseite der Außenhülle. Daher ist der hydrostatische Druck auf die Außenhülle vernachlässigbar, da es keinen Druckunterschied gibt. Die Außenhülle muss somit nicht dem enormen Druck der Tiefsee widerstehen, da sie bereits mit dem umgebenden Meerwasser im Gleichgewicht ist. Ihre Hauptfunktion besteht darin, dem U-Boot eine stromlinienförmige, hydrodynamische Form zu verleihen, die es ihm ermöglicht, effizient durch das Wasser zu gleiten, anstatt es vor Wasserdruck zu schützen [12].

Die Druckhülle hingegen ist die entscheidende Komponente, die die inneren Räume des U-Bootes und seine Besatzung schützt. Diese innere Hülle ist dafür ausgelegt, dem enormen hydrostatischen Druck in großen Tiefen standzuhalten und das Innere des U-Bootes sicher und bewohnbar zu halten. Durch die Trennung der strukturellen Aufgaben von Druck- und Außenhülle stellt das U-Boot-Design sicher, dass das U-Boot seine Unterwasseraufgaben sicher und gleichzeitig effizient in Bewegung und Kontrolle ausführen kann [12].

Hauptballasttanks

In U-Booten werden die Räume zwischen der Außenhülle und der Druckhülle in Abteilungen unterteilt, die als Hauptballasttanks (MBTs) bezeichnet werden. Diese Tanks sind ein wesentlicher Bestandteil der Fähigkeit des U-Bootes, den Auftrieb zu steuern und bei Bedarf zu tauchen oder aufzutauchen. Die Konfiguration und Verteilung dieser Ballasttanks hängt vom Gesamtdesign des U-Bootes ab, insbesondere vom Verhältnis zwischen der Außenhülle und der Druckhülle. Die Platzierung der MBTs wird sorgfältig anhand der Form des U-Bootes und der Interaktion zwischen den beiden Hüllen festgelegt [12].

Der Betrieb der MBTs ist eng mit dem Tauchprozess des U-Bootes und der Gewährleistung seiner Stabilität unter Wasser verbunden. Durch das Befüllen der Ballasttanks mit Wasser wird das U-Boot dichter, verliert an Auftrieb und sinkt unter die Wasseroberfläche. Umgekehrt wird beim Auftauchen das Wasser in den MBTs oft mit Druckluft ausgestoßen, wodurch das U-Boot wieder auftriebfähiger wird und an die Oberfläche steigt. Das Design der MBTs spielt eine entscheidende Rolle dafür, wie reibungslos und effizient dieser Prozess ablaufen kann.

In einigen U-Boot-Designs befinden sich die MBTs nur im vorderen und hinteren Bereich des Schiffes. Das bedeutet, dass die Bereiche am Bug und Heck des U-Bootes über dedizierte Ballasttanks verfügen, während der Raum zwischen der Druckhülle und der Außenhülle entlang des Mittelteils minimiert oder sogar eliminiert wird. In diesen Designs verläuft die Druckhülle im mittleren Abschnitt des U-Bootes nahezu bündig mit der Außenhülle, wodurch die Struktur stromlinienförmiger wird [12].

Andere U-Boot-Designs weisen eine deutlichere Trennung zwischen der Außenhülle und der Druckhülle entlang der gesamten Länge des U-Bootes auf. In diesen Fällen wird der Raum zwischen den beiden Hüllen für Ballast genutzt, und die MBTs erstrecken sich über die gesamte Länge des U-Bootes. Dieses Design ermöglicht eine gleichmäßigere Verteilung des Ballasts und kann die Fähigkeit des U-Bootes verbessern, Tiefe und Stabilität während des Betriebs zu steuern. Die Wahl der MBT-Konfiguration hängt von den spezifischen Anforderungen der Mission des U-Bootes und den allgemeinen ingenieurtechnischen Zielen des Designs ab [12].

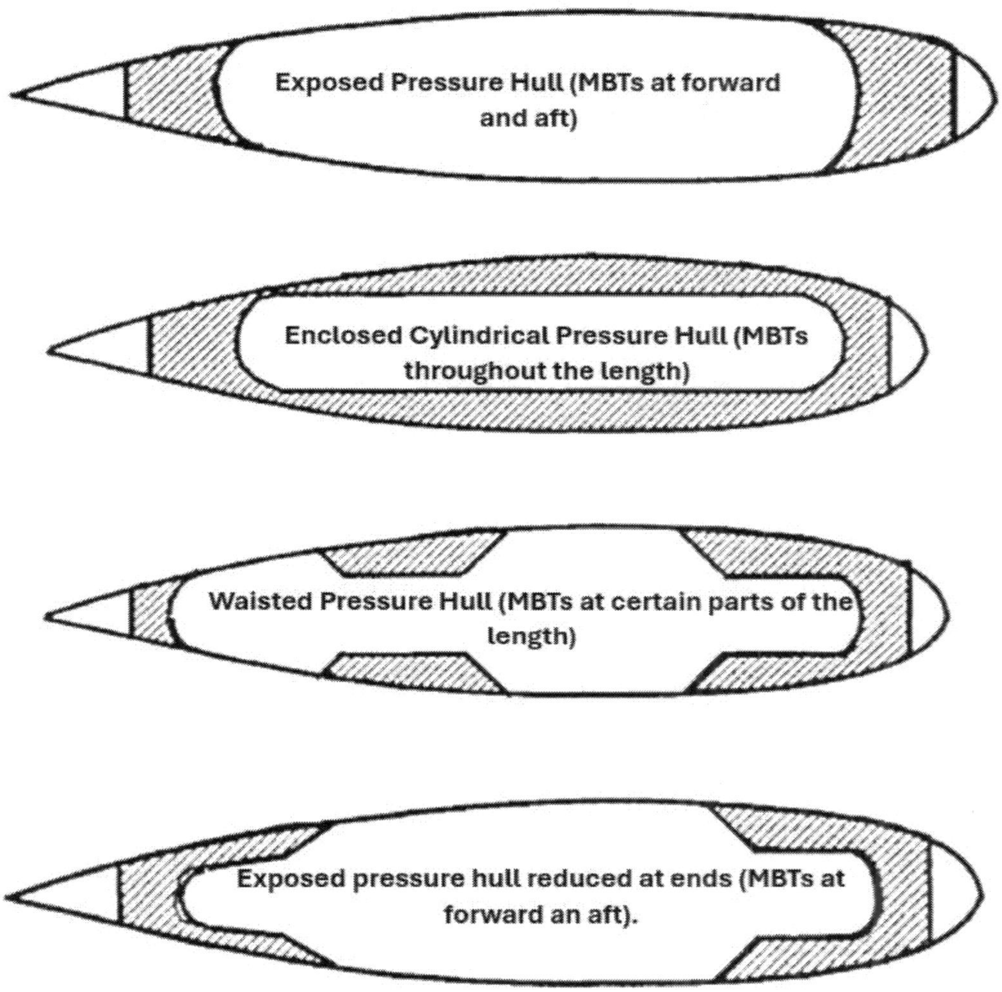

Abbildung 19: Einige Anordnungen der MBTs [12].

Segel oder Brückenfinne

Das Segel eines U-Bootes, auch als Kommando- oder Brückenfinne bekannt, ist die stromlinienförmige Struktur, die über der Außenhülle ragt. Im Gegensatz zur Druckhülle ist das Segel nicht dafür ausgelegt, dem Druck in großen Tiefen standzuhalten; stattdessen ist es so geformt, dass es den Widerstand minimiert, während das U-Boot gerade unter der Oberfläche oder mit seinem Segel oberhalb der Wasserlinie fährt. Das Segel beherbergt verschiedene Masten und Sensoren, die eingesetzt werden können, wenn das U-Boot in der Nähe der Oberfläche operiert, sodass es die Umgebung überwachen kann, während es einen gewissen Grad an Tarnung beibehält [12].

Innerhalb des Segels werden verschiedene Masten aufbewahrt, die bei Bedarf ausgefahren werden. Dazu gehören der Periskopmast, der Kommunikationsmast, der Radarmast und der Waffensensormast, unter anderem. Diese Masten sind für die Operationen eines U-Bootes entscheidend, insbesondere wenn es Informationen sammeln, mit anderen Schiffen oder Kommandozentralen kommunizieren oder Bedrohungen erkennen muss, während es sich verborgen direkt unter der Oberfläche befindet. Durch das Ausfahren dieser Masten aus dem Segel, während das U-Boot selbst getaucht bleibt, kann die Besatzung die situative Wahrnehmung aufrechterhalten, ohne das Schiff vollständig zu exponieren.

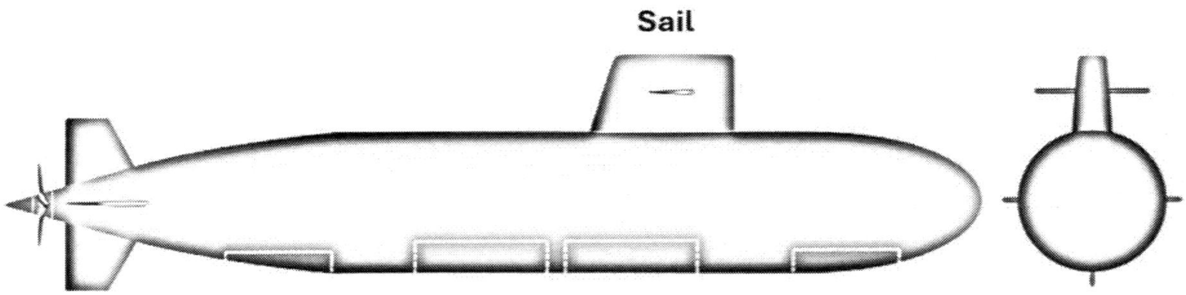

Abbildung 20: Brückenfinne oder Segel in einem U-Boot.

Das Segel selbst ist mit einer Tragflächenform gestaltet, die als Hydrofoil wirkt, wenn das U-Boot in der Nähe der Oberfläche fährt. Dieses aerodynamische Design reduziert den Widerstand des U-Bootes, verbessert seine Geschwindigkeit und Effizienz und minimiert Störungen im Wasser. Den Widerstand auf ein Minimum zu halten, ist entscheidend, da dies die Bildung von Wasserwirbeln um das Segel reduziert. Dies trägt wiederum dazu bei, die akustische Signatur des U-Bootes zu senken, was die Erkennung durch Sonar erschwert. Das stealthy Design des Segels stellt sicher, dass das U-Boot leiser und effizienter operieren kann, wodurch seine Fähigkeit zur Durchführung geheimer Missionen verbessert wird [12].

Steuerflächen

Wenn ein U-Boot getaucht ist, verlässt es sich auf Hydroflügel, um seine Richtung und Tiefe zu steuern. Diese Hydroflügel fungieren als Steuerflächen, ähnlich wie die Steuerflächen eines Flugzeugs. Um ihre Rolle vollständig zu verstehen, ist es wichtig, zunächst die Art der Bewegungen zu erkennen, die ein U-Boot unter Wasser erfährt. Im Gegensatz zu Überwasserschiffen sind U-Boote weniger von den Effekten der Oberflächenwellen betroffen, sodass sie weniger Auftrieb (vertikale Bewegung) und Nickbewegung (Vorwärts- und Rückwärtsneigung) erfahren. Die stabilere Unterwasserumgebung ermöglicht eine präzisere Steuerung der Bewegungen des U-Bootes mithilfe von Hydroflügeln [12].

Ein typisches U-Boot ist mit Paaren von Hydroflügeln oder Finnen ausgestattet, die sich im vorderen und hinteren Bereich des Schiffes befinden. Diese Hydroflügel arbeiten unabhängig, um den Auftrieb und die Nickbewegung des U-Bootes zu steuern. Die vorderen Hydroflügel helfen, die Tiefe des U-Bootes zu verwalten, während die hinteren Hydroflügel die Nickbewegung oder Neigung des U-Bootes aufrechterhalten. Darüber hinaus gibt es vertikale Hydroflügel im hinteren Bereich, die ähnlich wie Ruder bei einem Schiff funktionieren. Diese Hydroflügel ermöglichen es dem U-Boot, seine laterale Richtung während der Bewegung zu ändern. Im Gegensatz zu Überwasserschiffen sind die Ruder eines U-Bootes jedoch vor dem Propeller positioniert.

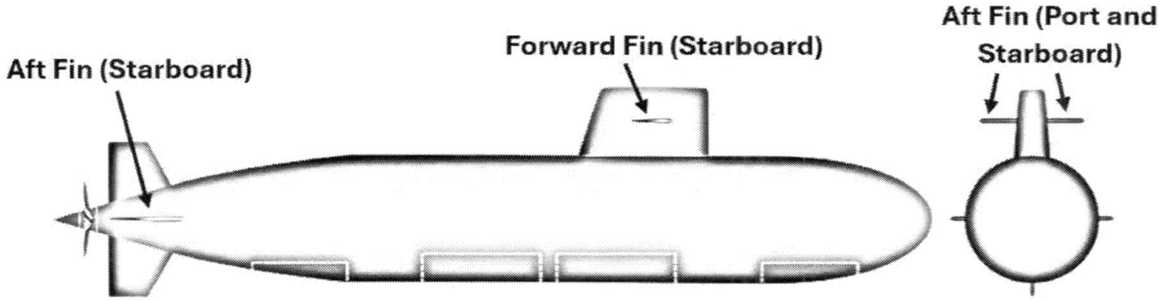

Abbildung 21: Finnen an einem U-Boot.

Der Grund für diesen Unterschied im Design liegt darin, dass bei Überwasserschiffen das Ruder hinter dem Propeller platziert ist, um den Ausfluss des Propellers zu nutzen, der maximalen Auftrieb und Steuerungseffizienz erzeugt. Bei einem U-Boot hingegen ist der gesamte Rumpf getaucht, und der Wasserfluss um das Schiff ist glatter und stromlinienförmiger. Durch die Platzierung des Ruders vor dem Propeller profitiert das U-Boot von diesem ungestörten Fluss, der es dem Ruder ermöglicht, effizienter zu arbeiten. Wäre das Ruder hinter dem Propeller angebracht, wäre der Wasserfluss turbulenter, was die Wahrscheinlichkeit von Kavitation erhöhen würde. Kavitation kann die Steuerungseffizienz verringern und Geräusche erzeugen, die die Position des U-Bootes verraten könnten [12].

Es ist wichtig zu beachten, dass Hydroflügel bei höheren Geschwindigkeiten am effektivsten sind. Bei langsameren Geschwindigkeiten nimmt die Effizienz der Hydroflügel ab, was es schwieriger machen kann, die Bewegungen des U-Bootes zu steuern. Bei höheren Geschwindigkeiten hingegen können die Hydroflügel mehr Auftrieb erzeugen, was sie äußerst effektiv für präzise Anpassungen in Tiefe und Richtung macht. Deshalb verlassen sich U-Boote darauf, eine bestimmte Geschwindigkeit beizubehalten, wenn sie sich unter Wasser manövrieren müssen.

Allgemeine Anordnung

Die allgemeine Anordnung eines U-Bootes beinhaltet die strategische räumliche Verteilung seiner Hauptkompartimente und Systeme entlang der Länge und Breite des Rumpfes. Das Design des U-Bootes weist zwei unterscheidbare Rumpfteile auf: die Druckhülle, die die lebenswichtigen Systeme beherbergt und dafür gebaut ist, dem Druck in den operativen Tiefen standzuhalten, sowie die Außenhülle, die die hydrodynamische Form bietet und die gefluteten Bereiche umschließt, in denen sich einige Systeme wie Sensoren befinden.

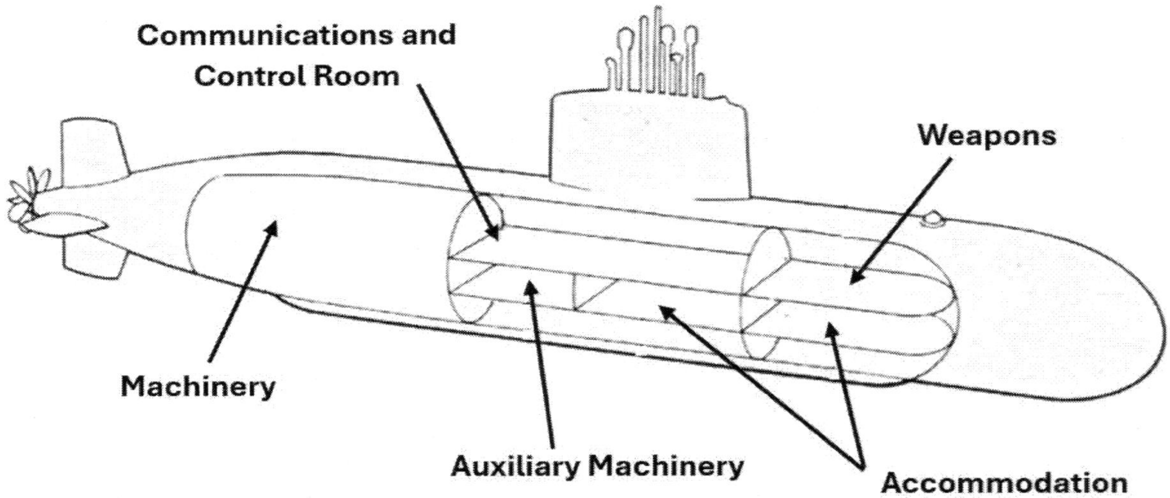

Abbildung 22: Schematische allgemeine Anordnung eines diesel-elektrischen U-Bootes.

Der vordere Bereich der Druckhülle ist den Waffensystemen und Sensoren gewidmet. Die Sensoren sind im gefluteten Raum zwischen der Außenhülle und dem vorderen Abschnitt der Druckhülle untergebracht. Diese Platzierung ist entscheidend, da die Anordnung der Sensoren im vorderen Bereich Störungen durch Geräusche, die von Maschinen im hinteren Bereich erzeugt werden, minimiert und Turbulenzen, die durch den Wasserfluss nahe dem Heck entstehen, vermeidet. Im vorderen Bereich befinden sich außerdem die Torpedorohre des U-Bootes, die Torpedos und die damit verbundenen Start- und Betriebssysteme. Die Torpedorohre erstrecken sich von der Druckhülle bis zur Peripherie der Außenhülle, was das Laden und Abfeuern der Waffen erleichtert [12].

Der Mittelbereich des U-Bootes erfüllt mehrere wichtige Funktionen. Ein Hauptkompartiment in diesem Bereich ist das Steuer- und Waffenkontrollzentrum. Dieses Kompartiment beherbergt alle wesentlichen Steuerungssysteme für Navigation, Waffenabfeuerung, Maschinenbetrieb und Kommunikation. Moderne U-Boote sind hochautomatisiert, sodass nahezu alle operativen Aufgaben während Patrouillen oder militärischer Einsätze von diesem zentralen Kommando-Bereich aus gesteuert werden können, ohne dass die Besatzung an anderen Stellen im U-Boot anwesend sein muss. Dieses Kontrollkompartiment verwaltet auch die externen Kommunikationsverbindungen und verknüpft das U-Boot mit seiner Basis oder anderen externen Datenquellen [12].

Zusätzlich beherbergt der Mittelbereich Unterkunfts- und Lebenserhaltungssysteme, einschließlich der Schlafräume der Besatzung, Toiletten, der Kombüse und von Lebensmittelaufbewahrungsbereichen wie Kühl- und Kaltlagerräumen. Diese Anordnung bietet einen einfachen Zugang sowohl zu den vorderen als auch zu den hinteren Abschnitten des U-Bootes, was die Funktionalität und die Notfall-Evakuierung verbessert. Da sich dieser Bereich auch unter dem Segel befindet, bietet er im Notfall eine strategische Fluchtmöglichkeit für die Besatzung.

Ein weiterer kritischer Bestandteil im Mittelbereich ist der Batteriebereich, der für die Stromversorgung des U-Bootes, insbesondere bei diesel-elektrischen U-Booten, entscheidend ist. Die Batterien, die von Dieselgeneratoren aufgeladen werden, bestehen aus Wasserstoffzellen, die in Anordnungen gestapelt sind. Aus Gründen der Redundanz und Sicherheit sind diese Batterien oft auf mehrere wasserdichte Kompartimente verteilt. Die Beseitigung von Wasserstoff und die richtige Belüftung sind in diesen Kompartimenten von zentraler Bedeutung, da eine Wasserstoffansammlung zu gefährlichen Explosionen führen könnte [12].

Im hinteren Bereich des U-Bootes befindet sich das Maschinen- und Hilfsmaschinenkompartiment. Die Hauptmaschinen umfassen Systeme wie die Dieselgeneratoren, die die Batterien aufladen, die Klimaanlage und die Hochdruckluftsysteme. Diese Systeme sind entscheidend für den Betrieb des U-Bootes und die Lebensbedingungen der Besatzung. Eine wasserdichte Trennwand trennt das Hauptmaschinenkompartiment vom Hilfsmaschinenkompartiment, das Hilfsantriebsmotoren, ein Hilfsklimasystem und andere kritische Backup-Systeme enthält. Diese Hilfssysteme unterstützen die Hauptoperationen des U-Bootes und gewährleisten die kontinuierliche Funktionsfähigkeit.

Schließlich beherbergt das Antriebskompartiment, das sich ganz hinten im U-Boot befindet, den Haupt-Elektromotor für den Antrieb, die Antriebswelle und die zugehörigen Systeme. Dieser Bereich enthält auch die Heckwelle und die vorderen sowie hinteren Dichtungen, die die wasserdichte Integrität an den Rumpföffnungen gewährleisten. Bei diesel-elektrischen U-Booten kann sich in diesem Kompartiment auch das Untersetzungsgetriebe befinden, das eine wichtige Komponente für die Übersetzung der Motorleistung in Antrieb ist. Die Anordnung dieser Systeme stellt sicher, dass das U-Boot effizient manövrieren und den Antrieb selbst in komplexen Unterwasserumgebungen aufrechterhalten kann [12].

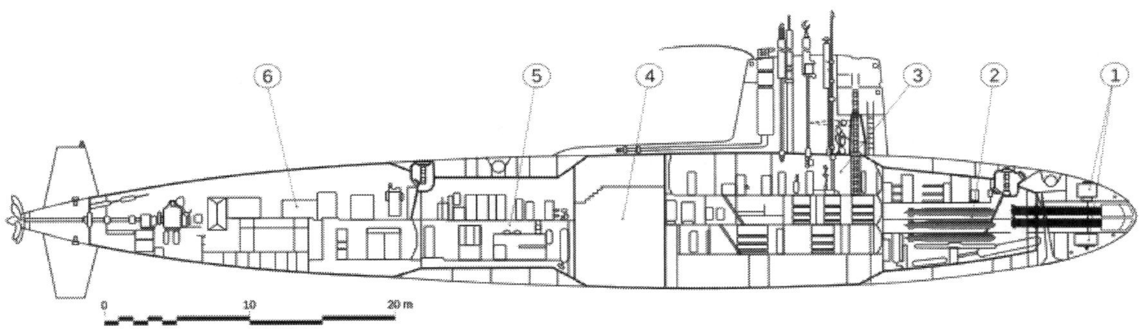

Abbildung 23: Anordnung eines U-Bootes der ***Skipjack****-Klasse. Voytek S, CC BY 3.0, über Wikimedia Commons.*

Anordnungen der Skipjack-Klasse:

1. Sonararrays
2. Torpedoraum
3. Betriebsraum
4. Reaktorkompartiment
5. Hilfsmaschinenraum
6. Maschinenraum

Diese allgemeine Anordnung der Kompartimente und Systeme des U-Bootes ermöglicht einen effizienten Betrieb, Sicherheit und Überlebensfähigkeit sowohl während der Friedenspatrouillen als auch während militärischer Einsätze.

Rumpfform eines U-Boot-Designs

Die frühen U-Boote hatten eine Rumpfform, die sich erheblich von modernen Designs unterscheidet. Ursprünglich basierte die Rumpfform auf der idealen stromlinienförmigen Form mit einem parabolischen Bug und einem elliptischen Heck, was den Widerstand minimierte und weniger Energie aufgrund der Reduzierung der Strömungstrennung um den Rumpf erforderte. Dieses Design, das erstmals in den 1940er Jahren verwendet wurde, zielte darauf ab, maximale hydrodynamische Effizienz zu erreichen. Es wurde jedoch klar, dass die stromlinienförmige Form erhebliche Nachteile mit sich brachte. Die schmale Rumpfform, die sich sowohl vor als auch hinter dem Mittelteil stark verjüngte, führte zu einem begrenzten nutzbaren Volumen. Dieser eingeschränkte Innenraum erschwerte die Integration mehrerer Decks und erhöhte die Produktionskosten.

Bis Ende der 1970er Jahre kam es zu einem Wandel im Design des U-Boot-Rumpfes. Die stromlinienförmige Form wurde durch einen langen zylindrischen Mittelteil mit elliptischen Bug- und Heckabschnitten ersetzt. Obwohl dieses Design den Widerstand und die Leistungsanforderungen erhöhte, überwogen die Vorteile in Bezug auf Produktion und inneren Raum diese Nachteile. Zylindrische Abschnitte sind einfacher und kostengünstiger zu konstruieren, was zu niedrigeren Gesamtherstellungskosten führt. Darüber hinaus ermöglicht die zylindrische Form die Integration mehrerer Decks, wodurch das nutzbare Innenvolumen des U-Bootes erheblich vergrößert und die operationale Effizienz gesteigert wird.

Die Form und Geometrie des Rumpfes eines U-Bootes sind im Designprozess entscheidend, da sie verschiedene Faktoren über das interne Volumen hinaus beeinflussen. Beispielsweise verbessert ein zylindrischer Rumpf die Manövrierfähigkeit des U-Bootes aufgrund der größeren hydrodynamischen Kräfte, die von den Hydroflügeln erzeugt werden. Forschungen haben gezeigt, dass ein optimales Verhältnis von Länge zu Breite (L/B) von 6 bis 8 die beste Balance zwischen niedrigem Widerstand und hoher Manövrierfähigkeit bietet. Dieses Verhältnis wird zu einem Leitprinzip bei der Bestimmung der Gesamtabmessungen des U-Bootes.

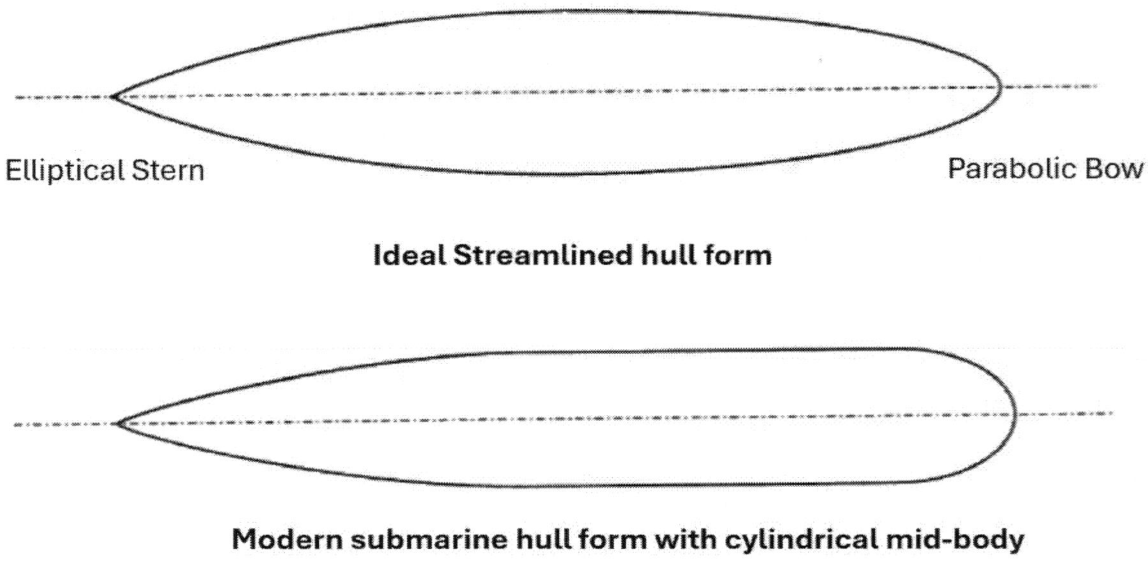

Abbildung 24: Rumpfformen von U-Booten.

Der Durchmesser des U-Bootes ist ein weiterer wichtiger Designfaktor, der oft durch die erforderliche Länge und das Volumen der Druckhülle bestimmt wird. Der Durchmesser beeinflusst, wie viele Decks in der Druckhülle integriert werden können, was wiederum die Anzahl der funktionalen Ebenen innerhalb des U-Bootes beeinflusst. Kleinere U-Boote mit Rumpfdurchmessern zwischen 4 und 7 Metern haben typischerweise ein Deck, was zu zwei zugänglichen Ebenen (oberhalb und unterhalb des Decks) führt. U-Boote mit Rumpfdurchmessern von 7 bis 8 Metern können zwei Decks und drei zugängliche Ebenen unterbringen, was ein gängiges Design für größere diesel-elektrische U-Boote ist.

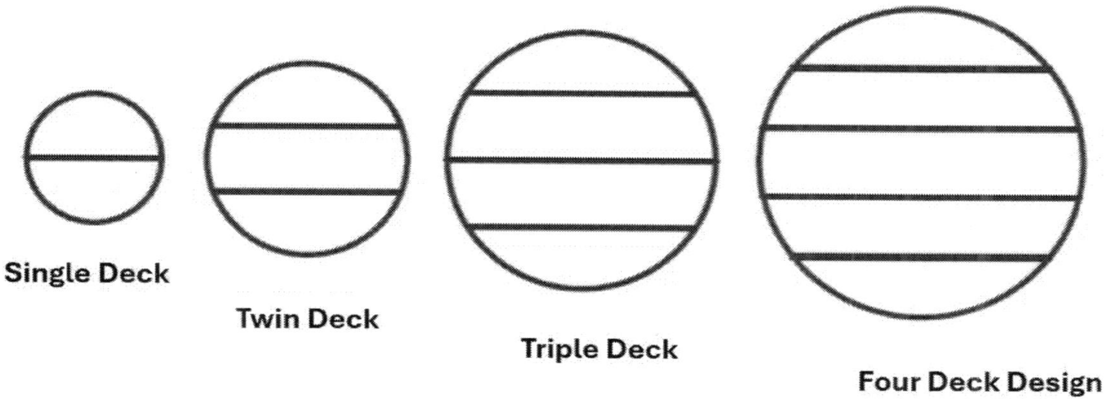

Abbildung 25: Mögliche Deckebenen für unterschiedliche Rumpfdurchmesser.

Der Durchmesser des U-Bootes ist ein weiterer entscheidender Designfaktor, der oft durch die erforderliche Länge und das Volumen der Druckhülle bestimmt wird. Der Durchmesser beeinflusst, wie viele Decks in der Druckhülle untergebracht werden können, was wiederum die Anzahl der funktionalen Ebenen im U-Boot beeinflusst. Kleinere U-Boote mit Rumpfdurchmessern zwischen 4 und 7 Metern haben typischerweise ein Deck, was zu zwei zugänglichen Ebenen (oberhalb und unterhalb des Decks) führt. U-Boote mit Rumpfdurchmessern von 7 bis 8 Metern können zwei Decks und drei zugängliche Ebenen unterbringen, was ein gängiges Design für größere diesel-elektrische U-Boote ist.

Für noch größere U-Boote, wie z.B. diejenigen, die mit Kernenergie betrieben werden, ermöglichen Durchmesser zwischen 9 und 13 Metern die Unterbringung von drei oder vier Decks, was erheblichen vertikalen Raum bietet. Dies ist besonders wichtig für die Unterbringung großer Komponenten wie Kernreaktoren, die erheblichen Platz für einen sicheren Betrieb benötigen. Die Fähigkeit, mehrere Decks in das Design zu integrieren, erhöht die volumetrische Effizienz, ein wichtiger Aspekt zur Maximierung der Fähigkeiten des U-Bootes.

Im Designprozess muss ein guter U-Boot-Designer die volumetrischen Anforderungen verschiedener Kompartimente und Systeme ausbalancieren. Einige Räume, wie die Hauptballasttanks, haben sehr spezifische Volumenanforderungen, während andere, wie die Batterieblöcke, durch spezifische Abmessungen definiert sind. Bestimmte Systeme, wie Torpedo-Betriebstanks und Ballasttanks, können Volumenanforderungen haben, sind jedoch flexibler in der Form. Ein erfahrener Designer wird diese Bedürfnisse in verschiedenen Phasen des Designprozesses priorisieren und sicherstellen, dass das U-Boot alle betrieblichen Anforderungen erfüllt, während es Raum und Funktionalität optimiert.

Stabilität ist ein weiterer kritischer Aspekt des U-Boot-Designs. Obwohl es weniger kompliziert erscheinen mag als bei Überwasserschiffen, ist die Stabilität von U-Booten viel nuancierter, da das U-Boot sowohl an der Oberfläche als auch getaucht operieren muss. Die Stabilitätseigenschaften eines U-Bootes ändern sich dramatisch, wenn es taucht oder auftaucht, was Situationen schaffen kann, in denen das Schiff Gefahr läuft, zu kentern oder umzukippen. Die Aufrechterhaltung der Stabilität während dieser Übergänge ist entscheidend für den sicheren und effektiven Betrieb des U-Bootes.

Letztendlich umfasst das Design eines U-Bootes das Finden eines empfindlichen Gleichgewichts zwischen hydrodynamischer Leistung, internem Volumen, struktureller Integrität und Stabilität. Das Erreichen einer maximalen volumetrischen Effizienz, während die spezifischen Anforderungen verschiedener Systeme erfüllt und die betriebliche Stabilität gewahrt wird, ist das Markenzeichen eines gut gestalteten U-Bootes.

Schlüsselüberlegungen für das Design von U-Booten

Das Design eines U-Bootes ist ein komplexer Prozess, der die Balance zwischen zahlreichen Faktoren erfordert, um sicherzustellen, dass das Schiff effektiv unter Wasser operiert, stealthy bleibt und seine missionkritischen Funktionen erfüllt. Eine der wichtigsten Überlegungen ist die Rumpfform und -geometrie, die eine entscheidende Rolle bei der Bestimmung des Widerstands, der Manövrierfähigkeit und des Innenraums des U-Bootes spielt. Ein stromlinienförmiger Rumpf minimiert den Widerstand und verbessert die Effizienz, während ein zylindrischer Rumpf mehr nutzbares Innenvolumen bietet, das für die Unterbringung von Ausrüstung, Waffen und Unterkünften der Besatzung unerlässlich ist. Designer müssen die hydrodynamische Leistung sorgfältig mit der räumlichen Effizienz abwägen, wobei das optimale Verhältnis von Länge zu Breite, das typischerweise zwischen 6 und 8 liegt, berücksichtigt werden muss, um Stabilität und Manövrierfähigkeit ohne übermäßigen Widerstand zu gewährleisten.

Ein weiterer wichtiger Aspekt ist das Design der Druckhülle, die stark genug sein muss, um dem enormen hydrostatischen Druck in großen Tiefen standzuhalten. Der Rumpf wird typischerweise aus Materialien wie Stahl, Titan oder fortschrittlichen Verbundwerkstoffen gefertigt, wobei die Wahl des Materials die Kosten, das Gewicht und die maximale Einsatztiefe beeinflusst. U-Boote sind außerdem in mehrere wasserdichte Kompartimente innerhalb der Druckhülle unterteilt. Diese Abteilungsstruktur erhöht die Sicherheit, indem sichergestellt wird, dass im Falle eines Lecks beschädigte Abschnitte abgedichtet werden können, sodass das U-Boot seine Auftriebskraft beibehalten und katastrophale Ausfälle vermeiden kann.

Die Auftrieb- und Ballastsysteme sind entscheidend für die Kontrolle der Fähigkeit eines U-Bootes, zu tauchen und aufzutauchen. Hauptballasttanks (MBTs), die sich zwischen der Außen- und der Druckhülle befinden, sind verantwortlich für die Steuerung des Auftriebs des U-Bootes, indem sie mit Wasser oder Luft gefüllt werden. Ihre Konfiguration und Platzierung sind entscheidend, um das Gleichgewicht und die Stabilität während der Tauch- und Auftriebsoperationen zu gewährleisten. Eine präzise Auftriebssteuerung ist unerlässlich, um einen neutralen Auftrieb aufrechtzuerhalten, der es dem U-Boot ermöglicht, in einer konstanten Tiefe zu bleiben, ohne übermäßige Energie aufzuwenden.

Das Antriebssystem ist ein weiterer wichtiger Aspekt. Kernbetrieben U-Boote bieten eine verlängerte Unterwasser-Ausdauer und Reichweite, ohne dass ein Auftauchen erforderlich ist, während diesel-elektrische U-Boote kostengünstiger sind, jedoch periodisches Auftauchen oder die Verwendung eines Schnorchels benötigen, um Batterien aufzuladen. Die Wahl des Antriebssystems beeinflusst die betriebliche Ausdauer, Geschwindigkeit, Stealth und logistische Anforderungen des U-Bootes. Der lautlose Betrieb ist auch entscheidend für die Tarnung, daher müssen Antriebssysteme Geräusche minimieren, indem Vibrationen und Schallemissionen von Komponenten wie dem Propeller, dem Motor und den Kühlsystemen reduziert werden.

Stabilität und Manövrierfähigkeit sind kritische Faktoren für U-Boote, da sie die Kontrolle sowohl an der Oberfläche als auch beim Tauchen aufrechterhalten müssen. U-Boote verlassen sich auf Hydroflügel und Ruder, um ihre Tiefe und Richtung zu steuern, wobei die Größe und Position dieser Steuerflächen die Fähigkeit des U-Bootes beeinflusst, effizient zu manövrieren. Designer müssen sicherstellen, dass das U-Boot während der Übergänge zwischen aufgetauchten und getauchten Bedingungen stabil bleibt und Änderungen im Auftrieb und der Trim-Lage berücksichtigt, um den Verlust der Kontrolle oder das Kentern zu verhindern.

Stealth und akustische Signatur sind zentral für die Effektivität eines U-Bootes, um der Entdeckung zu entgehen. Die akustische Dämpfung umfasst die Reduzierung des Geräuschs, das von der Bordmaschinerie erzeugt wird, die Minimierung der Propeller-Kavitation und die Verwendung von schalldämpfenden Materialien an der Hülle, um die Erkennung durch feindliche Sonarsysteme zu reduzieren. Die Form der Hülle und spezielle Beschichtungen wie anechoische Fliesen sind ebenfalls darauf ausgelegt, Sonarsignale zu absorbieren und Geräusche zu reduzieren, wodurch die Tarnfähigkeiten weiter verbessert werden.

Ein weiterer wichtiger Aspekt sind die Waffensysteme und die Tragfähigkeit. U-Boote sind mit Torpedorohren und Raketenstartern ausgestattet, wobei die Platzierung und Anzahl dieser Systeme für die Kampfeffektivität optimiert ist, während die Auswirkungen auf Stealth und Manövrierfähigkeit minimiert werden. Moderne U-Boote sind mit Flexibilität in der Tragfähigkeit konzipiert, sodass sie eine Vielzahl von Munition transportieren und einsetzen können, einschließlich Torpedos, Kreuzfahrtraketen, Minen und unbemannte Unterwasserfahrzeuge (UUVs).

U-Boote benötigen auch fortschrittliche Sensoren und Kommunikationssysteme. Sonarsysteme sind entscheidend für die Navigation und situative Wahrnehmung, während Kommunikationssysteme es dem U-Boot ermöglichen, den Kontakt zu Überwassereinheiten oder Kommandozentralen auch im getauchten Zustand aufrechtzuerhalten. Diese Systeme müssen sorgfältig integriert werden, um die Tarnung des U-Bootes nicht zu gefährden und gleichzeitig eine zuverlässige Leistung in verschiedenen Unterwasserumgebungen zu gewährleisten.

Die Unterbringung der Besatzung und die Lebenserhaltung sind für lange Missionen unerlässlich. U-Boote müssen so gestaltet sein, dass der Raum für die Schlafräume der Besatzung, die Lagerung von Lebensmitteln und sanitäre Einrichtungen optimiert wird, um den Komfort und das Wohlbefinden der Besatzung während längerer Einsätze zu gewährleisten. Lebenserhaltungssysteme, einschließlich der Erzeugung von Sauerstoff, CO_2-Filterung und Abfallmanagementsystemen, sind entscheidend für die Aufrechterhaltung einer bewohnbaren Umgebung, selbst unter den härtesten Bedingungen.

Die Ausdauer und das Energiemanagement des U-Bootes sind ebenfalls wichtige Designüberlegungen. Diesel-elektrische U-Boote verlassen sich auf Batteriesysteme zur Energiespeicherung zwischen den Ladezeiten, während kernbetriebene U-Boote ein effektives Energiemanagement benötigen, um die Bordanlagen effizient zu betreiben. Die Ausdauer eines U-Bootes wird durch seine Größe, seine Antriebssysteme und die Fähigkeit bestimmt, ohne Nachschub auf See zu bleiben, was die operationale Fähigkeit beeinflusst.

Schließlich sind Sicherheits- und Notfallsysteme entscheidend für das Überleben der Besatzung im Notfall. Wasserdichte Integrität, Abteilungsstruktur und Schadensbegrenzungssysteme sind unerlässlich, um die operationale Fähigkeit des U-Bootes nach einem Vorfall aufrechtzuerhalten. Redundante Systeme gewährleisten, dass das U-Boot weiterhin funktionsfähig ist, selbst wenn kritische Komponenten beschädigt sind.

Die Balance zwischen diesen Schlüsseldesignüberlegungen ist eine bedeutende Herausforderung im U-Boot-Design. Jede Entscheidung wirkt sich auf die Leistung, die operationale Fähigkeit und die Gesamtkosten des Schiffs aus, was den Designprozess zu einem spezialisierten und anspruchsvollen Bereich des Schiffbaus macht.

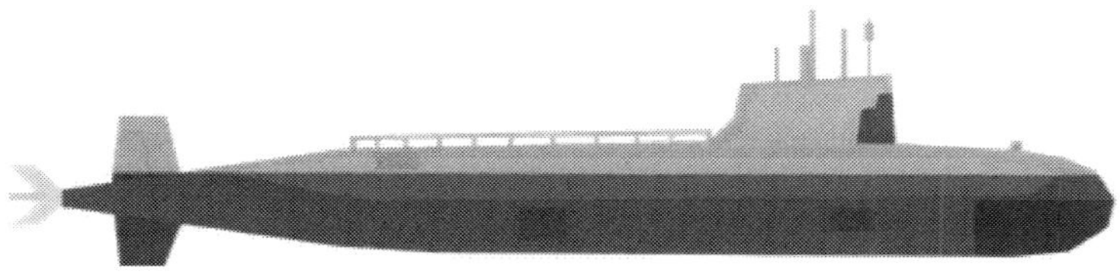

Kapitel 2

Grundprinzipien der U-Boot-Architektur

Rumpfdesign und strukturelle Integrität

Das Design von U-Booten ist eine anspruchsvolle Kunst, die ein Gleichgewicht zwischen Funktionalität und Überlebensfähigkeit erfordert. Im Kern der Struktur eines U-Bootes befindet sich der Druckrumpf, eine wasserdichte Barriere, die nicht nur das Eindringen des Ozeans ins Innere verhindert, sondern auch die strukturelle Integrität des Schiffes sicherstellt. Dieser Rumpf bietet eine sichere und bewohnbare Umgebung für die Besatzung, selbst in den erdrückenden Tiefen des Ozeans. Den Druckrumpf umgibt eine äußere Struktur, die für hydrodynamische Effizienz konzipiert ist, sodass das U-Boot mit minimalem Widerstand durch Unterwassergebiete navigieren kann. Diese äußere Struktur ist flutbar, wodurch das U-Boot tauchen kann, indem es seine Ballasttanks mit Wasser füllt, und dann mit Druckluft entleert wird, wenn es an der Zeit ist, aufzutauchen [27].

Der Druckrumpf ist die primäre Barriere des U-Bootes gegen die intensiven Unterwasserdrücke, denen es in Tiefen von hunderten Metern ausgesetzt ist. Der Rumpf besteht typischerweise aus hochfestem Stahl, der aufgrund seiner Fähigkeit gewählt wird, sowohl den enormen externen Drücken als auch der wiederholten Ermüdung, die durch die ständigen Tauch- und Auftriebszyklen entsteht, standzuhalten. Die dicken Platten, die erforderlich sind, um diesen Kräften standzuhalten, erhöhen jedoch das Gewicht des U-Bootes erheblich und schaffen eine neue Herausforderung: sicherzustellen, dass das Schiff schwimmfähig bleibt und in der Lage ist, trotz seines massiven Gewichts aufzutauchen [27].

Hier kommen die T-Rahmen ins Spiel. T-Rahmen sind die versteckten, aber essenziellen Verstärkungen innerhalb der Struktur eines U-Bootes, vergleichbar mit dem Skelett des Schiffes. Sie bieten kritische Unterstützung gegen die Druckkräfte, die während der Tiefseefahrten auftreten, und helfen dem U-Boot, seine strukturelle Integrität aufrechtzuerhalten, während das Gesamtgewicht im Rahmen bleibt. Diese T-Rahmen sind in Querschnittsansichten der Druckrumpfstrukturen von U-Booten sichtbar und sind entscheidend für die Verteilung der während des Betriebs auftretenden Spannungen [27].

T-Rahmen, auch als Ringsteifungen bezeichnet, können entweder intern oder extern entlang des Druckrumpfes des U-Bootes angebracht werden. Diese Steifungen bestehen aus einem Steg und einer Flansch und sind intermittierend entlang der zylindrischen Struktur des Rumpfes verteilt, um Festigkeit und Unterstützung zu bieten. Externe Steifungen bieten im Allgemeinen etwas mehr Festigkeit – etwa 5 % mehr – als interne Steifungen, und sie schaffen auch zusätzlichen Platz im Druckrumpf. Allerdings sind externe Steifungen schwieriger zu inspizieren und zu warten, was sie in einigen Designs zu einer weniger attraktiven Option macht. Der Abstand dieser Steifungen beeinflusst direkt die maximale Betriebstiefe des U-Bootes, da sie helfen bestimmen, wie viel Druck der Rumpf aushalten kann. Aufgrund der Sensibilität dieser Informationen sind Details über die Platzierung der Steifungen und die Tiefenfähigkeiten des U-Bootes oft gut gehütete Geheimnisse [27].

Zusammenfassend lässt sich sagen, dass das Design eines U-Bootes ein sorgfältiges Gleichgewicht zwischen Leistung und Überlebensfähigkeit erfordert. Der Druckrumpf dient als kritische Barriere gegen die Drücke der Tiefsee, während die äußere Struktur zur hydrodynamischen Effizienz und Auftrieb beiträgt. T-Rahmen verstärken den Rumpf und ermöglichen es dem Schiff, den Spannungen der Unterwasserfahrt standzuhalten, während das Gewicht minimiert wird. Diese Designelemente arbeiten zusammen, um sicherzustellen, dass das U-Boot effektiv und sicher in einigen der extremsten Umgebungen der Erde operieren kann [27].

Das Rumpfdesign ist eines der kritischsten Elemente beim Bau eines Tauchschiffes und umfasst mehrere wichtige Entscheidungen, die sorgfältig getroffen werden müssen. Dazu gehören die Form, die Abmessungen und die Konstruktionsmaterialien des Rumpfes. Jeder dieser Aspekte spielt eine wesentliche Rolle bei der Bestimmung der Funktionalität, der Stärke, der Kosten und der Gesamtleistung des Tauchschiffes.

Zunächst sprechen wir über die Form. Die Form des Rumpfes muss so gewählt werden, dass das interne Volumen maximiert wird, in dem Wissenschaftler arbeiten können. Es geht jedoch nicht nur darum, den Rumpf so groß wie möglich zu machen. Während es verlockend sein könnte, das Volumen zu maximieren, um mehr Platz zu schaffen, verhindern praktische Einschränkungen – wie Größenbeschränkungen, Budget und Materialkosten – den Bau eines übermäßig großen Tauchschiffes. Stattdessen besteht das Ziel darin, ein Gleichgewicht zu finden, das ausreichend Platz im Inneren bietet und gleichzeitig Kosten- und Leistungsbeschränkungen einhält.

Ein weiterer wichtiger Aspekt ist die Kostenminimierung, die eng mit der Oberfläche des Rumpfes verbunden ist. Der Rumpf muss aus teuren Materialien wie Titanlegierungen konstruiert werden, die erforderlich sind, um den Drücken der Tiefseeumgebungen standzuhalten. Je größer die Oberfläche, desto mehr Material wird benötigt, was zu höheren Kosten führt. Daher würde eine ideale Rumpfform eine minimale Oberfläche aufweisen, um die Kosten niedrig zu halten, jedoch ohne das interne Volumen zu gefährden.

Die Stärke ist auch ein vorrangiges Anliegen im Rumpfdesign. Der Rumpf muss stark genug sein, um den enormen Drücken der Tiefsee standzuhalten. Während es logisch erscheinen mag, einfach dicke Wände für maximale Stärke zu bauen, wäre dies ineffizient und kostspielig. Stattdessen kann die Rumpfform so gestaltet werden, dass sie von Natur aus Festigkeit bietet, was den Bedarf an übermäßig dicken Wänden verringert. Eine gut gewählte Form verteilt den Druck gleichmäßig über die Struktur, sodass der Rumpf dem Zusammenbruch widerstehen kann, ohne dass eine übermäßige Verstärkung erforderlich ist.

Zusätzlich beeinflusst die Form des Rumpfes den Widerstand, was sich auf die Geschwindigkeit und Effizienz des Tauchschiffes auswirkt. Die Reduzierung des Widerstands ermöglicht es dem Tauchschiff, sich leichter durch das Wasser zu bewegen, was Treibstoff und Sauerstoff spart und letztendlich die operationale Effizienz des Tauchschiffes erhöht. Daher minimiert ein ideales Rumpfdesign den Widerstand, während es gleichzeitig das interne Volumen und die Stärke aufrechterhält.

Während die sphärische Form am effizientesten ist, um die Oberfläche zu minimieren und die Stärke zu maximieren, hat sie einen erheblichen Nachteil: hohen Widerstand. Sphären erfahren erheblichen Widerstand, während sie sich durch das Wasser bewegen, was die Geschwindigkeit verringert und den Energieverbrauch erhöht. Viele Tauchschiffe haben sphärische Formen wegen ihrer Stärke und Einfachheit verwendet, aber der hohe Widerstandsbeiwert macht sie weniger ideal für dynamische Unterwasserbewegungen.

Um dem entgegenzuwirken, ziehen Designer oft längere Formen in Betracht, wie Zylinder mit halbkugelförmigen Enden. Wenn der Rumpf verlängert wird, verringert sich der Widerstandsbeiwert, was die Hydrodynamik verbessert. Allerdings erhöht die Verlängerung auch den Reibungswiderstand und verringert die inhärente Stärke, die eine reine sphärische Form bietet. Um dies zu lösen, wurde eine hybride Struktur vorgeschlagen, die aus sich schneidenden Sphären besteht. Dieses Design erhält die Stärkew Vorteile von Sphären, während es von der hydrodynamischen Effizienz einer zylindrischen Form profitiert.

Die sich schneidenden Sphären werden an ihren Verbindungen durch Ringe verstärkt, die entweder aus demselben Material wie der Rumpf oder aus einem leichteren Material bestehen, um den Auftrieb zu erhöhen. Diese Konfiguration bietet strukturelle Festigkeit und verbessert den Auftrieb, während der notwendige Innenraum für Ausrüstung und Operationen erhalten bleibt. Der Auftrieb dieser Struktur hängt von verschiedenen Faktoren ab, einschließlich des Radius der Sphären, des Schnittwinkels, der Dicke der Hülle und der Anzahl der verstärkenden Ringe.

Ein weiterer Vorteil dieser hybriden Struktur ist, dass sie eine praktischere interne Anordnung bietet. In einer großen Sphäre kann es schwierig sein, den vertikalen Raum effizient zu nutzen, da die obere Hälfte der Sphäre ungenutzt bleiben kann, wenn Wissenschaftler hauptsächlich in der unteren Hälfte arbeiten. Das Design der sich schneidenden Sphären ermöglicht eine natürlichere horizontale Verteilung der Ausrüstung, wodurch es einfacher wird, den Arbeitsbereich zu organisieren. Horizontale Böden können über den Schnittringen hinzugefügt werden, um flache Oberflächen für Wissenschaftler bereitzustellen, auf denen sie sich bewegen und effektiv arbeiten können. Diese Verbindungen zwischen den Sphären können durch Schrumpfen oder Pressen gesichert werden, um eine starke und zuverlässige Verbindung zwischen den Abschnitten zu gewährleisten.

Das Rumpfdesign für Tauchschiffe erfordert eine sorgfältige Berücksichtigung von Faktoren wie internem Volumen, Kosten, Stärke und Widerstand. Während sphärische Formen Vorteile hinsichtlich der Minimierung der Oberfläche und der Maximierung der Stärke bieten, macht ihr hoher Widerstand sie weniger ideal für praktische Anwendungen. Hybride Strukturen, wie sich schneidende Sphären, bieten eine vielversprechende Lösung, indem sie Stärke mit verbesserter Hydrodynamik und Effizienz der internen Anordnung kombinieren.

Die Dicke des Rumpfes eines U-Bootes variiert je nach Art des Schiffes und seinen spezifischen Betriebsanforderungen. Atom-U-Boote haben in der Regel dickere Rümpfe als ihre dieselbetriebenen Pendants. Dies liegt an dem höheren Innendruck, den Atomreaktoren erzeugen, der zusätzliche strukturelle Stärke erfordert. Die Dicke dieser Rümpfe kann zwischen 10 und 25 Zentimetern (4 bis 10 Zoll) variieren, obwohl die genauen Spezifikationen oft aus Sicherheitsgründen geheim gehalten werden [28].

Die Materialien, die für den Bau des Rumpfes eines U-Bootes verwendet werden, müssen unglaublich stark sein, um den intensiven Drücken standzuhalten, die durch das umgebende Wasser in großen Tiefen ausgeübt werden. Frühe U-Boote wurden ursprünglich mit Holzkörpern gebaut, da man anfangs glaubte, dass Holz die Drücke der Tiefseeumgebungen besser aushalten könnte als Stahl. Dies stellte sich jedoch als falsch heraus, und Stahl wurde schnell zum bevorzugten Material für U-Boot-Rümpfe aufgrund seiner überlegenen Festigkeit und Haltbarkeit. Heute bleibt Stahl das Standardmaterial, obwohl er oft mit anderen Materialien wie Titan oder Fiberglas verstärkt wird, um seine Widerstandsfähigkeit gegenüber extremen Drücken zu erhöhen [28].

U-Boote sind bekannt für ihre Fähigkeit, außergewöhnliche Tiefen zu erreichen, manchmal über zwei Meilen unter der Wasseroberfläche. Der Schlüssel zur Widerstandsfähigkeit gegen den erdrückenden Druck in solchen Tiefen liegt im Bau des Rumpfes. Der Rumpf dient als wasserdichte Hülle des U-Bootes und schützt die Besatzung und die Ausrüstung im Inneren vor den enormen Kräften, die vom Wasser ausgeübt werden. Diese Rümpfe bestehen aus dicken, massiven Stahlplatten, die speziell konstruiert sind, um extremen Druck standzuhalten, ohne einzustürzen [28].

Um sogar größere Tiefen zu erreichen, sind einige U-Boot-Rümpfe mit zusätzlichen Schichten von Materialien wie Gummi verstärkt. Diese Schicht bietet erhöhte Stärke und Flexibilität, sodass der Rumpf den intensiven Drücken in größeren Tiefen besser standhalten kann. Darüber hinaus sind U-Boote mit spezialisierten Luftfiltern ausgestattet, die eine saubere und atmungsaktive Atmosphäre im Inneren des Schiffes aufrechterhalten. Diese Luftfilter sind besonders wichtig in großen Tiefen, wo die Luft kontinuierlich gereinigt werden muss, um die Sicherheit und das Wohlbefinden der Besatzung zu gewährleisten.

Strukturelle Integrität

Die strukturelle Integrität des U-Boot-Rumpfes ist grundlegend für die Fähigkeit des Schiffes, in der extremen Unterwasserumgebung zu überleben und zu funktionieren. Sicherzustellen, dass der Rumpf den enormen Drücken bei der Tiefseeoperation standhalten kann, ist eine komplexe ingenieurtechnische Herausforderung, und das Design des Rumpfes umfasst zahlreiche Überlegungen, die Stärke, Gewicht, Materialeigenschaften und Sicherheit ausbalancieren. Lassen Sie uns die Details erkunden, die die Integrität des U-Boot-Rumpfes gewährleisten.

Druckrumpf vs. Außenschale: Die strukturelle Integrität eines U-Bootes konzentriert sich hauptsächlich auf den Druckrumpf, der das innerste, wasserdichte Fach des Schiffes ist, das darauf ausgelegt ist, extremen hydrostatischen Drücken in der Tiefe standzuhalten. Während der Außenschale hydrodynamische Effizienz bietet und Systeme wie Ballasttanks beherbergt, ist sie nicht dafür ausgelegt, den Drücken der Tiefsee zu widerstehen. Die Hauptfunktion des Druckrumpfes besteht darin, die Besatzung und die Systeme zu schützen, indem eine sichere interne Umgebung aufrechterhalten wird, trotz des äußeren Drucks, der in operativen Tiefen mehrere hundert Atmosphären erreichen kann.

Materialauswahl: Die Wahl des Materials für den Druckrumpf ist entscheidend. Es muss in der Lage sein, den Druckkräften in der Tiefe standzuhalten und gleichzeitig Ermüdung über zahlreiche Tauchzyklen zu widerstehen. Moderne Druckrümpfe von U-Booten bestehen typischerweise aus hochfesten Stählen wie HY-80, HY-100 oder HY-130, wobei die Zahl die Streckgrenze des Materials in Kilopfund pro Quadrat-Zoll (ksi) angibt. Beispielsweise hat HY-80 eine Streckgrenze von 80 ksi (ungefähr 550 MPa). Einige fortschrittliche U-Boote verwenden auch Titan, das höhere Festigkeits-Gewichts-Verhältnisse und überlegene Korrosionsbeständigkeit bietet, obwohl es erheblich teurer ist.

Die Auswahl der Materialien für Druckrümpfe von U-Booten ist ein kritischer Aspekt des U-Boot-Designs, da diese Materialien erheblichen hydrostatischen Drücken und Ermüdung über zahlreiche Tauchzyklen standhalten müssen. Moderne U-Boote nutzen überwiegend hochfeste Stähle wie HY-80, HY-100 und HY-130, die speziell dafür entwickelt wurden, den Druckkräften in großen Tiefen standzuhalten. Die Bezeichnung dieser Materialien spiegelt ihre Streckgrenze wider, wobei HY-80 eine Streckgrenze von etwa 80 ksi (rund 550 MPa) hat [29, 30]. Diese Stähle zeigen eine Kombination aus hoher Zugfestigkeit und Zähigkeit, die für die Aufrechterhaltung der strukturellen Integrität unter extremen Bedingungen entscheidend ist [30].

Neben hochfesten Stählen integrieren fortschrittliche U-Boote zunehmend Titan in ihre Designs. Titan bietet überlegene Festigkeits-Gewichts-Verhältnisse und ausgezeichnete Korrosionsbeständigkeit, was es trotz der höheren Kosten zu einer attraktiven Alternative macht [31, 32]. Der Einsatz von Titan kann die Leistung und Langlebigkeit der U-Boot-Rümpfe erheblich verbessern, insbesondere in Umgebungen, in denen Korrosion durch Meerwasser ein Problem darstellt [31, 32]. Die wirtschaftlichen Auswirkungen der Verwendung von Titan müssen jedoch sorgfältig abgewogen werden, da die Kosten des Materials die Gesamtausgaben für den U-Boot-Bau erheblich erhöhen können [31, 32].

Das Design von Druckrümpfen erfordert auch sorgfältige Überlegungen zu geometrischen Konfigurationen und Materialeigenschaften, um die Leistung zu optimieren. Faktoren wie Rumpfform, Wandstärke und Anordnung der Verstärkungen sind entscheidend, um sicherzustellen, dass der Rumpf den äußeren Drücken, die während des Betriebs auftreten, standhalten kann [33-35]. Forschungen haben gezeigt, dass die strukturelle Leistung von Druckrümpfen maximiert werden kann, indem diese Parameter optimiert werden, die direkt die Fähigkeit des Rumpfes beeinflussen, hydrostatischem Druck und Ermüdung zu widerstehen [34, 35]. Darüber hinaus werden numerische Analysen und die Methode der Finite Elemente (FEM) häufig eingesetzt, um das Verhalten verschiedener Materialien und Designs unter unterschiedlichen Belastungsbedingungen zu simulieren, was Einblicke in die effektivsten Konfigurationen für Tiefseeanwendungen bietet [36, 37].

Fiberglas und andere Verbundwerkstoffe werden manchmal in kleinen U-Booten oder in nicht druckbelasteten Komponenten verwendet, aber für militärische U-Boote in der Tiefsee bleiben Stahl und Titan die Hauptmaterialien.

Form und Geometrie: Die Geometrie des Druckrumpfes ist ein weiterer entscheidender Faktor für die Aufrechterhaltung der strukturellen Integrität. Die effizienteste Form zur Widerstandsfähigkeit gegen äußeren Druck ist eine Kugel, da sie den Stress gleichmäßig über ihre Oberfläche verteilt. U-Boote sind jedoch in der Regel mit einer zylindrischen Form mit halbkugelförmigen Enden konstruiert. Dieses zylindrische Design ist ein Kompromiss zwischen der Maximierung des inneren Volumens, der Minimierung des Widerstands und der Gewährleistung der Festigkeit.

Eine zylindrische Form bietet eine gute Widerstandsfähigkeit gegen Druck, wenn auch nicht so effektiv wie eine Kugel, bietet jedoch eine bessere Raumausnutzung im Inneren, was entscheidend für die Unterbringung der Besatzung,

Systeme und Waffen ist. Die halbkugelförmigen Enden sorgen dafür, dass Spannungsmaxima an den Enden des Zylinders minimiert werden, wodurch das Risiko struktureller Versagen verringert wird.

Rumpfdicke und Druck: Die Dicke des Druckrumpfes ist so gestaltet, dass sie der spezifischen Betriebstiefe des U-Bootes standhält. In größeren Tiefen steigt der äußere Druck erheblich, und der Rumpf muss dick genug sein, um diesem Druck ohne Verformung zu widerstehen. Die Rumpfdicke kann je nach verwendetem Material, der vorgesehenen Tiefe des U-Bootes und anderen Designüberlegungen zwischen 10 cm und 25 cm (4 bis 10 Zoll) oder mehr variieren.

Das Design und die strukturelle Integrität von Druckrümpfen sind entscheidend, um Sicherheit und operationale Wirksamkeit in bedeutenden Tiefen zu gewährleisten. Der hydrostatische Druck steigt um etwa 1 Atmosphäre (14,7 psi oder 101 kPa) für jede 10 Meter Tiefe, was zu Drücken führt, die 5.000 psi (34,5 MPa) in Tiefen von mehreren hundert Metern überschreiten können. Dies erfordert, dass Druckrümpfe so konstruiert sind, dass sie nicht nur den normalen Betriebsdrücken standhalten, sondern auch extremen Bedingungen, wie der "Kollabiertiefe", bei der der Rumpf maximalen Druck jenseits typischer Betriebsbedingungen erfährt.

Um diesen Drücken Rechnung zu tragen, integrieren Designer einen erheblichen Sicherheitsfaktor in das Design des Rumpfes, oft bis zu 50%. Dieser Sicherheitsfaktor ist entscheidend, um katastrophale Versagen zu verhindern, die aus unerwarteten Erhöhungen des externen Drucks oder strukturellen Schwächen resultieren könnten. Die Materialien und Geometrien, die beim Bau von Druckrümpfen verwendet werden, sind so gewählt, dass sie die Festigkeit optimieren und gleichzeitig das Gewicht minimieren, was entscheidend ist, um die Leistung und Tragfähigkeit des U-Bootes zu verbessern. Fortschrittliche Materialien, wie Verbundstrukturen, werden zunehmend eingesetzt, aufgrund ihrer günstigen Festigkeits-Gewichts-Verhältnisse und ihrer Widerstandsfähigkeit gegen Knicken unter hohem externen Druck.

Darüber hinaus umfasst der Designprozess ausgeklügelte numerische Modellierungstechniken, um das Verhalten des Rumpfes unter verschiedenen Belastungsbedingungen vorherzusagen. Die Methode der Finite Elemente (FEM) wird häufig eingesetzt, um die strukturelle Integrität und die Versagensmodi von Druckrümpfen zu bewerten und sicherzustellen, dass sie den dynamischen und statischen Lasten, die während des Betriebs auftreten, standhalten können. Die Integration dieser Methoden ermöglicht die Optimierung von Rumpfformen und Materialkonfigurationen, was die allgemeine Sicherheit und Zuverlässigkeit der U-Boot-Operationen verbessert.

Ringsteifungen und Rahmen: Der Druckrumpf wird zusätzlich durch Ringsteifungen verstärkt, die auch als T-Profile bekannt sind und entlang der Rumpflänge angeordnet sind. Diese Steifungen wirken wie Rippen in einem Skelett und bieten zusätzlichen Halt gegen Druckkräfte. Die Ringsteifungen sind an die Oberfläche des Rumpfes geschweißt und helfen, den Stress gleichmäßig um den Rumpf zu verteilen, um Verformungen oder Knicken zu verhindern.

Es gibt zwei Haupttypen von Steifungen: interne und externe. Interne Steifungen befinden sich im Inneren des Druckrumpfes und tragen zur strukturellen Integrität bei, indem sie den Rumpf von innen unterstützen. Externe Steifungen hingegen befinden sich außerhalb des Druckrumpfes. Während externe Steifungen etwas mehr Festigkeit bieten, sind sie schwieriger zu warten und zu inspizieren, was in einigen Designs ein Nachteil sein kann. Der Abstand dieser Steifungen hat direkten Einfluss auf die Fähigkeit des Rumpfes, Druck standzuhalten, und ihre Anordnung wird sorgfältig berechnet, um die strukturelle Integrität zu optimieren, ohne unnötiges Gewicht hinzuzufügen.

Ermüdung und zyklische Belastung: U-Boote sind wiederholten Zyklen von Druckbelastung und -entlastung ausgesetzt, während sie tauchen und auftauchen. Diese zyklische Belastung kann zu Ermüdung führen, bei der über die Zeit Mikrorisse im Material entstehen. Wenn Ermüdung nicht richtig behandelt wird, kann sie die strukturelle Integrität des Rumpfes gefährden und zu einem Versagen führen.

Um Ermüdung zu vermeiden, entwerfen Ingenieure den Rumpf so widerstandsfähig wie möglich, wählen Materialien mit guter Ermüdungsbeständigkeit und integrieren Sicherheitsfaktoren in das Design. Regelmäßige Inspektionen und Wartungen sind ebenfalls entscheidend, um Anzeichen von Ermüdung oder Stressschäden zu erkennen, bevor sie kritisch werden. Dies ist besonders wichtig für ältere U-Boote oder solche, die zahlreiche Tauchzyklen durchlaufen haben.

Schweißen und Fertigung: Die Integrität des Rumpfes hängt auch stark von der Qualität des Schweißens und der Fertigung ab. Die Schweißnähte von U-Boot-Druckrümpfen müssen makellos sein, da Mängel als Stresskonzentratoren wirken können, was zu Rissen oder Versagen unter Druck führt. Die Schweißnähte werden rigorosen Tests unterzogen, einschließlich zerstörungsfreier Prüfmethoden wie Ultraschall und Röntgen, um sicherzustellen, dass keine versteckten Mängel vorliegen.

In fortschrittlichen U-Booten wird häufig Elektronenstrahlschweißen oder Laserschweißen verwendet, um starke, gleichmäßige Verbindungen zwischen den Abschnitten des Druckrumpfes herzustellen und das Risiko eines Versagens an den Nähten zu minimieren.

Inspektion und Wartung: Angesichts der rauen Betriebsumgebung sind regelmäßige Inspektionen des Rumpfes entscheidend, um die strukturelle Integrität aufrechtzuerhalten. Zerstörungsfreie Prüfmethoden (NDT), wie Ultraschallprüfungen und magnetische Partikelinspektionen, werden häufig eingesetzt, um Risse oder Schwächen im Rumpf zu erkennen. Darüber hinaus werden alle Komponenten, die hohen Belastungen ausgesetzt sind, wie Steifungen und Schweißnähte, sorgfältig auf Anzeichen von Ermüdung oder Schäden überwacht.

Geplante Wartungs- und Inspektionsintervalle werden strikt eingehalten, insbesondere bei U-Booten, die stark genutzt wurden oder in größeren Tiefen operieren. Die frühzeitige Erkennung und Behebung von Problemen ist entscheidend, um katastrophale Ausfälle zu verhindern.

Kollabiertiefe: Jedes U-Boot hat eine Kollabiertiefe, die die Tiefe ist, in der der Druckrumpf den äußeren Druck nicht mehr standhalten kann und zu kollabieren beginnt. Die Kollabiertiefe liegt typischerweise weit über der operativen Tiefe des U-Bootes, wobei ein erheblicher Sicherheitsabstand eingeplant ist. Allerdings sind die genauen Kollabiertiefen militärischer U-Boote in der Regel als vertrauliche Informationen eingestuft. Das Design des Druckrumpfes muss sicherstellen, dass das U-Boot sicher weit über diesem kritischen Limit operiert.

Redundanz und Sicherheitsmerkmale: U-Boote sind mit redundanten Systemen ausgestattet, um sicherzustellen, dass selbst wenn ein Teil des Rumpfes beeinträchtigt wird, das Schiff seine Integrität aufrechterhalten kann. Die Kompartmentierung, bei der das U-Boot in mehrere wasserdichte Abschnitte unterteilt ist, stellt sicher, dass ein Bruch in einem Teil des U-Bootes nicht zwangsläufig zum Verlust des gesamten Schiffes führt. Diese Abschnitte können im Falle einer Überflutung abgedichtet werden, sodass der Besatzung zusätzliche Zeit bleibt, um entweder den Schaden zu reparieren oder sicher zu tauchen.

Die strukturelle Integrität des Rumpfes eines U-Bootes ist das Ergebnis sorgfältiger Überlegungen zu Materialien, Geometrie, Verstärkungen und Sicherheitsfaktoren. Der Druckrumpf muss den enormen Drücken in der Tiefe standhalten, Ermüdung durch wiederholte Tauchgänge widerstehen und robust bleiben, wenn er operationellen Belastungen ausgesetzt ist. Durch den Einsatz fortschrittlicher Materialien, ausgeklügelter Designtechniken und sorgfältiger Konstruktionsstandards sind moderne U-Boote darauf ausgelegt, sicher in einigen der härtesten Umgebungen der Erde zu operieren. Die Gewährleistung der Stärke und Integrität des Rumpfes ist entscheidend für das Überleben der Besatzung und die erfolgreiche Durchführung von Missionen, was ihn zu einem Grundpfeiler des U-Boot-Designs macht.

Lasten

Ungefähr 40 % des Fokus im U-Boot-Designprozess werden auf dessen strukturelles Design verwendet, was die entscheidende Bedeutung widerspiegelt, die Integrität des Schiffes unter extremen Bedingungen sicherzustellen. Der strukturelle Entwurfsprozess befasst sich nicht nur mit der Festigkeit des U-Bootes, sondern ist auch eng mit verschiedenen funktionalen Aspekten verknüpft, was ihn zu einer der zeitaufwändigsten Phasen des Entwurfsprozesses macht. Der strukturelle Entwurf beginnt mit der Identifizierung der verschiedenen Lasten, denen das U-Boot während seiner Einsätze ausgesetzt sein wird, wobei jeder Lasttyp wichtige Entschlussfassungen beeinflusst [44].

Die erste wesentliche Lastart ist die Last durch Tauchdruck. Die Tiefe ist eines der bedeutendsten Kriterien für das strukturelle Design von U-Booten. Der Druckrumpf, als Hauptelement der Struktur, muss dem immensen externen hydrostatischen Druck standhalten, der in der Tiefe auftritt. Der Rumpf ist speziell darauf ausgelegt, einem Zusammenbruch in einer bestimmten Tiefe, bekannt als Kollapstiefe, standzuhalten, die mit einem Sicherheitsfaktor berechnet wird. Dieser Sicherheitsfaktor wird auf die maximale Betriebs- oder Diensttiefe (MOD) angewendet, um sicherzustellen, dass das U-Boot über seine normalen Betriebsgrenzen hinaus überleben kann. Ein Sicherheitsfaktor von 1,5 bedeutet beispielsweise, dass das U-Boot seine Diensttiefe nicht überschreiten sollte, während Designs mit einem höheren Sicherheitsfaktor, wie 2,5, es dem U-Boot ermöglichen, in Notsituationen tiefer zu tauchen. Der hydrostatische Druck an der Kollapstiefe wird zum Entwurfsdruck, und alle Berechnungen für den Druckrumpf basieren auf diesem Druck [44].

Eine weitere wesentliche Last, der das U-Boot standhalten muss, sind die Stoßlasten. U-Boote müssen in der Lage sein, die Kräfte zu ertragen, die durch Unterwasserdetonationen entstehen, wie z. B. durch Minen oder große Unterwassergasblasen. Die Physik von Unterwasserexplosionen unterscheidet sich erheblich von Explosionen in der Luft. Bei der Detonation breitet sich eine Druckwelle nach außen aus, bis der Innendruck dem externen hydrostatischen Druck des Wassers entspricht. Das resultierende Druckungleichgewicht bewirkt, dass die Explosion nach innen kontrahiert und eine Wolke von Gasblasen erzeugt, die sich wiederholt ausdehnt und zusammenzieht, bis die Energie der Explosion dissipiert ist. Dieser Prozess führt zu einer Reihe von Druckwellen, die das U-Boot nicht nur einmal, sondern wiederholt ertragen muss [44].

Darüber hinaus können diese wiederkehrenden Druckwellen eine einzigartige Gefahr für U-Boote darstellen. Die Explosionswolke kann einen Sog erzeugen, der das U-Boot in Richtung des Explosionszentrums zieht. Dieser Effekt ist besonders gefährlich, wenn die Explosion unter dem U-Boot auftritt, da dies das Schiff tiefer in den Ozean ziehen kann, was den hydrostatischen Druck erhöht und zusätzlichen Stress auf den Rumpf ausübt. Die durch die Druckwellen erzeugten Vibrationen breiten sich ebenfalls durch die Struktur des U-Bootes aus und verringern die Ermüdungslebensdauer der Materialien und können Resonanzen erzeugen, die zu katastrophalen strukturellen Versagen führen können [44].

Neben Tauchdruck und Stoßlasten müssen U-Boote auch mit anderen Lasten umgehen. Wie Oberflächenfahrzeuge erfahren U-Boote longitudinale Biegungsbelastungen, wenn sie an der Oberfläche sind, sowie transversale Scherkräfte, die aufgrund der Wellenbewegung auf den Rumpf wirken. Auch Torsionslasten können durch die Verdrehung verursacht werden, die durch Wellen entsteht. Die Motoren des U-Bootes erzeugen lokale longitudinale und torsionale Vibrationen, die innerhalb akzeptabler Grenzen gehalten werden müssen, um Schäden oder übermäßigen Verschleiß der Struktur zu verhindern. Diese Kräfte tragen zu den Gesamtgestaltungsherausforderungen bei und erfordern, dass das U-Boot seine strukturelle Integrität unter verschiedenen Umwelt- und Betriebsbedingungen aufrechterhält [44].

Das strukturelle Design eines U-Bootes ist ein komplizierter Prozess, der zahlreiche Lastarten berücksichtigen muss, von dem hydrostatischen Druck in der Tiefe über die Druckwellen, die durch Unterwasserexplosionen erzeugt werden, bis hin zu den Kräften, die an der Oberfläche auftreten. Der Druckrumpf muss so gestaltet sein, dass er diesen extremen Kräften standhält, während Gewicht, Materialfestigkeit und Sicherheitsfaktoren ausbalanciert werden.

Festigkeit des Druckrumpfes

Die Festigkeit des Druckrumpfes eines U-Bootes ist entscheidend für seine Fähigkeit, den immensen Kräften, die unter Wasser auftreten, insbesondere dem hydrostatischen Druck in der Tiefe, standzuhalten. Der Druckrumpf ist typischerweise zylindrisch, und wenn das U-Boot getaucht ist, wird es verschiedenen Belastungen ausgesetzt—hauptsächlich longitudinalen und zirkumferentiellen (Hüft-) Belastungen. Diese Belastungen müssen sorgfältig gesteuert werden, um strukturelle Versagen, wie z. B. Knicken, zu verhindern, was katastrophale Folgen für das Schiff haben könnte.

Längsbelastung auf den Druckrumpf

Im getauchten Zustand erfährt der zylindrische Druckrumpf longitudinale Druckbelastung. Diese longitudinale Belastung ist etwa halb so groß wie die Hüftbelastung, die der zirkumferentielle Druck ist, der um den Umfang des Zylinders wirkt. Der Ausdruck, der zur Berechnung der longitudinalen Belastung verwendet wird, hilft dabei, die erforderliche Dicke des Rumpfes und die Dimensionen (Schnitte) der Steifungen zu bestimmen, die erforderlich sind, um Knicken und Versagen des Druckrumpfes zu verhindern.

Die longitudinale Belastung ist eine Funktion des externen Drucks (der mit der Tiefe zunimmt), des Radius des Druckrumpfes und der Dicke der Rumpfplatte. Mathematisch kann sie ausgedrückt werden als:

$$\sigma_{\text{long}} = \frac{p \cdot r}{2t}$$

Where:

- σ_{long} is the longitudinal stress,
- p is the external pressure (hydrostatic pressure),
- r is the radius of the pressure hull,
- t is the thickness of the hull plate.

Rolle des U-Boot-Designers

Der U-Boot-Designer spielt eine Schlüsselrolle bei der Bestimmung der Dicke des Druckrumpfes. Mehrere Faktoren beeinflussen diese Entscheidung, aber zwei der Hauptvariablen in der Gleichung sind der externe Druck und der Radius des Druckrumpfes.

1. **Externer Druck (Hydrostatischer Druck):** Dieser wird durch die Tiefe bestimmt, in der das U-Boot operiert, insbesondere die Kollapstiefe, die im Vertrag festgelegt ist. Die Kollapstiefe ist typischerweise ein fester Wert, der auf der vorgesehenen Betriebstiefe des U-Bootes und einem Sicherheitsmargen basiert. Der hydrostatische Druck in dieser Tiefe wird zum externen Druck, der in der Berechnung verwendet wird.

2. **Radius des Druckrumpfes:** Der Radius des Druckrumpfes ist eine weitere feste Größe. Er wird vom Auftraggeber basierend auf den Größenanforderungen des U-Bootes festgelegt. Der Designer kann diesen Parameter daher nicht ändern, muss aber innerhalb seiner Vorgaben arbeiten.

Die Hauptaufgabe des Designers besteht darin, die minimale Dicke des Druckrumpfes zu berechnen, die erforderlich ist, um die Spannungen innerhalb sicherer Grenzen zu halten, unter Berücksichtigung eines bestimmten Materials und der Betriebsbedingungen. Diese Dicke wird durch die Fließgrenze des Materials bestimmt, das ist der Spannungsgrad, bei dem das Material beginnt, sich dauerhaft zu verformen. Anhand der Fließgrenze berechnet der Designer die notwendige Dicke, um zu verhindern, dass die longitudinale Druckspannung die Grenzen des Materials überschreitet.

Beobachtungen aus der Gleichung

Mehrere wichtige Beobachtungen können aus der Beziehung zwischen Spannung, Rumpfdicke und den anderen Faktoren gemacht werden:

1. **Einfluss des Durchmessers auf die Rumpfdicke:** Bei einer festen maximalen Betriebstiefe (MOD) benötigt ein U-Boot mit größerem Durchmesser einen dickeren Druckrumpf als ein U-Boot mit kleinerem Durchmesser. Dies liegt daran, dass ein größerer Radius die Größe der Spannungen bei demselben externen Druck erhöht, was einen dickeren Rumpf erforderlich macht, um die strukturelle Integrität zu gewährleisten.

2. **Materialauswahl:** Die minimale Dicke des Druckrumpfes kann durch die Verwendung von Materialien mit höherer Fließgrenze verringert werden. Dies ist vorteilhaft, da die Reduzierung der Dicke das Gesamtgewicht des U-Bootes verringert, die Auftriebskraft verbessert und möglicherweise den Kraftstoffverbrauch senkt. Materialien mit höherer Fließgrenze, wie Titan, sind jedoch erheblich teurer als Standardmaterialien wie Stahl. Daher ist die Materialwahl ein Balanceakt zwischen Kosten, Leistung und Gewicht.

Ringsteifungen und Knickfestigkeit

Während der Druckrumpf alle Kräfte in longitudinaler Richtung absorbiert, ist er anfällig für Knicken unter zirkumferentialen Spannungen, insbesondere in der Tiefe. Um dies zu verhindern, werden Ringsteifungen, häufig in Form von T-Profilen, an den Druckrumpf geschweißt. Diese Steifungen bieten zusätzliche strukturelle Unterstützung, insbesondere gegen die Knicklasten, die zirkumferential wirken.

Die Ringsteifungen arbeiten zusammen mit dem Druckrumpf, um diese Spannungen zu absorbieren und gleichmäßig über den Rumpf zu verteilen, wodurch die Wahrscheinlichkeit eines Knitterns verringert wird. Auch wenn die Schale selbst die longitudinalen Spannungen absorbiert, sind die Ringsteifungen entscheidend für die Aufrechterhaltung der Form und Integrität des Rumpfes unter zirkumferentialer Kompression. Zusammen bilden der Rumpf und die Steifungen eine einheitliche Struktur, die in der Lage ist, den extremen Drücken der Tiefsee standzuhalten.

Versagensmodi

U-Boote sind sorgfältig konstruiert, um innerhalb spezifischer Tiefenlimits zu operieren, die als ihr Designrahmen bekannt sind und eine Reihe von Betriebstiefen sowie eine festgelegte maximale Betriebstiefe (MOD) umfassen. Diese MOD basiert auf der Materialstärke, dem Design des Druckrumpfes und zahlreichen Sicherheitsfaktoren, die in die Konstruktion des U-Bootes integriert sind. Sollte ein U-Boot jedoch seinen Designrahmen überschreiten und sich der Kollapstiefe nähern, könnten katastrophale Folgen eintreten.

Das Konzept der Kollapstiefe und Versagensmodi

Die Kollapstiefe ist der Punkt, an dem der externe hydrostatische Druck größer wird als der Druckrumpf standhalten kann, was zu strukturellem Versagen führt. Bei modernen U-Booten tritt der Zusammenbruch des Druckrumpfes typischerweise durch Knicken auf, das in mehreren unterschiedlichen Modi auftreten kann, abhängig von der Verteilung der Kräfte und dem Abstand der Ringsteifungen.

Modus 1: Symmetrisches Knicken

Im Modus 1 erfährt der Druckrumpf zwischen den T-Rahmen (Ringsteifungen) symmetrisches Knicken, wobei der Rumpf gleichmäßig um seinen Umfang nach innen gedrückt wird. Diese Art des Versagens ist normalerweise lokalisiert zwischen zwei eng beieinander liegenden T-Rahmen, was bedeutet, dass der Druckrumpf in einem kleinen, begrenzten Bereich nach innen gebogen wird, jedoch nicht sofort zu einem vollständigen Zusammenbruch führt. Die Deformation ist oft begrenzt, und während sie die Integrität des Rumpfes in diesem lokalisierten Bereich beeinträchtigt, führt sie möglicherweise nicht zur vollständigen Zerstörung des U-Bootes. Symmetrisches Knicken in diesem Modus tritt wahrscheinlicher auf, wenn die T-Rahmen relativ nahe beieinander platziert sind, was dem Rumpf zusätzliche Unterstützung bietet.

Modus 2: Wellenförmiges Knicken

Modus 2-Knicken tritt auf, wenn die T-Rahmen weiter auseinander stehen. In diesem Szenario knickt der Druckrumpf in einem wellenförmigen Muster über zwei oder mehr aufeinanderfolgende Rahmen. Ein Segment des Rumpfes knickt nach innen, während der nächste Abschnitt nach außen knickt, was ein wiederholendes Muster von innerer und äußerer Deformation erzeugt. Obwohl dieser Versagensmodus immer noch lokalisiert ist und möglicherweise nicht zu einem sofortigen katastrophalen Versagen führt, birgt er ein höheres Risiko als Modus 1, da er größere Abschnitte des Rumpfes betrifft. Das wiederholte wellenförmige Knicken zwischen den Rahmen könnte schließlich zu weiteren Deformationen führen, insbesondere bei anhaltendem Druck, was im Laufe der Zeit die gesamte Struktur gefährden könnte.

Modus 3: Vollständiges Versagen

Im Modus 3 verformen sich sowohl die T-Rahmen als auch der Druckrumpf selbst gleichzeitig. Dieser Modus ist nicht lokalisiert; vielmehr sind große Abschnitte des Rumpfes betroffen, die auf einmal zusammenbrechen, normalerweise über mehrere Ringsteifungen. Dieser Versagensmodus führt zu einem vollständigen strukturellen Versagen des Druckrumpfes, was zu einem plötzlichen und katastrophalen Zusammenbruch führt. Sobald das Knicken im Modus 3 auftritt, kann der Druckrumpf seine Form nicht mehr aufrechterhalten, und das U-Boot wird implodieren. Diese Art des Versagens führt in der Regel zum totalen Verlust des Fahrzeugs und aller an Bord befindlichen Personen.

Faktoren, die über das Design hinaus zum Versagen beitragen

Während das Design des Druckrumpfes entscheidend für die Integrität eines U-Bootes unter Druck ist, können auch andere Faktoren zu strukturellem Versagen beitragen, selbst bevor das U-Boot seine Designgrenzen erreicht. Zu diesen Faktoren gehören:

- **Herstellungsfehler:** Nicht kreisförmige Rahmen, unsachgemäße Schweißnähte und schlechte Bauverfahren können Schwachstellen im Druckrumpf einführen. Diese Mängel können die Fähigkeit des Rumpfes, Druck standzuhalten, verringern, was ihn anfälliger für Knicken macht.

- **Betriebsprobleme:** Im Laufe der Zeit erfahren U-Boote Abnutzung durch wiederholte Tauchzyklen, was zur Entwicklung von Rissen und anderen stressbedingten Schäden führen kann. Ermüdung und zyklische Beanspruchung, kombiniert mit unzureichenden Reparaturen oder Wartung, können diese Probleme verschärfen. Übermäßige Korrosion, insbesondere in Bereichen mit schlechtem Zugang, kann die strukturelle Integrität des Rumpfes schwächen.

- **Spannungskonzentrationen:** Plötzliche Übergänge im Rumpfdurchmesser, wie an Verbindungsstellen zwischen verschiedenen Abteilungen, können Spannungskonzentrationen erzeugen, das sind Punkte, an denen die auf den Rumpf wirkenden Kräfte verstärkt werden. Diese Bereiche sind besonders anfällig für Knicken, wenn sie nicht richtig gestaltet oder gewartet werden.

Echtzeitbeispiel: Der Vorfall mit der USS Thresher

Ein tragisches Beispiel für den Zusammenbruch eines U-Bootes ist der Verlust der USS Thresher (SSN-593) während von Tiefentests am 9. April 1963. Die Thresher führte Tests in großen Tiefen (etwa 400 Meter) durch, als sie ein katastrophales Versagen erlebte, bei dem alle 129 Besatzungsmitglieder ums Leben kamen. Während die genaue Ursache des Versagens unbekannt bleibt, war das U-Boot nicht in der Lage, an die Oberfläche zu kommen, und akustische Analysen aus dem Jahr 2013 ergaben, dass der Druckrumpf wahrscheinlich in 730 Metern implodierte – fast doppelt so tief wie die Testtiefe.
Der Vorfall verdeutlichte die Gefahren, die mit der Überschreitung des Designrahmens eines U-Bootes verbunden sind, und betonte die Bedeutung der strukturellen Integrität im U-Boot-Design. Trotz der Katastrophe zeigte das Versagen der Thresher auch das Maß an Redundanz, das in ihr Design integriert war, da das U-Boot Drücke weit über seine Betriebsgrenzen hinaus standhalten konnte, bevor es zusammenbrach. Dieser Vorfall führte zur Schaffung des SUBSAFE-Programms, eines umfassenden Sicherheitsprogramms, das von der US Navy implementiert wurde, um sicherzustellen, dass U-Boote strengen Tests, Wartung und Qualitätskontrollen unterzogen werden, um solche Versagen in Zukunft zu verhindern.
Das Überschreiten der Betriebstiefe eines U-Bootes ist ein lebensbedrohliches Szenario, da der Druckrumpf des U-Bootes extremen Kräften ausgesetzt ist, für die er nicht gebaut wurde. Die potenziellen Versagensmodi – von lokalisiertem symmetrischen Knicken bis hin zum vollständigen Zusammenbruch – unterstreichen die entscheidende Bedeutung präziser Ingenieurskunst, robuster Materialien und strenger Qualitätskontrollen während des Bauprozesses. Während Designfaktoren eine bedeutende Rolle bei der Verhinderung von Versagen spielen, müssen Probleme wie Herstellungsfehler, Ermüdung und Spannungskonzentrationen während der gesamten Lebensdauer des Fahrzeugs sorgfältig verwaltet werden. Die Lehren aus Vorfällen wie dem der USS Thresher informieren weiterhin das Design und den Betrieb von U-Booten und gewährleisten die höchsten Sicherheits- und Leistungsstandards in der Tiefsee.

Zusätzlich zu den zuvor diskutierten drei primären Versagensmodi kann ein Druckrumpf auch mehrere andere Arten strukturellen Versagens erleben, die oft ebenso besorgniserregend sind. Diese zusätzlichen Versagensmodi, obwohl weniger häufig hervorgehoben, stellen kritische Risiken im Design und der Betriebslebensdauer eines U-Bootes dar.

Allgemeine Instabilität der Druckrumpfkomponenten

Die Gesamtstabilität des Druckrumpfes eines U-Bootes ist stark abhängig von der Präzision seines Designs, einschließlich ordnungsgemäßer Schweißtechniken und genauer Scantlings-Berechnungen (die Abmessungen der strukturellen Elemente). Allgemeine Instabilität bezieht sich auf potenzielle Fehler innerhalb der Druckrumpfschale, der kreisförmigen Rahmen, der Schotten oder der Decks, die aufgrund von Ungenauigkeiten im Design oder der Konstruktion auftreten. Unsachgemäßes Schweißen kann beispielsweise Schwachstellen oder Mängel in der Struktur erzeugen, die zu lokalen Versagen führen können, die anfangs auf einen kleinen Bereich beschränkt sein können, sich aber im Laufe der Zeit auf mehrere Rahmen oder Komponenten ausbreiten können. Ähnlich können Fehler in der Berechnung der Scantlings zu unzureichenden Verstärkungen kritischer Abschnitte führen, wodurch die Struktur unter Druck knicken oder sich verformen kann. Diese lokalen Instabilitäten können sich entlang des Rumpfes ausbreiten und das gesamte U-Boot gefährden.

Snap-Through-Knicken der Schotten

Ein weiterer Versagensmodus ist das Snap-Through-Knicken, das speziell an der vorderen elliptischen Schottwand (Kuppel) oder der hinteren konischen Schottwand auftreten kann. Diese Komponenten des U-Bootes, die sich in ihrer Form von dem Hauptzylinderrumpf unterscheiden, sind während tiefer Tauchgänge unterschiedlichen kompressiven Lasten ausgesetzt. Der Unterschied in der Geometrie und die Art und Weise, wie die Kräfte über diese gebogenen Oberflächen verteilt werden, machen sie anfälliger für plötzliches Knicken, insbesondere unter Hochdruckbedingungen. Snap-Through-Knicken tritt auf, wenn diese Schottwände abrupt unter kompressiven Lasten zusammenbrechen oder knicken, was zu einem raschen Versagen führt. Aufgrund der hohen Spannungskonzentrationen in diesen Bereichen können Versagen hier schwerwiegende Folgen haben und möglicherweise zu einer Verformung angrenzender Strukturen führen und die Fähigkeit des Druckrumpfes beeinträchtigen, seine Integrität aufrechtzuerhalten.

Niedrigzyklus-Erschöpfung und Rissausbreitung

U-Boote unterliegen wiederholten Stresszyklen, während sie tauchen und auftauchen, was den Rumpf der niedrigzyklischen Erschöpfung aussetzt. Diese Art der Ermüdung tritt über eine relativ geringe Anzahl von Zyklen auf, jedoch mit hohen Spannungsvariationen, die in Druckrumpfen üblich sind, die wiederholt Druckänderungen während des Eintauchens und Auftauchens erfahren. Im Laufe der Zeit kann diese Ermüdung zur Entwicklung von Rissen in der Struktur führen. Diese Risse beginnen typischerweise klein, können sich jedoch ausbreiten, wenn sie nicht erkannt und behandelt werden. Wenn Risse sich ausbreiten, verringern sie die strukturelle Integrität des Rumpfes, wodurch er anfälliger für katastrophales Versagen unter den extremen Drücken des Tiefseeoperations wird. Die Überwachung und Reparatur von durch Ermüdung verursachten Rissen ist ein entscheidender Teil der U-Boot-Wartung, um zu verhindern, dass dieser Versagensmodus zu einem größeren Problem wird.

Spannungskonzentration an Diskontinuitäten

Spannungskonzentrationen treten in Bereichen auf, in denen es plötzliche Veränderungen in der Form oder Geometrie der Struktur des U-Bootes gibt. Ein häufiges Beispiel ist die Verbindung zwischen dem zylindrischen Druckrumpf und den konischen hinteren oder elliptischen vorderen Enden. An diesen Verbindungen erzeugt die Veränderung der Form Diskontinuitäten, die Spannungen in kleinere Bereiche fokussieren. Diese lokalisierten Spannungen können an diesen Verbindungen zu strukturellem Versagen führen, insbesondere wenn der Rumpf hohen externen Drücken ausgesetzt ist oder wenn es Mängel in den Materialien oder Schweißnähten an diesen kritischen Punkten gibt. Das Design dieser Übergänge muss sorgfältig optimiert werden, um Spannungs-konzentrierungen zu minimieren, oft durch den Einsatz von verstärkenden Materialien oder allmählicheren Änderungen in der Geometrie, um die Spannungen gleichmäßiger zu verteilen.

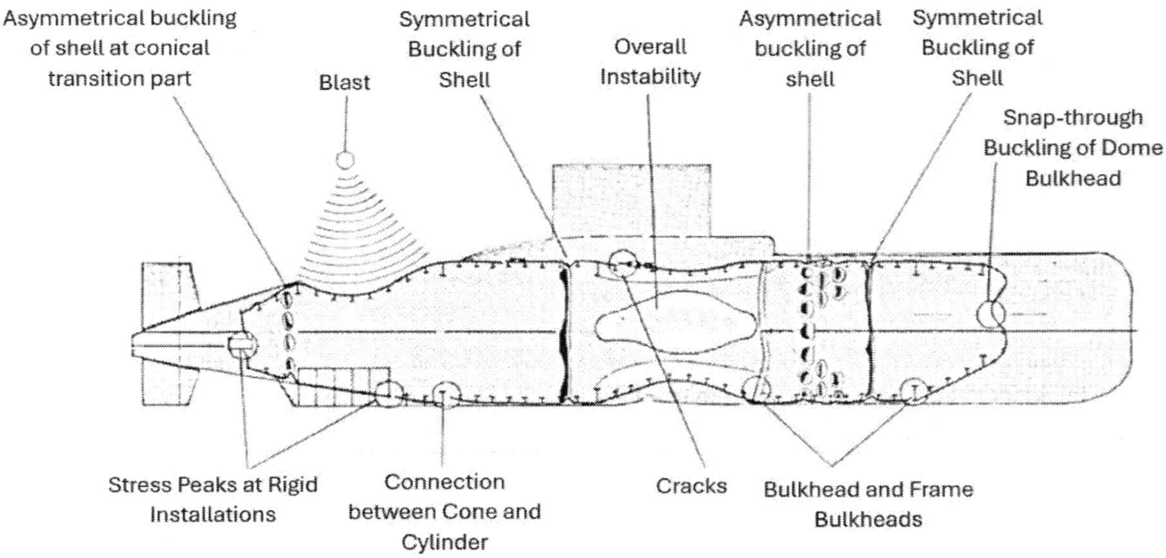

Abbildung 26: Versagensformen eines Druckrumpfes eines U-Bootes.

Diese zusätzlichen Versagensformen unterstreichen die Komplexität und Präzision, die im Design und in der Konstruktion von U-Booten erforderlich sind. Jeder potenzielle Versagenspunkt muss sowohl in der Entwurfsphase als auch während der gesamten Betriebsdauer des U-Bootes berücksichtigt werden. Von der Gewährleistung der Stabilität des Druckrumpfes und seiner Komponenten bis hin zum Management von Spannungskonzentrationen und dem Risiko von ermüdungsbedingten Rissen müssen Ingenieure eine Vielzahl von Faktoren ausbalancieren, um sicherzustellen, dass das U-Boot sicher unter den intensiven Druckverhältnissen des Tiefseebereichs operieren kann. Eine ordnungsgemäße Gestaltung, Qualitätskontrolle in der Herstellung und strenge Wartung sind unerlässlich, um zu verhindern, dass diese Versagensmodi die Sicherheit und Effektivität des Fahrzeugs gefährden.

Dynamik des Druckrumpfes und des äußeren Rumpfes

Der Druckrumpf und der äußere Rumpf sind zwei der kritischsten Komponenten der Struktur eines U-Bootes, die jeweils eine distincte, aber miteinander verbundene Rolle für die Gesamtfunktionalität, Leistung und Überlebensfähigkeit des Fahrzeugs spielen. Ihr Design und ihre Interaktion sind entscheidend, um sicherzustellen, dass das U-Boot sicher in der Tiefe operieren, Auftrieb erhalten, effizient navigieren und enormen Unterwasserdrücken standhalten kann.

Die Dynamik von Druck- und Außenrumpf ist entscheidend für das Design und die Operation von Unterwasserfahrzeugen, insbesondere von U-Booten und autonomen Unterwasserfahrzeugen (AUVs). Druckrümpfe sind speziell dafür ausgelegt, den enormen hydrostatischen Druck zu widerstehen, der in signifikanten Tiefen herrscht, während Außenrümpfe mit verschiedenen Umwelteinflüssen umgehen müssen, darunter hydrodynamische Lasten und mögliche Aufprallkräfte von Unterwasserhindernissen.

Der Druckrumpf ist das zentrale strukturelle Element eines U-Bootes. Er ist dafür konzipiert, den extremen hydrostatischen Drücken standzuhalten, die auf das U-Boot wirken, wenn es tiefer in den Ozean eintaucht. Der Druckrumpf ist eine wasserdichte Grenze, die die Besatzung, Maschinen und Systeme in einer geschützten Umgebung unterbringt, sodass das U-Boot in großen Tiefen operieren kann, ohne von dem äußeren Wasserdruck zerdrückt zu werden.

Druckrümpfe sind hauptsächlich so konzipiert, dass sie kompressive Kräfte aufgrund des hydrostatischen Drucks widerstehen, der in tiefen Unterwasserumgebungen Werte von bis zu 65 Bar erreichen kann [36]. Die strukturelle Integrität dieser Rümpfe wird von mehreren Faktoren beeinflusst, darunter geometrische Konfigurationen wie Rumpfform, Anordnung der Versteifungen und Wandstärke sowie die Wahl der Konstruktionsmaterialien [33]. Die effektivsten Geometrien, um externen Drücken zu widerstehen, beinhalten typischerweise ringförmige Querschnitte, die oft durch eine Kombination von Kegeln und ringversteiften Zylindern realisiert werden, die mit torisphärischen oder sphärischen Kuppeln abgeschlossen sind [36]. Die Designoptimierung dieser Rümpfe ist entscheidend nicht nur für die Sicherheit, sondern auch zur Verbesserung der operativen Effizienz, da die Minimierung des Gewichts bei gleichzeitiger Maximierung der Festigkeit den Auftriebsfaktor und die Gesamtleistung eines Fahrzeugs erheblich verbessern kann [31, 38].

Die Dynamik des Druckrumpfes betrifft hauptsächlich seine Fähigkeit, kompressiven Kräften zu widerstehen. Wenn ein U-Boot tiefer taucht, erhöht sich der Wasserdruck erheblich, und der Druckrumpf erfährt Längs- (entlang der Rumpflänge) und Umfangs- (Ring-) Spannungen. Die zylindrische Form des Rumpfes ist entscheidend, um diese Kräfte gleichmäßig über die Oberfläche zu verteilen und die strukturelle Integrität gegen die kompressiven Lasten zu gewährleisten.

Allerdings muss der Druckrumpf auch mehrere dynamische Faktoren berücksichtigen:

1. **Materialstärke und -dicke:** Das Material, das für den Druckrumpf verwendet wird, typischerweise hochfestes Stahl oder Titan, wird aufgrund seiner Fähigkeit gewählt, dem externen Druck ohne Verformung standzuhalten. Die Dicke des Rumpfes hängt von der operativen Tiefe des U-Bootes ab. Während das U-Boot taucht, nimmt der externe Druck exponentiell zu, und der Druckrumpf muss eine ausreichende Dicke aufweisen, um diesem Druck ohne Zusammenbruch zu widerstehen.

2. **Ermüdung und Spannungszyklen:** U-Boote arbeiten unter zyklischen Lasten, was bedeutet, dass sie wiederholt Druckzyklen durchlaufen, während sie tauchen und auftauchen. Diese wiederholte Belastung kann zu Materialermüdung führen, bei der über die Zeit mikroskopische Risse entstehen und sich ausbreiten können, was potenziell zu einem Versagen führen kann. Das Management der Ermüdung ist ein kritischer Aspekt der Dynamik des Druckrumpfes, wobei Materialien und Designtechniken gewählt werden, um die Lebensdauer des Rumpfes unter diesen Bedingungen zu verlängern.

3. **Biegefaltenrisiken:** Der Druckrumpf ist auch anfällig für Biegefalten, insbesondere wenn er sich der Crush-Tiefe nähert – dem Punkt, an dem der externe Druck die strukturellen Grenzen des Rumpfes überschreitet. Eine ordnungsgemäße Versteifung, oft in Form von T-Profilen oder Ringversteifungen, wird in das Design integriert, um Biegefalten zu verhindern und sicherzustellen, dass der Rumpf seine Form unter Druck beibehält.

4. **Temperatur und Umweltfaktoren:** Der Druckrumpf ist unterschiedlichen Umweltbedingungen ausgesetzt, einschließlich Temperaturschwankungen, während das U-Boot durch verschiedene Schichten des Ozeans fährt. Kalte Temperaturen in extremen Tiefen können die Materialeigenschaften des Rumpfes beeinträchtigen und ihn spröder und anfälliger für Risse oder Biegefalten machen. Daher muss der Druckrumpf so gestaltet sein, dass er effektiv in einem Spektrum von thermischen Bedingungen arbeitet.

Die Anfälligkeit von Druckrümpfen für Biegefalten unter extremen Bedingungen ist ein erhebliches Anliegen. Forschung hat gezeigt, dass die Rundheit des Rumpfes seine Biegefestigkeit beeinflussen kann, wobei Abweichungen von idealen Geometrien die Verwundbarkeit unter hohen kompressiven Spannungen erhöhen [45]. Darüber hinaus muss der Designprozess verschiedene Versagenskriterien berücksichtigen, einschließlich Fließen und Instabilität, um sicherzustellen, dass der Rumpf den Betriebsdrücken standhalten kann, ohne die strukturelle Integrität zu gefährden

[31, 38]. Fortschrittliche computergestützte Werkzeuge, wie die Finite-Elemente-Analyse (FEA), werden häufig verwendet, um das Verhalten von Druckrümpfen unter verschiedenen Belastungsbedingungen zu simulieren und vorherzusagen, sodass fundiertere Designentscheidungen getroffen werden können [36, 38].

Im Gegensatz dazu betreffen die Dynamiken des Außenrumpfes die Interaktion des Rumpfes mit dem umgebenden Wasser, was zu komplexen hydrodynamischen Verhaltensweisen führen kann. Der äußere Rumpf muss so gestaltet sein, dass er diese Interaktionen effektiv verwaltet, da die strukturelle Kapazität die externen Kräfte übersteigen muss, um katastrophale Versagen, insbesondere unter extremen Seebedingungen, zu verhindern [46]. Die Dynamik der Schiffsantrieb und die Rumpf-Wasser-Interaktion sind ebenfalls entscheidend, da sie die Gesamtstabilität und Manövrierfähigkeit des Fahrzeugs beeinflussen [47]. Darüber hinaus können die Auswirkungen von Umweltfaktoren, wie Fouling durch Mikroorganismen und Korrosion, die Integrität des Außenrumpfes beeinträchtigen, was regelmäßige Wartung und Überwachung erfordert [48, 49].

Der äußere Rumpf, auch bekannt als der leichte Rumpf, erfüllt eine andere Funktion als der Druckrumpf. Er ist typischerweise nicht druckfest und ist so konzipiert, dass er hydrodynamische Effizienz bietet und nicht druckbelastete Systeme wie Ballasttanks und Sonarausrüstung unterbringt. Der äußere Rumpf umschließt den Druckrumpf und andere Teilsysteme und bildet die äußere Hülle des U-Bootes.

Mehrere Dynamiken beeinflussen das Design und die Funktion des äußeren Rumpfes:

1. **Hydrodynamische Leistung:** Der äußere Rumpf ist entscheidend für die Reduzierung des Widerstands, während das U-Boot durch das Wasser bewegt. Eine aerodynamische Form minimiert den Widerstand, sodass das U-Boot effizient reisen, Energie sparen und leise bleiben kann. Die Hydrodynamik des äußeren Rumpfes beeinflusst auch die Manövrierfähigkeit und Geschwindigkeit des U-Bootes, insbesondere während unterwasser Operationen. Designer verwenden oft ein Aerofoil-Profil für die Segel- und Flossenstrukturen, um die Leistung zu optimieren und Wasserverwirbelungen zu reduzieren.

2. **Flutbare Räume und Auftriebssteuerung:** Im Gegensatz zum Druckrumpf sind die Räume zwischen dem äußeren Rumpf und dem Druckrumpf, die als flutbare Räume bekannt sind, oft mit Wasser gefüllt, wenn das U-Boot untergetaucht ist. Diese Bereiche sind in Hauptballasttanks (MBTs) unterteilt, die eine entscheidende Rolle bei der Kontrolle des Auftriebs des U-Bootes spielen. Wenn das U-Boot taucht, werden die MBTs mit Wasser geflutet, was das Gewicht des Fahrzeugs erhöht und es ihm ermöglicht, zu sinken. Beim Auftauchen wird komprimierte Luft verwendet, um das Wasser aus den Ballasttanks zu drücken, wodurch der Auftrieb wiederhergestellt und das U-Boot an die Oberfläche gebracht wird.

3. **Interaktion mit dem Druckrumpf:** Während der äußere Rumpf nicht dafür konzipiert ist, Druck zu widerstehen, ist seine Interaktion mit dem Druckrumpf entscheidend für die Gesamtstabilität des U-Bootes. Der äußere Rumpf bietet strukturelle Unterstützung für verschiedene Systeme und schützt den Druckrumpf vor direktem Kontakt mit der Umgebung, wie z. B. rauen Meeresbodenelementen oder treibendem Schutt. Die Form des äußeren Rumpfes beeinflusst auch den Wasserfluss um den Druckrumpf, was die akustische Tarnung beeinflusst, indem Geräusche, die durch Wasserverwirbelungen erzeugt werden, reduziert werden.

4. **Material- und Strukturüberlegungen:** Der äußere Rumpf besteht in der Regel aus leichteren Materialien im Vergleich zum Druckrumpf und umfasst oft Glasfaser, Verbundwerkstoffe oder Aluminiumlegierungen. Diese Materialien werden aufgrund ihres Verhältnis von Festigkeit zu Gewicht gewählt, um sicherzustellen, dass der äußere Rumpf die notwendige strukturelle Unterstützung bietet, ohne übermäßiges Gewicht hinzuzufügen. Darüber hinaus muss das Design des äußeren Rumpfes eine einfache Wartung der Systeme des U-Bootes ermöglichen, insbesondere der Systeme, die sich zwischen dem äußeren und dem Druckrumpf befinden, wie Sensoren, Antennen und Ballasttanks.

Die Interaktion zwischen dem Druckrumpf und dem äußeren Rumpf ist ein kritischer Faktor im Design von U-Booten. Diese beiden Komponenten müssen zusammenarbeiten, um die operationale Effektivität, Überlebensfähigkeit und

Tarnfähigkeiten des U-Bootes sicherzustellen. Der Druckrumpf bietet die notwendige Stärke, um den zerdrückenden Kräften des Ozeans standzuhalten, während der äußere Rumpf gewährleistet, dass das U-Boot effizient und leise durch das Wasser bewegt werden kann.

Ein wichtiger Aspekt ihrer kombinierten Dynamik ist die Verteilung von Auftrieb und Stabilität. Der Auftriebsschwerpunkt (der Punkt, an dem die Auftriebskraft wirkt) und der Schwerpunkt (wo das Gewicht des U-Bootes konzentriert ist) müssen sorgfältig ausbalanciert werden, um die Stabilität sowohl an der Oberfläche als auch unter Wasser aufrechtzuerhalten. Die Verteilung der MBTs, ihre Interaktion mit dem Druckrumpf und die Gesamtform des äußeren Rumpfes tragen alle zu diesem Gleichgewicht bei und gewährleisten, dass das U-Boot mit Präzision tauchen, auftauchen und seine Tiefe halten kann.

Der Druckrumpf und der äußere Rumpf erfüllen unterschiedliche, aber miteinander verbundene Rollen im Design von U-Booten. Die strukturelle Integrität des Druckrumpfes ist entscheidend, um den Druck in der Tiefsee standzuhalten, während der äußere Rumpf sich auf die hydrodynamische Leistung und die Auftriebssteuerung konzentriert. Gemeinsam bilden sie die Grundlage für die Fähigkeit eines U-Bootes, sicher, effizient und heimlich in der herausfordernden Unterwasserumgebung zu operieren.

Trotz der Tatsache, dass es sich um eine geschlossene, wasserdichte Umgebung handelt, muss der Druckrumpf dennoch kontrollierten Zugang zwischen dem Inneren und Äußeren des U-Bootes ermöglichen, sowohl im getauchten als auch im nicht getauchten Zustand. Dies wird durch die Verwendung von runden Luken und Durchdringungen für Rohrleitungen und Kabel erreicht, aber jeder Zugangspunkt bringt erhebliche Konstruktionsherausforderungen mit sich, insbesondere in Bezug auf strukturelle Integrität und Sicherheit [44].

Runde Luken für den Personenzugang

Um es dem Personal zu ermöglichen, den Druckrumpf zu betreten und zu verlassen, werden an strategischen Stellen runde Luken installiert. In der Regel gibt es drei Hauptluken: eine im Kommandoturm (im Zentrum des U-Bootes) und je eine an den vorderen und hinteren Sektionen des U-Bootes. Diese Luken müssen druckfest sein, um das Eindringen von Wasser beim Untertauchen zu verhindern, und sie müssen auch robust genug sein, um sowohl dem internen atmosphärischen Druck als auch dem externen hydrostatischen Druck in Betriebstiefen standzuhalten.

Das runde Design der Luken ist entscheidend für die Aufrechterhaltung der strukturellen Integrität. Runde Formen verteilen den Stress gleichmäßig um die Kanten, was das Risiko von Verformungen oder Versagen unter Druck minimiert. Diese Luken sind essentiell für den Personenzugang während routinemäßiger Operationen, Wartung oder Notfall-Evakuierungen. Die Integration solcher Luken in den Druckrumpf führt jedoch zu Diskontinuitäten – Bereichen, in denen die ansonsten einheitliche zylindrische Struktur unterbrochen wird und potenzielle Schwachstellen entstehen. Diese Bereiche sind anfällig für Spannungs konzentrierungen, bei denen die auf den Rumpf einwirkenden Kräfte konzentriert werden, was potenziell zu strukturellem Versagen führen kann, wenn dies nicht ordnungsgemäß verwaltet wird [44].

Durchdringungen für Rohrleitungen und Kabel

Neben dem Personenzugang sind Durchdringungen notwendig für Rohrleitungen und Kabel, die Geräte, die sich außerhalb des Druckrumpfes befinden, mit den Systemen innerhalb des U-Bootes verbinden. Diese Durchdringungen sind entscheidend für die Funktionsweise von externen Geräten wie Ballasttanks, Sensoren und Waffensystemen, die alle Kontrolle und Strom aus dem Druckrumpf benötigen. Das Design dieser Durchdringungen muss sicherstellen, dass sie wasserdicht bleiben, während sie den Durchgang von Rohren und Kabeln ermöglichen [44].

Jede Durchdringung führt zu einer weiteren Diskontinuität im Druckrumpf, die, ähnlich wie die Luken, Spannungs konzentrierungspunkte schafft. Diese Durchdringungen sind oft rund oder elliptisch geformt, und die Bereiche um die Kanten dieser Öffnungen sind besonders anfällig für hohe Spannungsniveaus, insbesondere in tiefen Tauchtiefen, wo der externe Druck extrem ist. Um diese Risiken zu mindern, wird sorgfältig auf die Materialauswahl, Dicke und Verstärkung um diese Öffnungen geachtet.

Vordere elliptische Kuppel und Durchdringungen für Torpedorohre

Die vordere elliptische Kuppel-Trennwand des U-Bootes bringt zusätzliche Konstruktionsherausforderungen mit sich, da sie mehrere Durchdringungen unterbringt, insbesondere für Torpedorohre und Waffenausgleichstanks. Die Torpedorohre, die durch die vordere Kuppel verlaufen, erfordern große Durchdringungen, die verstärkt werden müssen, um den Kräften während sowohl getauchter Operationen als auch Torpedoeinschüssen standzuhalten. Diese Rohre sind das primäre Waffensystem für viele U-Boote, und ihre strukturelle Integrität ist entscheidend für die Kampfeffektivität des U-Bootes [44].

Zusätzlich zu den Torpedorohren sind sekundäre Durchdringungen für Rohrleitungen erforderlich, die den Waffenausgleichstanks dienen, die helfen, das Gleichgewicht und die Stabilität des U-Bootes nach dem Abschuss von Torpedos aufrechtzuerhalten. Diese Durchdringungen sind essentiell für die Funktion des Waffensystems, erhöhen jedoch auch die Komplexität des strukturellen Designs an der vorderen Trennwand.

Spannungs konzentrierungen und Schweißintegrität

Die Bereiche um diese Durchdringungen – sei es für Luken, Rohrleitungen oder Torpedorohre – sind aufgrund der Unterbrechungen der ansonsten glatten Oberfläche des Druckrumpfes hohen Spannungs konzentrierungen ausgesetzt. Diese Spannungs konzentrierungen machen die Durchdringungen anfällig für Risse, Verformungen oder Biegungen unter Druck. Daher erfordert das Design und die Konstruktion dieser Durchdringungen die höchsten Präzisions- und Sorgfaltsstandards.

Um die mit diesen Spannungs konzentrierungen verbundenen Risiken zu mindern, werden die Schweißprozesse, die zum Anbringen und Verstärken von Durchdringungen verwendet werden, einer intensiven Überprüfung unterzogen. Die Qualität dieser Schweißnähte ist entscheidend, da ein Versagen in der Schweißnaht die wasserdichte Integrität des Druckrumpfes gefährden könnte, was während getauchter Operationen katastrophale Folgen haben könnte.

Um die Integrität der Schweißnähte sicherzustellen, werden mehrere zerstörungsfreie Prüfmethoden (NDT) eingesetzt, darunter Ultraschallprüfung, radiografische Prüfung und Farbstoffdurchdringungsprüfung. Diese Tests ermöglichen es Ingenieuren, eventuelle Mängel, wie Risse oder Hohlräume in den Schweißnähten, zu erkennen, ohne die Struktur zu beschädigen. Angesichts der kritischen Natur dieser Durchdringungen wird in der Regel mehr als eine Art von NDT durchgeführt, um zu überprüfen, dass die Schweißnähte die strengen Sicherheits- und Leistungsstandards erfüllen, die für den Betrieb in der Tiefsee erforderlich sind [44].

Die Fähigkeit des Druckrumpfes, Luken und Durchdringungen unter extremen Bedingungen zu integrieren und gleichzeitig seine strukturelle Integrität aufrechtzuerhalten, ist ein Beweis für das fortschrittliche Ingenieurwesen, das im Design von U-Booten involviert ist. Jede Durchdringung stellt einen potenziellen Schwachpunkt dar, der sorgfältig verstärkt und überwacht werden muss. Durch den Einsatz fortschrittlicher Materialien, präziser Schweißtechniken und strenger Testprotokolle stellen U-Boot-Designer sicher, dass diese kritischen Bereiche den enormen Drücken in Tiefseeumgebungen standhalten können, während sie die notwendige Funktionalität und Zugänglichkeit bieten, die moderne U-Boote benötigen.

Auftrieb, Ballast und Stabilität

Auftrieb, Ballast und Stabilität sind kritische Konzepte im Design und Betrieb von U-Booten, die jeweils eine entscheidende Rolle für die Fähigkeit des Unterwasserfahrzeugs spielen, sich zu navigieren und seine Position in der Wassersäule zu halten. Auftrieb, Ballast und Stabilität sind grundlegende Konzepte, die wesentliche Rollen bei der Fähigkeit des Schiffes spielen, zu tauchen, aufzutauchen und während des Tauchens die Kontrolle zu behalten. Jedes dieser Begriffe bezieht sich darauf, wie ein U-Boot mit seiner Umgebung interagiert, insbesondere hinsichtlich der Kontrolle seiner Tiefe und der Aufrechterhaltung seiner Orientierung.

Auftrieb

Der Auftrieb bezieht sich auf die nach oben gerichtete Kraft, die auf ein U-Boot ausgeübt wird, wenn es in Wasser getaucht ist, und wird durch das Archimedische Prinzip geregelt. Dieses Prinzip besagt, dass die Auftriebskraft, die auf ein in einer Flüssigkeit eingetauchtes Objekt wirkt, gleich dem Gewicht der Flüssigkeit ist, die das Objekt verdrängt [50]. Für U-Boote ist der Auftrieb entscheidend, um neutralen Auftrieb zu erreichen, bei dem das Gewicht des U-Boots gleich dem Gewicht des verdrängten Wassers ist, sodass es weder sinkt noch schwimmt. Das Design von U-Booten muss den Auftrieb sorgfältig berücksichtigen, um sicherzustellen, dass sie effektiv aufsteigen und abtauchen können, was durch ihre Form und die Verteilung der Masse im Schiff beeinflusst wird [51].

In U-Booten wird der Auftrieb aktiv kontrolliert, indem die Menge an Wasser in den Ballasttanks angepasst wird:

- Wenn ein U-Boot Wasser in seine Ballasttanks aufnimmt, erhöht sich sein Gesamtgewicht, wodurch der Auftrieb reduziert wird und das Schiff sinkt.
- Wenn Luft in die Ballasttanks gepumpt wird, um Wasser auszuwerfen, wird das U-Boot leichter, was den Auftrieb erhöht und das Schiff an die Oberfläche steigen lässt.

Die Aufrechterhaltung des neutralen Auftriebs ist entscheidend für unterseeische Operationen, da sie es dem U-Boot ermöglicht, in einer festen Tiefe zu bleiben, ohne zu sinken oder zu steigen.

Ballast

Ballast ist ein Mechanismus zur Steuerung des Auftriebs und des Trimms eines U-Bootes. Durch das Hinzufügen oder Entfernen von Wasser aus den Ballasttanks können U-Boote ihr Gewicht und damit ihren Auftrieb anpassen. Diese Anpassung ermöglicht es U-Booten, zu tauchen, aufzutauchen oder eine bestimmte Tiefe beizubehalten. Das effektive Management des Ballasts ist entscheidend für die operationale Flexibilität, die es U-Booten ermöglicht, auf unterschiedliche Betriebsbedingungen zu reagieren und die Stabilität während Manövern aufrechtzuerhalten [52]. Die Verwendung variabler Ballastsysteme, die die Menge an Wasser in den Tanks schnell anpassen können, verbessert die Fähigkeit des U-Boots, seine Aufstiegs- und Sinkgeschwindigkeit zu steuern und somit die Gesammanövrierbarkeit [52].

U-Boote sind mit Hauptballasttanks (MBTs) ausgestattet, die sich zwischen dem äußeren Rumpf und dem Druckrumpf befinden. Diese Tanks können je nach Bedarf mit Meerwasser oder Luft gefüllt werden, abhängig davon, ob das U-Boot tauchen oder auftauchen muss.

- Wenn das U-Boot an der Oberfläche ist, sind die Ballasttanks mit Luft gefüllt, wodurch das U-Boot ausreichend Auftrieb hat, um zu schwimmen.
- Wenn das U-Boot tauchen muss, werden die Ballasttanks mit Meerwasser geflutet, was das Gewicht des U-Boots erhöht und es zum Sinken bringt.

Der Prozess der Ballastkontrolle ist entscheidend für die Erreichung des richtigen Gleichgewichts zwischen Gewicht und Auftrieb, um sicherzustellen, dass das U-Boot tauchen, auftauchen und effektiv in verschiedenen Tiefen operieren kann.

Stabilität

Die Stabilität bei U-Booten bezieht sich auf die Fähigkeit des Fahrzeugs, seine Orientierung aufrechtzuerhalten und ungewollten Roll- oder Pitchbewegungen zu widerstehen. Die Stabilität wird durch das Design des U-Boots beeinflusst, einschließlich der Platzierung seines Schwerpunkts und seines Auftriebsschwerpunkts. Ein U-Boot gilt als stabil, wenn es nach einer Störung in seine ursprüngliche Position zurückkehrt [53]. Die Dynamik der Stabilität ist komplex, da sie das Zusammenspiel von Auftriebskräften, Ballastanpassungen und hydrodynamischen Kräften umfasst, die auf das U-Boot während seines Betriebs wirken [54]. Forschungen haben gezeigt, dass das Design des Rumpfs des U-Boots und die Konfiguration seiner Ballastsysteme entscheidend für die Verbesserung der Stabilität während verschiedener Manöver sind, wie z.B. dem Aufsteigen aus großen Tiefen oder dem Navigieren durch unruhige Gewässer [55, 56].

Die Stabilität wird durch den Schwerpunkt (den Punkt, an dem das Gewicht des U-Boots konzentriert ist) und den Auftriebsschwerpunkt (den Punkt, an dem die nach oben gerichtete Auftriebskraft wirkt) beeinflusst. Es gibt zwei Arten von Stabilität:

1. Statische Stabilität – Dies bezieht sich auf die Fähigkeit des U-Boots, nach einer Neigung durch äußere Kräfte (z.B. Wellen, Strömungen) in seine ursprüngliche Position zurückzukehren. Wenn der Auftriebsschwerpunkt über dem Schwerpunkt liegt, hat das U-Boot positive Stabilität, was bedeutet, dass es sich nach einer Neigung von selbst wieder aufrichtet.

2. Dynamische Stabilität – Dies bezieht sich auf die Fähigkeit des U-Boots, einen stabilen Kurs beizubehalten und unkontrolliertes Rollen oder Wippen während der Bewegung zu vermeiden. U-Boote verwenden Hydroflächen (Steuerflächen an Bug und Heck), um die dynamische Stabilität während der Änderung von Tiefe und Richtung aufrechtzuerhalten.

3. Die Stabilität eines U-Bootes ist besonders komplex, da das Fahrzeug sowohl an der Oberfläche als auch unter Wasser operiert, was die Beziehung zwischen Auftrieb, Gewicht und hydrodynamischen Kräften beeinflusst. Die Aufrechterhaltung einer ordnungsgemäßen Stabilität ist entscheidend, um zu verhindern, dass das U-Boot zu stark rollt, übermäßig pitcht oder die Kontrolle verliert, insbesondere während Hochgeschwindigkeitsmanövern oder beim Übergang zwischen verschiedenen Tiefen.

4. Die Stabilität von U-Booten unterscheidet sich grundlegend von der von Oberflächenfahrzeugen, da U-Boote in zwei unterschiedlichen Zuständen operieren: Stabilität an der Oberfläche und Stabilität unter Wasser. Diese beiden Bedingungen erfordern separate Analysen, da sich das Verhalten des U-Boots stark unterscheidet, abhängig davon, ob sich ein Teil des Fahrzeugs über oder unter der Wasserlinie befindet [57].

Stabilität an der Oberfläche

Im Zustand an der Oberfläche befindet sich ein Teil des U-Boots über der Wasserlinie, ähnlich wie ein Schiff, das auf der Oberfläche schwimmt. In diesem Zustand wird der Auftrieb des U-Boots (die nach oben gerichtete Kraft, die es über Wasser hält) durch das Volumen des eingetauchten Teils des Rumpfes bestimmt. Die Beziehung zwischen dem Gewicht des U-Boots und dem Auftrieb wird durch das Archimedische Prinzip geregelt, das besagt, dass die nach oben gerichtete Auftriebskraft gleich dem Gewicht des verdrängten Wassers ist.

In diesem Zustand [57]:

- Das U-Boot ist teilweise eingetaucht, sodass sein Auftriebsschwerpunkt niedriger ist als bei vollständigem Eintauchen.
- Der Schwerpunkt spielt eine entscheidende Rolle bei der Aufrechterhaltung der Stabilität, insbesondere wenn Wellen oder andere Kräfte das U-Boot kippen lassen. Wenn der Auftriebsschwerpunkt über dem Schwerpunkt liegt, wird das U-Boot von selbst wieder aufrecht und stabil. Dies wird als positive statische Stabilität bezeichnet.
- Die metazentrische Höhe (der Abstand zwischen dem Schwerpunkt und dem Metazentrum, einem theoretischen Punkt, an dem die Auftriebskräfte wirken) bestimmt die Stabilität des U-Boots im Zustand an der Oberfläche. Eine höhere metazentrische Höhe bedeutet in der Regel eine größere Stabilität an der Oberfläche.

Damit ein U-Boot im Zustand an der Oberfläche stabil bleibt, muss der Unterschied zwischen dem Auftriebsschwerpunkt und dem Schwerpunkt verwaltet werden, um sicherzustellen, dass das Schiff aufgrund äußerer Kräfte wie Wellen nicht übermäßig kippt.

Stabilität unter Wasser

Im Zustand unter Wasser befindet sich das gesamte U-Boot unter der Wasserlinie, ohne dass Teile des Rumpfes oder Anbauteile an der Oberfläche sichtbar sind. In diesem Zustand sind die Stabilitätsdynamiken anders, da sich der Auftriebsschwerpunkt nach oben verschiebt, da das gesamte Volumen des U-Boots jetzt eingetaucht ist, und die Wechselwirkungen des Fahrzeugs mit externen Kräften, wie Wellen, minimiert werden.

Im Zustand unter Wasser [57]:

- Der gesamte Rumpf ist dem hydrostatischen Druck ausgesetzt, und das U-Boot ist auf neutralen Auftrieb angewiesen—einen Zustand, in dem die Auftriebskraft und das Gewicht des U-Boots genau gleich sind. Dies ermöglicht es dem U-Boot, in einer konstanten Tiefe zu bleiben, ohne zu steigen oder zu sinken.
- Die Verteilung des Gewichts innerhalb des U-Boots ist entscheidend für die Aufrechterhaltung der Stabilität unter Wasser. Faktoren wie Treibstoffverbrauch, Bewegung der Besatzung oder der Einsatz von Waffen können das Gleichgewicht des U-Boots verändern, daher ist eine sorgfältige Verwaltung der internen Systeme und des Ballasts erforderlich.
- Hydroflächen (Steuerflächen an Bug und Heck) werden verwendet, um Pitch und Tiefe zu steuern, und stellen sicher, dass das U-Boot manövrieren kann, während es stabil bleibt. Eine der wichtigsten Herausforderungen bei der Stabilität unter Wasser besteht darin, sicherzustellen, dass das U-Boot während Manövern oder bei Einwirkung externer Kräfte (wie Unterwasserströmungen) nicht übermäßig pitcht oder rollt [57].

Übergang zwischen der Oberfläche und dem Unterwasserzustand

Der Übergang zwischen dem Zustand an der Oberfläche und dem Zustand unter Wasser umfasst das Management des Auftriebs durch die Steuerung der Hauptballasttanks (MBTs) des U-Boots.

- Wenn das U-Boot an der Oberfläche ist, ist es leichter als das gesamte Volumen Wasser, das es verdrängen könnte. Um zu tauchen, muss das U-Boot sein Gewicht erhöhen, um die Auftriebskraft, die auf das gesamte eingetauchte Volumen wirkt, auszugleichen.
- Dies wird erreicht, indem die MBTs mit Meerwasser geflutet werden. Während Wasser die Tanks füllt, erhöht sich das Gesamtgewicht des U-Boots, wodurch sein Nettoauftrieb reduziert wird und das U-Boot sinkt.
- Der Prozess des neutralen Auftriebs wird durch sorgfältige Kontrolle der Menge an Wasser, die in die Ballasttanks aufgenommen wird, erreicht. Sobald das U-Boot eingetaucht ist, werden die Tanks angepasst, um sicherzustellen, dass die Auftriebskraft genau dem Gewicht des U-Boots entspricht, sodass es in der gewünschten Tiefe bleibt, ohne kontinuierlich zu sinken oder zu steigen.

Umgekehrt, wenn das U-Boot auftauchen muss, wird Druckluft in die MBTs geblasen, um das Wasser herauszudrängen und das Gewicht des U-Boots zu reduzieren. Dadurch erhöht sich der Auftrieb und das U-Boot steigt wieder an die Oberfläche.

Gleichgewicht von Gewicht und Auftrieb

In sowohl an der Oberfläche als auch unter Wasser ist das Prinzip des Auftriebs auf die Idee aufgebaut, dass das Gewicht des U-Boots der Auftriebskraft für einen stabilen Betrieb entsprechen muss. Wenn das U-Boot an der Oberfläche ist, trägt das Volumen des U-Boots über der Wasserlinie nicht zur Auftriebskraft bei, sodass das Fahrzeug Gewicht hinzufügen (durch das Fluten der MBTs) muss, um zu tauchen. Im Gegensatz dazu trägt bei eingetauchten U-Booten das gesamte Rumpfvolumen zum Auftrieb bei, und Anpassungen werden vorgenommen, um die Tiefe und das Gleichgewicht aufrechtzuerhalten.

Tauchen und Auftauchen von U-Booten

Das Tauchen und Auftauchen von U-Booten beruht auf dem sorgfältigen Management des Auftriebs, das durch die Verwendung von Hauptballasttanks (MBTs) gesteuert wird. Diese Tanks sind ein grundlegendes Element der Fähigkeit des U-Boots, unter Wasser zu tauchen und wieder aufzutauchen. Die MBTs verwenden eine Kombination aus Flutöffnungen und Luftventilen, um das Wasser und die Luft innerhalb der Tanks zu manipulieren, sodass das U-Boot seinen Auftrieb nach Bedarf steuern kann.

Die zwei kritischen Teile der Hauptballasttanks sind [57]:

1. Flutöffnungen: Diese befinden sich am Boden des äußeren Rumpfes und sind Öffnungen, die es dem Meerwasser ermöglichen, in die Tanks zu fließen oder aus ihnen herauszufließen. Die Flutöffnungen spielen eine wesentliche Rolle im Tauchprozess, indem sie Wasser hereinlassen, um das Gewicht des U-Boots zu erhöhen, und während des Auftauchens lassen sie das Wasser aus dem Tank entweichen, wenn Luft hineingepresst wird.
2. Luftventile: Diese befinden sich oben an den Ballasttanks und sind mit dem Druckrumpf verbunden. Jede Seite des U-Boots (Backbord und Steuerbord) hat Luftventilsteigleitungen, die vom Ballasttank bis zum Hauptluftventil führen. Diese Luftventile ermöglichen es der Luft, aus den Tanks zu entweichen, wenn Wasser aufgenommen wird, und spielen eine wesentliche Rolle im Auftauchprozess, indem sie Hochdruckluft ermöglichen, Wasser aus den Tanks zu drücken.

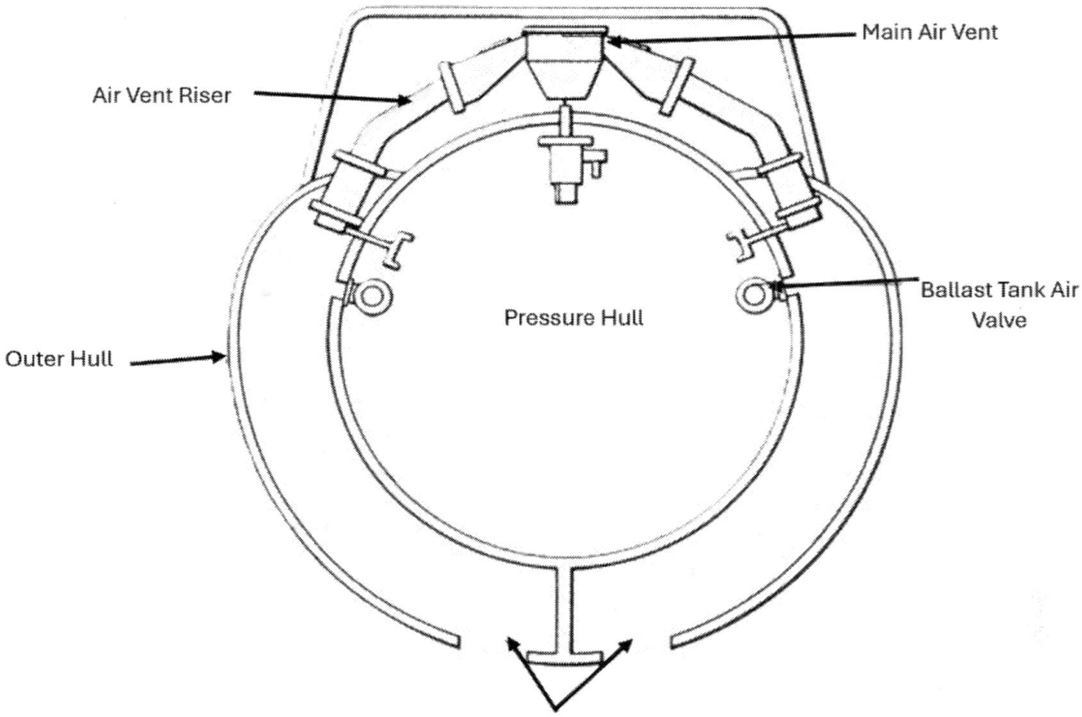

Abbildung 27: Querschnitt des Hauptballasttanks [57].

Wenn ein U-Boot tauchen muss, besteht die Reihenfolge der Operationen darin, die Luftventile zu öffnen, um die Luft aus den Tanks freizusetzen und Wasser durch die Flutöffnungen eindringen zu lassen. Die Schritte sind wie folgt [57]:

1. **Öffnen der Luftventile:** Um den Tauchvorgang zu beginnen, werden die Luftventile oben an den Hauptballasttanks (MBTs) geöffnet. Diese Ventile ermöglichen es der in den Tanks eingeschlossenen Luft, zu entweichen.

2. **Fluten der Ballasttanks:** Sobald die Luft einen Ausweg durch die Ventile hat, strömt Meerwasser durch die Flutöffnungen, die sich am Boden des U-Bootes befinden, in die Ballasttanks. Während die Tanks mit Wasser gefüllt werden, erhöht sich das Gesamtgewicht des U-Bootes.

3. **Negative Auftrieb erreicht:** Das zusätzliche Gewicht des Wassers in den Ballasttanks führt dazu, dass das U-Boot negativ auftriebsfähig wird, was bedeutet, dass die Schwerkraft (Gewicht) größer ist als die Auftriebskraft des verdrängten Wassers, was dazu führt, dass das U-Boot sinkt.

Auf diese Weise kontrolliert das U-Boot seinen Abstieg, indem es Ballastwasser in die Tanks hinzufügt, bis es die gewünschte Tiefe erreicht.

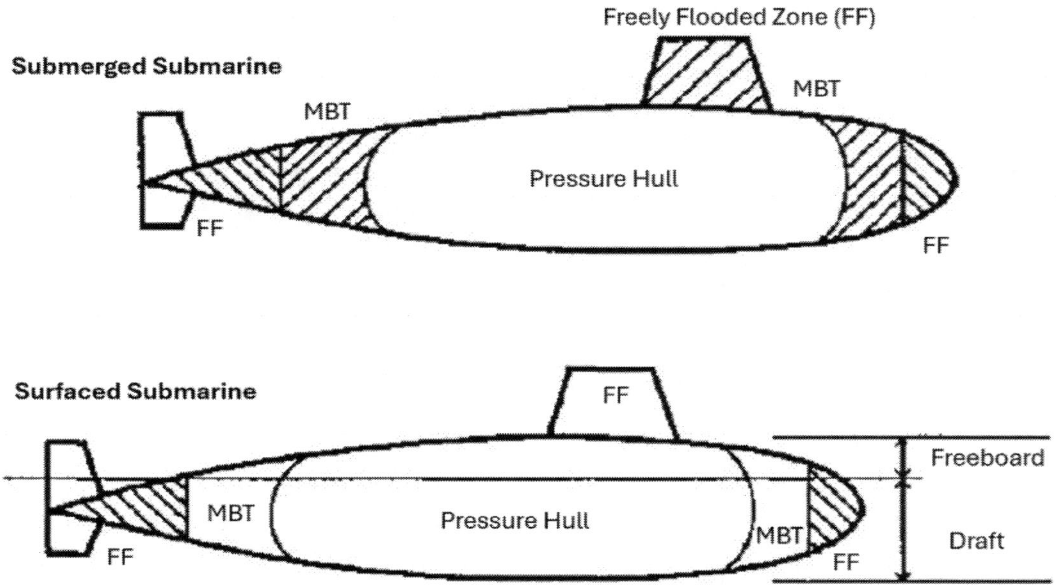

Abbildung 28: U-Boot in getauchtem und getauchtem Zustand [57].

Der Prozess des Auftauchens ist das Gegenteil des Eintauchens und erfordert das Ausstoßen von Wasser aus den MBTs, um das U-Boot leichter zu machen und die positive Auftriebskraft wiederzugewinnen. Dies wird erreicht, indem Hochdruckluft verwendet wird, um das Wasser zu verdrängen. Die Schritte sind wie folgt [57]:

1. **Reduzierung der Tiefe mit Hydroflügeln:** Bevor das U-Boot vollständig auftaucht, verwendet es zunächst seine Hydroflügel (Steuerflächen), um seine Tiefe auf etwa 3 bis 4 Meter unter der Wasseroberfläche zu reduzieren. Dies stellt sicher, dass das U-Boot nahe genug an der Oberfläche ist, um komprimierte Luft effizient zu nutzen, um Wasser aus den Ballasttanks auszustoßen.

2. **Einbringen von Hochdruckluft:** In dieser reduzierten Tiefe wird Hochdruckluft (ungefähr 15 bar) über das Luftventil in die Ballasttanks eingeführt. Die Druckluft drängt das Meerwasser durch die Flutöffnungen am Boden des U-Boots heraus.

3. **Wasserexpulsion und Auftriebskontrolle:** Während das Wasser aus den Ballasttanks ausgestoßen wird, verringert sich das Gewicht des U-Boots, wodurch es positiv auftriebsfähig wird. Positive Auftriebskraft tritt auf, wenn die Auftriebskraft größer ist als das Gewicht des U-Boots, was es ihm ermöglicht, an die Oberfläche zu steigen.

4. **Aufstieg zur Oberflächenlage:** Mit dem Gewicht des Wassers, das aus den Tanks entfernt wurde, steigt das U-Boot natürlich an die Oberfläche und erreicht erneut die Stabilität an der Oberfläche.

Moderne U-Boote sind so konzipiert, dass sie in Tiefen von etwa 300 bis 450 Metern operieren. In diesen Tiefen ist der Wasserdruck immens, und das Auftauchen erfordert eine präzise Kontrolle des Ballastsystems. Die Einführung von Hochdruckluft ist entscheidend, um den äußeren Druck in der Tiefe zu überwinden, da sie genügend Kraft liefert, um das Wasser in den Ballasttanks zu verdrängen und das U-Boot ausreichend auftriebsfähig zu machen, um aufzutauchen [57].

Sobald das U-Boot seine Tiefe mit den Hydroflügeln verringert hat, liefert die Hochdruckluft die notwendige Kraft, um das Wasser herauszudrücken und den Auftauchprozess einzuleiten.

Alternative Methoden zum Auftauchen von U-Booten U-Boote tauchen normalerweise auf, indem sie elektrisch betriebene Ventile nutzen, die die Hauptballasttanks (MBT) steuern, um Wasser auszustoßen und den Auftrieb zu erhöhen. Es gibt jedoch alternative Methoden, die in Situationen verfügbar sind, in denen das Standardsystem ausfällt oder der Strom verloren geht. Diese alternativen Systeme sind entscheidend für die Sicherheit des U-Boots und seine Fähigkeit, an die Oberfläche zurückzukehren [58].

Notfall-Hauptballasttank (EMBT) Blas-System: Im Falle eines Stromausfalls sind U-Boote mit einem Notfall-Hauptballasttank (EMBT) Blas-System ausgestattet. Dieses System ist eine vollständig mechanische (pneumatische) Alternative, die unabhängig von elektrischer Energie arbeitet. Es verwendet komprimierte Luft, die in speziellen Sicherheitsluftbehältern gespeichert ist, um Wasser aus den Ballasttanks zu blasen. Im Gegensatz zum Standardsystem, das auf elektrisch betriebenen Ventilen beruht, bläst das EMBT-Blas-System schnell Luft direkt aus den Luftbehältern in die Ballasttanks, wodurch das U-Boot schnell auftauchen kann. Diese Methode ist ein wichtiges Sicherheitsmerkmal, das sicherstellt, dass U-Boote selbst bei kompromittierten Stromsystemen oder elektrischen Komponenten auftauchen können [58].

Auftauchen ohne Luft unter Verwendung des Antriebssystems: Eine andere Alternative zum Auftauchen besteht darin, das Antriebssystem des U-Boots zu verwenden, um das Fahrzeug an die Oberfläche zu bringen, ohne Luft zu verwenden, um das Wasser aus den Ballasttanks auszustoßen. Diese Methode, bekannt als "Luftloses Auftauchen", ermöglicht es dem U-Boot, an die Oberfläche zu steigen, indem es genügend Vortrieb erzeugt. Diese Technik hat jedoch eine bedeutende Einschränkung. Wenn das Wasser in den Ballasttanks nicht ausgestoßen wird, bleibt das U-Boot negativ auftriebsfähig, was bedeutet, dass es nicht an der Oberfläche bleiben kann, ohne kontinuierlichen Antrieb. Im Wesentlichen würde das U-Boot auftauchen, aber nicht aufhören zu bewegen, da es wieder sinken würde, sobald der Antrieb stoppt [58].

Verwendung von Abgasen des Dieselgenerators zum Ausblasen der Ballasttanks: In einigen älteren U-Booten, die mit Dieselgeneratoren ausgestattet sind, war eine zusätzliche alternative Methode verfügbar. Die Abgase des Dieselgenerators konnten umgeleitet werden, um die Ballasttanks auszublasen. Diese Methode nutzt den Druck, der durch die Abgase erzeugt wird, um die Tanks von Wasser zu befreien und das U-Boot auftauchen zu lassen. Während diese Methode in modernen U-Booten weniger häufig vorkommt, bot sie in der Vergangenheit ein nützliches Backup-System, insbesondere in Situationen, in denen die Hauptluftsysteme nicht verfügbar oder kompromittiert waren [58].

Es ist wichtig zu beachten, dass diese alternativen Methoden Einschränkungen haben. Wenn ein U-Boot beispielsweise mehr Überflutung erfährt, als seine Reserveauftriebskraft bewältigen kann, oder wenn der Antrieb vollständig ausfällt, sind diese Methoden möglicherweise nicht ausreichend, um das U-Boot an die Oberfläche zu bringen. Die Reserveauftriebskraft spielt eine entscheidende Rolle dabei, sicherzustellen, dass das U-Boot nach dem Auftauchen schwimmfähig bleibt. Wenn die Reserveauftriebskraft aufgrund übermäßiger Überflutung überschritten wird, kann das Auftauchen unmöglich werden, und das U-Boot könnte unter Wasser gefangen bleiben [58].

Diese alternativen Auftauchmethoden verdeutlichen die Notwendigkeit von Redundanz- und Backup-Systemen im U-Boot-Design und stellen sicher, dass die Besatzung selbst in kritischen Situationen Möglichkeiten hat, sicher an die Oberfläche zurückzukehren.

Oberflächenstabilität von U-Booten Im Zustand an der Oberfläche muss ein U-Boot die gleichen grundlegenden Stabilitätsprinzipien wie ein Oberflächenfahrzeug einhalten, um sicherzustellen, dass es auch im Falle eines Schadens schwimmfähig und stabil bleibt. Ein Schlüsselkonzept in diesem Zusammenhang ist die Reserve des Auftriebs (ROB). Das Verständnis von ROB ist entscheidend für U-Boot-Designer, da es hilft, das notwendige Volumen der Hauptballasttanks (MBTs) im Verhältnis zum Volumen des Druckkörpers zu bestimmen [57].

ROB bezieht sich auf den Prozentsatz des Volumens des Rumpfes über der Wasserlinie, wenn das U-Boot in einem Zustand an der Oberfläche ist. Diese Reserve bietet den notwendigen Auftrieb, um das U-Boot nach möglichen Schäden an der Schwimmfähigkeit zu halten und sicherzustellen, dass das Fahrzeug nicht vollständig untertaucht. In praktischen Begriffen ist ROB das Verhältnis zwischen dem effektiven Volumen aller MBTs (d.h. das Volumen des

Wassers, das durch Luft verdrängt werden kann) und dem volumetrischen Verdrängungsvolumen des U-Boots im Zustand an der Oberfläche.

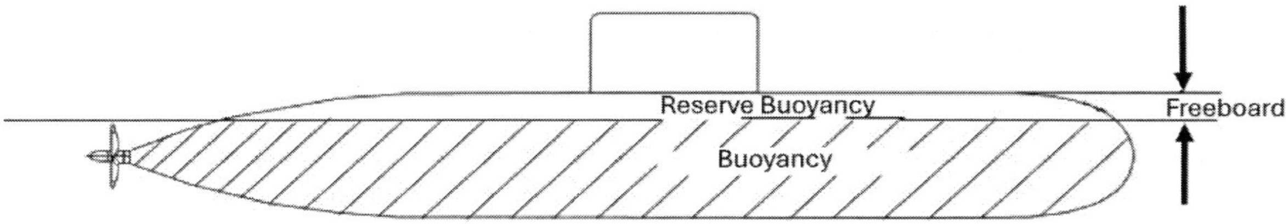

Abbildung 29: Volumen des Rumpfes, das zur Reserve des Auftriebs (ROB) eines U-Bootes beiträgt [57].

Wichtige Punkte zur Reserve des Auftriebs (ROB) [57]:

- Das effektive Volumen bezieht sich auf das gesamte „blassbare“ Volumen der Hauptballasttanks (MBTs), was bedeutet, dass das Volumen, das mit Luft gefüllt werden muss, um das U-Boot positiv aufzutreiben und es an die Oberfläche zu bringen.
- Das volumetrische Verdrängungsvolumen im getauchten Zustand wird definiert als das Gewicht des U-Bootes minus das frei einströmende Wasser (Meerwasser, das in Bereiche außerhalb des Druckrumpfes eindringt, wie z. B. in den Räumen zwischen dem Druckrumpf und dem äußeren Rumpf).

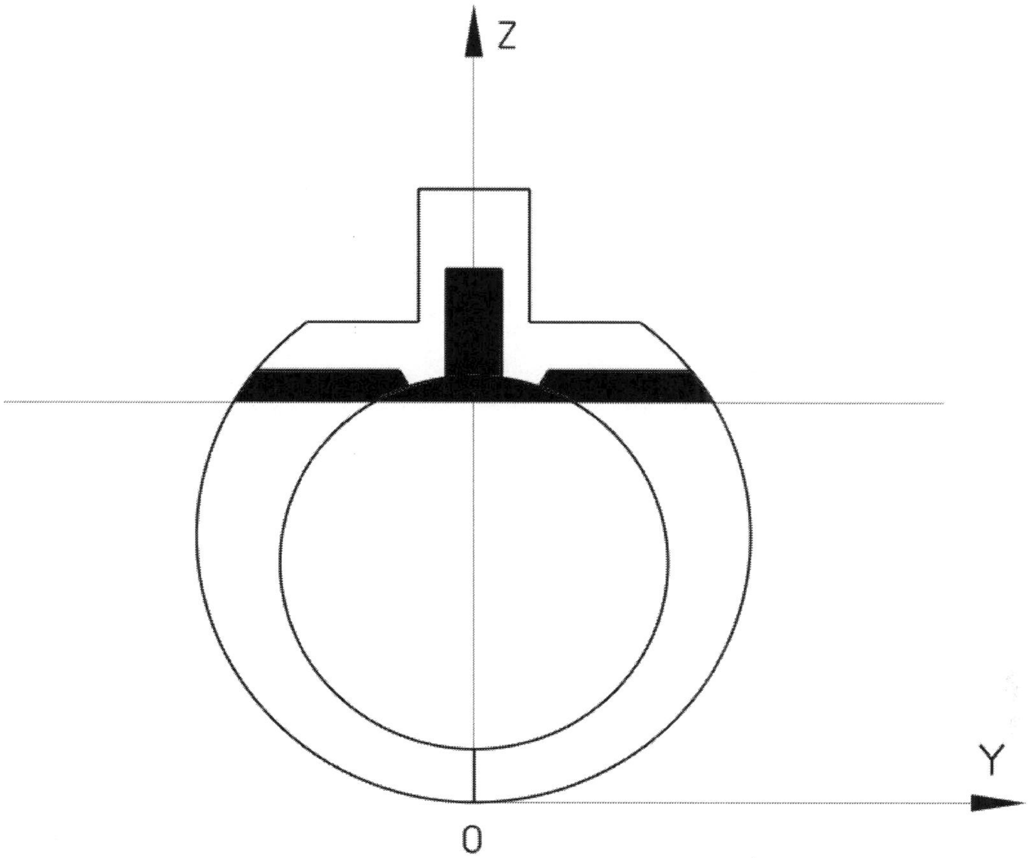

Abbildung 30: Reserve des Auftriebs. Alex Rave, CC BY-SA 3.0, über Wikimedia Commons.

Um die Beziehung zwischen der Reserve des Auftriebs (ROB) und dem Druckrumpf zu verstehen, ist es wichtig zu erkennen, dass im untergetauchten Zustand nur der Druckrumpf zum Auftrieb beiträgt, da der Raum zwischen dem Druckrumpf und dem äußeren Rumpf geflutet ist. Daher wird der Auftrieb ausschließlich vom Druckrumpf bereitgestellt. Um an die Oberfläche zurückzukehren, muss das U-Boot Wasser aus den Hauptballasttanks (MBTs) ausstoßen, indem Luft hineingepumpt wird, wodurch das Gesamtgewicht verringert und ausreichend positiver Auftrieb für das Auftauchen erzeugt wird.

Die Aufgabe des Designers besteht darin, die richtige Menge an ROB sicherzustellen, indem das erforderliche Volumen der MBTs berechnet wird. Die ROB hängt von Faktoren wie der Größe des U-Bootes ab, und kleinere U-Boote benötigen in der Regel eine größere ROB aufgrund ihres begrenzten Freibords (dem Abstand von der Wasserlinie bis zum Deck), der normalerweise zwischen 10 % und 20 % liegt. U-Boote mit doppeltem Rumpf, die komplexer sind, können aufgrund ihrer zusätzlichen inneren und äußeren Rumpfflächen sogar noch höhere ROB-Prozentsätze aufweisen [57].

Die transversale Stabilität (Stabilität von Seite zu Seite) eines an der Oberfläche befindlichen U-Bootes ist ähnlich der eines Oberflächenschiffes. Beide folgen hydrostatischen Prinzipien, bei denen sich der Auftriebspunkt (B) zur Seite verschiebt, wenn das U-Boot kippt. Wenn sich der Auftriebspunkt an eine neue Position (B1) bewegt, erzeugt das Metazentrum (M) – einen Punkt über dem Auftriebspunkt – ein Aufrichtmoment, wenn es höher ist als der Schwerpunkt (G). Dieses Aufrichtmoment hilft, das U-Boot in eine aufrechte Position zurückzubringen.

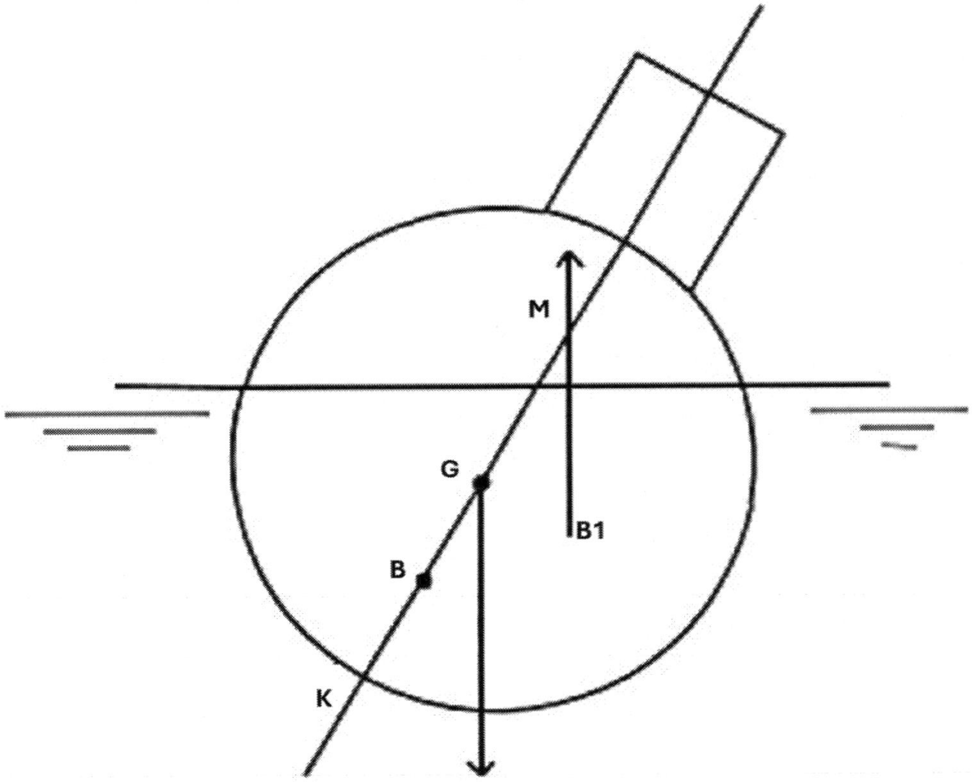

Abbildung 31: Stabilität des U-Bootes an der Oberfläche [57].

Die Stabilität des U-Bootes ist entscheidend abhängig von der Aufrechterhaltung eines angemessenen Verhältnisses zwischen dem Schwerpunkt und dem Auftriebsmittelpunkt. Wenn der Schwerpunkt zu hoch ist, verringert sich die metazentrische Höhe (Abstand zwischen dem Schwerpunkt und dem Metazentrum), was die Stabilität des U-Bootes reduziert und es anfällig für Kippen macht.

U-Boote sind äußerst gewichtsempfindlich, was bedeutet, dass jede Gewichtsverlagerung erheblichen Einfluss auf ihr Gleichgewicht und ihre Stabilität haben kann. Bereits geringfügige Änderungen im longitudinalen Schwerpunkt (LCG) können ein Trimmmoment erzeugen (eine Kraft, die den Nickwinkel des U-Bootes beeinflusst). Dieses Trimmmoment verändert die Wasserlinienfläche (die Fläche der Wasserlinie), was wiederum die longitudinale metazentrische Höhe beeinflusst.

Eine Verringerung der Wasserlinienfläche führt zu einem schnellen Rückgang der metazentrischen Höhe, wodurch die longitudinale Stabilität des U-Bootes verringert wird. Um die richtige Stabilität aufrechtzuerhalten, müssen die U-Boot-Operationen sorgfältig verwaltet werden, um jegliche Verschiebungen im longitudinalen Schwerpunkt zu minimieren. Die Gewährleistung eines ausgewogenen LCG ist entscheidend für die Aufrechterhaltung der Trimmstabilität, die verhindert, dass das U-Boot während der Operationen nach vorne (Bug nach unten) oder nach hinten (Heck nach unten) kippt.

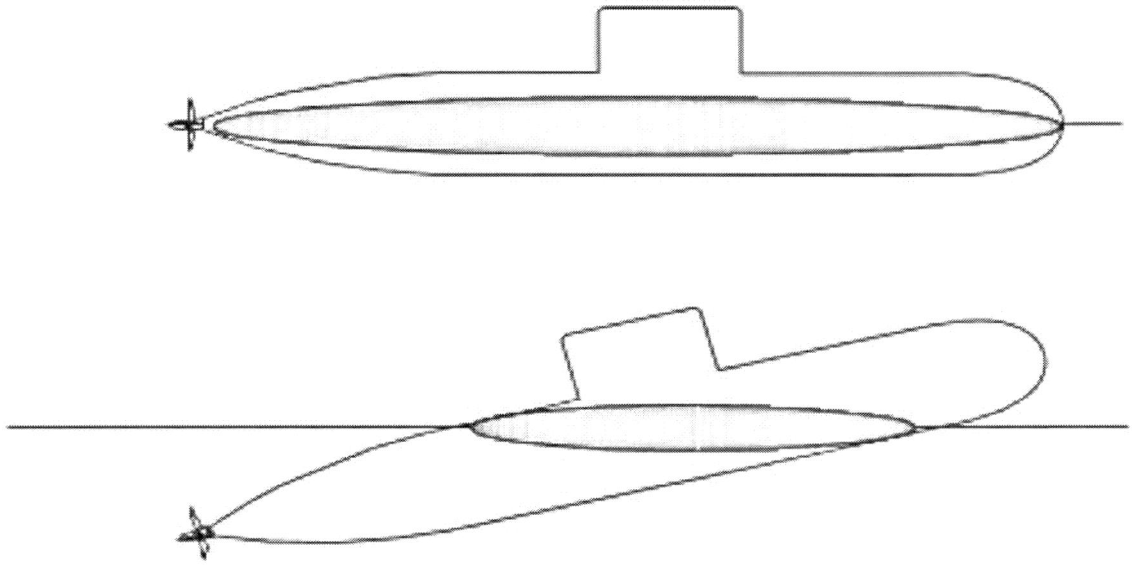

Abbildung 32: Veränderung der Wasserlinienfläche aufgrund des Trimmmoments [57].

Das Konzept der Reserve an Auftrieb (ROB) ist entscheidend für die Gestaltung der Auftriebs- und Stabilitätssysteme eines U-Bootes. ROB stellt sicher, dass ein U-Boot auch nach einem Schaden schwimmfähig und stabil bleibt. Die Designer müssen das angemessene Volumen der Hauptballasttanks (MBTs) sorgfältig berechnen, um die richtige ROB zu erreichen, insbesondere unter Berücksichtigung der Größe und der operationellen Bedürfnisse des U-Bootes.

In der Transversal- und Longitudinalstabilität ist die Beziehung zwischen Auftrieb, dem Schwerpunkt und der metazentrischen Höhe entscheidend. Die Stabilität eines U-Bootes ist nicht nur ein Faktor des richtigen Designs, sondern auch des sorgfältigen operativen Managements, um sicherzustellen, dass das U-Boot im Oberflächen- oder Unterwasserzustand das Gleichgewicht hält [57].

Unterwasserm Stabilität von U-Booten

Wenn die Hauptballasttanks (MBTs) eines U-Bootes mit Wasser gefüllt sind (aufgepumpt und vollgepresst), taucht das U-Boot ein und gelangt in eine Umgebung, die sich stark von der von Oberflächenschiffen unterscheidet. In diesem Unterwasserzustand weist das U-Boot eine einzigartige Eigenschaft auf: Es kann in sechs Freiheitsgraden manövrieren, was bedeutet, dass es sich vorwärts, rückwärts, seitwärts bewegen, drehen und die Tiefe ändern kann. Zudem ist ein U-Boot, im Gegensatz zu Oberflächenschiffen oder Flugzeugen, nicht auf Vorwärtsbewegung angewiesen, um sein Gewicht zu tragen. Diese Fähigkeit, in einem untergetauchten Zustand ohne die Nutzung seiner Finnen oder Vorwärtsbewegung stationär zu bleiben, unterscheidet es von Flugzeugen [57].

Der Schlüssel zu dieser einzigartigen Fähigkeit liegt im Gleichgewicht zwischen Gewicht und Auftrieb. U-Boote arbeiten basierend auf drei verschiedenen Auftriebsbedingungen [57]:

1. **Negativ Auftrieb:** Wenn das Gewicht des U-Bootes seinen Auftrieb übersteigt, sinkt es. Das U-Boot wird weiter abtauchen, bis das Gewicht reduziert wird (z. B. durch das Ausblasen von Wasser aus den MBTs) oder der Auftrieb erhöht wird.

2. **Positiv Auftrieb:** In diesem Zustand ist der Auftrieb größer als das Gewicht des U-Bootes, wodurch es schwimmt oder zur Oberfläche aufsteigt. Korrekturmaßnahmen müssen ergriffen werden, um das Gewicht zu erhöhen, wie das Einströmen von mehr Wasser in die MBTs, um den Aufstieg zu stoppen.

3. **Neutrale Auftrieb:** U-Boote im untergetauchten Zustand arbeiten typischerweise in diesem Zustand. Hier sind Gewicht und Auftrieb perfekt ausbalanciert, sodass das U-Boot in einer konstanten Tiefe bleiben kann, ohne zu sinken oder aufzusteigen. Dieser neutrale Auftrieb ermöglicht es dem U-Boot, statisch im Wasser zu bleiben, ohne Vorwärtsbewegung oder auf seine Steuerflächen wie Finnen angewiesen zu sein.

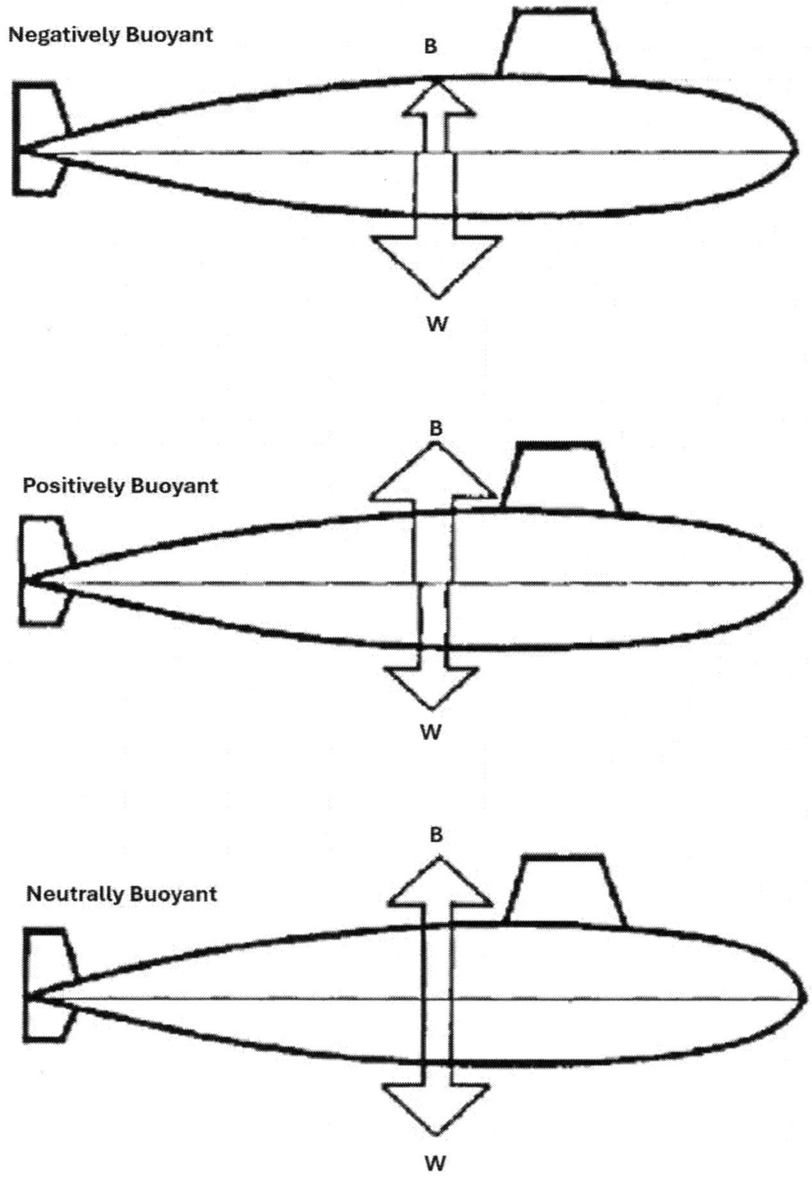

Abbildung 33: U-Boot in positivem, negativem und neutralem Auftrieb [57].

Die transversale Stabilität eines U-Bootes – seine Fähigkeit, Rollen oder Kippen zu widerstehen – unterscheidet sich erheblich in untergetauchten Bedingungen im Vergleich zu an der Oberfläche. An der Oberfläche bestimmt die metazentrische Höhe (GM) die Stabilität, während sich im untergetauchten Zustand die metazentrische Höhe in den Abstand zwischen dem Schwerpunkt (B) und dem Schwerpunkt (G) verwandelt. Dieser Abstand wird nun als BG bezeichnet, und die Dynamik ändert sich wie folgt [57]:

- Wenn das U-Boot untergetaucht ist, verändert ein Neigungswinkel (Kippen) nicht das untergetauchte Volumen. Das bedeutet, dass der Schwerpunkt (B) fix bleibt, im Gegensatz zur Oberfläche, wo er mit der Wasserlinie verschiebt.
- In diesem Fall fällt das Metazentrum mit dem Schwerpunkt (B) zusammen, und das Rückstellmoment – die Kraft, die das U-Boot zurück in seine aufrechte Position bringt – hängt von der Beziehung zwischen dem Schwerpunkt (G) und dem Schwerpunkt (B) ab.

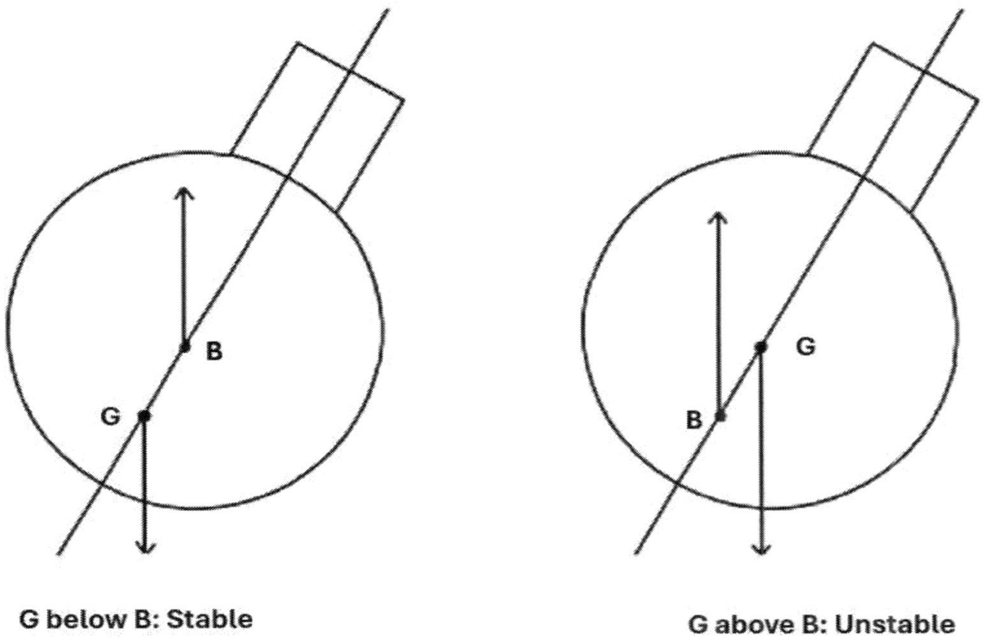

Abbildung 34: Stabile und Instabile Bedingungen in einem untergetauchten U-Boot [57].

Zwei Fälle bestimmen die Stabilität eines U-Bootes unter Wasser:

1. **G unter B (Stabile Bedingung)**: Wenn der Schwerpunkt (G) unter dem Auftriebspunkt (B) liegt, entsteht ein Rechtsmoment, wenn das U-Boot kippt. Dieses Moment wirkt darauf hin, das U-Boot wieder in seine aufrechte Position zu bringen, was die Stabilität gewährleistet. Dies ist die gewünschte Bedingung im U-Boot-Design.

2. **G über B (Instabile Bedingung)**: Wenn der Schwerpunkt (G) über dem Auftriebspunkt (B) liegt, wird das U-Boot instabil und kann kentern. In diesem Szenario gibt es kein Rechtsmoment, und das U-Boot wird wahrscheinlich im Wasser umkippen.

Damit ein U-Boot in der untergetauchten Bedingung stabil bleibt, ist es wichtig, dass der Schwerpunkt (G) unter dem Auftriebspunkt (B) bleibt. Um dies zu erreichen, ist die Position des Auftriebspunktes normalerweise basierend auf dem Design des U-Bootes festgelegt, sodass der Schwerpunkt sorgfältig verwaltet werden muss. Besondere Ballasttanks und Trimmsysteme werden eingesetzt, um sicherzustellen, dass das G unter dem B bleibt, was zur Aufrechterhaltung der Stabilität des U-Bootes unter allen Bedingungen beiträgt.

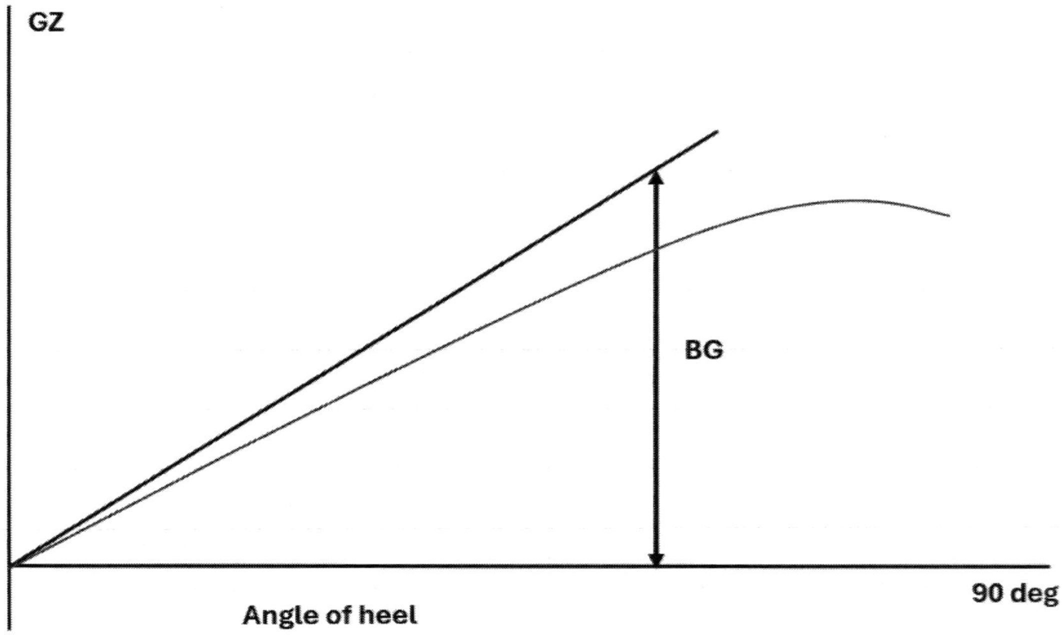

Abbildung 35: Stabilitätskurve eines untergetauchten U-Bootes [57].

Die Stabilität des untergetauchten U-Bootes wird durch das BG-Kriterium und die Variation des Rechtsmoment (GZ) mit dem Neigungswinkel bestimmt. Unter stabilen Bedingungen erzeugt das Rechtsmoment ein Moment, das dem U-Boot hilft, nach einer Neigung wieder in die aufrechte Position zurückzukehren. Die Designer achten sorgfältig auf diese Stabilitätsparameter, um sicherzustellen, dass das U-Boot verschiedenen Unterwasserbedingungen standhalten und sicher für die Besatzung und die Mission bleiben kann.

Auftrieb und Gewicht

Um zu verstehen, wie U-Boote ihre Auftriebskraft beeinflussen, müssen wir zunächst das grundlegende Konzept des Auftriebs untersuchen. Auftrieb, oder Aufwärtskraft, ist eine gravitative Kraft, die von einer Flüssigkeit (wie Wasser) auf ein darin eingetauchtes Objekt ausgeübt wird und es nach oben drückt. Diese Kraft wirkt dem Gewicht des Objekts entgegen. Die wissenschaftliche Grundlage des Auftriebs wird durch das Archimedische Prinzip erklärt, das besagt, dass jedes Objekt, das in einer Flüssigkeit eingetaucht ist, eine Aufwärtskraft erfährt, die dem Gewicht der von dem Objekt verdrängten Flüssigkeit entspricht [58].

Um dies zu veranschaulichen, denken Sie daran, einen Korken in ein Glas Wasser zu legen. Der Korken schwimmt, weil das Wasser eine Aufwärtskraft ausübt, die größer ist als das Gewicht des Korkens. Diese Aufwärtskraft, oder der

Auftrieb, entspricht dem Gewicht des Wassers, das durch den Korken verdrängt wird. Wenn Sie hingegen eine Stahlkugel in dasselbe Wasser fallen lassen, sinkt sie, weil das Gewicht der Kugel größer ist als die auf sie wirkende Aufwärtskraft [58].

Der Auftrieb wird durch die Dichte des Objekts im Verhältnis zu der Flüssigkeit, in der es sich befindet, bestimmt. Dichte wird als Masse pro Volumeneinheit definiert, was bedeutet, dass die Fähigkeit eines Objekts, zu schwimmen oder zu sinken, davon abhängt, ob seine Dichte geringer oder größer ist als die Dichte der Flüssigkeit. Wenn ein Objekt beispielsweise viel wiegt, aber eine niedrigere Dichte hat als die Flüssigkeit, wird es schwimmen. Das erklärt, warum eine große, dünne Stahl-Schüssel auf Wasser schwimmen kann, während eine kleinere, dichtere Stahlkugel mit dem gleichen Gewicht sinkt. Der Unterschied in ihrer Massenverteilung im Verhältnis zum Volumen spielt eine entscheidende Rolle für ihren Auftrieb [58].

Das Verständnis des Auftriebs ist entscheidend für das Design von U-Booten, da ihre Fähigkeit zu schwimmen, zu tauchen und aufzutauchen davon abhängt, die Kräfte des Auftriebs zu manipulieren, um gegen ihr Gewicht und ihre Dichte im umgebenden Wasser auszubalancieren. Darüber hinaus ist es für das Design und den Betrieb von U-Booten wichtig, die Komponenten zu verstehen, die zum Auftrieb und Gewicht beitragen, um die Kontrolle, Stabilität und Sicherheit unter Wasser aufrechtzuerhalten. Diese Komponenten werden in Auftriebselemente und Gewichtselemente unterteilt, wobei jede eine wichtige Rolle bei der Fähigkeit des U-Bootes spielt, effizient zu tauchen, aufzutauchen und zu manövrieren.

Auftriebselemente

Auftriebselemente sind Teile des U-Bootes, die Wasser verdrängen und eine Aufwärtskraft gemäß dem Archimedischen Prinzip erzeugen. Die korrekte Identifizierung und Berechnung der Auswirkungen dieser Elemente ist entscheidend für die Bestimmung des gesamten Auftriebs des U-Bootes und seines Auftriebsmittelpunkts.

- **Volumen des Druckrumpfes:** Das primäre Auftriebselement ist das U-Boot selbst. Dieses abgedichtete, wasserdichte Fach beherbergt die Besatzung und die Ausrüstung, verdrängt ein großes Volumen Wasser und bietet eine erhebliche Aufwärtskraft. Es ist jedoch wichtig zu beachten, dass die Komponenten innerhalb des Druckrumpfes, wie Maschinen, Ausrüstung und Besatzung, nicht direkt zum Auftrieb beitragen, da sie nicht mit Meerwasser in Kontakt kommen und kein zusätzliches Wasser verdrängen.

- **Verdrängtes Volumen des Außenrumpfes:** Um den Druckrumpf herum formt der Außenrumpf das U-Boot hydrodynamisch. Das Material des Außenrumpfes, in der Regel Stahlplatten, verdrängt Wasser und trägt somit zum Auftrieb bei. Der Raum zwischen dem Außen- und Druckrumpf ist jedoch typischerweise geflutet und trägt nicht zum Auftrieb bei. Nur das Volumen, das durch das Material des Außenrumpfes selbst verdrängt wird, wird als Auftriebselement betrachtet.

- **Nicht geflutete externe Tanks:** In einigen Designs bleiben bestimmte externe Tanks in den vorderen und hinteren Abschnitten auch im eingetauchten Zustand ungeflutet. Diese Tanks, die mit Luft oder anderen Substanzen gefüllt sind, verdrängen Wasser, ohne viel Gewicht hinzuzufügen, und erhöhen somit den Auftrieb. Ihre eingeschlossenen Volumina werden in die Berechnungen des Auftriebs einbezogen.

- **Segel und interne Strukturen:** Das Segel, auch als Kommandoturm oder Finne bekannt, ist eine vertikale Struktur auf der Oberseite des U-Bootes, die Ausrüstung wie Periskope und Masten beherbergt. Während der äußere Teil des Segels bei Untertauchen frei geflutet wird, bleiben interne Strukturen – wie der Kommandoturm und die Masten – abgedichtet und verdrängen Wasser. Die von diesen Strukturen eingenommenen Volumina tragen zum Auftrieb bei.

- **Torpedorohre in frei gefluteten Bereichen:** Im vorderen Abschnitt ragen Teile der Torpedorohre über den Druckrumpf in den frei gefluteten Bereich hinein. Diese Abschnitte der Torpedorohre, die luftdicht sind, verdrängen Wasser und fungieren als Auftriebselemente, die zur gesamten Aufwärtskraft beitragen, ohne das Gewicht zu erhöhen.

- **Propellerwelle und Anbauteile:** Die Propellerwelle, die durch ein abgedichtetes Rohr in den frei gefluteten hinteren Abschnitt führt, verdrängt ebenfalls Wasser und trägt zum Auftrieb bei. Ebenso tragen andere Anbauteile wie der Propeller, die Ruder, die vorderen und hinteren Flossen sowie die Sonararrays zum Auftrieb bei, indem sie Wasser mit ihren physischen Volumina verdrängen.

- **Luftblasen in den Ballasttanks:** Gelegentlich können unbeabsichtigte Luftblasen in den Ballasttanks entstehen, die geflutet werden sollen, wenn das U-Boot untergetaucht ist. Diese Luftblasen verdrängen Wasser, ohne Gewicht hinzuzufügen, und erhöhen unerwartet den Auftrieb. Obwohl sie zur gesamten Aufwärtskraft beitragen, sind sie unerwünscht, da sie den neutralen Auftrieb des U-Bootes stören und die Tiefenkontrolle beeinträchtigen können.

Durch die Berechnung des Volumens dieser Auftriebselemente und ihrer Platzierung stellen U-Boot-Ingenieure sicher, dass das Fahrzeug stabil, steuerbar und in der Lage ist, seine Tauch- und Steigbewegungen effektiv auszuführen.

Gewichtselemente

Gewichtselemente sind die Komponenten, die zum Gesamtgewicht eines U-Bootes beitragen und aufgrund der Schwerkraft eine abwärts gerichtete Kraft ausüben. Eine ordnungsgemäße Berücksichtigung dieser Elemente, einschließlich ihrer individuellen Gewichte und Schwerpunkte, ist entscheidend für die Aufrechterhaltung des Gleichgewichts, der Stabilität und der Gesamtleistung des U-Bootes.

Festgewichtselemente:

- **Druckrumpfstruktur:** Dazu gehören die Druckrumpfverkleidung, kreisförmige Versteifungsrahmen, Tanks, Halterungen und andere strukturelle Komponenten. Diese Elemente sind entscheidend für die Bereitstellung der notwendigen Festigkeit, um den enormen äußeren Drücken in der Tiefe standzuhalten, tragen jedoch auch erheblich zum Gewicht des U-Bootes bei. Die Gewichtverteilung der Rumpfstruktur hat Einfluss auf die Stabilität und Leistung des Fahrzeugs.

- **Hauptantriebsanlage:** Das Antriebssystem ist eines der schwersten Teile des U-Bootes. Es besteht aus Dieselgeneratoren, elektrischen Antriebsmotoren (für diesel-elektrische U-Boote), Wellenanlagen, Druckstücken, Drucklagern und dem Propeller. Diese Komponenten sind entscheidend für die Energieversorgung des U-Bootes und den Antrieb durch das Wasser, aber ihr Gewicht erfordert eine sorgfältige Verwaltung, um ein korrektes Gleichgewicht und einen angemessenen Trim zu gewährleisten.

- **Batteriebänke:** U-Boote sind stark auf große Batteriebänke angewiesen, insbesondere für lautlose Unterwasseroperationen. Diese Batterien, die typischerweise aus dichten Materialien wie Blei-Säure- oder Lithium-Ionen-Zellen bestehen, fügen dem Fahrzeug erhebliches Gewicht hinzu. Die Platzierung und Verteilung der Batteriebänke muss optimiert werden, um die Stabilität des U-Bootes nicht zu gefährden.

- **Waffen:** Das Gewicht von Torpedos, Raketen und anderen an Bord befindlichen Munitionen ist erheblich. Die Lagerung dieser Waffen innerhalb des U-Bootes hat direkten Einfluss auf den Schwerpunkt, der sorgfältig berechnet werden muss, um das Gleichgewicht und den richtigen Trim aufrechtzuerhalten.

- **Andere Maschinen und feste Einrichtungen:** Neben dem Antriebssystem enthalten U-Boote eine Reihe anderer Ausrüstungen, darunter Lebenserhaltungssysteme, Navigations- und Kommunikationsmittel, hydraulische Systeme und Innenausstattungen. Während diese einzelnen Komponenten möglicherweise nicht so schwer wie Antriebsmaschinen sind, trägt ihr gemeinsames Gewicht erheblich zur Gesamtmasse des U-Bootes bei.

Variable Gewichtselemente:

- **Besatzung:** Das Gewicht der Besatzung variiert je nach Anzahl des Personals an Bord und deren Bewegungen im U-Boot. Verschiebungen der Besatzungspositionen können den Trim und das Gleichgewicht des U-Bootes beeinflussen, insbesondere während kritischer Manöver.
- **Vorräte:** Frischwasser, Lebensmittelvorräte und andere Verbrauchsgüter werden an Bord gelagert und während der Mission schrittweise verwendet. Während diese Vorräte verbraucht werden, verringert sich das Gesamtgewicht des U-Bootes, was den Auftrieb und die Stabilität beeinflusst, die während der Operationen verwaltet werden müssen.
- **Verbrauchsmaterialien:** Treibstoff (wie Diesel) und andere Betriebsflüssigkeiten werden während des Betriebs des U-Bootes verbraucht. Der Abbau dieser Ressourcen verringert das Gewicht des Fahrzeugs und erfordert Anpassungen, um den neutralen Auftrieb aufrechtzuerhalten.
- **Schmutzwasser und feste Abfälle:** Schmutzwasser und feste Abfälle können während der Operationen ansammeln und das Gewicht des U-Bootes erhöhen. U-Boote sind mit Systemen ausgestattet, um Abfälle zu verwalten und auszustoßen, aber Schwankungen dieser Faktoren können die Gesamtgewichtverteilung und die Stabilität des Fahrzeugs beeinflussen.
- **Ballast:** Ballastwasser wird verwendet, um den Auftrieb zu kontrollieren und das U-Boot zu trimmen. Das Einnehmen oder Ausstoßen von Ballastwasser ändert direkt das Gewicht des U-Bootes, was eine präzise Überwachung erfordert, um ein korrektes Gleichgewicht und eine optimale Betriebsleistung zu gewährleisten.

Gleichgewicht zwischen Gewicht und Auftrieb Das Erreichen des richtigen Gleichgewichts zwischen Gewicht und Auftrieb ist entscheidend für die Fähigkeit eines U-Bootes, zu tauchen, aufzutauchen und die Tiefenkontrolle aufrechtzuerhalten. Dieses Gleichgewicht beeinflusst auch direkt die Stabilität und Manövrierfähigkeit des Fahrzeugs unter Wasser, um sichere und effiziente Operationen zu gewährleisten.

Gesamtauftrieb und Gesamtgewicht:

- **Gesamtauftrieb** wird berechnet, indem die Beiträge aller Auftriebselemente summiert werden. Das eingeschlossene Volumen und der Auftriebspunkt jedes Elements werden berücksichtigt, um die gesamte Aufwärtskraft zu bestimmen, die auf das U-Boot wirkt.
- **Gesamtgewicht** wird ermittelt, indem alle festen und variablen Gewichtselemente addiert werden. Dies umfasst nicht nur ihre individuellen Gewichte, sondern auch ihre Schwerpunkte, die das Gesamtgleichgewicht des Fahrzeugs beeinflussen.

Zentren des Auftriebs und des Gewichts: Das Zentrum des Auftriebs ist der Punkt, an dem die Aufwärtskraft wirkt, während das Zentrum des Gewichts der Punkt ist, an dem die abwärts gerichtete Gewichtskraft wirkt. Damit ein U-Boot stabil bleibt, insbesondere in einem eingetauchten Zustand, sollte sich der Schwerpunkt idealerweise unterhalb des Auftriebspunkts befinden. Diese Konfiguration schafft ein Rechtsmoment, das hilft, das U-Boot aufrecht und stabil zu halten.

Berechnung von Auftrieb und Gewicht:

- **Auftriebselemente auflisten:**
  - Alle Komponenten identifizieren, die zum Auftrieb beitragen.
  - Das eingeschlossene Volumen jedes Elements bestimmen, das das verdrängte Wasservolumen darstellt.
  - Das Volumenzentrum (Auftrieb) berechnen, die 3D-Koordinaten, die darstellen, wo die Aufwärtskraft jedes Elements wirkt.
- **Gewichtselemente auflisten:**
  - Alle Komponenten katalogisieren, die zum Gewicht beitragen.
  - Für jedes Element das Gewicht und den Schwerpunkt aufzeichnen, den Punkt, an dem die Gewichtskraft des Elements wirkt.
- **Summation und Analyse:**
  - **Gesamtauftrieb:** Die Volumina aller Auftriebselemente summieren und das Gesamtzentrum des Auftriebs berechnen, indem der gewichtete Durchschnitt basierend auf dem Volumen und der Position jedes Elements ermittelt wird.
  - **Gesamtgewicht:** Alle Gewichtselemente summieren und das Gesamtgewichtszentrum auf ähnliche Weise bestimmen.
- **Gewicht und Auftrieb korrelieren:**
  - Das Gesamtgewicht und den Auftrieb vergleichen, um sicherzustellen, dass sie im Gleichgewicht sind und neutralen Auftrieb für optimale Unterwasserleistung erreichen.
  - Die Positionen der Schwerpunkte und des Auftriebs bewerten, um die Stabilität zu bestätigen. Der vertikale Abstand zwischen ihnen ist entscheidend, da er das Rechtsmoment beeinflusst, das die Stabilität des U-Bootes aufrechterhält.

Wenn Ungleichgewichte zwischen Gewicht und Auftrieb festgestellt werden, werden Anpassungen vorgenommen. Ballasttanks können verwendet werden, um Gewichtsunterschiede auszugleichen, oder die Verteilung der Gewichtselemente kann verändert werden. Da variable Gewichtselemente (wie Treibstoff und Besatzung) während einer Mission wechseln, sind kontinuierliche Überwachung und Anpassungen notwendig, um das Gleichgewicht und den neutralen Auftrieb aufrechtzuerhalten.

Praktische Überlegungen:

- **Trim und Stabilität:** Eine ordnungsgemäße Verteilung der Gewichtselemente stellt sicher, dass das U-Boot seinen Trim oder das longitudinale Gleichgewicht beibehält. Dies verhindert ungewolltes Nicken oder Rollen, das die Leistung des Fahrzeugs gefährden könnte.
- **Dynamische Operationen:** Während das U-Boot arbeitet, beeinflussen Treibstoffverbrauch, Tiefenänderungen und andere Faktoren dynamisch Gewicht und Auftrieb. Die Systeme an Bord passen den Ballast entsprechend an, um während dieser Veränderungen neutralen Auftrieb und Stabilität aufrechtzuerhalten.
- **Designoptimierung:** Während der Designphase wird die Platzierung schwerer Maschinen und Auftriebselemente sorgfältig geplant, um das Gleichgewicht und die Gesamtleistung des U-Bootes zu

optimieren. Ein gut gestaltetes Fahrzeug reduziert die Notwendigkeit für übermäßige Anpassungen während des Betriebs.

- **Sicherheitsmargen:** Ingenieure integrieren Sicherheitsfaktoren in die Design- und Betriebsberechnungen, um sicherzustellen, dass das U-Boot auch unter extremen oder unerwarteten Bedingungen kontrollierbar bleibt. Dies fügt eine Sicherheitsstufe hinzu, die gewährleistet, dass das Fahrzeug variierenden Drücken und Bedingungen sicher standhalten kann.

Das Gleichgewicht zwischen Gewicht und Auftrieb im Design und Betrieb von U-Booten ist ein kontinuierlicher Prozess, der präzise Berechnungen und dynamische Anpassungen erfordert. Stabilität und Sicherheit hängen von genauen Bewertungen sowohl der Auftriebskräfte als auch der Gewichtverteilung ab, um sicherzustellen, dass das U-Boot unter allen Betriebsbedingungen effektiv bleibt.

Kapitel 3

Hydrodynamik und U-Boot-Leistung

Hydrodynamische Prinzipien im U-Boot-Design

Hydrodynamische Prinzipien sind grundlegend für das Design von U-Booten, da sie direkt die Fähigkeit eines U-Boots beeinflussen, effizient zu bewegen, stabil zu bleiben und die Entdeckung bei Unterwasseroperationen zu minimieren. U-Boot-Designer müssen Faktoren wie Widerstand, Auftrieb, Strömungswiderstand und Auftrieb sorgfältig ausbalancieren, um sicherzustellen, dass das Fahrzeug unter verschiedenen Unterwasserbedingungen optimal funktioniert.

Hydrodynamische Prinzipien regeln, wie Flüssigkeiten, insbesondere Wasser, sich um Objekte wie U-Boote bewegen und welche Kräfte aus diesen Wechselwirkungen entstehen. Diese Prinzipien sind entscheidend im U-Boot-Design, da sie bestimmen, wie effizient und effektiv ein U-Boot unter Wasser navigieren kann. Die wichtigsten hydrodynamischen Prinzipien, die das U-Boot-Design beeinflussen, sind:

1. Widerstand

Der Widerstand bezieht sich auf die Widerstandskraft, die ein U-Boot erfährt, während es sich durch Wasser bewegt. Dieser Widerstand entsteht durch die Reibung zwischen dem Wasser und der Oberfläche des U-Boots sowie durch die Turbulenzen hinter dem Fahrzeug. Es gibt mehrere Arten von Widerstand:

- **Reibungswiderstand**: Verursacht durch Wassermoleküle, die entlang der Rumpfoberfläche bewegen.
- **Druckwiderstand**: Resultiert aus Druckunterschieden im Wasser zwischen dem Bug (Vorderseite) und dem Heck (Rückseite) des U-Boots.
- **Wellenwiderstand**: Tritt in der Nähe der Oberfläche auf, wo das U-Boot Wellen erzeugt, was den Widerstand erhöht. Um den Widerstand zu minimieren, werden U-Boote mit stromlinienförmigen Rümpfen konstruiert, die es dem Wasser ermöglichen, gleichmäßig über ihre Oberfläche zu strömen, was sowohl Turbulenzen als auch Wirbel verringert.

2. Auftrieb

Auftrieb ist die nach oben gerichtete Kraft, die von einer Flüssigkeit wie Wasser auf ein darin eingetauchtes Objekt ausgeübt wird und das Gewicht des Objekts entgegenwirkt. Dieses Prinzip wird durch das Archimedische Prinzip geregelt, das besagt, dass jedes in einer Flüssigkeit eingetauchte Objekt eine Aufwärtskraft erfährt, die dem Gewicht der von dem Objekt verdrängten Flüssigkeit entspricht. U-Boote steuern den Auftrieb mit Ballasttanks, die Wasser aufnehmen oder abgeben können, um das Fahrzeug zum Tauchen, Auftauchen oder Halten des neutralen Auftriebs zu bringen. Die Erreichung des neutralen Auftriebs ist entscheidend für eine energieeffiziente und stabile Bewegung unter Wasser.

3. Stromlinienform

Stromlinienform bezieht sich auf die Form des U-Boots, die darauf abzielt, den Widerstand zu minimieren. Ein stromlinienförmiges Objekt ermöglicht es, dass Wasser gleichmäßig über seine Oberfläche strömt, wodurch die benötigte Energie zum Vortrieb reduziert wird. Moderne U-Boote haben oft einen tropfen- oder zigarreförmigen Rumpf, der das innere Volumen und die hydrodynamische Effizienz ausbalanciert, den Wasserwiderstand verringert und die Geschwindigkeit bei gleichzeitiger Energieeinsparung verbessert.

4. Auftrieb und Steuerflächen

Auftrieb ist eine Kraft, die es U-Booten ermöglicht, ihre Tiefe und Richtung zu ändern. Er wird durch Steuerflächen wie Hydroplanes (horizontale Flossen) oder Ruder (vertikale Flossen) erzeugt. U-Boote verwenden Hydroplanes zur Kontrolle ihrer Tiefe und Ruder zum Steuern. Diese Flächen erzeugen Auftrieb, während Wasser um sie strömt, was dem U-Boot hilft, sich innerhalb der Wassersäule zu bewegen, ohne sich allein auf Auftriebsanpassungen verlassen zu müssen.

5. Reynolds-Zahl

Die Reynolds-Zahl ist ein dimensionsloser Wert, der das Verhältnis von Trägheitskräften zu viskosen Kräften in einer Flüssigkeit darstellt. Sie hilft vorherzusagen, ob der Wasserfluss um das U-Boot glatt (laminar) oder chaotisch (turbulent) ist. U-Boot-Designer streben an, den turbulenten Fluss zu minimieren, der den Widerstand erhöht, indem sie Rumpfformen auswählen, die laminarer Strömung fördern, und so die Effizienz und Tarnung des U-Boots optimieren.

6. Druckverteilung

Die Druckverteilung bezieht sich darauf, wie der Wasserdruck entlang der Oberfläche des U-Boots verteilt ist. Höherer Druck am Bug und niedriger Druck am Heck können Widerstand erzeugen, bekannt als Druckwiderstand. Durch das Design des Rumpfs zur Reduzierung dieser Druckunterschiede können U-Boote effizienter durch das Wasser navigieren und ihre gesamte hydrodynamische Leistung verbessern.

7. Kavitation

Kavitation tritt auf, wenn der Wasserdruck so weit sinkt, dass Dampfblasen entstehen, typischerweise in der Nähe beweglicher Teile wie Propeller. Wenn diese Blasen kollabieren, erzeugen sie Geräusche und Vibrationen, die die Tarnung beeinträchtigen und Komponenten beschädigen können. U-Boot-Designer arbeiten daran, Kavitation zu verhindern, insbesondere im Propellerdesign, um Geräusche zu minimieren und die Tarnfähigkeiten des Fahrzeugs aufrechtzuerhalten.

8. Wirbel

Der Wirbel bezieht sich auf das turbulente Wasser, das hinter einem sich bewegenden Objekt zurückbleibt. Übermäßiger Wirbel erhöht den Widerstand und macht das U-Boot leichter erkennbar. Um die Wirbelbildung zu reduzieren, werden U-Boote so konstruiert, dass sie leise und effizient durch das Wasser fahren, was dazu beiträgt, die Tarnung aufrechtzuerhalten und die für den Antrieb erforderliche Energie zu verringern.

9. Propellereffizienz

Die Propellereffizienz ist die Fähigkeit des Antriebssystems, Energie in Vorwärtsbewegung mit minimalen Energieverlusten umzuwandeln. Das Design und die Platzierung des Propellers sind entscheidend, um ausreichend Schub zu erzeugen und gleichzeitig Widerstand und Kavitation zu minimieren, damit das U-Boot effizient durch das Wasser bewegt werden kann.

Stromlinienform und Widerstandsreduktion

Der Widerstand ist ein kritischer Faktor für die Leistung von U-Booten, da er der Bewegung durch das Wasser direkt entgegenwirkt. Das Design des Rumpfs eines U-Boots wird sorgfältig gestaltet, um den Widerstand zu minimieren und damit Geschwindigkeit, Kraftstoffeffizienz und Tarnfähigkeiten zu verbessern. Die hydrodynamischen Eigenschaften des Rumpfs eines U-Boots beeinflussen erheblich seine operationale Effektivität, insbesondere in Bezug auf den Widerstand, der während der Bewegung durch das Wasser auftritt.

Um eine optimale hydrodynamische Leistung zu erreichen, werden U-Boote typischerweise mit einer stromlinienförmigen Rumpfform entworfen, die oft einer Tropfenform ähnelt. Dieses Design ermöglicht es dem Wasser, sanft über den Rumpf zu fließen, was Turbulenzen und den daraus resultierenden Widerstand minimiert. Forschungen zeigen, dass ein gut gestalteter Rumpf den turbulenten Wirbel, der beim Bewegen des U-Boots entsteht, erheblich reduzieren kann, was entscheidend ist, um höhere Geschwindigkeiten bei geringerem Energieverbrauch aufrechtzuerhalten [24, 59]. Die Reduzierung des Widerstands verbessert nicht nur die Kraftstoffeffizienz, sondern minimiert auch Geräusche, was für Tarnoperationen unerlässlich ist [60].

Die Tropfenform, die durch einen abgerundeten Bug und ein verjüngtes Heck gekennzeichnet ist, ist besonders effektiv, um den Widerstand zu minimieren. Die abgerundete Vorderseite reduziert den Druckwiderstand, während das verjüngte Heck die Wirbelbildung verringert, was zu weniger turbulenten Wassermengen hinter dem U-Boot führt [24, 61]. Diese hydrodynamische Effizienz ist für U-Boote von entscheidender Bedeutung, insbesondere während verdeckter Einsätze, bei denen Tarnung von höchster Bedeutung ist. Studien haben gezeigt, dass verschiedene Rumpfformen zu unterschiedlichen Widerstandsniveaus führen können, wobei konische und zylindrische Formen hinsichtlich ihrer hydrodynamischen Eigenschaften bewertet wurden [24, 61, 62].

Obwohl die Tropfenform ideal zur Reduzierung des Widerstands ist, müssen Designer auch das interne Volumen des U-Boots berücksichtigen. Moderne U-Boote verwenden häufig einen zylindrischen Rumpf mit elliptischen oder abgerundeten Enden, um ein Gleichgewicht zwischen hydrodynamischer Effizienz und dem Bedarf an internem Raum für Ausrüstung und Besatzung zu finden [59, 63]. Dieser Designansatz ermöglicht es U-Booten, ein stromlinienförmiges Profil beizubehalten und gleichzeitig die erforderlichen operationellen Komponenten unterzubringen. Computational Fluid Dynamics (CFD) ist zu einem entscheidenden Werkzeug in diesem Designprozess geworden, das es Ingenieuren ermöglicht, die hydrodynamischen Eigenschaften verschiedener Rumpfformen und -konfigurationen zu simulieren und zu analysieren [24, 59, 64].

Wenn ein U-Boot unter Wasser bewegt wird, erfährt es Widerstand gegen seine Vorwärtsbewegung aufgrund der Kräfte von Auftrieb und Widerstand. Diese Kräfte werden durch die Form und Geschwindigkeit des U-Boots beeinflusst, während es mit dem umgebenden Wasser interagiert.

Auftriebs- und Widerstandskräfte

Wenn ein Körper, wie ein U-Boot, mit der Geschwindigkeit "V" in einer Flüssigkeit (Wasser) bewegt wird und einen Winkel zu den Strömungslinien des Flüssigkeitsflusses bildet, erfährt er eine Kraft "F", die auf ihn wirkt. Diese Kraft kann in zwei Komponenten zerlegt werden [65]:

- **Widerstand**: Die Kraft, die entlang der Richtung des Flüssigkeitsflusses (parallel zu den Strömungslinien) wirkt. Der Widerstand ist ein Widerstand, der der Bewegung des U-Boots entgegenwirkt.
- **Auftrieb**: Die Kraft, die senkrecht zum Flüssigkeitsfluss (orthogonal zu den Strömungslinien) wirkt. Auftrieb kann im Allgemeinen dazu führen, dass das U-Boot im Wasser steigt oder sinkt.

Die Widerstands- und Auftriebskräfte werden durch ihre jeweiligen Koeffizienten dargestellt—Koeffizient des Widerstands (Cd) und Koeffizient des Auftriebs (Cl). Diese Koeffizienten sind definiert als das Verhältnis der entsprechenden Kräfte (Widerstand oder Auftrieb) zur dynamischen Kraft auf die projizierte oder Fläche des U-Boots. Mathematisch werden diese Beziehungen wie folgt ausgedrückt [65]:

Coefficient of Drag (Cd):

$$Cd = \frac{D}{\frac{1}{2}\rho V^2 A}$$

Where:

- D is the drag force,
- ρ is the fluid density,
- V is the velocity of the submarine,
- A is the reference area of the submarine.

Therefore, the drag force is given by:

$$D = Cd \cdot \frac{1}{2}\rho V^2 A$$

Coefficient of Lift (Cl):

$$Cl = \frac{L}{\frac{1}{2}\rho V^2 A}$$

Where:

- L is the lift force.

The lift force is similarly given by:

$$L = Cl \cdot \frac{1}{2}\rho V^2 A$$

Interaktion mit dem Flüssigkeitsstrom

Wenn sich ein U-Boot in einem Winkel zu den Strömungslinien des Wasserflusses bewegt (häufig als Anstellwinkel bezeichnet), trennt sich die Flüssigkeit und bewegt sich um den Rumpf des U-Boots. Aufgrund der Form des Rumpfes und der unterschiedlichen zurückgelegten Distanzen des Wassers um verschiedene Teile des Körpers haben die Strömungslinien auf beiden Seiten des U-Boots unterschiedliche Geschwindigkeiten. Die Strömungslinie, die eine größere Strecke zurücklegt, bewegt sich schneller, um die Masse zu erhalten, und gemäß dem Bernoulli-Prinzip übt die schneller bewegende Strömungslinie einen geringeren Druck aus als die langsamer bewegende. Dieser Druckunterschied über dem U-Boot führt zu einer Nettokraft, die sowohl Auftrieb als auch Widerstand erzeugt [65].

Zusätzlich verändert der Anstellwinkel den Impuls der Flüssigkeit. Durch die Anwendung der Impulsgleichung in einem Kontrollvolumen um das U-Boot wird eine Nettokraft (F) auf den Körper festgestellt. Die kombinierten Effekte der Massen- (Bernoulli) und Impulserhaltung führen zu den Kräften des Auftriebs und des Widerstands, die auf das U-Boot wirken [65].

Steuerung des Auftriebs bei U-Booten

Während Auftrieb für Flugzeuge entscheidend ist, ist er bei U-Booten beim Unterwasserbetrieb nicht erwünscht. Wenn Auftrieb erzeugt wird, während das U-Boot getaucht ist, würde dies dazu führen, dass das Schiff an die Oberfläche steigt, was bei Unterwasseroperationen unerwünscht ist. U-Boote sind so konzipiert, dass sie sich effizient in verschiedenen Tiefen bewegen und arbeiten können, und die Erzeugung von Auftrieb könnte diese Funktion beeinträchtigen [65].

Um unerwünschten Auftrieb, der durch die Bewegung des Druckrumpfes des U-Boots entsteht, auszugleichen, sind U-Boote mit Tiefenrudern ausgestattet. Diese Tiefenruder sind typischerweise am Turm montiert und fungieren wie Steuerflächen oder Klappen an den Flügeln eines Flugzeugs. Sie haben eine Profilform, und durch das Kippen (Ändern des Anstellwinkels) kann das U-Boot negativen Auftrieb erzeugen—eine Abwärtskraft, die den unerwünschten Auftrieb nach oben neutralisiert, der durch den Rumpf erzeugt wird.

Tiefenruder spielen eine entscheidende Rolle bei der Steuerung der Tiefe und Bewegung eines U-Boots unter Wasser. Durch die Anpassung des Anstellwinkels der Tiefenruder kann die Besatzung die Tiefe und den Neigungswinkel des U-Boots steuern, ohne sich auf die Vorwärtsbewegung verlassen zu müssen, um sein Gewicht zu tragen, im Gegensatz zu Flugzeugen. Dies stellt sicher, dass das U-Boot getaucht bleiben und effizient manövrieren kann [65].

Koordination mit der Navigation

Tiefenruder arbeiten auch in Verbindung mit dem Navigationssystem des U-Boots, um eine präzise Steuerung seiner Bewegung zu gewährleisten. Durch die Anpassung der Tiefenruder kann das U-Boot vorwärts fahren und dabei die gewünschte Tiefe und Stabilität beibehalten, was ihm ermöglicht, verschiedene Operationen unter Wasser durchzuführen, ohne unnötig aufzutauchen [65].

Zusammenfassend lässt sich sagen, dass ein U-Boot unter Wasser durch den Wasserfluss sowohl Auftriebs- als auch Widerstandskräfte erfährt. Während der Widerstand der Vorwärtsbewegung entgegenwirkt, kann der Auftrieb das U-Boot zum Aufsteigen bringen. Um diese Kräfte zu steuern und die Kontrolle zu behalten, verwenden U-Boote Tiefenruder, um unnötigen Auftrieb zu negieren und stabile und effiziente Unterwasseroperationen sicherzustellen.

Auftrieb und Steuerflächen

U-Boote nutzen ähnlich wie Flugzeuge Steuerflächen, um ihre Bewegung zu steuern. Die Mechanismen unterscheiden sich jedoch erheblich aufgrund der besonderen Herausforderungen, die die Unterwasserumgebung mit sich bringt. Im Gegensatz zu Flugzeugen, die sich auf kontinuierlichen Auftrieb durch Flügel verlassen, um in der Luft zu bleiben, stützen sich U-Boote hauptsächlich auf hydrodynamische Steuerflächen, wie Tiefenruder und Ruder, um ihre Tiefe anzupassen und Stabilität unter Wasser zu bewahren. Die hydrodynamischen Kräfte, die auf diese Flächen wirken, werden durch die Geschwindigkeit des U-Boots und die umgebenden Wasserbedingungen beeinflusst, was einen anderen Ansatz zur Manövrierfähigkeit im Vergleich zu Luftfahrzeugen erfordert [66, 67].

Tiefenruder, auch als Tauchflossen bekannt, sind kritische Komponenten des U-Boot-Designs und befinden sich sowohl am Bug als auch am Heck. Diese beweglichen Flossen ermöglichen eine präzise Steuerung der Neigung und Tiefe des U-Boots. Durch das Ändern des Winkels der Tiefenruder kann die Besatzung Auftrieb in eine aufwärts- oder abwärtsgerichtete Richtung erzeugen, was das Aufsteigen, Abtauchen oder Halten einer bestimmten Tiefe erleichtert. Zum Beispiel erzeugen die Bugflossen bei einem nach oben gerichteten Winkel einen negativen Auftrieb, wodurch der Bug des U-Boots steigt, während die entgegengesetzte Konfiguration zum Abtauchen führt [66]. Die Effektivität dieser Tiefenruder hängt von der Geschwindigkeit des U-Boots ab; je schneller sich das Schiff bewegt, desto größer werden die hydrodynamischen Kräfte, die auf die Tiefenruder wirken, und desto effektiver ist ihre Steuerungsfähigkeit [67].

Zusätzlich zu den Tiefenrudern sind U-Boote mit Rudern ausgestattet, die sich typischerweise am Heck befinden und für die Steuerung des Gierens (seitliche Bewegung) unerlässlich sind. Die Deflexion des Ruders verändert den Wasserfluss um das U-Boot herum und erzeugt seitliche Kräfte, die das Lenken ermöglichen. Diese Fähigkeit ist entscheidend für die Navigation in komplexen Unterwasserumgebungen, sei es zur Ausweichmanöver oder Verfolgung [68]. Die Interaktion zwischen dem Ruder und dem Antriebssystem des U-Boots ist entscheidend für ein effektives Manövrieren, insbesondere in Szenarien, die schnelle Richtungsänderungen erfordern [14].

Sowohl Tiefenruder als auch Ruder sind darauf angewiesen, dass Wasser über den Rumpf des U-Boots strömt, um die notwendigen Kräfte zur Tiefen- und Richtungssteuerung zu erzeugen. Diese Abhängigkeit von hydrodynamischen Prinzipien bedeutet, dass diese Steuerflächen am effektivsten sind, wenn das U-Boot in Bewegung ist. U-Boote besitzen jedoch die einzigartige Fähigkeit, Neutralauftrieb zu erreichen, was ihnen ermöglicht, an einer bestimmten Tiefe in einer stationären Position zu bleiben, ohne sich vorwärts zu bewegen. Diese Fähigkeit wird durch eine sorgfältige Ballaststeuerung erreicht, die das Gewicht und den Auftrieb des U-Boots ausbalanciert [69]. Im Gegensatz dazu müssen Flugzeuge kontinuierlich vorwärts fliegen, um Auftrieb zu erzeugen, was einen grundlegenden Unterschied in den Betriebsdynamiken zwischen den beiden Fahrzeugtypen darstellt [55].

Auftrieb und Stabilität

Wie bereits beschrieben, sind Auftrieb und Stabilität grundlegende Prinzipien im U-Boot-Design, die entscheidende Rollen bei der Steuerung der Bewegung des U-Boots und der Aufrechterhaltung seiner Position unter Wasser spielen. Diese Prinzipien sind unerlässlich, um sicherzustellen, dass U-Boote schweben, tauchen, schweben und sicher auftauchen können, während sie sowohl in getauchten als auch in aufgetauchten Zuständen stabil bleiben.

Der Auftrieb, wie durch das Archimedische Prinzip beschrieben, ist die Aufwärtskraft, die es einem Objekt ermöglicht, basierend auf dem verdrängten Wasservolumen zu schweben oder zu sinken. Bei U-Booten ist die Auftriebskraft gleich dem Gewicht des verdrängten Wassers, das durch Ballasttanks reguliert wird, die mit Luft oder Wasser gefüllt werden können, um den Auftriebszustand des U-Boots anzupassen. U-Boote können drei Auftriebszustände erreichen: positiven, negativen und neutralen Auftrieb.

1. **Positiver Auftrieb**: Dieser Zustand tritt ein, wenn das U-Boot leichter ist als das verdrängte Wasser, wodurch es schwimmen kann. Dies wird durch das Ausstoßen von Wasser aus den Ballasttanks und dessen Ersetzung durch Luft erreicht, was entscheidend für den Betrieb an der Oberfläche oder das Vorbereiten des Auftauchens nach einem Tauchgang ist [50].

2. **Negativer Auftrieb**: Zum Tauchen nehmen U-Boote Wasser in ihre Ballasttanks auf, was ihr Gewicht erhöht und sie sinken lässt. Das sorgfältige Management des Ballastwassers ist entscheidend, um die Sinkgeschwindigkeit zu kontrollieren und einen sicheren Betrieb unter Wasser zu gewährleisten [50].

3. **Neutraler Auftrieb**: Das Erreichen eines neutralen Auftriebs ist für U-Boote von entscheidender Bedeutung, um eine konstante Tiefe zu halten, ohne zu steigen oder zu sinken. Dieser Zustand ist energieeffizient, da er es den U-Booten ermöglicht, ohne Energieverbrauch für vertikale Bewegung unter Wasser zu schweben [50]. Stabilität ist ebenso wichtig im U-Boot-Design und stellt sicher, dass das Schiff in verschiedenen Bedingungen ausgeglichen und aufrecht bleibt.

4. **Oberflächenstabilität**: An der Oberfläche verlassen sich U-Boote auf den Reserveauftrieb, um einen erheblichen Teil des Rumpfes über Wasser zu halten. Dieser Reserveauftrieb fungiert als Sicherheitsmarge, die es U-Booten ermöglicht, auch dann an der Oberfläche zu bleiben, wenn Teile des Rumpfes beschädigt sind. Die Ballasttanks spielen eine entscheidende Rolle bei der Aufrechterhaltung dieser Stabilität, insbesondere bei rauen Seebedingungen [50].

5. **Getauchte Stabilität**: Unter Wasser wird die Stabilität durch das Verhältnis zwischen dem Schwerpunkt des Auftriebs (dem Punkt, an dem die Auftriebskraft wirkt) und dem Schwerpunkt des Gewichts (dem Punkt, an dem das Gewicht des U-Boots konzentriert ist) bestimmt. Damit ein U-Boot stabil bleibt, muss der Schwerpunkt des Gewichts unter dem Schwerpunkt des Auftriebs liegen, wodurch ein aufrichtender Moment entsteht, der das U-Boot in eine aufrechte Position zurückbringt, wenn es kippt oder sich dreht [70]. Wenn der Schwerpunkt des Gewichts zu hoch ansteigt, riskiert das U-Boot, instabil zu werden, was zum Kentern führen könnte. Daher wird besonderes Augenmerk auf die Gewichtsverteilung und den Betrieb der Ballastsysteme gelegt, um die Stabilität in verschiedenen Betriebsszenarien aufrechtzuerhalten [71].

Die Prinzipien von Auftrieb und Stabilität sind integraler Bestandteil des U-Boot-Designs und ermöglichen kontrollierte Bewegungen sowie die Gewährleistung der Sicherheit während des Betriebs. Durch die Steuerung des Auftriebs über Ballastsysteme und die Aufrechterhaltung eines günstigen Verhältnisses zwischen dem Schwerpunkt des Auftriebs und dem Schwerpunkt des Gewichts können U-Boote effektiv in Unterwasserumgebungen navigieren und gleichzeitig stabil bleiben.

Antrieb und Kavitation

U-Boote nutzen entweder nukleare oder diesel-elektrische Antriebssysteme, um Schub zu erzeugen und effektiv unter Wasser zu navigieren. Der Propeller, oft als „Schraube" bezeichnet, ist die Hauptkomponente, die das U-Boot vorantreibt. Das Design und die Funktion des Propellers werden von verschiedenen hydrodynamischen Prinzipien bestimmt, die darauf abzielen, die Bewegung durch Wasser zu optimieren und gleichzeitig den Lärm zu minimieren, um die Tarnung zu wahren. Die Bedeutung des Propellerdesigns bei U-Booten ist von entscheidender Bedeutung, da es die Leistung, Effizienz und die Fähigkeit des Schiffes beeinflusst, einer Entdeckung durch feindliche Sonarsysteme zu entgehen [72, 73].

Das Design eines U-Boot-Propellers ist entscheidend, um ein Gleichgewicht zwischen Schub, Geschwindigkeit und Geräuschreduzierung zu erreichen. Im Gegensatz zu herkömmlichen Schiffsschrauben werden U-Boot-Propeller so konstruiert, dass sie die Kavitation minimieren – ein Phänomen, bei dem sich aufgrund der schnellen Bewegung durch Wasser Dampfblasen um die Propellerblätter bilden. Diese Kavitation kann Geräusche erzeugen, die durch Sonar wahrnehmbar sind, was die Tarnfähigkeiten des U-Boots beeinträchtigt [74]. Um Kavitation zu minimieren, werden U-Boot-Propeller häufig mit spezifischen Formen, Größen und Blattkonfigurationen entworfen. Längere Blätter mit geringeren Rotationsgeschwindigkeiten können beispielsweise den Schub auf eine größere Fläche verteilen und so die Wahrscheinlichkeit einer Kavitation verringern [75, 76]. Moderne U-Boote verwenden möglicherweise auch Pumpjet-Antriebe, die den Propeller in einer Düse umschließen und die Lärmemissionen weiter reduzieren [72].

Im Kontext des „silent running" (leisen Betriebs) müssen U-Boote in einem Tarnmodus operieren, um einer Entdeckung zu entgehen. Dieser Zustand erfordert ein sorgfältiges Management des Antriebssystems, insbesondere des Propellers, um Kavitation und mechanischen Lärm zu begrenzen [77]. Der Betrieb bei niedrigeren Geschwindigkeiten ist entscheidend, da höhere Geschwindigkeiten tendenziell die Kavitation und mechanische Vibrationen erhöhen, was die Tarnung gefährden kann [78]. Darüber hinaus sind moderne U-Boote mit fortschrittlichen Technologien zur Geräuschreduzierung ausgestattet, einschließlich Isolations- und Schwingungsdämpfungssystemen, um den an Bord erzeugten Lärm von Maschinen und Ausrüstungen zu minimieren [79]. Die präzise Konstruktion der Antriebskomponenten, einschließlich des Propellers, ist entscheidend, um Vibrationen und Lärm zu reduzieren, sodass U-Boote leise unter Wasser fahren können [80].

Durch die Optimierung des Propellerdesigns und der Antriebssysteme können U-Boote eine effiziente Bewegung erreichen und gleichzeitig ein niedriges akustisches Profil beibehalten, was insbesondere bei verdeckten Operationen von entscheidender Bedeutung ist. Die Integration effektiver Propellerdesigns und Strategien für den leisen Betrieb ermöglicht es U-Booten, auf hohem Niveau zu operieren und dabei unentdeckt zu bleiben [81]. Zusammenfassend lässt sich sagen, dass das Zusammenspiel von hydrodynamischen Prinzipien, innovativem Design und fortschrittlichen Technologien in U-Boot-Propellersystemen entscheidend für die Verbesserung der Betriebseffizienz und Tarnfähigkeiten ist.

Hydrodynamische Kräfte und Manövrierfähigkeit

U-Boote operieren unter dem Einfluss verschiedener hydrodynamischer Kräfte, die ihre Manövrierfähigkeit erheblich beeinflussen, insbesondere in unterschiedlichen Tiefen und Geschwindigkeiten. Diese Kräfte, einschließlich Heben, Neigung und Gieren, bestimmen, wie U-Boote durch das Wasser navigieren und beeinflussen ihre Fähigkeit zu tauchen, zu wenden und die Tiefe zu halten. Die hydrodynamischen Eigenschaften von U-Booten sind entscheidend für ihre operative Effektivität, insbesondere in taktischen Szenarien, bei denen die Manövrierfähigkeit von größter Bedeutung ist.

Heben bezieht sich auf die vertikale Bewegung eines U-Boots, während Neigung die Drehung um seine Querachse beschreibt, die für die Steuerung des Aufstiegs- oder Abstiegwinkels entscheidend ist. Die Hauptsteuerflächen, die diese Bewegungen steuern, sind die Tiefenruder, die sich am Bug und Heck befinden. Wenn ein U-Boot seine Tiefe ändern muss, werden die Tiefenruder so eingestellt, dass Auftrieb erzeugt wird. Um beispielsweise zu tauchen, werden die Tiefenruder nach unten geneigt, was eine Vorwärtsneigung bewirkt und das U-Boot absteigen lässt. Umgekehrt werden sie nach oben geneigt, um den Bug zu heben und einen Aufstieg zu ermöglichen. Diese Steuerung ist entscheidend, um die richtige Ausrichtung während der Unterwasserfahrt beizubehalten und eine sanfte vertikale Bewegung sicherzustellen [66].

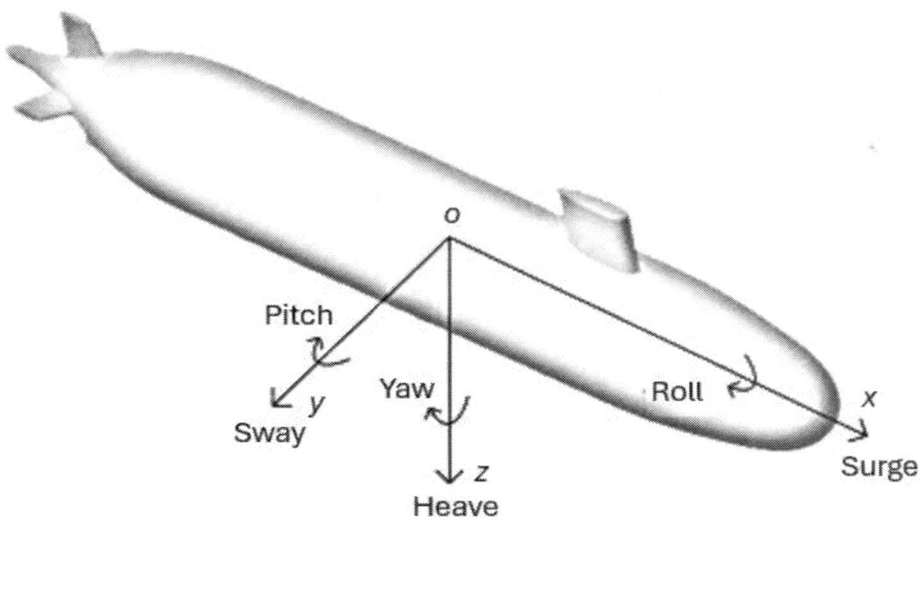

Abbildung 36: U-Boot-Bewegung in sechs Freiheitsgraden.

Gieren hingegen bezieht sich auf die horizontale Rotation oder die Drehbewegung des U-Boots, die durch das Ruder am Heck gesteuert wird. Das Design und die Effizienz des Ruders sind entscheidend, um präzise Kurven und

Richtungsänderungen zu ermöglichen, insbesondere bei Ausweichmanövern, bei denen schnelle Kursänderungen notwendig sind. Eine effektive Gierkontrolle ist unerlässlich, um Stabilität und Kontrolle zu gewährleisten, besonders bei Hochgeschwindigkeitsszenarien, in denen schnelle Reaktionen erforderlich sind, um Hindernissen auszuweichen oder einer Entdeckung zu entgehen [66]. Bei niedrigeren Geschwindigkeiten müssen die Ruderanpassungen jedoch minimal, aber präzise sein, um eine Destabilisierung zu verhindern, was die Bedeutung der Effizienz der Steuerflächen unter verschiedenen Betriebsbedingungen hervorhebt [66].

Die Form des U-Boot-Rumpfes, die Gewichtsverteilung und die Effizienz der Steuerflächen sind wesentliche Faktoren für die Manövrierfähigkeit des U-Boots. U-Boote werden in der Regel mit einem stromlinienförmigen, tropfenförmigen Rumpf entworfen, um den hydrodynamischen Widerstand zu minimieren und die Handhabungseigenschaften zu verbessern. Eine gut ausbalancierte Gewichtsverteilung trägt zur Stabilität während der Bewegung, des Tauchens oder der Kurvenfahrt bei. Die Steuerflächen, wie die Tauch- und Ruderflächen, beeinflussen die Wendigkeit des U-Boots erheblich und ermöglichen eine schnelle Reaktion auf hydrodynamische Kräfte [66].

Die Manövrierfähigkeit hängt auch stark von der Geschwindigkeit des U-Boots ab. Bei höheren Geschwindigkeiten nehmen die hydrodynamischen Kräfte auf das U-Boot zu, was schärfere Kurven und schnelle Tauchmanöver ermöglicht, da die durch die Steuerflächen erzeugte Auftriebskraft verstärkt wird. Diese Eigenschaft ist besonders vorteilhaft bei taktischen Manövern in Kampfsituationen, bei denen schnelle, reaktionsschnelle Bewegungen entscheidend sind [82]. Umgekehrt kann bei niedrigeren Geschwindigkeiten, wie sie bei verdeckten Operationen verwendet werden, die Manövrierfähigkeit aufgrund des geringeren Wasserflusses über die Steuerflächen eingeschränkt sein. In diesen Szenarien müssen U-Boote stärker auf die Anpassung des Auftriebs und die sorgfältige Steuerung der Steuerflächen vertrauen, um präzise Positionierung und Bewegung aufrechtzuerhalten [66].

Wellenwiderstand

Wellenwiderstand Der Wellenwiderstand ist eine bedeutende Form des Widerstands, der auftritt, wenn U-Boote an der Wasseroberfläche operieren. Dieser Widerstand wird hauptsächlich durch die Wellen verursacht, die der Rumpf des U-Boots während der Bewegung durch das Wasser erzeugt, was sich nachteilig auf Leistungskennzahlen wie Geschwindigkeit, Kraftstoffeffizienz und den gesamten Energieverbrauch auswirken kann. Wenn sich ein U-Boot an der Oberfläche befindet, ist ein Teil des Rumpfes untergetaucht, während der Rest über Wasser liegt. Dies führt zur Verdrängung von Wasser und zur Erzeugung von Wellen am Bug und Heck. Diese Wellenerzeugung trägt zum Wellenwiderstand bei, der den gesamten Widerstand erhöht, der der Bewegung des U-Boots durch das Wasser entgegenwirkt [83-85].

Die Größe des Wellenwiderstands wird von verschiedenen Faktoren beeinflusst, darunter die Geschwindigkeit des U-Boots, die Rumpfform und die Position des Turms. Studien zeigen, dass die Wellen, die das U-Boot erzeugt, größer werden, wenn es beschleunigt, was mehr Energie erfordert, um die Vorwärtsbewegung aufrechtzuerhalten [63, 83]. Simulationen, die die Havelock-Quellenpanele-Methode verwenden, haben die Beziehung zwischen Geschwindigkeitsvariationen und Wellenwiderstand untersucht und hervorgehoben, wie wichtig das Rumpfdesign bei der Bewältigung von Widerstandskräften ist [86]. Darüber hinaus können Geschwindigkeits- und Tiefgangsvariationen den Wellenwiderstand erheblich beeinflussen, wobei optimierte Rumpfdesigns gezeigt haben, dass sie diese Effekte abmildern können [83].

Um den Wellenwiderstand zu minimieren, konzentrieren sich U-Boot-Designer darauf, spezielle Rumpfformen zu übernehmen, die die Wellenerzeugung reduzieren. Ein stromlinienförmiger Rumpf, typischerweise in Tropfen- oder Zigarrenform, ermöglicht es dem Wasser, reibungsloser um das U-Boot zu fließen, wodurch die Größe und Intensität der erzeugten Wellen verringert wird [63]. Darüber hinaus sind die Platzierung und das Design des Turms entscheidend; ein gut positionierter Turm minimiert Störungen des Wasserflusses, reduziert die Entstehung zusätzlicher Wellen und verhindert turbulente Strömungen, die den Widerstand weiter erhöhen können [86]. Experimentelle Untersuchungen haben bestätigt, dass Methoden wie die Havelock-Quellenpanele-Methode den

Wellenwiderstand für verschiedene U-Boot-Formen effektiv bewerten können, was die Bedeutung des Rumpf- und Turmdesigns für die hydrodynamische Effizienz unterstreicht [86].

Obwohl der Wellenwiderstand bei Oberflächenoperationen eine bedeutende Rolle spielt, wird er vernachlässigbar, wenn das U-Boot vollständig untergetaucht ist. In getauchtem Zustand interagiert das U-Boot nicht mehr mit der Wasseroberfläche auf eine Weise, die Wellen erzeugt, was zu einer drastischen Reduzierung der Widerstandskräfte und einer Verbesserung der Energieeffizienz führt [84, 85]. Diese Verringerung des Widerstands ist ein Hauptgrund dafür, dass U-Boote überwiegend für den Einsatz unter Wasser konzipiert sind, wo sie leiser und effizienter reisen können. Der erhöhte Wellenwiderstand an der Oberfläche verlangsamt nicht nur das Schiff, sondern erhöht auch die Energiekosten, was sich nachteilig auf Reichweite und Ausdauer auswirkt [84, 85].

Die effektive Bewältigung des Wellenwiderstands ist besonders wichtig für U-Boote, wenn sie lange Strecken an der Oberfläche zurücklegen müssen oder mit niedrigen Geschwindigkeiten operieren. Durch die Optimierung des Rumpfdesigns und der Turmplatzierung können Konstrukteure die Leistung und Kraftstoffeffizienz des U-Boots verbessern und sicherstellen, dass es mit minimalem Energieverbrauch angemessene Geschwindigkeiten beibehalten kann [63, 86]. Der Wellenwiderstand ist eine wichtige Überlegung für U-Boote bei Oberflächenoperationen, und durch sorgfältiges Design und Engineering kann er gemindert werden, um die gesamte operative Effektivität zu verbessern.

Manövrierfähigkeit und Geschwindigkeitsoptimierung

Manövrierfähigkeit und Geschwindigkeitsoptimierung sind entscheidende Aspekte der Leistung von U-Booten, die erheblich von hydrodynamischen Prinzipien beeinflusst werden. Die Form des Rumpfes, das Design der Steuerflächen wie Ruder und Tiefenruder sowie die Effizienz des Antriebssystems spielen alle eine wesentliche Rolle bei der Bestimmung, wie gut ein U-Boot manövrieren und unter verschiedenen Einsatzbedingungen optimale Geschwindigkeiten erreichen kann. Diese Faktoren müssen sorgfältig ausbalanciert werden, um sicherzustellen, dass ein U-Boot seine Missionen ausführen kann und gleichzeitig unauffällig, treibstoffeffizient und wendig bleibt.

U-Boote müssen in drei Dimensionen effektiv manövrieren können – horizontal (Gieren), vertikal (Nicken) und in der Tiefenkontrolle (Heben). Hydrodynamische Kräfte, die auf das U-Boot wirken, beeinflussen all diese Bewegungen, und Steuerflächen wie Ruder, Tiefenruder und die Rumpfform sind entscheidend für die Aufrechterhaltung der Agilität.

1. **Gieren und horizontales Manövrieren**: Das Ruder eines U-Bootes, das sich typischerweise am Heck befindet, steuert das Gieren oder die horizontale Drehbewegung. Hydrodynamische Kräfte wirken auf das Ruder, während das Wasser daran vorbeiströmt, was es dem U-Boot ermöglicht, die Richtung sanft zu ändern. Die Effektivität der Giersteuerung wird stark von der Strömungsgestaltung des Rumpfes und der Platzierung des Ruders beeinflusst. Ein gut durchströmter Rumpf ermöglicht es, dass das Wasser reibungslos über das Ruder fließt und dessen Effizienz maximiert. U-Boote müssen in der Lage sein, präzise Kurven zu fahren, insbesondere in engen oder flachen Gewässern, wo eine schnelle und genaue Giersteuerung entscheidend für die Tarnung oder das Ausweichen sein kann.

2. **Nicken und vertikales Manövrieren**: U-Boote müssen auch die Neigung oder den vertikalen Bewegungswinkel kontrollieren. Tiefenruder, die entweder am Bug oder am Heck montiert sind, spielen eine entscheidende Rolle bei der Anpassung des Neigungswinkels und der Tiefe des U-Bootes. Durch das Ändern des Winkels dieser Flossen können U-Boote sanft auf- oder absteigen, während sie ihren Kurs stabil halten. Bei höheren Geschwindigkeiten erzeugen die hydrodynamischen Kräfte auf den Tiefenrudern erheblichen Auftrieb, was schnelle Tiefenänderungen ermöglicht. Bei geringeren Geschwindigkeiten muss das U-Boot jedoch auf Auftriebssteuerungssysteme zurückgreifen, da der von den Tiefenrudern erzeugte Auftrieb reduziert ist.

3. **Heben und Tiefenkontrolle**: Heben bezieht sich auf die Fähigkeit des U-Bootes, sich vertikal in der Wassersäule zu bewegen. Während Tiefenruder zur vertikalen Bewegung beitragen, ist das Erreichen von neutralem Auftrieb der Schlüsselfaktor, der es dem U-Boot ermöglicht, eine konstante Tiefe zu halten. Durch das Ausbalancieren der Kräfte von Gewicht und Auftrieb können U-Boote mit minimalem Energieaufwand in der gewünschten Tiefe schweben. Eine effiziente Steuerung des Hebens ist entscheidend, um bei Operationen unentdeckt zu bleiben, da U-Boote oft über längere Zeit in einer bestimmten Tiefe verweilen müssen, während sie Energie sparen.

Die Form des Rumpfes eines U-Bootes ist entscheidend für die Verringerung des Widerstands und die Optimierung der Geschwindigkeit. U-Boote sind in der Regel mit einem stromlinienförmigen Tropfen- oder Zigarren-förmigen Rumpf konzipiert, der den Widerstand des Wasserstroms minimiert. Dieses stromlinienförmige Design reduziert den Reibungswiderstand und ermöglicht es dem U-Boot, effizienter durch das Wasser zu gleiten. Je glatter der Rumpf und je weniger Störungen er im umgebenden Wasser verursacht, desto weniger Energie benötigt das Antriebssystem, um die Geschwindigkeit aufrechtzuerhalten.

1. **Widerstandsreduktion zur Geschwindigkeitssteigerung**: Reibungswiderstand tritt auf, wenn Wasser entlang der Oberfläche des U-Boot-Rumpfes strömt. Das Ziel im U-Boot-Design ist es, die Oberflächenrauhigkeit zu verringern und den Rumpf so zu straffen, dass das Wasser reibungslos fließt und den Widerstand minimiert. Auch der Druckwiderstand, der durch Druckunterschiede zwischen Bug und Heck des U-Bootes entsteht, muss minimiert werden. U-Boote erreichen dies durch konisch zulaufende Rumpfdesigns, die einen hohen Druckaufbau an der Vorderseite verhindern und turbulente Nachläufe am Heck vermeiden. Ein gut optimierter Rumpf kann mit weniger Energie schneller fahren, was sowohl die Geschwindigkeit als auch die Treibstoffeffizienz verbessert.

2. **Kavitation und Geschwindigkeitsbeschränkungen**: Eine der Herausforderungen, denen U-Boote bei der Optimierung der Geschwindigkeit gegenüberstehen, ist die Kavitation – die Bildung von Dampblasen um den Propeller bei hohen Geschwindigkeiten. Diese Blasen kollabieren gewaltsam und erzeugen Geräusche, die von Sonar erfasst werden können und damit die Tarnfähigkeit des U-Bootes beeinträchtigen. Um die Kavitation zu verringern, konzentrieren sich die Designer von U-Booten auf das Propellerdesign und formen die Blätter so, dass sie effizient bei niedrigeren Geschwindigkeiten arbeiten und die Wahrscheinlichkeit von Kavitation verringern. Fortschrittliche Antriebssysteme helfen U-Booten auch dabei, hohe Geschwindigkeiten zu erreichen, während sie leise bleiben.

Es gibt oft einen Kompromiss zwischen Manövrierfähigkeit und Geschwindigkeit im U-Boot-Design. Ein schnelleres U-Boot erfährt stärkere hydrodynamische Kräfte, was das schnelle Manövrieren oder scharfe Wenden erschweren kann. Dies ist besonders relevant bei Hochgeschwindigkeitsverfolgungen oder Ausweichmanövern, bei denen ein U-Boot Agilität mit der Notwendigkeit, hohe Geschwindigkeiten zu erreichen, in Einklang bringen muss.

1. **Manövrieren bei hoher Geschwindigkeit**: Bei hohen Geschwindigkeiten erzeugen U-Boote mehr Auftrieb an ihren Steuerflächen, wodurch Tiefen- und Neigungsänderungen erleichtert werden. Das Wenden wird jedoch schwieriger, da der Widerstand zunimmt. Scharfe Kurven bei hoher Geschwindigkeit erfordern eine größere Kraft vom Ruder, was Stabilitätsprobleme verursachen und den Widerstand erhöhen kann. Daher müssen U-Boote die Geschwindigkeit sorgfältig mit der Notwendigkeit, agil zu manövrieren, in Einklang bringen, insbesondere bei Kampf- oder Tarnoperationen, bei denen es entscheidend ist, unentdeckt zu bleiben.

2. **Manövrieren bei niedriger Geschwindigkeit**: Bei niedrigeren Geschwindigkeiten werden U-Boote manövrierfähiger, aber die Kontrolle über Tiefe und Richtung hängt mehr von der Auftriebsregelung als von hydrodynamischen Kräften ab. Die Effektivität von Tiefenrudern und Ruderflächen nimmt bei niedrigen Geschwindigkeiten ab, da weniger Wasser über diese Flächen strömt und weniger Auftrieb erzeugt wird. In solchen Szenarien spielen die Ballastsysteme des U-Bootes eine größere Rolle bei der Aufrechterhaltung der Tiefe und der genauen Manövrierfähigkeit.

Das Antriebssystem eines U-Bootes, sei es nuklear oder diesel-elektrisch, beeinflusst direkt seine Geschwindigkeit und Manövrierfähigkeit. Nuklear angetriebene U-Boote können höhere Geschwindigkeiten über längere Zeiträume aufrechterhalten, da sie nicht so häufig auftauchen müssen wie diesel-elektrische U-Boote, die ihre Batterien aufladen müssen. Dies verschafft nuklear betriebenen U-Booten einen Leistungsvorteil bei Langstreckenoperationen und Hochgeschwindigkeitsgefechten.

U-Boote sind auch mit Geschwindigkeitskontrollsystemen ausgestattet, die den Antrieb in Bezug auf hydrodynamische Kräfte steuern. Beispielsweise können sie im „Silent Running"-Modus operieren, bei dem sie langsam fahren, um Geräusche vom Propeller und anderen Systemen zu minimieren und damit ihre Tarnung zu verbessern. Das Ausbalancieren von Geschwindigkeit und Tarnung ist ein wichtiger Faktor bei U-Boot-Einsätzen, insbesondere bei Kampfszenarien, in denen es von entscheidender Bedeutung ist, unentdeckt zu bleiben.

Zusammenfassend sind Manövrierfähigkeit und Geschwindigkeitsoptimierung bei U-Booten eng mit hydrodynamischen Kräften verknüpft. Ein gut konzipiertes U-Boot muss eine ausgewogene Strömungsgestaltung, effiziente Steuerflächen und einen optimierten Antrieb haben, um sowohl hohe Geschwindigkeiten als auch agiles Manövrieren zu erreichen. Diese Faktoren sind entscheidend für die Gesamtleistung des U-Bootes und beeinflussen seine Fähigkeit, Tarnoperationen durchzuführen, in Kämpfe verwickelt zu werden und herausfordernde Unterwasserumgebungen effizient zu navigieren.

U-Boot-Widerstand und Antriebssysteme

Der U-Boot-Widerstand bezieht sich auf die verschiedenen Kräfte, die der Vorwärtsbewegung eines U-Boots durch das Wasser entgegenwirken und seine Geschwindigkeit, Kraftstoffeffizienz und Gesamtleistung beeinflussen. Das hydrodynamische Design eines U-Boots zielt darauf ab, diese Widerstandskräfte zu minimieren, um seine Einsatzfähigkeit zu optimieren. Der U-Boot-Widerstand wird hauptsächlich durch den Strömungswiderstand verursacht, der die Reibung zwischen dem Wasser und dem Rumpf des U-Boots sowie die Turbulenzen im Kielwasser umfasst. Das Verständnis der Arten von Widerstand, denen U-Boote ausgesetzt sind, ist entscheidend, um Geschwindigkeit, Tarnung und Energieeffizienz zu verbessern.

Arten des U-Boot-Widerstands

- **Reibungswiderstand (Oberflächenreibung)**: Diese Art von Widerstand entsteht durch die Reibung zwischen den Wassermolekülen und der Oberfläche des U-Boot-Rumpfes. Während das U-Boot vorwärts fährt, strömt Wasser über seine Oberfläche und bildet eine Schicht von Wassermolekülen, die am Rumpf haften. Dies führt zu einer Reibung, die der Bewegung des U-Boots entgegenwirkt. Das Ausmaß dieses Widerstands hängt von der Oberflächenrauigkeit des Rumpfes, der Geschwindigkeit des U-Boots und der Viskosität des Wassers ab.
  - **Glatte Rümpfe zur Reibungsreduzierung**: U-Boote sind so konstruiert, dass sie glatte, stromlinienförmige Rümpfe haben, um den Reibungswiderstand zu minimieren. Jede Rauheit oder Unregelmäßigkeit auf der Oberfläche erhöht die Reibung und damit den Widerstand, was zu einem höheren Energieverbrauch und geringerer Effizienz führt.
  - **Laminare vs. turbulente Strömung**: Unter idealen Bedingungen sollte die Strömung des Wassers über den Rumpf laminar, also glatt und geordnet, bleiben, was den Reibungswiderstand minimiert. Bei höheren Geschwindigkeiten wird die Strömung jedoch turbulent, was mehr Widerstand erzeugt. U-Boot-Designer versuchen, diesen Übergang von laminarer zu turbulenter Strömung so lange wie möglich hinauszuzögern, um den Reibungswiderstand zu verringern.
- **Druckwiderstand (Formwiderstand)**: Der Druckwiderstand, auch Formwiderstand genannt, entsteht durch Druckunterschiede zwischen der Vorderseite (Bug) und der Rückseite (Heck) des U-Boots. Während das Wasser um das U-Boot strömt, entsteht ein Hochdruckbereich am Bug und ein Niederdruckbereich am Heck. Dieses Druckungleichgewicht erzeugt Widerstand, der der Vorwärtsbewegung entgegenwirkt.

    - **Stromlinienförmiges Design**: U-Boote sind mit einem tropfenförmigen Rumpf gestaltet, um den Druckwiderstand zu minimieren. Der stromlinienförmige Bug reduziert den Druckaufbau an der Vorderseite, und das verjüngte Heck hilft, den niedrigen Druck am Heck zu verringern. Dieses Design ermöglicht es dem Wasser, sanft um das U-Boot zu strömen und Turbulenzen und Druckwiderstände zu minimieren.
- **Wellenwiderstand**: Wellenwiderstand tritt auf, wenn ein U-Boot in der Nähe der Oberfläche fährt. Während das U-Boot vorwärts fährt, erzeugt es Wellen an der Schnittstelle zwischen Wasser und Luft. Diese Wellen absorbieren Energie vom U-Boot, erhöhen den Widerstand und verringern die Geschwindigkeit.
    - **Oberflächen- vs. Unterwasserbetrieb**: Der Wellenwiderstand ist ein bedeutendes Problem für U-Boote, wenn sie sich im aufgetauchten Zustand befinden. Wenn sie getaucht sind, entfällt dieser Widerstand durch das Fehlen von Oberflächenwellen, was das U-Boot energieeffizienter macht.
- **Wirbelwiderstand**: Der Wirbelwiderstand entsteht durch die Bildung von Wirbeln oder Strudeln im Kielwasser des U-Bootes. Wenn das Wasser um den Rumpf und seine Anhänge (wie Ruder und Tiefenruder) strömt, kann es turbulent werden und Wirbel erzeugen, die zusätzlichen Widerstand verursachen.
    - **Reduzierung der Wirbelbildung**: U-Boote sind mit abgerundeten Kanten und sanften Übergängen zwischen dem Rumpf und den Steuerflächen gestaltet, um die Bildung von Wirbeln zu minimieren. Das Ziel ist es, die Wasserströmung so stromlinienförmig wie möglich zu halten, um den durch Turbulenzen verursachten Widerstand zu verringern.
- **Induzierter Widerstand**: Der induzierte Widerstand entsteht durch den Auftrieb, der von den Steuerflächen des U-Boots, wie den Tiefenrudern und Rudern, erzeugt wird. Diese Flächen erzeugen Auftrieb, um die Tiefe und Richtung des U-Boots zu steuern, aber der Auftrieb erzeugt auch als Nebenprodukt Widerstand. Die Menge des induzierten Widerstands hängt vom Anstellwinkel der Steuerflächen und der Geschwindigkeit des U-Bootes ab.
    - **Minimierung des induzierten Widerstands**: U-Boote sind so konstruiert, dass sie mit minimalem induzierten Widerstand arbeiten, indem Größe und Form der Steuerflächen optimiert werden. Das Ziel ist es, den erforderlichen Auftrieb für die Manövrierfähigkeit zu erzeugen, während der Widerstand so gering wie möglich gehalten wird.
- **Kavitationswiderstand**: Kavitation tritt auf, wenn der Wasserdruck so weit abfällt, dass sich Dampfblasen um die Propellerblätter bilden. Diese Blasen kollabieren heftig, erzeugen Lärm und Vibrationen, was nicht nur die Antriebseffizienz beeinträchtigt, sondern auch den Widerstand erhöht und die Tarnung des U-Boots gefährdet.
    - **Propellerdesign**: Um Kavitation zu minimieren, werden U-Boot-Propeller mit speziellen Blattformen und niedrigen Drehzahlen entworfen, um die Bildung von Dampfblasen zu verhindern. Kavitationswiderstand ist entscheidend, um die Effizienz bei hoher Geschwindigkeit zu gewährleisten und gleichzeitig die Geräuschentwicklung zu reduzieren.

Faktoren, die den U-Boot-Widerstand beeinflussen

Der U-Boot-Widerstand wird von mehreren kritischen Faktoren beeinflusst, darunter die Rumpfform, die Oberflächenrauheit, die Geschwindigkeit, die Betriebstiefe und das Design des Antriebssystems. Jedes dieser Elemente spielt eine entscheidende Rolle bei der Bestimmung der hydrodynamischen Gesamtleistung eines U-Boots.

Rumpfform: Die Form des U-Boot-Rumpfes ist von größter Bedeutung, um den Widerstand zu minimieren. U-Boote sind typischerweise mit stromlinienförmigen Formen wie Tropfen- oder Zigarrenformen gestaltet, die sowohl den Reibungs- als auch den Druckwiderstand erheblich verringern. Untersuchungen zeigen, dass eine optimierte Rumpfform zu einer erheblichen Reduzierung des Gesamtwiderstands führen kann, wobei sowohl viskose als auch wellenbildende Komponenten berücksichtigt werden [63, 87]. Das Design des Rumpfes muss das Innenvolumen mit der hydrodynamischen Effizienz in Einklang bringen, da ein gut optimierter Rumpf die Leistung und

Einsatzmöglichkeiten verbessern kann [24, 61]. Darüber hinaus haben Studien gezeigt, dass spezifische Rumpfkonfigurationen zu verbesserten Widerstandseigenschaften führen können, insbesondere in Bezug auf die Interaktion des Rumpfes mit Wasser bei verschiedenen Geschwindigkeiten und Tiefen [85, 86].

Oberflächenrauheit: Die Glätte der Rumpfoberfläche eines U-Bootes ist ein weiterer kritischer Faktor, der den Widerstand beeinflusst. Oberflächenunregelmäßigkeiten wie Rauheit oder Beschädigungen können den Reibungswiderstand erhöhen und somit die Effizienz des U-Boots verringern [88]. Um dieses Problem zu bekämpfen, werden U-Boote häufig mit speziellen Beschichtungen behandelt, die eine glatte Oberfläche gewährleisten. Dies ist entscheidend, um den Widerstand zu minimieren und die hydrodynamische Leistung zu verbessern [88, 89]. Der Einfluss von Bewuchs auf die Oberflächenrauheit wurde ebenfalls untersucht, wobei festgestellt wurde, dass Bewuchs den für den Antrieb erforderlichen Energiebedarf erheblich erhöhen kann, was die Bedeutung der Aufrechterhaltung einer glatten Rumpfoberfläche weiter unterstreicht [88].

Geschwindigkeit: Die Beziehung zwischen Geschwindigkeit und Widerstand ist komplex; mit steigender Geschwindigkeit eines U-Bootes nehmen sowohl Reibungs- als auch Druckwiderstand zu. Dies erfordert einen sorgfältigen Ausgleich zwischen dem Wunsch nach Geschwindigkeit und dem damit verbundenen Anstieg des Widerstands [90]. U-Boote fahren oft im „Silent-Running"-Modus, bei dem sie mit geringerer Geschwindigkeit fahren, um Widerstand und Geräusche zu minimieren und so ihre Tarnfähigkeit zu verbessern [90]. Das Design des Antriebssystems muss daher diese Betriebsmodi berücksichtigen und eine Effizienz bei unterschiedlichen Geschwindigkeiten gewährleisten [90].

Betriebstiefe: Die Betriebstiefe eines U-Bootes hat erheblichen Einfluss auf den Widerstand, dem es ausgesetzt ist. In der Nähe der Oberfläche wird der Wellenwiderstand aufgrund der Entstehung von Oberflächenwellen zu einem großen Problem, das den Gesamtwiderstand erhöht [85, 86]. Im Gegensatz dazu wird bei größeren Tauchtiefen der Wellenwiderstand eliminiert, sodass U-Boote effizienter arbeiten können, da Reibungs- und Druckwiderstand die Hauptkräfte sind, die auf sie wirken [32]. Untersuchungen haben gezeigt, dass U-Boote bei größeren Tiefen eine bessere Energieeffizienz erzielen können, da das Fehlen von Oberflächenwellen den Gesamtwiderstand verringert [32].

Antriebssystem: Das Design und die Effizienz des Antriebssystems eines U-Bootes, insbesondere des Propellers, sind entscheidend für die Bestimmung des Widerstands. Ein gut gestalteter Propeller kann effizient Schub erzeugen und gleichzeitig Kavitation und Lärm minimieren, was für Tarnoperationen von entscheidender Bedeutung ist [91]. Die Interaktion zwischen Propeller und Rumpf beeinflusst ebenfalls den Gesamtwiderstand; daher ist die Optimierung des Propellerdesigns unerlässlich, um sowohl die Leistung als auch die Energieeffizienz bei Unterwasseroperationen zu verbessern [91]. Studien haben gezeigt, dass die strukturellen und akustischen Reaktionen des Rumpfes aufgrund der Propellerkräfte sorgfältig berücksichtigt werden müssen, um Widerstand und Geräusche zu minimieren [91, 92].

Das Zusammenspiel von Rumpfform, Oberflächenrauheit, Geschwindigkeit, Betriebstiefe und Antriebssystemdesign beeinflusst zusammen den Widerstand, dem U-Boote ausgesetzt sind. Jeder Faktor muss sorgfältig optimiert werden, um die Effizienz, Tarnung und Gesamtleistung des U-Boots in verschiedenen Einsatzbedingungen zu verbessern.

Wellenwiderstand

Wenn ein U-Boot auf eine Tiefe abtaucht, die das Vierfache seines maximalen Durchmessers oder Rumpftiefe beträgt, wird der Einfluss von Oberflächenstörungen, die durch seine Vorwärtsbewegung verursacht werden, minimal. Dies reduziert den Wellenwiderstand erheblich, einen der Hauptfaktoren, die die Effizienz und Geschwindigkeit von Überwasserschiffen beeinträchtigen. Durch das Tieftauchen beseitigen U-Boote im Wesentlichen diese Widerstandsform, was besonders bei hohen Geschwindigkeiten von Vorteil ist. Es gibt jedoch einen Kompromiss: Das vollständige Untertauchen des U-Bootes erhöht die benetzte Oberfläche des Rumpfes, was wiederum den Reibungswiderstand aufgrund des kontinuierlichen Kontakts mit dem Wasser erhöht. Trotz dieses Anstiegs des

Reibungswiderstands überwiegt der Gesamtnutzen der Beseitigung des Wellenwiderstands oft den Nachteil, was das Reisen in getauchtem Zustand, insbesondere bei höheren Geschwindigkeiten, effizienter macht [93].

Ältere Tauchboote waren nicht so stromlinienförmig wie moderne U-Boote. Diese älteren Designs umfassten verschiedene Ausrüstungen und Befestigungen über der Wasserlinie, wie flache Decks, Relings, Anker, Spillwinden und Poller. Diese für Überwasseroperationen notwendigen Strukturen stellten erhebliche Herausforderungen für die Unterwasserleistung dar, da sie den Widerstand erhöhten. Die unregelmäßigen Formen und Vorsprünge erschwerten es, ein widerstandsarmes Profil unter Wasser zu erreichen. Es war nicht immer möglich, diese Elemente zu straffen, was den gesamten Widerstand erhöhte und die hydrodynamische Effizienz des Fahrzeugs verringerte [93].

Moderne U-Boote, die hauptsächlich für längere Unterwasseroperationen, insbesondere mit Nuklearantrieb, ausgelegt sind, haben die meisten dieser Oberflächenunregelmäßigkeiten beseitigt. Diese echten U-Boote sind mit minimalen externen Anbauten gebaut und darauf ausgelegt, fast vollständig unter der Oberfläche zu operieren, wo ihre stromlinienförmigen Formen höhere Geschwindigkeiten und Effizienz ermöglichen. Darüber hinaus haben Fortschritte im U-Boot-Design zu Veränderungen im Längen-Durchmesser-Verhältnis geführt. Durch die Optimierung dieses Verhältnisses konnten Konstrukteure den Reibungswiderstand, insbesondere bei höheren Geschwindigkeiten, verringern. Ein niedrigeres Längen-Durchmesser-Verhältnis hilft dabei, den Bedarf an internem Volumen mit der Minimierung des Widerstands in Einklang zu bringen, was es U-Booten ermöglicht, schneller und effizienter unter Wasser zu reisen [93].

Die Beseitigung des Wellenwiderstands in größeren Tiefen und die stromlinienförmigen Designs moderner U-Boote ermöglichen es ihnen, mit größerer hydrodynamischer Effizienz zu operieren. Während das vollständige Untertauchen des Fahrzeugs den Reibungswiderstand erhöht, überwiegen die Gesamtauswirkungen auf die Leistung und Geschwindigkeit, insbesondere bei hohen Geschwindigkeiten, diesen Nachteil bei weitem. Moderne U-Boote haben sich weiterentwickelt, um Oberflächenunregelmäßigkeiten zu beseitigen und so hochgradig für das Reisen unter Wasser optimiert zu sein.

Reduzierung des Widerstands im U-Boot-Design

Die Reduzierung des Widerstands im U-Boot-Design ist eine vielschichtige Herausforderung, die verschiedene Ingenieurprinzipien und innovative Technologien umfasst. Zu den primären Strategien zur Erreichung dieses Ziels gehören die Stromlinienformung des Rumpfes, die Optimierung der Steuerflächen, fortschrittliche Propellerdesigns und der Einsatz spezieller Rumpfbeschichtungen.

Stromlinienformung des Rumpfes: Eine der effektivsten Methoden zur Reduzierung des hydrodynamischen Widerstands bei U-Booten ist die Konstruktion eines stromlinienförmigen Rumpfes. Eine stromlinienförmige Form minimiert sowohl den Reibungs- als auch den Druckwiderstand, indem sie sicherstellt, dass das Wasser reibungslos über die Oberfläche des U-Bootes fließt, wodurch Turbulenzen und die Bildung von Wirbeln verringert werden. Dieser Designansatz wird durch Untersuchungen zur Strömungsmechanik (CFD) gestützt, die zeigen, dass ein gut optimierter Rumpf den Widerstand erheblich verringern und die Gesamteffizienz verbessern kann [64]. Darüber hinaus tragen stromlinienförmige Rümpfe zur Minderung der Kavitation bei, einem Phänomen, das auftritt, wenn sich Dampfblasen aufgrund von Unterdruck um den Rumpf bilden, was zu erhöhtem Lärm und Widerstand führt [24, 60]. Die Reduzierung von Druckunterschieden zwischen Bug und Heck ist entscheidend, um einen reibungslosen Wasserfluss zu gewährleisten, was für Tarnoperationen und Energieeffizienz von entscheidender Bedeutung ist [61].

Optimierung der Steuerflächen: Die Steuerflächen eines U-Bootes, einschließlich Tiefenruder und Ruder, spielen eine entscheidende Rolle bei der Manövrierfähigkeit, können aber auch zum hydrodynamischen Widerstand beitragen, wenn sie nicht richtig konstruiert sind. Untersuchungen zeigen, dass die Optimierung von Größe, Form und Platzierung dieser Flächen den induzierten Widerstand erheblich reduzieren kann, während die notwendige Auftriebskraft und Richtungssteuerung beibehalten werden [80, 94]. Effizient gestaltete Steuerflächen ermöglichen es

U-Booten, mit minimalem Widerstand die Tiefe und Richtung anzupassen, was für die Aufrechterhaltung von Geschwindigkeit und Tarnung während der Einsätze entscheidend ist [95]. Studien haben gezeigt, dass die hydrodynamische Leistung von U-Booten durch eine sorgfältige Berücksichtigung der Interaktion zwischen Rumpf und Steuerflächen verbessert werden kann, was zu einer besseren Manövrierfähigkeit und einem geringeren Energieverbrauch führt [24, 96].

Fortschrittliches Propellerdesign: Das Design des Propellers eines U-Bootes ist ein weiterer kritischer Faktor, der den Widerstand und die Betriebseffizienz beeinflusst. Propeller müssen so konstruiert werden, dass sie die Kavitation minimieren, die auftreten kann, wenn der Wasserdruck um die Blätter sinkt, was zu Lärm und geringerer Effizienz führt [94]. Die Optimierung der Blattform und des Neigungswinkels ist entscheidend, um bei verschiedenen Geschwindigkeiten einen effizienten Schub zu erzielen und gleichzeitig die Geräuschentwicklung niedrig zu halten [80, 94]. Experimentelle Untersuchungen haben gezeigt, dass innovative Propellerdesigns zu erheblichen Verbesserungen der Antriebseffizienz und Lärmreduzierung führen können, was für Tarnoperationen von entscheidender Bedeutung ist [94].

Rumpfbeschichtungen: Der Einsatz spezieller Rumpfbeschichtungen ist ein moderner Ansatz zur Verringerung des Reibungswiderstands bei U-Booten. Diese Beschichtungen sorgen für eine glattere Oberfläche, die den Widerstand minimiert, wenn Wasser über den Rumpf fließt, und verbessern so die Betriebseffizienz und Tarnung [97, 98]. Fortschrittliche Antifouling-Beschichtungen sind besonders wichtig, da sie die Ansammlung von Meeresorganismen verhindern, die den Widerstand und den Kraftstoffverbrauch erhöhen können [98, 99]. Untersuchungen haben gezeigt, dass der Einsatz solcher Beschichtungen zu erheblichen Reduzierungen des Energiebedarfs und Verbesserungen der Tarnfähigkeit führen kann, was U-Boote in verschiedenen operativen Kontexten effektiver macht [97, 99].

Antriebssysteme

Der Antrieb von U-Booten ist ein komplexer Prozess, der es den U-Booten ermöglicht, unter Wasser zu navigieren und dabei Effizienz, Geschwindigkeit und Tarnung zu bewahren. Das Antriebssystem wandelt Energie in Vorwärtsbewegung um und ist entscheidend für die Leistungsfähigkeit eines U-Boots. U-Boote verwenden typischerweise entweder Nuklearantrieb oder Diesel-Elektro-Antrieb, abhängig von ihrem Design und ihren betrieblichen Anforderungen. Lassen Sie uns diese Systeme im Detail aufschlüsseln:

1. Diesel-Elektro-Antrieb

Dieses System wird häufig in konventionellen U-Booten verwendet und arbeitet mit zwei Hauptenergiequellen: Dieselmotoren und Batterien.

- **Dieselmotoren**: Wenn sich das U-Boot an der Oberfläche oder in Schnorcheltiefe befindet, werden die Dieselmotoren entweder direkt zur Fortbewegung des U-Boots oder zum Aufladen der Batterien genutzt. Die Dieselmotoren saugen Luft durch einen Schnorchel oder an der Oberfläche an, verbrennen Kraftstoff und erzeugen Energie. Dieselmotoren können jedoch nicht verwendet werden, wenn das U-Boot vollständig untergetaucht ist, da sie Sauerstoff für den Betrieb benötigen.

Abbildung 37: Maschinenraum des Dieselmotors der U-995. Arjun Sarup, CC BY-SA 4.0, via Wikimedia Commons.

- Elektrobatterien: Nach dem Abtauchen werden die Dieselmotoren abgeschaltet, und das U-Boot verlässt sich auf große Batterien, um die elektrischen Antriebsmotoren zu betreiben. Diese Batterien werden von den Dieselmotoren aufgeladen, wenn das U-Boot an der Oberfläche oder in Periskoptiefe ist. Die Elektromotoren, die die Propeller antreiben, ermöglichen einen leisen Betrieb unter Wasser und bieten so Stealth-Vorteile. Die Batterien bieten jedoch nur eine begrenzte Betriebszeit unter Wasser, sodass das U-Boot schließlich auftauchen muss, um sie aufzuladen.
- Propeller: Der Propeller (auch „Schraube“ genannt) wird unter Wasser von dem Elektromotor angetrieben. Diesel-elektrische U-Boote sind aufgrund ihrer einfacheren mechanischen Systeme leiser als Atom-U-Boote, wenn sie im Batteriebetrieb laufen. Ihre Tauchdauer ist jedoch durch die Batteriekapazität begrenzt, sodass sie regelmäßig auftauchen müssen, um die Batterien aufzuladen.

Abbildung 38: Maschinenraum des Dieselmotors des U-Boots Wilhelm Bauer (ehemals U 2540). BigBen212, CC BY-SA 3.0, via Wikimedia Commons.

2. Nuklearer Antrieb

Nuklearbetriebene U-Boote nutzen einen Kernreaktor zur Energiegewinnung, was mehrere Vorteile gegenüber dem diesel-elektrischen Antrieb bietet. Der wesentliche Unterschied besteht darin, dass ein Kernreaktor kontinuierlich arbeiten kann, ohne dass ein Auftauchen oder Sauerstoff erforderlich ist.

- **Kernreaktor:** Das Herzstück des Antriebssystems eines nuklearen U-Bootes ist der Kernreaktor. Dieser Reaktor nutzt die Kernspaltung (Spaltung von Uran- oder Plutoniumatomen), um Wärme zu erzeugen. Diese Wärme wird genutzt, um Dampf zu erzeugen, der Turbinen antreibt, die mit einem Generator verbunden sind. Die Turbinen können entweder direkt die Propellerwelle antreiben oder Strom erz

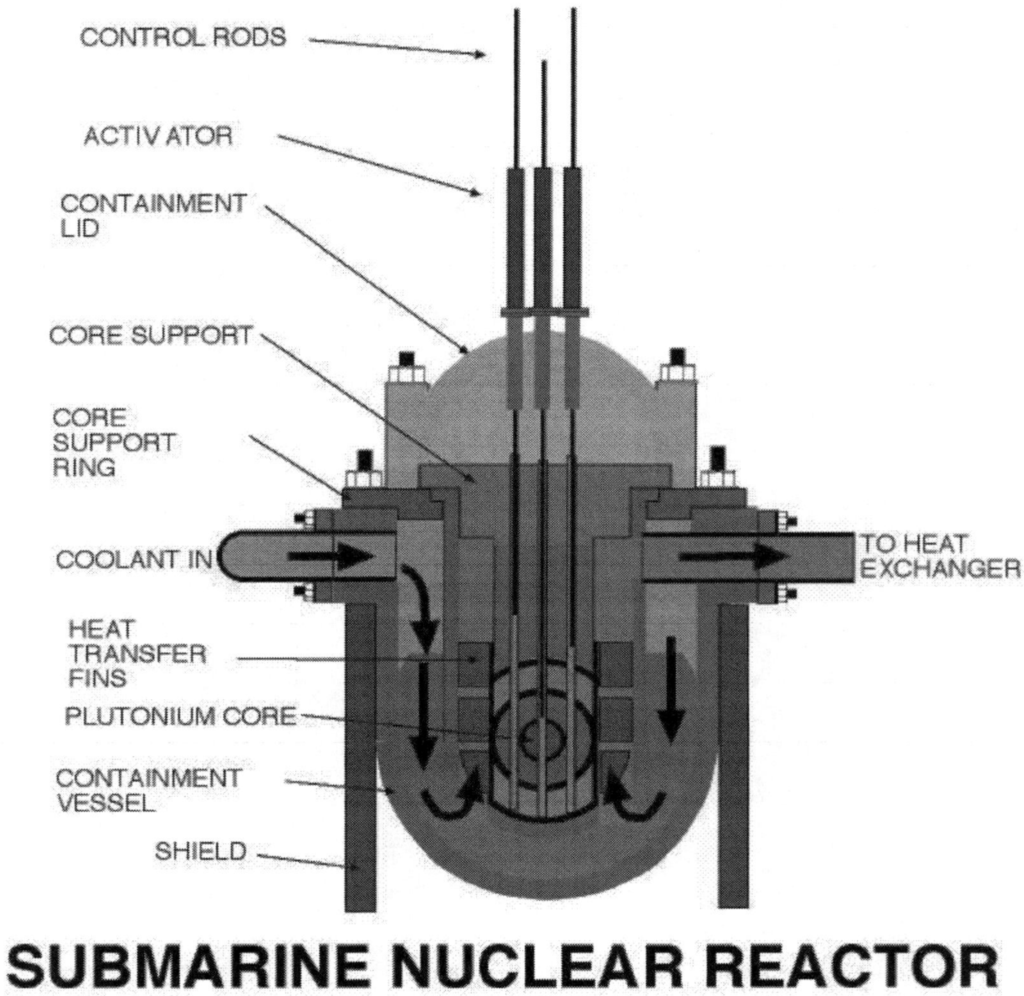

Abbildung 39: Diagramm eines Atom-U-Boot-Reaktors. Autor: Webber. Kein maschinenlesbarer Autor angegeben. Webber angenommen (basierend auf Urheberrechtsansprüchen)., Gemeinfrei, via Wikimedia Commons.

- **Dampfturbinen:** In den meisten atomgetriebenen U-Booten wird der durch den Reaktor erzeugte Dampf verwendet, um die Turbinengeneratoren anzutreiben. Diese Turbinen sind entweder direkt mit der Antriebswelle oder indirekt über Elektromotoren verbunden, die die Propeller antreiben. Dieses System ermöglicht es dem U-Boot, über lange Zeiträume ohne Auftauchen zu operieren, da der Atomreaktor nahezu unbegrenzte Energie liefert.
- **Elektromotor:** Einige atomgetriebene U-Boote verwenden auch Elektromotoren, die durch die von den Turbinen erzeugte Energie angetrieben werden. Diese Motoren sind hocheffizient und bieten eine bessere Kontrolle über die Geschwindigkeit und die Tarnfähigkeit des U-Bootes.
- **Tauchdauer:** Im Gegensatz zu diesel-elektrischen U-Booten können atomgetriebene U-Boote monatelang unter Wasser bleiben, da sie zur Energieerzeugung nicht auf externen Sauerstoff angewiesen sind. Das U-Boot muss nur für die Versorgung der Besatzung, wie etwa Lebensmittel, auftauchen, nicht für Treibstoff oder Luft.

3. Propeller (Schraube) und geräuscharmer Betrieb

Unabhängig von der Energiequelle spielt der Propeller (oder die Schraube) eine entscheidende Rolle im Antrieb eines U-Bootes. Der Propeller wandelt die durch den Motor oder Elektromotor erzeugte Rotationskraft in Vorwärtsschub um, sodass das U-Boot sich durch das Wasser bewegen kann. Allerdings muss das Design des Propellers auch die Tarnung berücksichtigen, da Geräusche vom Propeller durch feindliche Sonarsysteme erfasst werden können.

- **Propellerdesign:** U-Boot-Propeller sind speziell darauf ausgelegt, Kavitation zu reduzieren, ein Phänomen, bei dem sich bei hohen Geschwindigkeiten um die Propellerblätter Dampfblasen bilden. Wenn diese Blasen kollabieren, erzeugen sie Geräusche, die die Position des U-Bootes verraten können. Propeller mit weniger, größeren Blättern und niedrigeren Rotationsgeschwindigkeiten helfen, Kavitation und Lärm zu reduzieren.
- **Geräuscharmer Betrieb:** Um Geräusche während des Betriebs, insbesondere bei Tarnmissionen, zu minimieren, können U-Boote in den Modus „geräuscharmer Betrieb“ wechseln. Dies beinhaltet die Reduzierung der Geschwindigkeit des Propellers und anderer Bordmaschinen auf ein Minimum, wodurch der Geräuschpegel gesenkt wird und das U-Boot schwieriger von feindlichen Sonarsystemen erfasst werden kann. Atom-U-Boote sind besonders für den geräuscharmen Betrieb optimiert, da sie nicht häufig auftauchen müssen.

Abbildung 40: Propeller der HDMS Sælen (S323). AndrejS.K, CC BY-SA 4.0, via Wikimedia Commons.

4. Hilfssysteme und Manövrieren

U-Boot-Antriebssysteme beinhalten auch Hilfssysteme und Steuerflächen, die beim Manövrieren unterstützen.

- Tiefenruder (Tauchflossen): U-Boote verwenden Tiefenruder, die an Bug und Heck montierte Steuerflächen sind, um ihre Tiefe und den Winkel während der Bewegung zu kontrollieren. Durch das Anpassen des Winkels dieser Flossen kann die Besatzung die Neigung des U-Boots verändern und es tauchen oder auftauchen lassen.
- Ruder: Ein Ruder, das sich typischerweise am Heck befindet, hilft, die Gierbewegung (seitliche Bewegung) des U-Boots zu s

Abbildung 41: Ruder des französischen U-Boots Flore (S645). Fotografie von Rama, Wikimedia Commons, Cc-by-sa-2.0-fr, CC BY-SA 2.0 FR, via Wikimedia Commons.

5. Energieeffizienz und Tarnung

Ein wichtiger Aspekt des U-Boot-Antriebs ist das Gleichgewicht zwischen Energieeffizienz und Tarnung. Bei dieselelektrischen U-Booten bedeutet dies, die Batterieleistung zu schonen, indem der Energieverbrauch im getauchten Zustand minimiert wird. Bei nuklearbetriebenen U-Booten bedeutet es, das Antriebssystem bei niedrigen Geschwindigkeiten zu betreiben und geräuschmindernde Technologien einzusetzen, um eine Entdeckung zu vermeiden.

Entwurf eines effizienten, zuverlässigen und unauffälligen U-Boot-Antriebssystems

Der Entwurf eines U-Boot-Antriebssystems erfordert eine sorgfältige Abwägung mehrerer Faktoren, um sicherzustellen, dass das Schiff effizient, zuverlässig und mit minimaler Erkennbarkeit arbeitet. Hier sind die wichtigsten Überlegungen für die Erstellung eines solchen Antriebssystems [100]:

1. Antriebstyp

Die erste Entscheidung bei der Gestaltung eines U-Boot-Antriebssystems besteht darin, den geeignetsten Antriebstyp basierend auf der Mission und den technischen Spezifikationen des U-Boots auszuwählen. Es gibt mehrere Optionen, die jeweils ihre eigenen Stärken und Einschränkungen haben:

- **Diesel-elektrischer Antrieb**: Diesel-elektrische U-Boote sind kostengünstig und einfach zu bedienen. Sie müssen jedoch auftauchen oder schnorcheln, um ihre Batterien aufzuladen, was die Tarnung beeinträchtigen kann, indem das U-Boot der Entdeckung ausgesetzt wird.
- **Nuklearer Antrieb**: Diese Antriebsart bietet eine überlegene Ausdauer und Geschwindigkeit und ermöglicht es U-Booten, über lange Zeiträume ohne Auftanken getaucht zu operieren. Nuklearbetriebene U-Boote sind jedoch teuer, komplex und erfordern umfangreiche Wartung.
- **Luftunabhängiger Antrieb (AIP)**: AIP-Systeme, die alternative Sauerstoffquellen wie Wasserstoff oder flüssigen Sauerstoff nutzen, verlängern die Tauchzeit von nicht-nuklearen U-Booten. Sie haben jedoch Einschränkungen in Bezug auf die Brennstoffkapazität und die Leistung im Vergleich zu nuklearen U-Booten.
- **Hybridantrieb**: Die Kombination verschiedener Antriebsmethoden (z. B. Diesel-elektrisch mit AIP) bietet Flexibilität und optimiert die Leistung, macht jedoch die Systeme komplexer und kostspieliger in der Konstruktion und Wartung. Jeder Antriebstyp muss sorgfältig auf Effizienz, Zuverlässigkeit, Kosten und die Tarnungsanforderungen der U-Boot-Mission hin bewertet werden.

2. Propellerdesign

Der Propeller ist ein zentraler Bestandteil des Antriebssystems, da er den Schub erzeugt, der das U-Boot bewegt, aber auch eine Hauptquelle für Lärm darstellt. Ein effizienter, geräuscharmer Propeller erfordert die Berücksichtigung mehrerer Schlüsselfaktoren:

- **Form, Größe und Steigung**: Die Geometrie der Propellerblätter, einschließlich ihrer Größe und ihres Neigungswinkels (Steigung), muss optimiert werden, um Kavitation zu minimieren. Kavitation tritt auf, wenn sich Blasen um die Propellerblätter aufgrund von Druckunterschieden bilden, was Lärm und potenzielle Schäden verursacht. Die Minimierung der Kavitation ist entscheidend für die Aufrechterhaltung der Tarnung.
- **Anzahl der Blätter und Blattspitzenabstand**: Die Anzahl der Blätter und der Abstand zwischen den Blattspitzen und dem Rumpf (Blattspitzenabstand) müssen so gewählt werden, dass der Propeller effizient und leise arbeitet.
- **Fortschrittliche Propellertechnologien**: In einigen modernen Entwürfen werden Technologien wie Pumpjets, gegenläufige oder randangetriebene Propeller eingesetzt, um den Lärm weiter zu reduzieren und die Effizienz zu verbessern. Diese Systeme erzeugen Schub mit minimaler Kavitation und sind ideal für Tarnoperationen.
- **Propellersysteme ohne Blätter**: Neue Technologien, die von blattlosen Ventilatoren wie dem Dyson-Ventilator inspiriert sind, könnten die U-Boot-Antriebssysteme revolutionieren, indem sie Kavitation eliminieren und die Tarnung verbessern. Dieses Konzept befindet sich noch in der Entwicklung, zeigt jedoch Potenzial für zukünftige U-Boot-Designs.

3. Integration der Komponenten

Der nächste Schritt im Entwurf eines Antriebssystems besteht darin, alle Komponenten, wie Motor, Generator, Motor, Welle, Getriebe und Propeller, zu integrieren. Dieser Prozess erfordert ein Gleichgewicht zwischen Leistungs- und Drehmomentanforderungen bei gleichzeitiger Minimierung von Verlusten durch Reibung, Hitze und Vibrationen. Wichtige Überlegungen umfassen:

- **Lärm- und Vibrationsisolierung**: Um die Tarnung zu gewährleisten, müssen die Komponenten mit stoßdämpfenden Materialien, Gummilagern und akustischer Isolierung montiert werden, um Lärm und Vibrationen zu reduzieren.

- **Raum- und Gewichtsbeschränkungen**: U-Boote haben begrenzten Platz und strenge Gewichtsbeschränkungen. Das Antriebssystem muss innerhalb dieser Beschränkungen passen, ohne die Leistung oder Sicherheit zu beeinträchtigen.
- **Wartungsfreundlichkeit**: Komponenten müssen so angeordnet werden, dass sie für routinemäßige Wartungsarbeiten und Reparaturen leicht zugänglich sind, um die Zuverlässigkeit über lange Missionen hinweg sicherzustellen.

4. Tests und Validierung

Nachdem das Antriebssystem entworfen und montiert wurde, wird es strengen Tests und Validierungen unterzogen. Dazu gehören sowohl Labortests als auch Praxistests, um sicherzustellen, dass das System alle Leistungs- und Tarnungsanforderungen erfüllt:

- **Leistungstests**: Das Antriebssystem wird auf Geschwindigkeit, Leistungsabgabe, Kraftstoffeffizienz und Ausdauer getestet, um sicherzustellen, dass es innerhalb der gewünschten Parameter arbeitet.
- **Tarnungstests**: Lärm, Vibrationen und andere Signaturen (magnetisch, thermisch usw.) werden gemessen, um sicherzustellen, dass das System leise und unauffällig arbeitet.
- **Zuverlässigkeitstests**: Stresstests und Belastungstests helfen, potenzielle Schwachstellen oder Ausfälle zu identifizieren, wie Lecks, Verschleiß oder Überhitzung, sodass die Entwickler diese Probleme lösen können, bevor das U-Boot in Dienst gestellt wird.

5. Anpassung und Innovation

Basierend auf den Ergebnissen der Test- und Validierungsphase müssen die Entwickler möglicherweise Anpassungen vornehmen oder neue Innovationen einführen, um das Antriebssystem weiter zu optimieren:

- **Modifikationen**: Es können Änderungen an einzelnen Komponenten vorgenommen werden, wie z. B. die Verbesserung des Propellerdesigns oder die Aufrüstung von Materialien, um Haltbarkeit und Leistung zu steigern.
- **Neue Technologien**: Fortschritte im Bereich der Marinetechnik, wie verbesserte Lärmminderungstechnologien oder effizientere Energiespeichersysteme, können integriert werden, um das Antriebssystem zu verbessern. Das Antriebssystem muss kontinuierlich an sich ändernde Missionsanforderungen, technologische Fortschritte und Umweltstandards angepasst werden.

6. Zukünftige Trends und Herausforderungen

Mit Blick auf die Zukunft muss das U-Boot-Antriebssystem so konzipiert werden, dass es zukünftigen Herausforderungen und Chancen gerecht wird:

- **Erhöhte Ausdauer und Reichweite**: Zukünftige U-Boote werden Antriebssysteme benötigen, die es ihnen ermöglichen, längere Zeiträume ohne Nachschub oder Betankung zu operieren.
- **Größere Tarnung und Agilität**: Da Erkennungstechnologien verbessert werden, müssen U-Boote noch leiser und wendiger werden, was kontinuierliche Verbesserungen im Antriebssystem erfordert.
- **Umweltauswirkungen**: U-Boot-Antriebssysteme müssen strengeren Umweltvorschriften entsprechen, die Emissionen reduzieren und ihre Auswirkungen auf Meeresökosysteme minimieren.
- **Technologische Bedrohungen**: U-Boote müssen auch für neue Bedrohungen gerüstet sein, einschließlich Cyberangriffe und fortschrittliche U-Boot-Abwehrsysteme. Das Antriebssystem muss widerstandsfähig und anpassungsfähig an sich entwickelnde Einsatzumgebungen sein.

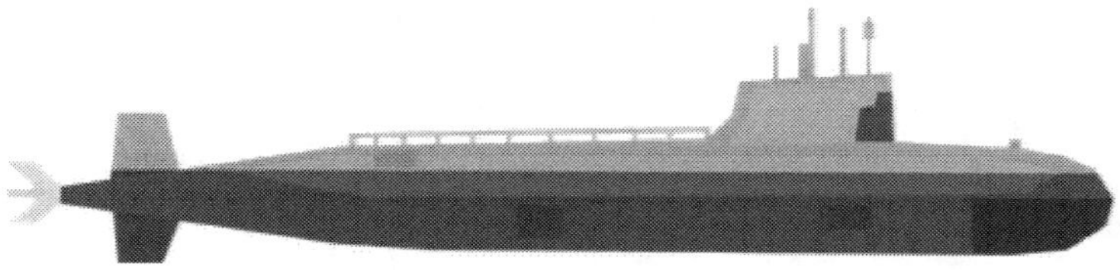

Kapitel 4

Antriebssysteme für U-Boote

Dieselelektrischer Antrieb

Ein Dieselsubmarine ist ein herausragendes Beispiel für ein Hybridfahrzeug, das sowohl Dieselmotoren als auch elektrische Energie für einen effizienten Betrieb nutzt. Das Design eines typischen Diesel-U-Bootes umfasst zwei oder mehr Dieselmotoren, die die notwendige Leistung für verschiedene Funktionen liefern, was das U-Boot in seinen Fähigkeiten vielseitig macht. Diese Motoren können entweder direkt die Propeller antreiben oder Generatoren versorgen, die eine große Batterieeinheit aufladen. Diese Flexibilität ermöglicht verschiedene Betriebsmodi, bei denen ein Motor den Propeller antreibt, während der andere die Batterien auflädt, sodass das U-Boot für unterschiedliche Einsatzanforderungen vorbereitet ist.

Beim Betrieb mit Dieselkraft muss das U-Boot entweder auftauchen oder knapp unter der Wasseroberfläche mit einem Schnorchel bleiben. Dies liegt daran, dass die Dieselmotoren Luft für die Verbrennung benötigen, die nur aus der Atmosphäre entnommen werden kann. Während des Auftauchens oder der Nutzung des Schnorchels laufen die Dieselmotoren effizient, laden die Batterien auf und treiben die Propeller nach Bedarf an. Sobald die Batterien vollständig aufgeladen sind, kann das U-Boot abtauchen und für längere Zeiträume unter Wasser operieren, ohne auftauchen zu müssen.

Unter Wasser verlässt sich das U-Boot ausschließlich auf seine Batterien, die die Elektromotoren antreiben, welche die Propeller bewegen. Dieser Betriebsmodus ist unerlässlich für das Abtauchen, da die Dieselmotoren ohne externe Luftversorgung nicht funktionieren können. Der Batteriebetrieb ermöglicht es dem U-Boot, leise und unauffällig zu navigieren und getaucht zu bleiben, was entscheidend ist, um von feindlichen Schiffen nicht entdeckt zu werden. Die Reichweite und die Dauer des U-Boots unter Wasser hängen größtenteils von der Batteriekapazität und dem während des Dieselbetriebs gespeicherten Ladezustand ab.

Dieses hybride Diesel-Elektro-System bietet dem U-Boot ein ausgewogenes Verhältnis zwischen Leistung, Ausdauer und Tarnung. Die Dieselmotoren ermöglichen eine langstreckige Überwasserfahrt und das Aufladen der Batterien, während die Elektromotoren den leisen Betrieb unter Wasser ermöglichen, was das U-Boot zu einem hoch anpassungsfähigen Schiff für verschiedene Marineeinsätze macht. Allerdings schränkt der Bedarf, aufzutauchen oder einen Schnorchel zu verwenden, die Fähigkeit des Diesel-U-Boots ein, im Vergleich zu nuklear betriebenen U-Booten über längere Zeiträume unter Wasser zu bleiben.

Dieselelektrische U-Boote arbeiten, wie der Name schon sagt, mit einer Kombination aus Diesel- und Elektrizitätsantrieb. Diese U-Boote sind mit großen Batterienetzwerken ausgestattet, die von Dieselmotoren erzeugten Strom speichern, welche als Hauptenergiequelle dienen, wenn das U-Boot an der Oberfläche ist. Um die Batterien aufzuladen, müssen dieselelektrische U-Boote auftauchen oder knapp unter der Oberfläche mit einem Schnorchel fahren. Der Schnorchel ermöglicht es, den Abgas- und Lufteinlass der Dieselmotoren über Wasser zu halten, sodass sie betrieben werden können, ohne das U-Boot zu enttarnen. Sobald die Batterien vollständig aufgeladen sind, taucht das U-Boot ab und operiert leise mit Batteriestrom, wobei die Dieselmotoren abgeschaltet werden, um Geräusche zu minimieren. Diese U-Boote können mehrere Tage unter Wasser bleiben, bis die Batterien erschöpft sind, woraufhin sie wieder auftauchen müssen, um aufzuladen [101].

Ein wesentlicher Vorteil dieselelektrischer U-Boote ist ihre Fähigkeit, deutlich weniger Lärm zu erzeugen als ihre nuklearen Gegenstücke. Da die Dieselmotoren beim Tauchgang vollständig abgeschaltet werden können, laufen diese U-Boote auf Batterien und sind somit nahezu unentdeckbar. Dies macht sie besonders effektiv in flachen Gewässern, wo Tarnung von entscheidender Bedeutung ist [101].

Dieselelektrische U-Boote sind auch kleiner und wendiger als nuklearbetriebene U-Boote, was ihnen in küstennahen oder littoralen Regionen Vorteile verschafft. Ihre geringere Größe ermöglicht es ihnen, in engen Räumen zu manövrieren und in flachen Gewässern verborgen zu bleiben. Ein weiterer Vorteil ist die Fähigkeit, die Motoren nach Bedarf an- und auszuschalten, im Gegensatz zu Atom-U-Booten, deren Reaktoren kontinuierlich betrieben werden müssen. Diese Betriebsflexibilität trägt zu ihrer Tarnung und operativen Agilität bei [101].

Darüber hinaus sind dieselelektrische U-Boote kostengünstiger in der Anschaffung, im Betrieb und in der Ausbildung von Besatzungen als nuklearbetriebene U-Boote. Kleinere Marinen können sich dieselelektrische U-Boote leisten und sie warten, was sie zu einer attraktiven Option für Länder macht, die nicht in teurere Atom-U-Boote investieren können. Moderne dieselelektrische U-Boote, oft als Sub Surface Killers (SSKs) bezeichnet, haben sich erheblich weiterentwickelt, mit Schallschutzsystemen, Landangriffsfähigkeiten und der Fähigkeit, nahezu unentdeckbar zu bleiben, wenn ihre Generatoren abgeschaltet sind. Systeme zur luftunabhängigen Fortbewegung (AIP) haben beispielsweise die Zeit, die dieselelektrische U-Boote getaucht bleiben können, von ein bis zwei Tagen auf fast eine Woche verlängert [101].

Moderne Beispiele wie die Typ 212-, Improved Kilo-, Scorpène- und Soryu-Klassen demonstrieren fortschrittliche dieselelektrische U-Boot-Technologien. Der Typ 212, bekannt für seine geringe Größe und Lautlosigkeit, wird mit einer Besatzung von rund 30 Personen betrieben und ist äußerst effektiv in Tarnmissionen [101]. Die Improved Kilo-Klasse verfügt über zusätzliche Feuerkraft und kann Anti-Schiff-Raketen mit einer Reichweite von bis zu 300 Kilometern abfeuern. Die Soryu-Klasse, obwohl größer, bietet eine bessere Ausdauer und operative Flexibilität.

Abbildung 42: Malaysias erstes dieselelektrisches U-Boot der Scorpène-Klasse, das am 3. September 2009 in seinem Marinestützpunkt in Port Klang am Stadtrand von Kuala Lumpur angedockt ist. Mak Hon Keong, CC BY-SA 3.0, via Wikimedia Commons.

Trotz ihrer Vorteile haben diesel-elektrische U-Boote auch Einschränkungen. Ein großer Nachteil ist ihre maximale Geschwindigkeit im getauchten Zustand, die typischerweise bei etwa 15-20 Knoten liegt. Diese relativ niedrige Geschwindigkeit erschwert es ihnen, Torpedos oder U-Boot-Abwehrschiffen (ASW) zu entkommen. Darüber hinaus haben diesel-elektrische U-Boote eine begrenzte Tauchtiefe, die in der Regel zwischen 150 und 300 Metern liegt, was sie in tieferen Gewässern verwundbarer macht, da sie dort die Tiefe nicht nutzen können, um Entdeckungen oder Angriffen zu entgehen [101].

Die Unterwasserausdauer von diesel-elektrischen U-Booten ist ebenfalls eine Einschränkung. Ohne ein AIP-System können die meisten diesel-elektrischen U-Boote nur für wenige Stunden getaucht bleiben. Selbst mit AIP-System verlängert sich die Ausdauer auf etwa eine Woche, was deutlich kürzer ist als die nahezu unbegrenzte Unterwasserausdauer von nuklearen U-Booten.

Zudem tragen diesel-elektrische U-Boote eine geringere Waffenlast im Vergleich zu nuklearen U-Booten. Sie führen typischerweise etwa 12 bis 20 Torpedos oder Raketen mit, was ihre Feuerkraft einschränkt. Es gibt Ausnahmen wie die Soryu-Klasse, die mehr Waffen tragen kann, aber im Allgemeinen sind diese U-Boote hinsichtlich ihrer Bewaffnung stärker limitiert [101].

Abbildung 43: JMSDF Sōryū-Klasse U-Boot. 防衛省, CC BY 4.0, via Wikimedia Commons.

Schließlich ist der Innenraum von diesel-elektrischen U-Booten oft beengt, was lange Einsätze für die Besatzung unangenehm macht. Dies kann bei längeren Missionen ein erheblicher Nachteil sein, insbesondere im Vergleich zu den geräumigeren nuklearen U-Booten, die für langfristige Einsätze konzipiert sind.

Zusammenfassend lässt sich sagen, dass diesel-elektrische U-Boote erhebliche Vorteile in Bezug auf Tarnung, Wendigkeit und Kosteneffizienz bieten, was sie ideal für bestimmte Marineeinsätze, insbesondere in flachen Gewässern, macht. Sie weisen jedoch Einschränkungen bei Geschwindigkeit, Tauchtiefe, Ausdauer und Feuerkraft auf, die gegen ihre Vorteile abgewogen werden müssen.

Entwicklung

Die Entwicklung von Dieselmotoren hat eine reiche Geschichte, die bis in die Mitte des 19. Jahrhunderts zurückreicht, als das Konzept der Verbrennungsmotoren Gestalt annahm. Im Jahr 1862 führte der französische Ingenieur Beau de Roches die theoretische Idee eines Hubkolben-Verbrennungsmotors ein, die den Grundstein für zukünftige Innovationen legte. Einige Jahre später nahm der deutsche Ingenieur Otto diese Ideen auf und setzte sie erfolgreich in einem praktischen Motor um, der einen 4-Takt-Zyklus mit Gas als Brennstoff nutzte. Der 4-Takt-Zyklus wurde als Otto-Zyklus bekannt und ebnete den Weg für weitere Fortschritte in der Motortechnologie [102].

Im Jahr 1872 machte der amerikanische Ingenieur George Brayton bedeutende Fortschritte, indem er eine neue Methode der Kraftstoffeinspritzung einführte, bei der eine kontrollierte Einspritzung die Verbrennungsphase verlängerte und mehr Leistung pro Brennstoffeinheit erzielte. Allerdings begrenzte der Mangel an wirksamer Kompression des Kraftstoffgemisches die Effizienzgewinne. Nachfolgende Verbesserungen im Motorenbau, wie der Hornsby-Ackroyd-Motor in England, verwendeten flüssige Brennstoffe aus Rohöl. Dieser Motor übernahm das Brayton-Prinzip der kontrollierten Kraftstoffeinspritzung und Vorverdichtung der Luft, was zu einer verbesserten

Leistung führte. Die Einführung der mechanischen oder festen Einspritzung in dieser Zeit machte ihn zu einem der frühesten Beispiele moderner Dieseltechnologie [102].

Der entscheidende Durchbruch kam 1893, als der bayerische Wissenschaftler Dr. Rudolf Diesel sein Design für einen neuen Verbrennungsmotor patentierte, der auf einem völlig anderen thermodynamischen Prinzip basieren sollte. Sein Konzept bestand darin, nur Luft während des Ansaughubs in den Zylinder zu lassen, diese stark zu komprimieren und dann den Brennstoff während der Verbrennungsphase kontrolliert einzuspritzen. Diese Methode sollte die Verbrennungstemperatur konstant halten. Der Dieselmotor führte auch die Lufteinspritzung ein, um die Kraftstoffzufuhr gegen hohe Kompressionsdrücke zu erleichtern. Obwohl Diesels anfängliche Experimente mit Kohlenstaubbrennstoff aufgrund von Explosionen scheiterten, legte sein theoretisches Fundament den Grundstein für das, was heute als Dieselzyklus bekannt ist. Nachfolgende Modifikationen durch verschiedene Experimentatoren, insbesondere bei MAN (Maschinenfabrik Augsburg-Nürnberg) in Deutschland, führten zu praktischen Dieselmotoren mit flüssigen Brennstoffen und Phasen der konstanten Druckverbrennung, die für die kommerzielle Produktion geeignet waren [102].

Entwicklung von U-Boot-Motoren

Die Anwendung von Verbrennungsmotoren in U-Booten begann mit Benzinmotoren. Die ersten U-Boot-Klassen der USA nutzten 45-PS-starke 2-Zylinder-Benzinmotoren der Otto Company, während die Briten 12- und 16-Zylinder-Benzinmotoren einsetzten. Die Gefahren im Zusammenhang mit Benzin, einschließlich Lagerungsschwierigkeiten und hohem Explosionsrisiko, wurden bald offensichtlich. Zudem stellten die Kohlenmonoxid-Dämpfe ein erhebliches Gesundheitsrisiko für die Besatzungen dar. Dies führte zu einem Wechsel zu Dieselmotoren, die sicherer waren und eine höhere Kraftstoffeffizienz boten [102].

MAN war einer der frühen Pioniere bei der Anpassung der Dieseltechnologie für U-Boote und experimentierte zunächst mit 2-Takt-Dieselmotoren. Allerdings stellten die technologischen Beschränkungen der damaligen Zeit, insbesondere in der Metallurgie, Herausforderungen für diese Motoren dar, da die Materialien der hohen Hitze und Beanspruchung nicht standhielten. MAN wechselte daraufhin zur Entwicklung von 4-Takt-Dieselmotoren und erzielte mit einem 1000-PS-Motor teilweise Erfolg. Bis 1914 hatte MAN sein Design verbessert und den SV45/42, einen 1200-PS-Motor, entwickelt, der während des Ersten Weltkriegs in deutschen U-Booten ausgiebig verwendet wurde. Die U.S. Navy übernahm diese Motoren für den Einsatz in ihren frühen S-Klassen-U-Booten, wobei die New York Navy Yard ein ähnliches Design produzierte [102].

Die Electric Boat Company, die die Lizenzrechte von MAN in den USA erworben hatte, entwickelte vor und während des Ersten Weltkriegs den NELSECO-Motor. NELSECO-Motoren wurden bis in die 1930er Jahre in U-Booten der USA eingesetzt. Bis etwa 1930 verwendeten die meisten Seestreitkräfte, außer Großbritannien, 4-Takt-Dieselmotoren für U-Boote. Die U.S. Navy begann jedoch, 2-Takt-Motoren zu erforschen, rüstete mehrere U-Boote mit Busch-Sulzer-Motoren aus und übernahm schließlich 2-Takt-Motoren aufgrund ihrer Effizienz und Leistung [102].

Übergang zur mechanischen Einspritzung

Vor 1929 nutzten alle U-Boot-Motoren der USA Luftdruckeinspritzung zur Kraftstoffzufuhr. Die Einführung der mechanischen oder Feststoffeinspritzung bei MAN-Motoren brachte mehrere Vorteile, wie z. B. die Vereinfachung des Motordesigns, die Reduzierung des Gewichts durch den Wegfall des Luftkompressors und die Verbesserung der Kraftstoffeffizienz. Weitere Vorteile waren eine kürzere Motorlänge, eine bessere Lastverteilung und eine erhöhte Zuverlässigkeit, was insgesamt den Wartungsaufwand verringerte [102].

Flotten-U-Boote und neue Motorenkonzepte

Die Entwicklung von Flotten-U-Booten erforderte leistungsstärkere Motoren. Mehrere Motortypen erwiesen sich als geeignete Kandidaten, darunter der Winton V-Typ (später als General-Motors-Motor bekannt), der Fairbanks-Morse-Gegenkolbenmotor und der Hooven-Owen-Rentschler (HOR)-Doppeltakt-Motor. Letztendlich wurden die General-Motors- und Fairbanks-Morse-Motoren zum Standard in U-Booten der USA, da sie die notwendige Leistung bei gleichzeitiger Effizienz boten. Durch die Standardisierung auf diese beiden Designs war die U.S. Navy in der Lage, Motoren mit minimalen Verzögerungen in Serie zu produzieren [102].

Moderne U-Boot-Motoren

Heute stellt die General Motors Corporation 16-Zylinder-Einzylinderdieselmotoren mit einer Leistung von 1600 Brems-PS (bhp) für Hauptmotorinstallationen sowie 8-Zylinder-Motoren für Hilfsanwendungen her. Fairbanks Morse produziert weiterhin 9- und 10-Zylinder-Gegenkolbenmotoren, ebenfalls mit 1600 bhp für Hauptinstallationen, sowie 7-Zylinder-Motoren für Hilfsanwendungen. Diese modernen Motoren bieten dank fortschrittlicher Materialien und Ingenieurstechniken eine beeindruckende Kombination aus Leistung, Effizienz und Zuverlässigkeit, wobei sie inklusive Hilfsausrüstung nur 15 bis 20 Pfund pro bhp wiegen [102].

Die Geschichte der Dieselmotortechnik, insbesondere im Kontext der U-Boot-Antriebe, zeigt eine kontinuierliche Entwicklung, die von der Notwendigkeit angetrieben wird, sicherere, effizientere und leistungsfähigere Motoren zu entwickeln. Technologische Fortschritte in der Metallurgie, bei Kraftstoffeinspritzmethoden und im Motordesign haben die Fähigkeiten von Dieselmotoren erheblich verbessert und ermöglichen es U-Booten, sowohl in Kriegs- als auch in Friedenszeiten effektiver zu operieren [102].

Betriebliche Anforderungen

Die einzigartigen betrieblichen Anforderungen von U-Booten haben einen erheblichen Einfluss auf die Konstruktion und Eigenschaften ihrer Motoren. Da U-Boote sowohl an der Oberfläche als auch unter Wasser operieren, gibt es spezifische Einschränkungen hinsichtlich ihrer Größe, Rumpfkonstruktion, Form und des Gesamtgewichts, die bei der Entwicklung des Antriebssystems berücksichtigt werden müssen. Diese Einschränkungen betreffen die Größe, den Standort und das Gewicht der Motoren, die proportional zum Verdrängungsvolumen und den Leistungsanforderungen des Fahrzeugs ausbalanciert werden müssen.

Einfluss der Rumpfeigenschaften auf die Motorkonstruktion

U-Boot-Rümpfe haben ein stromlinienförmiges Design, um den Widerstand unter Wasser zu minimieren, was zu Einschränkungen bei der Größe der Motoren und der Platzierung der Maschinenräume führt. Der verfügbare Platz im Rumpf ist begrenzt, sodass der Motor kompakt genug sein muss, um innerhalb dieser Grenzen zu passen, ohne die Leistungsabgabe zu beeinträchtigen. Zudem muss das Gewicht des Motors im Verhältnis zum Gesamtgewicht und zur Verdrängung des U-Bootes ausbalanciert werden, um die richtige Auftriebs- und Stabilitätseigenschaften zu erhalten. Ist der Motor zu schwer, könnte dies die Fähigkeit des U-Bootes beeinträchtigen, zu tauchen, aufzutauchen und sich unter Wasser zu manövrieren.

In frühen U-Boot-Designs waren die Motoren direkt mit der Propellerwelle über eine Konfiguration verbunden, die als Direktantrieb bekannt ist. Dieses Setup zeigte jedoch schnell betriebliche Herausforderungen, da das Rumpfdesign einen festen Winkel für die Propellerwelle vorschrieb, was die Positionierung der Motoren einschränkte. Darüber hinaus stimmten die effizientesten Betriebsdrehzahlen der Motoren nicht immer mit den optimalen Drehzahlen der

Propeller überein. Diese Diskrepanz führte zu Problemen mit Vibrationen und Resonanz (bekannt als kritische Drehzahlen oder synchrone Torsionsvibrationen), die durch das Direktantriebssystem übertragen wurden und mechanischen Stress oder Schäden verursachen konnten.

Übergang zu diesel-elektrischen Antriebssystemen

Um diese Probleme zu lösen, begannen U-Boot-Konstrukteure, Wege zu erforschen, um die Motoren von der Propellerwelle zu entkoppeln, um die mechanische Einheit zu beseitigen und unterschiedliche Drehzahlen für Motoren und Propeller zu ermöglichen. Nach Experimenten mit verschiedenen Antriebssystemen erwies sich der diesel-elektrische Antrieb als die praktischste Lösung. In einer diesel-elektrischen Konfiguration treiben die Motoren Generatoren an, die elektrische Energie für Elektromotoren liefern, die wiederum die Propellerwelle antreiben. Dieses Setup bietet Flexibilität bei der Motordrehzahl und dem Propellerbetrieb, da die Motoren nicht mehr mechanisch mit den Propellern verbunden sind.

Mit dem diesel-elektrischen Antrieb werden Motorvibrationen nicht auf die Propellerwelle übertragen, und die Belastungen, denen die Propeller ausgesetzt sind, werden nicht an die Motoren zurückgeleitet. Diese Trennung verbessert die betriebliche Stabilität und reduziert den Wartungsaufwand. Darüber hinaus bieten diesel-elektrische Systeme eine größere Freiheit bei der Platzierung der Motoren im U-Boot, da die Motoren nicht mit der Propellerwelle ausgerichtet sein müssen. Diese Flexibilität ist entscheidend für die optimale Raumnutzung und Gewichtsverteilung.

Wesentliche Anforderungen an U-Boot-Dieselmotoren

Das Design von U-Boot-Dieselmotoren wird von mehreren wichtigen Anforderungen bestimmt, um Effizienz, Zuverlässigkeit und Leistung unter anspruchsvollen Bedingungen sicherzustellen. Diese Anforderungen umfassen [102]:

1. **Maximale Leistung bei minimalem Gewicht und Platzbedarf**: U-Boot-Motoren müssen eine hohe Leistungsabgabe erbringen, während sie nur wenig Platz beanspruchen und möglichst wenig Gewicht hinzufügen. Dies ist entscheidend, um die Betriebseffizienz des Fahrzeugs aufrechtzuerhalten und sicherzustellen, dass der Motor in den begrenzten Raum des Rumpfes passt.

2. **Fähigkeit, gelegentliche Überlastung zu entwickeln**: Der Motor sollte in der Lage sein, bei Bedarf mehr als seine Nennleistung zu erzeugen, etwa in Notsituationen oder bei schnellen Manövern. Diese Flexibilität stellt sicher, dass das U-Boot schnell auf sich ändernde betriebliche Anforderungen reagieren kann.

3. **Dauerbetrieb nahe der Volllast**: U-Boot-Motoren laufen oft über längere Zeiträume bei oder nahe der Volllast. Sie müssen in der Lage sein, eine konstante Leistung unter solchen Bedingungen zu erbringen, ohne zu überhitzen oder übermäßigen Verschleiß zu erleiden.

4. **Geringer Kraftstoffverbrauch**: Effizienz ist für U-Boote von entscheidender Bedeutung, insbesondere bei längeren Einsätzen, bei denen die Treibstoffvorräte begrenzt sind. Der Motor muss so wenig Kraftstoff wie möglich verbrauchen, um die erforderliche Leistung zu erzeugen und die Reichweite des U-Bootes zu maximieren.

5. **Minimaler Schmierölverbrauch**: U-Boote führen nur eine begrenzte Menge an Schmieröl mit, daher muss der Motor sparsam damit umgehen. Dies trägt dazu bei, die Wartungsintervalle zu verlängern und den Bedarf an zusätzlicher Lagerung von Öl an Bord zu reduzieren.

6. **Wartungsfreundlichkeit**: Alle Motorkomponenten sollten leicht zugänglich für Wartung und Austausch sein. Da der Platz in einem U-Boot begrenzt ist, muss das Motordesign eine schnelle Wartung ermöglichen, um Ausfallzeiten zu minimieren und das U-Boot einsatzbereit zu halten.

7. **Perfekte Ausgewogenheit der Kräfte**: Um Vibrationen und mechanische Belastungen zu reduzieren, muss der Motor in Bezug auf primäre und sekundäre Kräfte sowie Paare ausgeglichen sein. Diese Ausgewogenheit verlängert die Lebensdauer des Motors und trägt zur Geräuschminimierung bei, was für die Tarnung des U-Bootes entscheidend ist.

8. **Beseitigung kritischer Drehzahlen**: Kritische Drehzahlen innerhalb des Betriebsbereichs des Motors müssen vermieden werden, um schädliche Vibrationen und Resonanz zu verhindern. Durch die Konstruktion des Motors, der über den gesamten Drehzahlbereich hinweg reibungslos läuft, wird das Risiko eines mechanischen Ausfalls verringert.

Die Einführung von diesel-elektrischen Antriebssystemen löste viele der Herausforderungen, die durch Direktantriebssysteme entstanden. Da keine direkte mechanische Verbindung zwischen Motor und Propellerwelle besteht, konnten Designer sowohl die Motor- als auch die Propellergeschwindigkeiten unabhängig voneinander optimieren. Dies ermöglicht es den Motoren, mit ihrer effizientesten Geschwindigkeit zur Stromerzeugung zu arbeiten, während Elektromotoren die Propeller mit Geschwindigkeiten antreiben, die für die gewünschte Geschwindigkeit und Manövrierfähigkeit des Fahrzeugs geeignet sind.

Diesel-elektrische Systeme bieten auch eine größere Freiheit bei der Platzierung der Motoren, was eine bessere Nutzung des verfügbaren Raums im U-Boot ermöglicht. Diese Flexibilität trägt zu einer verbesserten Gewichtsverteilung und Stabilität bei und hilft den Designern, die strengen Anforderungen des U-Boot-Betriebs zu erfüllen.

Die einzigartigen Anforderungen von U-Booten, wie die Notwendigkeit kompakter Bauweise, effizienter Energieerzeugung und reduzierter Vibrationen, haben einen großen Einfluss auf die Motorkonstruktion. Diesel-elektrische Antriebe haben sich als praktische Lösung erwiesen und bieten zahlreiche Vorteile gegenüber herkömmlichen Direktantriebssystemen. Durch die Bewältigung der Herausforderungen bei der Motorplatzierung, Kraftübertragung und Vibrationskontrolle ermöglichen diesel-elektrische Systeme U-Booten, höhere Leistungsniveaus, Effizienz und Tarnung zu erreichen. Die kontinuierliche Weiterentwicklung von U-Boot-Dieselmotoren wird durch die Notwendigkeit vorangetrieben, diese anspruchsvollen Anforderungen zu erfüllen und sich an neue Technologien und sich ändernde Einsatzumgebungen anzupassen [102].

Betrieb

In diesel-elektrischen U-Booten bezieht der Motor seine Luft aus der äußeren Atmosphäre, was für den Verbrennungsprozess unerlässlich ist. Dies kann nur erfolgen, wenn sich das U-Boot an der Oberfläche oder im Schnorchelmodus befindet. Im Schnorchelmodus bleibt das U-Boot nur wenige Meter unter der Wasseroberfläche und nutzt einen Schnorchelmast, der über die Wasserlinie hinausragt, um Luft einzusaugen. Die Luft strömt vom Schnorchel in den Maschinenraum und liefert den notwendigen Sauerstoff für den Betrieb des Dieselmotors. Um das Risiko der Entdeckung zu minimieren, versuchen U-Boote jedoch, Schnorchelsitzungen so kurz wie möglich zu halten. Abgase werden durch ein Druckabgassystem unter Wasser abgeführt. Für jeden Meter Wasser über dem Auslass der Abgasanlage muss der Motor zusätzlichen Druck von 100 mbar erzeugen, um zu verhindern, dass Wasser in den Motor eindringt. Dies wird durch spezielle Luftsysteme erreicht, die für die U-Boot-Umgebung entwickelt wurden [103].

U-Boot-Antrieb

Diesel-elektrische Antriebe in U-Booten basieren auf einem Dieselmotor, der die Batteriebank auflädt. Das Dieselgenerator-Set fungiert als Ladegerät und liefert elektrischen Strom an die Batterien, die wiederum den Elektromotor antreiben, der den Propeller bewegt. Der Dieselmotor arbeitet nur, wenn sich das U-Boot an der Oberfläche oder im Schnorchelmodus befindet, da er Luft für die Verbrennung benötigt. Beim Tauchen verwendet der Elektromotor die gespeicherte Batterieleistung für den Antrieb, was dem U-Boot einen geräuschlosen Betrieb ermöglicht. Neben diesel-elektrischen Konfigurationen gibt es auch U-Boote, die von Kernreaktoren angetrieben werden, die eine kontinuierlichere Energiequelle bieten [103].

Brennstoffzellensysteme für luftunabhängige Antriebe (AIP)

Für längere Unterwassereinsätze sind einige U-Boote mit luftunabhängigen Antriebssystemen (AIP) ausgestattet, die Brennstoffzellen verwenden. ThyssenKrupp Marine Systems ist ein führender Anbieter solcher Systeme, die erfolgreich in zahlreichen U-Booten installiert wurden. Das Brennstoffzellensystem erzeugt Strom durch eine chemische Reaktion zwischen an Bord gelagertem Wasserstoff und Flüssigsauerstoff. Dieser Prozess ist im Wesentlichen die Umkehrung der Elektrolyse und produziert neben Strom auch reines Wasser als Nebenprodukt. Der erzeugte Strom kann die Systeme und den Antriebsmotor des U-Bootes mit Energie versorgen und ermöglicht es dem Schiff, länger unter Wasser zu bleiben, ohne Luft von der Oberfläche zu benötigen [103].

Tauchdauer und Brennstoffzellen

Diesel-elektrische U-Boote müssen in der Regel alle paar Tage auftauchen, um ihre Batterien aufzuladen. Mit Brennstoffzellentechnologie können U-Boote jedoch deutlich länger unter Wasser bleiben. Der derzeitige Rekord für ein mit Brennstoffzellen ausgestattetes U-Boot liegt bei 14 aufeinanderfolgenden Tagen unter Wasser, aufgestellt von der HDW-Klasse 212A. Vorschriften schreiben auch vor, dass die Besatzung im Notfall mindestens sechs Tage mit den Notvorräten und -systemen überleben kann, falls das U-Boot nicht auftauchen kann [103].

Schnorcheln bei schwerer See

Bei schwerer See besteht für U-Boote die Herausforderung, dass Wasser durch den Schnorchel eindringen könnte. Um dies zu verhindern, wird der Schnorchel vorübergehend durch eine Kappe geschlossen, wenn Wellen darüber hinweggehen. Während dieser kurzen Schließung dient die bereits im U-Boot befindliche Luft als Reserve für den Motor. Dieses System ermöglicht es U-Booten, auch unter schwierigen Seebedingungen ohne Unterbrechung zu arbeiten [103].

Anforderungen an U-Boot-Dieselmotoren

U-Boot-Dieselmotoren müssen mehrere spezifische Anforderungen erfüllen, um den Betrieb effektiv und unauffällig zu gewährleisten. Erstens müssen die Motoren extrem leise sein, um die akustische Signatur des U-Bootes zu minimieren. Zweitens sollten sie kompakt sein, um Platz für andere wichtige Systeme an Bord zu sparen. Hohe Leistungsabgabe ist entscheidend, um die Batterien schnell aufzuladen, während Kraftstoffeffizienz wichtig ist, um die Reichweite des U-Bootes zu erhöhen. Darüber hinaus wird die Einhaltung aktueller Emissionsstandards immer wichtiger bei der Konstruktion und Entwicklung von U-Boot-Dieselmotoren [103].

Konstruktionsprinzipien und Betrieb von Motoren

Hubkolben-Verbrennungsmotoren sind eine grundlegende Art von Motoren, die die im Kraftstoff gespeicherte Energie in mechanische Arbeit umwandeln. Dieser Prozess findet durch eine Reihe kontrollierter Explosionen oder Verbrennungen in den Zylindern des Motors statt, die eine Hin- und Herbewegung, bekannt als Hubbewegung, erzeugen. Diesel- und Benzinmotoren sind die bekanntesten Beispiele für diese Art von Motoren, die unterschiedliche Methoden zur Zündung der Verbrennung verwenden. Hier ist eine detaillierte Erklärung, wie diese Motoren funktionieren, die Zyklen des Betriebs und die zugrunde liegenden thermodynamischen Prinzipien.

Das Kernprinzip eines Verbrennungsmotors ist die Umwandlung der chemischen Energie im Kraftstoff in mechanische Energie, die zur Ausführung von Arbeit verwendet wird. Der Verbrennungsraum des Motors ist der Raum, in dem Kraftstoff und Luft gemischt und gezündet werden. Wenn das Kraftstoff-Luft-Gemisch verbrennt, wird Wärme freigesetzt, wodurch die Gase im Raum expandieren. Diese Expansion erhöht den Druck im Brennraum und drückt den Kolben nach unten. Die Bewegung des Kolbens wird durch eine Pleuelstange auf die Kurbelwelle übertragen, die die Hin- und Herbewegung in eine Drehbewegung umwandelt, die dann zum Antrieb von Maschinen oder Fahrzeugen verwendet wird. Sobald der Verbrennungsprozess abgeschlossen ist, werden die Abgase aus dem Brennraum ausgestoßen, und ein neuer Zyklus von Ansaugung, Verdichtung, Verbrennung und Auspuff beginnt.

Jeder Verbrennungsmotor arbeitet auf der Grundlage eines Zyklus, der sich für jeden Arbeitshub, der an die Kurbelwelle abgegeben wird, wiederholt. Ein vollständiger Zyklus besteht aus vier unterschiedlichen Phasen, die in einer bestimmten Reihenfolge ablaufen, unabhängig von der Anzahl der am Prozess beteiligten Kolbenhübe [102]:

1. **Ansaugung**: Der Motor saugt entweder Luft oder ein Gemisch aus Luft und Kraftstoff an, das dann im Zylinder verdichtet wird.

2. **Verdichtung**: Das Luft-Kraftstoff-Gemisch wird verdichtet, um seinen Druck und seine Temperatur zu erhöhen und es für die Zündung vorzubereiten. In Dieselmotoren wird nur Luft verdichtet, und der Kraftstoff wird bei hohem Druck zur Zündung eingespritzt.

3. **Verbrennung (Arbeitshub)**: Das verdichtete Gemisch wird gezündet (durch einen Funken bei Benzinmotoren oder durch die Kompressionshitze bei Dieselmotoren), wodurch sich die Gase schnell ausdehnen und den Kolben nach unten drücken, wodurch mechanische Arbeit erzeugt wird.

4. **Auspuff**: Die verbrauchten Gase werden aus dem Zylinder ausgestoßen, um Platz für eine neue Ansaugung von Luft oder Luft-Kraftstoff-Gemisch zu schaffen.

Die spezifische Abfolge und die Eigenschaften dieser Phasen bestimmen den Zyklustyp, der vom Motor verwendet wird. Die drei Hauptzyklen für Verbrennungsmotoren sind [102]:

- **Otto-Zyklus**: Typischerweise verwendet in Benzinmotoren, bei denen das Luft-Kraftstoff-Gemisch durch eine Zündkerze gezündet wird.

- **Diesel-Zyklus**: Gekennzeichnet durch Selbstzündung, bei der der Kraftstoff in hochverdichtete, heiße Luft eingespritzt wird.

- **Modifizierter Diesel-Zyklus**: Kombiniert Merkmale des Otto- und Diesel-Zyklus, um spezifische Leistungsmerkmale zu erzielen.

Die Thermodynamik spielt eine entscheidende Rolle beim Betrieb von Verbrennungsmotoren, da sie regelt, wie Wärmeenergie in mechanische Arbeit umgewandelt wird. Einige wichtige thermodynamische Prinzipien umfassen [102]:

- **Energieerhaltung**: Gemäß den Gesetzen der Thermodynamik kann Energie nicht erschaffen oder vernichtet werden; sie kann nur von einer Form in eine andere umgewandelt werden. Im Fall von Motoren wird die chemische Energie des Kraftstoffs durch Verbrennung in thermische Energie umgewandelt und dann durch die Bewegung des Kolbens in mechanische Energie.

- **Kraft und Druck**: Die durch die Verbrennung erzeugte Kraft wirkt auf den Kolben, und der Druck ist die über die Fläche des Kolbenkopfes verteilte Kraft, die diesen nach unten drückt.
- **Arbeit und Leistung**: Die Arbeit, die der Motor verrichtet, ist das Produkt der auf den Kolben ausgeübten Kraft und der zurückgelegten Strecke. Leistung ist die Geschwindigkeit, mit der diese Arbeit verrichtet wird, typischerweise gemessen in Pferdestärken (PS).

Das mechanische Äquivalent von Wärme ist ein wichtiger Begriff, um zu verstehen, wie Verbrennungsmotoren funktionieren. So wurde beispielsweise durch Experimente festgestellt, dass eine British thermal unit (Btu) Wärmeenergie 778 Fuß-Pfund mechanischer Arbeit entspricht. Diese Beziehung zeigt, dass mechanische Energie vollständig in Wärme umgewandelt werden kann, der umgekehrte Prozess jedoch nicht vollständig effizient ist, da immer etwas Wärmeenergie an die Umgebung verloren geht [102].

Um den Betrieb von Verbrennungsmotoren zu verstehen, ist auch die Vertrautheit mit grundlegenden Begriffen wichtig [102]:

- **Energie**: Die Fähigkeit, Arbeit zu verrichten, unterteilt in kinetische (Bewegungsenergie) und potenzielle (gespeicherte Energie).
- **Wärme**: Eine Form von Energie, die aus molekularer Aktivität stammt; eine Erhöhung der Molekularbewegung in einem Stoff erhöht dessen Temperatur.
- **Temperatur**: Ein Maß für die Wärmeintensität, angegeben in Grad.
- **Druck**: Die Kraft pro Flächeneinheit, die durch die Gase im Verbrennungsraum ausgeübt wird.
- **Materie und Moleküle**: Stoffe, die Raum einnehmen und Gewicht haben, wobei Moleküle die kleinsten Einheiten sind, die die Eigenschaften eines Stoffes beibehalten.

Hubkolben-Verbrennungsmotoren arbeiten nach dem Grundprinzip, Wärmeenergie in mechanische Arbeit umzuwandeln, wobei ein Zyklus von Ansaugung, Verdichtung, Verbrennung und Auspuff durchlaufen wird. Die in diesen Motoren wirksamen thermodynamischen Prinzipien bestimmen, wie Energie übertragen und genutzt wird, während technologische Entwicklungen die Effizienz und Leistung dieser Antriebsquellen kontinuierlich verbessert haben. Das Verständnis dieser Prinzipien ist der Schlüssel zum Verständnis der Funktionsweise von Diesel- und Benzinmotoren sowie ihrer Anwendungen in verschiedenen Industrien, einschließlich des Marine- und U-Boot-Antriebs.

Thermodynamische Zyklen sind grundlegend für das Verständnis der Funktionsweise von Verbrennungsmotoren, einschließlich des Otto-Zyklus, des Diesel-Zyklus und des modifizierten Diesel-Zyklus. In einem Verbrennungsmotor wird Wärmeenergie, die durch das Verbrennen von Kraftstoff entsteht, in mechanische Energie umgewandelt. Der Kraftstoff dient als Arbeitsmedium, das im Zylinder des Motors verschiedene Veränderungen durchläuft. Diese Veränderungen werden durch unterschiedliche thermodynamische Prozesse beschrieben, darunter isotherme und adiabatische Veränderungen, bei denen Temperatur und Wärmeaustausch eine entscheidende Rolle spielen [102].

Der Otto-Zyklus ist die thermodynamische Grundlage für Benzinmotoren und umfasst vier Hauptprozesse. Zunächst gibt es eine Phase der adiabatischen Verdichtung, bei der das Kraftstoff-Luft-Gemisch im Zylinder ohne Wärmeverlust verdichtet wird. Darauf folgt die Verbrennung bei konstantem Volumen, bei der das Gemisch gezündet wird und der Druck in der Kammer ansteigt. Danach folgt die adiabatische Expansion, bei der die Gase mit hohem Druck den Kolben nach unten drücken und Arbeit verrichten. Schließlich erfolgt die konstante Volumenverdrängung der Abgase, bei der die Abgase ausgestoßen werden. Dieser Zyklus wiederholt sich und erzeugt bei jedem vierten Kolbenhub einen Arbeitstakt.

Der ursprüngliche Diesel-Zyklus, der von Rudolf Diesel entwickelt wurde, war darauf ausgelegt, eine Verbrennung bei konstanter Temperatur zu erreichen, aber dieses Konzept konnte in praktischen Motoren nie vollständig realisiert werden. Stattdessen verwendeten frühe Dieselmotoren einen Verbrennungszyklus bei konstantem Druck, der über viele Jahre zum Standard wurde. Im Diesel-Zyklus erhöht die adiabatische Verdichtung die Lufttemperatur, um den eingespritzten Kraftstoff zu entzünden, der so zugeführt wird, dass während der Verbrennung ein konstanter Druck aufrechterhalten wird. Die Gase dehnen sich dann adiabatisch aus und drücken den Kolben nach unten, gefolgt von einer konstanten Volumenverdrängung der Abgase, bei der die Gase ausgestoßen werden. Obwohl dieser Zyklus in modernen Motoren weniger häufig verwendet wird, legte er den Grundstein für nachfolgende Dieselmotordesigns [102].

Die meisten modernen Dieselmotoren, einschließlich der in U-Booten verwendeten, arbeiten nach einem modifizierten Diesel-Zyklus. In diesem Zyklus ist der Verdichtungsprozess adiabatisch, ähnlich wie im Standard-Diesel-Zyklus. Die Verbrennung erfolgt jedoch in zwei Phasen: zuerst bei konstantem Volumen, gefolgt von konstantem Druck, was eine kontrolliertere Verbrennung und eine höhere Effizienz ermöglicht. Die Expansion der Gase nach der Verbrennung erfolgt adiabatisch, und der Zyklus wird mit einer konstanten Volumenverdrängung der Abgase abgeschlossen. Dieser hybride Ansatz kombiniert Elemente sowohl des Otto- als auch des Diesel-Zyklus und führt zu einer verbesserten Leistung und Effizienz.

Die Effizienz eines jeden Verbrennungsmotors wird durch seine Fähigkeit gemessen, die potenzielle Energie im Kraftstoff in mechanische Energie umzuwandeln. Diese Effizienz liegt immer unter 100 %, da Energieverluste durch Wärmeabgabe, Reibung und das Abgassystem auftreten. Das Konzept der thermischen Effizienz vergleicht die tatsächliche Arbeitsleistung des Motors mit dem theoretischen Maximum, das auf dem Energiegehalt des Kraftstoffs basiert. Obwohl kein Motor eine perfekte Effizienz erreichen kann, kann die Optimierung des thermodynamischen Zyklus dazu beitragen, Energieverluste zu verringern und die Gesamtleistung zu verbessern.

Der Viertakt-Dieselzyklus umfasst vier unterschiedliche Kolbenbewegungen: Ansaugung, Verdichtung, Arbeit und Auspuff. Der Zyklus beginnt mit dem Ansaughub, bei dem das Einlassventil geöffnet wird und Luft in den Zylinder strömt. Während des Verdichtungshubs wird die Luft auf hohe Drücke und Temperaturen verdichtet. Anschließend wird Kraftstoff eingespritzt, der sich aufgrund der hohen Verdichtungswärme spontan entzündet, wodurch der Arbeitshub eingeleitet wird, bei dem die Expansion der Verbrennungsgase den Kolben nach unten drückt. Schließlich erfolgt der Auspuffhub, bei dem die verbrauchten Gase aus dem Zylinder ausgestoßen werden, wodurch der Zyklus abgeschlossen wird. Dieser Motortyp ist für seine Zuverlässigkeit und Effizienz bekannt, was ihn für Schwerlastanwendungen wie U-Boote besonders geeignet macht [102].

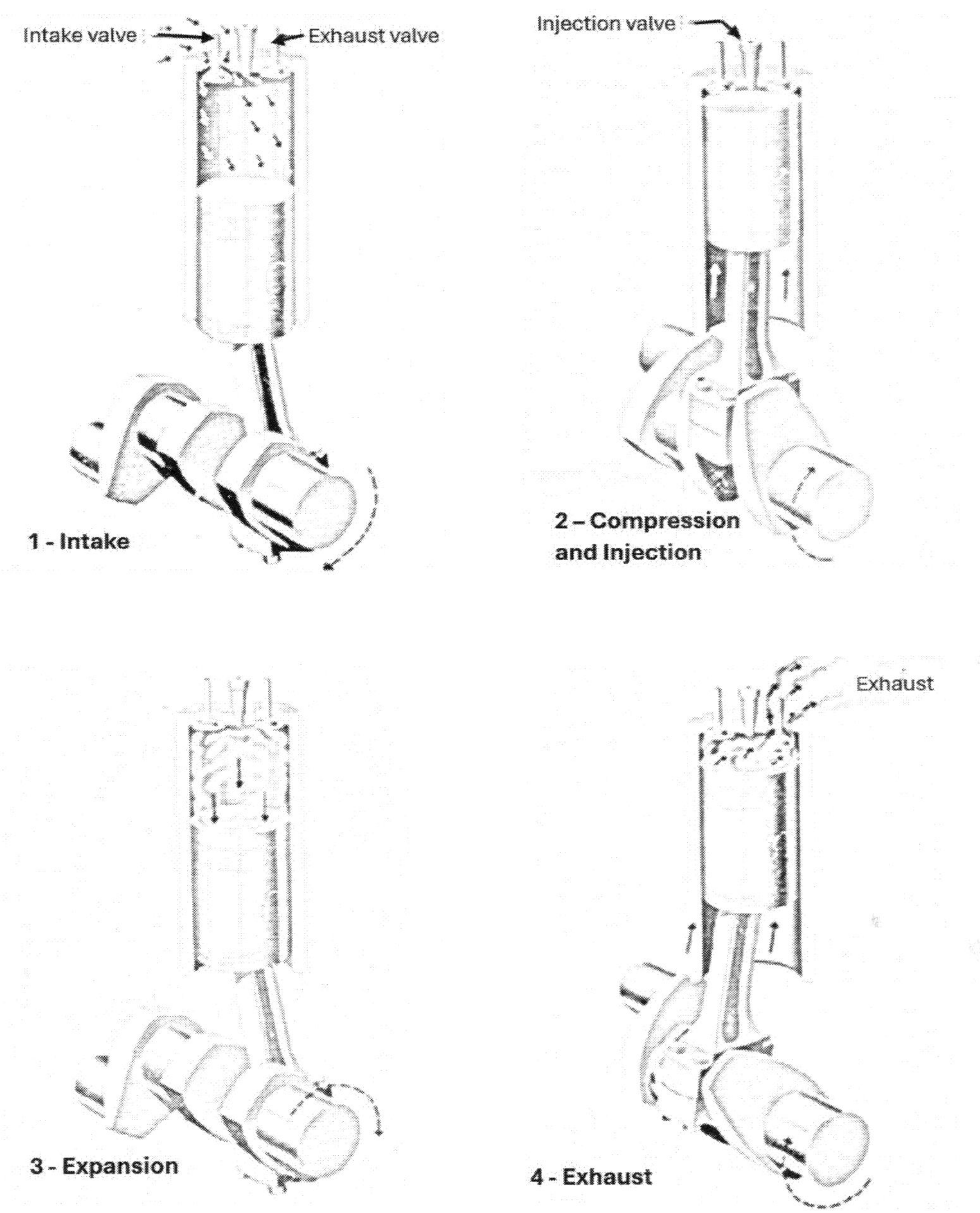

Abbildung 44: Der 4-Takt-Dieselzyklus.

Der Zweitakt-Dieselzyklus komprimiert die vier Phasen des Dieselzyklus in zwei Kolbenhübe, wodurch pro Kurbelwellenumdrehung ein Arbeitstakt erfolgt. Nach der Verdichtungsphase wird Kraftstoff eingespritzt und die Verbrennung findet kurz bevor der Kolben den oberen Totpunkt erreicht, statt. Die anschließende Expansionsphase drückt den Kolben nach unten und treibt die Kurbelwelle an. Wenn der Kolben sich dem unteren Totpunkt nähert, beginnt die Auspuffphase mit der Öffnung des Auslassventils, wodurch die Abgase entweichen, während die Einlasskanäle frische Luft einströmen lassen. Ein Spülgebläse hilft dabei, den Zylinder von Abgasen zu befreien und ihn für den nächsten Zyklus vorzubereiten. Zweitaktmotoren erzeugen mehr Leistung für eine gegebene Größe, sind jedoch typischerweise weniger kraftstoffeffizient und erfordern zusätzliche Systeme zur Spülung.

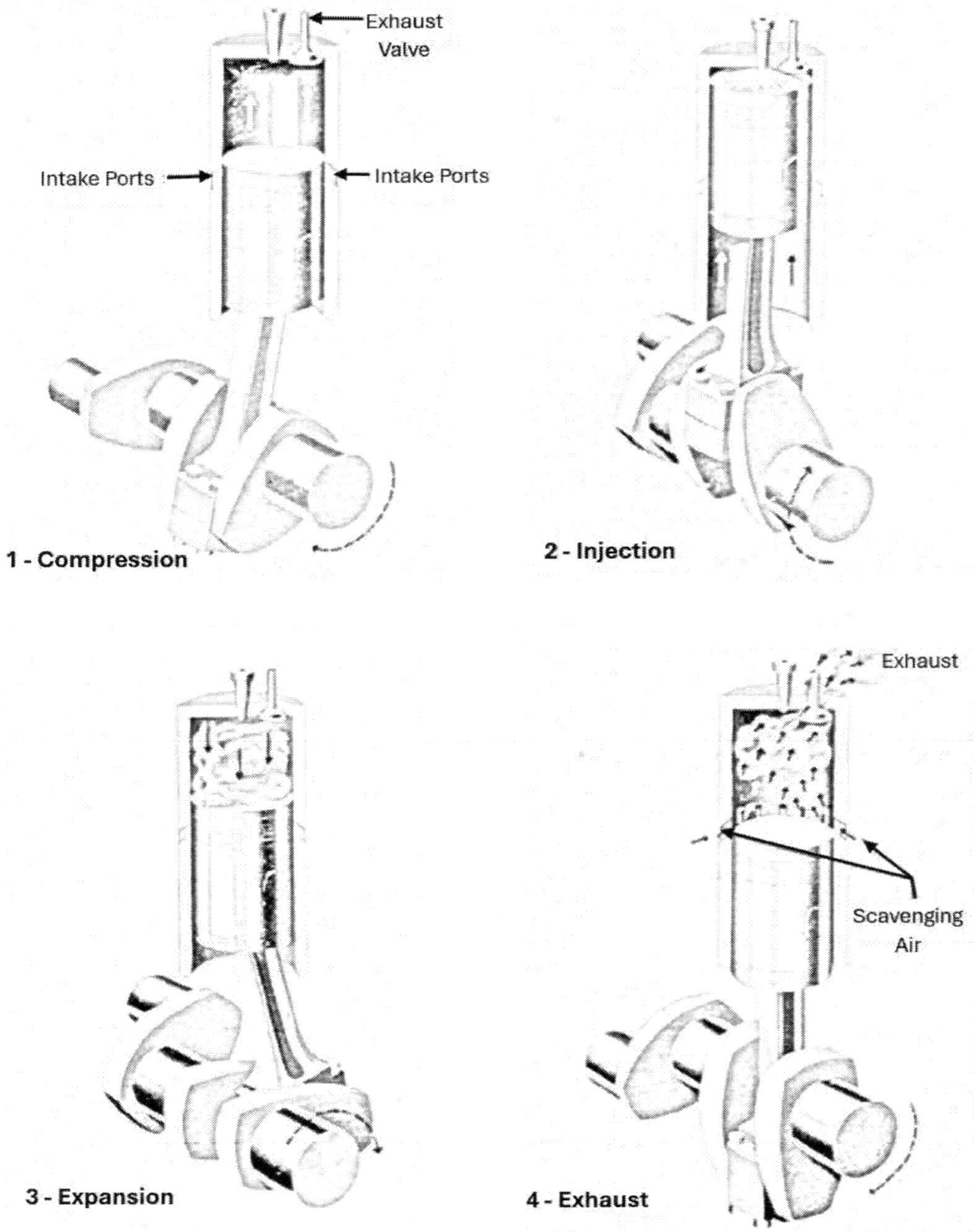

Abbildung 45: Der Zweitakt-Dieselzyklus.

Die zugrunde liegenden thermodynamischen Prinzipien bestimmen die Umwandlung von Wärmeenergie in mechanische Arbeit in all diesen Zyklen. Diese Prinzipien umfassen [102]:

- **Isothermer Prozess**: Tritt auf, wenn die Temperatur während einer thermodynamischen Änderung konstant bleibt.

- **Adiabatischer Prozess**: Eine Änderung, bei der sich die Temperatur ändern kann, aber kein Wärmeaustausch mit der Umgebung stattfindet.
- **Wärmeumwandlung**: Beinhaltet die Umwandlung von chemischer Energie im Kraftstoff in Wärme und anschließend in mechanische Energie.

Die Gesetze der Thermodynamik gelten auch für Konzepte wie Arbeit (Kraft, die über eine Distanz ausgeübt wird), Leistung (Arbeit pro Zeiteinheit) und Effizienz, die alle entscheidend dafür sind, wie effektiv ein Motor Kraftstoffenergie in nutzbare Leistung umwandelt.

Praktische Anwendungen in Dieselmotoren

Während die theoretischen Zyklen einen Rahmen bieten, wird die tatsächliche Motorleistung durch reale Bedingungen wie Reibung, Wärmeverluste und Schwankungen in der Kraftstoffqualität beeinflusst. In Dieselmotoren führen hohe Verdichtungsverhältnisse zu einer besseren thermischen Effizienz im Vergleich zu Ottomotoren. Fortschritte wie Turbolader, Ladeluftkühlung und elektronische Kraftstoffeinspritzung haben die Leistung von Dieselmotoren weiter verbessert, wodurch sie sich für verschiedene Anwendungen, einschließlich schwerer Fahrzeuge und U-Boote, eignen [102].

Der Otto-Zyklus, der Diesel-Zyklus und der modifizierte Diesel-Zyklus stellen unterschiedliche Methoden zur Umwandlung von Wärmeenergie in mechanische Arbeit dar. Während sie einige gemeinsame thermodynamische Prinzipien teilen, führen die Unterschiede in der Art und Weise, wie Verdichtung, Verbrennung und Expansion gehandhabt werden, zu Abweichungen in Effizienz, Leistungsabgabe und Kraftstoffverbrauch. Das Verständnis dieser Zyklen ist entscheidend für die Optimierung des Motordesigns und die Verbesserung der thermischen Effizienz bei verschiedenen Motortypen.

Dieselmotor-Typen

Einfachwirkende Dieselmotoren

Einfachwirkende Dieselmotoren sind sowohl in Viertakt- als auch in Zweitakt-Designs üblich. In diesen Motoren üben die Verbrennungsgase Druck nur auf eine Seite des Kolbens aus, die als Kolbenboden bezeichnet wird, also das geschlossene obere Ende des Kolbens. Die in einfachwirkenden Motoren verwendeten Kolben sind in der Regel vom Typ „Trunk“, was bedeutet, dass ihre Länge größer ist als ihr Durchmesser. Die Pleuelstange ist am Kolbenbolzen befestigt, der durch das offene Ende des Kolbens, das als Schürze bekannt ist, reicht. In einem einfachwirkenden Viertaktmotor tritt der Arbeitstakt einmal alle zwei Umdrehungen der Kurbelwelle auf, während er in einem Zweitaktmotor bei jeder Umdrehung auftritt. Diese Konfiguration ist in modernen U-Boot-Flotten Standard für Dieselmotoren, da sie im Vergleich zu anderen Motortypen relativ einfacher und kompakter ist [102].

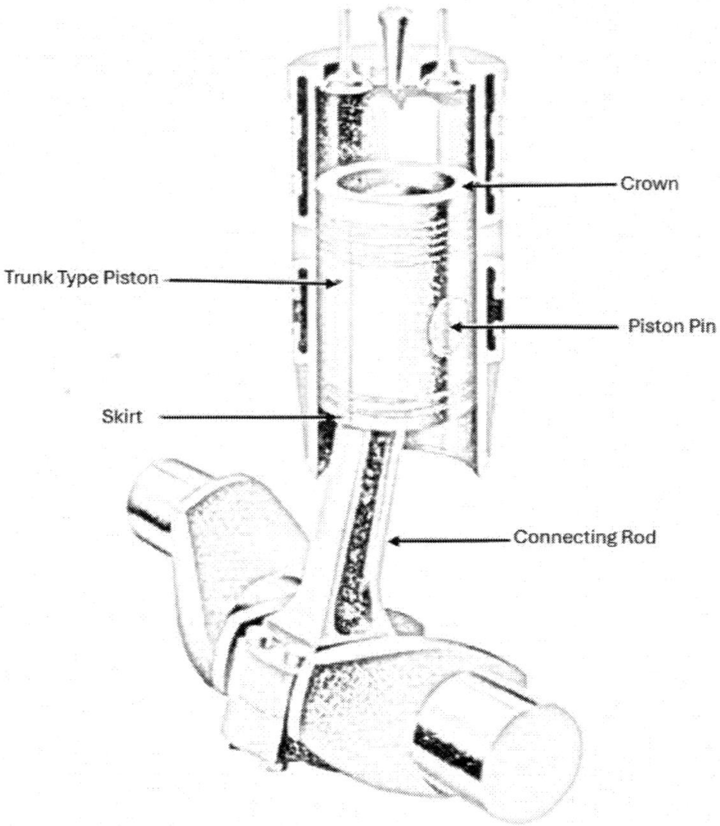

Abbildung 46: Prinzip des einfachwirkenden Dieselmotors.

Doppelwirkende Dieselmotoren

Doppelwirkende Dieselmotoren wurden in einigen älteren U-Boot-Designs verwendet, sind jedoch weitgehend zugunsten von einfachwirkenden Motoren ausgemustert worden. In doppelwirkenden Motoren wird der Kolben sowohl auf seiner oberen als auch unteren Fläche dem Verbrennungsdruck ausgesetzt, was zu zwei Arbeitstakten pro Kolbenzyklus führt. Der Kolben in einem doppelwirkenden Motor ist kürzer und verfügt über eine Kolbenstangenkonstruktion, bei der eine starre Kolbenstange vom unteren Ende des Kolbens durch den Zylinderkopf hindurch verläuft. Die Verbrennung findet abwechselnd in den oberen und unteren Brennkammern statt, wodurch doppelt so viele Arbeitstakte erzielt werden wie bei einem einfachwirkenden Motor. Dieses Design führt zu einem ruhigeren Betrieb, da der Verdichtungshub in einer Kammer den Expansionshub in der anderen ausgleicht. Allerdings sind doppelwirkende Motoren aufgrund der erforderlichen zusätzlichen Länge zur Aufnahme des Kolbenstangenmechanismus und für eine effektive Abdichtung an der Durchtrittsstelle der Kolbenstange durch den Zylinderkopf sperriger und komplexer. Diese Einschränkungen machen doppelwirkende Motoren ungeeignet für die beengten Räume moderner U-Boote [102].

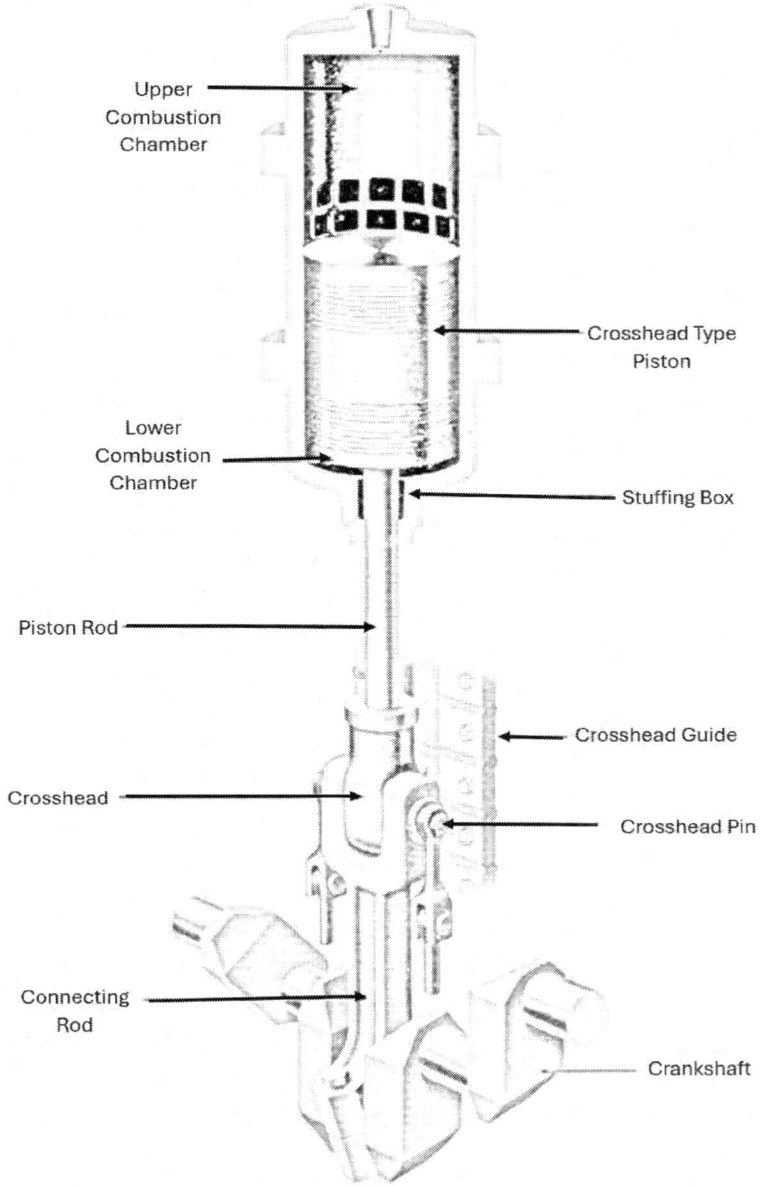

Abbildung 47: Prinzip des doppelwirkenden Dieselmotors.

Gegenkolbenmotoren

Der Gegenkolbenmotor ist eine einzigartige Bauweise, bei der zwei Kolben in jedem Zylinder vorhanden sind. Diese Kolben bewegen sich aufeinander zu und komprimieren die Luft zwischen ihnen, um die Brennkammer zu bilden. Bei der Verbrennung werden die Kolben auseinandergedrückt, wodurch die Ausdehnung der Gase in mechanische Arbeit umgewandelt wird. Der obere Kolben öffnet die Spülluftkanäle, die sich nahe der Oberseite des Zylinders befinden, während der untere Kolben die Auslassöffnungen in der Nähe des Zylinderbodens steuert. Die oberen und unteren Kolben sind an getrennte Kurbelwellen gekoppelt, die über ein vertikales Zahnradgetriebe verbunden sind, um ihre Bewegung zu synchronisieren. Diese Konfiguration ermöglicht es dem Motor, durch die Aufrechterhaltung eines positiven Luftdrucks im Zylinder während des Spülprozesses eine Aufladung zu erreichen. Die untere Kurbelwelle führt die obere typischerweise um 12 Grad an, was dazu führt, dass der untere Kurbelwelle ein größerer Anteil der Leistung zugewiesen wird. Gegenkolbenmotoren bieten mehrere Vorteile, darunter eine höhere thermische Effizienz, das Fehlen von Zylinderköpfen und Ventilmechanismen sowie weniger bewegliche Teile, was sie gut für den Einsatz in U-Booten geeignet macht [102].

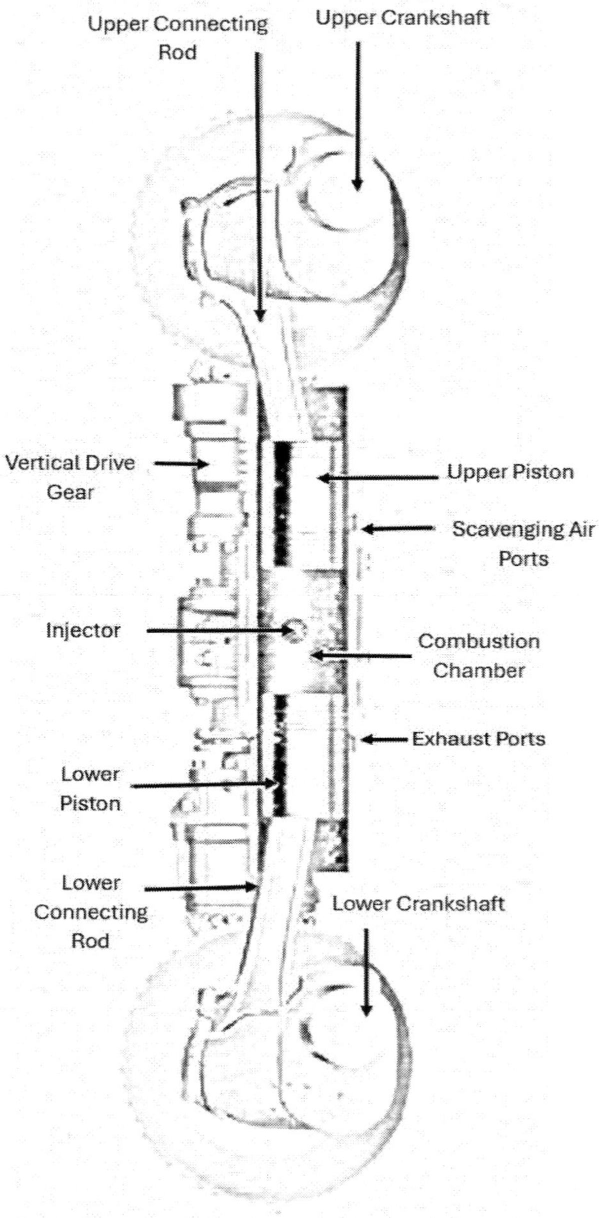

Abbildung 48: Prinzip des Gegenkolbenmotors.

Moderne Dieselmotore für Flotten-U-Boote

Moderne U-Boote verwenden hauptsächlich Zweitakt-Dieselmotoren, da diese effizient sind und kontinuierliche Leistung erzeugen können. Die wichtigsten Motortypen, die in Flotten-U-Booten zu finden sind, umfassen [102]:

1. **General Motors V-16 Motoren**: Diese Motoren haben zwei Reihen mit jeweils acht Zylindern, die in einer V-Konfiguration angeordnet sind, und eine Leistung von 1.600 PS (bhp) bei 750 U/min. Sie nutzen ein Uniflow-Ventil- und Port-Spülsystem und sind mit einer Feststoff-Kraftstoffeinspritzung ausgestattet.

2. **Fairbanks-Morse Gegenkolbenmotoren (Modell 38D 8 1/8)**: Diese Motoren sind sowohl in 9-Zylinder- als auch in 10-Zylinder-Konfigurationen erhältlich und ebenfalls mit 1.600 PS bewertet, arbeiten jedoch bei 720 U/min. Wie die General Motors-Motoren verwenden sie ein Uniflow-Port-System für die Spülung.

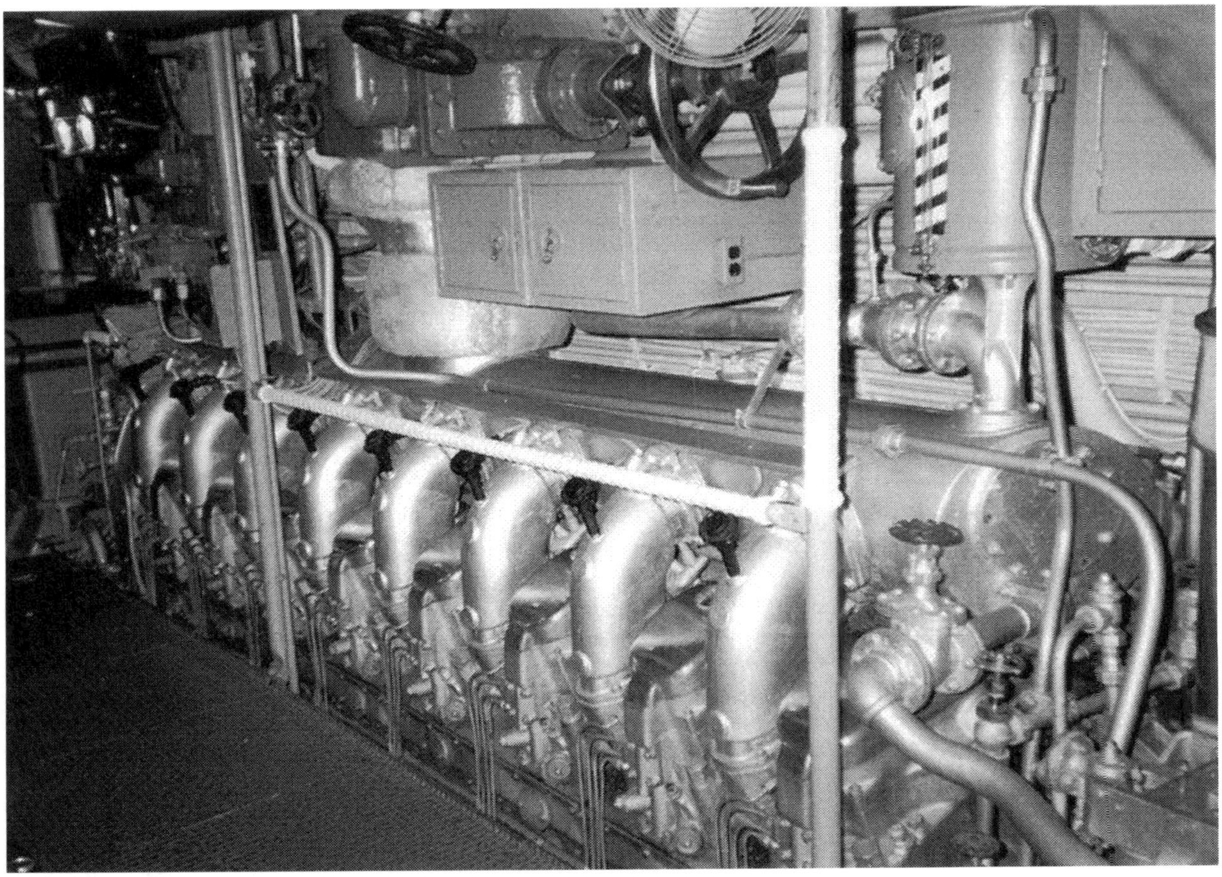

Abbildung 49: General Motors Modell 16-248 V16 Dieselmotor, installiert in der USS Bowfin. Brandon W. Smith, CC BY-SA 3.0, via Wikimedia Commons.

Hilfsmotoren auf U-Booten umfassen typischerweise kleinere Modelle, die für Aufgaben wie die Stromerzeugung ausgelegt sind [102]:

1. **General Motors Modell 8-268:** Dieser 8-Zylinder-Reihenmotor erzeugt 300 Kilowatt bei einer Drehzahl von 1.200 U/min und verwendet ein Uniflow-Spülsystem.

2. **Fairbanks-Morse Modell 38E 5 1/4:** Ein 7-Zylinder-Gegenkolbenmotor, der ebenfalls 300 Kilowatt bei 1.200 U/min erzeugt.

Gegenkolbenmotoren bieten drei wesentliche Vorteile für den Einsatz in U-Booten. Erstens bieten sie eine höhere thermische Effizienz im Vergleich zu einfachwirkenden Motoren. Diese verbesserte Effizienz führt zu einem besseren Kraftstoffverbrauch und einer größeren Reichweite des U-Boots. Zweitens eliminiert das Design die Notwendigkeit für herkömmliche Zylinderköpfe und zugehörige Ventilmechanismen, die bei Kühlungs- und Schmierungsfragen Herausforderungen darstellen können. Drittens haben Gegenkolbenmotoren weniger bewegliche Teile, was zu einem reduzierten Wartungsaufwand und einer höheren Zuverlässigkeit führt [102].

Trotz ihrer Vorteile bei der Leistungsabgabe haben doppeltwirkende Motoren Nachteile, die ihren Einsatz in U-Booten einschränken. Der Bedarf an einem Kreuzkopfmechanismus erhöht die Höhe des Motors, was es schwierig macht, ihn in den begrenzten Raum eines U-Boots einzubauen. Darüber hinaus ist es eine Herausforderung, eine effektive Abdichtung an der Stopfbuchse der Kolbenstange zu erreichen, was das Risiko von Druckverlusten erhöht und die Zuverlässigkeit des Motors verringert.

Dieselmotoren für U-Boote haben sich erheblich von den frühen Designs entwickelt, die direkte mechanische Antriebssysteme nutzten. Moderne U-Boot-Antriebe basieren in der Regel auf Zweitakt-Einfachwirkungsmotoren oder Gegenkolbenkonstruktionen, die bessere Leistungs-Gewichts-Verhältnisse, verbesserte Effizienz und größere betriebliche Flexibilität bieten. Durch den Einsatz fortschrittlicher Konfigurationen wie Gegenkolbenmotoren erreichen moderne U-Boote eine hohe Leistung mit relativ einfachen mechanischen Systemen, die einen zuverlässigen und effizienten Unterwasserbetrieb gewährleisten.

Installation

Dieselmotorinstallationen in modernen U-Booten mit diesel-elektrischem Antrieb bestehen typischerweise aus einer Anordnung von Haupt- und Hilfsmotoren, die sowohl für den Antrieb als auch für die Bordstromversorgung ausgelegt sind. Jeder Motor ist mit einem Generator gekoppelt und bildet ein Generatorset, das eine zentrale Rolle bei der Stromerzeugung und -verwaltung des U-Boots spielt. Diese Generatorsets können Strom für verschiedene Systeme des U-Boots liefern und bieten Flexibilität bei der Nutzung der Energie für den Antrieb und andere Operationen [102].

Die Haupt-Generatorensets sind für die Stromerzeugung zuständig, um entweder die Hauptmotoren des U-Boots zu betreiben oder die Batteriebänke aufzuladen. Der von diesen Generatorensets erzeugte Strom wird über den Hauptsteuerkasten geleitet, der als zentrales Steuerelement für die Verteilung der elektrischen Energie auf verschiedene Teile des U-Boots fungiert. Der Hauptsteuerkasten ermöglicht es den Bedienern, zu entscheiden, ob der von den Generatoren erzeugte Strom direkt die Antriebsmotoren des U-Boots antreibt oder zur Wiederaufladung der Batterien verwendet wird. Diese Flexibilität stellt sicher, dass das U-Boot zwischen batteriebetriebenem geräuschlosem Betrieb im getauchten Zustand und dieselbetriebenem Batterieladen in der Nähe der Wasseroberfläche wechseln kann.

Zusätzlich zu den Haupt-Generatorensets verfügt ein U-Boot auch über ein Hilfsgeneratorenset. Dieses kleinere Generatorenset erfüllt mehrere wichtige Funktionen: Es kann die Batterien aufladen, Strom für Hilfssysteme liefern oder sogar die Hauptmotoren indirekt unterstützen. Beispielsweise kann das Hilfsgeneratorenset eingesetzt werden, um einen kontinuierlichen Betrieb der Systeme des U-Boots zu gewährleisten, wenn die Hauptgeneratoren abgeschaltet sind oder zusätzliche Leistung benötigt wird. Dieses System bietet Redundanz und stellt sicher, dass das U-Boot in verschiedenen Szenarien, einschließlich Notfällen, einsatzfähig bleibt.

Die Hauptmotoren sind der primäre Antriebsmechanismus des U-Boots und treiben die Propeller an, um das Schiff durch das Wasser zu bewegen. Diese Motoren können direkt von den Batterien mit Strom versorgt werden, was dem U-Boot ermöglicht, leise zu operieren und den Lärm zu minimieren, der durch den Betrieb der Dieselmotoren erzeugt wird. Alternativ können die Hauptmotoren auch mit Strom aus den Haupt-Generatorsets betrieben werden, was dem U-Boot ermöglicht, in der Nähe der Wasseroberfläche Batteriestrom zu sparen.

Die Fähigkeit der Hauptmotoren, aus zwei verschiedenen Energiequellen zu schöpfen, verleiht diesel-elektrischen U-Booten ihre charakteristische betriebliche Flexibilität. Im getauchten Zustand kann das U-Boot auf Batteriestrom umschalten, um geräuschlos zu fahren und die Wahrscheinlichkeit einer Entdeckung durch feindliches Sonar zu verringern. Im Oberflächenbetrieb können die Dieselmotoren die Batterien aufladen und die Hauptmotoren mit Strom versorgen, wodurch die Einsatzdauer des U-Boots verlängert wird.

Insgesamt bietet die Integration von Haupt- und Hilfsgeneratorsets, Batterien und Hauptmotoren innerhalb des diesel-elektrischen Antriebssystems eines U-Boots eine vielseitige und effiziente Möglichkeit zur Verwaltung von Energie und Antrieb. Das Design des Systems stellt sicher, dass das U-Boot sich an wechselnde Betriebsbedingungen anpassen, die Tarnung aufrechterhalten und seine Energieressourcen effektiv verwalten kann, was diesel-elektrische U-Boote in verschiedenen taktischen Situationen äußerst leistungsfähig macht [102].

Nuklearantriebstechnologien

Der nukleare Antrieb von U-Booten nutzt einen Kernreaktor als primäre Energiequelle, um das U-Boot anzutreiben. Dieses System ermöglicht es U-Booten, über längere Zeiträume unter Wasser zu operieren, ohne auftauchen oder Batterien aufladen zu müssen, was ihnen einen erheblichen strategischen und operativen Vorteil verschafft.

Ein nuklear angetriebenes U-Boot wird von einem Kernreaktor betrieben, ist jedoch nicht notwendigerweise mit Atomwaffen ausgestattet. Der Einsatz des nuklearen Antriebs bietet erhebliche Vorteile gegenüber herkömmlichen U-Booten, die in der Regel einen Diesel-Elektro-Antrieb verwenden. Im Gegensatz zu diesel-elektrischen U-Booten benötigen nuklear angetriebene U-Boote keine Luft für den Antrieb, was ihnen ermöglicht, über längere Zeiträume unter Wasser zu bleiben, ohne an die Oberfläche kommen zu müssen, um die Batterien aufzuladen. Diese Fähigkeit verleiht nuklear angetriebenen U-Booten eine überlegene Ausdauer, da ihre Einsatzgrenzen eher mit der Versorgung der Besatzung, wie zum Beispiel Lebensmitteln, zusammenhängen als mit dem Treibstoff.

Nuklear angetriebene U-Boote nutzen Kernreaktoren, um Energie zu erzeugen, entweder durch die Erzeugung von Elektrizität, um Elektromotoren zu betreiben, die mit dem Propeller verbunden sind, oder durch die Nutzung der Reaktorwärme zur Erzeugung von Dampf, der Dampfturbinen antreibt. Die in U-Booten verwendeten Reaktoren verwenden typischerweise hoch angereichertes Uran, das eine hohe Energiedichte aufweist und längere Intervalle zwischen den Betankungen ermöglicht. Die Position des Reaktors im Druckkörper des U-Bootes macht die Betankung zu einer komplexen und seltenen Aufgabe.

Das Herzstück eines nuklear betriebenen U-Bootes ist sein Kernreaktor, der durch Kernspaltung Wärme erzeugt. Bei der Kernspaltung wird der Kern eines schweren Atoms, wie Uran-235 oder Plutonium-239, durch Neutronenbeschuss in kleinere Kerne gespalten, wobei eine enorme Menge Wärmeenergie freigesetzt wird. Diese kontrollierte Kettenreaktion im Reaktorkern erzeugt kontinuierlich Wärme, die dann zur Stromerzeugung für das U-Boot genutzt wird.

Die vom Reaktor erzeugte Wärme wird auf ein Kühlmittel, üblicherweise Wasser, übertragen, das durch den Reaktorkern zirkuliert. Dieses Kühlmittel nimmt die Wärme auf und wird dann durch einen Wärmetauscher, den sogenannten Dampferzeuger, gepumpt. Im Dampferzeuger überträgt das erhitzte Kühlmittel seine Energie auf einen separaten Wasserkreislauf und wandelt das Wasser in Dampf um. Dieser Dampf wird unter hohem Druck erzeugt und treibt das Antriebssystem des U-Bootes sowie die elektrischen Generatoren an.

Der unter hohem Druck erzeugte Dampf wird in Dampfturbinen geleitet, die thermische Energie in mechanische Energie umwandeln. Der Dampf dehnt sich aus, während er durch die Turbinenschaufeln strömt, was dazu führt, dass sich die Schaufeln drehen. Diese Rotationsbewegung treibt eine Reihe von Turbinen an, die mit einem Reduktionsgetriebe verbunden sind, das die Propellerwelle dreht und den erforderlichen Schub liefert, um das U-Boot durch das Wasser zu bewegen.

Zusätzlich zur Fortbewegung werden die Dampfturbinen auch zur Stromerzeugung für die Bordsysteme genutzt. Eine Hilfsturbine, die mit einem Generator verbunden ist, erzeugt elektrische Energie für wesentliche Systeme, einschließlich der Lebenserhaltung, Navigation, Sensoren und Kampfsysteme. Diese Elektrizität versorgt auch andere Komponenten des U-Bootes, wie Beleuchtungs- und Kommunikationsausrüstung. Das nukleare Antriebssystem stellt sicher, dass das U-Boot eine kontinuierliche Energieversorgung hat und somit über lange Zeiträume unter Wasser bleiben und operieren kann.

Ein Kernreaktor erzeugt eine enorme Menge an Wärme, weshalb eine effiziente Kühlung unerlässlich ist, um einen sicheren und stabilen Betrieb zu gewährleisten. Der Primärkühlkreislauf zirkuliert Wasser durch den Reaktorkern, um die durch Kernspaltung erzeugte Wärme aufzunehmen. Das erhitzte Kühlmittel wird dann durch den Dampferzeuger geleitet, wo es seine Wärme abgibt und abkühlt. Anschließend kehrt es zum Reaktor zurück, um mehr Wärme aufzunehmen und den Kreislauf zu schließen. Dieses geschlossene Kreislaufsystem stellt sicher, dass das radioaktive Kühlmittel eingeschlossen bleibt und nicht mit der äußeren Umgebung des U-Bootes in Kontakt kommt.

Der Kernreaktor liefert auch Energie für die anderen wichtigen Untersysteme des U-Bootes. Dazu gehören die Aufrechterhaltung der Luftqualität, die Produktion von Frischwasser durch die Destillation von Meerwasser und die Temperaturregelung. Alle modernen maritimen Kernreaktoren verfügen über Diesel-Notstromaggregate, die im Falle eines Reaktorausfalls für die Wärmeabfuhr und Notantriebe sorgen.

Der Hauptvorteil des nuklearen Antriebs für U-Boote ist die Fähigkeit, über längere Zeiträume unter Wasser zu bleiben. Im Gegensatz zu diesel-elektrischen U-Booten, die regelmäßig auftauchen müssen, um Batterien aufzuladen, können nuklear betriebene U-Boote fast unbegrenzt unter Wasser operieren, da der Reaktor keinen Sauerstoff benötigt. Der einzige begrenzende Faktor für die Ausdauer eines nuklear betriebenen U-Bootes ist der Bedarf an Nahrungsmitteln und Vorräten für die Besatzung. Nuklear angetriebene U-Boote können mit höheren Geschwindigkeiten über längere Strecken reisen, ohne auftauchen zu müssen, was ihnen eine überlegene strategische Mobilität, Tarnung und Ausdauer verleiht.

Nuklearantrieb ermöglicht es U-Booten, unabhängig von der Atmosphäre zu operieren, da weder Luft noch Sauerstoff für die Energieerzeugung benötigt werden. Diese Eigenschaft, kombiniert mit der Fähigkeit des U-Bootes, Sauerstoff und Frischwasser aus Meerwasser zu produzieren, erlaubt ausgedehnte Unterwassereinsätze.

Während nukleare U-Boote erhebliche operative Vorteile bieten, haben sie auch einige Tarnungsnachteile. Die Notwendigkeit, den Reaktor auch im Stillstand zu kühlen, führt zu einer kontinuierlichen Wärmeabgabe in das umgebende Wasser, wodurch ein "thermisches Kielwasser" entsteht, das durch Wärmebildsysteme entdeckt werden kann. Darüber hinaus erzeugt der kontinuierliche Betrieb des Reaktors Geräusche durch die Dampferzeugung und die Reaktorkühlmittelpumpen, was die Entdeckbarkeit des U-Bootes erhöhen könnte. Im Gegensatz dazu können diesel-elektrische U-Boote nur mit Batterieleistung und leisen Elektromotoren arbeiten.

Nuklear angetriebene U-Boote sind mit mehreren Sicherheitssystemen ausgestattet, um Strahlungslecks zu verhindern und einen sicheren Reaktorbetrieb zu gewährleisten. Diese Sicherheitsmaßnahmen umfassen die Abschirmung des Reaktors zum Schutz der Besatzung vor Strahlung, Notabschaltungssysteme, die bei Bedarf schnell den Spaltungsprozess stoppen können, und mehrere Kühlsysteme, um sicherzustellen, dass der Reaktor unter allen Betriebsbedingungen gekühlt bleibt. Außerdem werden die U-Boote regelmäßig gewartet und inspiziert, um die Integrität des Reaktors und des Antriebssystems sicherzustellen.

Nachdem der Dampf die Dampfturbine durchlaufen hat, muss er wieder zu Wasser kondensiert werden, um wiederverwendet zu werden. Dies wird durch Kühlung des Dampfes mit Meerwasser in Kondensatoren erreicht. Die bei diesem Prozess anfallende Abwärme wird in den Ozean abgeführt. Das geschlossene System des nuklearen Antriebs stellt sicher, dass kein radioaktives Material direkt in die Umwelt freigesetzt wird, was es zu einer relativ sauberen Antriebsform macht.

Nuklear angetriebene U-Boote verwenden hoch angereichertes Uran, das es dem Reaktor ermöglicht, viele Jahre ohne Betankung zu betrieben zu werden. Der Brennstoff hat eine hohe Energiedichte, was bedeutet, dass eine relativ kleine Menge Uran ein U-Boot über Jahrzehnte hinweg mit Energie versorgen kann. Die Betankung eines nuklear betriebenen U-Bootes ist ein komplexer Prozess, der den Austausch des Reaktorkerns beinhaltet und in der Regel alle 20 bis 25 Jahre durchgeführt wird.

Nuklearantrieb ermöglicht es U-Booten, eine Vielzahl von Missionen durchzuführen, von der strategischen Abschreckung und Langstreckenpatrouillen bis hin zur verdeckten Informationsbeschaffung und der U-Boot-Kriegsführung. Aufgrund ihrer langen Ausdauer und ihrer Hochgeschwindigkeitsfähigkeit können nuklear angetriebene U-Boote weltweit eingesetzt werden, was ihnen einen erheblichen Vorteil in Bezug auf operative Reichweite und Vielseitigkeit verschafft.

Die kontinuierliche Kühlanforderung für den Reaktor erzeugt ein thermisches Kielwasser, das durch fortschrittliche Thermalsensoren entdeckt werden könnte. Der ständige Betrieb des Reaktors erzeugt Geräusche, die die Tarnung beeinträchtigen könnten. Außerdem sind die hohen Kosten für den Bau, den Betrieb und die Stilllegung nuklearer U-Boote ein Hindernis, das ihre Nutzung auf nur wenige Länder mit beträchtlichen Verteidigungsbudgets beschränkt.

Die Nutzungsdauer eines nuklear betriebenen U-Bootes beträgt etwa 25 bis 30 Jahre, danach stehen Herausforderungen wie Komponentenverschleiß, Korrosion, Veralterung und steigende Wartungskosten an. Der Stilllegungsprozess ist komplex und teuer, da radioaktive Materialien und Komponenten sicher entsorgt werden müssen. Es gibt zwei Hauptmethoden zur Entsorgung: den Abbau und die Entsorgung des Reaktorabschnitts auf einer ausgewiesenen Deponie oder die Tiefseeentsorgung, bei der das versiegelte U-Boot geflutet und auf dem Meeresboden versenkt wird. Letztere Option wird jedoch aufgrund regulatorischer Bedenken weniger bevorzugt.

Ein Kernreaktor erzeugt Wärme, um eine Dampfturbine anzutreiben, die wiederum den Propeller antreibt. Die drei Haupttypen von maritimen Kernreaktoren sind Druckwasserreaktoren, Naturumlaufreaktoren und Flüssigmetallreaktoren [104].

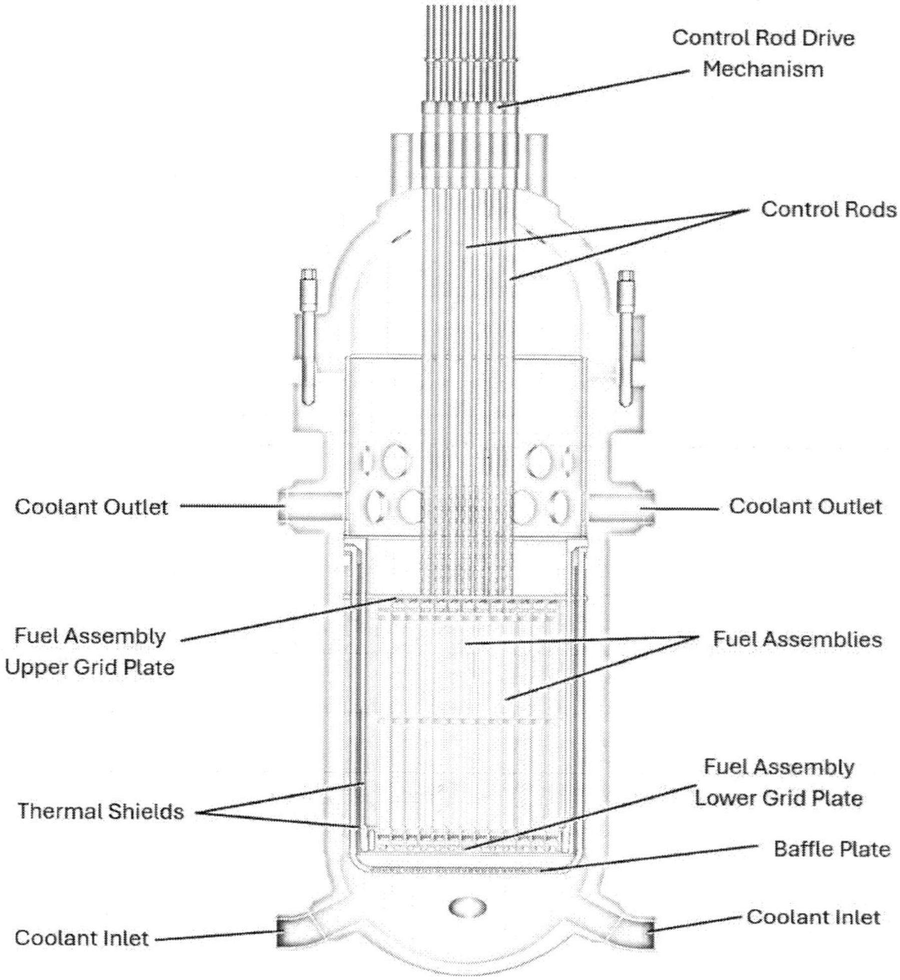

Abbildung 50: Querschnitt eines Druckwasserreaktors, der Ein- und Auslässe für das Wasserkühlmittel zeigt, das durch den Reaktorkern fließt.

In einem Kernreaktor erzeugt Uran Wärme durch den Prozess der Kernspaltung. Wenn Uranatome gespalten werden, setzen sie Neutronen und Energie in Form von Wärme frei. Um den Spaltungsprozess effizienter zu gestalten, wird der Uranbrennstoff von einem Material namens Moderator umgeben, das die freigesetzten Neutronen verlangsamt, sodass sie effektiver mit anderen Uranatomen interagieren können. In den meisten Reaktoren dient Wasser als Moderator, da es die Neutronen verlangsamt und gleichzeitig als Wärmeträgermedium fungiert, das die während der Spaltung erzeugte Wärme abführt. Dieses erhitzte Wasser ist Teil des sogenannten „Primärkreislaufs" [104].

Das Wasser im Primärkreislauf wird unter hohem Druck gehalten, um ein Sieden zu verhindern, selbst wenn es erhebliche Wärme aus dem Reaktorkern aufnimmt. Anschließend fließt es durch einen Wärmetauscher, der seine Wärme an einen separaten Wasserkreislauf, den „Sekundärkreislauf", überträgt. Der Wärmetauscher funktioniert ähnlich wie ein Kessel, indem er das Wasser im Sekundärkreislauf in Dampf umwandelt. Dieser Dampf treibt dann die Turbine an, die Strom erzeugt. Das Design des Wärmetauschers stellt sicher, dass das radioaktive Wasser im Primärkreislauf nicht mit dem nicht-radioaktiven Wasser im Sekundärkreislauf vermischt wird, wodurch eine Kontamination in anderen Teilen der Anlage verhindert wird [104].

In vielen Reaktoren werden Pumpen verwendet, um das Wasser im Primärkreislauf durch das System zu zirkulieren. Einige Reaktordesigns nutzen jedoch natürliche Zirkulation, um das Kühlmittel zu bewegen. In diesen Reaktoren erzeugen Temperaturunterschiede innerhalb des Reaktors einen natürlichen Fluss: Kälteres Wasser aus dem Wärmetauscher wird am Boden des Reaktors eingeführt, und während es durch die erhitzten Brennelemente aufsteigt, nimmt es Wärme auf und zirkuliert ohne mechanische Pumpen [104].

Flüssigmetallgekühlte Reaktoren funktionieren nach einem anderen Prinzip, da sie geschmolzenes Metall anstelle von Wasser als Kühlmittel verwenden. Geschmolzenes Metall kann wesentlich mehr Wärme transportieren als Wasser, was den Einsatz einer kompakteren Turbine ermöglicht. Allerdings bringt dieses Design erhebliche Herausforderungen mit sich. Das geschmolzene Metall kann hochradioaktiv werden, was Lecks im System besonders gefährlich macht. Außerdem müssen die Pumpen, die das dichte flüssige Metall zirkulieren lassen, stärker sein als die in wassergekühlten Reaktoren verwendeten. Im Gegensatz zu Wasser, das sowohl als Moderator als auch als Wärmesenke fungieren kann, verlieren flüssigmetallgekühlte Reaktoren diese Einfachheit und erfordern separate Systeme für die Moderation und den Wärmetransfer. Ein weiteres kritisches Risiko besteht darin, dass das geschmolzene Metall bei zu großem Wärmeverlust in den Rohren erstarren könnte, was zu einem Stillstand des Reaktors führen könnte, was katastrophale Folgen haben könnte [104].

Entwicklung

Die Entwicklung und Implementierung von Kernreaktortechnologien in der U-Boot-Flotte des Vereinigten Königreichs haben die operativen Fähigkeiten erheblich verbessert, insbesondere hinsichtlich erweiterter Unterwasseroperationen, höherer Geschwindigkeit und langfristiger Einsätze ohne die Notwendigkeit einer Betankung. Diese Evolution lässt sich anhand der Einführung verschiedener Reaktordesigns nachvollziehen, insbesondere der Reaktoren PWR1, PWR2 und PWR3, die jeweils zur strategischen Marinefähigkeit des Vereinigten Königreichs beigetragen haben.

Das erste nuklearbetriebene U-Boot des Vereinigten Königreichs, die HMS Dreadnought, wurde 1963 in Dienst gestellt und nutzte einen amerikanischen Westinghouse S5W-Reaktor, was den Beginn der nuklearen Zusammenarbeit zwischen dem Vereinigten Königreich und den USA im Rahmen des Mutual Defence Agreement von 1958 markierte. Dieses Abkommen ermöglichte den Technologietransfer im Bereich Kernenergie und legte den Grundstein für die britischen Reaktorentwicklungsbemühungen [105].

Konstruktionsprinzipien von Atom-U-Booten

Während des Kalten Krieges entwickelten sich drei Haupttrends im Design von nuklearen Angriffs-U-Booten, die durch die Rivalität zwischen der NATO und der Sowjetunion geprägt waren. Diese Trends umfassten höhere Geschwindigkeiten, größere Tauchtiefen und verbesserte Geräuschdämmungstechniken. Die U-Boot-Streitkräfte der USA, des Vereinigten Königreichs und der Sowjetunion verfolgten diese Merkmale, um die Leistung ihrer U-Boote in Unterwasserkämpfen und strategischen Operationen zu verbessern [104].

Das Streben nach höherer Geschwindigkeit erforderte mehr Leistung, was Herausforderungen bei der Balance zwischen der Größe des U-Boots und der Geräuschentwicklung des Antriebs stellte. Der Widerstand, dem ein U-Boot unter Wasser begegnet, nimmt mit der Oberfläche zu. Daher bedeutete der Einbau leistungsstärkerer Motoren normalerweise eine Vergrößerung des U-Boots, was seine Geschwindigkeit und Tarnfähigkeit beeinträchtigte. So verdoppelte sich beispielsweise die Reaktorleistung zwischen den U-Booten der Sturgeon-Klasse und der Los Angeles-Klasse der USA nahezu, aber die Größe der U-Boote nahm ebenfalls erheblich von etwa 3.600 auf 6.000 Tonnen zu. Die sowjetischen Alfa-Klasse-U-Boote erreichten extrem hohe Geschwindigkeiten von etwa 40 Knoten, verglichen mit etwas mehr als 30 Knoten bei westlichen U-Booten, vermutlich auf Kosten einer höheren Geräuschentwicklung bei hohen Geschwindigkeiten [104].

Abbildung 51: 571 USS Nautilus. Vonsky87, CC BY-SA 3.0, via Wikimedia Commons.

Die Geschwindigkeit von U-Booten war aus verschiedenen Gründen hochgeschätzt. Zunächst wurden schnellere U-Boote hauptsächlich entwickelt, um feindliche Schiffe anzugreifen. Die USS Nautilus, mit einer Geschwindigkeit von über 20 Knoten, konnte Überwasserschiffe ausweichen, war jedoch nicht schnell genug, um Gegenangriffe zu starten. Um dieses Problem zu lösen, übernahmen die US-amerikanischen U-Boote das stromlinienförmige "Tropfen"-Design des experimentellen U-Boots USS Albacore, was zur Skipjack-Klasse führte, die 1959 in Dienst gestellt wurde und Geschwindigkeiten von über 30 Knoten erreichte [104].

Abbildung 52: Innenansicht des U-Boots USS Albacore. Kristina D.C. Hoeppner, CC BY-SA 2.0, via Flickr.

Ein eindrucksvolles Beispiel für die Bedeutung von Geschwindigkeit ereignete sich im Februar 1968, als ein sowjetisches U-Boot den nuklearbetriebenen Flugzeugträger USS Enterprise abfing. Obwohl das U-Boot nicht so schnell war wie der Träger, konnte es dennoch genügend Tempo halten, um in Reichweite seiner Waffen zu bleiben, selbst als die Enterprise beschleunigte. Als die sowjetischen U-Boote schneller wurden, konzentrierte sich die U.S. Navy darauf, Mehrzweckschiffe zu entwickeln, die sowohl Überwasserschiffe als auch andere U-Boote bekämpfen konnten. Hohe Dauergeschwindigkeiten ermöglichten es den U-Booten auch, effizienter zu weit entfernten Patrouillengebieten zu gelangen und so die Missionszeit zu maximieren, trotz begrenzter Lagermöglichkeiten für Vorräte. Höhere Geschwindigkeiten waren auch vorteilhaft, um feindlichen Torpedos und Sonar zu entgehen, obwohl lautere Betriebsgeräusche bei hohen Geschwindigkeiten das Risiko der Entdeckung erhöhten [104].

Eine größere Tauchtiefe brachte mehrere Vorteile mit sich, wie eine verbesserte Fähigkeit zur Ausweichmanöver durch die Möglichkeit, in verschiedenen Unterwasserschichten zu operieren, eine verbesserte Sonarleistung und einen besseren Schutz. Tiefer tauchende U-Boote konnten verschiedene Sonartechniken anwenden, um Ziele zu entdecken, darunter Reflexionen vom Meeresboden und der Wasseroberfläche, was ihre Sonarreichweite vergrößerte. Um 1960 entwickelten sich die Sonarsysteme der U.S.-U-Boote von zylindrischen Einheiten mit breiten Strahlen zu kugelförmigen Einheiten, die schmalere Strahlen erzeugten und eine genauere Zielerfassung in unterschiedlichen Tiefen ermöglichten [104].

Die Notwendigkeit, tiefer tauchen zu können, wurde auch für Hochgeschwindigkeitsoperationen wichtig. Bei hohen Geschwindigkeiten konnte ein U-Boot unbeabsichtigt nach unten kippen und unter seine sichere Betriebstiefe tauchen, bevor Gegenmaßnahmen ergriffen werden konnten. Das sowjetische Alfa-Klasse-U-Boot, bekannt für seine hohe Geschwindigkeit und seine Fähigkeit, in große Tiefen zu tauchen, hatte eine angebliche maximale Tauchtiefe von etwa 2.800 Fuß (853 Meter), was erheblich tiefer war als bei den meisten modernen Angriffs-U-Booten, die typischerweise zwischen 1.000 und 1.500 Fuß (304 bis 457 Meter) tauchen. Um diese Tiefen zu erreichen, waren stärkere, schwerere Hüllen und leistungsstärkere Motoren erforderlich, was zu Designkompromissen führte. So verzichtete die U.S.-Los-Angeles-Klasse auf etwas Tauchtiefe, um höhere Geschwindigkeiten zu erreichen, während die Alfa-Klasse eine teure Titanlegierungshülle und ein kompaktes Kraftwerk verwendete, um Gewicht zu sparen [104].

Die Schalldämpfung war entscheidend, um einer Entdeckung zu entgehen, insbesondere da sich die Methoden zur Verfolgung von U-Booten weiterentwickelten. Bis Ende der 1950er Jahre war das aktive Sonar, das U-Boote durch Reflexion von Schallwellen an ihren Hüllen erkennt, die primäre Detektionsmethode. Allerdings hatte aktives Sonar Einschränkungen, darunter seine Reichweite und die Tatsache, dass U-Boote die Schallwellen des Sonars entdecken konnten und somit wussten, dass sie ins Visier genommen wurden. Als Reaktion darauf begannen die U.S.- und britischen Marinen mit der Entwicklung von passiven Sonarsystemen, die Geräusche des U-Boots selbst, wie Maschinenlärm und Kühlmittelpumpen des Reaktors, aufspüren [104].

Frühe Atom-U-Boote hatten laute Maschinen, insbesondere die Pumpen der Druckwasserreaktoren, die kontinuierlich laufen mussten, um eine Überhitzung des Reaktors zu verhindern. Da die Schalldämpfung zunehmend in den Fokus des U-Boot-Designs rückte, wurden Anstrengungen unternommen, um diese Pumpen zu beruhigen und die Maschinen mit schallabsorbierenden Halterungen vom Rumpf zu isolieren. Diese Modifikationen erhöhten die Größe und das Gewicht der Maschinen, was die Baukosten erhöhte. Reaktoren mit natürlicher Kühlung, die keine lauten Pumpen benötigten, wurden wegen ihres geräuscharmen Betriebs zunehmend attraktiver. Zusätzlich wurden U-Boot-Rümpfe mit schallabsorbierenden Materialien beschichtet, um den Lärm weiter zu reduzieren. Diese Beschichtungen verringerten auch die Wirksamkeit von Zielsuch-Torpedos, indem sie die Schallwellen absorbierten, die diese zur Zielerfassung nutzen [104].

Diese Entwicklungen in den Bereichen Geschwindigkeit, Tiefe und Schalldämpfung prägten das Design moderner U-Boote, indem sie die konkurrierenden Anforderungen an Antriebskraft, Tarnung und strukturelle Integrität in Einklang brachten. Das Ergebnis war die Entwicklung von U-Booten, die schnell, tief und leise operieren konnten und so während des Kalten Krieges und darüber hinaus einen strategischen Vorteil boten.

Nutzung von Marine-Reaktoren

Marine-Reaktoren sind überwiegend vom Typ der Druckwasserreaktoren, unterscheiden sich jedoch in ihrem Design erheblich von kommerziellen Reaktoren, um den speziellen Anforderungen der U-Boot- und Kriegsschiffantriebe gerecht zu werden. Diese Reaktoren müssen in der Lage sein, hohe Leistung aus einem sehr kompakten Volumen zu liefern, da der Platz an Bord von U-Booten und Kriegsschiffen begrenzt ist. Mehrere Merkmale und Anpassungen heben Marine-Reaktoren von ihren zivilen Pendants ab [107]:

1. **Hohe Leistungsdichte und Anreicherung**: Um eine hohe Leistungsabgabe in einem begrenzten Raum zu erreichen, verwenden Marine-Reaktoren typischerweise hoch angereichertes Uran (HEU). Frühe U.S.-U-Boote nutzten Brennstoff mit einer Anreicherung von etwa 97 % Uran-235, obwohl neuere Designs dies auf etwa 93 % reduziert haben. Westliche Marine-Reaktoren verwenden in der Regel Anreicherungsgrade zwischen 20 % und 25 %, während frühe russische Reaktoren zwischen 20 % und 21 % lagen, mit neueren Modellen, die eine Anreicherung zwischen 21 % und 45 % verwenden. Beispielsweise verwenden Indiens U-Boote der Arihant-Klasse eine Anreicherung von etwa 40 %. Im Gegensatz dazu haben moderne französische Reaktoren auf die Verwendung von niedrig angereichertem Uran (LEU) umgestellt, mit Anreicherungsgraden von nur 5 %, was den zivilen Standards entspricht.
   Der Einsatz von HEU verlängert die Betriebsdauer des Reaktorkerns. Frühe Kerne mussten etwa alle 10 Jahre neu befüllt werden, während neuere Kerne für eine viel längere Lebensdauer ausgelegt sind – bis zu 50 Jahre für Flugzeugträger und 30-40 Jahre für viele U-Boote. Dies verringert den Bedarf an Nachfüllungen und Wartungen, wodurch U-Boote länger betriebsbereit bleiben können, ohne außer Dienst gestellt werden zu müssen.

2. **Brennstoffzusammensetzung und -design**: Der Brennstoff von Marine-Reaktoren unterscheidet sich vom typischen Uranoxid (UO2), das in zivilen Reaktoren verwendet wird. Oft bestehen sie aus Uran-Zirkonium- oder Uran-Aluminium-Legierungen, die eine bessere Wärmeleitfähigkeit aufweisen und besser für die hohe Leistungsdichte geeignet sind, die in Marineanwendungen erforderlich ist. In einigen Fällen werden metall-keramische Verbundbrennstoffe verwendet, wie beispielsweise der U-Al-Brennstoff in bestimmten russischen U-Booten, der auf verschiedene Anreicherungsstufen (20-45 % U-235) angereichert sein kann. Um die lange Lebensdauer des Reaktorkerns zu unterstützen, werden sogenannte "abbrennbare Gifte" wie Gadolinium zum Brennstoff hinzugefügt. Diese Materialien absorbieren überschüssige Neutronen in den frühen Phasen des Reaktorbetriebs und helfen, die Reaktivität zu steuern, während der Brennstoff verbrennt. Im Laufe der Zeit werden die abbrennbaren Gifte verbraucht, wodurch die zunehmenden neutronenabsorbierenden Eigenschaften der im Brennstoff angesammelten Spaltprodukte ausgeglichen werden, sodass eine stabile Reaktorleistung aufrechterhalten bleibt.

3. **Reaktordruckbehälter und Abschirmung**: Marine-Reaktoren verfügen über kompakte Druckbehälter, die so konstruiert sind, dass sie sowohl den Belastungen durch Unterwasseroperationen als auch feindliche Angriffe standhalten. Der Druckbehälter muss eine interne Neutronen- und Gammastrahlungsabschirmung enthalten, um die Reaktorstruktur vor Strahlungsschäden zu schützen. Dies unterscheidet sich von einigen frühen sowjetischen zivilen Reaktoren, bei denen die Versprödung durch Neutronenbelastung ein Problem darstellte.

4. **Betriebsflexibilität und Effizienz**: Marine-Reaktoren müssen eine flexible Leistungsabgabe bieten, um unterschiedlichen Anforderungen wie der schnellen Beschleunigung bei Ausweichmanövern gerecht zu werden. Platzbeschränkungen begrenzen jedoch die Größe der Dampfsysteme, was zu einer geringeren thermischen Effizienz im Vergleich zu landgestützten Kernkraftwerken führt. Die meisten Marine-Reaktoren vermeiden auch die Verwendung von löslichem Bor zur Reaktivitätskontrolle, was in kommerziellen Reaktoren üblich ist. Stattdessen kann Bor als abbrennbares Gift direkt im Brennstoff verwendet werden.

5. **Haltbarkeit gegenüber Stoß und Vibration**: U-Boote und Kriegsschiffe sind erheblichen mechanischen Belastungen durch Meeresströmungen und potenzielle Feindaktionen ausgesetzt. Marine-Reaktoren sind so gebaut, dass sie diese Bedingungen bewältigen können, was Designs erfordert, die Stoß- und Vibrationsbelastungen standhalten, während der sichere und zuverlässige Betrieb aufrechterhalten bleibt.

Reaktordesign-Variationen und Brennstofftrends

Die Entwürfe von Marine-Reaktoren haben sich im Laufe der Zeit erheblich weiterentwickelt, um sich an verschiedene technologische Fortschritte und betriebliche Anforderungen anzupassen. Beispielsweise verwenden die neuesten U.S.-U-Boote der Virginia-Klasse S9G-Reaktoren, die für eine Lebensdauer von 33 Jahren ohne Nachladung ausgelegt sind und in der Lage sind, bei niedriger Leistung mit natürlicher Konvektionskühlung zu arbeiten. Der Trend bei neueren französischen Marine-Reaktoren geht in Richtung der Verwendung von LEU-Brennstoff mit niedrigeren Anreicherungsgraden (etwa 5-6 % U-235), um sich an zivile Standards anzupassen und die Notwendigkeit militärspezifischer Anreicherungsanlagen zu minimieren.

Historische Beispiele und einzigartige Reaktortypen
Russland hat bei der U-Boot-Antriebstechnologie einige einzigartige Reaktortypen verwendet. Frühe russische U-Boote nutzten VM-A-Druckwasserreaktoren mit 20-21 % angereichertem Uran, die eine begrenzte Betriebsdauer boten. Die U-Boote der Alfa-Klasse stellten eine bemerkenswerte Abweichung dar, da sie flüssigmetallgekühlte Reaktoren mit hoch angereichertem Uran (90 % U-235) verwendeten, um außergewöhnlich hohe Geschwindigkeiten und Tauchtiefen zu erreichen. Allerdings führten Betriebsprobleme bei der Aufrechterhaltung des flüssigen Metallkühlmittels zur vorzeitigen Außerdienststellung dieser Schiffe.
Die USA haben ebenfalls mit verschiedenen Reaktortypen experimentiert, wie zum Beispiel dem natriumgekühlten

Reaktor, der in der USS Seawolf (SSN-575) verwendet wurde. Dieser Reaktor bot eine höhere thermische Effizienz aufgrund von überhitztem Dampf, aber Probleme mit der Radioaktivität des Natriumkühlmittels und der Notwendigkeit einer kontinuierlichen Beheizung, um ein Einfrieren zu verhindern, führten zu seinem Ersatz durch einen herkömmlichen Druckwasserreaktor.

Zweifach- und Einfachreaktor-Designs

Die meisten modernen U-Boote verwenden einen einzelnen Reaktor, mit Ausnahme einiger größerer ballistischer Raketen-U-Boote und Überwasserschiffe, die Doppelkraftwerkskonfigurationen für Redundanz und erhöhte Leistung nutzen. Die U.S.-SSBNs der Ohio-Klasse haben beispielsweise einen einzigen Reaktor, der eine Nachladung in der Mitte der Lebensdauer erfordert, während die zukünftige Columbia-Klasse über Reaktoren verfügen wird, die für ihre gesamte Lebensdauer keine Nachladung benötigen, was die Wartungszeiten verkürzt.

Sicherheits- und Leistungsstandards

Marine-Reaktoren sind so ausgelegt, dass sie unter einer Vielzahl von Bedingungen sicher betrieben werden können. Ihr kompaktes Design und die robuste Abschirmung helfen, Strahlung einzudämmen, während die Verwendung von hoch angereichertem Brennstoff lange Intervalle zwischen den Nachladungen ermöglicht. Die Leistungsstandards für Marine-Reaktoren priorisieren Zuverlässigkeit, Langlebigkeit und die Fähigkeit, sich schnell an sich ändernde betriebliche Anforderungen anzupassen, was die entscheidende Rolle von U-Booten und Kriegsschiffen in militärischen Strategien widerspiegelt.

Das Vereinigte Königreich und Russland haben lange Erfahrung in der Entwicklung von Marine-Atomreaktoren für U-Boote, mit einzigartigen Ansätzen und Designs, die sich über Jahrzehnte hinweg weiterentwickelt haben [107].

Britische Atom-U-Boot-Reaktoren

Die britische Atom-U-Boot-Flotte begann mit dem Rolls-Royce PWR1, einem Reaktor, der auf dem amerikanischen Westinghouse S5W basierte und im Rahmen des Mutual Defence Agreement von 1958 zwischen den USA und Großbritannien zur Verfügung gestellt wurde. Der PWR1, der etwa 78 MWt produzierte, trieb die ersten 23 britischen Atom-U-Boote an. Er verwendete hoch angereicherten Uranbrennstoff und erforderte etwa alle zehn Jahre eine Nachladung.

Für seine ballistischen Raketen-U-Boote entwickelte das Vereinigte Königreich den PWR2-Reaktor, der die SSBNs der Vanguard-Klasse antreibt. Der PWR2 hat eine thermische Leistung von etwa 145 MWt und treibt zwei Dampfturbinen an, die ein einziges Pumpstrahl-Antriebssystem mit 20,5 MW Antriebsleistung versorgen. Die U-Boote der Vanguard-Klasse, mit einem Verdrängungsgewicht von 15.900 dwt im getauchten Zustand, profitierten von der erhöhten Leistung und längeren Intervallen zwischen den Nachladungen. Auch die Jagd-U-Boote der Astute-Klasse nutzen den PWR2, was diesen 7.400 dwt-Schiffen eine effiziente Antriebskraft und erweiterte Einsatzmöglichkeiten bietet. Die „Core H“-Variante des PWR2, die in neueren Astute-Klasse-U-Booten eingeführt wurde, ist so konzipiert, dass sie die gesamte 25-jährige Dienstzeit des Schiffes ohne Nachladung überdauert, was einen erheblichen Fortschritt in Bezug auf die Lebensdauer des Reaktors darstellt [107].

Der PWR3-Reaktor, der für die Dreadnought-Klasse SSBNs vorgesehen ist (die die Vanguard-Klasse ersetzen wird), stellt einen neuen Schritt in der britischen Marine-Atomreaktor-Technologie dar. Es wird erwartet, dass er stark auf U.S.-Reaktordesigns basiert, insbesondere auf dem S9G-Reaktor, der in U-Booten der Virginia-Klasse verwendet wird. Der PWR3 wird fortschrittliche Sicherheitsmerkmale, eine effizientere Stromerzeugung und eine längere Betriebsdauer im Vergleich zu seinen Vorgängern umfassen. Obwohl er teurer in der Herstellung ist, werden die Wartungskosten über die Lebensdauer des U-Boots verringert [107].

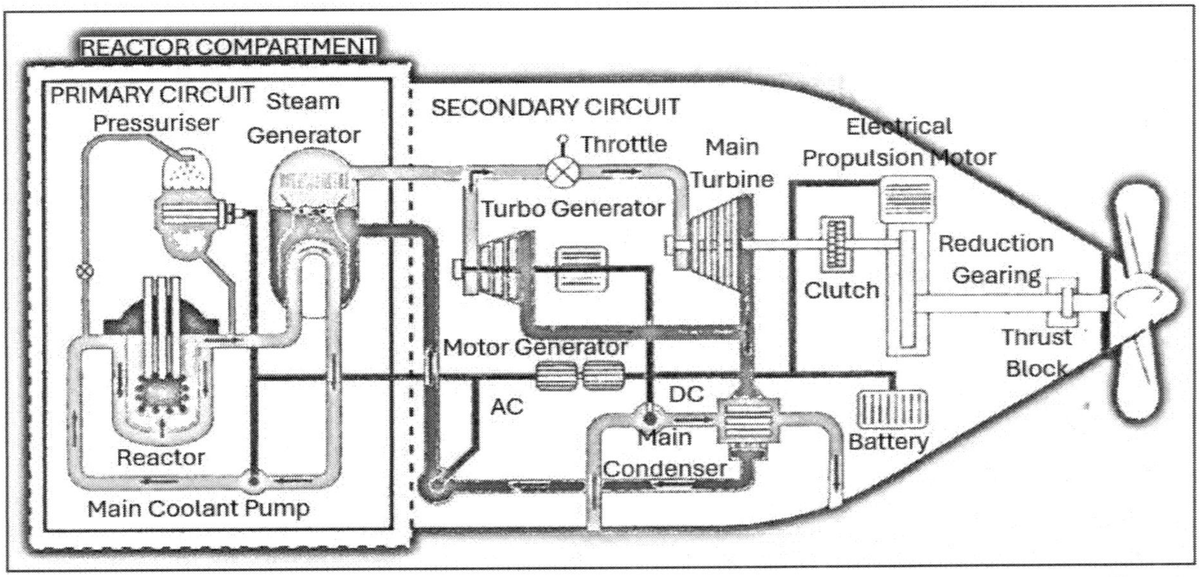

Abbildung 53: Layout eines britischen Atom-U-Boots.

Entwicklung russischer Marine-Reaktoren

Russland hat eine lange Tradition in der Entwicklung von Marine-Reaktoren und hat seit 1959 vier Generationen von Druckwasserreaktoren (PWRs) entwickelt. Frühe Reaktoren wie der OK-150 wurden in Eisbrechern wie der Lenin eingesetzt, während weiterentwickelte OK-900-Reaktoren die Arktika-Klasse-Eisbrecher und andere zivile Schiffe antrieben. Diese Designs entwickelten sich unabhängig von den russischen VVER-Kraftwerksreaktoren und wurden speziell von OKBM Afrikantov für den maritimen Einsatz angepasst [107].

Die KLT- und RITM-Reaktordesigns folgten und boten Verbesserungen in Bezug auf Effizienz und Betriebssicherheit. Der RITM-200-Reaktor, mit einer thermischen Leistung von 175 MWt, treibt die neuen LK-60-Eisbrecher an und liefert bis zu 60 MW Antriebsleistung. Diese Reaktoren verwenden schwach angereichertes Uran (ca. 20 %) und sind für eine lange Lebensdauer ausgelegt, mit einem Brennstoffwechselzyklus von 7-10 Jahren und einer Gesamtbetriebsdauer von 60 Jahren. Der in Entwicklung befindliche RITM-400 für die LK-120-Eisbrecher wird eine noch größere Leistung mit einer thermischen Nennleistung von 315 MWt und einem 10-Jahres-Brennstoffwechselzyklus bieten [107].

Russische U-Boot-Reaktorsysteme

Der Hauptreaktor in russischen U-Booten ist der VM-5 mit dem OK-650-Dampferzeugungssystem, das 190 MWt erzeugt und 20-45% angereichertes Uran verwendet. Das OK-650-System wird in verschiedenen russischen U-Boot-Klassen eingesetzt, darunter Angriffs-U-Boote der dritten Generation (SSN) und große Raketen-U-Boote (SSBN), bei denen zwei solcher Einheiten eine kombinierte Antriebsleistung von 74 MW liefern.

Die Borei-Klasse-SSBNs, Russlands neueste Generation von ballistischen Raketen-U-Booten, sind die ersten, die Pumpjet-Antriebe nutzen und werden von einem einzigen OK-650-Reaktor mit 195 MWt angetrieben. Russland entwickelt außerdem einen fünften Generation von Marine-Reaktoren, die angeblich ein überkritischer Wasserreaktor (SCWR) sein sollen, der 30 Jahre lang ohne Brennstoffwechsel betrieben werden kann.

Die Yasen-M-Klasse SSGNs (U-Boote mit Lenkwaffen) sind in Bezug auf ihre Fähigkeiten mit der US-amerikanischen Virginia-Klasse vergleichbar und sollen ältere Akula-Klasse-U-Boote ersetzen. Die Yasen-Klasse verfügt über den KTP-6-Reaktor, einen fortschrittlichen integrierten Druckwasserreaktor, der auf dem OK-650-System basiert [107].

Sonderfälle und historische Entwicklungen

Bemerkenswert ist, dass Russlands Alfa-Klasse-U-Boote flüssigmetallgekühlte Reaktoren verwendeten, insbesondere die BM-40A- und OK-550-Schnellreaktoren, die mit sehr hoch angereichertem Uran (90 %) betrieben wurden. Diese Reaktoren ermöglichten hohe Geschwindigkeiten und Tiefen, hatten jedoch erhebliche Betriebsprobleme, insbesondere bei der Aufrechterhaltung des Blei-Wismut-Kühlmittels. Infolgedessen wurde die Alfa-Klasse frühzeitig ausgemustert [107].

Russland experimentierte auch mit Doppelreaktor-Konfigurationen auf Überwasserschiffen, wie den KN-3-Reaktoren auf den Kirov-Klasse-Schlachtkreuzern, die jeweils 300 MWt erzeugten.

Internationale Zusammenarbeit und besondere Reaktornutzungen

Das Vereinigte Königreich bezieht seinen hoch angereicherten Uran-Brennstoff aus den USA, und viele Reaktortechnologien in britischen U-Booten haben ihren Ursprung in den USA. Russland hingegen hat eine diversifizierte Geschichte der Reaktorentwicklung mit Beiträgen mehrerer Designbüros [107].

Die ersten nuklearbetriebenen U-Boote Chinas, wie die Han-Klasse-SSNs und Xia-Klasse-SSBNs, verwendeten Berichten zufolge Reaktordesigns, die auf dem russischen OK-150 basierten. Im Laufe der Zeit entwickelten sich chinesische Reaktoren weiter und integrierten Merkmale westlicher und russischer Designs. Neuere Klassen wie die Shang- und Jin-Klassen verwenden Reaktoren mit einer thermischen Leistung im Bereich von 150-175 MWt [107].

Indiens Arihant-Klasse-SSBNs verfügen über einen in Indien entwickelten Druckwasserreaktor mit einer thermischen Leistung von 100 MWt und einer Anreicherung von etwa 40 %. Brasilien und Argentinien haben ebenfalls die nukleare U-Boot-Antriebstechnologie erkundet, obwohl sich ihre Projekte noch in einem frühen Entwicklungsstadium befinden.

Herausforderungen bei der Stilllegung und Demontage

Die Stilllegung von nuklearbetriebenen U-Booten umfasst das Entfernen des Reaktorbrennstoffs und das Ausschneiden des Reaktorabschnitts zur Entsorgung. In Russland werden einige stillgelegte U-Boote mangels Entsorgungseinrichtungen schwimmend gelagert. Die USA haben Verfahren für die Entbrennstoffung und den Transport von Reaktorkompartimenten zu speziellen Entsorgungsanlagen entwickelt, wie am Beispiel der USS Enterprise gezeigt.

Die Technologie für Marine-Reaktoren hat sich erheblich weiterentwickelt, getrieben durch den Bedarf an längerer Betriebsdauer, Sicherheit und Leistung. Während das Vereinigte Königreich auf Zusammenarbeit mit den USA setzt und eine Flotte von U-Booten mit fortschrittlichen Reaktoren wie dem PWR2 und dem kommenden PWR3 unterhält, hat Russland eine Vielzahl von Reaktoren sowohl für U-Boote als auch für Eisbrecher entwickelt. Jedes Land verfolgt dabei eigene technologische und strategische Prioritäten, mit dem Fokus auf die Langlebigkeit der Reaktoren, Brennstoffwechselzyklen und Leistungsanpassungen an spezifische Schiffstypen [107].

Funktionsweise von Druckwasserreaktoren (PWRs)

Ein Druckwasserreaktor (PWR) in einem U-Boot ist ein Typ von Kernreaktor, der zur Erzeugung von Energie für den Antrieb und die Bordsysteme verwendet wird. Das PWR-Design ist sowohl für Marine- als auch zivile Kernkraftwerke weit verbreitet, da es eine sichere und effiziente Methode zur Erzeugung von Wärme aus der Kernspaltung bietet. Das Grundprinzip eines PWR besteht darin, die durch die Kernreaktion erzeugte Wärme zu nutzen, um Dampf zu erzeugen, der dann Turbinen antreibt, die mechanische Energie für den Antrieb und Elektrizität für andere Systeme im U-Boot erzeugen.

In einem PWR wird die bei der Kernspaltung erzeugte Wärme auf Wasser im Primärkreislauf unter hohem Druck übertragen, um ein Sieden zu verhindern. Die Wärme wird dann durch Dampferzeuger auf einen Sekundärkreislauf übertragen, in dem das Wasser in Dampf umgewandelt wird, um Turbinen für den Antrieb und die Stromerzeugung anzutreiben. Die Primär- und Sekundärsysteme sind getrennt, wodurch sichergestellt wird, dass das radioaktive Wasser aus dem Primärkreislauf nicht mit dem nicht-radioaktiven Wasser im Sekundärkreislauf vermischt.

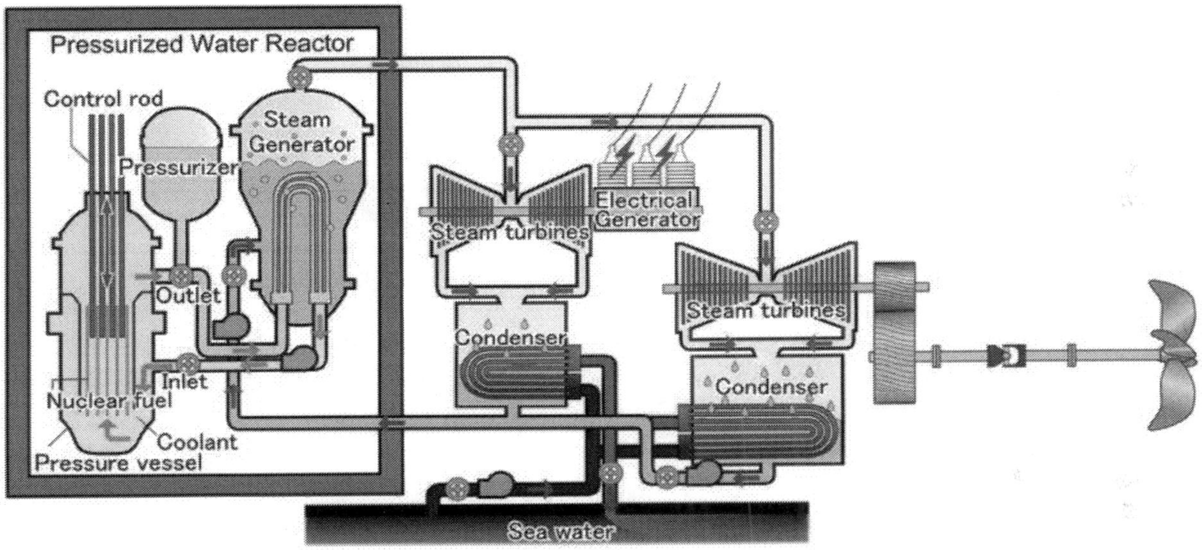

Abbildung 54: Druckwasserreaktor. Tosaka, CC BY-SA 3.0, via Wikimedia Commons.

Nuklearer Spaltungsprozess

Im Kern des Reaktors befinden sich die Brennstäbe, die angereichertes Uran enthalten, ein radioaktives Material, das in der Lage ist, eine nukleare Spaltungsreaktion aufrechtzuerhalten. Bei diesem Prozess spalten sich die Kerne von Uranatomen in kleinere Teile, wenn sie von Neutronen bombardiert werden, und setzen dabei eine erhebliche Menge an Wärmeenergie frei. Der Reaktor verwendet hoch angereichertes Uran, oft mit mehr als 20% Anreicherung, was es ihm ermöglicht, in einem relativ kleinen Raum beträchtliche Leistung zu erzeugen, was ihn für den Einsatz in den beengten Verhältnissen eines U-Boots geeignet macht. Dieses Maß an Anreicherung verlängert auch die Betriebsdauer des Reaktors, sodass das U-Boot jahrelang ohne Brennstoffwechsel betrieben werden kann.

Primärkreislauf – Wärmeübertragung

Die bei der Kernspaltung erzeugte Wärme wird auf ein Kühlmittel übertragen, das gewöhnliches Wasser (auch „Leichtwasser" genannt) ist. Dieses Wasser dient sowohl als Kühlmittel als auch als Neutronenmoderator, der die

Neutronen verlangsamt, um den Spaltungsprozess aufrechtzuerhalten. Das Wasser im Primärkreislauf wird unter hohem Druck gehalten, wodurch es nicht kocht, selbst bei Temperaturen, die deutlich über dem normalen Siedepunkt von Wasser liegen. Dieses unter Druck stehende Wasser zirkuliert durch einen geschlossenen Kreislauf, der als Primärkreislauf bezeichnet wird und das Reaktorgefäß, Dampferzeuger, Pumpen und zugehörige Rohrleitungen umfasst. Dieses System ist versiegelt, um sicherzustellen, dass radioaktives Wasser innerhalb des Kreislaufs bleibt, was das Risiko einer Kontamination minimiert.

Dampferzeugung – Sekundärkreislauf

Das erhitzte Wasser aus dem Primärkreislauf fließt durch den Dampferzeuger, wo die Wärme über eine wasserdichte Barriere auf einen separaten, sekundären Wasserkreislauf übertragen wird. Im Dampferzeuger gibt das unter Druck stehende Wasser des Primärkreislaufs seine Wärme an den Sekundärkreislauf ab, wodurch das Wasser im Sekundärsystem zu Dampf wird. Da das Wasser im Sekundärkreislauf einem niedrigeren Druck ausgesetzt ist, verdampft es leichter, was eine effiziente Energieübertragung ermöglicht. Die Primär- und Sekundärkreisläufe sind physisch getrennt, sodass kein radioaktives Wasser aus dem Primärkreislauf in den Sekundärkreislauf gelangt.

Turbinen und Energieerzeugung

Der im Sekundärkreislauf erzeugte Dampf wird verwendet, um die Hauptantriebsturbinen anzutreiben, die den Propeller des U-Boots drehen und so Schub erzeugen, um das Schiff durchs Wasser zu bewegen. Zusätzlich zum Antrieb treibt der Dampf auch Turbogeneratoren an, die Strom für verschiedene Bordsysteme erzeugen, darunter Lebenserhaltung, Kommunikation und Waffensysteme. Nachdem der Dampf durch die Turbinen geströmt ist, wird er mit einem Kondensator abgekühlt und wieder in Wasser umgewandelt. Das kondensierte Wasser wird dann zurück in den Dampferzeuger gepumpt, um den Prozess zu wiederholen, was ein kontinuierliches, geschlossenes Kreislaufsystem schafft, das die Energieeffizienz maximiert.

Kühlung des Reaktors

Um sicherzustellen, dass der Reaktor bei sicheren Betriebstemperaturen bleibt, wird das Kühlmittel des Primärkreislaufs kontinuierlich in den Reaktor zurückgeführt, um mehr Wärme aufzunehmen. Auch wenn das U-Boot stillsteht oder sein Antriebssystem nicht aktiv genutzt wird, muss die durch die Kernreaktion erzeugte Wärme reguliert werden, um eine Überhitzung zu verhindern. Diese fortlaufende Kühlung sorgt dafür, dass der Reaktor innerhalb eines sicheren Temperaturbereichs bleibt und Schäden am Reaktorkern und den zugehörigen Systemen vermieden werden.

Sicherheitsmerkmale – Isolierung der Radioaktivität

Ein wichtiges Sicherheitsmerkmal des PWR-Designs ist die Trennung zwischen dem Primär- und dem Sekundärkreislauf. Der Primärkreislauf enthält radioaktives Wasser aufgrund des direkten Kontakts mit dem Reaktorkern, während der Sekundärkreislauf nicht radioaktiv bleibt, da kein direkter Kontakt mit dem Kühlmittel des Primärkreislaufs besteht. Die Trennung verhindert die Ausbreitung radioaktiver Kontamination, da die Wärme durch eine wasserdichte Barriere im Dampferzeuger übertragen wird, ohne dass sich die Wasserströme der beiden Systeme vermischen. Dieses Design stellt sicher, dass ein potenzielles Austreten von Radioaktivität innerhalb des Primärkreislaufs bleibt, was die Sicherheit des Reaktors erhöht.

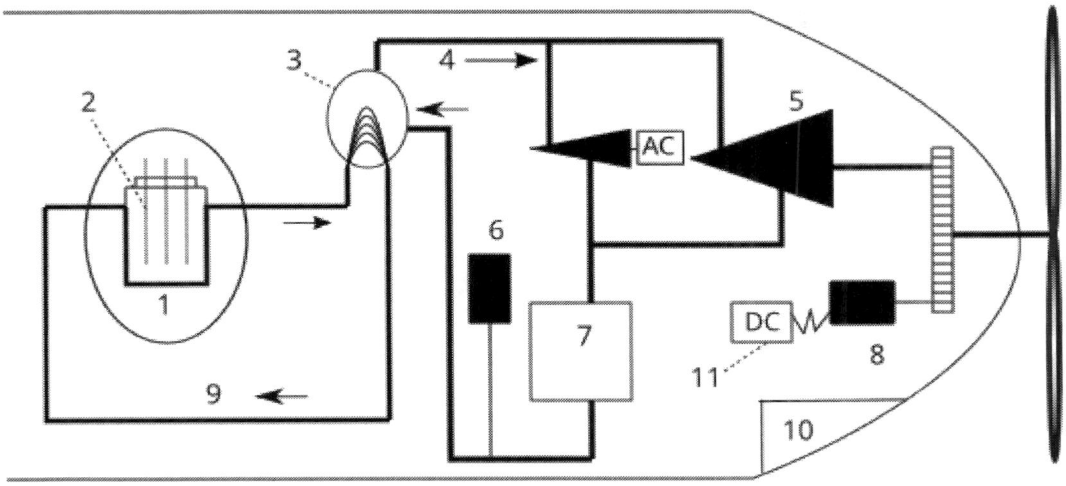

Abbildung 55: Grundschema eines U-Boot-PWR-Reaktors. Matrek, CC BY-SA 3.0, via Wikimedia Commons.

Brennstoff

Druckwasserreaktoren (PWRs) verwenden angereichertes Uran als Kernbrennstoff, vor allem aufgrund der Eigenschaften von leichtem Wasser, das als Kühlmittel und Moderator im Reaktor eingesetzt wird. Die Verwendung von leichtem Wasser (gewöhnlichem Wasser) stellt eine Herausforderung dar, da es eine erhebliche Anzahl von Neutronen absorbiert, die für die Aufrechterhaltung der Kernspaltungs-Kettenreaktion unerlässlich sind. Um diese Neutronenabsorption auszugleichen, muss der Uranbrennstoff angereichert werden, was bedeutet, dass die Konzentration des spaltbaren Isotops Uran-235 erhöht wird [108].

Anreicherungsprozess: Natürliches Uran enthält nur etwa 0,7 % Uran-235, während der Großteil aus dem nicht spaltbaren Uran-238 besteht. Für den Einsatz in einem PWR wird die Konzentration von Uran-235 typischerweise auf etwa 4 % erhöht, was durch einen Urananreicherungsprozess erreicht wird. Dieser höhere Anteil an Uran-235 ermöglicht es dem Reaktor, trotz der Neutronenabsorptions-Eigenschaften von leichtem Wasser eine anhaltende und kontrollierte Kettenreaktion zu erreichen. Die Anreicherung ist entscheidend, um den Reaktor in die Lage zu versetzen, genügend Wärme zur Stromerzeugung zu produzieren [108].

Brennstäbe und Brennstoffbündel: Das angereicherte Uran wird zu kleinen zylindrischen Pellets verarbeitet, die dann in lange, schlanke Metallröhren, sogenannte Brennstäbe, verpackt werden. Jeder Brennstab wird mit diesen Pellets gefüllt und versiegelt, um die Freisetzung radioaktiver Materialien zu verhindern. Für einen PWR werden die einzelnen Brennstäbe zu Brennelementen oder Bündeln gruppiert. Jedes Bündel enthält in der Regel etwa 200 bis 300 Brennstäbe, je nach Reaktordesign.

Ein großer Reaktorkern kann zwischen 150 und 250 Brennelementbündel enthalten, was etwa fünf Kubikmeter Uran entspricht, also etwa 80 bis 100 Tonnen Uran insgesamt. Die Bündel werden vertikal im Reaktorkern angeordnet, sodass das Kühlmittel (Wasser) um sie herum fließen kann, um die während des Spaltungsprozesses erzeugte Wärme abzuleiten [108].

Verwaltung des Brennstoffs im Reaktorkern: Während der Reaktorbetrieb läuft, spaltet die Kernspaltung die Uran-235-Atome im Brennstoff, wodurch Energie in Form von Wärme, Spaltprodukte und freie Neutronen freigesetzt werden. Mit der Zeit verändert sich die Dichte des Brennstoffs in den Stäben aufgrund der Bildung von Spaltgasen und anderen Nebenprodukten, was zur Bildung kleiner Hohlräume in den Brennstäben führt. Diese Hohlräume können zu einem Druckaufbau innerhalb der Stäbe führen, was das Risiko eines Bruchs birgt.

Um dies zu verhindern, werden die Brennstäbe mit Heliumgas auf etwa 3,4 MPa (Megapascal) vorab unter Druck gesetzt. Das Helium hilft dabei, einige der während des Betriebs freigesetzten Spaltgase zu absorbieren und den Stress auf die Ummantelung zu verringern, die das Metallrohr ist, das die Brennstoffpellets umgibt. Während des Reaktorbetriebs gleicht sich der Druck innerhalb der Brennstäbe allmählich mit dem hohen Druck im Reaktorkern aus, was zur Aufrechterhaltung der Integrität der Brennstäbe während ihrer gesamten Betriebszeit beiträgt [108].

Bedeutung des Brennstoffdesigns für die Reaktorsicherheit: Das Design von Brennstäben und Brennelementbündeln ist ein entscheidender Aspekt der Reaktorsicherheit. Die für die Ummantelung verwendeten Materialien, typischerweise Zirkoniumlegierungen, werden aufgrund ihrer geringen Neutronenabsorption und ihrer Widerstandsfähigkeit gegenüber hohen Temperaturen ausgewählt. Die ordnungsgemäße Aufrechterhaltung der Integrität der Ummantelung stellt sicher, dass radioaktive Spaltprodukte innerhalb der Brennstäbe eingeschlossen bleiben, wodurch eine Kontamination des Reaktorkühlmittels verhindert und die Strahlenbelastung begrenzt wird.

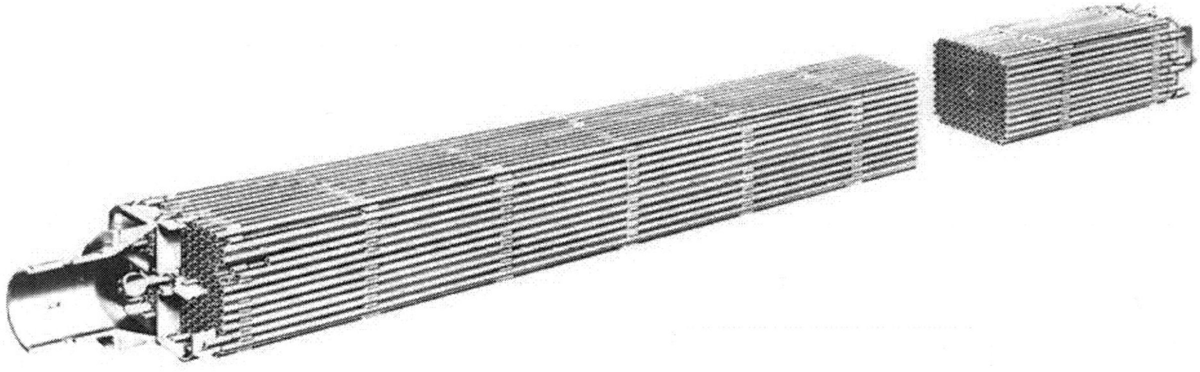

Abbildung 56: Ein Kernbrennstoffelement für das Frachtschiff NS Savannah. Das Element enthält vier Bündel mit jeweils 41 Brennstäben. Das Uranoxid ist auf 4,2 und 4,6 Prozent U-235 angereichert. U.S. Maritime Administration. PD-USGov, gemeinfrei, via Wikimedia Commons.

Die Verwendung von angereichertem Uran in Druckwasserreaktoren (PWRs) ermöglicht effiziente und kontinuierliche Kernreaktionen, während das Design der Brennstäbe und -bündel den sicheren Betrieb unter den hohen Druck- und Temperaturbedingungen des Reaktors gewährleistet. Die sorgfältige Anordnung des Brennstoffs im Kern und das Management der Spaltprodukte sind entscheidend, um die Stabilität und Sicherheit des Reaktors über die Lebensdauer des Brennstoffs zu gewährleisten.

Kühlmittel und Moderator

In einem Druckwasserreaktor (PWR) übernimmt leichtes Wasser zwei wesentliche Funktionen: Es dient sowohl als Kühlmittel als auch als Moderator. Leichtes Wasser, das gewöhnliches Wasser ist und hauptsächlich aus Wasserstoff und Sauerstoff besteht, ist viel häufiger und leichter verfügbar als Schwerwasser. Schwerwasser enthält einen höheren Anteil des Wasserstoffisotops Deuterium, während leichtes Wasser etwa 99,99 % des natürlich vorkommenden Wassers ausmacht [108].

Die Hauptfunktion von leichtem Wasser als Kühlmittel in einem PWR besteht darin, die bei der Kernspaltung im Reaktorkern entstehende Wärme abzuführen. Während der Spaltung wird durch das Spalten von Uranatomen eine erhebliche Menge an Energie in Form von Wärme freigesetzt. Das Kühlmittel, das unter hohem Druck gehalten wird, um ein Sieden auch bei hohen Temperaturen zu verhindern, zirkuliert durch den Reaktorkern, um diese Wärme zu absorbieren. Das erhitzte Wasser überträgt die Energie dann auf ein sekundäres System, in dem Dampf erzeugt wird, um Turbinen zur Stromerzeugung anzutreiben [108].

Neben seiner Kühlfunktion fungiert leichtes Wasser auch als Moderator. Ein Moderator ist eine Substanz, die schnelle Neutronen, die bei der Spaltung entstehen, auf thermische Energien abbremst, die effektiver zur Aufrechterhaltung der Kettenreaktion sind. Langsamere thermische Neutronen haben eine höhere Wahrscheinlichkeit, von Uran-235-Atomen im Brennstoff absorbiert zu werden, wodurch mehr Spaltungsreaktionen ausgelöst und der Spaltungsprozess aufrechterhalten wird.

Obwohl leichtes Wasser im Vergleich zu Schwerwasser oder Graphit aufgrund seiner relativ hohen Neutronenabsorption weniger effektiv als Moderator ist, erfüllt es eine wichtige Sicherheitsfunktion. Seine doppelte Rolle als Kühlmittel und Moderator trägt zur inhärenten Sicherheit des PWR-Designs bei.

Die Verwendung von leichtem Wasser bietet einen erheblichen Sicherheitsvorteil im Falle eines Kühlmittelverluststörfalls (LOCA). In solchen Szenarien würde das leichte Wasser, falls es verloren geht, nicht mehr als Moderator fungieren, was die Kettenreaktion automatisch stoppen würde. Diese selbstlimitierende Sicherheitsfunktion verringert das Risiko einer unkontrollierten Reaktion und eines potenziellen Reaktorschmelzens.

Zudem führt eine Überhitzung des Reaktorkühlmittels und die Bildung von Dampfblasen im Kern zu einer Verringerung der Wasserdichte, was den moderierenden Effekt reduziert. Dieses Phänomen, bekannt als „negativer Void-Koeffizient", bewirkt, dass die Kettenreaktion langsamer wird oder stoppt, da weniger thermische Neutronen zur Aufrechterhaltung der Reaktion verfügbar sind. Diese Eigenschaft trägt zur Stabilisierung des Reaktors bei abnormen Betriebsbedingungen bei und verbessert das Sicherheitsprofil des PWR [108].

Obwohl die Verwendung von leichtem Wasser inhärente Sicherheitsvorteile bietet, erfordert sie auch die Verwendung von angereichertem Uranbrennstoff. Da leichtes Wasser einige Neutronen absorbiert, verringert es die Anzahl der Neutronen, die zur Aufrechterhaltung der Kettenreaktion mit natürlichem Uran zur Verfügung stehen. Daher muss das Uran angereichert werden, um den Anteil des spaltbaren Uran-235 zu erhöhen und sicherzustellen, dass genügend Spaltungsreaktionen stattfinden, um Energie zu erzeugen [108].

Leichtes Wasser spielt eine entscheidende Rolle im Betrieb eines PWR, indem es sowohl als Kühlmittel als auch als Moderator fungiert. Seine weite Verfügbarkeit und die Sicherheitsmerkmale, die mit seinen moderierenden Eigenschaften verbunden sind, machen es zu einer effektiven Wahl für Reaktordesigns, trotz seiner Einschränkungen im Vergleich zu Schwerwasser- oder Graphitmoderatoren. Die inhärente Sicherheit, die leichtes Wasser insbesondere in Unfallszenarien bietet, ist ein Schlüsselfaktor für die fortgesetzte Nutzung und Weiterentwicklung von PWRs zur Kernenergieerzeugung.

Innovationen im Bereich der Antriebstechnologie

Neue Antriebstechnologien für U-Boote sind entscheidend, um die Einsatzfähigkeit moderner Marineflotten zu verbessern. Dieser Abschnitt fasst verschiedene Fortschritte in der Antriebstechnologie zusammen, darunter Hybridsysteme, fortschrittliche Batterietechnologien, Brennstoffzellentechnologie, Innovationen im Bereich der Kernantriebe und neue Antriebskonzepte.

Hybride Antriebssysteme gewinnen zunehmend an Bedeutung, da sie die Vorteile verschiedener Energiequellen kombinieren können. Das Diesel-Elektro-Hybridsystem integriert herkömmliche Dieselmotoren mit elektrischem

Antrieb und bietet so eine flexible Energienutzung und verlängerte Unterwassereinsatzdauer. Diese Konfiguration ermöglicht es U-Booten, leise und effizient zu operieren, insbesondere bei Tarnmissionen [109]. Luftunabhängige Antriebstechnologien (AIP), wie Brennstoffzellen und Stirlingmotoren, verlängern die Unterwasser-Einsatzdauer von nicht-nuklearen U-Booten erheblich, sodass sie über längere Zeiträume getaucht bleiben können, ohne die Batterien aufladen zu müssen [110]. Zudem kombiniert das Nuklear-Diesel-Hybridsystem die Langstreckenfähigkeiten des nuklearen Antriebs mit der Kostenwirksamkeit von Dieselmotoren, was die Treibstoffeffizienz für verschiedene Einsatzprofile optimiert [109].

Fortschrittliche Batterietechnologien spielen ebenfalls eine zentrale Rolle im U-Boot-Antrieb. Lithium-Ionen-Batterien haben sich als überlegen gegenüber herkömmlichen Blei-Säure-Batterien erwiesen, da sie eine höhere Energiedichte, schnellere Ladezeiten und eine längere Lebensdauer bieten. Diese Technologie wird bereits in der nächsten Generation von U-Booten wie der japanischen Soryu-Klasse eingesetzt [109]. In Zukunft versprechen Festkörperbatterien noch größere Fortschritte in Bezug auf Energiedichte und Sicherheit, was längere Unterwasser-Einsatzzeiten und eine zuverlässigere Leistung ermöglicht [109].

Abbildung 57: JS Ōryū. 海上自衛隊, CC BY 4.0, via Wikimedia Commons.

Die JS Ōryū, das elfte U-Boot der Sōryū-Klasse der Japanischen Maritimen Selbstverteidigungskräfte (JMSDF), stellt einen bedeutenden Fortschritt in der U-Boot-Technologie dar, insbesondere durch die Integration von Lithium-Ionen-Batterien. Der Übergang zur Lithium-Ionen-Technologie verbessert die Einsatzfähigkeit von U-Booten, da sie eine höhere Energiedichte und geringeren Wartungsaufwand im Vergleich zu herkömmlichen Batteriesystemen bietet. Die erhöhte Energiedichte kann die getauchte Reichweite der U-Boote potenziell verdoppeln und somit ihre operative Agilität und Effektivität in verschiedenen Missionen verbessern [111].

Die finanzielle Unterstützung für die JS Ōryū war beträchtlich, mit einem Haushaltsansatz von ¥64,3 Milliarden im Rahmen des japanischen Verteidigungshaushalts 2015, was im Jahr 2019 etwa 601,3 Millionen US-Dollar entspricht [112]. Diese Investition unterstreicht Japans Engagement zur Modernisierung seiner maritimen Fähigkeiten und zur

Sicherstellung, dass seine Flotte in einer zunehmend komplexen Sicherheitsumgebung wettbewerbsfähig bleibt. Die Finanzierung ist Teil einer umfassenderen Strategie zur Verbesserung der technologischen Raffinesse der japanischen Verteidigungssysteme, einschließlich der Integration fortschrittlicher Batterietechnologien, die eine verbesserte Leistung und Sicherheit versprechen [113].

Die Integration von Lithium-Ionen-Batterien in das U-Boot-Design bringt jedoch auch Herausforderungen mit sich. Sicherheitsbedenken, insbesondere im Hinblick auf thermisches Durchgehen und das Risiko von Bränden, erfordern strenge Risikobewertungen und Sicherheitsprotokolle [114, 115]. Studien haben gezeigt, dass Lithium-Ionen-Batterien zwar eine überlegene Leistung bieten, jedoch erhebliche Brandgefahren darstellen, wenn sie nicht ordnungsgemäß gehandhabt werden [114, 116]. Daher ist die Entwicklung robuster Überwachungssysteme und Fehlerdiagnosefähigkeiten unerlässlich, um den sicheren Betrieb dieser fortschrittlichen Batteriesysteme in U-Booten zu gewährleisten [115, 117].

Brennstoffzellentechnologie ist ein weiterer Bereich bedeutender Innovationen. Protonenaustauschmembran-Brennstoffzellen (PEM) werden in modernen U-Booten eingesetzt, um leise Strom durch die Kombination von Wasserstoff und Sauerstoff zu erzeugen und so den verlängerten Unterwasserbetrieb zu unterstützen [110]. Zudem bieten Festoxid-Brennstoffzellen (SOFC) durch die Nutzung verschiedener Brennstoffe höhere Effizienz und betriebliche Flexibilität, was die Fähigkeiten von U-Booten weiter verbessern könnte [110].

PEM-Brennstoffzellen arbeiten, indem sie die elektrochemische Reaktion zwischen Wasserstoff und Sauerstoff ermöglichen, wodurch Strom, Wasser und Wärme als Nebenprodukte entstehen. Diese Reaktion erfolgt in einer Membran, die nur Protonen passieren lässt und Elektronen blockiert, die durch einen externen Stromkreis geleitet werden, um Strom zu erzeugen. Der leise Betrieb von PEM-Brennstoffzellen ist besonders vorteilhaft für U-Boote, da er einen geräuschlosen Unterwasserbetrieb ermöglicht, ohne den Lärm herkömmlicher Verbrennungsmotoren [118]. Die Effizienz und Zuverlässigkeit der PEM-Technologie haben sie zu einer bevorzugten Wahl für verschiedene Anwendungen gemacht, darunter Transport- und tragbare Stromsysteme [118].

Festoxid-Brennstoffzellen (SOFC) arbeiten hingegen bei deutlich höheren Temperaturen, typischerweise zwischen 600°C und 1000°C. Diese Hochtemperaturbetriebsweise ermöglicht eine höhere Effizienz und größere Brennstoffflexibilität im Vergleich zu anderen Brennstoffzellentypen. SOFCs können eine Vielzahl von Brennstoffen nutzen, darunter Wasserstoff, Erdgas und sogar Synthesegas, was ihre betriebliche Vielseitigkeit erhöht [119, 120]. Der elektrochemische Prozess in SOFCs beinhaltet die Oxidation des Brennstoffs an der Anode und die Reduktion von Sauerstoff an der Kathode, wobei Sauerstoffionen durch einen Festelektrolyten geleitet werden, um den Stromkreis zu schließen [121, 122]. Dieser Mechanismus ermöglicht nicht nur eine effiziente Stromerzeugung, sondern unterstützt auch Anwendungen der Kraft-Wärme-Kopplung, bei denen sowohl Strom als auch Wärme gleichzeitig produziert werden [123, 124].

Fortschritte in der SOFC-Technologie haben zu Verbesserungen bei Materialien und Designs geführt, die für die Leistungs- und Haltbarkeitssteigerung entscheidend sind. Beispielsweise konzentrieren sich jüngste Studien auf die Optimierung von Anodenmaterialien und -konfigurationen, um die elektrochemische Leistung und Lebensdauer von SOFCs zu verbessern [125, 126]. Zudem positioniert ihre Fähigkeit, mit verschiedenen Brennstoffen zu arbeiten, darunter Ammoniak und Biomassegase, SOFCs als vielversprechende Lösung für nachhaltige Energieerzeugung [127, 128].

Im Bereich der Innovationen in der Nuklearantriebstechnologie werden Technologien wie Hochtemperatur-Gasgekühlte Reaktoren (HTGRs) und Kleine Modulare Reaktoren (SMRs) erforscht, um die thermische Effizienz zu verbessern und die Kühlanforderungen zu verringern, was die Tarnung und die Leistungsabgabe verbessern könnte. Allerdings wurden in den angegebenen Quellen keine spezifischen Hinweise auf diese Technologien im Zusammenhang mit dem U-Boot-Antrieb gefunden.

Im Kontext des U-Boot-Antriebs gewinnt die Erforschung fortschrittlicher nuklearer Technologien wie HTGRs und SMRs zunehmend an Bedeutung, da sie das Potenzial haben, die thermische Effizienz zu steigern und den Kühlbedarf zu reduzieren. Diese Innovationen sind besonders für militärische U-Boote relevant, bei denen Tarnung und Leistungsabgabe entscheidende operative Parameter sind. HTGRs zeichnen sich durch die Fähigkeit aus, bei hohen Temperaturen zu arbeiten, während sie Sicherheit und Effizienz gewährleisten. Theoretisch könnten sie kompaktere Reaktordesigns ermöglichen, die den Einschränkungen des U-Boot-Rumpfes entsprechen. Diese Kompaktheit könnte zu einer reduzierten thermischen Signatur führen, was die Tarnfähigkeiten verbessert – ein entscheidender Aspekt in der U-Boot-Operation [129].

SMRs hingegen bieten Modularität und Skalierbarkeit, was in militärischen Anwendungen von Vorteil sein kann. Ihr Design ermöglicht eine einfachere Integration in bestehende U-Boot-Architekturen, was zu einer schnelleren Einsatzbereitschaft führen könnte. Die modulare Natur von SMRs bedeutet auch, dass sie außerhalb des Standorts gefertigt und zu den U-Boot-Bauanlagen transportiert werden können, was den Bauprozess strafft und die Kosten senkt [129]. Darüber hinaus könnten die inhärenten Sicherheitsmerkmale von SMRs, wie passive Kühlsysteme, das Risiko eines nuklearen Antriebs in beengten Umgebungen wie U-Booten erheblich verringern [105].

Die seit dem Start der ersten nuklearbetriebenen U-Boote wie der USS Nautilus gesammelten Betriebserfahrungen unterstreichen die Zuverlässigkeit von Nuklearantriebssystemen. Mit über 12.000 Reaktorjahren an Betriebserfahrung haben die technologischen Fortschritte im Nuklearantrieb gezeigt, dass diese Systeme sowohl sicher als auch effektiv sein können [106]. Die Integration fortschrittlicher Reaktortechnologien wie HTGRs und SMRs könnte diese Zuverlässigkeit weiter steigern, indem sie U-Booten die Fähigkeit verleihen, über längere Zeiträume ohne Auftauchen zu operieren, und ihnen so einen strategischen Vorteil in der Seekriegsführung verschaffen [105].

Darüber hinaus beschränkt sich die Entwicklung dieser Technologien nicht nur auf die Verbesserung der Antriebseffizienz, sondern erstreckt sich auch auf das gesamte Energiemanagement innerhalb von U-Booten. Die Implementierung fortschrittlicher Energiemanagementsysteme kann die Nutzung der von Nuklearreaktoren erzeugten Energie optimieren, um sicherzustellen, dass Energie effizient an verschiedene U-Boot-Systeme wie Antrieb, Navigation und Waffensysteme verteilt wird [109]. Dieser ganzheitliche Ansatz im Energiemanagement ist entscheidend für die Maximierung der operativen Fähigkeiten moderner U-Boote.

Pump-Jet-Antriebssysteme stellen einen Wandel hin zu leiseren und effizienteren Antriebsmethoden dar. Diese Systeme werden zunehmend in modernen U-Booten eingesetzt, da sie effizienter bei höheren Geschwindigkeiten arbeiten können und dabei die Kavitation minimieren, was für Tarnoperationen entscheidend ist [130, 131]. Randgetriebene Propeller (Rim-Driven Thrusters, RDT), die Elektromotoren in den Rand des Propellers integrieren, verbessern die Manövrierfähigkeit weiter und reduzieren Geräusche, was sie zu einer attraktiven Option für zukünftige U-Boot-Designs macht [130, 132, 133].

Pump-Jet-Antriebssysteme und randgetriebene Propeller (RDT) stellen bedeutende Fortschritte in der U-Boot-Antriebstechnologie dar, mit einem Schwerpunkt auf der Verbesserung der Tarnung und der betrieblichen Effizienz. Das Pump-Jet-Antriebssystem arbeitet, indem es Wasser in eine Pumpe saugt, dieses beschleunigt und durch eine Düse ausstößt. Dieses Design minimiert die Kavitation, ein entscheidender Faktor für Tarnoperationen, da Kavitation hörbare Geräusche erzeugen kann, die die Tarnfähigkeit eines U-Boots beeinträchtigen [134]. Die hydrodynamischen Eigenschaften von Pump-Jet-Systemen werden stark vom Strömungsverhalten um das U-Boot herum beeinflusst, welches optimiert werden kann, um die Antriebseffizienz erheblich zu steigern [134]. Studien zeigen, dass das Pump-Jet-System durch effektive Steuerung des Strömungsverhaltens höhere Antriebseffizienz im Vergleich zu traditionellen Propellersystemen erreichen kann, was die operativen Fähigkeiten des U-Boots bei verschiedenen Geschwindigkeiten verbessert [134].

Randgetriebene Propeller verbessern die Manövrierfähigkeit und Geräuschreduzierung weiter. Diese Systeme integrieren Elektromotoren in den Rand des Propellers und ermöglichen so ein kompakteres Design, das die mechanische Komplexität herkömmlicher Antriebssysteme verringert [106]. Das Design von randgetriebenen Propellern ermöglicht eine effizientere Energieübertragung auf das Wasser, was nicht nur die Antriebseffizienz verbessert, sondern auch das bei der Operation entstehende Geräusch minimiert. Dies ist besonders vorteilhaft für moderne U-Boote, die für taktische Operationen hohe Tarnanforderungen haben [106]. Der Einsatz von Computational Fluid Dynamics (CFD) zur Analyse der Leistung dieser Systeme hat vielversprechende Ergebnisse gezeigt, die darauf hinweisen, dass randgetriebene Propeller konventionelle Systeme in Bezug auf Effizienz und Geräuschreduzierung übertreffen können [135].

Neue Konzepte wie der Magnetohydrodynamische (MHD) Antrieb und Propellersysteme ohne Blätter werden ebenfalls erforscht. Der MHD-Antrieb bietet das Potenzial für einen geräuschlosen Betrieb, indem magnetische Felder genutzt werden, um Meerwasser zu beschleunigen. Allerdings bestehen weiterhin Herausforderungen in Bezug auf den hohen Energiebedarf. Konkrete Hinweise auf MHD-Antrieb im Zusammenhang mit U-Booten wurden in den angegebenen Quellen jedoch nicht gefunden. Blätterlose Antriebskonzepte, die von der Fluiddynamik inspiriert sind, zielen darauf ab, den Lärm, der mit herkömmlichen Propellern verbunden ist, zu reduzieren. Sie befinden sich jedoch größtenteils noch im experimentellen Stadium.

Der MHD-Antrieb basiert auf dem Prinzip, magnetische Felder zu nutzen, um Meerwasser zu beschleunigen und dadurch Schub zu erzeugen, ohne die mechanischen Komponenten traditioneller Propeller. Diese Technologie hat das Potenzial für einen geräuschlosen Betrieb, was einen entscheidenden Vorteil für U-Boote darstellt, die in militärischen Anwendungen auf Tarnung angewiesen sind. Die größte Herausforderung liegt jedoch im erheblichen Energiebedarf, der erforderlich ist, um die Magnetfelder zu erzeugen und einen effektiven Antrieb aufrechtzuerhalten. Aktuelle Forschungsergebnisse zeigen, dass MHD-Systeme theoretisch die Tarnfähigkeiten von U-Booten verbessern könnten, die praktische Umsetzung jedoch durch diese Energieanforderungen und den Bedarf an weiteren technologischen Fortschritten behindert wird [106, 136].

Blätterlose Antriebssysteme, die von der Fluiddynamik inspiriert sind, zielen hingegen darauf ab, den Lärm, der typischerweise mit herkömmlichen Propellersystemen verbunden ist, zu minimieren. Diese Systeme nutzen oszillierende Strukturen, um durch die Wechselwirkung von Flüssigkeitsströmungen und mechanischen Bewegungen Schub zu erzeugen, wodurch Kavitation und Lärmpegel reduziert werden. Obwohl der blätterlose Antrieb noch weitgehend experimentell ist, passt sein Potenzial für einen leiseren Betrieb gut zu den Anforderungen moderner U-Boote, insbesondere bei verdeckten Einsätzen. Die Entwicklung solcher Technologien könnte zu bedeutenden Fortschritten im Design von Unterwasserfahrzeugen führen, wodurch effizientere und unauffälligere Operationen ermöglicht werden [137].

Zusätzlich zu diesen neuen Technologien wurden bestehende Antriebssysteme wie Pump-Jet-Antriebe weitgehend in U-Booten übernommen, da sie effizient sind und eine geringe Lärmemission aufweisen. Diese Systeme nutzen eine Kombination aus Pumpe und Jet, um das U-Boot anzutreiben, und bieten Vorteile wie hohe Antriebseffizienz und starke Anti-Kavitationsfähigkeiten. Beispielsweise verwenden der amerikanische "MK48"-Torpedo und verschiedene U-Boot-Klassen wie die Seawolf- und Virginia-Klasse die Pump-Jet-Technologie, was ihre Wirksamkeit in aktuellen Marineanwendungen unterstreicht [72, 134, 138].

Abbildung 58: Angriffs-U-Boot der Virginia-Klasse USS Mississippi (SSN 782). Defense Visual Information Distribution Service, Public Domain, über NARA & DVIDS Public Domain Archive.

Schließlich revolutioniert die Integration von Künstlicher Intelligenz (KI) in Antriebskontrollsystemen den Betrieb von U-Booten. KI kann das Energiemanagement optimieren, indem sie zwischen verschiedenen Antriebsmodi für maximale Effizienz und Tarnung wechselt, sowie die Navigation und Ausweichmanöver in komplexen Unterwasserumgebungen verbessert. In den bereitgestellten Quellen wurden jedoch keine spezifischen Verweise auf den Einsatz von KI in U-Boot-Antriebssystemen gefunden.

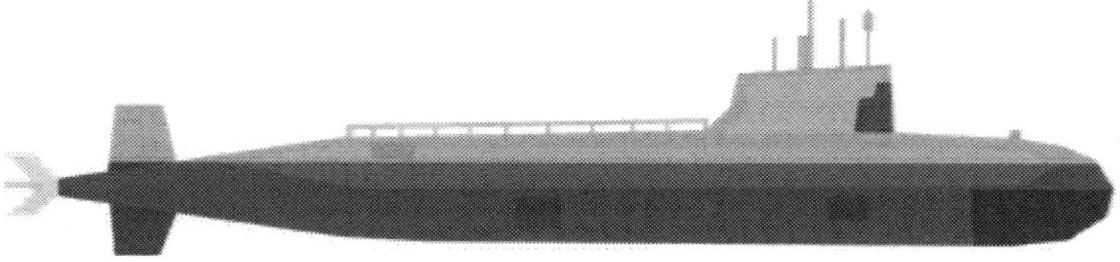

Kapitel 5

U-Boot-Antriebs- und Elektriksysteme

Elektrische Verteilung in U-Booten

U-Boot-Systeme

U-Boot-Systeme sind speziell für die einzigartigen Unterwasserbedingungen ausgelegt, in denen sie operieren, weisen jedoch auch einige Gemeinsamkeiten mit Überwasserschiffen auf. Die primären Systeme eines U-Boots unterstützen wesentliche Funktionen wie Antrieb, Manövrierfähigkeit, Energiemanagement und Kommunikation. Dazu gehören das Antriebssystem, das Tauch- und Auftauchsystem, die Stromerzeugung und -verteilung sowie verschiedene andere Systeme. Jedes dieser Systeme spielt eine entscheidende Rolle für die Einsatzfähigkeit des U-Boots und den Erfolg seiner Mission [139].

Stromerzeugungs- und Verteilungssystem: Die Hauptstromquelle eines diesel-elektrischen U-Boots sind Dieselgeneratoren, die typischerweise aus zwei Sätzen für Backbord und Steuerbord bestehen. Diese Generatoren erfüllen mehrere wichtige Funktionen: Sie laden die Batterien nach Tauchfahrten wieder auf, liefern Strom für die Bordsysteme und treiben das U-Boot im sogenannten „Schnorchelmodus" an. Das Aufladen der Batterien ist entscheidend, da die Batterien die elektrische Energie für den Antrieb im getauchten Zustand bereitstellen. Die Ladezeit wird durch die Kapazität und Spezifikationen der Batterien bestimmt und nicht durch die Dieselgeneratoren selbst.

Wenn ein U-Boot im „Schnorchelmodus" operiert, verwendet es Dieselgeneratoren, während es knapp unter der Wasseroberfläche bleibt und einen Schnorchelmast ausfährt, der über die Wasserlinie hinausragt, um Luft für die Dieselmotoren zuzuführen. Dies verringert das Entdeckungsrisiko während des Aufladens der Batterien. Moderne U-Boote sind oft mit luftunabhängigen Antriebssystemen (AIP) ausgestattet, die einen getauchten Betrieb unter Nutzung von gespeicherter Luft ermöglichen und so das Entdeckungsrisiko weiter reduzieren [139].

Erkennungssysteme

U-Boote verwenden eine Reihe von Erkennungssystemen, um ihre Umgebung zu überwachen und Daten für Navigation und Waffensteuerung zu sammeln. Dazu gehören Periskope, Radar und Sonarsysteme [139].

- **Periskope:** U-Boote verfügen über zwei Arten von Periskopen: Such- und Angriffsperiskope. Das Suchperiskop bietet Navigationsfähigkeiten und eine verbesserte optische Leistung, während das Angriffsperiskop für eine minimale Entdeckungswahrscheinlichkeit optimiert ist. Es wird zur Beobachtung des Schiffsverkehrs, zur Entfernungsschätzung und zur Bereitstellung von Informationen für das Feuerleitsystem verwendet. Das Periskop ist mit einem Hubregelungssystem ausgestattet, um die Höhe über der Wasseroberfläche konstant zu halten, auch bei der Bewegung des U-Boots.

- **Radarsysteme:** Im aufgetauchten oder Schnorchelmodus können U-Boote Radar zur Erkennung von Objekten an der Wasseroberfläche und von Schiffen verwenden. Es gibt zwei Arten: Navigationsradar und Angriffsradar. Der Radarmast ragt über die Wasseroberfläche, und da Radarsignale die Position des U-Boots verraten können, wird das Radar sparsam eingesetzt, wenn Tarnung von Bedeutung ist.

- **Sonarsysteme:** Sonar ist das primäre Erkennungsinstrument von U-Booten. Aktives Sonar sendet Schallwellen aus, um Objekte unter Wasser zu erkennen, während passives Sonar externe Geräusche abhört. Aktives Sonar liefert detaillierte Informationen, kann aber die Position des U-Boots verraten. Daher wird oft passives Sonar für Tarnungsoperationen verwendet. Die Sonar-Hydrophone sind so angeordnet, dass Störungen minimiert werden und Signale aus verschiedenen Richtungen effektiv erkannt werden können.

Tauch- und Auftauchsystem: U-Boote verwenden Ballasttanks, um den Auftrieb zu steuern, was ihnen das Tauchen, Auftauchen und die Aufrechterhaltung des neutralen Auftriebs ermöglicht. Diese Tanks werden beim Tauchen mit Wasser und beim Auftauchen mit Luft gefüllt. Die Steuerung des Auftriebs ist entscheidend für die Kontrolle der Tiefe und der Trimmlage des U-Boots, was für einen sicheren und effizienten Unterwasserbetrieb sorgt [139].

Klima- und Belüftungssystem: Die Aufrechterhaltung der Luftqualität und der Temperaturkontrolle ist entscheidend für die Sicherheit und den Komfort der Besatzung. U-Boote verwenden Klimaanlagen, um die Innentemperatur zu regulieren und die Atemluft durch das Entfernen von überschüssigem Kohlendioxid und Feuchtigkeit sicherzustellen. Diese Systeme verhindern auch die Überhitzung elektronischer Ausrüstung.

Hydraulik- und Druckluftsysteme: Hydrauliksysteme steuern viele der beweglichen Teile des U-Boots, einschließlich der Steuerung, der Tiefenruder und des Ausfahrens von Periskopen. Druckluftsysteme werden für Aufgaben wie das Ausblasen von Wasser aus den Ballasttanks beim Auftauchen, das Betreiben von Masten und das Bereitstellen von Atemluft für die Besatzung während bestimmter Operationen verwendet.

Kühl- und Schmiersysteme: Kühlsysteme verhindern das Überhitzen von Maschinen, während Schmiersysteme die Reibung und den Verschleiß mechanischer Komponenten verringern. Das Wasserkühlsystem leitet Seewasser durch Wärmetauscher, um die Dieselmotoren und andere Geräte zu kühlen, während das Schmiersystem einen reibungslosen Betrieb beweglicher Teile sicherstellt [139].

Raketen- und Torpedoschießsystem: U-Boote sind mit komplexen Waffensystemen zum Abschuss von Raketen und Torpedos ausgestattet. Diese Systeme umfassen Lagerungs-, Lade- und Abschussmechanismen, die in der herausfordernden Unterwasserumgebung funktionieren müssen. Präzision bei der Feuerleittechnik und Geräuschunterdrückung sind entscheidend, um während Kampfeinsätzen die Tarnung zu wahren.

Krängungs- und Trimmsystem: Die Stabilität und Ausrichtung des U-Boots unter Wasser wird durch ein Krängungs- und Trimmsystem aufrechterhalten. Dieses System ermöglicht es, Wasser zwischen Trimmtanks zu verlagern, um das Gleichgewicht des U-Boots anzupassen und optimale Kontrolle während des Betriebs zu gewährleisten.

Masten, Periskope und Antennen: U-Boote verfügen über verschiedene Masten für Kommunikation, Radar- und Periskopfunktionen. Diese Masten sind druckbeständige Strukturen, die je nach Bedarf ein- oder ausgefahren werden können und so die Einsatzfähigkeit des U-Boots in verschiedenen Tiefen und unter unterschiedlichen Bedingungen sicherstellen.

Brandbekämpfungssystem: Die Sicherheit an Bord eines U-Boots hat höchste Priorität, weshalb ein Brandbekämpfungssystem im Notfall eingesetzt werden kann. Es umfasst tragbare Feuerlöscher, Feuerunterdrückungssysteme und Belüftungskontrollen, um Brände einzudämmen und zu löschen [139].

Fortschrittliche Erkennungs- und Navigationssysteme: Das Tiefenmesser- und Echolotsystem hilft U-Booten, ihre Tiefe zu messen und Unterwasserhindernisse zu erkennen. Dies ist wichtig für die Navigation und das Vermeiden von Kollisionen mit Hindernissen. Schallübertragungstelefone und Gegensprechanlagen ermöglichen eine interne Kommunikation, um die Koordination der Besatzung sicherzustellen.

Antriebssystem und Wellenanlage: Das Antriebssystem besteht aus dem Hauptmotor, den Untersetzungsgetrieben und der Wellenanlage, die mit dem Propeller verbunden ist. Moderne U-Boote können Pumpjet-Antriebssysteme verwenden, um die Geräuschentwicklung zu verringern. Die Wellenanlage überträgt die Energie vom Motor auf den Propeller und sorgt für eine effiziente Bewegung [139].

Diese miteinander verbundenen Systeme arbeiten zusammen, um U-Booten die Durchführung komplexer Unterwassermissionen zu ermöglichen und dabei Tarnung, Sicherheit und Betriebseffizienz aufrechtzuerhalten.

U-Boot-Elektriksysteme

Die Elektriksysteme von U-Booten spielen eine entscheidende Rolle bei der Unterstützung von Antrieb, Beleuchtung, Bewaffnung, Kommunikation, Lebenserhaltung und verschiedenen Bordelektroniksystemen. Diese Systeme sind speziell darauf ausgelegt, in der herausfordernden Unterwasserumgebung zuverlässig zu arbeiten und dabei Tarnung zu gewährleisten. Hier ist ein genauerer Blick darauf, wie die Elektriksysteme eines U-Boots funktionieren:

U-Boote verlassen sich auf mehrere Energiequellen, um den kontinuierlichen Betrieb unter verschiedenen Bedingungen zu gewährleisten. Bei nuklearbetriebenen U-Booten ist die primäre Stromquelle der Kernreaktor, der Wärme erzeugt, um Dampf zu produzieren, der die Turbinen antreibt, die mit elektrischen Generatoren verbunden sind. Diese Elektrizität wird dann für den Antrieb, den Betrieb der Bordsysteme und das Aufladen der Backup-Batterien verwendet. Diesel-elektrische U-Boote hingegen nutzen Dieselgeneratoren, um große Batteriebänke aufzuladen, die beim getauchten Betrieb Strom liefern.

Bei Atom-U-Booten erzeugt der durch den Reaktor erzeugte Dampf Strom für die Turbinengeneratoren, während bei diesel-elektrischen Modellen die Dieselgeneratoren Strom für den Antrieb und andere Systeme liefern, wenn das U-Boot aufgetaucht ist oder im sogenannten „Schnorchelbetrieb“ arbeitet, bei dem über einen Schnorchel Luft angesaugt wird.

Batterien sind besonders wichtig, um während getauchter Operationen Strom bereitzustellen, insbesondere bei diesel-elektrischen U-Booten. Diese großen Batteriebänke bestehen aus mehreren Zellen, die genug Energie speichern, um je nach Strombedarf mehrere Stunden oder Tage Unterwasserbetrieb zu ermöglichen. Bei Atom-U-Booten dienen Batterien als Notstromquelle, falls der Reaktor ausfällt.

In diesel-elektrischen U-Booten liefern die Batteriebänke Strom für die elektrischen Antriebsmotoren und Hilfssysteme, während das Boot getaucht ist. Diese Batterien werden beim Auftauchen mit Dieselgeneratoren aufgeladen. Einige moderne diesel-elektrische U-Boote sind zudem mit luftunabhängigen Antriebssystemen (AIP) ausgestattet, die unter Wasser Strom erzeugen, ohne dass das U-Boot auftauchen muss, was die getauchte Ausdauer verlängert und das Entdeckungsrisiko minimiert.

Das Stromverteilungssystem eines U-Boots leitet den Strom von den Generatoren und Batterien zu den verschiedenen Systemen und Geräten an Bord. Es ist so ausgelegt, dass es unterschiedliche Spannungen und Ströme handhaben kann und jedes System die passende Energie erhält.

Ein Hauptverteiler verwaltet und leitet die erzeugte elektrische Energie zu verschiedenen Stromkreisen. U-Boote verwenden sowohl Wechselstrom- (AC) als auch Gleichstromsysteme (DC). Normalerweise wird AC-Strom für Beleuchtung, Heizung, Belüftung und Hilfsausrüstung verwendet, während DC-Strom für kritische Systeme wie Antriebsmotoren, Bewaffnung und Notfalleinrichtungen reserviert ist.

Elektrische Energie ist entscheidend für den Antrieb, insbesondere bei elektrischen Antriebssystemen, bei denen der Antriebsmotor durch das elektrische System angetrieben wird und das Drehmoment liefert, das notwendig ist, um den Propeller oder das Pumpjet anzutreiben. In diesel-elektrischen U-Booten treiben Elektromotoren den Propeller während des getauchten Betriebs an, indem sie Strom aus den Batterien beziehen. In Atom-U-Booten werden die Elektromotoren direkt mit Strom aus den durch den Reaktor betriebenen Dampfturbinen angetrieben. Die Geschwindigkeit des Antriebsmotors kann angepasst werden, um die Geschwindigkeit des U-Boots zu steuern, was bei langsamer, geräuscharmer Fahrt, die für die Tarnung entscheidend ist, besonders wichtig ist.

Die Elektriksysteme von U-Booten sind mit Redundanz ausgestattet, um die Verfügbarkeit von Strom auch im Notfall sicherzustellen. Im Falle eines Hauptstromausfalls liefern Backup-Batterien automatisch Strom für die wichtigsten Systeme. U-Boote können auch mit zusätzlichen kleinen Dieselgeneratoren oder Notstromaggregaten ausgestattet sein, um bei kritischen Situationen Strom zu liefern. Automatische Umschaltmechanismen ermöglichen einen nahtlosen Übergang von der Primär- zur Backup-Stromversorgung, um den kontinuierlichen Betrieb wichtiger Systeme wie Lebenserhaltung, Kommunikation und Navigation sicherzustellen.

Effizientes Energiemanagement ist besonders bei diesel-elektrischen U-Booten wichtig, bei denen die Batteriekapazität begrenzt ist. U-Boote nutzen Techniken wie Lastabwurf, um den Batterieverbrauch während langer getauchter Operationen zu minimieren, indem nicht wesentliche Systeme abgeschaltet werden, um die Betriebszeit zu verlängern. Darüber hinaus verfügen moderne U-Boote über energieeffiziente Beleuchtung und Ausrüstung, um den Stromverbrauch weiter zu reduzieren.

Das Elektriksystem unterstützt auch verschiedene Hilfssysteme an Bord des U-Boots, darunter Lebenserhaltung (wie Belüftung, Luftreinigung und Sauerstofferzeugung), Kommunikation (interne Systeme und externe Geräte wie Sonar- und Satellitenverbindungen), Navigation und Detektion (Sonar- und Radarsysteme) sowie Waffensysteme (zur Stromversorgung von Abschussmechanismen und Zielsteuerungen).

Aufgrund der anspruchsvollen Meeresumgebung beinhalten die elektrischen Systeme von U-Booten spezielle Isolierungs- und Sicherheitsmaßnahmen, um Kurzschlüsse und elektrische Ausfälle zu verhindern. Alle elektrischen Komponenten sind wasserdicht, und die Anschlüsse sind versiegelt, um das Eindringen von Wasser zu verhindern. Darüber hinaus sind die elektrischen Systeme geerdet, um elektromagnetische Störungen zu vermeiden und die Sicherheit zu gewährleisten.

Insgesamt sind die elektrischen Systeme eines U-Boots unerlässlich für den Betrieb des Antriebs, der Lebenserhaltung, der Kommunikation, der Navigation und der Waffensysteme. Durch eine Kombination aus Generatoren, Batterien, effektivem Energiemanagement und Redundanz gewährleisten U-Boote einen zuverlässigen und sicheren Betrieb, während sie in ihrer Unterwasserumgebung unauffällig bleiben.

Diesel-elektrische U-Boote nutzen in erster Linie Dieselgeneratoren zur Stromerzeugung, die dann verwendet wird, um Batterien aufzuladen und die Systeme des U-Boots im getauchten Zustand zu versorgen. Diese Konfiguration ermöglicht eine erhöhte operationelle Tarnung und Effizienz im Vergleich zu herkömmlichen mechanischen Antriebssystemen.

Der Kern des diesel-elektrischen Systems besteht aus Dieselgeneratoren, die mechanische Energie aus Dieselmotoren in elektrische Energie umwandeln. Diese Generatoren sind entscheidend für das Aufladen der Batterien des U-Boots, welche die primäre Stromquelle sind, wenn das U-Boot getaucht ist. Der Einsatz von Batterien, insbesondere Blei-Säure-Batterien oder fortschrittlicheren Lithium-Ionen-Batterien, erhöht die getauchte Ausdauer und die Reichweite des U-Boots erheblich. Studien zeigen, dass moderne Lithium-Ionen-Batterien die getauchte Reichweite im Vergleich zu herkömmlichen Blei-Säure-Systemen potenziell verdoppeln können, was sie zu einer bevorzugten Option für zukünftige U-Boot-Designs macht [111].

Das Energiemanagement ist ein weiterer kritischer Aspekt bei diesel-elektrischen U-Booten. Ein optimales Energiemanagementverfahren ist entscheidend, um die begrenzten Ressourcen in einer isolierten Unterwasserumgebung effizient zu verwalten. Das Energiemanagementsystem muss die von den Dieselgeneratoren erzeugte Energie mit dem Energieverbrauch durch verschiedene Bordsysteme, einschließlich Antrieb, Navigation und Lebenserhaltung, in Einklang bringen [109]. Dies beinhaltet den Betrieb der Dieselgeneratoren in aufgetauchtem oder schnorchelndem Zustand, um die Batterien aufzuladen, wobei sichergestellt wird, dass die Lastverteilung zwischen den Generatoren und den Batteriesystemen optimiert wird, um den Kraftstoffverbrauch und die Emissionen zu reduzieren [140].

Das Antriebssystem in diesel-elektrischen U-Booten verwendet typischerweise Gleichstrommotoren, die aufgrund ihrer Effizienz und Kontrollmöglichkeiten bevorzugt werden. Diese Motoren können auf verschiedene Weise konfiguriert werden, einschließlich der Verwendung mehrerer Motoren mit unterschiedlichen Leistungsstufen, um die Leistung bei niedrigen Geschwindigkeiten zu verbessern, wodurch die Gesamteffizienz des Antriebssystems des U-Boots gesteigert wird [141]. Darüber hinaus ist das Design des elektrischen Verteilernetzes von entscheidender Bedeutung, da es die variablen Lasten der Antriebssysteme und anderer elektrischer Verbraucher an Bord bewältigen muss. Dies umfasst die Verwaltung der Energieverteilung zu den Antriebsantrieben, den Hilfssystemen und den „Hotel-Lasten", die für den Komfort der Besatzung und die operationellen Fähigkeiten unerlässlich sind [142].

Darüber hinaus gewinnt die Integration fortschrittlicher Technologien wie hybrider Antriebssysteme in modernen U-Boot-Designs an Bedeutung. Diese Systeme können zwischen Diesel- und Elektrobetrieb umschalten, was eine größere Flexibilität und Effizienz im Energiemanagement ermöglicht. Die in diesen Systemen verwendeten Kupplungsmechanismen sind so ausgelegt, dass sie schnelle Übergänge zwischen den Energiequellen ohne komplexe elektronische Steuerungen ermöglichen, was die Wartung vereinfacht und die Zuverlässigkeit erhöht [143].

Diesel-elektrische Hauptgeneratoren und Motoren sowie Hilfsgenerator

Moderne U-Boote verwenden typischerweise entweder vier Hauptmotoren oder zwei Doppelscheibenanker-Hauptmotoren, um die Propeller anzutreiben. Bei einer Konfiguration mit vier Motoren sind die Motoren paarweise angeordnet, wobei jedes Paar über ein Reduktionsgetriebe mit einer Propellerwelle verbunden ist. Bei U-Booten mit Doppelscheibenanker-Motoren sind diese direkt mit den Propellerwellen gekoppelt und arbeiten im erforderlichen Geschwindigkeitsbereich, um die Propeller effektiv anzutreiben [144].

Die Getriebeeinheiten in U-Booten, die mit einem Reduktionsgetriebe ausgestattet sind, sind von der Bauart der einstufigen doppelhelikalen Reduktion. Diese Reduktionsgetriebe sind entscheidend, um die hohe Drehzahl der Hauptmotoren, typischerweise etwa 1300 Umdrehungen pro Minute (U/min), auf eine langsamere Drehzahl für den Propeller, etwa 280 U/min, zu reduzieren. Das Design der Reduktionsgetriebe gewährleistet eine reibungslose Leistungsübertragung und minimiert mechanische Geräusche, was für die Wahrung der Tarnung des U-Bootes von entscheidender Bedeutung ist [144].

Die Hauptmotoren des U-Bootes können Strom aus zwei primären Quellen beziehen: den Hauptdieselmotoren oder den Batterien. Im aufgetauchten Zustand liefern die von den Dieselmotoren angetriebenen Hauptgeneratoren die notwendige Energie für die Motoren und ermöglichen eine effiziente Fortbewegung. Im getauchten Zustand, wenn das U-Boot unauffällig bleiben muss und die Dieselmotoren nicht betreiben kann, erhalten die Hauptmotoren Strom von den Batterien. Diese Batterien speichern die Energie, die von den Hauptgeneratoren während des Auftauchens erzeugt wurde, und gewährleisten, dass das U-Boot weiter unter Wasser operieren kann, ohne häufig auftauchen zu müssen [144].

Der Hilfsgenerator spielt eine vielseitige Rolle im elektrischen System des U-Bootes. Er wird von einem Hilfsdieselmotor angetrieben und liefert Strom für alle Hilfsschaltkreise, wie Beleuchtung, Lebenserhaltungssysteme und andere Bordsysteme, wodurch die Hauptbatterien von diesen Lasten entlastet werden. Zusätzlich kann der Hilfsgenerator die Hauptbatterien langsam aufladen und sie so aufladen, während die primären Energiequellen geschont werden. Für die Fortbewegung kann er die Hauptmotoren bei langsamen Geschwindigkeiten über die Batterien antreiben, was besonders bei langsamen Manövern oder beim Betrieb in engen Räumen nützlich ist [144].

Die Steuerung der Hauptantriebsmaschine erfolgt über die Hauptantriebssteuerung, allgemein als Steuerpult bezeichnet, das sich im Manövrierraum befindet. Diese Ausrüstung ermöglicht es den Bedienern, die Geschwindigkeit und Richtung der Propeller des U-Bootes zu steuern, zwischen Energiequellen zu wechseln und die Systemleistung zu überwachen. Das Steuerpult gewährleistet, dass das Antriebssystem auf die Navigationsanforderungen des U-Bootes reagiert und die notwendige Flexibilität für verschiedene betriebliche Szenarien bietet [144].

Die Integration dieser Antriebskomponenten ermöglicht es einem U-Boot, nahtlos zwischen Überwasser- und Unterwasseroperationen zu wechseln, sich an unterschiedliche Leistungsanforderungen anzupassen und sowohl Effizienz als auch Tarnung zu wahren. Die Kombination aus Reduktionsgetrieben, mehreren Energiequellen, Hilfsgeneratorfähigkeiten und zentralisierter Steuerung stellt sicher, dass das U-Boot sowohl in Kampfeinsätzen als auch in Friedensmissionen effektiv bleibt [144].

Haupt- und Hilfsgeneratoren

Die Haupt- und Hilfsgeneratoren eines U-Bootes sind entscheidende Komponenten zur Erzeugung elektrischer Energie, die eine Vielzahl von Funktionen wie Antrieb und Hilfssysteme unterstützt. Diese Generatoren weisen viele Ähnlichkeiten auf, haben jedoch auch einige wesentliche Unterschiede in Konstruktion und Anwendung. Ein Überblick darüber, wie diese Systeme funktionieren und strukturiert sind [144]:

- Hauptgeneratoren in U-Booten werden typischerweise durch mehrere spezifische Merkmale beschrieben: Sie sind zweiadrige, separat erregte, fremderregte, kompensierte, mehrpolige und selbstbelüftete Maschinen für Gleichstrom (DC). Die Generatoren sind vollständig geschlossen, um die Komponenten vor den rauen Bedingungen der Meeresumgebung zu schützen. Sie sind über eine flexible direkte Kupplung mit den Hauptdieselmotoren verbunden, indem sie über das Flanschende der Generatorankerstange mit dem Motor gekoppelt werden. Diese Kupplung ermöglicht es dem Generator, mechanische Energie der Dieselmotoren in elektrische Energie umzuwandeln.
- Die Ankerwelle in diesen Generatoren variiert je nach Motortyp. Generatoren, die mit General Motors-Motoren gekoppelt sind, haben an beiden Enden Lager, während diejenigen, die mit Fairbanks-Morse-Motoren verbunden sind, nur das Kommutatorende mit Lagern unterstützen. Diese Lager werden durch das Hauptschmiersystem des Motors geschmiert, was eine reibungslose Rotation und minimalen Verschleiß sicherstellt.
- Die maximale Drehzahl für diese Generatoren beträgt typischerweise etwa 750 U/min für General Motors-Motoren und 720 U/min für Fairbanks-Morse-Motoren. Die Generatoren sind dafür ausgelegt, etwa 2.650 Ampere bei 415 Volt zu erzeugen und liefern etwa 1.100 Kilowatt elektrische Leistung.
- Die Ankerwelle ist ein Schlüsselelement, das aus einem einzigen Stück geschmiedetem Stahl besteht. Sie enthält Kupplungsflansche, Schubkragen und Ölabweiser als integrale Bestandteile. Der Kern des Ankers, der von einer Spinne auf der Welle getragen wird, besteht aus laminierten Stanzblechen aus magnetischem Stahl, die gepresst und verankert werden, um einen festen Sitz zu gewährleisten. Die Ankerwicklungen bestehen aus Einzelwicklungsspulen, die in Schlitzen durch Keile gehalten und mit Glimmer isoliert sind, um elektrische Leckagen zu verhindern. Diese Wicklungen wandeln mechanische Rotation in elektrische Energie um.
- Eine Ausgleichswicklung ist ebenfalls in U-Boot-Generatoren vorhanden und sorgt für eine gleichmäßige Stromverteilung in den verschiedenen Schaltkreisen des Ankers. Diese Wicklung befindet sich am Kommutatorende des Generators und bietet zusätzliche Unterstützung für die elektrische Leistung.
- Der Kommutator, ein wesentlicher Bestandteil von Gleichstromgeneratoren, besteht aus Kupfersegmenten, die durch Glimmer voneinander isoliert sind. Er sorgt für den ordnungsgemäßen elektrischen Kontakt zwischen dem rotierenden Anker und den stationären Bürsten, die den erzeugten Strom sammeln. Die Bürstenhalterung hält die Bürsten in Position und bietet Mechanismen, um ihre Position zu optimieren und den elektrischen Kontakt zu verbessern. Unterschiedliche Generatorentypen verwenden verschiedene Bürstenkonfigurationen, bei denen einige Bürsten vor- und nachlaufende Winkel haben, je nach Hersteller.
- Die Hauptfeldpole bestehen aus laminiertem Stahl und verfügen über Schlitze für Kompensationswicklungen, die dazu beitragen, eine stabile elektrische Leistung unter wechselnden Lasten zu gewährleisten. Die Hauptfeldspulen sind um diese Pole gewickelt und isoliert, um Kurzschlüsse zu vermeiden. Kommutierende Feldpole verbessern die Leistung des Kommutators, indem sie das Magnetfeld zu kritischen Zeiten während des Betriebs anpassen.

• Kompensationswicklungen sind in den Schlitzen der Hauptfeldpole eingebettet und bestehen aus Kupferstangen, die mit Glimmer isoliert sind. Diese Wicklungen helfen, die Magnetfelder auszugleichen und Verzerrungen zu reduzieren, die durch hohe elektrische Lasten entstehen können.

- Die Lager in diesen Generatoren sind für hohe Drehzahlen und Lastschwankungen ausgelegt. Sie bestehen aus geteilten Gehäusen, die mit einer weichen Metallauskleidung, typischerweise Babbitt, versehen sind, um einen reibungslosen Betrieb zu gewährleisten. Öldichtungen und Abweiser verhindern, dass Schmiermittel in die internen Komponenten des Generators eindringen. Um eine optimale Leistung zu gewährleisten, sind die Lagergehäuse belüftet, um die Bildung von Vakuum um die Welle zu verhindern, und Öl wird unter kontrolliertem Druck zugeführt, um einen übermäßigen Fluss zu vermeiden.
- Um eine Überhitzung zu verhindern, verwenden U-Boot-Generatoren Zwangsbelüftungssysteme. Heiße Luft wird durch wasserkühlende Kerne geleitet, wo sie gekühlt wird, bevor sie durch die internen Komponenten des Generators zirkuliert, einschließlich des Ankers und der Feldspulen. Verschiedene Generatormodelle haben unterschiedliche Kühlsystemdesigns, wie die Allis-Chalmers-Einheiten mit integrierten Wasserrohren oder andere Modelle, die kühlerrippenartige Kerne verwenden.
- Hilfsgeneratoren ähneln in ihrer Bauweise den Hauptgeneratoren, erfüllen jedoch eine andere Aufgabe. Sie sind für 300 Kilowatt ausgelegt und werden hauptsächlich verwendet, um Hilfsschaltkreise mit Strom zu versorgen und als Backup die Hauptbatterien zu laden. Der Hilfsgenerator wird von einem separaten Dieselmotor angetrieben, was sicherstellt, dass auch dann Strom verfügbar ist, wenn der Hauptmotor nicht zur Verfügung steht.
- Der Hilfsgenerator ist über eine halbflexible Kupplung mit dem Dieselmotor verbunden, wobei seine Ankerwelle von Gleitlagern gestützt wird, die vom Motorenschmiersystem geschmiert werden. Wie bei den Hauptgeneratoren kommen auch hier Schubkragen und Lagersysteme zum Einsatz, um Axiallasten zu bewältigen.

Insgesamt sind die Haupt- und Hilfsgeneratoren in U-Booten hochspezialisierte Maschinen, die für den anspruchsvollen Einsatz im maritimen Umfeld ausgelegt sind. Ihre Konstruktion umfasst robuste Lager, Kühlsysteme und elektrische Konfigurationen, um eine konstante Stromerzeugung zu gewährleisten. Diese Generatoren bilden das Rückgrat des elektrischen Systems des U-Bootes und liefern Strom für den Antrieb, die Bordsysteme und Notsituationen, wodurch U-Boote ihre Missionen effektiv durchführen können.

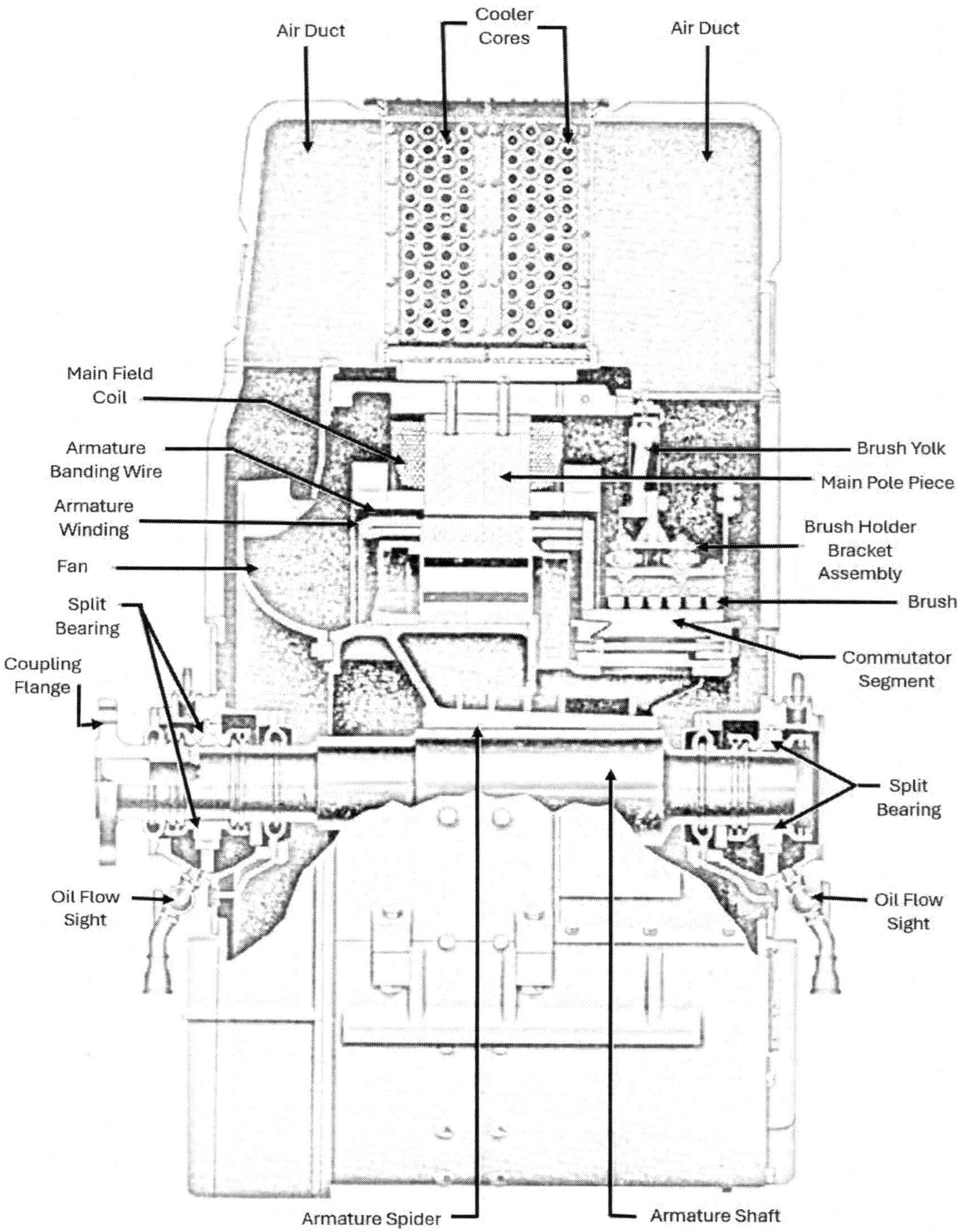

Abbildung 59: Querschnitt des G.E.-Hauptgenerators [144].

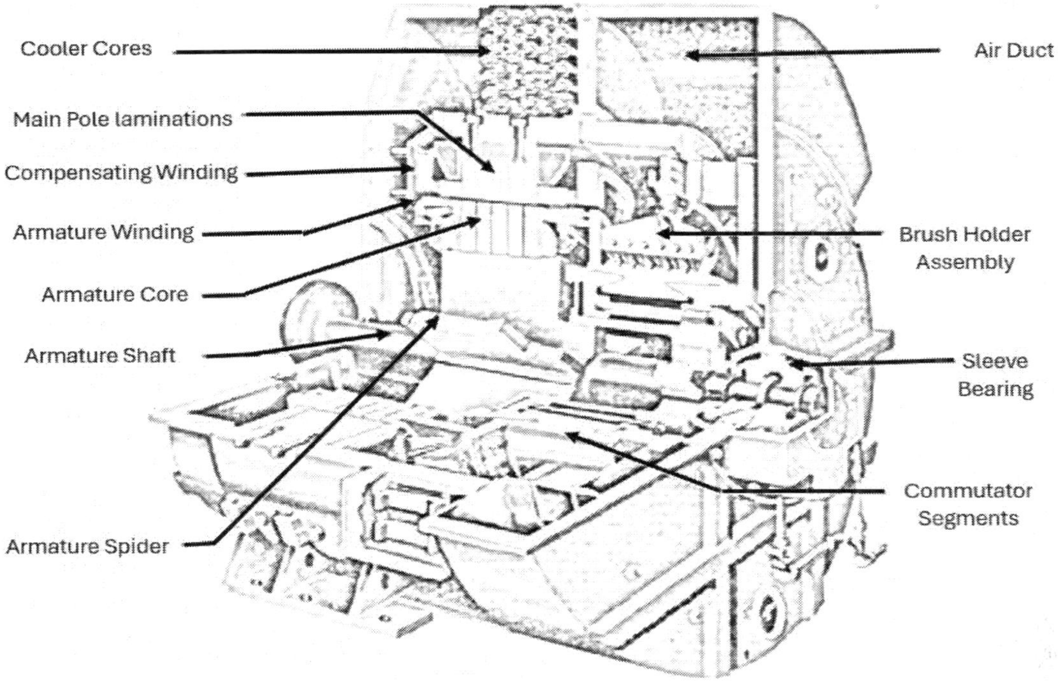

Abbildung 60: Schnittansicht des Westinghouse-Hauptgenerators [144].

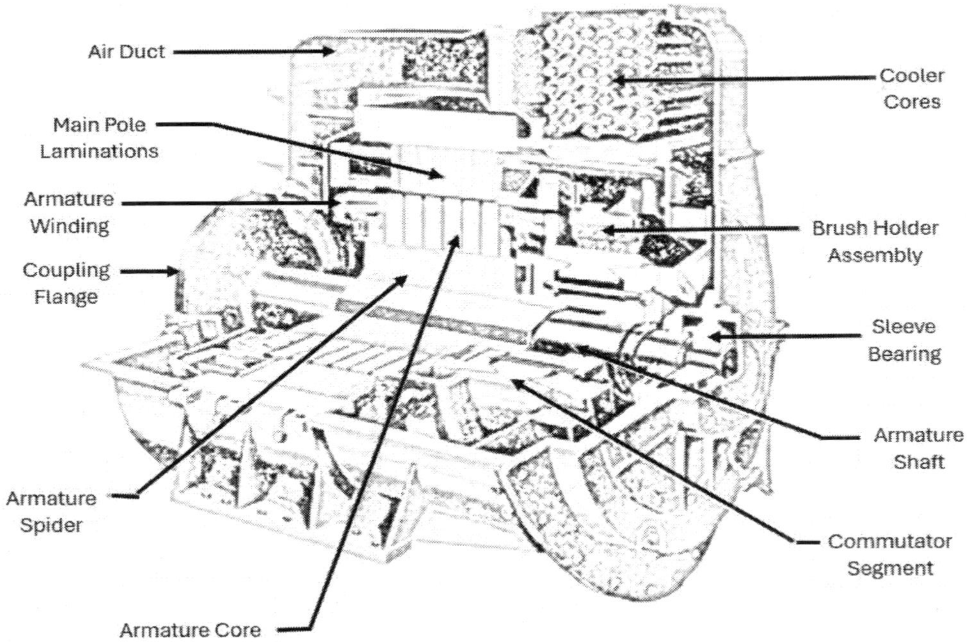

Abbildung 61: Schnittansicht des Westinghouse-Hilfsgenerators [144].

Generatorkühlung

Kühlung ist auf einem U-Boot unerlässlich, da verschiedene Komponenten während des Betriebs Wärme erzeugen. Zu den Hauptquellen der Wärme gehören die Dieselmotoren (oder in einigen Fällen Kernreaktoren), der Antriebsmotor und elektrische Ausrüstungen. Eine effektive Kühlung stellt sicher, dass diese Komponenten innerhalb ihrer vorgesehenen Temperaturbereiche arbeiten, um Schäden zu verhindern und die Einsatzfähigkeit des U-Bootes zu erhalten. Im Folgenden wird genauer erläutert, welche Komponenten gekühlt werden müssen, warum dies wichtig ist und wie Kühlsysteme ausgelegt sind, um diese Anforderungen zu erfüllen [145]:

Komponenten, die Kühlung erfordern

- **Dieselgenerator:**
    - Auf diesel-elektrischen U-Booten ist der Dieselgenerator eine der primären Energiequellen. Er wandelt die vom Motor erzeugte mechanische Energie in Strom um, der dann in Batterien gespeichert wird, um im getauchten Zustand genutzt zu werden. Während des Betriebs erzeugt der Dieselmotor eine erhebliche Menge an Wärme, die abgeführt werden muss, um eine Überhitzung zu verhindern. Eine effiziente Kühlung ist notwendig, um den Generator zuverlässig laufen zu lassen.
- **Antriebsmotor:**
    - Der Antriebsmotor treibt den Propeller oder den Pumpstrahl des U-Bootes an und sorgt für den Schub zur Fortbewegung. Während des Betriebs erzeugt der Motor Wärme aufgrund von elektrischen Verlusten und Reibung. Ohne ausreichende Kühlung könnte der Motor überhitzen, was zu einem kompletten Antriebsausfall führen könnte und die Einsatzfähigkeit des U-Bootes erheblich einschränken würde.
- **Elektrische Schaltschränke und Bordeinrichtungen:**
    - Verschiedene elektrische Systeme an Bord des U-Bootes, wie Waffenkontrollsysteme, Navigationsausrüstung, Kommunikationssysteme und Lebenserhaltungseinrichtungen, erzeugen ebenfalls Wärme. Die Kühlung ist notwendig, um diese Systeme betriebsbereit zu halten, insbesondere in den beengten Räumen eines U-Bootes. Das Risiko von Wasserkontakt mit elektrischen Komponenten wird durch den Einsatz vollständig geschweißter Titankühlkomponenten, die korrosionsbeständig und leckagefrei sind, minimiert.

Bedeutung der Kühlung

Kühlung ist entscheidend für die Funktionsfähigkeit und Langlebigkeit wichtiger Komponenten. Wenn Teile wie der Generator, der Motor oder die elektrischen Schaltschränke ihre maximalen Betriebstemperaturen überschreiten, könnten sie dauerhafte Schäden erleiden oder weniger effizient arbeiten. In Notsituationen oder militärischen Operationen könnte ein Ausfall des Kühlsystems katastrophal sein und die Manövrierfähigkeit, das Ausweichen vor Entdeckung oder das Erfüllen der Mission gefährden. Daher sind U-Boote mit hocheffizienten Kühlsystemen ausgestattet, die Wärme unter verschiedenen Betriebsbedingungen effektiv bewältigen.

Auslegung des Kühlsystems

U-Boot-Kühlsysteme verwenden typischerweise Finnenrohr-Wärmetauscher, ähnlich wie Autokühler, jedoch in größerem Maßstab. Als Kühlmittel dient Wasser, das an Bord destilliert wird, um Salz und andere Verunreinigungen zu entfernen und es als Kühlmittel geeignet zu machen. Dieses Kühlwasser wird durch die Wärmetauscher zirkuliert, wo es Wärme von den Komponenten aufnimmt und dann an das umliegende Meerwasser abgibt [145].

- **Kühlaggregate und Rohrdesign:**
  - Kühlaggregate können in Einzel- oder Doppelrohr-Designs ausgeführt sein. Einzelrohreinheiten werden oft bevorzugt, da sie leichter sind, was bei U-Booten, wo Gewichtsreduzierung von Bedeutung ist, eine Rolle spielt. Das Kühlsystem muss auch in den begrenzten Raum des röhrenförmigen U-Boot-Rumpfes passen, was oft maßgefertigte Kühler erfordert, um den Raum optimal zu nutzen.
- **Materialauswahl:**
  - Historisch wurden Kühlaggregate aus Kupfer-Nickel-Legierungen gefertigt, aber moderne Designs verwenden Titan. Titan bietet Gewichtsvorteile, ausgezeichnete Korrosionsbeständigkeit und Langlebigkeit, die in der rauen Meeresumgebung von entscheidender Bedeutung sind.
- **Größen- und Zugänglichkeitsüberlegungen:**
  - Platz auf einem U-Boot ist knapp, und jede Komponente muss so kompakt wie möglich sein. Ersatzteile müssen außerdem durch die Luken des U-Bootes passen, die typischerweise einen Durchmesser von etwa 1 Meter haben. Daher sind die Kühler so konstruiert, dass sie in kleinere Teile zerlegt werden können, um einen einfachen Transport und die Installation zu ermöglichen.
  - In kleinere Teile zerlegt, um einfachen Transport und Installation zu ermöglichen.

Redundanz und Ausfallmodi

In militärischen U-Booten wird Redundanz in das Kühlsystem integriert, um den Betrieb auch bei einem Ausfall eines Teils des Systems sicherzustellen. Dies beinhaltet die Planung für verschiedene Ausfallmodi, wie Notabschaltungen, Lüfterausfälle oder reduzierte Wasserzufuhr aufgrund von Pumpenstörungen [145].

- **Tandem-Motoren und Kühlungs-Redundanz:**
  - U-Boote verwenden oft Tandem-Motoren mit zwei Kühlern pro Motor. Jeder Kühler ist als „100%-Kühler" ausgelegt, was bedeutet, dass er die gesamte Kühlleistung des Motors alleine bewältigen kann. Diese Redundanz gewährleistet, dass bei einem Ausfall eines Kühlers der andere weiterhin die erforderliche Kühlleistung aufrechterhalten kann.
- **Notfallmaßnahmen:**
  - Zusätzliche Kühlmaßnahmen umfassen Optionen zur Luftkühlung, bei denen Türen geöffnet werden können, um externe Luft zur Temperaturregelung zu nutzen. Das Design berücksichtigt suboptimale Bedingungen, wie verringerte Kühlwasserzufuhr oder teilweisen Geräteausfall, um die Funktionsfähigkeit des Systems aufrechtzuerhalten.

Herausforderungen im Systemdesign

- **Optimierung von Gewicht und Platz:**
  - Angesichts des begrenzten Platzes und der Notwendigkeit, das Gewicht eines U-Boots zu minimieren, werden die Komponenten des Kühlsystems so kompakt und leicht wie möglich gestaltet.

Die Verwendung von leichteren Materialien wie Titan und die Optimierung der Form der Kühleinheiten, um in den Rumpf des U-Boots zu passen, tragen dazu bei, dieses Ziel zu erreichen.

- **Anpassung und Individualisierung:**
    - Die Kühlsysteme werden basierend auf den Anforderungen des Kunden angepasst, die spezifische Ausfallmodi oder betriebliche Notfälle umfassen können. Der Designprozess beinhaltet oft eine enge Zusammenarbeit mit den Kunden, um sicherzustellen, dass die Ausrüstung alle Spezifikationen erfüllt und unter verschiedenen Betriebsbedingungen standhält.

Kühlung ist ein kritisches System auf U-Booten, das die Leistung und Sicherheit des Fahrzeugs beeinflusst. Es sorgt dafür, dass wesentliche Komponenten wie der Dieselgenerator, der Antriebsmotor und elektrische Systeme innerhalb sicherer Temperaturgrenzen betriebsfähig bleiben. Mit sorgfältig gestalteten Redundanzen, hochwertigen Materialien wie Titan und maßgeschneiderten Layouts werden Kühlsysteme für U-Boote entwickelt, um den einzigartigen Herausforderungen von Unterwasserumgebungen gerecht zu werden und gleichzeitig Raum, Gewicht und Betriebseffizienz zu optimieren.

Hauptmotoren

Die Hauptmotoren von U-Booten sind entscheidende Komponenten, die die Propeller antreiben und sowohl an der Oberfläche als auch im getauchten Zustand für Bewegung sorgen. Diese Motoren sind in verschiedenen Ausführungen erhältlich, darunter Motoren mit Getriebe und Direktantrieb. Sie müssen robust und zuverlässig sein, da sie unter schwierigen Bedingungen unter Wasser arbeiten. Hier ist eine detaillierte Erklärung ihrer Konstruktion und Funktionsweise [144]:

Getriebe-Hauptmotoren

Design und Struktur

Getriebe-Hauptmotoren sind Zweidraht-Gleichstrom-(DC)-Reihenschlussmotoren, die mit mehreren Feldwicklungen ausgestattet sind, einschließlich Shunt-, Serien-, Kommutierungs- und Kompensationswicklungen. Diese Wicklungen ermöglichen einen stabilen und effizienten Betrieb des Motors unter verschiedenen Bedingungen. Das Shuntfeld wird über den Erregerbus separat erregt, der über die Batterien des U-Bootes mit Strom versorgt wird und so eine bessere Kontrolle über die Leistung des Motors bietet. Die Motoren sind unterhalb des Feldrahmens wasserdicht und oberhalb wassergeschützt ummantelt, was die Haltbarkeit in der getauchten Umgebung des U-Bootes gewährleistet. Die Kühlung erfolgt über einen Lüfter, der an der Ankerwelle befestigt ist und Luft durch Kerne leitet, die durch zirkulierendes Wasser gekühlt werden.

Betrieb und Steuerung

Die Motoren haben eine Hochgeschwindigkeitsausführung und können bis zu etwa 1370 PS (Pferdestärken) bei 415 Volt und 1300 Umdrehungen pro Minute (U/min) erzeugen. Sie können durch ein Steuerungssystem, bekannt als Hauptsteuerwürfel, in verschiedenen Reihen- oder Parallelkombinationen geschaltet werden. Diese Flexibilität ermöglicht präzise Geschwindigkeitsanpassungen sowohl im Überwasser- als auch im Unterwasserbetrieb. An der Oberfläche wird die Geschwindigkeitssteuerung durch Anpassung der Generatorspannung und des Shuntfeldes gesteuert, während sie unter Wasser durch Veränderung des Shuntfeldes des Motors oder durch Änderung der Serien- und Parallelkombinationen der Motoren reguliert wird. Die Fähigkeit, den Stromfluss durch den Motoranker umzudrehen, ermöglicht es dem U-Boot zudem, die Richtung zu ändern.

Schlüsselkomponenten

Die Komponenten der Getriebe-Hauptmotoren, wie Kommutator, Anker, Ankerwicklungen, Bürstenhalterung und Feldrahmen, ähneln denen der Hauptgeneratoren eines U-Bootes. Lager spielen eine entscheidende Rolle bei der Unterstützung der Ankerwelle. Es werden geteilte Hülsenlager verwendet, die in sicheren Gehäusen untergebracht sind, um ein Auslaufen von Öl zu verhindern. Diese Lager werden durch Öl geschmiert, das durch eine Pumpe geliefert wird, die mit den Reduktionsgetrieben verbunden ist.

Schmier- und Kühlsysteme

Schmiersystem

Die Lager des Motors werden durch eine zahngesteuerte Ölpumpe geschmiert, die für einen reibungslosen Betrieb unerlässlich ist. Wenn die Drehzahl der Propellerwelle unter 38 U/min fällt, wird eine Ersatzpumpe aktiviert, um ausreichend Öldruck für die Lager und Reduktionsgetriebe bereitzustellen. Der Ölfluss wird sorgfältig überwacht, mit Sicherheitsmechanismen wie Schaugläsern und Überlaufsystemen, um übermäßigen Druck oder Überflutungen zu verhindern. Das Schmiersystem enthält außerdem Luftkammern, um die Bildung eines Vakuums um die Welle zu verhindern, was sicherstellt, dass Öl aus dem Motorinneren abfließen kann.

Kühlsysteme

Die Kühlung der Hauptmotoren erfolgt durch die Zirkulation von Luft durch wassergekühlte Einheiten, ähnlich wie bei den Hauptgeneratoren. Bei bestimmten Motoren, wie denen von Allis-Chalmers, sind die Kühlgeräte in Abschnitte unterteilt, die den größten Teil der Außenfläche des Motors abdecken. Diese Anordnung sorgt dafür, dass Wärme effektiv abgeführt wird, selbst bei kontinuierlichem Betrieb, und der Motor innerhalb sicherer Temperaturgrenzen bleibt. Eine ordnungsgemäße Kühlung ist entscheidend, da Überhitzung zu einer verringerten Effizienz oder Schäden an den Motorkomponenten führen kann.

Direktantriebsmotoren

Doppelarmatur-Design

In neueren U-Boot-Klassen wurden herkömmliche Hauptmotoren und Reduktionsgetriebe durch kompaktere und effizientere Doppelarmaturmotoren ersetzt, die direkt mit den Propellerwellen verbunden sind. Diese Motoren sind für eine höhere Leistung ausgelegt – bis zu 2700 PS pro Motor – was eine größere Antriebskraft ermöglicht. Jeder Motor hat zwei Anker und ist direkt auf der Propellerwelle montiert, je einer für die Steuerbord- und Backbordwellen. Dieses Design eliminiert den Bedarf an Zwischengetrieben, was den Kraftübertragungsprozess vereinfacht.

Betrieb und Steuerung

Doppelarmaturmotoren verfügen über eine ähnliche Feldwicklungsanordnung, bei der Shunt- und Serienwicklungen die notwendige Flexibilität im Betrieb bieten. Sie sind auch mit Kompensationswicklungen und Kommutierungspolen ausgestattet, um einen reibungslosen Stromfluss zu gewährleisten und Funkenbildung zu reduzieren. Die Kühlung erfolgt über einen quer montierten Wasserrohr-Luftkühler, und mechanische Luftfilter sorgen dafür, dass die zirkulierende Luft frei von Verunreinigungen bleibt. Bei langsamen Betriebsdrehzahlen kann der Motor ohne zusätzliche Kühlung funktionieren und somit Energie sparen.

Motorrahmen und Wellenkonstruktion

Der Rahmen eines Doppelarmaturmotors ist in einem Winkel von 11 Grad geteilt, was den Zugang und das Entfernen der Anker für Wartungszwecke erleichtert. Der Rahmen ist unterhalb der Teilung wasserdicht, sodass Kondenswasser oder Flüssigkeiten sicher aufgefangen und abgeleitet werden. Der Anker ist auf einer hohlgeschmiedeten Stahlwelle montiert, die an beiden Enden Lager für eine reibungslose Rotation enthält. Das vordere Ende der Welle ist mit einem Kingsbury-Schublager ausgestattet, das die Schubbelastung des Propellers aufnimmt und so einen stabilen Betrieb gewährleistet.

Lager und Wartung

Lagerkonstruktion und Wartung

Die in U-Boot-Motoren verwendeten Lager bestehen aus strapazierfähigen Materialien wie Gussstahl, ausgekleidet mit Babbitt, das eine verschleißfeste Oberfläche bietet, die den Hochgeschwindigkeitsbetrieb aushalten kann. Diese Lager sind mit geteilten Hülsen konstruiert, um einen einfachen Austausch und Wartung zu ermöglichen. Rillen in den Hülsen sorgen für eine ordnungsgemäße Ölzirkulation, die hilft, Wärme abzuführen und die Bildung von Ablagerungen zu verhindern. Präzisionswerkzeuge wie Tiefenmessgeräte und Brückenkaliber werden verwendet, um den Lagerverschleiß zu messen und sicherzustellen, dass neue Lager korrekt eingebaut werden.

Schublager und Wellenstabilität

Kingsbury-Schublager werden verwendet, um den Vorwärts- und Rückwärtsschub der Propeller zu bewältigen. Sie bestehen aus einem rotierenden Kragen und stationären Schuhen, die eine gleichmäßige Lastverteilung ermöglichen. Das Design erlaubt geringfügige Fehlstellungen, was entscheidend ist, um die Integrität des Antriebssystems bei wechselnden Lasten und Bedingungen zu erhalten. Diese Schublager sowie die Radiallager werden durch eine motorgetriebene Pumpe geschmiert, was einen reibungslosen Betrieb auch bei längeren Missionen gewährleistet.

Die Hauptmotoren von U-Booten, ob mit Getriebe oder Direktantrieb, spielen eine entscheidende Rolle bei der Umwandlung von elektrischer Energie in mechanischen Antrieb. Sie sind für Effizienz, Zuverlässigkeit und Wartungsfreundlichkeit konzipiert und nutzen fortschrittliche Kühl-, Schmier- und Steuersysteme, um optimale Leistung zu gewährleisten. Mit einer robusten Struktur und fortschrittlichen Feldwicklungsanordnungen bieten sie U-Booten die nötige Leistung für Hochgeschwindigkeitsoperationen und leise, langsame Manöver. Eine ordnungsgemäße Wartung dieser Motoren, insbesondere in Bezug auf Schmierung und Kühlung, ist entscheidend für die langfristige Einsatzfähigkeit von U-Booten in herausfordernden Unterwasserumgebungen.

Elektrische Systeme von nuklearbetriebenen U-Booten

Das Design der elektrischen Systeme in nuklearbetriebenen U-Booten ist eine komplexe und vielschichtige Aufgabe, die verschiedene Technologien integriert, um eine effiziente Stromerzeugung, -verteilung und -verwaltung zu gewährleisten. Im Zentrum dieses Designs steht das nukleare Antriebssystem, das typischerweise Druckwasserreaktoren (PWR) verwendet, um Dampf für die Turbinenantriebe zu erzeugen. Die elektrischen Systeme müssen den hohen Leistungsbedarf für den Antrieb, die Bordsysteme und die Hilfsausrüstung erfüllen, während gleichzeitig Sicherheit und Zuverlässigkeit unter extremen Bedingungen gewährleistet werden.

Nuklearbetriebene U-Boote nutzen eine Vielzahl von elektrischen Verteilungssystemen, darunter sowohl Wechselstrom- (AC) als auch Gleichstromkonfigurationen (DC). Die Wahl zwischen diesen Systemen wird von Faktoren wie Effizienz, Gewicht und den spezifischen betrieblichen Anforderungen des U-Bootes beeinflusst. Studien haben gezeigt, dass DC-Systeme Vorteile hinsichtlich reduzierter elektrischer Verluste und verbesserter Kabelgewichtseffizienz bieten, was in den beengten Verhältnissen eines U-Bootes entscheidend ist [146]. Darüber hinaus wurde die Integration modularer Bleibismut-Schnellreaktoren untersucht, um die Sicherheit und Effizienz von nuklearen Antriebssystemen zu verbessern, was eine robuste Stromquelle für elektrische Systeme darstellt [147]. Die Systeme umfassen:

1. Stromerzeugung

Die primäre Stromquelle eines nuklearbetriebenen U-Bootes ist der Kernreaktor. Der Reaktor erzeugt durch Kernspaltung Wärme, die zur Dampferzeugung genutzt wird. Dieser Dampf wird dann zu Dampfturbinen geleitet, die Generatoren zur Stromerzeugung antreiben.

- **Kernreaktor**: Der an Bord befindliche Reaktor ist typischerweise ein Druckwasserreaktor (PWR), der hoch angereichertes Uran als Brennstoff verwendet. Er erzeugt durch kontrollierte Kernspaltung eine erhebliche Menge an Wärme. Diese Wärme wird an einen Primärkühlkreislauf mit unter Druck stehendem Wasser übertragen, um das Sieden zu verhindern.

- **Dampferzeugung**: Die Wärme aus dem Primärkreislauf wird über Dampferzeuger an einen Sekundärkreislauf übertragen. Im Sekundärkreislauf wird das Wasser in Dampf umgewandelt, der die Dampfturbinen antreibt.

- **Dampfturbinen und Generatoren**: Die Dampfturbinen sind mit Generatoren verbunden, die elektrische Energie erzeugen. In einem nuklearbetriebenen U-Boot können mehrere Turbinen und Generatoren verwendet werden, um Redundanz sicherzustellen und unterschiedliche Leistungen für verschiedene Systeme bereitzustellen.

2. Elektrisches Verteilungssystem

Die erzeugte elektrische Energie wird über ein komplexes Verteilungsnetzwerk im gesamten U-Boot verteilt, das sowohl Wechselstrom- (AC) als auch Gleichstromsysteme (DC) unterstützt.

- **Hauptverteiler**: Die von den Turbinen erzeugte Energie wird an einen Hauptverteiler geleitet, der als Kontrollzentrum für die Verteilung der Elektrizität an verschiedene Systeme fungiert. Er steuert den Stromfluss und leitet ihn an verschiedene Stromkreise weiter, darunter Antrieb, Lebenserhaltung, Waffensysteme und Hilfssysteme.

- **AC- und DC-Stromsysteme**: Nuklearbetriebene U-Boote verwenden sowohl AC- als auch DC-Strom. Wechselstrom wird typischerweise für allgemeine Systeme wie Beleuchtung, Heizung und Belüftung verwendet, während Gleichstrom für kritische Operationen wie Waffensysteme, Batterieaufladung und elektrischen Antrieb genutzt wird.

- **Redundante Strompfade**: Das elektrische Verteilungsnetzwerk ist mit mehreren redundanten Strompfaden ausgestattet, um den unterbrechungsfreien Betrieb wichtiger Systeme zu gewährleisten. Bei einem Ausfall in einem Teil des Netzwerks kann der Strom weiterhin über alternative Routen geliefert werden.

3. Integration des Antriebssystems

Elektrizität ist für das Antriebssystem von Atom-U-Booten unerlässlich, da die Antriebsmotoren elektrisch betrieben werden. Das elektrische Design ermöglicht eine präzise Steuerung der Geschwindigkeit und Manövrierfähigkeit des U-Boots.

- **Elektrische Antriebsmotoren**: Der durch Dampf erzeugte Strom wird genutzt, um große elektrische Antriebsmotoren anzutreiben, die den Propeller oder Pump-Jet des U-Boots drehen. Diese Motoren liefern das Drehmoment direkt an die Antriebswelle und ermöglichen sowohl Hochgeschwindigkeits- als auch Niedriggeschwindigkeitsbetrieb.
- **Variable Geschwindigkeitsregelung**: Die Antriebsmotoren können in verschiedenen Geschwindigkeiten betrieben werden, was dem U-Boot ermöglicht, durch Betrieb mit niedriger Geschwindigkeit geräuscharm zu agieren oder bei Bedarf schnelle Manöver durchzuführen. Die variable Geschwindigkeit wird durch die Anpassung von Spannung und Stromstärke erreicht.
- **Direktantrieb und Reduktionsgetriebesysteme**: Einige U-Boote verwenden eine Direktantriebskonfiguration, bei der der Antriebsmotor direkt mit der Propellerwelle verbunden ist. Andere verwenden Reduktionsgetriebe, um die hohe Motordrehzahl an die niedrigere Drehzahl des Propellers anzupassen.

4. Batteriesysteme und Notstromversorgung

Auch in Atom-U-Booten spielen Batteriesysteme eine entscheidende Rolle, indem sie bei einem Notfall oder einem Reaktorausfall als Notstromquelle dienen.

- **Batteriebänke**: Große Batteriebänke dienen als Notstromquellen und können bei einem Ausfall der Hauptstromversorgung Elektrizität für wichtige Systeme liefern. Die Batterien werden auch während des „Silent Running" verwendet, wenn das U-Boot zur Geräuschminimierung ohne Reaktor operiert.
- **Lademechanismus**: Die Batterien werden mit Strom aus den Turbinen des Atomreaktors geladen. Sie werden stets voll geladen gehalten, um im Notfall einsatzbereit zu sein.
- **Automatisches Umschalten**: Bei Stromausfall kann das elektrische System automatisch von der Hauptstromversorgung auf Batteriestrom umschalten, um den kontinuierlichen Betrieb kritischer Systeme wie Lebenserhaltung, Kommunikation und Navigation sicherzustellen.

5. Hilfsstromsysteme

Das elektrische System unterstützt auch Hilfsstromquellen und -geräte, um den kontinuierlichen Betrieb unter verschiedenen Bedingungen zu gewährleisten.

- **Notdieselgeneratoren**: Atom-U-Boote sind oft mit Notdieselgeneratoren ausgestattet, die bei Reaktorwartungen oder einem Reaktorausfall Strom liefern können. Diese Generatoren werden auch zum Laden der Batterien verwendet, wenn der Reaktor nicht in Betrieb ist.
- **Tragbare Stromaggregate**: Einige U-Boote sind mit tragbaren Stromaggregaten oder Hilfsstromquellen ausgestattet, die im Notfall bestimmte Geräte oder Systeme mit Strom versorgen können.

6. Energiemanagement und Lastverteilung

Effektives Energiemanagement ist auf U-Booten entscheidend, um den Stromverbrauch zu optimieren und sicherzustellen, dass kritische Systeme ausreichend mit Energie versorgt werden.

- **Lastabwurf**: Im Falle eines Strommangels oder Systemausfalls können nicht wesentliche Systeme automatisch oder manuell abgeschaltet werden, um die Energie für wesentliche Funktionen wie Antrieb, Lebenserhaltung und Waffensysteme zu priorisieren.
- **Überwachung und Steuerung**: Das elektrische System verfügt über Überwachungsgeräte, die Echtzeitdaten über den Stromverbrauch, den Batteriestatus und die Generatorleistung liefern. Betreiber können diese Informationen nutzen, um die Stromverteilung effizient zu steuern.

7. Elektrische Isolierung und Sicherheit

Bei den elektrischen Systemen auf U-Booten werden besondere Maßnahmen ergriffen, um elektrische Gefahren zu vermeiden und die Sicherheit in der Unterwasserumgebung zu gewährleisten.

- **Wasserdichte Verkabelung und Anschlüsse**: Alle elektrischen Leitungen und Anschlüsse sind wasserdicht, um Kurzschlüsse und Korrosion durch Feuchtigkeit zu verhindern. Die Verkabelung ist mit Materialien isoliert, die das Eindringen von Wasser und den Druck widerstehen.
- **Erdung und Abschirmung**: Elektrische Systeme sind ordnungsgemäß geerdet, um Stromschläge und elektromagnetische Interferenzen zu vermeiden. Abschirmungen werden verwendet, um das Risiko von Signalstörungen durch externe Quellen zu minimieren.
- **Schutz von Stromkreisen**: Sicherungen, Schutzschalter und Überspannungsschutzgeräte sind im gesamten elektrischen Netzwerk installiert, um Geräte vor Überstrom, Spannungsspitzen und elektrischen Störungen zu schützen.

8. Kühlung und Wärmemanagement

Elektrische Geräte erzeugen Wärme, insbesondere in den beengten Räumen eines U-Bootes. Eine effektive Kühlung ist notwendig, um optimale Betriebstemperaturen aufrechtzuerhalten.

- **Luft- und Wasserkühlsysteme**: Elektrische Geräte werden durch Luft- und Wassersysteme gekühlt. Kühlwasser wird aus dem Ozean entnommen, destilliert und zirkuliert, um Generatoren, Antriebsmotoren und andere wärmeerzeugende Komponenten zu kühlen.
- **Wärmetauscher**: Wärmetauscher übertragen überschüssige Wärme von den elektrischen Systemen auf das Kühlwasser. Dies hält die Temperaturen im sicheren Bereich und verhindert eine Überhitzung.
- **Belüftungssysteme**: Belüftungssysteme werden ebenfalls eingesetzt, um die Luftzirkulation um elektrische Komponenten aufrechtzuerhalten, die Wärme abzuleiten und eine stabile Betriebsumgebung zu gewährleisten.

9. Integration mit Navigations- und Kommunikationssystemen

Das elektrische System versorgt auch Navigations- und Kommunikationsausrüstung, die für den Betrieb eines U-Boots unerlässlich ist.

- **Sonar- und Radarsysteme**: Elektrische Energie wird zur Steuerung von Sonaranlagen, Radarsystemen und anderen Detektionsgeräten verwendet. Diese Systeme helfen dem U-Boot, Unterwasser- und Oberflächenobjekte zu erkennen, was zur Navigation und Situationsbewusstsein beiträgt.
- **Interne Kommunikationssysteme**: Elektrische Systeme unterstützen Gegensprechanlagen, Telefone und interne Netzwerke, die die Kommunikation unter den Besatzungsmitgliedern und die Koordination der Abläufe ermöglichen.

10. Stealth-Überlegungen

Stealth ist ein entscheidender Faktor im U-Boot-Design, und die elektrischen Systeme sind so konzipiert, dass sie akustische und elektromagnetische Signaturen minimieren.

- **Silent Running**: Beim "Silent Running" minimiert das U-Boot die Geräuschentwicklung, indem die Geschwindigkeit der elektrischen Antriebsmotoren reduziert und nicht wesentliche Systeme abgeschaltet werden. Das elektrische System muss den geräuscharmen Betrieb unterstützen, während es weiterhin die wesentlichen Geräte mit Strom versorgt.
- **Reduktion der elektromagnetischen Signatur**: Um eine Entdeckung durch feindliche Sensoren zu vermeiden, sind elektrische Komponenten so ausgelegt, dass sie elektromagnetische Emissionen begrenzen. Dies wird durch ordnungsgemäße Abschirmung und Erdung erreicht.

Die elektrische Architektur eines Atom-U-Boots umfasst in der Regel eine Kombination aus Hochspannungs-Gleichstromsystemen (HVDC) und herkömmlichen Wechselstromsystemen (AC). HVDC-Systeme bieten insbesondere bei der Übertragung von Strom über lange Strecken erhebliche Vorteile, da sie die Verluste minimieren, die bei Wechselstromsystemen auftreten [148]. Darüber hinaus wird die Implementierung von Energiespeicherlösungen wie Lithium-Ionen-Batterien untersucht, um Notstrom zu gewährleisten und die betriebliche Flexibilität zu erhöhen. Das Wärmemanagement solcher Batterien ist jedoch entscheidend, da thermisches Durchgehen in den beengten Räumen eines U-Boots erhebliche Risiken darstellen kann [111].

Die Einbindung von HVDC-Systemen in die elektrische Architektur von U-Booten bietet erhebliche Vorteile, insbesondere in Bezug auf die Energieübertragungseffizienz. HVDC ist für die Übertragung von Strom über lange Strecken effizienter als herkömmliche Wechselstromsysteme, da es die Verluste, die bei der Übertragung von Wechselstrom durch Widerstand und Blindleistung entstehen, minimiert. Für ein U-Boot ist diese erhöhte Effizienz entscheidend, da sie eine effektivere Verteilung der Energie über das gesamte Schiff ermöglicht, ohne dass erhebliche Energieverluste auftreten. HVDC kann für hochbelastete Systeme wie Antriebsmotoren und wichtige Bordausrüstungen verwendet werden, was sicherstellt, dass elektrische Energie so effizient wie möglich genutzt wird.

In einem Atom-U-Boot, wo der Platz begrenzt ist und Systeme unter schwierigen Bedingungen betrieben werden müssen, reduziert die Effizienz von HVDC die Notwendigkeit für große und sperrige Transformatoren, die normalerweise für Wechselstromsysteme erforderlich sind. Dieser platzsparende Aspekt ermöglicht kompaktere elektrische Konfigurationen und schafft Platz für andere wichtige Ausrüstungen. Darüber hinaus ist HVDC weniger anfällig für elektromagnetische Interferenzen, was für die Stealth-Operationen eines U-Boots von Bedeutung ist.

Während HVDC in bestimmten Anwendungen vorteilhaft ist, spielen herkömmliche Wechselstromsysteme weiterhin eine wichtige Rolle in der elektrischen Architektur von U-Booten. Wechselstrom wird für viele Standard-Bordsysteme wie Beleuchtung, Belüftung, Heizung und Hilfsausrüstungen sowie für die Integration herkömmlicher elektrischer Komponenten verwendet. Wechselstrom wird auch in Systemen eingesetzt, bei denen eine variable Geschwindigkeitsregelung erforderlich ist, wie z. B. bei elektrischen Antriebsmotoren und bestimmten Hilfssystemen.

Die Kombination aus HVDC- und Wechselstromsystemen ermöglicht eine vielseitige und anpassbare elektrische Infrastruktur. Energiemanagementsysteme können je nach den spezifischen Anforderungen der verschiedenen Geräte zwischen Wechselstrom und Gleichstrom umwandeln. Dieser hybride Ansatz stellt sicher, dass sowohl eine hocheffiziente Energieübertragung als auch die Kompatibilität mit herkömmlichen Wechselstrom-betriebenen Geräten aufrechterhalten werden.

Die Energiespeicherung ist ein wesentlicher Bestandteil der elektrischen Systeme von U-Booten, insbesondere um Notstrom bereitzustellen und die betriebliche Flexibilität des U-Boots zu verbessern. Lithium-Ionen-Batterien werden in modernen U-Booten zunehmend untersucht und implementiert, da sie im Vergleich zu herkömmlichen Blei-Säure-Batterien eine höhere Energiedichte und eine längere Lebensdauer aufweisen. Diese Batterien können mehr Energie auf kleinerem Raum speichern, was in der beengten Umgebung eines U-Boots von großem Vorteil ist.

Durch die Integration von Lithium-Ionen-Batterien kann das U-Boot geräuschlos arbeiten, indem es gespeicherte elektrische Energie anstelle des Reaktors oder der Generatoren nutzt. Diese Fähigkeit zum geräuschlosen Betrieb ist für Tarnoperationen entscheidend, da sie den Lärm reduziert und das Risiko der Entdeckung minimiert. Zusätzlich können diese Batterien in Notfällen als Notstromquelle dienen und sicherstellen, dass wichtige Systeme wie Lebenserhaltung, Kommunikation und Navigation funktionsfähig bleiben, falls die Hauptstromquelle ausfällt.

Obwohl Lithium-Ionen-Batterien zahlreiche Vorteile bieten, stellt ihre Implementierung in U-Booten erhebliche Herausforderungen im Bereich des Wärmemanagements dar. In einem engen Raum wie einem U-Boot muss das Risiko eines thermischen Durchgehens – ein Zustand, bei dem die Temperatur der Batterie schnell ansteigt und zu Feuer oder Explosion führen kann – sorgfältig überwacht werden. Die geschlossene Umgebung verstärkt die Folgen eines solchen Vorfalls, was potenziell die Besatzung und die Integrität des U-Boots gefährdet.

Um diese Risiken zu mindern, sind fortschrittliche Wärmemanagementsysteme in die Batteriemodule integriert. Diese Systeme können aktive Kühllösungen wie flüssigkeitsgekühlte Mäntel um die Batteriezellen oder Phasenwechselmaterialien umfassen, die Wärme aufnehmen und ableiten. Zusätzlich überwachen Batteriesysteme kontinuierlich Temperatur-, Spannungs- und Stromwerte, um frühzeitig Anzeichen von thermischer Instabilität zu erkennen, was eine proaktive Steuerung und, falls erforderlich, die Isolierung problematischer Batteriezellen ermöglicht.

Die Integration von HVDC-, AC- und fortschrittlichen Energiespeichersystemen in die elektrische Architektur eines U-Boots ist eine komplexe Aufgabe, die sorgfältige Planung und Design erfordert. Das elektrische Steuersystem verwaltet den Energiefluss zwischen den HVDC- und AC-Netzwerken und stellt sicher, dass die Vorteile jedes Systems effektiv genutzt werden. Das Steuersystem überwacht auch die Lade- und Entladezyklen der Batterien, um die Leistung und Lebensdauer des Energiespeichersystems zu optimieren.

In dieser hybriden elektrischen Konfiguration wird HVDC typischerweise für große Stromübertragungsaufgaben verwendet, wie z. B. zur Versorgung des Antriebssystems oder anderer Hochleistungsgeräte. Gleichzeitig wird AC-Strom zur Unterstützung der Standard-Bordsysteme und der Hilfsfunktionen verteilt. Das elektrische Managementsystem des U-Boots wandelt den Strom nahtlos zwischen HVDC und AC um, je nach Bedarf, und stellt sicher, dass jede Komponente den richtigen Stromtyp erhält.

Darüber hinaus muss das Design der elektrischen Systeme die besonderen Betriebsbedingungen von U-Booten berücksichtigen, einschließlich der Auswirkungen von Meerwasser und Druck auf elektrische Komponenten. Fortgeschrittene Modellierungstechniken werden eingesetzt, um die Wechselwirkungen zwischen den verschiedenen Systemkomponenten zu simulieren, einschließlich der Auswirkungen von Meeresbedingungen auf die Reaktorleistung und die Wärmeregulierungssysteme [136]. Dieser multidisziplinäre Simulationsansatz hilft Ingenieuren, das Design der elektrischen Systeme zu optimieren, um während des Betriebs Belastbarkeit und Zuverlässigkeit zu gewährleisten.

Faktoren wie die Einwirkung von Meerwasser, extremer Druck in der Tiefe, Temperaturschwankungen und die Notwendigkeit der Tarnung beeinflussen die Designentscheidungen für elektrische Komponenten und die Systemarchitektur. Diese Bedingungen stellen einzigartige Herausforderungen dar, die in anderen Umgebungen nicht vorhanden sind, was das Design von elektrischen Systemen in U-Booten grundlegend von denen auf Überwasserschiffen oder landgestützten Anlagen unterscheidet.

Elektrische Systeme in U-Booten müssen robust genug sein, um den Auswirkungen von Meerwasser und hohen Drücken, die bei Unterwasseroperationen auftreten, standzuhalten. Da U-Boote in großen Tiefen operieren, kann der Druck auf den Rumpf und die Komponenten das Hundertfache des atmosphärischen Drucks erreichen, was zu potenzieller Kompression und Verformung von Materialien führen kann. Elektrische Komponenten, Verkabelungen und Anschlüsse müssen sorgfältig entworfen werden, um ein Versagen unter diesen extremen Bedingungen zu vermeiden.

Meerwasser, als hoch leitfähiges Medium, kann zu Kurzschlüssen und Korrosion führen, wenn es mit elektrischen Komponenten in Kontakt kommt. Um dem entgegenzuwirken, müssen alle elektrischen Komponenten gegen das Eindringen von Meerwasser abgedichtet und isoliert sein. Der Einsatz von spezialisierten Materialien, wie korrosionsbeständigen Legierungen und hochbelastbaren Isolierstoffen, stellt sicher, dass elektrische Systeme trotz längerer Einwirkung harter Unterwasserbedingungen funktionsfähig bleiben. Steckverbinder werden häufig mit fortschrittlichen Dichtungstechnologien wasserdicht gemacht, und Kabel sind mit Materialien ummantelt, die den korrosiven Auswirkungen von Salzwasser widerstehen können.

Um die Komplexität bei der Entwicklung von elektrischen Systemen für U-Boote zu bewältigen, verwenden Ingenieure fortschrittliche Modellierungstechniken, um die Wechselwirkungen zwischen den verschiedenen Systemkomponenten zu simulieren. Diese Simulationen berücksichtigen mehrere Faktoren, darunter die Verteilung der elektrischen Last, das Wärmemanagement, die Druckauswirkungen und mechanische Belastungen. Durch einen multidisziplinären Ansatz können Ingenieure genau vorhersagen, wie die elektrischen Systeme unter realen Bedingungen funktionieren werden.

Multidomain-Simulationswerkzeuge sind besonders nützlich, um zu bewerten, wie sich unterschiedliche Meeresbedingungen, wie Temperaturänderungen, Strömungen und Salzgehalt, auf die Reaktorleistung, die Stromverteilung und die Kühlsysteme auswirken. Zum Beispiel müssen die Wärmeregulierungssysteme eines U-Boots in der Lage sein, die optimalen Betriebstemperaturen für elektrische Komponenten trotz Schwankungen der Außentemperatur des Meerwassers aufrechtzuerhalten. Simulationen ermöglichen es Ingenieuren, den Wärmeübergang von elektrischen Komponenten zu den Kühlsystemen zu modellieren und die Platzierung und Gestaltung der Kühlaggregate zu optimieren, um Effizienz und Widerstandsfähigkeit sicherzustellen.

Die Leistung des Reaktors eines U-Boots ist eng mit dem Design des elektrischen Systems und dessen Fähigkeit, Wärme zu managen, verknüpft. Während eines Einsatzes eines Atom-U-Boots erzeugt der Reaktor eine erhebliche Menge an Wärme, die effektiv abgeführt werden muss, um Überhitzung und mögliche Schäden zu vermeiden. Die Kühlsysteme müssen die unterschiedlichen Bedingungen berücksichtigen, auf die ein U-Boot trifft, wie zum Beispiel die Veränderung der Meerwassertemperatur in verschiedenen Tiefen. Mit Hilfe fortschrittlicher Modellierungen können Ingenieure verstehen, wie der thermische Output des Reaktors mit den elektrischen Systemen des U-Boots und der Umgebung interagiert.

Wenn ein U-Boot beispielsweise tiefer taucht, kann der erhöhte Druck die Fließeigenschaften des Kühlmittels, das zur Wärmeabfuhr des Reaktors verwendet wird, beeinflussen. Dies wiederum kann die Effizienz der Wärmeaustauschprozesse beeinträchtigen und erfordert möglicherweise Anpassungen der Kühlparameter. Multidomain-Simulationen ermöglichen es Ingenieuren, diese Effekte im Detail zu untersuchen und elektrische Systeme zu entwickeln, die sich an wechselnde Bedingungen anpassen, ohne Sicherheit oder Leistung zu gefährden.

Das Ziel des Einsatzes fortschrittlicher Modellierungstechniken und multidisziplinärer Simulationen beim Design von elektrischen Systemen für U-Boote ist es, Widerstandsfähigkeit und Zuverlässigkeit während des Betriebs zu gewährleisten. Die Unterwasserumgebung ist gnadenlos, und selbst kleinere elektrische Ausfälle können schwerwiegende Folgen für die Sicherheit und den Erfolg einer Mission haben. Daher müssen die elektrischen Systeme so ausgelegt sein, dass sie unter widrigen Bedingungen funktionsfähig bleiben und sich schnell von Störungen erholen.

Durch die Simulation verschiedener Ausfallszenarien, wie Stromstöße, thermisches Durchgehen in Energiespeichersystemen oder Störungen der Kühlsysteme, können Ingenieure elektrische Architekturen entwickeln, die Redundanzen und ausfallsichere Mechanismen enthalten. Beispielsweise können Systeme über Notstromversorgungen, alternative Kühlwege und automatisierte Steuerungssysteme verfügen, die die Stromverteilung und Kühlung dynamisch anpassen, wenn Probleme erkannt werden. Diese Funktionen verbessern die Widerstandsfähigkeit der elektrischen Systeme des U-Boots und gewährleisten einen kontinuierlichen Betrieb auch unter herausfordernden Umständen.

Neben Antrieb und Stromverteilung umfassen die elektrischen Systeme in Atom-U-Booten auch ausgeklügelte Steuerungssysteme zur Überwachung und Verwaltung des Stromflusses. Diese Systeme sind darauf ausgelegt, sicherzustellen, dass kritische Lasten kontinuierlich mit Strom versorgt werden, insbesondere in Notfällen. Die Integration fortschrittlicher Sensoren und Überwachungstechnologien ermöglicht eine Echtzeitbewertung der Systemleistung, was eine proaktive Wartung und Minimierung des Ausfallrisikos ermöglicht [106].

Die elektrischen Systeme in Atom-U-Booten sind nicht nur für Antrieb und Stromverteilung von zentraler Bedeutung, sondern auch für das Management und die Kontrolle des Stromflusses zu verschiedenen Subsystemen. Dazu gehören hochentwickelte Steuerungssysteme, die essenziell für die Überwachung, Regelung und Priorisierung der elektrischen Stromverteilung sind, um sicherzustellen, dass alle kritischen Funktionen auch in Notfallsituationen betriebsbereit bleiben.

Vorausschauende Wartung basierend auf Echtzeitauswertungen verlängert auch die Lebensdauer kritischer elektrischer Komponenten und verbessert die Gesamtreliabilität des U-Boots. Dieser Ansatz ist besonders wichtig in der begrenzten und feindlichen Umgebung eines U-Boots, wo Reparaturmöglichkeiten eingeschränkt sind und

Systemausfälle schwerwiegende Folgen haben können. Fortgeschrittene Diagnose- und Überwachungssysteme tragen zu einer Wartungsstrategie bei, die die Betriebskosten senkt und die Einsatzbereitschaft verbessert, indem Notfallreparaturen minimiert werden.

In Atom-U-Booten ist die Fähigkeit, effektiv auf Notfallsituationen wie einen Reaktorstillstand oder ein Feuer im Maschinenraum zu reagieren, von entscheidender Bedeutung. Das elektrische Steuerungssystem spielt in solchen Szenarien eine zentrale Rolle, indem es die Stromflüsse automatisch anpasst, um sicherzustellen, dass alle wesentlichen Systeme weiterhin funktionieren. Zu den Notfallprotokollen des Systems gehören vordefinierte Reaktionen, die beschädigte Stromkreise isolieren, Notstromquellen aktivieren und Kühlprozesse einleiten, um bei elektrischen Störungen entstehende Hitze zu bewältigen.

Die Integration von Echtzeitüberwachung und intelligenten Steuermechanismen ermöglicht es dem U-Boot, unter widrigen Bedingungen einsatzfähig zu bleiben. Wenn beispielsweise eine Notfallsituation zu einem Stromausfall in einem Bereich des U-Boots führt, kann das Steuerungssystem dynamisch Strom aus anderen Bereichen umverteilen, um kritische Funktionen wie Antrieb, Sonar und Lebenserhaltung aufrechtzuerhalten. Diese Kontrolle wird durch fortschrittliche Algorithmen erreicht, die die elektrische Last ausgleichen und die Energieverteilung je nach Dringlichkeit der Situation priorisieren.

Die ausgeklügelten Steuerungssysteme in Atom-U-Booten verbessern nicht nur die Sicherheit und Widerstandsfähigkeit, sondern steigern auch die betriebliche Effizienz. Durch die Optimierung der Stromverteilung basierend auf den aktuellen Betriebsbedingungen des U-Boots kann das Steuerungssystem unnötigen Energieverbrauch reduzieren und die Betriebszeit auf gespeicherter Energie verlängern. Bei Niedrigstrombetrieben, wie zum Beispiel beim „Silent Running“ oder bei Aufklärungsmissionen, kann das Steuerungssystem die Stromversorgung für nicht essentielle Systeme einschränken und so Energie für wichtige Operationen sparen.

Darüber hinaus unterstützt die nahtlose Integration von Steuerungs-, Überwachungs- und Diagnosefunktionen einen reibungsloseren Betrieb, bei dem die elektrischen Systeme harmonisch zusammenarbeiten, um optimale Leistung zu erzielen. Diese Automatisierung ermöglicht es der Besatzung, sich auf missionskritische Aufgaben zu konzentrieren, ohne die Stromversorgung manuell anpassen oder den Systemstatus ständig überwachen zu müssen.

Elektrische Verkabelung

Die elektrische Verkabelung in U-Booten ist ein kritischer Bestandteil der Infrastruktur des Schiffs, der eine sichere, zuverlässige und effiziente Übertragung von Strom und Daten im gesamten U-Boot gewährleistet. Angesichts der einzigartigen Unterwasserumgebung müssen diese Kabel strenge Anforderungen an Isolierung, Haltbarkeit, Flexibilität und Widerstandsfähigkeit gegenüber schwierigen Bedingungen wie Druck, Feuchtigkeit, Vibrationen und elektromagnetischen Störungen erfüllen.

Materialauswahl und Konstruktion: U-Boot-Kabel werden in der Regel aus Materialien gefertigt, die eine hohe elektrische Isolierung und mechanische Festigkeit bieten und gleichzeitig korrosions- und seewasserbeständig sind. Die äußeren Hüllen bestehen häufig aus spezialisierten Polymeren wie vernetztem Polyethylen (XLPE) oder Ethylen-Propylen-Kautschuk (EPR), die einen hervorragenden Schutz vor Wassereintritt und Chemikalien bieten. Innen sind die Kabel mit Leitern aus Kupfer oder Aluminium ausgestattet, die aufgrund ihrer hohen Leitfähigkeit und Zuverlässigkeit ausgewählt werden.

Zum weiteren Schutz des Kabels, insbesondere in hochbelasteten Bereichen, kann das Design Schichten von Abschirmungen, Geflechten oder Panzerungen umfassen. Diese Schichten bieten zusätzlichen mechanischen Schutz gegen Abrieb und Quetschung und dienen auch dazu, die Auswirkungen von elektromagnetischen Störungen zu reduzieren, indem sie die inneren Leiter abschirmen.

Wasserdichtigkeit und Druckbeständigkeit: Da U-Boote in beträchtlichen Tiefen unter Wasser operieren, müssen die elektrischen Kabel in der Lage sein, hohem Außendruck standzuhalten. Um dies zu erreichen, sind Kabel oft mit mehreren Schichten Wasserdichtheit ausgestattet, die eine Kombination aus gummiartigen Dichtungen, wasserdichten Ummantelungen und wasserabweisenden Bändern oder Verbindungen innerhalb der Kabelstruktur umfassen.

Für Anwendungen mit hohem Druck, wie Tiefseeoperationen oder Kabel, die durch Druckrümpfe führen, werden die Kabel speziell mit dickerer Isolierung und verstärkter Konstruktion entwickelt, um sicherzustellen, dass sie wasserdicht bleiben und unter Druck zuverlässig funktionieren. Dieses druckbeständige Design verhindert Schäden oder elektrische Kurzschlüsse durch Wassereintritt, was die Einsatzfähigkeit des U-Boots beeinträchtigen könnte.

Flexibilität und Haltbarkeit: Die Verkabelung in U-Booten muss flexibel genug sein, um sich den engen Räumen und komplexen Verläufen im begrenzten Innenraum eines U-Boots anzupassen. Die Kabel sind so konstruiert, dass sie wiederholtes Biegen und Bewegen aushalten, ohne dass die Isolierung oder die Leiter Schaden nehmen. Beispielsweise können feindrähtige Leiter und flexible Isoliermaterialien verwendet werden, um einen besseren Biegeradius und eine höhere Widerstandsfähigkeit zu gewährleisten.

Haltbarkeit ist ein weiterer wichtiger Faktor, da die Kabel Abnutzung durch Vibrationen, mechanische Belastungen und die Bewegung anderer Komponenten widerstehen müssen. Die in U-Boot-Kabeln verwendeten Isoliermaterialien werden nicht nur aufgrund ihrer elektrischen Eigenschaften, sondern auch wegen ihrer Robustheit und Beständigkeit gegenüber langfristiger Einwirkung von Öl, Treibstoff und anderen potenziell schädlichen Substanzen ausgewählt.

Feuerbeständige und raucharme Materialien: Brandschutz ist in U-Booten aufgrund des begrenzten Raums und der eingeschränkten Evakuierungsmöglichkeiten von entscheidender Bedeutung. Daher werden elektrische Kabel in U-Booten häufig aus feuerbeständigen Materialien hergestellt, die hohen Temperaturen standhalten, ohne Feuer zu fangen. Darüber hinaus sind sie so konzipiert, dass sie im Brandfall nur wenig Rauch und giftige Dämpfe produzieren, um die Sichtverhältnisse zu erhalten und das Risiko schädlicher Exposition für die Besatzung zu minimieren.

Kabel mit geringem Rauch- und Halogengehalt (LSZH) werden häufig in U-Booten eingesetzt, da sie bei Brandeinwirkung keine korrosiven Gase abgeben, wodurch empfindliche elektronische Geräte geschützt und die Sicherheit der Besatzung gewährleistet wird.

Abschirmung und elektromagnetische Verträglichkeit (EMV): U-Boote beherbergen zahlreiche elektronische Systeme und Hochleistungsgeräte, die elektromagnetische Störungen (EMI) erzeugen können. Um die elektromagnetische Verträglichkeit (EMV) zu gewährleisten, werden elektrische Kabel häufig mit Metallfolien, Geflechten oder einer Kombination aus beidem abgeschirmt. Diese Abschirmung minimiert die elektromagnetischen Emissionen der Kabel und schützt die Kabel vor externen EMI, wodurch die Integrität der Strom- und Datenübertragung erhalten bleibt.

Eine ordnungsgemäße Erdung und Verbindung der Kabelabschirmung ist ebenfalls wichtig, um sicherzustellen, dass elektromagnetisches Rauschen sicher abgeleitet wird und keine Störungen bei empfindlichen elektronischen Systemen wie Sonar-, Radar- und Kommunikationsgeräten verursacht.

Farbkodierung und Identifizierung: In der elektrischen Verkabelung von U-Booten wird häufig eine Farbkodierung verwendet, um den Zweck und die Spannungsstufe der verschiedenen Kabel zu kennzeichnen. Dies erleichtert Wartungs-, Fehlerbehebungs- und Reparaturarbeiten, da Techniker schnell zwischen Strom-, Kommunikations-, Daten- und Steuerkabeln unterscheiden können. In einigen Fällen sind die Kabel auch mit Markierungen oder gedruckten Identifikatoren versehen, die ihre Funktion, Verläufe oder Anschlusspunkte anzeigen.

Verkabelungsverlegung und Installationsüberlegungen: Die Verlegung elektrischer Kabel in einem U-Boot ist aufgrund des begrenzten Platzes und der Notwendigkeit, Störungen mit anderen Geräten zu vermeiden, ein komplexer Prozess. Die Kabel werden typischerweise in speziellen Kabelkanälen oder Leitungen installiert, die Schutz und

Organisation bieten, während sie einen einfachen Zugang während der Wartung ermöglichen. Die Installation muss sicherstellen, dass die Kabel ausreichend gestützt werden, keine Engpässe entstehen und sie von potenziellen Wärmequellen oder physischen Schäden isoliert sind.

Kabelklemmen, -binder und -führungen werden verwendet, um die Kabel zu sichern und Vibrationen zu minimieren. In Bereichen, in denen Kabel durch Schotten oder Abteilungen führen, werden wasserdichte Kabeldurchführungen oder -durchlässe verwendet, um die Druckdichtigkeit des U-Boots aufrechtzuerhalten.

Prüfung und Zertifizierung: Vor der Installation werden U-Boot-Kabel strengen Tests unterzogen, um sicherzustellen, dass sie alle Sicherheits- und Leistungsstandards erfüllen. Zu den Tests gehören elektrische Widerstandsmessungen, Überprüfung der Isolationsintegrität, Druckfestigkeit, Flexibilität und Feuerbeständigkeit. Kabel werden oft zertifiziert, um militärischen oder maritimen Standards zu entsprechen, die die erforderlichen Eigenschaften für U-Boot-Anwendungen festlegen, wie z. B. MIL-SPEC oder DEF STAN im Vereinigten Königreich.

Die Standards für die Verkabelung von U-Booten basieren häufig auf militärischen oder maritimen Spezifikationen, die die Anforderungen an elektrische Komponenten und Systeme in Marineschiffen definieren. Diese Standards umfassen Richtlinien für Isolierung, Leiterwerkstoffe, Abschirmung, Feuerbeständigkeit und andere wesentliche Eigenschaften. Zu den gängigen Standards, die für die Verkabelung von U-Booten relevant sind, gehören:

- **MIL-SPEC (Military Specifications, Vereinigte Staaten)**: MIL-SPEC-Standards, wie MIL-DTL-24640 und MIL-DTL-915, bieten detaillierte Anforderungen für U-Boot-Kabel, einschließlich Konstruktion, Materialien, Isolierung, Spannungsbewertungen und Umweltbeständigkeit. Diese Spezifikationen stellen sicher, dass U-Boot-Kabel den strengen Anforderungen des militärischen Einsatzes gerecht werden.
- **DEF STAN (Defence Standards, Vereinigtes Königreich)**: Die britischen Defence Standards legen die Anforderungen an elektrische Systeme in U-Booten fest, einschließlich der Verkabelung. DEF STAN 61-12 beispielsweise behandelt die Spezifikationen für Kabel, die in Militärfahrzeugen und -schiffen, einschließlich U-Booten, verwendet werden, um eine ordnungsgemäße Isolierung, Feuerbeständigkeit und mechanische Robustheit zu gewährleisten.
- **NATO STANAGs (Standardization Agreements)**: NATO-Länder befolgen oft gemeinsame Standards für die Interoperabilität, einschließlich solcher für die Verkabelung von U-Booten. Diese Vereinbarungen legen Richtlinien für elektrische Verkabelungen fest, die die Kompatibilität und Zuverlässigkeit zwischen den Marineflotten verschiedener Nationen gewährleisten.
- **IEC-Standards (International Electrotechnical Commission)**: Einige Aspekte der U-Boot-Verkabelung können durch IEC-Standards geregelt sein, die internationale Richtlinien für elektrische Installationen auf Schiffen, einschließlich U-Booten, vorgeben. IEC 60092 ist beispielsweise ein Standard für elektrische Installationen auf Schiffen und behandelt Verkabelungsanforderungen.

MIL-DTL-24640 und **MIL-DTL-915** sind militärische Spezifikationen, die strenge Standards für U-Boot-Kabel festlegen, um deren Sicherheit, Zuverlässigkeit und Leistung unter schwierigen Bedingungen zu gewährleisten. Diese Standards sind entscheidend für Marineschiffe, einschließlich U-Booten, deren elektrische Systeme in einer engen, unter Druck stehenden Unterwasserumgebung zuverlässig funktionieren müssen.

MIL-DTL-24640 ist eine militärische Detail-Spezifikation, die die Anforderungen an leichte, raucharme Schiffskabel in Marineschiffen regelt. Diese Kabel sind so ausgelegt, dass sie spezifische betriebliche Anforderungen erfüllen, einschließlich hoher Feuerbeständigkeit, mechanischer Haltbarkeit und minimaler Rauchentwicklung.

Das geringe Gewicht dieser Kabel ist entscheidend, um das Gesamtgewicht von U-Booten zu reduzieren, was sich direkt auf ihre Leistung und Manövrierfähigkeit auswirkt [149]. Die raucharme Eigenschaft ist in Brandszenarien von großer Bedeutung, da sie die Rauch- und Giftgasemissionen minimiert und so die Sicht und Luftqualität in den engen Räumen eines U-Boots erhält [150]. Die Kabel bestehen aus Materialien, die die Flammenausbreitung hemmen und die Rauchentwicklung begrenzen, wobei typischerweise vernetztes Polyethylen (XLPE) für die Isolierung verwendet wird, das für seine flammenhemmenden Eigenschaften bekannt ist [151].

Die wichtigsten Merkmale der **MIL-DTL-24640**-Kabel sind:

- **Leichtbauweise und raucharmes Design**:
    - MIL-DTL-24640-Kabel sind speziell so konzipiert, dass sie leicht sind, um das Gesamtgewicht des U-Boots zu reduzieren, was ein entscheidender Faktor für das Design und die Leistung des Schiffs ist.
    - Die raucharme Eigenschaft stellt sicher, dass im Brandfall die Kabel nur minimalen Rauch und giftige Gase abgeben. Dies ist entscheidend, um die Sicht und Luftqualität in den engen Räumen eines U-Boots zu erhalten.
- **Materialanforderungen**:
    - Die Kabel bestehen typischerweise aus Materialien, die die Flammenausbreitung hemmen und die Rauchentwicklung begrenzen. Isolationsmaterialien wie vernetztes Polyolefin oder ähnliche Verbindungen werden häufig aufgrund ihrer flammenhemmenden Eigenschaften verwendet.
    - Die Außenhülle kann auch Materialien mit geringem Rauch- und Halogengehalt (LSZH) enthalten, um die Sicherheit zu erhöhen, indem sie bei Brandeinwirkung weniger giftige Gase freisetzt.
- **Umwelt- und mechanische Leistung**:
    - MIL-DTL-24640-Kabel sind so konstruiert, dass sie verschiedenen Umweltbedingungen standhalten, einschließlich Salzwassereinwirkung, hoher Luftfeuchtigkeit, Vibrationen und mechanischem Stress.
    - Die Kabel weisen eine robuste Konstruktion auf, um Abrieb, Quetschungen und andere physische Schäden zu widerstehen.
- **Spannungs- und Temperaturklassifizierung**:
    - Diese Kabel sind in verschiedenen Spannungswerten erhältlich, die typischerweise von 600 bis 1000 Volt reichen.
    - Sie sind auch dafür ausgelegt, in einem breiten Temperaturspektrum zu funktionieren, sowohl in hohen als auch niedrigen Temperaturumgebungen, die bei U-Boot-Einsätzen auftreten können.
- **Anwendungsgebiete**:
    - MIL-DTL-24640-Kabel werden in verschiedenen Anwendungen an Bord von Schiffen eingesetzt, einschließlich der Stromverteilung, Beleuchtung, Kommunikationssysteme und elektronischen Steuerkreise.

Darüber hinaus sind MIL-DTL-24640-Kabel so konstruiert, dass sie extremen Umweltbedingungen wie Salzwasser, hoher Luftfeuchtigkeit und mechanischem Stress standhalten. Ihre robuste Bauweise ermöglicht es ihnen, Abrieb und Quetschungen zu widerstehen, wodurch sie in der anspruchsvollen Unterwasserumgebung langlebig bleiben [152]. Die Kabel sind für Spannungen zwischen 600 und 1000 Volt ausgelegt und können in extremen Temperaturbereichen eingesetzt werden, die während U-Boot-Einsätzen auftreten können [153].

MIL-DTL-915 ist eine weitere militärische Spezifikation, die elektrische Kabel und Leitungen betrifft, die in Marine-Schiffsanwendungen verwendet werden. Im Gegensatz zu MIL-DTL-24640, das leichte und raucharme Merkmale betont, konzentriert sich MIL-DTL-915 auf universell einsetzbare Schiffskabel.

Diese Kabel sind vielseitig und für verschiedene Anwendungen geeignet, einschließlich der Stromverteilung, Beleuchtung und Steuerungssysteme an Bord von Marineschiffen [154]. Sie müssen den Flammenwiderstandsstandards entsprechen, um die Ausbreitung von Bränden zu verhindern, und sie erfüllen die Brandschutzanforderungen, obwohl die Spezifikationen möglicherweise nicht so streng sind wie die in MIL-DTL-24640 beschriebenen [155].

Der Aufbau der MIL-DTL-915-Kabel beinhaltet typischerweise Isolationsmaterialien wie Gummi, vernetztes Polyethylen (XLPE) oder Polyvinylchlorid (PVC), die einen ausreichenden Schutz vor physikalischen Schäden und

Umwelteinflüssen bieten [156]. Diese Kabel sind auch so konzipiert, dass sie mechanischen Belastungen und Umwelteinflüssen standhalten, was sie für ein breites Spektrum von Marineanwendungen geeignet macht [157].

Wichtige Aspekte der MIL-DTL-915 umfassen:

- **Universelles Design**:
  - MIL-DTL-915-Kabel sind für eine Vielzahl von universellen elektrischen Anwendungen an Bord von Schiffen ausgelegt, einschließlich Stromversorgung, Beleuchtung und Steuerungssysteme.
  - Obwohl sie möglicherweise nicht so stark auf Gewichtsreduktion ausgelegt sind wie die MIL-DTL-24640-Kabel, sind sie dennoch so konstruiert, dass sie hohen Anforderungen an Haltbarkeit und Leistung gerecht werden.
- **Flammenwiderstand und Brandsicherheit**:
  - Diese Kabel müssen ebenfalls den Flammenwiderstandsstandards entsprechen, um eine Ausbreitung von Bränden entlang des Kabels zu verhindern.
  - Sie müssen den Brandschutzanforderungen entsprechen, die die Rauch- und Giftgasemissionen begrenzen, auch wenn diese Anforderungen möglicherweise nicht so streng sind wie bei MIL-DTL-24640.
- **Konstruktion und Isolationsmaterialien**:
  - MIL-DTL-915-Kabel sind typischerweise mit Isolationsmaterialien wie Gummi, vernetztem Polyethylen (XLPE) oder Polyvinylchlorid (PVC) isoliert, abhängig von der Anwendung.
  - Die Außenmantelmaterialien werden so gewählt, dass sie einen ausreichenden Schutz vor physikalischen Schäden und Umwelteinflüssen bieten.
- **Spannungs- und Anwendungsbereich**:
  - Diese Kabel sind für eine Reihe von Spannungsanwendungen verfügbar, typischerweise bis zu 600 Volt.
  - Sie sind vielseitig einsetzbar und werden in verschiedenen schiffsbasierten Systemen verwendet, einschließlich der Stromverteilung, Kommunikationsschaltungen und Steuerverkabelung.
- **Mechanische und Umweltspezifikationen**:
  - MIL-DTL-915-Kabel müssen strenge mechanische Anforderungen erfüllen, einschließlich Abrieb-, Stoß- und Quetschfestigkeit.
  - Der Umweltschutz umfasst die Fähigkeit, unter Bedingungen wie Salzwassereinwirkung, Temperaturschwankungen und hoher Luftfeuchtigkeit zu funktionieren, wie sie in maritimen Umgebungen typisch sind.

Vergleich und Verwendung in U-Booten

- MIL-DTL-24640-Kabel werden typischerweise in Situationen verwendet, in denen Gewichtsreduzierung und minimale Rauchentwicklung Priorität haben, wie in U-Booten und anderen Bereichen mit beengten Platzverhältnissen. Die raucharmen Eigenschaften machen diese Kabel ideal für U-Boot-Anwendungen, bei denen der Brandschutz entscheidend ist.
- MIL-DTL-915-Kabel werden häufig in universelleren Anwendungen verwendet, bei denen ein leichtes Design möglicherweise nicht erforderlich ist. Sie erfüllen dennoch hohe Standards in Bezug auf Haltbarkeit und Feuerwiderstand, was sie für eine Vielzahl von Marineanwendungen geeignet macht.

Sowohl MIL-DTL-24640 als auch MIL-DTL-915 spielen eine wichtige Rolle, um sicherzustellen, dass elektrische Systeme in U-Booten zuverlässig, sicher und in der Lage sind, den rauen Bedingungen unter Wasser standzuhalten.

DEF STAN 61-12 ist eine wichtige Reihe von Verteidigungsstandards aus dem Vereinigten Königreich, die die Anforderungen an elektrische Kabel für militärische Anwendungen festlegt, insbesondere für Marineschiffe wie U-

Boote. Diese Standards sind entscheidend, um sicherzustellen, dass die Kabel strenge Spezifikationen in Bezug auf Konstruktion, Materialeigenschaften und Leistungsanforderungen erfüllen, und garantieren so Sicherheit, Zuverlässigkeit und Funktionalität in den anspruchsvollen Umgebungen militärischer Einsätze [158]. Die Serie umfasst verschiedene Teile, die sich jeweils mit spezifischen Kabeltypen und deren Anwendungen befassen, was für die betriebliche Integrität militärischer Systeme von entscheidender Bedeutung ist.

DEF STAN 61-12 spielt eine zentrale Rolle bei der Anleitung zur Gestaltung, Auswahl, Prüfung und Installation von elektrischen Kabeln im militärischen Kontext. Diese Standards werden im Verteidigungssektor des Vereinigten Königreichs weitgehend übernommen, um sicherzustellen, dass alle elektrischen Verdrahtungen und Kabel den hohen Leistungsanforderungen entsprechen, die für militärische Anwendungen, einschließlich derer in U-Booten, erforderlich sind [153, 158]. Die Standards erleichtern nicht nur die Einhaltung von Sicherheitsvorschriften, sondern verbessern auch die Betriebsmöglichkeiten militärischer Ressourcen, indem sie sicherstellen, dass die elektrischen Systeme unter verschiedenen Bedingungen effektiv funktionieren.

Die in DEF STAN 61-12 festgelegten Materialanforderungen betonen die Verwendung langlebiger und zuverlässiger Materialien, die den rauen Bedingungen standhalten können. Kabel bestehen aus Materialien, die so konstruiert sind, dass sie Abrieb, Korrosion und anderen Formen physikalischer Schäden widerstehen, was entscheidend für die Aufrechterhaltung der betrieblichen Integrität in herausfordernden Umgebungen ist [157, 159]. Zu den gängigen Isolationsmaterialien gehören vernetztes Polyethylen (XLPE) und Ethylen-Propylen-Kautschuk (EPR), die aufgrund ihrer Robustheit und flammhemmenden Eigenschaften ausgewählt werden, was den Brandschutz verbessert [160, 161]. Der Fokus auf Materialeigenschaften stellt sicher, dass die Kabel den Strapazen des Militärdienstes standhalten können, insbesondere in den Unterwasser- und Hochdruckszenarien, denen U-Boote ausgesetzt sind.

Brandschutz und geringe Rauchentwicklung sind zentrale Aspekte von DEF STAN 61-12, da die Kabel strenge Anforderungen an die Flammbeständigkeit erfüllen müssen. Dies ist besonders in engen Räumen wie U-Boot-Innenräumen wichtig, wo das Risiko eines Brandes katastrophale Folgen haben kann [153, 158]. Die Verwendung von raucharmen, halogenfreien Materialien (LSZH) ist weit verbreitet, da diese Materialien bei einem Brand nur minimalen Rauch und keine schädlichen Halogengase freisetzen, was die Sicherheit des Personals an Bord erheblich verbessert [153, 160]. Dieser Fokus auf Brandsicherheit steht im Einklang mit den allgemeinen militärischen Standards, die den Schutz von Ausrüstung und Personal priorisieren.

Mechanische und umweltbezogene Leistungsspezifikationen innerhalb von **DEF STAN 61-12** befassen sich mit der Notwendigkeit, dass Kabel eine hohe Zugfestigkeit, Flexibilität und Widerstandsfähigkeit gegenüber verschiedenen Formen von mechanischem Stress, einschließlich Vibrationen und Stößen, aufweisen [153]. Die Kabel müssen außerdem Beständigkeit gegen Umwelteinflüsse wie Wasser, Öl, Chemikalien und extreme Temperaturen zeigen, um eine zuverlässige Leistung unter den typischen Unterwasser- und Hochdruckbedingungen von U-Boot-Operationen sicherzustellen [153, 158]. Diese mechanischen und umweltbezogenen Anforderungen sind entscheidend für die Aufrechterhaltung der Integrität und Funktionalität von elektrischen Systemen in U-Booten.

Hinsichtlich der elektrischen Eigenschaften legt **DEF STAN 61-12** Anforderungen an den Isolationswiderstand, die dielektrische Festigkeit und die Spannungswerte fest, um sicherzustellen, dass Kabel den elektrischen Anforderungen militärischer Anwendungen standhalten [153, 158]. Die Standards berücksichtigen verschiedene Spannungsniveaus, von Niederspannungssteuer- und Instrumentierungskabeln bis hin zu Mittelspannungskabeln, und bieten damit einen umfassenden Rahmen für die Gestaltung von elektrischen Systemen in U-Booten [153, 158].

Elektromagnetische Verträglichkeit (EMV) ist ein weiterer wichtiger Aspekt, der in **DEF STAN 61-12** behandelt wird, da Abschirmungsanforderungen zur Minderung elektromagnetischer Störungen (EMI) festgelegt sind [153, 158]. Dies ist besonders in U-Booten von Bedeutung, wo zahlreiche elektronische Systeme in enger Nähe zueinander betrieben werden, und eine effektive Abschirmung notwendig ist, um Signalstörungen zu verhindern und die betriebliche Effizienz zu gewährleisten [153, 158]. Der Einsatz von Abschirmmaterialien, wie geflochtenem Metall oder Folie, ist unerlässlich, um gegen externe elektromagnetische Störungen zu schützen.

Die Serie ist in mehrere Teile unterteilt, wobei jeder Teil sich auf unterschiedliche Kabeltypen konzentriert. So spezifiziert **Teil 4** die Anforderungen für einadrige und mehradrige flexible Kabel, während **Teil 5** sich mit mehradrigen abgeschirmten Kabeln befasst, die in Instrumentierungs- und Steuerungssystemen verwendet werden [158]. **Teil 6** konzentriert sich auf feuerfeste Kabel, die auch im Brandfall betriebsfähig bleiben müssen, was die umfassende Natur von **DEF STAN 61-12** in der Abdeckung verschiedener Kabelanwendungen unterstreicht [158].

Die in **DEF STAN 61-12** festgelegten Prüf- und Qualitätskontrollverfahren sind streng und gewährleisten, dass Kabel alle spezifizierten Kriterien durch mechanische, elektrische und Brandtests erfüllen [153, 158]. Diese Prozesse sind entscheidend, um eine gleichbleibende Leistung bei allen hergestellten Kabeln sicherzustellen und somit die hohen Anforderungen für militärische Anwendungen zu erfüllen.

Vernetztes Polyethylen (XLPE) und Ethylen-Propylen-Kautschuk (EPR)

Vernetztes Polyethylen (XLPE) und Ethylen-Propylen-Kautschuk (EPR) sind zwei beliebte Isolationsmaterialien, die in elektrischen Kabeln in verschiedenen Bereichen, einschließlich der Marine-, Industrie- und Militäranwendungen, verwendet werden. Jedes Material besitzt einzigartige Eigenschaften, die es für spezifische Bedingungen geeignet machen, insbesondere wenn Langlebigkeit, elektrische Isolierung und Widerstandsfähigkeit gegenüber Umwelteinflüssen von entscheidender Bedeutung sind.

Vernetztes Polyethylen (XLPE)

XLPE ist eine Art Polyethylen, bei dem die Polymerketten chemisch vernetzt sind, um ein dreidimensionales Netzwerk zu bilden. Dieser Vernetzungsprozess verbessert die thermischen und mechanischen Eigenschaften des Materials, was es hoch widerstandsfähig gegen Hitze, Chemikalien und mechanischen Stress macht. Die Struktur von XLPE bietet hervorragende elektrische Isolierungseigenschaften, einschließlich hoher dielektrischer Festigkeit, was es für Hochspannungs- und Mittelspannungsanwendungen geeignet macht.

Das Material wird häufig in Stromkabeln verwendet, da es überlegene elektrische Eigenschaften aufweist. Es kann höhere Spannungen bewältigen und bietet gleichzeitig einen starken Widerstand gegen elektrische Belastungen, was die Wahrscheinlichkeit von Isolationsfehlern verringert. Seine hohe dielektrische Festigkeit und niedrigen dielektrischen Verluste tragen zu einer effizienten Energieübertragung bei, selbst über lange Strecken.

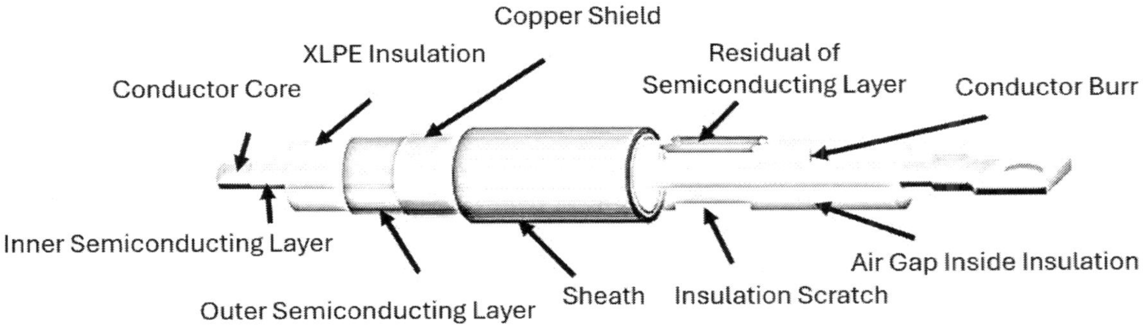

Abbildung 62: Typische Isolationsfehler eines vernetzten Polyethylenkabels.

In Bezug auf thermische und mechanische Leistung verleiht der Vernetzungsprozess XLPE eine größere thermische Stabilität, sodass es kontinuierlich bei Temperaturen von bis zu 90 °C betrieben werden kann, mit kurzzeitigen Belastungsgrenzen von bis zu 250 °C im Falle von Störungen. Mechanisch ist XLPE robust und abriebfest, was es ideal für Umgebungen macht, in denen Kabel physischen Verschleiß und Belastung ausgesetzt sein können. Die chemische Beständigkeit des Materials ist ebenfalls bemerkenswert, da es der Einwirkung von Chemikalien, Ölen und Lösungsmitteln standhält und eine geringe Wasseraufnahme aufweist, was es für raue, feuchte oder nasse Umgebungen wie in maritimen Anwendungen, einschließlich U-Booten, geeignet macht.

XLPE wird häufig in Stromverteilungskabeln für Versorgungsunternehmen, industrielle Installationen und maritime Umgebungen, einschließlich U-Booten, verwendet. Es ist besonders vorteilhaft für Hochspannungsübertragungs- und -verteilungssysteme. Während XLPE Vorteile wie hohe thermische Stabilität, elektrische Isolierung und Beständigkeit gegen Chemikalien bietet, ist es weniger flexibel als andere Isoliermaterialien wie Gummi und kann ohne zusätzlichen Schutz anfällig für UV-Schäden sein.

Ethylene-Propylene-Gummi (EPR) EPR ist ein synthetischer Elastomer, der aus Ethylen- und Propylenmonomeren besteht und ein strapazierfähiges, flexibles und elektrisch isolierendes Material ergibt. Die Elastizität und Widerstandsfähigkeit von EPR ermöglichen es, auch bei niedrigen Temperaturen flexibel zu bleiben, was es ideal für Anwendungen macht, bei denen Kabel häufig gebogen oder bewegt werden.

In Bezug auf die elektrische Isolierung bietet EPR hervorragende Eigenschaften wie eine hohe dielektrische Festigkeit und eine geringe elektrische Leitfähigkeit, wodurch es sich gut für die Isolierung von Mittelspannungskabeln eignet. Die Beständigkeit des Materials gegenüber Kriechströmen und Teilentladungen trägt weiter dazu bei, elektrische Fehler zu verhindern. EPR bietet zudem stabile Leistung in einem breiten Temperaturbereich, mit einer Dauerbetriebstemperatur von bis zu 90 °C und kurzzeitigen Belastungstoleranzen von bis zu 130 °C. Diese Flexibilität und Widerstandsfähigkeit sind entscheidend für dynamische Anwendungen, bei denen Kabel wiederholtem mechanischen Stress ausgesetzt sein können.

Abbildung 63: REP-90/EPR (Ethylen-Propylen-Gummi) 95 mm² Kabelquerschnitt. Das Kabel besteht aus drei aktiven Leitern und einem Erdleiter und enthält außerdem 24 Glasfasern sowie vier 2,5 mm² Steueradern. Es ist für 6,6 kV ausgelegt und wird als Schleppkabel verwendet. Calistemon, CC BY-SA 4.0, via Wikimedia Commons.

Chemisch gesehen weist EPR eine gute Beständigkeit gegen Wasser, Hitze und bestimmte Chemikalien auf, was es für den Einsatz in Unterwasser- und Salzwasserumgebungen geeignet macht. Es hat außerdem eine hervorragende Beständigkeit gegen Ozon und UV-Strahlung, was seine Langlebigkeit in Außenbereichen erhöht. EPR-isolierte Kabel werden häufig in der Stromverteilung, in Industrieanlagen und in maritimen Anwendungen, einschließlich der Stromversorgungssysteme und Steuerkreise an Bord von U-Booten, verwendet. Die Flexibilität des Materials macht es zu einer guten Wahl für tragbare oder mobile Geräte sowie für Kabel, die durch enge oder komplexe Räume geführt werden müssen.

Obwohl EPR Vorteile wie hohe Flexibilität, hervorragende Isoliereigenschaften und Beständigkeit gegenüber Umwelteinflüssen bietet, weist es auch einige Einschränkungen auf. Seine thermische Stabilität ist im Allgemeinen geringer als die von XLPE, was es weniger geeignet für Anwendungen bei sehr hohen Temperaturen macht, es sei denn, es werden zusätzliche Modifikationen vorgenommen.

Vergleich zwischen XLPE und EPR Beim Vergleich von XLPE und EPR hat jedes Material spezifische Stärken, die es für verschiedene Anwendungen geeignet machen. XLPE eignet sich im Allgemeinen besser für Hochspannungsanwendungen aufgrund seiner überlegenen dielektrischen Festigkeit und thermischen Stabilität. EPR hingegen ist flexibler, was es für Anwendungen bevorzugt, bei denen Kabel häufig gebogen oder bewegt werden müssen. Beide Materialien sind chemikalien- und feuchtigkeitsbeständig, wobei XLPE einen leichten Vorteil in Umgebungen hat, in denen die Exposition gegenüber Chemikalien eine wichtige Rolle spielt.

Sowohl XLPE als auch EPR werden häufig in der elektrischen Verkabelung von U-Booten verwendet, wobei jedes Material je nach den Anforderungen der Anwendung spezifische Vorteile bietet. Während XLPE aufgrund seiner hervorragenden elektrischen und thermischen Eigenschaften für Hochspannungsanwendungen bevorzugt wird, wird EPR aufgrund seiner Flexibilität und Haltbarkeit in dynamischen Umgebungen eingesetzt. Die Wahl zwischen den beiden Materialien hängt von Faktoren wie den Spannungsanforderungen, der Betriebstemperatur, der mechanischen Flexibilität und den Umweltbedingungen ab.

Batteriesysteme und Energiespeicherung

U-Boot-Batteriesysteme und Energiespeicherung sind entscheidende Komponenten der elektrischen Architektur eines U-Boots und liefern Energie für den Antrieb, die Bordsysteme und die Notstromversorgung. Diese Systeme gewährleisten, dass das U-Boot über längere Zeiträume getaucht operieren kann, ohne auf externe Energiequellen angewiesen zu sein. Die Art des verwendeten Batteriesystems hängt vom Antriebstyp (Diesel-elektrisch oder nuklear) und den spezifischen Einsatzanforderungen ab.

Traditionell stützen sich U-Boot-Batteriesysteme auf Blei-Säure-Batterien, die aufgrund ihrer bewährten Zuverlässigkeit, Sicherheit und ihrer Fähigkeit, hohe Leistungen für den Antrieb und andere U-Boot-Systeme bereitzustellen, die Hauptstütze darstellen. Fortschritte in der Batterietechnologie treiben jedoch die Einführung neuerer Chemien wie Lithium-Ionen-Batterien voran, um den steigenden Anforderungen an eine verbesserte Leistung, eine längere Tauchdauer und reduzierte Betriebsrisiken gerecht zu werden. Jede Batterieart hat spezifische Eigenschaften, die ihre Eignung für verschiedene U-Boot-Klassen beeinflussen, was die Wahl der Batterietechnologie zu einem entscheidenden Faktor im U-Boot-Design macht.

Blei-Säure-Batterien

Blei-Säure-Batterien sind seit langem die am häufigsten verwendete Energiespeicherlösung für konventionelle Diesel-elektrische U-Boote. Sie liefern zuverlässige Energie für den Antrieb und die Hilfssysteme des U-Boots, wie Beleuchtung und Lebenserhaltung, wenn das U-Boot getaucht ist und seine Dieselmaschinen nicht nutzen kann. Die lange Geschichte der Blei-Säure-Batterien in U-Booten zeugt von ihrer Zuverlässigkeit und Robustheit. Sie können große Stromstöße liefern, was für schnelle Manöver oder den Betrieb von Hochleistungsausrüstung unerlässlich ist.

Trotz ihrer Vorteile haben Blei-Säure-Batterien erhebliche Einschränkungen. Ihre relativ geringe Energiedichte bedeutet, dass sie beträchtlichen Platz und Gewicht benötigen, um eine nützliche Energiemenge zu speichern. Da U-Boote über begrenzten Raum verfügen, kann die Verwendung von Blei-Säure-Batterien den verfügbaren Raum für andere Ausrüstungen oder Vorräte verringern. Außerdem ist die Entladetiefe—wie viel der Batteriekapazität vor dem Aufladen genutzt werden kann—begrenzt, um die Lebensdauer der Batterie nicht zu verkürzen. Häufige Tiefentladungen können zu einer Verschlechterung der Batterie führen, was häufigere Austausche erfordert.

Lithium-Ionen-Batterien

Lithium-Ionen-Batterien erweisen sich zunehmend als praktikable Alternative zu herkömmlichen Blei-Säure-Batterien in modernen U-Boot-Designs. Diese Batterien bieten eine viel höhere Energiedichte, sodass sie mehr Energie in einer kleineren und leichteren Bauform speichern können. Diese erhöhte Energiedichte führt zu einer längeren Tauchdauer, was es U-Booten ermöglicht, länger unter Wasser zu bleiben, ohne zum Aufladen an die Oberfläche gehen zu müssen.

Lithium-Ionen-Batterien bieten zudem schnellere Ladezeiten, was bedeutet, dass U-Boote schneller wieder aufgeladen werden können, wodurch die Zeit in Schnorcheltiefe und das damit verbundene Entdeckungsrisiko verringert wird.

Das geringere Gewicht und der reduzierte Platzbedarf von Lithium-Ionen-Batterien sind bedeutende Vorteile für U-Boote, bei denen jedes Kilogramm und jeder Kubikmeter zählt. Diese Gewichtsreduktion ermöglicht eine größere Flexibilität im U-Boot-Design, wie etwa die Hinzufügung fortschrittlicherer Ausrüstung oder das Mitführen zusätzlicher Vorräte. Lithium-Ionen-Batterien bringen jedoch Herausforderungen mit sich, insbesondere in Bezug auf das thermische Management. Diese Batterien sind anfällig für thermisches Durchgehen, einen Zustand, bei dem übermäßige Hitze zur Entzündung oder Explosion führen kann. In der engen und unter hohem Druck stehenden Umgebung eines U-Boots könnte ein solches Ereignis katastrophal sein. Daher erfordern Lithium-Ionen-Batteriesysteme fortschrittliche Kühlmechanismen und Sicherheitsvorkehrungen, wie Temperaturüberwachung und Feuerlöschsysteme, um diese Risiken zu mindern.

Mehrere moderne Diesel-elektrische U-Boote, wie die japanische Soryu-Klasse, haben bereits Lithium-Ionen-Batterietechnologie eingeführt, um ihre Unterwasserleistung zu verbessern und ihre operativen Fähigkeiten zu erweitern. Diese U-Boote profitieren von der höheren Energiedichte und den schnellen Ladezeiten, die Lithium-Ionen-Batterien bieten, was sie in verschiedenen Einsatzszenarien vielseitiger und effektiver macht. Da die Batterietechnologie weiter voranschreitet, werden Lithium-Ionen-Batterien wahrscheinlich häufiger in U-Booten eingesetzt und könnten Blei-Säure-Batterien in einigen Anwendungen vollständig ersetzen. Nichtsdestotrotz bleibt die sorgfältige Berücksichtigung des thermischen Managements, der Sicherheitsprotokolle und der Lebenszykluskosten entscheidend für ihre breite Einführung.

Diesel-elektrische U-Boot-Batteriesysteme

Diesel-elektrische U-Boote nutzen Batteriesysteme als entscheidende Komponente für ihre Unterwasseroperationen. Diese Batterien liefern die benötigte Energie für den Antrieb, die Beleuchtung, die Lebenserhaltung und andere elektrische Systeme, während das U-Boot getaucht ist und seine Dieselmotoren nicht betreiben kann. Die Batterieleistung des U-Boots wird durch das Aufladen der Batterien an der Wasseroberfläche oder bei Schnorcheltiefe, wenn das U-Boot Luft aufnehmen kann, um seine Dieselgeneratoren zu betreiben, wiederhergestellt. Eine effektive Verwaltung der Lade- und Entladeprozesse ist entscheidend für die Leistung und die Tarnfähigkeiten des U-Boots.

Die Dieselgeneratoren an Bord eines diesel-elektrischen U-Boots werden zum Aufladen der Batterien verwendet, typischerweise, wenn das U-Boot an der Oberfläche oder in Schnorcheltiefe ist. Das Aufladen erfolgt, indem die Dieselmotoren betrieben werden, um die Generatoren anzutreiben, die mechanische Energie in elektrische Energie umwandeln, die in den Batterien gespeichert wird. Da Dieselmotoren eine Luftzufuhr für die Verbrennung benötigen, muss das U-Boot entweder auftauchen oder sich in der Nähe der Oberfläche befinden, während ein Schnorchelmast über Wasser ausgefahren ist, um während des Ladevorgangs Luft aufzunehmen.

Die Entladetiefe—wie viel von der gespeicherten Energie der Batterie vor dem erneuten Aufladen genutzt wird—beeinflusst die Betriebseffizienz des U-Boots und die Lebensdauer der Batterie. Eine tiefere Entladung kann längere Tauchzeiten ermöglichen, aber die Anzahl der Ladezyklen, die die Batterien überstehen können, verringern. Die Ladezeit ist ein weiterer wichtiger Faktor, der das "Indiskretionsverhältnis" des U-Boots beeinflusst, das das Verhältnis der Zeit misst, die in Schnorcheltiefe zum Aufladen verbracht wird, im Vergleich zur Zeit, die getaucht verbracht wird. Ein niedrigeres Indiskretionsverhältnis ist wünschenswert, da es das Entdeckungsrisiko verringert, indem die Dauer, in der sich das U-Boot in der Nähe der Wasseroberfläche befindet, minimiert wird.

U-Boot-Batteriesysteme sind in der Regel in Batterieblöcken angeordnet, die aus mehreren in Reihe und parallel geschalteten Zellen bestehen, um die gewünschte Spannung und Speicherkapazität zu erreichen. Die Konfiguration ist so ausgelegt, dass sie die notwendige Energie für längere Tauchoperationen liefert und gleichzeitig den spezifischen elektrischen Anforderungen des Antriebs und der Bordsysteme des U-Boots gerecht wird. Die Kapazität und Anzahl der Batterieblöcke kann je nach U-Boot-Klasse und beabsichtigtem Einsatzprofil variieren.

Redundanz ist ein Schlüsselelement im Design von U-Boot-Batterien, um die Betriebszuverlässigkeit zu gewährleisten. Das Batteriesystem ist in separate Blöcke unterteilt, sodass der Betrieb auch dann fortgesetzt werden kann, wenn ein oder mehrere Blöcke ausfallen. Diese Redundanz ist entscheidend, um den Antrieb und wesentliche elektrische Funktionen aufrechtzuerhalten, insbesondere während längerer Tauchoperationen. Im Falle eines Batterieausfalls kann das U-Boot den betroffenen Block isolieren und die verbleibenden Blöcke weiter nutzen, um sicherzustellen, dass der Ausfall eines Batterieabschnitts das gesamte elektrische System nicht beeinträchtigt.

Insgesamt spielt die effektive Nutzung und Verwaltung der Batteriesysteme in diesel-elektrischen U-Booten eine entscheidende Rolle bei der Balance zwischen Tauchdauer, operativer Tarnung und Flexibilität bei der Missionsausführung.

Nuklearbetriebene U-Boot-Batteriesysteme

Nuklearbetriebene U-Boote verwenden Batteriesysteme anders als diesel-elektrische U-Boote, da ihre Hauptenergiequelle ein Kernreaktor ist. Die Batterien an Bord nuklearbetriebener U-Boote sind hauptsächlich als Notstromquelle konzipiert, um den fortlaufenden Betrieb des U-Boots in Situationen zu gewährleisten, in denen der Reaktor abgeschaltet ist oder nicht genügend Energie liefert. Zusätzlich werden Batterien und andere Energiespeicherlösungen eingesetzt, um den Hilfsenergiebedarf zu decken und Spitzenlasten zu bewältigen, was die betriebliche Widerstandsfähigkeit des U-Boots erhöht.

In nuklearbetriebenen U-Booten dienen die Batterien als wichtige Notstromquelle, die Strom liefert, wenn das primäre Energiesystem, der Kernreaktor, nicht verfügbar ist oder in anderen strombezogenen Notfällen. Sollte der Reaktor ausfallen, sei es aufgrund von Wartung, eines Defekts oder einer Beschädigung, werden die Batterien sofort aktiviert, um wesentliche Systeme aufrechtzuerhalten. Zu diesen kritischen Systemen gehören die Lebenserhaltung, Kommunikation, Navigation und einige Antriebsfunktionen, die es dem U-Boot ermöglichen, sicher zu bleiben und betriebsbereit zu bleiben, während Versuche unternommen werden, den Reaktor wiederherzustellen.

Die Batteriekapazität in nuklearbetriebenen U-Booten ist so ausgelegt, dass sie diese kritischen Funktionen für eine begrenzte Dauer unterstützt. Dieser Notstromzeitraum bietet der Besatzung genügend Zeit, das Problem zu diagnostizieren und zu beheben, den Reaktor wiederherzustellen oder, falls erforderlich, das U-Boot zur Reparatur an die Oberfläche zu bringen. Während der batteriebetriebene Antrieb in Reichweite und Geschwindigkeit eingeschränkt ist, ermöglicht er es dem U-Boot, sich aus potenziell gefährlichen Situationen zu entfernen oder sich in eine Position zu manövrieren, die das Entdeckungsrisiko minimiert, während auf die Wiederherstellung der Hauptenergieversorgung gewartet wird.

Abbildung 64: Batterieraum der USS Nautilus, des ersten nuklearbetriebenen U-Boots. Die Batterien dienen als Notstromquelle, falls die Reaktoren abgeschaltet werden. Z22, CC BY-SA 3.0, via Wikimedia Commons.

Nuklearbetriebene U-Boote nutzen ebenfalls Batteriesysteme und andere Energiespeicherlösungen, um die Stromversorgung während bestimmter Operationen zu ergänzen. Zum Beispiel kann Batteriestrom verwendet werden, um Spitzenlasten zu bewältigen, wenn das U-Boot energieintensive Aufgaben durchführt, wie das Abfeuern von Torpedos oder den Betrieb fortschrittlicher Sonarsysteme. Diese Hilfsstromfunktion ermöglicht ein reibungsloseres Lastmanagement und verhindert Spannungsschwankungen oder eine Überlastung des primären Kernreaktors. Darüber hinaus können Batterien eine leise, unauffällige Stromquelle für den Betrieb bei niedriger Geschwindigkeit bieten, wodurch das durch die Pumpen und andere Maschinen des Reaktors erzeugte Geräusch reduziert wird und somit die Tarnfähigkeiten des U-Boots verbessert werden.

In modernen Atom-U-Booten gewinnt die Erforschung fortschrittlicher Energiespeichertechnologien, insbesondere Lithium-Ionen-Batterien, zunehmend an Bedeutung, um die Dauer und Leistung der Notstromversorgung zu verbessern. Lithium-Ionen-Batterien sind bekannt für ihre hohe Energiedichte, die kompaktere Speicherlösungen im Vergleich zu herkömmlichen Blei-Säure-Batterien ermöglicht. Diese Eigenschaft ist für U-Boote von entscheidender Bedeutung, da der Platz begrenzt ist und eine zuverlässige Notstromversorgung in kritischen Situationen unerlässlich ist [162, 163]. Die Integration dieser fortschrittlichen Batteriesysteme verbessert nicht nur die Gesamtenergieeffizienz des U-Boots, sondern erweitert auch die Einsatzmöglichkeiten in Notfällen und stärkt so die Widerstandsfähigkeit des U-Boots unter widrigen Bedingungen.

Das Design von Batteriesystemen in Atom-U-Booten konzentriert sich akribisch auf Zuverlässigkeit und Sicherheit. Angesichts der einzigartigen Einsatzbedingungen von U-Booten, die über längere Zeiträume getaucht bleiben können, müssen die Batteriesysteme in der Lage sein, kritische Operationen ohne Ausfall aufrechtzuerhalten. Dies erfordert umfassende Tests und eine kontinuierliche Überwachung der Batteriemodule, um sicherzustellen, dass sie den Belastungen des Unterwasserbetriebs standhalten [162]. Die Implementierung von Echtzeit-Überwachungssystemen zur Zustandsüberwachung, beispielsweise durch den Einsatz von mehrschichtigen neuronalen Netzwerken, kann die Zuverlässigkeit dieser Energiespeichersysteme erheblich verbessern, indem sie frühzeitig Diagnosen bei möglichen Störungen ermöglicht [162]. Solche Innovationen sind von entscheidender Bedeutung, um die Einsatzbereitschaft aufrechtzuerhalten und die Sicherheit von Besatzung und Schiff in Notfällen zu gewährleisten.

Darüber hinaus ist der Wechsel zu hochdichten Energiespeichersystemen nicht nur eine Frage der Leistungsverbesserung, sondern auch eine Ausrichtung auf breitere Trends im Energiemanagement und in der Nachhaltigkeit. Mit der steigenden Nachfrage nach umweltfreundlicheren Energielösungen spiegelt die Einführung von Lithium-Ionen-Batterien und ähnlichen Technologien im militärischen Bereich, einschließlich Atom-U-Booten, das Engagement wider, fortschrittliche Technologien für eine verbesserte Betriebseffizienz und Umweltverantwortung zu nutzen [163]. Dieser Trend ist Teil einer größeren Bewegung in der Marineingenieursgemeinschaft, nachhaltige Praktiken in die Konstruktion und den Betrieb militärischer Schiffe zu integrieren, um deren Gesamteffektivität zu erhöhen und den ökologischen Fußabdruck zu verringern.

Luftunabhängiger Antrieb (AIP) und Energiespeicherung

Der luftunabhängige Antrieb (Air-Independent Propulsion, AIP) ist eine Technologie, die die Unterwasserdauer von diesel-elektrischen U-Booten verlängert, indem er eine alternative Energiequelle bietet, die nicht auf atmosphärischen Sauerstoff angewiesen ist. Dadurch kann das U-Boot über längere Zeiträume unter Wasser bleiben. Obwohl AIP kein Batteriesystem ist, arbeitet es in Kombination mit herkömmlichen Batteriespeichern, um die Unterwassereinsatzfähigkeit insgesamt zu verbessern. AIP verringert die Häufigkeit, mit der das U-Boot auftauchen oder schnorcheln muss, um die Batterien mithilfe von Dieselmotoren aufzuladen, was die Tarnung des U-Boots verbessert und das Risiko der Entdeckung verringert.

Luftunabhängige Antriebssysteme können in Verbindung mit Batteriespeichern arbeiten, um die Unterwasserdauer eines U-Boots zu verlängern. AIP-Technologie umfasst in der Regel Mechanismen wie Brennstoffzellen, Stirlingmotoren oder geschlossene Dieselkreisläufe, die unter Wasser Elektrizität erzeugen, ohne externe Luftzufuhr zu benötigen. Diese Elektrizität kann verwendet werden, um die elektrischen Systeme und den Antrieb des U-Boots zu betreiben, was die Entladegeschwindigkeit der Batterien während der Tauchgänge erheblich verringert. Infolgedessen halten die Batterien länger, und die Notwendigkeit, zum Aufladen an die Oberfläche zu gehen oder zu schnorcheln, wird minimiert. Diese Fähigkeit ist besonders vorteilhaft für Tarnmissionen, bei denen das Risiko der Entdeckung steigt, wenn ein U-Boot zur Batterieladung in die Nähe der Oberfläche kommen muss.

Während AIP eine kontinuierliche Niedrigleistung liefert, die für den Betrieb der grundlegenden Funktionen des U-Boots und den langsamen Antrieb ausreicht, bleibt Batteriestrom für bestimmte Leistungsanforderungen unverzichtbar. Batterien werden genutzt, um Spitzenlasten zu bewältigen, wie etwa bei Hochgeschwindigkeitsmanövern, schnellen Tiefenwechseln oder kurzen Antriebsschüben. In solchen hochenergetischen Phasen kann AIP möglicherweise nicht allein genügend Leistung bereitstellen. Daher ergänzt AIP den Einsatz von Batterien, ersetzt ihn jedoch nicht vollständig, was es U-Booten ermöglicht, ihre Energiequellen optimal für verschiedene Missionen zu nutzen.

Durch die Bereitstellung einer kontinuierlichen Energiequelle unter Wasser verbessern AIP-Systeme die Tarnfähigkeiten von diesel-elektrischen U-Booten erheblich. Der Einsatz von AIP minimiert die Notwendigkeit, laute Dieselmotoren zu betreiben, die hörbare Geräusche erzeugen und das Risiko einer Entdeckung durch Feinde erhöhen können. Zudem verbessert die reduzierte Abhängigkeit vom Auftauchen zur Batterieladung die Fähigkeit des U-Boots, über längere Zeiträume unentdeckt zu bleiben, was es für feindliche Streitkräfte schwieriger macht, das Schiff zu orten und zu verfolgen.

In Kombination mit Energiespeicherlösungen wie Lithium-Ionen- oder fortschrittlichen Blei-Säure-Batterien können AIP-ausgerüstete U-Boote das Energiemanagement besser steuern, indem sie zwischen AIP-generierter Energie und gespeicherter Batterieleistung je nach Einsatzanforderungen wechseln. Dieser hybride Ansatz gewährleistet, dass U-Boote hohe Tarnfähigkeiten beibehalten und sich an verschiedene Einsatzszenarien anpassen können, darunter Langzeitpatrouillen, Aufklärungsmissionen und verdeckte Operationen. Letztendlich arbeiten AIP- und Batteriesysteme zusammen, um eine ausgewogene und flexible Energielösung zu bieten, die die Gesamtleistung und Ausdauer moderner diesel-elektrischer U-Boote verbessert.

Laufende Entwicklungen

Die Entwicklung der U-Boot-Batterietechnologie ist entscheidend für die Verbesserung der Einsatzfähigkeit von sowohl diesel-elektrischen als auch nuklearen U-Booten. Mit dem steigenden Bedarf an längerer Unterwasserdauer, erhöhter Sicherheit und besserem Energiemanagement entstehen kontinuierlich neue Innovationen in den Batteriesystemen. Es gibt jedoch mehrere Herausforderungen, die neben den laufenden Bemühungen zur Verbesserung der Energiedichte, Zuverlässigkeit und Sicherheit angegangen werden müssen.

Effektives Wärmemanagement ist entscheidend für die Sicherheit und Leistung von Lithium-Ionen-Batterien, insbesondere in engen Umgebungen wie U-Booten. Diese Batterien zeichnen sich durch ihre hohe Energiedichte aus, neigen jedoch auch dazu, während des Betriebs erhebliche Wärme zu erzeugen [164]. Wenn diese Wärme nicht ausreichend abgeführt wird, kann es zu einem thermischen Durchgehen kommen, einem Zustand, der durch unkontrollierte Temperaturanstiege gekennzeichnet ist und zu Bränden oder Explosionen führen kann [165, 166]. Dieses Risiko wird in U-Booten aufgrund von Platzmangel und Sicherheitsbedenken noch verstärkt, weshalb robuste Wärmemanagementlösungen erforderlich sind.

Das thermische Durchgehen in Lithium-Ionen-Batterien wird durch verschiedene Faktoren beeinflusst, einschließlich des Ladezustands (SOC), der in den Zellen verwendeten Materialien und des Designs des Batteriemoduls [165-167]. Studien haben gezeigt, dass sich die thermischen Eigenschaften von Lithium-Ionen-Batterien unter verschiedenen Bedingungen, wie etwa bei Überladung, externer Erwärmung oder mechanischen Einflüssen, erheblich unterscheiden können [166, 168]. Beispielsweise haben Untersuchungen gezeigt, dass das thermische Durchgehen einer Zelle auf benachbarte Zellen übergreifen kann, was zu einem kaskadierenden Ausfall im Batteriepack führen kann [166, 169, 170]. Daher ist es unerlässlich, effektive Kühlsysteme und Wärmemanagementstrategien zu implementieren, um diese Risiken zu mindern.

Es wurden mehrere Techniken entwickelt, um das Wärmemanagement in Lithium-Ionen-Batterien zu verbessern. Flüssigkeitskühlsysteme, fortschrittliche Kühlkörper und thermische Barrieren werden häufig eingesetzt, um die Batterietemperaturen innerhalb sicherer Betriebsgrenzen zu halten [171, 172]. Beispielsweise haben hybride Wärmemanagementsysteme, die Phasenwechselmaterialien mit erzwungener Luftkühlung kombinieren, vielversprechende Ergebnisse bei der Verbesserung der thermischen Stabilität von Batteriepacks gezeigt [172]. Darüber hinaus wurde der Einsatz von thermisch leitfähigen Separatoren mit hierarchischen Strukturen vorgeschlagen, um die Wärmeableitung und das Wärmemanagement insgesamt zu verbessern [171]. Diese Innovationen sind entscheidend für die sichere Nutzung von Batterien in Hochenergieanwendungen wie Elektrofahrzeugen und U-Booten.

Darüber hinaus konzentriert sich die laufende Forschung auf die Entwicklung von Frühwarnsystemen zur Erkennung von thermischem Durchgehen. Techniken wie die Gascharakterisierung und die Überwachung des thermischen Verhaltens unter verschiedenen Bedingungen werden untersucht, um rechtzeitige Warnungen bei potenziellen thermischen Ereignissen zu ermöglichen [173, 174]. Dieser proaktive Ansatz ist unerlässlich, um die Sicherheit von

Lithium-Ionen-Batterien zu verbessern, insbesondere in risikoreichen Umgebungen wie U-Booten, wo eine schnelle Reaktion auf thermische Vorfälle katastrophale Folgen verhindern kann [175].

Anders als Überwasserschiffe operieren U-Boote in beengten, unter hohem Druck stehenden Umgebungen, in denen selbst geringfügige Ausfälle katastrophale Folgen haben können. Dies erfordert strenge Sicherheitsstandards und die Implementierung mehrerer Sicherheitsebenen im Batteriedesign. So sind beispielsweise robuste Überwachungssysteme unerlässlich, um kritische Parameter wie Temperatur, Spannung und Ladezustand in Echtzeit zu überwachen, die für die Vermeidung von Vorfällen wie dem thermischen Durchgehen entscheidend sind [176, 177].

Neueste Fortschritte in der Batterietechnologie, insbesondere die Entwicklung sichererer Elektrolytmaterialien und Festkörperbatterien, werden untersucht, um die Sicherheit weiter zu erhöhen. Festkörperbatterien verwenden beispielsweise nicht brennbare Elektrolyte, was das Brandrisiko im Vergleich zu herkömmlichen Lithium-Ionen-Batterien erheblich reduziert [177]. Zusätzlich werden Feuerlöschsysteme, einschließlich gasbasierter und Wassernebel-Löscher, in Batterieräumen integriert, um das Brandrisiko zu mindern. Studien zeigen, dass solche Systeme Brände in Lithium-Ionen-Batterien wirksam bekämpfen können und somit die Gesamtsicherheit erhöhen [178, 179].

Das Potenzial für thermisches Durchgehen in Lithium-Ionen-Batterien stellt eine erhebliche Herausforderung für den Einsatz in U-Booten dar. Thermisches Durchgehen kann durch verschiedene Faktoren wie externe Erwärmung, Überladung und interne Fehler ausgelöst werden und führt zu unkontrollierbaren Temperaturanstiegen und möglicherweise zu Explosionen [180, 181]. Um diese Risiken zu mindern, ist es entscheidend, umfassende Sicherheitsstrategien zu implementieren, darunter der Einsatz von Feuerlöschtechnologien und fortschrittlichen Überwachungssystemen, die frühe Anzeichen von Ausfällen erkennen können [182, 183]. Darüber hinaus kann die Integration von intelligenten Batterieverwaltungssystemen, die maschinelle Lernalgorithmen für die Fehlerdiagnose nutzen, die Zuverlässigkeit von Batteriesystemen in U-Booten erheblich verbessern [162, 163].

Hybride Energiesysteme, die Batteriespeicher mit verschiedenen Energiequellen wie luftunabhängigen Antriebssystemen (AIP) und Superkondensatoren kombinieren, werden zunehmend erforscht, um das Energiemanagement und die Betriebsleistung in U-Booten und anderen maritimen Anwendungen zu verbessern. Diese hybriden Konfigurationen ermöglichen nahtlose Übergänge zwischen Energiequellen basierend auf den spezifischen betrieblichen Anforderungen, wodurch die Energienutzung optimiert und die Gesamteffizienz des Systems gesteigert wird.

Die Integration von Superkondensatoren in hybride Energiespeichersysteme (HESS) ist besonders vorteilhaft, da sie in der Lage sind, schnelle Leistungsspitzen bereitzustellen, was für Hochgeschwindigkeitsmanöver in U-Booten entscheidend ist. Superkondensatoren weisen eine hohe Leistungsdichte auf und können schnell auf Laständerungen reagieren, was die Batterien bei Spitzenlasten entlastet [184, 185]. Diese Fähigkeit ist in militärischen Anwendungen von entscheidender Bedeutung, wo U-Boote plötzliche Beschleunigungen oder Manöver erfordern, ohne die Lebensdauer der Batteriesysteme zu beeinträchtigen. Darüber hinaus ermöglicht die Kombination von Batterien und Superkondensatoren eine ausgewogene Energiemanagementstrategie, wodurch die Abhängigkeit von einer einzelnen Energiequelle effektiv reduziert wird [186].

Neben Superkondensatoren spielen AIP-Systeme eine wichtige Rolle bei der Deckung des geringen Energiebedarfs während langer Unterwasseroperationen. AIP-Technologien ermöglichen es U-Booten, geräuschlos elektrische Energie zu erzeugen, während sie unter Wasser sind, und verbessern so die Tarnfähigkeiten [187]. Die Integration von AIP mit Batteriesystemen ermöglicht es U-Booten, ihre Batterien während des Schnorchelns wieder aufzuladen, obwohl diese Methode ein Risiko der Entdeckung durch die Oberflächenexposition des U-Bootes birgt [187]. Die Hybridisierung dieser Systeme verlängert nicht nur die Einsatzreichweite von U-Booten, sondern verbessert auch deren Energieeffizienz, indem sie die optimale Nutzung der verfügbaren Energiequellen je nach Einsatzprofil ermöglicht [188].

Die hybriden Konfigurationen erleichtern auch fortschrittliche Energiemanagementstrategien, die die Leistungsabgabe zwischen Batterien und Superkondensatoren oder AIP-Systemen dynamisch anpassen können. Diese Anpassungsfähigkeit ist entscheidend, um die betriebliche Effizienz und Zuverlässigkeit zu gewährleisten, insbesondere in Umgebungen, in denen die Energieanforderungen erheblich schwanken [189]. Forschungen zeigen, dass solche Hybridsysteme zu erheblichen Einsparungen beim Kraftstoffverbrauch und bei den Emissionen führen können, was modernen Umweltstandards und betrieblichen Anforderungen entspricht [190].

Erweiterte Ausdauer

Die Entwicklung der U-Boot-Batterietechnologie ist wichtig, um die Unterwasserausdauer zu verbessern, hauptsächlich durch die Steigerung der Energiedichte. Traditionelle Blei-Säure-Batterien, obwohl zuverlässig, wurden in Bezug auf die Energiespeicherkapazität weitgehend von neueren Technologien übertroffen. Lithium-Ionen-Batterien haben sich aufgrund ihrer höheren Energiedichte, schnelleren Ladefähigkeit und längeren Lebensdauer als überlegen erwiesen und werden zunehmend in modernen U-Boot-Anwendungen bevorzugt [111, 191]. Der Übergang von Blei-Säure- zu Lithium-Ionen-Systemen stellt einen bedeutenden Fortschritt in der U-Boot-Technologie dar, der längere Unterwasseroperationen und eine verbesserte Gesamtleistung ermöglicht [111, 114].

Die Forschung an der nächsten Generation von Batterietechnologien konzentriert sich auf Materialien und Chemien, die die Energiedichte weiter erhöhen können. Festkörperbatterien werden beispielsweise auf ihr Potenzial untersucht, höhere Energiedichten und verbesserte Sicherheitsprofile im Vergleich zu herkömmlichen Lithium-Ionen-Batterien zu bieten [192, 193]. Diese Batterien nutzen feste Elektrolyte, die Risiken im Zusammenhang mit flüssigen Elektrolyten, wie Leckagen und Entflammbarkeit, mindern können und somit besonders geeignet für die anspruchsvollen Umgebungen von U-Booten sind [192, 193]. Darüber hinaus zeigen Fortschritte in der Materialwissenschaft, wie die Erforschung zweidimensionaler Materialien wie Übergangsmetalldichalkogenide, vielversprechende Ansätze zur Entwicklung hochkapazitiver Anoden, die die Batterieleistung erheblich verbessern könnten [194, 195].

Die Integration von Künstlicher Intelligenz in das Design von Batteriematerialien ist ebenfalls ein bemerkenswerter Trend, da sie die Identifizierung und Optimierung neuer Materialien für Energiespeicheranwendungen beschleunigt [196]. Dieser Ansatz verbessert nicht nur die Effizienz des Forschungsprozesses, sondern birgt auch das Potenzial für Durchbrüche in der Batterietechnologie, die die Einsatzmöglichkeiten von U-Booten weiter erweitern könnten [196]. Darüber hinaus zielt die laufende Forschung an Natrium-Ionen-Batterien und anderen alternativen Chemien darauf ab, die ökologischen und Ressourcenbeschränkungen im Zusammenhang mit lithiumbasierten Systemen anzugehen und so eine nachhaltige Zukunft für Energiespeicher in U-Booten zu gewährleisten [197].

Der Übergang zu Lithium-Ionen-Batterien und anderen Energiespeicherlösungen mit hoher Energiedichte wird zunehmend entscheidend, insbesondere in Anwendungen, die eine verlängerte Unterwasserausdauer und minimierte Entdeckungsrisiken erfordern, wie etwa bei U-Booten. Lithium-Ionen-Batterien (LiBs) werden aufgrund ihrer hohen Energiedichte, ihres geringen Gewichts und ihrer niedrigen Selbstentladungsrate bevorzugt, was sie für verschiedene Anwendungen, einschließlich militärischer U-Boote und Elektrofahrzeuge, geeignet macht [162, 179]. Die betriebliche Agilität zukünftiger U-Boote könnte sich mit Fortschritten in der LiB-Technologie erheblich verbessern und möglicherweise die Reichweite im getauchten Zustand verdoppeln, wenn die Packungsdichte optimiert werden kann [111].

Die Forschung an Festkörperbatterien stellt einen vielversprechenden Ansatz zur Verbesserung von U-Boot-Batteriesystemen dar. Festkörperbatterien verwenden einen festen Elektrolyten, der Risiken im Zusammenhang mit flüssigen Elektrolyten, wie Lecks und Vorfälle von thermischem Durchgehen, mindert [198]. Diese Batterien bieten nicht nur eine höhere Energiedichte, sondern auch verbesserte Sicherheitsmerkmale, was sie besonders attraktiv für Unterwasseranwendungen macht, bei denen Zuverlässigkeit von größter Bedeutung ist [198]. Die laufende Entwicklung der Festkörpertechnologie ist entscheidend, da sie die Einschränkungen herkömmlicher LiBs, die unter bestimmten Betriebsbedingungen anfällig für Sicherheitsrisiken sind, adressiert [198].

Zusätzlich zu Festkörperbatterien werden hochkapazitive Lithium-basierte Systeme wie Lithium-Schwefel- und Lithium-Luft-Batterien erforscht, um die Grenzen der Energiedichte und der Gesamtleistung von Batterien zu erweitern. Diese Technologien versprechen, die Energiespeicherkapazität von U-Booten zu verbessern und längere Missionen ohne häufiges Aufladen zu ermöglichen [114, 199]. Der Wandel des maritimen Sektors von herkömmlichen Blei-Säure-Batterien hin zu Lithium-Ionen-Systemen spiegelt einen breiteren Trend wider, fortschrittliche Energiespeicherlösungen zu übernehmen, die den steigenden Anforderungen an Effizienz und Sicherheit bei Unterwasseroperationen gerecht werden [200, 201].

Darüber hinaus ist die Integration fortschrittlicher Energiemanagementsysteme in U-Booten entscheidend, um Energieressourcen zu optimieren und die Betriebseffizienz zu steigern. Diese Systeme können helfen, die Komplexität von Energiespeicherung und -verbrauch zu bewältigen, insbesondere in Szenarien, in denen Tarnung und Ausdauer entscheidend sind [109]. Die Kombination aus innovativen Batterietechnologien und ausgeklügeltem Energiemanagement wird wahrscheinlich die Zukunft des U-Boot-Betriebs prägen, indem sie längere Missionen ermöglicht und gleichzeitig das Risiko der Entdeckung gering hält [111, 114].

Energiemanagement und Redundanz

Das Energiemanagement und die Redundanz in U-Booten sind wesentliche Komponenten, um sicherzustellen, dass die elektrischen Systeme unter den anspruchsvollen Bedingungen unter Wasser zuverlässig funktionieren. Diese Maßnahmen sind entscheidend für die Verwaltung der Stromverteilung, die Aufrechterhaltung wesentlicher Funktionen, die operative Tarnung und die Sicherheit der Besatzung. Angesichts der einzigartigen Umgebung und der Missionsanforderungen von U-Booten müssen Energiemanagement und Redundanz sorgfältig entwickelt werden, um Routineoperationen, Notfälle und Ausfallszenarien zu bewältigen.

Energiemanagement

Das Energiemanagement in U-Booten ist ein entscheidender Aspekt ihrer betrieblichen Effizienz und Wirksamkeit. Die Verwaltung des aus verschiedenen Quellen stammenden elektrischen Stroms, wie Dieselgeneratoren, Batterien, Kernreaktoren und luftunabhängigen Antriebssystemen (AIP), ist unerlässlich, um sicherzustellen, dass das U-Boot den unterschiedlichen Energiebedarf seiner Systeme, einschließlich Antrieb, Lebenserhaltung, Bewaffnung und Sensoren, decken kann [109]. Die Komplexität des Energiemanagements in U-Booten ergibt sich aus der Notwendigkeit, diesen Bedarf dynamisch auszugleichen, insbesondere während unterschiedlicher operativer Szenarien.

Dynamische Lastverteilung

Die dynamische Lastverteilung ist ein Schlüsselaspekt der Energiemanagementsysteme in U-Booten. Diese Systeme sind darauf ausgelegt, elektrische Energie basierend auf den aktuellen betrieblichen Anforderungen zuzuteilen. Beispielsweise kann während der Routinefahrt der Energiebedarf für den Antrieb geringer sein, sodass mehr Strom für Sensoren und Navigationssysteme bereitgestellt werden kann. Umgekehrt können bei Hochgeschwindigkeitsmanövern oder Kampfsituationen die Anforderungen an den Antrieb stark ansteigen, was eine Umverteilung der Energie erfordert, um sicherzustellen, dass kritische Systeme betriebsbereit bleiben [109]. Diese dynamische Zuordnung ist entscheidend, um die Einsatzbereitschaft und Effizienz aufrechtzuerhalten, insbesondere in der beengten Umgebung eines U-Boots.

Die dynamische Lastverteilung ermöglicht es, die Stromzuteilung an verschiedene Bordsysteme je nach aktuellen Betriebsanforderungen anzupassen. Während der Routinefahrt oder bei langsamen Manövern ist der Strombedarf für den Antrieb relativ gering, sodass mehr elektrische Energie für nicht antriebsbezogene Systeme wie Navigationsausrüstung, Sensorsysteme, Kommunikationssysteme und Lebenserhaltung bereitgestellt werden kann. Das Energiemanagementsystem überwacht kontinuierlich den Strombedarf dieser Systeme und leitet die Ressourcen dorthin, wo sie am dringendsten benötigt werden, ohne die Gesamtbetriebseffizienz des U-Boots zu beeinträchtigen.

Wenn das U-Boot zu Hochgeschwindigkeitsmanövern, Kampfeinsätzen oder Notfalloperationen übergeht, können die Anforderungen an den Antrieb signifikant ansteigen. Das Energiemanagementsystem verteilt dann dynamisch die Energie von weniger wichtigen Systemen auf das Antriebssystem, um den erhöhten Bedarf zu decken. Beispielsweise können nicht wesentliche Lasten wie Klimaanlagen, bestimmte Beleuchtungssysteme oder andere Hilfssysteme vorübergehend reduziert werden, um den Antrieb und kritische Missionsfunktionen zu priorisieren. Diese Umverteilung stellt sicher, dass das U-Boot die erforderliche Geschwindigkeit und Manövrierfähigkeit erreichen kann, um Bedrohungen auszuweichen oder Ziele anzugreifen, während die operative Effektivität erhalten bleibt.

Die dynamische Lastverteilung wird durch Echtzeitüberwachungs- und Steuerungssysteme erreicht, die den Stromverbrauch und den Status verschiedener Bordsysteme bewerten. Das Energiemanagementsystem des U-Boots verwendet Sensoren und automatisierte Steuerungen, um Daten zum Energieverbrauch, zur Systemlast und zu potenziellen Fehlern zu erfassen. Diese Sensoren erkennen Änderungen der Betriebsbedingungen und passen die Stromverteilung entsprechend an. Beispielsweise kann das System bei einem plötzlichen Anstieg des Antriebsbedarfs schnell Energie von anderen Systemen umleiten, um die erhöhte Last zu bewältigen.

Diese Echtzeitfähigkeit ist von entscheidender Bedeutung, da sie dem U-Boot ermöglicht, schnell auf sich ändernde Betriebsanforderungen zu reagieren, was insbesondere in unvorhersehbaren Kampfsituationen oder Notfällen wichtig ist. Automatisierung spielt eine Schlüsselrolle bei der schnellen und effizienten Durchführung dieser Anpassungen mit minimalem Eingreifen der Besatzung, wodurch das Risiko von Bedienungsfehlern in kritischen Momenten verringert wird.

Die dynamische Lastverteilung trägt auch zur Tarnfähigkeit eines U-Boots bei, indem sie den Energieverbrauch so steuert, dass Lärm- und Wärmesignaturen minimiert werden. Durch die Regulierung des Stromflusses zu Antriebs- und Hilfssystemen kann das Energiemanagementsystem die Geschwindigkeit und den Betrieb von Elektromotoren und Pumpen anpassen, um die akustische Abstrahlung zu reduzieren. Zum Beispiel kann das U-Boot im Tarnmodus die Geschwindigkeit bestimmter Lüfter oder Pumpen verringern, um die Geräuschentwicklung zu minimieren, und stattdessen Energie auf leisere Systeme umverteilen oder die Antriebseinstellungen so anpassen, dass ein geräuscharmer Betrieb erreicht wird.

In Bezug auf die Effizienz stellt die Fähigkeit des Systems, sich an wechselnde Energieanforderungen anzupassen, sicher, dass die Energie optimal genutzt wird, Energieverschwendung verhindert und die Batterieleistung bei dieselelektrischen U-Booten geschont wird. Dies trägt dazu bei, die Tauchdauer zu verlängern und den Bedarf an häufigem Batterieladen zu reduzieren, was entscheidend ist, um Tarnung und Einsatzfähigkeit über längere Missionen hinweg zu gewährleisten.

Ein wesentliches Merkmal der dynamischen Lastverteilung ist die Fähigkeit, kritische Systeme gegenüber weniger wichtigen Verbrauchern zu priorisieren. Das Energiemanagementsystem kategorisiert die U-Boot-Systeme nach ihrer Bedeutung für den Erfolg der Mission und die Sicherheit, sodass essenzielle Funktionen wie Lebenserhaltung, Antrieb, Navigation und Kommunikation stets ausreichend mit Energie versorgt werden. Im Falle eines Stromausfalls oder Systemausfalls können weniger wichtige Systeme abgeschaltet oder mit reduzierter Kapazität betrieben werden, um Energie für wichtigere Anwendungen freizugeben.

Darüber hinaus ist die dynamische Lastverteilung in Redundanzmaßnahmen integriert, um einen kontinuierlichen Betrieb auch bei Ausfällen oder Beschädigungen zu gewährleisten. Sollte eine Komponente des Energieerzeugungs- oder Verteilungssystems ausfallen, kann die Last auf andere funktionierende Systeme umverteilt werden, sodass das U-Boot seine Mission mit minimalen Unterbrechungen fortsetzen kann.

Die Fähigkeit, die Stromverteilung dynamisch anzupassen, verbessert die Einsatzbereitschaft eines U-Boots, indem sie sicherstellt, dass es schnell zwischen verschiedenen Missionsmodi wechseln kann. Ob bei Routinepatrouillen, Hochgeschwindigkeitsverfolgungen oder der Vermeidung feindlicher Entdeckung – das Energiemanagementsystem des U-Boots passt sich in Echtzeit an wechselnde Anforderungen an und hält die optimale Leistung aller Systeme aufrecht. Diese Flexibilität ermöglicht es U-Booten, in unterschiedlichen und herausfordernden Einsatzumgebungen wirksam zu bleiben, was die Erfolgsquote von Missionen steigert.

Die dynamische Lastverteilung im Energiemanagement von U-Booten stellt sicher, dass elektrische Ressourcen effizient entsprechend den aktuellen betrieblichen Anforderungen zugewiesen werden. Durch die dynamische Anpassung der Energieflüsse an die wechselnden Bedürfnisse steigert das System die Effizienz, Tarnfähigkeit und Einsatzbereitschaft des U-Boots, während die Funktionalität kritischer Systeme in verschiedenen Szenarien erhalten bleibt. Diese Fähigkeit ist entscheidend, um die Leistung zu maximieren und sicherzustellen, dass das U-Boot auf jede Situation vorbereitet bleibt.

Batteriemanagement

Das Batteriemanagement ist eine weitere wichtige Komponente des Energiemanagements, insbesondere bei diesel-elektrischen U-Booten. Diese Schiffe sind stark auf große Batterieblöcke für den Betrieb unter Wasser angewiesen, was ein effektives Management der Batterienutzung, der Lade- und Entladezyklen unerlässlich macht [111]. Die Tiefe der Batterientladung muss sorgfältig überwacht werden, um Schäden zu vermeiden und die Batterielebensdauer zu verlängern, während die Ladezyklen so reguliert werden, dass die Batterien ausreichend aufgeladen werden, wenn die Dieselmotoren in Betrieb sind [109]. Dieses sorgfältige Management minimiert das sogenannte "Indiskretionsverhältnis", das sich auf die Zeit bezieht, die für das Aufladen benötigt wird, und maximiert so die Tauchdauer und die Einsatzfähigkeit des U-Boots [109].

Das Batteriemanagement spielt eine entscheidende Rolle in der Energiemanagementstrategie von diesel-elektrischen U-Booten, bei denen große Batterieblöcke die primäre Stromquelle für den Betrieb unter Wasser darstellen. Die Batterien liefern Energie für den Antrieb, die Lebenserhaltung, die Navigation und andere wichtige Systeme, wenn das U-Boot unter Wasser ist und seine Dieselgeneratoren nicht nutzen kann. Ein effektives Batteriemanagement umfasst die sorgfältige Regulierung der Batterienutzung, die Überwachung der Entladezyklen und optimierte Ladeprozesse, um die Einsatzbereitschaft, die Ausdauer und die Lebensdauer der Batterien des U-Boots sicherzustellen.

Einer der Hauptaspekte des Batteriemanagements ist die Überwachung der Entladetiefe der Batterien während des Unterwasserbetriebs. Die Entladung bezieht sich auf die Menge der Batteriekapazität, die zur Stromversorgung der Systeme des U-Boots verwendet wird. Werden Batterien zu tief oder zu häufig entladen, kann dies zu einer Verschlechterung der Batteriezellen führen und die Gesamtlebensdauer des Batterieblocks verkürzen. Daher ist eine sorgfältige Überwachung unerlässlich, um übermäßige Entladungen zu verhindern und die Gesundheit der Batterien zu erhalten. U-Boot-Batteriemanagementsysteme sind mit Sensoren und Steueralgorithmen ausgestattet, die kontinuierlich den Ladezustand (SOC) und den Gesundheitszustand (SOH) der Batteriezellen überwachen und sicherstellen, dass die Entladewerte innerhalb sicherer Grenzen bleiben.

Die Begrenzung der Entladungstiefe ermöglicht es den Batterien außerdem, eine höhere Reservekapazität zu halten, die in Notfallsituationen von entscheidender Bedeutung ist. Durch das Vermeiden einer zu tiefen Entladung kann das U-Boot weiterhin auf Batterieleistung für kritische Funktionen im Falle unerwarteter Ereignisse wie Systemausfällen oder plötzlichen Änderungen der Missionsanforderungen zurückgreifen.

Ladezyklen sind ein weiterer wesentlicher Aspekt des Batteriemanagements bei diesel-elektrischen U-Booten. Die Dieselgeneratoren des U-Boots laden die Batterien auf, wenn das Schiff an der Oberfläche oder in Schnorcheltiefe operiert, wodurch die Dieselmotoren mit Luft versorgt werden können. Der Ladevorgang muss sorgfältig gesteuert werden, um sicherzustellen, dass die Batterien ausreichend aufgeladen werden, ohne dass es zu einer Überladung kommt, die die Batteriezellen schädigen könnte. Moderne Batteriemanagementsysteme verwenden fortschrittliche Algorithmen, um die Ladegeschwindigkeit zu regulieren, die Batterietemperatur zu überwachen und die Ladeparameter basierend auf dem SOC und dem SOH der Batterie anzupassen.

Das Ziel besteht darin, die Ladezyklen zu optimieren, um die volle Kapazität der Batterie so schnell und effizient wie möglich wiederherzustellen, während der Verschleiß der Batteriezellen minimiert wird. Schnelles Laden kann in Situationen erforderlich sein, in denen das U-Boot aus Tarnungsgründen möglichst wenig Zeit an oder in der Nähe der Oberfläche verbringen muss. Kontrollierte Ladevorgänge werden jedoch verwendet, um übermäßige Hitzeentwicklung zu vermeiden und die langfristige Gesundheit der Batterien zu gewährleisten.

Ein zentrales Ziel eines effektiven Batteriemanagements ist es, das "Indiskretionsverhältnis" des U-Boots zu verringern – das Verhältnis der Zeit, die mit dem Aufladen der Batterien in Schnorcheltiefe im Vergleich zur gesamten Zeit der Unterwasseroperationen verbracht wird. Ein niedrigeres Indiskretionsverhältnis verbessert die Tarnfähigkeit des U-Boots, da weniger Zeit in der Nähe der Oberfläche das Risiko einer Entdeckung durch feindliche Kräfte verringert. Batteriemanagementstrategien zielen daher darauf ab, die Ladezyklen so zu optimieren, dass die Batteriekapazität maximiert und die Ladezeit minimiert wird. Dies umfasst die Implementierung adaptiver Ladetechniken, die die Laderaten basierend auf den Betriebsbedingungen und Missionsanforderungen anpassen.

Das Management der Batterienutzung während der Unterwasseroperationen beeinflusst auch das Indiskretionsverhältnis. Durch die sorgfältige Steuerung des Energieverbrauchs der Bordsysteme und die Umsetzung von Lastabwurfstrategien für nicht wesentliche Ausrüstungen kann das U-Boot die Batterielebensdauer verlängern und die Tauchdauer erhöhen. Dieser Ansatz maximiert nicht nur die Einsatzfähigkeit, sondern verbessert auch die Fähigkeit des U-Boots, über längere Zeiträume unentdeckt zu bleiben.

Batteriemanagementsysteme sind mit Redundanz- und Sicherheitsfunktionen ausgestattet, um die Einsatzbereitschaft des U-Boots zu gewährleisten und potenzielle Gefahren abzuwehren. Diese Systeme überwachen kontinuierlich Batterieparameter wie Spannung, Strom, Temperatur und SOC, um etwaige Anomalien oder Anzeichen einer Verschlechterung zu erkennen. Wird ein Problem erkannt, beispielsweise eine Überhitzung einer Batteriezelle oder ein signifikanter Spannungsabfall, kann das System automatisch den betroffenen Batterieblock isolieren, um weitere Schäden zu verhindern und die Stromversorgung wesentlicher Systeme aufrechtzuerhalten.

Darüber hinaus sind Batteriemanagementsysteme mit thermischen Managementlösungen ausgestattet, um eine Überhitzung sowohl während des Lade- als auch des Entladezyklus zu verhindern. Dies ist besonders wichtig bei modernen Hochenergiedichte-Batterien wie Lithium-Ionen, bei denen ein thermisches Durchgehen ein erhebliches Sicherheitsrisiko in der beengten Umgebung eines U-Boots darstellen könnte. Durch die Integration von aktiver Kühlung und thermischen Überwachungstechnologien tragen Batteriemanagementsysteme dazu bei, sichere Betriebstemperaturen aufrechtzuerhalten und eine zuverlässige Leistung zu gewährleisten.

Die Fortschritte im Batteriemanagement sind auch für hybride Energiesysteme relevant, bei denen Batterien in Verbindung mit luftunabhängigen Antriebssystemen (AIP) arbeiten. In solchen Konfigurationen helfen Batteriemanagementsysteme dabei, das Gleichgewicht zwischen der Batterienutzung und der AIP-Ausgabe zu optimieren, was zusätzliche Flexibilität bietet und die Tauchdauer des U-Boots verlängert. Durch die sorgfältige Verwaltung der Lade- und Entladezyklen stellt das Batteriemanagementsystem sicher, dass ausreichend Energie für Spitzenanforderungen wie schnelle Manöver oder Notfälle zur Verfügung steht.

Das Batteriemanagement ist eine wesentliche Komponente des Energiemanagements von diesel-elektrischen U-Booten, das sich auf die Regulierung der Batterienutzung, die Überwachung der Entladezyklen und die Optimierung der Ladeprozesse konzentriert. Ein effektives Batteriemanagement reduziert das Indiskretionsverhältnis, verlängert die Batterielebensdauer, gewährleistet die Einsatzbereitschaft und unterstützt die Integration hybrider Energiesysteme, wodurch die Tauchdauer und die gesamte Missionseffizienz des U-Boots verbessert werden.

Spitzenlastanforderungen

U-Boote müssen in der Lage sein, Spitzenlastanforderungen zu bewältigen, die bei bestimmten Operationen wie dem Waffeneinsatz oder bei schnellen Beschleunigungen auftreten. Um diese Leistungsspitzen zu bewältigen, können U-Boote hybride Energiespeicherlösungen integrieren, darunter Superkondensatoren oder Hilfsbatterien, die für kurze Zeit zusätzliche Energie bereitstellen können, ohne die primären Stromquellen zu überlasten [109]. Diese Fähigkeit verbessert nicht nur die Leistung des U-Boots, sondern stellt auch eine stabile Energieversorgung für alle Systeme sicher.

U-Boote sind so konzipiert, dass sie eine Reihe von komplexen Operationen ausführen können, die plötzliche Erhöhungen des Energiebedarfs erfordern. Situationen wie das Abfeuern von Torpedos oder Raketen, schnelle Beschleunigungen zur Gefahrenabwehr oder Notmanöver können die Stromsysteme des U-Boots erheblich belasten. Um diese Spitzenlastanforderungen zu bewältigen, integrieren U-Boote oft hybride Energiespeicherlösungen, die bei Bedarf schnell zusätzliche Energie bereitstellen und so eine reibungslose und stabile Energieversorgung für alle Systeme gewährleisten.

Hybride Energiespeicherlösungen wie Superkondensatoren oder Hilfsbatteriesysteme werden in Verbindung mit den primären Energiequellen des U-Boots, wie Dieselgeneratoren oder Kernreaktoren, eingesetzt. Diese hybriden Systeme sind speziell darauf ausgelegt, eine hohe Leistung über kurze Zeiträume zu liefern, wodurch sie ideal geeignet sind, um Leistungsspitzen zu bewältigen, ohne die primären Energieerzeugungseinheiten zu überlasten. Durch das schnelle Speichern und Freisetzen von Energie können hybride Speicherlösungen die Lücke bei Spitzenlasten schließen und sicherstellen, dass kritische Systeme die benötigte Energie erhalten, ohne die Stabilität des gesamten Stromnetzes zu gefährden.

Superkondensatoren sind besonders effizient, wenn es darum geht, große Mengen elektrischer Energie in sehr kurzer Zeit zu speichern und bereitzustellen. Im Gegensatz zu herkömmlichen Batterien, die auf chemischen Reaktionen basieren, speichern Superkondensatoren Energie elektrostatisch, wodurch sie nahezu sofort entladen können. Dies macht sie besonders geeignet für U-Boot-Anwendungen, bei denen eine schnelle Energiebereitstellung entscheidend ist, wie beim Waffeneinsatz oder bei Notantrieben. Wenn sie in das Energiemanagementsystem eines U-Boots integriert werden, können Superkondensatoren überschüssige Energie von den primären Generatoren oder Hilfsbatterien schnell aufnehmen und bei Bedarf freisetzen, wodurch die Spannungspegel stabilisiert und eine konstante Stromversorgung gewährleistet wird.

Hilfsbatterien, die vom Hauptbatterieblock getrennt sein können, bieten eine weitere Unterstützung bei der Bewältigung von Spitzenlastanforderungen. Diese Batterien sind typischerweise so konfiguriert, dass sie Energie für bestimmte Operationen wie Hochgeschwindigkeitsantriebe oder die Versorgung von Waffensystemen bereitstellen. Bei Spitzenlastanforderungen können Hilfsbatterien aktiviert werden, um die Hauptbatterien oder andere Energiequellen zu ergänzen und so einen vorübergehenden Leistungsanstieg zu ermöglichen. Dieser Ansatz erlaubt es dem U-Boot, die Leistung aller kritischen Systeme aufrechtzuerhalten, ohne die Hauptbatterien oder Generatoren übermäßig zu belasten. Außerdem können die Hilfsbatterien in Zeiten geringeren Energiebedarfs wieder aufgeladen werden, sodass sie für den nächsten Einsatz bereitstehen.

Der Einsatz hybrider Energiespeicherlösungen verbessert die Leistung eines U-Boots, indem sie Flexibilität im Energiemanagement bieten. Bei Operationen, die schnelle Leistungsanpassungen erfordern, stellen diese Systeme sicher, dass Energie sofort verfügbar ist, minimieren Verzögerungen und gewährleisten die Einsatzbereitschaft. Diese Fähigkeit ist besonders in militärischen Einsatzgebieten wichtig, in denen die Fähigkeit, schnell auf sich ändernde Situationen zu reagieren, den Unterschied zwischen Missionserfolg und -versagen ausmachen kann.

Darüber hinaus tragen hybride Speicherlösungen dazu bei, die primären Energieerzeugungseinheiten des U-Boots zu schützen, indem sie das Risiko einer Überlastung reduzieren. Wenn Spitzenanforderungen durch Hilfsbatterien oder Superkondensatoren gedeckt werden, können die primären Generatoren im optimalen Bereich weiterarbeiten, wodurch der Verschleiß reduziert und ihre Lebensdauer verlängert wird. Die Fähigkeit, die Energieversorgung in

Situationen mit hoher Nachfrage zu stabilisieren, verringert auch die Wahrscheinlichkeit von Spannungsschwankungen, die sich negativ auf empfindliche elektronische Systeme und Navigationsausrüstung auswirken können.

Eine stabile Energieversorgung ist entscheidend, um die gesamten operativen Fähigkeiten des U-Boots aufrechtzuerhalten. Systeme wie Kommunikation, Navigation, Lebenserhaltung und elektronische Kriegsführung benötigen eine konstante Stromversorgung, um effektiv zu funktionieren. Durch die Integration hybrider Energiespeicherlösungen können U-Boote die Energiezuweisung basierend auf den aktuellen Anforderungen priorisieren. So kann beispielsweise während einer schnellen Beschleunigung oder eines Notfalls Energie von nicht wesentlichen Systemen auf Antrieb oder Waffen umgeleitet werden, wobei hybride Speicher die notwendige Unterstützung bieten.

Die Integration hybrider Energiespeicherlösungen ermöglicht auch bessere Energiemanagementstrategien. Wenn das U-Boot mit konstanter Geschwindigkeit und geringem Energiebedarf unterwegs ist, können die hybriden Speichersysteme aufgeladen werden, um auf zukünftige Anforderungen vorbereitet zu sein. Dies stellt sicher, dass das U-Boot stets in der Lage ist, unerwartete Energieanforderungen zu bewältigen, und verbessert seine Fähigkeit, längere Missionen ohne das Risiko von Energieengpässen durchzuführen.

Zusammenfassend lässt sich sagen, dass die Ausstattung von U-Booten mit hybriden Energiespeicherlösungen wie Superkondensatoren oder Hilfsbatterien eine wichtige Strategie zur Bewältigung von Spitzenlastanforderungen darstellt. Diese Systeme bieten die notwendige Flexibilität, um schnelle Leistungsspitzen zu bewältigen, eine stabile Energieversorgung für alle Bordsysteme zu gewährleisten und die primären Energiequellen vor Überlastung zu schützen. Durch die Integration dieser fortschrittlichen Speichertechnologien können U-Boote eine hohe Leistung und Einsatzbereitschaft in einer Vielzahl von herausfordernden Szenarien aufrechterhalten.

Energieeinsparungstechniken

Energieeinsparungstechniken werden ebenfalls eingesetzt, um die Tauchzeit zu verlängern und das Risiko der Entdeckung zu verringern. Lastabwurf, bei dem nicht essentielle Systeme vorübergehend abgeschaltet werden, ist eine gängige Praxis während kritischer Operationen. So kann beispielsweise die Beleuchtung und Klimaanlage minimiert werden, um Batterieleistung während längerer Tauchgänge zu sparen [109]. Der Einsatz energieeffizienter Technologien, wie LED-Beleuchtung und drehzahlgeregelte Motoren, trägt zusätzlich dazu bei, den Gesamtenergieverbrauch zu senken und damit die operativen Fähigkeiten des U-Boots zu verbessern [109].

Energieeinsparungstechniken sind für U-Boote von entscheidender Bedeutung, insbesondere während längerer Tauchgänge, bei denen die verfügbare Energie begrenzt ist. Effizientes Energiemanagement trägt nicht nur dazu bei, die Tauchdauer des U-Boots zu verlängern, sondern spielt auch eine wichtige Rolle bei der Aufrechterhaltung der Tarnung, indem die Häufigkeit des Auftauchens oder Schnorchelns zur Batteriewiederaufladung reduziert wird. Eine der primären Strategien zur Energieeinsparung ist der Lastabwurf, bei dem nicht essentielle Systeme selektiv abgeschaltet werden, um Energie während kritischer Operationen zu sparen. Dieser Ansatz, kombiniert mit dem Einsatz energieeffizienter Technologien, verbessert die operativen Fähigkeiten des U-Boots erheblich.

Lastabwurf ist eine weit verbreitete Energieeinsparungspraxis auf U-Booten. Während längerer Tauchgänge, bei denen eine geringe Auffälligkeit entscheidend ist, um einer Entdeckung zu entgehen, muss der Energiebedarf sorgfältig verwaltet werden. Durch das vorübergehende Abschalten nicht wesentlicher Systeme wie der Innenbeleuchtung, der Belüftung oder der Klimaanlage kann Energie eingespart und auf kritische Systeme wie Antrieb, Navigation und Kommunikation umgeleitet werden. Dies ist besonders wichtig, wenn das U-Boot längere Zeit unter Wasser bleiben oder unter Bedingungen operieren muss, die maximale Tarnung erfordern, da so die Batteriereserven geschont werden.

Durch strategischen Lastabwurf kann das U-Boot essentielle Funktionen priorisieren und sicherstellen, dass Energie für Notfälle oder Spitzenlastanforderungen zur Verfügung steht. Beispielsweise kann der Lastabwurf im lautlosen Fahrmodus, bei dem Geräusche und Energieverbrauch auf ein Minimum reduziert werden müssen, den Stromverbrauch erheblich senken und somit die Tauchzeit verlängern, ohne dass die Batterien aufgeladen werden müssen.

Der Einsatz energieeffizienter Technologien ist ein weiterer wesentlicher Aspekt des Energiemanagements auf U-Booten. Die Verwendung moderner, stromsparender Lösungen wie LED-Beleuchtung und drehzahlgeregelter Motoren hilft, den Gesamtenergieverbrauch zu senken. LED-Leuchten verbrauchen beispielsweise erheblich weniger Energie als herkömmliche Glühbirnen und bieten dabei dieselbe Lichtstärke, jedoch mit einem Bruchteil des Energieverbrauchs. Dies spart nicht nur Batterieleistung, sondern erzeugt auch weniger Wärme, was wiederum den Kühlbedarf reduziert und somit weiter Energie einspart.

Drehzahlgeregelte Motoren, die in Systemen wie Belüftung, Kühlpumpen und Hydrauliksystemen eingesetzt werden, tragen zur Energieeinsparung bei, indem sie ihre Leistung je nach tatsächlichem Bedarf anpassen. Im Gegensatz zu herkömmlichen Motoren, die mit konstanter Geschwindigkeit laufen, können drehzahlgeregelte Motoren mit geringeren Geschwindigkeiten betrieben werden, wenn keine volle Leistung erforderlich ist, was den Energieverbrauch reduziert. Diese Flexibilität bei der Anpassung des Energieverbrauchs ist besonders vorteilhaft während Phasen geringer Aktivität und ermöglicht ein effizienteres Energiemanagement und längere Tauchzeiten.

Die Umsetzung von Lastabwurf und energieeffizienten Technologien wirkt sich direkt auf die operativen Fähigkeiten des U-Boots aus. Durch die Reduzierung des Gesamtenergieverbrauchs kann die Batterielebensdauer erheblich verlängert werden, wodurch längere Tauchgänge möglich sind, ohne auftauchen zu müssen. Diese verlängerte Tauchzeit verbessert nicht nur die Missionsfähigkeit, sondern reduziert auch das Entdeckungsrisiko, da weniger Zeit an der Oberfläche verbracht wird. Je effizienter das U-Boot seine Energieressourcen verwalten kann, desto besser kann es Tarnmissionen durchführen, Bedrohungen ausweichen und lange Patrouillen in feindlichen Gewässern durchführen.

Energieeinsparung trägt auch zur Optimierung der Energiemanagementstrategie des U-Boots bei. Durch die Senkung des Grundenergieverbrauchs wird es einfacher, Energie bei Bedarf auf wichtige Systeme zu verteilen. Dies stellt sicher, dass während kritischer Momente, wie bei Ausweichmanövern oder Kampfsituationen, genügend Energie für den Antrieb und die Waffensysteme verfügbar ist, ohne die Reserven zu schnell aufzubrauchen. Dadurch bleibt das U-Boot einsatzbereit und flexibel, um sich an wechselnde Missionsanforderungen anzupassen.

Die Reduzierung des Energieverbrauchs trägt nicht nur zur Schonung der Batterieleistung bei, sondern spielt auch eine Rolle bei der Reduzierung der akustischen und thermischen Signatur des U-Boots. Durch die Minimierung des Einsatzes von lauten Geräten wie Klimakompressoren oder Belüftungsventilatoren wird das U-Boot leiser und schwerer für feindliches Sonar zu erkennen. Ein geringerer Energieverbrauch bedeutet auch, dass weniger Wärme erzeugt wird, was den thermischen Fußabdruck verringert und die Entdeckungswahrscheinlichkeit durch thermische Bildgebungssysteme reduziert. Somit tragen Energieeinsparungstechniken nicht nur zur Verlängerung der Einsatzdauer des U-Boots bei, sondern verbessern auch dessen Tarnfähigkeiten und ermöglichen einen diskreteren Betrieb.

Redundanz in U-Boot-Elektrosystemen

Redundanz ist ein wesentlicher Aspekt des U-Boot-Designs, um sicherzustellen, dass kritische Systeme auch dann funktionsfähig bleiben, wenn eine Komponente oder eine Stromquelle ausfällt. Die beengte und isolierte Umgebung eines U-Boots erschwert die Reparatur von elektrischen Störungen während des Betriebs, daher wird Redundanz in die Stromerzeugungs-, Verteilungs- und Speichersysteme integriert.

- **Mehrere Stromquellen**: U-Boote verfügen in der Regel über mehrere Stromquellen, wie Dieselgeneratoren, Batterien, Kernreaktoren oder AIP-Systeme (luftunabhängiger Antrieb), um Redundanz zu gewährleisten. Bei diesel-elektrischen U-Booten stellt die Verwendung mehrerer Dieselgeneratoren sicher, dass im Falle eines Generatorausfalls andere Generatoren die Stromlast übernehmen können. Bei Atom-U-Booten ist der Kernreaktor die Hauptstromquelle, aber Batterien dienen als Backup im Falle einer Reaktorabschaltung, damit essenzielle Systeme weiterhin funktionieren [111]. Dieser Ansatz mit mehreren Quellen stellt sicher, dass U-Boote auch dann noch funktionsfähig bleiben, wenn eine Stromquelle beeinträchtigt ist.
- **Redundante Batteriebänke**: Die Redundanz der Batterien ist entscheidend für diesel-elektrische U-Boote, die stark auf Batterieleistung für den Betrieb unter Wasser angewiesen sind. Batteriesysteme sind in der Regel in Bänken angeordnet, wobei mehrere Zellen in Reihen- und Parallelschaltung verbunden sind. Wenn eine Batteriebank ausfällt, können die anderen weiterhin Strom liefern. Diese Anordnung stellt sicher, dass das U-Boot zwar mit verminderter Leistung, aber dennoch betriebsbereit bleibt und das Risiko eines vollständigen Stromausfalls minimiert wird [117].
- **Redundante elektrische Verteilungswege**: Die elektrischen Verteilungssysteme in U-Booten sind so ausgelegt, dass mehrere Verteilungswege oder -kreise vorhanden sind, um sicherzustellen, dass der Strom bei einem Fehler oder einer Beschädigung umgeleitet werden kann. Dies beinhaltet den Einsatz von doppelten oder dreifachen Stromleitungen, Leistungsschaltern und Schalttafeln, die es den Bedienern ermöglichen, einen fehlerhaften Stromkreis zu isolieren und die Stromversorgung kritischer Systeme aufrechtzuerhalten [146]. Die Verteilungswege sind auch segmentiert, um sicherzustellen, dass ein lokalisierter Fehler nicht das gesamte elektrische Netz beeinträchtigt.
- **Notstromgeneratoren und Backup-Systeme**: U-Boote sind mit Notstromgeneratoren oder alternativen Stromversorgungssystemen ausgestattet, die bei einem Ausfall der Hauptstromquelle elektrische Energie liefern können [111]. Diese Notstromsysteme werden in der Regel von Hilfsdieselmotoren oder speziellen Energiespeicherlösungen wie Notfallbatterien betrieben. Sie sind so ausgelegt, dass sie Lebenserhaltungssysteme, Navigation, Kommunikation und andere wesentliche Systeme mit Strom versorgen und sicherstellen, dass das U-Boot in Notfällen betriebsfähig bleibt [111].
- **Automatisches Umschalten und Isolierung**: Redundante Stromversorgungssysteme in U-Booten sind oft mit automatischen Umschaltmechanismen ausgestattet, die Stromausfälle oder Fehler erkennen und sofort auf eine Backup-Stromquelle umschalten. Diese Fähigkeit minimiert Ausfallzeiten und gewährleistet eine kontinuierliche Stromversorgung der kritischen Systeme. Ähnlich helfen Fehlisolationseinrichtungen, fehlerhafte Komponenten zu identifizieren und zu isolieren, um weiteren Schaden zu verhindern und dem U-Boot zu ermöglichen, den Betrieb ohne größere Unterbrechung fortzusetzen [202].
- **Redundanz in den Steuerungssystemen**: Auch die Steuerungssysteme, die die Stromverteilung verwalten, verfügen über Redundanz, um die Funktionalität aufrechtzuerhalten. Redundante Sensoren, Steuerungen und Überwachungsgeräte werden verwendet, um Fehler im elektrischen System zu erkennen und sicherzustellen, dass genaue Daten für Entscheidungen im Energiemanagement verfügbar sind [203]. Im Falle eines Steuerungssystemausfalls können Ersatzsteuerungen übernehmen und die Fähigkeit aufrechterhalten, Stromflüsse zu verwalten und auf Notfälle zu reagieren.

Integrierte Energiemanagementsysteme

Moderne U-Boote sind zunehmend mit integrierten Energiemanagementsystemen ausgestattet, die Stromerzeugung, -speicherung und -verteilung zu einem zusammenhängenden Rahmen verbinden. Diese Systeme nutzen fortschrittliche Software- und Automatisierungstechnologien, um den Stromfluss zu überwachen und zu steuern, den Energieverbrauch zu optimieren und Redundanzen zu verwalten. Der integrierte Ansatz ermöglicht Echtzeitanpassungen der Stromverteilung je nach betrieblichen Anforderungen, was die Widerstandsfähigkeit des U-Bootes stärkt, indem alle Elemente des elektrischen Systems koordiniert werden.

Die Architektur dieser integrierten Energiemanagementsysteme ist so ausgelegt, dass sie eine dynamische Steuerung des Energieverbrauchs unterstützt, was in den beengten und anspruchsvollen Umgebungen, in denen U-Boote operieren, von entscheidender Bedeutung ist. Beispielsweise ermöglicht die Implementierung von Power Controller Systems (PCS) komplexe Multiple-Input-Multiple-Output (MIMO)-Energiemanagementrichtlinien, die die Stromverteilung dynamisch an die variierenden Betriebsanforderungen anpassen können [204]. Diese Fähigkeit ist besonders wichtig, um Stabilität und Effizienz zu gewährleisten, insbesondere in Systemen, die mittelspannungsfähige Gleichstromkonfigurationen (MVDC) nutzen, die zunehmend in modernen Marinefahrzeugen eingesetzt werden [205].

Darüber hinaus ermöglicht die Integration softwaregesteuerter Energiemanagementtechniken U-Booten eine effektive Optimierung des Energieverbrauchs. Durch den Einsatz ausgeklügelter Algorithmen können diese Systeme den Strom gezielt auf verschiedene Komponenten verteilen und sicherstellen, dass die Energie effizient und je nach Echtzeitanforderungen zugewiesen wird [109]. Dies ist besonders wichtig für U-Boote, bei denen die verfügbaren Energieressourcen begrenzt sind und sorgfältig verwaltet werden müssen, um verschiedene Bordsysteme und Missionen zu unterstützen.

Zusätzlich zur Optimierung des Energieverbrauchs steigern integrierte Energiemanagementsysteme die Widerstandsfähigkeit von U-Booten. Durch die Koordination der verschiedenen Elemente des elektrischen Systems können diese Systeme schnell auf Änderungen der Betriebsbedingungen reagieren, wie beispielsweise auf Veränderungen des Strombedarfs oder unerwartete Ausfälle in der Stromerzeugung oder -speicherung. Diese Anpassungsfähigkeit ist entscheidend, um die Einsatzbereitschaft und Sicherheit in der unvorhersehbaren Unterwasserumgebung zu gewährleisten [146]. Darüber hinaus tragen der Einsatz fortschrittlicher Überwachungs- und Managementtechnologien zur proaktiven Wartung und Fehlererkennung bei, was die Zuverlässigkeit der U-Boot-Betriebe weiter stärkt [206].

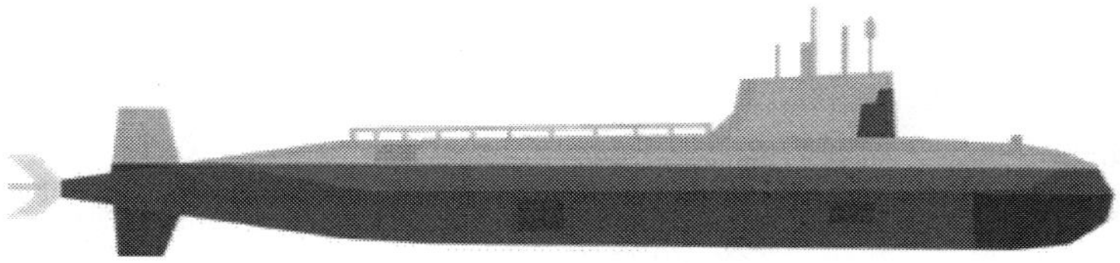

Kapitel 6

Lebenserhaltungssysteme

U-Boot-Luftsysteme

Luftsysteme sind für die Funktionsweise eines U-Boots von entscheidender Bedeutung, da praktisch jeder Aspekt des Tauchens, Auftauchens und des gesamten Betriebs auf Druckluft angewiesen ist. Diese Systeme unterstützen eine Vielzahl von Aufgaben, die für die Funktionalität des U-Boots wesentlich sind, und gehören damit zu den vielseitigsten Bordsystemen. Die Bedeutung der Luftsysteme geht über bloße Belüftung und Luftqualitätsmanagement hinaus; sie sind integraler Bestandteil der Antriebssysteme, der Waffeneinsetzung, der Steuerung des Auftriebs und verschiedener mechanischer Operationen [207].

Rolle in U-Boot-Operationen

Druckluft ist für Tauch- und Auftauchvorgänge unerlässlich. Um zu tauchen, verwendet das U-Boot Druckluft, um seinen Auftrieb zu regulieren, indem Luft aus den Ballasttanks freigesetzt wird, sodass Wasser in diese eindringen kann, wodurch das U-Boot schwerer wird. Umgekehrt wird beim Auftauchen Luft in die Ballasttanks geblasen, um das Wasser zu verdrängen, den Auftrieb zu erhöhen und das U-Boot wieder an die Oberfläche zu bringen. Dieses Luftmanagement ist grundlegend für die Fähigkeit des U-Boots, seine Tiefe zu kontrollieren und nach Bedarf unter Wasser zu bleiben oder aufzutauchen [207].
Neben der Steuerung des Auftriebs spielt Druckluft auch in anderen Betriebssystemen eine wichtige Rolle. Zum Beispiel stützt sich das Haupt-Hydrauliksystem auf den Luftdruck, der in Druckluftflaschen aufrechterhalten wird, um verschiedene hydraulische Mechanismen zu betreiben. Außerdem wird Druckluft verwendet, um Torpedos aus den Torpedorohren des U-Boots abzufeuern, was den Waffeneinsatz im Kampf ermöglicht. Darüber hinaus erfordert das Starten der Hauptantriebsmotoren oft Luftdruck, um den Verbrennungsprozess einzuleiten. Diese Anwendungen verdeutlichen, wie wichtig Druckluft sowohl für routinemäßige als auch für kritische Operationen an Bord eines U-Boots ist [207].

Luftsysteme für die Lebenserhaltung an Bord

Zusätzlich zu den betrieblichen Aufgaben ist Druckluft auch wichtig für die Aufrechterhaltung der Lebenserhaltungssysteme an Bord des U-Boots. Wenn ein U-Boot über längere Zeit unter Wasser bleibt, kann die Luftqualität an Bord durch die Anhäufung von Kohlendioxid und anderen Schadstoffen abnehmen. Druckluft und Sauerstoff werden verwendet, um die Luft im U-Boot zu erneuern und eine atembare Atmosphäre für die Besatzung zu gewährleisten. Dies ist besonders wichtig bei Langzeitmissionen unter Wasser, bei denen der Zugang zu frischer Luft eingeschränkt ist [207].
Auch das Druckmanagement innerhalb des U-Boots wird mit Druckluft getestet, um die Integrität des Druckkörpers zu gewährleisten. Dichtigkeitstests werden durchgeführt, um potenzielle Lecks im Rumpf zu erkennen und die Sicherheit der Besatzung sowie die Fähigkeit des U-Boots, den Innendruck in der Tiefe aufrechtzuerhalten, zu gewährleisten. Dies verdeutlicht eine weitere kritische Funktion der Luftsysteme bei der Überwachung und Aufrechterhaltung der strukturellen Integrität des U-Boots.

Druckluft als vielseitige Energiequelle

Druckluft ist eine vielseitige Energiequelle, die eine Vielzahl von primären und sekundären Funktionen innerhalb eines U-Boots unterstützt. Ein wesentlicher Vorteil ist, dass sie leicht in Hochdruck-Luftspeichern auf dem Schiff gelagert werden kann. Diese gespeicherte Luft kann bei Bedarf ohne zusätzlichen Energieaufwand verwendet werden und stellt somit eine stets verfügbare Energiequelle dar. Der Hochdruck-Kompressor des U-Boots komprimiert die Luft mithilfe einer Reihe von Kolben, die den Luftdruck stufenweise erhöhen, sodass sie für die spätere Verwendung gespeichert werden kann [207].
Diese Druckluft kann so reguliert werden, dass sie unterschiedliche Druckstufen, von niedrig bis hoch, für die Bedürfnisse verschiedener Bordsysteme bereitstellt. Ihre Kompressibilität ermöglicht es ihr auch, als Puffer zu wirken, um mechanische Kräfte während des Betriebs auf die Ausrüstung zu verringern. Die Möglichkeit, Druckluft über ein miteinander verbundenes Netzwerk von Luftleitungen zu verschiedenen Teilen des U-Boots zu verteilen, erhöht ihre Vielseitigkeit weiter und macht sie zu einem unverzichtbaren Bestandteil der Infrastruktur des U-Boots.

Luftsysteme in Notfällen

In Notfällen, wie bei einem Stromausfall oder mechanischem Versagen, bieten die Luftsysteme kritische Backup-Fähigkeiten. Druckluft kann verwendet werden, um Notfall-Ballastentlastungsmechanismen zu betreiben, um das U-Boot an die Oberfläche zu bringen, wenn die Primärsysteme ausfallen. Dies stellt sicher, dass die Besatzung eine zuverlässige Möglichkeit hat, aus gefährlichen Situationen zu entkommen und in eine sichere Tiefe zurückzukehren. Darüber hinaus können bestimmte luftbetriebene Werkzeuge und Geräte für Reparaturen oder Notfalleinsätze eingesetzt werden, wodurch das U-Boot auch unter schwierigen Bedingungen funktionsfähig bleibt [207].

Typisches Luftsystem in einem diesel-elektrischen U-Boot

Ein typisches Luftsystem in einem diesel-elektrischen U-Boot spielt eine entscheidende Rolle bei verschiedenen Betriebsfunktionen, einschließlich Tauchen und Auftauchen, Antrieb, Lebenserhaltung an Bord und dem Betrieb von Geräten. Das System ist so ausgelegt, dass es Druckluft speichert, verteilt und reguliert, um sowohl wesentliche als auch zusätzliche Aufgaben zu unterstützen. Ein typisches Luftsystem in einem diesel-elektrischen U-Boot umfasst:

1. Hochdruck-Luftspeicher: Das Luftsystem beginnt mit Hochdruck-Luftspeichertanks oder Luftbänken, die Druckluft bei Drücken von typischerweise 200 bis 300 bar (2.900 bis 4.350 psi) speichern. Diese Tanks sind im gesamten U-Boot verteilt, um eine ausgewogene Gewichtsverteilung zu gewährleisten und mehrere Luftquellen für verschiedene Systeme bereitzustellen. Die Hochdruckluft wird für verschiedene Zwecke verwendet, darunter Tauchen und Auftauchen, Motorstart und Notfallverfahren.
Die Luftspeicherbänke sind mit dem Luftkompressorsystem des U-Boots verbunden, das die Luftversorgung bei aufgetauchten oder Schnorcheltiefe wieder auffüllt. Diese Kompressoren saugen atmosphärische Luft an, komprimieren sie auf den erforderlichen Druck und speichern sie dann in den Luftbänken. Das System umfasst mehrere Kompressoren zur Redundanz, um eine zuverlässige Lufterzeugung sicherzustellen.

2. Luftkompressoren und Steuerungssysteme: Diesel-elektrische U-Boote sind mit Hochdruckluftkompressoren ausgestattet, die die Luftbänke bei aufgetauchtem Betrieb oder in Schnorcheltiefe wieder auffüllen. Die Kompressoren haben typischerweise mehrere Verdichtungsstufen, um die erforderlichen hohen Drücke zu erreichen. Steuerungssysteme überwachen den Betrieb der Kompressoren, einschließlich Drucküberwachung und automatischer Abschaltung oder Anpassung, wenn der Luftspeicher den gewünschten Füllstand erreicht.

Die Luftkompressoren werden in der Regel mit Seewasser oder internen Kühlsystemen gekühlt, um eine Überhitzung zu verhindern. Die Kompressoren können auch Feuchtigkeitsabscheider enthalten, um Wasserdampf aus der komprimierten Luft zu entfernen, damit nur trockene Luft in den Tanks gespeichert wird. Dies trägt dazu bei, Korrosion in den Luftspeichertanks und angeschlossenen Systemen zu verhindern.

3. Luftverteilungssystem: Die in den Luftbänken gespeicherte Hochdruckluft wird über ein miteinander verbundenes Netzwerk von Luftleitungen im gesamten U-Boot verteilt. Das Verteilungssystem umfasst eine Reihe von Ventilen, Druckreglern und Steuermechanismen, die Luft zu verschiedenen Teilsystemen in den erforderlichen Druckstufen leiten.

Das Luftverteilungssystem ist typischerweise in verschiedene Druckzonen unterteilt:

- Hochdruckzone: Für Anwendungen, die den vollen Druck der gespeicherten Luft erfordern, wie Torpedoabschusssysteme oder Notballastausblasvorgänge.
- Mitteldruckzone: Für Aufgaben wie den Betrieb pneumatischer Werkzeuge oder bestimmter Hydrauliksysteme, bei denen ein niedrigerer Luftdruck ausreicht.
- Niederdruckzone: Für die Luftversorgung von nicht wesentlichen Systemen oder zur Steuerung der Ballasttankvorgänge während normaler Tauch- und Auftauchmanöver.

Das System verfügt über manuelle und automatisierte Regelventile zur Steuerung des Luftstroms, sodass die Besatzung die Luftversorgung für verschiedene Systeme nach Bedarf anpassen kann. Es enthält auch Sicherheitsventile, um Überdruckbedingungen zu verhindern.

4. Tauch- und Auftauchvorgänge: Das Luftsystem ist entscheidend für die Steuerung des Auftriebs des U-Boots während Tauch- und Auftauchmanövern. Beim Tauchen öffnet das U-Boot Entlüftungsventile an den Ballasttanks, um Meerwasser hineinzulassen, wodurch das Schiff schwerer wird. Die Luft aus den Tanks wird an die Atmosphäre oder ins Meer abgelassen. Beim Auftauchen wird Druckluft aus den Hochdruckluftbänken verwendet, um Meerwasser aus den Ballasttanks zu blasen, den Auftrieb wiederherzustellen und das U-Boot an die Oberfläche zu bringen.

Das System ermöglicht sowohl „Soft Blow“-Vorgänge, bei denen die Luft allmählich freigesetzt wird, um den Auftrieb des U-Boots präzise zu regulieren, als auch „Notfallausblasungen“, bei denen Wasser schnell aus den Ballasttanks ausgestoßen wird, um das U-Boot in kurzer Zeit schnell an die Oberfläche zu bringen.

5. Motorstart und Luftatmung: Diesel-elektrische U-Boote sind auf Dieselmotoren angewiesen, um die Batterien bei aufgetauchtem Betrieb oder in Schnorcheltiefe aufzuladen. Druckluft wird verwendet, um die Dieselmotoren zu starten und die anfängliche Kraft zu liefern, die erforderlich ist, um den Motor zum Laufen zu bringen. Das Luftsystem unterstützt auch den Schnorchelbetrieb des U-Boots, bei dem ein Schnorchel ausgefahren wird, um atmosphärische Luft für den Motorbetrieb aufzunehmen, während das U-Boot knapp unter der Wasseroberfläche bleibt.

Das Luftsystem enthält eine Luftansauganordnung, die saubere Luft für die Motoren bereitstellt und eine ausreichende Zufuhr für die Verbrennung aufrechterhält. Filter können verwendet werden, um Partikel aus der Luft zu entfernen, bevor sie in die Motoren gelangt.

6. Torpedo- und Raketenabschuss: Druckluft wird zum Abfeuern von Waffen wie Torpedos oder Raketen verwendet. Das Luftsystem stellt den notwendigen Druck bereit, um den Torpedo aus seinem Rohr zu drücken, den äußeren Wasserdruck zu überwinden und die Waffe auf ihrem Weg zum Ziel abzufeuern. Das Luftsystem kann auch verwendet werden, um Wasser nach einem Torpedoabschuss aus den Torpedorohren zu entfernen.

7. Lebenserhaltung und Luftqualitätsmanagement: Die Aufrechterhaltung einer atembaren Luft an Bord des U-Boots ist entscheidend für die Gesundheit und Sicherheit der Besatzung. Das Luftsystem umfasst Vorkehrungen zur Einführung von Druckluft und Sauerstoff in das U-Boot, um während längerer Tauchoperationen akzeptable Luftqualitätsstandards zu gewährleisten. Die Luft wird durch Filter und Scrubber geleitet, die Kohlendioxid, Feuchtigkeit und andere Verunreinigungen entfernen, um eine sichere und bewohnbare Umgebung zu schaffen.

In einigen Fällen kann das Luftsystem auch verwendet werden, um bestimmte Abteilungen zu testen oder Wartungsaufgaben durchzuführen, indem diese Abteilungen unter Druck gesetzt werden.

8. Notfallbetrieb: In Notsituationen, wie bei einem Stromausfall oder Systemausfällen, bietet das Luftsystem Backup-Fähigkeiten, um sicherzustellen, dass das U-Boot sicher an die Oberfläche gelangen oder eingeschränkte Operationen fortsetzen kann. Notfallausblassysteme können verwendet werden, um Wasser aus den Ballasttanks zu verdrängen und das U-Boot an die Oberfläche zu bringen, auch wenn andere Systeme nicht funktionsfähig sind. Das Luftsystem betreibt auch pneumatische Notfallwerkzeuge und andere wesentliche Ausrüstungen.

9. Pneumatische Werkzeuge und Systeme: Verschiedene pneumatische Werkzeuge und Systeme an Bord des U-Boots sind auf Druckluft für den Betrieb angewiesen, einschließlich Hydraulikpumpen, Luftwerkzeuge und anderer Maschinen. Das Luftsystem kann diese Werkzeuge mit Luft im richtigen Druckbereich versorgen und so die Durchführung von Wartungs- und Reparaturaufgaben ermöglichen.

Beispiel für ein Diesel-elektrisches Luftsystem

Ein U-Boot verfügt über fünf verschiedene Luftsysteme, die jeweils spezifische Funktionen erfüllen, um verschiedene betriebliche Anforderungen zu unterstützen. Diese Systeme umfassen das 3.000-Pfund-Hochdruck- und Torpedoimpulsluftsystem, das 600-Pfund-Hauptballasttank-Blassystem (MBT), das 225-Pfund-Dienstluftsystem (auch als Schiffs-Dienstluft bezeichnet), das 10-Pfund-MBT-Blassystem und das Bergungsluftsystem. Hier ist eine detaillierte Übersicht dieser Luftsysteme [207]:

1. Das 3.000-Pfund-Hochdruck- und Torpedoimpulsluftsystem

Das 3.000-Pfund-Luftsystem ist das primäre Hochdruckluftsystem an Bord des U-Boots, das entwickelt wurde, um Luft bei einem maximalen Druck von 3.000 psi (20.684 kPa) zu komprimieren, zu speichern und zu liefern. Dieses System umfasst Hochdruckkompressoren, einen Luftverteiler, miteinander verbundene Rohrleitungen, Ventile und Druckluftspeicherbänke.

Die Hauptaufgabe dieses Systems besteht darin, Luft an andere Niederdruckluftsysteme zu liefern, einschließlich des 600-Pfund-MBT-Blassystems (4.137 kPa) und des 225-Pfund-Dienstluftsystems (1.551 kPa). Es versorgt auch das Hydraulik-Akkumulator-Luftladungsverteilersystem und liefert Druckluft an die vorderen und hinteren Torpedorohr-Impulsaufladeverteiler über die 600-Pfund-Reduzierventile. Darüber hinaus verfügt dieses System über eine externe Ladeverbindung, um bei Bedarf Luft von externen Quellen zuzuführen.

2. Das 600-Pfund-MBT-Blassystem

Die Funktion des 600-Pfund-MBT-Blassystems besteht darin, das Wasserballast aus den Hauptballasttanks während des Auftauchens auszustoßen, wodurch das U-Boot leichter wird und an die Oberfläche steigen kann. Dieses System erhält Druckluft aus dem 3.000-Pfund-Luftsystem über einen Verteilungsverteiler.

Die Druckluft bei 600 psi (4.137 kPa) wird verwendet, um das Wasser aus den Ballasttanks, einschließlich der Treibstoffballasttanks (wenn diese als Ballasttanks verwendet werden), auszublasen. Diese Fähigkeit ermöglicht es dem U-Boot, seinen Auftrieb zu regulieren und effektiv an die Oberfläche zu gelangen.

3. Das 225-Pfund-Dienstluftsystem

Das 225-Pfund-Dienstluftsystem, auch als Schiffs-Dienstluft bezeichnet, liefert Luft mit einem Druck von 225 psi (1.551 kPa). Es wird für verschiedene Hilfsaufgaben innerhalb des U-Boots verwendet, einschließlich des Einblasens von Luft in bestimmte Tanks, des Betriebs pneumatischer Werkzeuge und anderer Dienste, die Druckluft erfordern.

Das 225-Pfund-System besteht aus einem Dienstluftverteiler, miteinander verbundenen Rohrleitungen und einer Reihe von Ventilen, die den Luftstrom zu verschiedenen Orten im U-Boot steuern. Dieses System ist entscheidend für die Aufrechterhaltung der Luftqualität, die Durchführung von Wartungsarbeiten und die Unterstützung des Betriebs von Ausrüstungen, während das U-Boot getaucht ist.

4. Das 10-Pfund-MBT-Blassystem

Wenn das U-Boot an der Oberfläche ist, wird das 10-Pfund-MBT-Blassystem verwendet, um die in den Luftbänken gespeicherte Druckluft zu schonen. Dieses System arbeitet mit einem Druck von 10 psi (69 kPa) und ist nur dafür gedacht, nach dem Auftauchen des U-Boots verwendet zu werden, wenn die Induktionsventile und Luken geöffnet werden können.
Das System besteht aus einem Niederdruckgebläse, einem Steuerverteiler und Rohrleitungen, die Luft zu den verschiedenen Hauptballasttanks leiten. Das 10-Pfund-System ist eine sparsamere Methode, um den Auftrieb der Ballasttanks an der Oberfläche aufrechtzuerhalten und die Abhängigkeit von Hochdruckluft aus dem 3.000-Pfund-System zu reduzieren.

5. Das Bergungsluftsystem

Das Bergungsluftsystem besteht aus drei separaten Untersystemen: dem externen MBT-Bergungssystem, dem externen Abteilbergungssystem und dem internen Abteilbergungssystem. Diese Untersysteme sind darauf ausgelegt, den Auftrieb wiederherzustellen oder im Falle von Schäden oder Überflutungen Notluft bereitzustellen.

- Externes MBT-Bergungssystem: Ermöglicht die Verwendung von Druckluft aus einer externen Quelle, um die Ballasttanks auszublasen und das U-Boot an die Oberfläche zu bringen.
- Externes Abteilbergungssystem: Bietet Anschlüsse, um Druckluft von einer externen Quelle zu spezifischen Abteilen zuzuführen, um diese zu pressurisieren und Bergungsoperationen zu unterstützen.
- Internes Abteilbergungssystem: Nutzt die vorhandene Druckluftversorgung des U-Boots, um einzelne Abteile für Notfallbergungen zu pressurisieren.

Diese Bergungsfähigkeiten sorgen dafür, dass das U-Boot in Notsituationen wie bei Überflutungen oder Schäden Notfallmaßnahmen durchführen kann und somit wichtige Vielseitigkeit für Rettungsoperationen bietet.

Die Luftsysteme eines U-Boots sind voneinander abhängig, wobei die Hochdrucksysteme (3.000 psi) Luft an die Niederdrucksysteme (600 psi und 225 psi) liefern. Das Design stellt außerdem sicher, dass ausreichend Flexibilität und Redundanz für Not- und Betriebsanforderungen vorhanden sind. Jedes System erfüllt spezialisierte Funktionen, von der Ballaststeuerung und dem Torpedoabschuss bis hin zu Wartungsaufgaben und Notfalloperationen, was die Luftsysteme für die Sicherheit, Leistung und Überlebensfähigkeit des U-Boots unverzichtbar macht.

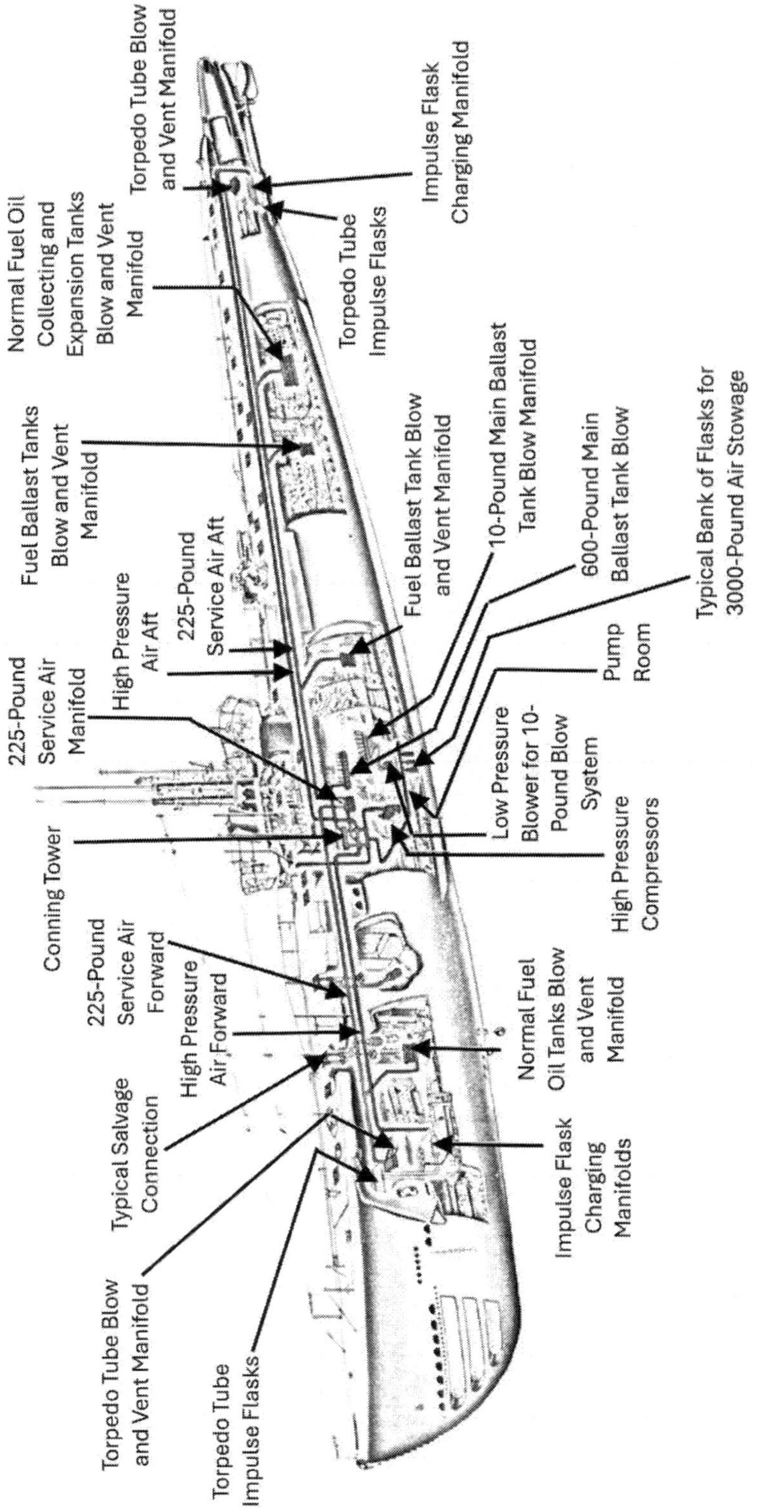

Abbildung 65: Beispiel eines Schemas eines U-Boot-Luftsystems.

Typisches Luftsystem in einem Nuklear-U-Boot

Ein typisches Luftsystem in einem Nuklear-U-Boot umfasst mehrere miteinander verbundene Teilsysteme, die hochdruckluft bereitstellen, das Management der Ballasttanks unterstützen und die Funktionalität von Lebenserhaltungssystemen und anderen wichtigen Systemen gewährleisten. Hier ist eine detaillierte Aufschlüsselung der Hauptkomponenten eines typischen Luftsystems in einem Nuklear-U-Boot:

1. **Hochdruckluftsystem**: Das Hochdruckluftsystem (normalerweise mit etwa 3.000 psi oder 20.684 kPa bewertet) bildet das Rückgrat der Luftversorgung des U-Boots. Es besteht aus Hochdruckkompressoren, Luftspeicherbänken, Verteilern, Ventilen und Rohrleitungen. Die Hauptfunktion dieses Systems besteht darin, Luft für verschiedene Anwendungen im gesamten U-Boot zu komprimieren und zu speichern.

- **Luftspeicherbänke**: Komprimierte Luft wird in mehreren Hochdruckluftspeichern im gesamten U-Boot gespeichert. Diese Speicher stellen eine Luftreserve bereit, die für verschiedene Systeme verwendet werden kann und so Redundanz und Flexibilität gewährleistet.
- **Kompressoren**: Die Hochdruckkompressoren werden verwendet, um die Luftspeicherbänke wieder aufzuladen. Sie können mit Energie aus dem Atomreaktor des U-Boots betrieben werden und können sowohl während des Tauchgangs als auch an der Oberfläche Luft nachfüllen.
- **Hochdruckverteiler**: Der Verteiler verteilt die komprimierte Luft aus den Speicherbänken an verschiedene Teilsysteme und ermöglicht eine kontrollierte Freisetzung von Luft, wo sie benötigt wird.

2. **Hauptballasttank-Ausblassystem (MBT)**: Das MBT-Ausblassystem wird verwendet, um die Auftriebskraft des U-Boots zu steuern, indem Luft in die Hauptballasttanks geblasen wird, um Wasser zu verdrängen, das Schiff weniger dicht zu machen und es an die Oberfläche zu bringen. Es gibt in der Regel zwei Haupttypen von MBT-Ausblassystemen:

- **Hochdruck-Ausblassystem**: Dieses System verwendet Luft aus den Hochdruckluftspeicherbänken (3.000 psi), um Wasser aus den Ballasttanks zu blasen, wenn das U-Boot schnell auftauchen muss.
- **Niederdruck-Ausblassystem**: Wenn sich das U-Boot bereits an oder nahe der Oberfläche befindet, wird ein Niederdruckgebläse (normalerweise mit 10 psi oder 69 kPa) verwendet, um Wasser aus den Ballasttanks zu blasen und so Hochdruckluft zu sparen.

3. Torpedo-Impulsluftsystem

Das Hochdruckluftsystem wird auch für das Torpedoimpulssystem verwendet, das den erforderlichen Luftdruck für den Abschuss von Torpedos aus dem U-Boot liefert. Die komprimierte Luft drückt den Torpedo aus dem Abschussrohr und sorgt dafür, dass er das U-Boot reibungslos verlässt.

- **Impulstanks**: Hochdruckluft wird in speziellen Impulstanks gespeichert, die mit den Torpedorohren verbunden sind. Das System ist so ausgelegt, dass es ein schnelles Wiederaufladen und Abfeuern mehrerer Torpedos ermöglicht.

4. **Bordluftsystem (Service Air System)**: Das Bordluftsystem arbeitet mit einem niedrigeren Druck, typischerweise etwa 225 psi (1.551 kPa). Es wird für verschiedene Hilfsfunktionen im U-Boot verwendet, wie z. B.:

- **Pneumatische Werkzeuge**: Druckluftbetriebene Werkzeuge für Wartung und Reparaturen.
- **Belüftungs- und Steuerungssysteme**: Unterstützung beim Öffnen und Schließen von Luken oder Ventilen sowie Regulierung des Luftstroms im U-Boot.
- **Ausblasen kleinerer Tanks**: Anpassung des Trimm- und Auftriebsverhaltens mit variablen Ballasttanks.

5. **Unterstützung des Hydrauliksystems**: Das Luftsystem ist auch entscheidend für die Aufrechterhaltung der Hydrauliksysteme eines Nuklear-U-Boots. Die Hochdruckluft hilft beim Druckaufbau in hydraulischen Akkumulatoren,

die verschiedene hydraulische Geräte wie Steuerungseinrichtungen, Periskopheber und andere kritische mechanische Systeme betreiben.

6. Lebenserhaltung und Notfallsysteme: Druckluft spielt eine wichtige Rolle bei der Lebenserhaltung und den Notfallsystemen eines Nuklear-U-Boots. Dies beinhaltet:

- **Luftauffrischung**: Komprimierte Luft kann verwendet werden, um die Qualität der Atemluft zu erhalten, indem sie mit Sauerstoff gemischt wird, um die Luftversorgung während längerer Tauchgänge zu erneuern.
- **Notausblassystem**: Im Notfall wird das Hochdruckluftsystem verwendet, um mit einem „Notausblasen" das Wasser aus den Hauptballasttanks schnell zu verdrängen, sodass das U-Boot so schnell wie möglich an die Oberfläche gebracht wird.
- **Luftversorgung der Fluchtkammern**: Luftsysteme können Pressluft für Fluchtkammern oder zur Unterstützung anderer Notfallverfahren liefern, wie z. B. Abteilbergung oder Schadenskontrolle.

7. Kühlung und Entfeuchtung: Luftsysteme spielen auch eine Rolle bei der Kühlung und Entfeuchtung der Atmosphäre im U-Boot. Dies ist wichtig, um die Ansammlung von Feuchtigkeit zu verhindern, die empfindliche Geräte und den Komfort der Besatzung beeinträchtigen könnte.

- **Integration der Klimaanlage**: Das Luftsystem arbeitet mit den Klimaanlagen und Belüftungssystemen zusammen, um die interne Temperatur und Luftfeuchtigkeit zu regulieren und so eine sichere und bewohnbare Umgebung zu gewährleisten.

8. Externe Luftanschlüsse: Nuklear-U-Boote sind mit externen Luftanschlüssen ausgestattet, die das Aufladen der Luftsysteme bei Anlegen oder während der Versorgungsoperationen ermöglichen. Dies kann über spezielle Verbindungen an Land erfolgen, sodass die Luftsysteme des U-Boots vor dem Einsatz vollständig aufgeladen werden können.

Sauerstofferzeugung und Kohlendioxid-Absorption

Auf einem U-Boot ist die Aufrechterhaltung einer atembaren Atmosphäre entscheidend für die Sicherheit und das Wohlbefinden der Besatzung, insbesondere während längerer Tauchgänge. Zwei wesentliche Aspekte dieses Prozesses sind die Sauerstofferzeugung und die Kohlendioxidabsorption (CO2-Absorption). Diese Prozesse sorgen gemeinsam für eine stetige Versorgung mit frischer Luft und entfernen schädliches CO2 aus der Umgebung, wodurch eine lebensfähige Atmosphäre im Inneren des U-Boots geschaffen wird.

Sauerstofferzeugung

Die Hauptmethoden zur Sauerstofferzeugung auf U-Booten umfassen die Elektrolyse von Wasser, den Einsatz von Sauerstofftanks und die chemische Sauerstofferzeugung. Jede Methode hat ihre eigenen Vor- und Nachteile und ist für unterschiedliche Einsätze geeignet.

Die **Elektrolyse von Wasser** ist die vorherrschende Methode, die in modernen U-Booten zur Sauerstofferzeugung verwendet wird. Bei diesem Prozess wird Meer- oder Süßwasser destilliert, um Verunreinigungen zu entfernen, bevor es einem elektrischen Strom ausgesetzt wird. Dieser Strom spaltet das Wasser in seine Bestandteile: Wasserstoff und Sauerstoff. Der erzeugte Sauerstoff wird dann in die Atmosphäre des U-Boots abgegeben, während der Wasserstoff in der Regel nach außen abgeleitet oder gespeichert wird. Die Effizienz dieser Methode ermöglicht eine kontinuierliche Sauerstoffversorgung, die für lang andauernde Tauchgänge von entscheidender Bedeutung ist [208, 209]. Fortschritte in der Elektrolysetechnologie, wie der Einsatz von Protonenaustauschmembran-Elektrolyseuren (PEM), haben die Zuverlässigkeit und Effizienz von Sauerstofferzeugungssystemen in U-Booten weiter verbessert [208].

Die auf U-Booten verwendeten Geräte zur Sauerstofferzeugung sind speziell darauf ausgelegt, in der anspruchsvollen Unterwasserumgebung effizient, sicher und kontinuierlich zu arbeiten. Zu den wichtigsten Komponenten und Systemen, die am Elektrolyseprozess beteiligt sind, gehören der Elektrolyseur, Wasseraufbereitungseinheiten, Stromversorgung, Gasaufbereitungssysteme, Kühlsysteme, Steuerungseinrichtungen und Sicherheitsvorkehrungen.

Der Elektrolyseur bildet das zentrale Element zur Spaltung von Wassermolekülen in Sauerstoff und Wasserstoff mithilfe eines elektrischen Stroms. Er besteht aus mehreren Elektrolysezellen, die in Reihe oder parallel angeordnet sind und jeweils mit einer Anode (positiv geladen) und einer Kathode (negativ geladen) ausgestattet sind, die in einer Wasserlösung eingetaucht sind. Bei Anlegen von Gleichstrom (DC) wird das Wasser an diesen Elektroden gespalten, wobei sich Sauerstoff an der Anode und Wasserstoff an der Kathode bildet. Einige Elektrolyseure verwenden eine Protonenaustauschmembran (PEM) oder eine ähnliche Trennvorrichtung, um zu verhindern, dass sich die erzeugten Gase vermischen, was Sicherheitsrisiken bergen könnte.

Vor der Elektrolyse muss das Wasser gereinigt und destilliert werden, um Salze, Mineralien und andere Verunreinigungen zu entfernen. Dies geschieht in der Regel durch Entsalzungsmethoden wie Umkehrosmose oder Destillation, die frisches Wasser für die Elektrolyse erzeugen. Zusätzlich sorgen Deionisationsfilter dafür, dass das Wasser ultrarein ist, um zu verhindern, dass ionische Verunreinigungen die Ausrüstung beschädigen oder die Effizienz der Elektrolyse beeinträchtigen.

Eine stabile Stromversorgung ist entscheidend für den Antrieb des Elektrolyseprozesses, da die Geräte Gleichstrom benötigen, um Wasser in Wasserstoff und Sauerstoff zu trennen. Das Stromversorgungssystem verfügt über Spannungsregler und Stromsteuerungen, um optimale Betriebsbedingungen aufrechtzuerhalten und die Leistung entsprechend den Sauerstoffanforderungen des U-Boots anzupassen.

Gastrennungs- und Aufbereitungssysteme sind unerlässlich, um die nach der Elektrolyse erzeugten Gase zu verwalten. Gasabscheider oder Entfeuchter entfernen Restwassertropfen aus dem erzeugten Sauerstoff und Wasserstoff und sorgen dafür, dass diese Gase trocken und frei von Verunreinigungen sind. Der Sauerstoff wird dann in speziellen Tanks gespeichert oder direkt in die Atmosphäre des U-Boots freigesetzt, um einen angemessenen Sauerstoffgehalt zu gewährleisten. Pufferbehälter können überschüssigen Sauerstoff für späteren Gebrauch speichern. Der Wasserstoff wird normalerweise über spezielle Entlüftungsleitungen und Sicherheitsventile ins Freie abgeleitet, obwohl einige U-Boote den Wasserstoff für Anwendungen wie Brennstoffzellen speichern.

Da der Elektrolyseprozess Wärme erzeugt, ist ein effizientes Kühlsystem erforderlich, um Überhitzung zu vermeiden und optimale Betriebsbedingungen aufrechtzuerhalten. Die Kühlung erfolgt in der Regel über Wärmetauscher mit Seewasser, die dazu beitragen, die Wärme abzuführen und die Temperatur der Elektrolysezellen innerhalb sicherer Betriebsgrenzen zu halten.

Um einen sicheren und effizienten Betrieb zu gewährleisten, ist das System mit einer umfassenden Steuerungs- und Überwachungseinrichtung ausgestattet. Diese umfasst verschiedene Sensoren, die Parameter wie Wasserqualität, Gasdurchflussraten, Druck, Temperatur und Spannung überwachen. Alarmsysteme und automatische Abschaltmechanismen sind integriert, um Anomalien oder gefährliche Bedingungen wie hohen Gasdruck oder Überhitzung zu erkennen und entsprechend zu reagieren. Eine automatische Steuereinheit passt die Stromversorgung und den Wasserfluss je nach Sauerstoffbedarf an, um einen reibungslosen und effizienten Betrieb sicherzustellen.

Angesichts der potenziellen Gefahren im Umgang mit Gasen wie Sauerstoff und Wasserstoff ist das Elektrolysesystem mit robusten Sicherheitsfunktionen ausgestattet. Dazu gehören Druckentlastungsventile zur Vermeidung von Überdruck, explosionsgeschützte Gehäuse zur Vermeidung von Zündrisiken und Wasserstoffdetektoren zur Überwachung auf Lecks. Diese Maßnahmen sorgen für eine frühzeitige Erkennung und verhindern gefährliche Situationen, sodass die Atmosphäre des U-Boots für die Besatzung sicher bleibt.

Gespeicherte Sauerstofftanks dienen als Notfall-Sauerstoffversorgung in U-Booten. Diese Tanks enthalten komprimierten Sauerstoff, der bei Notfällen oder während der Wartung des Elektrolysesystems in die Atmosphäre abgegeben werden kann. Während gespeicherte Sauerstofftanks eine zuverlässige kurzfristige Lösung darstellen, ist ihre Kapazität begrenzt, was sie für längere Einsätze ungeeignet macht. Die Integration von Sauerstofftanksystemen stellt sicher, dass U-Boote auch bei einem Ausfall des primären Erzeugungssystems sichere Sauerstoffwerte aufrechterhalten können [210, 211].

Chemische Sauerstofferzeugung ist eine weitere Methode, die insbesondere als Notfalllösung genutzt wird. Diese Methode beinhaltet typischerweise chemische Reaktionen zur Erzeugung von Sauerstoff aus Verbindungen wie Natriumchlorat oder Kaliumsuperoxid. Diese chemischen Sauerstoffgeneratoren können in Notfällen aktiviert werden, um schnell Sauerstoff zu liefern, obwohl sie weniger verbreitet sind als Elektrolysesysteme [210, 212]. Die Vielseitigkeit der chemischen Sauerstofferzeugung bietet U-Booten eine zusätzliche Sicherheitsebene und stellt sicher, dass die Besatzung auch unter widrigen Bedingungen Zugang zu atembarer Luft hat [213].

Kohlendioxidabsorption (CO2-Absorption)

Die Kohlendioxidabsorption ist ein entscheidender Prozess in U-Booten, um eine sichere und atembare Atmosphäre für die Besatzung aufrechtzuerhalten. Beim Ausatmen der Besatzungsmitglieder sammelt sich Kohlendioxid (CO2) im begrenzten Raum des U-Boots an, was zu potenziell gefährlichen Konzentrationen führen kann, die Kopfschmerzen, Schwindel und sogar Bewusstlosigkeit verursachen können, wenn sie nicht effektiv gehandhabt werden [214]. Um diese Risiken zu minimieren, sind U-Boote mit CO2-Scrubbern ausgestattet, die überschüssiges CO2 aus der Luft entfernen.

Der Hauptmechanismus der CO2-Scrubber besteht darin, die Luft des U-Boots durch Behälter mit chemischen Absorptionsmitteln zu leiten. Häufig verwendete Materialien sind Monoethanolamin (MEA) und Lithiumhydroxid, die chemisch mit CO2 reagieren und stabile Verbindungen bilden, wodurch das CO2 effektiv aus der Luft entfernt wird [215]. Die Reaktion reinigt nicht nur die Luft, sondern ermöglicht auch deren Wiederverwendung innerhalb des U-Boots, was eine kontinuierliche Versorgung mit atembarer Luft sicherstellt. Der Einsatz von MEA ist gut dokumentiert als ein effektives Lösungsmittel zur CO2-Abscheidung in verschiedenen Anwendungen, einschließlich Kraftwerken und U-Booten [215].

Moderne U-Boote haben begonnen, regenerative CO2-Scrubber zu verwenden, die eine verbesserte Betriebseffizienz bieten. Diese Systeme nutzen Feststoff-Amin- oder Zeolithverbindungen, die CO2 unter normalen Bedingungen adsorbieren und es bei Erhitzung freisetzen, wodurch eine Regeneration des Scrubbers ohne ständigen Ersatz von Absorptionsmaterialien ermöglicht wird [214]. Dieser Regenerationsprozess reduziert nicht nur den logistischen Aufwand für die Nachlieferung von Chemikalien, sondern verbessert auch die Nachhaltigkeit des U-Boot-Betriebs insgesamt, indem Abfall minimiert wird. Die Fähigkeit, das absorbierte CO2 über Bord zu leiten, verbessert die Effizienz dieser Systeme weiter und macht sie zu einer bevorzugten Wahl für moderne U-Boot-Designs [214].

Die Kohlendioxidabsorption in U-Booten umfasst mehrere wichtige Komponenten und Systeme, um CO2 aus der Luft zu entfernen und so atembare Bedingungen für die Besatzung während längerer Tauchgänge aufrechtzuerhalten. Die Hauptausrüstung für diesen Prozess ist der CO2-Scrubber, der CO2 aus der Luft auffängt und chemisch absorbiert. Diese Scrubber verwenden typischerweise chemische Absorptionsmittel wie Sodalime oder Lithiumhydroxid. Die Absorptionsmittel, oft in Granulat- oder Pelletform, sind in Kanistern oder Tabletts im Inneren des Scrubbers untergebracht. Während die Luft durch den Scrubber strömt, reagiert das Absorptionsmittel mit dem CO2 und wandelt es in feste Verbindungen wie Kalziumkarbonat oder Lithiumkarbonat um, wodurch das CO2 effektiv entfernt wird. Sobald die Luft gereinigt ist, wird sie wieder in die Atmosphäre des U-Boots zurückgeführt.

Moderne U-Boote verwenden oft regenerative CO2-Entfernungssysteme, die feste Amin-Adsorptionsmittel nutzen. In diesem System wird CO2 von einem festen Amin-Material aufgefangen, das dann durch Erhitzen regeneriert wird, um das aufgefangene CO2 freizusetzen, sodass es außerhalb des U-Boots abgelassen werden kann. Zusätzlich können Lithiumhydroxid-Kanister als ergänzende oder Notfallmethode zur CO2-Entfernung eingesetzt werden. Die Kanister reagieren mit CO_2 und bilden Lithiumkarbonat und Wasser, wodurch eine Einweglösung zur Luftreinigung in kritischen Situationen bereitgestellt wird.

Abbildung 66: Maschinist's Mate 1st Class Alberto Lezama aus New York schaltet den ersten Kohlendioxid-Scrubber in den Umluftmodus, um Wartungsarbeiten an den Batterien an Bord des U-Bootes der Los-Angeles-Klasse USS Norfolk (SSN 714) durchzuführen. (Foto der U.S. Navy von Mass Communication Specialist 1st Class Todd A. Schaffer/Freigegeben). Foto der U.S. Navy von Mass Communication Specialist 1st Class Todd A. Schaffer, gemeinfrei, über Wikimedia Commons.

Effiziente Luftzirkulation und -filtration sind ebenfalls entscheidend für eine effektive CO_2-Absorption. Ventilatoren und Gebläse sorgen für einen kontinuierlichen Luftstrom durch die Scrubber-Einheiten, um die gleichmäßige Verteilung der gereinigten Luft in den U-Boot-Abteilen zu gewährleisten. Das Luftzirkulationssystem kann auch Partikelfilter enthalten, um Staub, Fasern oder andere luftgetragene Verunreinigungen zu entfernen, wodurch die Luft vor oder nach dem Durchgang durch den Scrubber weiter gereinigt wird.

Überwachungs- und Kontrollsysteme spielen eine entscheidende Rolle bei der Aufrechterhaltung der Luftqualität im U-Boot. Strategisch platzierte CO_2-Sensoren überwachen kontinuierlich die Kohlendioxidkonzentration im gesamten Schiff und liefern Echtzeitdaten. Die Scrubber sind mit automatischen Steuersystemen ausgestattet, die den Reinigungsprozess an die gemessenen CO_2-Werte anpassen. Steigen die Werte über einen bestimmten Schwellenwert, erhöht das System die Luftzirkulation durch die Scrubber, um die CO_2-Entfernung zu verbessern und sicherzustellen, dass die Luft für die Besatzung sicher bleibt.

Das Wärmemanagement ist ein weiterer wichtiger Aspekt bei der CO2-Absorption in U-Booten, da einige regenerative Systeme während des Absorptionsprozesses Wärme erzeugen. Wärmetauscher und Kühlsysteme helfen, diese Wärme abzuführen und die Geräte innerhalb sicherer Betriebstemperaturen zu halten. In bestimmten Designs kann die überschüssige Wärme genutzt werden, um andere Bereiche des U-Bootes zu erwärmen, was die Energieeffizienz insgesamt verbessert.

Schließlich sind CO2-Ableitungssysteme entscheidend für die Entsorgung des eingefangenen Kohlendioxids. In regenerativen Systemen wird das CO2 nach seiner Freisetzung aus dem Adsorptionsmaterial aus dem U-Boot abgeleitet. Diese Ableitung muss sorgfältig gesteuert werden, um eine Entdeckung durch Sonar oder andere feindliche Systeme zu verhindern und die operationelle Tarnung zu gewährleisten.

Diese Systeme ermöglichen es U-Booten, bei längeren Einsätzen unter Wasser atembare Luft zu erhalten, was die CO2-Absorption zu einer entscheidenden Komponente des Lebenserhaltungssystems in U-Booten macht.

Überwachung von Sauerstoff- und CO2-Konzentrationen

Die Überwachung von Sauerstoff- und Kohlendioxidkonzentrationen (CO2) ist entscheidend für die Aufrechterhaltung einer sicheren Atmosphäre, insbesondere in geschlossenen Umgebungen wie U-Booten. Die Regulierung dieser Gase ist von großer Bedeutung, um die Sicherheit der Besatzung und eine optimale physiologische Funktion sicherzustellen.

Sauerstoffmonitore sind in U-Boot-Systemen unverzichtbar, da die Sauerstoffkonzentration um etwa 21 % gehalten werden muss. Automatisierte Systeme überwachen diese Werte kontinuierlich und können die Sauerstoffproduktion entsprechend anpassen. Wenn beispielsweise die Sauerstoffkonzentration unter den Zielwert fällt, erhöhen diese Systeme die Sauerstoffzufuhr, um das Gleichgewicht wiederherzustellen. Studien zeigen, dass automatisierte Geräte deutlich effektiver sind als manuelle Steuerungen, um die Sauerstoffsättigung (SpO2) innerhalb der gewünschten Bereiche zu halten und sowohl Hyperoxie als auch Hypoxie zu vermeiden [216–218]. Die Wirksamkeit dieser automatisierten Systeme ist besonders in klinischen Umgebungen bemerkenswert, wo sie schnell auf Schwankungen des Sauerstoffgehalts reagieren können, was die Sicherheit der Patienten erhöht [219, 220].

Ähnlich werden CO2-Werte genau überwacht, wobei ein typischer oberer Sicherheitsgrenzwert bei etwa 0,5 % des Volumens liegt. Erhöhte CO2-Konzentrationen können die kognitive Funktion beeinträchtigen und die Gesundheit gefährden, weshalb eine wirksame Kontrolle dieser Werte unerlässlich ist. Automatisierte Scrubber werden aktiviert, wenn die CO2-Konzentration ansteigt, um die Aktivität zu erhöhen und sicherzustellen, dass die Besatzung nicht gefährlichen Konzentrationen ausgesetzt ist. Untersuchungen haben gezeigt, dass automatisierte Sauerstofftitrationssysteme dazu beitragen können, die Risiken von Hyperkapnie zu mindern, insbesondere bei Patienten mit Erkrankungen wie dem Adipositas-Hypoventilationssyndrom [221, 222]. Diese Systeme verbessern nicht nur die Sicherheit, sondern verringern auch die Arbeitsbelastung des medizinischen Personals, was eine effizientere Verwaltung von Sauerstoff- und CO2-Werten ermöglicht [218, 223].

Die Integration von Überwachungssystemen für Sauerstoff- und CO2-Konzentrationen in automatisierte Rahmen ist entscheidend für die Sicherheit in U-Booten. Automatisierte Kontrollsysteme, wie das geschlossene Sauerstoffkreislauf-Steuersystem, haben gezeigt, dass sie das Auftreten von Hyperoxie-Episoden reduzieren können, die auftreten, wenn Sauerstoffkonzentrationen über sichere Grenzen hinausgehen [224, 225]. Diese Systeme sind darauf ausgelegt, den Sauerstoffgehalt in einem engen Bereich zu halten, wodurch die Risiken sowohl von Hypoxie als auch von Hyperoxie minimiert werden. Zudem wurde der Einsatz solcher Technologien mit verbesserten Ergebnissen in verschiedenen klinischen Szenarien in Verbindung gebracht, darunter Atemversagen und chronisch obstruktive Lungenerkrankung (COPD) [220, 225, 226].

Notfallverfahren und Backup-Systeme

Notfallverfahren und Backup-Systeme für das Luftmanagement in U-Booten sind entscheidend, um die Sicherheit der Besatzung in kritischen Situationen zu gewährleisten. In diese Systeme wird Redundanz eingebaut, um mehrere Backup-Ebenen für die Sauerstofferzeugung und das Entfernen von Kohlendioxid (CO_2) zu bieten. Dieser Ansatz stellt sicher, dass selbst bei einem Ausfall der primären Systeme alternative Methoden zur Verfügung stehen, um die Atemluft im U-Boot aufrechtzuerhalten.

Ein wichtiges Notfallsystem sind Sauerstoffkerzen, die durch eine chemische Reaktion bei Entzündung Sauerstoff erzeugen können. Diese Kerzen bestehen aus einer chemischen Verbindung, die bei Verbrennung Sauerstoff freisetzt und somit in Notfällen eine sofortige Quelle für Atemluft bietet. Sauerstoffkerzen werden an Bord gelagert und nur in extremen Situationen verwendet, wenn die regulären Sauerstofferzeugungssysteme des U-Bootes ausfallen. Sie bieten eine einfache und zuverlässige Möglichkeit, den Sauerstoffgehalt in einer geschlossenen Umgebung zu erhöhen und sicherzustellen, dass die Besatzung weiter atmen kann, während das Problem mit dem primären System behoben wird.

Für das Entfernen von Kohlendioxid dienen tragbare CO_2-Scrubber als wichtiges Notfallsystem. Im Falle eines Ausfalls der primären CO_2-Filter können diese tragbaren Geräte schnell in bestimmten Bereichen eingesetzt werden, um Kohlendioxid zu entfernen und die Luftqualität lokal aufrechtzuerhalten. Die tragbaren Scrubber verwenden chemische Absorptionsmittel, ähnlich denen im Hauptsystem, wie etwa Natronkalk oder Lithiumhydroxid, um CO_2 chemisch aus der Luft zu entfernen. Dank ihrer Tragbarkeit können diese Scrubber flexibel im U-Boot platziert werden, sodass eine gezielte CO_2-Absorption dort erfolgen kann, wo sie am dringendsten benötigt wird. Diese Fähigkeit ist besonders wichtig in Notfallsituationen, in denen ein lokales Problem mit der Luftqualität auftreten kann oder der Zugang zu bestimmten Bereichen aufgrund von Schäden oder betrieblichen Einschränkungen eingeschränkt ist.

Diese Notfallverfahren und Backup-Systeme bilden zusammen eine umfassende Strategie zur Aufrechterhaltung der Lebenserhaltung auf einem U-Boot, selbst unter schwierigen Bedingungen. Der Einsatz von Sauerstoffkerzen und tragbaren CO_2-Scrubbern sorgt für zusätzliche Sicherheit und stellt sicher, dass das Luftmanagementsystem des U-Bootes auch in kritischen Situationen effektiv weiterarbeiten kann. Diese Redundanz ist unerlässlich für die Sicherheit und das Überleben der Besatzung, da sie den Betrieb aufrechterhält und Zeit zur Behebung und Reparatur von primären Systemausfällen schafft.

Herausforderungen bei der Sauerstofferzeugung und CO_2-Filterung

Die Herausforderungen im Zusammenhang mit der Sauerstofferzeugung und CO_2-Filterung in U-Booten sind vielschichtig und konzentrieren sich hauptsächlich auf das Wärmemanagement und die Verfügbarkeit der für die Filterung notwendigen Chemikalien.

Wärmemanagement: Sowohl die Sauerstofferzeugung als auch die CO_2-Filterungsprozesse sind exotherm und erzeugen Wärme, die die Innentemperatur eines U-Bootes erheblich erhöhen kann. Diese Wärme muss effektiv abgeführt werden, um die betriebliche Sicherheit und den Komfort der Besatzung zu gewährleisten. Die Lüftungs- und Kühlsysteme eines U-Bootes sind entscheidend für die Ableitung dieser Wärme und sorgen dafür, dass das interne Klima stabil bleibt. Die Integration fortschrittlicher thermischer Managementsysteme kann die Effizienz dieser Prozesse steigern, wie verschiedene Studien zur thermischen Leistung von CO_2-Filtertechnologien zeigen [227, 228]. Beispielsweise hebt die thermische Integrationsanalyse von chemischen Filtereinheiten die Bedeutung des Wärmemanagements zur Optimierung der Energieeffizienz hervor, was in geschlossenen Umgebungen wie U-Booten entscheidend ist [227].

Chemikalienversorgung: Die Verfügbarkeit von Chemikalien zur CO_2-Filterung stellt eine weitere bedeutende Herausforderung dar, die die Dauer von Unterwasseroperationen einschränken kann. Die Abhängigkeit von chemischen Filtermethoden, wie der Amine-Filterung, erfordert eine kontinuierliche Versorgung mit Absorptionsmitteln, was bei längeren Missionen logistisch problematisch sein kann [229, 230]. Das Design effizienter

Scrubber und die Implementierung regenerativer Systeme können den Bedarf an häufigen Chemikaliennachschüben verringern. Zum Beispiel haben hybride Lösungsmittelsysteme gezeigt, dass sie die CO2-Aufnahmekapazität erhöhen und gleichzeitig die Regenerationsenergie reduzieren, was die Nachhaltigkeit des Filterprozesses verbessert [229, 231]. Zudem wurden innovative Ansätze wie der Einsatz von metallorganischen Gerüsten (MOFs) untersucht, um die thermische und chemische Stabilität von Adsorptionsmitteln zu verbessern, was die Betriebsdauer von U-Booten ohne Nachschub weiter verlängern könnte [232].

Integration mit Lebenserhaltungssystemen

Die Sauerstofferzeugung und CO2-Filterung sind wesentliche Bestandteile des Lebenserhaltungssystems eines U-Bootes, das in Verbindung mit verschiedenen Teilsystemen arbeitet, um eine atembare und sichere Atmosphäre für die Besatzung zu gewährleisten. Die Steuerung der Luftqualität in einer abgeschlossenen Unterwasserumgebung umfasst nicht nur die Bereitstellung von ausreichend Sauerstoff und die Entfernung von CO2, sondern auch die Regulierung von Luftfeuchtigkeit, Luftreinheit und Belüftung. Effektive Belüftungssysteme sind entscheidend für die Aufrechterhaltung der Luftqualität, da sie dazu beitragen, CO2-Werte kontinuierlich zu überwachen und zu steuern, die sich in engen Räumen wie U-Booten schnell ansammeln können [233, 234]. Die Integration dieser Systeme ist von entscheidender Bedeutung, um eine ausgewogene und komfortable Umgebung zu schaffen, wie es durch Studien hervorgehoben wird, die die Bedeutung einer ausreichenden Belüftung für das Management der Luftqualität betonen [233].

Die Feuchtigkeitskontrolle ist ein weiterer kritischer Aspekt des Lebenserhaltungssystems eines U-Bootes. Hohe Luftfeuchtigkeit kann zu Kondensation führen, die Risiken wie Korrosion an Ausrüstungen und strukturellen Komponenten birgt. Entfeuchter spielen eine Schlüsselrolle bei der Regulierung des Feuchtigkeitsgehalts und sorgen dafür, dass die Feuchtigkeitswerte innerhalb optimaler Bereiche bleiben [235]. Die Integration der Feuchtigkeitskontrolle mit den CO2-Filterungssystemen ist besonders vorteilhaft, da sie eine gleichzeitige Regulierung von Feuchtigkeit und CO2 ermöglicht, was die Kondensation während des Luftreinigungsprozesses verhindert [235]. Dieser kombinierte Ansatz ist entscheidend, um empfindliche elektronische Systeme und andere Ausrüstungen vor möglichen Schäden durch hohe Luftfeuchtigkeit und Kondensation zu schützen [235].

Die Luftreinigung ist ebenfalls ein wichtiger Bestandteil des Lebenserhaltungssystems und arbeitet zusammen mit der Sauerstofferzeugung und CO2-Filterung, um die Luftqualität zu erhalten. Während CO2 ein primäres Anliegen darstellt, können sich auch andere luftgetragene Verunreinigungen, einschließlich Gerüche, Rauch und Spuren von Chemikalien, in der Atmosphäre des U-Bootes ansammeln. Luftreinigungssysteme, wie Aktivkohlefilter, werden eingesetzt, um diese Verunreinigungen effektiv zu entfernen [236]. Aktivkohlefilter sind besonders geeignet, organische Verbindungen und Gerüche aufzunehmen, während spezielle Filter gezielt bestimmte Gase entfernen [236]. Indem sichergestellt wird, dass diese zusätzlichen Verunreinigungen herausgefiltert werden, trägt das Luftreinigungssystem zu einer sauberen und sicheren Atemumgebung für die Besatzung während längerer Unterwassermissionen bei [235].

Wasseraufbereitungssysteme

Das Wasseraufbereitungssystem eines U-Bootes ist entscheidend, um der Besatzung sicheres Trinkwasser bereitzustellen und verschiedene betriebliche Bedürfnisse zu unterstützen, wie z. B. Kühlsysteme, Hygiene und Sauerstofferzeugung. Aufgrund der isolierten und untergetauchten Umgebung des U-Bootes muss es ein zuverlässiges System haben, um Meerwasser durch Entsalzungs- und Reinigungsverfahren in Frischwasser umzuwandeln. Die Haupttechniken, die zur Wasseraufbereitung auf U-Booten verwendet werden, sind Umkehrosmose und Destillation, wobei fortschrittliche Filtermethoden die Sicherheit und Qualität des Wassers gewährleisten.

Umkehrosmose (RO)

Die Umkehrosmose (RO) ist eine weit verbreitete und effektive Methode zur Wasseraufbereitung auf U-Booten, die darauf ausgelegt ist, den kritischen Bedarf an Frischwasser während längerer Unterwasseroperationen zu decken. Bei diesem Verfahren wird Meerwasser durch eine halbdurchlässige Membran gepresst, die Wassermoleküle durchlässt, aber gelöste Salze, Verunreinigungen und andere Schadstoffe zurückhält. Das Ergebnis ist frisches, trinkbares Wasser, das zum Trinken, Kochen, zur Hygiene und für andere Anforderungen an Bord verwendet werden kann.

Der Prozess beginnt mit dem Einsatz einer Hochdruckpumpe, die das Meerwasser unter Druck setzt, um es durch die RO-Membran zu drücken. Der Druck liegt typischerweise zwischen 800 und 1.200 psi (5,5-8,3 MPa) und muss hoch genug sein, um den natürlichen osmotischen Druck des Meerwassers zu überwinden und die Wassermoleküle über die Membran zu drücken, während Salze und Verunreinigungen zurückgehalten werden. Die Pumpe ist ein kritischer Bestandteil des Systems, da sie einen konstanten Druck aufrechterhalten muss, um die Effizienz des RO-Prozesses sicherzustellen und eine kontinuierliche Versorgung mit Frischwasser zu gewährleisten. Die Hochdruckpumpe verbraucht eine erhebliche Menge an Energie, weshalb die Energieeffizienz ein wichtiger Faktor bei der Auslegung von RO-Systemen ist, insbesondere auf diesel-elektrischen U-Booten, bei denen die Energie begrenzter ist.

Abbildung 67: Umkehrosmose-Wasseraufbereitungsanlage. U.S. Navy-Foto von Mass Communication Specialist 1st Class Drae Parker, Defense Visual Information Distribution Service, gemeinfrei, via Picryl.

Das Herzstück des RO-Systems ist die semipermeable Membran, die als Barriere fungiert und selektiv gelöste Salze, Bakterien, Viren und andere Verunreinigungen herausfiltert. Die Membran besteht aus mehreren Schichten, deren

Poren klein genug sind (typischerweise etwa 0,0001 Mikrometer), um nur Wassermoleküle durchzulassen und größere Moleküle, einschließlich gelöster Salze und organischer Materialien, zurückzuhalten. Die Qualität und der Zustand der Membran sind entscheidend für die Leistung des Systems, und sie muss regelmäßig inspiziert und bei Verschmutzung oder Beschädigung ausgetauscht werden, um eine optimale Wasserqualität zu gewährleisten.

Bevor das Meerwasser die RO-Membran erreicht, durchläuft es eine Vorfiltration, um größere Partikel und Verunreinigungen wie Sand, Schlamm und Schmutz zu entfernen. Die Vorfiltration umfasst in der Regel eine Reihe von Filtern, darunter Grobfilter und feine Partikelfilter, um sicherzustellen, dass das Wasser, das in die RO-Membran eintritt, frei von großen Feststoffen ist, die die Membran verstopfen oder beschädigen könnten. Eine effektive Vorfiltration ist unerlässlich, um die Lebensdauer der RO-Membran zu verlängern und die Häufigkeit der erforderlichen Wartung zu verringern, was die Gesamteffizienz des Reinigungsprozesses verbessert.

Nachdem das Meerwasser die RO-Membran passiert hat und in Frischwasser umgewandelt wurde, erfolgt häufig eine Nachbehandlung, um die Qualität des Wassers für den menschlichen Verzehr zu verbessern. Zu den Nachbehandlungsprozessen kann die Remineralisierung gehören, bei der dem Wasser wichtige Mineralien wie Kalzium und Magnesium wieder zugeführt werden. Dieser Schritt ist wichtig, da der RO-Prozess nicht nur schädliche Substanzen, sondern auch nützliche Mineralien entfernt, was dazu führen kann, dass das Wasser fade schmeckt oder essentielle Nährstoffe fehlen. Darüber hinaus können UV-Sterilisation oder Aktivkohlefilterung als letzter Schritt verwendet werden, um verbleibende Mikroorganismen oder Spurenchemikalien zu eliminieren und sicherzustellen, dass das Wasser sicher und angenehm zu trinken ist.

Obwohl das RO-System sehr effektiv bei der Herstellung von Frischwasser ist, bringt es einige Herausforderungen mit sich, insbesondere in Bezug auf den Energieverbrauch und die Wartung. Die im System verwendete Hochdruckpumpe benötigt erheblichen Energieeinsatz, was auf U-Booten, wo Energieressourcen sorgfältig verwaltet werden, eine wichtige Überlegung ist. Darüber hinaus ist die RO-Membran im Laufe der Zeit anfällig für Verschmutzung, was ihre Effektivität verringern kann und regelmäßige Reinigung oder einen Austausch erfordert. Um diese Herausforderungen zu bewältigen, konzentrieren sich laufende Bemühungen auf die Verbesserung der Energieeffizienz, die Entwicklung haltbarer Membranen und die Optimierung der Vorbehandlungsprozesse, um die Lebensdauer der RO-Systemkomponenten zu verlängern.

Destillation Die Destillation ist eine wichtige Methode zur Wasseraufbereitung auf U-Booten, bei der Meerwasser durch Erhitzen, Verdampfen und Kondensieren in trinkbares Frischwasser umgewandelt wird. Diese Methode ist besonders vorteilhaft für U-Boote, da sie gelöste Salze und Verunreinigungen effektiv entfernt und hochwertiges Wasser produziert, das für den Konsum und verschiedene Bordanwendungen geeignet ist. Der Destillationsprozess umfasst mehrere wichtige Komponenten und Schritte, die die kontinuierliche Produktion von Frischwasser gewährleisten, das für den Betrieb eines U-Bootes unerlässlich ist.

Der Destillationsprozess beginnt mit dem Verdampfer, in dem Meerwasser erhitzt wird, bis es seinen Siedepunkt erreicht, wodurch die Wassermoleküle verdampfen und Dampf bilden. In einem Atom-U-Boot stammt die Wärmequelle typischerweise von der überschüssigen Wärme, die durch den Kernreaktor des U-Boots erzeugt wird, was den Prozess sehr effizient und kostengünstig macht. In einem diesel-elektrischen U-Boot, wo kein Kernreaktor verfügbar ist, kann ein spezielles Heizelement oder Dampf, der von Dieselmotoren erzeugt wird, als Wärmequelle dienen. Der Verdampfer ist speziell dafür ausgelegt, den Kontakt zwischen dem Meerwasser und der Wärmequelle zu maximieren, um eine schnelle Verdampfung zu gewährleisten, während die Salze, Mineralien und anderen Verunreinigungen, die im Meerwasser gelöst sind, zurückbleiben.

Abbildung 68: Einer von zwei Frischwasserverdampfern im vorderen Maschinenraum der USS Pampanito (SS-383). BrokenSphere, CC BY-SA 3.0, über Wikimedia Commons.

Nachdem der Dampf im Verdampfer erzeugt wurde, wird er zu einem Kondensator geleitet, wo der Dampf abkühlt und wieder in flüssiger Form kondensiert, wodurch Frischwasser entsteht. Der Kondensator verwendet ein Kühlmedium, typischerweise Meerwasser, um die schnelle Abkühlung des Dampfes zu erleichtern und eine effiziente Kondensation zu gewährleisten. Das im Kondensator erzeugte Frischwasser wird in einem Speichertank gesammelt und steht für verschiedene Anwendungen an Bord bereit, wie z. B. zum Trinken, Kochen, zur Hygiene und zur Kühlung. Der Destillationsprozess stellt sicher, dass das Wasser frei von Salzen und anderen Verunreinigungen ist, sodass es für die Besatzung über längere Zeiträume unter Wasser sicher genutzt werden kann.

Der Destillationsprozess erzeugt ein Nebenprodukt, das als Sole bezeichnet wird. Dabei handelt es sich um das konzentrierte Salzwasser, das nach der Verdampfung des Frischwassers zurückbleibt. Um die Anhäufung von Salz und anderen Verunreinigungen im System zu verhindern, muss die Sole über Bord abgelassen werden. Dieser Vorgang wird sorgfältig überwacht, um eine Erkennung durch Sonar oder andere feindliche Überwachungssysteme zu vermeiden, da er eine thermische Signatur im umgebenden Meerwasser erzeugen kann. Der Soleabfluss stellt sicher, dass das Destillationssystem weiterhin effektiv arbeiten kann, ohne dass sich unerwünschte Stoffe ansammeln.

Die Destillation ist auf Atom-U-Booten besonders effizient, da die überschüssige Wärme des Reaktors genutzt werden kann, um den Verdampfer zu betreiben, ohne den gesamten Energieverbrauch des U-Bootes erheblich zu beeinträchtigen. Dies macht die Destillation zu einer natürlichen Wahl für atomgetriebene Schiffe, da der Prozess kontinuierlich mit minimalem zusätzlichem Energieaufwand betrieben werden kann. Im Gegensatz dazu stehen dieselelektrische U-Boote vor Herausforderungen in Bezug auf die Energieeffizienz, da die Wärme für den Destillationsprozess zusätzliche Energie benötigt, die typischerweise von den Dieselmotoren stammt. Dies kann die Betriebseffizienz und die Verfügbarkeit von Energie für andere Systeme an Bord beeinträchtigen und die Methode weniger geeignet für Langzeitoperationen unter Wasser machen.

Die Destillation bietet den Vorteil, hochwertiges Frischwasser mit minimalem Risiko einer Verunreinigung zu produzieren. Der Prozess ist nicht nur wirksam bei der Entfernung von Salzen, sondern auch von Mikroorganismen und anderen Verunreinigungen, wodurch die Sicherheit und Gesundheit der Besatzung gewährleistet wird. Die Technologie ist zudem robust und kann über längere Zeiträume betrieben werden, sofern das System gut gewartet wird. Allerdings erfordern Destillationssysteme regelmäßige Wartung, um Kalkablagerungen und Ablagerungen im Verdampfer und Kondensator zu vermeiden, die die Effizienz beeinträchtigen könnten. Darüber hinaus müssen die Energieanforderungen für die Destillation, insbesondere auf dieselelektrischen U-Booten, sorgfältig verwaltet werden, um die Bordenergie effizient zu nutzen.

Filtration und Wasseraufbereitung

Nach den primären Reinigungsprozessen der Umkehrosmose oder Destillation umfasst die Wasseraufbereitung auf U-Booten zusätzliche Schritte, um sicherzustellen, dass das Wasser von hoher Qualität und sicher für den Verbrauch und andere Anwendungen an Bord ist. Diese zusätzlichen Prozesse helfen, verbleibende Verunreinigungen zu beseitigen, den Geschmack zu verbessern und wichtige Mineralien wieder in das Wasser einzubringen. Die Hauptmethoden umfassen Aktivkohlefiltration, UV-Sterilisation und Remineralisierung.

Aktivkohlefilter spielen eine entscheidende Rolle in der Endphase der Wasseraufbereitung, indem sie verbleibende Chemikalien, Gerüche und organische Verbindungen entfernen, die die Wasserqualität beeinträchtigen könnten. Diese Filter wirken, indem sie Verunreinigungen auf der porösen Oberfläche des Kohlenstoffmaterials adsorbieren, wodurch Substanzen wie Chlor, flüchtige organische Verbindungen (VOC) und andere Verunreinigungen, die während des primären Reinigungsprozesses möglicherweise nicht entfernt wurden, effektiv gefiltert werden. Die Aktivkohle verbessert auch den Geschmack des Wassers, sodass es zum Trinken angenehmer und für das Kochen geeignet ist. Dieser Schritt ist besonders wichtig, da selbst Spuren bestimmter Chemikalien die Sicherheit des Wassers und das Wohlbefinden der Besatzung während längerer U-Boot-Missionen beeinträchtigen können.

Ultraviolett (UV)-Sterilisation ist ein weiterer wichtiger Schritt, um sicherzustellen, dass das Wasser mikrobiologisch sicher für den Verzehr ist. Bei diesem Verfahren wird das Wasser UV-Licht ausgesetzt, dessen Wellenlänge in die Zellwände von Mikroorganismen wie Bakterien, Viren und Protozoen eindringen kann. Das UV-Licht schädigt deren DNA und macht sie unfähig, sich zu vermehren, was sie effektiv inaktiviert. Diese Methode ist besonders wirksam bei der Zerstörung von Krankheitserregern, die frühere Reinigungsphasen überlebt haben könnten, und stellt sicher, dass das Wasser frei von schädlichen Mikroorganismen bleibt. Die UV-Sterilisation ist von Vorteil, da sie keine Chemikalien erfordert und somit keine zusätzlichen Stoffe in das Wasser eingebracht werden.

Sowohl Umkehrosmose- als auch Destillationsverfahren entfernen nahezu alle gelösten Mineralien aus dem Wasser, was zu einem "flachen" Geschmack führen kann und aufgrund des Fehlens wichtiger Nährstoffe für den langfristigen

Konsum nicht ideal ist. Um dem entgegenzuwirken, wird in der Wasseraufbereitungsanlage eines U-Boots häufig ein Remineralisierungsschritt hinzugefügt. Dabei werden dem gereinigten Wasser essenzielle Mineralien wie Kalzium, Magnesium und manchmal Kalium wieder zugeführt. Diese Mineralien verbessern nicht nur den Geschmack, sondern bieten auch gesundheitliche Vorteile, da sie zur täglichen Mineralaufnahme der Besatzung beitragen, was besonders bei längeren Unterwassereinsätzen wichtig ist, bei denen die Ernährungsmöglichkeiten begrenzt sind.

Die kombinierte Verwendung von Aktivkohlefiltration, UV-Sterilisation und Remineralisierung stellt sicher, dass die Wasserzufuhr des U-Boots strengen Sicherheits- und Qualitätsstandards entspricht. Während Umkehrosmose und Destillation eine breite Palette von Verunreinigungen effektiv entfernen, garantieren die zusätzlichen Behandlungsschritte, dass verbleibende Verunreinigungen oder potenzielle Gefahren beseitigt werden. Dieser mehrstufige Ansatz zur Wasseraufbereitung ist in der abgeschlossenen und isolierten Umgebung eines U-Boots unerlässlich, wo kein Zugang zu externen Wasserquellen besteht und die Gesundheit der Besatzung oberste Priorität hat.

Speicherung und Verteilung

Nach der Aufbereitung wird das Wasser in speziellen Tanks gelagert und sorgfältig verwaltet, um seine Verfügbarkeit und Qualität während der gesamten Mission zu gewährleisten. Das Wasser wird im U-Boot für verschiedene Zwecke verteilt, darunter Trinkwasser, Hygiene, Kühlung und Sauerstofferzeugung. Eine effektive Speicherung und Verteilung sind entscheidend, um ausreichende Reserven aufrechtzuerhalten, insbesondere bei längeren Missionen oder in Notsituationen, wenn der Zugang zu externen Wasserquellen unmöglich ist.

Das aufbereitete Wasser wird in speziellen Tanks gelagert, die sich typischerweise in gesicherten Bereichen des U-Boots befinden, um die Gewichtsverteilung und die Raumnutzung zu optimieren. Die Tanks bestehen aus Materialien, die gegen Korrosion und Verunreinigungen resistent sind, um die Wasserqualität zu erhalten. Nach der Speicherung wird das Wasser durch ein Netzwerk von Rohren in verschiedene Teile des U-Boots geleitet und versorgt die Besatzung mit Trinkwasser, Duschen und Waschbecken sowie verschiedene Betriebssysteme wie die Kühlung und die Sauerstoffproduktion.

Das Wassermanagement ist ein fortlaufender Prozess auf U-Booten, da die Aufrechterhaltung der richtigen Pegel und Reserven für Langzeitmissionen von entscheidender Bedeutung ist. Das Verteilungssystem umfasst Pumpen und Ventile, die den Wasserfluss steuern und sicherstellen, dass jeder Bereich des U-Boots die notwendige Versorgung erhält, während essenzielle Funktionen priorisiert werden. Zusätzlich wird eine bestimmte Menge Wasser in Reserve gehalten, um auf mögliche Notfälle oder Ausfälle von Geräten vorbereitet zu sein, was einen Sicherheitsvorrat bietet, falls die reguläre Versorgung beeinträchtigt wird.

Angesichts der begrenzten Speicherkapazität für Wasser auf U-Booten ist Wasser sparen ein wesentlicher Aspekt des Wassermanagements. Um den Verbrauch zu reduzieren, sind U-Boote mit wassersparenden Armaturen wie Niedrigdurchfluss-Wasserhähnen und -Duschen ausgestattet, die den Wasserverbrauch begrenzen, ohne die Funktionalität zu beeinträchtigen. Zudem werden Wasserkreislaufsysteme eingesetzt, um Wasser aus Duschen, Waschbecken und anderen nicht trinkbaren Quellen zurückzugewinnen und wiederzuverwenden, beispielsweise zum Spülen von Toiletten oder zur Vorfilterung vor einer weiteren Behandlung.

Diese Sparmaßnahmen helfen nicht nur, die verfügbaren Wasservorräte zu verlängern, sondern reduzieren auch die Häufigkeit der Wasseraufbereitungszyklen, wodurch Energie eingespart und die Belastung der Aufbereitungssysteme minimiert wird. Eine effektive Wassereinsparung ist besonders während längerer Tauchgänge von entscheidender Bedeutung, bei denen die Möglichkeit zur Wassererneuerung stark eingeschränkt ist.

Die Qualität und Sicherheit der Wasserzufuhr des U-Boots werden kontinuierlich überwacht, indem Sensoren Parameter wie Temperatur, Druck, Salzgehalt und mikrobiellen Gehalt messen. Diese Sensoren sind strategisch im gesamten Wassersystem platziert und liefern Echtzeitdaten, die dabei helfen, Probleme frühzeitig zu erkennen, bevor sie die Gesundheit und Sicherheit der Besatzung gefährden können. Regelmäßige Tests und Probenahmen werden ebenfalls durchgeführt, um sicherzustellen, dass das Wasser strengen Qualitätsstandards entspricht, wobei die Ergebnisse genutzt werden, um die Aufbereitungsprozesse bei Bedarf anzupassen.

Die Wartung der Wasseraufbereitungs- und Verteilungssysteme ist entscheidend für einen zuverlässigen Betrieb. Dazu gehören routinemäßige Aufgaben wie die Reinigung von Umkehrosmose-Membranen, der Austausch von Aktivkohlefiltern sowie die Wartung von Pumpen und Ventilen. Bei destillationsbasierten Systemen müssen Wärmeübertrager und Kondensatoren regelmäßig gereinigt werden, um Kalkablagerungen zu vermeiden und eine effiziente Funktion zu gewährleisten. Eine rechtzeitige Wartung hilft, unerwartete Ausfälle von Geräten zu vermeiden und sicherzustellen, dass das U-Boot seine Wasserbedürfnisse während seiner Mission erfüllen kann.

Integration in Lebenserhaltungssysteme

Die Integration des Wasseraufbereitungssystems in die Lebenserhaltungssysteme eines U-Boots ist entscheidend für die Unterstützung verschiedener kritischer Funktionen. Aufbereitetes Wasser ist nicht nur eine Ressource für Trinkwasser und Hygiene, sondern spielt auch eine zentrale Rolle bei der Aufrechterhaltung der Gesamtfunktionalität des U-Boots, insbesondere während langer Tauchgänge. Durch die Anbindung der Wasseraufbereitung an verschiedene Systeme im U-Boot wird ein kohärentes und effizientes Lebenserhaltungsnetzwerk geschaffen, das die Nutzung begrenzter Ressourcen optimiert.

Eine der wichtigsten Verbindungen des Wasseraufbereitungssystems besteht zum Sauerstofferzeugungsprozess des U-Boots. Destilliertes Wasser wird in der Elektrolyse-Einheit zur Produktion von Sauerstoff und Wasserstoff verwendet. Während der Elektrolyse wird das aufbereitete Wasser in seine Bestandteile aufgespalten, wobei Sauerstoff in die Atmosphäre des U-Boots geleitet wird, um die atembare Luft zu erneuern, und Wasserstoff in der Regel über Bord abgeleitet wird. Die Verwendung von destilliertem Wasser ist hier entscheidend, da Verunreinigungen die Elektrolyse-Einheit beschädigen oder den Prozess stören könnten, was die Qualität des produzierten Sauerstoffs beeinträchtigen könnte. Daher stellt das Wasseraufbereitungssystem sicher, dass das in die Sauerstofferzeugung eingespeiste Wasser von höchster Reinheit ist, um einen kontinuierlichen und sicheren Betrieb der Lebenserhaltung zu gewährleisten.

Das aufbereitete Wasser ist auch ein wesentlicher Bestandteil der Kühlsysteme des U-Boots, die dafür verantwortlich sind, ein Überhitzen kritischer Ausrüstungen, einschließlich des Antriebssystems, der Leistungselektronik und anderer betrieblicher Maschinen, zu verhindern. Wasser wird durch Wärmetauscher geleitet, um Wärme von diesen Komponenten aufzunehmen und abzuführen, wodurch sichergestellt wird, dass sie innerhalb sicherer Temperaturbereiche arbeiten. Die Qualität des für die Kühlung verwendeten Wassers ist wichtig, da Verunreinigungen Kalkablagerungen, Korrosion oder Verstopfungen in den Kühlkreisläufen verursachen können, was zu Ausfällen der Ausrüstung führen könnte. Das gereinigte Wasser aus dem Wasseraufbereitungssystem des U-Boots, frei von Mineralien und Verunreinigungen, trägt dazu bei, die Effizienz und Langlebigkeit der Kühlsysteme zu erhalten.

Aufbereitetes Wasser wird auch den persönlichen Hygieneanlagen des U-Boots, wie Duschen, Waschbecken und Toiletten, zur Verfügung gestellt und unterstützt die täglichen Hygienebedürfnisse der Besatzung. Die Aufrechterhaltung von sauberem und sicherem Wasser für den persönlichen Gebrauch ist für die Gesundheit der Besatzung von entscheidender Bedeutung, insbesondere während längerer Einsätze, bei denen wasserbedingte Krankheiten ein erhebliches Risiko darstellen könnten. Das Wasseraufbereitungssystem stellt sicher, dass das für die Hygiene verwendete Wasser frei von schädlichen Verunreinigungen ist, was zu einer sicheren und komfortablen Lebensumgebung beiträgt. Darüber hinaus kann das Abwasser aus diesen Einrichtungen recycelt und behandelt werden, um es wiederzuverwenden, was die Wassereinsparung an Bord des U-Boots verbessert.

Die Integration von aufbereitetem Wasser in diese Systeme – Sauerstofferzeugung, Kühlung und Hygiene – verdeutlicht die miteinander verbundene Natur der Lebenserhaltung auf einem U-Boot. Jedes System ist von der Qualität und

Verfügbarkeit des aufbereiteten Wassers abhängig, und jede Beeinträchtigung der Wasserqualität kann mehrere Aspekte des U-Boot-Betriebs betreffen. Durch die effektive Verbindung des Wasseraufbereitungssystems mit diesen Funktionen kann das U-Boot verlängerte Unterwasseroperationen mit größerer Widerstandsfähigkeit und Sicherheit aufrechterhalten.

Temperatur- und Feuchtigkeitskontrolle

Der U-Boot-Dienst ist bekannt für seine hohen Anforderungen und gilt als einer der anspruchsvollsten Bereiche innerhalb der Streitkräfte. Aufgrund der einzigartigen Umgebung und der speziellen Einsatzanforderungen an Bord von U-Booten müssen die Besatzungsmitglieder strenge physische Kriterien erfüllen, um den Belastungen und Verantwortungen, die das Leben unter Wasser mit sich bringt, gewachsen zu sein. Um das Wohlbefinden der Besatzung zu unterstützen und hohe Betriebsstandards aufrechtzuerhalten, sind die Lebens- und Arbeitsbedingungen auf U-Booten so komfortabel wie möglich gestaltet. Ein besonders wichtiger Aspekt dabei ist die Qualität und Erhaltung der Lebensmittel sowie die Sicherstellung einer atembaren und gesunden Atmosphäre an Bord [237].

Die richtige Konservierung von Lebensmitteln ist entscheidend für die Versorgung der U-Boot-Besatzung während langer Einsätze. Bestimmte verderbliche Waren, wie Fleisch- und Milchprodukte, neigen dazu, bei normalen Temperaturen schnell zu verderben, weshalb Kühlung ein wesentlicher Bestandteil auf U-Booten ist. Durch das Kühlen der Lebensmittel wird das Wachstum von Bakterien, Schimmel und anderen Mikroorganismen, die zum Verderb beitragen, verlangsamt. Wirksame Methoden zur Lebensmittelkonservierung beeinflussen direkt die Einsatzdauer des U-Bootes, da die Fähigkeit des Schiffes, auf See zu bleiben, teilweise davon abhängt, wie lange wichtige Nahrungsmittel in gutem Zustand gehalten werden können. Ein gut gewartetes Kühlsystem verlängert die Haltbarkeit dieser verderblichen Waren und stellt sicher, dass die Besatzung auch über längere Zeiträume eine ausgewogene Ernährung genießen kann, ohne häufig nachversorgen zu müssen [237].

Während die Sicherstellung, dass Lebensmittel nahrhaft und sicher zum Verzehr sind, die Hauptaufgabe der Kühlung auf U-Booten ist, spielt auch die Schmackhaftigkeit der Speisen eine wichtige Rolle für die Moral der Besatzung. Manche Nahrungsmittel und Getränke schmecken am besten, wenn sie gekühlt serviert werden, und die Kühlung macht dies möglich. Zum Beispiel mag Trinkwasser bei Zimmertemperatur den Hydrationsbedarf decken, aber es ist viel erfrischender, wenn es gekühlt ist, besonders bei warmen Bedingungen. Ebenso verlieren bestimmte Lebensmittel, wie Eiscreme, ihren Reiz, wenn sie nicht bei der richtigen Temperatur gehalten werden. Durch die Aufrechterhaltung der idealen Temperaturen für Lebensmittel und Getränke verbessert das Kühlsystem an Bord die Lebensqualität und trägt somit zum allgemeinen Wohlbefinden und zur Moral der Besatzung bei.

Die Luftqualität ist ebenso wichtig wie die Qualität der Lebensmittel an Bord eines U-Bootes. Während langer Unterwasser-Einsätze wird die Luft in einem U-Boot ständig recycelt, weshalb eine ordnungsgemäße Luftaufbereitung unerlässlich ist, um eine gesunde Atmosphäre aufrechtzuerhalten. Klimaanlagen helfen, die Temperatur an Bord zu regulieren und die Umgebung für die Besatzung angenehmer zu gestalten, während Belüftungssysteme für einen kontinuierlichen Luftstrom sorgen, der Verunreinigungen und überschüssige Feuchtigkeit entfernt. Eine wirksame Luftverwaltung ist entscheidend für das Wohlbefinden der Besatzung, da sie die Ansammlung von Schadstoffen verhindert, die gesundheitliche Probleme oder Unbehagen verursachen könnten. Die Fähigkeit, eine kontrollierte Atmosphäre aufrechtzuerhalten, trägt auch zur Energieeffizienz bei, indem die Ausrüstung unter optimalen Betriebsbedingungen gehalten wird.

Ein weiterer wichtiger Aspekt der Aufrechterhaltung der Bedingungen an Bord besteht darin, die empfindlichen Geräte des U-Bootes vor Feuchtigkeit zu schützen. Hohe Luftfeuchtigkeit kann dazu führen, dass sich Kondenswasser auf elektrischen Komponenten bildet, was deren einwandfreie Funktion beeinträchtigen oder sogar Schäden verursachen kann. Die Kühl- und Klimaanlagen tragen dazu bei, die Luftfeuchtigkeit zu reduzieren und so Feuchtigkeitsprobleme zu vermeiden. Indem die Luft trocken und kühl gehalten wird, sorgen diese Systeme nicht nur für eine komfortable

Lebensumgebung für die Besatzung, sondern schützen auch die Ausrüstung, die für den Betrieb des U-Bootes von entscheidender Bedeutung ist [237].

Die Konservierung von Lebensmitteln, das Luftqualitätsmanagement und der Schutz der Ausrüstung sind miteinander verknüpfte Elemente, die zum effizienten Betrieb eines U-Bootes beitragen. Eine ordnungsgemäße Kühl- und Klimatisierungsanlage ist von entscheidender Bedeutung für die Gesundheit, die Moral und die Einsatzbereitschaft der Besatzung, damit sie ihre Aufgaben während längerer Unterwasser-Einsätze effektiv erfüllen können. Diese Systeme gewährleisten, dass das U-Boot für ausgedehnte Missionen auf See bleiben kann, indem sie sichere und nahrhafte Lebensmittel, atembare Luft und gut geschützte Ausrüstung bereitstellen, die allesamt für den Erfolg von U-Boot-Einsätzen unerlässlich sind.

Wärme

Kälte und Wärme sind Begriffe, die oft verwendet werden, um Temperaturbedingungen zu beschreiben, aber sie sind relativ und nicht absolut. Wenn wir sagen, dass etwas kalt oder heiß ist, vergleichen wir seine Temperatur mit einem Standard, der typischerweise der Körpertemperatur eines Menschen entspricht, also etwa 37°C (98,6°F). Zum Beispiel empfindet man Eis als kalt, weil seine Temperatur deutlich niedriger ist als die der Hand. Trinkt man dagegen heißen Kaffee, fühlt er sich heiß an, weil seine Temperatur höher ist als die der Mundhöhle. Trotz dieser subjektiven Wahrnehmungen haben die Begriffe "kalt" und "heiß" keine präzisen Definitionen. In Wirklichkeit ist Eis, obwohl es im Vergleich zum menschlichen Körper kalt ist, wärmer als flüssige Luft, genauso wie Kaffee kühler ist als kochendes Wasser [237].

Kühlung ist im Wesentlichen der Prozess, Wärme aus einem Stoff zu entfernen, unabhängig davon, ob es sich um einen festen, flüssigen oder gasförmigen Stoff handelt. Durch das Entziehen von Wärme sinkt die Temperatur des Materials, wodurch es kühler wird. Historisch wurden verschiedene Methoden verwendet, um Temperaturen zu senken, von denen einige heute nicht mehr weit verbreitet sind. Zum Beispiel könnte man Luft durch Komprimieren kühlen, die überschüssige Wärme aus der komprimierten Luft entfernen und sie dann expandieren lassen. Eine weitere Methode ist die Verdunstung, wie es bei Wasser in einer mit Leinen bedeckten Feldflasche der Fall ist, das sich abkühlt, wenn das Wasser an der Oberfläche verdunstet und dabei Wärme von der Flasche und dem Wasser darin aufnimmt. Das Hinzufügen bestimmter Salze zu Wasser oder das Mischen von Eis mit Salz kann die Temperatur der Mischung ebenfalls senken.

Die beiden Hauptmethoden der großflächigen Kühlung sind die Verwendung von Eis und die mechanische Kühlung. Eis wird seit Jahrhunderten verwendet, um Lebensmittel zu konservieren, indem Luft um Eisblöcke zirkuliert. Wenn sich die Luft abkühlt, nimmt sie Wärme von den nahegelegenen Gegenständen auf und erzeugt einen kontinuierlichen Kühlzyklus. Auf einem U-Boot würde Eis jedoch schnell schmelzen, was seine praktische Anwendung einschränkt. Mechanische Kühlung, bei der Flüssigkeiten verwendet werden, die bei niedrigeren Temperaturen als Wasser sieden, ist zur bevorzugten Methode geworden. Bei der mechanischen Kühlung absorbiert ein Kältemittel Wärme bei niedrigen Temperaturen und Drücken und gibt sie bei höheren Temperaturen und Drücken durch Prozesse wie Kompression und Expansion wieder ab. Diese Methode bietet erhebliche Vorteile, insbesondere auf Schiffen, wo eine konstante Kühlung unerlässlich ist [237].

Das Verständnis von Wärme ist grundlegend für den Betrieb von Kühlsystemen. Wärme ist eine Energieform, die man nicht sehen oder berühren kann, sondern nur durch ihre Wirkung auf Materie kennt. Wenn Wärme aus einem Stoff entfernt wird, wird der Stoff kühler. Materie selbst kann in drei Zuständen existieren – fest, flüssig und gasförmig – und kann durch Hinzufügen oder Entfernen von Wärme zwischen diesen Zuständen wechseln. Beispielsweise kann Wasser als Eis (fest), Flüssigkeit oder Dampf (gasförmig) existieren, abhängig von der zugeführten Wärmemenge.

Wärme kann nach ihrer Intensität oder nach der Menge, die ein Stoff enthält, gemessen werden. Die Intensität bezieht sich auf die Temperatur, die mit einem Thermometer gemessen wird. Auf der Fahrenheit-Skala gefriert Wasser bei 32°F und kocht bei 212°F, während die entsprechenden Punkte auf der Celsius-Skala bei 0°C und 100°C liegen. Für wissenschaftlichere Messungen wird die Kelvin-Skala verwendet, bei der der absolute Nullpunkt (die Temperatur, bei der keine Wärme mehr vorhanden ist) auf 0K festgelegt ist, was -273,16°C (-459,69°F) entspricht.

Die zugeführte Wärme kann in fühlbare oder latente Wärme unterteilt werden. Fühlbare Wärme erhöht die Temperatur eines Stoffes, ohne seinen Zustand zu ändern, wie das Erhitzen von Wasser auf eine wärmere Temperatur. Latente Wärme hingegen ist an der Zustandsänderung eines Stoffes beteiligt, wie das Schmelzen von Eis zu Wasser (latente Schmelzwärme) oder das Verdampfen von Wasser zu Dampf (latente Verdampfungswärme). Die Menge der latenten Wärme variiert zwischen den Stoffen; bei Wasser benötigt es 143,33 British Thermal Units (Btu) pro Pfund, um Eis bei 32°F in Flüssigkeit zu verwandeln, und 970,4 Btu pro Pfund, um Wasser bei 212°F in Dampf umzuwandeln [237].

Die Gesamtwärme bezeichnet die Summe aus fühlbarer und latenter Wärme in einem Stoff. Sie wird manchmal von einem bestimmten Bezugspunkt aus berechnet, wie zum Beispiel 32°F für Wasser oder -40°F für Kältemittel wie Freon. In praktischen Anwendungen wie der Kühlung hilft das Verständnis des gesamten Wärmeinhalts bei der Bewertung der Effizienz des Kühlprozesses.

In der mechanischen Kühlung absorbiert ein Kältemittel Wärme bei niedrigen Temperaturen und Drücken und gibt sie bei höheren Temperaturen und Drücken ab. Dieser Prozess umfasst typischerweise die Expansion, Kompression und den Wärmeaustausch mit Luft oder Wasser als Kühlmedium. Kältemittel werden basierend auf ihrer Fähigkeit ausgewählt, effizient Wärme zu übertragen, und sind entscheidend für den Kühlprozess [237].

Das Kühlen erfordert die Handhabung sowohl fühlbarer als auch latenter Wärme. Beispielsweise kann beim Kühlen von Luft die Temperatur sinken, ohne dass Kondensation auftritt (fühlbare Wärme), aber wenn Feuchtigkeit in der Luft kondensiert, wird latente Wärme freigesetzt. Effektive Kühlsysteme müssen beide Arten von Wärme behandeln, um die gewünschten Temperaturen und Feuchtigkeitsniveaus aufrechtzuerhalten.

Druck

Der atmosphärische Druck ist ein grundlegendes Konzept, das alles auf der Erde beeinflusst, da er durch das Gewicht der Luft über uns entsteht. Auf Meereshöhe, bei einer Lufttemperatur von 0°C (32°F), beträgt dieser Druck etwa 14,696 Pfund pro Quadratzoll (psi). Für praktische ingenieurtechnische Zwecke wird dieser Wert oft auf 14,7 psi gerundet. Der atmosphärische Druck kann aufgrund von Wetterveränderungen schwanken, aber diese Standardmessung bietet eine konsistente Referenz für verschiedene Berechnungen [237].

Der atmosphärische Druck kann mit verschiedenen Arten von Barometern gemessen werden. Das Quecksilberbarometer ist ein klassisches Instrument, das aus einem vertikalen Glasrohr besteht, das über 30 Zoll lang ist, oben geschlossen und unten offen. Das untere Ende ist in einer Schale mit Quecksilber eingetaucht. Der atmosphärische Druck drückt auf das Quecksilber in der Schale, wodurch das Quecksilber im Rohr ansteigt. Auf Meereshöhe bei einem Standarddruck von 14,7 psi steht die Quecksilbersäule bei 29,921 Zoll. Der obere Teil des Rohrs über dem Quecksilber ist nahezu ein Vakuum, da keine Luft oder andere Gase vorhanden sind, was genaue Druckmessungen ermöglicht.

Das Aneroidbarometer ist ein weiteres Gerät zur Messung des atmosphärischen Drucks. Im Gegensatz zum Quecksilberbarometer verwendet es keine Flüssigkeit. Stattdessen besteht es aus einer kleinen, versiegelten Metallbox mit einem Teilvakuum im Inneren und einer flexiblen Oberfläche. Wenn sich der atmosphärische Druck ändert, bewegt sich die flexible Oberfläche, und diese Bewegung wird über ein Hebelsystem auf einen Zeiger übertragen, der den atmosphärischen Druck auf einer kreisförmigen Skala anzeigt.

Barometeranzeigen werden normalerweise in Zoll Quecksilbersäule angegeben. Um diese Messwerte in psi umzurechnen, kann das Verhältnis von 14,696 psi für 29,921 Zoll Quecksilber verwendet werden. Der

Umrechnungsfaktor beträgt etwa 0,491 psi pro Zoll Quecksilber. Wenn beispielsweise ein Barometer 30 Zoll anzeigt, entspricht der entsprechende Druck ungefähr 14,7 psi (30 x 0,491).

Der atmosphärische Druck beeinflusst den Siedepunkt von Wasser. Auf Meereshöhe, wo der atmosphärische Druck 14,7 psi beträgt, kocht Wasser bei 100°C (212°F). Mit zunehmender Höhe sinkt der atmosphärische Druck, wodurch der Siedepunkt sinkt. Zum Beispiel beträgt der Druck in einer Höhe von 1.000 Fuß über dem Meeresspiegel etwa 14,14 psi, und Wasser kocht bei 98,9°C (210°F). Diese Beziehung zwischen Druck und Siedepunkt bleibt bei verschiedenen Höhen konstant, wobei der Siedepunkt mit zunehmender Höhe weiter sinkt [237].

Änderungen des Drucks beeinflussen direkt die Temperatur, bei der Stoffe von einem Zustand in einen anderen übergehen, wie beispielsweise von Flüssigkeit zu Dampf. Diese Beziehung kann mit einem verschlossenen Behälter mit einem Kolben veranschaulicht werden. Durch das Drücken des Kolbens steigt der Druck im Inneren des Behälters an, wodurch die Temperatur, bei der die Flüssigkeit kocht, erhöht wird. Umgekehrt sinkt der Siedepunkt, wenn der Kolben herausgezogen wird und der Druck abnimmt. Die genaue Beziehung zwischen Druck und Temperatur für Phasenübergänge ist gut dokumentiert und für Anwendungen wie die Kühlung von entscheidender Bedeutung.

In geschlossenen Systemen wie Rohren oder Tanks wird der Druck häufig mit einem Bourdon-Rohr-Manometer gemessen. Dieses Manometer verfügt über ein gebogenes, abgeflachtes Rohr, das sich leicht aufrichtet, wenn der Druck steigt. Die Bewegung wird über ein Hebelsystem auf einen Zeiger übertragen, der den Druck in psi anzeigt. Der Nullpunkt des Manometers entspricht dem atmosphärischen Druck (14,7 psi), sodass jede Anzeige über Null den Druck über dem atmosphärischen Druck darstellt, der als Überdruck bezeichnet wird.

Während der Überdruck den Druck über dem atmosphärischen Druck angibt, misst der absolute Druck den Gesamtdruck innerhalb eines Systems, einschließlich des atmosphärischen Drucks. Wenn ein Manometer beispielsweise 6 psi anzeigt, beträgt der absolute Druck 20,7 psi (14,7 + 6). Genaue Messungen des absoluten Drucks sind für verschiedene ingenieurtechnische und wissenschaftliche Anwendungen entscheidend [237].

Wenn der Druck unter den atmosphärischen Druck fällt, spricht man von Teilvakuum. Ein Vakuummanometer misst solche Drücke, normalerweise in Zoll Quecksilber unter dem Standardatmosphärendruck. Ein vollständiges Vakuum entspricht einem absoluten Druck von null oder etwa 30 Zoll Vakuum.

Kombinationsmanometer, auch Druck-Vakuum-Manometer genannt, werden in Systemen verwendet, die sowohl positive Drücke als auch Vakuum erleben. Diese Manometer haben eine Skala, die sich nach links und rechts von Null erstreckt, wobei Drücke über dem atmosphärischen Druck in psi und unter dem atmosphärischen Druck in Zoll Vakuum angezeigt werden. Diese Vielseitigkeit macht Kombinationsmanometer in Anwendungen wie der Kühlung nützlich, bei denen der Druck stark schwanken kann [237].

Verdampfung und physikalische Zustände von Dampf und Flüssigkeiten

Es gibt zwei Hauptformen der Verdampfung: Sieden und Verdunstung. Diese Prozesse unterscheiden sich in Geschwindigkeit und Sichtbarkeit, aber beide betreffen die Umwandlung einer Flüssigkeit in den Dampfzustand. Das Verständnis dieser Verdampfungsarten ist entscheidend für Bereiche wie Kältetechnik und Klimatisierung, wo die Kontrolle von Wärmeübertragung und Phasenwechseln von großer Bedeutung ist [237].

Das Sieden, auch als Kochen bekannt, ist eine schnelle und sichtbare Form der Verdampfung. Es tritt auf, wenn eine Flüssigkeit auf ihren Siedepunkt erhitzt wird, was zur Bildung von Blasen innerhalb der Flüssigkeit führt. Diese Blasen, die aus Dampf bestehen, steigen zur Oberfläche auf und platzen, wobei der Dampf in die umgebende Atmosphäre freigesetzt wird. Der Prozess beginnt typischerweise am Boden und an den Seiten des Behälters, in dem die Flüssigkeit mit der Wärmequelle in Kontakt steht. Mit steigender Temperatur bilden sich mehr Blasen, was zu einem intensiven Sieden führt. Dieser schnelle Phasenwechsel von Flüssigkeit zu Dampf macht das Sieden zu einer effizienten Methode, Wärme schnell von einer Flüssigkeit wegzuleiten.

Im Gegensatz zum Sieden ist die Verdunstung ein viel langsamerer und meist unsichtbarer Prozess. Sie findet an der Oberfläche einer Flüssigkeit statt, nicht im gesamten Volumen, und kann bei Temperaturen unter dem Siedepunkt der Flüssigkeit auftreten. Wenn Moleküle an der Oberfläche genügend Energie gewinnen, um die Oberflächenspannung der Flüssigkeit zu überwinden, entweichen sie in die Luft als Dampf. Zum Beispiel verdunstet Wasser allmählich von der Oberfläche von Seen, Flüssen und Meeren. Ähnlich verlieren nasse Kleidung, die zum Trocknen aufgehängt wird, Feuchtigkeit durch Verdunstung. Diese Form der Verdampfung entzieht der Flüssigkeit Wärme, wodurch sie zu einem Kühlprozess wird. Tatsächlich spielt die Verdunstung eine Rolle im natürlichen Kühlmechanismus des Körpers, wenn Schweiß von der Haut verdunstet und Wärme abführt.

Sublimation ist ein weniger häufiger Phasenwechsel, bei dem ein Stoff direkt von einem festen in einen gasförmigen Zustand übergeht, ohne den flüssigen Zustand zu durchlaufen. Dies kann unter bestimmten Bedingungen geschehen, beispielsweise wenn Eis oder Schnee langsam verschwindet, ohne zu schmelzen, selbst bei Temperaturen unter dem Gefrierpunkt. Der Prozess ist auch erkennbar, wenn nasse Kleidung, die bei Temperaturen unter dem Gefrierpunkt aufgehängt wird, zuerst steif gefriert und dann allmählich durch Sublimation trocknet. Obwohl Sublimation in der großtechnischen Kühlung nicht weit verbreitet ist, hat sie praktische Anwendungen, wie zum Beispiel das Kühlen von Gegenständen mit Trockeneis, das bei atmosphärischem Druck sublimiert.

Die Begriffe „Dampf“ und „Gas“ beziehen sich beide auf einen Zustand der Materie, der weder fest noch flüssig ist, es gibt jedoch einen Unterschied. Ein Dampf steht dem flüssigen Zustand nahe und kann bei geringfügigen Temperatur- oder Druckänderungen leicht wieder kondensieren. Im Gegensatz dazu existiert ein Gas in einem Zustand, der weit vom flüssigen Zustand entfernt ist, und erfordert erhebliche Druck- oder Temperaturänderungen, um zu verflüssigen. In der Kältetechnik und verwandten Bereichen wird der Begriff „Gas“ oft synonym mit „Dampf“ verwendet, obwohl „Dampf“ der technisch genauere Begriff ist, wenn es um Stoffe geht, die leicht wieder in einen flüssigen Zustand zurückkehren können.

Dämpfe können in zwei Zuständen existieren: gesättigt oder überhitzt. Ein gesättigter Dampf befindet sich bei einer bestimmten Temperatur und einem bestimmten Druck im Gleichgewicht mit seiner Flüssigkeit, was bedeutet, dass er sich am Siedepunkt für diese Bedingungen befindet. Enthält der Dampf Flüssigkeitspartikel, spricht man von einem nassen gesättigten Dampf. Wenn keine Flüssigkeitspartikel vorhanden sind, wird er als trockener gesättigter Dampf bezeichnet. Es ist schwierig, einen vollständig trockenen Dampf zu erzeugen, da der Siedeprozess typischerweise einige Flüssigkeitspartikel in den Dampf trägt. Darüber hinaus kann jede Wärmeabgabe in langen Rohrleitungssystemen eine Kondensation verursachen, wodurch Flüssigkeitstropfen in den Dampf gelangen.

Ein Dampf, der über seine Sättigungstemperatur hinaus erhitzt wird, ohne dass Flüssigkeit vorhanden ist, wird als überhitzter Dampf betrachtet. Seine Temperatur übersteigt den Siedepunkt für den gegebenen Druck. Die Überhitzung ist der Unterschied zwischen der Dampftemperatur und der Sättigungstemperatur bei gleichem Druck. Zum Beispiel, wenn ein Dampf 20°F über seiner Sättigungstemperatur liegt, enthält er 20°F Überhitzung. Überhitzter Dampf verhält sich anders als gesättigter Dampf und wird in verschiedenen industriellen Prozessen verwendet, bei denen eine zusätzliche Energieübertragung erforderlich ist.

Substanzen, ob fest, flüssig oder gasförmig, dehnen sich beim Erhitzen aus und ziehen sich beim Abkühlen zusammen. Dies ist bei Gasen ausgeprägter als bei Feststoffen und Flüssigkeiten. Im Ingenieurwesen müssen diese Volumenänderungen berücksichtigt werden, um Schäden an Strukturen und Maschinen zu vermeiden. Wasser zeigt ein einzigartiges Verhalten, indem es sich beim Abkühlen bis auf 39,2°F zusammenzieht und sich dann beim Gefrieren ausdehnt. Diese Ausdehnung kann enorme Kräfte erzeugen, die in der Lage sind, Felsen zu spalten oder Rohre zum Bersten zu bringen.

Das spezifische Volumen einer Substanz ist definiert als der Raum, den ein Gewichtseinheit (wie ein Pfund) der Substanz bei einer bestimmten Temperatur und einem bestimmten Druck einnimmt. Das spezifische Volumen ändert sich dramatisch während Phasenübergängen, wie beispielsweise von flüssig zu dampfförmig. Wasser dehnt sich etwa

1.604-fach aus, wenn es bei atmosphärischem Druck aus dem flüssigen Zustand verdampft, was die beträchtliche Volumenänderung veranschaulicht, die mit Phasenwechseln verbunden ist.

Das Verständnis dieser Prinzipien der Verdampfung, Phasenübergänge und Materialausdehnung ist grundlegend für die effektive Anwendung von Kältetechnik und Klimatisierungstechnologien sowie für das Management von Wärmeübertragungen in verschiedenen industriellen Prozessen.

Wärmeübertragung

Die Wärmeübertragung ist ein grundlegendes Konzept in der Thermodynamik und erfolgt auf drei Hauptarten: Strahlung, Konvektion und Leitung. Jede dieser Arten beinhaltet die Bewegung von Wärmeenergie, jedoch unterscheiden sich die Mechanismen deutlich.

Strahlung ist der Prozess, bei dem Wärme durch ein Vakuum oder ein transparentes Medium wandert, ohne dass ein physisches Material erforderlich ist, um sie zu transportieren. So erreicht die Wärme der Sonne die Erde, indem Strahlungsenergie durch den leeren Raum reist. Bei der Strahlung wird Energie in Form von elektromagnetischen Wellen übertragen, im Falle der Wärme in Form von Infrarotwellen. Wenn diese Wellen auf ein Objekt treffen, werden sie absorbiert, was dazu führt, dass sich das Objekt erwärmt. Strahlung erwärmt nicht das Medium, durch das sie reist, wie Luft; sie erwärmt nur die Objekte, auf die sie trifft. Alltägliche Objekte wie Herdplatten, Glühbirnen und selbst menschliche Körper strahlen Wärme aus, wenn auch in einem viel geringeren Ausmaß als die Sonne.

Konvektion umfasst die tatsächliche Bewegung von Wärme durch ein flüssiges Medium, wie eine Flüssigkeit oder ein Gas. Sie tritt auf, wenn erhitzte Partikel in einer Substanz von einem Ort zum anderen wandern und dabei Energie mit sich tragen. Zum Beispiel steigt in einem Raum warme Luft auf, während kühlere Luft absinkt, was einen Kreislauf schafft, der Wärme verteilt. Diese Form der Wärmeübertragung ist auch in natürlichen Phänomenen zu finden, wie bei Meeresströmungen und der atmosphärischen Zirkulation, bei denen erhitzte Partikel durch Wasser oder Luft bewegt werden. Der menschliche Körper nutzt die Konvektion zur Kühlung; wenn wir ausatmen, hat die ausgeatmete Luft etwas von unserer Körperwärme aufgenommen und entfernt diese somit aus unserem System [237].

Leitung ist die Wärmeübertragung durch ein Material, von einem Molekül zum nächsten, durch direkten Kontakt. Sie tritt in Feststoffen, Flüssigkeiten und Gasen auf, ist jedoch am effektivsten in Feststoffen, insbesondere Metallen. Damit Leitung stattfinden kann, muss es einen physischen Kontakt zwischen den Substanzen geben, und die Wärme wird immer von einem Bereich höherer Temperatur zu einem Bereich niedrigerer Temperatur wandern. Wenn beispielsweise ein Ende einer Metallstange in ein Feuer gehalten wird, wandert die Wärme durch die Stange, bis die gesamte Stange warm wird. Materialien variieren in ihrer Fähigkeit, Wärme zu leiten; Metalle sind gute Leiter, während Nichtmetalle wie Holz oder Gummi schlechte Leiter sind.

Wärmeleitfähigkeit ist ein Maß dafür, wie leicht eine Substanz Wärme durchlässt. Wenn beispielsweise eine Kupferstange und eine Eisenstange gleicher Größe in ein Feuer gelegt werden, leitet die Kupferstange die Wärme schneller als die Eisenstange. Diese Eigenschaft macht bestimmte Materialien für bestimmte Anwendungen besser geeignet, wie z. B. die Verwendung von Metallen für Kühlkörper oder Keramiken für Wärmeisolierungen. Materialien mit niedriger Wärmeleitfähigkeit, wie Kork oder Wolle, sind effektive Isolatoren, da sie den Wärmefluss verlangsamen.

Um gewünschte Temperaturbedingungen aufrechtzuerhalten, werden Isoliermaterialien verwendet, um die Wärmeübertragung zu reduzieren. Isolierung ist sowohl für Heiz- als auch für Kühlanwendungen entscheidend, da sie verhindert, dass Wärme in eine kontrollierte Umgebung eintritt oder aus ihr entweicht. Effektive Isolierung verwendet Materialien mit niedriger Wärmeleitfähigkeit, wie Kork, Wolle und bestimmte Kunststoffe, die Luft in kleinen Taschen einschließen. Diese Lufttaschen reduzieren die Wärmeübertragung, indem sie Strahlung und Konvektion innerhalb des Materials minimieren.

Isoliermaterialien, die in Kühlsystemen und anderen Niedertemperaturanwendungen verwendet werden, stehen vor zusätzlichen Herausforderungen. Wenn die Feuchtigkeit der Luft mit kalten Oberflächen in Kontakt kommt, kann sie kondensieren und sogar gefrieren. Diese Kondensation kann in poröse Isoliermaterialien eindringen und deren Wirksamkeit verringern. Aus diesem Grund sind Materialien, die in Niedertemperaturumgebungen eingesetzt werden, speziell darauf ausgelegt, Feuchtigkeitsaufnahme zu widerstehen. Zudem ist die Isolierung oft mit einer feuchtigkeitsresistenten Barriere beschichtet, um ihre Isoliereigenschaften zu erhalten.

Kalte Rohre, wie die in Kühlsystemen, müssen gründlich isoliert werden, um zu verhindern, dass Wärme eindringt und das darin enthaltene Kältemittel erwärmt. Übliche Materialien für die Rohrisolierung umfassen Korkmischungen, Steinwolle und Mineralwolle. Um Probleme wie das Eindringen von Feuchtigkeit oder die Wärmeübertragung durch metallische Rohrhalterungen zu vermeiden, ist es wichtig, alle Fugen und Verbindungen mit wasserdichten Materialien abzudecken. Außerdem muss die Isolierung so angebracht werden, dass die Wärmeleitung durch die Halterungen minimiert wird [237].

Im Falle einer Beschädigung der Rohrisolierung ist es unerlässlich, den betroffenen Bereich umgehend zu reparieren, um zu verhindern, dass Wärme eindringt und sich Feuchtigkeit ansammelt. Wenn die ursprünglichen geformten Abschnitte nicht verfügbar sind, sollten vorübergehende Maßnahmen ergriffen werden, um die wasserdichte Barriere wiederherzustellen. Dies gewährleistet die anhaltende Wirksamkeit der Isolierung zur Aufrechterhaltung der gewünschten Temperatur.

Kühlung

Mechanische Kühlung

U-Boot-Kühlsysteme nutzen einen Dampfkompressionskreislauf, um Kühlung bereitzustellen, wobei ein Kältemittel verwendet wird, das zwischen flüssigen und gasförmigen Phasen wechselt. Dieses System ist in U-Booten aufgrund des begrenzten Raums, der engen Umgebung und der hohen Sicherheitsanforderungen von entscheidender Bedeutung. Ein geeignetes Kältemittel für solche Systeme muss bestimmte Eigenschaften aufweisen: Es sollte einen niedrigen Siedepunkt haben, leicht zwischen den Phasen von Flüssigkeit und Gas wechseln können und vor allem sicher in einer abgeschlossenen Unterwasserumgebung einsetzbar sein. Sicherheitsbedenken sind in U-Booten besonders groß, da ein Leck oder eine Fehlfunktion erhebliche Gesundheitsrisiken für die Besatzung in dem begrenzten Raum darstellen kann.

Der Dampfkompressionskreislauf in der U-Boot-Kühlung beinhaltet, dass das Kältemittel im Verdampfer Wärme aufnimmt und bei niedrigen Temperaturen verdampft. Das verdampfte Kältemittel, das nun die aufgenommene Wärme trägt, wird von einem Kompressor verdichtet, was den Druck und die Temperatur erhöht. Anschließend strömt das Kältemittel zum Kondensator, wo es die aufgenommene Wärme an ein Kühlmedium, wie Meerwasser, abgibt und wieder in den flüssigen Zustand kondensiert. Das flüssige Kältemittel wird im Sammler gespeichert, bevor es durch ein thermostatisches Expansionsventil reguliert wird, das den Kältemittelfluss zurück in den Verdampfer steuert, um den Kreislauf fortzusetzen. Das System ist ein geschlossener Kreislauf, das bedeutet, dass das Kältemittel kontinuierlich wiederverwendet wird, und ein Energieeinsatz durch einen Elektromotor erforderlich ist, um den Kompressor anzutreiben und den Kreislauf aufrechtzuerhalten.

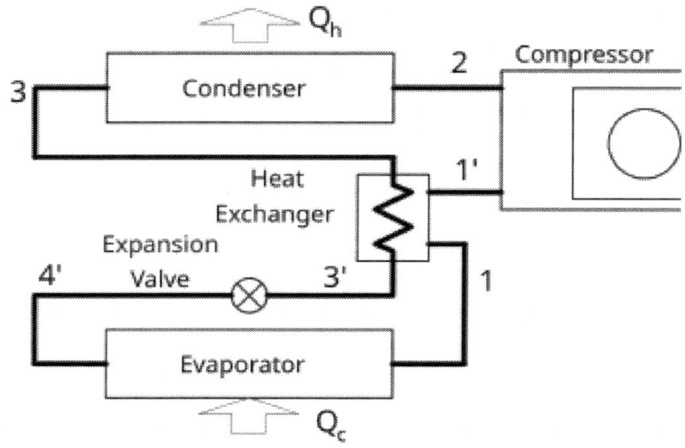

Abbildung 69: Kühlschema. Shoji Yamauchi, CC BY-SA 4.0, via Wikimedia Commons.

Die Hauptkomponenten des Kühlsystems umfassen den Verdampfer, Kompressor, Kondensator, Auffangbehälter und das thermostatische Expansionsventil. Im Verdampfer nimmt das flüssige Kältemittel Wärme aus der Umgebung oder von Gegenständen auf, wodurch es verdampft. Der Kompressor erhöht dann den Druck des Dampfes, was auch seine Temperatur über die des im Kondensator verwendeten Meerwassers anhebt. Im Kondensator wird die Wärme vom Kältemittel an das Meerwasser abgegeben, wodurch das Kältemittel in einen flüssigen Zustand kondensiert. Der Auffangbehälter speichert das flüssige Kältemittel, bevor es durch das thermostatische Expansionsventil geleitet wird, das den Fluss zurück in den Verdampfer steuert, wo der Zyklus von Neuem beginnt [237].

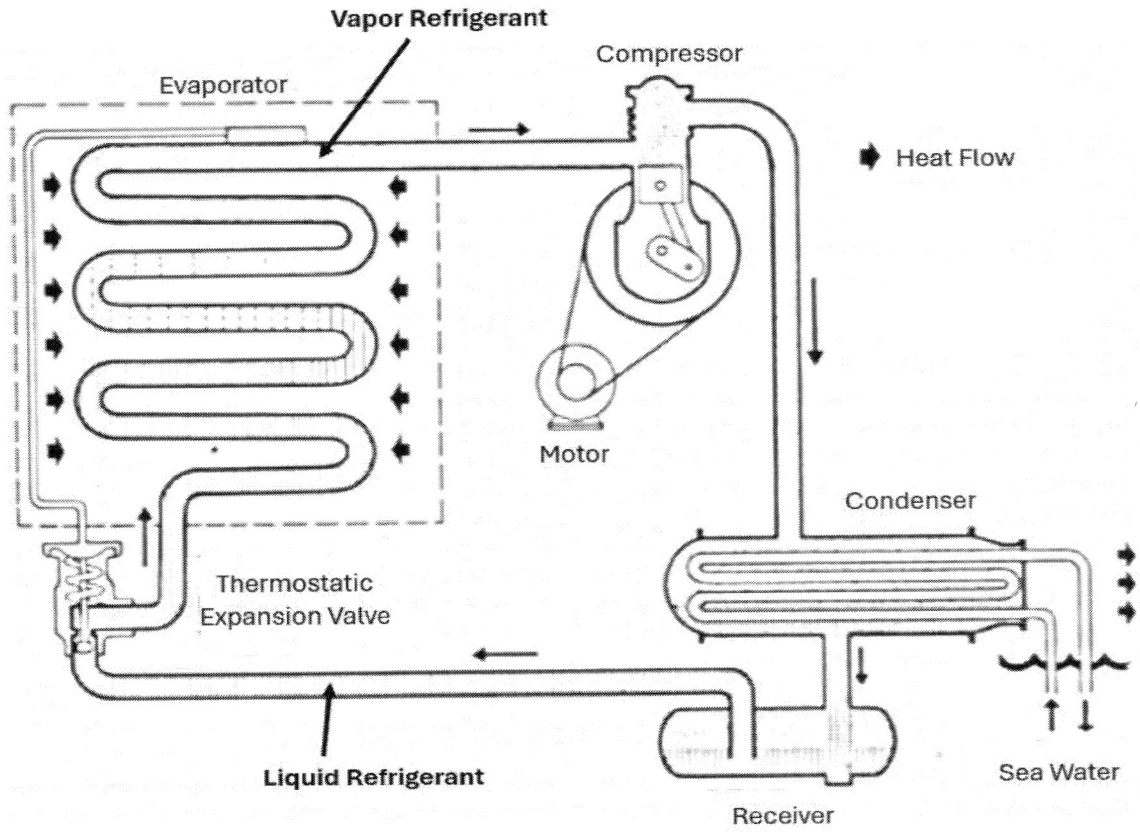

Abbildung 70: Mechanischer Kühlkreislauf.

Ein Kältemittel ist eine Substanz, die im Kühlkreislauf verwendet wird, um bei niedrigen Temperaturen Wärme aufzunehmen und bei höheren Temperaturen wieder abzugeben. In U-Booten wird hauptsächlich Dichlordifluormethan (Freon-12 oder F-12) als Kältemittel eingesetzt, da es stabil, nicht brennbar ist und bei niedrigen Temperaturen effizient arbeitet. Dieses Kältemittel wird als primäres Kältemittel klassifiziert, weil es direkt an den Phasenwechselprozessen des Kühlkreislaufs beteiligt ist. Obwohl andere primäre Kältemittel wie Ammoniak, Schwefeldioxid und Kohlendioxid existieren, wird Freon-12 aufgrund seiner sichereren Eigenschaften in der Marine bevorzugt eingesetzt [237].

Moderne Atom-U-Boote verwenden in der Regel umweltfreundlichere Kältemittel, die den aktuellen Vorschriften zur Reduzierung des Ozonabbaus und des Treibhauspotenzials entsprechen. Diese Kältemittel werden aufgrund ihrer Effizienz, Sicherheit und ihres geringen Umwelteinflusses ausgewählt. Hier sind die gängigsten Kältemittel, die in modernen Atom-U-Booten verwendet werden:

1. HFKs (Hydrofluorkohlenwasserstoffe)

- **R-134a (Tetrafluorethan):** Eines der am häufigsten verwendeten Kältemittel in verschiedenen HLK-Systemen, einschließlich derjenigen in U-Booten. Es bietet eine gute Balance zwischen Effizienz und Sicherheit und trägt nicht zum Ozonabbau bei, was es für moderne Anwendungen geeignet macht. Es hat jedoch ein höheres Treibhauspotenzial (GWP) als einige Alternativen.

- **R-404A und R-407C:** Diese Kältemittel sind Mischungen von HFKs, die für mittlere bis niedrige Temperaturen in Kühl- und Klimaanlagen verwendet werden.

2. HFOs (Hydrofluorolefine)

- **R-1234yf:** Dieses HFO-Kältemittel hat ein wesentlich geringeres Treibhauspotenzial im Vergleich zu HFKs wie R-134a. Es wird zunehmend in verschiedenen Industrien, einschließlich militärischer Anwendungen, eingesetzt, da es die Umwelt weniger belastet.

- **R-1234ze:** Eine weitere HFO-Option mit niedrigem GWP, die in einigen neuen Kühlsystemen als Alternative zu traditionellen HFKs verwendet wird. Es bietet Effizienz und Sicherheit in Übereinstimmung mit den strengen Anforderungen moderner Atom-U-Boote.

3. Alternative Kältemittel und Mischungen

- **R-513A:** Eine Mischung aus R-1234yf und R-134a mit einem niedrigeren GWP als R-134a, aber ähnlichen Leistungseigenschaften. Es wird als Drop-in-Ersatz für bestehende Systeme angesehen, die für R-134a ausgelegt sind.

- **R-410A:** Obwohl es häufiger in Klimaanlagen an Land verwendet wird, könnte R-410A in einigen Marineanwendungen aufgrund seiner Effizienz und seines Sicherheitsprofils eingesetzt werden.

4. Ältere Kältemittel (ausgemustert oder ersetzt)

- **R-114 und R-12:** Ältere U-Boot-Systeme verwendeten Kältemittel wie R-114 (Dichlortetrafluorethan) und R-12 (Dichlordifluormethan), die zu den FCKWs (Fluorchlorkohlenwasserstoffen) gehören. Diese Kältemittel wurden aufgrund ihres hohen Potenzials zum Ozonabbau größtenteils ausgemustert. Moderne U-Boote verwenden nun Kältemittel mit geringerer Umweltbelastung.

Bei der Auswahl von Kältemitteln für U-Boote müssen mehrere wichtige Überlegungen angestellt werden, um die Einhaltung von Vorschriften, Sicherheit und Leistung sicherzustellen. Zunächst ist die Einhaltung von Umweltvorschriften von entscheidender Bedeutung. Kältemittel für U-Boote müssen internationalen Standards wie dem Montrealer Protokoll entsprechen, das die Reduzierung von Substanzen mit hohem Ozonabbaupotenzial (ODP) und Treibhauspotenzial (GWP) vorschreibt. Infolgedessen werden moderne Kältemittel aufgrund ihrer geringeren Umweltauswirkungen ausgewählt, um Schäden an der Ozonschicht zu minimieren und den Beitrag zum Klimawandel zu begrenzen.

Ein weiterer entscheidender Faktor ist die Sicherheit, da U-Boote in engen Umgebungen operieren, in denen bereits geringfügige Lecks erhebliche Risiken darstellen könnten. Daher müssen die in U-Booten verwendeten Kältemittel nicht brennbar und wenig giftig sein, um die Gesundheit der Besatzung zu schützen und potenzielle Brandgefahren zu vermeiden.

Schließlich ist die Effizienz des Kältemittels entscheidend, um das Klima innerhalb des U-Boots unter verschiedenen Betriebsbedingungen zu regulieren. Das Kältemittel muss zuverlässig bei unterschiedlichen Temperaturen und Drücken arbeiten, um sowohl für die Ausrüstung als auch für das Personal eine stabile Umgebung zu gewährleisten.

In modernen Atom-U-Booten werden häufig Kältemittel wie R-134a, HFOs wie R-1234yf und R-1234ze sowie GWP-arme Mischungen wie R-513A verwendet. Diese Optionen stellen einen Übergang zu umweltfreundlicheren Kältemitteln dar, die dennoch den strengen Sicherheits- und Leistungsanforderungen für den U-Boot-Betrieb gerecht werden.

Im Gegensatz zu primären Kältemitteln sind sekundäre Kältemittel nicht direkt an den Phasenwechseln im Kühlzyklus beteiligt. Stattdessen werden sie verwendet, um Wärme vom zu kühlenden Bereich zum primären Kältemittel zu übertragen. Sekundäre Kältemittel bestehen typischerweise aus Salzlösungen (Salzwasser) und werden häufiger in großen industriellen Kühlsystemen wie der Eisproduktion eingesetzt. In modernen U-Booten werden jedoch keine sekundären Kältemittel verwendet, da die zu kühlenden Bereiche in der Nähe der Kältemaschinen liegen und somit kein Zwischenmedium für den Wärmetransport erforderlich ist [237].

In der Kältetechnik wird eine standardisierte Einheit, bekannt als "Kälteleistung" oder „refrigeration ton“, verwendet, um Wärmetransferraten zu quantifizieren. Diese Messung basiert auf der Wärmemenge, die benötigt wird, um eine Tonne Eis bei 32°F innerhalb von 24 Stunden zu schmelzen, was 288.000 British Thermal Units (Btu) entspricht. Dies entspricht einer Kühlkapazität von 12.000 Btu pro Stunde. Es ist wichtig zu verstehen, dass sich eine "Kälteleistung" auf eine Wärmetransferrate und nicht auf ein physisches Gewicht von Eis oder Kältemittel bezieht. Der Begriff hilft, die Dimensionierung und Kapazität von Kältesystemen für verschiedene Anwendungen zu standardisieren.

Sicherheit ist in der U-Boot-Kältetechnik von größter Bedeutung, da die spezielle Umgebung strenge Anforderungen an die Wahl der Kältemittel und das Design der Systeme stellt, um das Risiko toxischer Expositionen, Brände oder mechanischer Ausfälle zu minimieren. U-Boote verlassen sich auf geschlossene Kühlkreisläufe, in denen das Kältemittel kontinuierlich recycelt wird. Dies minimiert den Bedarf an Nachfüllungen und reduziert potenzielle Leckstellen. Die ausgewählten Kältemittel, wie Freon-12, sind ungiftig, nicht brennbar und in der Lage, in den beengten Räumen eines U-Boots effizient zu arbeiten, was die Sicherheit und das Wohlbefinden der Besatzung gewährleistet.

Das mechanische Kühlsystem des U-Boots basiert auf dem Verdichtungs-Kreislauf, bei dem sorgfältig ausgewählte Kältemittel für eine effiziente und sichere Kühlung sorgen. Das Design und der Betrieb des Systems sind auf die besonderen Anforderungen der U-Boot-Umgebung abgestimmt, in der Platzbeschränkungen, Sicherheit und Betriebszuverlässigkeit von größter Bedeutung sind. Durch das Verständnis der Prinzipien, Komponenten und Kältemitteltypen kann man die anspruchsvolle Natur der Kältesysteme auf U-Booten und ihre entscheidende Rolle bei der Aufrechterhaltung einer bewohnbaren Umgebung unter Wasser schätzen.

Klimaanlage und Heizung

Die Klimaanlage in einem U-Boot ist ein lebenswichtiges System, das eine kontrollierte und komfortable Umgebung für die Besatzung, die Ausrüstung und die Operationen gewährleistet. Angesichts der besonderen und beengten Lebensbedingungen an Bord eines U-Boots ist die Aufrechterhaltung der richtigen Temperatur, Luftfeuchtigkeit und Luftqualität von entscheidender Bedeutung für Gesundheit, Sicherheit und operative Effizienz. Das Klimaanlagensystem des U-Boots ist darauf ausgelegt, die von den Besatzungsmitgliedern, den elektronischen Geräten und der Maschinen erzeugte Wärme zu bewältigen und gleichzeitig die Luftqualität atembar zu halten.

Die Klimaanlage in einem U-Boot ist ein wichtiger Aspekt der Ingenieurskunst, der sich auf die Schaffung und Aufrechterhaltung günstiger Innenraumluftbedingungen konzentriert. Dies umfasst die Gestaltung, den Bau und den Betrieb spezieller Geräte zur Regulierung von Temperatur, Luftfeuchtigkeit, Luftreinheit und Sauerstoffgehalt. Die Anforderungen an die Klimaanlage können je nach Einsatzort erheblich variieren, sei es in einem Theater, einer Fabrik, einem Geschäft oder, wie in diesem Fall, in den beengten Räumen eines U-Boots, wo die Aufrechterhaltung der Luftqualität aufgrund der langen Tauchmissionen von größter Bedeutung ist [237].

Menschen sind auf das Ein- und Ausatmen von Luft angewiesen, um zu überleben. Die Lungen pumpen automatisch Luft in den Körper hinein und wieder hinaus, sodass Sauerstoff in den Blutkreislauf gelangt und Kohlendioxid sowie andere Abfallgase abgeführt werden. Angesichts der beengten Umgebung eines U-Boots ist die Aufrechterhaltung der Luftqualität entscheidend für die Gesundheit, Effizienz und Moral der Besatzung. Die Klimaanlage sorgt nicht nur für atembare Luft, sondern kümmert sich auch um die Entfernung von Dämpfen aus der Kombüse, dem Maschinenraum und den Batterieräumen sowie um Feuchtigkeit und Gerüche, die sich in geschlossenen Räumen ansammeln [237].

Die Klimaanlage in einem U-Boot erfüllt mehrere Zwecke. Neben der Bereitstellung atembarer Luft reguliert sie die durch die Besatzung, Maschinen und Aktivitäten im Inneren des Schiffs erzeugte Wärme und Feuchtigkeit. Der menschliche Körper allein gibt beträchtliche Mengen an Wärme und Feuchtigkeit ab. Ein Erwachsener gibt durchschnittlich etwa 500 British Thermal Units (Btu) Wärme pro Stunde ab und über Perspiration und Atmung eine erhebliche Menge Feuchtigkeit, die in einem engen Raum schnell die Temperatur und Luftfeuchtigkeit erhöhen kann. Klimaanlagen helfen, diese Auswirkungen zu steuern, indem sie die Luft kühlen und überschüssige Feuchtigkeit entfernen.

Darüber hinaus spielt die Klimaanlage eine entscheidende Rolle beim Schutz der Ausrüstung, insbesondere empfindlicher elektrischer Systeme, vor feuchtigkeitsbedingter Korrosion und Fehlfunktionen. U-Boote erzeugen eine beträchtliche Menge Feuchtigkeit aus verschiedenen Quellen, einschließlich der Besatzung, des Kochens, der Batterien und der Bilgen. Ungeprüft könnte sich diese Feuchtigkeit auf kalten Oberflächen niederschlagen und kritische Systeme beschädigen. Das Klimaanlagensystem hilft, diese Feuchtigkeit aus der Luft zu extrahieren und in einem Tank für nicht trinkbare Anwendungen, wie die Wäsche, zu sammeln.

Die Luft, die wir atmen, ist ein Gemisch aus verschiedenen Gasen, das etwa 21 % Sauerstoff, rund 78 % Stickstoff und Spuren anderer Gase enthält. Beim Atmen wird nur etwa 4 % des eingeatmeten Sauerstoffs vom Körper aufgenommen, was bedeutet, dass dieselbe Luft mehrmals zirkulieren und eingeatmet werden kann, bevor die Sauerstoffkonzentration auf ein unsicheres Niveau absinkt. Die Klimaanlagen in U-Booten müssen die richtigen Sauerstoffkonzentrationen aufrechterhalten, um Hypoxie und andere gesundheitliche Probleme zu vermeiden, während gleichzeitig Kohlendioxid und andere Verunreinigungen entfernt werden [237].

Das Klimaanlagensystem eines U-Boots besteht aus mehreren Komponenten, die zusammenarbeiten, um Temperatur, Luftfeuchtigkeit und Luftzirkulation zu steuern. Es umfasst Kompressoren, Kondensatoren, Verdampfer, Luftbehandlungsgeräte, Luftkanäle und Sensoren. Diese Komponenten sind in ein geschlossenes Kreislaufsystem integriert, in dem ein Kältemittel kontinuierlich zirkuliert, um Wärme aus dem Inneren des U-Boots aufzunehmen und nach außen abzugeben. Aufgrund des begrenzten Raums und der Ressourcen in einem U-Boot liegt der Schwerpunkt auf Kompaktheit und Effizienz.

Die moderne Klimatechnik besteht aus zwei Hauptkomponenten: der eigentlichen Klimatisierung der Luft und der Belüftung. Klimatisierung umfasst die Anpassung der Lufttemperatur, Luftfeuchtigkeit, Reinheit und Sauerstoffgehalte, um bestimmte Standards zu erfüllen, während die Belüftung den Austausch verbrauchter Luft in einem geschlossenen Raum durch frische, konditionierte Luft sicherstellt. Dies ist insbesondere in U-Booten von entscheidender Bedeutung, in denen die Luft während langer Tauchgänge kontinuierlich rezirkuliert wird, was effektive Systeme erfordert, um eine gesunde Umgebung für die Besatzung zu gewährleisten [237].

Der Kern des Klimaanlagensystems arbeitet mit einem Dampfkompressions-Kältekreislauf. Dieser Kreislauf beinhaltet, dass das Kältemittel durch vier Hauptkomponenten zirkuliert: den Kompressor, den Kondensator, das Expansionsventil und den Verdampfer.

- **Kompressor:** Das Kältemittel gelangt als Gas mit niedrigem Druck in den Kompressor. Der Kompressor verdichtet das Kältemittel, wodurch sein Druck und seine Temperatur erhöht werden.
- **Kondensator:** Das Hochdruck- und Hochtemperatur-Kältemittelgas strömt dann in den Kondensator, wo es Wärme an das Meerwasser oder die Außenluft abgibt und sich in eine Flüssigkeit mit hohem Druck verdichtet.
- **Expansionsventil:** Das Kältemittel fließt durch das Expansionsventil, wo es sich ausdehnt und Druck sowie Temperatur abnimmt.
- **Verdampfer:** Im Verdampfer absorbiert das Kältemittel Wärme aus der Innenluft des U-Boots und kühlt diese dabei. Das Kältemittel verdampft zurück in ein Niederdruckgas, und der Kreislauf beginnt von vorne.

Der Wärmeaustausch in der Klimaanlage eines U-Boots erfolgt typischerweise durch Meerwasserkühlung. Der Kondensator des U-Boots überträgt Wärme vom Kältemittel auf das Meerwasser außerhalb des Rumpfes.

Meerwasserpumpen zirkulieren kaltes Meerwasser durch den Wärmetauscher, um die Wärme abzuführen. Dieser Kühlmechanismus ist äußerst effektiv, da der Temperaturunterschied zwischen dem Meerwasser und dem Kältemittel erheblich ist.

Die gekühlte Luft aus dem Verdampfer wird über Luftbehandlungsgeräte und ein Netz von Luftkanälen im gesamten U-Boot verteilt. Ventilatoren verteilen die konditionierte Luft auf verschiedene Abteilungen und sorgen so für eine gleichmäßige Temperatur und Luftqualität. Angesichts der geschlossenen Umgebung ist die Feuchtigkeitskontrolle entscheidend, um Kondensation zu vermeiden, die zu Geräteausfällen und Korrosion führen kann. Das Klimaanlagensystem enthält Luftentfeuchter, um optimale Feuchtigkeitswerte aufrechtzuerhalten, indem überschüssige Feuchtigkeit aus der Luft entfernt wird.

Neben der Temperatur- und Feuchtigkeitsregelung müssen U-Boot-Klimaanlagen auch die Luftqualität sicherstellen. Dies umfasst die Filterung der Luft zur Entfernung von Partikeln und Schadstoffen. Das System verwendet Aktivkohlefilter und andere Filtermethoden, um Gerüche und schädliche Stoffe zu beseitigen. Dies trägt zur Aufrechterhaltung einer gesunden Atmosphäre bei und stellt sicher, dass die Luft während langer Tauchmissionen atembar bleibt.

U-Boot-Klimaanlagen sind mit Redundanzen ausgestattet, um einen kontinuierlichen Betrieb auch bei einem Ausfall einzelner Komponenten zu gewährleisten. In der Regel werden Backup-Systeme und mehrere Kompressoren installiert, um die Betriebssicherheit zu erhöhen. Das System enthält außerdem Sicherheitsmerkmale wie Drucksensoren und Alarme zur Überwachung der Kältemittelstände, Drücke und Temperaturen, um sicherzustellen, dass das System innerhalb sicherer Parameter arbeitet.

Die von den Aktivitäten der Besatzung erzeugte Wärme und Feuchtigkeit beeinflussen die Arbeitsbelastung der Klimaanlage erheblich. Der menschliche Körper strahlt Wärme ab, vergleichbar mit mehreren Glühbirnen, und gibt Feuchtigkeit durch Verdunstung ab, insbesondere bei körperlichen Tätigkeiten oder bei höheren Temperaturen. In einem U-Boot, mit begrenzter Belüftung, kann dies schnell zu unangenehmen Bedingungen führen. Das Klimaanlagensystem muss daher die Luft kühlen und die Feuchtigkeit regulieren, um eine stabile und komfortable Umgebung für alle an Bord zu gewährleisten [237].

Die einzigartige Umgebung eines U-Boots stellt besondere Herausforderungen für die Klimaanlage dar. Platzbeschränkungen, die Notwendigkeit eines geräuschlosen Betriebs zur Vermeidung von Entdeckung und die ständige Einwirkung von Meerwasser, das Korrosion verursachen kann, beeinflussen das Design. Wartung und regelmäßige Überwachung des Klimaanlagensystems sind unerlässlich, um dessen effektiven Betrieb unter diesen anspruchsvollen Bedingungen sicherzustellen.

Heizung in einem U-Boot ist ein wesentlicher Bestandteil des Umweltkontrollsystems, das den Komfort der Besatzung gewährleistet, sichere Betriebstemperaturen für die Ausrüstung aufrechterhält und hilft, die Luftfeuchtigkeit zu regulieren. U-Boot-Heizungssysteme sind so konzipiert, dass sie in der beengten Unterwasserumgebung effektiv funktionieren, wo die Außentemperaturen, insbesondere in größeren Tiefen oder in Polargebieten, extrem kalt sein können.

Im Kontext des U-Boot-Betriebs hängen die primären Wärmequellen für die Heizung stark vom Typ des U-Boots ab – nuklearbetrieben oder diesel-elektrisch. Bei nuklearbetriebenen U-Booten dient der Kernreaktor als Hauptwärmequelle. Der Reaktor erzeugt erhebliche Wärme, während er Energie zur Fortbewegung des U-Boots und zur Unterstützung der Bordsysteme liefert. Diese Wärme wird effizient über ein ausgeklügeltes Netzwerk von Wärmetauschern und Luftkanälen im gesamten Schiff verteilt, um sicherzustellen, dass die Besatzung komfortabel bleibt und kritische Ausrüstungen nicht einfrieren. Die Effizienz dieses Wärmetransportsystems ist entscheidend für die Aufrechterhaltung der Einsatzbereitschaft und das Wohl der Besatzung, insbesondere während langer Unterwasseroperationen [238, 239].

Im Gegensatz dazu verlassen sich diesel-elektrische U-Boote auf die Wärme, die während des Betriebs von ihren Dieselmaschinen erzeugt wird. Diese Motoren erzeugen Abwärme, die durch Wärmetauscher aufgefangen und innerhalb des U-Boots zirkuliert werden kann, um die notwendige Heizung bereitzustellen. Wenn das U-Boot jedoch über längere Zeiträume getaucht bleibt und die Motoren nicht laufen, müssen alternative Heizmethoden eingesetzt werden. In solchen Szenarien werden elektrische Heizungen, die von den Batterieanlagen gespeist werden, verwendet, um eine ausreichende Temperatur im Schiff aufrechtzuerhalten. Dieser duale Ansatz zur Beheizung – die Nutzung sowohl der Abwärme der Motoren als auch elektrischer Heizungen – stellt sicher, dass diesel-elektrische U-Boote auch dann effektiv operieren können, wenn die Motoren nicht aktiv genutzt werden [238, 240].

Die Betriebsdynamik beider U-Boot-Typen verdeutlicht die Bedeutung effizienter Wärmemanagementsysteme. Bei nuklearbetriebenen U-Booten erfordert die Abhängigkeit von einem Reaktor robuste Sicherheitsprotokolle und effiziente Wärmetauschsysteme, um Überhitzung zu verhindern und die Sicherheit der Besatzung zu gewährleisten. Diesel-elektrische U-Boote hingegen müssen die Nutzung der Motorwärme mit dem Batteriemanagement in Einklang bringen, um den Betrieb während geräuscharmen Phasen aufrechtzuerhalten. Die Integration dieser Heizsysteme ist entscheidend für die Gesamtfunktionalität und Sicherheit der U-Boot-Operationen [238-240].

Das Wärmesystem eines U-Boots spielt eine entscheidende Rolle bei der Aufrechterhaltung einer komfortablen Umgebung für die Besatzung und bei der Sicherstellung der ordnungsgemäßen Funktionsweise der Ausrüstung. Da U-Boote in kalten Unterwasserbedingungen operieren, ist es unerlässlich, die Innentemperatur konsistent und ausreichend warm zu halten. Die Wärme, die aus den primären Quellen – entweder dem Kernreaktor bei nuklearbetriebenen U-Booten oder den Dieselmaschinen bei diesel-elektrischen U-Booten – gewonnen wird, wird mithilfe einer Kombination aus Wärmetauschern, Gebläseheizungen und Strahlungsheizungssystemen effektiv im U-Boot verteilt.

Wärmetauscher stehen im Mittelpunkt des Wärmesystems. Diese Geräte übertragen Wärme von der primären Wärmequelle auf die Luft oder eine sekundäre Flüssigkeit, die durch das U-Boot zirkuliert. Bei nuklearbetriebenen U-Booten stammt die Wärme aus dem Kühlsystem des Reaktors. Das Kühlmittel absorbiert Wärme aus dem Reaktorkern und überträgt sie über die Wärmetauscher auf ein sekundäres Wasser- oder Luftsystem. Dieses sekundäre System ist vom primären Kühlmittel des Reaktors isoliert, um eine mögliche radioaktive Kontamination zu verhindern. Das erwärmte Wasser oder die erwärmte Luft des Sekundärsystems zirkuliert dann durch das Heizungssystem des U-Boots.

Bei diesel-elektrischen U-Booten entnehmen die Wärmetauscher die Abwärme der Dieselmaschinen, wenn diese in Betrieb sind. Diese Wärme, die sonst verloren gehen würde, wird aufgefangen und der Luft zugeführt, die im gesamten U-Boot zirkuliert. Die Nutzung der Wärmetauscher auf diese Weise maximiert die Energieeffizienz und stellt sicher, dass die Besatzung eine zuverlässige Wärmequelle hat.

Gebläseheizungssysteme werden verwendet, um die von den Wärmetauschern erzeugte Wärme in verschiedene Abteilungen des U-Boots zu verteilen. In diesen Systemen drücken Ventilatoren erwärmte Luft durch ein Netz von Luftkanälen, die durch das Schiff verlaufen. Die warme Luft wird in verschiedene Bereiche wie Wohnquartiere, Kommandoräume und Maschinenräume geleitet, um gleichmäßige Temperaturen in allen Bereichen zu gewährleisten. Das Gebläseheizungssystem dient auch als Teil des Belüftungssystems, fördert die kontinuierliche Luftzirkulation und verhindert Luftstagnation.

Diese Zirkulation ist in der geschlossenen Umgebung eines U-Boots unerlässlich, da sie nicht nur zur Aufrechterhaltung einer gleichmäßigen Temperatur beiträgt, sondern auch hilft, überschüssige Feuchtigkeit und abgestandene Luft zu entfernen. Die Gebläseheizung kann so eingestellt werden, dass mehr Wärme in bestimmte Bereiche geleitet wird, je nach den Bedürfnissen der Besatzung oder den spezifischen Missionsanforderungen, was Flexibilität bei der Klimatisierung des U-Boots bietet.

Einige U-Boot-Designs integrieren Strahlungsheizung als ergänzende oder alternative Methode zur Wärmeverteilung. Bei der Strahlungsheizung werden Oberflächen wie Böden, Wände oder spezielle Heizelemente erwärmt, die dann

Wärme an die umgebende Luft abstrahlen. Das Prinzip der Strahlungsheizung besteht darin, dass erwärmte Oberflächen Infrarotstrahlung abgeben, die direkt Objekte und Personen in der Nähe erwärmt, ohne dass umfangreiche Luftkanäle oder Ventilatoren erforderlich sind.

Strahlungsheizung ist besonders effektiv in Bereichen, in denen gleichmäßige Wärme gewünscht wird, ohne den Lärm oder Luftstrom, der mit Gebläseheizungssystemen verbunden ist. Sie kann energieeffizienter sein, da die Wärme gezielt dorthin geleitet wird, wo sie am meisten benötigt wird, wie z. B. in Wohnräumen oder Kontrollräumen. Darüber hinaus hilft die Strahlungsheizung, Wärmeverluste durch Luftkanäle zu reduzieren und stellt sicher, dass die erzeugte Wärme effektiv im U-Boot genutzt wird.

Um optimale Bedingungen aufrechtzuerhalten, kann das Wärmesystem in Zonen unterteilt werden, sodass verschiedene Abteilungen unabhängig voneinander beheizt werden können. Dieser Zonierungsansatz stellt sicher, dass Räume wie der Kontrollraum, die Wohnquartiere oder Lagerräume die erforderliche Wärmemenge entsprechend ihrer spezifischen Bedürfnisse erhalten. Das System kann die Wärmeleistung automatisch mit Thermostaten und Sensoren, die im gesamten U-Boot verteilt sind, anpassen und so eine präzise Temperaturregelung gewährleisten.

Die Temperaturregelung und -steuerung in einem U-Boot ist entscheidend, um eine komfortable Umgebung für die Besatzung zu gewährleisten und die Funktionsfähigkeit sensibler Geräte zu schützen. Die einzigartigen Betriebsbedingungen eines U-Boots, das lange Zeit unter Wasser bleibt, stellen Herausforderungen dar, die ein ausgeklügeltes Heizungs- und Temperaturmanagementsystem erfordern. Das Heizsystem nutzt Thermostate, Sensoren, automatische Steuerungen und Zonierungstechniken, um die Innentemperatur zu überwachen und anzupassen, sodass in jedem Raum optimale Bedingungen herrschen.

Die Temperaturregelung im U-Boot beginnt mit einem Netz von Thermostaten und Temperatursensoren, die strategisch im gesamten Schiff platziert sind. Diese Sensoren überwachen kontinuierlich die Umgebungstemperatur in verschiedenen Bereichen, wie z. B. den Wohnquartieren, Kontrollräumen, Maschinenräumen und Lagerräumen. Die von den Sensoren gesammelten Daten werden an das zentrale Umweltkontrollsystem des U-Boots übertragen, das diese Informationen verwendet, um in Echtzeit Anpassungen am Heizsystem vorzunehmen.

Das System erhöht oder senkt automatisch die Wärmeleistung, um den gewünschten Temperaturbereich basierend auf voreingestellten Bedingungen aufrechtzuerhalten. Diese Automatisierung stellt sicher, dass die Innenumgebung stabil bleibt, auch wenn sich die äußeren Bedingungen ändern oder das U-Boot zwischen verschiedenen Betriebszuständen wechselt, wie beim Tauchen, Auftauchen oder beim Durchqueren verschiedener ozeanischer Temperaturschichten. Die Aufrechterhaltung stabiler Temperaturen ist entscheidend für den Komfort und die Gesundheit der Besatzung und verhindert zudem die thermische Ausdehnung oder Kontraktion von Materialien, die die Leistung von mechanischen oder elektronischen Geräten beeinträchtigen könnten.

Angesichts der unterschiedlichen Heizanforderungen in verschiedenen Abteilungen eines U-Boots ist das Heizsystem mit einer Zonierungsfunktion ausgestattet. Das bedeutet, dass das U-Boot in mehrere thermische Zonen unterteilt ist, die jeweils eine unabhängige Temperaturregelung haben. So werden beispielsweise die Wohnquartiere, in denen die Besatzung schläft und sich ausruht, in der Regel auf eine wärmere, komfortablere Temperatur gehalten. Im Gegensatz dazu können Bereiche wie Lagerräume, Ballasttanks oder nicht-kritische Abteilungen auf niedrigeren Temperaturen gehalten werden, um Energie zu sparen.

Die Fähigkeit, jede Zone separat zu regulieren, bietet größere Flexibilität und Effizienz in der Temperaturregelung. Wenn in bestimmten Bereichen weniger Wärme benötigt wird, z. B. aufgrund einer geringeren Anzahl von Personen oder inaktiven Maschinen, kann das Umweltkontrollsystem automatisch die Wärmeleistung in diesen Zonen reduzieren und die eingesparte Energie in anderen, bedürftigeren Bereichen nutzen. Die Zonierung ist besonders vorteilhaft bei langen Unterwasseroperationen, da sie eine bessere Verwaltung der Energieressourcen des U-Boots ermöglicht, die während des Tauchens begrenzt sind.

Um die Thermostate und Zonierungsfunktionen zu ergänzen, ist das Heizungssystem des U-Boots mit automatischen Steuerungen ausgestattet, die die Heizstufen dynamisch an die Echtzeit-Temperaturdaten anpassen. Diese Steuerungen umfassen Rückkopplungsmechanismen, die Temperaturänderungen erkennen und schnell die Wärmeleistung anpassen, um signifikante Abweichungen vom festgelegten Temperaturbereich zu verhindern. Wenn beispielsweise ein Sensor einen plötzlichen Temperaturabfall aufgrund eines Fehlers oder einer Änderung der Außentemperatur des Wassers feststellt, erhöht das Heizungssystem sofort die Wärme in dieser Zone, um die Stabilität aufrechtzuerhalten.

Das automatische Steuerungssystem ist auch mit Sicherheitsprotokollen programmiert, um sicherzustellen, dass die Innentemperatur niemals bestimmte Grenzwerte überschreitet. Überhitzung kann genauso problematisch sein wie unzureichende Beheizung, da sie zu Unwohlsein der Besatzung, Funktionsstörungen von Geräten oder Kondenswasserbildung führen kann. Daher sind die Steuerungen so konzipiert, dass sie die Heizanforderungen im gesamten U-Boot ausbalancieren, ohne extreme Temperaturen zuzulassen.

Eine präzise Temperaturregelung ist auch für die Energieeffizienz in U-Booten von entscheidender Bedeutung. Das Heizungssystem ist mit anderen Umweltsteuerungen wie Belüftung und Klimaanlage integriert, um den Energieverbrauch zu optimieren. Durch den Einsatz von Sensoren, die erkennen, wenn Abteilungen nicht belegt sind oder weniger Wärme benötigen, kann das System die Heizung in diesen Bereichen reduzieren und so Energie für wichtigere Operationen sparen. Diese Effizienz ist besonders wichtig bei diesel-elektrischen U-Booten, wo die verfügbare Energie während des Tauchens begrenzt ist und sorgfältig verwaltet werden muss.

Neben dem Komfort der Besatzung ist die Temperaturregelung auch für den Schutz empfindlicher Geräte an Bord von entscheidender Bedeutung. Viele elektronische Systeme, Navigationsinstrumente und Waffensysteme haben spezifische Betriebstemperaturbereiche, und Abweichungen von diesen Bereichen können zu Fehlfunktionen oder geringerer Genauigkeit führen. Das Heizungssystem trägt dazu bei, diese Bereiche innerhalb sicherer Temperaturgrenzen zu halten und Probleme wie Kondensation oder thermischen Stress an elektronischen Komponenten zu vermeiden.

Die Feuchtigkeitskontrolle ist ein kritischer Aspekt, um ein sicheres und funktionales Umfeld in U-Booten aufrechtzuerhalten. Das Zusammenspiel zwischen Heizung und Feuchtigkeitsmanagement ist entscheidend, um Kondensation auf kalten Oberflächen zu verhindern, was zu Korrosion der Ausrüstung und Schimmelbildung führen kann. Wenn die Luft in einem U-Boot erhitzt wird, erhöht sich ihre Fähigkeit, Feuchtigkeit zu speichern, wodurch der relative Feuchtigkeitsgehalt sinkt. Diese Reduzierung ist entscheidend, um die mit hoher Luftfeuchtigkeit verbundenen Risiken zu mindern, wie die Verschlechterung von Geräten und potenzielle Gesundheitsgefahren für die Besatzungsmitglieder [241, 242].

Heizungssysteme in U-Booten sind so konzipiert, dass sie nicht nur die Lufttemperatur erhöhen, sondern auch die Feuchtigkeitskontrolle unterstützen. Wenn Luft erwärmt wird, kann sie mehr Feuchtigkeit aufnehmen, was die Wahrscheinlichkeit verringert, dass Kondensation auf Oberflächen entsteht, die kühler als die Lufttemperatur sind. Dieses Prinzip ist besonders in engen Räumen wie U-Booten wichtig, wo die Ansammlung von Feuchtigkeit zu erheblichen betrieblichen Herausforderungen führen kann. Der Einsatz von Entfeuchtern in Verbindung mit Heizungssystemen verbessert die Feuchtigkeitskontrolle weiter, indem aktiv Feuchtigkeit aus der Luft entfernt wird. Dieser doppelte Ansatz stellt sicher, dass das Innenklima gesund bleibt und die empfindliche Ausrüstung betriebsbereit bleibt [241, 243, 244].

Darüber hinaus kann die Integration fortschrittlicher Klimatechnologien, wie etwa Wärmerückgewinnungssysteme mit Kondensation, die Energieeffizienz erheblich verbessern, während gleichzeitig optimale Temperatur- und Feuchtigkeitswerte aufrechterhalten werden. Diese Systeme können den Energieverbrauch um bis zu 30 % im Vergleich zu herkömmlichen Heiz-, Lüftungs- und Klimaanlagen (HVAC-Systemen) senken [243]. Die Fähigkeit, Temperatur und Feuchtigkeit unabhängig voneinander durch ausgeklügelte Steuerstrategien zu regeln, ist für U-Boote von entscheidender Bedeutung, da die Umweltbedingungen sorgfältig überwacht und angepasst werden müssen, um die Sicherheit und den Komfort der Besatzung zu gewährleisten [244].

U-Boote sind mit Backup-Heizungssystemen ausgestattet, um die Sicherheit und den Komfort der Besatzung sowie die ordnungsgemäße Funktion der Bordanlagen im Falle eines Ausfalls des primären Heizungssystems zu gewährleisten. Diese Backup-Systeme sind unerlässlich, da ein Verlust der Heizung zu einem schnellen Temperaturabfall in der beengten Unterwasserumgebung führen kann, was potenzielle Gesundheitsrisiken für die Besatzung mit sich bringt und die Leistung temperaturempfindlicher Geräte beeinträchtigen kann. Backup-Heizlösungen bieten eine zusätzliche Sicherheitsebene, insbesondere bei längeren Missionen, bei denen keine direkte Unterstützung von der Oberfläche verfügbar ist.

Eine der wichtigsten Backup-Heizlösungen in U-Booten ist der Einsatz von elektrischen Heizgeräten. Diese Heizungen werden von den Batterieanlagen des U-Boots betrieben und können in Notfällen oder bei einem Ausfall des primären Heizungssystems aktiviert werden. Elektrische Heizgeräte sind typischerweise in kritischen Bereichen wie dem Kontrollraum, den Navigationsräumen und den Wohnquartieren der Besatzung installiert, wo die Aufrechterhaltung einer stabilen Temperatur sowohl für die Sicherheit der Besatzung als auch für den Betrieb wesentlicher Geräte von entscheidender Bedeutung ist.

Die Heizungen sind so konzipiert, dass sie sofort Wärme in diese Bereiche bringen und den Wärmeverlust durch das Hauptheizungssystem ausgleichen. Da U-Boote über erhebliche Batteriekapazitäten verfügen, um wesentliche Systeme während des Tauchbetriebs mit Strom zu versorgen, können diese Batterien auch elektrische Heizgeräte für eine gewisse Zeit unterstützen. Der Einsatz elektrischer Heizungen stellt sicher, dass kritische Bereiche des U-Boots bei einer bewohnbaren Temperatur gehalten werden, sodass die Besatzung weiterhin ihre Aufgaben ausführen und den Betrieb des U-Boots steuern kann, während das primäre System repariert wird.

Zusätzlich zu fest installierten elektrischen Heizgeräten sind U-Boote häufig mit tragbaren Heizgeräten ausgestattet, die je nach Bedarf eingesetzt werden können. Diese tragbaren Heizungen bieten Flexibilität, um spezifische Heizbedürfnisse in verschiedenen Abteilungen zu decken. Beispielsweise können die tragbaren Einheiten schnell in einen Bereich gebracht werden, wenn dort ein plötzlicher Temperaturabfall auftritt oder zusätzliche lokale Wärme benötigt wird. Sie sind besonders nützlich in Situationen, in denen Temperaturunterschiede auftreten können, wie in der Nähe von offenen Luken, Luftschleusen oder bei Geräten, die zusätzliche Wärme für eine optimale Leistung erfordern.

Tragbare Heizgeräte können entweder über das elektrische System des U-Boots oder durch tragbare Batteriepakete betrieben werden, was ihre Anpassungsfähigkeit an unterschiedliche Situationen gewährleistet. Diese Flexibilität ermöglicht es der Besatzung, schnell auf Temperaturschwankungen in Bereichen zu reagieren, die normalerweise nicht vom Hauptheizungssystem abgedeckt werden. Wenn beispielsweise ein Besatzungsmitglied in einem Lagerraum oder Wartungsbereich arbeitet, der nicht regelmäßig genutzt wird, kann ein tragbares Heizgerät verwendet werden, um vorübergehende Wärme zu liefern, ohne dass das Hauptheizungssystem im gesamten Bereich aktiviert werden muss.

Die Einbindung von Backup-Heizungssystemen, wie elektrischen und tragbaren Heizgeräten, unterstreicht die entscheidende Bedeutung der Aufrechterhaltung einer stabilen thermischen Umgebung auf U-Booten. Die beengte Unterwasserumgebung stellt einzigartige Herausforderungen dar, da kein Zugang zu externen Wärmequellen besteht und die Belüftungsmöglichkeiten begrenzt sind. Jeder Ausfall des primären Heizungssystems kann zu einem raschen Temperaturabfall führen, der zu Kondensation an empfindlichen Geräten, einem erhöhten Risiko von Unterkühlung oder einer Beeinträchtigung der Fähigkeit der Besatzung, ihre Aufgaben effektiv zu erfüllen, führen kann.

Backup-Heizungssysteme bieten eine redundante Lösung, die sicherstellt, dass selbst wenn eine Schicht des Heizungssystems ausfällt, immer noch eine zuverlässige Wärmequelle zur Verfügung steht. Diese Redundanz ist besonders wichtig in lebensbedrohlichen Notfällen oder im Falle von längeren Ausfällen des Heizungssystems, da sie der Besatzung Zeit gibt, das primäre System zu diagnostizieren und zu reparieren, ohne die Sicherheit zu gefährden.

Die Anwesenheit von elektrischen und tragbaren Heizgeräten spielt ebenfalls eine Rolle in der Bereitschaft zur Notfallreaktion. In Szenarien, in denen das U-Boot aufgrund von Bedrohungen oder Umweltbedingungen über einen längeren Zeitraum getaucht bleiben muss, ist die Aufrechterhaltung einer komfortablen und sicheren Innenumgebung entscheidend. Backup-Heizung stellt sicher, dass das U-Boot seine Mission fortsetzen kann, ohne das Wohlbefinden der Besatzung oder die Einsatzbereitschaft der Ausrüstung zu beeinträchtigen. Sie ermöglicht es dem U-Boot auch, Sicherheitsstandards und -protokolle einzuhalten, die eine angemessene Heizkapazität an Bord vorschreiben, unabhängig von der Situation.

Wenn U-Boote für längere Zeit getaucht bleiben, stehen sie vor einzigartigen Heizherausforderungen. Da sie von kaltem Ozeanwasser umgeben sind, insbesondere in tiefen oder polaren Regionen, verlieren sie erheblich an Wärme durch den Rumpf des U-Bootes. Das kalte Wasser absorbiert kontinuierlich Wärme vom Schiff, wodurch die Innentemperatur sinkt. Um eine komfortable und sichere Umgebung aufrechtzuerhalten, muss das Heizungssystem des U-Bootes diesen Wärmeverlust ausgleichen, indem es kontinuierlich Wärme durch das gesamte Schiff leitet.

Die kalte Umgebung außerhalb des U-Bootes führt zu einem schnellen Wärmeverlust, da der Metallrumpf die Wärme vom Inneren nach außen leitet. Ohne eine kontinuierliche Wärmequelle könnte die Innentemperatur schnell unangenehme oder sogar gefährliche Werte erreichen. Dies ist besonders herausfordernd bei Tiefseeoperationen oder unter dem Eis, wo die Wassertemperatur nahe dem Gefrierpunkt liegt. In solchen Bedingungen kann die Wärmeverlustrate erheblich ansteigen, was ein robustes und zuverlässiges Heizungssystem erfordert, um die Besatzung warm zu halten und die Ausrüstung optimal funktionieren zu lassen.

Für Atom-U-Boote ist die Aufrechterhaltung der Wärme während längerer Tauchzeit weniger problematisch, da der an Bord befindliche Reaktor ständig eine erhebliche Menge an Wärme erzeugt. Diese Wärme kann genutzt und durch das Heizungs- und Lüftungssystem des U-Bootes verteilt werden. Der Reaktor erzeugt nicht nur die notwendige elektrische Energie, sondern auch einen Überschuss an Wärme, der genutzt werden kann, um die Wohn- und Arbeitsbereiche auf einer angenehmen Temperatur zu halten. Der kontinuierliche Betrieb des Reaktors gewährleistet eine konstante und zuverlässige Wärmequelle, die eine effektive Klimakontrolle auch während langer Tauchphasen ermöglicht.

Atom-U-Boote verwenden auch Wärmetauscher, um überschüssige Wärme vom Reaktorkühlmittel auf die Luft- oder Wassersysteme zu übertragen, die für die interne Heizung verwendet werden. Diese Methode ermöglicht es dem U-Boot, eine stabile Innentemperatur aufrechtzuerhalten, und verhindert, dass der Wärmeverlust das Wohlbefinden der Besatzung und die Funktionalität temperaturempfindlicher Geräte beeinträchtigt. Infolgedessen können die Heizanforderungen von Atom-U-Booten leichter erfüllt werden, was es ihnen ermöglicht, für längere Missionen getaucht zu bleiben, ohne die internen Bedingungen zu beeinträchtigen.

Für diesel-elektrische U-Boote stellt die Beheizung während längerer Tauchphasen größere Herausforderungen dar. Diese U-Boote sind auf Batteriestrom angewiesen, wenn sie getaucht sind, da die Dieselaggregate unter Wasser nicht betrieben werden können. Da die Batterien auch essentielle Systeme wie Antrieb, Lebenserhaltung und Navigation mit Energie versorgen, ist die Energiekonservierung entscheidend. Die Notwendigkeit, Batteriestrom zu sparen, schränkt oft den Einsatz elektrischer Heizsysteme ein, die erheblich Energie verbrauchen können. Daher wird das Management der Energieressourcen zu einem entscheidenden Faktor, um während längerer Tauchgänge Wärme aufrechtzuerhalten.

Um diese Herausforderung zu bewältigen, können diesel-elektrische U-Boote alternative Heizstrategien verwenden, wie zum Beispiel die Nutzung von Restwärme aus den Dieselaggregaten vor der Eintauchen oder die Verwendung von in thermischen Massen innerhalb des Schiffes gespeicherter Wärme. Diese Wärme kann schrittweise freigesetzt werden, um eine angenehme Temperatur aufrechtzuerhalten, ohne die Batterieleistung stark zu belasten. Darüber hinaus trägt eine sorgfältige Steuerung der Luftzirkulation und Belüftung dazu bei, die vorhandene Wärme effektiver zu verteilen, wodurch der Bedarf an aktiver Beheizung in bestimmten Bereichen verringert wird.

Für diesel-elektrische U-Boote erfordert das Management der Heizung während längerer Tauchphasen ein Gleichgewicht zwischen dem Energieverbrauch und den verfügbaren Batteriereserven. U-Boote können

Zonierungstechniken einsetzen, um die Heizbemühungen auf kritische Bereiche wie Kontrollräume und Wohnquartiere zu konzentrieren, während weniger genutzte Kompartimente leicht abgekühlt werden dürfen. Dieser Ansatz hilft, die Batterieleistung zu sparen und gleichzeitig angemessene Wärme dort bereitzustellen, wo sie am dringendsten benötigt wird.

In einigen Fällen kann die Besatzung Maßnahmen ergreifen, wie das Tragen von thermischer Kleidung oder die Anpassung ihrer Aktivitätsniveaus, um die Körperwärme aufrechtzuerhalten. Falls erforderlich, können temporäre Wärmequellen wie tragbare Heizgeräte eingesetzt werden, jedoch werden diese Maßnahmen in der Regel sparsam eingesetzt, um die Energiereserven nicht zu erschöpfen. Effektives Energiemanagement und die Fähigkeit, Heizstrategien anzupassen, sind entscheidend für die Sicherheit und den Komfort der Besatzung während verlängerter Tauchoperationen.

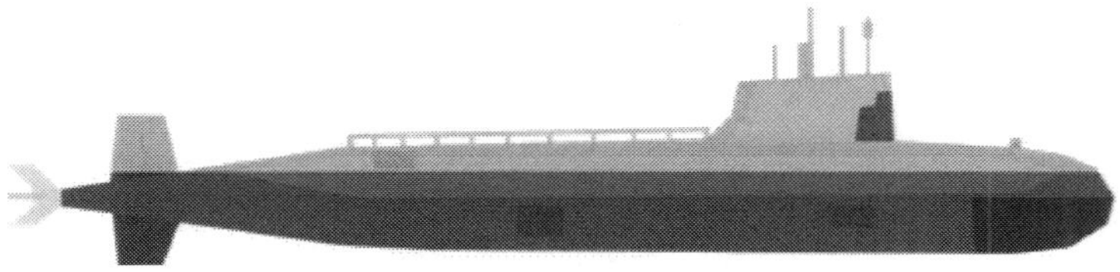

Kapitel 7

Waffen- und Kampfsysteme

Moderne U-Boote sind mit einer Vielzahl hochentwickelter Waffen- und Kampfsysteme ausgestattet, die es ihnen ermöglichen, an verschiedenen Kampfszenarien teilzunehmen, einschließlich der Bekämpfung von Überwasserschiffen (ASuW), der U-Boot-Bekämpfung (ASW), Landangriffen und Spezialoperationen. Zu diesen Systemen gehören fortschrittliche Torpedos, Raketen, Minen, Gegenmaßnahmen und elektronische Kriegsausrüstung.

Torpedosysteme

Torpedos sind das Rückgrat der U-Boot-Bewaffnung und dienen als primäres offensives Mittel zur Bekämpfung von feindlichen Schiffen, einschließlich anderer U-Boote und Überwasserschiffe. Moderne Torpedotechnologie umfasst eine Reihe fortschrittlicher Fähigkeiten, die Genauigkeit, Effektivität und Vielseitigkeit in verschiedenen Kampfszenarien verbessern. Die ausgeklügelten Systeme moderner Torpedos ermöglichen es U-Booten, präzise und kraftvolle Angriffe selbst in schwierigen Unterwasserumgebungen durchzuführen.

Schwere Torpedos sind das Kernstück der U-Boot-Kriegsführung und wurden für Langstreckenangriffe mit hoher Durchschlagskraft gegen sowohl U-Boote als auch Überwasserschiffe entwickelt. Diese Torpedos sind in der Regel größer und schwerer als ihre leichteren Gegenstücke, was ihnen ermöglicht, stärkere Sprengköpfe zu tragen und eine größere Reichweite zu erzielen. Schwere Torpedos sind oft mit fortschrittlichen Steuerungs- und Zielsystemen ausgestattet, die es ihnen ermöglichen, Ziele autonom zu erkennen, zu verfolgen und anzugreifen. Sie verfügen über eine Vielzahl von Sensoren, einschließlich aktiver und passiver Sonarsysteme, die es dem Torpedo ermöglichen, das Ziel anhand akustischer Signale zu orten. Ein Beispiel für einen schweren Torpedo ist der amerikanische Mark 48, der während des Anflugs seine Geschwindigkeit und Tiefe anpassen kann, was ihn sowohl gegen tief tauchende U-Boote als auch gegen schnell fahrende Überwasserschiffe wirksam macht. Die Vielseitigkeit und Durchschlagskraft des Torpedos machen ihn für eine breite Palette von Kampfsituationen geeignet, von offenen Ozeaneinsätzen bis hin zur küstennahen Kriegsführung.

Während schwere Torpedos für Langstreckenangriffe entwickelt wurden, werden leichte Torpedos hauptsächlich in der U-Boot-Bekämpfung (ASW) eingesetzt. Diese Torpedos sind kleiner und somit leichter von verschiedenen Plattformen wie U-Booten, Überwasserschiffen, Hubschraubern oder Starrflügelflugzeugen abzuschießen. Ihre kompakte Größe ermöglicht einen schnellen Abschuss und hohe Manövrierfähigkeit, was sie in Szenarien effektiv macht, in denen schnelle Reaktionszeiten entscheidend sind. Leichte Torpedos haben in der Regel eine kürzere Reichweite und kleinere Sprengköpfe im Vergleich zu schweren Varianten, eignen sich jedoch hervorragend für Situationen, in denen das U-Boot schnell auf Bedrohungen in der Nähe reagieren muss. Sie sind auch nützlich in Situationen, in denen mehrere Torpedos schnell eingesetzt werden müssen, um ein Ziel zu überfordern oder eine eintreffende Bedrohung abzuwehren. Die Flexibilität, leichte Torpedos von verschiedenen Plattformen aus abzufeuern, erweitert die ASW-Fähigkeiten des U-Boots über sein eigenes Arsenal hinaus.

Drahtgelenkte Torpedos sind mit einer Drahtrolle ausgestattet, die mit dem startenden U-Boot verbunden bleibt und eine Echtzeitsteuerung des Torpedokurses ermöglicht. Diese Steuerungsmethode erlaubt es der U-Boot-Besatzung, den Kurs des Torpedos basierend auf aktualisierten Zielinformationen während des Anflugs anzupassen. Ändert das

Ziel seine Richtung oder Geschwindigkeit, kann der Kurs des Torpedos durch die Drahtsteuerung in der Mitte des Flugs korrigiert werden, was die Erfolgswahrscheinlichkeit eines Treffers erheblich verbessert. Der Draht stellt eine Kommunikationsverbindung zwischen dem Feuerleitsystem des U-Boots und dem Torpedo her und stellt sicher, dass Steuerbefehle auch in Umgebungen übermittelt werden können, in denen die akustische Zielerfassung aufgrund von Lärm oder Gegenmaßnahmen weniger effektiv sein könnte. Moderne drahtgelenkte Torpedos können auch dann unabhängig operieren, wenn die Drahtverbindung unterbrochen wird, indem sie auf ihre bordeigenen Zielsysteme umschalten, um den Angriff autonom abzuschließen.

Abbildung 71: U-Boot USS Cavalla SS 244, SSK 244, AGSS 244 vorderer Torpedoraum. Pingpaul, CC BY-SA 3.0, via Wikimedia Commons.

Moderne Torpedos integrieren eine Vielzahl von Zielsuche-Technologien, um die Zielerfassung und den Angriff zu verbessern. Die akustische Zielsuche nutzt Sonarsignale, um das Ziel basierend auf den von ihm ausgesendeten Geräuschen zu erkennen und zu verfolgen, während aktive Sonarsysteme Impulse aussenden und auf Echos hören, um die Position des Ziels zu bestimmen. Passive Sonarsysteme hingegen verlassen sich ausschließlich auf das Abhören von Umgebungsgeräuschen, was es dem Torpedo erschwert, entdeckt zu werden. Einige Torpedos verwenden auch die sogenannte Kielwasser-Zielsuche, bei der das turbulente Kielwasser eines fahrenden Schiffs verfolgt wird. Diese Methode kann besonders effektiv gegen Überwasserschiffe sein, da das Kielwasser eine zuverlässige Spur für den Torpedo bietet, selbst wenn das Schiff versucht, Ausweichmanöver durchzuführen.

Mit Raketenstartfähigkeiten ausgestattete U-Boote erhöhen ihre Vielseitigkeit und Effektivität als strategische und taktische Angriffsplattformen erheblich. Die Möglichkeit, eine Vielzahl von Raketen, von landgestützten und schiffsabwehrenden Varianten bis hin zu interkontinentalen ballistischen Raketen, abzufeuern, macht U-Boote zu wesentlichen Bestandteilen der Verteidigungsstrategie einer Nation. Diese Fähigkeiten ermöglichen es U-Booten, Ziele an Land anzugreifen, feindliche Schiffe zu bekämpfen und eine nukleare Abschreckung bereitzustellen, und das alles, während sie getaucht und relativ unentdeckt bleiben.

Eine der wichtigsten Raketenfähigkeiten moderner U-Boote ist der Start von landgestützten Marschflugkörpern wie dem US-amerikanischen Tomahawk oder der russischen Kalibr-Rakete. Diese Raketen werden für Präzisionsangriffe auf hochrangige Landziele wie militärische Einrichtungen, Infrastrukturen oder Kommandozentralen eingesetzt. Typischerweise haben Marschflugkörper eine Reichweite von bis zu 1.500 Kilometern (930 Meilen), was es U-Booten ermöglicht, Ziele aus großer Entfernung anzugreifen, ohne auftauchen zu müssen. Marschflugkörper folgen einer niedrigen Flughöhe, die dem Gelände angepasst ist, was sie schwer zu erkennen und abzufangen macht. Sie werden von verschiedenen Navigations- und Zielsystemen geleitet, einschließlich GPS, Trägheitsnavigation und Geländeanpassungstechnologie, die sicherstellen, dass sie ihre beabsichtigten Ziele genau treffen. Die Fähigkeit, diese Raketen im getauchten Zustand abzuschießen, ermöglicht U-Booten, heimliche Angriffsmissionen mit minimalem Entdeckungsrisiko durchzuführen.

Raketensysteme U-Boote sind auch mit schiffsabwehrenden Raketen ausgestattet, die es ihnen ermöglichen, feindliche Überwasserschiffe aus beträchtlicher Entfernung zu bekämpfen. Raketen wie die Exocet, Harpoon oder die russische P-800 Oniks können aus Torpedorohren oder vertikalen Startsystemen abgefeuert werden, was U-Booten eine flexible Möglichkeit gibt, feindliche Schiffe anzugreifen. Diese Raketen verwenden typischerweise aktive Radarzielsuche oder andere Steuerungsmethoden, um ihre Ziele zu finden und anzuvisieren. Schiffsabwehrraketen fliegen in der Regel nahe der Wasseroberfläche, was es schwierig macht, sie zu erkennen und abzufangen. Ihr schneller Anflug und ihre leistungsstarken Sprengköpfe machen sie äußerst effektiv gegen verschiedene Schiffsklassen, von Fregatten und Zerstörern bis hin zu Flugzeugträgern. Durch den Einsatz von schiffsabwehrenden Raketen können U-Boote die Seekriegsführung unterstützen, feindliche Nachschublinien stören und feindliche Flotten bedrohen.

Abbildung 72: Eine Poseidon-C3-Rakete wird vom nuklearbetriebenen strategischen Raketen-U-Boot USS Daniel Boone (SSBN 629) gestartet. The U.S. National Archives, Public Domain, via NARA & DVIDS Public Domain Archive.

Strategische, nuklearbetriebene ballistische Raketen-U-Boote (SSBNs) sind mit U-Boot-gestützten ballistischen Raketen (SLBMs) ausgestattet, wie der US-amerikanischen Trident II oder der russischen Bulava-Rakete. SLBMs sind ein Schlüsselelement der nuklearen Abschreckungsstrategie eines Landes und bieten eine Zweitschlagsfähigkeit, die sicherstellt, dass auch dann Vergeltungspotenzial besteht, wenn landgestützte Nuklearstreitkräfte kompromittiert sind. Diese Raketen sind in der Lage, interkontinentale Entfernungen zurückzulegen, mit Reichweiten von über 8.000

Kilometern (5.000 Meilen), was es U-Booten ermöglicht, fast jeden Ort der Erde aus einer getauchten Position anzuvisieren. SLBMs sind mit mehreren unabhängig zielbaren Wiedereintrittsfahrzeugen (MIRVs) ausgestattet, die es ihnen ermöglichen, mehrere Nuklearsprengköpfe zu tragen, die auf unterschiedliche Ziele gerichtet werden können. Diese Fähigkeit erhöht die Zerstörungskraft jeder Rakete erheblich und steigert den Abschreckungswert der U-Boot-Flotte. Der Start von SLBMs aus dem Unterwasserbereich bietet eine zusätzliche Stealth-Ebene, wodurch die Erkennung durch feindliche Kräfte erschwert und die Überlebensfähigkeit des U-Boots verbessert wird.

Die Integration von Raketensystemen ermöglicht es U-Booten, eine Vielzahl von Missionen durchzuführen, von taktischen Schlägen und Seeschlachten bis hin zur strategischen nuklearen Abschreckung. Für konventionelle Kriegsführung ermöglichen Marschflugkörper und schiffsabwehrende Raketen U-Booten, breitere militärische Ziele zu unterstützen, indem sie Landziele angreifen oder feindliche Schiffe neutralisieren. Im strategischen Kontext bietet der Einsatz von SLBMs durch SSBNs eine starke Abschreckung gegen potenzielle nukleare Gegner. Die Fähigkeit, diese Missionen aus dem getauchten Zustand heraus durchzuführen, verschafft U-Booten einen erheblichen taktischen Vorteil, da sie sich unauffällig ihren Zielen nähern und Angriffe mit minimaler Vorwarnzeit starten können. Diese Flexibilität macht U-Boote zu wesentlichen Komponenten in der modernen Seekriegsführung und globalen Sicherheitsstrategien.

Minenlegefähigkeiten

U-Boote sind äußerst effektive Plattformen zur Verlegung von Seeminen, da sie im Verborgenen Minen an strategischen Orten ablegen können, ohne entdeckt zu werden. Die Minenlegefähigkeit verleiht der U-Boot-Kriegsführung eine vielseitige Dimension, indem sie Barrieren errichten oder den Zugang zu wichtigen Seegebieten verwehren, Schifffahrtsrouten stören und freundliche Kräfte durch die Schaffung defensiver Minenfelder schützen. Die Möglichkeit, Minen von U-Booten aus abzulegen, ermöglicht es Seestreitkräften, strategische Engpässe, Häfen und Küstengebiete mit minimalem Risiko für das U-Boot selbst zu kontrollieren.

Seeminen können von U-Booten auf zwei primäre Arten gelegt werden: durch Torpedorohre oder spezielle Minenlegesysteme. Minen, die durch Torpedorohre gestartet werden, sind in der Regel so konstruiert, dass sie in die Abmessungen eines Standardtorpedos passen, was den Einsatz ohne wesentliche Modifikationen am U-Boot ermöglicht. In einigen Fällen werden Minen auch in externen Fächern oder speziellen Minenlegetuben untergebracht, die mehrere Minen zur Verlegung aufnehmen können. Die Flexibilität der Einsatzmethoden ermöglicht es U-Booten, Minenlegeoperationen diskret und effizient durchzuführen, was ihre Fähigkeit erhöht, feindliche Bewegungen überraschend zu stören. Nach der Freisetzung sinken die Minen auf eine bestimmte Tiefe und verankern sich auf dem Meeresboden, wo sie aktiv werden und bereit sind, Ziele zu bekämpfen.

Moderne U-Boot-gestützte Minen sind mit ausgeklügelten Auslösemechanismen ausgestattet, die sie gegen verschiedene Schiffstypen äußerst effektiv machen. Diese Auslöser umfassen magnetische, akustische und druckbasierte Sensoren. Magnetminen erkennen das Magnetfeld eines vorbeifahrenden Schiffs, insbesondere solcher mit metallischen Rümpfen, und detonieren, wenn sich das erfasste Feld ändert. Akustische Minen werden durch die Geräusche von Schiffsmaschinen oder Propellern ausgelöst und sind besonders wirksam gegen Schiffe, die charakteristische Geräuschmuster abgeben. Druckminen registrieren die Veränderungen des Wasserdrucks, die durch die Verdrängung eines Schiffs beim Durchfahren des Wassers entstehen, und explodieren entsprechend. Der Einsatz dieser unterschiedlichen Auslöser stellt sicher, dass U-Boot-gestützte Minen in der Lage sind, eine breite Palette von Schiffen zu bekämpfen, von kleinen Booten bis hin zu großen Kriegsschiffen, und sie können sogar so abgestimmt werden, dass sie freundliche Schiffe anhand spezifischer Signaturen ignorieren.

Der Einsatz von Seeminen durch U-Boote bietet mehrere strategische Vorteile. Durch das Legen von Minen an wichtigen maritimen Engpässen, wie Meerengen, Schifffahrtswegen oder Hafeneinfahrten, können U-Boote den feindlichen Zugang effektiv blockieren oder einschränken, was Gegner zwingt, ihre Routen zu ändern oder das Risiko von Minentreffern einzugehen. Diese Fähigkeit kann genutzt werden, um feindliche Häfen zu isolieren oder zu blockieren, Nachschublinien zu stören und Marineverstärkungen zu verzögern. Zudem kann das Legen defensiver Minenfelder in Gebieten, in denen eigene Marinekräfte operieren, Schutzbarrieren gegen feindliche Schiffe schaffen, ihre Manövrierfähigkeit einschränken und eine zusätzliche Sicherheitsebene bieten. Die Bedrohung durch unentdeckte Minen wirkt zudem als psychologische Abschreckung, da feindliche Schiffe größere Vorsicht walten lassen oder minenverseuchte Gewässer ganz meiden müssen.

Seeminen, die von U-Booten gelegt werden, haben sich erheblich weiterentwickelt, da moderne Designs fortschrittliche Technologien integrieren, um ihre Tödlichkeit und Vielseitigkeit zu erhöhen. Einige Minen sind programmierbar und können so eingestellt werden, dass sie für eine bestimmte Zeit inaktiv bleiben, bevor sie aktiv werden, was eine verzögerte Aktivierung in Gebieten ermöglicht, in denen eine sofortige Minenverlegung die Position des U-Boots verraten könnte. Darüber hinaus können moderne Minen mit Computersystemen ausgestattet werden, die eine Fernaktivierung oder -deaktivierung über codierte akustische Signale ermöglichen, sodass die Seestreitkräfte steuern können, wann und wo die Minen einsatzbereit sind. Diese Kontrolle ist entscheidend, um sicherzustellen, dass Minenfelder nicht versehentlich befreundete Schiffe gefährden oder geplante Marineoperationen stören.

Obwohl die Minenverlegung eine wertvolle Fähigkeit für U-Boote darstellt, birgt sie auch bestimmte Risiken und Herausforderungen. Der Einsatz von Minen in feindlichen oder stark überwachten Gewässern birgt das Risiko, dass die Position des U-Boots entdeckt wird, da der Akt der Minenverlegung die Anwesenheit des U-Boots offenbaren könnte. Es besteht auch die Möglichkeit, dass Minen unbeabsichtigt den zivilen Schiffsverkehr beeinträchtigen, wenn sie nicht ordnungsgemäß markiert oder kontrolliert werden. Daher sind präzise Planung und Koordination erforderlich, um Risiken zu minimieren und sicherzustellen, dass die Minen ihre beabsichtigten militärischen Ziele erfüllen.

Unterstützung für Spezialeinsätze

Moderne U-Boote haben sich nicht nur zu strategischen Offensiv- und Defensivwaffen entwickelt, sondern auch zu vielseitigen Plattformen, die in der Lage sind, Spezialeinsatzkräfte (SOF) zu unterstützen. Diese spezialisierten Fähigkeiten ermöglichen es U-Booten, verdeckte Missionen wie Aufklärung, Sabotage und den Einsatz von Eliteeinheiten durchzuführen, während sie getarnt unter Wasser bleiben. Die Integration von SOF-Unterstützungssystemen, wie z. B. Schleusenkammern, Trockendeckbehältern und Schwimmereinheiten, erweitert das Missionsprofil des U-Boots und erhöht seine operationelle Flexibilität in verschiedenen maritimen Umgebungen.

Schleusenkammern

Schleusenkammern sind speziell gestaltete Bereiche, die es Tauchern oder Spezialeinsatzkräften ermöglichen, das U-Boot zu verlassen und wieder zu betreten, während es unter Wasser ist. Diese Kammern sind vom Rest des U-Boots isoliert, sodass der Wasserdruck im Inneren an die äußere Unterwasserumgebung angepasst werden kann. Auf diese Weise können Taucher das U-Boot unauffällig verlassen und ebenso unauffällig zurückkehren, ohne dass das U-Boot auftauchen muss, was seine Tarnung gefährden könnte. Das Schleusensystem unterstützt verschiedene Missionen wie Unterwassersprengungen, Informationsbeschaffung oder direkte Kampfeinsätze, bei denen es entscheidend ist, dass Spezialeinsatzkräfte verdeckt eingesetzt und geborgen werden. Die Möglichkeit, diese Operationen durchzuführen, während das U-Boot untergetaucht bleibt, reduziert das Risiko, von feindlichen Kräften entdeckt zu werden, erheblich.

Trockendeckbehälter (DDS)

Trockendeckbehälter (DDS) sind abnehmbare, wasserdichte Kammern, die außen auf dem Deck des U-Boots montiert werden. Diese Behälter bieten einen geschlossenen, trockenen Raum, in dem spezielle Ausrüstungen wie

Schwimmereinheiten (SDVs), Schlauchboote oder spezielle Tauchgeräte untergebracht werden können. Der DDS ist so konzipiert, dass er unter Druck gesetzt werden kann, sodass das Personal Zugang zu der gelagerten Ausrüstung hat und sie unter Wasser einsetzen kann. Ein wesentlicher Vorteil des DDS besteht darin, dass er größere Ausrüstungen aufnehmen und komplexere Missionen unterstützen kann als die Schleusenkammern allein. So kann ein U-Boot, das mit einem DDS ausgestattet ist, SDVs transportieren und starten, mit denen SOF-Teams weite Strecken unter Wasser zurücklegen können, was den Aktionsradius ihrer Einsätze erheblich erweitert.

Die modulare Natur des Trockendeckbehälters erhöht auch die Vielseitigkeit eines U-Boots. Wenn der DDS nicht für Spezialeinsätze verwendet wird, kann er entfernt oder seine Ausrüstung für andere Zwecke umkonfiguriert werden. Diese Flexibilität ermöglicht es U-Booten, sich ohne wesentliche strukturelle Änderungen an verschiedene Missionsanforderungen anzupassen.

Abbildung 73: Ein U-Boot, das mit einem Trockendeckbehälter (DDS) ausgestattet ist, ist am hinteren Notausstieg des U-Boots befestigt, um eine trockene Umgebung zu schaffen, in der Navy Seals sich auf Spezialkriegsübungen oder -einsätze vorbereiten können. Der DDS ist das primäre Unterstützungsschiff für das SDV. U.S. Navy-Foto von Chief Journalist Dave Fliesen File# 060206-N-1464F-005, Public Domain, via Picryl.

Schwimmer-Transportfahrzeuge (SDVs)

Schwimmer-Transportfahrzeuge (SDVs) sind Mini-U-Boote oder Unterwasserfahrzeuge, die speziell dafür entwickelt wurden, Spezialeinsatzkräfte unbemerkt vom U-Boot an die Küste oder zu Zielgebieten zu transportieren. Diese Fahrzeuge werden normalerweise vom Trockendeckbehälter oder der Schleuse des U-Boots gestartet und dienen dazu, SOF-Personal (Special Operations Forces) zum Einsatzgebiet zu bringen, während das Risiko einer Entdeckung minimiert wird. SDVs bieten eine erweiterte Einsatzreichweite und ermöglichen es dem Personal, sich mit höheren Geschwindigkeiten fortzubewegen als beim Schwimmen allein, was sie ideal für Missionen macht, die Tarnung und schnelle Bewegung erfordern.

Abbildung 74: Mitglieder des Navy Sea-Air-Land (SEAL) Teams tauchen aus einem Trockendeckbehälter an Bord des getauchten nuklearbetriebenen Angriffs-U-Bootes USS SILVERSIDES (SSN-679) auf. U.S. National Archives, Public Domain, über NARA & DVIDS Public Domain Archive.

Das Design von SDVs umfasst häufig fortschrittliche Navigations- und Kommunikationssysteme sowie Fächer zur Aufbewahrung von Waffen und anderen missionsspezifischen Ausrüstungen. Einige SDVs sind in der Lage, mehrere Operatoren zu transportieren, während andere für den Einsatz durch eine einzelne Person ausgelegt sind. Die Vielseitigkeit dieser Fahrzeuge ermöglicht SOF-Teams eine Vielzahl von Missionen, wie Aufklärung, Minenräumung oder direkte Angriffe auf Unterwasser- oder Küstenziele, durchzuführen. Darüber hinaus können SDVs aufgrund ihrer geringen Größe und leisen Betriebsweise gegnerischen Sonarsystemen entgehen, was sie in umkämpften Gebieten zu einem wertvollen Einsatzmittel macht.

Strategische und taktische Vorteile

Die Ausstattung von U-Booten mit Spezialoperationenfähigkeiten bietet eine Reihe von strategischen und taktischen Vorteilen. Die Möglichkeit, SOF-Personal diskret ein- und auszuschleusen, stärkt die Fähigkeit einer Nation zu unkonventioneller Kriegsführung, was die Durchführung von Hochrisiko-Missionen ermöglicht, ohne konventionelle Marineeinheiten zu gefährden. Diese Fähigkeit ist besonders wertvoll für Anti-Terror-Einsätze, Geiselbefreiungen und Sabotageoperationen, bei denen das Überraschungsmoment entscheidend ist. Darüber hinaus erlaubt der Einsatz von U-Booten zur Unterstützung von SOF-Missionen den Streitkräften, weit entfernt von den eigenen Küsten zu operieren und den militärischen Einflussbereich zu erweitern.

Die Integration von SOF-Unterstützungssystemen erhöht auch die Flexibilität von U-Booten in Mehrzweckmissionen, bei denen sie zwischen traditionellen Aufgaben der U-Boot-Kriegsführung und der Unterstützung von Spezialoperationen wechseln müssen. Diese Anpassungsfähigkeit ermöglicht es U-Booten, zu einem breiteren Spektrum von Missionen beizutragen, von strategischer Abschreckung und Anti-Schiff-Kriegsführung bis hin zu verdeckten Einsätzen und humanitärer Hilfe.

Obwohl die Integration von SOF-Unterstützungsfähigkeiten in U-Boot-Operationen erhebliche Vorteile bietet, gibt es Herausforderungen und Überlegungen. Die Hinzufügung von Trockendeckbehältern und anderer Ausrüstung kann die hydrodynamischen Eigenschaften des U-Boots beeinflussen und seine Tarnfähigkeit verringern, wenn sie nicht ordnungsgemäß entworfen und gewartet werden. Zudem erfordert der Betrieb von Lock-in/Lock-out-Kammern und SDVs spezielle Schulungen sowohl für die U-Boot-Besatzungen als auch für das SOF-Personal, um Sicherheit und Erfolg der Mission zu gewährleisten. U-Boote, die für SOF-Missionen ausgerüstet sind, können auch Einschränkungen hinsichtlich der Anzahl der Personen und der Menge an Ausrüstung haben, die sie transportieren können, was eine sorgfältige Planung zur Optimierung der Missionslogistik erfordert.

Elektronische Kriegsführung und Sensorsysteme

Die Kampffähigkeit von U-Booten wird erheblich durch fortschrittliche Sensor- und elektronische Kriegssysteme verbessert, die eine entscheidende Rolle bei der Detektion, Verfolgung und dem Einsatz von Gegenmaßnahmen spielen. Diese Systeme sind unerlässlich, damit U-Boote ein Situationsbewusstsein bewahren, die Entdeckung vermeiden und feindliche Kräfte effektiv bekämpfen können. Die Integration von Sonar-, elektronischen Unterstützungsmaßnahmen (ESM) und visuellen Erkennungstechnologien stellt sicher, dass U-Boote im Unterwasser-Kampfraum eine formidable Bedrohung darstellen.

Sonar (Sound Navigation and Ranging) ist das Hauptwerkzeug, das U-Boote für die Unterwassererkennung und Navigation verwenden. Moderne U-Boote sind sowohl mit passiven als auch mit aktiven Sonarsystemen ausgestattet. Passive Sonarsysteme hören auf Geräusche in der Umgebung, wie die Geräusche von feindlichen Schiffen oder anderen Unterwasserobjekten. Diese Systeme sind entscheidend für die Aufrechterhaltung der Tarnung, da sie keine Signale aussenden, die die Position des U-Boots verraten könnten. Passive Sonarfelder sind in der Regel am Rumpf montiert, wobei einige auf Flankenarray-Sonarsysteme erweitert werden, um eine bessere seitliche Abdeckung zu gewährleisten, sowie auf geschleppte Arrays, die hinter dem U-Boot eingesetzt werden, um entfernte Bedrohungen über ein weites Gebiet zu erfassen.

Abbildung 75: Vier Sonartechniker sind an ihren Stationen am BBQ-5C Aktiv-Passiv-Sonarsystem zu sehen, um während der Manöver Objekte außerhalb des nuklearbetriebenen Angriffs-U-Bootes USS LOUISVILLE (SSN-724) zu orten. U.S. National Archives, Public Domain PDM 1.0, über NARA & DVIDS Public Domain Archive.

Aktives Sonar hingegen sendet Schallimpulse aus und analysiert die Echos, die von Objekten im Wasser zurückprallen. Dieses System ist besonders nützlich für die präzise Erkennung, Verfolgung und Entfernungsschätzung von Zielen. Der Einsatz von aktivem Sonar geht jedoch mit dem Risiko einher, dass die Position des U-Bootes verraten wird, da die ausgesendeten Schallwellen von feindlichen Kräften entdeckt werden können. U-Boote nutzen eine Kombination aus rumpfmontierten Sonarsystemen und spezialisierten Systemen wie Flankenarrays und Schleppsonarsystemen, um die Erkennungsfähigkeiten in unterschiedlichen Tiefen und Entfernungen zu verbessern. Diese Sonarsysteme ermöglichen es dem U-Boot, andere U-Boote, Überwasserschiffe und Unterwasserhindernisse zu erkennen und zu klassifizieren, was sowohl offensive als auch defensive Kampfoperationen verbessert.

Elektronische Unterstützungsmaßnahmen (ESM) sind unerlässlich, um elektromagnetische Emissionen von feindlichen Radar- und Kommunikationssystemen zu identifizieren und zu verfolgen. Mit ESM-Systemen ausgestattete U-Boote können Funkfrequenzsignale erkennen und analysieren, wodurch sie feindliche Schiffe, Flugzeuge oder andere U-Boote, die Radar- oder Kommunikationssysteme verwenden, identifizieren und lokalisieren können. Durch das passive Abfangen dieser Signale können U-Boote wertvolle Informationen sammeln, ohne ihre eigene Position zu verraten.

ESM-Systeme sind besonders wertvoll bei der Erkennung von Bedrohungen durch Überwasserschiffe oder Flugzeuge, die mit Radarsystemen arbeiten. Durch das Überwachen dieser Signale können U-Boote die Nähe von Bedrohungen bestimmen und entscheiden, ob sie angreifen, ausweichen oder Gegenmaßnahmen ergreifen. ESM trägt auch dazu bei, das niedrige Profil eines U-Bootes aufrechtzuerhalten, da das U-Boot sich ein Lagebewusstsein verschaffen kann, ohne an die Oberfläche zu gehen oder eigene Signale zu senden.

Während traditionelle Periskope weiterhin zur visuellen Beobachtung verwendet werden, wenn U-Boote nahe der Oberfläche operieren, sind moderne U-Boote zunehmend mit Optronikmasten ausgestattet. Im Gegensatz zu Periskopen, die physisch durch den Rumpf des U-Bootes dringen, nutzen Optronikmasten Digitalkameras, Infrarotsensoren und andere fortschrittliche Bildgebungstechnologien. Diese Masten bieten eine größere Bandbreite an visuellen und infraroten Fähigkeiten und ermöglichen es dem U-Boot, in größeren Tiefen zu bleiben, während es dennoch das Geschehen über Wasser im Blick behält.

Abbildung 76: Leutnant (LT) Barry Rodrigues, Decksoffizier (OD), bedient das Angriffsperiskop an Bord des nuklearbetriebenen Schnellangriffs-U-Boots der Los-Angeles-Klasse. U.S. National Archives, Public Domain PDM 1.0, über NARA & DVIDS Public Domain Archive.

Optronik-Masten bieten gegenüber traditionellen Periskopen mehrere Vorteile. Da sie keine direkte physische Verbindung zum Inneren des U-Boots benötigen, ermöglichen sie U-Booten eine größere Tarnung, da der Mast nur kurzzeitig und in einem flacheren Winkel ausgefahren werden kann. Darüber hinaus bieten Optronik-Systeme verbesserte Bildgebungsfunktionen, einschließlich Infrarotsicht, die für Einsätze bei schlechten Sichtverhältnissen oder in der Nacht unerlässlich ist. Die Fähigkeit, qualitativ hochwertige Bilder und Videos auch aus großer Entfernung aufzunehmen, ermöglicht es U-Booten, Informationen über Überwasserschiffe, Flugzeuge und andere Bedrohungen zu sammeln, während sie unter der Wasseroberfläche verborgen bleiben. Optronik-Masten sind außerdem in die Kampf- und Navigationssysteme des U-Boots integriert und liefern Echtzeitdaten, die die Entscheidungsfindung während Kampf- oder Geheimoperationen unterstützen.

Die Kombination aus Sonar, ESM und Optronik-Masten schafft ein umfassendes Sensornetzwerk, das modernen U-Booten eine beispiellose Kampfeffektivität verleiht. Diese Systeme arbeiten zusammen, um potenzielle Bedrohungen aus verschiedenen Quellen sowohl über als auch unter der Wasseroberfläche zu erkennen, zu klassifizieren und zu verfolgen. Durch die Integration der Daten aus Sonar und ESM mit visuellen Eingaben von Optronik-Masten können U-Boote ein vollständiges Bild ihrer Umgebung erstellen, selbst in der komplexen und lauten Unterwasserumgebung.

Diese Sensorfusion ermöglicht es U-Booten, einen strategischen Vorteil zu behalten, sei es durch das Vermeiden einer Entdeckung, das Positionieren für einen Angriff oder das Einsetzen von Gegenmaßnahmen zur Neutralisierung ankommender Bedrohungen. Die fortschrittlichen Erkennungs- und Verfolgungssysteme spielen auch eine entscheidende Rolle bei der Steuerung von U-Boot-gestützten Waffen wie Torpedos und Raketen und sorgen dafür, dass diese ihre vorgesehenen Ziele präzise treffen.

Kampfführungssystem (Combat Management System, CMS) Das Kampfführungssystem (CMS) ist ein integraler Bestandteil moderner U-Boote und dient als Kommandozentrale, die Daten aus verschiedenen Bordsystemen synthetisiert, um ein umfassendes taktisches Bild zu erstellen. Dieses System ist unerlässlich, um große Mengen an Informationen von Sensoren wie Sonar, Radar, elektronischen Unterstützungsmaßnahmen (ESM) und visuellen Eingaben von Periskopen oder Optronik-Masten zu verarbeiten. Das CMS verbessert das Situationsbewusstsein der Besatzung, indem es diese Daten konsolidiert und interpretiert, sodass zeitnahe und fundierte Entscheidungen in komplexen operativen Umgebungen getroffen werden können [245, 246].

Die Integration mehrerer Datenströme von Sensoren ist eine zentrale Funktion des CMS. Durch das Sammeln und Verarbeiten von Informationen von Sonarsystemen zur Unterwassererkennung, visuellen Beobachtungen durch Periskope und elektromagnetischen Emissionen, die von ESM-Systemen erfasst werden, schafft das CMS eine einheitliche Schnittstelle. Diese Integration ermöglicht es der Besatzung, ihre Umgebung klar und präzise einzuschätzen, was die Komplexität im Umgang mit unterschiedlichen Informationsquellen erheblich reduziert [247]. Die Fähigkeit, Echtzeit-Updates zu feindlichen Positionen und Unterwasserbedrohungen bereitzustellen, ist entscheidend für effektive U-Boot-Operationen, da sie hilft, potenzielle Bedrohungen zu identifizieren und feindliche Bewegungen zu verfolgen [248].

Die Zielidentifizierung und -verfolgung gehören zu den Hauptfunktionen des Kampfführungssystems (CMS). Wenn feindliche Schiffe oder Flugzeuge entdeckt werden, analysiert das CMS Sensordaten, um diese Ziele zu klassifizieren und nach der von ihnen ausgehenden Bedrohung zu priorisieren. Diese Fähigkeit ist in dynamischen Kampfsituationen entscheidend, da das CMS mehrere Ziele gleichzeitig überwachen und deren Positionen, Geschwindigkeit und Kurs kontinuierlich aktualisieren kann. Solche Präzision ist essenziell für den Einsatz von Waffen wie Torpedos oder Raketen, die eine genaue Zielerfassung benötigen, um wirksam zu sein [249-251]. Die Fähigkeit des CMS, die Verfolgung zu automatisieren und in Echtzeit taktische Empfehlungen zu geben, steigert die operative Effektivität der Besatzung erheblich [252].

Der Waffeneinsatz ist ein weiterer kritischer Aspekt, der vom CMS gesteuert wird. Das System ermittelt die geeignete Waffe, die basierend auf dem taktischen Szenario abgefeuert werden soll, und berechnet optimale Abschusslösungen, wobei Faktoren wie Zielgeschwindigkeit und -entfernung berücksichtigt werden. Beispielsweise unterstützt das CMS bei Torpedoabschüssen die drahtgesteuerte Kontrolle, sodass die Bediener den Torpedo bis zum Aufprall auf das Ziel lenken können. Zusätzlich koordiniert das CMS den Einsatz von Gegenmaßnahmen wie Täuschkörpern oder Störsystemen, um das U-Boot vor eingehenden Bedrohungen zu schützen und so seine Überlebensfähigkeit zu erhöhen [253-255].

Das CMS erleichtert Entscheidungen in Echtzeit, indem es der Besatzung wesentliche Werkzeuge zur Verfügung stellt, um auf sich entwickelnde Kampfsituationen zu reagieren. Die benutzerfreundliche Oberfläche des CMS stellt kritische Informationen klar dar, sodass die Bediener sich auf unmittelbare Bedrohungen konzentrieren können, ohne von Daten überwältigt zu werden. Durch die Automatisierung verschiedener Prozesse zur Bedrohungserkennung und Waffeneinsatz verringert das CMS die kognitive Belastung, was es den Besatzungsmitgliedern ermöglicht, sich auf strategische Entscheidungen zu konzentrieren [256-258]. Beispielsweise kann das CMS bei der Entdeckung eines feindlichen Schiffs automatisch den besten Handlungsweg vorschlagen, sei es der Abschuss eines Torpedos oder der Einsatz von Gegenmaßnahmen [259].

Darüber hinaus arbeitet das CMS in Verbindung mit den Navigations- und Antriebssystemen des U-Boots, um eine koordinierte Steuerung sowohl des Waffeneinsatzes als auch der Bewegungen des U-Boots zu gewährleisten. Diese Integration ermöglicht es dem CMS, optimale Positionen und Tiefen für Tarnoperationen zu empfehlen und gleichzeitig einen idealen Kurs während der Gefechte zu halten. In Mehr-U-Boot-Operationen kann das CMS auch Daten mit anderen Einheiten teilen, um koordinierte Angriffe und gemeinsame Verteidigungsstrategien zu ermöglichen, die für effektive Marineoperationen von wesentlicher Bedeutung sind [240, 260, 261].

Gegenmaßnahmesysteme

U-Boote sind mit fortschrittlichen Gegenmaßnahmesystemen ausgestattet, die entscheidend dafür sind, eine Entdeckung zu vermeiden und Bedrohungen zu entgehen, wodurch ihre Überlebensfähigkeit während Kampf- oder verdeckten Operationen erhöht wird. Diese Systeme sind unerlässlich, um Tarnung aufrechtzuerhalten, feindliche Sensoren zu täuschen und eingehende Bedrohungen wie Torpedos und Luftangriffe zu neutralisieren. Die Wirksamkeit dieser Gegenmaßnahmen ermöglicht es U-Booten, Missionen unentdeckt durchzuführen und sich vor feindlichen Kräften zu schützen [256].

Eine der wichtigsten Methoden zur Vermeidung einer Entdeckung ist der Einsatz von akustischen Täuschkörpern und Störsendern. U-Boote operieren in einer Umgebung, die von Sonar dominiert wird, wobei feindliche Kräfte sowohl aktive als auch passive Sonarsysteme nutzen, um Unterwasserschiffe zu orten. Um dem entgegenzuwirken, setzen U-Boote akustische Täuschkörper ein, die ihre akustische Signatur imitieren und falsche Signale erzeugen, die das feindliche Sonar verwirren [256]. Diese Täuschkörper werden strategisch freigesetzt, um mehrere falsche Ziele zu erzeugen und die Aufmerksamkeit vom eigentlichen U-Boot abzulenken. Störsender ergänzen diese Strategie, indem sie breitbandiges Rauschen aussenden, das die Sonarsignale stört und es dem Feind erschwert, den Standort des U-Boots genau zu bestimmen. Diese Technik ist besonders in aktiven Sonarumgebungen effektiv, in denen der Feind auf Schallimpulse und Echos zur Erkennung angewiesen ist [256].

Zusätzlich zur Vermeidung von Sonarerkennung sind U-Boote erheblichen Bedrohungen durch feindliche Torpedos ausgesetzt. Moderne U-Boote sind mit Torpedoabwehrsystemen ausgestattet, die Täuschkörperwerfer und akustische Störgeräte umfassen. Diese Systeme können Täuschkörper abfeuern, die entweder die akustische Signatur des U-Boots imitieren oder Geräuschmuster erzeugen, die das Leitsystem des ankommenden Torpedos verwirren [256]. Wenn ein feindlicher Torpedo erkannt wird, setzt der Täuschkörperwerfer des U-Boots diese Gegenmaßnahmen ein, um den Torpedo von seinem vorgesehenen Kurs abzulenken. Die Täuschkörper erzeugen akustische Signale, die die Bewegungen des U-Boots nachahmen, sodass der Torpedo das falsche Ziel anvisiert, während das U-Boot Ausweichmanöver durchführt, um sich von der Bedrohung zu entfernen [256].

Darüber hinaus müssen sich U-Boote auch gegen Luftbedrohungen verteidigen, insbesondere durch Seeaufklärungsflugzeuge und Hubschrauber, die mit fortschrittlichen Sonarsystemen oder U-Boot-Abwehrwaffen (ASW) ausgestattet sind. Einige U-Boote sind mit Flugabwehrraketensystemen ausgestattet, die es ihnen ermöglichen, niedrig fliegende Flugzeuge anzugreifen, die versuchen, sie zu orten oder anzugreifen. Diese Kurzstreckenraketensysteme bieten U-Booten eine wertvolle Fähigkeit zur Verteidigung gegen Luftbedrohungen, insbesondere beim Betrieb in der Nähe der Wasseroberfläche, wo sie anfälliger für Entdeckungen sind [256].

Nuklear- und Diesel-Elektro-Antriebssysteme

Das Antriebssystem eines U-Boots hat erheblichen Einfluss auf seine Einsatzfähigkeit und Kampfausdauer, wodurch seine strategischen und taktischen Rollen in Marineoperationen bestimmt werden. Es gibt zwei Haupttypen von U-

Boot-Antriebssystemen: nuklearbetriebene und diesel-elektrische, die jeweils spezifische Vorteile und Einschränkungen bieten.

Nuklearbetriebene U-Boote, darunter Angriffs-U-Boote (SSNs) und ballistische Raketen-U-Boote (SSBNs), sind mit Kernreaktoren ausgestattet, die praktisch unbegrenzte Energie liefern, sodass sie über längere Zeiträume untergetaucht bleiben können, ohne auftauchen zu müssen. Diese Fähigkeit verschafft nuklearen U-Booten einen erheblichen operativen Vorteil, da sie monatelang unbemerkt unter Wasser operieren können, um Aufklärung, verdeckte Patrouillen oder strategische Missionen durchzuführen.

Einer der Hauptvorteile des Nuklearantriebs ist die unbegrenzte Reichweite, die er ermöglicht. Im Gegensatz zu diesel-elektrischen U-Booten, die auf begrenzte Treibstoffvorräte angewiesen sind und regelmäßig auftauchen müssen, um ihre Batterien aufzuladen, können nuklearbetriebene U-Boote weite Strecken ohne Auftanken zurücklegen. Diese Fähigkeit macht sie ideal für Langstreckenmissionen, wie zum Beispiel nukleare Abschreckungspatrouillen (bei SSBNs), bei denen sie über längere Zeiträume verborgen in tiefen Gewässern bleiben müssen, bereit, bei Bedarf U-Boot-gestützte ballistische Raketen (SLBMs) abzuschießen.

Ein weiterer Vorteil nuklearbetriebener U-Boote ist ihre hohe Geschwindigkeit. Die immense Energie, die der Kernreaktor erzeugt, ermöglicht es diesen U-Booten, sowohl unter Wasser als auch an der Oberfläche hohe Dauergeschwindigkeiten zu erreichen, was ihnen eine verbesserte Mobilität und taktische Flexibilität verleiht. Diese Geschwindigkeit ist besonders in Kampfszenarien von Vorteil, in denen nuklearbetriebene U-Boote schnell auf Bedrohungen reagieren, Ziele verfolgen oder der Entdeckung durch feindliche Kräfte entgehen können. Ihre Geschwindigkeit und Ausdauer machen sie zu kritischen Vermögenswerten für globale Marineoperationen, da sie die Machtprojektion über Ozeane hinweg ermöglichen und wichtige Seewege schützen.

Allerdings haben nuklearbetriebene U-Boote höhere Betriebs- und Wartungskosten aufgrund der Komplexität des Kernreaktors und der damit verbundenen Systeme. Trotz dieser Kosten ist ihr strategischer Wert – insbesondere zur Aufrechterhaltung der nuklearen Abschreckung – unübertroffen, was sie zu einem Eckpfeiler der Marinefähigkeiten vieler Nationen macht.

Diesel-elektrische U-Boote bieten hingegen ein anderes Spektrum an Fähigkeiten, die hauptsächlich für die Küstenverteidigung und regionale Operationen geeignet sind. Diese U-Boote nutzen Dieselmotoren für die Fahrt an der Oberfläche und zum Aufladen ihrer Batterien, die ihre Elektromotoren für den Unterwasserantrieb antreiben. Während diesel-elektrische U-Boote eine kürzere Unterwasser-Ausdauer als nuklearbetriebene U-Boote haben, sind sie kostengünstiger und erfordern weniger Wartung.

Ein wesentlicher Nachteil traditioneller diesel-elektrischer U-Boote ist die Notwendigkeit, regelmäßig aufzutauchen, um ihre Batterien aufzuladen. Dieses Auftauchen setzt das U-Boot einer möglichen Entdeckung aus und macht es während dieser Zeit anfällig für feindliche Überwachung. Um diese Herausforderung zu überwinden, sind viele moderne diesel-elektrische U-Boote nun mit luftunabhängigen Antriebssystemen (AIP) ausgestattet. AIP ermöglicht es diesen U-Booten, über längere Zeiträume unter Wasser zu bleiben, ohne auftauchen zu müssen, was ihre Unterwasser-Ausdauer erheblich verlängert. Obwohl AIP-Systeme nicht die gleiche Ausdauer wie Kernreaktoren bieten können, ermöglichen sie es diesel-elektrischen U-Booten, mehrere Wochen unter Wasser zu bleiben und so ihre Tarnfähigkeiten zu verbessern.

Obwohl diesel-elektrische U-Boote langsamer sind und eine begrenzte Reichweite im Vergleich zu ihren nuklearen Gegenstücken haben, glänzen sie in Küstengewässern, wo Manövrierfähigkeit und Lautlosigkeit entscheidend sind. Ihre kleinere Größe und der leisere Betrieb machen sie schwer zu entdecken, insbesondere in flachen Gewässern oder in Gebieten mit hohem Hintergrundgeräusch. Diese U-Boote sind äußerst effektiv in der U-Boot-Abwehr (ASW) und der Bekämpfung von Überwasserkräften (ASuW), wo ihre Tarnung und die Fähigkeit, Hinterhalte durchzuführen, von Vorteil sind.

Torpedo-Abschusssysteme und Nutzlasten

Die Geschichte und Entwicklung von Torpedos reicht bis ins späte 16. Jahrhundert zurück, wobei der früheste bekannte Einsatz im Jahr 1585 durch die Niederländer erfolgte, die ein mit Sprengstoff beladenes Schiff entwickelten. Dieser primitive Torpedo war ein direkter Vorläufer der Seeminen. Das Konzept einer selbstangetriebenen, unter Wasser explodierenden Waffe entwickelte sich über Jahrhunderte hinweg, und während des amerikanischen Unabhängigkeitskriegs im Jahr 1778 wurden mit Schießpulver gefüllte Fässer bei der "Schlacht der Fässer" als improvisierte Torpedos eingesetzt. David Bushnell wird die erste amerikanische Nutzung eines Torpedos im Jahr 1775 zugeschrieben, als er versuchte, mit seinem U-Boot "Turtle", das eine 150-Pfund-Mine trug, ein britisches Flaggschiff anzugreifen. Obwohl dieser Versuch scheiterte, markierte er den Beginn von Torpedo-Experimenten in den USA [262].

Robert Fulton setzte Bushnells Bemühungen fort und entwickelte schwimmende Minen im frühen 19. Jahrhundert. Diese Minen waren am Meeresboden verankert, was eine stabilere Lösung im Vergleich zu früheren Designs bot, die mit den Gezeiten trieben. Fultons Designs wurden an die amerikanische Marine verkauft und ebneten den Weg für weitere Entwicklungen in der Minen- und Torpedowaffentechnologie, die während des amerikanischen Bürgerkriegs, insbesondere von den Konföderierten, eine entscheidende Rolle spielten. Sie setzten Minen in großem Umfang ein, um die Überlegenheit der Unionsmarine auszugleichen [262].

Im Jahr 1866 revolutionierte Robert Whitehead das Torpedodesign, indem er den ersten selbstangetriebenen "Automobiltorpedo" entwickelte. Whiteheads Torpedo führte die Idee einer Waffe ein, die aktiv ihr Ziel suchte, anstatt passiv darauf zu warten. Sein ursprüngliches Design verwendete einen Zweizylinder-Druckluftmotor, der es dem Torpedo ermöglichte, Geschwindigkeiten von bis zu 6,5 Knoten über eine Entfernung von 200 Yards zu erreichen, und wurde die Grundlage für alle nachfolgenden Torpedodesigns [262].

Bis 1869 richtete die U.S. Navy eine Torpedostation in Newport, Rhode Island, ein, wo Whiteheads Designs untersucht und nachgebaut wurden. Allerdings scheiterten die frühen Versionen, die in Newport entwickelt wurden, an Problemen mit der Luftflasche und der Wasserdichtigkeit des Rumpfes und kamen nicht über die Testphase hinaus. Das Programm wurde kurzzeitig gestoppt, doch die Navy hielt an ihren Bemühungen fest. Im Jahr 1870 entwickelte Lieutenant Commander John A. Howell ein neues Torpedodesign, das von einem Schwungrad angetrieben wurde, das sich mit 10.000 Umdrehungen pro Minute drehte. Bekannt als Howell-Torpedo wurden etwa 50 Stück für den taktischen Einsatz produziert, bevor die U.S. Navy auf die Whitehead- und Bliss-Leavitt-Torpedos umstieg, die bis 1910 Standard blieben. Der Whitehead Mk 5 konnte Entfernungen von bis zu 4.000 Yards bei Geschwindigkeiten von 27 Knoten zurücklegen, was bedeutende Fortschritte in der Torpedotechnologie darstellte [262].

Zwischen 1910 und 1915 verlagerte sich der Fokus auf die Verbesserung der Torpedozünder, die es ermöglichten, nicht nur bei direktem Aufprall, sondern auch bei Streiftreffern zu explodieren, was ihre Effektivität erheblich steigerte. Während des Ersten Weltkriegs gab es nur minimale Entwicklungen im Torpedobereich, doch die Einführung des Mk 7, eines dampfbetriebenen Torpedos, erlaubte eine flexiblere Nutzung auf Zerstörern und U-Booten [262].

Die Zwischenkriegszeit (1918-1939) brachte entscheidende Entwicklungen moderner Torpedos. Der Mk 13, ein flugzeuggestützter Torpedo, und der Mk 14, der von U-Booten eingesetzt wurde, wurden ikonisch. Der Mk 14 war verantwortlich für die Versenkung von über vier Millionen Tonnen japanischer Schiffe während des Zweiten Weltkriegs, während der Mk 15, der von Zerstörern eingesetzt wurde, bis in die 1950er Jahre im Einsatz blieb [262].

Während des Zweiten Weltkriegs führte die Eroberung des deutschen U-Boots U-570, das Pläne für einen elektrischen Torpedo mit sich führte, zur Entwicklung des Mk 18-Torpedos. Dieser elektrisch betriebene Torpedo hatte zwei wesentliche Vorteile: Er hinterließ keine sichtbare Spur und erforderte weniger Fertigungsaufwand. Darüber hinaus nutzte der Mk 24-Zielsuchtorpedo, auch bekannt als "Fido", akustische Signale, um feindliche U-Boote zu erkennen und zu verfolgen. Dieser erwies sich als äußerst effektiv und versenkte ab 1943 etwa 15 Prozent der feindlichen U-Boote [262].

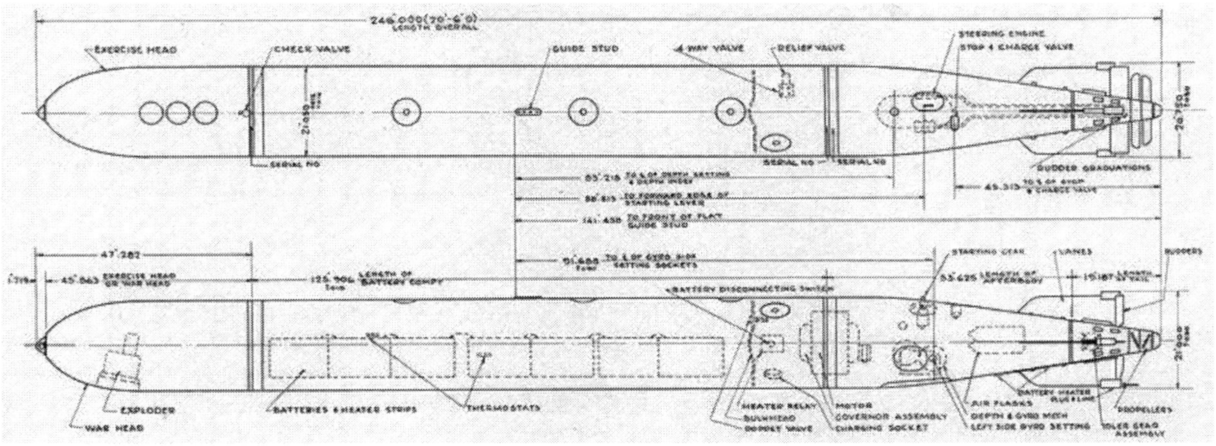

Abbildung 77: Mark 18 Torpedo allgemeines Profil, wie veröffentlicht im US Navy Torpedo Mark 18 (Elektrisch) Basis-Handbuch, veröffentlicht im April 1943. United States Navy, gemeinfrei, via Wikimedia Commons.

Die 1950er Jahre brachten fortschrittlichere Torpedos wie den Mk 44 und Mk 46 hervor, die entwickelt wurden, um der wachsenden Bedrohung durch feindliche U-Boote entgegenzuwirken. Die Entwicklung von nuklearbetriebenen U-Booten in dieser Zeit machte auch schnellere Torpedos erforderlich, was zur Einführung des Mk 45 führte, der Geschwindigkeiten von 40 Knoten und eine Reichweite von 11.000 bis 15.000 Yards erreichte. Später wurde er durch den Mk 48 ersetzt, der heute der primäre aktive Torpedo der US Navy ist. Der Mk 48 ist 19 Fuß lang, wiegt etwa 3.500 Pfund und trägt einen 650-Pfund-Sprengkopf. Bemerkenswert ist, dass er sein Ziel erneut angreifen kann, wenn er beim ersten Versuch verfehlt [262].

Als Reaktion auf die Einführung des Alpha-Klasse U-Boots der Sowjetunion – eines schnellen und tief tauchenden Gegners – wurde in den 1970er Jahren der Mk 50 "Barracuda"-Torpedo entwickelt. Dieser Torpedo, der Geschwindigkeiten von über 40 Knoten und eine Reichweite von 20.000 Yards erreichen konnte, konnte von verschiedenen Plattformen aus gestartet werden, einschließlich Flugzeugen, Hubschraubern und Überwasserschiffen, was seine strategische Einsatzfähigkeit weiter diversifizierte [262].

Ein typisches U-Boot-Torpedorohr aus der Zeit des Höhepunkts der US-U-Boot-Technologie im Zweiten Weltkrieg funktioniert ähnlich wie ein großes Marinegeschütz, weist jedoch einige wichtige Unterschiede auf, die speziell auf die Anforderungen des Unterwasserkampfes abgestimmt sind. Das Torpedorohr ist zylindrisch und ähnelt einem Gewehrlauf, mit einer Verschlusstür am hinteren Ende (innerhalb des U-Boots) und einer Mündungstür am vorderen Ende (außerhalb des U-Boots, im Wasser). Während ein Marinegeschütz Projektile mit Sprengstoffen abfeuert, wird das Torpedo eines U-Boots mithilfe von Druckluft aus dem Rohr geschossen. Die Druckluft liefert den anfänglichen Schub, danach übernimmt das eigene Antriebssystem des Torpedos [263].

Im Zentrum der Funktionalität des Torpedorohres stehen die beiden Türen: die Verschlusstür, die sich innerhalb des U-Boots befindet, und die Mündungstür, die sich nach außen zum Meer hin öffnet. Diese Türen arbeiten in einem hochgradig verriegelten System zusammen, um zu verhindern, dass Wasser in das U-Boot eindringt. Die Verschlusstür wird geöffnet, um den Torpedo in das Rohr zu laden, während die Mündungstür geschlossen bleibt, um das Eindringen von Meerwasser zu verhindern. Sobald der Torpedo in Position gebracht und die Verschlusstür sicher verschlossen ist, kann die Mündungstür geöffnet werden, um den Torpedo abzufeuern. Aufgrund des hohen Wasserdrucks außerhalb des U-Boots in der Tiefe sind jedoch zusätzliche Schritte erforderlich, um sicherzustellen, dass die Mündungstür sicher geöffnet werden kann [263].

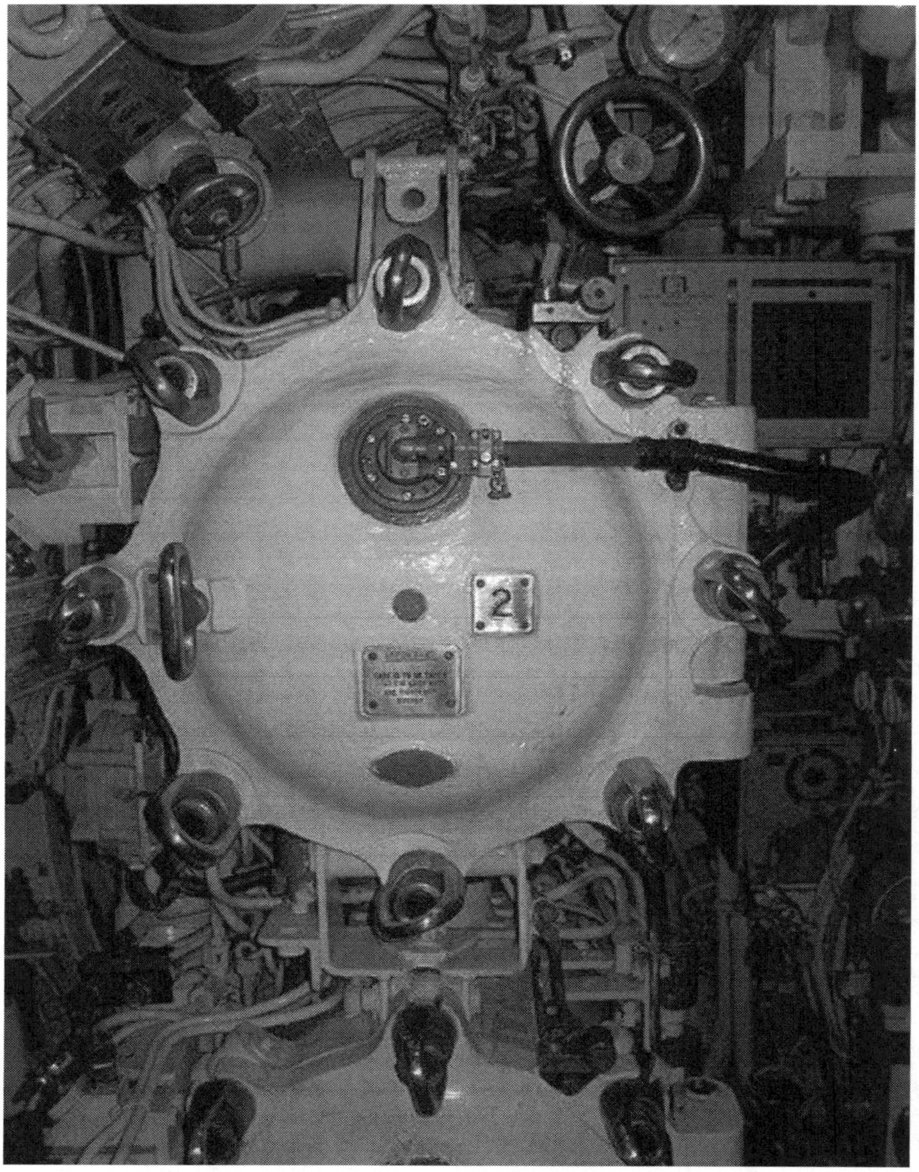

Abbildung 78: Torpedorohr des U-Boots HMS Alliance aus dem Zweiten Weltkrieg (ein U-Boot der Amphion-Klasse). Geni, CC BY-SA 4.0, via Wikimedia Commons.

Bevor ein neuer Torpedo geladen wird, muss das Rohr von jeglichem Wasser befreit werden, das beim vorherigen Torpedoabschuss eingedrungen ist. Dies geschieht über ein System von Ventilen und Abläufen, die vom hinteren Ende des Rohres, der Verschlussseite, gesteuert werden. Sobald das Rohr entwässert ist, kann die Verschlusstür sicher geöffnet und der Torpedo geladen werden. Nach dem Laden wird das Rohr mit Wasser geflutet, um den Druck im Rohr dem Außendruck des umgebenden Meeres anzupassen, sodass die Bugtür ohne Widerstand durch den äußeren Wasserdruck geöffnet werden kann. Das Fluten des Rohrs aus internen Tanks hilft außerdem, das Gleichgewicht des U-Boots zu erhalten, indem das Gewicht des Wassers gleichmäßig verteilt wird.

Mit dem gefluteten Rohr und der geöffneten Bugtür ist der Torpedo bereit zum Abschuss. Komprimierte Luft aus dem Hochdruckluftsystem des U-Boots wird in das Rohr geleitet und sorgt für den initialen Schub, um den Torpedo auszuwerfen. Der Luftdruck muss ausreichen, um den umgebenden Wasserdruck zu überwinden und sicherzustellen, dass der Torpedo effektiv abgeschossen wird. Sobald der Torpedo das Rohr verlässt, wird die Druckluft abgelassen, um zu verhindern, dass eine verräterische Luftblase aufsteigt, die die Position des U-Boots für feindliche Kräfte sichtbar machen könnte.

Nachdem der Torpedo abgeschossen wurde, füllt sich das Rohr mit Meerwasser, um das Gewicht des abgeschossenen Torpedos auszugleichen. Dies ist ein kritischer Schritt, da der plötzliche Verlust des schweren Torpedos das U-Boot aus dem Gleichgewicht bringen und seinen Trimm (Gleichgewicht) beeinflussen könnte. Das Wasser fungiert als Ballast und sorgt dafür, dass die Stabilität des U-Boots erhalten bleibt. Sobald das Rohr mit Wasser gefüllt und die Bugtür geschlossen ist, wird das Wasser in einen Tank abgelassen und Luft in das Rohr geblasen, um es für den nächsten Ladezyklus freizumachen.

Ein wichtiges Sicherheitsmerkmal des Torpedorohrs ist das Verriegelungssystem, das verhindert, dass sowohl die Verschluss- als auch die Bugtür gleichzeitig geöffnet sind. Dies stellt sicher, dass kein Meerwasser in das U-Boot eindringen kann, was katastrophal wäre. Das System funktioniert im Wesentlichen wie eine Luftschleuse, ähnlich wie bei der Ausstiegsluke eines U-Boots, bei der entweder die innere oder die äußere Tür geöffnet werden kann, aber niemals beide gleichzeitig.

Vereinfacht betrachtet könnte man das Torpedorohr als ein einfaches System aus einem Lauf, Türen und einem Drucklufttank vorstellen. Die Hauptaufgaben bestehen darin, die Türen zu steuern, den Luft- und Wasserdruck zu managen und den Torpedo durch Freisetzung von Druckluft abzufeuern. In der Praxis sind Torpedorohre von U-Booten jedoch mit weitaus komplexeren Mechanismen ausgestattet, einschließlich präziser Druckluftregulierung, Wassermanagement und Abschusssteuerungen, um einen effizienten und unauffälligen Torpedoabschuss zu gewährleisten [263].

Dieses System ermöglicht es U-Booten, Torpedos unter Wasser abzuschießen und dabei ihre operative Tarnung sowie die Fähigkeit, feindliche Ziele präzise zu bekämpfen, aufrechtzuerhalten. Das sorgfältige Management von Luft, Wasser und Balance stellt sicher, dass das U-Boot während des gesamten Abschussprozesses verborgen und operationell effektiv bleibt.

Ein aktuelleres Beispiel sind die Collins-Klasse-U-Boote der Royal Australian Navy, die mit der Fähigkeit ausgestattet sind, Mk48-Torpedos abzufeuern. Diese stellen ein leistungsstarkes und fortschrittliches Waffensystem dar, das sowohl feindliche U-Boote als auch Überwasserschiffe ins Visier nimmt und zerstört. Diese Torpedos sind bedeutend groß, messen sechs Meter in der Länge und wiegen etwa zwei Tonnen (2.000 Kilogramm). Aufgrund ihrer Größe und ihres Gewichts erfordert das Laden, Vorbereiten und Abfeuern dieser Torpedos präzise Prozesse und Koordination innerhalb des U-Boots [264].

Abbildung 79: Ein Mark 48 Torpedo mit erweiterter Kapazität in einem Lagergestell im Torpedoraum des nuklearbetriebenen Angriffs-U-Boots USS ASHEVILLE (SSN-758). PH2 Rick Gilmore, Die U.S. National Archives, Public Domain PDM 1.0, via Getarchive.

In einer typischen Sequenz wird der Mk48-Torpedo in eines der Torpedorohre des U-Boots geladen, das als Abschusskammer für die Waffe dient. Bevor der Torpedo abgefeuert werden kann, muss er von der Besatzung des U-Boots sorgfältig auf den Abschuss vorbereitet werden. Dazu gehört das Eingeben von Zielinformationen in den Torpedo über das Kampfmanagementsystem des U-Boots. Das Kampfsystem ist ein hochentwickeltes technisches Gerät, das dem U-Boot ermöglicht, wichtige Informationen zu sammeln, zu analysieren und an den Torpedo weiterzuleiten, einschließlich der Position und Bewegung des feindlichen Schiffs oder Ziels.

Sobald der Mk48-Torpedo vom U-Boot abgeschossen wird, wird er selbstangetrieben. Ein eingebauter Motor aktiviert sich sofort nach dem Verlassen des Torpedorohres und ermöglicht es dem Torpedo, sich durch das Wasser auf sein vorgesehenes Ziel zuzubewegen. Was den Mk48-Torpedo besonders effektiv macht, ist sein Lenksystem, das über ein elektrisches Steuerkabel vom Kampfsystem des U-Boots gesteuert wird. Dieses Kabel bleibt auch nach dem Abschuss mit dem Torpedo verbunden, sodass das U-Boot die Flugbahn des Torpedos in Echtzeit anpassen kann, basierend auf Veränderungen in der Position oder im Verhalten des Ziels. Dieses Drahtleitsystem erhöht die Genauigkeit des Torpedos erheblich und macht ihn zu einer äußerst zuverlässigen Waffe im Seekampf.

Abbildung 80: MM2 (SS) Joe Hackett inspiziert den MK 48 ADCAP-Torpedo, um sicherzustellen, dass er beim Einführen in das Torpedorohr korrekt ausgerichtet ist. Die U.S. National Archives, Public Domain PDM 1.0, via Picryl.

Die letzte Phase der Mission eines Torpedos besteht darin, den optimalen Punkt unter oder in der Nähe des Zielschiffs zu erreichen. In diesem entscheidenden Moment wird die Sprengladung des Torpedos gezündet, wodurch verheerende Schäden am feindlichen Schiff entstehen. Der Mk48-Torpedo ist darauf ausgelegt, eine kraftvolle Explosion zu verursachen, die selbst große Kriegsschiffe oder U-Boote außer Gefecht setzen oder versenken kann. Die Präzision, mit der der Mk48 zum Ziel geführt werden kann, stellt sicher, dass er den verwundbarsten Teil des feindlichen Schiffs trifft, wodurch die Erfolgschancen der Mission maximiert werden.

Die U-Boote der Collins-Klasse werden derzeit aufgerüstet, um neue Fähigkeiten zu integrieren, darunter Verbesserungen ihrer Schwergewicht-Torpedosysteme und den Austausch von Kampfsystemen. Diese Upgrades sollen sicherstellen, dass die Collins-Klasse eine mächtige und moderne Streitkraft in der U-Boot-Kriegsführung bleibt und mit den technologischen Fortschritten in den Bereichen Torpedos und Kampfsysteme Schritt hält.

Ein wichtiger Meilenstein im Modernisierungsprozess wurde durch die HMAS Waller, eines der U-Boote der Collins-Klasse, erreicht. Sie wurde das erste U-Boot der Welt, das erfolgreich den neuen Mk48 Mod 7 Schwergewicht-Torpedo abfeuerte. Während einer Militärübung vor der Küste von Hawaii versenkte die HMAS Waller mit diesem fortschrittlichen Torpedo ein außer Dienst gestelltes Kriegsschiff, was die Effektivität und Präzision des neuen Waffensystems unter Beweis stellte. Dieser Erfolg unterstreicht die fortlaufende Weiterentwicklung der U-Boote der Collins-Klasse und ihrer Fähigkeiten in der modernen Seekriegsführung.

Torpedo-Eigenschaften

Die Antriebssysteme früher Torpedos waren hauptsächlich mechanisch und nutzten große Schwungräder und Druckluft. Diese Systeme basierten auf Luftflaschen aus Nickelstahl, die dem hohen Druck standhielten, der für eine effektive Fortbewegung notwendig war. Die Freisetzung dieser Druckluft wurde präzise gesteuert, um die Propeller des Torpedos anzutreiben und somit eine gewisse Präzision in der Bewegung zu gewährleisten [265]. Mit dem Fortschritt der Technologie entwickelten sich die Antriebsmethoden weiter und beinhalteten Verbrennungsprozesse, bei denen Kerosin oder Alkohol in Verbindung mit Druckluft verbrannt wurde. Diese Innovation erzeugte Hochdruckgase, die kompakte Motoren antrieben und sowohl die Geschwindigkeit als auch die Reichweite der Torpedos erheblich verbesserten. Der Verbrennungsprozess brachte jedoch erhebliche Hitze mit sich, was Herausforderungen für die Haltbarkeit der Motoren darstellte [266]. Bis zum Ersten Weltkrieg hatten viele Torpedos auf Nassheizer-Designs umgestellt, bei denen Wasser in die Brennkammer eingespritzt wurde, um die Hitze zu mildern und das Gasvolumen zu erhöhen, wodurch die Gesamtleistung verbessert wurde [267].

Die U.S. Navy standardisierte den Einsatz von zweistufigen Impulsturbinenmotoren für ihre Torpedos, während andere Nationen wie Japan und Großbritannien alternative Konfigurationen, darunter Kolbenmotoren, erforschten [268]. Diese Fortschritte in der Antriebstechnologie waren entscheidend, um während des Krieges konkurrenzfähige marine Fähigkeiten aufrechtzuerhalten. Darüber hinaus stellte die Einführung von elektrischen Torpedos einen bedeutenden Wandel in der Designphilosophie dar. Angetrieben von großen Batteriepaketen boten elektrische Torpedos aufgrund ihrer minimalen Kielwasserbildung Stealth-Vorteile, obwohl sie langsamer als ihre Verbrennungskollegen waren. Konstrukteure gingen die Herausforderungen im Zusammenhang mit Temperaturschwankungen und Batterieerschöpfung an, indem sie Vorwärmmechanismen und Regler zur Geschwindigkeitsregelung implementierten [269]. Länder wie Deutschland, Japan und die Vereinigten Staaten setzten elektrische Torpedos effektiv ein, insbesondere innerhalb ihrer U-Boot-Flotten, was die strategische Bedeutung von Tarnung in der Seekriegsführung unterstrich.

Um das durch Einzelpropeller erzeugte Drehmoment, das die Flugbahn eines Torpedos destabilisieren könnte, zu kompensieren, setzte sich das Design von gegenläufigen Propellern durch. Diese Innovation, die dem Davison-Design zugeschrieben wird, sorgte dafür, dass Torpedos einen stabilen Kurs beibehielten, was ihre Wirksamkeit in Kampfszenarien erhöhte [270]. Die Kombination dieser Antriebstechnologien – mechanisch, Verbrennung und elektrisch – veranschaulicht die Evolution des Torpedodesigns und das kontinuierliche Streben nach verbesserter Leistung und Zuverlässigkeit in der Seekriegsführung.

Die Aufrechterhaltung der richtigen Tiefe während des Laufs eines Torpedos ist entscheidend für den erfolgreichen Einsatz gegen das Ziel. Tiefenhaltesysteme in Torpedos nutzen eine Kombination aus hydrostatischen Sensoren und Steuerflächen, um das Gerät zu stabilisieren und seine Flugbahn anzupassen. Diese Systeme sind darauf ausgelegt, die gewünschte Tiefe beizubehalten, erfordern jedoch häufig Feinabstimmungen, um effektiv zu arbeiten. Historische Analysen zeigen, dass viele Nationen vor dem Krieg erhebliche Herausforderungen bei der Tiefenkontrolle ihrer Torpedodesigns hatten, was zu operativen Ineffizienzen und verfehlten Zielen führte [271].

Die Aufrechterhaltung der richtigen Tiefe während der Fahrt eines Torpedos ist entscheidend für den erfolgreichen Angriff auf das Ziel. Tiefenhaltesysteme in Torpedos verwenden eine Kombination aus hydrostatischen Sensoren und Steuerflächen, um das Gerät zu stabilisieren und seine Flugbahn anzupassen. Diese Systeme sind so konzipiert, dass sie die gewünschte Tiefe beibehalten, erfordern jedoch oft Feinabstimmungen, um effektiv zu funktionieren. Historische Analysen zeigen, dass viele Nationen vor dem Krieg erhebliche Probleme mit der Tiefensteuerung bei ihren Torpedodesigns hatten, was zu betrieblichen Ineffizienzen und verfehlten Zielen führte [271].

Beispielsweise stellte sich heraus, dass amerikanische Torpedos während des Zweiten Weltkriegs etwa 11 Fuß (3,4 Meter) zu tief liefen. Dieses Problem wurde erst durch umfassende Tests mit Zielenetzen, die von Konteradmiral Charles Lockwood in Australien geleitet wurden, vollständig verstanden [271]. Diese Tests zeigten, dass die Abhängigkeit von leichteren Übungssprengköpfen die Testdaten verfälscht hatte, was zu ungenauen Tiefeneinstellungen der Torpedos führte. Die Ergebnisse unterstrichen die Bedeutung rigoroser Tests und Kalibrierungen der Tiefenhaltesysteme, um die betriebliche Effektivität sicherzustellen.

Darüber hinaus zeigt die Komplexität der Anpassung der Steuerflächen an wechselnde Unterwasserbedingungen die Notwendigkeit ausgeklügelter Kontrollsysteme. Die Integration von hydrostatischen Sensoren und Steuerflächen ist entscheidend, um die gewünschte Tiefe zu erreichen, aber diese Systeme können anfällig für Kalibrierungsfehler sein, insbesondere bei Entwürfen vor dem Krieg. Die Herausforderungen, denen sich die Vereinigten Staaten in dieser Hinsicht gegenüber sahen, dienen als Fallstudie für die umfassenderen Probleme, mit denen andere Nationen bei der Entwicklung ihrer Torpedos konfrontiert waren [271].

Die Richtungssteuerung wurde durch Gyroführungssysteme erreicht, die Gyroskope nutzten, um den Torpedo auf seinem beabsichtigten Kurs zu halten. Diese Systeme erwiesen sich im Krieg als zuverlässig, da etwaige Konstruktionsfehler während der begrenzten Tests sofort erkennbar waren. Das Gyroskop wurde typischerweise durch einen Luftstrahl in Rotation gehalten, und einige Torpedos konnten nach dem Start einfache Kurskorrekturen ausführen. Später im Krieg wurden gelenkte Torpedos operationell, insbesondere akustisch gelenkte Torpedos, die Propellergeräusche von feindlichen Schiffen erkannten und verfolgten. Obwohl drahtgelenkte Torpedos experimentell erprobt wurden, waren sie bis zum Ende des Zweiten Weltkriegs noch nicht voll einsatzfähig.

Ein Torpedosprengkopf ist die explosive Nutzlast, die dafür ausgelegt ist, bei Erreichen oder Annäherung an das Ziel zu detonieren. Diese kritische Komponente gewährleistet die Tödlichkeit der Waffe, wobei verschiedene Technologien zusammenwirken, um die Explosion genau im beabsichtigten Moment auszulösen. Torpedosprengköpfe sind entscheidend für die Deaktivierung oder Zerstörung feindlicher U-Boote, Überwasserschiffe und anderer maritimer Ziele.

Die Funktionsfähigkeit eines Torpedosprengkopfes hängt von mehreren Schlüsselelementen ab, die jeweils eine entscheidende Rolle für seine Gesamtwirksamkeit und Tödlichkeit spielen.

Im Zentrum des Torpedosprengkopfes befindet sich ein hochexplosiver Stoff wie PBX (Plastic Bonded Explosives) oder Torpex. Diese Materialien werden aufgrund ihrer Fähigkeit ausgewählt, bei der Detonation starke Explosionen zu erzeugen, die Schockwellen erzeugen, die sich effektiv unter Wasser ausbreiten. Die Kraft dieser Schockwellen maximiert den Schaden, indem sie Hüllen durchbrechen, strukturelle Schäden verursachen und Abteilungen überfluten, was sie besonders verheerend gegen Schiffe und U-Boote macht.

Der Zündmechanismus steuert den genauen Moment, in dem der Sprengkopf explodiert. Torpedos sind mit verschiedenen Arten von Zündern ausgestattet, um unterschiedlichen taktischen Szenarien gerecht zu werden:

- Aufschlagzünder: Dieser Zünder löst den Sprengkopf bei direktem Kontakt mit dem Ziel aus und sorgt für eine sofortige Zerstörung beim Aufprall.
- Näherungszünder: Diese Zünder lösen den Sprengkopf aus, wenn der Torpedo in der Nähe des Ziels vorbeifährt. Diese Zünder verwenden häufig Sensoren – oft magnetische –, um den Schiffsrumpf zu erkennen und eine verheerende Schockwelle unter dem Kiel zu erzeugen.
- Verzögerungszünder: Dieser Zünder aktiviert sich erst, nachdem der Torpedo den Rumpf des Ziels durchdrungen hat, sodass die Explosion im Inneren des Schiffs erfolgt, um maximalen internen Schaden zu verursachen.

Der Sprengkopf ist in einem robusten Gehäuse untergebracht, das typischerweise aus hochfestem Stahl oder Verbundmaterialien besteht. Dieses Gehäuse ist entscheidend, um die strukturelle Integrität des Sprengkopfes während des Abschusses, des Fluges und des Aufpralls zu gewährleisten. Außerdem bietet es Schutz während des Transports und der Handhabung und sorgt dafür, dass der Sprengstoff unter verschiedenen Bedingungen stabil und sicher bleibt.

Moderne Torpedos enthalten fortschrittliche Sicherheitseinrichtungen, um eine versehentliche Detonation zu verhindern. Diese Mechanismen gewährleisten, dass der Sprengkopf unbewaffnet bleibt, solange er sich an Bord des Startschiffs befindet. Erst nachdem der Torpedo eine sichere Distanz zurückgelegt hat, wird der Sprengkopf scharf gemacht, wodurch das Risiko unbeabsichtigter Explosionen in der Nähe von befreundeten Schiffen oder U-Booten verringert wird. Diese Scharfeinrichtungen sind entscheidend für die Sicherheit im Einsatz und ermöglichen es der Besatzung, die Torpedos zu handhaben, ohne Angst vor einer vorzeitigen Detonation haben zu müssen.

Zusammen sorgen diese Komponenten – Sprengladungen, Zünder, Gehäuse und Sicherheitsmechanismen – dafür, dass der Sprengkopf eine kontrollierte, effektive und verheerende Wirkung entfaltet. Sie spiegeln die Präzision wider, die in der modernen Seekriegsführung erforderlich ist, wobei jedes Element zur Zuverlässigkeit, Sicherheit und Zerstörungskraft des Torpedos beiträgt.

Wenn sich ein Torpedo seinem Ziel nähert, spielen Sensoren und Gyroskope eine entscheidende Rolle bei der genauen Ausrichtung und der Aufrechterhaltung der richtigen Tiefe für einen effektiven Treffer. Moderne Torpedos sind oft mit drahtgeführten Systemen oder akustischen Suchtechnologien ausgestattet, die es dem U-Boot ermöglichen, während der Fahrt mit dem Torpedo zu kommunizieren. Diese Systeme ermöglichen Echtzeitkurskorrekturen und erhöhen die Genauigkeit, indem sie sich an Änderungen der Bewegung des Ziels oder an Umwelteinflüsse wie Strömungen anpassen. Dies stellt sicher, dass der Torpedo auf Kollisionskurs mit dem beabsichtigten Ziel bleibt.

Der Zündmechanismus des Sprengkopfes bestimmt den genauen Zeitpunkt der Detonation, je nach Missionsziel und Zieltyp: • Aufschlagzünder: Dieser Zünder löst den Sprengkopf beim direkten Kontakt mit dem Ziel aus und verursacht eine sofortige Explosion, die die Hülle des Schiffes durchdringen kann. • Näherungszünder: In diesem Fall detoniert der Torpedo, wenn er unter dem Kiel des Ziels vorbeifährt, wobei er sich auf magnetische Sensoren stützt, um die Struktur des Schiffs zu erkennen. Die Explosion erzeugt eine starke Schockwelle direkt unter dem Schiff, die oft den Kiel bricht. Diese Methode ist besonders wirksam beim Versenken größerer Schiffe, da die resultierenden strukturellen Schäden die gesamte Integrität des Schiffs beeinträchtigen.

Wenn ein Torpedosprengkopf unter Wasser detoniert, erzeugt er eine Hochdruckblase, die sich schnell ausdehnt und dann plötzlich zusammenbricht. Dieser schnelle Druckwechsel erzeugt eine zerstörerische Kraft, die den Rumpf des Ziels aufreißen und Abteilungen überfluten kann. Die immense Energie der Schockwelle beeinträchtigt die Auftriebskraft und Stabilität des Schiffs, was zu einem katastrophalen Versagen führt und oft dazu, dass das Schiff schnell sinkt. Diese Unterwasserdruckwirkung macht Torpedos zu besonders verheerenden Waffen in der Seekriegsführung, da die Druckdynamik in der dichten aquatischen Umgebung verstärkt wird.

Die Entwicklung von Sprengköpfen in modernen militärischen Anwendungen ist das Ergebnis jahrzehntelanger Forschung zu Sprengstoffen, Detonationsmechanismen und Abwurfstrategien. Diese historische Evolution lässt sich bis in den Zweiten Weltkrieg zurückverfolgen, als verschiedene Nationen bestrebt waren, ihre Zerstörungskraft durch innovative Sprengkopf-Technologien zu steigern.

Während des Zweiten Weltkriegs stellte der japanische Sprengstoff Typ 97 eine fortschrittliche Sprengkopf-Technologie dar. Die Japaner entwickelten Torpedos wie den Typ 93 "Long Lance", der eine stabile Mischung aus TNT und Hexanitrodiphenylamin verwendete. Diese Kombination war nicht nur leistungsstark, sondern auch äußerst unempfindlich gegen Erschütterungen, was den Umgang damit sicherer machte, während sie dennoch in der Lage war, mit Sprengköpfen von über 490 kg erheblichen Schaden an feindlichen Schiffen zu verursachen [272]. Im Gegensatz dazu setzten die Alliierten zunächst auf reines TNT, das sich gegen stark gepanzerte Ziele als unzureichend erwies. Infolgedessen wechselten sie zu Torpex, einer Mischung aus RDX, TNT und Aluminiumpulver, die 150 % mehr Sprengkraft als reines TNT bot und die Ausbreitung von Schockwellen unter Wasser verbesserte. Diese Weiterentwicklung machte Torpex-gefüllte Sprengköpfe gegen Ende des Krieges zum Standard bei den alliierten Streitkräften und trug erheblich zu ihren Seesiegen bei [272, 273].

PBX kombiniert hochexplosive Stoffe wie RDX (Research Department Explosive) oder HMX (High Melting Explosive) mit einem Polymerbinder. Diese Formulierung verbessert sowohl die Stabilität als auch die Leistung des Sprengstoffs und bietet eine erhöhte Sicherheit bei der Handhabung. Einer der wesentlichen Vorteile von PBX ist seine Widerstandsfähigkeit gegen versehentliche Detonation, was den Standards für Insensitive Munitions (IM) entspricht. Diese Eigenschaft sorgt dafür, dass der Sprengstoff auch unter ungünstigen Bedingungen, wie Aufprall oder extremen Temperaturen, stabil bleibt und somit ideal für Torpedos und andere Seemunition geeignet ist.

Einige moderne Sprengstoffe, wie PBXN-109, enthalten Aluminium in Pulverform in ihrer chemischen Zusammensetzung. Die Zugabe von Aluminium erhöht die Wärmeabgabe und die Intensität der Schockwelle bei der Detonation, was besonders bei Unterwasserexplosionen von Vorteil ist. Die verstärkte Energieabgabe sorgt für größeren strukturellen Schaden an angegriffenen Schiffen oder U-Booten und erhöht somit die Wirksamkeit des Sprengkopfes. Aluminiumbasierte Sprengstoffe werden heute häufig bei Unterwasserwaffen eingesetzt, da sie die zerstörerische Wirkung von Druckwellen und Rumpfdurchbrüchen verstärken.

Torpex, das während des Zweiten Weltkriegs entwickelt wurde, ist eine Mischung aus RDX, TNT (Trinitrotoluol) und Aluminium. Es wurde ursprünglich in Torpedos und Seeminen verwendet, da es im Vergleich zu reinem TNT stärkere Unterwasserexplosionen erzeugt. Obwohl inzwischen neuere Sprengstoffe entwickelt wurden, bleibt Torpex in modernen Sprengkopfkonstruktionen einflussreich. Seine Zusammensetzung verstärkt die Explosionseffekte und stellt sicher, dass Unterwasserexplosionen maximalen Schaden anrichten, indem sie intensive Schockwellen und Sekundärexplosionen erzeugen. Diese historische Formulierung dient weiterhin als Grundlage für einige moderne Sprengstofftechnologien und unterstreicht ihre Wirksamkeit in der maritimen Kriegsführung.

Moderne Sprengköpfe bauen auf diesen historischen Fortschritten auf und integrieren neue Sprengstoffverbindungen, um die Kraft und Zuverlässigkeit zu erhöhen. So verwenden zeitgenössische Torpedos wie der U.S. Mk 48 Mod 7 und der deutsche DM2A4 SeaHake Plastic Bonded Explosives (PBX), die RDX oder HMX in einem Polymerbinder mischen. Diese Formulierung erhöht nicht nur die Sprengkraft, sondern auch die Stabilität, wodurch die Zuverlässigkeit unter den extremen Bedingungen der U-Boot-Kriegsführung sichergestellt wird. Darüber hinaus nutzen moderne Sprengköpfe oft aluminiumbasierte Sprengstoffe, ähnlich wie Torpex, um die Wirksamkeit von Schockwellen unter Wasser zu verbessern. Zum Beispiel enthält PBXN-109, das im Mk 48 verwendet wird, Aluminiumpulver, um die Wärmeentwicklung und den Explosionsdruck zu verstärken, was es besonders effektiv bei Unterwasserexplosionen macht [274].

Sicherheitsüberlegungen haben auch zur Entwicklung von Insensitive Munitions (IM) geführt, die unempfindlich gegenüber versehentlichen Detonationen durch Erschütterungen, Aufprall oder Feuer sind. Diese Technologie reduziert das Risiko von unbeabsichtigten Explosionen während der Handhabung, Lagerung und des Transports erheblich und stellt einen wichtigen Fortschritt in der Sicherheit von Sprengköpfen dar.

In Bezug auf das Design von Sprengköpfen und Detonationsmechanismen nutzen moderne Torpedos ausgeklügelte Technologien, um ihre Wirkung zu maximieren. Hohlladungen werden eingesetzt, um die Explosionskraft in einen konzentrierten Strahl zu lenken, der selbst stark gepanzerte Schiffe durchdringen kann, bevor die Detonation erfolgt [275]. Außerdem sind magnetische Näherungszünder heute Standard, die es den Torpedos ermöglichen, das Magnetfeld des Schiffsrumpfs zu erkennen und unter dem Schiff zu detonieren, wodurch eine Schockwelle entsteht, die katastrophale strukturelle Schäden verursacht [276]. Fortschrittliche Torpedos wie der Mk 48 Mod 7 verfügen auch über programmierbare Detonationsmodi, die Aufschlag-, Näherungs- und Verzögerungsdetonationen umfassen, um verschiedene Ziele mit maßgeschneiderten Angriffsstrategien zu bekämpfen [277].

Die kontinuierliche Weiterentwicklung der Sprengkopftechnologie hat die moderne Seekriegsführung erheblich beeinflusst. Die heutigen Torpedos sind darauf ausgelegt, tödlicher zu sein, oft reicht bereits ein einziger Treffer aus, um ein Schiff zu versenken, und sie sind in der Lage, U-Boote durch den Einsatz von Magnetzündern effektiv zu neutralisieren. Darüber hinaus ermöglicht die Anpassungsfähigkeit programmierbarer Sprengköpfe präzise Angriffe auf eine Vielzahl von Zielen, darunter Überwasserschiffe und Landanlagen, was sicherstellt, dass moderne Seestreitkräfte einen strategischen Vorteil beibehalten.

Zünder, die den Sprengkopf bei Kontakt oder in der Nähe des Ziels zur Detonation bringen sollen, stellten erhebliche Zuverlässigkeitsprobleme dar. Die meisten Torpedos verwendeten Kontaktzünder, die auf Trägheit beruhten und ein Gewicht auf einen Schlagbolzen drückten, wenn der Torpedo sein Ziel traf. Sowohl die Deutschen als auch die Amerikaner stellten jedoch fest, dass ihre Kontaktzünder bei starken Aufschlägen häufig klemmten. Während Deutschland das Problem schnell behob, dauerte es bei der US-Marine länger, das Problem anzugehen, teilweise weil sie magnetische Zünder bevorzugten, die dazu entwickelt wurden, unter dem Kiel eines Schiffes zu detonieren, indem sie dessen Magnetfeld erkannten. Letztlich fanden sowohl die USA als auch Deutschland diese Magnetzünder als unzuverlässig und kehrten zu verbesserten Kontaktzündern zurück.

Das Konzept der Magnetzünder bestand darin, unter dem Schiffsrumpf zu detonieren und katastrophale Schäden zu verursachen, indem das Schiff „in der Mitte" durchbrochen wurde. Allerdings erwies sich die genaue Erkennung des Magnetfelds eines Schiffs in der Praxis als schwierig. Unterschiede in den Magnetfeldern verschiedener Breitengrade und die Komplexität, das Magnetfeld eines sich bewegenden Schiffs zu charakterisieren, machten die Zünder unzuverlässig, sodass beide Mächte während des Zweiten Weltkriegs die Technologie zugunsten zuverlässigerer Kontaktzünder aufgaben.

Die Torpedotechnologie hat sich durch Innovationen in den Bereichen Antrieb, Tiefensteuerung, Steuerung, Sprengkopfkonstruktion und Zünder weiterentwickelt. Jede Komponente spielt eine entscheidende Rolle, um sicherzustellen, dass der Torpedo sein Ziel effektiv erreicht und zerstört, aber die Komplexität dieser Systeme stellte historisch gesehen erhebliche Entwicklungsherausforderungen dar.

U-Boot-Infrastruktur zur Unterstützung von Torpedosystemen

Die Infrastruktur und technischen Systeme, die Torpedos auf modernen U-Booten unterstützen, sind hochgradig ausgereift und umfassen spezialisierte Ausrüstung für das Laden, die Lagerung, die Steuerung, den Abschuss und das Sicherheitsmanagement. Diese Systeme sind sorgfältig konzipiert, um sicherzustellen, dass Torpedos auch in feindlichen oder unter hohem Druck stehenden Unterwasserumgebungen effizient und sicher eingesetzt werden können.

Moderne U-Boote sind mit mehreren Torpedorohren ausgestattet – in der Regel zwischen vier und sechs Rohre am Bug und manchmal zusätzliche Rohre am Heck. Jedes Rohr ist darauf ausgelegt, Schwergewichtstorpedos wie den Mk48, der von der US-Marine verwendet wird, oder fortschrittliche Leichtgewichtstorpedos für die U-Boot-Abwehr zu handhaben.

Das Abschusssystem arbeitet mit Druckluft- oder Wasserdrucksystemen, um die Torpedos aus den Rohren zu schleudern. Druckluftsysteme setzen einen Luftstoß frei, um den Torpedo aus dem Rohr zu drücken, während Wasserdrucksysteme unter Druck stehendes Meerwasser verwenden, um dasselbe Ergebnis mit minimalem Lärm zu erzielen, wodurch die akustische Signatur des U-Boots verringert wird.

Abbildung 81: Ansicht der rechten Seite des Torpedoraums an Bord des nuklearbetriebenen Schnellangriffs-U-Boots der Los Angeles-Klasse USS HARTFORD (SSN 768). Die U.S. National Archives, Public Domain PDM 1.0, via Picryl.

Um Sicherheit und betriebliche Effizienz zu gewährleisten, sind Torpedorohre mit Verriegelungssystemen ausgestattet, die verhindern, dass sowohl die innere als auch die äußere Tür gleichzeitig geöffnet werden, um eine versehentliche Überflutung des U-Boots zu vermeiden. Darüber hinaus sorgen Rohrflut- und Entwässerungssysteme für den reibungslosen Ausstoß der Torpedos, indem der äußere Wasserdruck in der Tiefe ausgeglichen wird.

Da U-Boote über begrenzten Innenraum verfügen, ist eine sorgfältige Planung für die Lagerung und Handhabung von Torpedos erforderlich. Torpedos werden in speziell entwickelten Gestellen oder Halterungen gelagert, um sicherzustellen, dass sie während des Manövrierens oder bei rauer See sicher bleiben. Jeder Torpedo kann bis zu zwei Tonnen (4.400 Pfund) wiegen, weshalb automatisierte Handhabungseinrichtungen zum Laden der Torpedos in die Rohre verwendet werden.

Speziell entwickelte Ladevorrichtungen, wie Torpedoaufzüge oder Schienensysteme, transportieren die Torpedos von den Lagergestellen zu den Abschussrohren. Außerdem sind die Lade- und Lagersysteme klimatisiert, um die Degradation empfindlicher elektronischer Komponenten und Sprengköpfe zu verhindern.

Das Kampfführungssystem (CMS) spielt eine zentrale Rolle bei der Fähigkeit des U-Boots, Torpedos effektiv einzusetzen. Das CMS integriert Eingaben vom Sonar des U-Boots, Periskopen und anderen Sensoren und liefert Echtzeit-Daten zu Zielen und Umgebungsbedingungen.

Vor dem Abschuss speist das CMS Steuerungsinformationen in die Bordsysteme des Torpedos ein. Dazu können vorprogrammierte Wegpunkte oder Zielcharakteristika gehören, die sicherstellen, dass der Torpedo den optimalen Weg zu seinem Ziel einschlägt. Bei modernen drahtgelenkten Torpedos kann das CMS während des Laufs Korrekturen vornehmen, um sich an veränderte Bedingungen oder Zielbewegungen anzupassen.

Das Feuerleitsystem des U-Boots gewährleistet den präzisen Abschuss und die genaue Flugbahn der Torpedos. Moderne Feuerleitsysteme verwenden Drahtlenktechnologie, die es der Besatzung des U-Boots ermöglicht, während des Laufs eine Verbindung zum Torpedo aufrechtzuerhalten. Diese Verbindung erlaubt es der Besatzung, den Kurs des Torpedos basierend auf aktualisierten Sonardaten anzupassen, was zu einer höheren Genauigkeit und einem erfolgreichen Einsatz führt.

Akustisch selbstlenkende Torpedos, die sich auf bordeigene Sensoren stützen, um Ziele zu suchen, werden ebenfalls über das Feuerleitsystem gesteuert. Das U-Boot stellt sicher, dass der richtige Torpedo basierend auf den Eigenschaften des Ziels – wie feindlichen U-Booten oder Überwasserschiffen – und den Umgebungsbedingungen ausgewählt wird.

Die Sicherheit hat auf U-Booten oberste Priorität, um versehentliche Detonationen zu verhindern. Moderne Torpedosysteme enthalten Zündmechanismen, die den Sprengkopf erst aktivieren, wenn der Torpedo eine sichere Entfernung vom U-Boot zurückgelegt hat, um sicherzustellen, dass keine Gefahr für verbündete Kräfte besteht. Diese Mechanismen können die Detonation auch verzögern, bis der Torpedo die vorgesehene Tiefe oder Nähe zum Ziel erreicht hat.

Zusätzlich sind Torpedosicherungen und Failsafe-Systeme in die Infrastruktur integriert. Diese beinhalten manuelle Übersteuerungsoptionen, die es der Besatzung ermöglichen, einen Torpedo im Falle eines Systemfehlers zu deaktivieren. Periodische Tests der Sicherheitssysteme werden durchgeführt, um deren Zuverlässigkeit unter allen Betriebsbedingungen sicherzustellen.

Torpedosysteme auf U-Booten erfordern kontinuierliche Wartung und Diagnostik, um optimale Leistung zu gewährleisten. Moderne U-Boote sind mit automatisierten Diagnosetools ausgestattet, die den Status der Torpedorohre, Leitsysteme und anderer kritischer Komponenten überwachen. Regelmäßige Überprüfungen stellen sicher, dass die Druckniveaus von Druckluft oder Wasser für einen effektiven Torpedoabschuss aufrechterhalten werden.

Darüber hinaus ermöglichen modulare Designs eine schnelle Wartung oder den Austausch von Schlüsselteilen, wodurch Ausfallzeiten während des Einsatzes minimiert werden. Spezialisierte Wartungscrews sind darin geschult, empfindliche Komponenten wie Zündsysteme der Sprengköpfe und Führungsschaltungen zu handhaben und zu inspizieren.

Torpedosysteme von U-Booten sind auf akustische Tarnung ausgelegt. Abschusssysteme, insbesondere solche, die Wasser-Ram-Antriebe verwenden, sind so konfiguriert, dass sie den Lärm minimieren und die Wahrscheinlichkeit verringern, dass das U-Boot entdeckt wird.

Moderne Torpedosprengköpfe sind zudem so konstruiert, dass sie ohne die Bildung großer Luftblasen detonieren, die den Standort des U-Boots verraten könnten. Nach dem Abschuss werden die Rohre mit Meerwasser geflutet, um die neutrale Auftriebskraft des U-Boots zu erhalten und sicherzustellen, dass das Schiff nach dem Abschuss im Gleichgewicht bleibt.

Einige moderne U-Boote sind mit Mehrzweckfähigkeiten ausgestattet, sodass ihre Torpedorohre nicht nur Torpedos, sondern auch Raketen, Minen und Schwimmerausrüstung (SDVs) starten können. Diese Flexibilität ermöglicht es U-Booten, sich an unterschiedliche Missionsprofile anzupassen, von der U-Boot-Abwehr bis hin zum Minenlegen und verdeckten Spezialoperationen.

In diesen Konfigurationen müssen das Kampfführungssystem (CMS) und die Feuerleitsysteme in der Lage sein, verschiedene Arten von Nutzlasten zu handhaben und einen nahtlosen Übergang zwischen unterschiedlichen Missionszielen zu gewährleisten.

Raketensysteme und Einsatz

Moderne U-Boote sind mit hochentwickelten Raketensystemen ausgestattet, die ihre Fähigkeiten erweitern und es ihnen ermöglichen, eine Reihe von strategischen und taktischen Missionen durchzuführen. Diese Systeme umfassen ballistische Raketen zur nuklearen Abschreckung, Marschflugkörper für Präzisionsangriffe und Anti-Schiffs-Raketen für die maritime Kriegsführung. U-Boot-gestützte Raketensysteme sind sorgfältig in fortschrittliche Start-, Steuerungs- und Kampfmanagementsysteme integriert und machen sie zu einer beeindruckenden Waffe in der Seekriegsführung.

Von U-Booten abgefeuerte Raketensysteme sind entscheidende Bestandteile der modernen Seekriegsführung und bieten strategische Fähigkeiten, die die Abschreckung und operative Flexibilität verstärken. Diese Systeme lassen sich in drei Haupttypen unterteilen: U-Boot-gestützte ballistische Raketen (SLBM), landgestützte Marschflugkörper (LACM) und Anti-Schiffs-Raketen (AShM).

U-Boot-gestützte ballistische Raketen (SLBM)
SLBMs sind nuklearfähige Langstreckenraketen, die von U-Booten mit ballistischen Raketen (SSBN), auch „Boomer" genannt, eingesetzt werden. Diese Raketen sind ein wesentlicher Bestandteil der nuklearen Abschreckungsstrategie einer Nation, da sie eine versteckte Zweitschlagfähigkeit bieten. Durch den Start aus dem Unterwasserbereich können SLBMs es U-Booten ermöglichen, unentdeckt zu bleiben, während sie sich in strategischen Positionen befinden und bereit sind, mehrere Sprengköpfe auf entfernte Ziele abzufeuern. SLBMs sind einzigartig, da sie mit mehreren unabhängig zielbaren Wiedereintrittsfahrzeugen (MIRVs) ausgestattet sein können – einzelnen Nuklearsprengköpfen innerhalb einer Rakete, die jeweils separate Ziele an verschiedenen Orten treffen können.

Beispiele für SLBMs:

- **Trident II (D5):**
  - Wird von den US-amerikanischen und britischen Marinen betrieben und ist eine hochentwickelte SLBM mit einer Reichweite von über 12.000 km.
  - Sie kann bis zu 14 MIRVs tragen, die jeweils unabhängig voneinander zielbar sind, was sie zu einer der effektivsten strategischen Waffen der Welt macht.
- **RSM-56 Bulava:**
  - Entwickelt von Russland, wird die Bulava auf den Borei-Klasse-SSBNs eingesetzt.
  - Sie trägt mehrere Nuklearsprengköpfe und verfügt über fortschrittliche Gegenmaßnahmen, um Raketenabwehrsysteme zu umgehen.
- **JL-3:**
  - Gegenwärtig von China in Entwicklung, stellt die JL-3 ein Upgrade ihrer Vorgängerin JL-2 dar und verfügt über eine erweiterte Reichweite, die potenziell Ziele in den kontinentalen USA von chinesischen Gewässern aus erreichen kann.

SLBMs werden mit Kaltstartsystemen gestartet, ein Verfahren, das sicherstellt, dass die Rakete aus dem getauchten U-Boot sicher abgefeuert werden kann. Hier ist, wie der Vorgang abläuft:

- **Kaltstartsequenz:**
  - Komprimierte Luft oder Dampf stößt die SLBM aus ihrem Startrohr und treibt sie durch das Wasser nach oben, ohne dass die Raketentriebwerke gezündet werden.
  - Diese Methode minimiert Hitze und Druck im Inneren des U-Boots, verhindert Schäden und reduziert Geräusche, die die Position des U-Boots verraten könnten.

- **Zündung beim Auftauchen:**
    - Sobald die Rakete die Wasseroberfläche erreicht, zünden ihre Raketentriebwerke und treiben sie in Richtung des Ziels.
    - Die Rakete steigt schnell in die Atmosphäre auf und folgt einer ballistischen Flugbahn.
- **Mittlere Flugphase und Wiedereintritt:**
    - Während des Flugs verlässt die Rakete die Erdatmosphäre und tritt in den Weltraum ein, wo sie einer präzisen Flugbahn zum Ziel folgt.
    - An einem bestimmten Punkt gibt die Rakete ihre MIRVs frei, die jeweils unabhängig wieder in die Atmosphäre eintreten und auf ihre vorher festgelegten Ziele zufliegen.
- **Endphase:**
    - Die einzelnen Sprengköpfe sind mit präzisen Zielsystemen ausgestattet, die eine Genauigkeit beim Wiedereintritt gewährleisten.
    - Sie reisen mit hoher Geschwindigkeit, weichen Raketenabwehrsystemen aus und explodieren über oder in der Nähe ihrer Ziele, um verheerende Nuklearschläge zu liefern.

Abbildung 82: Eine Poseidon C-3 (UGM-73A) Flottenrakete startet nach dem Abschuss vom getauchten nuklearbetriebenen strategischen Raketen-U-Boot USS ULYSSES. Die U.S. National Archives, Public Domain PDM 1.0, über Picryl.

Vorteile von SLBMs:

• Stealth und Mobilität: U-Boote können SLBMs verdeckt einsetzen und bleiben dabei unentdeckt unter der Meeresoberfläche.

• Zweitschlagfähigkeit: Selbst wenn ein Gegner einen Überraschungsangriff startet, stellen SSBNs mit SLBMs sicher, dass ein nuklearer Vergeltungsschlag weiterhin möglich ist, was potenzielle Angreifer abschreckt.

• Erweiterte Reichweite und mehrere Ziele: Mit interkontinentaler Reichweite und MIRVs kann eine einzige Rakete mehrere hochwertige Ziele zerstören, die über große Flächen verteilt sind.

• Strategische Flexibilität: U-Boote mit SLBMs können in entfernten Gewässern patrouillieren und schnell auf sich verändernde geopolitische Bedrohungen reagieren.

Marschflugkörper für den Landangriff (LACMs)

Marschflugkörper für den Landangriff (LACMs) sind präzise U-Boot-gestützte Waffen, die entwickelt wurden, um Landziele mit hoher Genauigkeit zu treffen. Diese Raketen werden typischerweise von Jagd-U-Booten (SSNs) oder U-Booten mit Lenkwaffen (SSGNs) getragen und für taktische und strategische Angriffe eingesetzt. Im Gegensatz zu ballistischen Raketen folgen LACMs Flugbahnen in niedriger Höhe und passen sich dem Gelände an, wodurch sie schwer von feindlichen Radarsystemen zu entdecken sind. Ihre Kombination aus Präzision, Stealth und Manövrierfähigkeit macht sie zu einem wichtigen Werkzeug für moderne Marineoperationen.

Beispiele für U-Boot-gestützte LACMs [278-281]:

- **Tomahawk (BGM-109)**
  - Eine vielseitige Langstrecken-Marschflugkörper der U.S. Navy. Sie kann Ziele bis zu 1.600 km (1.000 Meilen) Entfernung treffen und ist damit effektiv für tiefgehende Präzisionsangriffe.
  - Der Tomahawk kann konventionelle oder nukleare Sprengköpfe tragen und hat verschiedene Versionen, darunter Block IV, der eine Umprogrammierung während des Flugs ermöglicht.
- **Kalibr (3M-54)**
  - Eine russische Marschflugkörper mit sowohl Landangriffs- als auch Anti-Schiff-Fähigkeiten. Sie wurde in jüngsten Konflikten eingesetzt und zeigte ihre Effektivität beim Angriff auf strategische Landziele von U-Booten aus.
  - Kalibr bietet mehrere Varianten mit Reichweiten zwischen 300 und 2.500 km, was sie sowohl für taktische als auch strategische Missionen geeignet macht.

Abbildung 83: Eine Tomahawk-Landangriffsrakete (T-LAM) steigt in die Luft, nachdem sie vom strategischen Raketen-U-Boot der US-Marine der OHIO-Klasse, der USS FLORIDA, abgefeuert wurde. Die U.S. National Archives, Public Domain PDM 1.0, über NARA & DVIDS Public Domain Archive.

Von U-Booten gestartete Marschflugkörper können entweder über Torpedorohre oder Vertikale Startsysteme (Vertical Launch Systems, VLS) abgefeuert werden, je nach Design und Fähigkeiten des U-Boots. Der Abschussprozess ist hochentwickelt, um Tarnung zu gewährleisten und den Erfolg der Mission sicherzustellen:

- **Start im getauchten Zustand**
    - U-Boote können Marschflugkörper (LACMs) aus einer getauchten Position abfeuern, was sicherstellt, dass sie unentdeckt bleiben.

  - Beim Einsatz von Torpedorohren wird die Rakete in einer wasserdichten Kapsel transportiert, die aus dem Rohr ausgestoßen wird. Sobald die Kapsel die Wasseroberfläche erreicht, öffnet sie sich und die Rakete zündet.
  - U-Boote mit VLS-Systemen können Raketen direkt nach oben durch Luken im Rumpf abfeuern, was den Startvorgang effizienter gestaltet.
- **Flugbahn und Navigation**
  - Nach dem Start fliegt die Rakete in niedriger Höhe und folgt einer vorprogrammierten Flugbahn, um der Radarerkennung zu entgehen.
  - Fortgeschrittene Navigationssysteme, einschließlich GPS und Geländeradar, ermöglichen der Rakete, komplexe Umgebungen zu durchqueren und ihre Flugbahn anzupassen, um Hindernisse zu vermeiden.
  - Die Rakete kann während des Fluges manövrieren, um sicherzustellen, dass sie auf Kurs bleibt, auch unter schwierigen Bedingungen oder beim Durchqueren feindlicher Verteidigungslinien.
- **Zielbekämpfung**
  - Beim Erreichen des Zielgebiets kann die Rakete optische oder Infrarotsensoren verwenden, um das Ziel präzise zu identifizieren.
  - In einigen Versionen kann die Rakete in der Nähe des Zielgebiets verweilen und auf Bestätigung warten, bevor sie zuschlägt oder auf ein neues Ziel umgeleitet wird.
  - Wenn die Rakete das Ziel erreicht, liefert sie ihren Sprengkopf mit höchster Genauigkeit ab und minimiert dabei Kollateralschäden.

Vorteile von LACMs:

- **Tarnung und Präzision:** LACMs fliegen in niedrigen Höhen und verwenden Geländefolgetechnologie, wodurch sie schwer von feindlichem Radar zu erkennen und abzufangen sind.
- **Hohe Reichweite und Flexibilität:** Mit Reichweiten von bis zu 2.500 km ermöglichen Marschflugkörper U-Booten, tief ins feindliche Gebiet aus sicherer Entfernung zuzuschlagen.
- **Kurskorrekturen während des Fluges:** Einige LACMs, wie der Tomahawk Block IV, können während des Fluges umprogrammiert werden, was den Kommandanten die Flexibilität gibt, Ziele basierend auf Echtzeitinformationen zu ändern.
- **Überlebensfähigkeit:** Das Abschießen aus einem getauchten U-Boot erhöht die Wahrscheinlichkeit eines erfolgreichen Angriffs, ohne die Position des U-Boots preiszugeben und somit die operative Geheimhaltung zu wahren.

LACMs bieten U-Booten eine entscheidende Erstschlagsfähigkeit, die es Nationen ermöglicht, hochrangige Ziele wie Kommandozentralen, Luftwaffenstützpunkte und Radarstationen mit minimaler Vorwarnung anzugreifen. Diese Raketen können auch in konventionellen Konflikten eingesetzt werden, um Infrastrukturen zu zerstören oder als Teil eines größeren koordinierten Angriffs unter Einbeziehung von Luft- und Seestreitkräften.

Die verdeckten Abschussfähigkeiten von LACMs machen sie ideal für Überraschungsangriffe oder Missionen, bei denen eine plausible Abstreitbarkeit erforderlich ist, wie z. B. präventive Schläge gegen feindliche Verteidigungen oder Führungskräfte. Darüber hinaus stellt die Fähigkeit, im getauchten Zustand zu starten, sicher, dass das U-Boot unentdeckt bleibt und sich sicher zurückziehen kann, um im Bedarfsfall erneut zuzuschlagen.

LACMs erweitern die strategische Flexibilität von U-Booten und machen sie unverzichtbar für die moderne Seekriegsführung. Ihre Fähigkeit, präzise und verheerende Schläge auszuführen und dabei Tarnung und Überlebensfähigkeit zu bewahren, stellt sicher, dass sie im Mittelpunkt der U-Boot-basierten Offensivoperationen stehen.

Schiffsabwehrraketen (AShMs)

Von U-Booten gestartete Schiffsabwehrraketen (AShMs) sind fortschrittliche Waffen, die darauf ausgelegt sind, Überwasserschiffe aus großer Entfernung anzugreifen. Diese Raketen ermöglichen es U-Booten, Kriegsschiffe, Frachtschiffe und feindliche Flotten weit über die Reichweite herkömmlicher Torpedos hinaus zu bekämpfen, was die Vielseitigkeit der U-Boote in der Seekriegsführung erhöht. AShMs sind sowohl in offensiven als auch in defensiven Operationen wirksam und bieten U-Booten ein mächtiges Werkzeug zur Neutralisierung von Bedrohungen an der Oberfläche.

Beispiele von U-Boot-gestarteten AShMs:

- **Harpoon (RGM-84)**
  - Die Harpoon ist eine vielseitige, langstreckige Schiffsabwehrrakete, die von der U.S. Navy und vielen verbündeten Marinen eingesetzt wird.
  - Sie verfügt über eine aktive Radarführung, die es ihr ermöglicht, feindliche Schiffe autonom zu verfolgen und anzugreifen.
  - Die Rakete hat eine Reichweite von über 120 km (75 Meilen) und fliegt in niedriger Höhe, was sie schwer zu erkennen und abzufangen macht.

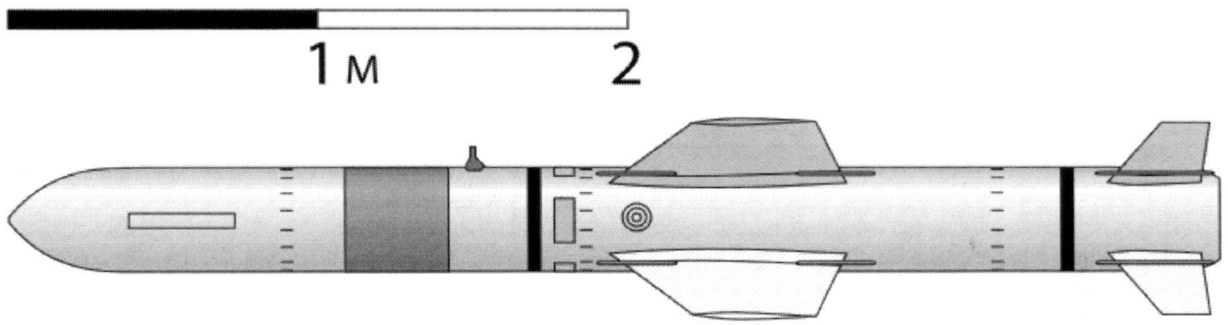

Abbildung 84: Harpoon-Rakete. Allocer, CC BY-SA 3.0, via Wikimedia Commons.

- Exocet
  - Entwickelt von Frankreich, ist die Exocet für ihre Effektivität in maritimen Konflikten bekannt, insbesondere während des Falklandkriegs.
  - Sie verwendet aktives Radar zur Zielerfassung in der Endphase des Fluges und fliegt dicht über der Wasseroberfläche in einem Seezielflug, was ihr hilft, der Radardetektion zu entgehen.
  - Die Exocet ist kompakt und kann von verschiedenen Plattformen aus gestartet werden, darunter U-Boote, Schiffe und Flugzeuge.
- Kalibr (Anti-Schiff-Variante)
  - Diese russische Rakete ist Teil der Kalibr-Raketenfamilie, wobei bestimmte Varianten für Anti-Schiff-Rollen entwickelt wurden.
  - Die Kalibr-Rakete verfügt über eine Seezielflugbahn, die ihre Radarsignatur verringert und ihre Fähigkeit zur Umgehung feindlicher Luftverteidigung verbessert.
  - Sie hat eine Reichweite von bis zu 300 km (186 Meilen), was sie zu einer idealen Waffe macht, um entfernte Oberflächenziele anzugreifen.

Abbildung 85: EXOCET MM 40 BLOCK 3. Marcomogollon, CC BY-SA 4.0, via Wikimedia Commons.

Betrieb von U-Boot-gestützten Anti-Schiffs-Raketen (AShMs)

Startvorgang: U-Boot-gestützte AShMs können auf zwei Hauptarten gestartet werden: durch Torpedorohre und vertikale Startsysteme (Vertical Launch Systems, VLS). Bei der Torpedorohre-Methode wird die Rakete in einem wasserdichten Behälter eingeschlossen, der sie vor der Unterwasserumgebung schützt. Sobald die Rakete die Wasseroberfläche erreicht hat, öffnet sich der Behälter, und der Raketenmotor zündet, sodass der Start heimlich erfolgen kann, während das U-Boot getaucht bleibt, was das Risiko einer Entdeckung minimiert [282]. Diese Tarnfähigkeit ist entscheidend, um die operationelle Sicherheit und den Überraschungseffekt bei Seegefechten zu gewährleisten.

Im Gegensatz dazu können U-Boote, die mit VLS ausgestattet sind, Raketen direkt aus vertikalen Zellen abfeuern, was die Startgeschwindigkeit und Flexibilität erheblich verbessert. Dieses System ermöglicht schnelle aufeinanderfolgende Starts, sodass das U-Boot mehrere Ziele schnell hintereinander angreifen kann, was besonders vorteilhaft gegen schnell bewegliche Bedrohungen ist [283]. Die Fähigkeit, mehrere Raketen in schneller Folge abzufeuern, kann feindliche Verteidigungen überwältigen, wodurch VLS bei modernen U-Booten bevorzugt wird [283].

Flugbahn und Lenkung: Nach dem Start nutzen AShMs fortschrittliche Lenksysteme, um Genauigkeit zu gewährleisten und der Entdeckung zu entgehen. Ein Hauptmerkmal ist das aktive Radarzielführungssystem, das nach dem Start aktiviert wird, um das Ziel autonom zu verfolgen, indem es sich an dessen Radarsignatur anheftet. Diese Fähigkeit ermöglicht es der Rakete, ihre Flugbahn in Echtzeit anzupassen, was die Chancen auf einen erfolgreichen Treffer erhöht [283]. Darüber hinaus sind AShMs so konzipiert, dass sie eine flache, wassernah verlaufende Flugbahn (Sea-Skimming) einhalten und knapp über der Wasseroberfläche fliegen. Diese niedrige Flughöhe verringert die Radarsignatur der Rakete erheblich, was es feindlichen Radarsystemen erschwert, sie zu erkennen und abzufangen [283]. Viele moderne AShMs verfügen zudem über Lenksysteme für die Flugmitte, die es ermöglichen, während des Flugs Updates zu empfangen und Echtzeitanpassungen an Zielbewegungen oder Abwehrmaßnahmen vorzunehmen [283]. Diese Anpassungsfähigkeit ist in dynamischen Gefechtssituationen, in denen sich Ziele unvorhersehbar bewegen können, von entscheidender Bedeutung.

Zielerfassung: Die letzte Phase des Betriebs einer AShM umfasst die präzise Zielerfassung und den Aufschlag. Wenn die Rakete sich dem Ziel nähert, wechselt sie in den Endanflugmodus, wobei sie sich auf die Signatur des Schiffes konzentriert, um eine genaue Trefferquote sicherzustellen [283]. Viele AShMs sind so programmiert, dass sie während dieses letzten Anflugs beschleunigen und in einem flachen Winkel auf das Ziel treffen. Diese Taktik erschwert die Abwehr durch traditionelle Luftverteidigungssysteme, da die hohe Geschwindigkeit und der flache Anflugwinkel die Zeit für Gegenmaßnahmen verringern [283].

Beim Aufprall detoniert der Sprengkopf der Rakete und erzeugt eine starke Druckwelle, die erhebliche Schäden am Zielschiff verursachen kann. Die Explosion kann den Rumpf durchbrechen, kritische Systeme außer Kraft setzen oder an Bord befindliche Munition und Treibstoff entzünden, was das Schiff entweder versenken oder es kampfunfähig machen kann [283]. Die zerstörerische Wirkung von AShMs unterstreicht ihre Rolle als erhebliche Bedrohung für Marinekräfte.

Vorteile von U-Boot-gestützten AShMs:

- Erweiterte Reichweite: AShMs ermöglichen es U-Booten, feindliche Schiffe außerhalb der effektiven Reichweite von Torpedos anzugreifen, wodurch das Risiko eines Gegenschlags verringert wird.
- Tarnung und Überraschung: Der Start aus getauchter Position ermöglicht es dem U-Boot, unentdeckt zu bleiben, während es präzise Angriffe durchführt.
- Vielseitige Einsatzmöglichkeiten: AShMs bieten U-Booten die Fähigkeit, eine Vielzahl von Oberflächenfahrzeugen, von Zerstörern bis hin zu Frachtschiffen, ins Visier zu nehmen.
- Wassernah fliegende Rakete: Der niedrige Flugweg der Rakete hilft, feindlichem Radar zu entkommen und macht die Abfangung schwierig.

AShMs spielen eine entscheidende Rolle im Antischiffs-Krieg, indem sie U-Booten die Fähigkeit verleihen, Ziele in großer Entfernung und mit Präzision anzugreifen. Diese Raketen sind von unschätzbarem Wert für die Küstenverteidigung, die Durchsetzung von Blockaden und die Interdiktionsoperationen der Flotte, die es U-Booten ermöglichen, feindliche Schiffe zu neutralisieren, bevor sie eine direkte Bedrohung darstellen können.

U-Boot-gestützte AShMs werden häufig in gemeinsamen Marineoperationen eingesetzt, bei denen sie neben Oberflächenfahrzeugen und Flugzeugen arbeiten, um die Seehoheit zu erreichen. Darüber hinaus machen die heimlichen Startfähigkeiten von AShMs sie gut geeignet für Überraschungsangriffe, um feindliche Flottenbewegungen zu stören oder feindliche Schiffe davon abzuhalten, strategische Gewässer zu betreten.

Raketenstartsysteme auf U-Booten Moderne U-Boote verlassen sich auf spezialisierte Raketenstartsysteme, um ihre Angriffs- und operationale Flexibilität zu verbessern. Es werden zwei primäre Startsysteme verwendet: vertikale Startsysteme (Vertical Launch Systems, VLS) und Torpedorohre. Beide Systeme bieten einzigartige Vorteile und ermöglichen es U-Booten, verschiedene Raketen effektiv je nach Missionsanforderungen einzusetzen.

Vertikale Startsysteme (VLS) stellen eine ausgeklügelte Technologie zum Einsatz von Raketen dar, die von vielen modernen U-Booten verwendet wird. Diese Systeme bestehen aus vertikalen Startzellen, die direkt in den Rumpf des U-Bootes integriert sind, wodurch die Feuerkraft und die operationale Effizienz verbessert werden. VLS ermöglicht es U-Booten, eine Vielzahl von Raketen in startbereiter Position mitzuführen, wodurch schnelle Reaktionsmöglichkeiten gewährleistet werden und der Bedarf an komplexen Nachladevorgängen während der Missionen reduziert wird.

Die Hauptfunktionalität von VLS dreht sich um sein Design, bei dem Raketen einzeln in speziellen Startzellen untergebracht sind. Jede Zelle ist mit einer Rakete vorbeladen und befindet sich vertikal innerhalb der Struktur des U-Bootes. Diese Konfiguration ermöglicht es dem U-Boot, verschiedene Raketenarten, einschließlich Landangriffs-Kreuzraketen, Anti-Schiffs-Raketen und U-Boot-gestützten ballistischen Raketen (SLBMs), einzusetzen. Das Design gewährleistet, dass Raketen direkt aus den Zellen gestartet werden können, wodurch die Notwendigkeit entfällt, durch Torpedorohre zu gehen, was den Startvorgang rationalisiert und die Effizienz maximiert.

Abbildung 86: Die Luken der 12 vertikalen Tomahawk-Raketentuben stehen offen an der Bugseite des nuklear betriebenen Angriffs-U-Boots USS OKLAHOMA CITY (SSN-723). Die U.S. National Archives, Public Domain PDM 1.0, via Getarchive.

Ein wesentlicher Vorteil des vertikalen Startsystems (VLS) ist seine Vielseitigkeit bei der Unterbringung unterschiedlicher Raketenarten. Zum Beispiel ermöglicht es U-Booten, Tomahawk-Kreuzfahrtraketen für präzise Landangriffe oder SLBMs für nukleare Abschreckungsmissionen zu transportieren und zu starten. Diese Fähigkeit macht mit VLS ausgestattete U-Boote äußerst anpassungsfähig, da sie in verschiedenen strategischen Szenarien eingesetzt werden können, die von taktischen Angriffen bis hin zu strategischen Langstreckenmissionen reichen. Die Fähigkeit, mehrere Raketen schnell hintereinander abzufeuern, erhöht die Effektivität eines U-Bootes weiter, da es in der Lage ist, schnell auf mehrere Bedrohungen oder Ziele zu reagieren. Diese schnelle Reaktionsfähigkeit stellt sicher, dass U-Boote feindliche Kräfte oder Ziele ohne Verzögerung angreifen können, was einen strategischen Vorteil erhält.

Ein weiterer wesentlicher Vorteil von VLS ist die Reduzierung der Nachladezeit. Traditionelle Torpedorohrstarts erfordern komplexe Nachladeverfahren, die die Operationen, insbesondere in Kampfsituationen, verzögern können. Im Gegensatz dazu beseitigt VLS diesen Engpass, indem Raketen in einzelnen Startzellen vorbeladen werden. Dies ermöglicht es U-Booten, eine kontinuierliche Betriebsbereitschaft aufrechtzuerhalten, da die Raketen immer für einen sofortigen Start bereit sind. In hochriskanten Szenarien, in denen Geschwindigkeit und Präzision entscheidend sind, bietet VLS einen entscheidenden Vorteil, indem es Verzögerungen beim Raketenstart minimiert.

Ein Beispiel für VLS in Aktion sind die U-Boot-Kreuzer der Ohio-Klasse (SSGNs) der U.S. Navy. Diese U-Boote sind mit VLS-Zellen ausgestattet, die Dutzende von Tomahawk-Kreuzfahrtraketen transportieren können, was es ihnen ermöglicht, präzise Angriffe auf Landziele durchzuführen, während sie unter Wasser bleiben. Diese Fähigkeit unterstreicht den strategischen Wert von VLS, da sie U-Booten ermöglicht, verdeckte Einsätze durchzuführen, Überraschungsangriffe zu starten und in feindlichen Umgebungen unentdeckt zu bleiben. Die Integration von VLS auf

Ohio-Klasse SSGNs exemplifiziert die Bedeutung dieser Technologie in modernen Seekriegsführungen und hebt ihre Rolle zur Verbesserung sowohl der offensiven Fähigkeiten als auch der operationellen Flexibilität hervor.

Torpedo-Rohrstartsysteme bieten eine alternative Methode zur Bereitstellung von Raketen, insbesondere auf U-Booten, die keine vertikalen Startsysteme (VLS) besitzen. Diese Systeme nutzen dieselben Rohre, die für Torpedostarts ausgelegt sind, und bieten operationale Vielseitigkeit, ohne dass größere strukturelle Modifikationen erforderlich sind. Diese Dual-Use-Fähigkeit ermöglicht es U-Booten, sowohl Torpedos als auch Raketen aus einem einzigen Startsystem abzufeuern, was den Platz maximiert und taktische Flexibilität sicherstellt.

In diesen Systemen werden die Raketen in wasserdichten Kanistern in die Torpedorohre geladen. Nach dem Start reist der Kanister zur Wasseroberfläche, wo er sich öffnet und der Raketentriebwerk der Rakete zündet. Dieses Design ermöglicht es U-Booten, während des gesamten Startvorgangs untergetaucht zu bleiben und so ihren Stealth-Vorteil aufrechtzuerhalten, indem das Risiko der Entdeckung minimiert wird. Die Möglichkeit, Torpedorohr sowohl für Raketen als auch für Torpedos zu nutzen, verbessert die Einsatzmöglichkeiten eines U-Bootes, da es problemlos zwischen Anti-Schiff-, Anti-U-Boot- und Landangriffsrollen wechseln kann.

Ein bemerkenswertes Beispiel für dieses System in Gebrauch sind die Angriffs-U-Boote der Los Angeles-Klasse der U.S. Navy. Diese U-Boote sind in der Lage, Tomahawk-Kreuzfahrtraketen aus ihren Mk 48-Torpedorohr zu starten. Dies stellt sicher, dass diese U-Boote auch ohne VLS präzise Angriffe auf Land- und Seeziele durchführen können, was sie in verschiedenen Kampfszenarien äußerst effektiv macht. Die Nutzung von Torpedorohr für den Raketenstart ermöglicht es älteren oder kleineren U-Booten, bedeutende offensive Fähigkeiten beizubehalten, ohne dass strukturelle Verbesserungen zur Integration von VLS-Zellen erforderlich sind.

Ein weiteres Beispiel für den Raketenstart durch die Torpedorohr ist das Foxtrot-Klasse-U-Boot. Das Foxtrot-Klasse-U-Boot wurde hauptsächlich von der Sowjetunion während des Kalten Krieges entworfen und gebaut, mit dem Fokus auf die Bekämpfung von Oberflächenkräften und U-Boot-Operationen. Als dieselelektrisches Angriff-U-Boot waren seine primären Offensivwaffen Torpedos anstelle von modernen Kreuzfahrtraketen oder ballistischen Raketen. Es hatte jedoch einige Fähigkeiten, unter bestimmten Umständen spezielle Raketen durch seine Torpedorohr abzufeuern.

Abbildung 87: Russisches Foxtrot-Klasse-U-Boot B-39. Robert DuHamel, CC BY-SA 3.0, über Wikimedia Commons.

Primäre Waffensysteme der Foxtrot-Klasse-U-Boote:

- **Torpedos:** Die Hauptwaffe der Foxtrot-Klasse waren ihre Torpedos, die aus zehn Torpedorohren (sechs vorn und vier hinten) abgefeuert wurden. Die Torpedos konnten gegen sowohl Überwasserschiffe als auch U-Boote eingesetzt werden und stellten die wichtigste offensive Schlagkraft dar.
    - 53-65K Torpedo: Ein Anti-Schiff-Torpedo mit aktiver/passiver Sonarortung, der weit verbreitet in sowjetischen U-Booten genutzt wurde.
    - SET-65 Torpedo: Ein drahtgelenkter, elektrisch betriebener Torpedo, der primär für die U-Boot-Bekämpfung konzipiert wurde. o Typ 53-38/53-39: Ältere konventionelle, geradeauslaufende Torpedos, wirksam gegen Überwasserschiffe.
    - TEST-71 Torpedo: Ein fortschrittlicherer drahtgelenkter Torpedo mit verbesserter Zielsuche.
- **Fähigkeit für Marschflugkörper:** Obwohl das Foxtrot-Klasse-U-Boot ursprünglich nicht für den Einsatz dedizierter Marschflugkörper konzipiert war, wurden einige Varianten und Exportmodelle Berichten zufolge modifiziert, um Kurzstrecken-Marschflugkörper über die Torpedorohre abzuschießen. Diese Modifikationen waren jedoch nicht standardisiert und hingen von spezifischen operativen Anforderungen und Modernisierungen ab.
    - P-15 Termit (SS-N-2 ‚Styx‘): In begrenzten Fällen war das U-Boot in der Lage, diesen Anti-Schiff-Raketen aus seinen Torpedorohren abzufeuern. Der P-15 war eine relativ kurzreichende Rakete, die primär zur Küstenverteidigung gedacht war.

    - Kalibr (Club-S 3M-54-Variante): Es gibt unbestätigte Berichte, dass einige stark modifizierte oder nach dem Verkauf an andere Länder aufgerüstete Foxtrots experimentell in der Lage waren, Kalibr-Marschflugkörper aus Torpedorohren abzufeuern. Dies war jedoch nicht Teil der ursprünglichen Konfiguration des U-Bootes.
- **Seeminen:** Die Foxtrot-Klasse konnte auch für Minenlegeoperationen eingesetzt werden und Seeminen über ihre Torpedorohre abwerfen, um strategische Wasserwege zu blockieren oder die Bewegungen feindlicher Schiffe einzuschränken.

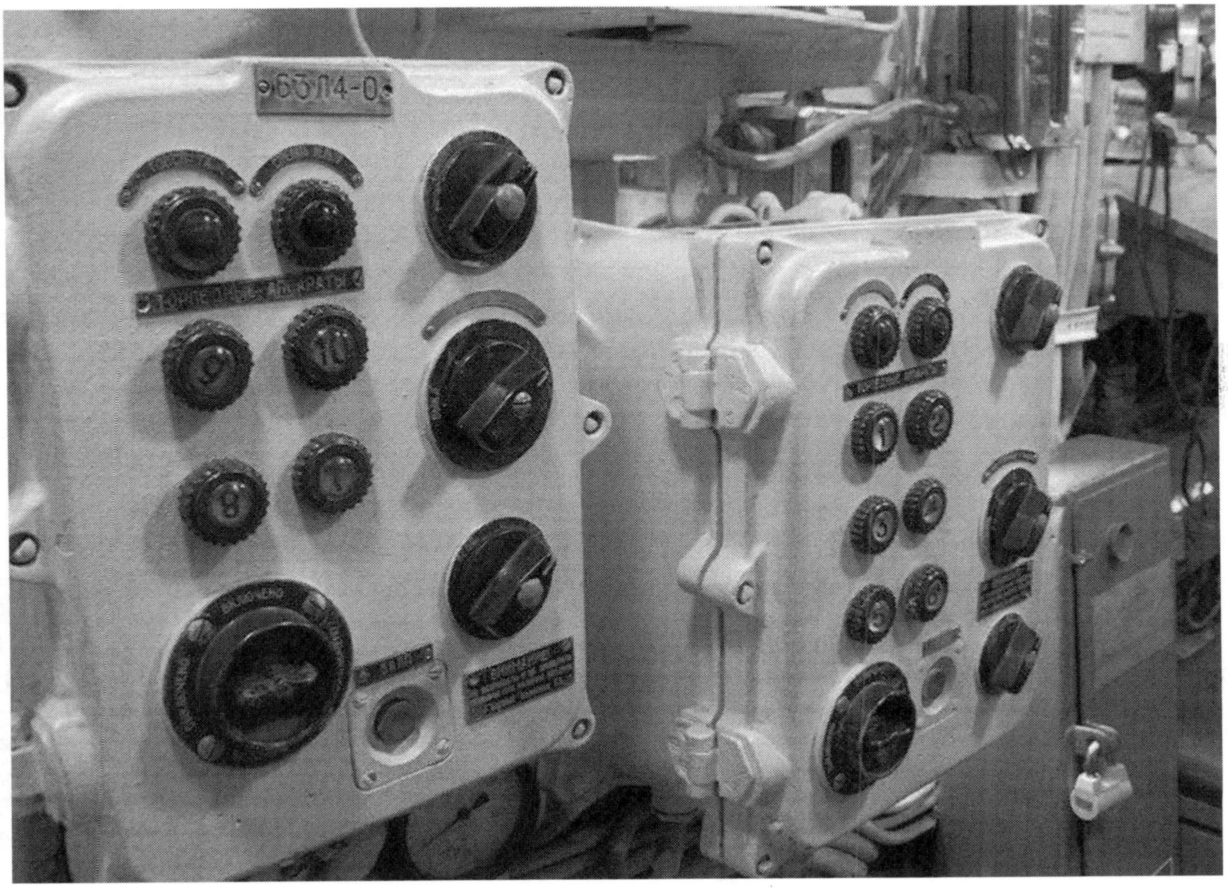

Abbildung 88: Torpedostartkontrollsystem auf U-Booten der Foxtrot-Klasse. Fastboy, CC BY-SA 3.0, via Wikimedia Commons.

Ein entscheidender Vorteil von Torpedorohr-Startsystemen besteht darin, dass sie die Fähigkeit zum Abschuss von Raketen ohne spezialisierte Infrastruktur beibehalten. Mit Torpedorohren ausgestattete U-Boote können sowohl Torpedos als auch Raketen abfeuern, was den Kommandanten eine größere taktische Flexibilität verleiht. Darüber hinaus stellt die unauffällige Natur des Torpedorohr-Abschusses sicher, dass das U-Boot während des gesamten Prozesses unentdeckt bleibt, da der Raketenstart unter Wasser erfolgt, was eine frühzeitige Warnung oder Entdeckung durch feindliche Kräfte verhindert. Diese Kombination aus Vielseitigkeit und Tarnung macht Torpedorohr-Startsysteme zu einer wesentlichen Ressource für U-Boote, die in komplexen und risikoreichen Umgebungen operieren.

Führungs- und Zielsysteme

Moderne U-Boot-Raketensysteme sind ein integraler Bestandteil der heutigen Seekriegsführung und nutzen fortschrittliche Führungs- und Zieltechnologien, um ihre operative Effektivität zu steigern. Diese Systeme sind darauf ausgelegt, komplexe Umgebungen zu durchqueren, Ziele präzise zu treffen und sich in Echtzeit an sich verändernde Kampfbedingungen anzupassen. Die Integration fortschrittlicher Trägheitsnavigationssysteme (INS) und der Global Positioning System (GPS)-Technologie ist entscheidend dafür, dass U-Boot-gestützte Raketen eine Vielzahl von Missionen mit hoher Präzision und Zuverlässigkeit ausführen können.

INS-Technologie ist besonders wichtig für U-Boot-gestützte ballistische Raketen (SLBM), da sie es ihnen ermöglicht, ihre Position und Flugbahn ohne die Abhängigkeit von externen Signalen wie GPS zu bestimmen. Diese Fähigkeit ist entscheidend für strategische Waffen, die unabhängig operieren müssen, insbesondere in Umgebungen, in denen GPS-Signale gestört oder blockiert werden könnten. INS nutzt Gyroskope und Beschleunigungsmesser, um eine präzise Navigation vom Start bis zum Einschlag zu gewährleisten, sodass SLBMs interkontinentale Ziele mit außergewöhnlicher Genauigkeit treffen können [281]. Die Bedeutung von INS in der Raketenführung wird durch seine Fähigkeit unterstrichen, autonom zu funktionieren, was für die Aufrechterhaltung der Tarnung und Überlebensfähigkeit von U-Booten während Operationen von entscheidender Bedeutung ist [284].

Für Marschflugkörper verbessert die Integration von GPS die Präzision, da diese Raketen komplexen Flugbahnen folgen und über vielfältiges Terrain navigieren können. Diese Technologie ist besonders vorteilhaft für Landangriffsmissionen, bei denen Raketen Hindernissen ausweichen und hochrangige Ziele präzise treffen müssen. Die Fähigkeit, über lange Entfernungen und durch unterschiedliche Landschaften hinweg genau zu bleiben, ist ein wesentlicher Vorteil, den die GPS-Integration bietet [284]. Darüber hinaus ermöglicht die Verwendung fortschrittlicher Führungsalgorithmen, wie solche, die auf Bézier-Kurven basieren, optimierte Flugbahnen, die die Wirksamkeit von Marschflugkörpern in der Endphase des Fluges verbessern [284].

Im Bereich der Anti-Schiff-Raketen nutzen Führungssysteme häufig sowohl aktive als auch passive Radarzieltechniken, um sich bewegende maritime Ziele effektiv zu bekämpfen. Bei der aktiven Radarführung sendet die Rakete Radarwellen aus, um Ziele zu erkennen und zu verfolgen, während die passive Radarführung auf reflektierten Signalen vom Ziel selbst basiert. Dieser doppelte Ansatz ermöglicht es Anti-Schiff-Raketen, sich auf bewegliche Schiffe zu fixieren und trotz der dynamischen Natur des Seekampfs effektive Treffer zu landen [285]. Die Entwicklung von Radar-Tarntechnologien erschwert zudem das Einsatzfeld, da moderne Anti-Schiff-Raketen mit Gegenmaßnahmen umgehen müssen, die ihre Entdeckungswahrscheinlichkeit verringern sollen [286].

Darüber hinaus verbessern Datenverbindungen die Leistung moderner U-Boot-gestützter Raketen erheblich, indem sie Korrekturen während des Fluges ermöglichen. Diese Verbindungen ermöglichen es Raketen, in Echtzeit Updates vom abschießenden U-Boot oder anderen Einheiten zu empfangen, sodass sie ihren Kurs an Zielbewegungen oder sich ändernde Bedingungen anpassen können. Diese Fähigkeit ist entscheidend für das Bekämpfen mobiler oder ausweichender Ziele und erhöht die Wahrscheinlichkeit erfolgreicher Treffer [287]. Die nahtlose Integration dieser Führungs- und Zieltechnologien stellt sicher, dass U-Boot-gestützte Raketen in verschiedenen operativen Bereichen hochwirksam bleiben und ihre Rolle als kritische Komponenten der offensiven Fähigkeiten eines U-Bootes weiter festigen.

Integration mit Kampfführungssystemen (CMS)

Das Kampfführungssystem (CMS) ist essenziell für den erfolgreichen Einsatz von Raketensystemen auf modernen U-Booten und fungiert als zentrale Schaltstelle für die Datenverwaltung, Koordination von Waffeneinsätzen und Sicherstellung des Missionserfolgs. Dieses ausgeklügelte System integriert Eingaben von verschiedenen Sensoren, darunter Sonar und Radar, und liefert eine taktische Übersicht in Echtzeit. Dadurch ermöglicht das CMS der Besatzung des U-Boots fundierte Entscheidungen bezüglich Raketenabschuss, Zielverfolgung und Durchführung der Gesamtmission zu treffen.

Das CMS spielt eine entscheidende Rolle bei der Koordination von Raketenabschüssen, insbesondere in komplexen Szenarien, bei denen mehrere Ziele oder Bedrohungen gleichzeitig angegangen werden müssen. Das System identifiziert und wählt den passenden Raketentyp basierend auf Missionsparametern, wie der Art des Ziels und den Umgebungsbedingungen, aus. Vor dem Start wird jede Rakete mit spezifischen Missionsdaten programmiert, die Wegpunkte, Flugbahn und Zielcharakteristika umfassen. Dies stellt sicher, dass die Rakete einer präzisen Flugroute zum Ziel folgt, ohne während des Fluges ständige manuelle Eingriffe zu benötigen.

In vielen Fällen bietet das CMS die Möglichkeit, mit der Rakete während ihres Flugs zu kommunizieren. Über verschlüsselte Datenverbindungen kann das U-Boot Echtzeit-Updates an die Rakete senden, sodass diese ihre Flugbahn anpassen kann, falls das Ziel den Kurs ändert oder neue Informationen verfügbar werden. Diese Fähigkeit zur Kurskorrektur ist besonders wertvoll in sich schnell entwickelnden taktischen Situationen, da sie die Genauigkeit und Effektivität der Rakete erhöht.

Darüber hinaus sorgt das CMS dafür, dass alle Raketenoperationen effizient und sicher durchgeführt werden. Durch die Verwaltung von Sensordaten und deren Integration mit den Raketennavigationssystemen minimiert das CMS die Gefahr von Eigenbeschuss und maximiert die Wahrscheinlichkeit, das beabsichtigte Ziel zu treffen. Die Fähigkeit des Systems, simultane Raketenabschüsse von verschiedenen Plattformen zu koordinieren, ermöglicht es dem U-Boot zudem, komplexe Angriffsmissionen präzise und schnell durchzuführen. Insgesamt ist das CMS eine entscheidende Komponente in der modernen U-Boot-Kriegsführung, da es eine nahtlose Integration zwischen Sensoren, Waffen und Entscheidungsprozessen der Besatzung gewährleistet, um taktische Überlegenheit zu erzielen.

Nukleare und konventionelle Fähigkeiten

Moderne U-Boote sind mit einer Vielzahl von Raketenfähigkeiten ausgestattet, die ihnen erlauben, sowohl in nuklearen als auch in konventionellen Kriegsszenarien effektiv zu operieren. Diese doppelte Fähigkeit erhöht die strategische Flexibilität von Marinen, da sie Optionen für Abschreckung und taktisches Engagement bietet. U-Boote, die beide Raketentypen abfeuern können, spielen eine wichtige Rolle in nationalen Verteidigungsstrategien, von der Aufrechterhaltung der nuklearen Abschreckung bis zur Unterstützung konventioneller militärischer Operationen.

Plattformen für U-Boot-gestützte ballistische Raketen (SLBM), wie etwa SSBNs (nuklear angetriebene ballistische Raketenträger-U-Boote), sind primär für nukleare Missionen ausgelegt. Diese Schiffe bilden das Rückgrat der strategischen Abschreckung eines Landes, da sie die Fähigkeit garantieren, auf einen nuklearen Angriff mit einem Vergeltungsschlag zu reagieren. Die von SSBNs transportierten Raketen sind typischerweise Langstreckenraketen mit interkontinentaler Reichweite und verfügen über Mehrfachsprengköpfe mit unabhängig steuerbaren Wiedereintrittsfahrzeugen (MIRVs), die es einer einzelnen Rakete ermöglichen, mehrere nukleare Sprengköpfe auf unterschiedliche Ziele zu richten. SSBNs bleiben kontinuierlich auf See, um sicherzustellen, dass ihre nuklearen Fähigkeiten auch dann betriebsbereit sind, wenn die landgestützten Nuklearkräfte angegriffen würden.

Im Gegensatz dazu sind Angriffs-U-Boote (SSNs) und U-Boote mit Lenkwaffen (SSGNs) vielseitiger und können neben potenziellen nuklearen Sprengköpfen eine Vielzahl konventioneller Raketen abfeuern. Diese U-Boote sind oft mit Marschflugkörpern wie Tomahawk oder Kalibr ausgestattet, die präzise Angriffe gegen militärische Infrastruktur, feindliche Kommandostellen und wertvolle Ziele an Land ermöglichen. Die Fähigkeit, Anti-Schiff-Raketen zu starten, erlaubt es diesen U-Booten zudem, feindliche Schiffe auf See anzugreifen und taktische Überlegenheit in maritimen Gefechtsszenarien zu erlangen.

Die doppelte Fähigkeit dieser U-Boote bietet militärischen Planern einen erheblichen Vorteil. In Friedenszeiten dient die Anwesenheit nuklear bewaffneter SSBNs als starke Abschreckung und schreckt potenzielle Gegner davor ab, nukleare oder großangelegte konventionelle Aggressionen in Erwägung zu ziehen. In Konfliktzeiten bieten SSNs und SSGNs die Flexibilität, sich in konventionellen Kampfhandlungen zu engagieren und verdeckte Angriffe auf feindliche Ziele durchzuführen oder umfassendere Marineoperationen zu unterstützen, ohne eine nukleare Eskalation herbeizuführen. Dieser gestaffelte Ansatz in der U-Boot-Einsatzstrategie stellt sicher, dass Marinen auf das gesamte Spektrum von Konflikten angemessen reagieren können, von konventionellen Gefechten bis hin zur strategischen nuklearen Abschreckung.

Letztendlich gewährleistet die Kombination aus nuklearen und konventionellen Raketenkapazitäten moderner U-Boote, dass diese Schiffe sowohl im Kriegs- als auch im Friedensfall relevante und effektive Werkzeuge bleiben. Ihre Fähigkeit, sich an verschiedene operative Anforderungen anzupassen—sei es die Aufrechterhaltung der nuklearen Abschreckung oder die Unterstützung konventioneller militärischer Operationen—macht sie zu essenziellen Ressourcen für Marinen weltweit, die sowohl die strategische Verteidigung als auch die taktischen Offensivfähigkeiten stärken.

Sonar und Unterwassererkennungstechnologien

SONAR (Schallnavigation und -ortung) ist eine entscheidende Technologie, die von U-Booten zur Unterwassererkennung und Navigation eingesetzt wird. Es fungiert sowohl als "Augen" als auch "Ohren" des U-Boots, insbesondere im getauchten Zustand, da traditionelle Methoden wie Radar unwirksam und Periskope nur begrenzt nutzbar sind. U-Boote verlassen sich stark auf Sonar-Bediener, die akustische Daten interpretieren, insbesondere wenn es zu gefährlich ist, das Periskop in der Nähe feindlicher Schiffe auszufahren. Diese Bediener liefern wesentliche Informationen über die Bewegungen nahegelegener Schiffe, wodurch das U-Boot sicher navigieren und eine Entdeckung vermeiden kann [288].

Der Hauptzweck von SONAR in U-Booten besteht darin, Objekte und Schiffe unter Wasser zu erkennen, zu identifizieren und zu verfolgen, um eine effektive Navigation, Überwachung und Kampffähigkeit zu gewährleisten. U-Boote operieren in Umgebungen, in denen die visuelle Erkennung aufgrund der Trübung und Tiefe des Wassers eingeschränkt oder unmöglich ist. Im Gegensatz zu Radar, das auf elektromagnetischen Wellen basiert, nutzt SONAR Schallwellen zur Navigation und Objekterkennung, da Schall im Wasser viel weiter und schneller reist. Moderne U-Boote verlassen sich stark auf SONAR-Systeme, um unentdeckt zu bleiben, Kollisionen zu vermeiden, feindliche Schiffe zu lokalisieren und Such- und Rettungsmissionen durchzuführen.

Im getauchten Zustand werden traditionelle Instrumente wie Periskope oder Radar weniger wirksam, was SONAR zum Hauptinstrument für die Situationswahrnehmung macht. U-Boote sind auf diese Systeme angewiesen, um andere Schiffe zu entdecken, aber auch, um ihr eigenes Geräuschniveau zu überwachen, um unentdeckt zu bleiben. SONAR liefert akustische Echtzeitdaten, die der Besatzung helfen, Bedrohungen einzuschätzen und die Sicherheit im Einsatz zu gewährleisten.

Alle Schiffe erzeugen Geräusche, während sie sich durch das Wasser bewegen. Das auffälligste Geräusch für einen Sonar-Bediener ist das durch die Schiffsschrauben erzeugte Geräusch, das sowohl Schall- als auch Überschallfrequenzen produziert. Maschinengeräusche innerhalb eines Schiffs strahlen ebenfalls durch den Rumpf ins Wasser aus und unterstützen so die Erkennung. Selbst wenn ein Schiff stationär ist, können subtile Geräusche wie Wellen, die gegen den Rumpf schlagen, wahrgenommen werden. Das Hauptziel der Sonarausrüstung auf U-Booten ist es, diese Unterwassergeräusche aufzunehmen und zu interpretieren, um die Anwesenheit und Bewegung feindlicher Schiffe zu beurteilen.

Moderne SONAR-Systeme sind hochentwickelt und nutzen eine Kombination aus aktivem und passivem SONAR, um die Erkennungsfähigkeit zu verbessern und dabei die Tarnung zu wahren. Diese Systeme bestehen aus mehreren Komponenten, darunter Hydrophone, Wandler, Verarbeitungseinheiten und hochentwickelte Software, die Schallinformationen interpretiert.

Congestion Driven Quadratic Placement

Phiroze N. Parakh, Richard B. Brown, Karem A. Sakallah
University Of Michigan
1301 Beal Ave, EECS - ACAL
Ann Arbor, MI. 48109-2122
1-(734)-647-0301
{phiroze, brown, karem}@umich.edu

1. ABSTRACT

This paper introduces and demonstrates an extension to quadratic placement that accounts for wiring congestion. The algorithm uses an A* router and line-probe heuristics on region-based routing graphs to compute routing cost. The interplay between routing analysis and quadratic placement using a growth matrix permits global treatment of congestion. Further reduction in congestion is obtained by the relaxation of pin constraints. Experiments show improvements in wireability.

1.1 Keywords

Congestion, Quadratic placement, Relaxed pins, Global routing, Routing models, Supply-demand.

2. INTRODUCTION[1]

The drive toward higher levels of integration has invalidated classical assumptions in VLSI CAD. Previous abstractions have proven to be inadequate, thus changing the intent of CAD from optimization of gates to the management of routing resources. A design that effectively uses its resources requires smaller area because inefficient utilization leads to more wire crossings, increased wire length and poor channeling.

With the advent of overcell routing, the goal of every place and route methodology has been to utilize all available active area to prevent spilling of routes into channels. It is this overflow of routes that accounts for an increase in area. "Congestion aware" global routers avoid this by constructing a set of routing trees for all nets in the design to match the global supply. Further heuristics are then applied to manage local congestion to enhance and improve the final route quality. The concept of supply and demand to drive global routers is favorably demonstrated in [13]. The objective of this global router is defined in terms of route uniformity and route density. However, this scheme and others like it are unlikely to achieve optimality because the quality of a routing solution is largely determined by the input placement, with congestion occurring where demand exceeds supply. Thus the need rises to model congestion within placement.

[1]This work was supported by ARPA/ARO. Contract: DAAH04-94-G-0327

Typical placement objectives involve reducing net-cut costs or minimizing wire length. Due to their constructive nature, min-cut based strategies minimize the number of net crossings but fail to uniformly distribute them [14]. Quad-partitioning schemes, first demonstrated in [8] did account for some global routing resources, but did not address supply nor account for internal routing. Congestion-driven placement based on multi-partitioning was proposed in [10], but was limited in the number of partitions due to the use of pre-computed Steiner trees. To our knowledge, congestion driven placement has not used congestion at a global level to update global placement. Alternatives to min-cut based schemes attempt to minimize wire length. The use of minimal wire length as a metric to guide placement has been successful in achieving good placement. However, it only *indirectly* models congestion and the behavior of the router. Reducing the global wire length helps reduce the *wiring demand*, but does not affect the *wiring supply*. It is entirely feasible for a minimum wire length solution to require more tracks for routing through a region, than are available. Therefore, schemes such as quadratic placement which are based solely on wire length minimization cannot adequately account for congestion. A simulated annealer in [1] used wire distribution functions and net bounding boxes for routing-resource demand modeling. However, the complexity of its wire model precluded a global view and forced the analysis to be performed in smaller blocks.

The quadratic fomulation for squared wirelength can be solved for a global minimum. However the solution contains much cell overlap which must be resolved by partitioning with appropriate constraints. This methodology is incapable of producing *sufficient non-overlap* to account for routing resources. This paper develops a framework that drives quadratic placement to relieve congestion while simultaneously solving for minimal wire length. Supply-demand weights are computed through appropriate modeling of routing resources on a region-based routing graph. These weights influence the quadratic placer into growing (or shrinking) regions based on resource demand. Repeated partitioning during quadratic placement allows the analysis to converge upon a dense routing grid. The dynamic behavior of this graph supports increasingly accurate supply-demand modeling at each iteration of the algorithm. The current implementation of the supply-demand algorithm creates global routes between regions using an A* search [2] algorithm and computes internal costs using a line-probe [3] heuristic. However, this component of the algorithm can be replaced with any appropriate route model. Further reductions in congestion, wire-length and area are obtained by the inclusion of relaxed pin constraints into the formulation.

Section 3 of the paper presents the key concepts in quadratic placement. Section 4 describes region-updating during quadratic placement along with the necessary framework for congestion analysis on a region-based grid. Results of this new methodology are presented in Section 5, followed by conclusions in Section 6.

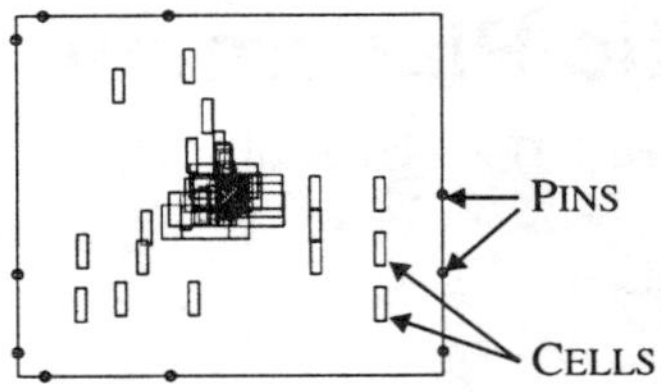

Figure 1. First iteration of Quadratic placement

3. QUADRATIC PLACEMENT

Quadratic placement engines [7, 6, 9] solve an unconstrained minimization problem, the objective function $\Phi_q(\boldsymbol{x}, \boldsymbol{y})$ of which is the squared wirelength

$$\Phi_q(x, y) = \sum_{i,j} a_{ij}(x_i - x_j)^2 + \sum_{i,j} a_{ij}(y_i - y_j)^2 \quad (1)$$

where $\boldsymbol{x}$ and $\boldsymbol{y}$ are coordinate vectors for the n cells and $a_{ij} \in \{0, 1\}$ represents connectivity between cells i, j. This can be represented in two systems of linear equations, separable in x and y. By expansion and proper assimilation of common terms, (1) can be rewritten in the more familiar form[1] of

$$\Phi_q(\boldsymbol{x}) = \frac{1}{2}\boldsymbol{x}^T Q \boldsymbol{x} + \boldsymbol{d}_x^T \boldsymbol{x} \quad (2)$$

and optimally minimized by solving $\nabla\Phi_q(\boldsymbol{x}, \boldsymbol{y}) = 0$, where $\boldsymbol{Q}$ is the $n \times n$ Laplacian matrix for the netlist. The vector $\boldsymbol{d}_x$ originates from the locations of the pins and can be adjusted to include port locations on the cells. The solution for Φ_q tends to group around the origin [Figure 1]. In order to disperse the cell locations and resolve overlaps, the solutions are partitioned and iterated upon.

The quadratic placer used in this work makes use of the GORDIAN algorithm by Klienhans et. al [7]. Initially, Φ_q is constructed and minimized to obtain the $\boldsymbol{x}$ and $\boldsymbol{y}$ coordinates. These vectors are used to aid the partitioner in generating new regions. New center of gravity constraints are then imposed upon each region. The process is repeated, alternating in horizontal and vertical directions until each region represents an individual cell. Generating center-of-gravity constraints for each region has the effect of distributing the cells by forcing the area-weighted mean location of cells within a region to correspond to the region's center of gravity. These constraints are embedded into (2) through $\boldsymbol{Z}$, yielding the unconstrained linear system

$$\psi(\boldsymbol{x}_I) = \frac{1}{2}\boldsymbol{x}_I^T \boldsymbol{Z}^T \boldsymbol{C} \boldsymbol{Z} \boldsymbol{x}_I + c^T \boldsymbol{x}_I \quad (3)$$

on the $\boldsymbol{x}_I$ independent cells. Which can be minimized by setting $\nabla\psi(\boldsymbol{x}_I) = 0$, and solving

$$\boldsymbol{Z}^T \boldsymbol{C} \boldsymbol{Z} \boldsymbol{x}_I = -c \quad (4)$$

Quadratic placement algorithms require pin locations, else they return a trivial solution with all cells at the origin. Graphically, the pins stretch the network of cells to induce a valid placement solution, and therefore, they have a strong impact on the solution. While it may be prudent to assign pin locations based on floorplanning, or through other top-down pin-placement approaches, the location (or order) of these pins may aggravate the placement. Consider the fact that incorrect pin ordering could twist the design and thus create congestion. In order to reduce congestion, the placement should be able to influence the pin locations.

[1] Shown for the x-dimension only.

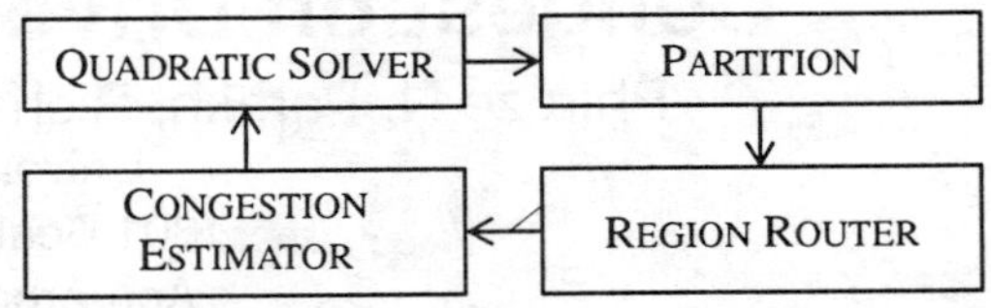

Figure 2. Congestion driven Placement methodology

4. CONGESTION DRIVEN PLACEMENT

Figure 2 illustrates the congestion-driven placement methodology. Fundamental to this technique is the need to model congestion and to influence the quadratic placer with a congestion metric. As in the GORDIAN algorithm, placement produced by minimizing the wire length metric is iteratively partitioned into regions, and placed with new center of gravity constraints. Before each successive placement, internal route estimation and a region-based global route are performed on each region to estimate supply-demand ratios. These ratios are used to influence the quadratic placer into growing (or shrinking) regions based on resource demand. Furthermore, congestion induced by incorrect pin ordering is relieved by relaxing the pin constraints to a single dimension. Experimental observations show that computing the internal and external routes takes much less time than a single minimization of Φ_q.

4.1 Growing and Shrinking Regions

For q regions, we define $\boldsymbol{G}$ as an $\langle n - q \times n - q\rangle$ diagonal *growth* matrix with entry g_{ii} equal to the region weight for the independent cell $\boldsymbol{x}_i$. If we let $\boldsymbol{x}_i' = \boldsymbol{G}\boldsymbol{x}_i$ and substitute for $\boldsymbol{x}_i$ in (4), we can obtain a global minimum of Φ_q by solving:

$$(\boldsymbol{G}^{-1}\boldsymbol{Z})^T \boldsymbol{C}(\boldsymbol{Z}\boldsymbol{G}^{-1})\boldsymbol{x}_i = -c' \quad (5)$$

with $c'^T = (\boldsymbol{C}\boldsymbol{x}_0 + \boldsymbol{d}_x)^T \boldsymbol{G}^{-1}\boldsymbol{Z}$. We know that $\boldsymbol{Z}$ forms a basis for the positive definite $\boldsymbol{C}$ [7], and since $\boldsymbol{G}$ is a diagonal matrix with positive diagonal entries, $\boldsymbol{G}^{-1}\boldsymbol{Z}$ will have the same form as $\boldsymbol{Z}$ and thus (5) is a positive definite system. Standard SOR or Krylov subspace solvers [12, 5] can be used to solve the linear system.

The use of $\boldsymbol{G}$, causes cell positions to reflect supply-demand ratios. Resource limited regions are expanded (or reduced) to account for the wiring demand imposed upon them. The horizontal ratio is used to stretch the region in $\boldsymbol{y}$, while the vertical ratio stretches the region in $\boldsymbol{x}$. The growth factors disperse modules within a region and influence other cell positions while permitting the solver to minimize Φ_q. Reduction in congestion occurs due to the ability of the model to transform horizontal routes into vertical and vice-versa. In Figure 3, if a region is deemed vertically congested, then a vertical expansion is performed. At this point, internal horizontal nets could become vertical, thus relieving congestion. Alternatively, if the region is shrunk horizontally, during the next iteration more nets from the previous iteration could become vertical, further relieving congestion.

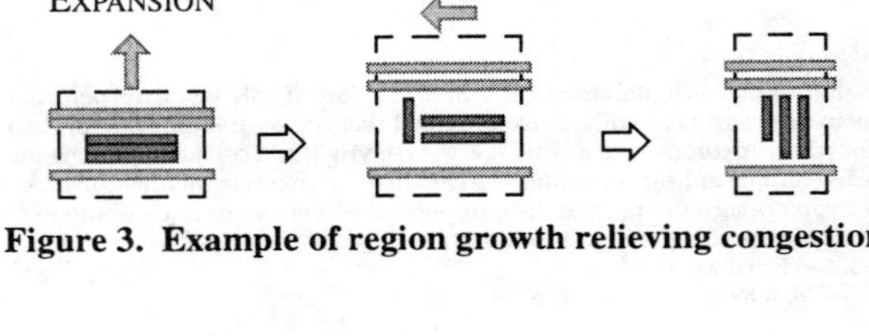

Figure 3. Example of region growth relieving congestion

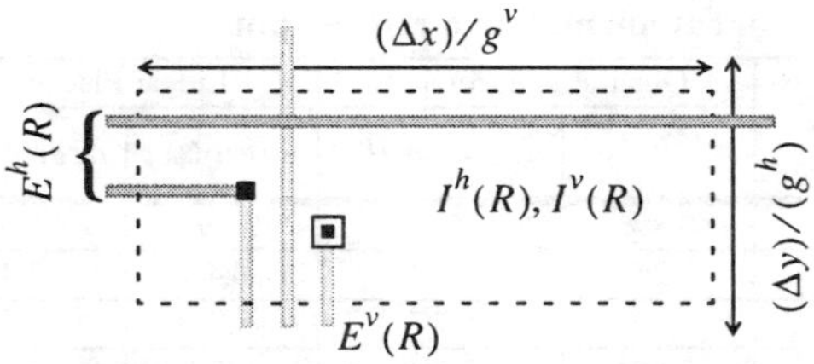

Figure 4. Region supply and demand components

4.2 Computing the Growth Matrix

After each minimization of ψ, the current regions are partitioned to generate a new set of regions. For each congestion analysis, a new routing graph is constructed using these regions. An important characteristic of this routing graph is its *dynamic* behavior. With each successive placement and partitioning, the granularity of the routing graph increases, thus increasing the quality of the analysis, until a detailed routing graph is achieved. Furthermore, since the regions reflect well-connected cells, they form a more appropriate routing graph than one produced for an arbitrary pitch. Together, these features permit the appropriate amount of supply and demand analysis at each iteration.

The supply created by each region R (Figure 4) is separated into horizontal and vertical components: R_s^h and R_s^v, and cannot exceed the capacity for the region, which is determined by the horizontal and vertical metal pitch (g^v, g^h). Internal blockages, reflecting pre-allocated routing channels and port locations on cells diminish the supply. Each cell $\mu \in R$ contributes μ_f to the total number of vertical and horizontal feed-thrus for the region. This amount is normalized to the width R_w (or height) of the region, thus producing the incident supply of a region

$$R_s^v = \frac{\sum_{\mu \in R} \mu_f^v}{(\sum_{\mu \in R} \mu_w)/R_w} \qquad (6)$$

where μ_w is the cell width. The horizontal component is expressed identically. Demand on each region is comprised of external, $E(R)$, and internal, $I(R)$, components

$$R_d^v = E^v(R) + I^v(R) \qquad (7)$$

The external cost originates from nets that span multiple regions and is computed by the region router. It is the sum of all region-routes that intersect it and includes routes that terminate within it. In order to compute the internal-route cost, a heuristic that mimics a line-probe router is used. Figure 5 illustrates the line-probe internal [3] cost for horizontal and vertical tracks. Once the supply and demand values for a region are determined, their difference determines the number of extra routing tracks required and therefore, the amount of region growth required to satisfy demand.

$$w_R^v = 1 - \frac{(R_s^v - R_d^v) \cdot g^v}{\Delta x_R} \qquad (8)$$

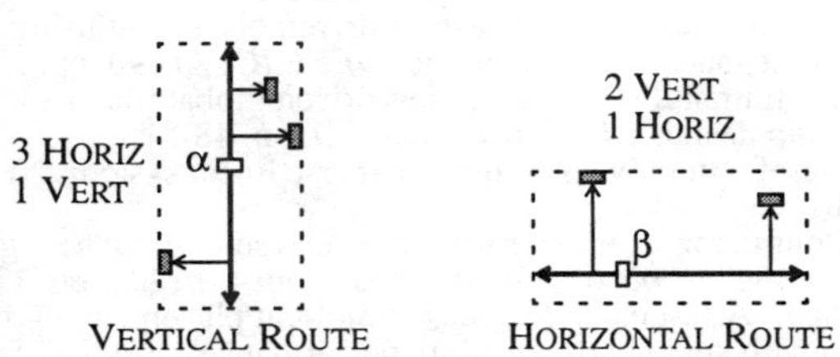

Figure 5. Internal routing model

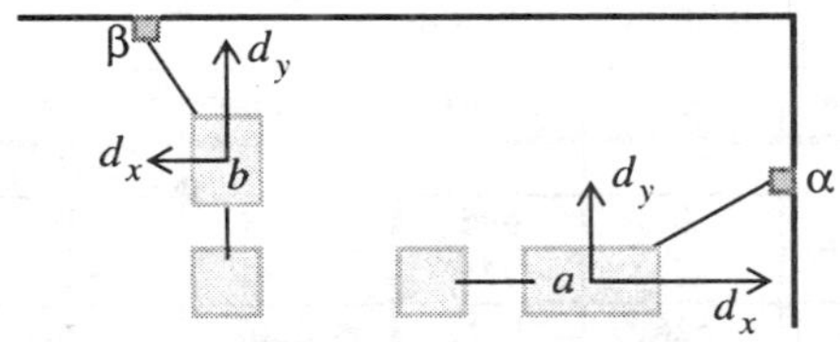

Figure 6. Effect of fixed pin locations

4.3 Relaxed Pins

The task of optimally assigning pin locations to a large block of standard cells is NP-complete. Consider the fact that the optimal pin location permits an optimal placement which is a known NP-complete problem. While classical top-down floorplanning does aid in establishing the locations of pins on a block, it does not consider the resultant effect on the block. A poor ordering of pins could, therefore, unduly "torque" the block, creating congested regions. This effect can be very pronounced in quadratic placers, where the placement solution, ultimately, is derived from the locations of the pins. From (2), we know that $\Phi(x)$ and $\Phi(y)$, are functions of d_x and d_y respectively, with each fixed pin imparting a d_x and d_y component to the layout. Thus pin α in Figure 6 pulls module a up as well to the right. It is obvious that module a will be unduly moved to minimize the vertical component on it. This effect can be nullified by setting the d_y component due to α, and likewise the d_x component for β, to zero. This has the effect of allowing α to track a vertically and β for b horizontally. In our experiments this approach produced wirelength reductions of as much as 7% for quadratic placement and 10% for linearized quadratic placement. Similar reductions in area were achieved, thus showing a reduction in congestion.

5. IMPLEMENTATION AND RESULTS

5.1 The Region Router

Routing algorithms are numerous. The algorithm for this application should accurately estimate supply and demand while maintaining computational efficiency. It is critical that the region router used in this methodology match the characteristics of the detailed router. Discrepancies between the characteristics of the two could lead to incorrect assumptions, causing the placer to create inappropriate placement for the final route. In this preliminary implementation, routing on the region-based graph was performed by an A^* algorithm [2]. The algorithm initially sorts the sinks in order of criticality (manhattan distance to source). The most critical sink is selected and routed to the nearest edge on the current tree. The tree is then updated with the new edges and the criticality of the remaining nodes are redetermined. The process terminates when all nodes are connected. In our methodology, it is not essential for the router to be congestion aware, as the placer will yield solutions that permit direct routes.

Two implementations of the sink lists can be considered: region-

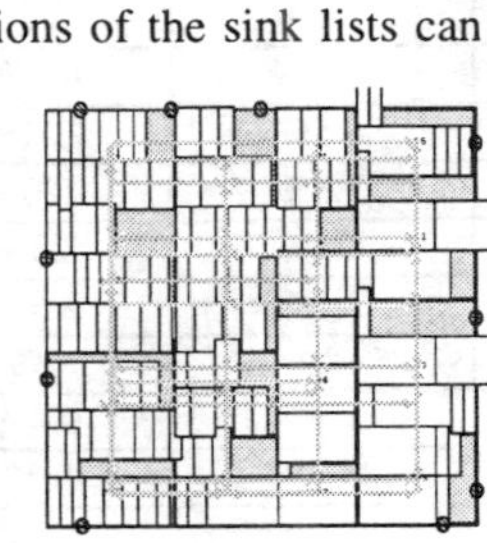

Figure 7. Global router on s298 in region center mode

Table 1: Benchmark Information

Module	Cells	Edges	Module	Cells	Edges
s298	133	404	s1494	653	2057
s444	202	595	s5378	2958	7527
s641	398	974	s9234	5825	14251
s1238	526	1602	s13207	8620	21122
s1423	731	2042	s15850	10369	25207
s1488	659	2057	s35932	17793	49517

based (Figure 7) and cell based. In the former, region centers are the sink locations for inter-region nets, while, in the latter, cell locations are used. An advantage of using region centers is the potential reduction in the number of sinks. However, this is accompanied by a loss of detail, as certain regions may not get intersected. This effect gets reduced at finer levels of partitioning until the region centers correspond very closely to the cell locations. In the current implementation routes are initially performed to cell locations. At later stages, a switch to region mode occurs, thus maintaining accuracy and efficiency.

5.2 Results

The congestion-driven algorithm, implemented in C, was incorporated into an existing quadratic placer provided by Cascade Design Automation. The numerical routines for sparse matrix operations [12] were obtained through use of the Meshach library [4]. A subset of netlists from the ISCAS-89 benchmark (Table 1), were placed and subsequently analyzed.

We express global flow uniformity as the average supply-demand excess over all edges, and local flow uniformity using standard deviation. When comparing two placements, a lower average reflects lower global congestion and a tighter standard deviation is representative of greater uniformity. The goal of a routing resource driven placement algorithm should be to minimize the global, local and maximum flow excess. The final analysis is performed on a uniform grid. The demand-supply excess, Δ_{DS}, is computed for each grid node and is processed to determine the global maximum, $max\{\Delta_{DS}\}$, average, $\overline{\Delta_{DS}}$ and standard deviation, $\sigma(\Delta_{DS})$. Table 2 lists the improvements in congestion, as measured by $max\{\Delta_{DS}\}$, $\overline{\Delta_{DS}}$ and $\sigma(\Delta_{DS})$ over the benchmark set. With larger designs such as s15850 and s35932, the local reductions in congestion tend to have less effect on the global average and uniformity. *wlen* is the total route length as determined by the A* global router which also creates the internal routes during the final analysis.

Table 2: Improvement over quadratic placement

Benchmark	*wlen*	$max\{\Delta_{DS}\}$	$\overline{\Delta_{DS}}$	$\sigma(\Delta_{DS})$
s298	0%	0.5%	2.2%	3.7%
s444	4%	14.9%	26.5%	17%
s641	6%	5.0%	21.8%	15.6%
s1238	2%	9.1%	18.7%	15.6%
s1423	2%	15.7%	6.6%	12.4%
s1488	2%	8.5%	11.1%	-1.9%
s1494	2%	7.8%	-6.0%	6.8%
s5378	5%	8.1%	8.3%	3.0%
s9234	2%	2.4%	2.5%	4.1%
s13207	4%	-8%	7%	3.0%
s15850	-1%	5.8%	0.4%	-0.8%
s35932	0%	12.8%	-0.1%	4.4%

Table 3: Improvement due to relaxed pins

Module	Quadratic placement		Linear Placement	
	$wlen_q(\mu)$	$area_q(mils)$	$wlen_l(\mu)$	$area_l(mils)$
s298	0.8%	-8.4%	9.3%	6.5%
s641	2.2%	-0.2%	10.4%	3.1%
s1238	7.1%	5.7%	-3.7%	-8.8%
s1488	3.6%	2.5%	1.9%	2.3%
s1494	2.1%	2.8%	1.9%	2.4%
s5378	7.2%	4.2%	3.2%	-1.1%
s9238	7.0%	4.5%	3.9%	-2.4%

Table 3 shows the effectiveness of relaxed pins in wire length reduction for a sample set of small to medium sized netlists. The effect of the enhancement on both quadratic and linearized quadratic placement is shown. The wirelength and area reductions were obtained after detailed routing using a router provided by Cascade Design Automation.

6. CONCLUSION

This paper presents a methodology for integrating congestion into quadratic placement. The inclusion of a growth matrix into the quadratic placement formulation permits the use of a routing model to resolve congestion while concurrently minimizing wirelength. Further reduction in congestion, reflected in wirelength and area reduction, is obtained by the relaxation of pin constraints. This implementation with an A* search router and line-probe heuristics showed up to 20% reductions in average demand-supply excess. Ongoing experiments have shown it capable of improving linearized quadratic placement, but a more accurate model of routing resources is required. The methodology holds promise for greater improvements in congestion, with the possibility of including crosstalk into the routing cost.

7. REFERENCES

[1] C. L. E. Cheng, "RISA: accurate and efficient placement routability modeling". *1994 IEEE/ACM ICCAD*, pp. 690-5.

[2] D. K. Boese et. al, "High-performance routing trees with identified critical sinks". *30th DAC, 1993,* pp 182-7.

[3] D. W. Hightower, "A solution to Line Routing Problems on the Continuous Plane", *6th Design Automation Workshop* 1969, pp. 172-174.

[4] E. S. David et. al, "Meshach: Matrix Computations in C". *Proceedings of the Center for Mathematics and its Applications.* Australian National University, vol. 32, 1994.

[5] G. H. Golub et. al, "Matrix computations", The Johns Hopkins University Press, 2nd ed.

[6] G. Sigl et. al, "Analytical placement: a linear or a quadratic objective function?". *28th ACM/IEEE DAC*, pp. 427-432.

[7] J. M. Kleinhans et. al, "GORDIAN: VLSI placement by quadratic programming and slicing optimization". *1991 IEEE TCADICS*, vol.10, no.3, pp. 356-5.

[8] P. R. Suaris et. al, "A quadrisection-based combined place and route scheme for standard cells". *1989 IEEE TCADICS*, vol.8, no.3, pp. 234-244.

[9] R. S. Tsay et. al, "PROUD: A Fast sea-of-gates placement algorithm". *25th DAC 1988*, pp 318-323.

[10] S. Mayrhofer et. al, "Congestion-driven placement using a new multi-partitioning heuristic". *IEEE ICCAD* 90, pp. 332-5.

[11] S. Prasitjutrakul et. al, "A timing-driven global router for custom chip design". *1990 IEEE ICCAD*, pp. 48-51.

[12] S. Yousef, "Iterative methods for sparse linear systems". PWS Publishing Company.

[13] W. Dongsheng et. al, "Performance-driven interconnect global routing". *Proc. 6th Great Lakes Symp. on VLSI*, pp. 132-6.

[14] Y. Saab, "A fast clustering-based min-cut placement algorithm with simulated-annealing performance". *1996 VLSI Design*, vol.5, no.1, pp. 37-48.

Potential_NRG: Placement with Incomplete Data

Maogang Wang, Prithviraj Banerjee and Majid Sarrafzadeh
Department of Electrical and Computer Engineering
Northwestern University, Evanston, IL 60208

Abstract

Traditional placement problems are studied under a fully specified cell library and a complete netlist. However, in the first, e.g., 2 years of a 2-3 year microprocessor design cycle, the detailed netlist is unavailable. For area and performance estimation, layout must nevertheless be done with incomplete information. Another source of incompleteness comes from reuse of instances from earlier design generations; these instances and their parameters will change as the project evolves. The problem of *placement with incomplete data* (PID) can be abstracted as having to place a circuit when p_c% of the cells and p_n% of the nets are missing. The key challenge in PID is how to add missing cells and nets.

In this paper, two "patching-methods" for adding missing nets and cells are proposed. The methods are called *abstraction* and *fusion*.

Experimental results are very interesting and illurstrative. First, they show that PID is a difficult problem and an arbitrary (and perhaps intuitively sound) method may not produce high-quality results. Experiments verify that the abstraction method is a very good predictor and that fusion is not because circuits produced by abstraction attain much of the properties of the origianl circuits. Summary Table 3 in Section 4 shows that when a circuit has 10% incompleteness, abstraction can predict the final total wirelength with an error of 5.8%, while fusion has a 67.8% error in predicting the wirelength in the same circuit.

1 Introduction

The placement problem has been an interesting and challenging problem for many years. Recently, performance-driven, issues related to deep submicron, reliability and many more factors make the placement problem even more challenging.

Numerous approaches to the placement problem have been proposed, such as force directed [1, 6], simulated annealing [8], and partitioning-based placement [3, 2, 5]. A constructive placement method that employs resistive networks as a working domain was proposed in [4]. In [9], there is a comparison between linear and quadratic cost functions. The linear cost function used in the GordianL placement tool achieves results with up to 20% less area than the quadratic cost function of the original Gordian procedure. Therefore, in this paper, we will use the half-perimeter cost function for area minimization.

Here we study the placement problem with incomplete data (PID). This problem is of fundamental importance since VLSI design is getting more and more complicated. A typical VLSI design will take 2 to 3 years to complete. In the first 2 years, a detailed netlist is not available. However, for area estimation and performance estimation, several placement runs are done with such incomplete information. Traditional placement problems are based on a fully specified cell library and a complete netlist. Obviously, this cannot handle this problem.

Another source of incompleteness will come from reuse of instances from earlier generations. The hardware instances are modified to some extent and more information may be added as the project moves forward. So even if we do have a complete cell library and netlist, this cell library and netlist will not be the same library and netlist as in the final version of the design. The designer will surely want to know how much he or she can trust the placement result. PID is the problem of trying to place the final design while only a part of the netlist and a fraction of the cell library is known.

In our experiments, we use MCNC benchmarks. We randomly delete p_n% of the nets and p_c% of the cells. We then try to re-construct the netlist using different "patching-methods". We compare the wire-length of the original circuit against the wire-length of the "patched" circuit as a basis to judge the quality of the proposed patching-methods. Experiments on different values of p_c and p_n and different benchmarks have been performed.

This paper is organized as follows: In Section 2 we formally described the *placement with incompleteness* problem followed by a detailed summary of approaches and implementations in Section 3. In Section 4, experimental results will be shown and discussed, followed by conclusions in Section 5.

2 Problem Formulation

The best way is to study PID problem is starting from a complete circuit. This circuit, including the complete netlist and the cell library, will be no doubt the only fair metric to measure how good any kind of PID algorithm is. A good algorithm will give a good prediction on area or performance using only part of the original circuit information.

Starting from a complete circuit $\mathcal{C}$, we can build an incomplete circuit $\mathcal{C}_i$ simply by deleting or modifying cells and nets from the original circuit $\mathcal{C}$. There are two numbers to quantitively measure the incompleteness, p_c and p_n. We denote by p_c the percentage of cells we deleted or modified from $\mathcal{C}$ to get $\mathcal{C}_i$. Similarly, p_n is the percentage of nets we deleted or modified from $\mathcal{C}$ to get $\mathcal{C}_i$. Now we are ready to describe the *placement with incompleteness* problem formally:

Given a complete circuit $\mathcal{C}(\mathcal{M},\mathcal{N})$, an incomplete circuit $\mathcal{C}_i(\mathcal{M}_i,\mathcal{N}_i)$ is formed by deleting a number of cells and nets from $\mathcal{C}(\mathcal{M},\mathcal{N})$. Two real numbers p_c and p_n satisfy the following conditions:

1. $0 < p_c < 1$, $0 < p_n < 1$.
2. $|\mathcal{M} \cap \mathcal{M}_i| = (1 - p_c) \cdot |\mathcal{M}|$
3. $|\mathcal{N} \cap \mathcal{N}_i| = (1 - p_n) \cdot |\mathcal{N}|$

We are going to make predictions on issues like final chip area, power consumption, etc., of the circuit $\mathcal{C}(\mathcal{M},\mathcal{N})$ based only on the circuit $\mathcal{C}_i(\mathcal{M}_i,\mathcal{N}_i)$ and parameters p_c, p_n. These predictions will be compared to the actual value of the circuit $\mathcal{C}(\mathcal{M},\mathcal{N})$.

This above description concludes the formulation of the placement problem with incomplete data. There will be numerous ways to obtain such predictions for circuit $\mathcal{C}$. In this paper, we are actually trying to "reconstruct" the circuit $\mathcal{C}$ from the incomplete circuit $\mathcal{C}_i$. Specifically, we are going to find a set of modules $\mathcal{M}_a$ and a set of nets $\mathcal{N}_a$. We use $\mathcal{M}_a$ and $\mathcal{N}_a$, together with $\mathcal{M}_i$ and $\mathcal{N}_i$, to form a new circuit $\mathcal{C}'((\mathcal{M}_a \cup \mathcal{M}_i), (\mathcal{N}_a \cup \mathcal{N}_i))$.

Figure 1 shows an example of a complete circuit $\mathcal{C}$ with 8 cells and 10 nets. The incomplete circuit $\mathcal{C}_i$ can be obtained by deleting cells $M4$, $M6$ and all the nets attached to them. Figure 2 shows the result of $\mathcal{C}_i$. In this case, $p_c = 25\%$ and $p_n = 20\%$ since only 2 nets are gone. We can add two new dummy cells, $N1$ and $N2$ and some dummy nets to get circuit $\mathcal{C}'$. Figure 3 shows a possible way to get $\mathcal{C}'$. Of course, most probably, $\mathcal{C}'$ will not be exactly the same as the original circuit $\mathcal{C}$. Our hope is that by using a "clever" way to get $\mathcal{C}'$, the placement result of $\mathcal{C}'$ will be very close to the placement result of $\mathcal{C}$.

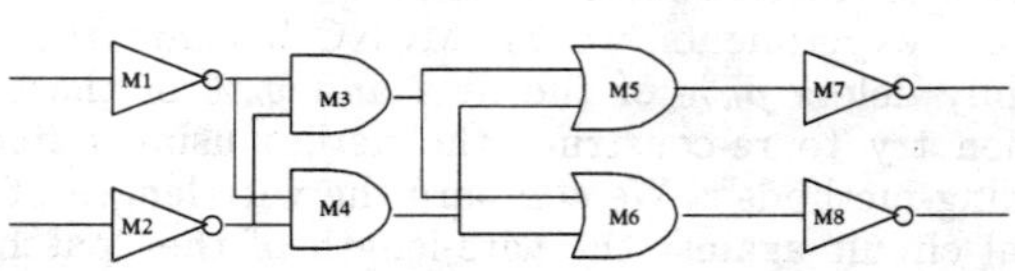

Figure 1: Original circuit $\mathcal{C}$.

In the next section, we will show our approaches to find $\mathcal{M}_a$ and $\mathcal{N}_a$.

Note that in this paper, we only try to make a prediction on the total net lengths, which is consistant with the final chip area. "Half perimeter bounding box" is what we will use to measure the length of each net.

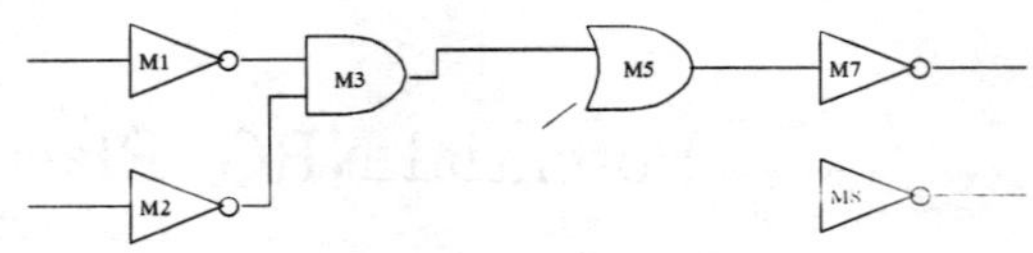

Figure 2: Incomplete circuit $\mathcal{C}_i$.

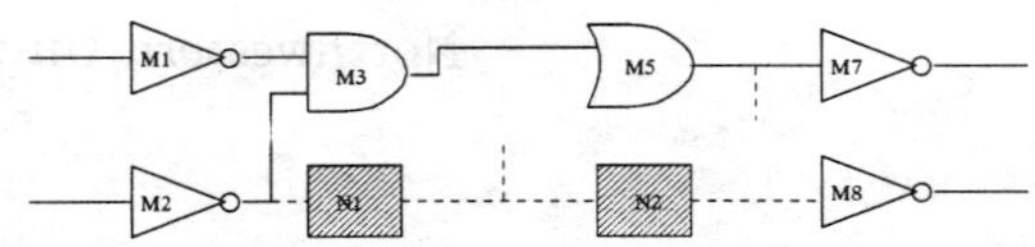

Figure 3: Reconstructed circuit $\mathcal{C}'$.

3 Our Approach and Implementation

Following the discussion in the previous section, sets $\mathcal{M}_a$ and $\mathcal{N}_a$ should be "similar" to sets $\mathcal{M}_i$ and $\mathcal{N}_i$ in circuit $\mathcal{C}_i$. The question is, what does "similar" mean here. Our interpretation is that they have similar statistics. For example, two module sets should have similar size distribution curves (to be discussed later).

There are a lot of possible statistics which we can use. Among these, we chose three of them to be the statistics for the module set. They are:

1. The size distribution of cells.
2. The number of terminals distribution on each cell.
3. The I/O type distribution of all terminals.

There is no question that the size of cells is the most important information in area estimation. Besides this, the number of terminals on each cell is also important since it determines the connectivity of each cell. The larger this number is, the larger the total final area will be. An appropriate I/O type distribution of terminals will assure a netlist similar to the original circuit. Without this I/O type distribution, any pair of terminals can be hooked up, leaving too much freedom to deal with.

The above is a brief description of these statistics and reasons why they are important to us. Based on these three statistics, we can write the psudo-code for finding missing cells, set $\mathcal{M}_a$ as following:

```
1. AddCell(circuit C_i, p_c) {
2.     Get these three statistics discussed above.
3.     n_c = p_c · |M_i|
4.     for i = 1 to n_c
5.         Create a cell data structure.
6.         Determine the size of this cell.
7.         Determine number of terminals on this cell
8.         Determine each terminal's type.
9. }
```

In Step 6, 7 and 8, we make use of those three statistics created in step 2.

After this procedure is done, we have added a set of cells $\mathcal{M}_a$ to the circuit $\mathcal{C}'$. These newly added cells are isolated since no nets are connected to them. The next step is to add some nets to the incomplete circuit $\mathcal{C}_i$. We will refer to all the existing nets already in $\mathcal{C}_i$ as "old nets" and all the nets we will add later as "new nets". Similarly, all the cells previously existing in $\mathcal{C}_i$ are called "old cells" and all the cells added by AddCell() are called "new cells".

Things are not so easy when finding the set of new nets, $\mathcal{N}_a$. The reason for this is because the set of nets is more like a graph, Similarity for graphs is very hard to define.

In the actual implementation, we use only one statistic for the set of nets, the number of terminals in each net. It is not clear what other statistics are also good, so we stick to this one for now. Even after deciding to use only one statistic, it is still difficult to get the whole missing netlist, the set $\mathcal{N}_a$.

The first thing we need to know is the number of nets to be added. This can be found by using the input parameter p_n.

After that, a natural scheme will be similar to what we did on adding new cells: Look at all the cells in the circuit, including those "old" cells in $\mathcal{C}_i$ and those "new" cells added by AddCell(), and create a list $\mathcal{L}$ of all the terminals unattached to any nets. Initially, this list $\mathcal{L}$ will include all terminals from all new cells and those unattached terminals in the old cells.

As the example shown in Figure 3, this list $\mathcal{L}$ will contain two pins in $N1$, two pins in $N2$ and the input pin in $M8$.

After the list $\mathcal{L}$ is created, for each to be added new net, first determine the number of terminals in it using the distribution function. Then assign terminals from the list $\mathcal{L}$ to this new net and delete those assigned terminals from the list $\mathcal{L}$. Repeat this procedure on the next to be added new net.

One of these following three cases will happen during this procedure.

1. List $\mathcal{L}$ is empty after all nets have been added. Then we have finished our reconstruction procedure on the circuit $\mathcal{C}'$.

2. There are no terminals left in list $\mathcal{L}$ when adding a new net. There is nothing we can do in this situation unless we add some new cells. In this case, we will just stop adding new nets.

3. There are still some terminals left in list $\mathcal{L}$ after all nets have been added.

Actually, case 3 will happen a lot in real life. This is because of the way we get the circuit $\mathcal{C}_i$. For example, if in the original circuit $\mathcal{C}$, a 4-pin-net is connected to cell A, B, C and D, and later we only delete cell D from the circuit $\mathcal{C}$ to form the circuit $\mathcal{C}_i$ while retaining cells A, B and C, then this net will still exist in the incomplete circuit $\mathcal{C}_i$, except that now it becomes a 3-pin-net instead of a 4-pin-net.

This fact suggests that some terminals in newly added cells should be assigned to an old net as well. That is why the number of terminals in list $\mathcal{L}$ is almost always larger than the total number of terminals in all new nets.

Based on this analysis, if case 3 happens, for each terminal left in the list $\mathcal{L}$, we will randomly pick either an old net or a new net and assign this terminal to it.

We will refer to this patch method as *fusion*.

However, *fusion* is not the only way to accomplish such a task. We have an alternative patching method, *abstraction*, described as the following: if case 3 happens, instead of assigning the remaining terminals to an existing net as in *fusion*, we will keep adding new nets and assign these terminals to these new nets until the list $\mathcal{L}$ becomes empty.

Since most terminals initially in list $\mathcal{L}$ are just terminals in new cells, in *abstraction*, all new cells are interconnected and rarely is there a connection between new cells and old cells.

We briefly summarize the difference between *fusion* and *abstraction* as in the following: In *fusion*, new cells are attached to both new nets and old nets, so they are connected to both old cells and new cells; while in *abstraction*, new cells are only attached to new nets, new cells form kind of a cluster since most of their nets are internal nets.

Another difference is that the circuit $\mathcal{C}'$ created by *abstraction* will have more nets than its counterpart created by *fusion*.

Intuitively, *fusion* makes much more sense than *abstraction*, since it appears that *fusion* will generate a circuit more like the original one, circuit $\mathcal{C}$, while *abstraction* will almost never look like $\mathcal{C}$.

Contrary to people's intuition, experimental results show that *abstraction* offers much more accurate prediction than *fusion* does. In the next section, we will present this interesting experimental result, followed by an explanation.

4 Experimental Results and Explanation

Fusion and *abstraction* were implemented using C++. All experiments were run on a Sun Sparc-20 workstation. Three MCNC benchmark standard cell circuits were used for experiments. Table 1 shows some basic statistics for these three benchmark circuits. We delete all the I/O pads from all three of these circuits, allowing us to concentrate on the effects of incomplete data on core cells. As shown in Table 1, circuit Nprimary1 is the MCNC benchmark circuit primary1 without I/O pads, and Nprimary2 and Nstruct are benchmark primary2 and struct without I/O pads, respectively.

We feed the reconstructed circuit to the high quality placement tool called NRG [7]. Since this is a statistical approach, we needed to run a good number of trials to get the data. So we run NRG in fast mode.

Circuit	# Cells	# Pins	# Nets	WL
Nprimary1	750	3062	1156	642853
Nprimary2	2907	11681	3671	3215512
Nstruct	1888	5407	1920	374940

Table 1: Statistics for tested benchmark circuits.

For each benchmark circuit $\mathcal{C}(\mathcal{M},\mathcal{N})$, for a specified degree of incompleteness p_c. We first delete $p_c \cdot |\mathcal{M}|$ cells and the nets attached to them to form $\mathcal{C}_i$. Then we run our two reconstruction procedures, *fusion* and *abstraction*, to get a "reconstructed" circuit $\mathcal{C}'$ (*fusion* and *abstraction* were discussed in detail in Section 3). After that, we use the NRG placement tool to get the total wirelength of $\mathcal{C}'$ and compare this value with the value of the original circuit $\mathcal{C}$.

Table 2 shows the total wirelength results achieved from the reconstructed circuit $Nprimary1'$. For each degree of incompleteness, column "WL" shows the average total wirelength over all trials; column "dev." shows the standard deviation of all trials, and "%err" shows the percent error compare to the real value from the original complete circuit Nprimary1.

It's clear that *fusion* has a much bigger error than *abstraction* for any percentage of incompleteness.

Since this is a non-deterministic procedure, standard deviation is another important factor to look at. However, there is not a clear pattern in this figure. All the data points are spread in the range between 0.7% and 1.7%. Standard deviation does not increase as the percentage of incompleteness increases. This is determined by the nature of *fusion* and *abstraction*. Since *fusion* and *abstraction* rely heavily on the statistics from the incomplete circuit C_i, the increase of incompleteness really does not affect the degree of randomness in reconstructing circuit C'. That is why the standard deviation does not increase along with the percentage of incompleteness.

Similar results for Nprimary2 and Nstruct were obtained from the experiments. Table 3 is a summary table of these three circuits. All the percent errors in Table 3 are the average percent errors among these three circuits.

From experimental results shown above, we can conclude that *abstraction*'s prediction is much more accurate than *fusion*'s. That is very surprising and counter-intuitive.

The reason why *abstraction* is better than *fusion* is because *fusion* mantains the original properties of the circuit.

A big conclusion from this is that the netlist topology is very important. It will have a huge effect on the total wirelength. In this particular *placement with incomplete data* problem, we should not try to change the circuit topology of existing netlist.

% in	Fusion			Abstraction		
	WL	dev.	%err	WL	dev.	%err
0%	642853	6782	0%	642853	6782	0%
5%	740452	11697	15%	609263	9470	-5%
10%	874490	14284	36%	605948	6398	-6%
15%	941024	12486	43%	593153	7697	-8%
20%	1080158	16305	68%	597267	4250	-7%
25%	1202426	10309	87%	599750	8384	-7%
30%	1231592	11368	92%	560518	9623	-13%

Table 2: Wirelength results for Nprimary1 after reconstructing the circuit.

% of incomp.	%err for fusion	%err for abstraction
0%	0%	0%
5%	43.9%	4.8%
10%	67.8%	5.8%
15%	91.8%	8.5%
20%	118%	9.1%
25%	141%	9.1%
30%	155%	16.0%

Table 3: Average wirelength prediction results for all three testing circuits.

5 Conclusions and Future Work

We formally proposed a new problem in placement area, placement with incomplete data. This problem arises along with the increasing complexity of current VLSI designs. It will become more and more important in the future.

We tried two approaches: *fusion* and *abstraction* as described in detail in Section 2. We want to see how good they can predict the final wirelength/ chip area using only an incomplete netlist and library.

Experimental results in Section 4 show that *abstraction* is a much better patching method than *fusion*. With 10% incompleteness in the circuit, *abstraction* can still predict the wirelength with an error of 5.8%; while *fusion* can have an error more than 50% even with a 5% incompleteness in the circuit.

Comparisons between *fusion* and *abstraction* shows that the netlist topology is essential to the final wirelength. In order to get a good prediction, we should try to preserve the original topology as much as possible.

References

[1] H. Anway, G. Farnham, and R. Reid. "Plint Layout System for VLSI Chip Design". In *Design Automation Conference*, pages 449–452. IEEE/ACM, 1985.

[2] M. A. Breuer. "A Class of Min-cut Placement Algorithms". In *Design Automation Conference*, pages 284–290. IEEE/ACM, 1977.

[3] M. A. Breuer. "Min-cut Placement". *J. Design Automation and Fault-Tolerant Computing*, 1(4):343–382, 1977.

[4] C. K. Cheng and E. S. Kuh. "Module Placement Based on Resistive Network Optimization". *IEEE Transactions on Computer Aided Design*, 3(3):218–225, 1984.

[5] A. E. Dunlop and B. W. Kernighan. "A Procedure for Placement of Standard Cell VLSI Circuits". *IEEE Transactions on Computer Aided Design*, 4(1):92–98, January 1985.

[6] C. P. Hsu et al. "APLS2: A Standard Cell Layout System for Double-layer Metal Technology". In *Design Automation Conference*, pages 443–448. IEEE/ACM, 1985.

[7] M. Sarrafzadeh and M. Wang. "NRG: Global and Detailed Placement". In *International Conference on Computer-Aided Design*. IEEE/ACM, November 1997.

[8] C. Sechen. *VLSI Placement and Global Routing Using Simulated Annealing*. Kluwer, B. V., Deventer, The Netherlands, 1988.

[9] G. Sigl, K. Doll, and F. M. Johannes. "Analytical Placement: A Linear or a Quadratic Objective Function". In *Design Automation Conference*, pages 427–431. IEEE/ACM, 1991.

Performance-Driven Multi-FPGA Partitioning Using Functional Clustering and Replication

Wen-Jong Fang and Allen C.-H. Wu
Department of Computer Science, Tsing Hua University
Hsinchu, Taiwan, 300, Republic of China
{Email: chunghaw@cs.nthu.edu.tw}

Abstract

This paper presents a new performance-driven partitioning method for multi-FPGA designs. The proposed method consists of three steps: (1) functional-cluster formation, (2) slack computation, and (3) set-covering-based partitioning with functional replication. The proposed method performs multi-FPGA partitioning by taking into account path delays and design structural information. We introduce a functional replication technique which performs circuit replications at the functional-cluster level instead of the cell level for delay and interconnect minimization. Experimental results on a number of benchmarks and industrial designs demonstrate that the proposed method achieves high-performance and high-density multi-FPGA partitions.

1 Introduction

In general, the traditional HDL-based design flow from initial specification to multiple-FPGA systems consists of two independent design phases. In the first phase, a synthesizer is used to transform an HDL design specification into a CLB-based netlist. In the second phase, a circuit-level partitioner is used to partition the CLB netlist into FPGA chips. The FPGA-based partitioning problem is quite different from the classical ASIC partitioning problem. Typically, mapping a design onto a set of FPGAs is predominately constrained by pin limitations. This often results in FPGA partitions with very low logic utilization.

In the past several years, many partitioning approaches and algorithms have been proposed to solve the FPGA partitioning problem. Most of the proposed algorithms [1, 2, 3, 4] focus mainly on cost minimization. There are only few algorithms targeted to delay minimization [5, 6]. Roy and Sechen [5] proposed a two-phased natural and adaptive clustering method, followed by a simulated-annealing-based N-way partitioning process for timing optimization of multi-chip designs. Sawkar and Thomas [6] devised a set-covering-based partitioning algorithm to minimize the number of chip crossings on each circuit path. All of the above approaches perform circuit-level partitioning on flattened gate-level or CLB-level netlists. They do not take into account design-hierarchy information.

In this paper, we present a new performance-driven partitioning method for multi-FPGA designs. The proposed method performs multi-FPGA partitioning by taking into account path delays and design structural information. Experimental results on a number of benchmarks and industrial designs are reported to demonstrate the effectiveness of the proposed method.

2 Problem Description

In our previous study [7], an integrated HDL synthesis and partitioning method was proposed for multi-FPGA partitioning. This method produces good partitions with high logic and low IO-pin utilizations. However, timing issues are not considered in this method. The research described in this paper extends this approach by focusing on timing optimization.

In order to achieve timing improvement, conventional methods usually impose higher weights on the critical paths during the partitioning process so that the delays on these critical paths can be improved by making sure components on these paths end up on the same chip. However, there are two potential problems when using this approach. First, when critical paths are improved, some noncritical paths may become critical due to excessive inter-chip routing delays. To guarantee a timing-violation-free multi-FPGA design, path delays have to be taken into account throughout the entire partitioning process. Second, due to limited I/O pins of FPGA chips, partitioning a design onto a set of FPGAs is usually constrained by the pin limitation. Forcing critical paths to be assigned to the same chip may increase the number of cut lines between chips. This often results in a partition using more FPGA chips. In order to reduce the cost, IO-pin limitations must be considered throughout the entire partitioning process.

Recent research results [8, 9] have shown that the cell replication approach is very effective in reducing of the number of cut edges in a partitioned circuit. The cell replication approach has been particularly useful for improving logic utilization of pin-limited devices such as multi-FPGAs [2, 6]. In addition, cell replication has also

†This work was supported by the National Science Council of R.O.C. under Grant NSC 87-2215-E-007-015.

DAC 98, San Francisco, California
©1998 ACM 0-89791-964-5/98/06..$5.00

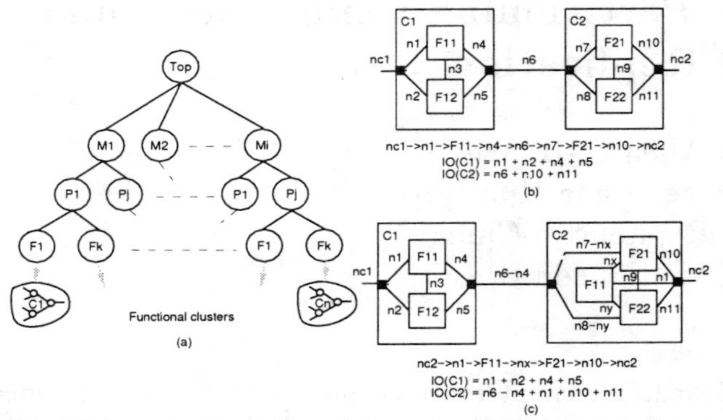

Figure 1: Overview of the proposed approach.

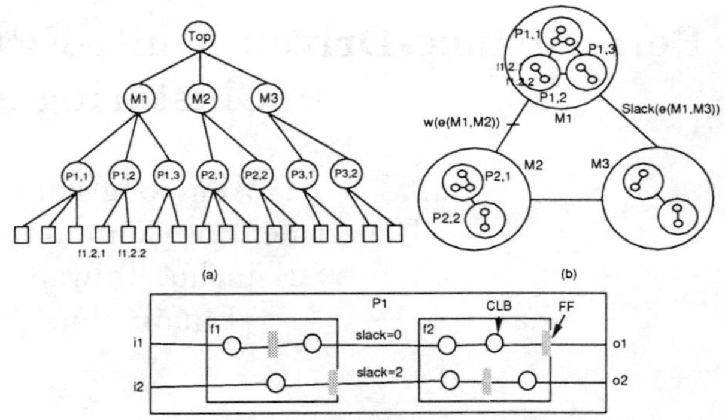

Figure 2: A connected hypergraph:(a) the structural tree, (b) the corresponding graph, (c) slack computation.

proved effective to partitioning for delay minimization [10].

By taken into account the above considerations, we propose a functional clustering and replication approach for performance-driven multi-FPGA partitioning.

3 The Proposed Method

3.1 Overview

The design flow consists of three steps: (1) functional-cluster formation, (2) slack computation, and (3) set-covering-based partitioning with functional replication. In the first step, a synthesizer takes a Verilog design specification as an input and generates an HDL-based structural tree with functional clusters for the design, as shown in Figure 1(a). In the second step, the system performs path-delay analysis and computes slack values for functional clusters. In the third step, a performance-driven partitioner uses a set-covering-based algorithm with functional replication to perform multi-FPGA partitioning. Finally, the system generates a multi-FPGA design in XNF and Verilog formats.

The partitioning algorithm takes into account both path delay and logic utilization during the covering process. In addition, the algorithm incorporates a functional replication technique to improve timing as well as logic utilization of multi-FPGA designs. The main advantage of the functional replication method is that it can fully exploit the design structural property during the cloning process. We use the example in Figures 1(b) and (c) to explain the functional replication procedure. After initial partitioning, functional clusters $\{F11, F12\}$ and $\{F21, F22\}$ are assigned into two chips $C1$ and $C2$, respectively. The critical path from $nc1$ to $nc2$ includes one cross-chip connection $n6$. By replicating $F11$ in $C2$, the cross-chip connection can be eliminated which results in fast timing, as shown in Figure 1(c). Using functional replication for delay minimization may reduce or increase the number of IO-pins used on a partitioned chip. For example, before replicating $F11$ in $C2$ (Figure 1(b)), the IO-pins used in $C1$ and $C2$ are $n1+n2+n4+n5$ and $n6+n10+n11$, respectively. Figure 1(c) shows the IO-pin usage after replicating $F11$ in $C2$, in which the IO-pin used in $C1$ stays the same but that in $C2$ changes to $n6-n4+n1+n10+n11$, where $n4$ is the number of connections between $F11$ and all the functional clusters in $C2$ (e.g., $F21$ and $F22$), and $n1$ the number of external connections between $F11$ and all the other nodes, excluding $C2$. If the number of $F11$'s external connections is less than or equal to it's connections to $C2$, the number of IO-pins used in $C2$ will be reduced or stay the same (e.g., $n4 \leq n1$). This is an ideal case because both the path delay and the number of IO-pin used can be reduced. However, in some cases (e.g., $n4 > n1$), we have to pay an IO-pin usage penalty in order to reduce path delay.

3.2 Functional-cluster formation

We use the functional-based synthesis method [7] to synthesize the design in a fine-grained way so that a set of CLB-based clusters can be formed according to the structural nature of the design. We use a structural tree to represent the structural hierarchy of the HDL description of a design. In a structural tree, the root node represents the top-level design, each intermediate node a higher-level language construct such as *modules*, *processes*, and *tasks*, and each leaf node a circuit cluster, as shown in Figure 1(a). The detailed functional-cluster formation procedure can be found in [7].

3.3 Slack Computation

After constructing a structural tree and forming the clusters, we convert the structural tree into a connected hypergraph. Figures 2(a) and (b) show a structural tree and its corresponding connected hypergraph. We first use a breadth-first search method to enumerate signal paths in a design and then compute the slacks for all paths by traversing the graph at the leaf-node level. In the slack computation, we use a unit delay model to approximate the path delays. Subsequently, the slacks between nodes at higher-level are computed using the formula: $Slack(e(M_k, M_l)) = MIN\{Slack(e(n_i, n_j)), n_i \in M_k \text{ and } n_j \in M_l\}$.

The slack between two hypernodes is defined as the minimum slack between any two nodes embedded within the hypernodes. For example, in Figure 2(c), the slack values between functional clusters $f1$ and $f2$ are 0 and 2. Hence, the slack value between functional nodes $f1$ and $f2$ is 0 ($Slack(e(f1, f2)) = 0$).

3.4 Set-Covering with Functional Replication

The performance-driven FPGA partitioning problem is defined as: Given a connected hypergraph G and the

Einzelping-Echo-Ortung in U-Booten

Die Einzelping-Echo-Ortung ist eine spezielle Sonartechnik, die von U-Booten verwendet wird, um den genauen Abstand zu einem Ziel zu bestimmen. Im Gegensatz zur kontinuierlichen Echo-Ortung, die die Tarnung des U-Boots gefährden würde, wird bei dieser Methode ein einzelner Ultraschallimpuls, ein sogenannter „Ping", ausgesendet und die Zeit gemessen, die das Echo benötigt, um vom Ziel zurückzukehren. Das zurückkehrende Echo liefert genaue Daten über die Entfernung des Ziels. Diese Methode wird in der Regel eingesetzt, wenn der Kommandant des U-Bootes eine präzisere Entfernungsmessung benötigt, als sie visuell über das Periskop erreicht werden kann [288].

Wenn der Sonar-Bediener eine Einzelping-Messung initiiert, richtet das Sonarsystem einen scharfen Schallimpuls auf das Ziel. Der Bediener unterscheidet das Hauptecho von einer Reihe kleinerer Nachhallreflexionen, die durch Umwelteinflüsse entstehen können. Die Identifizierung des primären Echos ist entscheidend für eine genaue Messung. U-Boote verwenden spezielle Sonarausrüstung, um diese Operation durchzuführen. Dazu gehören Projektoren, die das Ping aussenden, Treiber, die den Schallimpuls erzeugen, und Entfernungsanzeigen, die die verstrichene Zeit zwischen Ping und Echo in Entfernung umrechnen und direkt in Yards anzeigen.

Die Treiber, die sich im vorderen Torpedoraum befinden, spielen eine entscheidende Rolle bei der Einzelping-Operation. Sie senden den elektrischen Impuls an die Projektoren, die das Signal in eine Ultraschallwelle umwandeln. In der Regel sind zwei Treiber vorhanden: einer ist mit dem QB-Projektor verbunden, der andere kann zwischen den QC- und NM-Projektoren umgeschaltet werden. Während die QB- und QC-Projektoren für die Sonarortung zuständig sind, konzentriert sich der NM-Projektor auf das Echo-Ortungssystem zur Bestimmung der Tiefe unter dem Kiel des U-Boots [288].

Die Entfernungsanzeige fungiert als elektrischer Stoppuhr, die das genaue Zeitintervall zwischen Ping und Echo misst. Das Zifferblatt der Anzeige ist in Yards kalibriert, sodass der Sonar-Bediener die Entfernung direkt ablesen kann. Es gibt verschiedene Modelle von Entfernungsanzeigen, wie WCA, WCA-1 und WCA-2, die unterschiedliche Bedienelemente aufweisen. Ältere Modelle erforderten Schraubendrehereinstellungen, während neuere Modelle über Handschalter verfügen und vollständig mit dem Bordnetz betrieben werden.

In den meisten Situationen wird der QB-Projektor für Einzelping-Operationen bevorzugt, da er eine höhere Empfindlichkeit und Benutzerfreundlichkeit bietet. Er kann schwächere Echos erkennen als andere Projektoren und erfordert keine genaue Abstimmung wie das QC-System. In bestimmten Fällen, insbesondere wenn sich das Ziel in einem relativen Winkel zwischen 250 und 290 Grad befindet, ist jedoch der QC-Projektor erforderlich, da das Erfassungsfeld des QB-Projektors durch den JK/QC-Projektor blockiert ist [288].

Der Sonar-Bediener kann entweder die hörbare oder die visuelle Methode zur Interpretation des Echos verwenden. Bei der hörbaren Methode hört der Bediener durch Kopfhörer das zurückkehrende Echo und stellt Verstärkung und Abstimmung so ein, dass die Klarheit gewährleistet ist. Diese Methode ist am zuverlässigsten für Entfernungen über 1500 Yards. Bei der visuellen Methode, die typischerweise auf kürzere Entfernungen angewandt wird, verlässt sich der Bediener auf rote Blitze auf dem Zifferblatt der Entfernungsanzeige. Der Lichtbogen der roten Blitze entspricht dem zurückkehrenden Echo, wobei das hintere Ende des Blitzes die genaue Entfernung markiert. Obwohl die visuelle Methode nützlich sein kann, birgt sie gewisse Risiken, wie die Möglichkeit, Nachhallblitze zu verwechseln oder schwache Echos aufgrund unzureichender Leistung zu übersehen [288].

Die kontinuierliche Echo-Ortung, die häufig von Begleitschiffen an der Oberfläche verwendet wird, wird von U-Booten vermieden, da sie ihre Position dem Feind verraten würde. U-Boote streben jederzeit an, unentdeckt zu bleiben, und ein kontinuierlicher Strom von Pings würde sie anfällig für Entdeckung machen. Daher verlassen sich U-Boote nur dann auf die Einzelping-Echo-Ortung, wenn es notwendig ist. Diese Methode liefert ausreichende Entfernungsdaten für taktische Entscheidungen und minimiert gleichzeitig das Risiko, die Position des U-Boots preiszugeben.

Echolotmessung in U-Booten

Die Echolotmessung ist eine entscheidende Technik, die von U-Booten verwendet wird, um die Wassertiefe unter dem Kiel zu bestimmen. Obwohl die Gewässer, in denen U-Boote patrouillieren, im Allgemeinen gut kartiert sind, können bestimmte Einsatzbedingungen präzise, zeitnahe Tiefenmessungen erfordern. Die Echolotmessung liefert diese Informationen, indem sie Schallwellen nach unten auf den Meeresboden aussendet, der als reflektierende Fläche fungiert. Dieser Vorgang ähnelt der herkömmlichen Sonar-Echo-Ortung, jedoch wird der Schall hier nicht horizontal, sondern vertikal unter dem U-Boot ausgesendet.

Das primäre Bauteil des Echolotsystems im U-Boot ist der NM-Projektor, ein stahlummanteltes Gerät, das einem kleinen Sarg ähnelt. Dieser Projektor ist fest am Boden des U-Boots innerhalb des vorderen Trimmtanks verschraubt, sodass er ohne Störung der Hydrodynamik des Fahrzeugs funktioniert. Der NM-Projektor verwendet dieselbe Antriebseinheit wie das QC-Sonarsystem, was eine effiziente Energienutzung gewährleistet. Wenn der Projektor aktiviert wird, sendet er einen kurzen Schallimpuls nach unten, der vom Meeresboden reflektiert wird und zum U-Boot zurückkehrt. Die Zeit, die das Echo für die Rückkehr benötigt, gibt die Tiefe des Wassers unter dem U-Boot an.

Die Tiefenmessungen werden auf einem Instrument namens Fathometer angezeigt, das sich im Kontrollraum befindet. Das Fathometer funktioniert ähnlich wie die Entfernungsanzeige für die horizontale Echo-Ortung, ist jedoch in Faden statt in Yards kalibriert. Im Inneren des Fathometers befindet sich ein Empfänger-Verstärker, der die zurückkehrenden Echos verarbeitet und der Besatzung genaue Tiefenmessungen liefert. Das einfache Design des Fathometers ermöglicht es dem Bediener, die sich ändernde Tiefe in Echtzeit zu überwachen, was für die sichere Navigation in unbekannten oder flachen Gewässern unerlässlich ist.

Um eine genaue Tiefenmessung durchzuführen, muss der Sonar-Bediener spezifische Schalter am System einstellen, die je nach geschätzter Tiefe variieren. Für Gewässer unter 300 Faden Tiefe wird normalerweise der visuelle Modus verwendet, bei dem die Tiefenmessungen direkt auf der Anzeige des Fathometers erscheinen. In tieferen Gewässern zwischen 300 und 1800 Faden schaltet das System zwischen visuellem und hörbarem Modus um, sodass der Bediener das Echo über Kopfhörer hören muss. Diese Methode stellt sicher, dass selbst schwache Echos aus größeren Tiefen erkannt werden können. Zusätzlich hilft ein „Flach-Tief“-Schalter dem System, die Leistung je nach erwarteter Wassertiefe zu optimieren und so präzise Messungen bei unterschiedlichen Tiefen zu gewährleisten.

Obwohl die Echolotmessung für die sichere Navigation, insbesondere in unkartierten oder flachen Gewässern, unerlässlich ist, birgt sie inhärente Risiken. Die während des Prozesses ausgesendeten Schallwellen können möglicherweise von feindlichen Schiffen erkannt werden und somit die Tarnung des U-Boots gefährden. Daher sind die Bediener darauf geschult, Tiefenmessungen nur dann durchzuführen, wenn dies unbedingt erforderlich ist. Sobald die Tiefenmessung abgeschlossen ist, muss der Schalter für das Signalintervall sofort in die Neutralstellung zurückgesetzt werden, um weitere Pings zu vermeiden, die die Position des U-Boots verraten könnten.

Die Echolotmessung bietet U-Booten eine zuverlässige Methode zur Bestimmung der Wassertiefe, um eine sichere Durchfahrt und Manövrierfähigkeit, insbesondere in unvorhersehbaren Umgebungen, zu gewährleisten. Die Technik muss jedoch mit Vorsicht eingesetzt werden, um den Bedarf an präzisen Tiefeninformationen mit der Notwendigkeit, die Tarnung des U-Boots aufrechtzuerhalten, in Einklang zu bringen. Diese Kombination aus Präzision und Diskretion ist entscheidend für effektive U-Boot-Operationen.

Signalverarbeitung und Analyse

Nachdem das SONAR-System des U-Boots Schallinformationen über seine Hydrophonen oder Projektoren erfasst hat, durchläuft die Rohdaten eine anspruchsvolle Signalverarbeitungsphase. Dieser Prozess ist unerlässlich, um große Mengen akustischer Informationen in verwertbare Erkenntnisse zu verwandeln. Fortgeschrittene Algorithmen und

Künstliche Intelligenz (KI) spielen eine entscheidende Rolle bei der Analyse der Daten, indem sie helfen, bedeutende Signale von irrelevanten Geräuschen wie Meereslebewesen, Strömungen oder Umgebungsgeräuschen zu unterscheiden. Diese Filterung ist entscheidend, da die Unterwasserumgebung voller komplexer akustischer Störungen ist, und ohne präzise Analyse könnten wichtige Informationen über feindliche Schiffe oder Bedrohungen übersehen werden.

Die anfängliche Phase der Signalverarbeitung umfasst die Rauschminderung. Algorithmen isolieren die spezifischen Frequenzmuster, die mit Schiffen oder Maschinen verbunden sind, und filtern nicht relevante Hintergrundgeräusche heraus. Dieser Schritt stellt sicher, dass die Geräusche von Propellern, Motoren oder feindlichen SONAR-Pings deutlich hervorstechen. Das System verwendet auch eine Frequenzanalyse, um diese Geräusche zu klassifizieren und festzustellen, ob die Quelle ein Oberflächenschiff, ein U-Boot oder ein Umgebungsfaktor ist. Einige SONAR-Systeme nutzen maschinelle Lernmodelle, die mit umfangreichen Datensätzen trainiert wurden, sodass das System bekannte akustische Signaturen, wie bestimmte Schiffstypen oder -klassen, mit hoher Genauigkeit erkennen kann.

Nach Filterung und Klassifikation folgt die Phase der Zielverfolgung und Bewegungsprognose. Algorithmen analysieren die Änderung der Frequenz und Amplitude der erfassten Geräusche im Laufe der Zeit und berechnen die Geschwindigkeit und Richtung des Ziels. Diese vorausschauende Fähigkeit ist für Navigation und Ausweichmanöver entscheidend, da sie der Besatzung wertvolle Einblicke in die Flugbahn feindlicher Schiffe gibt und es ihnen ermöglicht, vorbeugende Maßnahmen zu ergreifen, wie etwa Kursänderungen oder den Einsatz von Gegenmaßnahmen. Diese Informationen spielen auch eine zentrale Rolle bei der Lenkung von Torpedos und Raketen, um sicherzustellen, dass sie ihr Ziel erreichen, selbst wenn dieses manövriert.

Die verarbeiteten Daten werden anschließend in das Combat Management System (CMS) des U-Boots integriert, das als zentrale Plattform für die Koordination der taktischen Operationen des U-Boots dient. Das CMS kombiniert die Informationen des SONAR-Systems mit Eingaben von anderen Sensoren, wie Periskopen, Radar und elektronischen Unterstützungsmaßnahmen (ESM), und präsentiert der Besatzung ein umfassendes taktisches Echtzeitbild. Dieser konsolidierte Überblick ermöglicht es der Besatzung, die Situation schnell zu bewerten und in kritischen Momenten fundierte Entscheidungen zu treffen.

Das CMS zeigt wichtige Metriken wie die relative Position, Geschwindigkeit und Klassifizierung potenzieller Bedrohungen in einer intuitiven Benutzeroberfläche an. Es bietet Warnungen und Empfehlungen basierend auf den analysierten Daten und unterstützt die Besatzung dabei, den besten Handlungsweg zu wählen. Ob es darum geht, durch feindliches Gebiet zu navigieren, einer Entdeckung zu entgehen oder Waffen einzusetzen – die verarbeiteten SONAR-Daten stellen sicher, dass jede Entscheidung auf den genauesten und aktuellsten Informationen basiert.

Diese nahtlose Integration von Signalverarbeitung, Analyse und CMS-Koordination ist entscheidend für die operationelle Effizienz des U-Boots. In Hochdrucksituationen, wie Feindkontakt oder Ausweichmanövern, kann die Fähigkeit, SONAR-Daten schnell zu interpretieren und darauf zu reagieren, den Unterschied zwischen Missionserfolg und -scheitern ausmachen. Durch diese fortschrittlichen Prozesse gewinnen moderne U-Boote einen taktischen Vorteil und verbessern ihre Tarnung, Präzision und Überlebensfähigkeit in zunehmend komplexen Unterwasserumgebungen.

SONAR-Gegenmaßnahmen

Moderne U-Boote setzen fortschrittliche Gegenmaßnahmen ein, um sich vor feindlicher SONAR-Erkennung zu schützen und ihre Tarnung und Überlebensfähigkeit in feindlichen Umgebungen zu gewährleisten. Eine der wichtigsten Methoden ist der Einsatz akustischer Täuschkörper, die dazu entwickelt wurden, das Schallprofil des U-Boots zu replizieren. Diese Täuschkörper geben Geräusche ab, die das Geräusch der Propeller oder der Bordmaschinen des U-Boots täuschend echt nachahmen und falsche Ziele erzeugen, um feindliche Schiffe oder lenkbare Torpedos zu verwirren. Das feindliche SONAR-System könnte Schwierigkeiten haben, zwischen dem echten U-Boot und dem

Täuschkörper zu unterscheiden, was es dem eigentlichen U-Boot ermöglicht, unentdeckt zu entkommen oder ankommenden Torpedos auszuweichen. Diese Taktik ist besonders wirksam, wenn der Täuschkörper strategisch in einiger Entfernung eingesetzt wird und die Aufmerksamkeit vom tatsächlichen Standort des U-Boots ablenkt.

Eine weitere wichtige Gegenmaßnahme von U-Booten ist das Stören feindlicher Signale durch Störsender. Störsender unterbrechen die Übertragung und den Empfang von Schallwellen, indem sie Interferenzmuster im akustischen Spektrum erzeugen. Wenn diese aktiviert werden, senden sie eine Flut von Geräuschen aus, die die feindlichen SONAR-Systeme überfordern, wodurch es für den Feind schwierig wird, die eingehenden Signale präzise zu interpretieren. Diese Interferenz kann verhindern, dass feindliche Schiffe das U-Boot zuverlässig orten, sodass sie auf weniger genaue Erkennungsmethoden angewiesen sind oder die Verfolgung ganz aufgeben müssen. Das Stören kann auch aktive SONAR-Systeme beeinträchtigen, die auf Schallimpulse angewiesen sind, um Objekte unter Wasser zu lokalisieren, indem es die zurückkehrenden Echos verzerrt und unbrauchbar für Verfolgung oder Zielerfassung macht.

Diese Gegenmaßnahmen wirken in Kombination mit den Ausweichmanövern des U-Boots und verbessern seine Fähigkeit, unentdeckt zu bleiben. Das U-Boot kann beispielsweise Täuschkörper ausstoßen und gleichzeitig den Kurs ändern, was die Verfolgung durch den Feind weiter erschwert. Einige Systeme zur Gegenmaßnahme sind zudem in das Combat Management System (CMS) des U-Boots integriert, sodass Täuschkörper und Störsender genau im richtigen Moment während eines Gefechts aktiviert werden. Diese Koordination ermöglicht es dem U-Boot, flexibel auf sich entwickelnde Bedrohungen zu reagieren und die Effektivität seiner Verteidigungsmaßnahmen zu maximieren.

SONAR-Gegenmaßnahmen spielen nicht nur eine wichtige Rolle bei der Torpedoverteidigung, sondern helfen den U-Booten auch, taktische Vorteile während der Operationen zu bewahren. Indem sie die Erkennungsfähigkeiten des Feindes untergraben, ermöglichen diese Maßnahmen dem U-Boot, sich frei in umkämpften Gewässern zu bewegen, Aufklärungsmissionen durchzuführen oder Angriffe zu starten, ohne seine Position preiszugeben. Diese Fähigkeit ist besonders wertvoll in der modernen Seekriegsführung, in der Tarnung sowohl für strategische Missionen als auch für das Überleben unerlässlich ist.

Mit den technologischen Fortschritten werden auch die Gegenmaßnahmesysteme immer ausgefeilter, sodass moderne U-Boote Täuschkörper und Störsender autonom oder als Reaktion auf automatisierte Bedrohungserkennung einsetzen können. Künftige Entwicklungen in Gegenmaßnahmen werden wahrscheinlich künstliche Intelligenz einbeziehen, die es U-Booten ermöglicht, feindliche Erkennungsmuster vorherzusagen und Gegenmaßnahmen präventiv einzusetzen. Diese Innovationen werden die Fähigkeit des U-Boots, verdeckt zu operieren und eine Entdeckung in zunehmend schwierigen Umgebungen zu vermeiden, weiter verbessern.

U-Boot-Design und technische Infrastruktur für Sonar-Operationen

Effektive Sonar-Operationen in U-Booten erfordern ein komplexes Zusammenspiel von Designüberlegungen, technischer Infrastruktur und fortschrittlicher Ausrüstung. Diese Systeme stellen sicher, dass das U-Boot in der Lage ist, zu navigieren, Bedrohungen zu erkennen, Hindernissen auszuweichen und das Situationsbewusstsein in den Tiefen des Ozeans aufrechtzuerhalten. Sonar-Operationen umfassen mehrere wichtige Komponenten, darunter Echolotung, Single-Ping-Echoortung, Ultraschallabhören, Schallabhören und das WCA-System. Jede dieser Funktionen erfordert spezielle Design- und Technologiemerkmale, die in die Struktur des U-Boots integriert sind.

Die Echolotung, die zur Messung der Wassertiefe unter dem Kiel verwendet wird, erfordert spezialisierte Ausrüstung, die direkt im Rumpf des U-Boots installiert ist. Der für diese Aufgabe wesentliche NM-Projektor ist bündig mit dem Rumpf im vorderen Trimmtank montiert. Diese Platzierung stellt sicher, dass die ausgesendeten Schallwellen zur Tiefenmessung ungehindert sind. Der NM-Projektor arbeitet in Koordination mit dem Fathometer, das sich im Kontrollraum befindet. Das Fathometer muss für die Besatzung leicht zugänglich sein, da es Echtzeit-Tiefendaten liefert, die für eine sichere Navigation unerlässlich sind. Um die Tarnung zu wahren, muss das Design es den Bedienern ermöglichen, Ping-Emissionen präzise zu steuern und so das Risiko einer Entdeckung durch feindliche Schiffe zu minimieren.

Single-Ping-Echoortungssysteme erfordern eine präzise Ausrichtung zwischen Projektoren, Treibern und Entfernungsanzeigen. Die QB- und QC-Projektoren, die an separaten Schächten untergebracht sind, sind auf gegenüberliegenden Seiten des Kiels positioniert, um eine optimale Abdeckung zu gewährleisten. Diese Systeme müssen so montiert sein, dass eine Drehung und Hebung der Projektoren möglich ist, die über Trainingsmotoren im vorderen Torpedoraum bedient werden. Die Entfernungsanzeigen sind im Kommandoturm installiert, um den Sonar-Bedienern während kritischer Momente schnellen Zugriff zu ermöglichen. Die Steuerungssysteme des U-Boots müssen so gestaltet sein, dass ein nahtloser Wechsel zwischen hörbaren und visuellen Modi möglich ist, um je nach Umwelt- und Betriebsbedingungen Entfernungen effektiv zu erkennen und zu messen.

Die Ultraschallabhörfähigkeiten erfordern eine robuste Infrastruktur, insbesondere durch das WCA-System, das Hochfrequenz-Sonaroperationen verwaltet. Die QB- und JK/QC-Projektoren sind wesentliche Komponenten des WCA-Systems und strategisch auf beiden Seiten des Kiels positioniert, um Interferenzen zu vermeiden. Die Positionierung jedes Projektors stellt sicher, dass beide Seiten des U-Boots effektiv abgedeckt werden, mit minimalen toten Winkeln. Hydraulikmechanismen zum Heben und Senken der Projektoren sowie Schleifringe zur Vermeidung von Kabelverwicklungen sind entscheidend für die Erhaltung der Einsatzflexibilität. Die Fernsteuerungseinheiten und Empfangsverstärker, die sich typischerweise im Kommandoturm befinden, ermöglichen es den Bedienern, die Ausrichtung und die Leistung der Projektoren effizient zu steuern.

Das WCA-System muss außerdem klare Kanäle für die Kommunikation zwischen den Projektoren und den Steuereinheiten bereitstellen. Diese Systeme erfordern spezielle Motor-Generatoren zur Stromversorgung, die sicherstellen, dass sie auch während lautloser Operationen, bei ausgeschaltetem Antrieb des U-Boots, zuverlässig funktionieren. Im Notfall sorgen Ersatz-Empfangsverstärker und Trainingsmechanismen im vorderen Torpedoraum für Redundanz, um die Abhörfähigkeiten aufrechtzuerhalten.

Schallabhörsysteme beruhen auf Hydrophonen, die an mehreren Stellen am Rumpf des U-Bootes installiert sind, um niedrigfrequente Geräusche aufzufangen. Diese Hydrophone sind über abgeschirmte Kabel mit Verstärkern verbunden, die sich im vorderen Torpedoraum oder im Kontrollraum befinden. Schallabhörsysteme liefern wichtige Einblicke in die Bewegungen feindlicher Schiffe, indem sie Propellergeräusche, Motorvibrationen und Maschinengeräusche erkennen. Das Design des U-Boots muss sicherstellen, dass die Hydrophone so platziert sind, dass sie Geräuschstörungen durch die eigenen Maschinen des U-Bootes minimieren, insbesondere während des lautlosen Betriebs.

Das Schallabhörsystem erfordert außerdem gut kalibrierte Verstärker, Kopfhörer und Fernsteuerungseinheiten, um eine präzise Klangdetektion und -analyse zu ermöglichen. Die Bediener sind auf diese Systeme angewiesen, um zwischen freundlichen und feindlichen Schiffen zu unterscheiden, was eine spezielle Ausbildung und systematische Suchverfahren erfordert. Zusätzlich muss das Design gewährleisten, dass diese Komponenten auch bei Beschädigung des U-Bootes zugänglich und funktionsfähig bleiben, wobei Batterien eine Notstromversorgung zur Aufrechterhaltung der Einsatzbereitschaft bieten.

Sonar-Operationen erfordern eine sorgfältige Energieverwaltung, um die Erzeugung von Lärm zu vermeiden, der die Position des U-Bootes verraten könnte. Viele Sonarsysteme, wie das JP-Schallabhörgerät und die WCA-Komponenten, beziehen ihre Energie aus den Batteriesystemen des U-Bootes und sorgen so für einen leisen Betrieb bei Stealth-Missionen. Das Design des U-Boots muss Schallisolierung berücksichtigen, um Geräusche von internen Maschinen daran zu hindern, die Sonar-Operationen zu stören. Zudem müssen erweiterte Filtersysteme in die Sonarausrüstung integriert sein, um Hintergrundgeräusche zu eliminieren und die Signalqualität zu verbessern. Dies ist besonders wichtig, um schwache oder entfernte Signale zu erkennen und von ozeanischen Geräuschen zu unterscheiden.

Der Kommandoturm dient als Zentrale für Sonar-Operationen und beherbergt wichtige Steuereinheiten und Schnittstellen. Die Sonarbediener im Kommandoturm müssen Zugang zu Fernsteuerungseinheiten,

Entfernungsanzeigern und Verstärkern haben, um die Hör- und Ortungsaktivitäten des U-Bootes zu steuern. Die Anordnung dieser Systeme im Kommandoturm muss eine effiziente Teamarbeit zwischen den Bedienern ermöglichen und schnellen Zugang zu allen notwendigen Bedienelementen gewährleisten. Die Integration der Sonar-Operationen mit dem Kampfmanagementsystem des U-Bootes sorgt dafür, dass Sonardaten direkt in die taktischen Entscheidungsprozesse einfließen und wichtige Informationen für Navigation, Zielverfolgung und Waffeneinsatz liefern.

Angesichts der Bedeutung von Sonarsystemen für U-Boot-Operationen ist Redundanz im Design eingebaut, um eine kontinuierliche Funktionsfähigkeit unter allen Bedingungen sicherzustellen. Ersatzkomponenten wie Empfangsverstärker und Steuereinheiten werden im vorderen Torpedoraum aufbewahrt, sodass die Bediener die Sonarfähigkeiten auch dann aufrechterhalten können, wenn der Kommandoturm beeinträchtigt ist. Hydraulische und motorisierte Systeme zur Ausrichtung der Projektoren sind so konzipiert, dass sie im Notfall manuell bedient werden können, sodass das U-Boot weiterhin Bedrohungen erkennen und darauf reagieren kann.

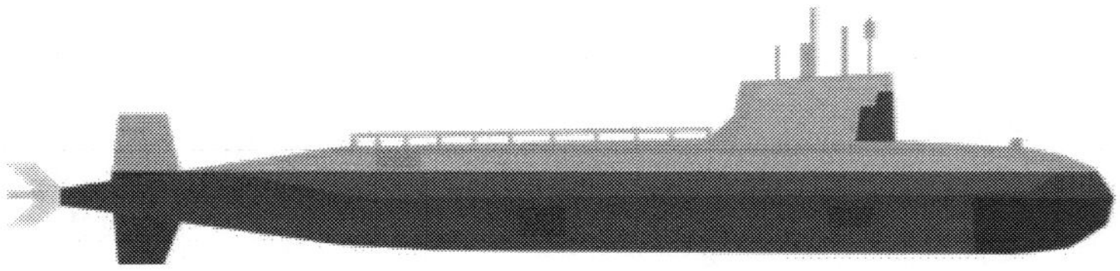

Kapitel 8

Navigations- und Kommunikationssysteme

Navigationsausrüstung für U-Boote

Die Navigation von U-Booten unter Wasser ist eine hochspezialisierte Operation, die auf einer Kombination fortschrittlicher Technologien und präziser menschlicher Expertise beruht. Die Navigation unter der Wasseroberfläche stellt einzigartige Herausforderungen dar, denen Überwasserschiffe nicht begegnen. U-Boote operieren in Umgebungen ohne natürliches Licht und visuelle Anhaltspunkte und legen oft große Entfernungen in der Tiefe zurück, ohne aufzutauchen. Darüber hinaus agieren militärische U-Boote im Tarnmodus, was den Einsatz aktiver Sonar- und Radarsysteme aufgrund des Risikos der Entdeckung durch feindliche Kräfte unpraktisch macht. U-Boote müssen daher ohne konventionelle visuelle Hilfsmittel oder kontinuierliche Satellitensignale navigieren und verlassen sich stattdessen auf eine ausgeklügelte Kombination interner Systeme und externer Referenzen.

Inertialnavigationssysteme (INS) spielen eine entscheidende Rolle in der Unterwassernavigation, insbesondere für U-Boote, indem sie Beschleunigungsmesser und Kreisel verwenden, um Veränderungen in Geschwindigkeit, Kurs und Bewegung über die Zeit zu messen. Diese Systeme arbeiten unabhängig von externen Signalen, was für die Aufrechterhaltung der Tarnung während Unterwasseroperationen wesentlich ist. Das INS beginnt von einer bekannten Position aus und berechnet kontinuierlich die aktuelle Position des U-Boots, während es sich durch das Wasser bewegt. Diese Eigenständigkeit des INS ist besonders vorteilhaft für militärische Anwendungen, bei denen externe Signale die operative Sicherheit gefährden könnten.

Zu den Kernelementen eines INS gehören drei orthogonale Kreisel, die die Winkelgeschwindigkeit messen, und drei orthogonale Beschleunigungsmesser, die die lineare Beschleunigung erfassen. Diese Konfiguration ermöglicht es dem System, kontinuierliche Updates zur Position, Geschwindigkeit und Orientierung des U-Boots bereitzustellen. Obwohl das INS kurzfristig sehr zuverlässig ist, unterliegt es über längere Missionen kumulativen Fehlern aufgrund von Drift und Abweichungen in den Kreiseln und Beschleunigungsmessern. Diese Drift kann zu erheblichen Navigationsungenauigkeiten führen, was regelmäßige Aktualisierungen aus externen Quellen oder anderen Navigationshilfen erforderlich macht, um die angesammelten Fehler zu korrigieren.

Die Auswirkungen der Navigationsdrift sind insbesondere in Unterwasserumgebungen von entscheidender Bedeutung, da selbst kleine Fehler zu erheblichen Abweichungen vom vorgesehenen Kurs führen können, insbesondere bei der Navigation durch enge Kanäle oder weite Meeresgebiete. Daher wird INS zwar für die notwendige Autonomie und Tarnung bei U-Boot-Operationen genutzt, häufig jedoch mit anderen Navigationssystemen wie GPS oder akustischen Positionierungssystemen kombiniert, um Genauigkeit und Zuverlässigkeit zu erhöhen. Dieser hybride Ansatz hilft, die Einschränkungen des INS zu mildern, indem gelegentliche Positionsaktualisierungen das System neu kalibrieren und sicherstellen, dass U-Boote effektiv operieren können, ohne ihre Tarnung zu gefährden.

Die Sonar-Navigation ist eine wesentliche Technologie für U-Boote, da sie es ermöglicht, die Umgebung akustisch abzubilden. Diese Fähigkeit wird durch die Emission von Schallwellen erreicht, die durch das Wasser reisen und an Objekten sowie am Meeresboden reflektiert werden. Die zurückkehrenden Echos liefern wichtige Informationen über die Unterwassertopografie, nahegelegene Schiffe und potenzielle Gefahren, was für die sichere Navigation und taktische Operationen entscheidend ist. Aktive Sonarsysteme senden Schallimpulse aus und lauschen auf Echos, wodurch U-Boote die Lage von Objekten bestimmen können. Der Einsatz von aktivem Sonar kann jedoch die Tarnung eines U-Boots gefährden, weshalb passive Sonarsysteme in vielen Szenarien bevorzugt werden. Passives Sonar erkennt Geräusche, die von anderen Schiffen ausgehen, ohne selbst Schallwellen auszusenden, wodurch die Tarnung des U-Boots aufrechterhalten wird und dennoch eine wertvolle Situationsübersicht gewährleistet ist.

Die Navigation von U-Booten unter Wasser ist eine hochspezialisierte Operation, die auf einer Kombination fortschrittlicher Technologien und präziser menschlicher Expertise beruht. Die Navigation unter der Wasseroberfläche stellt einzigartige Herausforderungen dar, denen Überwasserschiffe nicht begegnen. U-Boote operieren in Umgebungen ohne natürliches Licht und visuelle Orientierungspunkte und legen oft große Entfernungen in der Tiefe zurück, ohne aufzutauchen. Zudem agieren militärische U-Boote im Tarnmodus, was den Einsatz aktiver Sonar- und Radarsysteme aufgrund des Risikos der Entdeckung durch feindliche Kräfte unpraktisch macht. U-Boote müssen daher ohne konventionelle visuelle Hilfsmittel oder kontinuierliche Satellitensignale navigieren und verlassen sich stattdessen auf eine ausgeklügelte Kombination interner Systeme und externer Referenzen.

Inertialnavigationssysteme (INS) spielen eine entscheidende Rolle in der Unterwassernavigation, insbesondere für U-Boote, indem sie Beschleunigungsmesser und Kreisel verwenden, um Veränderungen in Geschwindigkeit, Kurs und Bewegung über die Zeit zu messen. Diese Systeme arbeiten unabhängig von externen Signalen, was für die Aufrechterhaltung der Tarnung während Unterwasseroperationen wesentlich ist. Das INS startet von einer bekannten Position und berechnet kontinuierlich die aktuelle Position des U-Boots, während es sich durch das Wasser bewegt. Diese Eigenständigkeit des INS ist besonders vorteilhaft für militärische Anwendungen, bei denen externe Signale die operative Sicherheit gefährden könnten [289-291].

Zu den Kernelementen eines INS gehören drei orthogonale Kreisel, die die Winkelgeschwindigkeit messen, und drei orthogonale Beschleunigungsmesser, die die lineare Beschleunigung erfassen. Diese Konfiguration ermöglicht es dem System, kontinuierliche Updates zur Position, Geschwindigkeit und Orientierung des U-Boots bereitzustellen [292-294]. Obwohl das INS kurzfristig sehr zuverlässig ist, unterliegt es über längere Missionen kumulativen Fehlern aufgrund von Drift und Abweichungen in den Kreiseln und Beschleunigungsmessern. Diese Drift kann zu erheblichen Navigationsungenauigkeiten führen, was regelmäßige Aktualisierungen aus externen Quellen oder anderen Navigationshilfen erforderlich macht, um die angesammelten Fehler zu korrigieren [295-297].

Die Auswirkungen der Navigationsdrift sind besonders in Unterwasserumgebungen von entscheidender Bedeutung, da selbst kleine Fehler zu erheblichen Abweichungen vom vorgesehenen Kurs führen können, insbesondere bei der Navigation durch enge Kanäle oder weite Meeresgebiete [296, 297]. Daher wird INS zwar für die notwendige Autonomie und Tarnung bei U-Boot-Operationen genutzt, häufig jedoch mit anderen Navigationssystemen wie GPS oder akustischen Positionierungssystemen kombiniert, um Genauigkeit und Zuverlässigkeit zu erhöhen [298]. Dieser hybride Ansatz hilft, die Einschränkungen des INS zu mildern, indem gelegentliche Positionsaktualisierungen das System neu kalibrieren und sicherstellen, dass U-Boote effektiv operieren können, ohne ihre Tarnung zu gefährden [291, 294].

Die Sonar-Navigation ist eine wesentliche Technologie für U-Boote, da sie es ermöglicht, die Umgebung akustisch abzubilden. Diese Fähigkeit wird durch die Emission von Schallwellen erreicht, die durch das Wasser reisen und an Objekten sowie am Meeresboden reflektiert werden. Die zurückkehrenden Echos liefern wichtige Informationen über die Unterwassertopografie, nahegelegene Schiffe und potenzielle Gefahren, was für die sichere Navigation und taktische Operationen entscheidend ist. Aktive Sonarsysteme senden Schallimpulse aus und lauschen auf Echos, wodurch U-Boote die Lage von Objekten bestimmen können. Der Einsatz von aktivem Sonar kann jedoch die Tarnung eines U-Boots gefährden, weshalb passive Sonarsysteme in vielen Szenarien bevorzugt werden. Passives Sonar erkennt Geräusche, die von anderen Schiffen ausgehen, ohne selbst Schallwellen auszusenden, wodurch die Tarnung des U-Boots aufrechterhalten wird und dennoch eine wertvolle Situationsübersicht gewährleistet ist [299, 300].

Die Unterscheidung zwischen aktiven und passiven Sonarsystemen ist in militärischen Operationen von großer Bedeutung. Aktives Sonar eignet sich zur Zielerfassung und Kartierung, birgt jedoch Risiken für die Position des U-Boots, wenn es unbedacht eingesetzt wird. Passive Sonarsysteme hingegen sind entscheidend für die Erkennung und Klassifizierung von Über- und Unterwasserzielen, ohne die Position des U-Boots preiszugeben [252, 299]. Die passive

Sonartechnologie wurde weiterentwickelt und umfasst nun fortschrittliche Signalverarbeitungstechniken, die die Erkennungsfähigkeit selbst in akustisch schwierigen Umgebungen, in denen Lärm und Nachhall Signale verschleiern können, verbessern [300, 301]. Dadurch wird passives Sonar nicht nur als Navigationsinstrument, sondern auch als Frühwarnsystem genutzt, das U-Booten hilft, Bedrohungen zu entgehen und das taktische Bewusstsein zu bewahren [300].

Die Entwicklung der Sonartechnologie wurde durch verschiedene Forschungsanstrengungen vorangetrieben, die darauf abzielen, die Genauigkeit und Zuverlässigkeit der Unterwasserkartierung und Zielerkennung zu verbessern. Zum Beispiel wurden Fortschritte bei der Klassifizierung und Erkennung von Sonarsignalen erzielt, um die Leistung passiver Sonarsysteme zu steigern [302]. Diese Verbesserungen sind für militärische Anwendungen entscheidend, bei denen die Fähigkeit, Bedrohungen schnell zu erkennen und zu klassifizieren, über den Erfolg einer Operation entscheiden kann. Darüber hinaus verbessert die Integration von Sonardaten mit anderen Navigationshilfen, wie dem Inertialnavigationssystem (INS), das Situationsbewusstsein von U-Booten, die in komplexen Unterwasserumgebungen operieren [303].

U-Boote können bei Operationen nahe der Wasseroberfläche Satellitennavigationssysteme, insbesondere das Global Positioning System (GPS), nutzen, um präzise Positionsbestimmungen zu erreichen. Das GPS funktioniert durch die Triangulation von Signalen mehrerer Satelliten, was eine hohe Genauigkeit bei der Standortbestimmung bietet. Diese Fähigkeit ist für U-Boote besonders wichtig bei Operationen, die eine präzise Navigation erfordern. Die Nutzung von GPS erfordert jedoch, dass U-Boote entweder auftauchen oder einen Antennenmast ausfahren, um diese Signale zu empfangen, was sie potenziell der Entdeckung durch feindliches Radar oder Überwachungsflugzeuge aussetzt. Folglich müssen U-Boote den GPS-Einsatz auf ein Minimum beschränken, um das Risiko der Entdeckung zu verringern, und solche Aktivitäten oft nur kurz vor dem Tauchen oder beim Erreichen sicherer Zonen durchführen [304, 305].

Die betrieblichen Einschränkungen von U-Booten bei der Nutzung von GPS unterstreichen das inhärente Risiko der Entdeckung. U-Boote sind darauf ausgelegt, unauffällig zu operieren, und das Auftauchen oder das Ausfahren von Antennen kann diese Tarnfähigkeiten beeinträchtigen. Diese Notwendigkeit zur Vorsicht zeigt sich in der selektiven Verwendung der GPS-Navigation, die häufig in Kombination mit anderen Navigationssystemen eingesetzt wird, um Zuverlässigkeit und Sicherheit zu erhöhen [306, 307]. Zum Beispiel ermöglicht die Integration von GPS mit Inertialnavigationssystemen (INS) eine kontinuierliche Navigation, selbst wenn GPS-Signale vorübergehend nicht verfügbar sind, was einen Rückfallmechanismus bietet, der die operative Sicherheit erhöht [306, 307]. Darüber hinaus haben technologische Fortschritte, wie die Entwicklung von GPS-Sonoboje, die Fähigkeit verbessert, U-Boote zu orten und gleichzeitig ein gewisses Maß an Tarnung zu wahren, da diese Systeme von Flugzeugen oder Überwasserschiffen eingesetzt werden können, ohne das U-Boot direkt zu exponieren [308, 309].

Die Koppelnavigation ist eine traditionelle, aber wesentliche Navigationsmethode, die von U-Booten verwendet wird, um ihre Position anhand bekannter Variablen wie Geschwindigkeit, Kurs und zurückgelegter Zeit zu schätzen. Diese Methode ist besonders wichtig in Umgebungen, in denen GPS nicht verfügbar ist, wie unter Wasser oder in Gebieten mit erheblichen Störungen des Signals. Die Abhängigkeit von der Koppelnavigation ermöglicht es U-Booten, effektiv zu navigieren, wenn andere Systeme, einschließlich GPS, vorübergehend nicht funktionieren [310].

Die Genauigkeit der Koppelnavigation ist jedoch abhängig von kontinuierlicher Überwachung und Anpassung, da externe Faktoren wie Meeresströmungen den Kurs eines U-Bootes erheblich beeinflussen können. Beispielsweise kann die Integration von Inertialnavigationssystemen (INS) mit der Koppelnavigation die Positionsgenauigkeit verbessern, indem sie diese externen Einflüsse kompensiert. INS nutzt eine Kombination aus Beschleunigungsmessern und Kreiselinstrumenten, um Änderungen der Geschwindigkeit und Orientierung zu verfolgen, und liefert so über die Zeit eine verlässlichere Schätzung der Position [311].

Darüber hinaus wird die Effektivität der Koppelnavigation und des INS oft durch zusätzliche Sensoren und Algorithmen verstärkt, die helfen, die inhärenten Fehler der Inertialmessungen zu minimieren. Beispielsweise können Techniken wie die Kalman-Filterung angewendet werden, um Positionsschätzungen durch die Integration von Daten aus verschiedenen Quellen, einschließlich Inertialsensoren und externen Referenzen (sofern verfügbar), zu verfeinern [312]. Dieser Ansatz verbessert nicht nur die Robustheit des Navigationssystems, sondern wirkt auch der Drift entgegen, die durch die Akkumulation von Fehlern bei Inertialmessungen über die Zeit entstehen kann.

U-Boote verwenden Echolotsysteme zur genauen Tiefenmessung, eine Technologie, die Schallwellen direkt nach unten sendet, um die Wassertiefe unter dem Kiel zu ermitteln. Das grundlegende Prinzip des Echolotens besteht darin, die Zeit zu messen, die Schallwellen benötigen, um den Meeresboden zu erreichen und zurückzukehren; dies wird dann auf einem Fathometer angezeigt. Diese Methode ist für die sichere Navigation von entscheidender Bedeutung, insbesondere in unerforschten oder flachen Gewässern, da sie genaue Tiefenmessungen liefert, die zum Vermeiden von Unterwasserhindernissen notwendig sind [313].

Die Entwicklung der Echolottechnologie hat bedeutende Fortschritte gemacht, von Einzelstrahlsystemen in den 1950er Jahren hin zu komplexeren Mehrstrahlsystemen in den 1980er Jahren, die eine umfassende Kartierung des Meeresbodens ermöglichen [314]. Trotz dieser Fortschritte bestehen weiterhin Herausforderungen bei der Erfassung einer globalen Topografie des Meeresbodens aufgrund der Weite der Ozeane und der Einschränkungen traditioneller Methoden [313]. Die zentrale Rolle des Echolotens in der Navigation kann nicht überschätzt werden, da sie die operative Sicherheit von U-Booten direkt beeinflusst, insbesondere in Umgebungen, in denen das Unterwasserterrain schlecht kartiert ist [313].

Der Einsatz von Echoloten ist jedoch nicht risikofrei. Ähnlich wie aktive Sonarsysteme kann das Echoloten U-Boote potenziell der Entdeckung durch Gegner aussetzen, was eine sorgfältige Handhabung des operativen Einsatzes erfordert [315]. Das Gleichgewicht zwischen der Erfassung präziser Navigationsdaten und der Wahrung der Tarnung ist eine wesentliche Überlegung bei U-Boot-Operationen, insbesondere im militärischen Kontext [315]. Daher ist das Echoloten für eine sichere Navigation unverzichtbar, jedoch muss der Einsatz strategisch verwaltet werden, um die mit der Entdeckung verbundenen Risiken zu minimieren [315].

Jede dieser Navigationsmethoden arbeitet im Einklang mit dem Gefechtsführungssystem (Combat Management System, CMS) des U-Bootes, das Sensordaten integriert und der Besatzung ein umfassendes taktisches Bild liefert. Menschliche Expertise ist im gesamten Prozess entscheidend, da Sonarbediener Schalldaten interpretieren, Navigatoren Kurse berechnen und Kommandanten kritische Entscheidungen auf Grundlage der von diesen Systemen bereitgestellten Informationen treffen. Zusammen sorgen diese Technologien und Techniken dafür, dass U-Boote selbst in den herausforderndsten Unterwasserumgebungen mit Präzision und Tarnung navigieren können.

Periskope, Maste und optische Sensoren

Periskope, Maste und optische Sensoren spielen eine wesentliche Rolle in der Navigation von U-Booten, insbesondere wenn sich das Fahrzeug in der Nähe der Periskoptiefe befindet. Diese Instrumente liefern wichtige visuelle Informationen für Navigation, Aufklärung und Lagebewusstsein, während sie gleichzeitig die Gefahr einer Entdeckung des U-Bootes minimieren. Obwohl sich U-Boote die meiste Zeit unter Wasser aufhalten, sind gelegentliche Momente der visuellen Bestätigung erforderlich, sei es für Kurskorrekturen, die Identifizierung von nahegelegenen Schiffen oder die Ausrichtung an Navigationsmarken. Diese Werkzeuge, wenn auch subtil und begrenzt in ihrer Nutzung, bilden einen integralen Bestandteil des Navigations- und Einsatzrahmens eines U-Bootes.

Das Periskop ist das bekannteste optische Werkzeug des U-Bootes und ermöglicht der Besatzung, die Wasseroberfläche aus einer getauchten Position heraus zu beobachten. Moderne Periskope ragen durch den Druckkörper des U-Bootes und bieten eine klare Sichtlinie über die Wasseroberfläche. Das Periskop ist mit einer Reihe von Linsen und Spiegeln ausgestattet und ermöglicht vergrößerte Ansichten des Horizonts zur Identifizierung von Schiffen, Küstenlinien oder Navigationsmarken. Während traditionelle Periskope eine physische Durchdringung des Rumpfes erforderten, übernehmen neuere optronische Maste dieselbe Funktion, ohne die strukturelle Integrität des

U-Bootes zu beeinträchtigen. Diese Maste integrieren Digitalkameras und Infrarotsensoren, die Echtzeit-Videodaten an den Kontrollraum übertragen. Die Möglichkeit, zwischen optischer und Infrarot-Bildgebung zu wechseln, gewährleistet einen effektiven Betrieb bei Tag und Nacht oder unter schwierigen Wetterbedingungen.

Abbildung 90: Leutnant (LT) Barry Rodrigues, Offizier des Decks (OD), macht Beobachtungen durch das Periskop Nr. 2 an Bord des nuklearbetriebenen, schnellen Angriffs-U-Boots der Los-Angeles-Klasse USS HARTFORD (SSN 768). Die U.S. National Archives, Public Domain PDM 1.0, über das NARA & DVIDS Public Domain Archive.

Masten erfüllen mehrere Zwecke über die visuelle Beobachtung hinaus. Neben der Aufnahme von optronischen Systemen tragen verschiedene spezialisierte Masten Antennen, Kommunikationseinrichtungen und Navigationsinstrumente. Beispielsweise ermöglichen GPS-Antennen, die an Masten montiert sind, U-Booten, während kurzer Momente in Periskoptiefe präzise Standortdaten zu erhalten. Funkmasten erleichtern verschlüsselte Kommunikation mit Kommandozentralen oder anderen Schiffen, während Radarmasten, obwohl selten benutzt aufgrund des Entdeckungsrisikos, zusätzliche Situationswahrnehmung beim Ein- oder Auslaufen aus Häfen bieten können. Einige U-Boote verfügen außerdem über elektronische Kriegsführungsmasten, die dazu dienen, feindliche Signale abzufangen oder Kommunikation zu stören. Diese Masten ermöglichen essenzielle Interaktionen mit der Außenwelt, während das U-Boot verborgen knapp unter der Wasseroberfläche bleibt.

Abbildung 91: Die Periskope und Antennen des nuklearbetriebenen Angriffs-U-Boots USS ALEXANDRIA (SSN-757) ragen über das Wasser, während das U-Boot vor der Insel Andros, Bahamas, während der Erprobung nach der Indienststellung operiert. Die U.S. National Archives, Public Domain PDM 1.0, über Picryl.

Optische Sensoren verbessern die visuellen Fähigkeiten eines U-Boots, indem sie hochauflösende Bilder unter verschiedenen Umweltbedingungen bereitstellen. Diese Sensoren umfassen sowohl sichtbare Lichtkameras als auch Infrarotsysteme, die Wärmesignaturen erkennen. Infrarotsensoren sind besonders wertvoll zum Aufspüren von Schiffen oder Flugzeugen bei schlechten Lichtverhältnissen und bieten einen taktischen Vorteil bei verdeckten Operationen. Optische Systeme sind in das Gefechtsführungssystem (CMS) des U-Boots integriert, sodass die Besatzung visuelle Daten effizient analysieren und darauf reagieren kann. Diese Sensoren helfen, Ziele zu bestätigen, Aktivitäten an der Oberfläche zu überwachen und Informationen aus anderen Navigationsinstrumenten, wie Sonar oder GPS, zu verifizieren.

Abbildung 92: USS Simon Bolivar (SSBN-641) aufgetaucht mit ausgefahrenem Schnorchel und Masten. T6985wsx, CC BY-SA 4.0, über Wikimedia Commons.

Optische Sensoren in U-Booten liefern entscheidende visuelle Informationen, indem sie Bilder und Lichtsignale von der Oberfläche und der Umgebung erfassen und verarbeiten. Diese Sensoren, die in optronische Masten oder fortschrittliche Periskopsysteme integriert sind, ermöglichen es der U-Boot-Besatzung, die Außenwelt zu beobachten, während das U-Boot auf Periskoptiefe oder in deren Nähe bleibt. Moderne optische Sensoren steigern die operative Effektivität, indem sie sowohl sichtbare als auch infrarote Bildgebungsfunktionen bieten und so für klare Sicht bei unterschiedlichen Bedingungen sorgen – vom Tageslicht bis hin zur völligen Dunkelheit.

Kernstück dieser optischen Systeme sind hochauflösende Kameras, die in der Lage sind, detaillierte Bilder im sichtbaren Spektrum aufzunehmen. Diese Kameras funktionieren ähnlich wie in modernen Überwachungsgeräten und übermitteln Livebilder auf Bildschirme im Kontrollraum. Die aufgezeichneten Bilder ermöglichen es der Besatzung, Oberflächenaktivitäten zu überwachen, Ziele zu bestätigen, sicher zu navigieren und Schiffe, Landmarken oder Navigationshilfen zu identifizieren. Anders als herkömmliche Periskope, die einen direkten optischen Weg vom Objektiv zum Auge des Beobachters erforderten, verwenden moderne optische Systeme digitale Technologien zur Übertragung visueller Daten, wodurch lange physische Rohre durch den Rumpf überflüssig werden.

Neben sichtbaren Kameras spielen Infrarotsensoren eine entscheidende Rolle in optischen Systemen, indem sie Wärmesignaturen erfassen. Diese Sensoren sind besonders effektiv bei eingeschränkten Sichtverhältnissen, etwa bei Nacht oder Nebel, wo herkömmliche visuelle Beobachtung begrenzt ist. Die Infrarottechnologie erfasst die thermische Strahlung von Objekten, einschließlich Schiffen, Flugzeugen oder Oberflächenstrukturen, und liefert eine detaillierte Wärmekarte der Umgebung. Diese Fähigkeit ermöglicht es U-Booten, potenzielle Bedrohungen und Ziele selbst dann zu erkennen, wenn visuelle Hinweise verdeckt sind. Die Kombination von Infrarot- und Sichtbildgebung sorgt für eine Beobachtung bei jedem Wetter und verbessert die Fähigkeit des U-Boots, verdeckt unter verschiedenen Bedingungen zu operieren.

Optische Sensoren in modernen U-Booten sind mit Stabilisierungssystemen ausgestattet, die klare Bilder selbst dann gewährleisten, wenn das U-Boot in Bewegung ist oder von Wellen beeinflusst wird. Kreisel und Bewegungskompensatoren korrigieren Vibrationen und Neigungen, um stabile visuelle Übertragungen zu erhalten. Diese Systeme sind besonders wichtig bei Hochgeschwindigkeitsmanövern oder turbulenten Bedingungen, bei denen unkorrigierte Bilder verschwommen oder verzerrt erscheinen könnten. Die stabilisierte Sicht erhöht das Situationsbewusstsein und ermöglicht es der Besatzung, fundierte Entscheidungen mit minimalen visuellen Fehlern zu treffen.

Fortschrittliche optronische Systeme verfügen zudem über Zoomfunktionen, mit denen die Besatzung entfernte Objekte vergrößern und detailliert beobachten kann. Diese Zoomfunktionalität kann ferngesteuert werden, sodass Bediener im U-Boot Fokus und Vergrößerung einstellen können, um präzise visuelle Informationen zu sammeln, ohne aufzutauchen. Einige Systeme beinhalten Laserentfernungsmesser, um die Entfernung zu spezifischen Objekten genau zu messen, was die Navigations- und Zielverfolgungsfähigkeiten weiter verbessert.

Die von optischen Sensoren gesammelten Daten werden nahtlos in das Kampfführungssystem (CMS) des U-Boots integriert, wo sie zusammen mit Informationen von Sonar, Radar und anderen Navigationsinstrumenten verarbeitet werden. Diese Integration ermöglicht ein umfassendes taktisches Bild, sodass die Besatzung visuelle Daten mit anderen Sensorinputs korrelieren kann. Eine visuelle Bestätigung eines Schiffs, das durch Sonar entdeckt wurde, kann beispielsweise dessen Identität und Position validieren und die Wahrscheinlichkeit von Fehlalarmen verringern. Die verarbeiteten Bilder werden auf digitalen Bildschirmen angezeigt, auf denen die Operatoren Ereignisse in Echtzeit überwachen, analysieren und darauf reagieren können.

Trotz ihrer fortschrittlichen Fähigkeiten muss der Einsatz optischer Sensoren sorgfältig verwaltet werden, um die Tarnung des U-Boots aufrechtzuerhalten. Wenn Masten oder Periskope mit Sensoren gehoben werden, verursachen sie leichte Störungen auf der Wasseroberfläche, die von feindlichen Kräften erkannt werden können. Zudem erhöht längere Exposition dieser Geräte das Risiko, durch Radar oder Luftaufklärung entdeckt zu werden. Daher setzen U-Boote diese Sensoren nur kurzzeitig ein, wobei erfahrene Bediener effizient arbeiten, um die notwendigen Daten zu erfassen und den Mast oder das Periskop rasch wieder einzuziehen.

Obwohl sie von großer Bedeutung sind, muss der Einsatz von Periskopen, Masten und optischen Sensoren sorgfältig gesteuert werden, um die Präsenz des U-Boots nicht zu verraten. Beim Heben von Periskopen und Masten entstehen minimale, aber nachweisbare Störungen auf der Wasseroberfläche. In stark überwachten Gebieten, wie umkämpften Seezonen, können diese Störungen durch feindliches Radar oder Luftaufklärung entdeckt werden. Aus diesem Grund setzen U-Boote diese Instrumente typischerweise nur für kurze Zeiträume ein, um das Entdeckungsrisiko zu minimieren. Geschulte Bediener sorgen dafür, dass das Periskop oder der Mast zügig gehoben und wieder eingezogen wird und die erforderlichen Informationen innerhalb von Sekunden erfasst werden.

Kommunikationssysteme in U-Boot-Umgebungen

Kommunikationssysteme auf U-Booten sind darauf ausgelegt, eine sichere, zuverlässige und verdeckte Kommunikation mit anderen Marineeinheiten, Kommandozentren und verbündeten Schiffen zu unterstützen und gleichzeitig das Risiko der Entdeckung zu minimieren. Aufgrund der Unterwasserumgebung von U-Booten, in der Funkwellen und elektromagnetische Signale durch Wasser stark eingeschränkt werden, werden spezialisierte Technologien eingesetzt, um eine effektive Kommunikation aufrechtzuerhalten. Diese Systeme kombinieren Unterwasser-, Nahoberflächen- und Oberflächenlösungen, um Daten, Sprachübertragungen und verschlüsselte Nachrichten über mehrere Kommunikationsbereiche hinweg auszutauschen.

Abbildung 93: Kommunikationsraum der HMAS Onslow, U-Boot der 'O'-Klasse, 2.030 Tonnen, gebaut von Scotts, Greenock, fertiggestellt 1969, außer Dienst gestellt 1999, im Australian National Maritime Museum, Sydney, 13. April 2016. Hugh Llewelyn, CC BY-SA 2.0, über Flickr.

Funksignale, insbesondere in hohen Frequenzen, dringen nur begrenzt ins Wasser ein, was die Kommunikationsmöglichkeiten von tief getauchten U-Booten einschränkt. Da die Tarnung für U-Boote in umkämpften Gebieten von entscheidender Bedeutung ist, müssen Kommunikationsvorgänge kurz und sorgfältig gesteuert sein, um eine Entdeckung durch feindliche Kräfte zu vermeiden. Die Kommunikationssysteme sind daher darauf optimiert, Konnektivität, Sicherheit und operative Geheimhaltung in Balance zu halten.

Kommunikationsmethoden

1. Sehr Niederfrequenz- (VLF) und Extrem Niederfrequenzsysteme (ELF): VLF- und ELF-Funkwellen werden verwendet, um Signale an getauchte U-Boote zu senden. Diese niederfrequenten Wellen können mehrere Meter ins Meerwasser eindringen und ermöglichen es U-Booten, Nachrichten in geringer Tiefe zu empfangen. Die

Datenübertragungsrate ist jedoch langsam, was die Kommunikation auf einfache, kurze Nachrichten oder kodierte Anweisungen beschränkt. VLF-Antennen sind normalerweise in die Struktur des U-Bootes integriert oder werden hinter dem Schiff mit einer Antennenkabelschleppvorrichtung gezogen.

ELF-Systeme, die historisch von den USA und Russland genutzt wurden, senden Signale auf noch niedrigeren Frequenzen und ermöglichen so den Empfang von Nachrichten in größeren Tiefen. Diese Signale sind jedoch auf eine Einwegkommunikation beschränkt, sodass das U-Boot nur empfangen, aber nicht senden kann.

2. Satellitenkommunikationssysteme (SATCOM): Wenn sich das U-Boot an der Wasseroberfläche oder in deren Nähe befindet, kann es Antennenmasten ausfahren, um sich mit Satellitennetzwerken zu verbinden und so eine höhere Daten- und Sprachübertragungsrate zu erreichen. Satellitensysteme wie das MUOS der US Navy (Mobile User Objective System) oder das russische GLONASS bieten zuverlässige Verbindungen zum Austausch verschlüsselter Nachrichten, Navigationsdaten und Lageberichte. Die Satellitenkommunikation ist meist auf kurze Zeitfenster beschränkt, da das Ausfahren einer Antenne die Tarnung des U-Bootes beeinträchtigen kann, indem es für Radar und Luftüberwachung sichtbar wird.

3. Hochfrequenz- (HF) und Ultrahochfrequenzfunk (UHF): HF- und UHF-Funksysteme werden hauptsächlich verwendet, wenn sich das U-Boot an der Oberfläche oder in Periskoptiefe befindet. HF-Funkgeräte ermöglichen Langstreckenkommunikation durch Reflexion der Funkwellen an der Ionosphäre, während UHF-Funkgeräte für kürzere Distanzen geeignet sind. Diese Systeme sind entscheidend für die Kontaktaufnahme mit benachbarten Schiffen, die Koordinierung von Flottenoperationen oder die Kommunikation mit Flugzeugen. Da HF- und UHF-Signale jedoch leicht abgefangen werden können, werden sie in der Regel mit Verschlüsselung eingesetzt, um die Übertragungen zu sichern.

4. Akustische Kommunikation (Unterwassertelefonsysteme): Wenn das U-Boot vollständig getaucht ist, nutzt es Unterwassertelefonsysteme zur Kommunikation mit anderen getauchten Schiffen oder Überwasserschiffen. Diese Systeme übertragen Schallwellen durch das Wasser mithilfe von Wandlern, ähnlich wie bei der Sonartechnologie. Die akustische Kommunikation ermöglicht es U-Booten, grundlegende Informationen auszutauschen, während sie getaucht bleiben. Diese Kommunikation ist jedoch durch Reichweite, Datenübertragungsrate und Anfälligkeit für Störungen durch Hintergrundgeräusche und ozeanische Bedingungen begrenzt.

5. Boje-Kommunikationssysteme: In Situationen, in denen das U-Boot in großer Tiefe bleiben muss, kann es eine Kommunikationsboje zur Wasseroberfläche aussetzen. Die Boje, die über ein Kabel mit dem U-Boot verbunden ist, enthält Antennen für VHF-, UHF- oder Satellitenkommunikation. Diese Methode ermöglicht es dem U-Boot, Nachrichten zu senden und zu empfangen, ohne aufzutauchen, wodurch das Risiko einer Entdeckung verringert wird. Einige Bojen sind so konzipiert, dass sie nach Gebrauch entsorgt oder selbstzerstört werden, um die Position des U-Bootes nicht zu gefährden.

6. Kommunikationsmasten und Antennen: U-Boote sind mit verschiedenen Kommunikationsmasten ausgestattet, die bei Bedarf über die Wasseroberfläche ausgefahren werden können. Diese Masten enthalten Antennen für verschiedene Frequenzbänder, darunter Satellitenkommunikation, GPS und Radar. Moderne U-Boote sind oft mit optronischen Masten ausgestattet, die Kameras und Sensoren integrieren und so das Situationsbewusstsein bei Kommunikationsoperationen verbessern. Ausfahrbare Masten ermöglichen es U-Booten, kurze Kommunikationsfenster zu nutzen und gleichzeitig die Sichtbarkeit zu minimieren.

Abbildung 94: SENIOR CHIEF Torpedoman (TMCS) Jeffery Leonard bedient die Kommunikationskonsole im Kontrollraum des nuklearbetriebenen Jagd-U-Bootes USS NORFOLK (SSN-714), während eines der Crew-Mitglieder das schallbetriebene Telefon benutzt. U.S. National Archives, Public Domain PDM 1.0, via NARA & DVIDS Public Domain Archive.

Verschlüsselung und Sicherheitsmaßnahmen

Angesichts der sensiblen Natur von U-Boot-Missionen ist eine sichere Kommunikation von größter Bedeutung, um eine Abhörung durch feindliche Kräfte zu verhindern. U-Boote verwenden fortschrittliche kryptografische Systeme und sichere Kommunikationsprotokolle, um die Vertraulichkeit der übertragenen Daten zu gewährleisten. Verschlüsselung auf Militärstandard ist ein zentraler Bestandteil dieser Systeme und bietet einen starken Schutz vor möglichem Abhören. Zum Beispiel wird häufig die Advanced Encryption Standard (AES)-Verschlüsselung verwendet, um Kommunikationskanäle abzusichern. Selbst wenn Nachrichten abgefangen werden, bleiben sie ohne die entsprechenden Entschlüsselungsschlüssel unlesbar [316]. Die Implementierung dieser Verschlüsselungsprotokolle ist entscheidend, um die operationelle Sicherheit in militärischen Kontexten und besonders in der U-Boot-Operation zu gewährleisten.

Zusätzlich zur Verschlüsselung nutzen U-Boote Frequenzsprungtechniken, um die Sicherheit ihrer Kommunikation zu erhöhen. Frequency-Hopping Spread Spectrum (FHSS) ist eine Methode, bei der die Trägerfrequenz des übertragenen Signals schnell gemäß einer vorher festgelegten Abfolge wechselt. Diese Technik hilft nicht nur, Störungen zu vermeiden, sondern erschwert es auch den Gegnern, die Kommunikation zu erkennen und abzufangen [317]. Untersuchungen zeigen, dass Frequenzsprungtechniken die Wahrscheinlichkeit der Erkennung und Abhörung erheblich reduzieren können und somit die Sicherheit militärischer Kommunikation verbessern [318]. Zudem hat sich die Verwendung von sowohl multiplikativen als auch additiven Gruppen bei der Konstruktion optimaler Frequenzsprungsequenzen als robust gegen Störungen und Abhören erwiesen [319].

Die Integration fortschrittlicher Technologien in die Kommunikationssysteme von U-Booten ist ebenfalls bemerkenswert. Neue Methoden wie die Quanten-Schlüsselverteilung (QKD) werden erforscht, da sie potenziell abhörsichere Kommunikationskanäle bieten können [320]. Darüber hinaus hat der Einsatz selbstadaptiver MIMO-OFDM-Systeme in der frequenzsprungbasierten Kommunikation verbesserte Anti-Jamming-Fähigkeiten gezeigt, was insbesondere in den komplexen elektromagnetischen Umgebungen, in denen U-Boote oft operieren, von Vorteil ist [321]. Die Kombination dieser Technologien erhöht nicht nur die Sicherheit der U-Boot-Kommunikation, sondern gewährleistet auch eine effiziente und zuverlässige Datenübertragung, selbst unter feindlichen Bedingungen.

Integration in Kampfführungssysteme (CMS)

Die Integration der Kommunikationssysteme in das Kampfführungssystem (CMS) eines U-Boots ist entscheidend für die Gewährleistung effektiver operativer Fähigkeiten. Diese Integration ermöglicht eine nahtlose Koordination zwischen Navigation, Waffensystemen und Einsatzplanung, was den gesamten taktischen Entscheidungsprozess verbessert. Das CMS verarbeitet in Echtzeit Daten aus verschiedenen Kommunikationskanälen, die für das Situationsbewusstsein und die effektive Durchführung taktischer Manöver essenziell sind.

Forschungen zeigen, dass der Wachoffizier (Officer of the Watch, OOW) in dieser integrierten Umgebung eine Schlüsselrolle spielt. Der OOW kommuniziert häufig mit dem Submarine Warfare Federated Tactical System (SWFTS), um das taktische Lagebild zu bestätigen und informierte Entscheidungen auf Grundlage der von verschiedenen Sensoren erhaltenen Daten zu treffen [322]. Diese Kommunikation ist während Manövern von großer Bedeutung, da sie sicherstellt, dass alle Teammitglieder synchronisiert sind und sich des aktuellen Betriebsstatus bewusst sind, was die effektive Ausführung der Mission unterstützt [248]. Die Integration dieser Systeme ermöglicht es U-Booten, sich mit Flottenoperationen abzustimmen, aktualisierte Einsatzbefehle zu erhalten und Geheimdienstinformationen an Kommandozentralen weiterzuleiten, was für den Missionserfolg unerlässlich ist [246].

Darüber hinaus ermöglicht die Integration der Kommunikationssysteme in das CMS den U-Booten, Daten aus mehreren Quellen in Echtzeit zu verarbeiten. Diese Fähigkeit ist entscheidend für die Erstellung eines genauen taktischen Lagebildes, das erforderlich ist, damit der OOW oder der Kommandant (Commanding Officer, CO) rechtzeitige und effektive Entscheidungen treffen kann [246]. Die Fähigkeit, Daten schnell zu verarbeiten und zu analysieren, erhöht die Reaktionsfähigkeit des U-Boots auf sich ändernde Einsatzbedingungen und Bedrohungen und verbessert so seine taktische Effektivität [322].

Das SWFTS bietet zudem einen einheitlichen Rahmen für verschiedene U-Boot-Flotten, wodurch die Operationen standardisiert und die Interoperabilität zwischen alliierten Streitkräften verbessert werden [248]. Diese Standardisierung ist insbesondere bei gemeinsamen Operationen von großer Bedeutung, bei denen Koordination und Kommunikation zwischen verschiedenen Plattformen entscheidend für den Erfolg der Mission sind. Die Integration der Kommunikationssysteme mit dem CMS unterstützt nicht nur die taktische Entscheidungsfindung, sondern stellt auch sicher, dass U-Boote effektiv mit anderen Einheiten in der Flotte zusammenarbeiten können und so die operative Effektivität steigern [246].

Kommunikationsverfahren und Protokolle

U-Boote operieren nach strengen Kommunikationsprotokollen, um die Tarnung aufrechtzuerhalten und das Risiko der Entdeckung zu minimieren. Die Besatzung hält sich an das sogenannte "Silent Running", wobei Funkstille bewahrt wird, es sei denn, die Kommunikation ist absolut notwendig. Nachrichten werden oft vorab vorbereitet und während kurzer Kommunikationsfenster schnell übermittelt. In Notfällen können U-Boote Notsignale senden oder über bestimmte Notfrequenzen Hilfe anfordern.

Notkommunikationssysteme

Für den Fall eines katastrophalen Ausfalls oder Verlusts der Kommunikation verfügen U-Boote über Notkommunikationssysteme wie Satellitennotrufsender oder Signalbojen. Diese Systeme werden nur aktiviert, wenn die Besatzung des U-Boots in unmittelbarer Gefahr ist, etwa nach einem Unfall oder bei einer Handlungsunfähigkeit des U-Boots. Diese Signale sind dazu gedacht, alliierten Kräften die Position des U-Boots für Rettungs- oder Bergungsoperationen anzuzeigen.

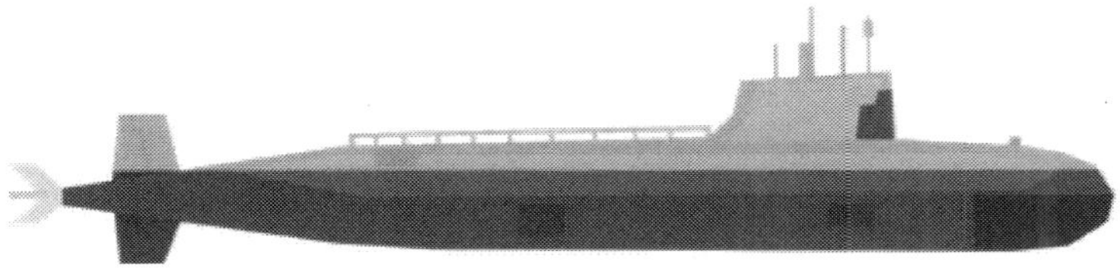

Kapitel 9

Sicherheit und Schadensbegrenzung auf U-Booten

Hydrauliksysteme und Systemredundanz

Hydrauliksysteme spielen eine entscheidende Rolle im Betrieb von U-Booten, indem sie die präzise Bewegung und Kontrolle für wesentliche Komponenten bieten, insbesondere in Umgebungen, in denen elektrische Systeme weniger praktisch oder anfälliger sein könnten. Diese Systeme gewährleisten einen reibungslosen und zuverlässigen Betrieb, indem sie Kraft durch Druck auf Hydraulikflüssigkeit erzeugen, die dann zur Betätigung verschiedener mechanischer Elemente im gesamten Schiff genutzt wird.

In der beengten und anspruchsvollen Umgebung eines U-Bootes sind Hydrauliksysteme aufgrund ihrer kompakten Bauweise, hohen Kraftausgabe und geräuschlosen Arbeitsweise besonders gut geeignet, was die Tarnung des Schiffs verbessert. Die Hydraulikflüssigkeit zirkuliert in einem geschlossenen Kreislauf, der Pumpen, Ventile, Aktoren und Vorratsbehälter umfasst und eine präzise Steuerung der mechanischen Vorgänge des U-Boots selbst unter enormem Unterwasserdruck ermöglicht.

Hydrauliksysteme sind unerlässlich für die Steuerung der Tiefenruder und Seitenruder des U-Bootes, die für das Manövrieren wichtig sind. Die Tiefenruder regulieren die vertikale Position des U-Boots, während das Seitenruder die horizontale Bewegung steuert. Hydraulische Kraft ermöglicht es diesen Steuerelementen, schnell und präzise auf die Befehle der Besatzung zu reagieren, sodass das U-Boot seine Tiefe und seinen Kurs reibungslos ändern kann.

Auch Torpedorohre und vertikale Startsysteme (VLS) sind stark von der Hydraulik abhängig. Diese Systeme benötigen erhebliche Kräfte zum Öffnen der Türen, Laden und Ausstoßen der Torpedos sowie zum Abfeuern der Raketen. Hydraulische Mechanismen gewährleisten den zuverlässigen Betrieb dieser Komponenten, bewahren die Wasserdichtheit der U-Boot-Kammern und unterstützen den schnellen und präzisen Einsatz der Waffen.

Die sanfte und kontrollierte Bewegung, die erforderlich ist, um Masten wie Periskope, Antennen und Schnorchel anzuheben und abzusenken, wird durch Hydrauliksysteme erreicht. Diese Systeme ermöglichen das schnelle Ausfahren und Zurückziehen der Masten mit minimalem Geräuschpegel, was für die Tarnung entscheidend ist. Diese Fähigkeit ist bei Aufklärungs- oder Kommunikationsoperationen in Periskoptiefe besonders wichtig, da die Zeit der Exposition minimiert werden muss, um eine Entdeckung zu vermeiden.

Hydrauliksysteme betreiben außerdem die schweren wasserdichten Luken des U-Bootes und stellen sicher, dass diese gegen den hohen Wasserdruck in extremen Tiefen dicht bleiben. In Notfällen ermöglichen hydraulisch betriebene Luken den schnellen Zugang zu Fluchtschleusen, was die Sicherheit der Besatzung erhöht. Auch die Steuerung und Trimmung werden durch Hydrauliksysteme unterstützt, die die Ballast- und Trimmtanks des U-Boots verwalten. Diese Anpassungen gewährleisten Stabilität und Auftrieb, sodass das Schiff beim Abtauchen, Auftauchen oder in unterschiedlichen Tiefen eben und wendig bleibt.

Die Hydrauliksysteme eines U-Boots bestehen aus mehreren wichtigen Komponenten, darunter Pumpen, die den erforderlichen Druck erzeugen, um die Flüssigkeit durch das System zu bewegen. Vorratsbehälter speichern Hydraulikflüssigkeit und sorgen dafür, dass genügend Flüssigkeit vorhanden ist, um den Systemdruck aufrechtzuerhalten und eventuelle Lecks auszugleichen. Ventile leiten den Flüssigkeitsstrom zu bestimmten Aktoren, die den Hydraulikdruck in mechanische Kraft umwandeln, um wichtige Komponenten wie Ruder oder Tiefenruder zu bewegen. Filter entfernen Verunreinigungen aus der Flüssigkeit, um Systemausfälle zu verhindern, während Akkumulatoren unter Druck stehende Flüssigkeit speichern und bei Bedarf zusätzliche Leistung bereitstellen.

Hydrauliksysteme bieten zahlreiche Vorteile im Betrieb von U-Booten. Ihr kompaktes und robustes Design erzeugt hohe Kraft, was den effizienten Betrieb kritischer Systeme im begrenzten Raum eines U-Boots ermöglicht. Da sie weniger anfällig für elektrische Störungen sind, funktionieren hydraulische Systeme auch unter harten Unterwasserbedingungen zuverlässig. Ihre leise Arbeitsweise unterstützt zudem die Tarnung und minimiert das Risiko der Entdeckung durch feindliche Kräfte.

Angesichts der Bedeutung von Hydrauliksystemen ist regelmäßige Wartung unerlässlich, um eine optimale Leistung sicherzustellen. Die Besatzungen der U-Boote inspizieren routinemäßig die Systeme auf Lecks, überwachen die Flüssigkeitsstände und ersetzen Filter, um eine maximale Betriebseffizienz aufrechtzuerhalten. Sicherheitsprotokolle sind vorhanden, um eine Kontamination der Hydraulikflüssigkeit zu verhindern, die das System beeinträchtigen könnte. Redundante Systeme und manuelle Notfalllösungen sorgen dafür, dass wichtige Komponenten auch bei einem Hydraulikausfall betriebsbereit bleiben und die Navigations- sowie Kampffähigkeiten des U-Bootes erhalten bleiben.

Hydrauliksysteme sind für den Betrieb von U-Booten unverzichtbar und treiben alles an, von Steuerung und Manövrieren bis hin zum Waffeneinsatz und internen Mechanismen. Ihre Zuverlässigkeit, Präzision und leise Arbeitsweise machen sie ideal für die herausfordernde Unterwasserumgebung. Diese Systeme ermöglichen es U-Booten, effektiv zu operieren und den Erfolg der Mission bei gleichzeitiger Gewährleistung von Sicherheit und Tarnung sicherzustellen.

Die Hydrauliksysteme von U-Booten sind mit mehrfachen Redundanzen ausgestattet, um einen kontinuierlichen Betrieb unter anspruchsvollen Bedingungen sicherzustellen. Aufgrund der entscheidenden Rolle dieser Systeme bei Steuerung, Tauchen, Waffenabfeuerung und der Bedienung von Luken ist Redundanz unverzichtbar, um die Sicherheit der Besatzung und den Erfolg der Mission zu gewährleisten. Das Design dieser Redundanzen stellt sicher, dass auch bei Notfällen oder einem Ausfall von Komponenten wichtige hydraulische Funktionen betriebsfähig bleiben.

Die erste Ebene der Redundanz besteht aus mehreren unabhängigen Pumpen. U-Boote sind in der Regel sowohl mit elektrisch betriebenen als auch manuell betätigten Hydraulikpumpen ausgestattet. Wenn die Haupt-Elektropumpen aufgrund elektrischer Störungen oder Schäden ausfallen, kann die Besatzung manuelle Pumpen einsetzen, um den Hydraulikdruck aufrechtzuerhalten und wichtige Systeme wie Ruder und Tiefenruder zu steuern. Einige U-Boote verfügen auch über Backup-Pumpen, die von Batterien betrieben werden, sodass die Systeme selbst dann funktionsfähig bleiben, wenn das Hauptstromnetz ausfällt.

Zusätzliche hydraulische Kreisläufe erhöhen die Systemzuverlässigkeit weiter. Diese Kreisläufe arbeiten unabhängig voneinander, um die Wahrscheinlichkeit eines einzelnen Fehlers, der das gesamte Hydrauliknetz deaktiviert, zu verringern. So kann ein Kreislauf das Torpedo-Abschusssystem steuern, während ein anderer die Tiefenruder und Seitenruder verwaltet. Sollte ein Kreislauf ausfallen, bleibt der andere funktionsfähig und erhält die teilweise Funktionalität wichtiger Komponenten.

Um Druckverlust durch Lecks oder Brüche zu vermeiden, setzen U-Boote Isolationsventile an strategischen Punkten im Hydrauliknetzwerk ein. Diese Ventile ermöglichen es den Bedienern, Abschnitte des Systems, in denen Lecks auftreten, zu isolieren und so den Hydraulikdruck in nicht betroffenen Bereichen aufrechtzuerhalten. Diese Strategie der Eindämmung stellt sicher, dass kritische Teilsysteme weiterhin funktionieren, selbst wenn ein Teil des Systems beeinträchtigt ist.

U-Boote integrieren zudem Akkumulatoren in ihre Hydrauliksysteme, um unter Druck stehende Flüssigkeit zu speichern. Akkumulatoren fungieren als Notfallreserven und setzen gespeicherten Hydraulikdruck frei, wenn er benötigt wird, um wichtige Komponenten zu betreiben. Diese Funktion ist besonders nützlich in Kampfsituationen, in denen schnelle Reaktionen erforderlich sind, oder in Notfällen, wenn Pumpen möglicherweise nicht verfügbar sind. Akkumulatoren stellen sicher, dass die Besatzung wichtige Systeme wie Steuerung und Luken für eine begrenzte Zeit weiterhin betreiben kann, selbst wenn das Hydraulikpumpensystem inaktiv ist.

Redundante Steuerungssysteme bieten eine weitere Ebene der Zuverlässigkeit. Hydrauliksteuerungen sind oft doppelt ausgeführt, mit Backup-Mechanismen zur manuellen oder mechanischen Steuerung. Beispielsweise können kritische Steuerungen für Tiefenruder und Seitenruder manuell übersteuert und bedient werden, falls automatische oder ferngesteuerte Systeme ausfallen. Diese Dualsteuerungsfähigkeit stellt sicher, dass die Besatzung die Navigations- und Kampffunktionen unter allen Umständen aufrechterhalten kann.

Zum Schutz vor Verunreinigungen sind im gesamten Hydrauliksystem Filter installiert. Diese Filter verhindern, dass Schmutz oder Partikel Ventile verstopfen oder Aktuatoren beschädigen. Redundante Filtersysteme ermöglichen einen kontinuierlichen Betrieb; wenn ein Filter verstopft ist, kann das System auf einen Sekundärfilter umschalten, ohne den Hydraulikfluss zu unterbrechen.

Überwachungssysteme liefern Echtzeitdaten zu Hydraulikflüssigkeitsständen, Druck und Temperatur. Alarme warnen die Besatzung bei Abnormalitäten wie Druckabfall oder Flüssigkeitsverunreinigung. Dies ermöglicht schnelles Eingreifen, um das Risiko eines Systemausfalls zu minimieren.

Zusätzlich zu diesen Redundanzen können Notumgehungssysteme aktiviert werden, wenn reguläre Hydraulikwege blockiert oder beschädigt sind. Diese Umgehungen erhalten den Fluss der Hydraulikflüssigkeit zu wesentlichen Komponenten aufrecht und stellen sicher, dass das U-Boot auch in Notfällen betriebsfähig bleibt.

Hydraulikprinzipien

Hydrauliksysteme sind integraler Bestandteil moderner U-Boot-Betriebe und stellen einen bedeutenden Fortschritt in der Entwicklung von U-Booten im Vergleich zu Vorkriegsmodellen dar. Anders als frühere U-Boote, die auf Handkraft, Elektrizität oder Druckluft angewiesen waren, nutzen moderne U-Boote zunehmend hydraulische Systeme für kritische Funktionen. Diese Verlagerung hin zur Hydraulikkraft beruht auf den einzigartigen Vorteilen, die sie bietet: kompakte Bauweise, zuverlässige Leistung und geräuscharmer Betrieb, die alle für die Tarnung und Funktionalität von Unterwasserfahrzeugen entscheidend sind [323].

In frühen U-Booten wurde die Kraft oft manuell oder über elektrische Systeme erzeugt. Der manuelle Betrieb war begrenzt, da er die hohen Leistungsanforderungen über längere Zeiträume nicht aufrechterhalten konnte und eine kontinuierliche Beteiligung der Besatzung erforderte. Elektrische Systeme, die in U-Booten weit verbreitet für Antrieb und Hilfsfunktionen genutzt wurden, stellten jedoch Herausforderungen dar, insbesondere bei der Bewegung schwerer Komponenten wie Ruder oder Tiefenruder. Elektromotoren können Lärm durch ihre mechanischen Teile erzeugen und haben Schwierigkeiten, präzise und sofort anzuhalten. Pneumatische Kraft war eine weitere Option; jedoch bringen Druckluftsysteme das Risiko von Leckagen, Ineffizienzen und erhöhtem Wartungsaufwand aufgrund von Druckverlusten mit sich [323].

Hydraulische Systeme sind für viele Vorgänge an Bord zur optimalen Lösung geworden, da sie diese Einschränkungen überwinden. Hydraulik bietet ein Gleichgewicht aus Leistung und Präzision. Die Fähigkeit, aus kompakten Komponenten hohe Kräfte zu erzeugen und sensibel zu starten und anzuhalten, ermöglicht es hydraulischen Systemen, empfindliche Mechanismen wie Tiefen- und Seitenruder mit außergewöhnlicher Präzision zu steuern. Darüber hinaus sind hydraulische Energiesysteme von Natur aus leiser als ihre elektrischen und pneumatischen Gegenstücke, was für U-Boote, die auf Tarnung angewiesen sind, um der Entdeckung durch den Feind zu entgehen, von entscheidender Bedeutung ist.

Eine der Hauptanwendungen von Hydrauliksystemen in U-Booten ist die Steuerung wesentlicher Steuerungskomponenten wie Ruder und Tiefenruder. Diese Systeme ermöglichen es dem U-Boot, seine Tiefe und Richtung schnell und präzise anzupassen und so eine effiziente Navigation in anspruchsvollen Unterwasserumgebungen zu gewährleisten. Hydrauliksysteme werden auch in Waffensystemen wie Torpedorohren und Vertikalstartsystemen (VLS) eingesetzt. Sie ermöglichen den reibungslosen Betrieb von Luken und den kontrollierten Abschuss von Torpedos und Raketen, was sowohl Sicherheit als auch Zuverlässigkeit im Kampf gewährleistet [323].

Hydraulik ist unerlässlich für das Heben und Senken von Masten wie Periskopen und Antennen, die mit Präzision und Geschwindigkeit ausgefahren und eingezogen werden müssen. Das Hydrauliksystem sorgt dafür, dass diese empfindlichen Instrumente reibungslos funktionieren und so die Entdeckungsgefahr des U-Boots minimiert wird. Darüber hinaus betreiben Hydrauliksysteme wasserdichte Luken und sorgen dafür, dass die strukturelle Integrität des Schiffs in verschiedenen Tiefen gewahrt bleibt, indem sie die Abteilungen gegen Wasserdruck abdichten.

Die Hydraulikinfrastruktur eines U-Boots besteht aus mehreren zentralen Komponenten. Hydraulikpumpen erzeugen den notwendigen Druck, um die Flüssigkeit durch das System zu zirkulieren und eine konstante Leistung sicherzustellen. Ventile steuern den Flüssigkeitsfluss und leiten ihn zu den Aktuatoren, die mechanische Teile wie Ruder, Luken und Tiefenruder bewegen. Hydraulikflüssigkeit, typischerweise ein leichtes Öl, dient sowohl als Kraftübertragungsmedium als auch als Schmiermittel und sorgt für einen reibungslosen Betrieb des Systems. Filter und Akkumulatoren tragen zur Systemgesundheit bei, indem sie Verunreinigungen aus der Flüssigkeit entfernen und bei Bedarf zusätzlichen Druck bereitstellen.

Die Wartung der Hydrauliksysteme ist entscheidend für die Sicherheit und Zuverlässigkeit eines U-Boots. Die U-Boot-Besatzungen überprüfen regelmäßig auf Lecks, überwachen die Flüssigkeitsstände und wechseln Filter aus, um sicherzustellen, dass das Hydrauliksystem in optimalem Zustand bleibt. Redundante manuelle Steuerungen stehen zur Verfügung, um kritische Systeme im Falle eines Hydraulikausfalls zu bedienen und so sicherzustellen, dass das U-Boot in Notfällen weiterhin sicher funktionieren kann.

Der Aufbau eines einfachen Hydrauliksystems

Ein einfaches Hydrauliksystem, wie es beispielsweise zum Öffnen und Schließen einer Tür verwendet wird, zeigt, wie Hydraulik auf grundlegender Ebene funktioniert. Zu den Hauptkomponenten gehören ein Reservoir, das die Hydraulikflüssigkeit speichert, eine Pumpe zur Druckerzeugung, ein Betätigungszylinder, der den Druck in mechanische Bewegung umwandelt, und Ventile zur Steuerung des Flüssigkeitsflusses. Das Reservoir, das üblicherweise höher platziert wird, um einen schwerkraftunterstützten Flüssigkeitsfluss zu fördern, stellt sicher, dass das System gefüllt bleibt und eventuelle Lecks ausgleichen kann. Die Pumpe, oft eine handbetätigte Kolbenpumpe in einfachen Systemen, sorgt für den notwendigen Druck, um die Hydraulikflüssigkeit zum Betätigungszylinder zu bewegen.

In einem typischen System wird beim Betätigen der Pumpe Hydraulikflüssigkeit aus dem Reservoir angesaugt und über eine Druckleitung in den Zylinder gepresst. Ein Absperrventil verhindert, dass die unter Druck stehende Flüssigkeit entweicht und hält die Tür in der gewünschten Position. Ein Rückschlagventil in der Rücklaufleitung stellt sicher, dass die Flüssigkeit nur in eine Richtung fließt, verhindert einen Rückfluss und erhält die Systemintegrität. Wenn das Absperrventil geöffnet wird, fließt die unter Druck stehende Flüssigkeit zurück ins Reservoir, und die Tür bewegt sich zurück in ihre Ausgangsposition.

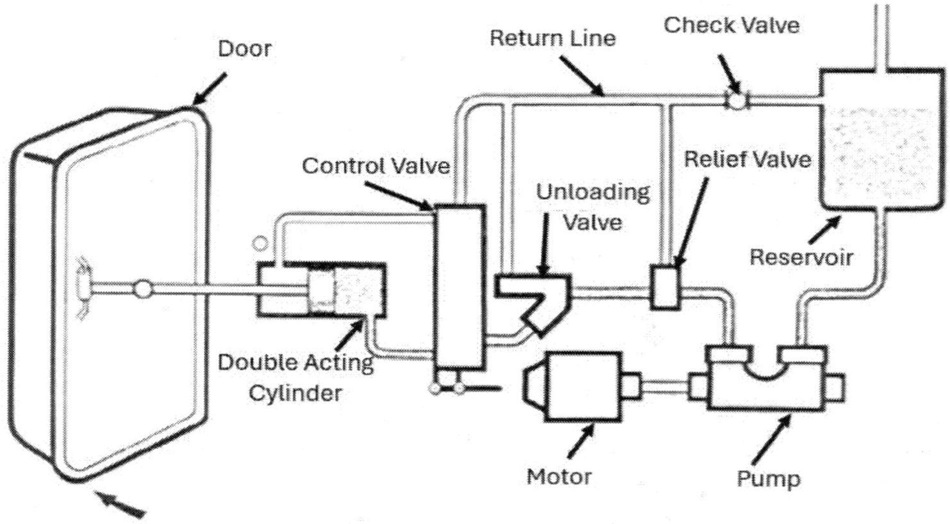

Abbildung 95: Motorbetriebenes Hydrauliksystem.

Während einfache, handbetriebene Systeme für kleinere Aufgaben effektiv sind, benötigen U-Boote leistungsfähigere, automatisierte Systeme, um ihre komplexen Operationen zu bewältigen. Motorgetriebene Hydrauliksysteme beinhalten motorisierte Pumpen, doppeltwirkende Zylinder und Steuerventile, um schnelle und präzise Bewegungen zu ermöglichen. In diesen Systemen kann die Flüssigkeit auf beide Seiten des Betätigungszylinders fließen, um einen Mechanismus zu öffnen oder zu schließen, wobei Steuerventile die Fließrichtung regulieren.

Der kontinuierliche Betrieb der Hydraulikpumpe stellt den sofortigen Druck bereit, während Überdruckventile das System vor zu hohem Druck schützen, indem sie überschüssige Flüssigkeit zurück in den Vorratsbehälter leiten. Bypass-Ventile steigern die Effizienz des Systems zusätzlich, indem sie unnötige Zirkulation reduzieren, wenn Komponenten nicht genutzt werden, was Reibung und Wärmebildung in der Flüssigkeit verringert.

Hydrauliksysteme sind jedoch nicht ohne Herausforderungen. Während die Flüssigkeit durch Leitungen und Komponenten fließt, erzeugen Reibung und Turbulenzen Wärme, was zur thermischen Ausdehnung der Flüssigkeit führt. Diese Wärmeentwicklung kann die Effizienz des Systems verringern, was eine sorgfältige Konstruktion erfordert, um Leistungsverluste zu minimieren. Ingenieure müssen Reibungsverluste berücksichtigen, indem sie geeignete Pumpendrücke, Zylindergrößen und Rohrdurchmesser auswählen, um ausreichend Kraft für alle Operationen sicherzustellen.

In der Praxis verwenden U-Boote mehrere Hydrauliksysteme zur Steuerung wichtiger Funktionen. Dazu gehören das Steuern des Ruders, das Neigen der Bug- und Hecktauchruder sowie das Bedienen von Flutventilen, Torpedorohrtüren, Periskophuben und Antennenmasten. Das Haupt-Hydrauliksystem bildet das Rückgrat für zahlreiche Operationen, von der Steuerung der Motorabgasventile bis hin zur Unterstützung des Notsteuersystems. Die Integration von Hydraulikleistung stellt sicher, dass das U-Boot komplexe Manöver präzise ausführen kann und unter verschiedenen Bedingungen einsatzbereit bleibt.

Diese Systeme basieren auf der Erzeugung von Hydraulikleistung durch elektromotorisch angetriebene Pumpen. Hydraulikmotoren, insbesondere Betätigungszylinder, wandeln den durch die Pumpen erzeugten Hydraulikdruck in mechanische Energie um und ermöglichen so eine präzise Steuerung der Ausrüstung. Die Pumpen dienen als zentrale Quelle der Hydraulikleistung und halten den Druck im gesamten System aufrecht, um reibungslose und zuverlässige Operationen zu gewährleisten.

Die IMO-Pumpe, eine Drehkolbenpumpe, die in U-Booten verwendet wird, ist ein zentrales Element des Hydrauliksystems. IMO steht für Ingenjörsfirman Malmström och Olson, den Namen des schwedischen Ingenieurbüros, das das Design für diese Schraubenpumpen ursprünglich entwickelte und patentierte. Diese Pumpen sind bekannt für ihre Effizienz, Zuverlässigkeit und leisen Betrieb, was sie besonders geeignet für den Einsatz in anspruchsvollen Umgebungen wie U-Booten macht.

Diese Pumpe verfügt über ein zylindrisches Gehäuse, das drei Gewindespindeln enthält. Diese Spindeln arbeiten ähnlich wie Schneckengetriebe, wobei ihre ineinandergreifenden Oberflächen eine kontinuierliche Abdichtung während der Rotation erzeugen. Öl tritt durch den Sauganschluss ein und wird durch die Pumpe befördert, bis es schließlich durch den Auslass austritt. Das präzise Design der Spindeln sorgt für minimale Leckagen, wobei nur eine vernachlässigbare Menge Öl entlang des Fließweges entweicht [323].

Die Spindeln sind in einer herausnehmbaren Hülse untergebracht, die eine einfache Wartung und einen schnellen Austausch ermöglicht. Die Hülse, die aus zwei verschraubten Abschnitten besteht, passt sich eng an das Gehäuse an und sorgt so für Stabilität während des Betriebs. Das Design der Pumpe umfasst eine Führungsbuchse und eine Stopfbuchse, um Leckagen um die Spindelwelle zu verhindern, wobei eventuell austretendes Öl in einer Tropfschale gesammelt wird [323].

Während die Hydraulikflüssigkeit durch die Pumpe gedrückt wird, trifft sie auf Widerstand im System, wodurch Druck entsteht. Im Haupt-Hydrauliksystem eines U-Bootes kann dieser Druck zwischen 600 und 700 Pfund pro Quadratzoll betragen. Die durch den Druck erzeugte Kraft wirkt gegen die Spindeln und erzeugt einen axialen Schub, der die Reibung erhöhen und zu einem vorzeitigen Verschleiß führen könnte. Um dem entgegenzuwirken, ist eine Ausgleichsverbindung in die Pumpe integriert.

Diese Ausgleichsverbindung leitet einen Teil des abgegebenen Öls zur Saugseite der Pumpe und gleicht so den Druck an beiden Enden der Rotoren aus. Dadurch „schweben" die Rotoren effektiv zwischen gleichen Öldrücken, was übermäßigen Axialschub verhindert und die Reibung verringert. Dies stellt sicher, dass die Pumpe leise, effizient und mit minimalem Wartungsaufwand über längere Zeiträume arbeitet, was sie ideal für den Einsatz in U-Booten macht [323].

Das Haupt-Hydrauliksystem ist das Rückgrat der hydraulischen Infrastruktur eines U-Boots und versorgt zahlreiche wichtige Komponenten. Es verteilt unter Druck stehende Flüssigkeit an verschiedene Systeme, wie die Ballasttanks, Lufteinlassventile, Torpedorohrtüren und die Einstellung der Bugruder. Es unterstützt auch Nebensysteme, darunter die vorderen Ankerwinden- und Spilleneinheiten sowie die Sonarausrüstung (Schallköpfe). Bei modernen U-Booten wird die Hydraulik auch zum Betreiben von Periskopen und Antennenmasten verwendet, die zuvor elektrisch betrieben wurden.

In Notsituationen liefert das Haupt-Hydrauliksystem eine Notstromversorgung für das Steuersystem sowie die Neigungsmechanismen der Bug- und Heckruder. Obwohl diese Systeme normalerweise über unabhängige Energiequellen verfügen, sorgt die Integration des Haupt-Hydrauliksystems für Redundanz und Betriebssicherheit [323].

Das Haupt-Hydrauliksystem besteht aus mehreren voneinander abhängigen Komponenten. Das Druckerzeugungssystem, zu dem Pumpen wie die IMO-Pumpe gehören, baut den notwendigen Hydraulikdruck auf. Flut- und Entlüftungsventile, die an die Ballasttanks angeschlossen sind, kontrollieren den Auftrieb, während die Hubvorrichtungen für Periskop und Funkmast hydraulischen Druck nutzen, um wichtige Ausrüstung ein- und auszufahren. Die vorderen und hinteren Serviceleitungen verteilen die unter Druck stehende Flüssigkeit in verschiedene Bereiche des U-Boots, und Notfallsysteme gewährleisten die Betriebskontinuität bei einem Ausfall des primären Systems.

Das Druckerzeugungssystem auf U-Booten ist ein integraler Bestandteil der hydraulischen Infrastruktur und liefert die notwendige Kraft für zahlreiche Operationen an Bord. Dieses System besteht aus mehreren miteinander verbundenen

Komponenten, die Hydraulikleistung erzeugen, speichern und verwalten und so den reibungslosen Betrieb wichtiger Funktionen des U-Boots sicherstellen. Im Zentrum dieses Systems stehen die IMO-Pumpen, die den notwendigen Druck erzeugen, um die verschiedenen hydraulischen Mechanismen anzutreiben.

Zwei IMO-Pumpen dienen als primäre Hydraulikquellen. Jede Pumpe arbeitet über einen direkt an einen 18-PS-Elektromotor angeschlossenen Antriebsrotor und läuft mit etwa 1.750 Umdrehungen pro Minute. Diese Pumpen können unabhängig voneinander oder im Tandem betrieben werden, je nach hydraulischem Bedarf. Unter Standardbedingungen reicht eine Pumpe aus, um den Bedarf des Systems zu decken, aber beide können aktiviert werden, wenn eine höhere Hydraulikleistung erforderlich ist. Die Pumpen sind mit manuellen oder automatischen Steuerungen ausgestattet, um ihren Betrieb effektiv zu verwalten.

Das Öl, das als Arbeitsmedium im Hydrauliksystem dient, wird aus dem Hauptversorgungstank bereitgestellt, der eine Kapazität von 50 Gallonen hat. Typischerweise werden 35 Gallonen Öl im Tank gehalten, um Platz für die Ausdehnung und die Abgabe von überschüssigem Öl aus dem Akkumulator zu lassen. Der Tank ist so ausgelegt, dass er einen kontinuierlichen Fluss der Hydraulikflüssigkeit durch das System sicherstellt, da das Öl zur Filterung und Rückführung in den Tank zurückkehrt. Sichtanzeigen an der Tankseite ermöglichen die Überwachung des Ölstands, und ein Ablassventil am Boden erleichtert das Entfernen von eventuell angesammeltem Wasser [323].

Der Akkumulator ist eine weitere wichtige Komponente und dient zur Speicherung und Verteilung von Hydraulikflüssigkeit unter Druck. Er funktioniert ähnlich wie ein Speicherakku in einem elektrischen System, indem er Öl von den Pumpen aufnimmt und es unter Druck hält, bis es benötigt wird. Der Akkumulator besteht aus einem Ölzylinder, einem Luftzylinder und einem Kolben, der sich zwischen ihnen bewegt. Druckluft übt Kraft auf die innere Fläche des Kolbens aus, während der Öldruck auf die äußere Fläche wirkt. Diese Konfiguration ermöglicht es dem Kolben, sich entsprechend dem Gleichgewicht zwischen Luft- und Öldruck zu bewegen und so für gleichmäßigen Druck im Hydrauliksystem zu sorgen.

Um einen übermäßigen Axialschub auf die Pumpenrotoren zu verhindern, wird ein Ausgleichsmechanismus eingesetzt. Dieser umfasst ein kleines Rohr, das die Druckseite der Pumpe mit einem Ausgleichskanal an der Saugseite verbindet. Der Kanal sorgt dafür, dass an beiden Enden der Rotoren gleicher Öldruck anliegt, wodurch unnötige Reibung und Abnutzung vermieden werden. Diese Ausgleichsfunktion ist entscheidend für die Langlebigkeit und Effizienz der Pumpen und ermöglicht einen kontinuierlichen Betrieb mit minimalem Wartungsaufwand [323].

Das System nutzt außerdem Versorgungs- und Rücklaufverteiler, die Hydraulikflüssigkeit zu verschiedenen Bordmechanismen verteilen und zur Wiederzirkulation sammeln. Der Versorgungsverteiler verfügt über mehrere Ventile, um den Fluss der Flüssigkeit zu verschiedenen Leitungen zu steuern, einschließlich Notfallsystemen für die Steuerung und Neigung der Ruder. Ein Schnellabsperrventil am Verteiler ermöglicht es, das System bei Bedarf schnell zu isolieren, und ein Überdruckventil stellt sicher, dass der Druck die sicheren Betriebsgrenzen, die typischerweise zwischen 600 und 750 Pfund pro Quadratzoll liegen, nicht überschreitet [323].

Das Pilotventil spielt eine wesentliche Rolle bei der Steuerung des automatischen Bypass-Ventils, das den Fluss des Hydrauliköls basierend auf dem Status des Akkumulators reguliert. Wenn der Akkumulator vollständig geladen ist, leitet das Pilotventil Öl, um das Bypass-Ventil zu öffnen und den Fluss zurück zur Saugseite der Pumpe umzuleiten. Wenn der Akkumulator entladen wird, schließt das Pilotventil den Bypass und ermöglicht es den Pumpen, den Akkumulator wieder aufzuladen. Dieser Mechanismus sorgt für eine effiziente Energienutzung und verhindert eine Überlastung des Systems.

Sicherheits- und Schalldämmung sind ebenfalls wichtige Überlegungen im Druckerzeugungssystem. Rückschlagventile sind installiert, um einen Rückfluss zu verhindern und das Öl im Falle eines Rohrleitungsausfalls vor Verlust zu schützen. Zusätzlich verbindet flexibles Gummischlauchmaterial die Pumpen mit dem restlichen System, um die Geräuschübertragung zu minimieren und so das Risiko einer Entdeckung durch feindliche Kräfte zu verringern. Diese Schläuche werden durch zusätzliche Rückschlagventile ergänzt, um einen versehentlichen Ölverlust im Falle eines Risses zu verhindern.

Der Betrieb des hydraulischen Antriebssystems erfordert sorgfältiges Management. Vor der Aktivierung muss das gesamte System mit Öl gefüllt und der Akkumulator mit Druckluft geladen werden. Schnellabsperrventile werden geöffnet, um den Flüssigkeitsfluss zu ermöglichen, und die Pumpen werden gestartet, um den Hydraulikdruck aufzubauen. Während des Betriebs speichert der Akkumulator Öl unter Druck, bereit, verschiedene Mechanismen anzutreiben. Das Design des Systems ermöglicht es, dass beide Pumpen gleichzeitig oder im Wechsel betrieben werden können, um eine gleichmäßige Abnutzung und eine konstante Leistung sicherzustellen [323].

Das Haupt-Hydrauliksystem verkörpert die Präzision und Zuverlässigkeit, die für den Betrieb von U-Booten erforderlich sind. Es versorgt wesentliche Komponenten wie Ballasttankventile, Torpedorohrtüren, Periskopaufzüge und Steuermechanismen und stellt sicher, dass das U-Boot kritische Funktionen sicher und effizient ausführen kann. Die Kombination aus gut abgestimmten Komponenten, Redundanz und Sicherheitsmerkmalen stellt sicher, dass das Hydrauliksystem reibungslos funktioniert und dem U-Boot die notwendige Leistung für sowohl Routineoperationen als auch Notfallsituationen bereitstellt.

Flut- und Entlüftungskontrollsystem

Das Flut- und Entlüftungskontrollsystem ist entscheidend für die Steuerung des Auftriebs eines U-Boots und ermöglicht es ihm, zu tauchen, aufzutauchen und seine Tiefe zu halten. Dieses System funktioniert über ein Netzwerk von Tanks, die jeweils spezifische Aufgaben erfüllen. Durch die Regulierung des Einlassens und Ausstoßens von Seewasser und Luft kann das U-Boot je nach Bedarf neutralen, positiven oder negativen Auftrieb erreichen. Die Tanks um den Druckkörper des U-Boots sind so ausgelegt, dass sie Seewasser aufnehmen, um das U-Boot zu versenken, und dieses durch komprimierte Luft wieder ausstoßen, um den Auftrieb zurückzugewinnen. Die Präzision dieses Systems ist für den regulären Betrieb sowie in Notsituationen von entscheidender Bedeutung [323].

Die Tanks innerhalb des Flut- und Entlüftungskontrollsystems haben unterschiedliche Funktionen. Hauptballasttanks enthalten Luft, wenn das U-Boot an der Oberfläche ist, und Seewasser, wenn es getaucht ist, und sorgen so für die primäre Auftriebskontrolle. Treibstoffballasttanks speichern zunächst Dieselkraftstoff für den Antrieb, können jedoch, sobald sie leer sind, als Ballasttanks verwendet werden. Spezialtanks wie der Negativtank und der Sicherheitstank spielen eine wichtige Rolle bei schnellen Manövern und Notfällen. Der Negativtank, der sich unterhalb des Kontrollraums befindet, kann schnell mit Seewasser gefüllt werden, um das Gewicht des U-Boots zu erhöhen und einen raschen Abstieg zu ermöglichen. Der Sicherheitstank in der Mitte des U-Boots kompensiert potenziellen Auftriebsverlust, beispielsweise bei einer Überflutung des Turms, und stellt sicher, dass das U-Boot im Notfall über Wasser bleibt.

Der Bugauftriebstank, der sich an der Vorderseite des U-Boots befindet, ist beim Tauchen und Auftauchen von entscheidender Bedeutung. Beim Tauchen wird dieser Tank zuerst geflutet, wodurch die Nase des U-Boots nach unten geneigt wird, was einen kontrollierten Abstieg ermöglicht. Beim Auftauchen wird der Bugtank als erster geleert, wodurch die Vorderseite des U-Boots angehoben wird, um die Stabilität zu verbessern.

Der Betrieb dieser Tanks erfolgt durch präzise Steuerung über Flut- und Entlüftungsventile. Die Hauptballasttanks verfügen über Flutöffnungen, und die Treibstoffballasttanks sind mit handbetätigten Flutventilen ausgestattet. Hydraulisch betriebene Entlüftungsventile regeln die Luftfreisetzung und -aufnahme und ermöglichen die kontrollierte Befüllung oder Entleerung der Tanks. Die Flutventile des Sicherheits- und Negativtanks sind ebenfalls hydraulisch bedient, wobei manuelle Bedienung als Backup möglich ist. Das Entlüftungsventil des Negativtanks wird manuell bedient und intern entlüftet, um bei schnellen Abstiegen präzise Anpassungen zu ermöglichen.

In getauchtem Zustand sind die Tanks des U-Boots mit Luft bei etwa 10 Pfund pro Quadratzoll gefüllt, wodurch verhindert wird, dass Seewasser durch die stets unter Wasser befindlichen Flutöffnungen eindringt. Zum Tauchen werden die Entlüftungsventile geöffnet, wodurch die Luft entweicht und Seewasser die Tanks flutet. Zum Auftauchen werden die Entlüftungsventile geschlossen und komprimierte Luft wird in die Tanks gepresst, um das Seewasser durch die Flutöffnungen zu verdrängen und positiven Auftrieb wiederherzustellen.

Zwei Hauptsteuerungsmannifolds steuern die Flut- und Entlüftungsventile: das Sechsventil- und das Dreiventilmanifold. Diese Manifolds befinden sich im Kontrollraum und zentralisieren den Betrieb des Systems. Das Sechsventilmanifold steuert den Bugauftriebstank, mehrere Ballasttanks und den Sicherheitstank. Abhängig vom Design des U-Boots kann das Manifold sechs oder sieben Ventile enthalten, wobei jedes Ventil für einen bestimmten Tank oder eine Tankgruppe zuständig ist. Die Ventile verfügen über vier Betriebsmodi—SCHLIESSEN, ÖFFNEN, HAND und NOTFALL—, die Flexibilität und Sicherheit in verschiedenen Szenarien gewährleisten. Die Notfallposition ist entscheidend, da sie den lokalen Hydraulikkreislauf isoliert und bei einem Ausfall der Hydraulikleitung den Ölverlust verhindert.

Das Dreiventilmanifold steuert wichtige Systeme im Zusammenhang mit Sicherheit und Belüftung. Es verwaltet die Hauptmotorluftzufuhr, das Flutventil des Negativtanks und das Flutventil des Sicherheitstanks. Jeder Hebel an diesem Manifold hat eine einzigartige Form, um auch bei schlechten Sichtverhältnissen leicht erkannt zu werden. Zusätzliche Sicherheitsmechanismen, wie federbelastete Stifte, sorgen dafür, dass das Luftzufuhrventil nicht versehentlich geöffnet werden kann. Dieses Manifold verfügt, ähnlich wie das Sechsventilmanifold, über Sperrvorrichtungen, um die Ventile in ihren vorgesehenen Positionen zu sichern.

Hydraulikzylinder und zugehörige Verbindungen verbinden die Steuerventile mit den Entlüftungsventilen an den Tanks. Diese hydraulischen Aktuatoren ermöglichen die Fernbedienung der Entlüftungsventile und sorgen für reibungslose und schnelle Anpassungen des Auftriebs des U-Boots. Bei einem Hydraulikausfall ermöglichen manuelle Hebel die direkte Steuerung und gewährleisten Redundanz bei kritischen Operationen [323].

Steuer- und Tiefenruderbetrieb

Die Steuerung eines U-Bootes ist ein komplexer Vorgang, der eine präzise Kontrolle über seine Bewegung in sowohl horizontaler als auch vertikaler Ebene erfordert. Im Gegensatz zu Überwasserschiffen, die hauptsächlich auf einer zweidimensionalen Ebene navigieren, müssen U-Boote ihre Bewegung in drei Dimensionen steuern. Dafür werden fortschrittliche Systeme benötigt, die das Zusammenspiel von Ruder und Tiefenrudern des U-Bootes koordinieren. Die Integration hydraulischer Systeme spielt dabei eine entscheidende Rolle, da sie die nötige Kraft für präzise, zuverlässige und geräuscharme Operationen liefert, die für die Unterwassernavigation essenziell sind.

Die horizontale Steuerung eines U-Bootes erfolgt durch ein Ruder, das am Heck angebracht ist. Ähnlich wie das Ruder eines Schiffs steuert es die Fahrtrichtung des U-Bootes, indem es den Wasserfluss umlenkt. Wenn das Ruder gedreht wird, trifft das Wasser darauf und erzeugt hydrodynamische Kräfte, die das U-Boot nach Backbord oder Steuerbord wenden. Der Grad der Wende hängt vom Ruderausschlag, der Geschwindigkeit des U-Bootes und den Wasserbedingungen ab. Eine präzise Steuerung des Ruders ist besonders wichtig, wenn das U-Boot mit hoher Geschwindigkeit fährt oder in engen Bereichen wie Häfen oder Unterwasserschluchten manövriert.

Die vertikale Steuerung – also das Managen der Tiefe und des Neigungswinkels des U-Bootes – erfolgt über die vorderen und hinteren Tiefenruder. Diese Ruder wirken wie Flügel oder Finnen, die nach oben oder unten geneigt werden können, um den Winkel des U-Bootes zu verändern und ihm beim Auftauchen oder Abtauchen zu helfen. Durch die koordinierte Einstellung dieser Ruder kann das U-Boot waagerecht bleiben, zur Oberfläche aufsteigen oder tiefer tauchen. Die hinteren Tiefenruder, die sich am Heck befinden, sind hauptsächlich dafür verantwortlich, die Trimmung des U-Bootes zu steuern und eine stabile Ausrichtung zu gewährleisten, während die vorderen Tiefenruder, die am Bug positioniert sind, das Auftauchen und Abtauchen während der Tauchgänge steuern.

Hydraulik spielt bei der Steuerung und Tiefenregelung eine wichtige Rolle, indem sie die Bewegung des Ruders und der Tiefenruder antreibt. In einem U-Boot, in dem der Platz begrenzt ist und elektrische Störungen minimiert werden müssen, sind hydraulische Systeme ideal. Sie bieten leistungsstarke und präzise Steuerung, während sie geräuscharm arbeiten, was für die Aufrechterhaltung der Tarnung entscheidend ist. Das hydraulische System umfasst Aktuatoren, die mit dem Ruder und den Rudern verbunden sind und deren Bewegung basierend auf Kommandos aus dem Kontrollraum präzise steuern.

Wenn die Steuerruder oder Kontrollhebel von der Besatzung betätigt werden, reagiert das hydraulische System, indem es unter Druck stehende Flüssigkeit zu den entsprechenden Aktuatoren leitet. Diese Aktuatoren wandeln den hydraulischen Druck in mechanische Kraft um und bewegen das Ruder oder die Tiefenruder in den gewünschten Winkel. Das System verfügt außerdem über Rückmeldemechanismen, die die Position des Ruders und der Tiefenruder an den Kontrollraum zurückmelden, um genaue Anpassungen zu ermöglichen und Überkorrekturen zu vermeiden. Dieser Rückkopplungskreis ist essenziell für die Feinabstimmung von Manövern und die Aufrechterhaltung eines stabilen Kurses.

Das hydraulische System, das das Ruder und die Tiefenruder antreibt, ist mit mehrfachen Redundanzen ausgestattet, um die Zuverlässigkeit zu gewährleisten. Es gibt Ersatzhydraulikkreise sowie manuelle Steuerungen, um im Falle eines Hydraulikausfalls die Steuerung und Tiefenregelung aufrechtzuerhalten. So können in einem Notfall die Ruder und Tiefenruder manuell bedient werden, wodurch die Besatzung das U-Boot stabilisieren und die Kontrolle behalten kann. Diese Redundanz ist entscheidend, um Unfälle zu verhindern und sicherzustellen, dass das U-Boot sicher auftauchen kann, falls technische Probleme auftreten.

Das hydraulische Lenksystem ist zudem mit Absperrventilen und Rückschlagventilen ausgestattet, um den Druck zu regulieren und Flüssigkeitslecks zu verhindern. Absperrventile ermöglichen es, bestimmte Abschnitte des Systems für Wartungsarbeiten oder im Falle von Beschädigungen abzuschalten, während Rückschlagventile sicherstellen, dass die Hydraulikflüssigkeit nur in eine Richtung fließt und den erforderlichen Druck für einen reibungslosen Betrieb aufrechterhält.

Neben der Steuerung unterstützt das hydraulische System auch bei Trimmkorrekturen und stellt sicher, dass das U-Boot während seiner Reise ausgewogen bleibt. Durch das Umfüllen von Wasser zwischen Trimmtanks entlang des Schiffs kann das hydraulische System den Schwerpunkt des U-Bootes verschieben und eine korrekte Ausrichtung beibehalten. Dies ist für lange Missionen unerlässlich, da Änderungen in der Gewichtsdurchverteilung an Bord – wie der Treibstoffverbrauch oder Bewegungen der Besatzung – die Stabilität des Fahrzeugs beeinflussen können.

Wichtige Komponenten des hydraulischen Steuer- und Tiefenrudersystems

Hydraulische Aktuatoren sind wesentliche Komponenten der Steuer- und Tiefenrudersysteme von U-Booten. Diese Aktuatoren, typischerweise doppelt wirkende Zylinder, wandeln den Hydraulikdruck in mechanische Bewegung um, um die Bewegung des Ruders und die Neigung der Bug- und Heckruder zu steuern. Durch die Verwendung doppelt wirkender Zylinder kann die Hydraulikflüssigkeit auf beiden Seiten des Kolbens eintreten, was kontrollierte Bewegungen in beide Richtungen ermöglicht. Für präzise Neigungsoperationen, insbesondere bei Bug- und Heckrudern, sind diese Aktuatoren mit mechanischen Verbindungen verbunden, die die erzeugte Kraft effektiv auf die Ruder übertragen. Diese Konfiguration stellt sicher, dass das U-Boot eine sanfte und effiziente Bewegung sowohl in horizontaler als auch in vertikaler Richtung erreichen kann.

Hydraulikpumpen sind dafür verantwortlich, die gesamte Anlage mit unter Druck stehender Hydraulikflüssigkeit zu versorgen. Um den Betrieb durchgehend sicherzustellen, enthält jeder Hydraulikkreislauf in der Regel zwei Pumpen – eine aktive und eine in Bereitschaft, die bei Bedarf aktiviert werden kann. Diese Pumpen werden durch Elektromotoren angetrieben, die auch während längerem Betrieb einen stetigen Fluss von Hydraulikflüssigkeit gewährleisten. Der Betriebsdruck in diesen Systemen liegt üblicherweise zwischen 600 und 1.000 psi (Pfund pro Quadratzoll) und liefert die notwendige Kraft, um große Steuerflächen wie Ruder und Tiefenruder präzise und schnell zu bewegen.

Steuerventile spielen eine entscheidende Rolle bei der Leitung des unter Druck stehenden Flüssigkeitsflusses zur richtigen Seite der Hydraulikaktoren, wodurch die präzise Bewegung des Ruders oder der Tiefenruder ermöglicht wird. In vielen Fällen sind Servoventile in das System integriert, um eine proportionale Steuerung zu ermöglichen, bei der der Öffnungsgrad des Ventils dem gewünschten Ausmaß der Aktuatorbewegung entspricht. Diese proportionale Steuerung gewährleistet feine Anpassungen und sanfte Übergänge. Zudem werden Rückschlagventile verwendet, um jeglichen Rückfluss innerhalb des Systems zu verhindern und den konstanten Druck aufrechtzuerhalten. Überdruckventile sind ebenfalls unerlässlich; sie schützen das System vor Überdruck, indem sie überschüssige Flüssigkeit bei Bedarf zur Rücklaufleitung ableiten und so Sicherheit und Zuverlässigkeit während des Betriebs gewährleisten.

Verteilerblöcke dienen als zentrale Verteilungspunkte innerhalb des Hydrauliksystems und stellen sicher, dass die Flüssigkeit zu den richtigen Komponenten geleitet wird, die das Ruder, die Bug- und die Heckruder steuern. Das hydraulische System ist in separate Kreisläufe für diese unterschiedlichen Funktionen unterteilt, wobei jeder Kreislauf an seinen jeweiligen Verteilerblock angeschlossen ist. Diese Verteiler enthalten mehrere Ventile, die es den Bedienern ermöglichen, bestimmte Teile des Systems für Wartungs- oder Fehlersuchearbeiten zu isolieren, ohne den gesamten Betrieb zu beeinträchtigen. Diese Modularität erhöht die Flexibilität des Systems und reduziert Ausfallzeiten während Reparaturen oder Inspektionen.

Feedback-Sensoren und Steuerungseinheiten ermöglichen eine Echtzeitüberwachung der Position von Ruder und Tiefenrudern, wodurch das System genau auf die Befehle der Bediener reagiert. Diese Sensoren senden kontinuierlich Daten an die Steuerstation und ermöglichen präzise Anpassungen während der Manöver. Das Steuerungssystem ist in das Kampfmanagementsystem (CMS) des U-Boots oder den Autopiloten integriert, was nahtlose Übergänge zwischen manuellen und automatisierten Steuerungsmodi erlaubt. Diese Integration gewährleistet, dass das U-Boot in komplexen Unterwasserumgebungen sowohl durch Eingaben der Besatzung als auch über vorprogrammierte Kurse präzise navigiert werden kann.

Der Vorratsbehälter und Akkumulatoren sind wichtige Komponenten, die sicherstellen, dass das Hydrauliksystem unter allen Bedingungen funktionsfähig bleibt. Der Vorratsbehälter speichert Hydraulikflüssigkeit und stellt eine stabile Versorgung der Pumpen sicher. Er ist so konzipiert, dass er Schwankungen im Flüssigkeitsvolumen durch Ausdehnung und Kontraktion aufgrund von Temperaturveränderungen oder variierenden Systemanforderungen ausgleichen kann. Akkumulatoren ergänzen den Vorratsbehälter, indem sie unter Druck stehende Flüssigkeit speichern und so im Notfall eine sofortige hydraulische Energiequelle bereitstellen. Im Falle eines Pumpenausfalls sorgt die gespeicherte Energie in den Akkumulatoren dafür, dass Ruder und Tiefenruder vorübergehend funktionsfähig bleiben, sodass das U-Boot die Kontrolle beibehält und sicher manövrieren kann.

Dieses integrierte Hydrauliksystem mit einer Kombination aus Aktuatoren, Pumpen, Ventilen, Verteilern, Sensoren, Vorratsbehältern und Akkumulatoren ist für den sicheren und präzisen Betrieb eines U-Bootes unerlässlich. Die Koordination dieser Komponenten stellt sicher, dass das Fahrzeug effizient navigieren und Stabilität in verschiedenen Tiefen und Bedingungen beibehalten kann. Die Redundanz des Systems und seine Echtzeit-Feedback-Fähigkeiten erhöhen zusätzlich die Zuverlässigkeit und machen es zu einem kritischen Aspekt der U-Boot-Operationen.

Systembetrieb: Ruder- und Tiefenruderbewegungen

Das Hydrauliksystem eines U-Bootes spielt eine zentrale Rolle bei der Steuerung sowohl der horizontalen als auch der vertikalen Bewegung durch präzise Steuerung von Ruder und Tiefenrudern. Dieses System stellt sicher, dass das U-Boot Kurs, Tiefe und Stabilität unter wechselnden Unterwasserbedingungen beibehält, wobei Echtzeitanpassungen durch hydraulische Aktuatoren, Steuerventile und Feedback-Sensoren ermöglicht werden.

Horizontale Steuerung: Das Ruder ist das Hauptelement, das für die Drehung des U-Boots in die gewünschte Richtung verantwortlich ist. Wenn der Steuermann einen Befehl eingibt, um das U-Boot nach Backbord oder Steuerbord zu wenden, reagiert das Steuerventil, indem es Hydraulikflüssigkeit zur entsprechenden Seite des mit dem Ruder verbundenen Aktuators leitet. Wenn die unter Druck stehende Flüssigkeit in den Aktuator eintritt, bewirkt sie eine Drehung des Ruders in den vorgegebenen Winkel, lenkt den Wasserfluss um und erzeugt die notwendige Kraft, um das U-Boot in die beabsichtigte Richtung zu steuern. Um Präzision zu gewährleisten, überwachen Feedback-Sensoren kontinuierlich die Position des Ruders. Wenn das Ruder von der Eingabe abweicht, erkennt das Steuerungssystem die Diskrepanz und leitet Korrekturanpassungen ein, um das Ruder mit dem Befehl des Steuermanns auszurichten und den gewünschten Kurs zu halten.

Vertikale Steuerung: Die Bug- und Heckruder arbeiten zusammen, um die Tiefe und den Neigungswinkel des U-Boots zu steuern. Wenn das Steuerungssystem einen Tauchbefehl erhält, wird Hydraulikflüssigkeit so geleitet, dass die Ruder nach unten kippen, wodurch eine Abwärtskraft entsteht, die das U-Boot zum Abtauchen bringt. Umgekehrt kippen die Ruder beim Auftauchen nach oben, um Auftrieb am Bug oder Heck zu erzeugen, der dem Fahrzeug hilft, zur Oberfläche aufzusteigen. Die Heckruder spielen eine wichtige Rolle bei der Trimmung des U-Bootes, um während des Betriebs eine stabile Orientierung beizubehalten und das Gewicht gleichmäßig zu verteilen. Die Bugruder steuern hingegen den Neigungswinkel des U-Boots und verhindern ein zu starkes Kippen beim Auf- oder Abstieg. Diese Koordination zwischen Bug- und Heckruder gewährleistet eine sanfte und kontrollierte Bewegung, wodurch die Stabilität und Manövrierfähigkeit des Fahrzeugs verbessert wird.

Das Hydrauliksystem integriert auch Redundanzen und Notfallprotokolle, um einen sicheren Betrieb im Falle eines Ausfalls zu gewährleisten. Das System umfasst redundante Hydraulikkreise, die sicherstellen, dass, falls ein Kreislauf ausfällt, ein anderer übernehmen und den Betrieb aufrechterhalten kann. Zusätzlich speichern Notfallakkumulatoren unter Druck stehende Hydraulikflüssigkeit, die im Falle eines Pumpenausfalls sofort die Energie für Ruder und Tiefenruder bereitstellt. Dadurch bleibt die Steuerfähigkeit des U-Boots selbst in unerwarteten Situationen erhalten. In Szenarien, in denen die hydraulische Steuerung vollständig verloren geht, stehen manuelle Übersteuerungsoptionen zur Verfügung. Bediener können Handräder oder Hebel verwenden, um Ruder und Tiefenruder manuell einzustellen, wodurch das U-Boot sicher zur Oberfläche manövriert werden kann. Diese manuelle Steuerungsfunktion bietet eine entscheidende Sicherheitsebene, die sicherstellt, dass das U-Boot selbst in Notfällen noch navigieren und auftauchen kann.

Design des Hydraulikkreislaufs für Steuerung und Tiefenruder

Das Design der Hydraulikkreisläufe für die Steuerung und Tiefenruder in U-Booten ist ein wesentlicher Aspekt zur Sicherstellung der Betriebszuverlässigkeit und Manövrierfähigkeit in anspruchsvollen Unterwasserumgebungen. Die für diese Steuerflächen eingesetzten Hydrauliksysteme zeichnen sich durch Redundanz, Präzision und Geräuschminderung aus, was entscheidend für die Aufrechterhaltung von Tarnung und Einsatzfähigkeit ist.

Eines der grundlegenden Prinzipien beim Design von Hydraulikkreisläufen in U-Booten ist die Implementierung separater Hydraulikkreisläufe für Ruder, Bug- und Heckruder. Diese Trennung ist eine wesentliche Sicherheitsmaßnahme, die die Zuverlässigkeit erhöht, indem sie verhindert, dass ein einzelner Ausfallpunkt alle Steuerungssysteme lahmlegt. Falls beispielsweise der Hydraulikkreislauf des Ruders ausfällt, können die Bug- und Heckruder weiterhin unabhängig voneinander arbeiten, sodass das U-Boot die Tiefen- und Trimmkontrolle aufrechterhalten kann, bis Reparaturen möglich sind. Diese Redundanz ist entscheidend für die betriebliche Flexibilität und Risikominderung in kritischen Situationen, da es wichtig ist, funktionale Hydrauliksysteme unter verschiedenen Betriebsbedingungen zu bewahren [324-326].

Der Flüssigkeitsweg innerhalb dieser Systeme ist sorgfältig darauf ausgelegt, eine kontinuierliche Zirkulation und konstanten Druck sicherzustellen. Die Hydraulikflüssigkeit wird von einem Vorratsbehälter über Versorgungsleitungen von Hydraulikpumpen zu Richtungssteuerungsventilen gepumpt, die die Flüssigkeit je nach Steuerbefehl zu den entsprechenden Aktuatoren leiten. Dieses geschlossene System ist entscheidend, um sicherzustellen, dass die Hydraulikpumpen eine konstante Flüssigkeitsversorgung haben und somit keine Unterbrechungen während kritischer

Manöver auftreten [327-329]. Beim Design dieser Leitungen müssen auch die Eigenschaften der Hydraulikflüssigkeit berücksichtigt werden, da Faktoren wie Viskosität und Wärmeleitfähigkeit entscheidend für die Gesamtleistung des Hydrauliksystems sind [330, 331].

Absperrventile sind strategisch in den Hydraulikkreislauf integriert, um Wartungsarbeiten zu erleichtern und potenzielle Störungen zu verwalten. Diese Ventile ermöglichen die Isolierung bestimmter Bereiche des Kreislaufs, ohne das gesamte System zu unterbrechen, was bei routinemäßigen Wartungsarbeiten oder im Falle einer Fehlfunktion entscheidend ist. Dieser modulare Ansatz erhöht die Betriebszuverlässigkeit und minimiert Ausfallzeiten, sodass das U-Boot auch dann funktionsfähig bleibt, wenn bestimmte Komponenten gewartet werden müssen [332-334]. Die Fähigkeit, Teile des Hydraulikkreislaufs zu isolieren, unterstützt nicht nur die Wartung, sondern hilft auch, Probleme einzudämmen und zu verhindern, dass sie andere kritische Systeme beeinträchtigen.

Neben der strukturellen Gestaltung der Hydraulikkreisläufe ist die Einbindung flexibler Verbindungen wie Gummischläuche oder flexible Rohre entscheidend zur Geräuschminderung. Geräusche sind für U-Boote ein erhebliches Problem, da Schallwellen durch starre Rohre übertragen werden können, was das Risiko der Entdeckung durch feindliche Sonarsysteme erhöht. Der Einsatz flexibler Komponenten dient als Puffer, der Vibrationen dämpft und die Übertragung von Geräuschen entlang der Hydraulikleitungen verhindert, was für die Wahrung der Tarnung während der Einsätze entscheidend ist [329, 335, 336].

Hydraulische Steuerungs- und Tiefenrudersysteme in U-Booten bieten mehrere wesentliche Vorteile, die ihre Manövrierfähigkeit, Zuverlässigkeit und Tarnung bei Unterwassereinsätzen verbessern. Diese Vorteile machen Hydrauliksysteme zur bevorzugten Wahl für die Steuerung von Rudern und Tiefenrudern, bei denen Präzision und Betriebseffizienz entscheidend sind.

Ein Hauptvorteil hydraulischer Systeme ist ihre Fähigkeit, präzise Steuerung über Ruder und Tiefenruder bereitzustellen. Diese präzise Steuerung ist bei empfindlichen Manövern, wie dem Halten einer bestimmten Tiefe, Schweben oder der Navigation durch enge Unterwasserpassagen, unerlässlich. Genaue Anpassungen der Ruder oder Tiefenruder ermöglichen es der Besatzung, schnell und präzise auf Umweltveränderungen oder taktische Anforderungen zu reagieren. Dies ist besonders wichtig bei verdeckten Missionen, bei denen eine exakte Positionierung notwendig ist, um Entdeckung oder Hindernisse zu vermeiden.

Hydraulische Systeme bieten zudem eine hohe Leistungsdichte, was bedeutet, dass sie trotz ihrer kompakten Größe erhebliche Kräfte erzeugen können. Diese Eigenschaft macht hydraulische Aktuatoren ideal für U-Boote, in denen der Platz begrenzt ist und die Notwendigkeit besteht, schwere Steuerflächen wie Ruder und Tiefenruder ständig zu bewegen. Die Kompaktheit der Hydraulikaktoren sorgt dafür, dass sie sich nahtlos in die beengten Räume des U-Boots einfügen, ohne dabei an Leistung oder Effektivität einzubüßen. Diese Kombination aus Stärke und Platzersparnis ermöglicht dem U-Boot einen reibungslosen Betrieb, selbst unter herausfordernden Bedingungen wie Hochgeschwindigkeitsmanövern oder starken Strömungen.

Ein weiterer wesentlicher Vorteil ist der leise Betrieb hydraulischer Systeme, was für die Tarnung des U-Boots entscheidend ist. Die Geräuschreduzierung hat bei U-Booten oberste Priorität, da unerwünschte Geräusche die Fähigkeit des Schiffes beeinträchtigen können, der Entdeckung durch den Feind zu entgehen. Hydrauliksysteme erzeugen im Vergleich zu anderen mechanischen Systemen, wie Elektromotoren, die erkennbare Vibrationen verursachen können, nur minimale Geräusche. Die Verwendung flexibler Schläuche in den Hydraulikleitungen dämpft Vibrationen zusätzlich und verhindert, dass Geräusche durch den Rumpf übertragen und von feindlichen Sonarsystemen aufgefangen werden.

Zuverlässigkeit und Redundanz sind ebenfalls wichtige Stärken hydraulischer Systeme in U-Booten. Diese Systeme sind mit mehreren Redundanzen ausgestattet, um sicherzustellen, dass sie unter allen Umständen funktionsfähig bleiben. Ersatzpumpen und Akkumulatoren bieten alternative Quellen hydraulischer Leistung, falls die Hauptpumpe ausfällt, und ermöglichen es dem U-Boot, die Kontrolle über Ruder und Tiefenruder beizubehalten. Zudem sind manuelle Übersteuerungen verfügbar, die es der Besatzung ermöglichen, die Steuerflächen zu bedienen, selbst wenn das Hydrauliksystem vollständig ausfällt. Diese Redundanz stellt sicher, dass das U-Boot manövrierfähig bleibt und verbessert die Sicherheit sowie den Erfolg der Mission bei regulären Operationen und in Notfällen.

Brand-, Überschwemmungs- und Notfallausrüstung sowie -verfahren

Brandbekämpfung

Brandbekämpfung, -unterdrückung und -verhütung sind auf U-Booten aufgrund der engen Räume, der begrenzten Sauerstoffzufuhr und des Vorhandenseins brennbarer Materialien von entscheidender Bedeutung für die Sicherheit an Bord. Die geschlossene Umgebung macht Feuer zu einer besonders gefährlichen Bedrohung, da es schnell den verfügbaren Sauerstoff verbrauchen, giftigen Rauch erzeugen und das Personal außer Gefecht setzen kann. Daher sind moderne U-Boote mit spezialisierten Brandschutzsystemen ausgestattet und befolgen strenge Protokolle zur Brandverhütung, -bekämpfung und -reaktion.

U-Boote sind mit einer Vielzahl von Brandschutzmitteln ausgestattet, um mögliche Brände effizient zu bekämpfen. Tragbare Feuerlöscher wie Kohlendioxid- (CO_2), Trockenchemie- und Schaumlöscher sind strategisch im gesamten Schiff verteilt. CO_2-Löscher werden bei Bränden in elektrischen Anlagen eingesetzt, da sie nicht elektrisch leitfähig sind und keine Rückstände hinterlassen. Trockenlöschmittel eignen sich für brennbare Flüssigkeiten und Gase, während Schaumlöscher flüssigkeitsbasierte Brände durch das Abschneiden der Sauerstoffzufuhr ersticken.

Ein fest installiertes Brandschutzsystem ist auch in kritischen Bereichen wie Maschinenräumen, Batterieräumen und Torpedoräumen vorhanden. Dieses System umfasst oft gasbasierte Löschsysteme wie Halon oder moderne Alternativen, die sauerstoffverdrängende Gase freisetzen und somit Brände rückstandslos löschen. Diese Systeme werden manuell oder automatisch in Reaktion auf Hitze- oder Rauchmelder aktiviert, wodurch die Reaktionszeit auf Brände minimiert wird.

U-Boote verfügen zudem über Feuerwehrschläuche, die an das Bordwasserversorgungssystem angeschlossen sind und es Teams ermöglichen, größere Brände zu löschen. Diese Schläuche werden meist auf kompakten Rollen gelagert, um Platz zu sparen, und sind mit speziellen Düsen ausgestattet, um den Wasserfluss anzupassen. In Situationen, in denen der Wasserverbrauch begrenzt ist, um elektrischen Schaden zu vermeiden, werden Nebel- oder Sprühdüsen verwendet, um die Hitze zu reduzieren, ohne übermäßig viel Wasser einzusetzen.

Um eine frühzeitige Erkennung zu gewährleisten, sind U-Boote mit Rauchmeldern und Wärmesensoren ausgestattet, die über das Schiff verteilt sind. Diese Sensoren sind Teil eines zentralisierten Überwachungssystems, das die Besatzung bei ungewöhnlichen Hitze- oder Rauchentwicklungen alarmiert. Wenn ein Brand erkannt wird, ertönt ein Alarm im gesamten U-Boot, und die Zentrale wird benachrichtigt, um die Brandbekämpfungsmaßnahmen zu koordinieren.

Neben Brandalarmen spielen Abschaltsysteme für die Belüftung eine entscheidende Rolle. Das Lüftungssystem kann in betroffenen Abteilungen isoliert werden, um die Ausbreitung von Rauch und Feuer zu verhindern. U-Boote können auch druckdichte Türen verwenden, um Bereiche des Schiffes zu unterteilen und das Feuer in dem Bereich einzudämmen, in dem es ausgebrochen ist.

Ein wesentlicher Bestandteil der Brandunterdrückung ist die Notfallatemschutz-Ausrüstung (EBA). Diese Geräte versorgen Besatzungsmitglieder, die in verrauchten Bereichen arbeiten, mit Atemluft und ermöglichen ihnen die Brandbekämpfung, ohne durch Rauch oder giftige Dämpfe überwältigt zu werden. Das U-Boot führt außerdem Sauerstoffmasken und Fluchtsets für nicht notwendiges Personal mit, um eine sichere Evakuierung aus gefährlichen Bereichen zu ermöglichen.

Die Brandverhütung hat auf U-Booten, wo Platz begrenzt ist und elektrische Geräte durchgehend betrieben werden, oberste Priorität. Regelmäßige Inspektionen werden durchgeführt, um potenzielle Brandgefahren wie fehlerhafte

Verkabelungen, überhitzte Maschinen und Kraftstofflecks zu identifizieren. Alle brennbaren Materialien werden sicher in speziellen Schränken gelagert, um das Risiko einer versehentlichen Entzündung zu minimieren.

Das Personal wird umfassend in Brandverhütungsprotokollen geschult, einschließlich der Aufrechterhaltung sauberer Arbeitsbereiche, des sachgemäßen Gebrauchs elektrischer Geräte und der korrekten Handhabung brennbarer Substanzen. Batterien, eine häufige Wärme- und Entladungsquelle, werden sorgfältig überwacht, um Überhitzung oder die Bildung von Wasserstoffgas zu verhindern, das eine explosive Atmosphäre schaffen kann.

Vorbeugende Maßnahmen erstrecken sich auf Wartungspraktiken, bei denen Schmier- und Kühlsysteme regelmäßig überprüft werden, um eine Überhitzung von Maschinen zu verhindern. Lüftungssysteme werden gereinigt, um Staub und Schmutz zu entfernen, die ein Feuer entfachen könnten, und elektrische Systeme werden überprüft, um sicherzustellen, dass Verbindungen sicher sind und die Isolierung intakt ist.

Im Falle eines Brandes folgen U-Boote einem koordinierten Einsatzplan. Der Kontrollraum übernimmt die Leitung der Brandbekämpfung, weist das Personal in den betroffenen Bereich und überwacht die Situation über das interne Kommunikationssystem. Brandbekämpfungsteams legen Schutzausrüstung an, darunter feuerfeste Anzüge und Atemschutzgeräte, und gehen mit Löschern, Schläuchen und weiterer Ausrüstung zum Brandort vor.

Die Besatzung isoliert das Feuer, indem sie druckdichte Türen verschließt, um die Ausbreitung von Rauch und Flammen zu verhindern. Befindet sich das Feuer in der Nähe kritischer Systeme, werden nicht notwendige Personen in sichere Bereiche evakuiert. Nach dem Löschen des Feuers wird der betroffene Bereich belüftet, um Rauch zu entfernen, und verbliebene heiße Stellen werden gekühlt, um eine Wiederentzündung zu verhindern.

Nach den Löscharbeiten werden Dekontaminationsmaßnahmen durchgeführt, um sicherzustellen, dass kein Restrauch, keine Dämpfe oder Löschmittel in der Luft verbleiben. Wichtige Systeme werden auf Schäden überprüft, und notwendige Reparaturen werden eingeleitet, um die volle Betriebsbereitschaft wiederherzustellen. Die Vorfälle werden protokolliert, und eine Nachbesprechung wird durchgeführt, um die Reaktion zu bewerten und Verbesserungsmöglichkeiten zu identifizieren.

Überflutung

Eine Überflutung stellt auf einem U-Boot eine der kritischsten Notfälle dar, da das Schiff unter Wasser operiert und über begrenzte strukturelle Redundanz verfügt. Ein Riss im Rumpf oder der Ausfall interner Systeme kann schnell zum Eindringen von Wasser führen, was die Besatzung gefährdet und die Stabilität und den Auftrieb des U-Bootes beeinträchtigt. Zur Bewältigung dieser Risiken sind U-Boote mit speziellen Hochwasserkontrollgeräten ausgestattet und befolgen strenge Verfahren, um Überflutungen effektiv zu erkennen, zu isolieren und zu bewältigen.

Überflutungserkennungssysteme sind entscheidend für die Sicherheit und Betriebssicherheit von U-Booten. Diese Systeme nutzen verschiedene Sensoren, um Wasserstände in kritischen Abteilungen zu überwachen und Alarme auszulösen, wenn abnormale Wasserstände erkannt werden. Diese frühzeitige Erkennung ist entscheidend, um schnelle Reaktionsprotokolle zur Minderung von Überflutungsrisiken einzuleiten. Beispielsweise sind U-Boote mit Sensoren zur Überflutungserkennung ausgestattet, die kontinuierlich auf das Vorhandensein von Wasser überwachen. Wird eine Anomalie festgestellt, werden im Kontrollraum Alarme ausgelöst, sodass die Besatzung sofort reagieren kann [337].

Zusätzlich zu diesen Sensoren sind Inspektionsöffnungen und Messgeräte in Bereichen mit Kondensationsgefahr oder kleinen Lecks strategisch platziert, um eine zusätzliche Überwachungsschicht bereitzustellen. Die Bilgensysteme, die Wasser sammeln, das sich während des normalen Betriebs ansammelt, werden ebenfalls genau überwacht, um unerwartete Wasseransammlungen zu erkennen, die auf eine Überflutung hindeuten könnten [84]. Die Integration der Überflutungserkennung in das Steuerungssystem des U-Bootes ermöglicht es den Bedienern, schnell den betroffenen

Bereich zu lokalisieren, sodass eine effiziente Reaktion zur Überflutungsbekämpfung und Problemisolierung möglich ist, bevor sich das Wasser auf andere Abteilungen ausbreiten kann [84, 337].

Die Fähigkeit zur Kompartimentierung von Überflutungen ist entscheidend, um den Auftrieb des U-Bootes aufrechtzuerhalten und das Eindringen von Wasser in das gesamte Schiff zu verhindern. Druckdichte Türen sind zwischen den Abteilungen installiert und ermöglichen eine schnelle Isolierung im Falle einer Überflutung. Die Besatzung wird darin geschult, diese Türen bei Überflutungsalarm sofort zu schließen, um weiteres Eindringen von Wasser zu verhindern [337]. Darüber hinaus können strategisch platzierte Ventile in den Rohrleitungssystemen des U-Bootes den Wasserfluss zu und von beschädigten Bereichen wie defekten Tanks oder beschädigten Rohrabschnitten stoppen. Fernbedienbare Ventilsysteme erhöhen die Sicherheit, indem sie der Besatzung ermöglichen, wichtige Ventile vom Kontrollraum aus zu steuern, ohne die überschwemmten Bereiche betreten zu müssen, wodurch das Risiko für das Personal verringert wird [84].

Während Überflutungsszenarien muss das Steuerungsteam des U-Bootes das innere Wasserverteilungssystem ausbalancieren, um Trimmung und Stabilität zu bewahren. Dies beinhaltet das Verschieben von Wasser zwischen Ballasttanks und die Anpassung der Füllstände von Auftriebstanks, um den Auswirkungen der Überflutung entgegenzuwirken. Solche Betriebsprotokolle sind entscheidend, um sicherzustellen, dass das U-Boot stabil bleibt und auch in beeinträchtigten Bedingungen effektiv navigieren kann [84, 337].

Die Überflutungsschutzsysteme in U-Booten sind von entscheidender Bedeutung für die Aufrechterhaltung der Betriebssicherheit bei Überflutungsvorfällen. Diese Systeme verwenden in erster Linie Notfallpumpen mit hoher Kapazität, die darauf ausgelegt sind, Wasser schnell aus betroffenen Abteilungen und Bilgen abzupumpen. Die Pumpen sind mit Bilgenverteilerrohren verbunden, die das Wasser zu bestimmten Auslassöffnungen oder Lagertanks leiten. In Fällen, in denen die primären Pumpensysteme ausfallen, sind U-Boote mit Backup- oder manuellen Pumpen ausgestattet, um den Betrieb fortzusetzen und die Sicherheits- und Zuverlässigkeitsstandards durch Redundanz zu gewährleisten [50, 200, 338].

Bei schweren Überflutungen setzen U-Boote Tauchpumpen ein, die direkt in überschwemmte Abteilungen platziert werden können. Diese tragbaren Pumpen sind unerlässlich, um Wasser effizient aus schwer zugänglichen Bereichen zu entfernen, die mit Standardsystemen nicht erreichbar sind. Zusätzlich spielen Lüfter eine entscheidende Rolle beim Abtransport von Wasserdampf aus den betroffenen Abteilungen, um die Bildung von Feuchtigkeit zu verhindern, die empfindliche Geräte beschädigen könnte [50, 338, 339]. Die Bedeutung dieser Systeme wird durch die Notwendigkeit unterstrichen, dass U-Boote ihre Einsatzfähigkeit auch unter widrigen Bedingungen aufrechterhalten müssen, wie in verschiedenen Studien zur U-Boot-Technik und zu Sicherheitsprotokollen hervorgehoben wurde [200, 338, 339].

Darüber hinaus werden in Maschinenräumen besondere Vorsichtsmaßnahmen getroffen, um die Risiken von Elektrobränden oder Kurzschlüssen durch Wassereinbruch zu mindern. Die Besatzung wird darin geschult, elektrische Geräte in überfluteten Bereichen abzuschalten und wasserdichte Schalter zu verwenden, um eine versehentliche Elektroschockgefahr zu vermeiden. Dieses Betriebsprotokoll ist entscheidend, um die Sicherheit der Besatzung zu gewährleisten und die Funktionalität kritischer Systeme während Notfällen aufrechtzuerhalten [50, 338, 339]. Die Integration dieser Überflutungsschutzmaßnahmen veranschaulicht die Komplexität und Weitsicht im U-Boot-Design, das sowohl Sicherheit als auch Betriebseffektivität in herausfordernden Unterwasserumgebungen priorisiert [200, 338, 339].

Um schwerere Überflutungen durch Rumpfdurchbrüche zu bewältigen, führen U-Boote spezielle Notfallreparatursätze mit. Diese Kits enthalten Materialien wie Holzkeile, Epoxidverbindungen und aufblasbare Patches, die kleine Lecks vorübergehend abdichten können. Besatzungsmitglieder, die in Schadensbegrenzung geschult sind, können diese Patches schnell anbringen, um den Wassereintritt zu minimieren, bis dauerhaftere Reparaturen möglich sind.

Aufblasbare Blasen, die an Bord gelagert werden, sind ein weiteres Werkzeug zur Abdichtung von Durchbrüchen. Diese Blasen werden im betroffenen Abteil eingesetzt und so erweitert, dass sie gegen den Rumpfdurchbruch drücken und eine temporäre Barriere gegen eindringendes Wasser bilden. Diese Methode ist besonders wirksam in Bereichen, in denen der äußere Druck des umgebenden Wassers Reparaturen erschwert.

In extremen Fällen, in denen die Überflutung nicht kontrolliert werden kann, sind U-Boote mit Notausstiegsluken und lebensrettenden Geräten ausgestattet. Rettungsanzüge bieten thermischen Schutz und Auftrieb, sodass die Besatzungsmitglieder im Notfall sicher aus dem U-Boot evakuieren können. Notausstiegsschächte, die an strategischen Stellen platziert sind, dienen als Druckkammern, sodass das Personal das U-Boot verlassen kann, ohne das gesamte Schiff dem äußeren Wasserdruck auszusetzen.

Falls die Überflutung den Auftrieb des U-Boots gefährdet, werden Not-Ballasttanksysteme aktiviert. Diese Systeme setzen Druckluft in die Ballasttanks frei, verdrängen das Wasser schnell und stellen den positiven Auftrieb wieder her. Dadurch kann das U-Boot schnell an die Oberfläche gelangen, das Risiko für die Besatzung verringern und eine sicherere Umgebung für Schadensbegrenzungsmaßnahmen schaffen.

Schadensbegrenzungssysteme und -verfahren

Schadensbegrenzung auf einem U-Boot ist eine kritische Funktion, die darauf abzielt, die Integrität des Schiffes zu wahren, die Sicherheit der Besatzung zu gewährleisten und die Einsatzfähigkeit bei Notfällen wie Überflutung, Feuer oder strukturellen Schäden aufrechtzuerhalten. Angesichts der isolierten Umgebung des U-Boots unter Wasser muss die Besatzung schnell und effizient handeln, um Schäden zu minimieren. Schadensbegrenzungssysteme sind umfassend und integrieren spezialisierte Ausrüstung, Schulungen des Personals und prozedurale Rahmenwerke, die eine Vielzahl potenzieller Bedrohungen abdecken.

Das integrierte Schadensbegrenzungssystem ermöglicht eine zentrale Überwachung und Koordination in Notsituationen. Von der Zentrale aus kann die Besatzung lebenswichtige Systeme wie Ballasttanks, den Rumpf, elektrische Netzwerke und Belüftung überwachen. Alarme werden automatisch durch Sensoren ausgelöst, die abnormale Bedingungen wie Wassereintritt, Feuer, Druckabfälle oder giftige Gaslecks erkennen. Dadurch kann das Steuerungsteam die Situation schnell einschätzen und angemessene Reaktionen einleiten.

U-Boote nutzen, wo möglich, Automatisierung zur Unterstützung der Schadensbegrenzung. Kritische Komponenten wie Ventilverschlüsse, Wasserpumpen und Belüftungssysteme können aus der Zentrale ferngesteuert werden. Diese Fernsteuerungsmöglichkeit minimiert die Notwendigkeit, dass Besatzungsmitglieder gefährliche Bereiche während eines Notfalls betreten, wodurch das Risiko für Verletzungen reduziert wird und präzise Reaktionen ermöglicht werden.

Abbildung 96: Zehn Gebote der Schadensbegrenzung an Bord der Nautilus. Andrew Kalat, CC BY-ND 2.0, via Flickr.

Die Aufrechterhaltung der Integrität des Druckkörpers ist entscheidend für das Überleben des U-Boots unter Wasser. Im Falle eines Rumpfdurchbruchs ist das vorrangige Ziel, das beschädigte Abteil zu isolieren. Das U-Boot ist in mehrere Sektionen unterteilt, die durch druckdichte Türen voneinander getrennt sind, die die Besatzung verschließen kann, um die Flutung einzudämmen. Falls nötig, werden mechanische Dichtungen und aufblasbare Blasen eingesetzt, um Lecks vorübergehend abzudichten und den Wassereintritt zu verlangsamen oder zu stoppen. Diese Reparaturen können es dem U-Boot ermöglichen, lange genug einsatzfähig zu bleiben, um aufzutauchen und eine sichere Umgebung zu erreichen.

Spezielle Notfallreparatur-Kits sind an Bord, die Epoxidharzkleber, Holzstopfen und Gummimatten enthalten. Diese Materialien werden von geschultem Personal für Schadensbegrenzung mithilfe von Unterwasserwerkzeugen angewendet, wo dies erforderlich ist. In schwerwiegenderen Fällen werden manuelle Kontrollventile verwendet, um Rohrleitungssysteme abzuschließen, die möglicherweise zur Flutung beitragen. Die Aufrechterhaltung des internen Trimmens und der Stabilität ist entscheidend, und dies wird erreicht, indem die Ballasttanks angepasst werden, um den Wassereintritt auszugleichen.

Abbildung 97: Ein Kadett versucht, die Flutung während einer Schadensbegrenzungssimulation im Submarine Training Center Pacific zu stoppen. U.S. NAVY, Public Domain, via Picryl.

Feuer ist eines der gefährlichsten Szenarien an Bord eines U-Bootes, angesichts der geschlossenen Umgebung und der begrenzten Sauerstoffversorgung. Automatische Brandbekämpfungssysteme sind in wichtigen Räumen installiert, insbesondere in Bereichen, die elektrische Geräte, Batterien und Motoren beherbergen. Diese Systeme setzen inerte Gase wie Kohlendioxid oder Halon frei, die Flammen löschen, indem sie den Sauerstoff verdrängen oder chemische Reaktionen unterbrechen.

Tragbare Feuerlöscher sind strategisch im gesamten U-Boot platziert, um mit lokalen Bränden umzugehen. Die Besatzung erhält eine umfassende Ausbildung, um sicherzustellen, dass jedes Mitglied weiß, wie man diese Systeme effektiv bedient. Atemgeräte und Schutzanzüge sind ebenfalls verfügbar, um dem Personal zu ermöglichen, Brände in Bereichen zu bekämpfen, in denen Rauch oder giftige Dämpfe vorhanden sind. Das Belüftungssystem ist so konzipiert, dass der Luftstrom in Abschnitte, in denen Feuer erkannt wird, abgeschaltet wird, um die Ausbreitung der Flammen zu verhindern.

Abbildung 98: Senior Chief Machinist's Mate Shane Jones aus Wadley, Georgia, leitet die Schüler der Schadenskontrolle im Brandsimulator der Trident Training Facility an der Naval Submarine Base Kings Bay. U.S. NAVY, Gemeinfreie Domäne, via Getarchive.

Wenn ein Feuer elektrische Schaltungen oder wichtige Geräte gefährdet, schaltet das Schadenskontrollteam sofort die betroffenen Systeme ab, um weitere Risiken zu vermeiden. Redundante Strom- und Steuerleitungen werden dann aktiviert, um sicherzustellen, dass das U-Boot essentielle Funktionen aufrechterhalten kann. Nach dem Brand werden Inspektionen durchgeführt, um den Geräteschaden zu bewerten und das Abteil in den voll betriebsbereiten Zustand zurückzuversetzen.

Die Verfahren zur Hochwasserbewältigung konzentrieren sich darauf, das Eindringen von Wasser zu begrenzen, angesammeltes Wasser abzupumpen und die Auftriebskraft und Stabilität des U-Boots aufrechtzuerhalten. Bilgepumpen und hochkapazitive Notpumpen werden sofort bei Erkennung von Überschwemmungen aktiviert. U-Boote verfügen auch über tragbare Tauchpumpen, die direkt in überflutete Bereiche eingesetzt werden können, um

Wasser zu entfernen. Um Rückfluss zu verhindern und die Pumpeneffizienz aufrechtzuerhalten, sind Rückschlagventile entlang kritischer Rohrleitungen installiert.

Wenn die Überschwemmung nicht kontrolliert werden kann, kann die Besatzung eine Notentleerung der Ballasttanks einleiten. Dabei wird komprimierte Luft in die Tanks freigesetzt, um das Wasser herauszudrücken, wodurch der Auftrieb schnell erhöht wird und das U-Boot auftauchen kann. Notentleerungssysteme werden sorgfältig überwacht, um eine Überdrucksituation zu verhindern, die die Tanks oder Ventile beschädigen könnte.

Während Überschwemmungen folgen die Besatzungsmitglieder strengen Abteilungsprotokollen. Drucktüren werden abgedichtet und der betroffene Abschnitt isoliert, um zu verhindern, dass Wasser sich ausbreitet. Das Schadenskontrollteam balanciert das U-Boot, indem es die Trimmtanks anpasst, um sicherzustellen, dass das Schiff während des gesamten Vorgangs stabil bleibt. Diese Maßnahmen werden über den Kontrollraum koordiniert, wo Echtzeitdaten von Überschwemmungssensoren helfen, Entscheidungen zu treffen.

Management von giftigen Gasen und Rauch

Im Kontext der U-Boot-Operationen ist das Management der Luftqualität von größter Bedeutung, insbesondere in Szenarien, in denen sich giftige Gase oder Rauch ansammeln können. Die Belüftungssysteme innerhalb von U-Booten sind so konzipiert, dass sie gefährliche Luft effektiv abführen, indem sie ein Netzwerk von Ventilatoren und Filteranlagen nutzen, die speziell dafür entwickelt wurden, schädliche Gase wie Kohlendioxid (CO2) und Kohlenmonoxid (CO) zu entfernen. Diese Systeme sind entscheidend für die Aufrechterhaltung einer sicheren Umgebung für die Besatzung, da erhöhte CO-Werte zu schwerwiegenden Gesundheitsrisiken führen können, einschließlich beeinträchtigter kognitiver Funktionen und Entscheidungsfähigkeiten. Die Bedeutung einer effektiven Belüftung wird durch Forschungen untermauert, die zeigen, dass selbst niedrige Konzentrationen von CO die menschliche Leistung negativ beeinflussen können, was die Rolle von Belüftungssystemen in U-Booten zu einem wichtigen Schwerpunkt macht.

U-Boote sind mit Mechanismen ausgestattet, die es der Besatzung ermöglichen, betroffene Abschnitte zu isolieren und die Luftströme umzuleiten, um eine Kontamination einzudämmen. Diese Fähigkeit ist entscheidend, um die Exposition gegenüber giftigen Umgebungen zu minimieren und die Sicherheit der Besatzung in Notfällen zu gewährleisten. Tragbare Gasdetektoren werden eingesetzt, um Lecks zu identifizieren, und liefern Echtzeitdaten, die die Handlungen der Besatzung informieren [342]. Darüber hinaus sind Sauerstoffmasken verfügbar, um sicherzustellen, dass die Besatzungsmitglieder im Falle einer Gas- oder Rauchexposition sicher atmen können, was die Sicherheitsprotokolle innerhalb des U-Boots weiter verbessert [342].

Im Hinblick auf die Notfallvorbereitung sind U-Boote auch mit Notatmergeräten ausgestattet, die frische Luft während längerer Einsätze in giftigen Umgebungen liefern. Dieses Merkmal ist entscheidend für die Aufrechterhaltung der Überlebensfähigkeit der Besatzung im Falle eines katastrophalen Ausfalls des primären Belüftungssystems. Darüber hinaus bieten Fluchttrunks, die mit luftdichten Dichtungen ausgestattet sind, zusätzlichen Schutz für die Besatzungsmitglieder, sodass sie bis zur Klärung der Situation sicher bleiben können [343, 344]. Das Design und die Funktionalität dieser Systeme spiegeln einen umfassenden Ansatz wider, um die Bewohnbarkeit und Sicherheit von U-Booten zu gewährleisten, insbesondere in Notfallszenarien, in denen die Luftqualität beeinträchtigt sein könnte [344].

Notstrom- und Steuerungssysteme

Im Falle eines Schadens am primären elektrischen System sind U-Boote mit mehreren redundanten Stromquellen ausgestattet, um die Kontinuität der wesentlichen Funktionen zu gewährleisten. Diese Systeme umfassen typischerweise Batteriebänke und Notstromgeneratoren, die Strom für kritische Geräte wie Pumpen,

Kommunikationssysteme und Lebenserhaltungssysteme bereitstellen. Die Redundanz in der Stromversorgung ist entscheidend für die Aufrechterhaltung der Betriebsfähigkeit in Notfällen, was durch Forschungen zu U-Boot-Systemen unterstrichen wird, die die Bedeutung zuverlässiger Stromerzeugungs- und Speichersysteme an Bord von U-Booten betonen [200]. Die Abhängigkeit von Batteriebänken und Notstromgeneratoren ist eine gängige Praxis im Schiffbau, um die Risiken im Zusammenhang mit Stromausfällen zu mindern [345].

Darüber hinaus dienen hydraulische Systeme als unabhängige Redundanzebene, die unabhängig von elektrischen Schaltungen arbeiten. Diese Systeme sind entscheidend für die Steuerung von Rudern, Tauchflächen und Ballasttanks, die für die Manövrierfähigkeit und Stabilität des U-Boots unerlässlich sind. Die Integration hydraulischer Systeme in das Design von U-Booten ermöglicht eine fortgesetzte Kontrolle, selbst wenn elektrische Systeme ausfallen, wodurch die betriebliche Integrität gewährleistet bleibt [346]. Diese Redundanz ist besonders wichtig in Szenarien, in denen elektrische Ausfälle die Fähigkeit des U-Boots gefährden könnten, zu navigieren oder die Auftriebskraft aufrechtzuerhalten.

Manuelle Übersteuerungen sind ein weiteres wichtiges Merkmal, das in essentielle Systeme an Bord von U-Booten integriert ist. Diese manuellen Systeme ermöglichen es den Besatzungsmitgliedern, wichtige Geräte im Falle eines Stromausfalls zu bedienen, um sicherzustellen, dass kritische Funktionen weiterhin ausgeführt werden können. Handbetriebene Ventile und mechanische Verbindungen sind so konzipiert, dass sie die Funktionalität für Ruder, Flächen und Ballastsysteme bereitstellen, selbst wenn automatisierte Systeme offline sind [345]. Diese Designphilosophie spiegelt einen breiteren Trend in der Technik wider, die Zuverlässigkeit und Sicherheit in kritischen Systemen zu erhöhen, insbesondere in Umgebungen, in denen Ausfälle schwerwiegende Folgen haben können.

Notbeleuchtung ist ein entscheidendes Sicherheitsmerkmal, das die Besatzungsmitglieder während Stromausfällen leitet und eine sichere Bewegung im gesamten U-Boot ermöglicht. Die Anwesenheit von Notbeleuchtungssystemen ist unerlässlich, um die Sicherheit der Besatzung und die operationale Effizienz während Stromausfällen aufrechtzuerhalten, da sie es dem Personal ermöglicht, effektiv unter schlechten Sichtbedingungen zu navigieren. Die Kombination dieser redundanten Systeme—Batteriebänke, hydraulische Steuerungen, manuelle Übersteuerungen und Notbeleuchtung—zeigt einen umfassenden Ansatz zum Risikomanagement im U-Boot-Design und stellt sicher, dass wesentliche Funktionen unter widrigen Bedingungen aufrechterhalten werden können.

Besatzungsschulung und Übungen

Der erfolgreiche Umgang mit Schäden hängt stark von der Fähigkeit der Besatzung ab, unter Druck effektiv zu reagieren. Das U-Boot-Personal durchläuft eine strenge Ausbildung, die Unterricht im Klassenraum, praktische Übungen und simulierte Notfallübungen umfasst. Diese Übungen decken eine Reihe von Szenarien ab, einschließlich Überschwemmungen, Bränden, Rumpfbrüchen und giftigen Gaslecks. Die Übungen sind darauf ausgelegt, die Koordination, Schnelligkeit und Entscheidungsfähigkeit der Besatzung zu testen, um sicherzustellen, dass sie gut vorbereitet sind, um mit echten Notfällen umzugehen.

Schadenbekämpfungsteams werden während der Übungen spezifischen Rollen zugewiesen, mit klaren Verantwortlichkeiten für Eindämmung, Reparatur, Kommunikation und Sicherheit. Nach jeder Übung führt die Besatzung Nachbesprechungen durch, um Verbesserungsbereiche zu identifizieren und Verfahren zu verfeinern. Regelmäßige Schulungen gewährleisten, dass alle Besatzungsmitglieder mit den Notfallprotokollen, der Ausrüstung und den Fluchtverfahren vertraut bleiben.

Präventive Wartung und Inspektionen

Prävention spielt eine entscheidende Rolle im Schadensmanagement, und U-Boote folgen strengen Wartungsplänen, um sicherzustellen, dass alle Systeme in optimalem Zustand sind. Regelmäßige Inspektionen werden am Rumpf, den

Rohrleitungsnetzen, den elektrischen Systemen und der Brandbekämpfungsausrüstung durchgeführt. Ventile, Pumpen und Dichtungen werden routinemäßig getestet, um Verschleiß oder potenzielle Ausfallpunkte zu erkennen.

Abbildung 99: Ein Besatzungsmitglied führt Wartungsarbeiten an der Luftschleuse durch, durch die Vorräte an Taucher in Druckkammern an Bord des U-Boot-Rettungsfahrzeugs übergeben werden. Die U.S. National Archives, Public Domain, über Picryl.

Korrosionsschutzmaßnahmen werden implementiert, um die Metallkomponenten des U-Bootes vor Salzwassereinwirkung zu schützen. Kritische Systeme, wie Ballasttanks und Fluchtschächte, werden einem Drucktest unterzogen, um ihre Integrität zu überprüfen. Alle während der Inspektionen festgestellten Probleme werden umgehend angegangen, um zu verhindern, dass kleinere Probleme zu Notfällen eskalieren.

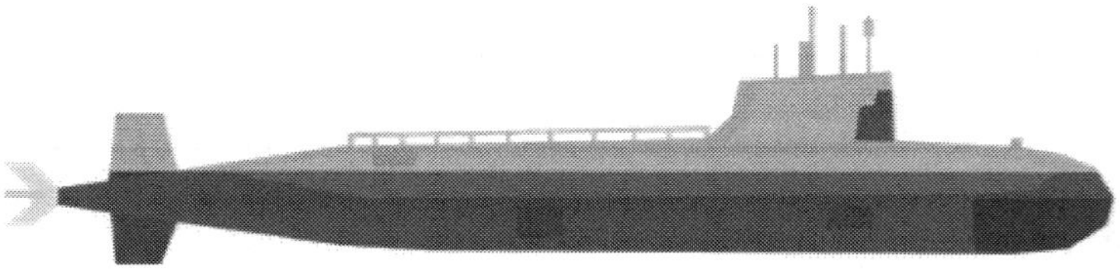

Kapitel 10

Materialien und Fertigung im U-Boot-Bau

Materialien für U-Boot-Rümpfe

Rohmaterialien, die in U-Booten verwendet werden

Das primäre Material, das beim Bau von Atom-U-Booten eingesetzt wird, ist Stahl, der aufgrund seiner Stärke, Haltbarkeit und Korrosionsbeständigkeit ausgewählt wird. Stahl bildet sowohl den inneren als auch den äußeren Rumpf des U-Boots und sorgt für die strukturelle Integrität, die erforderlich ist, um dem enormen Druck in großen Tiefen standzuhalten. Der innere Rumpf, auch Druckkörper genannt, dient dazu, eine bewohnbare Umgebung für die Besatzung aufrechtzuerhalten und lebenswichtige Systeme sowie Ausrüstungen unterzubringen. Der äußere Rumpf fungiert sowohl als Schutzschild als auch als Teil des Ballastsystems und sorgt für eine hydrodynamische Form, die den Wasserwiderstand verringert. Zwischen den beiden Rümpfen befinden sich die Ballasttanks, die Wasser aufnehmen, um das Gewicht des U-Boots für das Abtauchen zu erhöhen, oder Wasser ablassen, um positive Auftriebskraft zu erreichen und aufzutauchen [347].

Der Aufbau eines U-Bootes konzentriert sich darauf, das Rumpfdesign, die Materialauswahl und die Integration des gesamten Systems zu optimieren, um die Leistungsfähigkeit, die Nutzlastkapazität und die Tarnung des Schiffs zu steigern und gleichzeitig den Bau effizienter und kostengünstiger zu gestalten. Fortschritte in diesem Bereich zielen darauf ab, höhere Geschwindigkeiten bei gleichem Energieeinsatz durch Reduzierung des Wasserwiderstands zu erreichen, die Tarnung durch Minimierung akustischer und nicht-akustischer Signaturen zu verbessern und den Produktionsprozess durch innovative Strukturdimensionen und fortschrittliche Materialien zu optimieren. Ein ganzheitlicher Ansatz ist unerlässlich, da Änderungen an einzelnen Komponenten die hydrodynamische Leistung und die Einsatzfähigkeit des U-Boots beeinflussen. So beeinflussen etwa Veränderungen der Rumpfgeometrie oder der Materialeigenschaften sowohl die Manövrierbarkeit und Tarnung als auch die langfristigen Wartungsanforderungen [348].

Die Architektur von U-Booten erfordert einen umfassenden Ansatz, bei dem Geometrie, Materialauswahl und strukturelles Layout sorgfältig aufeinander abgestimmt werden. Verschiedene Rumpfgeometrien und Materialien wurden untersucht, um die Hydrodynamik zu verbessern, die Zielsignatur des U-Boots zu reduzieren und zusätzliche Oberfläche für eingebaute Sensoren oder Spezialausrüstung zu schaffen. Dieses integrierte Design verbessert nicht nur die Manövrierfähigkeit und Tarnung, sondern unterstützt auch zukünftige technologische Upgrades. Die Verfeinerung der Form des Turms—der turmähnlichen Struktur auf der Oberseite eines U-Boots—kann den Wasserwiderstand verringern und die Wartung erleichtern, was zu geringeren Lebenszykluskosten führt [348].

Die Verwendung von Stahl bleibt eine Grundlage beim Bau von U-Booten, da er sowohl den inneren als auch den äußeren Rumpf bildet. Der innere Rumpf beherbergt die Besatzung, Systeme und Maschinen, während der äußere Rumpf zusätzlichen Schutz und hydrodynamische Vorteile bietet. Zwischen diesen beiden Schichten befinden sich die Ballasttanks, die Wasser aufnehmen oder ablassen, um die Auftriebskraft des U-Boots zu steuern und das Tauchen oder Auftauchen zu ermöglichen [348].

Verschiedene U-Boot-Typen verwenden unterschiedliche Rumpfdesigns, die je nach Größe und Betriebsanforderungen variieren. Kleinere, moderne Tauchfahrzeuge und frühere U-Boote werden typischerweise mit einem Einzelrumpf gebaut, was Einfachheit und Kompaktheit bietet. Im Gegensatz dazu verwenden größere U-Boote, wie sie von sowjetischen Konstrukteuren entwickelt wurden, Doppelrumpfstrukturen, während amerikanische U-Boote dazu neigen, einen Einzelrumpfansatz zu verwenden, mit einigen leichten Abschnitten im Bug und Heck für Ballasttanks und hydrodynamische Formen. Obwohl diese Abschnitte für einen stromlinienförmigen Bewegungsablauf unter Wasser sorgen, besteht der Hauptkörper bei amerikanischen Designs typischerweise aus einer einzelnen zylindrischen Schicht, die Effizienz und Leistung ausbalanciert [348].

Doppelrumpf-U-Boote bestehen aus zwei Hauptkomponenten: dem leichten Rumpf und dem Druckkörper. Der leichte Rumpf, manchmal auch Verkleidung genannt, fungiert als äußere, nicht wasserdichte Schicht und bietet eine optimierte Form zur Reduzierung des Wasserwiderstands. Diese Schicht schützt den inneren, kritischen Druckkörper, der dafür ausgelegt ist, dem enormen Druck in der Tiefe standzuhalten und die strukturelle Integrität des U-Boots zu gewährleisten [348].

Das Doppelhüllen-Design bietet mehrere Vorteile in Bezug auf Raumnutzung, strukturelle Effizienz und Schadensresistenz. Durch die Platzierung von Ringversteifungen und Längsträgern zwischen der Außen- und Druckhülle können Konstrukteure wertvollen Innenraum in der Druckhülle freigeben, wodurch deren Gesamtabmessungen und Gewicht reduziert werden. Dieser Ansatz ist vorteilhaft, da die Druckhülle, die dicker und schwerer ist, um dem tiefen Seegang standzuhalten, maßgeblich zum Gewicht des U-Boots beiträgt. Durch die Reduzierung ihrer Größe wird die Auftriebskraft und Gesamtleistung des U-Boots verbessert [348].

Zusätzlich bietet die Außenhülle eine wichtige Schutzschicht. Im Falle eines Aufpralls oder Schadens kann die äußere Hülle einen Teil der Kraft absorbieren und möglicherweise strukturelle Schäden an der Druckhülle verhindern. Solange die Druckhülle intakt bleibt, kann das U-Boot seine Integrität aufrechterhalten und weiter operieren, was die Überlebensfähigkeit des U-Boots in Kampf- oder Notfallsituationen erhöht. Dieser mehrschichtige Ansatz stellt sicher, dass, selbst wenn äußerer Schaden auftritt, die kritischen inneren Systeme und die Sicherheit der Besatzung erhalten bleiben [348].

Neben Stahl kommen in U-Booten weitere Metalle wie Kupfer, Aluminium und Messing zum Einsatz, die jeweils spezifische Aufgaben erfüllen. Kupfer wird häufig in elektrischen Leitungen verwendet, da es eine hervorragende Leitfähigkeit und Korrosionsbeständigkeit aufweist. Messing, eine Legierung aus Kupfer und Zink, findet Anwendung in Bauteilen, die eine Kombination aus Korrosionsbeständigkeit und mechanischer Festigkeit erfordern, wie etwa Ventile und Armaturen in Meerwassersystemen. Aluminium, das für seine Leichtigkeit und Festigkeit bekannt ist, wird in nicht-strukturellen Komponenten verwendet, um das Gesamtgewicht zu reduzieren, ohne die Funktionalität zu beeinträchtigen [347].

Zusätzlich zu Metallen nutzen U-Boote verschiedene nichtmetallische Materialien, um die vielfältigen Anforderungen ihres Designs zu erfüllen. Kunststoffe und Verbundwerkstoffe werden in Bauteilen verwendet, die leicht, korrosionsbeständig oder flexibel sein müssen. Diese Materialien kommen in internen Einbauten, Isolierungen und Dichtungen zum Einsatz, wo sie der rauen Meeresumgebung standhalten, ohne zusätzliches Gewicht hinzuzufügen. Glas wird in spezialisierten Geräten wie Sonarkuppeln oder Periskopen eingesetzt, wo optische Klarheit entscheidend ist. Fortgeschrittene Polymere und gummiartige Materialien werden für Dichtungen und akustische Isolierungen verwendet, um Geräusche zu reduzieren und die Tarnfähigkeit des U-Boots zu erhöhen [347].

Die elektronischen Systeme an Bord von U-Booten basieren auf Halbleitern, hauptsächlich aus Silizium und Germanium. Diese Halbleiter bilden das Rückgrat der Kommunikationssysteme, Navigationsausrüstung, Sensoren und Computerplattformen. Silizium, bekannt für seine Vielseitigkeit und Effizienz, wird in Mikroprozessoren und Leistungselektronik verwendet, während Germanium in Hochfrequenzschaltungen und speziellen Transistoren zum Einsatz kommt. Diese Halbleiter sind entscheidend für das reibungslose Funktionieren kritischer Systeme und gewährleisten zuverlässige Leistung unter den anspruchsvollen Bedingungen des Unterwassereinsatzes [347].

Das charakteristischste Merkmal von Atom-U-Booten ist ihr Atomreaktor, der dem U-Boot praktisch unbegrenzte Reichweite und Ausdauer verleiht. Der Reaktorkern enthält Uran oder andere radioaktive Materialien, die durch Kernspaltung Wärme erzeugen. Diese Wärme erzeugt Dampf, der Turbinen antreibt, um Elektrizität zu erzeugen und das Antriebssystem zu versorgen. Die Wahl von Uran, das typischerweise angereichert wird, um seine Konzentration an spaltbaren Isotopen zu erhöhen, stellt sicher, dass das U-Boot über längere Zeiträume ohne Auftanken betrieben werden kann.

Jedes dieser Materialien spielt eine entscheidende Rolle im komplexen Design und Betrieb eines Atom-U-Boots. Stahl bietet Stärke und Widerstandskraft, Nichteisenmetalle tragen zu elektrischen und mechanischen Systemen bei, und fortschrittliche Kunststoffe und Halbleiter gewährleisten Zuverlässigkeit in rauen Unterwasserumgebungen. Zusammen ermöglichen diese Rohstoffe dem U-Boot, als selbstständige, tarnfähige und leistungsfähige Plattform zu agieren, die darauf ausgelegt ist, unter den anspruchsvollsten Bedingungen zu funktionieren und die Sicherheit und Effektivität der Besatzung zu unterstützen.

Materialanforderungen für U-Boot-Rümpfe

Die Wahl der Materialien für den Druckkörper eines U-Boots ist entscheidend, um Stärke, Gewicht und Kosten in Einklang zu bringen. Die Verwendung von Materialien mit höherer Streckgrenze ermöglicht eine dünnere Druckhülle, was das Gesamtgewicht reduziert und die Leistung verbessert. Hochfeste Materialien sind jedoch teurer, was einen Kompromiss zwischen Kosten und Effizienz erfordert. Das richtige Gleichgewicht ist essenziell für die strukturelle Integrität und die betriebliche Effektivität des U-Boots, insbesondere angesichts der extremen Bedingungen, denen es unter Wasser ausgesetzt ist [348].

Die Tiefe ist ein primäres Entwurfskriterium, das die strukturellen Anforderungen des Druckkörpers bestimmt. Der Rumpf muss dem immensen hydrostatischen Druck standhalten, der in den Einsatztiefen ausgeübt wird. Ingenieure berechnen die Kollapstiefe, den Punkt, an dem der Rumpf katastrophal versagen würde, indem sie die maximale Einsatztiefe (MOD) mit einem Sicherheitsfaktor multiplizieren. Dies stellt sicher, dass der Rumpf auch bei unerwartet hohen Drücken strukturell stabil bleibt. Der berechnete hydrostatische Druck an der Kollapstiefe wird zum Entwurfsdruck, der die Materialwahl und die Bauvorgaben für den Rumpf bestimmt [348].

Der Druckkörper muss auch so ausgelegt sein, dass er den Kräften standhält, die durch Unterwasserexplosionen, wie sie durch Minen oder Gasblasen verursacht werden, entstehen. Die Stoßwellen solcher Explosionen übertragen sowohl direkten Druck als auch Vibrationslasten entlang des Rumpfes. Diese Vibrationen können die Lebensdauer der Struktur durch Ermüdung verkürzen, und wenn sie Resonanzfrequenzen erreichen, kann dies zu katastrophalem Versagen führen. Daher müssen die gewählten Materialien ausreichend stark und widerstandsfähig sein, um diese Kräfte aufzunehmen, ohne die Sicherheit oder strukturelle Integrität des U-Boots zu gefährden.

Der Druckkörper wird typischerweise aus dickem, hochfestem Stahl gefertigt, der eine hohe Belastungsreserve bietet. Dieser Stahl ist so ausgelegt, dass er auch bei extremen Drücken und Belastungen in der Tiefe seine strukturelle Integrität behält. Der Rumpf ist durch wasserdichte Schotten in mehrere Abteile unterteilt, was die Fähigkeit des Fahrzeugs erhöht, Druck zu bewältigen und im Falle lokaler Schäden die Auftriebskraft zu erhalten. Präzision ist beim Bau des Druckkörpers von höchster Bedeutung, da selbst geringe Abweichungen von den Konstruktionsvorgaben zu einer erheblichen Reduktion der Stärke führen können [348].

Der Querschnitt des Rumpfes muss perfekt kreisförmig bleiben, um die Druckkräfte effektiv zu verteilen. Eine Abweichung von nur einem Zoll (25 mm) von der Rundheit kann die Fähigkeit des Rumpfes, hydrostatische Lasten auszuhalten, um über 30 % verringern. Versteifungsringe – verstärkende kreisförmige Rahmen – werden verwendet, um die Form des Rumpfes zu bewahren und Verformungen unter Druck zu widerstehen. Diese Ringe verteilen die Millionen von Tonnen Kompressionskraft, die entlang des Rumpfes ausgeübt werden, und verhindern strukturelles Versagen und sorgen für eine gleichmäßige Kraftverteilung.

U-Boot-Rümpfe erfordern außergewöhnliche Präzision und fehlerfreie Handwerkskunst. Kleinste Unregelmäßigkeiten in der Struktur oder beim Schweißen können die Fähigkeit des gesamten Rumpfes, Druck auszuhalten, beeinträchtigen. Um diese strengen Standards zu erfüllen, wird eine Kombination aus Versteifungsringen und Längsunterstützungen verwendet, obwohl Querstreben typischerweise häufiger als Längsstreben platziert werden, da sie eine höhere Druckbelastungsbeständigkeit bieten.

Alle Komponenten des Druckkörpers unterliegen strengen Qualitätskontrollen, wobei jede Schweißnaht mehrfach durch verschiedene zerstörungsfreie Prüfverfahren wie Röntgenaufnahmen, Ultraschallprüfungen und Farbeindringprüfungen inspiziert wird. Diese sorgfältige Prüfung stellt sicher, dass keine Mängel unentdeckt bleiben, da selbst ein kleiner Fehler die Fähigkeit des U-Bootes gefährden könnte, den enormen Tiefendruck auszuhalten [348].

Tarnmaterialtechnologie in U-Booten

Tarntechnologien sind entscheidend für moderne militärische Anwendungen, insbesondere für U-Boote, die fortschrittliche Methoden benötigen, um der Entdeckung zu entgehen. Neueste Fortschritte konzentrieren sich auf innovative Rumpfdesigns, Lärmminderungssysteme und radarabsorbierende Materialien, die die Tarnfähigkeiten dieser Unterwasserfahrzeuge verbessern.

Eine bedeutende Entwicklung in der Tarntechnologie ist die Verwendung von Metamaterialien zur Herstellung von sonarabsorbierenden Fliesen. Forscher haben Systeme entwickelt, die feindliche Sonarfrequenzen analysieren und entgegengesetzte Schallwellen erzeugen können, wodurch U-Boote effektiv maskiert werden, indem sie von Wasser ununterscheidbar gemacht werden. Diese Technologie kann niederfrequente Geräusche erzeugen, die in der Lage sind, leistungsstarke aktive Sonarsysteme, die von der US-Marine und ihren Verbündeten eingesetzt werden, zu neutralisieren [349]. Traditionelle, passiv schallabsorbierende Materialien sind zwar gegen höherfrequente Sonare wirksam, oft aber bei niedrigeren Frequenzen aufgrund physikalischer Grenzen weniger effizient [349]. Die neuen Metamaterialfliesen können strategisch über den Rumpf eines U-Boots verteilt werden, um Sonarstrahlen aus verschiedenen Winkeln entgegenzuwirken, was die Tarnfähigkeiten erheblich verstärkt [349].

Neben schallabsorbierenden Technologien ist die Reduktion des hydrodynamischen Lärms entscheidend für die Tarnung eines U-Boots. Hydrodynamischer Lärm, der bei höheren Geschwindigkeiten eine dominante Lärmquelle darstellt, kann durch innovative Rumpfdesigns und Lärmminderungstechniken reduziert werden [60]. Untersuchungen zeigen, dass das Design von U-Boot-Gehäusen die hydrodynamischen Geräuschpegel erheblich beeinflussen kann, was darauf hindeutet, dass eine Optimierung der Rumpfform zu leiseren Operationen führen könnte [60]. Fortschritte in aktiven Lärmminderungssystemen haben sich ebenfalls als vielversprechend erwiesen, um unerwünschte Geräusche zu reduzieren, die durch U-Boot-Operationen entstehen, und somit die Tarnungsleistung zu verbessern [350, 351]. Solche Systeme verwenden Algorithmen, um adaptiv Geräusche zu neutralisieren und dadurch das Tarnprofil von U-Booten zu verbessern [350, 351].

Darüber hinaus sind radarabsorbierende Materialien (RAM) unerlässlich, um die Radarsignaturen zu minimieren. Jüngste Studien untersuchen die Eigenschaften verschiedener RAM und betonen die Bedeutung der Materialstärke und -zusammensetzung für die Absorption elektromagnetischer Wellen [352, 353]. Die Entwicklung neuer Verbundmaterialien mit überlegenen Radarabsorptionsfähigkeiten ist im Gange, wobei Forschungsergebnisse zeigen, dass mehrschichtige Strukturen die Tarnfähigkeiten erheblich verbessern können [353]. Diese Materialien sind nicht nur für U-Boote nützlich, sondern können auch für Flugzeuge und Überwasserschiffe angepasst werden, was die breite Anwendbarkeit von Tarntechnologien auf verschiedene militärische Plattformen unterstreicht [349, 353].

Die Technologie von Tarnmaterialien spielt eine wesentliche Rolle bei der Reduzierung der Entdeckbarkeit von U-Booten durch Radar, Sonar und Minensensoren, was die Fähigkeit des Fahrzeugs verbessert, verdeckt zu operieren. Dies erfordert eine Kombination aus akustischen, vibroakustischen und radarbasierten Tarntechniken, die jeweils einen einzigartigen Aspekt der Vermeidung von Entdeckung adressieren. Nachfolgend eine detaillierte Erklärung dieser Methoden und der verwendeten Materialien [347].

Akustische Tarnung

Die akustische Tarnung konzentriert sich darauf, die von einem U-Boot ausgestrahlten Geräusche zu minimieren, die sonst von passiven Sonarsystemen erfasst werden könnten. Passive Sonare nutzen die Strahlungsgeräusche von Schiffen zur Erkennung, während aktive Sonare Objekte durch das Senden von Schallwellen und das Abhören von Echos identifizieren. U-Boote begegnen diesen Bedrohungen durch speziell entwickelte akustische Gummifliesen.

Diese Fliesen bestehen aus mehreren Schichten, mit einer äußeren Schutzschicht und einer inneren schallabsorbierenden Schicht. Die innere Schicht enthält Hohlräume, die gezielt zur Schallabsorption in einem breiten Frequenzbereich gestaltet sind. Variablen wie die Dicke der Fliese, die Verteilung der Hohlräume und die Eigenschaften der Gummimatrix sind fein abgestimmt, um die akustische Leistung zu optimieren. Ein zentrales Merkmal dieser Fliesen ist ihre Fähigkeit, hydrostatischen Drücken bis zu 4 MPa standzuhalten, wodurch sie auch unter extremen Unterwasserbedingungen ihre Funktion beibehalten können.

Vibroakustische Fliesen

Vibroakustische Fliesen isolieren Sonarwandler von strukturellen Vibrationen und akustischem Rauschen innerhalb der Sonarkuppel des U-Boots. Die Fliesen bestehen aus einer mehrschichtigen Struktur mit perforierten Schichten, die durch Spezialklebstoffe verbunden sind. Dieses Design stellt sicher, dass Vibrationen von Maschinen oder dem Rumpf die Sonarbetriebe nicht stören, was die Genauigkeit der Unterwasserdetektionssysteme verbessert.

Zusätzlich wurden vibrationsdämpfende Beschichtungen (VDC) in Bereichen wie Maschinenräumen und Decks eingeführt, um übertragene Vibrationen zu reduzieren. Epoxidbasierte Klebstoffe und Dichtstoffe werden verwendet, um diese Fliesen am U-Boot-Rumpf zu befestigen. Diese Klebstoffe sorgen für eine starke Bindung zwischen Metall- und Gummiflächen und bleiben über 20 Jahre wirksam, während Polyurethandichtstoffe ein Eindringen von Wasser verhindern.

Radar-Tarnung

Radar-Tarnung wird durch die Entwicklung radarabsorbierender Materialien (RAM) erreicht. Diese Materialien, die auf Ferritverbindungen basieren, reduzieren das Radarquerschnittsprofil (RCS) des U-Boots erheblich, insbesondere im X-Band-Frequenzbereich (8–12 GHz). RAMs werden in Beschichtungen, Folien und Verbundstrukturen wie radarabsorbierende Farben (RAP) oder radarabsorbierende Folien (RASH) integriert [347].

Diese Beschichtungen bieten eine Dämpfung von mehr als 10 dB, was die Erkennbarkeit exponierter Komponenten des U-Boots, wie Schnorstmast und Periskop, effektiv verringert. Die Technologie wird auch für die Aufbauten von Marineschiffen eingesetzt, um sicherzustellen, dass maritime Plattformen ein niedriges Radarprofil beibehalten.

Technologie für fortschrittliche Materialien

Die Technologie für fortschrittliche Materialien in U-Booten konzentriert sich auf die Verbesserung von Leistung, Haltbarkeit und Tarnung, während gleichzeitig das Gewicht reduziert und der Wartungsaufwand minimiert wird. Verbundwerkstoffe spielen eine zentrale Rolle, indem sie erhebliche Gewichtseinsparungen, verbesserte Korrosionsbeständigkeit und überlegene Haltbarkeit bieten. Diese Verbundwerkstoffe machen U-Boote leichter, manövrierfähiger und besser für tiefe Tauchgänge geeignet. Komposit-Propeller verbessern die Effizienz, indem sie Vibrationen reduzieren, was die akustischen Signaturen senkt und zur Tarnung beiträgt.

Rührreibschweißen (FSW) ist eine weitere wichtige Innovation, die zum Verbinden von Aluminiumlegierungen wie Al5083, Al6061 und Al2014 verwendet wird. Dieses Festkörperverfahren erzeugt starke, zuverlässige Verbindungen, ohne die Materialintegrität zu beeinträchtigen, was für den Bau leichter U-Boot-Strukturen von entscheidender Bedeutung ist. Aluminium-Matrix-Verbundwerkstoffe mit hoher Vibrationsdämpfung, die durch eine Synthese mit geschmolzenem Flussmittel hergestellt werden, enthalten Graphit- und Keramikverstärkungen. Diese Verbundwerkstoffe tragen zur Minimierung von Vibrationen in kritischen Komponenten bei und gewährleisten so einen reibungsloseren und zuverlässigeren Betrieb.

Rheo-Guss-Technologie bietet eine einzigartige Kombination aus der Präzision des Schmiedens und der Komplexität des Gießens, was die Herstellung von dick- und dünnwandigen Aluminiumkomponenten ermöglicht. Diese Methode gewährleistet die mechanische Festigkeit, die für komplexe U-Boot-Strukturen erforderlich ist, und bewahrt gleichzeitig komplexe Designdetails. Bulk-Metallic-Gläser (BMGs) auf Basis von Eisen- und Kupferlegierungen werden als Beschichtungen mittels Hochgeschwindigkeits-Flammspritzverfahren (HVOF) aufgetragen. Diese Beschichtungen bieten außergewöhnliche Härte, bis zu 1000 Vickers-Härte (VHN), sowie hervorragende Korrosionsbeständigkeit und erhöhen die Haltbarkeit von Komponenten aus Stahl und Nickel-Aluminium-Bronze.

Das HVOF-Spritzverfahren selbst ist wesentlich für die Verlängerung der Lebensdauer von U-Boot-Komponenten. Durch das Auftragen fortschrittlicher Materialien wie BMGs bietet es robusten Oberflächenschutz gegen Korrosion und Verschleiß in rauen maritimen Umgebungen. Ein weiterer wichtiger Fortschritt sind piezokomposite akustische Sensoren, die im Dice-and-Fill-Verfahren gefertigt werden. Diese Sensoren erhöhen die Empfindlichkeit von Sonarsystemen und ermöglichen eine präzise Bedrohungserkennung unter Wasser sowie eine hohe Haltbarkeit unter Hochdruckbedingungen.

Zusammen verbessern diese fortschrittlichen Materialtechnologien die Leistung, die Tarnfähigkeit und die Zuverlässigkeit von U-Booten erheblich. Sie sind für moderne Marineoperationen unverzichtbar und gewährleisten, dass U-Boote in anspruchsvollen Unterwasserumgebungen effizient, agil und unentdeckbar bleiben.

Rührreibschweißen (Friction Stir Welding, FSW)

FSW wird zum Verbinden von Aluminiumlegierungen wie Al5083, Al6061 und Al2014 verwendet. Diese Technik nutzt ein rotierendes Werkzeug, um Reibungswärme zu erzeugen, wodurch Festphasenverbindungen entstehen. FSW sorgt für starke, zuverlässige Verbindungen, insbesondere in Anwendungen, bei denen herkömmliche Schweißverfahren die Materialintegrität beeinträchtigen könnten. Es ist besonders wertvoll bei der Herstellung leichter Komponenten mit erhöhter Festigkeit, wie sie in Marinefahrzeugen verwendet werden [347].

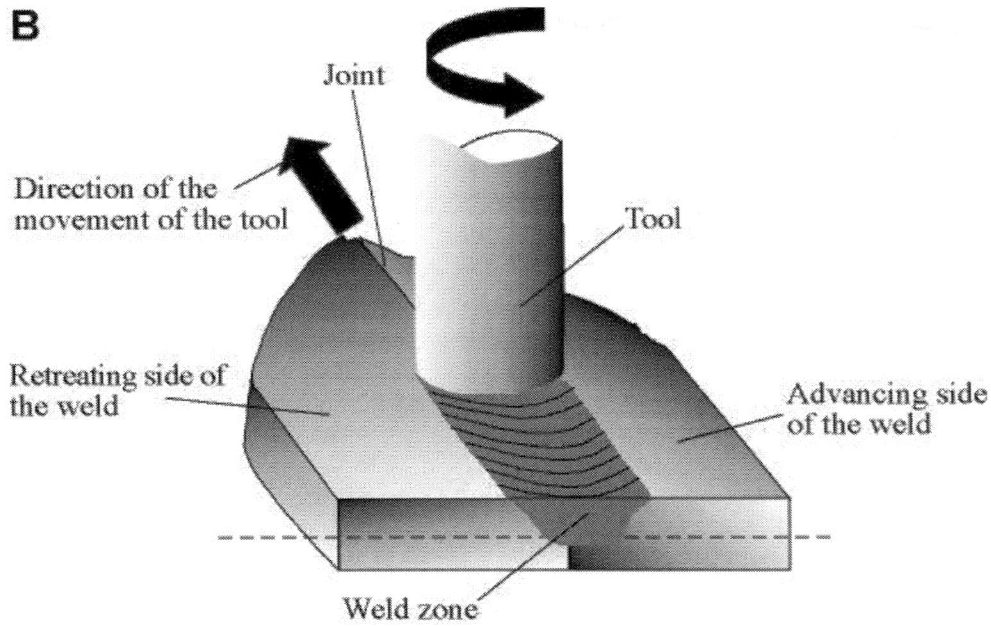

Abbildung 100: Der Rührreibschweißprozess. Anandwiki bei der englischen Wikipedia, CC BY 3.0, über Wikimedia Commons.

Reibrührschweißen (FSW) ist eine spezialisierte Schweißtechnik, die zum Verbinden von Aluminiumlegierungen, einschließlich gängiger Typen wie Al5083, Al6061 und Al2014, verwendet wird. Im Gegensatz zu herkömmlichen Schweißmethoden, bei denen das Material durch Schmelzen verbunden wird, erfolgt FSW als Festkörperprozess. Dies wird durch den Einsatz eines rotierenden zylindrischen Werkzeugs erreicht, das Reibungswärme erzeugt, wenn es sich entlang der Naht zwischen zwei Werkstücken bewegt. Die Hitze macht das Metall weich, ohne es zu verflüssigen, sodass die Materialien unter der kombinierten Wirkung von Wärme und mechanischem Druck miteinander verschmelzen und eine starke Verbindung bilden.

Aluminiumlegierungen wie Al5083, Al6061 und Al2014 sind in Branchen gefragt, die leichte, aber dennoch robuste Materialien benötigen, darunter der maritime, der Luft- und Raumfahrt- sowie der Militärsektor. Diese Legierungen unterscheiden sich in ihrer Zusammensetzung und ihren Eigenschaften, was jede für spezifische Anwendungen geeignet macht. Die Legierungen umfassen:

<u>Al5083: Marine-Legierung</u>

Al5083 ist eine nicht-wärmebehandelbare Legierung, die vor allem für ihre hervorragende Korrosionsbeständigkeit, insbesondere in maritimen Umgebungen, bekannt ist. Sie enthält Magnesium, Mangan und Chrom, was ihre Widerstandsfähigkeit gegenüber Seewasser und industriellen Chemikalien erhöht.

- **Eigenschaften:** Al5083 bietet hohe Festigkeit und ausgezeichnete Ermüdungsbeständigkeit. Seine mechanischen Eigenschaften bleiben über einen großen Temperaturbereich konstant, was es für Unterwasseranwendungen gut geeignet macht.
- **Anwendungen:** Diese Legierung wird häufig im Schiffsbau, in U-Booten, Druckbehältern und kryogenen Tanks verwendet. Ihre leichte und dennoch robuste Natur macht sie ideal für Schiffsstrukturen und andere Anwendungen, die strukturelle Integrität erfordern, ohne auf Korrosionsbeständigkeit zu verzichten.

- **Einschränkungen:** Al5083 kann nicht durch Wärmebehandlung zur Festigkeitssteigerung genutzt werden und ist im Vergleich zu anderen hochfesten Aluminiumlegierungen relativ weich, wodurch es sich weniger für die Luftfahrt oder für Anwendungen mit hohen Stoßbelastungen eignet.

Al6061: Vielseitige Strukturlegierung

Al6061 ist eine wärmebehandelbare Legierung, die hauptsächlich Magnesium und Silizium als Legierungselemente enthält. Sie ist bekannt für ihre Vielseitigkeit mit einem guten Gleichgewicht aus Festigkeit, Korrosionsbeständigkeit und Bearbeitbarkeit.

- **Eigenschaften:** Al6061 bietet mittlere bis hohe Festigkeit, hervorragende Korrosionsbeständigkeit und gute Schweißbarkeit. Es kann durch Wärmebehandlungsprozesse wie T6-Temperung weiter verstärkt werden, was es zu einem ausgezeichneten Material für tragende Strukturen macht.
- **Anwendungen:** Al6061 wird in vielen Branchen verwendet, darunter Luftfahrt, Automobilbau, Schiffbau und Bauwesen. In U-Boot-Anwendungen wird es oft für Strukturkomponenten wie Rahmen, Stützen und Rohrsysteme verwendet, da es hohe Festigkeit und einfache Verarbeitbarkeit bietet.
- **Einschränkungen:** Obwohl Al6061 vielseitig ist, bietet es nicht die höchste Festigkeit unter den Aluminiumlegierungen. In Anwendungen, die extreme Festigkeit oder eine hohe Ermüdungsbeständigkeit erfordern, können andere Legierungen bevorzugt werden.

Al2014: Luft- und Raumfahrtlegierung

Al2014 ist eine hochfeste, wärmebehandelbare Legierung mit Kupfer als Hauptlegierungselement, was ihr außergewöhnliche mechanische Eigenschaften verleiht. Diese Legierung ist für Anwendungen konzipiert, die maximale Festigkeit erfordern, jedoch weniger korrosionsbeständig ist als Al5083 oder Al6061.

- **Eigenschaften:** Al2014 bietet hohe Ermüdungsbeständigkeit, hervorragende Bearbeitbarkeit und die Fähigkeit, Festigkeit unter hohen Belastungen aufrechtzuerhalten. Allerdings weist es eine verringerte Korrosionsbeständigkeit auf und erfordert typischerweise Oberflächenbehandlungen, um es vor Umwelteinflüssen zu schützen.
- **Anwendungen:** Aufgrund seiner Festigkeit und Ermüdungsbeständigkeit wird Al2014 intensiv in der Luft- und Raumfahrt- sowie Verteidigungsindustrie für Komponenten wie Flugzeugstrukturen, Raketenteile und U-Boot-Ausrüstung verwendet, die starken Belastungen ausgesetzt sind. Es ist ideal für dynamische Umgebungen, in denen Gewicht und strukturelle Integrität entscheidend sind.
- **Einschränkungen:** Der Kupfergehalt macht Al2014 anfälliger für Korrosion, insbesondere in Salzwasserumgebungen. Daher wird es häufig mit Schutzbeschichtungen oder durch Eloxieren behandelt, um Korrosionsprobleme zu minimieren.

Reibrührschweißen (FSW) Das FSW-Verfahren ist besonders vorteilhaft für Anwendungen, die leichte Strukturen mit erhöhter Festigkeit erfordern, wie z. B. in Marineschiffen und U-Booten. Aluminiumlegierungen, die für ihr günstiges Festigkeits-Gewichts-Verhältnis und ihre Korrosionsbeständigkeit bekannt sind, werden häufig in maritimen Umgebungen eingesetzt. Traditionelle Schmelzschweißmethoden können jedoch Aluminium schwächen, da sie thermische Verzerrungen, Porosität und Defekte an der Schweißnaht verursachen. Das FSW-Verfahren überwindet diese Herausforderungen, indem es die ursprünglichen Eigenschaften der Aluminiumlegierungen beibehält und sicherstellt, dass die Schweißverbindungen so robust sind wie das Basismaterial.

Das FSW-Verfahren minimiert auch die Entstehung von Defekten wie Rissen oder Lunkern, die bei Hochtemperaturschweißprozessen häufig auftreten. Es erzeugt eine gleichmäßige, hochfeste Verbindung mit ausgezeichneter Ermüdungsbeständigkeit, was für Komponenten wichtig ist, die dynamischen Belastungen ausgesetzt sind, wie z. B. in Schiffen und U-Booten. Da das Material während des gesamten Prozesses im festen Zustand bleibt, reduziert FSW die Eigenspannung und eliminiert die Notwendigkeit von Zusatzmaterialien, was die strukturelle Integrität und Zuverlässigkeit der Verbindungen weiter erhöht.

FSW ist hocheffizient für die Produktion komplexer Geometrien und großer Strukturen, da es eine präzise Kontrolle über den Schweißprozess ermöglicht. Die Fähigkeit, konsistente, hochwertige Schweißverbindungen mit minimalem Nachbearbeitungsaufwand herzustellen, macht es zu einer bevorzugten Wahl für kritische Anwendungen in der maritimen Industrie. Komponenten, die mittels FSW gefertigt wurden, tragen zur Gesamtbeständigkeit und Leistungsfähigkeit von Marineschiffen bei und unterstützen sowohl die Betriebssicherheit als auch die langfristige Lebensdauer in anspruchsvollen Umgebungen.

Aluminium-Matrix-Verbundwerkstoffe mit hoher Schwingungsdämpfung

Die Schmelzfluss-unterstützte Reaktionssynthese wird zur Herstellung von Aluminium-Matrix-Verbundwerkstoffen eingesetzt, die verbesserte Schwingungsdämpfungseigenschaften aufweisen. Diese Verbundwerkstoffe enthalten ultrafeine Verstärkungen aus Graphit und Keramik, was sie für den Einsatz in U-Boot-Komponenten geeignet macht, bei denen die Minimierung von Vibrationen entscheidend ist [347].

Aluminium-Matrix-Verbundwerkstoffe (AMMCs) mit hoher Schwingungsdämpfung sind speziell entwickelte Materialien zur Reduzierung mechanischer Vibrationen, was insbesondere in Anwendungen wie U-Booten wichtig ist, wo strukturelle Integrität und Tarnung von entscheidender Bedeutung sind. Die einzigartigen Eigenschaften dieser Verbundwerkstoffe werden durch verschiedene Herstellungstechniken erreicht, darunter die Einbindung von Verstärkungen wie Graphit und Keramik in eine flüssige Aluminium-Matrix. Diese Verstärkungen verbessern die Schwingungsdämpfung der Verbundwerkstoffe über das hinaus, was herkömmliche Aluminiumlegierungen bieten können [354, 355].

Im Syntheseprozess werden ultrafeine Verstärkungen in die flüssige Aluminium-Matrix eingebracht. Graphitpartikel sind besonders effektiv zur Verbesserung der Dämpfungseigenschaften, da sie die Übertragung von Vibrationen verringern, während keramische Verstärkungen zur mechanischen Festigkeit, Härte und Hitzebeständigkeit des Verbundwerkstoffs beitragen [356]. Diese Materialkombination führt zu AMMCs, die hervorragende Schwingungsdämpfungseigenschaften besitzen, die für die Betriebseffizienz von U-Booten entscheidend sind.

Im U-Boot-Design bewältigt die leichte Natur der AMMCs in Kombination mit ihren schwingungsdämpfenden Eigenschaften kritische Herausforderungen. Unterwasseroperationen erzeugen Vibrationen durch Maschinen wie Motoren und Pumpen, die sich durch die Struktur des Fahrzeugs ausbreiten können. Wenn diese Vibrationen nicht ausreichend kontrolliert werden, können sie die Lebensdauer der Komponenten verringern und die Tarnfähigkeit des U-Bootes beeinträchtigen, was es für Sonarsysteme leichter auffindbar macht [357]. Durch den Einsatz von AMMCs mit hohen Schwingungsdämpfungseigenschaften können U-Boote leiser und effizienter operieren, wodurch die Lärmübertragung und der mechanische Stress minimiert werden [356].

Darüber hinaus zeigen AMMCs eine hervorragende Leistung in rauen Meeresumgebungen und weisen Korrosions- und Ermüdungsbeständigkeit über längere Zeiträume auf. Diese Haltbarkeit ist entscheidend, da U-Boot-Komponenten enormem hydrostatischen Druck und wiederholten mechanischen Belastungen ausgesetzt sind. Zusätzlich bieten AMMCs eine überlegene Maßhaltigkeit im Vergleich zu reinem Aluminium und stellen sicher, dass wichtige Komponenten ihre Integrität unter variierenden Temperatur- und Druckbedingungen beibehalten [354, 355].

Anwendungsbezogen werden AMMCs mit hoher Schwingungsdämpfung in wichtigen strukturellen und mechanischen Komponenten von U-Booten eingesetzt, einschließlich Motoraufhängungen, Antriebssystemen und Deckplatten. Diese Materialien gewährleisten, dass vibrationssensible Ausrüstung wie Sensoren und Sonarsysteme von Störungen isoliert bleibt, wodurch die Einsatzfähigkeit und die Tarnung des U-Boots erhalten bleiben [356]. Die Kombination aus leichter Konstruktion, verbesserter Festigkeit und hervorragender Schwingungsdämpfung macht AMMCs für das moderne U-Boot-Design unverzichtbar. Ihre Fähigkeit, anspruchsvollen Umgebungsbedingungen standzuhalten und gleichzeitig Lärm und mechanische Belastung zu reduzieren, gewährleistet sowohl eine Leistungsoptimierung als auch eine erhöhte Lebensdauer der U-Boot-Systeme [354, 357].

Neues Rheo-Gussverfahren

Diese Gießtechnik kombiniert die Vorteile des traditionellen Gießens und Schmiedens und ermöglicht die Herstellung von sowohl dick- als auch dünnwandigen Aluminiumlegierungskomponenten mit hoher Präzision. Rheo-Gießen ist entscheidend für die Herstellung komplexer Strukturen, wobei die mechanischen Eigenschaften mit denen geschmiedeter Materialien vergleichbar sind.

Das Rheo-Gießen ist eine innovative Fertigungstechnik, die die Vorteile des traditionellen Gießens mit der mechanischen Festigkeit verbindet, die typischerweise mit Schmieden assoziiert wird. Diese Methode ermöglicht die Herstellung sowohl von dick- als auch dünnwandigen Komponenten aus Aluminiumlegierungen mit bemerkenswerter Präzision und ist besonders vorteilhaft für Branchen, die leistungsstarke Materialien erfordern. Der Hauptvorteil des Rheo-Gießens liegt in seiner Fähigkeit, komplexe und detaillierte Strukturen zu schaffen, die mit herkömmlichen Gießmethoden oft schwer zu erreichen sind, und gleichzeitig überlegene mechanische Eigenschaften zu gewährleisten, die geschmiedeten Materialien ähneln [358, 359].

Beim Rheo-Gießverfahren werden Aluminiumlegierungen in einen halbfesten Zustand gebracht, der durch eine Mischung aus festen und flüssigen Phasen gekennzeichnet ist. Dieser halbfeste Zustand verleiht dem Material einzigartige Fließeigenschaften, die eine verbesserte Genauigkeit beim Füllen von Formen ermöglichen. Die verbesserten Fließeigenschaften reduzieren typische Gussfehler wie Porosität und Schrumpfung und führen zu Komponenten, die sowohl hochdetailliert als auch maßlich stabil sind. Dadurch wird der Bedarf an umfangreicher Nachbearbeitung und Fertigung nach dem Guss minimiert, was zu erheblichen Kosteneinsparungen in der Produktion führen kann [358, 360].

Die mechanische Leistung von Komponenten, die durch Rheo-Gießen hergestellt werden, ist durch die Minimierung interner Defekte deutlich verbessert. Dieser Prozess liefert Materialien mit ausgezeichneter Zugfestigkeit, Ermüdungsbeständigkeit und allgemeiner Haltbarkeit, wodurch Rheo-Guss-Teile mit geschmiedeten Bauteilen vergleichbar sind. Im Gegensatz zum Schmieden ermöglicht das Rheo-Gießen jedoch die Herstellung komplexer Geometrien und dünnwandiger Abschnitte, was die Anwendungsmöglichkeiten in verschiedenen Branchen wie der Luft- und Raumfahrt, der Automobilindustrie und der Schiffstechnik erweitert [359, 361].

Darüber hinaus unterstützt das Rheo-Gießen eine Großserienproduktion bei gleichbleibender Qualität, was für die Massenproduktion entscheidend ist. Die Kombination aus Gießpräzision und den mechanischen Vorteilen des Schmiedens macht das Rheo-Gießen zu einer fortschrittlichen Lösung für Branchen, die leistungsstarke Materialien verlangen. Diese Technik stellt sicher, dass komplexe, leichte Aluminiumlegierungskomponenten nicht nur die strengen Anforderungen moderner Ingenieuranwendungen erfüllen, sondern sogar übertreffen [358, 359].

Massive metallische Gläser

In U-Booten werden auch auf Eisen (Fe) und Kupfer (Cu) basierende massive metallische Gläser (BMGs) eingesetzt, die eine hervorragende Härte und Korrosionsbeständigkeit aufweisen. Diese Materialien werden als Beschichtungen auf Stahl- und Nickel-Aluminium-Bronze-Komponenten durch Hochgeschwindigkeits-Sauerstoff-Brennstoff (HVOF)-Spritzverfahren aufgetragen. BMG-Beschichtungen erhöhen die Haltbarkeit kritischer U-Boot-Komponenten, indem sie eine Oberflächenhärte von bis zu 1000 VHN (Vickers-Härtezahl) bieten [347].

Massive metallische Gläser (BMGs) sind eine innovative Materialklasse, die in U-Booten verwendet wird, um die Leistung und Langlebigkeit wichtiger Komponenten zu verbessern. Zusammengesetzt aus Eisen- und kupferbasierten Legierungen, besitzen BMGs eine einzigartige amorphe Struktur, was bedeutet, dass die Atome im Material zufällig angeordnet sind, im Gegensatz zur geordneten kristallinen Struktur traditioneller Metalle. Diese fehlende Kristallinität verleiht BMGs außergewöhnliche mechanische Eigenschaften, einschließlich überlegener Härte, hoher Festigkeit und hervorragender Korrosionsbeständigkeit – allesamt entscheidend in der rauen Meeresumgebung.

Im U-Boot-Bau werden BMGs hauptsächlich als Schutzbeschichtungen auf Komponenten aus Stahl und Nickel-Aluminium-Bronze (NAB) verwendet. Diese Beschichtungen werden durch das Hochgeschwindigkeits-Sauerstoff-Brennstoff (HVOF)-Spritzverfahren aufgetragen, eine Technik, bei der feine Partikel des BMG-Materials mit extrem hoher Geschwindigkeit auf die Oberfläche der Komponente geschossen werden. Die hohe Geschwindigkeit und der Aufprall während dieses Prozesses sorgen dafür, dass die Beschichtung fest mit dem Substrat verbunden ist und eine gleichmäßige und haltbare Schutzschicht bildet.

Beim HVOF-Verfahren wird eine Brennkammer verwendet, in der eine Mischung aus Sauerstoff und Brenngasen (wie Wasserstoff, Propan oder Kerosin) gezündet wird, wodurch eine Flamme mit hoher Temperatur entsteht. Die Flamme wird durch eine spezielle Düse geleitet und erzeugt einen Überschall-Gasstrahl. Feine Partikel des Beschichtungsmaterials in Pulverform werden in diesen Strahl injiziert, wo sie schnell erhitzt werden. Die Partikel werden dabei halbgeschmolzen und mit extrem hohen Geschwindigkeiten – typischerweise zwischen 600 und 1000 Metern pro Sekunde – auf die Zieloberfläche geschleudert.

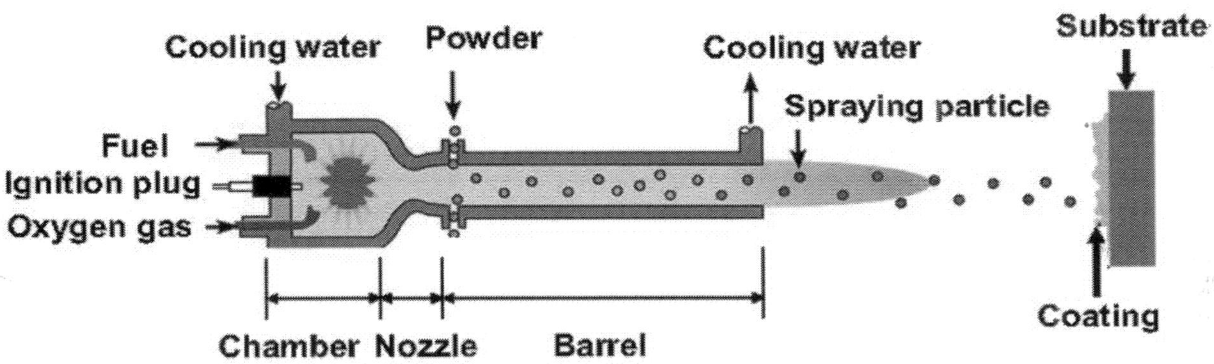

Abbildung 101: Schematische Darstellung des Hochgeschwindigkeits-Sauerstoff-Brennstoff-Spritzverfahrens. S. Kuroda et al., CC BY 4.0, über Wikimedia Commons.

Wenn diese Partikel mit solch hohen Geschwindigkeiten auf die Oberfläche treffen, werden sie abgeflacht und verfestigen sich sofort, wodurch eine dichte, fest gebundene Schicht entsteht. Die Beschichtung haftet mechanisch am Substrat und bildet eine starke Schnittstelle, die ein Abblättern oder Ablösen verhindert. Die schnelle Verfestigung minimiert die Bildung von Hohlräumen oder Defekten, was zu einer dichten, haltbaren Beschichtung mit hervorragenden mechanischen Eigenschaften führt.

Die Hauptvorteile des HVOF-Spritzverfahrens umfassen:

1. **Hohe Haftfestigkeit:** Die extreme Geschwindigkeit der Partikel sorgt für eine starke mechanische Bindung zwischen der Beschichtung und dem darunterliegenden Material und verbessert die Zuverlässigkeit auch unter Belastung.

2. **Geringe Porosität:** Die schnelle Abkühlung verhindert Porosität in der Beschichtung, wodurch diese hochbeständig gegen Korrosion und Wasseraufnahme wird – entscheidend für U-Boote, die in Salzwasserumgebungen operieren.

3. **Minimale thermische Belastung:** Das HVOF-Spritzen hält die Temperaturen des Substrats relativ niedrig und verhindert so thermische Verzerrungen oder eine Schwächung des Basismaterials. Dies ist besonders wichtig beim Auftragen von Beschichtungen auf Präzisionskomponenten wie Wellen und Lager.

In maritimen Anwendungen, wie dem Bau und der Wartung von U-Booten, ist das HVOF-Spritzverfahren von unschätzbarem Wert. Beschichtungen aus Eisen- und kupferbasierten massiven metallischen Gläsern (BMGs) werden mit diesem Verfahren aufgetragen, um die Härte und Korrosionsbeständigkeit wichtiger Komponenten zu verbessern. Die mittels HVOF aufgebrachten Beschichtungen bieten außergewöhnliche Verschleißbeständigkeit und verlängern die Lebensdauer von Komponenten, die sonst durch Salzwasser und mechanische Belastung schnell abgebaut würden.

Diese Technik wird auch zur Wiederherstellung abgenutzter Oberflächen verwendet. Anstatt teure Komponenten auszutauschen, können abgenutzte Teile mittels HVOF-Spritzverfahren neu beschichtet und repariert werden, was Ausfallzeiten und Kosten reduziert. Die Vielseitigkeit des HVOF-Verfahrens ermöglicht die Verwendung einer breiten Palette von Beschichtungsmaterialien und macht es für diverse Anwendungen geeignet, von Propellern und Rudern bis hin zu Hydraulikzylindern und Lagern.

Die Verwendung von BMG-Beschichtungen bietet zahlreiche Vorteile für U-Boot-Systeme. Eine der wichtigsten Eigenschaften dieser Beschichtungen ist ihre extrem hohe Härte mit Werten von bis zu 1000 Vickers-Härte (VHN). Diese Härte verbessert die Verschleißfestigkeit der beschichteten Komponenten und sorgt dafür, dass sie mechanischen Belastungen, Abrieb und anderen Formen der Oberflächenabnutzung standhalten, die bei anspruchsvollen Unterwasseroperationen auftreten.

Darüber hinaus bieten BMGs hervorragende Korrosionsbeständigkeit. U-Boot-Komponenten sind ständig Salzwasser ausgesetzt, das traditionelle Metalle im Laufe der Zeit korrodieren kann, was die strukturelle Integrität beeinträchtigt und häufige Wartung erfordert. BMG-Beschichtungen schützen diese Komponenten vor korrosiven Elementen, verlängern ihre Lebensdauer und senken die Wartungskosten. Diese Korrosionsbeständigkeit ist besonders wertvoll für Teile wie Propeller, Wellenlager und andere kritische mechanische Elemente, die zuverlässig arbeiten müssen, ohne häufigen Austausch oder Reparatur.

Die amorphe Struktur von BMGs macht sie zudem weniger anfällig für mikrostrukturelle Defekte, die im Laufe der Zeit zu Ermüdung führen können. Traditionelle Metalle mit kristalliner Struktur neigen zur Rissbildung unter Belastung, besonders in Meeresumgebungen, wo schwankende Druckverhältnisse und mechanische Belastungen häufig sind. BMG-Beschichtungen verringern dieses Risiko, indem sie eine haltbare, defektfreie Oberfläche bieten und so die Zuverlässigkeit und Sicherheit des U-Boots verbessern.

Der Einsatz von Eisen- und kupferbasierten BMG-Beschichtungen in U-Booten stellt einen bedeutenden Fortschritt im Bereich der Materialtechnik dar und stellt sicher, dass Komponenten unter extremen Bedingungen funktionsfähig und effizient bleiben. Durch die Anwendung von BMG-Beschichtungen mittels HVOF-Spritzverfahren können Hersteller die Leistung, Haltbarkeit und Korrosionsbeständigkeit von U-Boot-Komponenten steigern und so den Betrieb dieser Schiffe über ihren Lebenszyklus hinweg zuverlässiger und kostengünstiger gestalten.

Piezokomposit-Akustiksensormaterialien

Innovative Piezokompositmaterialien werden für fortschrittliche akustische Sensoren verwendet. Diese Materialien werden durch das "Dice-and-Fill"-Verfahren hergestellt, wodurch die Empfindlichkeit in Sonarsystemen erhöht wird.

Piezokomposite ermöglichen eine präzise akustische Erkennung, die entscheidend für U-Boot-Operationen in Umgebungen ist, in denen die Erkennung von Unterwasserbedrohungen und Hindernissen unerlässlich ist [347].

Innovative Piezokompositmaterialien spielen eine entscheidende Rolle bei der Verbesserung der akustischen Erfassungsfähigkeiten in U-Booten und erfüllen die Anforderungen an präzise Unterwassererkennung und zuverlässige Sonaroperationen. Diese fortschrittlichen Materialien nutzen den piezoelektrischen Effekt, ein Phänomen, bei dem mechanische Belastung eine elektrische Ladung erzeugt. Diese Eigenschaft ermöglicht es den Piezokompositen, akustische Wellen im Wasser mit außergewöhnlicher Empfindlichkeit zu erkennen, was sie für moderne Sonarsysteme, die darauf abzielen, Unterwasserbedrohungen, Hindernisse und Umweltveränderungen zu identifizieren, unverzichtbar macht.

Innovative Piezokomposite werden zunehmend für ihre bedeutende Rolle bei der Verbesserung der akustischen Erfassungsfähigkeiten in U-Booten anerkannt. Diese Materialien nutzen den piezoelektrischen Effekt, bei dem mechanischer Stress eine elektrische Ladung induziert, was eine äußerst empfindliche Erkennung akustischer Wellen ermöglicht. Piezokomposite, insbesondere solche mit 1-3 Konnektivität, zeigen im Vergleich zu traditionellen piezoelektrischen Keramiken eine überlegene Leistung aufgrund ihrer einzigartigen Kombination aus Flexibilität, Haltbarkeit und verbesserter Signalqualität, die für zuverlässige Sonaroperationen in anspruchsvollen Unterwasserumgebungen entscheidend sind [362].

1-3 Konnektivität beschreibt eine spezielle strukturelle Konfiguration in Piezokompositmaterialien, die deren Leistung in Anwendungen wie Sonarsystemen steigert. Der Begriff "Konnektivität" bezieht sich auf die Art und Weise, wie die piezoelektrische Keramikphase und die Polymermatrix in verschiedenen räumlichen Dimensionen miteinander verbunden sind. Die 1-3 Konnektivitätsstruktur bietet eine effektive Mischung aus mechanischer Flexibilität, Empfindlichkeit und Signalübertragung und ist daher besonders geeignet für Anwendungen in der akustischen Erfassung.

In einem 1-3 Piezokomposit sind piezoelektrische Keramikelemente, typischerweise in Form von Stäben oder Fasern, entlang einer einzigen Dimension ausgerichtet (daher die "1" in 1-3). Diese Elemente sind in eine Polymermatrix eingebettet, die eine Kontinuität über drei Dimensionen bietet (dargestellt durch die "3"). Die Keramikstäbe verlaufen parallel zueinander und sind gleichmäßig innerhalb der Matrix angeordnet, ohne sich seitlich zu berühren. Diese Anordnung ermöglicht den Keramikstäben eine direkte Übertragung von mechanischem Stress und eine Erzeugung elektrischer Ladung entlang ihrer Achse, während die umgebende Polymermatrix strukturelle Integrität, Flexibilität und mechanische Isolierung sicherstellt.

Die 1-3 Konfiguration überwindet viele Einschränkungen, die mit herkömmlichen piezoelektrischen Materialien verbunden sind, wie z. B. Sprödigkeit und mangelnde Flexibilität. Durch das Einbetten der Keramikstäbe in eine Polymermatrix gewinnt das Komposit mehrere wesentliche Vorteile. Die Polymermatrix bietet mechanische Flexibilität, sodass das Material Vibrationen und mechanischen Belastungen standhält, ohne zu reißen oder zu verschlechtern. Außerdem hat die Matrix eine geringere akustische Impedanz als die Keramikstäbe, wodurch der Signalverlust an Materialgrenzen verringert und die Leistung des Piezokomposits in Unterwasserumgebungen verbessert wird.

Jeder Keramikstab arbeitet unabhängig innerhalb der Matrix, wodurch Störungen und Rauschen minimiert werden, was die Klarheit und Auflösung der akustischen Signale verbessert. Diese Isolation unterstützt auch die mechanische Entkopplung, da die Polymermatrix die Übertragung von Strukturvibrationen minimiert und sicherstellt, dass nur authentische akustische Signale von den Keramikelementen erkannt werden. Zusätzlich können Geometrie, Dichte und Größe der Stäbe an spezifische Frequenzbereiche und akustische Anforderungen angepasst werden, was die Vielseitigkeit des Materials für verschiedene Anwendungen erhöht.

In Sonarsystemen von U-Booten bieten 1-3 Piezokomposite erhebliche Leistungsverbesserungen. Ihre erhöhte Empfindlichkeit und das reduzierte akustische Rauschen ermöglichen eine präzisere Erkennung von Unterwasserobjekten und -bedrohungen. Die langlebige und flexible Natur der 1-3 Konfiguration gewährleistet einen zuverlässigen Betrieb in anspruchsvollen Meeresumgebungen, in denen Wasserdruck, Temperaturschwankungen und mechanische Vibrationen konstant sind. Dies macht das Material ideal für den Langzeiteinsatz und stellt sicher, dass Sonarsysteme in verschiedenen Einsatzszenarien effektiv bleiben.

Die Herstellung von Piezokompositmaterialien erfolgt typischerweise durch das „Dice-and-Fill"-Verfahren, eine präzise Fertigungstechnik, bei der piezoelektrische Keramikelemente in kleine Abschnitte oder „Würfel" segmentiert und dann in eine Polymermatrix eingebettet werden. Diese Struktur minimiert interne mechanische Spannungen und verbessert die mechanische Kopplung mit dem umgebenden Wasser, was die Empfindlichkeit und Klarheit der erfassten akustischen Signale erhöht [363-365]. Durch die Reduzierung von Kopplungseffekten zwischen den Keramikelementen erreichen Piezokomposite eine höhere Empfindlichkeit, was für Sonarsysteme, die auf die Erkennung subtiler akustischer Wellen angewiesen sind, von entscheidender Bedeutung ist [366, 367].

Die Vorteile der Piezokomposite erstrecken sich auf ihre Anwendung in Sonarsystemen, wo sie die Erkennung und Identifizierung von Unterwasserobjekten wie Schiffe, Minen und geographische Merkmale erheblich verbessern. In Umgebungen, in denen Tarnung von größter Bedeutung ist, verwenden U-Boote aktive und passive Sonaranlagen mit Piezokompositen, um eine Echtzeit-Lageerfassung zu gewährleisten. Die erhöhte Empfindlichkeit dieser Materialien sorgt dafür, dass selbst schwache akustische Signale erkannt und analysiert werden können, wodurch potenzielle Bedrohungen aus größeren Entfernungen identifiziert werden können [368, 369].

Darüber hinaus bieten Piezokomposite erhöhte Haltbarkeit und Langlebigkeit, die für Komponenten unter extremen Unterwasserdruckbedingungen unerlässlich sind. Die Polymermatrix in diesen Kompositen bietet Flexibilität, sodass Sonaranlagen mechanische Belastungen und Schwankungen im Wasserdruck bei längeren Einsätzen standhalten können. Diese Kombination aus hoher Empfindlichkeit, Zuverlässigkeit und Widerstandsfähigkeit macht Piezokomposite zu wichtigen Komponenten in modernen Sonarsystemen von U-Booten und gewährleistet eine effektive Leistung in verschiedenen Unterwasseroperationen [370, 371].

Tarnmaterialtechnologie ist ein Grundpfeiler der U-Boot-Operationen und ermöglicht es diesen Schiffen, in feindlichen Umgebungen unentdeckt zu bleiben. Akustische Gummiplatten, vibroakustische Isolierung und radarabsorbierende Beschichtungen wirken zusammen, um Geräusch- und Radarsignaturen zu minimieren. Fortschrittliche Materialien wie Metallmatrix-Verbundstoffe, massive metallische Gläser und reibrührgeschweißte Komponenten sorgen dafür, dass die Struktur des U-Bootes sowohl leicht als auch langlebig ist. Mit diesen Technologien erreichen U-Boote die Tarnung, Stärke und Präzision, die für die moderne Seekriegsführung erforderlich sind.

Verwendung von Verbundmaterialien

Eine der bahnbrechendsten Fortschritte in der U-Boot-Technologie ist die Einführung fortschrittlicher Verbundmaterialien für den Rumpfbau und andere kritische Komponenten. Diese Materialien bieten erhebliche Gewichtseinsparungen, machen U-Boote leichter und verbessern ihre Manövrierfähigkeit. Traditionelle Materialien wie Stahl sind zwar stark, fügen jedoch erheblich an Masse hinzu. Fortgeschrittene Verbundwerkstoffe ermöglichen es den Konstrukteuren, vergleichbare oder sogar überlegene Festigkeit bei deutlich geringerem Gewicht zu erreichen. Dieser Wandel verbessert nicht nur die Wendigkeit des U-Boots, sondern ermöglicht es ihm auch, mehr Ausrüstung oder Nutzlast ohne Leistungseinbußen zu tragen [348].

Verbundwerkstoffe sind auch korrosionsbeständiger als herkömmliche Metalllegierungen – eine entscheidende Eigenschaft angesichts der rauen Meeresumgebung, in der U-Boote operieren. Die Korrosionsbeständigkeit führt zu einer längeren Lebensdauer des Rumpfes und verringert den Wartungsaufwand erheblich, da weniger Reparaturen oder Korrosionsschutzmaßnahmen erforderlich sind. Darüber hinaus besitzen fortschrittliche Verbundwerkstoffe eine höhere Haltbarkeit, die es ihnen ermöglicht, den intensiven Drücken bei tiefen Tauchgängen und den hohen Belastungen standzuhalten. Der Einsatz dieser Materialien stellt sicher, dass U-Boote über längere Zeiträume ohne strukturelle Ermüdung oder Ausfälle einsatzfähig bleiben, was ihre Zuverlässigkeit bei längeren Missionen erhöht [348].

Russland ist führend in der Integration fortschrittlicher Verbundmaterialien in seine neue Generation nuklearbetriebener U-Boote und markiert damit einen bedeutenden Fortschritt in der U-Boot-Technologie. Diese U-Boote werden nicht nur Verbundwerkstoffe in ihren Rümpfen, sondern auch in anderen wichtigen Komponenten verwenden, was sowohl die Tarnung als auch die Ausdauer erheblich verbessert. Das reduzierte Gewicht und die erhöhte Haltbarkeit tragen zu leiseren Operationen bei, was die Schiffe schwerer durch Sonar oder andere akustische Systeme auffindbar macht. Diese Entwicklung positioniert die russischen U-Boote an der Spitze der maritimen Tarntechnologie [348].

Eine der bemerkenswertesten Innovationen ist Russlands Test von Verbundpropellern, die die U-Boot-Antriebstechnologie revolutionieren könnten. Propeller gehören zu den kritischsten Elementen, die die Leistung eines U-Boots beeinflussen, und ihr Design muss Geräusche und Vibrationen minimieren, um die Tarnung zu bewahren. Der Einsatz von Verbundwerkstoffen in den Propellerblättern reduziert Vibrationen und verbessert die Effizienz, was zu einer niedrigeren akustischen Signatur führt. Dadurch wird das U-Boot für Sonarsysteme weniger auffindbar, was in der Marineoperation einen strategischen Vorteil bietet. Die erhöhte Effizienz ermöglicht zudem einen ruhigeren Antrieb, was die Fähigkeit des U-Boots weiter stärkt, während verdeckter Missionen unentdeckt zu bleiben.

Während Russland bei der Integration von Verbundwerkstoffen in die nächste Generation von U-Booten führend ist, erforschen auch andere Nationen, darunter die USA, diese Materialien [348]. Da die Vorteile von Verbundwerkstoffen – wie Gewichtsreduzierung, erhöhte Haltbarkeit und verbesserte Tarnung – immer deutlicher werden, wird erwartet, dass mehr Länder diese Technologien in ihre U-Boot-Flotten aufnehmen. Russlands bahnbrechende Nutzung von Verbundwerkstoffen wird wahrscheinlich globale Trends beeinflussen und weltweit Fortschritte im U-Boot-Bau fördern, da Nationen bestrebt sind, wettbewerbsfähige Vorteile in der Marine-Technologie zu bewahren [348].

Schweiß- und Fertigungstechniken

Fertigungsprozesse von U-Booten

Der Fertigungsprozess eines U-Boots ist äußerst komplex und erfordert sowohl handwerkliches Können als auch automatisierte Präzision. Jeder Schritt stellt sicher, dass das Fahrzeug den höchsten Standards an struktureller Integrität, Funktionalität und Sicherheit entspricht, angesichts der anspruchsvollen Bedingungen, denen es unter Wasser begegnen wird.

Rumpfbau

Das Hauptmaterial, das im U-Boot-Bau verwendet wird, ist Stahl, wobei die Platten typischerweise 5,1 bis 7,6 cm dick sind. Diese Stahlplatten werden zunächst mit Acetylenbrennern auf präzise Maße zugeschnitten. Nach dem Schneiden werden die Platten durch große Metallwalzen unter immensem Druck gepresst. Diese Walzen, die etwa 71,1 cm im Durchmesser und 4,6 Meter lang sind, biegen die Platten, indem sie wiederholt hin- und hergerollt werden, bis die erforderliche Krümmung erreicht ist [347].

Sobald sie gebogen sind, werden die Platten um hölzerne Vorlagen herum angeordnet, die die Form des Rumpfs vorgeben. Diese Platten werden per Hand zusammengeschweißt, um einzelne Rumpfabschnitte zu formen. Die Abschnitte werden dann mithilfe von Kränen ausgerichtet und langsam unter einen automatischen Schweißer gedreht, wodurch die Nähte mit außergewöhnlicher Festigkeit versiegelt werden. Mehrere Durchgänge unter dem automatischen Schweißer verstärken diese Nähte zusätzlich. Zur weiteren Verstärkung werden T-förmige Stahlrippen an die Rumpfabschnitte geschweißt. Diese Rippen werden durch Erhitzen der Stahlstäbe in einen formbaren Zustand gebracht und so gebogen, dass sie sich an die Krümmung des Rumpfs anpassen.

Montage von Innen- und Außenrumpf

Der Rumpf eines U-Bootes besteht aus zwei Schichten: dem Innen- und Außenrumpf. Der Innenrumpf umschließt das Innere des U-Boots, einschließlich der Besatzung und der wichtigen Ausrüstung, während der Außenrumpf eine äußere Schutzschicht bietet. Beide Rumpfschichten werden durch Schweißen mehrerer Abschnitte zusammengefügt, wie zuvor beschrieben. Zwischen den beiden Rümpfen werden Stahlrippen positioniert, um Platz für Ballasttanks zu schaffen, die die Auftriebskraft des Fahrzeugs kontrollieren. Diese Rippen verleihen nicht nur zusätzliche Festigkeit, sondern trennen auch den Innen- und Außenrumpf.

Im Innenrumpf werden zusätzliche Stahlplatten verschweißt, um das U-Boot in wasserdichte Abteile zu unterteilen. Stahldecks und Schotten werden installiert, um die Struktur weiter zu verstärken. Die äußeren Nähte des Rumpfs werden mit Hochgeschwindigkeitsschleifscheiben poliert, um eine glatte Oberfläche zu erreichen, die den Widerstand verringert und die Oberfläche für den Anstrich vorbereitet. Nach dem Glätten werden mehrere Schutzschichten aufgetragen, um den Rumpf vor Korrosion zu schützen und seine Haltbarkeit zu erhöhen.

Während des gesamten Fertigungsprozesses wird um den Rumpf ein Gerüst aufgebaut, das sicherstellt, dass Arbeiter alle Bereiche effizient erreichen können. Inspektionen und Qualitätskontrollen werden in jeder Phase streng durchgeführt. Beispielsweise werden geschweißte Nähte mittels Röntgenuntersuchung auf Unvollkommenheiten überprüft, und Rohre werden mit Helium gefüllt, um Undichtigkeiten zu erkennen. Dieser sorgfältige Ansatz gewährleistet die höchsten Sicherheitsstandards und macht die Kernreaktoren der U-Boote zu den sichersten der Welt [347].

Abbildung 102: Der vordere Abschnitt und die Turmeinheit des US Navy (USN) Virginia-Klasse-U-Bootes Pre-Commissioning Unit (PCU) NORTH CAROLINA (SSN 777), im Bau bei der Northrop Grumman Newport News Werft, Virginia (VA). Die U.S. National Archives, Public Domain, über Picryl.

Außenverkleidung

Nach der Montage des Rumpfs werden externe Komponenten wie Ruder, Propeller und Sonarausrüstung hergestellt und installiert. Viele Metallkomponenten werden durch Sandguss hergestellt, ein Verfahren, bei dem ein Modell des gewünschten Teils aus Holz oder Kunststoff erstellt wird. Dieses Modell wird in eine Form gelegt, die mit gehärtetem Sand gefüllt ist. Sobald das Modell entfernt ist, wird geschmolzenes Metall in die entstandene Hohlform gegossen und abgekühlt, wodurch die finale Komponente entsteht [347].

Die fertigen Komponenten werden entweder an den Rumpf geschweißt oder anderweitig befestigt. Um den Wasserwiderstand zu minimieren, wird die Sonarausrüstung am Rumpf montiert und mit glatten Stahlplatten abgedeckt. Das Gerüst bleibt während dieser Phase erhalten, um den Arbeitern einen einfachen Zugang zu allen Bereichen des U-Boots zu ermöglichen.

Abbildung 103: Astute-Klasse U-Boot Audacious im Bau in der Werft Barrow-in-Furness in Cumbria. Defence Imagery, CC BY-SA 2.0, über Flickr.

Innenausbau und Ausrüstung

Während des Baus des Innenrumpfs werden große Ausrüstungsgegenstände wie Motoren und Maschinen installiert. Sobald der Innenrumpf versiegelt ist, wird kleinere Ausrüstung eingebracht. Viele wesentliche Komponenten werden jedoch erst nach dem Stapellauf des U-Boots installiert. Nach dem feierlichen Stapellauf wird das U-Boot zu einem Ausrüstungspier geschleppt, wo die restlichen Innenarbeiten durchgeführt werden.

Am Pier werden wichtige Systeme wie Periskope, Schnorchel, elektronische Geräte und Antriebssysteme installiert. Neben den operationellen Komponenten wird auch Ausrüstung zur Unterstützung des Komforts der Besatzung eingebaut, wie Kühlschränke, Elektroherde, Klimaanlagen und Waschmaschinen. Diese umfassende Ausrüstung stellt sicher, dass das U-Boot vollständig auf lange Einsätze vorbereitet ist [347].

In U-Booten verwendete Legierungen

Beim Bau von U-Booten kommen verschiedene Legierungen zum Einsatz, die aufgrund ihrer spezifischen Eigenschaften ausgewählt werden. Materialien, die in Meerwassersystemen verwendet werden, müssen korrosionsbeständig, einfach zu verarbeiten und kosteneffizient sein, während sie ein hohes Festigkeits-Gewichts-Verhältnis aufweisen. Diese Legierungen umfassen sowohl geschmiedete als auch gegossene Formen aus Kupfer, Nickel, Titan und Aluminium, abhängig von der Funktion des jeweiligen Bauteils.

- **Kupferbasierte Legierungen** werden oft für Komponenten verwendet, die Meerwasser ausgesetzt sind, aufgrund ihrer hervorragenden Korrosionsbeständigkeit.
- **Nickelbasierte Legierungen** werden dort eingesetzt, wo sowohl Festigkeit als auch Widerstandsfähigkeit gegen Hochdruckumgebungen erforderlich sind.
- **Titanlegierungen** bieten außergewöhnliche Festigkeit bei geringem Gewicht und sind ideal für kritische Strukturelemente.
- **Aluminiumlegierungen** werden für leichte Komponenten verwendet, bei denen Korrosionsbeständigkeit wichtig ist, insbesondere in der Überstruktur oder bei internen Einbauten.

Die Kombination dieser Materialien stellt sicher, dass U-Boote nicht nur robust, sondern auch effizient sind und den rauen Unterwasserbedingungen standhalten, während sie die betriebliche Leistungsfähigkeit beibehalten. Die sorgfältige Materialauswahl in Verbindung mit präzisen Fertigungsprozessen führt zu U-Booten, die den strengen Anforderungen moderner Marineoperationen gerecht werden.

Anwendbare Schweißtechniken

Das Schweißen spielt eine entscheidende Rolle im U-Boot-Bau und stellt die strukturelle Integrität, Druckbeständigkeit und Haltbarkeit unter extremen Meeresbedingungen sicher. Aufgrund der einzigartigen Anforderungen von U-Booten werden verschiedene fortschrittliche Schweißtechniken eingesetzt, um Komponenten, insbesondere den Rumpf, zu verbinden, der dem hohen hydrostatischen Druck in der Tiefe standhalten muss. Das Schweißen von U-Booten erfordert hohe Präzision, um Defekte zu vermeiden, da jede Schwachstelle in den Schweißnähten die Integrität des Fahrzeugs gefährden könnte. Nachfolgend sind einige der wichtigsten Schweißtechniken aufgeführt, die im U-Boot-Bau verwendet werden.

Rührreibschweißen (Friction Stir Welding, FSW)

Das Rührreibschweißen wird häufig im U-Boot-Bau verwendet, insbesondere zum Verbinden von Aluminiumlegierungen wie Al5083 und Al6061, die häufig für leichte interne Komponenten eingesetzt werden. FSW ist eine Festkörper-Schweißtechnik, bei der ein rotierendes Werkzeug Reibungswärme erzeugt, um die Metalloberflächen zu erweichen und zu verbinden, ohne sie zu schmelzen. Dieser Prozess gewährleistet eine starke Verbindung, ohne wärmebeeinflusste Zonen zu schaffen, die die Struktur schwächen könnten. FSW ist für U-Boot-Anwendungen unerlässlich, bei denen Gewichtseinsparungen entscheidend sind und die Verbindungen Festigkeit und Korrosionsbeständigkeit aufrechterhalten müssen, wie bei nicht-strukturellen Teilen, Tanks und leichten Schotten.

Rührreibschweißen (Friction Stir Welding, FSW) ist ein Festkörper-Schweißverfahren, das zwei Metallwerkstücke verbindet, ohne sie zu schmelzen, indem ein rotierendes, nicht schmelzbares Werkzeug Reibungswärme erzeugt. Dieses Verfahren ist besonders vorteilhaft für Anwendungen, die eine hohe Schweißfestigkeit und Haltbarkeit erfordern, wie U-Boot-Rümpfe, Luft- und Raumfahrtstrukturen sowie Automobilkomponenten. Durch das Halten des Materials in einem plastischen Zustand anstatt in einem geschmolzenen, vermeidet FSW viele gängige Schweißfehler und sorgt für eine robuste Verbindungsqualität bei einer Vielzahl von Metallen, darunter Aluminium, Titan, Magnesium und Stahl.

Der Prozess beginnt damit, dass zwei Werkstücke entlang einer Verbindungsnaht zusammengelegt werden. Das FSW-Werkzeug, bestehend aus einem profilierten Dorn und einer Schulter, wird entlang der Nahtlinie in das Material eingetaucht, bis der Dorn unter die Oberfläche eindringt, während die Schulter auf dem Material aufliegt. Die Reibung des rotierenden Werkzeugs, kombiniert mit dem angewandten Druck, erzeugt Wärme, die das Material um den Dorn herum aufweicht, ohne es zu schmelzen. Das erweichte Material fließt um den Dorn und verdichtet sich, während das Werkzeug entlang der Verbindungsnaht voranschreitet. Diese Bewegung, zusammen mit dem angewandten mechanischen Druck, verschweißt die Materialien und bildet eine starke, fehlerfreie Verbindung.

Die einzigartigen Eigenschaften von FSW erzeugen spezifische mikrostrukturelle Zonen im geschweißten Material. Dazu gehören die Rührzone (oder dynamisch rekristallisierte Zone), die thermo-mechanisch beeinflusste Zone (TMAZ) und die wärmebeeinflusste Zone (HAZ). Die Rührzone, in der das Material einer starken Deformation und Vermischung unterliegt, weist kleine, gleichachsige Körner auf. Diese Zone zeigt oft ein „Zwiebelschalen"-Muster, das durch komplexe Materialflüsse entsteht. Um die Rührzone herum befindet sich die TMAZ, in der die ursprüngliche Mikrostruktur deformiert, aber noch erkennbar ist. Außerhalb dieser Region liegt die HAZ, die thermische Zyklen ohne Deformation durchläuft und dadurch die mechanischen Eigenschaften beeinflussen kann, insbesondere bei aushärtbaren Aluminiumlegierungen.

FSW bietet mehrere Vorteile gegenüber herkömmlichen Schmelzschweißverfahren. Da das Material im festen Zustand bleibt, werden die Risiken von Porosität, Rissen und anderen Verfestigungsfehlern erheblich reduziert. FSW-Verbindungen weisen zudem ausgezeichnete mechanische Eigenschaften auf, wie hohe Festigkeit und Ermüdungsbeständigkeit, was die Technik für kritische Anwendungen wie den Bau von U-Boot-Rümpfen geeignet macht. Darüber hinaus erzeugt FSW minimale giftige Dämpfe und erfordert weder Zusatzmaterial noch Schutzgas, was zu einem sichereren und kostengünstigeren Schweißprozess beiträgt.

FSW hat jedoch auch Einschränkungen. Das Werkzeug hinterlässt ein Austrittsloch, wenn es aus der Schweißnaht herausgezogen wird, und der Prozess erfordert eine erhebliche Abwärtskraft, was robuste Spannsysteme erfordert. Zudem ist FSW weniger flexibel als manuelle Schweißmethoden, was es schwieriger macht, Variationen in der Materialstärke zu bewältigen oder nichtlineare Schweißnähte durchzuführen.

Mehrere Parameter beeinflussen den Erfolg eines FSW-Verfahrens, darunter das Werkzeugdesign, die Rotationsgeschwindigkeit, die Vorschubgeschwindigkeit und die Eintauchtiefe. Das Werkzeug muss aus Materialien bestehen, die hohen Temperaturen und Abrieb standhalten, wie warmfester Werkzeugstahl. Rotations- und Vorschubgeschwindigkeit werden sorgfältig aufeinander abgestimmt, um eine ausreichende Wärmeerzeugung ohne Überhitzung sicherzustellen, die zu Fehlern führen könnte. Auch die Eintauchtiefe und der Neigungswinkel des Werkzeugs spielen eine entscheidende Rolle, um einen ordnungsgemäßen Materialfluss und die Verdichtung der Verbindung zu gewährleisten. Werkzeuge mit Eigenschaften wie konischen Dorne oder rückläufigen Rillen fördern den Materialfluss und verbessern die Schweißqualität.

FSW findet Anwendung in verschiedenen Branchen, einschließlich Schiffbau, Luft- und Raumfahrt sowie Automobilproduktion. Es ist besonders wertvoll für das Verbinden leichter Legierungen wie Aluminium, bei denen herkömmliche Schweißtechniken zu Verformungen oder Festigkeitsverlust führen könnten. Der Materialfluss während des FSW folgt einem komplexen Muster. Ein Teil des Materials rotiert um den Dorn und bildet bogenförmige Strukturen, während ein anderer Teil um die Seiten des Werkzeugs fließt, was eine gründliche Durchmischung und Verbindung gewährleistet.

Abbildung 104: Rührreibschweißen. AstridMitch, CC BY-SA 4.0, über Wikimedia Commons.

Die Wärmeentwicklung beim Rührreibschweißen (FSW) resultiert sowohl aus der Reibung als auch aus der Materialverformung. Die Steuerung der Wärmezufuhr ist entscheidend, um die Qualität der Schweißnaht zu erhalten. Eine übermäßige Hitze kann die mechanischen Eigenschaften beeinträchtigen, während eine unzureichende Hitze zu Defekten führen kann. Moderne FSW-Systeme beinhalten ausgeklügelte Kontrollmechanismen, um die optimale Werkzeugposition, Belastung und Wärmezufuhr aufrechtzuerhalten und somit gleichmäßige Schweißnähte auch unter schwierigen Bedingungen sicherzustellen. Fortschrittliche Prozessmodelle und Simulationen helfen zusätzlich bei der Optimierung der Parameter und der Vorhersage von Restspannungen, was zur allgemeinen Zuverlässigkeit und Effizienz des Prozesses beiträgt.

Das Rührreibschweißen (FSW) erfordert spezialisierte Ausrüstung, um eine präzise Steuerung des Schweißprozesses sicherzustellen. Nachfolgend finden Sie eine detaillierte Übersicht über die Werkzeuge und Maschinen, die für die effektive Durchführung von FSW erforderlich sind.

1. FSW-Maschine oder Plattform

FSW-Maschinen sind robuste Systeme, die hohen Kräften standhalten und während des Schweißens präzise Bewegungen gewährleisten. Sie sind in verschiedenen Ausführungen erhältlich, wie Portalanlagen, Säulen- und Auslegersysteme oder robotergestützte Systeme. Wichtige Merkmale sind:

- Einstellbare Rotationsgeschwindigkeit zur Steuerung der Wärmeerzeugung.
- Traversiereinrichtungen für eine gleichmäßige lineare Bewegung entlang der Nahtlinie.

    - Lastkontrollsysteme zur Aufrechterhaltung eines angemessenen Drucks während des Schweißens. Einige traditionelle Fräsmaschinen können für kleine FSW-Projekte angepasst werden, aber spezialisierte FSW-Maschinen bieten bessere Kontrolle und Präzision.

2. FSW-Werkzeug

Das FSW-Werkzeug ist entscheidend für den Schweißprozess und besteht aus zwei Hauptteilen:

- **Schulter**: Ein zylindrischer Abschnitt, der die Materialoberfläche berührt und Abwärtsdruck ausübt, wodurch Reibungswärme erzeugt wird.
- **Dorn (oder Stift)**: Ein kleinerer, profilierter Abschnitt, der von der Schulter ausgeht und in das Material eindringt. Der Dorn rührt und schmiedet das Material während der Rotation. **Werkzeugmaterialien:**
- H13-Werkzeugstahl: Häufig für Aluminiumschweißungen.
- Wolframkarbid: Wird für das Schweißen höherer Temperaturmetalle wie Stahl und Titan verwendet.
- PCBN (polykristallines kubisches Bornitrid): Für anspruchsvolle Anwendungen, z. B. im Luft- und Raumfahrtbereich. Das Werkzeugdesign (z. B. Triflute oder Whorl) beeinflusst den Materialfluss und die Schweißqualität, insbesondere bei schwierigen Materialien.

3. Werkstückspannsystem

Ordnungsgemäße Spannvorrichtungen sind entscheidend, um ein Verschieben des Materials während des Schweißens zu verhindern. Schwerlastklemmen oder ein hydraulisches Spannsystem sorgen dafür, dass die Werkstücke fest an Ort und Stelle bleiben.

- Angepasste Vorrichtungen werden häufig für komplexe Geometrien oder nichtlineare Schweißnähte verwendet.
- Unter den Werkstücken werden Stützplatten (in der Regel aus Kupfer) platziert, um Materialverlust zu verhindern und während des Schweißens Unterstützung zu bieten.

4. Kühlsystem

Da beim FSW erhebliche Wärme erzeugt wird, verhindert ein Kühlsystem Schäden am Werkzeug und der Maschine.

- **Luft- oder Wasserkühlung**: Ein Kühlmittel wird auf das Werkzeug und den Schweißbereich gerichtet, um optimale Temperaturen zu halten.
- **Interne Werkzeugkühlung**: Einige Werkzeuge verfügen über Kanäle zur Zirkulation des Kühlmittels durch das Werkzeug selbst.

5. Steuerungssystem und Software

Moderne FSW-Maschinen nutzen computergestützte Steuerungssysteme für präzises Schweißen. Die Software regelt:

- Die Rotationsgeschwindigkeit des Werkzeugs.
- Die Traversiergeschwindigkeit entlang der Nahtlinie.
- Die Eintauchtiefe, um die richtige Schweißtiefe zu erhalten.

- Den Neigungswinkel des Werkzeugs, typischerweise zwischen 2-4 Grad, zur Verbesserung der Materialverschmelzung. Die Steuerungssoftware kann auch Prozessdaten für Qualitätskontrollen und Rückverfolgbarkeit protokollieren.

6. Kraft- und Drehmomentsensoren

Integrierte Kraftsensoren überwachen den Abwärtsdruck, das Drehmoment und andere Kräfte, die während des Schweißens auf das Werkzeug wirken. Diese Sensoren stellen sicher, dass:

- Die Schweißnaht konsistent bleibt.
- Das Werkzeug innerhalb sicherer Belastungsgrenzen arbeitet, um Brüche zu vermeiden.

7. Temperaturüberwachungssystem

Thermoelemente oder Infrarotkameras überwachen die Temperatur im Schweißbereich, um eine optimale Wärmezufuhr zu gewährleisten. Eine präzise Temperaturkontrolle hilft, Mängel wie Lunker oder unzureichende Durchdringung zu vermeiden.

8. Notstrom- und Redundanzsysteme

FSW-Maschinen, die in kritischen Anwendungen wie U-Boot-Bau eingesetzt werden, können Folgendes umfassen:

- Notstromsysteme zur Vermeidung von Unterbrechungen.
- Redundante Motoren oder Steuerungssysteme, um sicherzustellen, dass das Schweißen auch bei einem Komponentenausfall reibungslos fortgesetzt werden kann.

9. Zerstörungsfreie Prüfgeräte (NDT)

Nach dem Schweißen gewährleisten NDT-Werkzeuge die Integrität der Schweißnähte. Gängige Methoden umfassen:

- **Ultraschallprüfung (UT)**: Erkennung interner Defekte wie Lunker oder Risse.
- **Röntgeninspektion**: Enthüllt Unregelmäßigkeiten unter der Schweißnahtoberfläche.

10. Persönliche Schutzausrüstung (PSA)

Obwohl FSW sicherer ist als herkömmliches Schweißen, benötigen Bediener PSA. Dazu gehören:

- Hitzebeständige Handschuhe zum Umgang mit Materialien.
- Schutzbrillen zum Schutz vor Metallspänen.
- Schutzkleidung zum Schutz vor versehentlichem Kontakt mit heißen Oberflächen.

Abbildung 105: Rührreibschweißausrüstung (FSW) für das Kehlnähte-Schweißen des Rahmens eines Elektrofahrzeugs. Hwanjin Kim,1 Kwangjin Lee,2 Jaewoong Kim,3 Changyeon Lee,4 Yoonchul Jung5 und Sungwook Kang,61 Department of Mechanical Engineering, Gyeongsang National University, Jinju 52828, Korea2 Carbon Materials Application R&D Group, Korea Institute of Industrial Technology, Jeonju 54853, Korea3 Smart Mobility Materials and Components R&D Group, Korea Institute of Industrial Technology, Gwangju 61012, Korea4 Technical Center: Daejoo Kores Co., LTD., Wanju 55316, Korea5 Dongnam Division, Korea Institute of Industrial Technology, Busan 46938, Korea6 Precision Mechanical Process and Control R&D Group, Korea Institute of Industrial Technology, Jinju 52845, Korea Korrespondenzautor., CC BY 4.0, über Wikimedia Commons.

Im Folgenden wird der FSW-Prozess Schritt für Schritt beschrieben:

Schritt 1: Einrichtung und Vorbereitung der Werkstücke

1. **Materialauswahl:** Stellen Sie sicher, dass die zu schweißenden Materialien mit dem FSW-Verfahren kompatibel sind. Häufige Materialien sind Aluminiumlegierungen, Kupfer, Magnesium und Titan.

2. **Kantenvorbereitung:** Die Kanten der Werkstücke müssen sauber und entlang der Nahtlinie ausgerichtet sein, um eine ordnungsgemäße Schweißung zu gewährleisten. Verunreinigungen wie Fett, Staub oder Oxide werden entfernt.

3. **Spannen der Werkstücke:** Befestigen Sie die Werkstücke sicher auf der Schweißplattform mit Schwerlastklemmen. Das Spannsystem muss jegliche Bewegung während des Schweißens verhindern, um die Integrität der Naht zu gewährleisten.

4. **Werkzeuginspektion:** Überprüfen Sie das FSW-Werkzeug auf Verschleiß. Das Werkzeug besteht aus einer zylindrischen Schulter mit einem profilierten Dorn, die beide für eine gleichmäßige Schweißnaht entscheidend sind.

Schritt 2: Positionierung des Werkzeugs

1. **Ausrichten des Werkzeugs:** Positionieren Sie den Dorn des Werkzeugs über der Nahtlinie, an der sich die beiden Werkstücke treffen. Stellen Sie sicher, dass die Schulter leicht über der Materialoberfläche liegt.

2. **Anpassen der Eintauchtiefe:** Legen Sie die Eintauchtiefe so fest, dass der Dorn knapp unter die gesamte Materialdicke eindringt und eine vollständige Schweißung durch die Naht sicherstellt.

Schritt 3: Verweilzeit – Vorwärmen des Materials

1. **Werkzeugeinführung:** Senken Sie das Werkzeug ab, bis der Dorn die Naht durchdringt und die Schulter die Oberfläche berührt.

2. **Verweilzeit:** Lassen Sie das Werkzeug ohne Vorwärtsbewegung rotieren. Dies erzeugt Reibungswärme, die das Material aufweicht, ohne es zu schmelzen, und bereitet es für den plastischen Fluss vor.

Schritt 4: Einleitung des Schweißprozesses

1. **Werkzeugbewegung starten:** Sobald die gewünschte Temperatur erreicht ist, bewegen Sie das rotierende Werkzeug entlang der Nahtlinie mit einer voreingestellten Schweißgeschwindigkeit.

2. **Materialfluss:** Während das Werkzeug voranschreitet, fließt das erweichte Material von der Vorderkante um den Dorn und verdichtet sich dahinter und bildet die Schweißnaht. Die Schulter übt Druck aus, um die richtige Schmiedung des Materials sicherzustellen.

Schritt 5: Optimale Parameter aufrechterhalten

1. **Überwachen der Werkzeugrotation und -geschwindigkeit:** Stellen Sie sicher, dass die Rotationsgeschwindigkeit konstant bleibt und die Vorschubgeschwindigkeit die gewünschte Schweißqualität gewährleistet. Höhere Rotationsgeschwindigkeiten erhöhen die Wärme, während höhere Vorschubgeschwindigkeiten die Wärme reduzieren.

2. **Werkzeugneigungswinkel:** Halten Sie eine leichte Neigung (2-4 Grad) bei, um das Material beim Vorwärtsbewegen des Werkzeugs zu schmieden. Diese Neigung sorgt für eine bessere Verbindung und eine gleichmäßige Schweißnaht.

Schritt 6: Beenden der Schweißnaht

1. **Werkzeug verlangsamen:** Verringern Sie die Vorschubgeschwindigkeit allmählich, wenn sich das Werkzeug dem Ende der Naht nähert.

2. **Werkzeug zurückziehen:** Heben Sie das Werkzeug sanft vom Material ab, wodurch ein kleines Austrittsloch an der Stelle entsteht, an der der Dorn entfernt wurde. Dieses Loch kann später gefüllt oder bearbeitet werden.

Schritt 7: Nachschweißprüfung und Veredelung

1. **Visuelle Inspektion:** Überprüfen Sie die Schweißnaht auf Gleichmäßigkeit und Oberflächenqualität. Eine gute Schweißnaht sollte minimale Oberflächendeformation aufweisen.

2. **Zerstörungsfreie Prüfung (optional):** Verwenden Sie Röntgen- oder Ultraschallprüfungen, um innere Defekte zu erkennen, die möglicherweise nicht an der Oberfläche sichtbar sind.

3. **Veredelung:** Falls erforderlich, führen Sie leichte Bearbeitungen oder Polierungen durch, um das Austrittsloch zu glätten oder überschüssiges Material zu entfernen.

Schritt 8: Endgültige Qualitätsprüfung

1. **Mechanische Prüfung (optional):** Führen Sie Zug-, Ermüdungs- oder Härteprüfungen durch, um die Festigkeit und Haltbarkeit der Schweißnaht zu überprüfen.

2. **Leistungsvalidierung:** Stellen Sie sicher, dass das geschweißte Bauteil die betrieblichen Anforderungen der Anwendung erfüllt, z. B. Unterwasseranwendungen in U-Booten oder Luft- und Raumfahrtstrukturen.

Das Rührreibschweißen ist ein präziser, kontrollierter Prozess, der hochfeste Verbindungen in einer Vielzahl von Metallen erzeugt. Durch sorgfältige Beachtung jedes Schrittes wird eine zuverlässige, fehlerfreie Schweißnaht gewährleistet. Dieser Prozess ist besonders wertvoll für Anwendungen wie U-Boot-Rümpfe, bei denen die strukturelle Integrität entscheidend ist. Mit der richtigen Einrichtung, Überwachung und Inspektion bietet FSW eine überlegene Schweißqualität, minimale Umweltauswirkungen und verbesserte mechanische Leistung.

Das Rührreibschweißen (FSW) unterliegt verschiedenen internationalen Standards, um die Herstellung von Schweißnähten hoher Qualität sicherzustellen, insbesondere in Branchen, in denen Sicherheit und Zuverlässigkeit entscheidend sind, wie in der Luft- und Raumfahrt, im maritimen Bereich und im Automobilsektor. Diese Standards behandeln eine Vielzahl von Elementen, darunter Verfahrensspezifikationen, Geräteanforderungen, Testprotokolle und Qualitätskontrollmaßnahmen, um eine Leistung unter anspruchsvollen Bedingungen zu gewährleisten.

ISO 25239 bietet umfassende Richtlinien für das FSW bei der Bearbeitung von Aluminiumlegierungen. Dieser Standard ist in fünf Teile unterteilt und behandelt wesentliche Aspekte wie Terminologie, Gerätespezifikationen, Qualifikationen der Bediener, Schweißverfahrensspezifikationen (WPS) sowie Qualitätsanforderungen einschließlich Inspektionen und Tests. In Industrien wie der Luft- und Raumfahrt und im maritimen Bereich weit verbreitet, stellt ISO 25239 Konsistenz und Zuverlässigkeit in der Schweißnahtqualität sicher, insbesondere beim Verbinden von Aluminiumlegierungen, die in diesen Sektoren häufig verwendet werden.

AWS D17.3/D17.3M, herausgegeben von der American Welding Society, konzentriert sich auf den Einsatz von FSW in der Luft- und Raumfahrt. Dieser Standard legt präzise Richtlinien für das Schweißen von Luftfahrtkomponenten fest und behandelt Schweißverfahren, Qualifikationsanforderungen und zerstörungsfreie Prüfmethoden (NDT). Er betont auch Leistungstests zur Überprüfung der mechanischen Eigenschaften von Schweißnähten, um den strengen Anforderungen dynamischer Luftfahrtumgebungen gerecht zu werden.

BS EN 14127 ist ein europäischer Standard, der Verfahren zur zerstörungsfreien Prüfung spezifisch für FSW-Verbindungen bereitstellt. Der Fokus liegt hauptsächlich auf Ultraschallprüfungen zur Erkennung von Defekten wie Hohlräumen, Einschlüssen oder unvollständiger Durchdringung in den Schweißnähten. Der Standard gewährleistet, dass kritische Komponenten ihre strukturelle Integrität durch strenge Inspektionen beibehalten, was in Hochleistungsanwendungen von entscheidender Bedeutung ist.

ISO 15614-12 erweitert die FSW-Standards auf andere Metalle wie Kupfer- und Titanlegierungen. Dieser Teil des ISO 15614-Standards stellt sicher, dass FSW-Verfahren die mechanischen Leistungsanforderungen für anspruchsvolle Umgebungen wie Marine- und Verteidigungssektoren erfüllen, in denen Zuverlässigkeit entscheidend ist.

ASME Section IX des Boiler and Pressure Vessel Codes der American Society of Mechanical Engineers (ASME) bietet Richtlinien für die Qualifizierung von Schweißverfahren und Bedienern für kritische Anwendungen, einschließlich FSW. Obwohl ursprünglich auf Schmelzschweißmethoden ausgerichtet, kann der ASME-Standard für spezifische Projektanforderungen an das FSW angepasst werden, um Sicherheits- und Qualitätsstandards zu gewährleisten.

In der Luftfahrtproduktion ist oft eine NADCAP-Akkreditierung für Organisationen erforderlich, die FSW durchführen. Das National Aerospace and Defense Contractors Accreditation Program (NADCAP) stellt durch detaillierte Audits und Qualitätskontrollen die Einhaltung der Luftfahrtstandards sicher und gewährleistet die Zuverlässigkeit der geschweißten Komponenten.

ISO 3834, ursprünglich für das Schmelzschweißen entwickelt, bietet einen Qualitätsmanagementrahmen, der auf das FSW anwendbar ist. Dieser Standard betont die Bedeutung von Dokumentation, Prozesskontrolle und Inspektionsverfahren, die für die Aufrechterhaltung einer gleichbleibenden Qualität in Fertigungsumgebungen unerlässlich sind.

Im U-Boot-Bau gewinnt FSW an Bedeutung beim Verbinden leichter Materialien wie Aluminiumlegierungen und fortschrittlicher Verbundstoffe. Standards wie ISO 25239 und AWS D17.3 stellen sicher, dass geschweißte Komponenten die notwendigen Anforderungen an Festigkeit, Haltbarkeit und Korrosionsbeständigkeit für den U-Boot-Einsatz erfüllen. Die in BS EN 14127 beschriebenen zerstörungsfreien Prüfverfahren spielen eine entscheidende Rolle bei der Überprüfung der Schweißnahtintegrität und tragen zur Sicherheit und Leistungsfähigkeit von U-Booten bei, die unter Hochdruckbedingungen in der Tiefe operieren. Diese Standards gewährleisten, dass FSW-Verfahren im U-Boot-Bau den strengen Anforderungen der maritimen Umgebungen gerecht werden und zuverlässige, qualitativ hochwertige Schweißnähte für kritische Anwendungen liefern.

Manuelles Metall-Lichtbogenschweißen (MMA)

Das manuelle Metall-Lichtbogenschweißen (MMA), auch als Shielded Metal Arc Welding (SMAW) bekannt, ist eine weit verbreitete Schweißtechnik, die besonders im U-Boot-Bau eingesetzt wird, wo hochfester Stahl ein primäres Material ist. Dieses Verfahren zeichnet sich durch die Bildung eines elektrischen Lichtbogens zwischen einer abschmelzenden Elektrode und dem Grundmaterial aus, wodurch eine effektive Metallfusion ermöglicht wird. Die Einfachheit und Vielseitigkeit von MMA machen es besonders vorteilhaft für Anwendungen in schwer zugänglichen Bereichen, wie sie im U-Boot-Bau häufig vorkommen [372].

Das MMA-Verfahren wird besonders geschätzt für seine Fähigkeit, dicke Stahlplatten zu schweißen, die für die strukturelle Integrität von U-Boot-Rümpfen unerlässlich sind. Die Technik kann starke Schweißnähte erzeugen, die den anspruchsvollen Anforderungen von Unterwasserumgebungen gerecht werden. Untersuchungen haben gezeigt, dass MMA-Schweißen eine gute mechanische Festigkeit in hochfesten niedriglegierten Stählen (HSLA) erreichen kann, obwohl Herausforderungen bestehen, die Zähigkeit und Ermüdungsfestigkeit bei mehrlagigen Schweißnähten sicherzustellen [373, 374]. Die Fähigkeit, während der Bau- und Wartungsphasen präzise Reparaturen durchzuführen, ist ein entscheidender Aspekt des MMA-Schweißens, insbesondere bei der Druckhülle von U-Booten, bei der strukturelle Zuverlässigkeit oberste Priorität hat [374].

Darüber hinaus wird der Einsatz von MMA-Schweißen im U-Boot-Bau durch seine Wirksamkeit bei der Kontrolle von Restspannungen und der Sicherstellung der Integrität geschweißter Verbindungen unterstützt. Studien zeigen, dass die Wahl der Schweißparameter und die chemische Zusammensetzung des Grundmaterials die mechanischen Eigenschaften der erzeugten Schweißnähte erheblich beeinflussen [375, 376]. Dies ist besonders relevant bei hochfesten Stählen, wo der Schweißprozess sorgfältig kontrolliert werden muss, um Probleme wie Rissbildung und verminderte Zähigkeit zu vermeiden [377]. Die Vielseitigkeit des MMA-Schweißens erlaubt seinen Einsatz in verschiedenen Schweißpositionen und unter unterschiedlichen Bedingungen und macht es zu einer unverzichtbaren Technik in der maritimen Industrie [372, 373].

Manuelles Metall-Lichtbogenschweißen (MMAW), auch bekannt als Shielded Metal Arc Welding (SMAW), spielt eine entscheidende Rolle im Bau, bei der Reparatur und Wartung von U-Booten. Diese Schweißtechnik ist besonders wertvoll in Bereichen, die präzise manuelle Kontrolle erfordern. Die Vielseitigkeit von SMAW macht es geeignet für strukturelle und nicht-strukturelle Komponenten innerhalb der U-Boot-Hülle und des internen Rahmens und gewährleistet zuverlässige und dauerhafte Schweißnähte.

SMAW wird intensiv bei der Rumpffertigung und Reparatur eingesetzt, insbesondere beim Schweißen der Innen- und Außenrumpfabschnitte. In Bereichen, in denen automatisierte Schweißsysteme nicht zugänglich sind, wie engen Räumen innerhalb der Ballasttanks, ermöglicht SMAW manuelle Eingriffe. Die Verstärkung der Druckhüllen-Nähte und die Durchführung von strukturellen Reparaturen in beengten Räumen sind entscheidend, um die Integrität des U-Boots unter hohem Druck zu erhalten. Diese Schweißtechnik bietet das erforderliche Maß an Kontrolle, um den hohen Standards des U-Boot-Baus gerecht zu werden.

Im Inneren des U-Boots wird SMAW auch auf die strukturellen Rahmen wie Schotten, Decks und Rippen angewendet, die die Druckhülle unterstützen und dem Fahrzeug ermöglichen, hydrostatischem Druck und inneren Belastungen standzuhalten. Kleinere interne Komponenten wie Halterungen, Rahmen und Befestigungspunkte, die Ausrüstung und Rohrleitungen sichern, werden mit SMAW verbunden, um sicherzustellen, dass diese kritischen Befestigungen während des Betriebs stabil bleiben. Die Anpassungsfähigkeit von SMAW macht es zur idealen Wahl für solche vielfältigen Aufgaben.

Das umfangreiche Rohr- und Leitungssystem des U-Boots stützt sich ebenfalls stark auf SMAW. Dies umfasst das Schweißen von Rohren, die Kühlmittel, Kraftstoff, Hydraulikflüssigkeit und Luft transportieren. SMAW bietet die starken, zuverlässigen Schweißnähte, die für diese Hochdrucksysteme erforderlich sind. Es ist besonders vorteilhaft für Vor-Ort-Modifikationen und Reparaturen, bei denen der Zugang möglicherweise begrenzt ist, und stellt sicher, dass kritische Systeme funktionsfähig bleiben.

Während des Einsatzes oder auf See ist SMAW unverzichtbar für Notfallreparaturen und Wartung. Seine Tragbarkeit ermöglicht den Einsatz für wichtige Aufgaben wie das Abdichten von Lecks, das Reparieren beschädigter Rumpfabschnitte und das Nachschweißen verschlissener Nähte. In beengten Bereichen, in denen automatisierte Schweißgeräte nicht eingesetzt werden können, ermöglicht SMAW manuelle Präzision, wodurch wichtige Reparaturen schnell abgeschlossen werden können, um die Betriebssicherheit des U-Boots zu gewährleisten.

Die Eignung des SMAW (Shielded Metal Arc Welding) für den U-Boot-Bau liegt in seiner Portabilität und Zugänglichkeit. Das leichte Equipment macht es ideal für Arbeiten in engen Räumen oder Bereichen mit eingeschränktem Zugang, wie Ballasttanks oder Rohrleitungssystemen. Die Einfachheit von SMAW ermöglicht den effektiven Einsatz auch bei Wartungsarbeiten im Einsatz auf See oder an abgelegenen Standorten. SMAW ist zudem vielseitig einsetzbar, da es mit verschiedenen Elektroden zum Verbinden unterschiedlicher Metalle verwendet werden kann, die üblicherweise in U-Booten vorkommen, darunter hochfester Stahl, rostfreier Stahl und Nickellegierungen. Diese Anpassungsfähigkeit stellt sicher, dass die Technik die Anforderungen zum Schweißen verschiedener Materialien erfüllt, die im Rumpf, in Rohrleitungen und in internen Komponenten vorkommen.

SMAW erzeugt starke, langlebige Schweißnähte, die mechanischen Belastungen und Druckschwankungen während des U-Boot-Betriebs, einschließlich Tieftauchgängen, standhalten können. Die hervorragende Nahtdurchdringung, die mit SMAW erreicht wird, stellt sicher, dass die Schweißnähte auch unter extremen Bedingungen sicher bleiben. Zudem ermöglicht die Fähigkeit der Technik, präzise Ergebnisse in beengten oder unregelmäßigen Räumen zu erzielen, dass kritische Verbindungen genau geschweißt werden, wodurch Ausfälle bei wichtigen Komponenten verhindert werden.

Allerdings bringt SMAW auch einige Herausforderungen mit sich. Qualifizierte Schweißer sind erforderlich, um Schweißnähte von hoher Qualität zu gewährleisten, insbesondere in Bereichen, die für die strukturelle Integrität des U-Boots entscheidend sind, wie die Druckhülle. Nach dem Schweißen sind Inspektionen notwendig, um potenzielle Defekte zu erkennen und zu beheben, insbesondere in Hochdrucksystemen oder kritischen Komponenten. Zudem kann SMAW Schlacke und Spritzer erzeugen, die gründlich gereinigt werden müssen, um die Leistung und Korrosionsbeständigkeit des U-Boots zu erhalten. Eine ordnungsgemäße Reinigung stellt sicher, dass das Fahrzeug in optimalem Zustand bleibt und das Risiko einer Verschlechterung im Laufe der Zeit minimiert wird.

Abbildung 106: Schutzgasschweißen mit umhüllter Elektrode. Weldscientist, CC BY-SA 4.0, über Wikimedia Commons.

Das Manuelle Metall-Lichtbogenschweißen (MMAW), auch bekannt als Schutzgasschweißen mit umhüllter Elektrode (SMAW), erfordert verschiedene Werkzeuge und Ausrüstungen, um Schweißnähte hoher Qualität sicherzustellen, insbesondere in anspruchsvollen Umgebungen wie dem U-Boot-Bau. Jedes Element spielt eine entscheidende Rolle im Prozess und ermöglicht eine effektive Kontrolle über den Lichtbogen, die Hitze und die gesamte Schweißoperation.

Die primäre Ausrüstung für MMAW umfasst die Schweißstromquelle, die den elektrischen Strom erzeugt, der erforderlich ist, um den Lichtbogen zu erzeugen und aufrechtzuerhalten. Diese Stromquelle kann entweder Wechselstrom (AC) oder Gleichstrom (DC) liefern, abhängig von den spezifischen Anforderungen der Schweißaufgabe und den zu verbindenden Materialien. Gleichstrom wird oft bevorzugt für Anwendungen, die kritische U-Boot-Komponenten betreffen, da er einen stabilen Lichtbogen und überlegene Kontrolle bietet.

Die Schweißelektrode, auch als Schweißstab bekannt, ist eine weitere wesentliche Komponente. Diese Elektroden sind metallische Stäbe, die mit einem Flussmittel überzogen sind, das das Schweißbad vor atmosphärischer

Verunreinigung schützt. Wenn die Elektrode schmilzt, bildet das Flussmittel eine schützende Gasabdeckung und eine Schlackeschicht, die Oxidation verhindert und eine saubere, starke Schweißnaht gewährleistet. Verschiedene Arten von Elektroden werden für unterschiedliche Metalle verwendet, wie z. B. Stahl, rostfreier Stahl und Nickellegierungen, die im U-Boot-Bau häufig vorkommen.

Ein Elektrodenhalter wird verwendet, um die Elektrode sicher zu halten und mit der Stromquelle zu verbinden. Dieser Halter ermöglicht es dem Schweißer, die Bewegung der Elektrode präzise zu steuern. Der Elektrodenhalter ist über ein Kabel mit der Stromquelle verbunden und gewährleistet einen konstanten Stromfluss, der für die Aufrechterhaltung eines stabilen Lichtbogens während des Schweißprozesses entscheidend ist.

Masseklemmen sind wesentliche Komponenten, die den Schweißkreis schließen. Diese Klemmen verbinden das Werkstück mit der Stromquelle und stellen sicher, dass der Strom effizient durch die Elektrode, das Werkstück und zurück zur Stromquelle fließt. Eine sichere Verbindung zwischen der Masseklemme und dem zu schweißenden Metall ist für einen reibungslosen Schweißvorgang unerlässlich.

Persönliche Schutzausrüstung (PSA) ist unverzichtbar, um die Sicherheit der Schweißer beim MMAW zu gewährleisten. Dazu gehören Schweißhelme mit automatischer Abdunklungslinse zum Schutz der Augen des Schweißers vor dem intensiven Lichtbogenlicht sowie Handschuhe, Leder-Schürzen und flammhemmende Kleidung, um den Schweißer vor Funken und Hitze zu schützen. Eine ordnungsgemäße Belüftung oder Absaugvorrichtung ist ebenfalls erforderlich, um eine sichere Arbeitsumgebung zu gewährleisten, indem schädliche Dämpfe, die beim Schweißen entstehen, entfernt werden.

Zusätzlich zur Kernausrüstung werden unterstützende Werkzeuge wie Schlaghämmer, Drahtbürsten und Winkelschleifer verwendet, um das Werkstück vorzubereiten und die Schlacke nach dem Schweißen zu entfernen. Diese Werkzeuge sorgen für eine saubere Oberfläche, die für hochwertige Schweißnähte unerlässlich ist. Schweißer verwenden auch Klemmen, Magnete und Vorrichtungen, um Werkstücke in Position zu halten und so Stabilität und Präzision während des Schweißprozesses zu gewährleisten.

Schweißmaschinen für MMAW sind oft tragbar, was sie für den Einsatz in engen oder beengten Räumen geeignet macht, wie sie im Inneren von U-Booten vorkommen. Einige Schweißstromquellen verfügen über erweiterte Funktionen wie variable Stromstärkeneinstellungen und Lichtbogenkraftsteuerung, die den Schweißern eine bessere Kontrolle über den Lichtbogen ermöglichen, insbesondere in schwierigen Umgebungen oder bei der Arbeit mit komplexen Materialien.

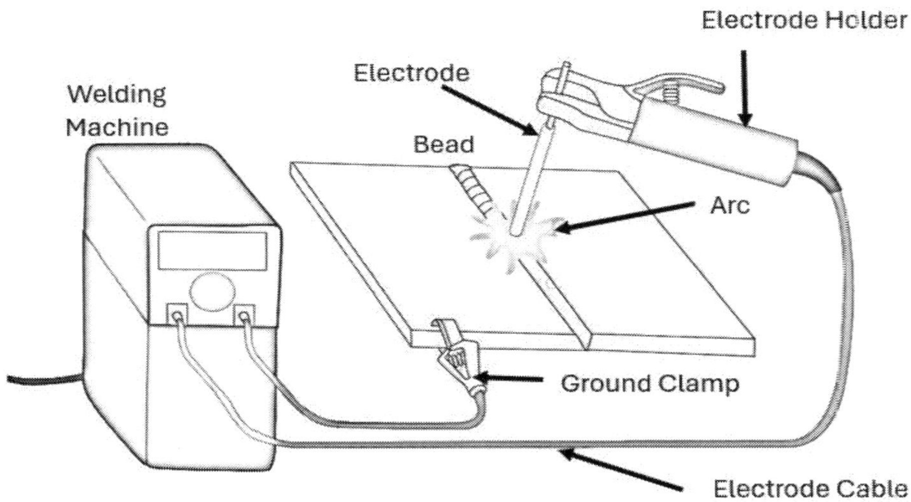

Abbildung 107: Schematisches Diagramm des MMAW-Schweißsystems.

Im Folgenden wird der MMAW-Prozess Schritt für Schritt beschrieben:

Schritt 1: Vorbereitung des Arbeitsbereichs und der Ausrüstung

Im U-Boot-Bau wird oft in engen Räumen wie dem Rumpf, den Ballasttanks oder den Maschinenräumen geschweißt, wodurch Sicherheit und Arbeitsvorbereitung entscheidend sind. Beginnen Sie damit, sicherzustellen, dass der Schweißbereich gut belüftet ist oder über ein Absaugsystem verfügt, um die Ansammlung toxischer Gase zu reduzieren. Alle notwendigen Geräte, einschließlich Schweißgerät, Elektroden, Erdungskabel und persönliche Schutzausrüstung (PSA), sollten geprüft und für die Aufgabe eingerichtet sein.

Checkliste für die Vorbereitung:

- Überprüfen Sie die Integrität der Verbindungen des Elektrodenhalters und der Masseklemme.
- Wählen Sie geeignete Elektroden für das zu schweißende Metall (z. B. Edelstahl oder Nickellegierung).
- Bereiten Sie die Werkstücke vor, indem Sie Oberflächen von Rost, Öl und Schmutz mit Drahtbürsten oder Schleifern reinigen.
- Stellen Sie ein Gerüst auf, falls das Schweißen an erhöhten Stellen oder innerhalb von Ballasttanks erfolgt.

Schritt 2: Auswahl der Elektrode und Stromstärke

Die Wahl der richtigen Elektrode ist entscheidend, um im U-Boot-Bau hochwertige Schweißnähte zu erzielen, da Stahllegierungen und andere Materialien wie Edelstahl häufig verwendet werden. Die Wahl der Elektrode hängt vom Grundmaterial, der Position der Schweißnaht (horizontal, vertikal oder überkopf) und den Betriebsbedingungen ab. Zum Beispiel:

- **E6010-Elektroden** sind ideal für Wurzelgänge und Schweißen in verschiedenen Positionen.
- **E7018-Elektroden** werden häufig für hochfeste Stahlverbindungen verwendet. Stellen Sie das Schweißgerät auf den erforderlichen Strom und die Polarität entsprechend dem Elektroden-Typ ein. Beim Bau von U-Booten

wird häufig eine positive Gleichstrompolarität verwendet, um einen stabileren Lichtbogen und bessere Eindringtiefe zu erzielen.

Schritt 3: Positionieren und Fixieren der Werkstücke

Im U-Boot-Bau ist die Ausrichtung von Rumpfabschnitten und strukturellen Elementen entscheidend. Verwenden Sie Klemmen, Vorrichtungen oder Magnete, um die Werkstücke zu positionieren und zu sichern. Für Rumpfreparaturen, die in einem engen Bereich wie einem Ballasttank durchgeführt werden, sind möglicherweise spezielle Vorrichtungen oder Halterungen erforderlich, um die Abschnitte während des Schweißens in Position zu halten.

- Achten Sie darauf, dass der Abstand zwischen den Teilen der Elektrodenstärke entspricht, um eine ordnungsgemäße Eindringtiefe zu ermöglichen.
- Verwenden Sie Heftschweißnähte (kleine temporäre Schweißnähte), um die Komponenten vor dem vollständigen Schweißdurchgang zu fixieren.

Schritt 4: Zünden des Lichtbogens und Beginn der Schweißung

Um das Schweißen zu beginnen, schlägt der Schweißer die Elektrodenspitze gegen das Werkstück, wodurch ein elektrischer Lichtbogen entsteht. Dieser Lichtbogen erzeugt die notwendige Hitze, um die Elektrode und das Werkstück zu schmelzen und das Schweißbad zu bilden. Entscheidend im U-Boot-Bau ist die präzise Kontrolle über die Lichtbogenlänge, um eine gleichmäßige Eindringtiefe ohne Überhitzung des Metalls sicherzustellen.

- Halten Sie die Elektrode in einem Winkel von 10-15 Grad in Bezug auf die Schweißrichtung.
- Halten Sie die Lichtbogenlänge kurz, etwa dem Durchmesser der Elektrode entsprechend, um eine gute Eindringtiefe und Lichtbogenstabilität zu gewährleisten.

Schritt 5: Schweißen der Naht

Während der Lichtbogen die Elektrode schmilzt, werden sowohl die Elektrode als auch die Flussmittelbeschichtung verbraucht. Das geschmolzene Flussmittel erzeugt eine Gasschutzschicht und eine Schlackenschicht, die das Schweißbad vor Verunreinigung schützt. Bewegen Sie die Elektrode gleichmäßig entlang der Schweißlinie und halten Sie eine gleichmäßige Geschwindigkeit, um eine gleichmäßige Verteilung des geschmolzenen Metalls zu gewährleisten.

- Verwenden Sie Stringer-Nähte (gerade Schweißgänge) für beengte Bereiche, in denen der Zugang eingeschränkt ist.
- Wenden Sie eine Webbewegung an, um breitere Schweißnähte zu erzeugen, insbesondere bei der Verbindung dickerer Rumpfabschnitte.
- Überwachen Sie die Größe des Schweißbades, um übermäßige Hitzeansammlungen zu vermeiden, die dünne Platten verziehen oder die strukturelle Integrität des U-Boots beeinträchtigen könnten.

Schritt 6: Schlackeentfernung und Inspektion zwischen den Schweißgängen

Jeder Schweißgang hinterlässt eine Schlackeschicht, die vor dem Auftragen der nächsten Schweißschicht entfernt werden muss. Verwenden Sie einen Schlackehammer und eine Drahtbürste, um die Schlacke zu reinigen. Für U-Boot-Komponenten, bei denen oft mehrere Schweißgänge erforderlich sind (z. B. bei Druckhüllen), ist es entscheidend, alle Schlackereste zu entfernen, um Fehler zwischen den Schichten zu vermeiden.

- Überprüfen Sie die Schweißnaht visuell auf Gleichmäßigkeit, Risse oder andere Unvollkommenheiten.

- Verwenden Sie zerstörungsfreie Prüfmethoden wie Ultraschallprüfung oder Farbeindringprüfung für kritische Komponenten wie die Druckhülle oder Hochdruckleitungssysteme.

Schritt 7: Mehrlagenschweißung für dicke Abschnitte

Im U-Boot-Bau werden oft dicke Stahlabschnitte geschweißt, die mehrere Schweißgänge erfordern, um Festigkeit und Haltbarkeit zu gewährleisten. Für dicke Verbindungen verwenden Sie Wurzelgänge, gefolgt von Füllgängen und einem Deckpass. Jede Schicht muss ordnungsgemäß mit der vorherigen verschmelzen, um Hohlräume und Risse unter Druck zu verhindern.

- Wurzelgänge gewährleisten eine tiefe Durchdringung und eine feste Verbindung an der Basis der Naht.
- Verwenden Sie Zwischenschichten (Füllgänge), um die Schweißnaht aufzubauen und die Festigkeit der Verbindung zu gewährleisten.
- Beenden Sie mit einem Deckpass, der eine glatte Oberfläche schafft und die strukturelle Integrität verbessert.

Schritt 8: Abkühlung und Nachbehandlung nach dem Schweißen

Lassen Sie die Schweißnaht natürlich abkühlen, um thermische Spannungen zu vermeiden. Bei U-Boot-Anwendungen, in denen Materialien extremem Druck und Vibrationen ausgesetzt sind, kann eine Nachbehandlung durch Wärme (PWHT) erforderlich sein, um Restspannungen abzubauen.

- PWHT sorgt dafür, dass die Schweißnaht ihre mechanischen Eigenschaften behält, insbesondere in Bereichen der Hochdruckhülle.
- Prüfen Sie auf Defekte durch radiografische oder Ultraschallprüfmethoden, besonders in Bereichen, die während des U-Boot-Betriebs kritischen Belastungen ausgesetzt sind.

Schritt 9: Endinspektion und Prüfung

Im U-Boot-Bau werden Schweißnähte strengen Prüfungen unterzogen, um die strukturelle Integrität und die Einhaltung von Sicherheitsstandards sicherzustellen. Sowohl visuelle Inspektionen als auch zerstörungsfreie Prüfmethoden (NDT) werden verwendet, um Defekte wie Risse, Porosität oder mangelnde Verschmelzung zu erkennen, die die Leistung des U-Boots unter Hochdruckbedingungen beeinträchtigen könnten.

- **Ultraschallprüfung (UT)** wird verwendet, um innere Fehler innerhalb der Schweißnaht zu erkennen.
- **Radiografische Prüfung (Röntgen)** hilft bei der Identifizierung von Oberflächenfehlern, insbesondere in Hochdruckverbindungen wie der Hülle.
- **Magnetpulverprüfung (MPI)** kann bei ferromagnetischen Materialien angewendet werden, um Oberflächenrisse zu erkennen.
- In Bereichen, die kritischen Belastungen ausgesetzt sind, wird eine Druckprüfung durchgeführt, bei der das geschweißte Bauteil hohem Wasserdruck oder Luftdruck ausgesetzt wird, um sicherzustellen, dass es den Betriebsbedingungen ohne Lecks standhält.

Schritt 10: Wartung und Reparatur mit SMAW

SMAW ist nicht nur für den Erstbau, sondern auch für Reparaturen und die laufende Wartung unverzichtbar. U-Boote operieren in rauen Meeresumgebungen, sodass regelmäßige Wartung unerlässlich ist, um Korrosion und mechanischen Verschleiß zu verhindern. SMAW ist besonders nützlich für das Ausbessern von Rumpfschäden, die Reparatur von Rohrleitungen und die Verstärkung struktureller Komponenten während des Einsatzes oder zwischen Missionen.

Während Notfallreparaturen auf See ist die Tragbarkeit von SMAW (Shielded Metal Arc Welding) unverzichtbar. Schweißer können enge Räume innerhalb des U-Boots erreichen, wie Ballasttanks oder interne Schotten, wo automatisierte Schweißgeräte unpraktisch wären. Diese Reparaturen sind entscheidend, um die Seetüchtigkeit des U-Boots zu gewährleisten, bis es ein Trockendock für umfassende Wartungsarbeiten erreichen kann.

Das Manuelle Metall-Lichtbogenschweißen (MMA) unterliegt mehreren internationalen Standards, die die Sicherheit, Qualität und Integrität geschweißter Strukturen gewährleisten. Diese Standards spielen eine entscheidende Rolle in Branchen wie dem maritimen Bereich, der Bauindustrie, der Energieversorgung und der Verteidigung, in denen die Zuverlässigkeit von Schweißnähten unerlässlich ist. Sie bieten Richtlinien für Schweißverfahren, Qualifikationen der Schweißer, Materialkompatibilität, Inspektionen und Qualitätssicherung und sorgen so für konsistente Leistung in anspruchsvollen Umgebungen.

ISO 9606-1 legt die Anforderungen für die Qualifikationsprüfung von Schweißern beim Schweißen von Stählen fest und stellt sicher, dass Schweißer die notwendigen Fähigkeiten besitzen, um hochwertige Schweißnähte mit MMA-Schweißverfahren herzustellen. Die Norm spezifiziert Nahtkonfigurationen, Schweißpositionen und Materialgruppen, die für den Prüfprozess relevant sind, und überprüft, dass Schweißer die Materialien und Szenarien kompetent bewältigen können, auf die sie treffen werden. Eine weitere wichtige Norm, ISO 15614, insbesondere Teil 1, definiert Schweißverfahrensspezifikationen (WPS) und Qualifikationsanforderungen für das Lichtbogenschweißen von metallischen Materialien. Sie stellt sicher, dass die gewählten Schweißmethoden den mechanischen und Qualitätsstandards für strukturelle Zuverlässigkeit entsprechen und deckt Materialkompatibilität, Schweißparameter und Inspektionstechniken ab.

In Australien und Neuseeland regelt AS/NZS 1554 das Schweißen von Baustahl und bietet umfassende Richtlinien für die Konstruktion, Fertigung und Inspektion von Stahlstrukturen, die mit MMA-Schweißverfahren geschweißt werden. Diese Norm stellt sicher, dass die Schweißprozesse sowohl für allgemeine als auch spezialisierte Branchen wie Brücken und Offshore-Plattformen den Anforderungen entsprechen. Die Norm AWS D1.1 der American Welding Society ist ebenfalls eine bedeutende Norm, die weltweit für das strukturelle Schweißen anerkannt ist. Sie gilt für die Konstruktion, Fertigung und Inspektion von Stahlstrukturen und stellt sicher, dass geschweißte Verbindungen die für Schiffbau, U-Boote und Offshore-Projekte wesentlichen Festigkeits- und Haltbarkeitsanforderungen erfüllen.

Europäische Normen EN 1011-1 und EN 1011-2 bieten weitere Anleitungen für das Schweißen metallischer Werkstoffe, mit einem Fokus auf das Lichtbogenschweißen von ferritischen Stählen. Diese Normen behandeln wesentliche Aspekte wie Nahtvorbereitung, Vorwärmen und Nachbehandlung und stellen sicher, dass MMA-Schweißnähte die Leistungsanforderungen in Branchen wie dem maritimen Ingenieurwesen und der Energieproduktion erfüllen. ISO 3834, das Qualitätsanforderungen für Schmelzschweißprozesse definiert, betont Prozesskontrolle, Dokumentation und Inspektion, um hochwertige Schweißnähte zu gewährleisten. Diese Norm ist besonders wichtig in Industrien wie dem Schiffbau und der Verteidigung, wo die Zuverlässigkeit geschweißter Verbindungen von entscheidender Bedeutung ist.

ASME Section IX konzentriert sich auf die Qualifizierung von Schweißverfahren und -personal, insbesondere in sicherheitsrelevanten Branchen wie der Nuklearenergie und der Herstellung von Druckbehältern. Diese Norm beinhaltet strenge Prüfungen, um sicherzustellen, dass die Schweißnähte den Leistungs- und Sicherheitsanforderungen entsprechen. ISO 5817, das Akzeptanzkriterien für Unregelmäßigkeiten in Schmelzschweißverbindungen spezifiziert, bietet detaillierte Richtlinien zu Fehlergrößen und stellt sicher, dass Schweißnähte die Leistungsstandards erfüllen. Diese Norm ist in Bereichen wie dem Schiffbau und der Offshore-Industrie von entscheidender Bedeutung, da selbst geringfügige Fehler die strukturelle Integrität beeinträchtigen könnten.

ISO 10863 legt die Anforderungen für die Ultraschallprüfung von Schweißnähten fest, einschließlich solcher, die mit MMA-Schweißen hergestellt wurden. Diese Norm zur zerstörungsfreien Prüfung stellt sicher, dass potenzielle Defekte wie Risse oder unvollständige Verschmelzungen erkannt werden, um die Integrität der geschweißten Komponenten zu gewährleisten. Sie ist besonders wertvoll im U-Boot-Bau, wo Hochdruckumgebungen fehlerfreie Schweißnähte erfordern.

Im U-Boot-Bau spielt das MMA-Schweißen eine wichtige Rolle beim Verbinden von strukturellen Komponenten des inneren und äußeren Rumpfes sowie beim Schweißen von Hochdruckleitungssystemen. Standards wie ISO 9606-1, ISO 15614 und ISO 5817 stellen sicher, dass Schweißer ordnungsgemäß qualifiziert sind und dass Schweißverfahren sorgfältig kontrolliert werden, um strenge Anforderungen zu erfüllen. Die zerstörungsfreie Prüfung gemäß ISO 10863 überprüft die strukturelle Integrität kritischer Verbindungen, was für die Sicherheit unter extremem Unterwasserdruck entscheidend ist. Die Einhaltung dieser Standards gewährleistet, dass geschweißte Strukturen in U-Booten sicher, zuverlässig und in der Lage sind, den rauen Meeresbedingungen standzuhalten.

Wolfram-Inertgasschweißen (TIG)

Das Wolfram-Inertgasschweißen (TIG), auch als Gas-Tungsten-Lichtbogenschweißen (GTAW) bekannt, ist eine entscheidende Schweißtechnik im U-Boot-Bau aufgrund seiner Fähigkeit, hochpräzise und qualitativ hochwertige Schweißnähte zu erzeugen. Dieser Prozess verwendet eine nicht abschmelzende Wolframelektrode und ein Inertschutzgas, meist Argon, um den Schweißbereich vor Oxidation und Verunreinigungen zu schützen. Die Bedeutung des TIG-Schweißens im U-Boot-Bau ist erheblich, da es sich besonders für das Schweißen kritischer Komponenten wie Rohre, Ventile und interne Systeme eignet, bei denen Präzision von größter Bedeutung ist [378-380].

Zu den Vorteilen des TIG-Schweißens gehört die Fähigkeit, saubere, fehlerfreie Schweißnähte mit minimaler Verformung zu erzeugen, was für die Aufrechterhaltung der hydrodynamischen Form und strukturellen Integrität von U-Booten entscheidend ist [381, 382]. Der Prozess ermöglicht eine ausgezeichnete Kontrolle über die Wärmeeinbringung, was zu hervorragenden metallurgischen Eigenschaften der Schweißnähte führt. Studien haben gezeigt, dass TIG-Schweißen qualitativ hochwertige Schweißmetallablagerungen erzielen kann, die durch hohe Präzision und ausgezeichnete Festigkeit gekennzeichnet sind, was es für Anwendungen in anspruchsvollen Umgebungen wie der Nuklear- und der Meeresindustrie geeignet macht [382, 383]. Darüber hinaus verhindert der Einsatz von Argon als Schutzgas effektiv die Oxidation des flüssigen Metalls und stellt sicher, dass die Schweißnähte unter Hochbelastungsbedingungen ihre Integrität bewahren [384, 385].

Abbildung 108: TIG-Schweißen, Airman 1st Class Caleb Wren, 4th Equipment Maintenance. Defense Visual Information Distribution Service, Public Domain, NARA & DVIDS Public Domain Archive Public Domain Search.

Zusätzlich zu seinen mechanischen Vorteilen wird das **TIG-Schweißen** auch wegen seiner Vielseitigkeit bei der Verbindung verschiedener Metalle und Legierungen, einschließlich rostfreier Stähle und Aluminium, geschätzt [379, 386]. Das Verfahren ist anpassungsfähig an verschiedene Schweißparameter, die optimiert werden können, um die gewünschten Schweißmerkmale wie Eindringtiefe und Größe der Wärmeeinflusszone zu erreichen [379, 387]. Diese Anpassungsfähigkeit ist besonders im U-Boot-Bau von Vorteil, wo sich die Komponenten erheblich in Dicke und Materialeigenschaften unterscheiden können.

Zudem ist die Präzision des TIG-Schweißens entscheidend für Anwendungen, bei denen die ästhetische Qualität der Schweißnaht ebenso wichtig ist wie ihre mechanischen Eigenschaften. Die Fähigkeit, optisch ansprechende Schweißnähte ohne umfangreiche Nachbearbeitung zu erzeugen, ist ein erheblicher Vorteil im U-Boot-Bau, wo die visuelle Inspektion oft Teil der Qualitätskontrollprotokolle ist [381, 386]. Insgesamt macht die Kombination aus hochwertigen Schweißnähten, minimaler Verformung und Anpassungsfähigkeit das TIG-Schweißen zu einer unverzichtbaren Technik im Bau von U-Booten.

Das **TIG-Schweißen** wird hauptsächlich im Bau von Hochdruckleitungssystemen eingesetzt, die Kraftstoff, Hydraulikflüssigkeit, Kühlmittel und Luft durch das U-Boot zirkulieren lassen. Diese Rohrleitungssysteme erfordern starke, dichte Verbindungen, um die Betriebssicherheit unter hohem Druck zu gewährleisten. Da die Rohre oft aus korrosionsbeständigen Metallen wie rostfreiem Stahl, Nickellegierungen und Titan bestehen, sorgt die präzise Wärmeführung des TIG-Schweißens dafür, dass die Schweißnähte langlebig sind und die Korrosionsbeständigkeit des Materials erhalten bleibt.

Diese Schweißmethode wird auch häufig bei der Montage und Wartung der Druckhülle des U-Boots verwendet. Die Hülle, die aus hochfesten Legierungen besteht, benötigt Schweißnähte, die dem enormen hydrostatischen Druck in großen Tiefen standhalten können. TIG-Schweißen wird für Bereiche eingesetzt, die präzise Schweißnähte erfordern, insbesondere in komplexen oder engen Bereichen wie um Schotten oder Zugangspunkte, wo automatisierte Schweißsysteme unpraktisch sind.

TIG-Schweißen ist ebenfalls entscheidend für die Herstellung von **Seewassersystemen, Abgaskanälen und Ballasttanks**. Diese Komponenten sind kontinuierlich korrosivem Seewasser ausgesetzt, weshalb die Qualität und Sauberkeit der Schweißnähte entscheidend ist, um Lecks und Korrosion im Laufe der Zeit zu verhindern. Das TIG-Verfahren erzeugt glatte, gleichmäßige Schweißnähte mit minimaler Porosität und verringert das Risiko von Defekten, die die Integrität des U-Boots während längerer Einsätze beeinträchtigen könnten.

Zusätzlich wird das TIG-Schweißen für die Montage kleinerer, komplexer Komponenten im Inneren des U-Boots verwendet, wie z. B. Gehäuse für elektronische Geräte, Steuerpulte und Ventilsysteme. Diese Teile erfordern Präzision, um eine ordnungsgemäße Funktionalität sicherzustellen, und das TIG-Schweißen bietet eine hervorragende Kontrolle über die Wärmeeinbringung, wodurch Verformungen oder Schäden an empfindlichen Komponenten vermieden werden.

Das Wolfram-Inertgasschweißen (TIG), auch als Gas-Tungsten-Lichtbogenschweißen (GTAW) bekannt, erfordert spezialisierte Werkzeuge und Ausrüstungen, um Schweißnähte hoher Qualität zu erzielen. Bekannt für seine Präzision und Kontrolle ist das TIG-Schweißen unverzichtbar für kritische Anwendungen wie den U-Boot-Bau, bei denen strukturelle Integrität und Zuverlässigkeit entscheidend sind. Die Hauptkomponente des TIG-Schweißens ist das Schweißgerät, das den notwendigen elektrischen Strom bereitstellt. Diese Geräte bieten sowohl Wechselstrom- (AC) als auch Gleichstrom- (DC) Modi. Der AC-Modus wird für Materialien wie Aluminium und Magnesium verwendet, während der DC-Modus für Eisenmetalle wie rostfreien Stahl und Nickellegierungen bevorzugt wird, die im U-Boot-Bau wichtig sind. Das Schweißgerät verfügt außerdem über eine Stromregelungsfunktion, die es dem Schweißer ermöglicht, die Wärme für verschiedene Materialdicken fein einzustellen.

Die TIG-Schweißbrenner oder Schweißpistole dient als Hauptwerkzeug, um den Lichtbogen auf das Werkstück zu lenken. Dieser Brenner besteht aus einem Halter für die Wolframelektrode, einer Keramikdüse, die das Schutzgas leitet, und einem flexiblen Schlauch, der in wassergekühlten Systemen Gas und Kühlwasser liefert. Einige TIG-Brenner haben Steuerungsschalter, die es dem Schweißer ermöglichen, den Lichtbogen zu aktivieren oder zu stoppen, ohne zur Stromquelle zurückkehren zu müssen. Die im Brenner gehaltene Wolframelektrode spielt eine entscheidende Rolle bei der Erzeugung des Lichtbogens. Diese nicht abschmelzenden Elektroden variieren je nach zu schweißendem Material. Reines Wolfram wird beispielsweise für das AC-Schweißen von Aluminium verwendet, während thoriierte, lanthanierte oder zeriierte Wolframelektroden für das DC-Schweißen von Stahl und Legierungen eingesetzt werden. Die Größe und Form der Elektrode beeinflussen die Lichtbogenstabilität und das Eindringen der Schweißnaht.

Das Schutzgassystem ist beim TIG-Schweißen unerlässlich, um das Schweißbad vor atmosphärischer Verunreinigung zu schützen. Gängige Gase sind Argon, das für seine Stabilität bekannt ist, Helium, das die Wärmeeinbringung für dicke Materialien erhöht, und Argon-Helium-Gemische für spezielle Anwendungen. Ein Gasregler und ein Durchflussmesser werden verwendet, um die Durchflussrate zu kontrollieren und so einen optimalen Schutz während des Schweißprozesses sicherzustellen.

Schweißzusatzstäbe sind ebenfalls ein wesentlicher Bestandteil des TIG-Schweißens, da sie Material zur Verbindung hinzufügen und so die Festigkeit und Korrosionsbeständigkeit verbessern. Verschiedene Schweißstäbe werden je nach zu schweißendem Material ausgewählt, wie z. B. ER70S-2 oder ER316L für Stahl und 4045 oder 5356 für Aluminiumlegierungen.

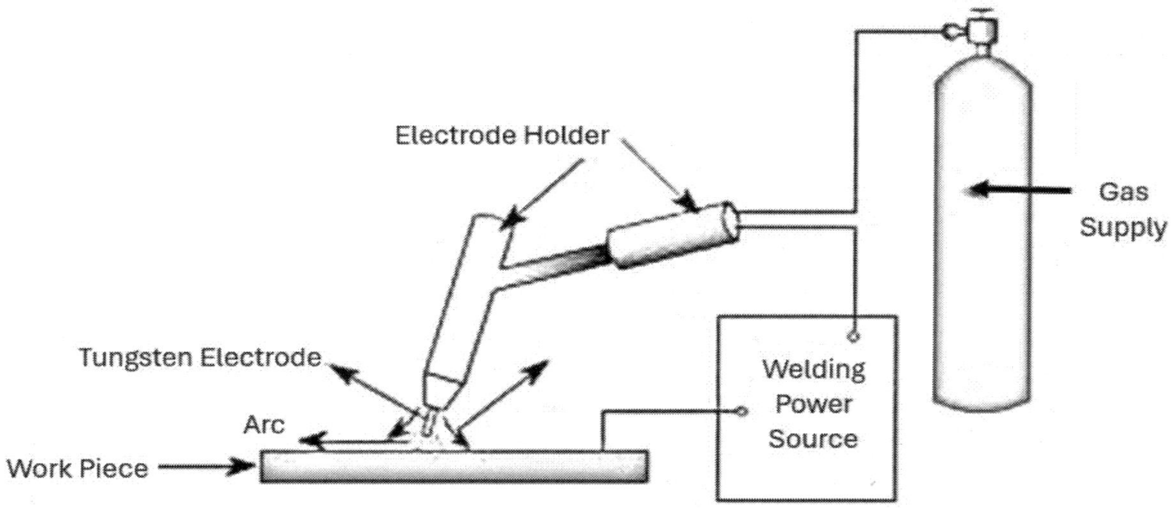

Abbildung 109: Schematisches Diagramm des TIG-Schweißsystems.

Präzise **Wärmekontrolle** wird durch den Einsatz eines Fußpedals oder einer Handsteuerung erreicht, mit der Schweißer den Strom in Echtzeit anpassen können. Diese Funktion ist besonders wichtig beim Arbeiten an komplexen U-Boot-Komponenten, da übermäßige Hitze zu Verformungen führen kann. Bei Anwendungen mit hoher Stromstärke werden **Wasserkühler** integriert, um ein Überhitzen des Brenners zu verhindern und so sicherzustellen, dass er während des gesamten Schweißprozesses funktionsfähig und langlebig bleibt. Angesichts der engen Platzverhältnisse im U-Boot-Bau müssen Schweißer **Schutzausrüstung** tragen, darunter automatisch abdunkelnde Helme, Handschuhe, Lederschürzen und Atemschutzgeräte. Diese Sicherheitsausrüstung schützt sie vor Lichtbogenblitzen, Hitze und schädlichen Dämpfen.

Klemmen, Vorrichtungen und Halterungen werden verwendet, um die Komponenten während des Schweißens zu sichern, die Ausrichtung und Stabilität zu gewährleisten und präzise Verbindungen sicherzustellen. Sauberkeit ist ebenfalls entscheidend; Drahtbürsten, Schleifscheiben und Lösungsmittelreiniger werden verwendet, um Verunreinigungen vor dem Schweißen von den Oberflächen zu entfernen. **Gasspülsysteme** sind manchmal erforderlich, wenn geschlossene Abschnitte oder Rohre geschweißt werden, um das Innere der Verbindung vor atmosphärischen Einflüssen zu schützen, was entscheidend ist, um Korrosion in U-Boot-Rohrsystemen zu verhindern.

Um die strengen Standards des U-Boot-Baus zu erfüllen, werden **Schweißprüfwerkzeuge** wie Vergrößerungsgläser, Schweißlehren und zerstörungsfreie Prüfgeräte (NDT) eingesetzt. Diese Werkzeuge erkennen potenzielle Defekte, einschließlich Risse und unvollständige Verschmelzungen, und stellen sicher, dass die Schweißnähte den Sicherheits- und Leistungsanforderungen entsprechen.

Im Folgenden wird der TIG-Schweißprozess Schritt für Schritt beschrieben:

Schritt 1: Vorbereitung der Materialien und des Arbeitsbereichs

Bevor der Schweißprozess beginnt, müssen alle Metalloberflächen gründlich gereinigt werden. Im U-Boot-Bau können Verunreinigungen wie Schmutz, Rost, Öl oder Farbe die Festigkeit und Korrosionsbeständigkeit der Schweißnaht beeinträchtigen. Verwenden Sie Drahtbürsten, Schleifscheiben oder Lösungsmittelreiniger, um das Grundmetall und die Schweißstäbe vorzubereiten. Stellen Sie sicher, dass der Arbeitsbereich gut belüftet ist, insbesondere beim Schweißen in engen Räumen, um die Ansammlung von Gasen und die Exposition gegenüber schädlichen Dämpfen zu verhindern.

Schritt 2: Einrichten der TIG-Schweißausrüstung

Installieren Sie die passende Wolframelektrode im TIG-Brenner, abhängig vom Material. Für den U-Boot-Bau werden oft thoriierte oder lanthanierte Wolframelektroden für hochfeste Stähle oder Nickellegierungen verwendet, während reines Wolfram für Aluminiumbereiche verwendet wird. Stellen Sie die Elektrode so ein, dass sie etwa 3 mm aus der Gasdüse herausragt, um den Lichtbogen optimal zu fokussieren.

Schließen Sie das Schutzgas, normalerweise Argon, an die Schweißmaschine an. Verwenden Sie einen Gasregler und einen Durchflussmesser, um die richtige Durchflussrate (ca. 15-20 Kubikfuß pro Stunde) sicherzustellen und eine Schutzatmosphäre aufrechtzuerhalten. Wählen Sie Wechselstrom (AC) für Aluminium oder Gleichstrom (DC) für Stahl und Nickellegierungen, je nach dem zu schweißenden Material.

Schritt 3: Sichern des Werkstücks mit Klemmen und Vorrichtungen

Verwenden Sie Klemmen, Vorrichtungen oder Halterungen, um die Werkstücke sicher zu fixieren und eine präzise Ausrichtung der Komponenten zu gewährleisten. Der U-Boot-Bau erfordert häufig Arbeiten in engen Räumen oder an komplexen Geometrien, weshalb es entscheidend ist, dass alle Teile während des Schweißvorgangs stabil bleiben. Beim Schweißen von Rohren oder geschlossenen Bereichen kann zusätzlich ein Gasspülsystem verwendet werden, um die innere Oberfläche vor Oxidation zu schützen.

Schritt 4: Zünden des Lichtbogens und Erstellen des Schweißbads

Schalten Sie die Schweißmaschine ein und stellen Sie die Stromstärke entsprechend der Materialdicke ein. Zünden Sie den Lichtbogen, indem Sie die Wolframelektrode nahe an die Naht bringen und das Fußpedal oder den Brennerschalter betätigen. Der Lichtbogen erzeugt ein Schmelzbad an der Kontaktstelle. Beim U-Boot-Schweißen ist es entscheidend, das Schweißbad kontrolliert zu halten, um Überhitzung und damit verbundene Verformungen oder eine beeinträchtigte Schweißqualität zu vermeiden.

Schritt 5: Hinzufügen von Schweißstäben für stabile Schweißnähte

Falls zusätzliches Material erforderlich ist, führen Sie den passenden Schweißstab mit einer gleichmäßigen Geschwindigkeit in das Schmelzbad ein und halten Sie ihn innerhalb der Schutzgasabdeckung. Für Rumpf- und Innenrahmen im U-Boot-Bau verwenden Sie Edelstahl- oder Nickellegierungs-Schweißstäbe, die dem Grundmaterial entsprechen, um die Korrosionsbeständigkeit und Festigkeit zu erhalten. Vermeiden Sie den Kontakt des Stabs mit der Wolframelektrode, um eine Kontamination zu verhindern.

Schritt 6: Steuerung der Wärmezufuhr und Lichtbogenlänge

Kontrollieren Sie die Wärmezufuhr durch Anpassung des Fußpedals oder Handschalters während des Schweißprozesses. Im U-Boot-Bau, wo das Risiko von Verformungen aufgrund der Präzisionsanforderungen hoch ist, ist die Kontrolle der Wärmezufuhr besonders wichtig. Halten Sie eine konstante Lichtbogenlänge von etwa 3 mm ein, um eine gleichmäßige Eindringtiefe zu gewährleisten und unvollständige Verschmelzungen zu vermeiden.

Schritt 7: Abschließen des Schweißdurchgangs

Führen Sie den Brenner gleichmäßig entlang der Naht und passen Sie den Lichtbogen und den Schweißstab nach Bedarf an. Im U-Boot-Bau können für dickere Abschnitte mehrere Durchgänge erforderlich sein, wobei jeder Durchgang sorgfältig kontrolliert wird, um eine gleichmäßige Verschmelzung zu gewährleisten. Lassen Sie die Schweißnaht zwischen den Durchgängen leicht abkühlen, um Verformungen zu vermeiden, insbesondere beim Schweißen druckkritischer Komponenten wie Rumpfabschnitte oder Rohrleitungssysteme.

Schritt 8: Inspektion der Schweißnaht

Nach Abschluss der Schweißnaht überprüfen Sie sie auf Defekte wie Risse, Porosität oder unvollständige Verschmelzungen. Im U-Boot-Bau werden zerstörungsfreie Prüfverfahren (NDT) wie Ultraschall- oder Radiografietests häufig eingesetzt, um die Integrität der Schweißnaht sicherzustellen, insbesondere für Hochdrucksysteme und kritische Verbindungen.

Schritt 9: Reinigung der Schweißnaht

Entfernen Sie Oxidschichten oder Schlacke mit einer Drahtbürste oder Schleifscheibe. Die Reinigung gewährleistet eine glatte, korrosionsbeständige Oberfläche, was für Komponenten, die im U-Boot-Bau Meerwasser ausgesetzt sind, unerlässlich ist. Falls zusätzliche Durchgänge erforderlich sind, reinigen Sie die Oberfläche vor dem nächsten Durchgang erneut.

Schritt 10: Nachbehandlung der Schweißnaht (falls erforderlich)

Für einige im U-Boot-Bau verwendete Materialien kann eine Nachbehandlung durch Wärme (PWHT) erforderlich sein, um Restspannungen abzubauen und die Materialeigenschaften wiederherzustellen. Dies ist besonders wichtig für Druckhüllensektionen und hochfeste Rohrleitungssysteme.

Die ISO 9606-1-Norm definiert die Qualifikationsprüfung für Schweißer, die das TIG-Schweißen an Stahl durchführen. Sie stellt sicher, dass Schweißer die erforderlichen Fähigkeiten besitzen, um eine Vielzahl von Nahtkonfigurationen, Schweißpositionen und Materialien zu handhaben, die für den U-Boot-Bau relevant sind. Nur qualifizierte Schweißer dürfen kritische Schweißnähte an Druckhüllen und strukturellen Komponenten von U-Booten ausführen, um die Integrität dieser wichtigen Elemente zu gewährleisten. Ähnlich behandelt die ISO 15614-Serie die Spezifikation und Qualifikation von Schweißverfahren. Teil 1 dieser Serie stellt sicher, dass TIG-Schweißverfahren die geforderten mechanischen Eigenschaften für hochfesten Stahl, rostfreien Stahl und Nickellegierungen, die in U-Booten verwendet werden, erfüllen. Die Richtlinien decken wesentliche Schweißparameter, Nahtvorbereitung und Inspektionsprotokolle ab, um präzise und langlebige Schweißnähte sicherzustellen.

Die Einhaltung von ASME Section IX, einem Teil des Boiler and Pressure Vessel Codes, ist für den U-Boot-Bau entscheidend, insbesondere beim Schweißen von Hochdruckbehältern und Rohrleitungssystemen. Diese Norm regelt die Qualifikation von Schweißverfahren und -personal, das in sicherheitskritischen Anwendungen tätig ist, und stellt sicher, dass alle Schweißnähte strengen Leistungsanforderungen entsprechen. Die ISO 3834-Norm bietet ein Rahmenwerk für das Qualitätsmanagement von Schmelzschweißprozessen, einschließlich des TIG-Schweißens. Sie betont die Prozesskontrolle, Dokumentation und Inspektion und sorgt so für Konsistenz sowohl bei Neubauten als auch bei Reparaturen.

Das TIG-Schweißen spielt auch eine wichtige Rolle bei Rohrleitungssystemen und internen Strukturen von U-Booten, bei denen häufig rostfreier Stahl verwendet wird. Der AWS D1.6 Structural Welding Code bietet spezifische Richtlinien für das Schweißen von Edelstahl, um sicherzustellen, dass geschweißte Verbindungen die geforderten Festigkeits-, Haltbarkeits- und Korrosionsbeständigkeitsstandards erfüllen. Darüber hinaus definiert die BS EN ISO 5817 Akzeptanzkriterien für Unregelmäßigkeiten in Schmelzschweißverbindungen, wie sie beim TIG-Schweißen auftreten können. Diese Norm stellt sicher, dass U-Boot-Komponenten, einschließlich Druckhüllensektionen und Rohrleitungssysteme, die Sicherheits- und Leistungsanforderungen erfüllen und die strukturelle Integrität der Schweißnähte erhalten bleibt.

Die ISO 10863-Norm legt Verfahren für die Ultraschallprüfung (UT) fest, eine zerstörungsfreie Prüfmethode, die für die Überprüfung der Schweißqualität unerlässlich ist. UT ist besonders nützlich im U-Boot-Bau zur Inspektion von Schweißnähten in Druckhüllen, Rohrleitungssystemen und anderen kritischen Komponenten, um Defekte zu erkennen, die die Integrität gefährden könnten. In Australien und Neuseeland bietet AS/NZS 1554 Richtlinien für das Schweißen von Baustahl, die auf das TIG-Schweißen anwendbar sind. Diese Norm sichert die Qualität von Stahlkomponenten, die in U-Booten verwendet werden, wie interne Rahmen und äußere Rumpfabschnitte, indem sie Anforderungen an Nahtgestaltung, Schweißparameter und Inspektionen festlegt.

Unterpulverschweißen (SAW)

Das Unterpulverschweißen (SAW) ist ein äußerst effektives Schweißverfahren, das häufig im U-Boot-Bau eingesetzt wird, insbesondere zur Herstellung langer, durchgehender Schweißnähte an den Außen- und Innenhüllen. Dieses Verfahren erzeugt einen Lichtbogen unter einer Schicht aus granuliertem Flussmittel, das das flüssige Schweißbad vor atmosphärischen Verunreinigungen schützt und somit die Qualität der Schweißnaht verbessert. Das Flussmittel schützt nicht nur die Schweißnaht, sondern trägt auch zur Stabilität des Lichtbogens und des gesamten Schweißprozesses bei, was SAW besonders geeignet für automatisierte Systeme macht, die konsistente und hochwertige Nähte erfordern [388, 389].

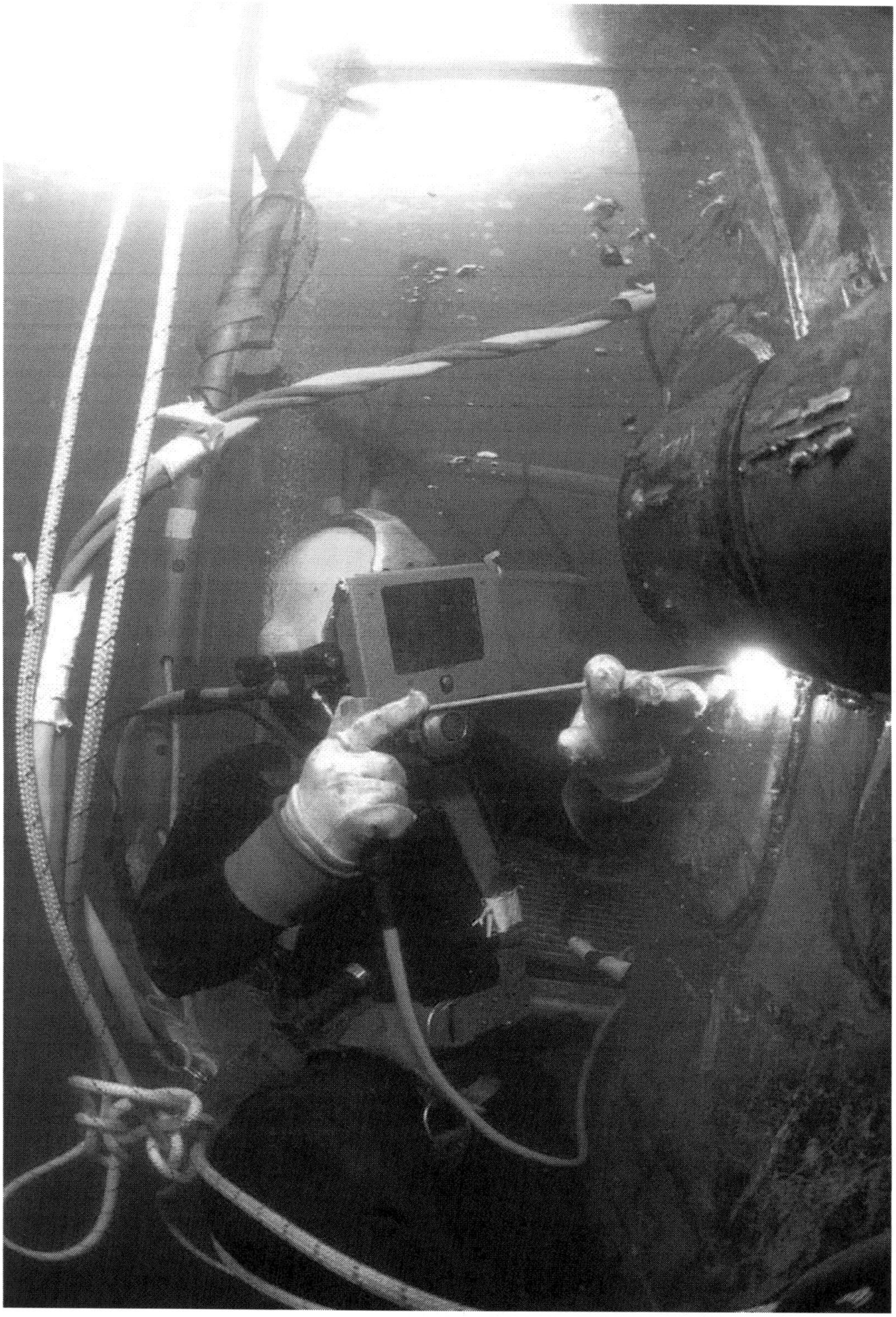

Abbildung 110: Unterpulverschweißen. United States Navy, Public Domain, über Getarchive.

Einer der Hauptvorteile des Unterpulverschweißens (SAW) ist seine Fähigkeit, dicke Stahlplatten zu verbinden, was für die Druckhülle von U-Booten unerlässlich ist. Der Prozess zeichnet sich durch tiefe Eindringmöglichkeiten aus, die eine effektive Verschmelzung dicker Materialien ermöglichen, was entscheidend ist, um dem extremen Druck in Tiefseeumgebungen standzuhalten [390]. Die mechanischen Eigenschaften der durch SAW erzeugten Schweißnähte sind typischerweise überlegen und bieten die notwendige Festigkeit und Haltbarkeit, die im U-Boot-Bau erforderlich sind. Studien zeigen, dass die Schweißnähte ausgezeichnete mechanische Eigenschaften aufweisen, die entscheidend für die strukturelle Integrität von U-Booten unter Hochdruckbedingungen sind [391, 392].

Darüber hinaus wird die Effizienz von SAW durch hohe Abscheideraten und die Möglichkeit, mehrere Drähte gleichzeitig zu verwenden, gesteigert, was die Produktivität in Fertigungsumgebungen erheblich erhöht [393, 394]. Die Prozessparameter wie Schweißgeschwindigkeit, Stromstärke und Flussmittelzusammensetzung können optimiert werden, um die gewünschten Schweißmerkmale, einschließlich der Nahtform und Eindringtiefe, zu erreichen [395, 396]. Diese Anpassungsfähigkeit macht SAW zur bevorzugten Wahl in Branchen, in denen hochwertige Schweißnähte entscheidend sind, wie z. B. im Schiffbau und im U-Boot-Bau [397].

SAW wird häufig im U-Boot-Bau eingesetzt, da es hochqualitative, tief eindringende Schweißnähte mit minimalen Defekten erzeugt. SAW ist ein automatisiertes oder halbautomatisiertes Schweißverfahren, bei dem eine kontinuierlich zugeführte Draht-Elektrode unter einer Schicht aus granuliertem Flussmittel verwendet wird, um die Schweißnaht vor atmosphärischer Verunreinigung zu schützen. Dieses Verfahren ist besonders vorteilhaft für Anwendungen, die dicke Stahlplatten erfordern, und eignet sich daher für kritische strukturelle Komponenten in U-Booten.

SAW wird umfassend bei der Herstellung von Druckhüllen eingesetzt. U-Boot-Rümpfe bestehen aus dicken, hochfesten Stählen, um immense hydrostatische Drücke in der Tiefe auszuhalten. Die Fähigkeit des Prozesses, dicke Materialien in einem oder wenigen Durchgängen zu schweißen, macht ihn ideal für den Bau dieser Hüllen. Die hohen Abscheideraten und die tiefe Eindringtiefe sorgen dafür, dass die Rumpfabschnitte sicher verschweißt sind, wodurch das Risiko von Defekten minimiert wird, die die Integrität des U-Boots unter Druck beeinträchtigen könnten.

Auch der Außenrumpf eines U-Boots profitiert von SAW. Die durch dieses Verfahren erzeugten glatten und gleichmäßigen Schweißnähte tragen zu einer stromlinienförmigen Oberfläche des U-Boots bei und reduzieren den hydrodynamischen Widerstand beim Unterwassereinsatz. Darüber hinaus stellt die Haltbarkeit der Schweißnähte sicher, dass der Außenrumpf Korrosion widerstehen und den mechanischen Belastungen während des Betriebs standhalten kann, einschließlich der Druckänderungen beim Ab- und Auftauchen des U-Boots.

SAW wird auch beim Bau von strukturellen Stützen und Schotten innerhalb des U-Boots eingesetzt. Diese internen Komponenten müssen robust genug sein, um die im Schiff untergebrachten Ausrüstungen und Systeme zu tragen. Die Effizienz und Präzision von SAW ermöglicht eine schnelle und zuverlässige Verbindung der strukturellen Elemente und stellt sicher, dass das U-Boot sowohl internen Spannungen als auch externen Kräften während der Missionen standhalten kann.

Der Prozess spielt eine wesentliche Rolle bei der Montage von Ballasttanks, die die Auftriebskontrolle des U-Boots steuern. Die Ballasttanks befinden sich zwischen der inneren und äußeren Hülle, und die Integrität ihrer Schweißnähte ist entscheidend, um sicherzustellen, dass das U-Boot effektiv ab- und auftauchen kann. SAW stellt sicher, dass diese Tanks auf hohem Standard geschweißt werden, wodurch die Möglichkeit von Lecks, die die Auftriebskontrollsysteme beeinträchtigen könnten, ausgeschlossen wird.

Die Automatisierungsmöglichkeiten von SAW machen es besonders wertvoll für den U-Boot-Bau, wo Präzision und Konsistenz entscheidend sind. Der Einsatz automatisierter SAW-Systeme ermöglicht das kontinuierliche Schweißen langer Nähte, wie sie in Rumpfabschnitten zu finden sind, ohne Unterbrechungen. Dies reduziert das Potenzial für Schweißfehler und stellt sicher, dass die Schweißnähte die strengen Qualitätskontrollstandards erfüllen, die für U-Boote erforderlich sind, die unter extremen Bedingungen betrieben werden.

Neben dem Neubau wird SAW auch für Reparaturen und Nachrüstungen während der Wartung von U-Booten verwendet. Die hohe Effizienz des Verfahrens und seine Fähigkeit, fehlerfreie Schweißnähte zu erzeugen, machen es ideal zur Wiederherstellung der strukturellen Integrität in beschädigten Bereichen. Zu den Reparaturarbeiten können das erneute Schweißen kritischer Bereiche der Hülle oder der Austausch korrodierter struktureller Elemente durch neue, sicher verschweißte Komponenten gehören.

Das Unterpulverschweißen (SAW) ist ein automatisiertes oder halbautomatisiertes Schweißverfahren, das auf spezialisierte Werkzeuge und Ausrüstung angewiesen ist, um einen reibungslosen Betrieb, hochqualitative Schweißnähte und eine hohe Effizienz zu gewährleisten. Eine entscheidende Komponente in verschiedenen Industrien, einschließlich des U-Boot-Baus, hängt der Erfolg von SAW von der präzisen Funktion und Integration seiner Schlüsselelemente ab.

Die Schweißmaschine oder Stromquelle spielt eine wichtige Rolle, indem sie eine konstante Spannung oder Stromstärke liefert, die für den Schweißprozess erforderlich ist. Diese Stromquelle kann entweder Wechselstrom (AC) oder Gleichstrom (DC) liefern, wobei jeder Modus für spezifische Aufgaben geeignet ist. Gleichstrom wird bevorzugt, um eine tiefere Eindringtiefe zu erreichen, während Wechselstrom hilft, den Lichtbogenablenkungseffekt (Arc Blow) beim Schweißen magnetischer Materialien wie Stahl zu reduzieren. Diese Vielseitigkeit ermöglicht es den Bedienern, die Stromstärke an die Dicke und die Materialeigenschaften der zu schweißenden Komponenten anzupassen.

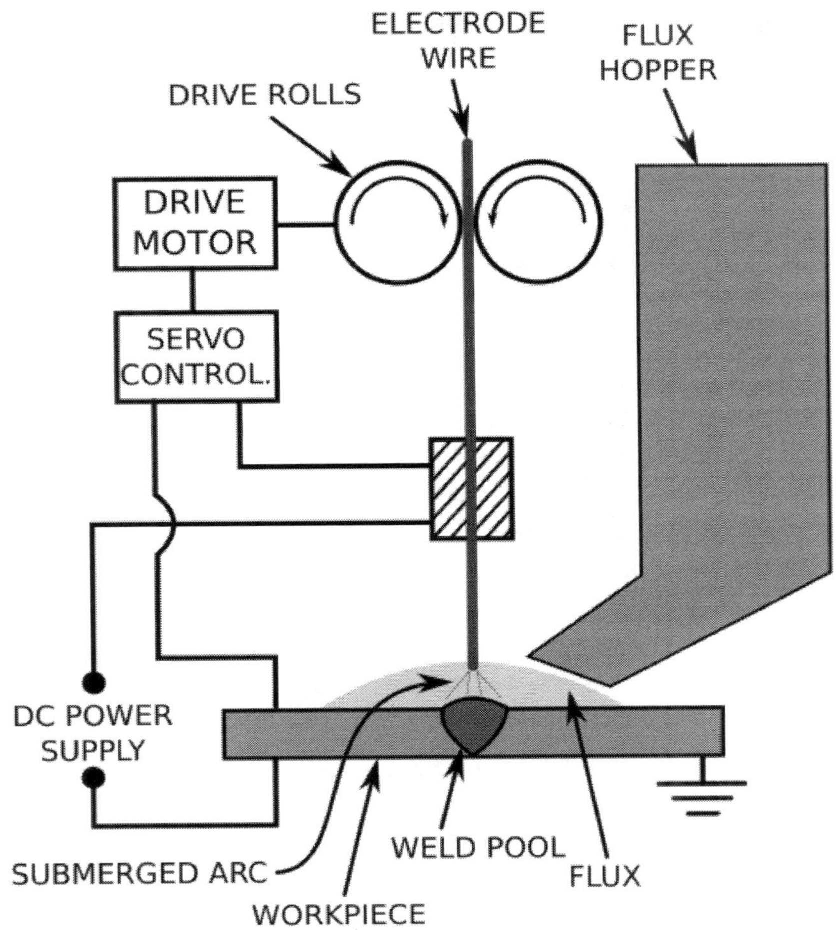

Abbildung 111: Schematische Darstellung des Unterpulverschweißens. Wizard191, CC BY-SA 3.0, über Wikimedia Commons.

Die Drahtzufuhr-Einheit liefert kontinuierlich Elektroden-Draht zum Lichtbogen und sorgt so für einen stabilen Betrieb während des gesamten Schweißprozesses. Beim Unterpulverschweißen (SAW) handelt es sich in der Regel um einen massiven Draht, der je nach den zu verbindenden Materialien ausgewählt wird. Zum Beispiel wird Kohlenstoffstahl-Draht für das Schweißen von Stahlkonstruktionen und U-Boot-Rümpfen verwendet, während rostfreier Stahl-Draht für korrosionsbeständige Komponenten innerhalb des U-Bootes erforderlich ist. Der Durchmesser des Drahts wird sorgfältig entsprechend der Dicke des Werkstücks ausgewählt, wobei größere Durchmesser für das Schweißen dicker Abschnitte wie bei Druckhüllen reserviert sind.

Der Flussmittelbehälter lagert und liefert granuliertes Flussmittel, ein Material, das dazu dient, das Schweißbad vor atmosphärischen Verunreinigungen zu schützen, Oxidation zu verhindern und den Lichtbogen zu stabilisieren. Die Zufuhr des Flussmittels wird präzise kontrolliert, um eine gleichmäßige Schutzschicht während des Schweißprozesses sicherzustellen. Zwei gängige Arten von Flussmitteln werden im SAW verwendet: gefülltes Flussmittel, das gleichmäßige Eigenschaften bietet, und agglomeriertes Flussmittel, das zusätzliche Vorteile wie eine verbesserte Schlackeentfernung bietet. Diese Eigenschaften tragen dazu bei, die Qualität und Integrität der Schweißnaht in rauen Unterwasserumgebungen aufrechtzuerhalten.

Der Schweißkopf und die Düse bilden den Mittelpunkt des SAW-Prozesses, da sie sowohl den Elektroden-Draht als auch das Flussmittel zum Werkstück leiten. Der Schweißkopf steuert präzise die Position der Elektrode, um eine genaue Zufuhr in die Naht zu gewährleisten. Er kann auch eine Kontakspitze enthalten, die den Strom an den Draht überträgt und es dem Lichtbogen ermöglicht, genügend Wärme für effektives Schweißen zu erzeugen.

Ein Fahrmechanismus, der oft automatisiert mit einem Wagen- oder Schienensystem arbeitet, bewegt den Schweißkopf mit konstanter Geschwindigkeit entlang der Naht und sorgt so für gleichmäßiges und kontinuierliches Schweißen. Die Fahrgeschwindigkeit und Positionierung sind programmierbar, sodass das System präzise Schweißnähte entlang langer Nähte erzeugen kann. Dieses Maß an Kontrolle ist im U-Boot-Bau entscheidend, da selbst geringe Abweichungen die strukturelle Integrität des Rumpfes gefährden können.

Das Steuerpult dient als Kommandozentrale zur Anpassung wichtiger Parameter wie Spannung, Stromstärke, Drahtzufuhrgeschwindigkeit und Fahrgeschwindigkeit. Viele moderne SAW-Systeme verfügen über Echtzeitüberwachungswerkzeuge zur Verfolgung der Schweißleistung, die den Bedienern helfen, Unstimmigkeiten zu erkennen und zu beheben. Dies ist besonders wichtig in U-Boot-Anwendungen, wo qualitativ hochwertige Schweißnähte entscheidend für die Sicherheit und Leistungsfähigkeit des Fahrzeugs sind.

Flussmittelrückgewinnungssysteme sind ein integraler Bestandteil des SAW-Prozesses, die ungenutztes Flussmittel nach dem Schweißen erfassen und für die zukünftige Verwendung recyceln. Diese Systeme tragen dazu bei, Abfälle zu reduzieren und gleichzeitig über die Zeit konsistente Schweißergebnisse zu gewährleisten. Auch ordnungsgemäße Klemmen und Vorrichtungen sind von entscheidender Bedeutung, um Werkstücke während des Schweißens zu sichern und Bewegung oder Fehlausrichtung zu verhindern. Im U-Boot-Bau stabilisieren diese Werkzeuge große Rumpfabschnitte und dicke Stahlplatten und gewährleisten präzises Schweißen ohne Verformung.

Obwohl SAW die sichtbare Lichtbogenstrahlung aufgrund der Flussmittelabdeckung reduziert, bleibt persönliche Schutzausrüstung (PSA) für die Sicherheit der Schweißer unerlässlich. Helme oder Gesichtsschutzschilde schützen vor Hitze und Funken, während Handschuhe und feuerfeste Kleidung vor Verbrennungen schützen. Atemschutzgeräte sind besonders wichtig beim Schweißen in engen Räumen, wie in Ballasttanks, um vor Dämpfen zu schützen.

Angesichts der kritischen Natur des U-Boot-Baus wird zerstörungsfreie Prüfgeräte (NDT), wie Ultraschallprüfmaschinen (UT), verwendet, um Schweißnähte auf versteckte Defekte zu überprüfen. NDT-Methoden helfen, die Integrität der geschweißten Verbindungen, insbesondere in druckkritischen Abschnitten des Rumpfes, sicherzustellen, sodass das U-Boot extremen Unterwasserdrücken standhalten kann. Durch den präzisen Einsatz dieser Werkzeuge und Ausrüstungen ermöglicht SAW die Herstellung von hochwertigen, zuverlässigen Schweißnähten, die für den Bau und die Wartung von U-Booten unerlässlich sind.

Das **Unterpulverschweißen (SAW)** erfordert eine Vielzahl von spezialisierten Werkzeugen und Ausrüstungen, um hochwertige Schweißnähte, einen reibungslosen Betrieb und Effizienz zu gewährleisten. Dieses Schweißverfahren, bekannt für seine Automatisierung und die Fähigkeit, dicke Materialien zu verbinden, beruht auf präziser Steuerung verschiedener Komponenten, um starke, zuverlässige Schweißnähte zu erreichen, die in anspruchsvollen Industrien wie dem U-Boot-Bau unerlässlich sind.

Die **Stromquelle** oder Schweißmaschine bildet die Grundlage des SAW-Prozesses. Sie liefert entweder eine konstante Spannung oder einen konstanten Strom, um die Stabilität des Lichtbogens während des gesamten Vorgangs aufrechtzuerhalten. Je nach den zu schweißenden Materialien wird entweder Wechselstrom (AC) oder Gleichstrom (DC) verwendet. DC wird typischerweise für tiefe Eindringtiefe in dicken Materialien angewendet, während AC bevorzugt wird, um den Lichtbogenablenkungseffekt (Arc Blow) bei magnetischen Materialien wie Stahl zu reduzieren. Die Stromquelle ermöglicht es den Bedienern, die Strom- und Spannungseinstellungen an die Dicke des Metalls und die Schweißgeschwindigkeit anzupassen, um eine optimale Leistung zu gewährleisten.

Eine **Drahtzufuhr**-Einheit spielt eine entscheidende Rolle, indem sie kontinuierlich den Elektroden-Draht in den Lichtbogen während des Schweißens liefert. Diese Einheit sorgt für einen stabilen und konsistenten Lichtbogen, der notwendig ist, um hochwertige Schweißnähte zu erzielen. Der in SAW verwendete Elektroden-Draht ist normalerweise ein massiver Draht und muss zum zu verbindenden Material passen. Zum Beispiel ist Kohlenstoffstahl-Draht ideal für strukturelle Komponenten in U-Boot-Rümpfen, während rostfreier Stahl-Draht für Abschnitte verwendet wird, die eine verbesserte Korrosionsbeständigkeit erfordern. Der Drahtdurchmesser variiert je nach Dicke des Werkstücks, wobei größere Drähte für dicke Stahlplatten verwendet werden, die im U-Boot-Bau typisch sind.

Der **Flussmittelbehälter** und das **Flussmittelzufuhrsystem** sind unerlässlich, um das Schweißbad vor atmosphärischer Verunreinigung zu schützen und den Lichtbogen zu stabilisieren. Der Behälter lagert granuliertes Flussmittel, das während des Betriebs automatisch über den Schweißlichtbogen abgegeben wird. Flussmittel fungiert als Schutzschild, das Oxidation verhindert und eine saubere Schweißnaht gewährleistet. Es gibt zwei Haupttypen von Flussmitteln: gefülltes Flussmittel, das gleichmäßige Eigenschaften bietet, und agglomeriertes Flussmittel, das die Schlackeentfernung verbessert. Eine konsistente Flussmittelzufuhr ist entscheidend, um die Qualität der Schweißnaht aufrechtzuerhalten und Verunreinigungen während des Prozesses zu vermeiden.

Der **Schweißkopf** und die **Düse** sind entscheidend für die Steuerung des Elektroden-Drahts und des Flussmittels in Richtung des Werkstücks. Der Schweißkopf gewährleistet eine präzise Positionierung des Elektroden-Drahts entlang der Naht, während die Düse das Flussmittel leitet, um eine schützende Abdeckung über dem Lichtbogen zu bilden. Der Kopf kann auch eine Kontakspitze enthalten, die den Strom von der Stromquelle an den Draht überträgt und den Lichtbogen erzeugt, der benötigt wird, um das Metall zu schmelzen. Diese Komponenten gewährleisten ein reibungsloses und konsistentes Schweißen, indem sie die richtige Ausrichtung und den Stromfluss aufrechterhalten.

Ein **Fahrmechanismus**, der oft automatisiert mit einem Wagen- oder Schienensystem arbeitet, stellt sicher, dass der Schweißkopf mit konstanter Geschwindigkeit entlang der Naht bewegt wird. Dieser Mechanismus ermöglicht gleichmäßige Schweißnähte, insbesondere über lange Nähte, die im U-Boot-Bau typisch sind. Das automatisierte System kann programmiert werden, um die Geschwindigkeit, Länge und Positionierung der Schweißnaht zu steuern, wodurch präzise Ergebnisse sichergestellt und Bedienfehler minimiert werden.

Das **Steuerpult** und das **Überwachungssystem** bieten den Bedienern die Möglichkeit, wichtige Parameter während des Schweißprozesses anzupassen, einschließlich Spannung, Strom, Drahtzufuhrgeschwindigkeit und Fahrgeschwindigkeit. In modernen SAW-Systemen wird oft eine Echtzeitüberwachung integriert, um den Schweißvorgang zu verfolgen und sicherzustellen, dass die erforderlichen Spezifikationen eingehalten werden. Dies ist besonders entscheidend im U-Boot-Bau, wo die Integrität der Schweißnähte für die Sicherheit und Leistung des Fahrzeugs unerlässlich ist.

Flussmittelrückgewinnungssysteme sind ein wichtiger Aspekt von SAW, der ungenutztes Flussmittel nach dem Schweißen erfasst und für die zukünftige Verwendung recycelt. Dieses System hilft, Abfall zu reduzieren und sorgt für konsistente Schweißergebnisse über die Zeit. Eine ordnungsgemäße Flussmittelrückgewinnung trägt auch zur Kosteneffizienz bei, da sie die Menge an neuem Flussmittel, die für nachfolgende Vorgänge benötigt wird, minimiert.

Klemmen und Vorrichtungen sind notwendig, um die Werkstücke während des Schweißens zu sichern und sicherzustellen, dass sie während des Prozesses richtig ausgerichtet bleiben. Im U-Boot-Bau stabilisieren diese Werkzeuge große Rumpfabschnitte und andere schwere Komponenten und verhindern Bewegungen oder Verformungen, die die Schweißqualität beeinträchtigen könnten.

Die persönliche Schutzausrüstung (PSA) ist für die Sicherheit der Schweißer unerlässlich, obwohl der Lichtbogen unter Flussmittel eingetaucht ist und nur minimal sichtbare Strahlung erzeugt. Schweißer müssen Helme oder Gesichtsschutzschilde tragen, um sich vor Funken und Hitze zu schützen, sowie feuerfeste Kleidung und Handschuhe, um sich vor Verbrennungen zu schützen. Atemschutzgeräte sind ebenfalls erforderlich, wenn in engen Räumen, wie in Ballasttanks von U-Booten, gearbeitet wird, um eine Exposition gegenüber Dämpfen zu verhindern.

Hier ist eine Schritt-für-Schritt-Erklärung des SAW-Prozesses:

Schritt 1: Vorbereitung der Materialien

Vor dem Schweißen ist es wichtig, die Werkstücke vorzubereiten, indem die Oberflächen gereinigt werden, um Rost, Schmutz, Öl und Verunreinigungen zu entfernen. Dies stellt sicher, dass die Schweißnaht ordnungsgemäß haftet, ohne Mängel aufzuweisen. Im U-Boot-Bau ist dieser Schritt entscheidend, da strukturelle Komponenten wie die Druckhülle hohe Standards für Festigkeit und Zuverlässigkeit erfüllen müssen. Drahtbürsten, Schleifwerkzeuge oder Lösungsmittelreiniger werden häufig für diese Vorbereitung verwendet.

Schritt 2: Einrichtung der Ausrüstung

Die **SAW**-Maschine muss mit den entsprechenden Einstellungen konfiguriert werden, einschließlich Spannung, Strom und Drahtzufuhrgeschwindigkeit. Die Einstellungen hängen von der Art und Dicke des zu schweißenden Materials ab. Im U-Boot-Bau werden diese Parameter oft für hochfesten Stahl, rostfreien Stahl oder Nickellegierungen angepasst. Die Bediener müssen auch den richtigen Elektroden-Draht installieren, beispielsweise Kohlenstoffstahl- oder rostfreien Stahl-Draht, und den Flussmittelbehälter mit dem geeigneten Flussmitteltyp füllen.

Schritt 3: Ausrichten der Werkstücke und Sichern der Vorrichtungen

Die Werkstücke müssen ausgerichtet und mit Klemmen oder Vorrichtungen gesichert werden, um Bewegungen während des Schweißprozesses zu verhindern. Im U-Boot-Bau ist die Ausrichtung insbesondere für Druckhüllensektionen und Schotten wichtig, um die strukturelle Integrität aufrechtzuerhalten. Der Einsatz von Vorrichtungen gewährleistet, dass die Verbindung während des Schweißens stabil bleibt und das Risiko von Verformungen oder Fehlausrichtungen verringert wird.

Schritt 4: Einstellung des Fahrmechanismus

Für lange Nähte wird der Schweißkopf auf einem mechanisierten Wagen oder Schienensystem montiert. Dieser Fahrmechanismus stellt sicher, dass der Schweißkopf reibungslos und mit konstanter Geschwindigkeit entlang der Naht bewegt wird. Im U-Boot-Bau ist diese Automatisierung entscheidend, um eine einheitliche Schweißqualität über umfangreiche Rumpfabschnitte hinweg aufrechtzuerhalten.

Schritt 5: Positionierung des Schweißkopfes

Der Schweißkopf wird so eingestellt, dass der Elektroden-Draht und das Flussmittel genau auf die Naht gerichtet sind. Im U-Boot-Bau ist eine präzise Positionierung entscheidend, insbesondere in druckkritischen Abschnitten des Rumpfes und in Rohrleitungssystemen. Die Kontaktsitze müssen mit der Naht ausgerichtet sein, um die Stabilität des Lichtbogens aufrechtzuerhalten und eine gleichmäßige Wärmeverteilung zu gewährleisten.

Schritt 6: Einleitung des Schweißprozesses

Der Schweißvorgang beginnt mit dem Start des Lichtbogens. Der Elektroden-Draht wird in den Lichtbogen eingeführt, während das granulierte Flussmittel über den Lichtbogen und das Schweißbad abgegeben wird. Das Flussmittel schmilzt teilweise und bildet Schlacke, die die Schweißnaht vor Verunreinigungen schützt und den Lichtbogen stabilisiert. Beim Schweißen von U-Booten ist es wichtig, einen konstanten Lichtbogen aufrechtzuerhalten, um eine tiefe Eindringtiefe und fehlerfreie Schweißnähte, insbesondere bei dicken Stahlplatten, zu gewährleisten.

Schritt 7: Überwachung der laufenden Schweißnaht

Während des Schweißprozesses überwacht der Bediener Parameter wie Strom, Spannung und Drahtzufuhrgeschwindigkeit. Das Flussmittelzufuhrsystem sorgt dafür, dass eine konsistente Schicht Flussmittel das Schweißbad schützt. In U-Boot-Anwendungen werden häufig Echtzeitüberwachungssysteme eingesetzt, um die Einhaltung strenger Schweißstandards sicherzustellen und eventuelle Abweichungen zu erkennen, die die Schweißqualität beeinträchtigen könnten.

Schritt 8: Verwaltung des Flussmittels und Recycling

Während des Schweißens wird ungenutztes Flussmittel von einem Rückgewinnungssystem erfasst. Das Flussmittel wird gefiltert und für die Wiederverwendung recycelt, was Kosteneffizienz und Konsistenz gewährleistet. Im U-Boot-Bau ist dieses Recycling besonders wichtig für lange Schweißnähte an großen Rumpfabschnitten, um Materialabfälle zu minimieren.

Schritt 9: Inspektion der Schweißnaht und Entfernen der Schlacke

Nach dem Schweißen wird die aus dem geschmolzenen Flussmittel gebildete Schlacke mit Werkzeugen wie Abbruchhämmern oder Drahtbürsten entfernt. Dieser Schritt sorgt für ein glattes Finish und verhindert Schlackeneinschlüsse, die die Verbindung schwächen könnten. Im U-Boot-Bau werden Schweißnähte strengen Inspektionen unterzogen, um sicherzustellen, dass sie die erforderlichen Qualitätsstandards erfüllen.

Schritt 10: Zerstörungsfreie Prüfung (NDT)

Für kritische Komponenten wie Druckhüllen und Hochdruckrohre werden zerstörungsfreie Prüfmethoden (NDT) eingesetzt, um die Schweißnähte zu inspizieren. Ultraschallprüfungen (UT) und radiografische Prüfungen (RT) werden häufig verwendet, um interne Defekte wie Risse oder Porosität zu erkennen. U-Boot-Schweißnähte müssen diese Inspektionen bestehen, um sicherzustellen, dass sie extremen Unterwasserdrücken standhalten können.

Schritt 11: Nachbehandlungen nach dem Schweißen

In einigen Fällen sind Nachbehandlungen nach dem Schweißen, wie Wärmebehandlung oder Spannungsabbau, erforderlich, um sicherzustellen, dass die Schweißnähte die mechanischen Eigenschaften erfüllen. Dies ist insbesondere im U-Boot-Bau wichtig, wo Komponenten dynamischen Belastungen und Druckschwankungen standhalten müssen.

Schritt 12: Endgültige Qualitätskontrollen

Sobald die Schweiß- und Inspektionsprozesse abgeschlossen sind, wird eine endgültige Qualitätskontrolle durchgeführt. Die Schweißnähte werden auf Maßgenauigkeit, Festigkeit und Einhaltung der Spezifikationen bewertet. Im U-Boot-Bau ist es entscheidend, diese Kriterien zu erfüllen, um die Sicherheit und Betriebssicherheit des Fahrzeugs in rauen marinen Umgebungen zu gewährleisten.

Elektronenstrahlschweißen (EBW)

Das **Elektronenstrahlschweißen (EBW)** ist eine hochspezialisierte Technik, die in der U-Boot-Konstruktion an Bedeutung gewonnen hat, insbesondere für Anwendungen, die extreme Präzision und Festigkeit erfordern. Der Prozess beinhaltet die Verwendung eines fokussierten Elektronenstrahls, um Wärme zu erzeugen, die das Metall schmilzt und eine Schweißnaht in einer Vakuumumgebung bildet. Dieses einzigartige Umfeld minimiert Verunreinigungen und ermöglicht die Schaffung außergewöhnlich starker Verbindungen mit engen wärmeeinflussreichen Zonen (HAZ), was EBW besonders geeignet für komplexe und hochbeanspruchte Komponenten wie Kernreaktorbaugruppen und empfindliche Montagen für Sonarausrüstung macht.

Die Vakuumumgebung, in der EBW betrieben wird, ist entscheidend für die Wirksamkeit des Verfahrens. Sie verhindert Oxidation und Verunreinigungen der Schweißnaht, was einen erheblichen Vorteil gegenüber anderen Schweißmethoden darstellt. Studien haben gezeigt, dass die hohe Energiedichte des Elektronenstrahls (von 10^7 bis 10^9 W/cm^2) eine tiefe Eindringtiefe und eine präzise Kontrolle über den Schweißprozess ermöglicht, was zu minimalen Verzerrungen und einer engen HAZ führt. Diese Eigenschaft ist besonders vorteilhaft für U-Boot-Komponenten, die sowohl Präzision als auch Festigkeit erfordern, da sie das Risiko struktureller Schwächen verringert, die durch übermäßige Wärmeexposition während des Schweißens entstehen könnten.

Die Fähigkeit von EBW, tiefe, enge Schweißnähte zu erzeugen, ist vorteilhaft für kritische U-Boot-Teile. Der Prozess ist in der Lage, dicke Materialien in einem einzigen Durchgang zu schweißen, was die Effizienz des Vorgangs erhöht und die mechanischen Eigenschaften der geschweißten Verbindungen verbessert. Forschungsergebnisse zeigen, dass EBW eine hohe Verbindungsdichte und überlegene mechanische Eigenschaften erzielen kann, was es ideal für anspruchsvolle Anwendungen in der Luft- und Raumfahrt sowie in der Marineindustrie macht. Beispielsweise hat sich gezeigt, dass das EBW beim Schweißen von Titanlegierungen, die häufig im U-Boot-Bau verwendet werden, Verbindungen mit ausgezeichneter Duktilität und Festigkeit liefert.

Darüber hinaus haben Fortschritte in der EBW-Technologie, wie dynamische Strahlpositionierung und Mehrstrahltechniken, die Fähigkeiten des Verfahrens weiter verbessert. Diese Innovationen ermöglichen eine bessere Kontrolle über die Schweißparameter, was zu einer verbesserten Schweißqualität und -leistung führt. Die Fähigkeit, den Fokus und die Oszillation des Strahls zu manipulieren, kann die Schweißgeometrie und die mechanischen Eigenschaften optimieren, was besonders wichtig ist in Anwendungen, bei denen Präzision von größter Bedeutung ist.

EBW bietet eine tiefe Eindringtiefe, minimale Verzerrungen und hohe Schweißfestigkeit, was es ideal für kritische Anwendungen in der U-Boot-Konstruktion macht, wo Zuverlässigkeit und Präzision von größter Bedeutung sind. Im Folgenden finden Sie eine detaillierte Beschreibung, wie und wo EBW in der U-Boot-Konstruktion eingesetzt wird.

Anwendungen des Elektronenstrahlschweißens (EBW) im U-Boot-Bau:

1. **Herstellung der Druckhülle:** Im U-Boot-Bau muss die Druckhülle extremen Unterwasserdrücken standhalten. EBW wird verwendet, um dicke Abschnitte aus hochfestem Stahl, Titan und Nickellegierungen zu schweißen und dabei präzise, hochfeste Verbindungen mit minimalen Verzerrungen zu gewährleisten. Die durch EBW erreichte tiefe Eindringtiefe ermöglicht die Schaffung starker, durchgehender Nähte, die entscheidend für die Aufrechterhaltung der Integrität der Hülle sind.

2. **Schweißen von komplexen Geometrien und inneren Strukturen:** EBW wird für filigrane Schweißnähte an internen Strukturkomponenten wie Schotten, Rippen und Halterungen eingesetzt. Diese inneren Elemente stützen die Druckhülle und verteilen den Stress gleichmäßig. Die Präzision von EBW ermöglicht es, diese Komponenten zu schweißen, ohne die strukturelle Integrität zu beeinträchtigen, insbesondere in engen Räumen, wo konventionelle Schweißmethoden schwierig wären.

3. **Montage von Kernreaktor-Komponenten:** In kernkraftbetriebenen U-Booten spielt EBW eine entscheidende Rolle bei der Montage von Reaktor-Komponenten. Der Prozess wird verwendet, um Wärmetauscher, Druckbehälter und Kühlmittelleitungen zu schweißen und dabei leckfreie Verbindungen zu gewährleisten. Die Präzision und Sauberkeit von EBW minimieren das Risiko von Verunreinigungen und gewährleisten die Zuverlässigkeit der Komponenten, die unter extremen Bedingungen arbeiten.

4. **Dichtungen für Rohrleitungssysteme und Hochdruckbehälter:** U-Boote enthalten umfangreiche Rohrleitungssysteme, die Luft, Wasser, Hydraulikflüssigkeit und Kühlmittel transportieren. EBW wird verwendet, um Hochdruckrohre und -behälter mit Schweißnähten abzudichten, die frei von Porosität oder Verunreinigungen sind. Dies ist entscheidend für die Langlebigkeit und Sicherheit von Systemen, die unter hohem Druck und schwankenden Temperaturen arbeiten.

5. **Schweißen von exotischen Materialien und unterschiedlichen Metallen:** Im U-Boot-Bau kommen häufig Materialien wie Titan, rostfreier Stahl und fortschrittliche Verbundwerkstoffe zum Einsatz. Die hohe Energiedichte von EBW ermöglicht das effektive Schweißen dieser exotischen Materialien. Darüber hinaus wird der Prozess verwendet, um unterschiedliche Metalle zu schweißen, wie zum Beispiel Nickellegierungen zu rostfreiem Stahl, die häufig in U-Boot-Komponenten für Korrosionsbeständigkeit eingesetzt werden.

6. **Herstellung von Antriebs- und Steuerungssystemkomponenten:** Präzision ist entscheidend bei der Herstellung von Antriebssystemen, einschließlich Propellern, Turbinen und Rudern. EBW wird verwendet, um

diese Komponenten mit minimalen wärmeeinflussreichen Zonen zu montieren, was hohe Leistung und Langlebigkeit gewährleistet. Schweißnähte in Steuerungssystemen wie Bug- und Heckflügel profitieren von der Genauigkeit von EBW, die einen reibungslosen Betrieb und eine präzise Ausrichtung aufrechterhält.

EBW bietet mehrere Vorteile, die es besonders nützlich im U-Boot-Bau machen. Der Prozess ermöglicht eine tiefe Eindringtiefe und enge Nähte, die für dicke Abschnitte wie die Druckhülle entscheidend sind. Die Präzision von EBW minimiert Verzerrungen und Spannungen und bewahrt die Integrität von Komponenten, die den Herausforderungen von Unterwasserumgebungen standhalten müssen. Die Verwendung einer Vakuumumgebung während des EBW stellt sicher, dass die Schweißnähte frei von Verunreinigungen sind, was entscheidend für die Sicherheit und Zuverlässigkeit kritischer U-Boot-Systeme ist.

Darüber hinaus macht die Fähigkeit von EBW, komplexe Geometrien und unterschiedliche Materialien zu schweißen, es ideal für das Verbinden von Komponenten mit filigranen Formen oder variierenden Materialeigenschaften. Diese Vielseitigkeit ist im U-Boot-Bau von entscheidender Bedeutung, da verschiedene Materialien oft gemeinsam verwendet werden, um Festigkeit, Gewicht und Korrosionsbeständigkeit zu optimieren.

Während das Elektronenstrahlschweißen (EBW) viele Vorteile bietet, bringt es auch Herausforderungen mit sich. Der Prozess erfordert eine Vakuumkammer, was die Größe der Komponenten einschränkt, die in einem einzigen Vorgang geschweißt werden können. Diese Einschränkung bedeutet, dass große U-Boot-Abschnitte möglicherweise zur Durchführung des Schweißens zerlegt und anschließend wieder zusammengebaut werden müssen. Darüber hinaus erfordert die Präzision von EBW qualifizierte Bediener und sorgfältige Qualitätskontrollen, um fehlerfreie Schweißnähte sicherzustellen. Zerstörungsfreie Prüfmethoden wie Ultraschallprüfung (UT) und radiografische Prüfung (RT) werden häufig eingesetzt, um die Integrität der EBW-Verbindungen zu überprüfen.

Das **Elektronenstrahlschweißen (EBW)** ist ein präziser Schweißprozess, der einen fokussierten Strahl hochgeschwindigkeits Elektronen verwendet, um Materialien zu verbinden. Der Strahl erzeugt intensive Wärme, wenn er auf die Schweißnaht trifft, wodurch die Metalle miteinander verschmelzen, typischerweise innerhalb einer geschlossenen Vakuumkammer, um Verunreinigungen zu vermeiden. Dieser Prozess ist hochgradig effizient und in der Lage, tiefe, enge Schweißnähte mit minimalen wärmeeinflussreichen Zonen und geringer Verzerrung zu erzeugen, was ihn ideal für kritische Anwendungen wie den U-Boot-Bau macht.

Der Elektronenstrahl, der beim EBW verwendet wird, wird von einer Elektronenkanone erzeugt, die mit einer Hochspannungsversorgung betrieben wird. Diese Energiequelle erhitzt eine glühende Kathode, die hochgeschwindigkeits Elektronen emittiert. Der emittierte Elektronenstrahl wird dann beschleunigt und präzise durch eine Reihe von Anoden und Fokussierwicklungen geleitet, die den Strahl mithilfe elektromagnetischer Felder konzentrieren. Dieser fokussierte Strahl liefert Energiedichten, die 100 bis 1000 Mal höher sind als bei konventionellem Lichtbogenschweißen, und verdampft einen schmalen Pfad durch das Metall, was tiefe, hochfeste Schweißnähte ermöglicht. Aufgrund seiner Effizienz kann EBW mit Geschwindigkeiten arbeiten, die 10 bis 50 Mal schneller sind als beim Lichtbogenschweißen, während die wärmeeinflussreichen Zonen minimal bleiben.

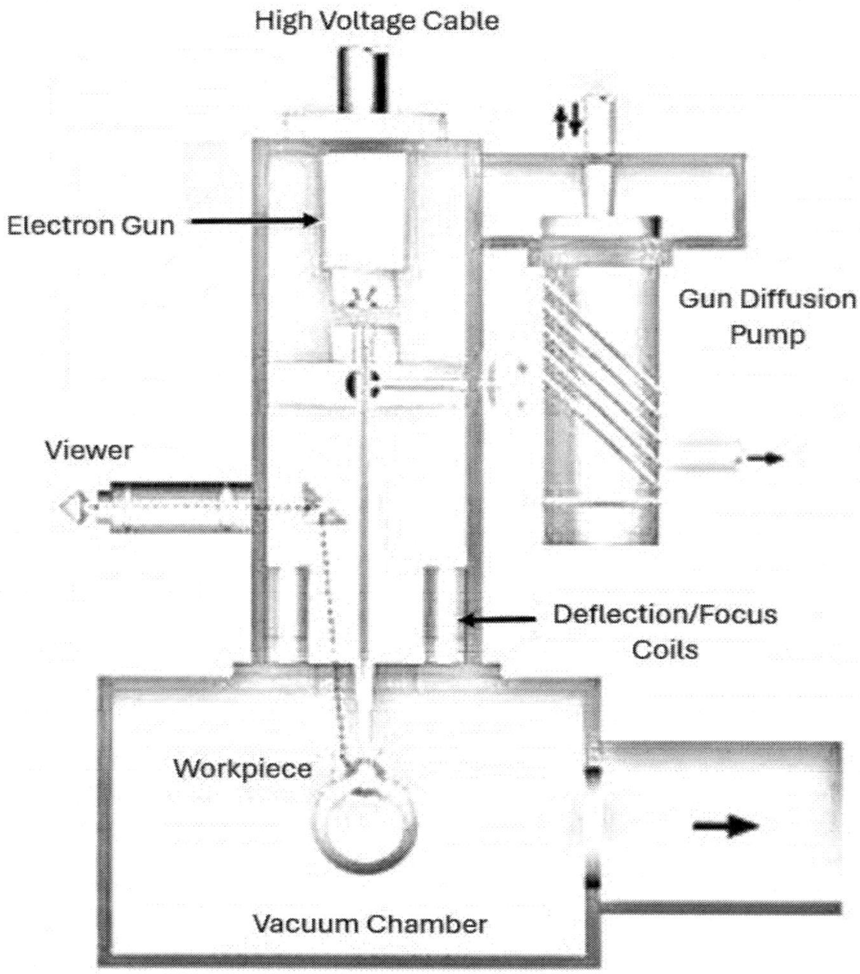

Abbildung 112: Schema des Elektronenstrahlschweißprozesses.

Während des Schweißprozesses bleibt der Elektronenstrahl typischerweise fixiert, während die zu schweißenden Komponenten darunter mit rotierenden oder linearen Bewegungssystemen bewegt werden, die von CNC-Systemen (Computer Numerical Control) gesteuert werden. Diese Systeme gewährleisten die Präzision beim Ausrichten der Naht und können während des Prozesses in Echtzeit Anpassungen der Schweißparameter vornehmen, um die Konsistenz der Schweißnähte aufrechtzuerhalten.

Der EBW-Prozess beginnt mit einer gründlichen Reinigung der Komponenten, um sicherzustellen, dass alle Verunreinigungen entfernt werden. Wenn die Materialien eisenhaltig sind, kann auch eine Entmagnetisierung notwendig sein, um Störungen des Elektronenstrahls zu vermeiden. Eine ordnungsgemäße Vorbereitung ist entscheidend, um Verunreinigungen zu vermeiden, die die Schweißqualität beeinträchtigen könnten.

Nach der Reinigung werden die Teile mithilfe von Vorrichtungen gesichert und auf das CNC-gesteuerte Arbeitsbewegungssystem montiert. Das CNC-System manövriert die Teile in die optimale Position unter dem Elektronenstrahl und kann während des Schweißens dynamische Anpassungen vornehmen. Nachdem die Komponenten gesichert sind, wird die Vakuumkammer versiegelt, und die Luft wird evakuiert, um die notwendige

Vakuumumgebung zu schaffen. Materialien wie Titan erfordern ein höheres Vakuumniveau, um Oxidation während des Schweißens zu verhindern.

Sobald das Vakuum hergestellt ist, wird der Elektronenstrahl auf die Schweißnaht ausgerichtet. Die Leistung und die Parameter des Strahls werden an das Material und das Nahtdesign angepasst, um eine konstante Wärmezufuhr während des gesamten Schweißzyklus zu gewährleisten. Diese Anpassungen können in das CNC-System programmiert werden, um optimale Schweißbedingungen aufrechtzuerhalten.

Nachdem der Strahl ordnungsgemäß konfiguriert ist, beginnt der Schweißzyklus. Die intensive Energie des Elektronenstrahls schmilzt das Material entlang der Nahtlinie und erzeugt eine präzise, tiefe Fusion. Nach Abschluss des Schweißens wird die Kammer wieder unter Druck gesetzt, um den Zugang zu den geschweißten Komponenten zu ermöglichen. Die Teile werden dann aus den Vorrichtungen entfernt, um eine Nachschweißinspektion durchzuführen.

Nach dem Schweißen unterliegen die Komponenten einer gründlichen Inspektion, um die Integrität der Naht sicherzustellen. Zerstörungsfreie Prüfmethoden (NDT), wie fluoreszierende Eindringprüfung, werden häufig eingesetzt, um Oberflächenrisse und -fehler zu erkennen. Auch die radiografische Prüfung kann verwendet werden, um die Schweißnaht intern zu überprüfen. Diese Qualitätskontrollmaßnahmen sind im U-Boot-Bau entscheidend, wo Schweißnähte strengen Sicherheits- und Leistungsstandards genügen müssen, aufgrund der extremen Betriebsbedingungen.

Um erfolgreiche Ergebnisse mit EBW zu erzielen, müssen mehrere Bedingungen erfüllt sein. Der Prozess ist mit einer breiten Palette von Metallen kompatibel, einschließlich hoch- und niedriglegierten Stählen, rostfreiem Stahl, Nickel, Kupferlegierungen und Titan. Er kann auch effektiv unterschiedliche Metalle verbinden, obwohl bestimmte Kombinationen, wie Aluminium mit hochschmelzenden Metallen, variable Ergebnisse liefern können. Da EBW typischerweise kein Füllmaterial verwendet, wird das Nahtdesign entscheidend. Schweißnähte mit planetarischen oder zirkumferentiellen Konfigurationen sind im Allgemeinen am effektivsten, da sie eine gleichmäßige Wärmeverteilung und eine solide Verbindung der Nähte ermöglichen. Ein sorgfältiges Augenmerk auf die Passform der Naht während der Entwurfsphase gewährleistet, dass die Komponenten perfekt ausgerichtet sind, was eine hochwertige Schweißnaht fördert.

Da EBW ein maschinenbasierter Prozess ist, sind häufig Musterprüfungen erforderlich, um die Schweißparameter vor der Serienproduktion zu validieren. Diese Musternaht stellt Basiseinstellungen her, die für die zukünftige Produktion wiederverwendet werden können, um Konsistenz zu gewährleisten.

Die in EBW verwendeten Geräte müssen nahtlos funktionieren, um den Elektronenstrahl zu erzeugen und zu steuern, eine Vakuumumgebung zu schaffen und aufrechtzuerhalten und die präzise Bewegung und Ausrichtung der zu schweißenden Komponenten sicherzustellen. Im Folgenden finden Sie eine detaillierte Erklärung der wichtigsten Werkzeuge und Ausrüstungen, die für EBW erforderlich sind.

Die Elektronenkanone ist das zentrale Element des EBW-Systems. Sie erzeugt den hochgeschwindigkeits Elektronenstrahl, der zum Verschmelzen der Metalle verwendet wird. Die Elektronenkanone enthält eine glühende Kathode, die beim Erhitzen Elektronen emittiert. Diese Elektronen werden mit einer Hochspannungsstromversorgung beschleunigt, die typischerweise zwischen 60 kV und 200 kV liegt. Die Elektronen passieren Anodenplatten und Fokussierungswicklungen, die den Strahl formen und lenken. Diese präzise Kontrolle des Strahls stellt sicher, dass die Energie an der gewünschten Stelle auf der Schweißnaht konzentriert wird.

Eine Vakuumkammer ist für den EBW-Prozess unerlässlich, da sie verhindert, dass atmosphärische Gase den Elektronenstrahl stören und die Schweißnaht kontaminieren. Die Kammer ist versiegelt, und die Luft wird entfernt, um eine Vakuumumgebung zu schaffen. Einige Materialien, wie Titan, erfordern ein hohes Vakuumniveau, um eine saubere Schweißnaht zu gewährleisten. Die Größe der Vakuumkammer kann je nach den zu schweißenden Komponenten variieren. Größere Kammern werden für strukturelle U-Boot-Teile verwendet, während kleinere Kammern für Präzisionsarbeiten an kleineren Komponenten geeignet sind.

Das Werkstückhaltungs- und Vorrichtungssystem ist entscheidend, um die präzise Ausrichtung der Komponenten während des Schweißens aufrechtzuerhalten. Vorrichtungen halten die Teile sicher innerhalb der Vakuumkammer an ihrem Platz, um sicherzustellen, dass sie sich während des Schweißprozesses nicht verschieben. Diese Vorrichtungen sind oft auf CNC-gesteuerten Bewegungssystemen montiert, die präzise lineare und rotatorische Bewegungen ermöglichen und sicherstellen, dass die Komponenten korrekt unter dem Strahl positioniert sind. Das CNC-System kann auch programmiert werden, um die Positionierung während des Schweißens bei komplexen Nahtgeometrien anzupassen.

Eine Stromversorgungseinheit liefert die notwendige elektrische Energie für die Elektronenkanone. Sie muss eine stabile und einstellbare Spannung aufrechterhalten, um eine konsistente Strahlintensität während des gesamten Schweißprozesses zu gewährleisten. Diese Stabilität ist entscheidend, um gleichmäßige Schweißnähte zu produzieren, insbesondere in Anwendungen im U-Boot-Bau, wo die strukturelle Integrität von größter Bedeutung ist. Einige Systeme sind mit Rückkopplungsmechanismen ausgestattet, die die Leistung in Echtzeit überwachen und anpassen, um eine optimale Strahlleistung sicherzustellen.

Strahlüberwachungs- und Steuerungssysteme sind unerlässlich, um die Qualität der Schweißnaht aufrechtzuerhalten. Diese Systeme ermöglichen es dem Bediener, die Strahlparameter wie Fokussierung, Intensität und Ausrichtung während des Schweißprozesses anzupassen. Viele moderne EBW-Systeme beinhalten eine Echtzeitüberwachung, um Abweichungen von den gewünschten Schweißparametern zu erkennen, sodass sofortige Korrekturmaßnahmen ergriffen werden können, um Fehler zu vermeiden.

Ein Kühlsystem ist erforderlich, um die durch den Elektronenstrahl und die Komponenten in der Vakuumkammer erzeugte Wärme zu steuern. Wärmetauscher und Kühlmittel, wie Wasser oder spezielle Kältemittel, werden verwendet, um stabile Betriebstemperaturen aufrechtzuerhalten und eine Überhitzung zu verhindern. Das Kühlsystem sorgt dafür, dass die Elektronenkanone, die Stromversorgung und die geschweißten Komponenten innerhalb sicherer Temperaturgrenzen bleiben.

Zerstörungsfreie Prüfgeräte (NDT) sind entscheidend für die Nachschweißinspektion, insbesondere im U-Boot-Bau, wo die Schweißqualität für die Sicherheit und Leistung von großer Bedeutung ist. Fluoreszierende Eindringprüfung wird häufig eingesetzt, um Oberflächenfehler wie Risse oder Hohlräume zu erkennen. Radiografische Inspektionstechniken können ebenfalls verwendet werden, um unterirdische Mängel zu identifizieren, die die Integrität der Schweißnaht beeinträchtigen könnten.

Bediener und Techniker, die mit EBW arbeiten, müssen persönliche Schutzausrüstung (PPE) tragen. Obwohl der Elektronenstrahl selbst in der Vakuumkammer eingeschlossen ist, bestehen Risiken im Zusammenhang mit Hochspannungsausrüstung und möglicher Strahlenexposition. Die geeignete PPE umfasst Schutzbrillen, isolierte Handschuhe und flammhemmende Kleidung.

Ein Fluxrückgewinnungssystem ist für EBW typischerweise nicht erforderlich, da der Prozess kein Verbrauchsmaterial wie beim traditionellen Lichtbogenschweißen verwendet. Bestimmte spezialisierte EBW-Systeme können jedoch Mechanismen zur Erfassung und Wiederverwertung von während des Schweißprozesses erzeugtem verdampftem Material enthalten, um eine saubere Umgebung in der Vakuumkammer aufrechtzuerhalten.

Hier ist eine detaillierte Schritt-für-Schritt-Anleitung zur Durchführung von EBW, mit besonderem Fokus auf die Anwendung im U-Boot-Bau.

Schritt 1: Vorbereitung und Reinigung der Komponenten

Der erste Schritt besteht darin, die Komponenten gründlich zu reinigen, um Verunreinigungen wie Öle, Fette oder Schmutz zu entfernen, die die Qualität der Schweißnaht beeinträchtigen könnten. Im U-Boot-Bau, wo Schweißnähte korrosionsbeständig sein und hohen Druck standhalten müssen, ist dieser Schritt entscheidend. Bei eisenhaltigen Metallen müssen die Komponenten möglicherweise auch entmagnetisiert werden, um Interferenzen mit dem

Elektronenstrahl während des Schweißens zu vermeiden.
Zu den Reinigungsmethoden gehören chemische Reinigung mit Lösungsmitteln, Ultraschallbäder oder mechanische Reinigung mit abrasiven Materialien. Eine sorgfältige Inspektion stellt sicher, dass die Oberflächen vor dem Schweißen frei von Rückständen sind.

Schritt 2: Montage und Vorrichtung

Die zu schweißenden Komponenten werden sicher eingespannt und innerhalb spezieller Vorrichtungen ausgerichtet. Diese Vorrichtungen sind auf CNC-gesteuerten Systemen montiert, die präzise Bewegungen während des Schweißens ermöglichen. Im U-Boot-Bau werden große und schwere Abschnitte wie Druckhüllen und Tragstrukturen mit hoher Präzision ausgerichtet, um sicherzustellen, dass die Verbindung perfekt passt.
Eine ordnungsgemäße Vorrichtung verhindert, dass sich die Komponenten während des Schweißprozesses verschieben. CNC- Steuerungssysteme können auch so programmiert werden, dass die Ausrichtung der Teile für komplexe Schweißgeometrien angepasst wird, wodurch sichergestellt wird, dass der Elektronenstrahl dem gewünschten Schweißpfad genau folgt.

Schritt 3: Versiegelung und Evakuierung der Vakuumkammer

Sobald die Komponenten geladen und positioniert sind, wird die Vakuumkammer versiegelt und die Luft entfernt, um eine Vakuumumgebung zu schaffen. Das Vakuum verhindert, dass atmosphärische Gase mit dem Elektronenstrahl interagieren und gewährleistet eine saubere Schweißnaht. Das erforderliche Vakuumniveau hängt vom Material ab; beispielsweise benötigen Titan-Komponenten ein höheres Vakuum, um Kontamination zu vermeiden.
Die Evakuierung des Vakuums kann je nach Größe der Kammer mehrere Minuten bis Stunden in Anspruch nehmen.
Eine konstante Vakuumumgebung ist entscheidend, um die Integrität des Elektronenstrahls aufrechtzuerhalten und fehlerfreie Schweißnähte zu gewährleisten.

Schritt 4: Ausrichtung und Anpassung des Strahls

Der Elektronenstrahl wird mit der Naht ausgerichtet und die Schweißparameter werden entsprechend dem Material und der Nahtart angepasst. Die Leistungsstufe, der Strahlfokus und die Vorschubgeschwindigkeit werden basierend auf der Dicke der zu schweißenden Materialien eingestellt. Bei U-Boot-Komponenten stellt eine sorgfältige Kontrolle dieser Parameter sicher, dass die Schweißnaht tief eindringt und gleichzeitig die wärmebeeinflusste Zone minimiert wird.
Echtzeitüberwachungssysteme ermöglichen es den Bedienern, bei Bedarf während des Schweißzyklus den Fokus und die Ausrichtung des Strahls anzupassen, um Präzision während des gesamten Prozesses sicherzustellen.

Schritt 5: Einleitung des Schweißprozesses

Der Schweißzyklus beginnt, sobald der Elektronenstrahl korrekt ausgerichtet und alle Parameter eingestellt sind. Der Elektronenstrahl wird auf die Naht geschossen, wodurch ein kleiner Teil des Materials verdampft und ein Schlüsselloch bildet. Während sich der Strahl entlang der Naht bewegt, fließt geschmolzenes Metall um das Schlüsselloch und erstarrt dahinter, wodurch eine tiefe, schmale Schweißnaht entsteht.
Das CNC-System steuert die Bewegung der Teile und führt sie unter den festen Strahl oder passt die Position des Strahls für komplexe Schweißnähte an. Im U-Boot-Bau ist dieser Schritt entscheidend, um gleichmäßige und fehlerfreie Schweißnähte zu gewährleisten, insbesondere bei Druckhüllen, wo die strukturelle Integrität von größter Bedeutung ist.

Schritt 6: Wiederbeaufschlagung der Kammer und Entfernung der Teile

Nach Abschluss des Schweißens wird die Kammer langsam wieder unter Druck gesetzt, indem Luft zurück in das System geleitet wird. Das geschweißte Teil wird dann aus der Vorrichtung zur Inspektion entfernt. Für große U-Boot-Komponenten unterstützen automatisierte Systeme die Entfernung und den Transport der geschweißten Abschnitte in den Inspektionsbereich.

Schritt 7: Nachschweißinspektion und Prüfung

U-Boot-Schweißnähte unterliegen strengen Inspektionen, um sicherzustellen, dass sie den Qualitäts- und Sicherheitsstandards entsprechen. Zerstörungsfreie Prüfmethoden (NDT) wie fluoreszierende Eindringprüfung, Radiographie oder Ultraschallprüfung werden eingesetzt, um Risse, Hohlräume oder unvollständige Verschmelzung in der Schweißnaht zu erkennen. Besonderes Augenmerk gilt den Schweißnähten der Druckhülle, da diese Verbindungen extremem Unterwasserdruck standhalten müssen, ohne zu versagen. Bei U-Boot-Piping- und Antriebssystemen stellen Inspektionen sicher, dass die Schweißnähte dicht und korrosionsbeständig sind.

Schritt 8: Fertigung und Qualitätssicherung

Sollten bei der Inspektion Mängel festgestellt werden, sind Reparaturen oder Nachschweißungen erforderlich. Sobald die Schweißnähte die Inspektion bestehen, werden die geschweißten Komponenten gereinigt und für die weitere Montage oder den Fertigungsprozess vorbereitet. Die Qualitätssicherungsdokumentation wird erstellt, um zu bestätigen, dass die Schweißnähte alle anwendbaren Standards und Spezifikationen erfüllen, die für den U-Boot-Bau erforderlich sind.

Laserstrahlschweißen (LBW)

Laserstrahlschweißen (LBW) ist eine fortschrittliche Schweißtechnik, die in verschiedenen Branchen, einschließlich U-Boot-Systemen, an Bedeutung gewonnen hat, da sie hochwertige Verbindungen mit minimaler Verzerrung erzeugt. Diese Technik nutzt einen konzentrierten Laserstrahl, um die Metalloberflächen zu schmelzen, was zu einer starken Verbindung führt, während die Wärmeabgabe minimiert wird. Dies ist entscheidend für Anwendungen, bei denen Präzision von größter Bedeutung ist, wie im U-Boot-Bau und bei empfindlichen mechanischen Baugruppen.

Die Präzision des LBW ist besonders vorteilhaft für das Fügen von dünnen Metallblechen und komplizierten Komponenten. Studien zeigen, dass LBW durch eine hohe Energiedichte gekennzeichnet ist, die tiefe und schmale Schweißnähte ermöglicht. Dieses Merkmal reduziert die thermische Verzerrung im Vergleich zu herkömmlichen Schweißmethoden erheblich und macht LBW ideal für Anwendungen, die enge Toleranzen und minimale wärmebeeinflusste Zonen (HAZ) erfordern [411-413]. Beispielsweise haben Untersuchungen gezeigt, dass LBW Verzerrungen in dünnen Blechstrukturen effektiv minimieren kann, was entscheidend für die Erhaltung der Integrität komplexer Baugruppen in elektronischen Systemen ist [414, 415].

Darüber hinaus verbessert die Hochgeschwindigkeitsoperation des LBW die Effizienz und Konsistenz der Herstellung. Die Möglichkeit, den Schweißprozess zu automatisieren, trägt ebenfalls zu seiner Attraktivität in industriellen Anwendungen bei. Die Automatisierung erhöht nicht nur die Produktionsgeschwindigkeit, sondern gewährleistet auch Wiederholbarkeit und Zuverlässigkeit in der Schweißqualität [411, 416]. Die geringe Wärmeabgabe, die mit LBW verbunden ist, ermöglicht eine schnelle Abkühlung der Schweißnaht, was zu verbesserten mechanischen Eigenschaften und reduzierten Restspannungen in den geschweißten Verbindungen führen kann [412, 417]. Dies ist besonders vorteilhaft in der Luft- und Raumfahrt sowie im Verteidigungssektor, wo die Materialleistung entscheidend ist [411, 412].

Zudem wird LBW für seine Vielseitigkeit beim Fügen verschiedener Materialien, einschließlich hochfester Stähle und Aluminiumlegierungen, die häufig im U-Boot-Bau verwendet werden, geschätzt [418, 419]. Die Anpassungsfähigkeit der Technik an unterschiedliche Materialien und Konfigurationen macht sie zu einer bevorzugten Wahl für moderne Fertigungsprozesse, bei denen die Nachfrage nach leichten und starken Komponenten ständig steigt [420].

Laserstrahlschweißen (LBW) spielt eine entscheidende Rolle im U-Boot-Bau, da es hohe Präzision, tiefe Schweißpenetration und minimale Wärmeverzerrung bietet. Diese fortschrittliche Schweißtechnik verwendet einen konzentrierten Laserstrahl, um Materialien zu verschmelzen, was sie ideal für Anwendungen macht, bei denen

Präzision und Festigkeit erforderlich sind. LBW ist besonders wertvoll in der U-Boot-Herstellung aufgrund der strengen Anforderungen an die strukturelle Integrität, Gewichtseinsparung und Korrosionsbeständigkeit. Im Folgenden finden Sie einen detaillierten Überblick über die Anwendung von LBW im U-Boot-Bau.

Laserstrahlschweißen wird häufig beim Bau der inneren und äußeren Rümpfe von U-Booten eingesetzt. Diese Rümpfe müssen extremen Unterwasserdrücken standhalten und über längere Zeiträume korrosionsbeständig sein. LBW wird für bestimmte Abschnitte der Druckhülle bevorzugt, da es schmale, tiefe Schweißnähte mit minimalen wärmebeeinflussten Zonen (HAZ) erzeugt. Diese Präzision verringert das Risiko von Verzerrungen, was entscheidend für die Erhaltung der zylindrischen Form der Druckhülle ist, die für die Widerstandsfähigkeit gegenüber hydrostatischem Druck unerlässlich ist.

Der Prozess ist besonders vorteilhaft beim Fügen von leichten oder spezialisierten Materialien wie Titan, hochfesten Stählen und Nickellegierungen. Diese Materialien werden häufig im U-Boot-Bau aufgrund ihrer hervorragenden Festigkeits-Gewichts-Verhältnisse und Korrosionsbeständigkeit eingesetzt, und LBW gewährleistet fehlerfreie Verbindungen zwischen diesen Metallen.

U-Boote verfügen über komplexe Rohrleitungssysteme, die Flüssigkeiten wie Kühlmittel, Hydraulikflüssigkeiten und Luft transportieren. LBW wird verwendet, um Hochdruckrohre zu schweißen, insbesondere in schwer zugänglichen Bereichen oder für Verbindungen, die minimale interne Störungen erfordern. Die Präzision des Laserschweißens sorgt für leckdichte Verbindungen, wodurch die Wahrscheinlichkeit eines Systemausfalls unter hohem Druck verringert wird.

Da LBW nur wenig Spritzer und minimale innere Grate erzeugt, sorgt es für glatte Innenflächen, die für die Fluiddynamik und zur Verhinderung von Korrosion entscheidend sind. Diese Eigenschaft macht es zur bevorzugten Wahl für das Schweißen von Edelstahl- und Titanrohren, die in hydraulischen und Kühlsystemen verwendet werden.

Die Antriebssysteme von U-Booten umfassen Komponenten wie Propellerwellen, Turbinenbaugruppen und Motorengehäuse, die präzise, hochfeste Schweißnähte erfordern. LBW wird verwendet, um komplexe Komponenten zu verbinden und dabei minimale Verzerrungen zu gewährleisten und die strukturelle Integrität aufrechtzuerhalten. Die Fähigkeit des Laserstrahls zur tiefen Penetration ist besonders nützlich beim Schweißen dicker Metallabschnitte, die in Antriebswellen verwendet werden, um die notwendige Festigkeit zu gewährleisten, um hohen Drehmomentbelastungen standzuhalten.

Laserschweißen wird auch angewendet, um leichte und komplexe Baugruppen aus fortschrittlichen Legierungen, wie titanbasierte Komponenten, die in Tarnantriebssystemen verwendet werden, herzustellen. Diese präzisen Schweißnähte tragen zur Gesamtenergieeffizienz und Geräuschreduzierung des Antriebssystems bei und verbessern das Tarnprofil des U-Bootes.

In modernen U-Booten sind leichte Materialien und fortschrittliche Sensorsysteme entscheidend für die Verbesserung der Leistung. LBW wird verwendet, um empfindliche Komponenten wie Sensoren, elektronische Gehäuse und Anschlüsse zusammenzufügen. Die kontaktlose Natur ermöglicht präzises Fügen, ohne thermische Schäden an empfindlichen Teilen zu verursachen, was es ideal für das Schweißen komplexer elektronischer Baugruppen macht.

Der niedrige Wärmeinput von LBW ist auch vorteilhaft beim Schweißen von strukturellen Elementen, die Sensoren und Verkabelungen integrieren. Dies stellt sicher, dass eingebettete Systeme funktionsfähig bleiben und die umgebenden Materialien ihre mechanischen Eigenschaften behalten, was zur operativen Zuverlässigkeit des U-Bootes beiträgt.

Laserstrahlschweißen bietet mehrere Vorteile im U-Boot-Bau. Es ermöglicht schnelles Schweißen, wodurch die Produktionszeit und die Kosten gesenkt werden. Der minimale Wärmeinput verringert die Wahrscheinlichkeit von Verzug und reduziert den Bedarf an Nachbehandlungen nach dem Schweißen. Darüber hinaus macht die Möglichkeit, LBW zu automatisieren, es geeignet für die großflächige U-Boot-Herstellung und gewährleistet Konsistenz und Präzision über mehrere Schweißnähte hinweg.

Die kontaktlose Natur von LBW ermöglicht auch das Schweißen in engen Räumen, wo andere Schweißtechniken, wie das Lichtbogenschweißen, schwer umzusetzen sein könnten. Diese Vielseitigkeit macht es zu einem wertvollen Werkzeug für Reparaturen und Modifikationen sowohl während der Konstruktion als auch bei Wartungsarbeiten im Betrieb.

Laserstrahlschweißen (LBW) erfordert eine Reihe spezialisierter Werkzeuge und Ausrüstungen, um präzise, qualitativ hochwertige Schweißnähte zu liefern. Dieser Prozess umfasst die Verwendung von konzentrierter Laserenergie zum Fügen von Materialien, was eine sorgfältige Kontrolle über die Schweißumgebung, die Laseroptik und die Werkstücke erfordert, um den Erfolg zu gewährleisten. Im Folgenden finden Sie eine detaillierte Beschreibung der wesentlichen Werkzeuge und Ausrüstungen, die für LBW verwendet werden, insbesondere in anspruchsvollen Anwendungen wie dem U-Boot-Bau.

Die Laserquelle erzeugt den intensiven Lichtstrahl, der zum Schweißen von Materialien verwendet wird. Bei LBW sind gängige Laserquellen CO_2-Laser, Faserlaser und Festkörper-Nd-Laser, die jeweils für bestimmte Anwendungen geeignet sind. CO_2-Laser werden häufig für das großflächige Schweißen von Metallen eingesetzt, während Faserlaser und Nd-Laser hohe Präzision bieten und ideal zum Schweißen komplexer oder empfindlicher Komponenten sind. Diese Laser erzeugen konzentrierte Energie, die eine tiefe Penetration und enge Wärmebeeinflussungszonen ermöglicht und so Verzerrungen minimiert.

Das optische System ist entscheidend für das Fokussieren und Richten des Laserstrahls. Dieses System umfasst Spiegel, Linsen und Fokussierköpfe, die den Strahl auf die Schweißnaht konzentrieren. In einigen Konfigurationen übertragen Glasfaserkabel den Laserstrahl von der Quelle zum Schweißkopf, was Flexibilität beim Zugang zu engen oder abgeschotteten Bereichen bietet. Eine präzise Kontrolle über den Fokus des Strahls stellt sicher, dass die Energie dort konzentriert wird, wo sie benötigt wird, was beim Schweißen von komplizierten oder hochfesten U-Boot-Komponenten von entscheidender Bedeutung ist.

Der Schweißkopf hält die Fokussierlinse und die Düse und lenkt den Laserstrahl auf das Werkstück. Die Düse liefert auch Schutzgas, um die Kontamination des Schweißbeckens zu verhindern und die Laseroptik vor Spritzern zu schützen. In Anwendungen für U-Boote, in denen Präzision von größter Bedeutung ist, wird der Schweißkopf häufig an Robotergliedern oder Portalsystemen montiert, um eine konsistente Schweißqualität über komplexe Geometrien hinweg zu gewährleisten.

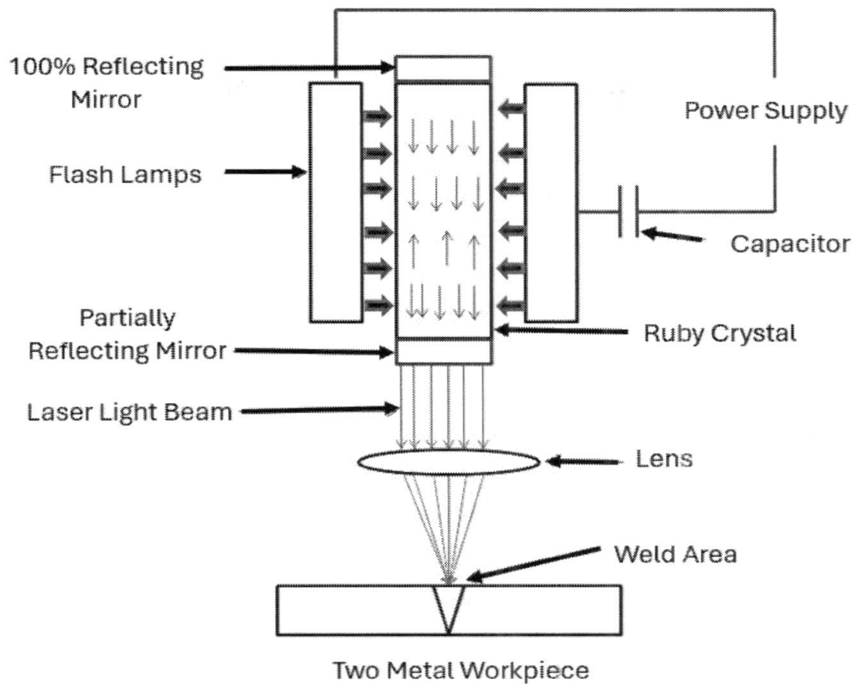

Abbildung 113: Schema des Laserstrahlschweißprozesses.

Abschirmgase wie Argon, Helium oder Stickstoff werden verwendet, um das Schmelzbad vor atmosphärischer Verunreinigung zu schützen. Die Wahl des Gases hängt vom zu schweißenden Material ab. Beispielsweise wird Argon häufig für Edelstahl verwendet, während Helium bei dickeren Materialien für eine tiefere Durchdringung sorgt. Im U-Boot-Bau spielt das Abschirmgas eine entscheidende Rolle bei der Vermeidung von Oxidation und sorgt dafür, dass die Schweißnähte korrosionsbeständig sind.

Eine präzise Ausrichtung der zu schweißenden Komponenten ist entscheidend für die Erzielung hochwertiger Verbindungen. Spannvorrichtungen und Klemmsysteme werden verwendet, um die Werkstücke während des Schweißprozesses an Ort und Stelle zu halten und Bewegung zu verhindern. In automatisierten Setups manövrieren CNC-gesteuerte Positionierungssysteme oder Roboterarme die Komponenten unter den Laserstrahl. Diese Systeme sind besonders im U-Boot-Bau wichtig, da eine präzise Ausrichtung die Integrität von Druckrümpfen und Strukturkomponenten gewährleistet.

Die Laser- und optischen Komponenten erzeugen während des Betriebs erhebliche Wärme, sodass eine effiziente Kühlung erforderlich ist, um die Leistung aufrechtzuerhalten und Schäden zu verhindern. Wasserkühlsysteme werden häufig für Hochleistungslaser eingesetzt, um die Temperatur zu regulieren. Das Kühlsystem verhindert zudem eine Überhitzung des Schweißkopfs und der Optik und stellt sicher, dass die Strahlqualität während des gesamten Schweißprozesses konstant bleibt.

Das Bedienfeld ermöglicht es den Betreibern, Schweißparameter wie Laserleistung, Impulsdauer und Schweißgeschwindigkeit einzustellen und zu überwachen. Moderne LBW-Systeme sind mit Echtzeit-Überwachungsfunktionen ausgestattet, die Anpassungen während des Schweißvorgangs ermöglichen, um die Qualität zu gewährleisten. Im U-Boot-Bau ist eine präzise Steuerung der Parameter entscheidend, um Fehler zu vermeiden und sicherzustellen, dass die Schweißnähte die strengen Sicherheitsstandards erfüllen.

LBW erzeugt Dämpfe und Partikel, die aus dem Arbeitsbereich entfernt werden müssen, um ein sicheres Umfeld zu gewährleisten. Absaugsysteme fangen diese Emissionen ein und filtern sie, um die Arbeiter zu schützen und eine Kontamination empfindlicher Komponenten zu verhindern. Im U-Boot-Bau, wo das Schweißen häufig in engen Räumen stattfindet, ist die Absaugung entscheidend, um die Luftqualität aufrechtzuerhalten.

Obwohl LBW nicht das intensive Licht erzeugt, das mit herkömmlichen Schweißverfahren verbunden ist, ist dennoch die Verwendung geeigneter persönlicher Schutzausrüstung (PSA) erforderlich. Die Bediener tragen laserschutzgerechte Schutzbrillen, die für die spezifische Wellenlänge des verwendeten Lasers ausgelegt sind. Darüber hinaus sind Handschuhe, flammhemmende Kleidung und Atemschutz wichtig, insbesondere bei Arbeiten in U-Boot-Umgebungen, wo das Schweißen oft in geschlossenen Räumen erfolgt.

Die durch LBW erzeugten Schweißnähte müssen strengen Prüfungen unterzogen werden, um sicherzustellen, dass sie die erforderlichen Qualitätsstandards erfüllen. Visuelle Inspektionswerkzeuge wie Lupen werden verwendet, um Oberflächenfehler zu erkennen. Zerstörungsfreie Prüfverfahren (NDT), einschließlich Ultraschallprüfung und Radiographie, dienen der Erkennung innerer Fehler. Im U-Boot-Bau sind diese Inspektionen entscheidend, um sicherzustellen, dass Schweißnähte in Druckrümpfen, Rohrleitungssystemen und Strukturrahmen den rauen Unterwasserbedingungen standhalten können.

Das Lasersystem benötigt eine stabile Stromversorgung, um effizient zu arbeiten. Hochleistungslaser erfordern eine erhebliche elektrische Zufuhr, und spezielle Stromversorgungseinheiten regulieren Spannung und Stromstärke, um eine gleichmäßige Laserleistung zu gewährleisten. Im U-Boot-Bau sorgen zuverlässige Stromversorgungen für einen unterbrechungsfreien Schweißvorgang und minimieren das Risiko von Fehlern, die durch Stromschwankungen verursacht werden.

Viele moderne LBW-Systeme integrieren Automatisierung zur Verbesserung von Präzision und Effizienz. CNC-Software steuert Roboterarme und Positionierungssysteme und stellt sicher, dass die Schweißnähte präzise und konsistent sind. Automatisiertes Schweißen ist besonders nützlich bei großen U-Boot-Komponenten wie Rumpfabschnitten, bei denen manuelles Schweißen arbeitsintensiv und zeitaufwendig wäre. Programmierbare Systeme ermöglichen auch wiederholbare Schweißnähte und verringern das Risiko menschlicher Fehler.

Bei bestimmten LBW-Verfahren, insbesondere solchen mit hochreaktiven Metallen wie Titan, kommen Vakuumkammern zum Einsatz, um Oxidation zu verhindern. Auch wenn dies nicht immer erforderlich ist, werden Vakuumkammern im U-Boot-Bau manchmal eingesetzt, wenn kritische Komponenten geschweißt werden müssen, die frei von Verunreinigungen sein müssen. Diese Kammern bieten eine inerte Umgebung und gewährleisten höchste Schweißqualität für empfindliche Bauteile.

Der folgende Ablauf beschreibt den Schritt-für-Schritt-Prozess für das Laserstrahlschweißen (LBW), angepasst an die Anforderungen des U-Boot-Baus:

Schritt 1: Vorbereitung der Werkstücke

Vor dem Schweißen müssen die Metallkomponenten gereinigt werden, um Verunreinigungen wie Öl, Fett, Schmutz und Oxidschichten zu entfernen. Dies kann durch chemische Reinigung oder mechanisches Schleifen erreicht werden. Im U-Boot-Bau ist eine präzise Vorbereitung entscheidend, da Verunreinigungen die Festigkeit und Korrosionsbeständigkeit kritischer Verbindungen wie Druckrümpfe oder Rohrleitungssysteme beeinträchtigen könnten.
Falls erforderlich, werden die Werkstücke entmagnetisiert, um Störungen des Laserstrahls zu vermeiden. Die Teile werden ebenfalls auf Ausrichtung und Passgenauigkeit überprüft, da LBW enge Fugen für optimale Ergebnisse erfordert.

Schritt 2: Befestigung und Ausrichtungsaufbau

Die Werkstücke werden mit speziellen Klemmen, Vorrichtungen oder Halterungen fixiert, um Bewegungen während des Schweißens zu verhindern. U-Boot-Komponenten, wie Abschnitte des Druckrumpfes, erfordern oft robuste Halterungen, um die richtige Ausrichtung sicherzustellen und präzise Verbindungen zu gewährleisten. Automatisierte Positionierungssysteme, wie Roboterarme oder CNC-gesteuerte Plattformen, werden häufig eingesetzt, um den Laser genau entlang der Schweißnaht zu führen.

Schritt 3: Auswahl der Laserparameter und Schutzgas

Der Bediener stellt die Laserparameter ein, einschließlich Laserleistung, Pulsdauer, Strahlfokus und Schweißgeschwindigkeit, je nach Materialart, Dicke und Fugenform. Im U-Boot-Bau, wo Materialien wie Edelstahl, Titan und Nickellegierungen üblich sind, ist die Feinabstimmung dieser Parameter entscheidend, um Defekte zu vermeiden.

Ein Schutzgas, typischerweise Argon, Helium oder Stickstoff, wird ausgewählt, um das geschmolzene Schweißbad vor Oxidation zu schützen. Dieser Schritt ist besonders wichtig für U-Boot-Komponenten, die dem Meerwasser ausgesetzt sind und daher korrosionsbeständig sein müssen.

Schritt 4: Kalibrierung und Strahlausrichtung

Der Laserstrahl wird sorgfältig auf die Fuge ausgerichtet, um eine präzise Zielerfassung zu gewährleisten. Für U-Boot-Anwendungen muss die Ausrichtung auf Mikrometerebene genau sein, insbesondere beim Schweißen empfindlicher Komponenten wie Rohrleitungssysteme oder Sensorgehäuse. Testschweißungen werden oft an Probenmaterialien durchgeführt, um die Einstellungen und Ausrichtung zu überprüfen, bevor das eigentliche Schweißen beginnt.

Schritt 5: Erstellung der Schweißnaht

Sobald die Ausrichtung bestätigt ist, startet der Bediener den Laser-Schweißprozess. Der hochintensive Laserstrahl schmilzt das Metall entlang der Naht, wodurch ein geschmolzenes Schweißbad entsteht. Im U-Boot-Bau können je nach Art der Fuge und des Materials kontinuierliche oder gepulste Lasermodi verwendet werden.

Falls automatisierte Systeme eingesetzt werden, führt der CNC- oder Robotercontroller den Laser präzise entlang der Fuge und kontrolliert dabei die Geschwindigkeit und Positionierung. Die Energie des Lasers wird auf eine kleine Fläche konzentriert, was den Wärmeeinflussbereich minimiert und das Risiko von Verformungen reduziert – besonders wichtig für Komponenten wie Rumpfabschnitte.

Schritt 6: Überwachung des Schweißprozesses

Während des Schweißens überwachen Sensoren und Kameras das Schweißbad und die Strahlführung, um Konsistenz sicherzustellen. Automatisierte Systeme können die Parameter in Echtzeit anpassen, um die Schweißqualität aufrechtzuerhalten. Im U-Boot-Bau ist die Echtzeitüberwachung entscheidend, um Unregelmäßigkeiten zu erkennen, die die strukturelle Integrität der Komponente beeinträchtigen könnten.

Schritt 7: Nachkühlung und Reinigung

Nach dem Schweißen wird die Komponente natürlich abgekühlt. Das Schutzgas fließt weiter, bis das Schweißbad erstarrt ist, um Oxidation zu verhindern. Im U-Boot-Bau ist eine ordnungsgemäße Kühlung entscheidend, um Restspannungen zu vermeiden und die Langlebigkeit der Schweißnaht zu gewährleisten.

Nach dem Abkühlen werden verbleibende Schlacke, Spritzer oder Oxidschichten mit Drahtbürsten oder chemischen Reinigungsmitteln entfernt, um sicherzustellen, dass die Schweißnaht glatt und fehlerfrei ist.

Schritt 8: Inspektion und Zerstörungsfreie Prüfung (NDT)

Jede Schweißnaht im U-Boot-Bau wird gründlich geprüft, um ihre Qualität zu gewährleisten. Zerstörungsfreie Prüfverfahren (NDT) wie Ultraschallprüfung (UT) und Radiographie werden verwendet, um innere Fehler wie Risse oder

Hohlräume zu erkennen. Für Oberflächeninspektionen kann auch eine fluoreszierende Eindringprüfung eingesetzt werden. Diese Prüfungen sind unerlässlich, um sicherzustellen, dass kritische Schweißnähte, insbesondere bei Druckrümpfen und Hochdrucksystemen, den strengen Sicherheits- und Leistungsstandards entsprechen.

Schritt 9: Reparaturen und Anpassungen (falls erforderlich)

Wenn bei der Inspektion Defekte festgestellt werden, werden Korrekturmaßnahmen ergriffen. Kleinere Oberflächenunregelmäßigkeiten können durch Schleifen und Nachschweißen behoben werden, während erhebliche Mängel eine Neuschweißung der gesamten Fuge erfordern könnten. Im U-Boot-Bau sind diese Reparaturen entscheidend, um die Betriebssicherheit und Zuverlässigkeit des Fahrzeugs zu gewährleisten.

Schritt 10: Dokumentation und Qualitätskontrolle

Der letzte Schritt umfasst die Dokumentation des Schweißprozesses, einschließlich der verwendeten Parameter, Inspektionsergebnisse und durchgeführten Reparaturen. Diese Dokumentation ist unerlässlich für die Qualitätskontrolle und Rückverfolgbarkeit und stellt sicher, dass das U-Boot die behördlichen und sicherheitsrelevanten Standards erfüllt.

Punktschweißen

Das Punktschweißen (Resistance Spot Welding, RSW) ist eine weit verbreitete Technik zum Verbinden dünner Metallbleche und interner Komponenten in verschiedenen Anwendungen, einschließlich des U-Boot-Baus. Das Verfahren besteht darin, zwei Metalloberflächen zusammenzupressen, während ein elektrischer Strom durch sie fließt. Dabei entsteht durch den elektrischen Widerstand Wärme, die eine Schweißverbindung formt. Diese Methode eignet sich besonders gut für die Montage nicht-struktureller Komponenten und elektrischer Gehäuse, da sie schnell und effizient ist, was sie in hochvolumigen Produktionsumgebungen zur bevorzugten Wahl macht [421, 422].

Die Wirksamkeit des Punktschweißens bei der Herstellung zuverlässiger Verbindungen wird durch seine Anwendung in der Automobil- und Luftfahrtindustrie unterstrichen, wo es für die Herstellung von Blechbaugruppen eingesetzt wird [423, 424]. Obwohl RSW üblicherweise nicht für kritische Rumpfabschnitte von U-Booten verwendet wird, spielt es eine wichtige Rolle bei der Montage interner Systeme, die starke und zuverlässige Verbindungen erfordern. Die Fähigkeit des Verfahrens, robuste Verbindungen zu schaffen, wird durch die Optimierung der Schweißparameter wie Strom, Zeit und Elektrodenkraft erhöht, welche die mechanischen Eigenschaften der Schweißverbindungen erheblich beeinflussen [422, 425].

Darüber hinaus ermöglicht die Anpassungsfähigkeit des Punktschweißens an die Automatisierung eine gleichbleibende Qualität in der Massenproduktion, was für die Herstellung komplexer interner Komponenten in U-Booten entscheidend ist [426]. Die schnelle Durchführung und die geringen Anforderungen an die Fertigkeiten tragen ebenfalls zur weit verbreiteten Akzeptanz in Industrien bei, die hohe Effizienz und Zuverlässigkeit verlangen [427]. Herausforderungen wie die Notwendigkeit einer präzisen Steuerung der Schweißparameter und das Potenzial für inkonsistente Schweißqualität aufgrund der Komplexität des Verfahrens müssen jedoch angegangen werden, um eine optimale Leistung zu gewährleisten [428].

Im U-Boot-Bau ist das Punktschweißen besonders nützlich zum Verbinden von Blechkonstruktionen, kleineren Komponenten und komplexen Baugruppen, bei denen Präzision und Effizienz erforderlich sind. Es wird in Bereichen eingesetzt, die keine tiefen Schweißnähte erfordern, wie nicht-strukturelle Rahmungen, Inneneinbauten und Gerätehalterungen.

1. **Rumpf-Unterstrukturen und Innenpaneele**: RSW wird angewendet, um Sekundärstrukturen wie Paneele, Rahmen und Schotten an den Innenflächen des Druckrumpfes zu befestigen. Diese Komponenten bieten Verstärkung, Unterstützung und Montagepunkte für die Ausrüstung im Inneren des U-Bootes. Da RSW

minimale Verzerrungen verursacht, bleibt die präzise Form und Ausrichtung dieser Paneele und Rahmen erhalten.

2. **Elektrische Ausrüstung und Schalttafeln**: U-Boote enthalten verschiedene elektrische Systeme und Schalttafeln, die stabile und leitfähige Verbindungen erfordern. RSW wird zur Montage von Gehäusen, Metallgehäusen und Steckverbindungen in diesen Systemen verwendet. Es gewährleistet eine gute elektrische Leitfähigkeit und schafft starke mechanische Verbindungen, die für den zuverlässigen Betrieb in Unterwasserumgebungen entscheidend sind.

3. **Hydraulik- und Pneumatikkomponenten**: RSW wird für die Herstellung von Teilen hydraulischer und pneumatischer Systeme verwendet, die innerhalb von U-Booten eingesetzt werden. Dünnwandige Rohre und Fittings werden punktgeschweißt, um Lecks zu minimieren und die Integrität der Hochdrucksysteme zu erhalten. Dieses Schweißverfahren sorgt für sichere Verbindungen, ohne übermäßige Wärme einzuführen, die empfindliche Teile verformen oder schwächen könnte.

4. **Montage von Luftversorgungssystemen und Lüftungskanälen**: Das Innere eines U-Bootes erfordert Luftversorgungssysteme und Belüftungskanäle für die Sicherheit der Besatzung und die Kühlung der Ausrüstung. RSW eignet sich ideal zum Schweißen der Blechkomponenten dieser Systeme, da es luftdichte Verbindungen erzeugt, die erforderlich sind, um den Luftstrom aufrechtzuerhalten und Lecks zu verhindern, selbst unter den anspruchsvollen Bedingungen eines getauchten Fahrzeugs.

5. **Montagepunkte und Halterungen für Ausrüstung**: RSW wird häufig verwendet, um Halterungen, Montagepunkte und Klammern zur Befestigung von Ausrüstung, Verkabelung und Rohrleitungen anzubringen. Dies hilft sicherzustellen, dass kritische Systeme stabil bleiben, selbst während Manövern oder unter Hochdruckbedingungen. Der Einsatz von Punktschweißen für diese Komponenten verkürzt die Montagezeit und verbessert die Effizienz während des Baus.

RSW bietet mehrere Vorteile für den U-Boot-Bau. Der Prozess ist schnell und effizient und kann mehrere Schweißpunkte in rascher Folge erstellen. Er erzeugt minimale Wärme, was das Risiko thermischer Verzerrungen verringert und die mechanischen Eigenschaften der Grundmaterialien bewahrt. Darüber hinaus erfordert RSW keine Zusatzmaterialien, was zu sauberen Schweißnähten mit minimalem Oberflächenvorbereitungs- und Nachbearbeitungsaufwand führt.

Im U-Boot-Bau sind die Präzision und Wiederholbarkeit des Punktschweißens (RSW) von wesentlicher Bedeutung. Automatisierte Punktschweißsysteme können programmiert werden, um gleichmäßige Schweißnähte herzustellen und so eine Einheitlichkeit in den Baugruppen sicherzustellen. Darüber hinaus erzeugt RSW lokal begrenzte Wärme, was es besonders geeignet für enge Räume macht, wie sie in U-Boot-Abteilen und Schalttafeln vorkommen.

Das Widerstandspunktschweißen (RSW) basiert auf spezialisierten Werkzeugen und Ausrüstungen, um durch die Anwendung von elektrischem Strom und Druck präzise Schweißverbindungen zu erzeugen. Diese Komponenten arbeiten zusammen, um effiziente und zuverlässige Schweißnähte für dünne Metallbaugruppen zu schaffen, wodurch sich RSW ideal für verschiedene Anwendungen eignet, einschließlich des U-Boot-Baus. Jedes einzelne Ausrüstungsteil spielt eine entscheidende Rolle für die Qualität und Festigkeit der Schweißnähte und stellt sicher, dass sie den strengen Anforderungen an Unterwasserumgebungen gerecht werden.

Der RSW-Prozess erfordert eine robuste Stromquelle, um den notwendigen elektrischen Strom zu liefern. Ein Transformator reduziert dabei die Hochspannung des Eingangs auf eine Niederspannung mit hoher Stromstärke, die für das Punktschweißen geeignet ist. Der im RSW verwendete Strom kann von mehreren hundert bis zu tausenden Ampere reichen, je nach Materialdicke und Fugenform. Im U-Boot-Bau werden oft programmierbare Stromversorgungen verwendet, um die Schweißstromdauer und -intensität präzise zu steuern und so bei mehreren Schweißnähten konstante Ergebnisse zu erzielen.

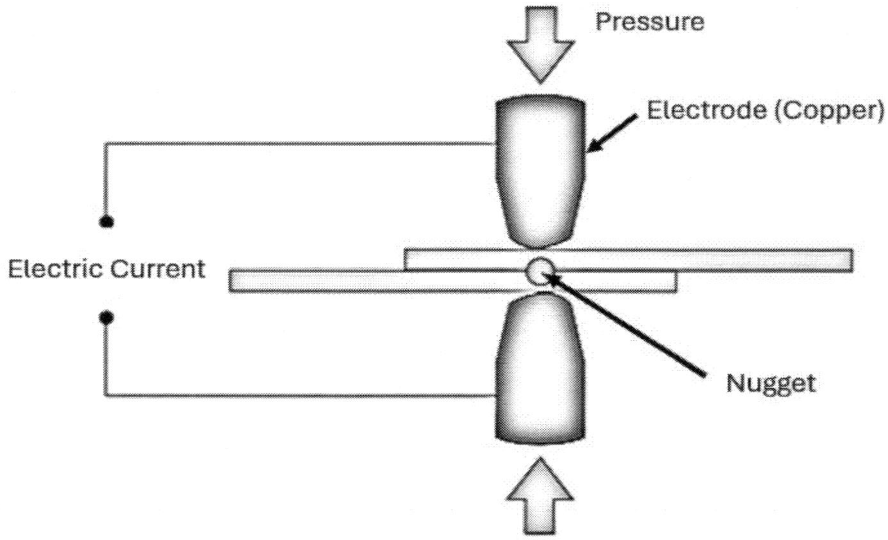

Abbildung 114: Schematische Darstellung des Widerstandspunktschweißprozesses.

Die in der Widerstandspunktschweißung (RSW) verwendeten Elektroden erfüllen zwei Aufgaben: Sie üben mechanischen Druck auf die Werkstücke aus und leiten elektrischen Strom zur Schweißzone. Elektroden bestehen in der Regel aus Kupfer oder Kupferlegierungen aufgrund ihrer hervorragenden Leitfähigkeit und Verschleißfestigkeit. In U-Boot-Anwendungen können die Elektroden spezielle Formen haben—wie flache, gewölbte oder spitze Spitzen—um verschiedene Fugenformen zu berücksichtigen und einen ordnungsgemäßen Kontakt mit den Werkstücken sicherzustellen. Oft werden wassergekühlte Elektroden verwendet, um Überhitzung zu verhindern und kontinuierliches Schweißen ohne Beeinträchtigung der Schweißqualität zu ermöglichen.

Elektrodenhalter und -arme stützen die Schweißelektroden und gewährleisten die Ausrichtung während des gesamten Schweißprozesses. Sie sind verstellbar, um sicherzustellen, dass die Elektroden korrekt über der Fuge positioniert sind. Diese Komponenten müssen auch robust und langlebig sein, um dem für jede Schweißnaht erforderlichen mechanischen Druck standzuhalten. Beim U-Boot-Bau, wo der Zugang zu bestimmten Teilen möglicherweise begrenzt ist, werden manchmal spezialisierte Arme oder Robotersysteme eingesetzt, um die Reichweite der Schweißgeräte zu erweitern.

Der Schweißzeitgeber und die Steuereinheit sind entscheidend für die Regulierung der Dauer und des Ablaufs des Schweißprozesses. Sie steuern die Anwendung von Strom und Druck, sodass jede Schweißnaht in ihrer Festigkeit und Erscheinung konsistent ist. Beim U-Boot-Bau werden oft programmierbare Steuerungen verwendet, um Schweißparameter für verschiedene Materialien und Fügungstypen zu speichern und wiederholbare Ergebnisse über große Baugruppen hinweg zu ermöglichen. Einige Systeme integrieren zudem eine Echtzeitüberwachung, um Parameter während des Schweißvorgangs anzupassen und Defekte zu verhindern.

RSW erzeugt aufgrund des hohen elektrischen Stroms, der durch die Werkstücke fließt, erhebliche Hitze. Ein Kühlsystem ist unerlässlich, um zu verhindern, dass die Elektroden, Halter und der Transformator während langer Schweißvorgänge überhitzen. Wassergekühlte Elektroden und Transformatoren werden häufig verwendet, um die

Betriebstemperatur der Geräte aufrechtzuerhalten. Beim U-Boot-Bau ist das Kühlsystem besonders wichtig, da oft kontinuierlich an großen Baugruppen gearbeitet wird, die zahlreiche Punktnähte erfordern.

Eine ordnungsgemäße Ausrichtung und der richtige Druck sind für den Erfolg der RSW entscheidend. Spannmechanismen, wie pneumatische oder hydraulische Klemmen, halten die Werkstücke während des Schweißens fest zusammen, um sicherzustellen, dass das geschmolzene Metall eine starke Verbindung bildet. Zur Stabilisierung und Ausrichtung der Komponenten können auch Vorrichtungen verwendet werden, insbesondere im U-Boot-Bau, wo Präzision entscheidend ist. Diese Vorrichtungen verhindern Bewegungen während des Schweißprozesses und sorgen dafür, dass jede Schweißnaht korrekt positioniert ist.

In großangelegten Betrieben, einschließlich des U-Boot-Baus, werden häufig Roboterarme und automatisierte Schweißsysteme für die RSW eingesetzt. Diese Systeme können mehrere Schweißpunkte mit hoher Präzision und Konsistenz ausführen und so die Wahrscheinlichkeit menschlicher Fehler verringern. Automatisierte Systeme sind besonders nützlich für das Schweißen von sich wiederholenden oder komplexen Baugruppen wie Blechpaneelen und inneren Stützkonstruktionen und verbessern die Effizienz bei gleichzeitiger Sicherstellung der Schweißqualität.

Obwohl RSW normalerweise keine Zusatzmaterialien erfordert, ist es wichtig, die Werkstücke frei von Verunreinigungen zu halten, um die Schweißqualität sicherzustellen. Reinigungstools, wie Drahtbürsten und Entfettungsmittel, werden verwendet, um die Metalloberflächen vor dem Schweißen vorzubereiten. Beim U-Boot-Bau ist die Oberflächenvorbereitung besonders wichtig, da jede Verunreinigung die Festigkeit und Korrosionsbeständigkeit der Schweißnaht beeinträchtigen und zu potenziellen Ausfällen im Betrieb führen könnte.

Der folgende Leitfaden beschreibt Schritt für Schritt den Prozess des Widerstandspunktschweißens (RSW) in der U-Boot-Konstruktion:

Schritt 1: Vorbereitung der Werkstücke

Eine gründliche Oberflächenvorbereitung ist entscheidend für eine starke Punktschweißverbindung. In der U-Boot-Konstruktion bestehen die Werkstücke oft aus Stahl oder hochfesten Legierungen, und jegliche Kontamination kann die Schweißqualität beeinträchtigen.

- **Oberflächen reinigen**: Entfernen Sie Schmutz, Rost, Farbe oder andere Verunreinigungen mit Drahtbürsten, Entfettungsmitteln oder Schleifwerkzeugen.
- **Richtige Ausrichtung sicherstellen**: Richten Sie die zu schweißenden Bleche oder Komponenten präzise aus. Vorrichtungen und Klemmen können erforderlich sein, um die exakte Ausrichtung zu gewährleisten, insbesondere bei großen Rumpfabschnitten.

Diese sorgfältige Vorbereitung verbessert die elektrische Leitfähigkeit und verringert die Wahrscheinlichkeit von Schweißfehlern.

Schritt 2: Einrichtung der Schweißausrüstung

Für qualitativ hochwertige Schweißverbindungen erfordert RSW eine gut kalibrierte Stromquelle, präzise Steuerungssysteme und geeignete Elektroden.

- **Wählen Sie die richtigen Leistungsparameter**: Passen Sie Strom und Spannung des Schweißgeräts an die Art und Dicke des Materials an. Komponenten für U-Boote erfordern häufig höhere Ströme, um dicke Stahlabschnitte effektiv zu schweißen.
- **Wählen Sie die passende Elektrode**: In der U-Boot-Konstruktion werden oft Kupferlegierungselektroden verwendet, um die elektrische Leitfähigkeit zu gewährleisten und Verschleiß zu minimieren.

- **Installieren Sie Kühlsysteme**: Verwenden Sie wassergekühlte Elektroden und Transformatoren, um Überhitzung bei kontinuierlichem Schweißen großer Baugruppen zu vermeiden.

Schritt 3: Positionierung der Komponenten

Eine korrekte Positionierung ist besonders wichtig für das Schweißen von U-Boot-Strukturen, die extremem Unterwasserdruck standhalten müssen.

- **Verwenden Sie Spannsysteme**: Pneumatische oder hydraulische Klemmen werden verwendet, um die Metallkomponenten fest zusammenzuhalten und minimale Lücken sicherzustellen.

- **Einsatz von Vorrichtungen oder Roboterarmen**: In komplexen Baugruppen oder beengten Bereichen innerhalb des U-Boots positionieren automatisierte Systeme die Schweißelektroden präzise und sorgen für konsistente Schweißqualität.

Schritt 4: Start des Schweißprozesses

Sobald die Komponenten sicher positioniert sind, kann der Schweißzyklus beginnen. Dieser Schritt erfordert die präzise Steuerung von Strom, Druck und Zeit.

- **Elektroden absenken**: Die oberen und unteren Elektroden werden in Kontakt mit den Werkstücken gebracht, wodurch mechanischer Druck ausgeübt wird, um eine feste Verbindung zu gewährleisten.

- **Strom aktivieren**: Ein hoher elektrischer Strom fließt durch die Elektroden und erzeugt durch Widerstand an der Kontaktstelle zwischen den Blechen Wärme. Diese schmilzt das Metall an der Schnittstelle und bildet einen Schweißpunkt.

- **Schweißzeit steuern**: In der U-Boot-Konstruktion werden programmierbare Schweißzeitgeber verwendet, um eine gleichmäßige Wärmezufuhr sicherzustellen und Über- oder Unterschweißung zu vermeiden, die die Festigkeit des Schweißpunkts beeinträchtigen könnte.

Schritt 5: Abkühlen und Elektrode freigeben

Nach dem Abschalten des Schweißstroms kühlt das geschmolzene Metall schnell unter Druck ab und bildet eine feste Verbindung.

- **Druck während des Abkühlens beibehalten**: Der Druck auf die Schweißnaht wird während des Abkühlens aufrechterhalten, sodass der Schweißpunkt ordnungsgemäß erstarrt und eine starke, gleichmäßige Verbindung entsteht.

- **Elektroden freigeben**: Sobald die Schweißnaht erstarrt ist, werden die Elektroden angehoben, und das Werkstück ist bereit für die Inspektion.

Schritt 6: Inspektion der Schweißnähte

Eine Inspektion ist in der U-Boot-Konstruktion unerlässlich, um sicherzustellen, dass jede Schweißnaht dem Unterwasserdruck und extremen Bedingungen standhalten kann.

- **Visuelle Inspektion**: Überprüfen Sie auf sichtbare Mängel wie Risse, unebene Oberflächen oder unvollständige Verschmelzung.

- **Zerstörungsfreie Prüfung (ZfP)**: Verwenden Sie Ultraschallprüfungen (UT) oder radiografische Methoden, um innere Fehler zu erkennen, die die Integrität der Schweißnaht beeinträchtigen könnten.

Schritt 7: Nachbehandlung und Reinigung der Schweißnaht

Alle verbleibenden Rückstände müssen entfernt werden, um die Korrosionsbeständigkeit und strukturelle Integrität des U-Bootes zu erhalten.

- **Schweißbereich reinigen**: Verwenden Sie Drahtbürsten oder Schleifwerkzeuge, um die Schweißoberfläche zu glätten.
- **Schutzbeschichtungen auftragen**: In der U-Boot-Konstruktion werden oft Schutzbeschichtungen auf Schweißverbindungen aufgetragen, um Korrosion durch Salzwasser zu verhindern.

Schritt 8: Durchführung von Reparaturen (falls erforderlich)

Sollten während der Inspektion Mängel festgestellt werden, müssen Reparaturen durchgeführt werden, um strenge Sicherheitsstandards zu erfüllen.

- **Defekte Bereiche erneut schweißen**: Falls nötig, werden die fehlerhaften Schweißnähte ausgeschliffen und mit RSW oder anderen geeigneten Methoden erneut geschweißt.
- **Reparierte Schweißnähte erneut inspizieren**: Stellen Sie sicher, dass die reparierten Bereiche den erforderlichen Qualitätsstandards entsprechen, bevor fortgefahren wird.

Besondere Überlegungen für den U-Boot-Bau

Im U-Boot-Bau ist das Widerstandspunktschweißen (RSW) besonders nützlich, um dünne Stahlbleche, interne Rahmenstrukturen und Komponenten zu verbinden, die hohe Präzision erfordern. Die beengten Räume und komplexen Geometrien erfordern äußerste Sorgfalt.

- **Einsatz von Roboterarmen**: Automatisierte Systeme erleichtern den Zugang zu engen Bereichen innerhalb des U-Bootes, wie Ballasttanks oder Abteilen.
- **Kühlsysteme**: Durchgehende Wasserkühlung stellt sicher, dass das Equipment bei langen Schweißsitzungen nicht überhitzt.
- **Strikte Qualitätskontrolle**: Aufgrund der kritischen Rolle von U-Booten muss jede Schweißnaht strengen Prüfungen unterzogen werden, um Zuverlässigkeit und Einhaltung der Sicherheitsstandards sicherzustellen.

Zerstörungsfreie Prüfung und Qualitätskontrolle

Angesichts der extremen Bedingungen, in denen U-Boote operieren, wird jede geschweißte Verbindung einer strengen zerstörungsfreien Prüfung (NDT) unterzogen, um sicherzustellen, dass keine Defekte vorhanden sind, die die Leistung beeinträchtigen könnten. Aufgrund der Unterwasserbeschaffenheit und des hohen Drucks, dem U-Boote ausgesetzt sind, erfordert jede Schweißnaht höchste Präzision. Selbst kleinste Unvollkommenheiten in den Verbindungen könnten in tiefen Gewässern zu katastrophalen Ausfällen führen. Daher sind umfassende Inspektionstechniken entscheidend, um innere Hohlräume, Risse oder Fehlstellungen innerhalb der Schweißnähte zu identifizieren.

Röntgenprüfung ist eine wichtige Methode der zerstörungsfreien Prüfung, die zur Erkennung innerer Mängel eingesetzt wird, die mit bloßem Auge nicht sichtbar sind. Durch das Durchleuchten der Schweißverbindung mit Röntgenstrahlen entsteht ein detailliertes Bild, das Unvollkommenheiten wie Porosität, Einschlüsse oder unvollständige Verschmelzung aufzeigt. Diese Methode ist besonders effektiv für die Inspektion dicker Abschnitte des Druckkörpers und stellt sicher, dass die Schweißnähte den strengen Anforderungen für den Tiefseeeinsatz entsprechen. Die radiografische Prüfung ermöglicht es den Prüfern, die innere Qualität zu beurteilen, ohne die Schweißnaht zu beeinträchtigen oder eine Demontage zu erfordern, was sie zu einem wertvollen Werkzeug für die Effizienz im U-Boot-Bau macht.

Ultraschallprüfung (UT) ist eine weitere wichtige Technik bei der Schweißnahtinspektion im U-Boot-Bau. Dieses Verfahren nutzt hochfrequente Schallwellen, die in das geschweißte Material eindringen und innere Defekte durch Veränderungen in den Wellenreflexionen erkennen. Die Ultraschallprüfung bietet außergewöhnliche Präzision und ist daher ideal zum Auffinden sehr kleiner Risse oder Unregelmäßigkeiten, die sich unter Belastung zu größeren Problemen entwickeln könnten. Angesichts der hohen Leistungsanforderungen an U-Boote, insbesondere für Druckkörper und interne Rahmenstrukturen, stellt die Ultraschallprüfung sicher, dass jede Schweißnaht die erforderliche Festigkeit und Zuverlässigkeit erreicht.

Die Magnetpulverprüfung (MPI) wird häufig verwendet, um Oberflächen- oder Nahtoberflächenfehler in ferromagnetischen Materialien wie den typischerweise in U-Booten eingesetzten Stahllegierungen zu erkennen. Bei der MPI wird das Schweißgebiet magnetisiert, und Eisenpartikel werden aufgetragen, um Unterbrechungen im Magnetfeld aufgrund von Defekten sichtbar zu machen. Dieses Verfahren ist besonders nützlich, um Oberflächenrisse zu erkennen und sicherzustellen, dass äußere Komponenten frei von Fehlern sind, die die strukturelle Integrität beeinträchtigen oder Korrosionsstellen schaffen könnten.

Zusätzlich zu diesen Prüfmethoden sind strenge Qualifikationen für die im U-Boot-Bau eingesetzten Schweißer erforderlich. Schweißarbeiten in U-Booten finden oft in engen Räumen oder unter schwierigen Bedingungen statt und erfordern daher ein hohes Maß an Können, Präzision und Erfahrung. Die Schweißer müssen branchenspezifische Standards wie ISO 9606-1 oder ASME Section IX erfüllen, die ihre Kompetenz durch praktische Tests bewerten. Diese Qualifikationen stellen sicher, dass nur hochqualifizierte Fachkräfte kritische Schweißnähte, wie etwa an Druckkörpern oder Hochdruckleitungssystemen des U-Boots, ausführen. Ihre Expertise minimiert das Risiko von Mängeln und gewährleistet die Sicherheit und Langlebigkeit des Fahrzeugs.

Schweißherausforderungen im U-Boot-Bau

Das Schweißen von U-Boot-Komponenten stellt besondere Herausforderungen dar, da U-Boote extremen Betriebsbedingungen ausgesetzt sind. Die geschweißten Verbindungen müssen immense hydrostatische Drücke aushalten, wenn U-Boote in große Tiefen tauchen, in denen der Außendruck erheblich zunimmt und starke Druckkräfte auf den Rumpf und die Schweißverbindungen ausübt. Dies erfordert, dass diese Verbindungen die strukturelle Integrität bewahren, um katastrophale Ausfälle zu verhindern und die Sicherheit des Schiffes und seiner Besatzung zu gewährleisten [429]. Die strukturelle Integrität der Schweißverbindungen ist von entscheidender Bedeutung, da ein Versagen schwerwiegende Folgen haben könnte, einschließlich des Verlusts von Menschenleben und Ausrüstung.

Neben den statischen Drücken sind U-Boote auch dynamischen Kräften ausgesetzt, die den Schweißprozess erschweren. Unterwasserexplosionen wie Wasserbomben erzeugen Schockwellen, die durch den Rumpf laufen und die Schweißverbindungen schnellen Verformungen aussetzen [429, 430]. Zusätzlich tragen Vibrationen von Motoren und Propellern zur Belastung dieser Verbindungen bei, was im Laufe der Zeit zu Ermüdungsrissen führen kann, wenn dies nicht ordnungsgemäß gehandhabt wird [431]. Die Ansammlung von Eigenspannungen während des Schweißprozesses kann diese Probleme verschärfen, weshalb Schweißer auf Techniken zur Spannungsverteilung und -bewältigung achten müssen, um die Haltbarkeit der Verbindungen zu erhöhen [431].

Das Minimieren von Eigenspannungen ist entscheidend für die Langlebigkeit von U-Boot-Schweißnähten. Techniken wie die Spannungsarmglühung (PWHT) werden eingesetzt, um Eigenspannungen abzubauen und die Zähigkeit der Schweißverbindungen zu verbessern [432]. Darüber hinaus werden spezialisierte Schweißsequenzen und Vorwärmmethoden verwendet, um ungleichmäßige Wärmeausdehnungen zu verhindern, die zu Verformungen oder Rissen führen könnten [431]. Das Hämmern (Peening), ein Verfahren, bei dem die Schweißoberfläche mechanisch komprimiert wird, wird ebenfalls eingesetzt, um Zugspannungen zu reduzieren und die Ermüdungsbeständigkeit zu erhöhen [431]. Diese Strategien sind entscheidend, um sicherzustellen, dass geschweißte Komponenten die wiederholten Belastungszyklen während der gesamten Lebensdauer des U-Bootes standhalten.

Korrosionsbeständigkeit ist ein weiterer kritischer Faktor beim Schweißen von U-Booten, da die ständige Einwirkung von Seewasser das Korrosionsrisiko, insbesondere an Verbindungen, bei denen verschiedene Metalle verwendet werden, erhöht [433]. Die Auswahl korrosionsbeständiger Materialien wie Edelstahl und Nickellegierungen ist entscheidend, um eine Verschlechterung kritischer Komponenten zu verhindern [432]. Der Schweißprozess muss auch sorgfältig kontrolliert werden, um Verunreinigungen zu minimieren und eine glatte, fehlerfreie Schweißnaht sicherzustellen. Raue oder poröse Schweißnähte können Seewasser einschließen, was zu lokaler Korrosion und einer Schwächung der Verbindung führen kann [433]. Darüber hinaus sind korrosionsbeständige Beschichtungen und kathodische Schutzsysteme ein integraler Bestandteil der Wartungsstrategie des U-Boots und schützen vor langfristigem Verfall [433].

Das Schweißen von U-Boot-Komponenten erfordert nicht nur technisches Fachwissen, sondern auch eine sorgfältige Planung, um Umweltanforderungen und betriebliche Erfordernisse zu berücksichtigen. Schweißer müssen strengen Qualifikationsstandards entsprechen, um komplexe Schweißarbeiten unter beengten und herausfordernden Bedingungen auszuführen. Jede Schweißnaht wird einer strengen zerstörungsfreien Prüfung unterzogen, um potenzielle Defekte zu erkennen und die Einhaltung von Sicherheits- und Leistungsstandards zu gewährleisten [429, 430]. Dieser umfassende Ansatz ist entscheidend, um die strukturelle Integrität und Zuverlässigkeit von U-Booten sicherzustellen und ihnen die Durchführung kritischer Missionen in Tiefseeumgebungen zu ermöglichen.

Fertigungsverfahren

Der Bau von U-Booten ist ein komplexer Prozess, der fortschrittliche Fertigungsverfahren integriert, um die strengen strukturellen, betrieblichen und umweltbedingten Anforderungen von Unterwasserfahrzeugen zu erfüllen. Der Druckkörper, äußere Strukturen und interne Systeme von U-Booten müssen so konstruiert werden, dass sie extremen Bedingungen standhalten, einschließlich hoher hydrostatischer Drücke, Temperaturschwankungen und korrosiver Meeresumgebungen. Dies erfordert den Einsatz spezialisierter Techniken im Fertigungsprozess, insbesondere beim Walzen und Formen von Stahlplatten, die für die Integrität des U-Boot-Rumpfes entscheidend sind.

Einer der wichtigsten Schritte im U-Boot-Bau ist die Herstellung des Druckkörpers, bei dem mehrere Zentimeter dicke Stahlplatten gewalzt und zu zylindrischen Abschnitten geformt werden. Dieser Prozess ist entscheidend, da der kreisförmige Querschnitt des Rumpfes die effektivste Form darstellt, um den externen Drücken in der Tiefe standzuhalten. Der Einsatz großer industrieller Walzmaschinen ist unerlässlich, da sie erheblichen Druck ausüben, um die Platten in präzise Kurven zu biegen und sicherzustellen, dass Abweichungen in der Krümmung minimiert werden. Solche Abweichungen könnten die Fähigkeit des Fahrzeugs, hydrostatischem Druck standzuhalten, beeinträchtigen und zu potenziellen strukturellen Schäden führen [433].

Die in der U-Boot-Konstruktion verwendeten Materialien spielen ebenfalls eine wichtige Rolle, um Langlebigkeit und Widerstandsfähigkeit gegenüber Umweltfaktoren zu gewährleisten. Studien zeigen, dass die Korrosionsbeständigkeit von geschweißten Stählen, die in Unterwasser-Meeresanwendungen verwendet werden, ein entscheidender Parameter ist, um die langfristige Integrität von U-Booten sicherzustellen [433]. Die Auswahl geeigneter Materialien sowie fortschrittliche Schweißtechniken sind notwendig, um die Lebensdauer und Sicherheit der U-Boot-Struktur unter rauen Bedingungen zu erhöhen. Darüber hinaus werden die mechanischen Eigenschaften von Materialien, einschließlich faserverstärkter Polymere, untersucht, um die Gesamtleistung von U-Boot-Komponenten zu verbessern [434].

Neben mechanischen und materialtechnischen Überlegungen müssen auch die betrieblichen Aspekte des U-Boot-Designs berücksichtigt werden. Die hydrodynamische Reaktion von U-Booten bei Manövern ist ein entscheidender Forschungsbereich, da sie das Design des Rumpfes und die allgemeine Stabilität des Fahrzeugs beeinflusst [435]. Die Strömungsmechanik (Computational Fluid Dynamics, CFD) wird zunehmend genutzt, um diese Dynamiken zu analysieren und bessere Vorhersagen darüber zu treffen, wie sich U-Boote unter verschiedenen Betriebsbedingungen verhalten werden [436]. Diese Integration fortschrittlicher Simulationsmethoden in den Designprozess unterstreicht die Bedeutung eines multidisziplinären Ansatzes im U-Boot-Bau.

Abbildung 115: Das Angriffs-U-Boot der Virginia-Klasse Pre-Commissioning Unit (PCU) North Dakota (SSN 784) wird aus einer überdachten Werfthalle herausgerollt. U.S. NAVY, Public Domain, Public Domain Media Search Engine.

Moderne U-Boote werden zunehmend nach einem modularen Ansatz gebaut, was die Effizienz und Effektivität des Schiffbauprozesses erheblich verbessert. Dieser modulare Bauweise umfasst die Herstellung einzelner Sektionen oder Module, die spezifische Subsysteme wie Antriebseinheiten, Mannschaftsquartiere und Waffensysteme enthalten. Der Hauptvorteil dieser Technik besteht darin, dass mehrere Teams gleichzeitig an verschiedenen Modulen arbeiten können, was die Gesamtbauzeit verkürzt und die Produktivität in den Werften steigert [437].

Die modulare Designphilosophie wurde insbesondere bei fortschrittlichen U-Boot-Projekten wie den U-Booten der Virginia-Klasse der USA umgesetzt, die diesen Ansatz vollständig anwenden, indem funktionale Module entwickelt werden, die auf spezifische Missionen zugeschnitten sind. Das gleichzeitige Design verschiedener funktionaler Module ermöglicht einen effizienteren Montageprozess und stellt sicher, dass jedes Modul präzise gefertigt wird, um eine nahtlose Integration in der Endmontage zu gewährleisten [437]. Darüber hinaus verkürzt der modulare Bau nicht nur die Produktionszeiten, sondern verbessert auch die Anpassungsfähigkeit des U-Boot-Designs, sodass einfachere Upgrades und Wartungen über die gesamte Betriebsdauer des Schiffes möglich sind [437].

Neben der Verbesserung der Konstruktionseffizienz trägt der modulare Bau auch zur Gesamtleistung und Zuverlässigkeit der U-Boote bei. Der modulare Ansatz ermöglicht die Integration fortschrittlicher Technologien und Systeme in jedes Modul, die vor der Endmontage unabhängig getestet werden können. Diese unabhängigen Tests gewährleisten, dass jedes Subsystem strenge Leistungsstandards erfüllt und somit die Zuverlässigkeit des gesamten Fahrzeugs erhöht [437]. Zudem erlaubt die Flexibilität des modularen Designs den Schiffbauern, besser auf sich ändernde Einsatzanforderungen und technologische Fortschritte zu reagieren, was diesen Ansatz in der modernen U-Boot-Konstruktion besonders bevorzugt macht [437].

Abbildung 116: Ansicht aus großer Höhe auf das im Bau befindliche US Navy (USN) New Attack Submarine (NAS) Pre-Commissioning Unit (PCU) VIRGINIA (SSN 774) in der Electric Boat Corporation in Connecticut, im Groton Shipyard, Connecticut (CT). Nationalarchiv der USA, Public Domain, via Picryl.

Der Bau von U-Boot-Komponenten erfordert hochpräzise Bearbeitung, um strenge Spezifikationen zu erfüllen, insbesondere für komplexe Teile wie Periskope, Propeller, Ventile und andere mechanische Systeme. Der Einsatz von CNC-Maschinen (Computer Numerical Control) ist in diesem Zusammenhang von entscheidender Bedeutung, da sie enge Toleranzen gewährleisten, die für Komponenten erforderlich sind, die unter Hochdruck-Bedingungen unter Wasser zuverlässig funktionieren müssen. CNC-Bearbeitung ermöglicht die Herstellung komplexer Geometrien bei hoher Genauigkeit, was für die Produktion von U-Boot-Komponenten, die in anspruchsvollen Umgebungen arbeiten, entscheidend ist [438, 439].

Jüngste Fortschritte in der Bearbeitungstechnologie, einschließlich des Einsatzes von Linearmotor-Zuführungssystemen in Hochgeschwindigkeits-CNC-Maschinen, haben die Präzision und Effizienz der Bearbeitung erheblich verbessert. Diese Systeme bieten Vorteile wie erhöhte Geschwindigkeit, Beschleunigung und Schubkraft, die für die hohen Anforderungen an die Präzisionsfertigung in der Luft- und Raumfahrt sowie in der Marineindustrie wichtig sind [440]. Darüber hinaus haben nicht-traditionelle Bearbeitungsverfahren, wie das Draht-Erodieren (WEDM), an Popularität gewonnen, da sie die Fertigung komplexer Formen aus schwer zu bearbeitenden Materialien ermöglichen und hohe Genauigkeit unter engen Toleranzen gewährleisten [438, 439]. Dies ist besonders relevant für Materialien wie Ti6Al4V, die aufgrund ihrer Festigkeit und Korrosionsbeständigkeit häufig in U-Boot-Anwendungen verwendet werden [439].

Die Bedeutung der Präzision in Unterwasseranwendungen erstreckt sich über die Bearbeitung hinaus und umfasst die Gestaltung und Herstellung von Komponenten, die den besonderen Herausforderungen der Unterwasserumgebung standhalten müssen. Zum Beispiel zeigt die Sensitivitätsanalyse von Wellenleiterstrukturen die Notwendigkeit einer hohen Präzision bei der CNC-Fräsbearbeitung, um die gewünschten Leistungsspezifikationen zu erreichen [441]. Diese Präzision ist nicht nur für die mechanische Integrität der Komponenten entscheidend, sondern auch für die Funktionalität von Systemen wie Sonar- und Navigationstechnologien, die auf präzise bearbeitete Teile angewiesen sind [442, 443].

Gießen und Schmieden sind zwei zentrale Fertigungsverfahren für die Herstellung großer Metallkomponenten wie Propeller, Motorteile und Strukturträger. Jede Methode bietet spezifische Vorteile, die bestimmten Materialanforderungen und Leistungskriterien gerecht werden.

Das Gießen ist besonders vorteilhaft für die Herstellung komplexer Formen und großer Komponenten. Spezialisierte Legierungen werden häufig in Gießprozessen verwendet, um Eigenschaften wie Korrosionsbeständigkeit und Ermüdungsfestigkeit zu verbessern, die für Komponenten wie Propeller entscheidend sind [444]. Der Gießprozess ermöglicht die Produktion komplexer Geometrien, die allein durch Schmieden nur schwer zu erreichen wären. Fortschrittliche Gießtechniken wie das Squeeze-Casting kombinieren die Vorteile von Gießen und Schmieden und produzieren hochwertige Komponenten mit minimalen Defekten [445]. Diese Methode reduziert nicht nur Materialabfall, sondern verbessert auch die mechanischen Eigenschaften des Endprodukts, was sie für anspruchsvolle Anwendungen in der Automobil- und Luftfahrtindustrie geeignet macht [445, 446].

Das Schmieden hingegen ist bekannt für seine Fähigkeit, Komponenten mit überlegenen mechanischen Eigenschaften wie Festigkeit und Zähigkeit herzustellen. Geschmiedete Teile, wie z.B. Antriebswellen und strukturelle Verstärkungen, weisen verbesserte Leistungseigenschaften aufgrund der verfeinerten Mikrostruktur auf, die durch den Schmiedeprozess entsteht [447]. Das Eliminieren von Gussfehlern und die Optimierung des Metallflusses beim Schmieden tragen zur Integrität und Zuverlässigkeit der Komponenten bei [447, 448]. Neuere Fortschritte in der Schmiedetechnologie, einschließlich des Einsatzes von Gussvorformen, haben die Effizienz und Qualität geschmiedeter Produkte weiter verbessert, sodass auch weniger duktilen Legierungen mit besseren Zugfestigkeitseigenschaften bearbeitet werden können [449, 450].

Zudem wurde die Integration von Guss- und Schmiedeprozessen, wie das Integrated Casting and Forging Process (ICFP), untersucht, um die Stärken beider Verfahren zu nutzen. Dieser innovative Ansatz ermöglicht die Herstellung von Komponenten, die komplexe Formen aufweisen können, wie sie durch Gießen erreicht werden, und gleichzeitig die überlegenen mechanischen Eigenschaften des Schmiedens bewahren [451]. Solche Fortschritte sind für Industrien von entscheidender Bedeutung, die Hochleistungsmaterialien benötigen, die erheblichen Belastungen und Spannungen standhalten können, insbesondere in der Luftfahrt- und Automobilindustrie [452].

Oberflächenbehandlung und Beschichtungen sind entscheidend für die Verbesserung der Langlebigkeit und Leistung von U-Booten, insbesondere im Kampf gegen Korrosion und Biofouling, das durch längeren Kontakt mit Meerwasser verursacht wird. Die Anwendung spezieller Beschichtungen, wie Korrosionsschutzfarben und Anti-Fouling-Schichten, ist unerlässlich, um die strukturelle Integrität von U-Boot-Rümpfen zu erhalten. Diese Beschichtungen wirken als Barrieren gegen korrosive Mittel und biologisches Wachstum, das die Betriebseffizienz erheblich beeinträchtigen kann.

Ein effektiver Ansatz zum Korrosionsschutz ist die Verwendung von kaltgesprühten Zn-Al-Verbundbeschichtungen, die sich durch ihre langanhaltende Korrosionsbeständigkeit in maritimen Umgebungen auszeichnen, da sie eine Schutzschicht bilden, die das Eindringen korrosiver Substanzen verzögert [453]. Darüber hinaus hat sich gezeigt, dass die Einbindung fortschrittlicher Materialien wie Graphen in Beschichtungen die Korrosionsbeständigkeit verbessert, indem es einen Passivierungsmechanismus bereitstellt, der auf verschiedene Metalloberflächen anwendbar ist [454]. Die Leistung von Beschichtungen kann durch den Einsatz von Mehrschichtsystemen, wie Zink-Aluminium-Legierungen kombiniert mit Epoxid- und Polyurethanschichten, weiter verbessert werden, die hervorragende Korrosionsschutz- und Schlagfestigkeitseigenschaften aufweisen [455].

Darüber hinaus ist der Einsatz von Kathodenschutzsystemen eine weit verbreitete Methode zur Vermeidung elektrochemischer Korrosion. Diese Systeme arbeiten mit Opferanoden, die bevorzugt korrodieren und so das darunterliegende Metall schützen [456]. Die Wirksamkeit dieser Beschichtungen hängt häufig von ihrer Dicke und Gleichmäßigkeit ab, da unzureichende Beschichtungen zu vorzeitigem Versagen und erhöhter Korrosionsanfälligkeit führen können [457]. In maritimen Umgebungen werden organische Beschichtungen besonders bevorzugt, da sie eine hohe Effizienz und einfache Anwendung bieten und sich daher für verschiedene marine Anwendungen eignen [458].

Biofouling, das sich auf die Ansammlung von Mikroorganismen, Pflanzen, Algen und Tieren auf untergetauchten Oberflächen bezieht, stellt eine weitere große Herausforderung für U-Boote dar. Das Vorhandensein von Biofouling kann die Oberflächenrauheit erhöhen, was zu höherem Widerstand und verminderter hydrodynamischer Effizienz während des Tauchgangs führt [459]. Neueste Fortschritte bei Anti-Fouling-Beschichtungen zielen darauf ab, dieses Problem durch naturinspirierte Strategien zu mindern, die die Resistenz der Oberflächen gegenüber biologischen Ablagerungen erhöhen [460]. Zum Beispiel wurden superhydrophobe Beschichtungen entwickelt, die Oberflächen schaffen, die Wasser und Verunreinigungen abstoßen und somit die Wahrscheinlichkeit von Biofouling verringern [461].

Der Einsatz fortschrittlicher Verbundwerkstoffe im U-Boot-Bau hat aufgrund ihres Potenzials zur Gewichtsreduktion und zur Verbesserung der Tarnfähigkeiten große Aufmerksamkeit erlangt. Verbundmaterialien, insbesondere solche, die mit Fasern wie Carbon oder Glas verstärkt sind, werden zunehmend in nicht tragenden Strukturen verwendet, einschließlich des Turms, der Propellerblätter und der Sonarkuppeln von U-Booten. Der Fertigungsprozess dieser Verbundstoffe umfasst das Schichten von Fasern in einer Harzmatrix, gefolgt von einer Aushärtung, wodurch leichte und langlebige Komponenten entstehen, die für das moderne U-Boot-Design unerlässlich sind [18, 462].

Die mechanischen Eigenschaften von Verbundmaterialien werden stark von der Anordnung und Art der verwendeten Fasern beeinflusst. Zum Beispiel kann die Zugfestigkeit von geschichteten Carbonfaser-Verbundstoffen erheblich variieren, je nach Anzahl der Schichten und Orientierung der Fasern [462]. Dies ist entscheidend für Anwendungen im U-Boot-Bau, bei denen strukturelle Integrität und Leistung von größter Bedeutung sind. Der Einsatz verschiedener Fasertypen, einschließlich Glas- und Carbonfasern, ermöglicht maßgeschneiderte mechanische Eigenschaften, die spezifischen Designanforderungen entsprechen [18, 463]. Darüber hinaus trägt die Integration fortschrittlicher Verbundmaterialien im U-Boot-Bau nicht nur zur Gewichtsreduktion bei, sondern minimiert auch akustische Signaturen, was U-Boote schwerer zu orten macht [18].

Die Herstellung dieser Verbundwerkstoffe verwendet häufig Verfahren wie die Vakuuminfusion, die die Qualität und Konsistenz des Endprodukts verbessert [462]. Diese Methode ermöglicht eine bessere Kontrolle über die Harzverteilung innerhalb der Faserschichten, was zu verbesserten mechanischen Eigenschaften und höherer Haltbarkeit führt. Darüber hinaus kann die Verwendung von Hybridverbundwerkstoffen, die verschiedene Fasertypen kombinieren, die Leistung weiter optimieren, indem sie Steifigkeit und Schadensresistenz ausbalancieren [464, 465]. Der Einsatz dieser Materialien geht über strukturelle Komponenten hinaus; sie sind auch entscheidend, um die Tarnfähigkeiten von U-Booten zu verbessern, indem sie deren Radar- und Akustiksignaturen verringern [18].

Die Montage und Integration der U-Boot-Module ist eine kritische Phase im U-Boot-Bau und erfordert die präzise Ausrichtung und Verbindung verschiedener Systeme innerhalb des Rumpfes. Dieser Prozess beginnt in der Regel, nachdem die einzelnen Module gefertigt und vorgeprüft wurden, um sicherzustellen, dass jede Komponente die erforderlichen Spezifikationen erfüllt, bevor sie integriert wird. Spezielle Kräne und Hebesysteme werden eingesetzt, um diese großen Sektionen präzise zu positionieren, was entscheidend für die strukturelle Integrität und die Betriebseffizienz des U-Boots ist [31, 34].

Während der Montagephase werden verschiedene mechanische Systeme, Elektronik und Antriebseinheiten in den Rumpf des U-Boots integriert. Diese Integration ist nicht nur ein physischer Zusammenbau, sondern umfasst auch komplexe ingenieurtechnische Prozesse, um sicherzustellen, dass alle Systeme reibungslos zusammenarbeiten. Beispielsweise muss der Druckkörper, der kritische Komponenten wie Personal, Antriebseinheiten und Waffensysteme beherbergt, so konstruiert sein, dass er den erheblichen hydrostatischen Drücken standhält, die im Einsatz auftreten [32, 34, 38]. Die beim Bau des Rumpfes verwendeten Materialien, wie fortschrittliche Verbundstoffe oder hochfeste Stähle, werden aufgrund ihrer Fähigkeit ausgewählt, diesen Drücken standzuhalten und gleichzeitig das Gewicht zu minimieren [31].

Darüber hinaus ist die Installation von elektrischen Leitungen, Rohrsystemen und Kommunikationsnetzwerken ein wesentlicher Bestandteil des Integrationsprozesses. Diese Systeme müssen sorgfältig geplant und ausgeführt werden, um Störungen zu vermeiden und die Zuverlässigkeit unter Betriebsbedingungen zu gewährleisten. Die Integrationsphase umfasst auch umfassende Tests zur Überprüfung der Einsatzbereitschaft aller Systeme. Diese Testphase ist entscheidend, um potenzielle Probleme zu identifizieren, die die Leistung oder Sicherheit des U-Boots beeinträchtigen könnten [466, 467].

Neben der mechanischen und elektrischen Integration werden auch die hydrodynamischen Aspekte des U-Boot-Designs während der Montage optimiert. Werkzeuge der Computational Fluid Dynamics (CFD) werden häufig eingesetzt, um die Leistung des U-Boots unter verschiedenen Bedingungen zu simulieren und zu analysieren, um sicherzustellen, dass das Rumpfdesign den Widerstand minimiert und die Stabilität maximiert [24, 468]. Diese Optimierung ist entscheidend, um die Tarnfähigkeiten des U-Boots und dessen gesamte Einsatzfähigkeit zu verbessern [60].

Abbildung 117: Steuerbord-Buganscht des neuen Angriffsubboots (NAS) der US Navy (USN), Pre-Commissioning Unit (PCU) VIRGINIA (SSN 774), beim erstmaligen Verlassen des Hallenbereichs. Die U.S. National Archives, Public Domain, über NARA & DVIDS Public Domain Archive Public Domain Search.

Während des gesamten Fertigungsprozesses von U-Booten werden strenge Prüf- und Qualitätssicherungsprotokolle umgesetzt, um die Einhaltung anspruchsvoller militärischer und technischer Standards sicherzustellen. Diese Maßnahmen sind entscheidend, um die Sicherheit, Zuverlässigkeit und Leistungsfähigkeit des U-Boots zu gewährleisten, da selbst geringfügige Mängel die Fähigkeit des Schiffs beeinträchtigen könnten, unter extremen Unterwasserbedingungen zu operieren.

Zerstörungsfreie Prüfmethoden (NDT) spielen eine entscheidende Rolle bei der Überprüfung der Schweißnahtintegrität und der Materialqualität. Ultraschallprüfungen werden eingesetzt, um innere Fehler in Schweißverbindungen, wie Risse oder Lunker, durch das Einleiten hochfrequenter Schallwellen in das Material zu erkennen. Radiographie oder Röntgenprüfung liefert detaillierte Bilder des Inneren von Schweißnähten und Komponenten, wodurch Defekte sichtbar werden, die mit bloßem Auge nicht erkennbar wären. Auch die Farbeindringprüfung wird auf Oberflächen durchgeführt, um Haarrisse und Porositäten zu erkennen, die strukturelle Komponenten schwächen könnten.

Zusätzlich zur NDT wird eine Druckprüfung an kritischen Systemen durchgeführt, um die Bedingungen zu simulieren, denen U-Boote in großen Tiefen ausgesetzt sind. Dabei wird das U-Boot oder seine Komponenten in kontrollierten Umgebungen hohen Drücken ausgesetzt, um sicherzustellen, dass sie den bei Tiefseeeinsätzen auftretenden Kräften standhalten können. Solche Tests sind entscheidend, um die Fähigkeit des Rumpfs zu bestätigen, strukturelle Integrität zu bewahren und Wasseraufnahme unter extremem Druck zu verhindern.

Sowohl statische als auch dynamische Tests werden in der Qualitätssicherungsphase an verschiedenen Systemen durchgeführt. Statische Tests untersuchen Komponenten in festen Positionen, um ihre mechanischen Eigenschaften zu überprüfen und sicherzustellen, dass sie den Konstruktionsvorgaben entsprechen. Dynamische Tests hingegen bewerten die Funktionalität der Systeme unter simulierten Betriebsbedingungen. Beispielsweise werden Antriebssysteme, Ballasttanks und Steuerflächen getestet, um sicherzustellen, dass sie beim Tauchen, Auftauchen und Manövrieren korrekt und zuverlässig reagieren.

Diese Qualitätssicherungsverfahren werden sorgfältig während des gesamten Fertigungs- und Montageprozesses durchgeführt. Jede Produktionsstufe wird inspiziert, um sicherzustellen, dass alle Komponenten höchsten Standards entsprechen. Dieser gründliche Ansatz in Bezug auf Prüfung und Verifizierung stellt sicher, dass das Endprodukt—das U-Boot—sicher und effizient betrieben werden kann und seine strukturelle sowie betriebliche Integrität auch in der rauen und unvorhersehbaren Umgebung der Tiefsee bewahrt.

Nach der Montage eines U-Boots durchläuft das Schiff eine entscheidende Phase des hydrostatischen Tests, um seine strukturelle Integrität zu überprüfen und mögliche Lecks zu identifizieren. Dieser Prozess umfasst das Eintauchen des U-Boots ins Wasser oder das Platzieren in einer Druckkammer, um die enormen hydrostatischen Drücke zu simulieren, denen es in Betriebstiefen ausgesetzt sein wird. Während des hydrostatischen Tests werden alle Abteile, Dichtungen und Verbindungen sorgfältig inspiziert, um sicherzustellen, dass sie dem äußeren Druck ohne Verformung oder Leckage standhalten können. Ingenieure überwachen den Rumpf auf Anzeichen von Spannungen, da selbst geringfügige Schwachstellen bei Operationen in großer Tiefe zu katastrophalen Ausfällen führen könnten. Das Bestehen dieser Phase ist unerlässlich, da es die Fähigkeit des Schiffs bescheinigt, seine strukturelle Integrität unter extremen Unterwasserbedingungen zu bewahren.

Sobald das U-Boot den hydrostatischen Test erfolgreich abgeschlossen hat, geht es zu Seeversuchen über, bei denen seine Systeme unter realen maritimen Bedingungen evaluiert werden. Die Seeversuche stellen eine der wichtigsten Phasen im Kommissionierungsprozess dar, da Ingenieure, Betreiber und Prüfer die Leistung der wichtigsten Komponenten des U-Boots überprüfen können. Während dieser Tests wird das Antriebssystem gründlich getestet, um die Geschwindigkeit, Beschleunigung und Ausdauer des Schiffs unter verschiedenen Betriebsszenarien zu bewerten. Ingenieure stellen sicher, dass die Motoren und Antriebssysteme des U-Boots über längere Zeiträume zuverlässig funktionieren, ohne zu überhitzen oder auszufallen.

Die Manövrierfähigkeit ist ein weiterer entscheidender Aspekt, der bei den Seeversuchen bewertet wird. Die Fähigkeit des U-Boots, präzise Manöver wie Tauchgänge, Aufstiege und Kursänderungen durchzuführen, wird getestet, um die Reaktionsfähigkeit der Steuerflächen, einschließlich des Ruders und der Tiefenruder, zu bestätigen. Diese Phase stellt sicher, dass das U-Boot auch in engen Unterwasserbereichen oder unter schwierigen Bedingungen effektiv navigieren kann.

Die Sonarleistung ist ebenfalls ein Schwerpunkt der Seeversuche, da sie eine entscheidende Rolle bei der Fähigkeit des U-Boots spielt, andere Schiffe und Unterwasserbedrohungen zu erkennen. Sowohl passive als auch aktive Sonarsysteme werden getestet, um deren Reichweite, Genauigkeit und Empfindlichkeit zu überprüfen. Die Bediener bewerten die Fähigkeit des U-Boots, unauffällig zu bleiben, während es das Sonar verwendet, um sicherzustellen, dass es wichtige Informationen sammeln kann, ohne seine Position preiszugeben. Zusätzlich werden Waffensysteme rigoros getestet, um ihre Einsatzbereitschaft zu bestätigen. Torpedos, Raketensysteme und andere Bordbewaffnungen werden bewertet, um sicherzustellen, dass sie bei Bedarf sicher und effektiv eingesetzt werden können.

Die Seeversuche bieten die letzte Gelegenheit, etwaige Probleme zu identifizieren und zu beheben, bevor das U-Boot offiziell in Dienst gestellt wird. Jedes System wird unter realen Bedingungen überwacht und genau geprüft, um sicherzustellen, dass das Schiff die strengen Anforderungen für Marineeinsätze erfüllt. Erst nach dem erfolgreichen Abschluss dieser Tests wird das U-Boot als einsatzbereit angesehen und kann in der anspruchsvollen und unvorhersehbaren Meeresumgebung zuverlässig und sicher operieren.

Korrosionsbeständigkeit und Wartung

Stahl und seine Legierungen sind die primären Konstruktionsmaterialien für den Bau von Schiffen, U-Booten und Offshore-Plattformen aufgrund ihrer Festigkeit, Verfügbarkeit und Vielseitigkeit. Diese Strukturen sind jedoch ständig harten Meeresumgebungen ausgesetzt und verschiedenen chemischen und biologischen Faktoren wie Korrosion und Bewuchs (Biofouling) unterworfen. Diese Bedrohungen können die Leistung und Lebensdauer von Marineschiffen erheblich beeinträchtigen und zu hohen finanziellen Verlusten führen. Tatsächlich werden weltweit jährlich Milliarden von Dollar aufgewendet, um die schädlichen Auswirkungen von Korrosion und Bewuchs in Meeresumgebungen zu bekämpfen, was die Bedeutung wirksamer Schutzmaßnahmen unterstreicht [469].

Um diesen Herausforderungen zu begegnen, haben Organisationen wie das Naval Materials Research Laboratory (NMRL) fortschrittliche Technologien entwickelt, um Marineplattformen zu schützen und deren Haltbarkeit und Einsatzbereitschaft zu gewährleisten. Eine der Hauptstrategien zur Korrosionsverhütung ist der Einsatz von Schutzbeschichtungen. Diese Schutzbeschichtungen, oft aus organischen Polymeren mit verschiedenen funktionellen Additiven zusammengesetzt, dienen als physikalische Barriere, die das Metall von korrosiven Elementen der Außenumgebung isoliert. Sie werden auf die Oberfläche von Stahl und dessen Legierungen aufgetragen, um einen direkten Kontakt mit Meerwasser, Sauerstoff und anderen korrosiven Stoffen zu verhindern, die elektrochemische Reaktionen auslösen können [469].

Das Beschichtungssystem besteht typischerweise aus einem organischen Bindemittel, wie Epoxidharz oder Polyurethan, das die Hauptmatrix bildet. Eingebettet in diese Matrix sind anorganische Additive, die die Schutzwirkung der Beschichtung verbessern. Diese Additive können Korrosionsinhibitoren, Pigmente und Füllstoffe umfassen, die die Widerstandsfähigkeit gegenüber den harten Bedingungen der Meeresumgebung erhöhen. Das sorgfältig formulierte Beschichtungssystem bietet langfristigen Schutz, indem es das Risiko von Rost, Lochfraß und anderen Korrosionsarten verringert, die die strukturelle Integrität des Schiffes beeinträchtigen könnten.

Neben dem Korrosionsschutz tragen Schutzbeschichtungen auch wesentlich zur Bekämpfung von Biofouling bei – der Ansammlung von Meeresorganismen wie Seepocken, Algen und Muscheln auf untergetauchten Oberflächen. Biofouling erhöht den Wasserwiderstand und verringert die Effizienz des Schiffes, was zu einem höheren Kraftstoffverbrauch führt. Fortschrittliche Beschichtungen mit Antifouling-Eigenschaften sind darauf ausgelegt, die

Haftung dieser Organismen zu verhindern oder zu minimieren, wodurch die glatte Rumpfoberfläche erhalten bleibt und die hydrodynamische Leistung des Schiffes verbessert wird.

Die Entwicklung und Anwendung von Schutzbeschichtungen erfordert rigorose Tests, um den spezifischen betrieblichen Anforderungen von Marineplattformen gerecht zu werden. Die Beschichtungen müssen nicht nur einer langfristigen Einwirkung von Meerwasser standhalten, sondern auch den mechanischen Belastungen, die mit Unterwasseroperationen verbunden sind, einschließlich Temperatur- und Druckschwankungen. Spezialisierte Formulierungen werden für verschiedene Bereiche des Schiffes, wie den Rumpf, die Ballasttanks und das Antriebssystem, entwickelt, um die Leistung in allen Bereichen zu optimieren [469].

Hochleistungs-Anti-Rutsch-Farben spielen eine entscheidende Rolle für die Sicherheit und Funktionalität von Marineschiffen, indem sie rutschfeste Oberflächen auf wichtigen Decks und Bereichen bieten. Sie wird auf Flugdecks, Hubschrauberlandeplätzen und witterungsausgesetzten Plattformen aufgetragen und verhindert, dass Personal und Fluggeräte während des Betriebs ausrutschen. Die Formulierung dieser Farbe ermöglicht es, extremen thermischen Belastungen standzuhalten und intermittentes Erhitzen bis zu 250°C zu ertragen. Neben den äußeren Decks wird die Anti-Rutsch-Farbe auch auf Böden in Maschinenräumen und anderen Bereichen aufgetragen, wo rutschhemmende Eigenschaften erforderlich sind, und erhöht die Sicherheit des Personals in risikoreichen Umgebungen an Bord von Marineschiffen.

Hochleistungs-Außenfarben sind unerlässlich, um Marineschiffe vor den widrigen Bedingungen der Meeresumwelt zu schützen. Diese Farbe wird auf exponierte Außenflächen, die Aufbauten und andere Teile des Schiffes aufgetragen, die ständig Salzwasser, ultravioletter Strahlung und extremen Wetterbedingungen ausgesetzt sind. Ihre überlegene Formulierung bietet hervorragende Glanzbeständigkeit und stellt sicher, dass das Schiff über längere Zeit sein Aussehen und seine strukturelle Integrität beibehält. Die Farbe zeigt auch eine hohe Beständigkeit gegen Kreidung, ein Phänomen, bei dem die Oberfläche durch Einwirkung der Elemente pulverig wird. Der Einsatz von Hochleistungsfarben minimiert den Wartungsaufwand und verlängert die Lebensdauer von Marineschiffen.

In Umgebungen, in denen Brandgefahren erhebliche Risiken darstellen, bietet intumeszierende Brandschutzfarbe essenziellen Schutz. Diese speziell entwickelte Farbe bildet eine Schutzschicht aus Schaum, wenn sie extremer Hitze oder Flammen ausgesetzt wird, wodurch das darunterliegende Substrat isoliert und die Ausbreitung von Feuer verhindert wird. Diese thermische Isolation ist entscheidend, um Innenräume, elektrische Installationen und wichtige Ausrüstung an Bord von Marineschiffen zu schützen. Die Technologie ist nicht nur auf Marineanwendungen beschränkt, sondern erstreckt sich auch auf Offshore-Strukturen, Hochhäuser und Eisenbahnabteile und gewährleistet Brandschutz in einer Vielzahl von Sektoren. Ihre Einführung in Marine-Dienste unterstreicht die Bedeutung von Brandbekämpfungsstrategien für die Sicherheit des Personals und die strukturelle Integrität [469].

Korrosionsschutz- und Antifoulingfarben spielen eine entscheidende Rolle für die Leistungsfähigkeit untergetauchter Marinebauwerke und Schiffsrümpfe. Diese Farben adressieren zwei zentrale Herausforderungen: Korrosion durch ständigen Kontakt mit Meerwasser und Bewuchs durch Meeresorganismen wie Algen und Seepocken. Die korrosionshemmenden Eigenschaften schützen die Metalloberflächen vor Rost und Abnutzung, während die Antifouling-Komponente verhindert, dass sich Meeresorganismen am Rumpf festsetzen, was die hydrodynamische Effizienz verbessert. Eine Schlüsselinnovation dieser Technologie ist das eigens entwickelte Anwendungsgerät, das eine direkte Anwendung der Farbe auf untergetauchte Strukturen ermöglicht. Dadurch kann die Wartung vor Ort erfolgen, ohne das Schiff ins Dock bringen zu müssen, was Ausfallzeiten und Betriebskosten reduziert.

Diese spezialisierten Farbtechnologien für Marineanwendungen erhöhen insgesamt die Sicherheit, Haltbarkeit und Leistungsfähigkeit von Schiffen. Sie schützen vor Umweltgefahren, verhindern Unfälle, verringern Brandrisiken und verlängern die Lebensdauer von Schiffen, die in rauen Meeresumgebungen operieren.

Traditionelle Farbsysteme, die in der Schifffahrt verwendet werden, bestehen typischerweise aus mehreren Schichten, einschließlich eines Primers, einer Bindeschicht und mehreren Deckschichten, die jeweils nacheinander aufgetragen werden. Dieser herkömmliche Ansatz erfordert eine strikte Einhaltung der Intervallzeiten zwischen den Schichten, die von Minuten bis zu Stunden reichen können und den Prozess zeitaufwändig und arbeitsintensiv machen. Darüber hinaus haben die Verwendung von flüchtigen organischen Verbindungen (VOCs) in diesen Beschichtungen zu Umweltbedenken geführt. Um diese Herausforderungen zu bewältigen, wurde die Selbststratifizierungstechnologie als fortschrittliche Lösung entwickelt [469].

Selbststratifizierende Beschichtungen ermöglichen die Bildung zweier separater, miteinander verbundener Schichten mit komplementären Eigenschaften in nur einem einzigen Auftrag. Dadurch entfällt die Notwendigkeit mehrerer Beschichtungsschritte, was Zeit, Arbeitsaufwand und Umweltbelastung reduziert. Die Innovation liegt in der Fähigkeit der Beschichtung, sich während der Aushärtung in funktionale Schichten aufzuteilen und ein synergistisches System zu schaffen, das sowohl schützende als auch funktionale Eigenschaften beibehält. Dieser Durchbruch vereinfacht den Anwendungsprozess und verbessert gleichzeitig die Leistung.

Aufbauend auf dem Konzept der Selbststratifizierung wurde ein selbstreinigendes Beschichtungssystem entwickelt und erfolgreich in die Industrie eingeführt. Dieses System integriert hydrophobes Polydimethylsiloxan (PDMS)-Harz mit Epoxidharz in einer Ein-Schicht-Anwendung. Die hydrophobe Oberfläche verhindert die Ansammlung von Schmutz und Verunreinigungen durch eine selbstreinigende Funktion, während die darunterliegende Epoxidschicht hervorragende Korrosionsschutzeigenschaften und starke Haftung auf Metalloberflächen bietet. Diese Doppelfunktion macht die Beschichtung ideal für den Einsatz auf Aufbauten und in Innenräumen von Schiffen, da sie Schutz und Sauberkeit in einem Schritt bietet. Zusätzlich kann die Technologie in verschiedenen zivilen Bereichen angewendet werden und zeigt somit ihre Vielseitigkeit.

Eine weitere Entwicklung aus der Selbststratifizierungstechnologie ist die Beschichtung mit Antifouling- und Korrosionsschutzwirkung. Ähnlich wie die selbstreinigende Beschichtung verfügt auch dieses System über zwei Schichten, die sich beim Auftrag automatisch bilden. Die obere Schicht besitzt Antifouling-Eigenschaften und sorgt dafür, dass sich Meeresorganismen wie Algen und Seepocken leicht mit einer einfachen Wasserwäsche entfernen lassen. Darunter sorgt die korrosionshemmende Schicht für eine exzellente Haftung auf Metalloberflächen und bietet langanhaltenden Schutz vor Korrosion. Diese Doppelfunktion schützt nicht nur die Rümpfe von Schiffen, sondern trägt auch zur verbesserten Leistung bei, indem sie den Wartungsaufwand reduziert.

Über den Schutz hinaus wurde die Technologie für funktionale Anwendungen adaptiert, insbesondere zur Verringerung des Strömungswiderstands bei Hochgeschwindigkeits-Unterwasserfahrzeugen. Die widerstandsreduzierende Variante der Beschichtung ist so konzipiert, dass sie bei Kontakt mit Wasser ein wasserlösliches Polymer mit hohem Molekulargewicht freisetzt, welches die turbulente Grenzschicht um das Fahrzeug modifiziert. Experimentelle Tests in einem Hochgeschwindigkeits-Schleppwassertank bestätigten, dass die Beschichtung den Hautreibungswiderstand bei einer Schleppgeschwindigkeit von 4 Metern pro Sekunde um 10 Prozent reduzieren kann. Aufbauend auf diesem Erfolg wurde eine zweite Generation der Mk-II-Beschichtung entwickelt, die für Geschwindigkeiten bis zu 20 Metern pro Sekunde optimiert ist und den realen Betriebsbedingungen von Hochgeschwindigkeits-Marinefahrzeugen entspricht [469].

Die Fortschritte bei selbststratifizierenden Beschichtungen stellen einen bedeutenden Fortschritt in der maritimen Beschichtungstechnologie dar, da sie Schutz, Funktionalität und Umweltverträglichkeit kombinieren. Diese Beschichtungen reduzieren den Arbeitsaufwand und die Umweltbelastung und bieten gleichzeitig eine verbesserte Leistung und Langlebigkeit für Marineschiffe und andere Hochleistungsanwendungen.

Zusätzlich zu Schutzbeschichtungen sind Schiffsrümpfe mit fortschrittlichen Korrosionsschutzsystemen ausgestattet, die als Fremdstrom-Kathodenschutz (ICCP) bekannt sind. Das ICCP-System sorgt für einen langfristigen Korrosionsschutz, indem der Schiffsrumpf als Kathode in einem elektrochemischen Kreislauf wirkt. Diese Form des Kathodenschutzes umfasst entweder Opferanoden oder den Einsatz eines ICCP-Systems, wobei letzteres einen präziseren und kontrollierbaren Schutz bietet.

Das vom Naval Materials Research Laboratory (NMRL) entwickelte ICCP-System besteht aus mehreren wichtigen Komponenten, darunter einer automatischen Steuerungseinheit (Auto Control Unit, ACU), platinbeschichteten Titan-

Anoden (Pt-Ti) und Silber-Silberchlorid-Referenzelektroden (Ag/AgCl). Das System arbeitet, indem ein kontrollierter Strom von der Pt-Ti-Anode zum Schiffsrumpf geleitet wird, um diesen innerhalb eines optimalen Schutzpotentials von -800 bis -850 mV relativ zur Ag/AgCl-Referenzelektrode zu halten. Dieser Prozess gewährleistet, dass der Rumpf in einem kathodischen Zustand verbleibt, wodurch elektrochemische Korrosion verhindert wird [469].

Das NMRL hat das ICCP-System weiterentwickelt, indem es eine modulare, mikrocontrollerbasierte ACU entwickelt hat. Diese fortschrittliche ACU sorgt für ein gleichmäßiges Potential am Rumpf, was für einen konstanten Schutz essentiell ist. Die modulare Struktur integriert mehrere Komponenten in einem einzigen Schrank, wobei jedes Modul über eine eigene Anode, eine Referenzelektrode, eine Stromversorgung und einen Controller verfügt. Dieses Design erhöht die Flexibilität und Zuverlässigkeit des Systems und ermöglicht eine präzise Stromregelung über verschiedene Bereiche des Rumpfs hinweg.

Über den Korrosionsschutz hinaus spielt das ICCP-System eine wichtige Rolle bei der Minimierung der extrem niederfrequenten elektromagnetischen (ELFE) Signaturen, die von Schiffen ausgesendet werden. ELFE-Signaturen können von feindlichen Schiffen erkannt werden und stellen eine Bedrohung für Marineoperationen dar. Durch das Management der elektrischen Ströme am Rumpf schützt das ICCP-System nicht nur vor Korrosion, sondern reduziert auch diese elektromagnetischen Signaturen, was die Tarnfähigkeiten erhöht.

Das vom NMRL entwickelte ICCP-System ist mittlerweile in der gesamten indischen Marineflotte im Einsatz, was seine Bedeutung für Marineoperationen unterstreicht. Diese Technologie sorgt dafür, dass die Schiffe über längere Zeiträume strukturell intakt und einsatzbereit bleiben und trägt gleichzeitig zur Tarnung und Verteidigungsfähigkeit der Flotte bei. Das System ist ein Beispiel für die Kombination aus fortschrittlicher Ingenieurkunst und innovativer Materialwissenschaft, die sowohl Korrosionsschutz als auch strategische Vorteile in der maritimen Kriegsführung bietet.

Auftragen von Schutzbeschichtungen

Beim Bau eines U-Bootes werden Schutzbeschichtungen in einem sorgfältigen, mehrstufigen Prozess aufgetragen, um das Schiff vor Korrosion, Bewuchs und Umweltverschlechterungen zu schützen. Diese Beschichtungen sind unerlässlich, um die strukturelle Integrität, Leistung und Langlebigkeit des U-Bootes zu erhalten, insbesondere in der rauen Meeresumgebung. Der Prozess des Auftragens dieser Beschichtungen umfasst die Oberflächenvorbereitung, das Schichten spezialisierter Beschichtungen und strenge Qualitätsinspektionen in jeder Phase, um die Einhaltung der Ingenieurstandards sicherzustellen.

Der erste Schritt beim Auftragen der Schutzbeschichtungen ist die Oberflächenvorbereitung. Alle Metalloberflächen, insbesondere der Stahlrumpf, müssen gründlich gereinigt werden, um Verunreinigungen wie Schmutz, Öl, Rost und Walzzunder zu entfernen. Dies wird typischerweise durch Schleifstrahlen oder Wasserstrahlen erreicht, wodurch eine saubere und aufgeraute Oberfläche entsteht, die eine bessere Haftung der Beschichtungsschichten ermöglicht. Beim Bau von U-Booten ist das Erreichen der richtigen Oberflächenrauheit entscheidend, da es eine starke Bindung zwischen dem Metallsubstrat und der Schutzbeschichtung gewährleistet. Nach der Oberflächenvorbereitung werden die Oberflächen sorgfältig inspiziert, um Sauberkeit und Rauheit zu überprüfen, und eventuelle Unvollkommenheiten werden vor dem Fortfahren repariert.

Die nächste Phase umfasst das Auftragen von Grundierbeschichtungen, die die erste Schutzschicht bilden. Grundierungen enthalten korrosionshemmende Pigmente, die Rost verhindern und das Substrat vor Feuchtigkeit schützen. Beim U-Boot-Bau werden oft spezielle Grundierungen wie zinkreiche Beschichtungen verwendet, die einen kathodischen Schutz bieten. Die Grundierungen werden mit Sprühgeräten aufgetragen, um eine gleichmäßige Abdeckung zu gewährleisten, und dürfen aushärten, bevor die nächsten Schichten aufgetragen werden.

Nach der Grundierungsschicht werden Zwischen- oder Bindeschichten aufgetragen, die zusätzlichen Korrosionsschutz bieten und als Haftvermittlerschicht zwischen der Grundierung und der Deckbeschichtung dienen. Diese Bindeschichten sind entscheidend, um die Verträglichkeit zwischen den Schichten sicherzustellen und die Haftung der Deckschicht zu verbessern. Zwischen den Anwendungen werden die Beschichtungen sorgfältig inspiziert, um Mängel wie Nadellöcher oder Blasen zu erkennen, die sofort repariert werden, um die Beschichtungsintegrität aufrechtzuerhalten.

Der letzte Schritt des Prozesses umfasst das Auftragen von Deckbeschichtungen, die dem U-Boot den primären Schutz vor Umwelteinflüssen wie Salzwasser, UV-Strahlung und Bewuchs bieten. Abhängig vom Bereich des U-Bootes werden unterschiedliche Arten von Deckbeschichtungen verwendet. Für Außenflächen werden hochleistungsfähige Epoxid- oder Polyurethanbeschichtungen aufgetragen, um Abrieb und chemischen Angriffen zu widerstehen. In Bereichen, die anfällig für Bewuchs sind, wie der Unterwasserbereich des Rumpfes, werden spezielle Antifouling-Beschichtungen aufgetragen, um die Anhaftung von Meeresorganismen zu verhindern. Diese Beschichtungen enthalten Biozide, die allmählich ins Wasser abgegeben werden, um das Wachstum von Muscheln, Algen und anderen Organismen zu hemmen. Zusätzlich werden einige U-Boote mit Tarnmaterialien, wie akustischen Gummiplatten, beschichtet, um die Sonarreflexionen zu reduzieren und die Tarnfähigkeiten zu verbessern.

In manchen Fällen werden selbststratifizierende oder selbstreinigende Beschichtungen aufgetragen, um den Wartungsaufwand zu minimieren. Diese fortschrittlichen Beschichtungen kombinieren mehrere Schutzmerkmale, wie Korrosionsschutz und hydrophobe Eigenschaften, in einer einzigen Schicht. Die Beschichtungen werden mit speziellen Sprühsystemen aufgetragen, die Präzision und Gleichmäßigkeit gewährleisten, insbesondere in engen Räumen und schwer zugänglichen Bereichen des U-Bootes.

Während des gesamten Beschichtungsprozesses werden strenge Qualitätskontrollmaßnahmen befolgt. Inspektoren führen visuelle Inspektionen, Haftungstests und Dickenmessungen in jeder Phase durch, um sicherzustellen, dass die Beschichtungen die erforderlichen Standards erfüllen. Auch zerstörungsfreie Prüfverfahren, wie die sogenannte Holiday-Prüfung, werden eingesetzt, um Unterbrechungen oder Hohlräume in den Beschichtungsschichten zu erkennen. Diese Inspektionen sind beim Bau von U-Booten entscheidend, da Mängel in den Beschichtungen die Leistung und Lebensdauer des Schiffes beeinträchtigen könnten.

Sobald alle Beschichtungsschichten aufgetragen und vollständig ausgehärtet sind, erfolgt eine Endkontrolle des U-Bootes sowie Nachbesserungen, um kleinere Unvollkommenheiten zu beseitigen. Vor dem Stapellauf des Schiffes werden die beschichteten Oberflächen nochmals inspiziert, um sicherzustellen, dass die Schutzsysteme intakt sind. In einigen Fällen erhalten Bereiche, die hohen Belastungen oder Abrieb ausgesetzt sind, zusätzliche Schichten Schutzbeschichtung für erhöhte Haltbarkeit. Dieser rigorose Prozess stellt sicher, dass das U-Boot bereit ist, den rauen Bedingungen der Meeresumgebung standzuhalten und langfristigen Schutz, Effizienz und betriebliche Zuverlässigkeit zu bieten.

Abbildung 118: Sonartechniker 2. Klasse Jacob Stich bessert einen frischen Anstrich am Turm des Virginia-Klasse-U-Bootes USS North Carolina (SSN 777) aus. U.S. NAVY, Gemeinfrei, über Picryl.

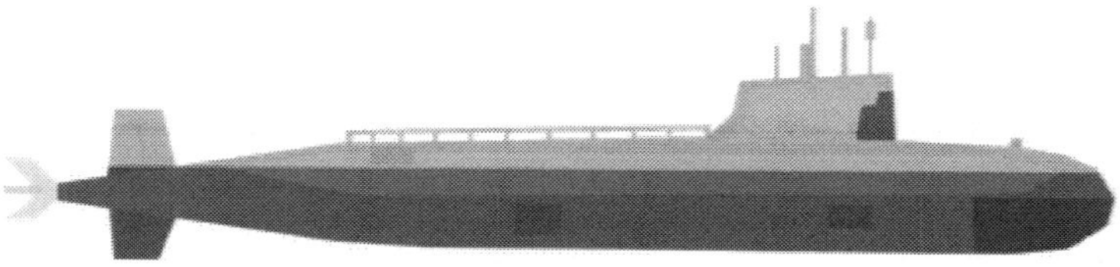

Kapitel 11

Gestaltung für Tarnung und akustische Signaturen

Akustische Dämpfung und Geräuschmanagement

Akustische Dämpfung ist ein grundlegender Aspekt des U-Boot-Betriebs, da sie die Fähigkeit eines Fahrzeugs beeinflusst, der Entdeckung durch Sonarsysteme zu entgehen. U-Boote stehen vor der ständigen Herausforderung, unentdeckt zu bleiben, während sie in Umgebungen operieren, die zunehmend von fortschrittlichen passiven und aktiven Sonarsystemen überwacht werden. Um ihre akustischen Signaturen zu reduzieren, nutzen moderne U-Boote eine Kombination aus strukturellem Design, Maschinenentkopplung und innovativen Antriebstechnologien.

Eine wichtige Strategie zur akustischen Dämpfung ist die Optimierung des U-Boot-Rumpfdesigns. Die Form des Rumpfes spielt eine entscheidende Rolle bei der Minimierung des hydrodynamischen Widerstands und der Turbulenzen, wenn das U-Boot durch das Wasser gleitet. Glattere Rumpfoberflächen und sorgfältig konturierte Designs sorgen dafür, dass das Wasser effizient um das Fahrzeug strömt und weniger Lärm erzeugt wird. Zudem werden häufig spezielle Beschichtungen aufgebracht, um Reibung zu reduzieren und Vibrationen zu dämpfen, was die akustische Signatur weiter senkt.

Eine weitere wesentliche Technik besteht darin, interne Maschinen vom Rumpf des U-Bootes zu entkoppeln. Vibrationen, die von Motoren, Pumpen und anderen mechanischen Systemen erzeugt werden, können sich durch den Rumpf fortpflanzen und ins Wasser abstrahlen, wodurch das U-Boot detektierbar wird. Um dies zu verhindern, setzen U-Boote vibrationsisolierende Halterungen und schalldämpfende Materialien ein, die mechanische Vibrationen absorbieren oder reduzieren. Diese Halterungen trennen laute Geräte physisch vom Rumpf, sodass Schallübertragungen in die Umgebung unterbunden werden.

Auch Antriebssysteme werden intensiv im Hinblick auf Lärmreduzierung optimiert. Propellerblätter beispielsweise sind mit fortschrittlichen Formen gestaltet, um Kavitationserscheinungen – ein Phänomen, bei dem sich Dampfblasen bilden und kollabieren und Lärm erzeugen – zu verhindern. Einige U-Boote nutzen Pumpstrahlantriebssysteme, die leiser arbeiten als herkömmliche Propeller. Zudem kommen zunehmend elektrische Antriebssysteme zum Einsatz, um den Lärm herkömmlicher Motoren zu vermeiden.

Die akustische Dämpfung umfasst auch schallabsorbierende Kacheln, die häufig aus Gummiverbundmaterialien bestehen und am äußeren Rumpf des U-Bootes angebracht sind. Diese Kacheln tragen dazu bei, Schallwellen sowohl von den internen Vorgängen des U-Boots als auch von externen Sonarsystemen zu absorbieren und zu zerstreuen. Dadurch wird die gesamte akustische Signatur des Fahrzeugs reduziert und es wird schwieriger, es mit passiven Sonarsystemen zu entdecken.

Der Einsatz fortschrittlicher Computersysteme zur Echtzeitüberwachung und Anpassung der Einstellungen von Bordmaschinen verstärkt die akustische Dämpfung zusätzlich. Diese Systeme ermöglichen es der Besatzung, die Geräuschentwicklung dynamisch zu minimieren, insbesondere bei Annäherung an feindliche Sonaranlagen. Zudem können U-Boote passive Sonarsysteme verwenden, um ankommende Sonarpings zu erkennen, sodass sie die Position oder Betriebsparameter anpassen können, um eine Entdeckung zu vermeiden.

Durch diese ausgeklügelten Techniken erreichen U-Boote die notwendige Tarnung, um verdeckte Missionen durchzuführen. Moderne akustische Dämpfungssysteme sind das Ergebnis jahrzehntelanger Forschung und spiegeln das anhaltende Wettrüsten zwischen U-Boot-Technologien und Sonar-Detektionssystemen wider.

Ein sich bewegendes U-Boot erzeugt verschiedene Arten von Geräuschen, die seine Tarnung beeinträchtigen und von Gegnern zur Entdeckung, Verfolgung und sogar Identifikation des Fahrzeugs genutzt werden können. Geräusche, die ein U-Boot erzeugt, werden nach den Mechanismen klassifiziert, die für die Geräuschemission verantwortlich sind, wie Rumpfvibration, mechanische Ausrüstung, Antriebssysteme (insbesondere Propeller) und hydrodynamisches Strömungsrauschen [470].

Das Konzept des Schallpegels (Source Level, SL) beschreibt die Intensität des von einem U-Boot ausgesendeten Lärms, gemessen in Dezibel (dB) relativ zu einer Referenzintensität – entweder 1 Pascal (Pa) nach US-Standards oder 20 µPa nach russischen Standards. Diese unterschiedlichen Messstandards können zu Abweichungen von etwa 27 dB zwischen den beiden Systemen führen. Der SL eines U-Bootes liefert wichtige Einblicke in dessen Detektierbarkeit über verschiedene Frequenzbänder hinweg [470].

U-Boote emittieren sowohl kontinuierliche als auch diskrete Geräusche über ihr gesamtes Frequenzspektrum. Kontinuierliche Geräusche, die bei niedrigeren Frequenzen dominieren, erreichen ihren Höhepunkt typischerweise zwischen 50-100 Hz, einem Frequenzbereich, der oft von Vibrationen des Rumpfes oder von Anlagen an Bord beeinflusst wird. Oberhalb von 200 Hz fällt der Schallpegel (SL) um 6 dB bei jeder Verdopplung der Frequenz ab, sodass höhere Frequenzen weniger zum akustischen Fußabdruck beitragen [470].

Die diskreten Komponenten des Geräuschspektrums eines U-Boots, wie jene, die von rotierenden Maschinen wie Propellern und Generatoren erzeugt werden, sind entscheidend für die Identifizierung. Diese diskreten Elemente bilden das „akustische Signatur" oder „akustische Porträt" eines U-Boots und ermöglichen feindlichen Sonarsystemen die Klassifizierung und Verfolgung einzelner Schiffe. Propellergeräusche emittieren insbesondere bei sehr niedrigen Frequenzen (0,1-10 Hz), was sie über große Entfernungen detektierbar macht, da der Ozean niederfrequenten Schall kaum absorbiert [470].

Die Rotationsgeschwindigkeit des Propellers erzeugt vorhersehbare, diskrete Geräuschkomponenten, während mechanische Vibrationen von Generatoren und Turbinen in einem Frequenzbereich von 50-60 Hz harmonische Töne erzeugen, die den elektrischen Systemen an Bord entsprechen [470].

Die Geschwindigkeit des U-Boots spielt eine entscheidende Rolle bei der Bestimmung seiner Geräuschemissionen. Im „Ultraschallmodus" reduzieren U-Boote ihre Betriebsgeschwindigkeit auf etwa 4 Knoten, um die Geräuschemissionen durch Einschränkung mechanischer Aktivitäten zu minimieren. In diesem Modus sind jedoch Geräusche von essenziellen Systemen wie Propeller und Energieversorgung immer noch vorhanden. Erhöht das U-Boot seine Geschwindigkeit auf etwa 8 Knoten – als „maximale Niedriglärmgeschwindigkeit" bezeichnet – nimmt der Schallpegel um 5-10 dB zu [470].

Während des Transits oder bei Langstreckenpatrouillen operieren U-Boote bei höheren Geschwindigkeiten, typischerweise etwa 15 Knoten. Bei diesen Geschwindigkeiten wird das hydrodynamische Strömungsgeräusch zur primären Lärmquelle, da turbulente Wasserbewegungen um den Rumpf Schall erzeugen. Die Beziehung zwischen Geschwindigkeit und Schallpegel ist exponentiell; eine Verdopplung der Geschwindigkeit führt zu einer Erhöhung des Schallpegels um 18 dB, da das Geräusch mit der sechsten Potenz der Geschwindigkeit skaliert [470].

Die Geräuschemissionen eines U-Boots sind über dessen gesamte Einsatzdauer hinweg nicht konstant. Abnutzung von mechanischen Komponenten, Fehlausrichtungen und Materialermüdung können die Geräuschpegel schrittweise um bis zu 5 dB erhöhen. Um dauerhaft niedrige Lärmpegel zu gewährleisten, sind regelmäßige Wartungsarbeiten und der Austausch abgenutzter Teile erforderlich [470].

Dieselelektrische U-Boote, die im Batteriebetrieb arbeiten, sind leiser als atomgetriebene U-Boote, da Kernreaktoren selbst bei minimalen Geschwindigkeiten zusätzliche mechanische Geräusche erzeugen. U-Boote mit Doppelrumpfkonstruktionen – wie russische SSBNs – tendieren aufgrund der zusätzlichen mechanischen Komplexität und der größeren Verdrängung dazu, lauter zu sein, was stärkere Motoren und Antriebssysteme erfordert [470].

Im Laufe der Zeit haben U-Boot-Bauer durch verbesserte präzise Fertigungstechniken erhebliche Lärmreduzierungen erzielt. Beispielsweise kann die Genauigkeit bei der Fertigung von Zahnrädern für Turbinenanordnungen mechanische Geräusche erheblich reduzieren. Russische U-Boote wie die Delta-IV-Klasse (667 BDRM) und die Typhoon-Klasse haben durch verbesserte Fertigungsprozesse, aktive Geräuschunterdrückungstechnologien und verbesserte Designmerkmale niedrigere Schallpegel erreicht [470].

Akustische Dämpfung ist essenziell, damit moderne U-Boote während Einsätzen unentdeckt bleiben können. U-Boot-Konstrukteure konzentrieren sich darauf, Geräusche zu minimieren, indem sie die Form des Rumpfes optimieren, fortschrittliche Materialien verwenden und Antriebssysteme verfeinern. Die Aufrechterhaltung niedriger Geräuschpegel im Laufe der Zeit erfordert jedoch sorgfältige Wartungs- und Betriebsstrategien, die auf spezifische Bedingungen abgestimmt sind, einschließlich der Anpassung der Geschwindigkeiten zur Steuerung von hydrodynamischem und mechanischem Lärm [470].

Rumpfdesign

Die Optimierung des Rumpfdesigns von U-Booten zur akustischen Geräuschreduzierung stellt eine komplexe Herausforderung dar, die fortschrittliche Ingenieurprinzipien integriert, um den hydrodynamischen Widerstand, Turbulenzen und die Geräuschübertragung zu minimieren. Die Form und die Oberflächenbehandlung des Rumpfes sind entscheidende Faktoren, die die operative Tarnung und Effizienz des U-Bootes beeinflussen. Eine stromlinienförmige, glatte Rumpfform ist essenziell, um turbulente Strömungen zu reduzieren, die dafür bekannt sind, Wirbel zu erzeugen, die von passiven Sonarsystemen als Geräusche wahrgenommen werden können. Forschungen zeigen, dass moderne U-Boote häufig tropfenförmige Rümpfe verwenden, die den laminaren Fluss fördern – gekennzeichnet durch eine gleichmäßige Wasserbewegung entlang des Rumpfes – und so den Widerstand sowie die Geschwindigkeit und Kraftstoffeffizienz verbessern [61, 63].

Die Außenoberflächenbehandlung des U-Boots spielt eine entscheidende Rolle bei der Geräuschreduzierung. Fortgeschrittene Materialien wie elastomere Polymere und schallabsorbierende Gummikacheln werden verwendet, um eine glattere Oberfläche zu schaffen, die die Reibung reduziert und mechanische Vibrationen dämpft. Diese Beschichtungen erleichtern nicht nur den Wasserfluss, sondern dienen auch als Barriere gegen Vibrationen von internen Maschinen, um deren Ausbreitung durch den Rumpf in das umgebende Wasser zu verhindern [471, 472]. Ein bemerkenswertes Beispiel für solche Beschichtungen sind anechoische Fliesen, die speziell dafür entwickelt wurden, Schallwellen zu absorbieren und zu streuen. Diese Fliesen helfen, Sonarechos und Eigenlärm zu reduzieren und so interne Geräusche zu verschleiern, die die Tarnung des U-Boots beeinträchtigen könnten [471].

Um das Rumpfdesign und die Oberflächenmerkmale weiter zu verfeinern, setzen Ingenieure auf fortschrittliche Modelle der computergestützten Fluiddynamik (CFD). Diese Simulationen ermöglichen eine detaillierte Analyse der Wasserströmungsmuster und Turbulenzen um das U-Boot bei unterschiedlichen Geschwindigkeiten, was die Optimierung des Designs zur Minimierung akustischer Störungen erleichtert [63, 468]. Die Integration von CFD mit multiobjektiven Optimierungstechniken hat sich als effektiv erwiesen, um die hydrodynamische Leistung von U-Boot-Rümpfen zu verbessern und sicherzustellen, dass das Design nicht nur die Tarnanforderungen erfüllt, sondern auch eine hohe Betriebseffizienz erreicht [63].

Die Kombination einer glatten Rumpfkontur, reibungsmindernder Beschichtungen und vibrationsdämpfender Materialien ist entscheidend für die Aufrechterhaltung der Tarnung in U-Boot-Operationen. Diese Designelemente stellen sicher, dass U-Boote mit minimalem Geräusch durch das Wasser navigieren können, wodurch sie für feindliche Sonarsysteme weniger erkennbar werden und so ihre operative Effektivität steigern [473].

Isolierung der internen Maschinen vom Rumpf des U-Boots

In der U-Boot-Konstruktion ist die Isolierung der internen Maschinen vom Rumpf eine entscheidende Strategie zur Geräuschreduzierung. Die mechanischen Vibrationen, die von Motoren, Pumpen und anderen an Bord befindlichen Geräten erzeugt werden, können leicht durch den Rumpf ins umgebende Wasser übertragen werden, was das akustische Profil des Schiffs erhöht und es für feindliche Sonarsysteme besser erkennbar macht. Um dieses Problem zu mildern, verwenden U-Boote eine Kombination aus vibrationsisolierenden Halterungen, schalldämpfenden Materialien und flexiblen Kupplungen, um mechanische Geräusche effektiv vom Rumpf zu entkoppeln [474, 475].

U-Boote setzen verschiedene Techniken zur Vibrationsisolierung ein, um die Tarnfähigkeit zu verbessern, indem die von internen Maschinen wie Motoren und Pumpen erzeugten Geräusche minimiert werden. Dies ist entscheidend, da jedes Geräusch, das durch den Rumpf übertragen wird, das akustische Profil des U-Boots erheblich erhöhen und es für Gegner leichter auffindbar machen kann. Ein bemerkenswertes Beispiel hierfür sind die U-Boote der Virginia-Klasse, die Urethankacheln und fortschrittliche vibrationsdämpfende Materialien verwenden, die strategisch zwischen den Maschinen und dem Rumpf angebracht sind [476]. Diese Materialien sind darauf ausgelegt, mechanische Vibrationen zu absorbieren und deren Ausbreitung ins umgebende Wasser zu verhindern, wodurch das Geräuschprofil des U-Boots reduziert wird [477].

Schwingungsisolierende Halterungen sind speziell darauf ausgelegt, mechanische Energie zu absorbieren und die Übertragung von Vibrationen von lauten Geräten auf den Rumpf des U-Boots zu reduzieren. Diese Halterungen fungieren als Puffer zwischen der Maschine und dem Rumpf, indem sie Geräte auf flexiblen Trägern aus Materialien wie Gummi, Elastomeren oder speziellen Polymeren aufhängen. Diese Konstruktion ermöglicht es den Halterungen, als Stoßdämpfer zu wirken und Schwingungsenergie über mehrere Achsen zu verteilen, wodurch verhindert wird, dass der Rumpf als Schallleiter fungiert [474, 475]. Fortschrittliche Halterungen verfügen oft über mehrschichtige Dämpfungssysteme, die Gummi und Metall kombinieren, um die Tragfähigkeit mit der Schwingungsabsorption auszubalancieren und so eine kontrollierte Bewegung der Maschinen bei minimaler Übertragung mechanischer Energie sicherzustellen [474, 475].

Darüber hinaus ist die Konstruktion von Schwingungsisolatoren in modernen U-Booten gezielt auf bestimmte Frequenzbereiche abgestimmt, die mit den Maschinen verbunden sind, wie beispielsweise Dieselgeneratoren oder Pumpen. Dieser gezielte Ansatz erhöht die Wirksamkeit der Schwingungsisolierung und sorgt dafür, dass das U-Boot während des Betriebs ein niedriges akustisches Profil aufrechterhält [474, 475].

Zusätzlich zu schwingungsisolierenden Halterungen nutzen U-Boote schalldämpfende Materialien in Maschinenräumen und zwischen Geräten und dem Rumpf. Diese Materialien absorbieren Schwingungsenergie und wandeln sie in Wärme um, wodurch die Geräuschemissionen reduziert werden. Häufig verwendete Materialien umfassen viskoelastische Polymere, gummibasierte Verbindungen und spezielle Schaumstoffe, die speziell für den Einsatz unter maritimen Bedingungen ausgelegt sind [475].

Flexible Kupplungen sind ebenfalls entscheidend in rotierenden Systemen wie Pumpen und Antriebswellen, bei denen starre Verbindungen Vibrationen übertragen könnten. Diese Kupplungen, die aus elastomeren Elementen oder mehrschichtigen Verbundwerkstoffen bestehen, ermöglichen eine Bewegung zwischen verbundenen Teilen ohne Geräuscherzeugung, was besonders in Systemen wichtig ist, bei denen Fehlausrichtung oder thermische Ausdehnung Schwingungsgeräusche verursachen könnten [474, 475].

In Nuklear-U-Booten stellt die Isolierung des Reaktors und des Antriebssystems aufgrund der Größe und Komplexität dieser Komponenten besondere Herausforderungen dar. Kraftwerke werden typischerweise auf schwimmenden

Plattformen oder isolierten Decks innerhalb des Rumpfes montiert, was eine zusätzliche Trennungsschicht bietet. Fortgeschrittene Konstruktionen nutzen masselastische Halterungen, um niederfrequente Vibrationen weiter zu reduzieren, die besonders schwer zu unterdrücken sind, jedoch entscheidend für die Aufrechterhaltung der Tarnung sind [474, 475].

Durch die effektive Isolierung lauter Geräte vom Rumpf minimieren U-Boote die Wahrscheinlichkeit, von feindlichen Sonarsystemen entdeckt zu werden. Diese Konstruktion stellt sicher, dass das akustische Profil des U-Bootes über verschiedene Geschwindigkeitsbereiche hinweg innerhalb akzeptabler Werte bleibt. Es ist jedoch entscheidend, die präzise Ausrichtung und die Integrität dieser schwingungsdämpfenden Systeme über die gesamte Betriebsdauer des U-Bootes aufrechtzuerhalten, da der Verschleiß der Isolatoren die Geräuschpegel im Laufe der Zeit erhöhen kann [474, 475].

Geräuschdämmung des Antriebssystems

Antriebssysteme in U-Booten sind entscheidend für die Lärmkontrolle, die einen wesentlichen Einfluss auf das akustische Profil des Fahrzeugs hat. Das Design der Propellerblätter ist ein Schlüsselfaktor zur Minimierung von Geräuschpegeln, insbesondere durch fortschrittliche Formen, die Kavitation reduzieren sollen. Kavitation tritt auf, wenn sich Dampfblasen um die Blätter bilden und anschließend zusammenbrechen, was Geräusche erzeugt. Dieses Phänomen wird typischerweise bei hohen Geschwindigkeiten oder unter bestimmten Druckbedingungen verstärkt, weshalb moderne U-Boote geneigte Blätter und optimierte Designs verwenden, um einen gleichmäßigeren Wasserfluss zu fördern und die Blasenbildung zu minimieren [478].

Das Design von Propellerblättern zur Geräuschminderung und Reduzierung der Kavitation erfordert fortschrittliche Ingenieurtechniken, die sich auf die Kontrolle des Wasserflusses und des Drucks um die Blätter konzentrieren. Kavitation tritt auf, wenn schnelle Druckänderungen Dampfblasen erzeugen, die bei ihrem Kollaps Geräusche verursachen, die von Sonarsystemen wahrgenommen werden können. Um dies zu vermeiden, wird die Geometrie der Blätter sorgfältig optimiert.

Ein wirksamer Ansatz ist die Verwendung geneigter Blätter, die sich entlang ihrer Länge nach hinten biegen. Dieses Design reduziert plötzliche Druckänderungen, da die Klinge rotiert und die Last gleichmäßiger verteilt, was die Kavitation verhindert. Darüber hinaus verbessern Blätter mit einem hohen Seitenverhältnis, die lang und schmal sind, die hydrodynamische Effizienz, indem sie den Widerstand verringern und den Wasserfluss über die Oberfläche glätten.

Die Vorder- und Hinterkanten der Blätter werden verfeinert und poliert, um Turbulenzen und Reibung zu reduzieren. Zudem werden verstellbare Blätter integriert, deren Winkel je nach Geschwindigkeit und Last angepasst wird, was die Geräuschemissionen bei unterschiedlichen Betriebsbedingungen weiter minimiert. Hydrodynamische Simulationstools und Computational-Fluid-Dynamics-(CFD)-Software werden oft verwendet, um Wasserflüsse und Kavitation bereits in der Designphase vorherzusagen und so sicherzustellen, dass der Propeller in verschiedenen Geschwindigkeiten und Tiefen leise arbeitet.

In einigen modernen U-Booten ersetzen Pumpstrahl-Antriebssysteme traditionelle Propeller und nutzen geschlossene Impeller, die minimale Geräusche erzeugen. Diese Technologie ist besonders wirksam bei der Vermeidung von Kavitation bei Hochgeschwindigkeitsfahrten und bietet stealth-technische Vorteile, die in militärischen Anwendungen entscheidend sind.

Pumpstrahl-Antriebssysteme kommen in mehreren modernen U-Booten zum Einsatz und bieten eine hohe Effizienz und Geräuschreduzierung, was sie ideal für hochgeheime Operationen macht. Beispiele umfassen:

- **Astute-Klasse (UK)**: Diese U-Boote nutzen den Pumpstrahlantrieb für geräuscharme Operationen, um ihre Tarnfähigkeit zu verbessern.

- **Virginia-Klasse (USA)**: Der Einsatz von Pumpstrahlen ermöglicht es diesen nuklearbetriebenen U-Booten, insbesondere bei geheimen Missionen unentdeckt zu bleiben.
- **Suffren-Klasse (Frankreich)**: Diese Klasse integriert Pumpstrahltechnologie zur Verbesserung der akustischen Tarnung und Manövrierfähigkeit.

Diese Systeme machen moderne U-Boote erheblich leiser und effektiver in maritimen Operationen.

Das Design von U-Boot-Propellern unterscheidet sich erheblich von dem für Überwasserschiffe, da der Schwerpunkt auf der Minimierung des akustischen Profils zur Verbesserung der Tarnung liegt. Obwohl die Effizienz nach wie vor wichtig ist, hat die Lärmreduzierung Vorrang, da selbst minimale Geräuschemissionen die Fähigkeit eines U-Boots beeinträchtigen können, unentdeckt zu bleiben. U-Boot-Propeller müssen zudem Langlebigkeit, Antriebskraft und Manövrierfähigkeit in Einklang bringen, um eine zuverlässige Leistung unter verschiedensten Betriebsbedingungen zu gewährleisten, einschließlich Tieftauchgängen und Fahrten an der Oberfläche. Dieses Bedürfnis nach Vielseitigkeit bringt zusätzliche Komplexität mit sich, die spezialisierte Designs erfordert, um Tarnungs- und Leistungsziele zu erreichen [479].

Lärmmanagement ist ein entscheidender Faktor im Propellerdesign für U-Boote, da der Propeller eine wesentliche Quelle für Unterwassergeräusche darstellt. Schubgeräusche dominieren typischerweise bei niedrigeren Frequenzen unter 100 Hz und entstehen durch Schubschwankungen aufgrund ungleichmäßiger Strömungsfelder um die Propellerblätter. Bei höheren Frequenzen wird das Geräusch an den Hinterkanten der Blätter prägnanter. Diese Geräusche entstehen durch Turbulenzen und Wirbelablösungen an der Hinterkante der Blätter und können bis zu Frequenzen von 1000 Hz reichen. Zur Dämpfung dieser Geräusche wird die Geometrie der Hinterkanten optimiert, um das Wirbelverhalten zu steuern. Eine weitere Herausforderung stellt Breitbandrauschen dar, das durch turbulente Strömungen entsteht und akustische Störungen verursachen kann, die die Erkennungsmöglichkeiten des Sonarsystems eines U-Boots beeinträchtigen [479].

Die Kontrolle der Kavitation spielt eine zentrale Rolle im Propellerdesign. Kavitation tritt auf, wenn Niederdruckzonen auf der Oberfläche der Propellerblätter Wasser in Dampfblasen verwandeln, die anschließend zusammenbrechen, was Lärm erzeugt und die Blätter potenziell beschädigen kann. Um Kavitation zu verhindern, konzentrieren sich Designer auf die Anpassung von Steigung, Wölbung und Oberflächengeometrie der Propellerblätter. Saugseitenkavitation, Spitzenwirbelkavitation und Nabenwirbelkavitation sind einige der Formen, die durch diese Optimierungen adressiert werden. Die Verwendung nicht-planarer Auftriebsflächen, wie beim Kappel-Propeller, zeigt, wie fortschrittliche Designs die Lastverteilung verbessern, die Wahrscheinlichkeit von Kavitation verringern und die hydrodynamische Effizienz steigern können [479].

Ein Beispiel für den Kappel-Propeller ist ein 8-blättriges Design, das entwickelt wurde, um akustische Emissionen zu minimieren und die Schubleistung zu stabilisieren. Im Vergleich zu einer 7-blättrigen Variante zeigte die 8-blättrige Version eine überlegene Geräuschreduzierung bei gleichzeitiger Beibehaltung einer effizienten Antriebskraft. Diese Fortschritte stimmen mit dem grundlegenden Ziel überein, die Erkennbarkeit eines U-Boots zu minimieren und gleichzeitig sicherzustellen, dass die Antriebsleistung nicht beeinträchtigt wird. Der Kappel-Propeller veranschaulicht, wie hochmoderne Designttechniken sowohl Tarnung als auch betriebliche Effizienz ermöglichen [479].

Der Propeller-Designprozess ist iterativ, wobei durch hydrodynamische und akustische Tests kontinuierliche Verfeinerungen vorgenommen werden. Jede Iteration untersucht Faktoren wie den Durchmesser und die Anzahl der Blätter, die die Schubschwankungen und Lärmpegel beeinflussen. Anpassungen von Schräg- und Rechtausleger erhöhen die Kavitationsresistenz, indem sie den Wasserfluss über die Blätter steuern, während sorgfältig ausgewählte Materialien und geräuschmindernde Kanten das durch Wirbel verursachte tonale Rauschen minimieren. Dieser detaillierte Ansatz stellt sicher, dass jeder Aspekt des Propellers zur Tarnung und Leistung des U-Boots beiträgt und die anspruchsvollen Anforderungen moderner Marineoperationen erfüllt [479].

Neben herkömmlichen Propellersystemen stellen Pumpstrahl-Antriebssysteme einen bedeutenden Fortschritt in der Lärmminderungstechnologie dar. Im Gegensatz zu konventionellen Propellern verwenden Pumpstrahler einen gekapselten Impeller, der von einem Stator umgeben ist und so Spitzenwirbel eliminiert und die Kavitation reduziert. Dieses Design ermöglicht einen geräuscharmen Betrieb und macht Pumpstrahler besonders geeignet für tarnungsorientierte U-Boote wie die britische Astute-Klasse und die französische Barracuda-Klasse [106]. Die Integration solcher Systeme unterstreicht die Bedeutung innovativer Designlösungen zur Verbesserung der Tarnfähigkeit von U-Booten.

Elektrische Antriebssysteme werden in modernen U-Booten zunehmend wegen ihrer geringen Geräuschemissionen eingesetzt. Diese Systeme ersetzen herkömmliche mechanische Antriebe, die von Diesel- oder Dampfturbinen angetrieben werden, durch Elektromotoren, die einen ruhigeren und gleichmäßigeren Betrieb ermöglichen. Diesel-elektrische U-Boote wie die deutsche Typ-212-Klasse können beim Betrieb mit Batterien nahezu geräuschlos fahren, was die Erkennung erheblich erschwert. Ebenso nutzen nuklearbetriebene U-Boote elektrische Antriebe, bei denen der Reaktor Strom zur Versorgung der Antriebsmotoren erzeugt, wodurch die mit traditionellen Getriebesystemen verbundenen mechanischen Geräusche reduziert werden [109, 480]. Der Trend zu elektrischen Antrieben fördert nicht nur die Tarnfähigkeit, sondern entspricht auch den umfassenderen Entwicklungen im Bereich der Marineingenieurtechnik hin zu effizienteren und umweltfreundlicheren Technologien.

Die Fortschritte in den Antriebssystemen von U-Booten spiegeln eine gezielte Anstrengung wider, die Herausforderungen des Lärmmangements in Unterwasseroperationen zu bewältigen. Durch den Einsatz innovativer Designlösungen in der Propellerblattgeometrie, die Nutzung von Pumpstrahlsystemen und den Übergang zu elektrischen Antrieben können moderne U-Boote ihre akustischen Signaturen erheblich reduzieren und so ihre Effektivität in Tarnmissionen verbessern [339, 481].

Schallabsorbierende Fliesen

Die akustische Dämpfung in U-Booten ist ein wesentlicher Bestandteil der Tarntechnologie der Marine, die hauptsächlich durch den Einsatz schallabsorbierender Fliesen erreicht wird, die an der Außenhülle des Schiffes angebracht sind. Diese Fliesen, die häufig aus speziellen Gummikompositen bestehen, sind darauf ausgelegt, Schallwellen effektiv zu absorbieren und zu dämpfen. Durch die Minimierung sowohl des vom U-Boot erzeugten internen Geräuschs als auch der externen Schallwellen, die von der Hülle reflektiert werden, verringern diese Fliesen signifikant das akustische Profil des U-Boots. Dies erschwert es feindlichen Kräften, das Schiff mithilfe passiver Sonarsysteme zu orten, die auf das Abhören akustischer Signaturen statt auf das aktive Aussenden von Schall setzen [482, 483].

Der Mechanismus, mit dem diese Fliesen funktionieren, besteht darin, Schallenergie in geringe Mengen Wärme umzuwandeln, wodurch der Schall reduziert wird, der von der Hülle ins umgebende Wasser entweicht. Diese Funktion ist für Tarnoperationen entscheidend, da sie nicht nur interne Geräusche absorbiert, sondern auch die Reflexion einfallender Sonarwellen mindert. Diese doppelte Fähigkeit ist entscheidend für die Wahrung der operationellen Tarnung, da sie den Erkennungsprozess für passive Sonarsysteme erschwert, die darauf ausgelegt sind, die akustischen Signaturen von Schiffen aufzunehmen [482, 483]. Darüber hinaus hängt die Wirksamkeit dieser Fliesen von ihrem Design und ihrer Anwendung ab; selbst kleine Mängel, wie Lücken zwischen den Fliesen oder eine unsachgemäße Befestigung, können die akustische Tarnung des Fahrzeugs beeinträchtigen [482, 483].

Die für diese schallabsorbierenden Fliesen verwendeten Gummikomposite sind sorgfältig darauf ausgelegt, den extremen Bedingungen standzuhalten, denen U-Boote ausgesetzt sind, einschließlich des hohen Drucks in der Tiefe, Temperaturschwankungen und einer langen Einwirkung von Meerwasser. Ständige Forschungs- und Entwicklungsbemühungen zielen darauf ab, diese Materialien in ihrer Haltbarkeit und Wirksamkeit zu optimieren, um sicherzustellen, dass sie ihre Schalldämpfungseigenschaften auch unter schwierigen Bedingungen beibehalten [482,

483]. Zusätzlich müssen die Fliesen widerstandsfähig gegenüber Bewuchs sein, da die Ansammlung von Meerestieren die akustischen Eigenschaften der Hülle verändern und Tarnoperationen weiter erschweren kann [482, 483].

Moderne Kriegsschiffe, insbesondere nuklear betriebene U-Boote, verlassen sich stark auf diese schallabsorbierenden Fliesen, um ihre operationelle Tarnung aufrechtzuerhalten. Die Weiterentwicklung von Fliesenzusammensetzungen und Installationstechniken hat im Laufe der Zeit erheblich zur Reduzierung akustischer Signaturen beigetragen und es U-Booten ermöglicht, leise durch feindliche Gewässer zu navigieren und das Risiko einer Entdeckung zu minimieren [482, 483]. Die fortlaufenden Fortschritte in der akustischen Tarntechnologie unterstreichen die Bedeutung dieser Materialien in der modernen Seekriegsführung, da sie die Effektivität von U-Booten bei der Vermeidung von Entdeckung durch feindliche Sonarsysteme erhöhen [482, 483].

Echtzeitüberwachung und Anpassung der Bordmaschinen

Fortschrittliche Computersysteme sind von zentraler Bedeutung für die Verbesserung der akustischen Dämpfung in U-Booten, vor allem durch die Echtzeitüberwachung und Anpassung der Bordmaschinen. Diese Systeme ermöglichen ein dynamisches Management der Geräteeinstellungen, um die Lärmemissionen zu minimieren, insbesondere in der Nähe feindlicher Sonar-Anlagen. Der kontinuierliche Datenfluss in Echtzeit von Sensoren, die in der gesamten Maschinerie des U-Boots eingebettet sind – einschließlich Maschinenvibrationen, Betrieb des Kraftwerks und Antriebssysteme – ermöglicht der Besatzung eine schnelle Reaktion auf Geräusch verursachende Anomalien. Wenn beispielsweise ein Bauteil übermäßigen Lärm erzeugt, kann das System die Besatzung alarmieren und ihnen ermöglichen, Anpassungen vorzunehmen, wie etwa die Leistungsreduzierung, die Änderung der Drehgeschwindigkeiten oder das vorübergehende Abschalten nicht wesentlicher Geräte, um die Tarnung aufrechtzuerhalten [351, 484].

Die Automatisierung, die durch diese fortschrittlichen Systeme bereitgestellt wird, steigert die Betriebseffizienz erheblich, während die akustische Tarnung sichergestellt wird. Die Systeme sind in der Lage, abnormale Vibrationen in Echtzeit zu erkennen und die Betriebsbedingungen von Motoren oder Pumpen so anzupassen, dass diese Vibrationen unterdrückt werden, bevor sie sich durch den Rumpf ausbreiten. Dieser proaktive Ansatz ist entscheidend, um die Wahrscheinlichkeit der Geräuschübertragung zu reduzieren, die die Tarnfähigkeit des U-Boots gefährden könnte [24, 485]. Zudem sorgt die Integration von schwingungsisolierenden Technologien in diese Systeme dafür, dass kein Lärm in die Außenumgebung übertragen wird, selbst wenn betriebliche Anpassungen vorgenommen werden [200, 486].

Ein weiteres wesentliches Merkmal dieser fortschrittlichen Computersysteme ist ihre Integration mit den passiven Sonarsystemen des U-Boots. Passive Sonarsysteme sind so konzipiert, dass sie kontinuierlich nach eingehenden Sonarpings oder anderen akustischen Signaturen suchen, ohne selbst Geräusche auszusenden, was die Tarnung des U-Boots bewahrt. Wird ein feindliches Sonarping entdeckt, kann die Besatzung die Betriebsparameter des Schiffs schnell anpassen oder dessen Positionierung ändern. Dies kann die Anpassung der Geschwindigkeit, die Veränderung der Drehgeschwindigkeit des Propellers oder das Umschalten auf einen leiseren Betriebsmodus umfassen, wie den „ultraleisen" Modus, bei dem nur wesentliche Geräte mit minimalem Geräuschpegel betrieben werden [25, 487]. Diese Anpassungsfähigkeit ist entscheidend, um in Tarnoperationen einen strategischen Vorteil zu wahren und U-Booten die Möglichkeit zu geben, unentdeckt zu bleiben, während sie effektiv auf sich entwickelnde taktische Bedingungen reagieren [55, 488].

Durch kontinuierliche Überwachung und adaptive Steuerung ermöglichen diese fortschrittlichen Computersysteme U-Booten einen sicheren und leisen Betrieb, selbst in risikoreichen Umgebungen. Diese Fähigkeit minimiert die Wahrscheinlichkeit der Erkennung durch feindliche Sonarsysteme und steigert so die Gesamteffektivität der U-Boot-Missionen [489, 490]. Die Integration dieser Technologien unterstützt nicht nur Tarnoperationen, sondern trägt auch zur strategischen Flexibilität bei, die in der modernen Seekriegsführung erforderlich ist [491, 492].

Reduzierung der elektromagnetischen Signatur

Die elektromagnetische (EM) Signatur eines U-Boots bezieht sich auf die elektromagnetischen Emissionen und Störungen, die durch die Ausrüstung und Systeme des Fahrzeugs erzeugt werden. Diese Signaturen sind durch Sensoren erfassbar und können die Tarnung eines U-Boots gefährden. Die EM-Signatur umfasst mehrere Schlüsselkomponenten, einschließlich elektrischer und magnetischer Felder, die durch die an Bord befindlichen Maschinen, elektrische Ströme und Kommunikationssysteme entstehen. Im militärischen Bereich ist die Minimierung der EM-Signatur eines U-Boots entscheidend, um einer Entdeckung durch gegnerische elektromagnetische Sensoren zu entgehen.

Schiffe und U-Boote sind aufgrund ihrer magnetischen Signaturen zunehmend anfällig für die Entdeckung durch gegnerische Abwehrsysteme. Diese Signaturen entstehen durch die Störung, die sie im Erdmagnetfeld verursachen, hauptsächlich weil die Stahlrümpfe dieser Fahrzeuge andere magnetische Eigenschaften aufweisen als das umgebende Meerwasser. Dadurch entstehen lokale Störungen im Magnetfeld, wenn sich das U-Boot durch das Wasser bewegt [493-495]. Die Erfassung dieser magnetischen Signaturen wird durch fortschrittliche magnetische Sensoren und Verfolgungssysteme erleichtert, die die subtilen Variationen erkennen, die durch das Vorhandensein ferromagnetischer Materialien in den U-Boot-Rümpfen verursacht werden [494, 496].

Die Planung, Konstruktion und der Betrieb von U-Booten erfordern eine gründliche numerische Analyse dieser magnetischen Signaturen. Ingenieure nutzen anspruchsvolle Simulationstechniken, um zu modellieren, wie die magnetischen Eigenschaften eines U-Boots mit der Umgebung interagieren. Dies ist entscheidend für die Entwicklung wirksamer Gegenmaßnahmen zur Reduzierung der Entdeckungswahrscheinlichkeit [495, 497]. Die Herausforderungen bei dieser Analyse ergeben sich aus der dünnen Metallstruktur der U-Boot-Rümpfe, was eine präzise Erfassung der magnetischen Interaktionen erschwert. Spezialisierte Methoden, wie die Integralgleichungsmethode kombiniert mit Fast-Multipole-Algorithmen, werden eingesetzt, um die magnetischen Anomalien bei komplexen Geometrien von U-Booten zu berechnen [497].

Die elektromagnetische Signatur eines U-Boots umfasst mehrere wichtige Komponenten:

- **Magnetische Signatur (Magnetostatische Signatur)**: Sie entsteht durch die Interaktion zwischen dem ferromagnetischen Rumpf des U-Boots und dem Erdmagnetfeld. Wenn sich das U-Boot bewegt, verzerrt es das umgebende Magnetfeld und erzeugt eine erfassbare Anomalie. Flugzeuge zur U-Boot-Bekämpfung setzen oft Magnetische Anomalie-Detektionssysteme (MAD) ein, um solche Störungen zu erkennen, weshalb es für U-Boote wichtig ist, ihr magnetisches Profil durch Techniken wie das Entmagnetisieren zu minimieren. Dabei werden die vom Rumpf erzeugten Magnetfelder kompensiert.

- **Elektrische Feldsignaturen**: Diese entstehen durch die elektrischen Ströme, die im Antriebssystem des U-Boots und in der elektrischen Energieverteilung an Bord verwendet werden. Diese Ströme erzeugen lokal elektrische Felder im umgebenden Wasser, die durch spezialisierte Systeme zur U-Boot-Bekämpfung erfasst werden können. Diese Komponente der elektromagnetischen Signatur ist besonders relevant, wenn das U-Boot seine elektrischen Systeme mit hoher Last betreibt, was eine präzise Verwaltung der Leistungsübertragung zur Wahrung der Tarnung erforderlich macht.

- **Elektromagnetische Strahlung**: Diese tritt auf, wenn das U-Boot Kommunikationssysteme, Radar oder Antennen verwendet. Diese Geräte emittieren elektromagnetische Wellen, und obwohl U-Boote normalerweise ihre Emissionen begrenzen, um verdeckt zu bleiben, erhöht jede Aktivität an der Oberfläche, die Kommunikation oder Periskopoperationen beinhaltet, das Risiko, von Langstrecken-Elektromagnetiksensoren entdeckt zu werden.

- **Korrosionsbedingte elektrische Signale**: Diese werden durch elektrochemische Prozesse am Rumpf des U-Boots, insbesondere in Salzwasserumgebungen, erzeugt. Kathodische Schutzsysteme, wie die Fremdstromanoden (Impressed Current Cathodic Protection, ICCP), werden installiert, um die Rumpfkorrosion zu verhindern, aber diese Systeme können ebenfalls elektrische Emissionen erzeugen. Fortschrittliche ICCP-Systeme zielen darauf ab, diese Emissionen effektiv zu steuern, um die Tarnung des U-Boots nicht zu gefährden.

Zur Verringerung der magnetischen Signatur von U-Booten wird das Entmagnetisieren eingesetzt. Beim Entmagnetisieren werden gegenläufige Magnetfelder erzeugt, um die durch den Rumpf verursachten Störungen auszugleichen [496]. Dies kann durch den Einsatz von Kabeln, die elektrische Ströme führen, oder durch in die Struktur des U-Boots integrierte Spulen erreicht werden. Die Wirksamkeit dieser Gegenmaßnahmen hängt stark von präzisen numerischen Analysen ab, die die magnetischen Eigenschaften des U-Boots und deren Interaktionen mit dem umgebenden Meerwasser berücksichtigen [495, 497]. Da Gegner immer ausgefeiltere Sensorsysteme entwickeln, wird der Bedarf an effektiven Signaturreduktionsstrategien zunehmend kritisch, um die Tarnung von Marinefahrzeugen aufrechtzuerhalten [493, 498].

Abbildung 119: Das Angriffs-U-Boot USS JIMMY CARTER (SSN 23) der Sea-Wolf-Klasse der US Navy (USN) liegt am magnetischen Entstörungsstandort auf der Marinebasis (NB) Kitsap, Bangor, Washington (WA), vor Anker für ein Magnetbehandlungsverfahren (DEPERM), bei dem der Rumpf durch elektrische Ladung oder Blitzentladung behandelt wird, um die elektromagnetische Signatur während der Fahrt durch das Wasser zu minimieren und so die Verwundbarkeit gegenüber Unterwassermagnetminen zu verringern. U.S. National Archives, Public Domain, via NARA & DVIDS Public Domain Archive.

Die Minderung wird durch mehrere strategische Methoden erreicht, die sowohl die magnetischen als auch elektromagnetischen Emissionen des U-Bootes betreffen.

Entmagnetisieren („Deperming“) ist eine entscheidende Technik zur Reduzierung der magnetischen Signatur eines U-Bootes. Mit der Zeit kann der ferromagnetische Rumpf eines U-Bootes ein Magnetfeld durch Wechselwirkungen mit dem natürlichen Magnetismus der Erde anreichern. Diese angesammelte Magnetisierung erleichtert es Magnetanomalie-Detektoren (MAD), das Fahrzeug zu orten. Beim Entmagnetisieren wird der Rumpf systematisch entmagnetisiert, wodurch das U-Boot während der Operationen nur minimale magnetische Störungen erzeugt. Spezialisierte Einrichtungen setzen abwechselnde Magnetfelder entlang des Rumpfs ein, wodurch die Magnetisierung effektiv neutralisiert und die magnetische Anomaliesignatur reduziert wird.

Das Entmagnetisieren ist ein kritischer Prozess zur Minderung der magnetischen Signatur von U-Booten und zur Erhöhung ihrer Tarnfähigkeiten gegenüber der Erkennung durch Magnetanomalie-Detektoren. Dieser spezialisierte Vorgang umfasst das Umwickeln des U-Bootes mit Spulen und das Anlegen einer kontrollierten Serie abwechselnder Magnetfelder. Das Hauptziel ist die Neutralisierung des Magnetfelds des U-Boots, indem die Restmagnetisierung des Rumpfs und die durch das Erdmagnetfeld verursachten Umwelteinflüsse entfernt werden [496]. Die Bedeutung des Entmagnetisierens wird besonders für U-Boote deutlich, die über keine Entmagnetisierungssysteme verfügen, die normalerweise zur kontinuierlichen Verwaltung der Magnetfelder während der Operationen genutzt werden [499].

Der Entmagnetisierungsprozess findet in speziellen Anlagen zur Magnetbehandlung statt und umfasst eine systematische Reduzierung der Magnetfeldstärke über mehrere Zyklen, wodurch das im Metallstrukturrumpf des U-Boots eingebettete Magnetfeld gelöscht wird [496]. Dieser schrittweise Ansatz ist entscheidend, um sicherzustellen, dass die magnetische Signatur des U-Bootes minimiert wird und die operative Tarnung verbessert wird. Für U-Boote ohne fortschrittliche Entmagnetisierungsfähigkeiten gewinnt die Bedeutung des Entmagnetisierens sogar noch mehr an Gewicht [499]. Protokolle wie die Flash-D-Methode wurden speziell für solche U-Boote entwickelt und ermöglichen eine effektive Entmagnetisierung ohne die Notwendigkeit kontinuierlicher Entmagnetisierungssysteme während der Missionen [496].

Darüber hinaus spielt die Verwendung fortschrittlicher Materialien eine wesentliche Rolle bei der Minimierung sowohl der magnetischen als auch der elektromagnetischen Signaturen. U-Boote setzen zunehmend nichtmagnetische Materialien wie Titanlegierungen und Verbundwerkstoffe ein, um Teile des Rumpfs und wichtige interne Komponenten zu bauen. Diese Materialien verringern magnetische Anomalien und bieten Korrosionsbeständigkeit, was für die langfristige Tarnleistung entscheidend ist. Der Einsatz nichtmagnetischer Materialien stellt sicher, dass U-Boote bei der Interaktion mit dem Erdmagnetfeld keine detektierbaren magnetischen Störungen erzeugen.

Elektromagnetische (EM) Abschirmung ist eine weitere wesentliche Strategie. U-Boote verfügen über spezielle Gehäuse um elektrische Ausrüstungen und Verkabelungen, um elektromagnetische Leckagen zu verhindern. Ohne ausreichende Abschirmung könnten die bordeigenen elektrischen Systeme – wie Antriebssysteme und Stromverteilungsnetze – EM-Felder erzeugen, die durch Überwachungssysteme erkannt werden könnten. Eine sorgfältige Systemgestaltung stellt sicher, dass diese Emissionen enthalten bleiben, und abgeschirmte Abteile isolieren sensible Ausrüstung, um das Entdeckungsrisiko zu minimieren.

Kommunikation mit geringer Abfangwahrscheinlichkeit (LPI) wird genutzt, um die elektromagnetische Signatur des U-Boots beim Datenübertragen oder bei der Kommunikation zu verringern. Traditionelle Funksignale können leicht durch gegnerische Sensoren erfasst werden, weshalb U-Boote stark gerichtete Antennen, ultra-niedrige Frequenz (ULF)-Übertragungen und andere verdeckte Kommunikationsmethoden verwenden, um unentdeckt zu bleiben. ULF-Übertragungen zum Beispiel können über große Entfernungen durch Wasser übertragen werden, jedoch mit minimalem Energieverlust, was sie ideal für Tarnkommunikation macht. Zudem fokussieren gerichtete Antennen die Signalenergie in schmale Strahlen und verringern so das Risiko, von nahen gegnerischen Überwachungssystemen erkannt zu werden.

Diese Minderungstechniken sorgen zusammen dafür, dass U-Boote selbst bei komplexen Operationen oder in der Nähe feindlicher Streitkräfte unentdeckt bleiben. Die Kombination aus Entmagnetisierung, fortschrittlichen Materialien, EM-Abschirmung und LPI-Kommunikation verbessert die Tarnfähigkeiten des Fahrzeugs und erschwert es Überwachungssystemen, das U-Boot zu erkennen, zu verfolgen oder abzufangen. Diese technische Raffinesse ist in der modernen Seekriegsführung entscheidend, da Tarnung und die Fähigkeit, der Erkennung zu entgehen, einen entscheidenden strategischen Vorteil bieten.

Die Minimierung der magnetischen Signatur ist ein kontinuierlicher Prozess. In manchen Fällen setzen U-Boote Echtzeitsysteme ein, die die magnetische Kompensation an die sich ändernden Betriebsbedingungen des Fahrzeugs anpassen. Die strategische Bedeutung der Reduzierung der magnetischen Signatur geht über die Tarnung hinaus und gewährleistet, dass das U-Boot der Erkennung durch zunehmend empfindliche feindliche Verteidigungssysteme entgehen kann. Der Einsatz fortschrittlicher Simulationen in der Designphase hilft Ingenieuren, eine optimale magnetische Leistung zu erreichen und den U-Booten die für moderne Marineoperationen notwendige Tarnung zu verleihen.

U-Boot-Tarntechnologien

Im Bereich der Seekriegsführung ist Tarnung ein entscheidender Faktor für U-Boote, der es ihnen ermöglicht, unbemerkt zu operieren und strategische Missionen wie Überraschungsangriffe und Aufklärung durchzuführen. Diese Unterwasserfahrzeuge, oft als „stille Killer der Tiefe" bezeichnet, verlassen sich auf hochentwickelte Technologien und ein sorgfältiges Design, um ihre Tarnung aufrechtzuerhalten. Ihre Fähigkeit, sich im weiten Ozean zu verbergen, ist das Ergebnis einer Ingenieurskunst, die Schallemissionen minimiert und die hydrodynamische Effizienz verbessert, um den Herausforderungen der Unterwasserakustik entgegenzuwirken [500].

Die Wissenschaft des Schalls im Wasser spielt eine zentrale Rolle für die Tarnung von U-Booten. Schallwellen breiten sich im Wasser wesentlich schneller und weiter aus als in der Luft, mit einer Geschwindigkeit von etwa 1.500 Metern pro Sekunde im Wasser im Vergleich zu 343 Metern pro Sekunde in der Luft. Diese Eigenschaft des Wassers macht Geräuschkontrolle für U-Boote essenziell, da selbst geringfügige Geräusche sich schnell im Ozean ausbreiten und ihre Position durch Sonarsysteme des Feindes verraten können. Daher müssen U-Boote so konstruiert werden, dass alle Formen von akustischen Emissionen minimiert werden, um die Wahrscheinlichkeit einer Ortung durch aktive oder passive Sonararrays von Überwasserschiffen, anderen U-Booten und Flugzeugen zu verringern [500].

Das Design spielt eine wesentliche Rolle, um die Tarnung von U-Booten zu erreichen. Der Rumpf eines Tarnkappen-U-Boots hat eine stromlinienförmige, tropfenförmige Form, um Widerstand und Turbulenzen beim Durchqueren des Wassers zu reduzieren. Dieses Design minimiert die durch Wasserwiderstand erzeugten Geräusche und ermöglicht es dem U-Boot, geräuschlos unter der Oberfläche zu gleiten. Ein an der Front integrierter Wulstbug verbessert die Effizienz weiter, indem er den Wellenwiderstand verringert und es dem U-Boot erleichtert, bei niedrigen Geschwindigkeiten mit minimalem Geräusch zu operieren. Zusätzlich sind einige U-Boote mit X-förmigen Rudern ausgestattet, die eine überlegene Manövrierfähigkeit bieten und die Kavitation begrenzen – ein Phänomen, bei dem sich Blasen bilden und zusammenfallen und dabei Geräusche erzeugen, die die Position des U-Boots verraten könnten [500].

Ein weiterer wesentlicher Aspekt der Tarnung von U-Booten ist die Geräuschreduktion. Eine der effektivsten Methoden zur Begrenzung akustischer Emissionen ist das Aufbringen von anechoischen Kacheln auf den äußeren Rumpf. Diese gummiartigen Kacheln absorbieren Schallwellen, reduzieren die Reflexion von Sonarsignalen und erschweren es Gegnern, das U-Boot mit aktivem Sonar zu orten. Innerhalb des U-Boots absorbieren Schalldämpfungsmaterialien wie Gummiauskleidungen und Akustikschaum mechanische Geräusche und reduzieren Vibrationen, wodurch verhindert wird, dass durch Maschinen oder Aktivitäten der Besatzung erzeugte Geräusche ins Wasser gelangen. Fortgeschrittene U-Boote setzen zudem aktive Lärmminderungstechnologie ein, bei der das U-Boot Schallwellen aussendet, die die von den Bordgeräten erzeugten Geräusche neutralisieren und somit sein akustisches Profil effektiv tarnen.

Antriebssysteme sind ein weiterer entscheidender Bestandteil der Tarnung von U-Booten. Elektromotoren, die wegen ihres leisen Betriebs bevorzugt werden, kommen oft zum Einsatz, wenn U-Boote bei langsamer Fahrt oder im getauchten Zustand operieren. Diese Motoren erzeugen deutlich weniger Lärm als traditionelle Dieselmotoren und eignen sich somit ideal für Tarnmissionen. Darüber hinaus verwenden viele moderne U-Boote Pump-Jet-

Antriebssysteme, die den Propeller in einer Verkleidung einschließen, Kavitation reduzieren und die Effizienz erhöhen. Diese Pump-Jets minimieren nicht nur das Geräusch, sondern ermöglichen auch einen reibungsloseren Betrieb, was die Tarnfähigkeit des Fahrzeugs weiter erhöht.

Die Entwicklung der Tarntechnologie für U-Boote wurde durch Fortschritte in der Materialwissenschaft, Antriebstechnik und rechnergestützten Modellierung vorangetrieben. Innovationen in Rumpfbeschichtungen, Geräuschunterdrückungssystemen und Motordesigns haben zu leiseren und effizienteren U-Booten geführt, die die Fähigkeiten früherer Generationen weit übertreffen. Doch während die Tarntechnologie Fortschritte macht, verbessern sich auch die Erkennungsmethoden gegnerischer Marinen. Neue und ausgeklügelte Sonartechnologien treiben die Grenzen der U-Boot-Abwehr ständig voran und machen eine kontinuierliche Verfeinerung der Tarntechniken erforderlich, um sicherzustellen, dass U-Boote unentdeckt bleiben [500].

In diesem ständigen Wettrüsten zwischen Tarnung und Erkennung stehen moderne U-Boote an der Spitze der technologischen Innovation. Sie sind nicht nur integraler Bestandteil strategischer Militäraktionen, sondern auch Sinnbild für den Höhepunkt der Tarnkappentechnologie. Die kontinuierliche Weiterentwicklung der U-Boot-Technologie spiegelt die dynamische Natur der Seekriegsführung wider, bei der die Aufrechterhaltung eines Vorsprungs in der Tarnung die Dominanz unter der Oberfläche des Ozeans sichert [500].

Marine-U-Boote wurden entwickelt, um die Tarnungsvorteile der Unterwasserumgebung auszunutzen, die ihnen einen bedeutenden taktischen Vorteil gegenüber stärkeren Überwasserschiffen verschafft. Die Hauptstärke von U-Booten liegt in ihrer Fähigkeit, unentdeckt zu operieren. Obwohl U-Boote über verschiedene Fähigkeiten verfügen, hängt ihre Wirksamkeit letztlich von ihrer Tarnung ab. Der Grund für diesen Fokus liegt darin, dass U-Boote, sobald sie entdeckt werden, stark anfällig für Angriffe von Überwasserschiffen, anderen U-Booten und Flugzeugen sind. Infolgedessen ist Tarnung ein zentrales Element bei der Konstruktion und Entwicklung von U-Booten geblieben. Technologien zur Verbesserung der Tarnung von U-Booten wurden intensiv erforscht und oft streng vertraulich behandelt, um der U-Boot-Abwehrtechnologie stets einen Schritt voraus zu sein [501].

Die Tarnung eines U-Boots muss als umfassendes System betrachtet werden, das mehrere Technologien und Strategien integriert. Dies umfasst zwei Hauptkategorien: akustische und nicht-akustische Tarnung. Akustische Tarnung befasst sich mit den Geräuschen, die durch die Bewegung eines U-Boots im Wasser erzeugt werden, sowie damit, wie Schallwellen von dessen Oberfläche reflektiert werden, wenn sie von Sonar eines Gegners erfasst werden. Nicht-akustische Tarnung hingegen umfasst die Reduzierung anderer erkennbarer Merkmale, wie das Radarprofil des U-Boots, die Infrarotsichtbarkeit und elektromagnetische Emissionen sowie die Verlängerung der Unterwasserausdauer. Jedes Element des U-Boot-Designs—seine Rumpfform, Maschinen, Kommunikationsausrüstung, Sensoren und Waffen—spielt eine Rolle bei der Aufrechterhaltung dieser niedrigen Sichtbarkeit [501].

Die akustische Tarnung eines U-Boots beginnt mit der Gestaltung seines Rumpfs und seiner Propeller. In früheren Designs hatten U-Boote weniger stromlinienförmige Formen, was sie leichter auffindbar machte. Fortschritte in der rechnergestützten Fluiddynamik (CFD) und Optimierungsalgorithmen haben es jedoch modernen U-Booten ermöglicht, Wasserwiderstand und Geräusche zu reduzieren. Doppelhüllenkonstruktionen erhöhen ebenfalls die Tarnung, da sie durch bessere Formoptimierung Geräusche von Maschinen minimieren. Auch das Propellerdesign hat sich weiterentwickelt, mit Innovationen wie integrierten Propulsoren und Polymereinspritzsystemen, die darauf abzielen, Turbulenzen zu verringern und die Geräuschentwicklung bei der Bewegung weiter zu senken [501].

Während des Zweiten Weltkriegs wurden U-Boote mit Metallrümpfen ähnlich wie Kriegsschiffe gebaut, die Sonarwellen effektiv reflektierten und sie somit zu leichten Zielen machten. Moderne U-Boote verwenden Beschichtungen wie anechoische Fliesen, um Schallemissionen zu dämpfen und Sonarreflexionen zu stören. Fortschritte im Niederfrequenzsonar haben jedoch weitere Innovationen erforderlich gemacht. Ein neuerer Durchbruch ist die Entwicklung aktiver Fliesen, die riesige magnetostriktive Materialien verwenden, um veränderte Sonarsignale auszusenden und Oberflächenoperatoren zu verwirren, was die Tarnfähigkeit verbessert [501].

Die Maschinen von U-Booten, einschließlich Hauptmotoren und Hilfssystemen, stellen eine weitere wichtige Lärmquelle dar. Daher werden umfassende Anstrengungen unternommen, um den Lärm dieser Komponenten zu minimieren. Frühe Lärmminderungsmaßnahmen bestanden aus einfachen Gummiaufhängungen, doch diese haben sich zu fortschrittlichen Systemen mit piezoelektrischen Materialien entwickelt, die Vibrationen aktiv ausgleichen. Darüber hinaus verringern isolierte Strukturen und schwimmend gelagerte Maschinen im Inneren von U-Booten das akustische Profil weiter. Zustandsbasierte Überwachungssysteme (CBM), die den Zustand der Bordausrüstung kontinuierlich überwachen, gehören heute zur Standardausrüstung und helfen, die operative Tarnung zu erhalten, indem sie potenzielle Probleme frühzeitig erkennen [501].

Eine erhebliche Herausforderung für konventionelle U-Boote besteht in der Notwendigkeit, regelmäßig aufzutauchen, um die Batterien aufzuladen, ein Vorgang, der als „Schnorcheln" bekannt ist und die Tarnung beeinträchtigt. Die Einführung von luftunabhängigen Antriebssystemen (AIP) hat dieses Problem gelöst, indem sie die Unterwasserausdauer verlängert und die Häufigkeit des Auftauchens verringert. AIP-Systeme haben jedoch immer noch Einschränkungen, wie z. B. eine langsamere Unterwassergeschwindigkeit und eine geringere Ausdauer im Vergleich zu atomgetriebenen U-Booten. Die laufende Forschung zielt darauf ab, effizientere und zuverlässigere AIP-Systeme zu entwickeln, um die Tarnfähigkeit weiter zu verbessern. Insbesondere die Brennstoffzellentechnologie bietet vielversprechende Fortschritte, da sie U-Booten ermöglicht, länger mit minimalen akustischen Signaturen getaucht zu bleiben. Diese technologische Weiterentwicklung ist von entscheidender Bedeutung, insbesondere da die Anforderungen an moderne U-Boote zunehmen, um komplexe und vielfältige Missionen zu unterstützen [501].

Waffensysteme und Kommunikationstechnologien spielen ebenfalls eine entscheidende Rolle bei der Aufrechterhaltung der Tarnung. Schon geringste Geräusche beim Abschuss von Waffen können die verdeckte Position eines U-Boots gefährden. Daher setzen moderne U-Boote Technologien zur Geräuschdämpfung bei Torpedo- und Raketensystemen ein, um vorübergehende Geräusche während der Abschüsse zu minimieren. Im Bereich der Kommunikation sind Satellitenantennen und Schleppsysteme so entwickelt, dass sie akustische und Radarsignaturen minimieren, sodass wichtige Kommunikation die Tarnung nicht gefährdet. Darüber hinaus wird die Effektivität der bordeigenen Sensoren, wie Sonaranlagen, umso höher, je ruhiger ein U-Boot bleibt. Zu den Innovationen im Sensordesign gehört die direkte Integration von Sonarsystemen in den Rumpf anstelle der traditionellen Bugmontage, was nicht nur die Tarnung, sondern auch die Hydrodynamik verbessert [501].

Die Einführung von außenbords betriebenen Fahrzeugen ist eine weitere bahnbrechende Entwicklung im U-Boot-Einsatz. Diese ferngesteuerten oder autonomen Fahrzeuge erweitern die Einsatzreichweite des U-Boots, während das Hauptfahrzeug unentdeckt bleibt. Diese außenbords betriebenen Systeme können Aufklärungsmissionen durchführen, Sensoren einsetzen oder sogar als Täuschkörper dienen, wodurch das U-Boot einen taktischen Vorteil behält [501].

Die Investition in Tarntechnologien ist für Marinen weltweit von entscheidender Bedeutung, da die Fähigkeiten der U-Boot-Abwehr immer weiter fortschreiten. Nationen ohne ausreichende U-Boot-Tarnfähigkeiten laufen Gefahr, in potenziellen Konflikten leicht neutralisiert zu werden. U-Boote sind nicht nur taktische Einsatzmittel, sondern spielen auch strategische Rollen, etwa als zweite Abschlagsmöglichkeit in der nuklearen Abschreckung. Daher ist die Tarnung entscheidend, um die Überlebensfähigkeit und Effektivität in einem bedrohlichen Umfeld sicherzustellen.

Die Zukunft der U-Boot-Tarnung wird kontinuierliche Forschung und Entwicklung in mehreren Disziplinen erfordern, einschließlich CFD-Modellierung, nicht-akustischer Technologien und verbesserter Antriebssysteme. Da Methoden zur U-Boot-Erkennung immer weiter verbessert werden, müssen sich U-Boote ebenfalls weiterentwickeln, um einen Schritt voraus zu bleiben. Für Länder wie Indien, in denen U-Boote sowohl für taktische Operationen als auch für die strategische Abschreckung eine zentrale Rolle spielen, ist die kontinuierliche Investition in Tarntechnologien nicht nur wünschenswert, sondern unerlässlich. Die Entwicklung von Fachwissen in diesen Bereichen stellt sicher, dass die U-Boot-Flotte weiterhin ein starkes Werkzeug sowohl in der Kriegsführung als auch in Abschreckungsstrategien bleibt. Diese Vorteile zu erhalten, erfordert Innovation, Zusammenarbeit und eine anhaltende Investition, um den rasanten technologischen Fortschritten in den Bereichen Überwachung und Erkennung weltweit einen Schritt voraus zu sein [501].

Beispiele für Tarnmerkmale finden sich auf dem chinesischen Typ-039C Yuan-Klasse-U-Boot, das darauf optimiert ist, mittelwellige Sonarsysteme zu kontern, die entscheidend für die Identifizierung und Klassifizierung von Zielen sind. Diese Systeme können zwischen Objekten anhand von Schallreflexionen unterscheiden, wodurch die Präsenz und der Typ eines U-Boots erkannt werden können. Der geneigte Turm der Yuan-Klasse zerstreut Sonarwellen und verringert so die "Signalstärke", die zum Feind zurückkehrt. Zwar reduziert dies das zurückgesendete Sonarecho nur um wenige Dezibel, doch diese Verringerung kann entscheidend sein, um eine Klassifizierung zu verhindern und die Reaktionen des Feindes zu verzögern [502].

Allerdings ist das Tarnungsdesign nicht gegen alle Sonartypen voll wirksam. Niederfrequenzsonar mit seinen langen Wellenlängen kann zwar weiterhin die Anwesenheit eines Objekts erkennen, hat jedoch Schwierigkeiten, es genau zu klassifizieren. Kurzwellen-Sonarsysteme, wie sie in Torpedos verwendet werden, sind dagegen besser darin, Ziele in Nahbereich exakt zu identifizieren, was eine besondere Bedrohung darstellt. Die Yuan-Klasse adressiert diese Schwachstelle mit einer zusätzlichen Schicht Tarntechnologie: gummierte anechoische Beschichtungen entlang des Rumpfes. Diese Beschichtungen absorbieren Schallwellen und verhindern, dass sie zur Sonarquelle zurückgeworfen werden, was die akustische Signatur des U-Boots weiter reduziert [502].

Abbildung 120: U 35, eines der neuesten U-Boote der Klasse 212A der Deutschen Marine. Tomasz Przechlewski, CC BY 2.0, über Store norske leksikon.

Die Implementierung fortschrittlicher Turmformung und schallabsorbierender Materialien spiegelt eine strategische Verschiebung im U-Boot-Design wider, die darauf abzielt, der Erkennung durch Mittelwellen-Sonar zu entgehen. Dieser Trend wird durch die wachsende Bedeutung von aktivem Sonar in der modernen Unterwasserkriegsführung angetrieben, da passive Abhörmethoden bei neueren, leiseren U-Booten weniger effektiv sind. Obwohl diese Formgebung die hydrodynamische Effizienz etwas beeinträchtigt, wird der Kompromiss als lohnenswert erachtet, insbesondere in Szenarien, in denen Tarnung oberste Priorität hat. Ähnliche Entwicklungen sind bei anderen U-Booten wie dem schwedischen A26 und dem deutschen Typ-212CD zu beobachten, doch die chinesische Yuan-Klasse repräsentiert eine der ersten operativen Anwendungen dieser Technologie [502].

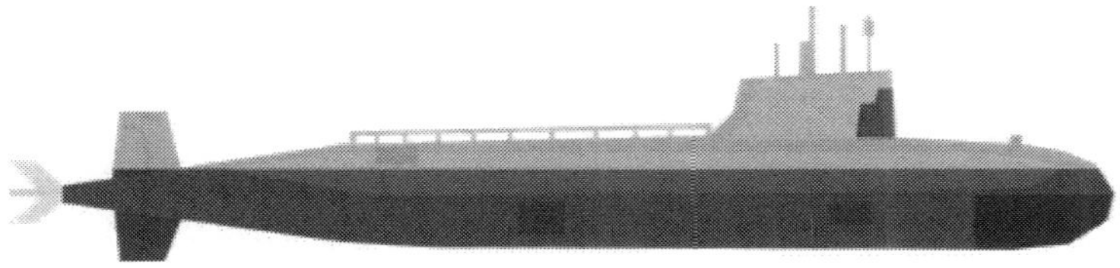

Kapitel 12

Autonome und unbemannte U-Boot-Systeme

Design von autonomen Unterwasserfahrzeugen (AUVs)

Autonome Unterwasserfahrzeuge (AUVs) sind hochentwickelte unbemannte Systeme, die unabhängig in Unterwasserumgebungen operieren und verschiedene Missionen wie wissenschaftliche Forschung, militärische Aufklärung und Umweltüberwachung ausführen können. Ihre Gestaltung und Einsatzfähigkeit werden von mehreren kritischen Faktoren beeinflusst, darunter Antriebssysteme, Navigationstechnologien und Sensorintegration. Die besonderen Herausforderungen der Unterwasserumgebung, wie hoher Druck, Schwankungen im Salzgehalt und begrenzte Kommunikation, erfordern einen umfassenden Ansatz bei der Entwicklung von AUVs.

Autonome Unterwasserfahrzeuge (AUVs) erfreuen sich bei Unterwassersuche und -erkundung zunehmender Beliebtheit, da sie im Vergleich zu bemannten Tauchbooten kostengünstiger sind. Im Laufe der Jahre haben sich diese unbemannten Systeme erheblich weiterentwickelt, sodass sie nun komplexe Operationen in Bereichen wie Ozeanographie, Militär, Umweltüberwachung und kommerziellen Aktivitäten ausführen können. Der Schwerpunkt der jüngsten Entwicklung liegt darauf, AUVs zu schaffen, die langfristig Daten sammeln und so Meereserkundung, Extraktionsprogramme und Küstenmanagement unterstützen können.

In der kommerziellen Industrie, insbesondere im Öl- und Gassektor, sind AUVs unverzichtbar, um den Meeresboden vor der Installation von Pipelines und anderen Unterwasserinfrastrukturen zu kartieren. Diese Fahrzeuge ermöglichen hochpräzise bathymetrische Vermessungen, die mit traditionellen Methoden kostspielig oder unpraktisch wären. AUVs führen zudem Inspektionen nach der Verlegung von Pipelines und anderen Strukturen durch und stellen so sicher, dass die Infrastruktur korrekt installiert und gewartet wird. Darüber hinaus sind AUVs bei der Erkundung von Gebieten, die reich an polymetallischen Knollen sind, für künftige Rohstoffgewinnungen von Nutzen.

In der wissenschaftlichen Forschung werden AUVs häufig zur Untersuchung aquatischer Umgebungen wie Seen und Ozeane eingesetzt, um Daten über Umweltbedingungen zu sammeln. Forscher statten AUVs mit Sensoren wie CTDs (Leitfähigkeit-Temperatur-Tiefensensoren), Fluorometern und pH-Messgeräten aus, um chemische und physikalische Parameter in unterschiedlichen Tiefen zu messen. Einige AUVs dienen als Schleppfahrzeuge und transportieren spezialisierte Sensoren an bestimmte Orte. Ein bemerkenswertes Beispiel ist das Seaglider AUV der University of Washington, das ursprünglich für Forschungszwecke entwickelt wurde, heute aber auch von Industrie und Militär aufgrund seiner niedrigen Kosten und hohen Zuverlässigkeit eingesetzt wird.

Im Bereich des Umweltschutzes spielen AUVs eine besondere Rolle. So wurde beispielsweise der Crown-of-Thorns Starfish Robot (COTSBot) der Queensland University of Technology (QUT) entwickelt, um Dornenkronenseesterne zu identifizieren und zu eliminieren, die das Great Barrier Reef bedrohen. Ein weiteres QUT-Produkt, der RangerBot, ist leicht einsetzbar und hilft weltweit bei der Überwachung von Korallenriffen, indem er in Echtzeit visuelle Daten und Hinderniserkennung für Managementaufgaben bereitstellt.

Auch die Hobbyisten-Gemeinschaft hat die AUV-Technologie übernommen und entwickelt eigene Fahrzeuge für Wettbewerbe. Obwohl diese selbstgebauten AUVs in der Regel weniger leistungsfähig als kommerzielle Modelle sind, zeigen sie die wachsende Zugänglichkeit von Unterwasserrobotik. Hobby-Designs nutzen oft einfache Komponenten wie Mikrocontroller und PVC-Gehäuse, wobei einige Open-Source-Software zur Erweiterung der Funktionalität einsetzen.

Neben legalen Anwendungen wird AUV-Technologie auch für illegale Aktivitäten wie Drogenhandel genutzt. Schmuggler haben GPS-gesteuerte autonome U-Boote entwickelt, um Schmuggelware über weite Strecken zu transportieren. Darüber hinaus haben sich AUVs bei der Untersuchung von Flugzeugabstürzen als wertvoll erwiesen, da sie helfen, Wrackteile in schwer zugänglichen Gebieten zu lokalisieren. So unterstützte das AUV ABYSS bei der Lokalisierung von Trümmern des Air-France-Fluges 447, und das Bluefin-21 kam bei der Suche nach dem verschollenen Malaysia-Airlines-Flug 370 zum Einsatz.

Abbildung 121: Das Bluefin 21, Artemis autonomes Unterwasserfahrzeug. Defense Visual Information Distribution Service, Public Domain, über Picryl.

Der Bluefin-21, auch bekannt als das Artemis Autonomes Unterwasserfahrzeug (AUV), ist eine modulare unbemannte Unterwasserplattform, die von Bluefin Robotics entwickelt wurde. Dieses AUV ist für eine Vielzahl von Unterwasseraufgaben konzipiert, einschließlich Tiefseeerkundungen, Bergungsoperationen, Meeresarchäologie, Ozeanografie und militärischer Einsätze wie der Minenabwehr.

Besondere Bekanntheit erlangte der Bluefin-21 während der Suche nach dem Wrack des Malaysia-Airlines-Flugs 370 im Jahr 2014. Im Rahmen dieser Mission wurde er vom australischen Schiff ADV Ocean Shield aus eingesetzt, um mit Seitensichtsonar den Meeresboden im südlichen Indischen Ozean zu kartieren und erreichte dabei Tiefen von bis zu 4.695 Metern. Er durchkämmte dabei bis zu 250 Quadratmeilen des Meeresbodens und sammelte im Verlauf der Suche Hunderte von Einsatzstunden. Diese Mission veranschaulichte die Ausdauer und Anpassungsfähigkeit des AUVs für zeitkritische Einsätze mit hoher Tragweite.

Das AUV zeichnet sich durch sein torpedoförmiges Design aus, das die hydrodynamische Effizienz verbessert. Es ist mit modularen Nutzlastabteilen ausgestattet, die es ihm ermöglichen, verschiedene Sonarsysteme wie das EdgeTech

2200-M Seitensichtsonar sowie andere Instrumente wie Sub-Bottom-Profiler und Mehrstrahl-Echolote zu transportieren. Diese Modularität macht den Bluefin-21 vielseitig einsetzbar für sowohl zivile als auch militärische Anwendungen. Er kann mit Geschwindigkeiten von bis zu 4,5 Knoten operieren und hat eine Einsatzdauer von bis zu 25 Stunden, die von neun Lithium-Polymer-Batteriemodulen ermöglicht wird.

Das Navigationssystem des Bluefin-21 integriert ein Trägheitsnavigationssystem für Präzision und verwendet ein Ultrakurzbasis-System (USBL), um die Genauigkeit während der Missionen sicherzustellen. Diese Konfiguration ermöglicht eine zuverlässige Datenerfassung und effektive Navigation, selbst in komplexen Unterwasserumgebungen. Dank seines kompakten Designs kann das AUV leicht von Schiffen aus eingesetzt werden und ist dadurch flexibel für verschiedene Einsätze geeignet.

Aufgrund seiner Modularität, Ausdauer und Tieftauchkapazität bleibt der Bluefin-21 ein äußerst leistungsfähiges AUV, das sowohl in wissenschaftlichen als auch militärischen Kontexten eingesetzt wird, um anspruchsvolle Unterwasserumgebungen effizient zu erkunden. Es unterstreicht die wachsende Bedeutung autonomer Systeme bei der Bewältigung komplexer Unterwasserherausforderungen, sowohl für Verteidigungs- als auch für Erkundungszwecke.

Das Militär hat die AUV-Technologie weitreichend übernommen, mit Anwendungen, die von Minenabwehr und U-Boot-Abwehr bis hin zu Informationsbeschaffung und Aufklärung reichen. Die US Navy verwendet beispielsweise AUVs wie den Mk 18 Mod 1 Swordfish für flache Gewässer. Diese Fahrzeuge werden nach Größe und Leistungsfähigkeit in verschiedene Kategorien eingeteilt, darunter tragbare, leichte, schwere und große Fahrzeuge, wie das Orca UUV, das erste unbemannte U-Boot mit Kampfkapazität.

Der Mk 18 Mod 1 Swordfish ist ein autonomes Unterwasserfahrzeug (AUV), das speziell für Aufklärungs- und Minenräumoperationen in flachen Gewässern entwickelt wurde. Basierend auf der Hydroid REMUS 100-Plattform ist der Mk 18 Mod 1 kompakt, leicht und äußerst mobil, was ihn ideal für den schnellen Einsatz in expeditionsartigen Missionen macht. Sein Hauptzweck ist der Einsatz in sehr flachem Wasser (10 bis 40 Fuß), wo er hydrographische Untersuchungen, Minensuche und Aufklärungsaktivitäten durchführt, die für größere Unterwassersysteme oft unzugänglich sind.

Eine der Hauptstärken des Mk 18 Mod 1 ist seine Fähigkeit, detaillierte bathymetrische Daten zu sammeln und den Meeresboden zu kartieren, was die Erstellung von Basiskarten ermöglicht. In Folgemissionen kann er Veränderungen in der Unterwassertopografie erkennen, wie das Auftauchen von Minen oder anderen Hindernissen, was entscheidend für die Sicherheit von Marineoperationen ist. Das Fahrzeug unterstützt die Identifizierung und Lokalisierung von Unterwassergefahren, woraufhin Taucher oder ferngesteuerte Fahrzeuge (ROVs) zur Bedrohungsneutralisierung eingesetzt werden können.

Dank seiner geringen Größe und Tragbarkeit kann der Mk 18 Mod 1 von kleinen Booten oder sogar von Hubschraubern aus gestartet werden, was in verschiedenen operationellen Kontexten Flexibilität bietet. Diese Eigenschaft ermöglicht es den Militärkräften, schnell auf sich entwickelnde Situationen zu reagieren, wie z. B. das Räumen von Minen aus Häfen oder das Sichern von Landepunkten für amphibische Landungen. Die US Navy setzt das Swordfish AUV umfassend ein und nutzt es oft in Kombination mit dem größeren Mk 18 Mod 2 Kingfish, das in etwas tieferen Gewässern operiert und somit eine komplementäre Fähigkeit in verschiedenen Meeresumgebungen bietet.

Dieses AUV war ein entscheidendes Werkzeug für die Explosive Ordnance Disposal-Einheiten der Marine, insbesondere bei Einsätzen wie der Arctic Expeditionary Capabilities Exercise (AECE), wo es seine Fähigkeit demonstrierte, auch in extremen Umgebungen effektiv zu funktionieren. Der Einsatz des Mk 18 Mod 1 spiegelt die wachsende Bedeutung unbemannter Systeme in der modernen Seekriegsführung wider, da es die operative Sicherheit erhöht und das Risiko für das Personal verringert.

Design

Der Antrieb und das strukturelle Design von AUVs sind grundlegend für ihre Betriebseffizienz. AUVs nutzen typischerweise Strahlruder und Steuerflächen zur Manövrierung im Wasser, die für die spezifischen Missionen optimiert werden müssen, die sie durchführen [503]. Die Integration robuster Steuersysteme ist entscheidend, um Stabilität und Navigationsgenauigkeit unter dynamischen Unterwasserbedingungen aufrechtzuerhalten. Adaptive robuste Steuerungstechniken haben sich als leistungssteigernd für AUVs in unvorhersehbaren Meeresumgebungen erwiesen [503, 504]. Darüber hinaus ermöglicht der Einsatz fortschrittlicher Navigationsalgorithmen, wie des Unscented Kalman Filter, dass AUVs mithilfe akustischer Signale effektiv navigieren, was für die Unterwasserpositionierung, bei der GPS nicht verfügbar ist, unerlässlich ist [504, 505].

Die Navigationstechnologie ist ein entscheidender Bestandteil der Funktionalität von AUVs, da sie direkt ihre Fähigkeit zur autonomen Operation beeinflusst. AUVs nutzen verschiedene Navigationsmethoden, darunter Trägheitsnavigationssysteme (INS), die oft mit akustischen Positionierungssystemen kombiniert werden, um die Genauigkeit zu verbessern [289, 506]. Die Herausforderungen der Unterwassernavigation umfassen die Verschlechterung von Signalen aufgrund von Umweltfaktoren, was zu erheblichen Lokalisierungsfehlern führen kann [507, 508]. Neue Fortschritte in der Sensortechnologie und Datenfusionstechniken haben die Zuverlässigkeit der Navigation von AUVs verbessert, sodass sie komplexe Aufgaben wie Meeresbodenkartierungen und Unterwasserinspektionen durchführen können [509, 510].

Zusätzlich zur Navigation sind AUVs mit einer Vielzahl von Sensoren ausgestattet, die die Datenerfassung für wissenschaftliche und industrielle Anwendungen unterstützen. Diese Sensoren umfassen Sonarsysteme, Kameras und Umweltsensoren, die für Aufgaben wie Studien der Meeresbiologie und Inspektionen von Unterwasserinfrastrukturen unerlässlich sind [510, 511]. Die Integration von maschinellem Lernen und künstlicher Intelligenz in die Datenverarbeitung der Sensoren hat die Fähigkeiten von AUVs weiter verbessert, sodass Entscheidungen in Echtzeit getroffen und adaptive Reaktionen auf Umweltveränderungen möglich sind [505, 512].

Darüber hinaus hat sich das Einsatzspektrum von AUVs durch technologische Fortschritte und die steigende Nachfrage nach Unterwassererkundungen und -überwachungen erheblich erweitert. AUVs werden heute in verschiedenen Bereichen eingesetzt, darunter Öl- und Gaserkundung, archäologische Untersuchungen und Umweltbewertungen, was ihre Vielseitigkeit und Effektivität bei verschiedenen Unterwasseraufgaben zeigt [512, 513]. Die laufende Entwicklung kooperativer Multi-AUV-Systeme ist ebenfalls bemerkenswert, da diese Systeme komplexe Missionen ausführen können, die koordinierte Anstrengungen erfordern, wie Pipeline-Inspektionen und Umweltüberwachung [514, 515].

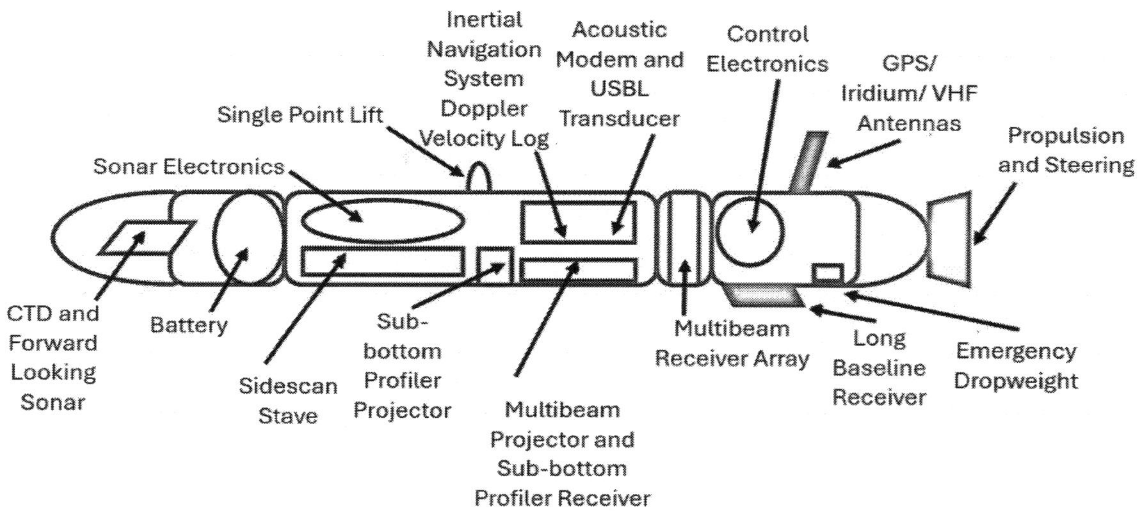

Abbildung 122: Typische Struktur eines AUV.

Rumpfdesign und -struktur

Das Design des Rumpfes bei autonomen Unterwasserfahrzeugen (AUVs) spielt eine entscheidende Rolle für deren hydrodynamische Effizienz, Stabilität und Manövrierfähigkeit. Ein gut durchdachter Rumpf muss den spezifischen Einsatzanforderungen des AUVs entsprechen und dabei Faktoren wie Geschwindigkeit, Ausdauer und operative Flexibilität ausbalancieren. Beispielsweise sind torpedoförmige Rümpfe, die durch ihre stromlinienförmigen, zylindrischen Formen gekennzeichnet sind, besonders effektiv bei der Minimierung des Wasserwiderstands und des Strömungswiderstands, was für hohe Geschwindigkeiten und operative Effizienz unerlässlich ist. Dieses Design ist besonders in militärischen Anwendungen von Vorteil, wo Tarnung, Geschwindigkeit und eine erweiterte Einsatzreichweite von höchster Bedeutung sind [516-518]. Die Reduktion des Widerstands steigert nicht nur die Geschwindigkeit des AUVs, sondern spart auch Energie, wodurch die Ausdauer erhöht wird und größere Distanzen zurückgelegt werden können, ohne häufiges Aufladen oder Betanken [519, 520].

Im Gegensatz dazu sind Box- oder Rahmen-AUVs auf Missionen ausgelegt, die hohe Manövrierfähigkeit vor Geschwindigkeit priorisieren. Diese Fahrzeuge werden häufig in der Forschung und für Unterwasserinspektionen eingesetzt, wo Stabilität und Präzision wichtiger als Geschwindigkeit sind. Das offene Rahmendesign ermöglicht die Anbringung verschiedener externer Instrumente, wodurch diese AUVs besonders anpassungsfähig für unterschiedliche Aufgaben sind [521, 522]. Diese Anpassungsfähigkeit geht jedoch mit einem erhöhten Strömungswiderstand einher, was die Geschwindigkeit und die Reichweite dieser Fahrzeuge einschränken kann [523]. Dennoch steigert die Möglichkeit, mehrere Nutzlasten zu tragen, den Nutzen von Box-Rahmen-AUVs für komplexe Missionen, die präzise Steuerung und eine Vielzahl von Sensoren erfordern [524, 525].

Die Materialwahl für den Rumpf ist ein weiterer wichtiger Aspekt, da AUVs den extremen Druckverhältnissen in der Tiefsee standhalten und gleichzeitig leicht genug für eine effiziente Operation bleiben müssen. Titan wird häufig wegen seines hervorragenden Festigkeits-Gewichts-Verhältnisses und seiner Korrosionsbeständigkeit gewählt, was es ideal für raue Meeresumgebungen macht [526, 527]. Aluminiumlegierungen bieten eine leichte und kostengünstige Alternative, obwohl sie möglicherweise nicht die gleiche Haltbarkeit wie Titan aufweisen [528]. Zudem gewinnen fortschrittliche Verbundmaterialien wie Kohlefaser an Bedeutung, da sie leicht sind und hohe strukturelle Festigkeit bieten, was das Gesamtgewicht des AUVs reduziert und die Energieeffizienz erhöht, ohne an Haltbarkeit einzubüßen [529, 530].

Um die Sicherheit und Funktionsfähigkeit der Bordelektronik und Nutzlasten zu gewährleisten, verfügen AUVs oft über druckresistente Designs innerhalb ihrer Rümpfe. Interne Druckbehälter werden häufig eingesetzt, um empfindliche Komponenten vor den enormen Drücken in großen Tiefen zu schützen und eine stabile Umgebung für elektronische Systeme zu schaffen, die deren Zuverlässigkeit während der Mission sicherstellt [531, 532]. Die Kombination aus robusten Materialien, hydrodynamischem Design und druckbeständiger Konstruktion ist entscheidend, damit AUVs komplexe Aufgaben in den herausforderndsten und unzugänglichsten ozeanischen Regionen ausführen können. Diese durchdachte Synthese aus Rumpfdesign, Materialwissenschaft und Ingenieurskunst stellt sicher, dass AUVs resilient, effizient und vielseitig anpassbar für ein breites Spektrum an Unterwassermissionen bleiben [533, 534].

Abbildung 123: Das autonome Unterwasserfahrzeug „Vityaz-D“ während der Ausstellung „Armiya 2021“. Kirill Borisenko, CC BY-SA 4.0, via Wikimedia Commons.

Als Fallbeispiel für ein AUV ist das Vityaz-D ein hochmodernes autonomes Unterwasserfahrzeug, entwickelt vom Zentralen Konstruktionsbüro für Marinetechnik (RUBIN) in Zusammenarbeit mit der russischen Stiftung für fortschrittliche Forschung. Es ist bemerkenswert für seine Fähigkeit, ozeanische Tiefen vollständig autonom zu erreichen, was einen bedeutenden Fortschritt in der Unterwasserforschung und in militärischen Anwendungen darstellt. Internationale Aufmerksamkeit erlangte das Vityaz-D, als es im Mai 2020 eine Tiefe von 10.028 Metern im Marianengraben erreichte und damit als erstes vollständig autonomes AUV diese extreme Umgebung ohne menschliches Eingreifen erkundete.

Das Vityaz-D misst 5,7 Meter in der Länge, hat einen Durchmesser von 1,3 Metern und wiegt etwa 5,7 Tonnen. Es kann in Tiefen von bis zu 12.000 Metern operieren und ist damit für Tiefseemissionen geeignet. Es verfügt über vier elektrische Antriebe und zehn Manövriertriebwerke, die eine präzise Steuerung und Fortbewegung mit einer Geschwindigkeit von etwa einem Meter pro Sekunde ermöglichen. Das Fahrzeug hat eine Betriebsdauer von 24 Stunden, in denen es Forschungs- und Aufklärungsmissionen durchführen kann.

Dieses AUV ist mit fortschrittlichen Sensoren ausgestattet, darunter Seitensichtsonar, Echolote, Videokameras und Umweltsensoren, die wertvolle wissenschaftliche Daten sammeln. Zudem nutzt es künstliche Intelligenz (KI), um eigenständig in komplexen Unterwasserumgebungen zu navigieren, Hindernissen auszuweichen und enge Bereiche zu erkunden. Das KI-System ermöglicht es dem Vityaz-D, Missionen selbstständig durchzuführen, indem es vorprogrammierte Routen verfolgt und sich an verändernde Bedingungen anpasst.

Das Vityaz-D verfügt außerdem über ein ausgeklügeltes Kommunikationssystem, das akustische Kanäle verwendet und eine Echtzeitkommunikation mit seinem Mutterschiff bei Tiefseetauchgängen ermöglicht. Dieses System gewährleistet die Übertragung von Daten und Befehlen selbst in extremen Tiefen, in denen herkömmliche Kommunikationsmethoden versagen. Während seiner Mission zum Marianengraben installierte das Vityaz-D eine Fahne zum Gedenken an den 75. Jahrestag des sowjetischen Sieges im Zweiten Weltkrieg und zeigte damit sowohl technische Errungenschaft als auch symbolische Intention.

Das Vityaz-D-Programm wurde offiziell auf dem Internationalen Militär- und Technischen Forum Army-2020 vorgestellt. Sein Design spiegelt den Trend zu mehr Autonomie bei Unterwassersystemen wider und steht im Einklang mit allgemeinen Entwicklungen in unbemannten Marine-Technologien. Die russische Marine plant, das Vityaz-D in ihre Operationen zu integrieren und damit möglicherweise ältere Tiefsee-U-Boote durch diese fortschrittliche Plattform sowohl für wissenschaftliche als auch für strategische Missionen zu ersetzen.

Antriebssystem Antriebssysteme sind entscheidende Komponenten in autonomen Unterwasserfahrzeugen (AUVs), da sie die erforderliche Mobilität und Kontrolle für die Durchführung komplexer Unterwassermissionen bieten. Die Wahl des Antriebsmechanismus wird durch das Design des Fahrzeugs, die betrieblichen Anforderungen und die Umweltbedingungen, denen es begegnen wird, beeinflusst. Der am häufigsten verwendete Antriebstyp in AUVs ist das Propellersystem, das durch rotierende Bewegung Schub nach vorne erzeugt. Propeller werden aufgrund ihrer Einfachheit und Effizienz bevorzugt und sind ideal für Langstreckenmissionen geeignet, bei denen eine konstante Geschwindigkeit mit minimalem Energieverbrauch entscheidend ist [535, 536].

Abbildung 124: OZZ-2 UUV (REMUS 600) Propeller auf der JS Awaji (MSO-304) auf dem Hanshin-Stützpunkt. Hunini, CC BY-SA 4.0, über Wikimedia Commons.

Für Aufgaben, die präzise Manövrierfähigkeit erfordern, setzen AUVs häufig Thruster ein – kleine Motoren, die multidirektionale Bewegungen ermöglichen. Diese Fähigkeit erlaubt feine Anpassungen der Position, was besonders vorteilhaft für sensible Operationen wie Inspektionen und Datenerfassungen in engen Räumen ist [537, 538]. Die Integration fortschrittlicher Steuerungsalgorithmen verbessert zusätzlich die Manövrierfähigkeiten der AUVs und ermöglicht ihnen eine effektive Navigation in komplexen Unterwasserumgebungen [538, 539].

In den letzten Jahren hat das Interesse an bioinspirierten Antriebssystemen zugenommen, die die natürlichen Bewegungen von Meerestieren nachahmen. Diese Designs, die oszillierende Flossen oder Schwänze nutzen, können eine leisere und effizientere Bewegung durch das Wasser erzeugen und so akustische Signaturen minimieren. Diese Eigenschaft ist besonders vorteilhaft für verdeckte Militäroperationen oder Forschungsmissionen in empfindlichen Ökosystemen [540-542]. Das Studium von Meerestieren wie Rochen und Fischen hat Einblicke in deren einzigartige Fortbewegungsstrategien geliefert, die in effektive Antriebssysteme für AUVs umgesetzt werden können [541, 542].

Zur Stromversorgung dieser Antriebssysteme werden typischerweise Lithium-Ionen-Batterien verwendet, die aufgrund ihrer hohen Energiedichte und der weiten Verbreitung in AUV-Plattformen bevorzugt werden [543, 544]. Allerdings haben die Energieanforderungen für längere Missionen zu Forschung in alternative Energiequellen wie Brennstoffzellen und ozeanbasierte Energiegewinnungssysteme geführt. Diese Innovationen zielen darauf ab, die Einsatzdauer von AUVs zu verlängern, damit sie längere Missionen ohne häufiges Aufladen durchführen können [543-545].

Die Antriebssysteme von AUVs können auch basierend auf ihren mechanischen Konfigurationen kategorisiert werden. Direktantriebsmotoren werden oft bevorzugt aufgrund ihrer hohen Effizienz und geringen Lärmbelastung, während einige Designs zusätzliche Komponenten wie Getriebe und Dichtungen enthalten, um die Leistung zu steigern [535, 546]. In fortschrittlichen Konfigurationen verfügen AUV-Thruster möglicherweise über redundante Dichtungssysteme, um das Eindringen von Wasser zu verhindern und den Betrieb auch bei einem Dichtungsversagen während einer Mission aufrechtzuerhalten [537, 539].

Bestimmte AUVs, die als Unterwassersegler bekannt sind, nutzen einen anderen Ansatz für die Fortbewegung. Anstatt sich auf traditionelle Antriebsmethoden zu verlassen, erzeugen diese Fahrzeuge Vorwärtsbewegung durch die Anpassung ihrer Auftriebskraft und Neigung. Durch wiederholtes Auf- und Absteigen wandeln die Flügel des Seglers die vertikale Bewegung in eine horizontale um. Diese Methode ermöglicht es den Seglern, eine außergewöhnliche Ausdauer zu erreichen, oft mehrere Monate durchzuhalten und transozeanische Missionen mit minimalem Energieverbrauch abzuschließen [547]. Ihr energieeffizientes Design macht sie besonders effektiv für Langzeit-Umweltüberwachung und ozeanografische Forschung [547].

Die Antriebssysteme von AUVs sind vielfältig und auf spezifische Einsatzbedürfnisse abgestimmt. Von traditionellen Propellersystemen über innovative bioinspirierte Designs bis hin zu energieeffizienten Seglern sind diese Antriebssysteme integraler Bestandteil der Effektivität und Vielseitigkeit von AUVs in verschiedenen Unterwasseranwendungen.

Navigations- und Steuerungssysteme

Autonome Unterwasserfahrzeuge (AUVs) werden zunehmend für eine Vielzahl von Unterwasser-Missionen unverzichtbar, weshalb zuverlässige Navigations- und Steuerungssysteme notwendig sind, um effektiv in Umgebungen zu operieren, in denen herkömmliche GPS-Signale nicht verfügbar sind. Die primäre Navigationstechnologie, die in AUVs eingesetzt wird, ist das Trägheitsnavigationssystem (INS), das eine Kombination aus Beschleunigungsmessern und Gyroskopen verwendet, um die Position, Geschwindigkeit und Ausrichtung des Fahrzeugs durch Koppelnavigation zu schätzen. Diese Methode ist besonders in Unterwasserumgebungen entscheidend, da GPS-Signale Wasser nicht durchdringen können, wodurch INS für die Aufrechterhaltung der Navigationsgenauigkeit über längere Zeiträume unverzichtbar ist [289, 548].

Um die Genauigkeit der Navigation zu erhöhen, integrieren AUVs häufig akustische Positionierungssysteme. Das Long Baseline (LBL)-Navigationssystem verwendet ein Netzwerk von Transpondern auf dem Meeresboden, die mit dem AUV kommunizieren, um dessen Position über akustische Signale zu triangulieren. In Szenarien, in denen ein Begleitschiff vorhanden ist, können Ultra-Short Baseline (USBL)-Systeme verwendet werden, um das AUV durch die Messung der Entfernung und Richtung zum Schiff zu verfolgen, das Zugang zu GPS-Koordinaten hat. Diese Echtzeit-Verfolgung ist für präzise Unterwasseroperationen in komplexen Umgebungen von entscheidender Bedeutung [508, 549].

Zusätzlich zu INS und akustischen Systemen sind viele AUVs mit Doppler Velocity Logs (DVL) ausgestattet, die die Geschwindigkeit des Fahrzeugs relativ zum Meeresboden messen. Diese Informationen sind entscheidend, um die Trajektorie des Fahrzeugs zu korrigieren und Drift zu minimieren, die sich im Laufe der Zeit aufgrund der Koppelnavigation ansammeln kann. Das DVL unterstützt auch bei der Tiefen- und Höhenmessung und sorgt dafür, dass das AUV seine Betriebstiefe effektiv beibehält [289, 549]. Drucksensoren spielen ebenfalls eine wichtige Rolle in der Tiefenkontrolle, indem sie den hydrostatischen Druck messen und in genaue Tiefenangaben umwandeln. Die Integration von Daten aus DVLs, INS und Drucksensoren durch Filteralgorithmen bietet eine optimierte Navigationslösung, die es dem AUV ermöglicht, Stabilität zu bewahren und seinem geplanten Pfad während der gesamten Mission zu folgen [548, 549].

Steuerungssysteme sind ebenso wichtig, um die Stabilität und Reaktionsfähigkeit von AUVs sicherzustellen. Automatische Steuerungen wie Proportional-Integral-Derivative (PID)-Regler werden verwendet, um die Antriebs- und Auftriebssysteme des AUVs in Echtzeit zu überwachen und anzupassen, sodass das Fahrzeug trotz dynamischer Unterwasserbedingungen die richtige Tiefe, Ausrichtung und Trajektorie beibehält [550-552]. Fortgeschrittene AUVs integrieren auch auf künstlicher Intelligenz basierende Pfadplanungsalgorithmen, die es ihnen ermöglichen, sich autonom an Umweltveränderungen oder missionsspezifische Anforderungen anzupassen. Diese Anpassungsfähigkeit ist entscheidend für die Durchführung von Erkundungen oder das Umgehen von Hindernissen in unvorhersehbaren Unterwasserumgebungen [553, 554].

Bei Missionen, in denen Navigationsgenauigkeit entscheidend ist, wie etwa bei Minenräumungen oder Präzisionskartierungen, können AUVs periodisch an die Oberfläche auftauchen, um GPS-Daten zu erfassen. Diese Praxis ermöglicht es dem Fahrzeug, kumulative Fehler aus der Koppelnavigation zu korrigieren und sicherzustellen, dass seine Navigationssysteme synchronisiert und genau bleiben. Die Kombination dieser ausgeklügelten Navigations- und Steuerungstechnologien ermöglicht es AUVs, komplexe, autonome Missionen mit minimalem menschlichem Eingriff durchzuführen, was ihre Effektivität in wissenschaftlichen, militärischen und kommerziellen Anwendungen erheblich steigert [548, 549, 554].

Kommunikationssysteme

Kommunikationssysteme sind in der Tat ein kritischer Bestandteil von autonomen Unterwasserfahrzeugen (AUVs), da sie es den Betreibern ermöglichen, die Fahrzeuge während der Missionen zu überwachen und Daten auszutauschen. Die Herausforderungen der Unterwasserkommunikation ergeben sich hauptsächlich aus den Einschränkungen von Radiowellen, die sich im Wasser nicht effektiv ausbreiten, was die Nutzung alternativer Kommunikationsmethoden erforderlich macht. Akustikmodems sind die vorherrschende Technologie, die von AUVs während getauchter Operationen eingesetzt wird. Diese Modems übertragen Daten über Schallwellen, die unter Wasser beträchtliche Entfernungen zurücklegen können, jedoch mit geringeren Datenraten im Vergleich zu terrestrischen Kommunikationssystemen. Diese Eigenschaft macht Akustikmodems unerlässlich, um Befehle, Statusaktualisierungen und Sensordaten zwischen dem AUV und seinen Betreibern zu übermitteln, obwohl ihre Bandbreitenbeschränkungen die Übertragung großer Datensätze oder hochfrequenter Kommunikation erschweren [555, 556].

Der NATO-Standard ANEP-87 JANUS ist ein Beispiel für jüngste Fortschritte in der akustischen Kommunikation und ermöglicht eine interoperable Kommunikation zwischen verschiedenen Systemen mit Datenraten von etwa 80 Bit pro Sekunde, was für militärische und wissenschaftliche Operationen entscheidend ist [555]. Wenn AUVs auftauchen, können sie außerdem Satellitenkommunikation nutzen, um gesammelte Daten zu übertragen und ihre Position mithilfe von GPS zu aktualisieren. Dieser hybride Kommunikationsansatz, der akustische Systeme unter Wasser und Satellitennetzwerke an der Oberfläche kombiniert, gewährleistet eine effiziente Datenübertragung bei Langzeitmissionen, insbesondere in abgelegenen Gebieten [557, 558]. Die Integration von Satellitenmodems ermöglicht eine Kommunikation mit hoher Bandbreite, sodass Betreiber Missionsdaten herunterladen oder das AUV für nachfolgende Phasen umkonfigurieren können [557, 558].

Zusätzlich zur akustischen und satellitengestützten Kommunikation bieten optische Modems eine weitere Methode für die Unterwasserkommunikation mit deutlich höheren Datenraten als akustische Systeme. Ihre Wirksamkeit ist jedoch durch die Wassertrübung und Reichweite begrenzt, was ihren Einsatz auf kurze Distanzen und kontrollierte Umgebungen beschränkt. In klarem Wasser können optische Systeme große Datenmengen in Echtzeit übertragen, was sie für spezifische Aufgaben wie die Koordination in nächster Nähe oder Hafeninspektionen geeignet macht [557, 559, 560]. Die Entwicklung der Unterwasser-Optikkommunikation (UWOC) gewinnt an Bedeutung, da sie hohe Bandbreiten und geringe Latenzzeiten bietet und somit einige der mit der akustischen Kommunikation verbundenen Einschränkungen adressiert [557, 559, 560].

AUVs sind darauf ausgelegt, autonom zu arbeiten und Missionen basierend auf vorprogrammierten Anweisungen und an Bord befindlichen Entscheidungsalgorithmen auszuführen. Diese Autonomie ermöglicht es den AUVs, sich an Umweltveränderungen anzupassen und Hindernisse ohne direkte menschliche Intervention zu umfahren [558]. Aktuelle Forschung untersucht auch multimodale Kommunikationslösungen, die akustische, optische und sogar Hochfrequenztechniken (RF) je nach Missionsanforderungen kombinieren [561]. Solche Fortschritte zielen darauf ab, bestehende Unterwasserinfrastrukturen, wie Pipelines oder Glasfaserkabel, zu nutzen, um die operationelle Flexibilität und Kommunikationsfähigkeiten zu verbessern [561, 562]. Durch diese vielfältigen Kommunikationsstrategien bleiben AUVs in verschiedenen Unterwasserumgebungen operationell effektiv, wobei akustische und Satellitensysteme grundlegenden Befehlsaustausch und Datentransfer sicherstellen und optische Systeme die Fähigkeiten für spezifische Aufgaben erweitern [557, 558].

Sensoren und Nutzlasten

Autonome Unterwasserfahrzeuge (AUVs) werden zunehmend für ihre Vielseitigkeit und Fähigkeit anerkannt, komplexe Unterwasseraufgaben autonom durchzuführen. Diese Fahrzeuge sind mit einer Vielzahl von Sensoren und Instrumenten ausgestattet, die auf spezifische Missionsanforderungen zugeschnitten sind und es ihnen ermöglichen, verschiedene Operationen auszuführen, die von Umweltüberwachung bis hin zu militärischer Aufklärung reichen. Zu den wichtigsten Komponenten von AUVs gehören Sonarsysteme, die für die Kartierung des Meeresbodens, die Hinderniserkennung und das Zielverfolgung unerlässlich sind. Mehrstrahl-Echolot-Sonar beispielsweise liefert hochdetaillierte dreidimensionale Bilder des Meeresbodens und ist für topografische Kartierungen und Unterwasserforschung von unschätzbarem Wert [563, 564]. Das Seitensichtsonar wird hingegen häufig für großflächige Untersuchungen eingesetzt und liefert hochauflösende Bilder, die Objekte oder Anomalien wie Schiffswracks oder Trümmerfelder erkennen können [563, 565].

Neben der Sonartechnologie sind AUVs häufig mit optischen Sensoren wie hochauflösenden Kameras und Laserscannern ausgestattet, die entscheidend für die Erfassung visueller Daten bei Unterwasserinspektionen und wissenschaftlichen Untersuchungen sind. Diese visuellen Systeme sind besonders effektiv unter schwierigen Unterwasserbedingungen und liefern klare Bilder, die verschiedene Anwendungen unterstützen, wie z. B. die Inspektion von Unterwasserinfrastrukturen, Meeresarchäologie und Habitatüberwachung [566]. Die Integration dieser optischen Systeme ermöglicht es Forschern und Ingenieuren, wertvolle Einblicke in die Unterwasserumgebung zu gewinnen und die Gesamtnützlichkeit von AUVs in der wissenschaftlichen Erforschung zu steigern [567].

Darüber hinaus sind AUVs mit Umweltsensoren ausgestattet, die wichtige ozeanografische Daten sammeln, darunter Temperatur, Salzgehalt und pH-Werte. Instrumente wie Leitfähigkeit-Temperatur-Tiefen-Sensoren (CTD) und Fluorometer werden häufig zur Überwachung von Meeresökosystemen und zur Erkennung von Umweltveränderungen eingesetzt [568, 569]. Diese Messungen sind entscheidend für die Klimaforschung, das Küstenmanagement und die Überwachung der Gesundheit empfindlicher Ökosysteme wie Korallenriffe [570]. Für militärische Anwendungen können AUVs auch Magnetometer zur Erkennung magnetischer Anomalien am Meeresboden tragen, was für Minenräumung und das Auffinden von versunkenem Wrackgut von Bedeutung ist [571].

Das modulare Design vieler AUV-Plattformen ermöglicht einen flexiblen Austausch von Sensoren und Instrumenten, was ihre Anpassungsfähigkeit an verschiedene Missionen erhöht. Diese Flexibilität gewährleistet, dass ein einziges AUV für unterschiedliche Aufgaben umgerüstet werden kann, wie z. B. den Wechsel von Umweltüberwachung zu militärischer Aufklärung oder Pipeline-Inspektion [572]. Fortgeschrittene AUVs können sogar spezialisierte Ausrüstungen, wie Hydrophon-Arrays, schleppen, ohne ihre operationelle Effizienz zu beeinträchtigen [573]. Ein Beispiel ist eine Vorführung in der Monterey Bay, bei der ein AUV mit einem Durchmesser von 21 Zoll erfolgreich ein 400-Fuß-Hydrophon-Array bei einer Geschwindigkeit von sechs Knoten schleppte, was die Fähigkeit dieser Systeme zur Integration komplexer Nutzlasten verdeutlichte [573].

Durch die Integration vielfältiger Sensoren und Instrumente dienen AUVs als leistungsstarke Werkzeuge für die wissenschaftliche Erforschung, Umweltüberwachung und Verteidigungsoperationen. Ihre Fähigkeit, autonom detaillierte Daten zu sammeln, kombiniert mit modularen Nutzlastkonfigurationen, stellt sicher, dass sie vielseitige Hilfsmittel in einem breiten Spektrum von Unterwasseranwendungen bleiben [568, 574].

Autonomie und Künstliche Intelligenz (KI)

Die Autonomie von Autonomen Unterwasserfahrzeugen (AUVs) wird durch fortschrittliche Softwaresysteme erheblich verbessert, die die Missionsplanung, Navigation und Entscheidungsprozesse verwalten. Diese Systeme sind entscheidend, um AUVs zu ermöglichen, über längere Zeiträume eigenständig zu operieren, insbesondere in herausfordernden Unterwasserumgebungen, in denen die direkte Kommunikation mit den Bedienern oft begrenzt ist. AUVs nutzen beispielsweise ausgeklügelte Algorithmen zur Pfadplanung, die es ihnen ermöglichen, sicher und effizient zu navigieren, Hindernissen auszuweichen und sich in Echtzeit an dynamische Bedingungen anzupassen [575-577]. Die Integration von maschinellen Lernalgorithmen verstärkt diese Autonomie weiter, indem AUVs ihre Operationen dynamisch an Umweltveränderungen anpassen können, beispielsweise indem sie Routen neu planen, wenn unerwartete Hindernisse auftreten [578, 579].

Darüber hinaus stellt die Implementierung eines kooperativen Schwarmverhaltens unter mehreren AUVs einen bedeutenden Fortschritt in der autonomen Betriebsführung dar. Dieser Ansatz ermöglicht es AUVs, als koordinierte Einheit zu agieren, Informationen auszutauschen und ihre Routen zu optimieren, um größere Flächen effizienter abzudecken. Solches kollaboratives Verhalten ist besonders nützlich bei komplexen Missionen wie der Unterwasserkartierung und Umweltüberwachung, bei denen mehrere AUVs Aufgaben aufteilen können, um Redundanzen zu minimieren und die Effektivität der Mission zu steigern [580]. Die Fähigkeit, im Schwarm zu operieren, verbessert nicht nur die Effizienz, sondern auch die Präzision der Operationen in weitläufigen oder komplexen Umgebungen [581].

Zusätzlich zur operativen Autonomie spielt künstliche Intelligenz (KI) eine entscheidende Rolle in der Nachmissionsphase der AUV-Operationen. AUVs, die mit Onboard-Datenverarbeitungsfähigkeiten ausgestattet sind, können große Datensätze analysieren, irrelevante Informationen herausfiltern und wichtige Erkenntnisse identifizieren, bevor Ergebnisse an menschliche Bediener übertragen werden. Diese Fähigkeit ist entscheidend, um

Datenüberlastung zu bewältigen, insbesondere bei Missionen, die große Mengen an Sonar-, Video- oder Umweltdaten erzeugen [582, 583]. Durch die Straffung der Datenverarbeitung entlasten AUVs menschliche Analysten, sodass diese sich auf wesentliche Erkenntnisse konzentrieren und den gesamten Entscheidungsprozess beschleunigen können [584].

Die Integration von KI-gesteuerter Autonomie verbessert nicht nur die operationelle Flexibilität von AUVs, sondern erweitert auch ihr Potenzial für komplexe Missionen. Mit fortschrittlichen Systemen ausgestattet, können AUVs Umweltbewertungen in Echtzeit durchführen oder Tiefseeerkundungen mit minimaler menschlicher Überwachung vornehmen. Diese Autonomie ist besonders vorteilhaft in abgelegenen oder gefährlichen Regionen, in denen menschliche Beteiligung schwierig ist, und macht AUVs in verschiedenen Anwendungen, einschließlich wissenschaftlicher Forschung, kommerziellen Unternehmungen und militärischen Operationen, effektiver [585-587]. Da sich KI-Technologien weiterentwickeln, wird erwartet, dass sich auch die Fähigkeiten von AUVs weiter verbessern und ihre Leistung in unterschiedlichsten Anwendungen steigern.

Energiemanagement und Auftriebskontrolle

Energiemanagement ist tatsächlich ein kritischer Aspekt im Design von Autonomen Unterwasserfahrzeugen (AUVs), da diese Fahrzeuge effizient ihre Antriebssysteme sowie verschiedene Onboard-Sensoren, Elektronik und Kommunikationssysteme mit Strom versorgen müssen. Um die Energieeffizienz zu steigern, konzentrieren sich Designer darauf, Antriebsmechanismen zu optimieren, um den Widerstand zu minimieren, energiesparende Elektronik zu verwenden und fortschrittliche Energiemanagement-Algorithmen zu nutzen. Diese Algorithmen sind entscheidend für die Echtzeitüberwachung des Energieverbrauchs und ermöglichen es dem AUV, Energie effektiv auf verschiedene Funktionen entsprechend missionsspezifischen Anforderungen zu verteilen. Die Integration von Energiegewinnungstechnologien in fortschrittliche AUV-Modelle ermöglicht es ihnen, die Betriebsdauer zu verlängern, indem sie Energie aus Umweltquellen gewinnen, wie z. B. thermische Gradienten in den Meeresschichten oder die Nutzung von Meeresströmungen zur Batterieaufladung während Missionen, was den Bedarf an Oberflächeninterventionen verringert [543, 588].

Die Auftriebskontrolle ist für den Betrieb von AUVs ebenso wichtig, da sie es dem Fahrzeug ermöglicht, eine stabile Tiefe zu halten, ohne kontinuierlichen Antrieb zu benötigen, was für die Energieeinsparung bei langandauernden Missionen entscheidend ist. AUVs verwenden typischerweise variable Auftriebssysteme, die die Dichte des Fahrzeugs durch Aufnahme oder Ausstoß von Wasser anpassen. Diese Fähigkeit ermöglicht es dem AUV, neutralen Auftrieb zu erreichen und dadurch Energie zu sparen, während es die gewünschte Betriebstiefe beibehält [543, 588]. Das Zusammenspiel von Energiemanagement und Auftriebskontrolle ist grundlegend für die Leistung und Zuverlässigkeit von AUVs und ermöglicht ihnen, mit minimalem menschlichen Eingreifen über große Entfernungen und lange Zeiträume autonom zu operieren.

Die meisten AUVs nutzen wiederaufladbare Batterien, insbesondere Lithium-Ionen- oder Lithium-Polymer-Batterien, aufgrund ihrer hohen Energiedichte und Zuverlässigkeit. Batteriemanagementsysteme sind entscheidend, um den Ladezustand zu überwachen und Bedingungen zu vermeiden, die die Batterieleistung beeinträchtigen könnten, wie Überladung oder Tiefentladung [115, 544, 589]. Während einige AUVs Nickel-Metallhydrid-Batterien verwenden, bieten diese in der Regel eine geringere Energiedichte im Vergleich zu lithiumbasierten Optionen. Für Missionen, die eine verlängerte Betriebsdauer erfordern, können Primärbatterien verwendet werden, auch wenn diese höhere Betriebskosten und eine geringere Wiederverwendbarkeit mit sich bringen [589]. Bemerkenswert ist auch die Erforschung von Hybridsystemen, die traditionelle Batterien mit Superkondensatoren kombinieren. Superkondensatoren können Energie schnell speichern und abgeben, was sie für Aufgaben geeignet macht, die plötzliche Energieimpulse erfordern, wie schnelles Manövrieren oder die Datenübertragung [543, 588].

Historisch gesehen wurden halbautomatische Brennstoffzellen aus Aluminium für AUV-Energiesysteme aufgrund ihrer hohen Energiedichte in Betracht gezogen; jedoch stellten Herausforderungen wie häufiger Wartungsbedarf und

Abfallmanagement Probleme dar [543, 588]. Mit dem Fortschritt der Batterietechnologien hat sich der Trend hin zu effizienteren und nachhaltigeren Stromlösungen verlagert. Lithium-Ionen-Batterien sind aufgrund ihrer hohen Energiedichte und Leistung zum Standard geworden, während die Forschung weiterhin Alternativen wie Lithium-Schwefel-Batterien untersucht, die signifikante Vorteile hinsichtlich Energiedichte und Gewicht bieten könnten [589, 590]. Die Integration fortschrittlicher Batteriemanagementsysteme ist entscheidend, um die Leistung und Lebensdauer dieser Energiequellen zu optimieren und sicherzustellen, dass AUVs den Anforderungen komplexer Unterwassermissionen effektiv gerecht werden können [544, 591].

Herausforderungen im AUV-Design

Die Konstruktion von AUVs stellt Ingenieure vor mehrere komplexe Herausforderungen. Eine der Hauptschwierigkeiten besteht darin, sicherzustellen, dass das Fahrzeug dem enormen Druck in großen Meerestiefen standhalten kann. Mit zunehmender Tiefe übt das umgebende Wasser einen intensiven Druck auf den Rumpf des AUVs aus, was den Einsatz von hochfesten Materialien wie Titan, Aluminiumlegierungen oder fortschrittlichen Verbundwerkstoffen wie Kohlefaser erfordert. Diese Materialien bieten sowohl Haltbarkeit als auch Korrosionsbeständigkeit, die entscheidend sind, um den rauen Unterwasserbedingungen zu widerstehen. Druckresistente Designs, wie interne Druckgefäße, werden ebenfalls eingesetzt, um empfindliche Elektronik und Sensoren vor den Bedingungen der Tiefsee zu schützen.

Das Operieren in unvorhersehbaren Unterwasserumgebungen stellt zusätzliche Herausforderungen dar. AUVs müssen sich ohne externe Hilfe durch komplexe Gelände wie zerklüftete Meeresböden, Korallenriffe oder trümmerbeladene Bereiche navigieren. Diese Fahrzeuge verlassen sich auf fortschrittliche Navigationssysteme, einschließlich Inertialnavigation und Doppler-Geschwindigkeitsprotokolle, um trotz eingeschränkter Sicht und Strömungen genau zu manövrieren. Darüber hinaus müssen AUVs in variablen und dynamischen Bedingungen wie Temperaturschwankungen, wechselnden Strömungen und unterschiedlichen Salzgehalten zuverlässig arbeiten, da all dies ihre Betriebs- und Sensorleistung beeinflussen kann.

Die Kommunikation ist eine weitere bedeutende Herausforderung, da Radiowellen Wasser nicht effektiv durchdringen können, was Bandbreite und Reichweite einschränkt. Diese Einschränkung erfordert ein hohes Maß an Autonomie bei AUVs. Um den Erfolg der Mission sicherzustellen, sind AUVs mit robusten Entscheidungsalgorithmen ausgestattet, die es ihnen ermöglichen, unabhängig zu operieren. Diese Algorithmen ermöglichen es dem AUV, Hindernissen in Echtzeit auszuweichen, Routen neu zu berechnen und sich an unerwartete Umweltveränderungen anzupassen. KI-basierte Systeme werden zunehmend in AUVs integriert, wodurch sie komplexe Missionen eigenständig durchführen können und weniger auf ständigen Input durch Bediener angewiesen sind.

Die Energieeffizienz ist ein entscheidender Faktor im AUV-Design, da die begrenzte Energieverfügbarkeit die betriebliche Reichweite direkt beeinflusst. AUVs müssen den Energieverbrauch für Antrieb, Sensorik und Kommunikationssysteme effizient ausbalancieren, um die Missionsdauer zu verlängern. Designer integrieren leichte Materialien und hydrodynamische Rumpfkonstruktionen, um den Energieverbrauch zu senken, während Batteriemanagementsysteme eine optimale Energienutzung während der gesamten Mission sicherstellen. Neue Energiesysteme wie Hybridsysteme und Technologien zur Energiegewinnung werden erforscht, um die Einsatzdauer zu verbessern und die Ladezeit zu verringern. Diese Innovationen sind besonders wichtig für Langzeitmissionen, bei denen die Fähigkeit, über längere Zeiträume einsatzfähig zu bleiben, entscheidend für den Erfolg ist.

Die Kombination dieser Designherausforderungen macht die Entwicklung von AUVs zu einem hochspezialisierten Bereich, der Fachkenntnisse in mehreren Disziplinen erfordert, darunter Materialwissenschaft, Robotik, Meeresingenieurwesen und Informatik. Während sich AUVs weiterentwickeln, werden Fortschritte in der autonomen Entscheidungsfindung, im Energiemanagement und in druckresistenten Materialien eine wesentliche Rolle dabei spielen, ihre Fähigkeiten und Anwendungsbereiche zu erweitern.

Anwendungen und zukünftige Entwicklungen

Autonome Unterwasserfahrzeuge (AUVs) haben sich in verschiedenen Sektoren als entscheidende Werkzeuge etabliert, darunter die ozeanografische Forschung, die Unterwasserarchäologie, die Öl- und Gasexploration sowie die militärische Überwachung. Dank ihrer autonomen Fähigkeiten können sie komplexe Missionen mit minimalem menschlichen Eingriff durchführen, was zu ihrer zunehmenden Verbreitung in unterschiedlichen Anwendungen geführt hat. AUVs werden beispielsweise für Umweltüberwachungen, Ressourcenerkundungen und militärische Operationen eingesetzt und beweisen dabei ihre Vielseitigkeit und Effektivität in herausfordernden Unterwasserumgebungen [592-596].

Mit dem technologischen Fortschritt werden AUVs immer ausgefeilter und in der Lage, längere und komplexere Missionen auszuführen. Diese Entwicklung wird durch Fortschritte in der Materialwissenschaft, künstlicher Intelligenz und Energiemanagementsystemen vorangetrieben. Die verbesserten KI-Fähigkeiten sind dabei besonders bemerkenswert, da sie es AUVs ermöglichen, mit größerer Autonomie zu agieren und in Echtzeit Entscheidungen auf der Basis von Umweltdaten zu treffen [597, 598]. Zudem gewinnt die Entwicklung bio-inspirierter Antriebssysteme an Bedeutung und verspricht, die Effizienz und Manövrierfähigkeit von AUVs in komplexen Meeresumgebungen zu verbessern [599]. Diese Innovationen sind entscheidend, um die Einsatzmöglichkeiten von AUVs zu erweitern und sie effektiver für Aufgaben wie Unterwasserkartierung, Überwachung und ökologische Überwachung einzusetzen [594, 600].

Künftige Trends im AUV-Design werden voraussichtlich darauf abzielen, die Energieeffizienz und -managementlösungen zu verbessern. Da AUVs oft auf Batterien oder angeschlossene Stromquellen angewiesen sind, wird intensiv daran geforscht, nachhaltigere Energiesysteme zu entwickeln, die verlängerte Missionen ohne häufiges Nachladen unterstützen können [601, 602]. Die Integration fortschrittlicher Energiemanagementtechnologien wird entscheidend sein, um die Reichweite und Einsatzdauer von AUVs zu maximieren und so ihren Nutzen in wissenschaftlichen und militärischen Anwendungen zu erhöhen [603, 604].

Die kontinuierliche Weiterentwicklung der AUV-Technologie birgt das Potenzial, Unterwasseroperationen zu revolutionieren und beispiellose Möglichkeiten für die Erforschung, Forschung und Verteidigung zu schaffen. Mit der Integration fortschrittlicher Materialien, KI und Energiesysteme sind AUVs zunehmend in der Lage, zur besseren Erforschung ozeanischer Umgebungen und zur Unterstützung globaler maritimer Operationen beizutragen [593, 596, 600]. Mit der Reife dieser Technologien werden die Fähigkeiten von AUVs voraussichtlich weiter zunehmen und ambitioniertere Missionen ermöglichen, die drängende Herausforderungen in der Meereswissenschaft und Sicherheit adressieren können [595, 605].

Rolle der künstlichen Intelligenz in U-Booten

Künstliche Intelligenz (KI) wird zunehmend als transformative Kraft im Betrieb moderner U-Boote anerkannt und erweitert deren Fähigkeiten in Bereichen wie Navigation, Zielerkennung, Datenverarbeitung und autonomen Operationen. Die Komplexität der Unterwasserumgebung, geprägt von begrenzter Sicht und dynamischen Bedingungen, erfordert fortschrittliche technologische Lösungen, die durch KI bereitgestellt werden können. KI-Algorithmen verbessern beispielsweise die Navigation erheblich, indem sie das Unterwasserterrain, Strömungen und Umweltfaktoren analysieren, um optimale Routen zu ermitteln. Diese Fähigkeit ist für U-Boote entscheidend, da sie sicher durch anspruchsvolle Unterwasserlandschaften navigieren und Hindernissen in Echtzeit ausweichen müssen [606].

Im Bereich der Zielerkennung und -klassifizierung spielt KI eine zentrale Rolle bei der Verarbeitung von Sonardaten. U-Boote nutzen hochentwickelte Sonarsysteme zur Erkennung von Objekten in ihrer Nähe, doch die Interpretation dieser Daten kann arbeitsintensiv und anfällig für menschliche Fehler sein. KI-Algorithmen vereinfachen diesen Prozess, indem sie akustische Signale effizient analysieren und zwischen verschiedenen Objekten unterscheiden, darunter

Meereslebewesen und potenzielle Bedrohungen wie feindliche Schiffe oder Unterwasserminen. Diese Automatisierung beschleunigt nicht nur die Entscheidungsfindung, sondern verbessert auch die Präzision in stressigen Szenarien [315, 607, 608]. Die Integration von KI in Sonarsysteme hat sich als effektiv in der Verbesserung der Zielerkennung erwiesen, was entscheidend für die Aufrechterhaltung der operativen Effektivität ist [609, 610].

Darüber hinaus trägt KI zur vorausschauenden Wartung und Systemdiagnose in U-Booten bei. Diese Schiffe sind mit zahlreichen mechanischen und elektronischen Systemen ausgestattet, die einer kontinuierlichen Überwachung bedürfen. KI-gestützte Werkzeuge zur vorausschauenden Wartung analysieren Daten von Bord-Sensoren, um potenzielle Probleme zu identifizieren, bevor sie zu Ausfällen führen. Dieser proaktive Ansatz minimiert Ausfallzeiten und verlängert die Lebensdauer der U-Boot-Systeme, sodass sie auch bei langen Einsätzen einsatzbereit bleiben [611]. Die Fähigkeit, Wartungsbedarfe frühzeitig zu erkennen, ist besonders nützlich bei Langzeitmissionen, bei denen der Zugang zu Reparatureinrichtungen begrenzt ist.

In Kampfoperationen verbessert KI die taktische Entscheidungsfindung, indem sie in Echtzeit Empfehlungen basierend auf sich ändernden Gefechtsbedingungen gibt. Moderne U-Boote sind zunehmend mit KI-gesteuerten Systemen ausgestattet, die feindliche Verhaltensmuster analysieren, potenzielle Bedrohungen vorhersagen und Gegenmaßnahmen vorschlagen. Diese Fähigkeit erhöht nicht nur die Effektivität militärischer Operationen, sondern ebnet auch den Weg für die Entwicklung vollautonomer U-Boote, die Missionen mit minimalem menschlichem Eingriff ausführen können [612, 613]. Die Zukunft der Unterwasserkriegsführung könnte KI-gesteuerte Systeme sehen, die sowohl mit unbemannten als auch bemannten Marineeinheiten koordiniert werden, um die operative Synergie weiter zu verbessern.

KI spielt auch eine wichtige Rolle in der Datenverarbeitung und Kommunikation. U-Boote erzeugen große Mengen an Daten aus verschiedenen Sensoren, und KI-Algorithmen helfen dabei, diese Informationen zu optimieren, indem sie relevante Erkenntnisse identifizieren und überflüssige Daten herausfiltern. Diese Optimierung reduziert die Bandbreitennutzung und stellt sicher, dass kritische Informationen effizient an die Kommandozentren übermittelt werden. In Tarnoperationen, bei denen die Kommunikation auf ein Minimum beschränkt werden muss, ermöglicht KI die lokale Entscheidungsfindung und erlaubt es U-Booten, ein niedriges Profil zu bewahren und dennoch ihre Missionsziele zu erreichen [614].

Insgesamt revolutioniert die Integration von KI in den U-Boot-Betrieb deren Funktionalität, macht sie autonomer, effizienter und reaktionsfähiger auf dynamische Unterwasserumgebungen. Mit dem Fortschritt in der KI-Forschung und -Entwicklung wird das Potenzial zur weiteren Entlastung der Besatzung und zur Verbesserung strategischer Entscheidungen die Rolle der KI als Eckpfeiler moderner Unterwasserkriegsführung festigen [615]. Künstliche Intelligenz wird zunehmend für ihre transformative Rolle bei der Verbesserung der Fähigkeiten moderner U-Boote anerkannt, insbesondere in Bereichen wie autonomer Navigation, Zielerkennung, vorausschauender Wartung und Entscheidungsfindung.

Zudem verbessern KI-gestützte Systeme die Zielerkennungsfähigkeiten erheblich, indem sie Sonardaten in Echtzeit analysieren. U-Boote nutzen maschinelle Lernalgorithmen, um zwischen Meereslebewesen, natürlichen Hindernissen und potenziellen Bedrohungen wie feindlichen Schiffen oder Minen zu unterscheiden. Dieser automatisierte Erkennungsprozess minimiert Fehlalarme und ermöglicht schnellere, zuverlässigere Reaktionen in Drucksituationen, was für den taktischen Vorteil während Missionen entscheidend ist [315, 618]. Die Integration von KI in Sonarsysteme ermöglicht ein verbessertes Situationsbewusstsein und eine erhöhte Einsatzbereitschaft, die in der modernen Seekriegsführung von entscheidender Bedeutung sind [619].

Eine weitere wichtige Anwendung von KI im U-Boot-Betrieb ist die vorausschauende Wartung, die die Einsatzbereitschaft der Schiffe sicherstellt. Durch die Analyse von Sensordaten aus verschiedenen Bord-Systemen können KI-Algorithmen Muster erkennen, die auf mögliche Ausfälle von Geräten hinweisen, bevor diese auftreten. Dieser proaktive Wartungsansatz minimiert Ausfallzeiten und verlängert die Lebensdauer kritischer Komponenten, reduziert den Bedarf an ungeplanten Wartungen und stellt sicher, dass U-Boote während Missionen voll einsatzfähig bleiben [620, 621]. Die Fähigkeit, Wartungsbedarfe vorherzusagen, steigert nicht nur die Zuverlässigkeit, sondern trägt auch zu Kosteneinsparungen und einer verbesserten Missionsplanung bei [622].

Im Hinblick auf Missionsplanung und Entscheidungsfindung liefert KI Echtzeitempfehlungen, indem sie umfangreiche Datensätze verarbeitet, darunter Umweltdaten, Feindaktivitäten und Ergebnisse früherer Missionen. Diese Erkenntnisse unterstützen U-Boot-Kommandanten dabei, fundierte Entscheidungen zu treffen und damit die Missionsergebnisse zu optimieren. Zusätzlich verbessert KI die Kommunikation innerhalb der U-Boote und mit den Kommandozentralen durch Werkzeuge wie die natürliche Sprachverarbeitung, die die Interaktionen der Besatzung vereinfacht und die Koordination im Einsatz verbessert [623]. Mit fortschreitender Forschung wird KI das Potenzial haben, den U-Boot-Betrieb weiter zu revolutionieren und möglicherweise vollständig autonome Unterwassereinheiten hervorzubringen, die in Zusammenarbeit mit bemannten Einheiten agieren können. Die Fähigkeit der KI, das Energiemanagement zu optimieren, die Überwachung zu verbessern und routinemäßige Aufgaben zu automatisieren, sorgt dafür, dass U-Boote ihre strategische Überlegenheit in einer zunehmend komplexen maritimen Umgebung bewahren [624].

Zukünftige Trends in der Entwicklung unbemannter U-Boote

Der rasche Fortschritt bei Unbemannten Unterwasserfahrzeugen (UUVs) wird maßgeblich durch technologische Innovationen in den Bereichen Autonomie, künstliche Intelligenz (KI) und Energiemanagement geprägt. Diese Entwicklungen verändern die operativen Fähigkeiten von UUVs grundlegend und haben bedeutende Auswirkungen auf militärische sowie wissenschaftliche Anwendungen.

Erweiterte Autonomie und Schwarmoperationen: Ein zentraler Trend in der Entwicklung von UUVs ist die Verbesserung der Autonomie, die es diesen Fahrzeugen ermöglicht, komplexe Missionen mit minimalem menschlichem Eingriff durchzuführen. Fortschrittliche KI-Algorithmen spielen eine entscheidende Rolle bei der Ermöglichung von Echtzeit-Entscheidungsprozessen und der Navigation in dynamischen Unterwasserumgebungen, in denen herkömmliche Kommunikationsmethoden möglicherweise versagen [625]. Die Integration von Schwarmtechnologie steigert die operationellen Fähigkeiten zusätzlich, indem mehrere UUVs gemeinsam Aufklärungs-, Such- und Kartierungsmissionen durchführen. Diese koordinierte Operation erhöht nicht nur die Effektivität von Missionen, indem größere Gebiete abgedeckt werden, sondern verringert auch das Risiko der Entdeckung in feindlichen Umgebungen [626]. Die Fähigkeit der UUVs, autonom in herausfordernden Bedingungen zu agieren, ist essentiell für eine effektive Exploration und Überwachung von Meeresressourcen [625].

Integration in vernetzte Marineoperationen: UUVs werden zunehmend in umfassendere vernetzte Marineoperationen eingebunden und arbeiten dabei neben bemannten U-Booten und unbemannten Überwasserfahrzeugen. Diese Integration verstärkt ihre Rolle als externe Sensoren oder Täuschkörper, insbesondere in Szenarien der U-Boot-Abwehr (ASW). So können UUVs, die mit bistatischen Sonarsystemen ausgestattet sind, die Zielerkennungsfähigkeit erheblich verbessern, indem sie Ziele mit Sonarsignalen beleuchten und die Datenverarbeitung mit anderen Plattformen koordinieren [627]. Diese Synergie erhöht nicht nur das Lagebewusstsein, sondern erweitert auch die operative Reichweite bemannter U-Boote, wie etwa der Virginia-Klasse der U.S. Navy [627]. Die kooperativen Fähigkeiten von UUVs innerhalb eines vernetzten Rahmens sind entscheidend für moderne Marineoperationen und bieten strategische sowie taktische Vorteile [627].

Energieeffizienz und Ausdauerverbesserungen: Ein primärer Fokus für zukünftige UUV-Designs liegt auf der Verlängerung der Missionsdauer. Forscher untersuchen hybride Energiesysteme und ozeanbasierte Energierückgewinnungstechnologien, um die Abhängigkeit von herkömmlichen Batterien zu verringern. Brennstoffzellen, die Energie durch chemische Reaktionen erzeugen, stellen einen vielversprechenden Ansatz zur Verlängerung der Betriebszeit dar [628]. Zudem wird die Nutzung von Energie aus Temperaturgradienten oder Meeresströmungen erforscht, um UUV-Betriebe über längere Zeiträume ohne Nachladen aufrechtzuerhalten [629].

Diese Innovationen sind entscheidend für die Ermöglichung langfristiger Überwachungsmissionen und erhöhen den strategischen Nutzen von UUVs sowohl in militärischen als auch wissenschaftlichen Kontexten [629].

Modulares Design und flexible Nutzlasten: Der Trend zu modularen Designs bei UUVs ermöglicht eine schnelle Anpassung an spezifische Missionsanforderungen. Diese Flexibilität erlaubt es, eine einzelne Plattform für verschiedene Aufgaben zu verwenden, wie z. B. Unterwasserinspektionen, Minenerkennung oder Umweltüberwachung. Ein Beispiel für diese Modularität ist das Orca XLUUV von Boeing, das in der Lage ist, verschiedene Nutzlasten wie Sensoren und Torpedos zu tragen, die an die operativen Anforderungen angepasst werden können [630]. Diese Anpassungsfähigkeit erhöht den Wert von UUVs sowohl in militärischen als auch zivilen Anwendungen, von der Maritimen Sicherheit bis zur wissenschaftlichen Erforschung [630].

KI-gestützte prädiktive Wartung und Datenverarbeitung: KI spielt auch eine zentrale Rolle bei der Verbesserung der Wartung und Datenverwaltung von UUVs. Algorithmen für die prädiktive Wartung analysieren Sensordaten in Echtzeit, um potenzielle Probleme zu identifizieren, bevor sie zu Ausfällen führen, und verringern so Ausfallzeiten und gewährleisten einen kontinuierlichen Betrieb [631]. Darüber hinaus ermöglichen KI-gestützte Datenverarbeitungssysteme den UUVs, Informationen zu filtern und zu priorisieren, sodass nur die relevantesten Ergebnisse an die Operatoren übermittelt werden. Diese Fähigkeit ist besonders vorteilhaft in bandbreitenbeschränkten Umgebungen und erleichtert die schnelle Entscheidungsfindung während Missionen [631].

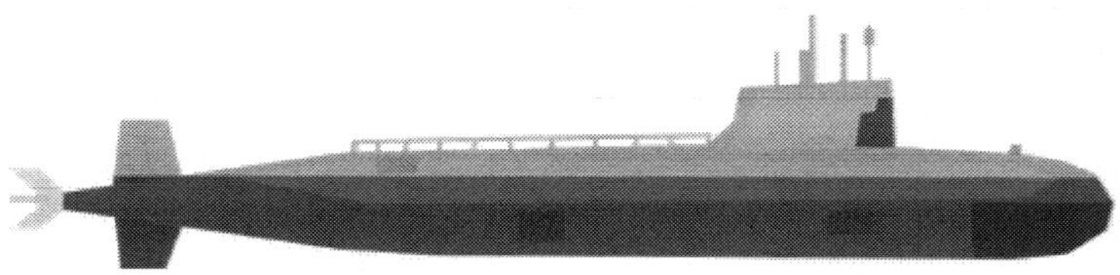

Kapitel 13

Umwelt- und Betriebsbeschränkungen

Arktische und Tiefsee-U-Boot-Design

Das Design von U-Booten für arktische und Tiefseeumgebungen stellt einzigartige Herausforderungen dar, die spezialisierte Technologien erfordern, um unter extremen Bedingungen zu operieren. In der Arktis müssen U-Boote unter dicken Eisschichten navigieren, extrem niedrigen Temperaturen standhalten und sicher in eisbedeckten Gewässern auftauchen können. Um diesen Herausforderungen zu begegnen, sind diese U-Boote mit robusten Hüllen ausgestattet, die oft mit HY-80- oder HY-100-Stahl verstärkt sind, um Kollisionen mit Eisformationen zu widerstehen [632]. Sie verfügen außerdem über nach oben gerichtete Sonarsysteme, um Polynyas (Bereiche mit dünnem Eis) und offene Rinnen zu erkennen, die für ein sicheres Auftauchen entscheidend sind. Die Finnen, die vertikalen Strukturen auf U-Booten, sind häufig speziell verstärkt, um durch das Eis brechen zu können, wobei jedoch einige Komponenten wie Sonarfenster anfälliger für Beschädigungen bei solchen Operationen bleiben [633, 634].

HY-80 und HY-100 sind hochfeste, niedrig legierte Stähle, die speziell für Anwendungen entwickelt wurden, die sowohl hohe Festigkeit als auch Widerstandsfähigkeit unter extremen Bedingungen erfordern, wie beispielsweise im U-Boot-Bau. Diese Stähle sind nach ihrer Streckgrenze benannt: HY-80 hat eine Streckgrenze von 80.000 psi und HY-100 von 100.000 psi. Die Bezeichnung "HY" steht für "High-Yield" (hochfesten) Stahl, der für seine Fähigkeit bekannt ist, unter Druck strukturelle Integrität zu bewahren und sich somit ideal für kritische Anwendungen wie Marinefahrzeuge eignet.

Beide Stahlsorten enthalten Legierungselemente wie Nickel, Molybdän und Chrom, was ihnen ausgezeichnete Zähigkeit und Korrosionsbeständigkeit verleiht, selbst in rauen maritimen Umgebungen. Sie weisen eine hohe Bruchzähigkeit auf, was bedeutet, dass sie erheblichen Belastungen standhalten können, ohne zu reißen – eine Schlüsselvoraussetzung für U-Boote, die unter extremem Unterwasserdruck operieren.

Diese Stähle bieten zudem eine verbesserte Schweißbarkeit im Vergleich zu anderen hochfesten Stählen, was ihre Verwendung in großen strukturellen Komponenten erleichtert. Diese Eigenschaft ist für den Bau von U-Booten von entscheidender Bedeutung, da komplexe Rumpfformen und modulare Designs präzise durch Schweißen zusammengefügt werden müssen. Darüber hinaus sorgt ihre Beständigkeit gegenüber spröden Brüchen bei niedrigen Temperaturen dafür, dass sie sich gut in arktischen Gewässern bewähren, wo U-Boote extrem niedrigen Temperaturen ausgesetzt sind.

In U-Booten werden HY-80 und HY-100 hauptsächlich für den Druckkörper verwendet, der das strukturelle Kernstück darstellt und die Integrität des Fahrzeugs unter extremem Unterwasserdruck gewährleistet. Der Stahl sorgt dafür, dass der Rumpf sowohl den mechanischen Belastungen der Tiefseeumgebung als auch möglichen Kollisionen mit Eis in arktischen Gewässern standhält. HY-80 wurde zunächst im Bau früher nuklear angetriebener U-Boote wie der Skipjack-Klasse und der Los Angeles-Klasse der US Navy eingesetzt, dank seiner hervorragenden Festigkeit und Bruchbeständigkeit.

Mit der Entwicklung neuerer U-Boot-Designs begann HY-100, HY-80 in neueren Schiffen zu ersetzen, da es eine noch höhere Festigkeit bietet. Dadurch konnten tiefere operationelle Tiefen erreicht werden, während die Rumpfstärke ähnlich oder dünner blieb als bei Konstruktionen mit HY-80. Der Einsatz von HY-100 trägt auch zur Gewichtsreduzierung des U-Bootes bei, was die Effizienz verbessert, ohne die Sicherheit zu beeinträchtigen.

Der Einsatz von nach oben gerichteten Sonarsystemen ist eine weitere wichtige technologische Entwicklung im Design von Arktis-U-Booten. Diese Sonararrays sind entscheidend, um das Eis über dem Schiff zu scannen, sodass die Besatzung Polynyas oder offene Rinnen identifizieren kann, wo das U-Boot sicher auftauchen kann. Diese Fähigkeit ist entscheidend, um ungewolltes Auftauchen durch dickes Eis zu verhindern, was zu erheblichen Schäden und betrieblichen Verzögerungen führen könnte [633, 635]. Darüber hinaus liefern die Sonarsysteme wichtige Navigationsdaten, die das Risiko von Kollisionen mit untergetauchten Eisrücken oder anderen Unterwasserhindernissen verringern [633, 634].

Neben der strukturellen Integrität und den Sonarfähigkeiten müssen U-Boote, die in polaren Regionen operieren, mit extrem niedrigen Temperaturen umgehen. Spezielle Beschichtungen und thermische Managementsysteme werden eingesetzt, um das Einfrieren kritischer Systeme zu verhindern und die Einsatzbereitschaft aufrechtzuerhalten [633, 635]. Das Design muss auch eine präzise Manövrierfähigkeit in engen Räumen wie Rand-Eis-Zonen gewährleisten, in denen sich Eiskanten tief unter die Wasseroberfläche erstrecken können. Zusätzliche Antriebssysteme, einschließlich einziehbarer Thruster, werden oft integriert, um die Agilität bei niedrigen Geschwindigkeiten zu verbessern, was die Bewegung zwischen Eisformationen und das Positionieren zum Auftauchen erleichtert [633, 635].

Tiefsee-U-Boote hingegen konzentrieren sich darauf, immense Wasserdrücke in Tausenden von Metern Tiefe auszuhalten. Für diese Fahrzeuge werden Materialien wie Titan und fortschrittliche Verbundwerkstoffe verwendet, um druckbeständige Rümpfe zu konstruieren. Tauchboote für Tiefsee-Erkundungen wie der DSV Alvin oder Chinas neue Mini-U-Boote setzen auf modulare Designs und umfassen spezialisierte Instrumente für ozeanografische Studien. Diese Fahrzeuge operieren häufig von Forschungsschiffen oder Eisbrechern wie Chinas Xue Long aus, die Einsätze in polaren Regionen und Tiefseeumgebungen ermöglichen.

Das Energiemanagement ist ebenfalls entscheidend für den Betrieb in arktischen und tiefen Gewässern. In diesen abgelegenen Umgebungen sind U-Boote auf hoch effiziente Energiesysteme angewiesen, wie Lithium-Ionen-Batterien oder experimentelle Brennstoffzellen, um sicherzustellen, dass sie über längere Zeiträume operieren können, ohne häufige Nachversorgung zu benötigen. Für die Navigation in der Arktis müssen U-Boote ihre Routen sorgfältig verwalten, um eine Sonarerkennung zu vermeiden, insbesondere wenn sie Engpässe wie die Beringstraße passieren, wo sowohl Eis als auch feindliche Überwachung Herausforderungen darstellen.

Diese Entwürfe für arktische und Tiefsee-U-Boote spiegeln eine Kombination aus Robustheit, Autonomie und Anpassungsfähigkeit an die Umwelt wider. Da das geopolitische Interesse an der Arktis und die wissenschaftliche Erkundung der Tiefsee weiter zunehmen, werden künftige U-Boote zunehmend auf fortschrittliche Technologien angewiesen sein, um komplexe Missionen in diesen harschen Bedingungen sicher und effizient durchzuführen.

Abbildung 125: Das Jagd-U-Boot der Royal Navy HMS Trenchant (S 91) taucht am 11. März im Rahmen der Ice Exercise (ICEX) 2018 im Arktischen Kreis auf. Defense Visual Information Distribution Service, Public Domain, via Picryl.

Die größte Herausforderung für U-Boot-Operationen in der Arktis ist die ständige Bedrohung durch Meereis. In dicht gepacktem Eis kann das Auftauchen entweder eingeschränkt oder ganz verhindert sein, was U-Boote zwingt, für längere Zeit unter Wasser zu bleiben. Dies birgt ernsthafte betriebliche Risiken, insbesondere für dieselelektrische U-Boote, die regelmäßig auftauchen müssen, um ihre Batterien aufzuladen. Die harschen Bedingungen in arktischen Gewässern haben seit den 1950er-Jahren dazu geführt, dass nuklearbetriebene U-Boote die bevorzugte Wahl sind. Der Nuklearantrieb erlaubt es diesen Schiffen, unbegrenzt unter Wasser zu bleiben, was sie viel fähiger macht, langfristige Operationen unter dem Eis durchzuführen. Dies stellt jedoch für Marinen wie Chinas PLAN Einschränkungen dar, da die Mehrheit der Flotte aus dieselelektrischen U-Booten besteht und nur eine geringe Anzahl nuklearbetriebener U-Boote für Arktismissionen geeignet ist [636].

Neuere Fortschritte in der luftunabhängigen Antriebstechnologie (AIP) bieten eine potenzielle Lösung, um die Tauchdauer konventioneller U-Boote zu verlängern. AIP-Systeme ermöglichen es Schiffen, mehrere Wochen ohne Auftauchen zu operieren, indem chemische Reaktionen genutzt werden, die nicht auf atmosphärischen Sauerstoff angewiesen sind. Ein Beispiel ist der Stirling-Motor, der erstmals in den 1980er-Jahren von Schweden verwendet wurde und Energie durch die Verbrennung von flüssigem Sauerstoff und Diesel erzeugt. Andere neue Technologien, wie Wasserstoff-Brennstoffzellen, bieten einen noch leiseren Antrieb mit geringerem Wartungsaufwand, allerdings auf Kosten einer erhöhten Komplexität. AIP-ausgestattete U-Boote wie die Type 041 der Yuan-Klasse haben ihre Fähigkeit bewiesen, über längere Zeiträume unter Wasser zu bleiben, was sie für Missionen in oder nahe der Arktis geeigneter macht [636].

Trotz dieser Fortschritte bleiben AIP-Systeme in ihrer Fähigkeit, die Anforderungen der Arktis zu erfüllen, begrenzt. Zwar verlängert AIP die Tauchdauer, aber diese Systeme bieten nicht genug Leistung für Hochgeschwindigkeitsfahrten oder Langstreckeneinsätze, die in der Arktis von entscheidender Bedeutung sind. U-Boote mit AIP müssten nach dem Verbrauch ihrer Brennstoffvorräte weiterhin Zugang zur Luft haben und wären daher auf offene Wasserflächen oder Polynyas – eisfreie Lücken – angewiesen, um auftauchen zu können. Das Navigieren zwischen diesen Bereichen erfordert eine ständige Überwachung durch Sonar oder Lichtsensoren, was den Standort des U-Bootes für potenzielle Gegner sichtbar machen kann [636].

Konventionelle U-Boote haben auch strukturelle Einschränkungen in der Arktis. Diese U-Boote sind tendenziell kleiner, was ihre Fähigkeit einschränkt, beim Auftauchen durch dickes Eis zu stoßen. Der Druck des Eises erfordert spezielle Konstruktionsmerkmale wie verstärkte Aufbauten und einziehbare Tiefenruder, um Schäden zu minimieren. Während des Kalten Krieges zeigten Anpassungen an amerikanischen U-Booten wie der Sturgeon-Klasse, wie solche Modifikationen den Schiffen ermöglichten, durch Eis aufzutauchen, indem ihre Tiefenruder vertikal gedreht wurden. Dieser Prozess war jedoch zeitaufwändig und riskant, falls sich die Ruder im Eis verklemmen sollten. Moderne Designs platzieren die Tiefenruder am vorderen Rumpf, was die Sicherheit und Effizienz verbessert – ein Merkmal, das in späteren Varianten der Los-Angeles-Klasse zu sehen ist [636].

Das Durchstoßen von Eis bleibt eine heikle Operation, die verstärkte Aufbauten erfordert, um wichtige Ausrüstungen wie Periskope, Kommunikationsantennen und Sonaranlagen zu schützen. Einige U-Boote, wie die USS Skate, waren mit gehärtetem Stahl ausgestattet, um bis zu 45 cm dickes Eis zu durchbrechen. Nicht alle Komponenten, insbesondere Sonarfenster, können jedoch verstärkt werden, was sie anfällig für Beschädigungen macht. Propeller, eine weitere kritische Komponente, sind besonders anfällig für Schäden durch Eis. Historische Beispiele, wie die Erfahrung der USS Skate in der Karasee, verdeutlichen die Herausforderungen, die Aufrechterhaltung der Einsatzfähigkeit nach Eisbeschädigungen darstellt [636].

Die Navigation in arktischen Gewässern birgt ebenfalls erhebliche Risiken, insbesondere in Regionen wie der Beringstraße, wo seichtes Wasser und komprimierte Eiskämme natürliche Hindernisse darstellen. U-Boote müssen Sonarsysteme mit Blick nach oben und nach vorne einsetzen, um Gefahren zu erkennen. Der Einsatz von aktivem Sonar erhöht jedoch das Risiko der Entdeckung durch feindliche Kräfte. Zudem erfordern die engen Wasserstraßen präzise Manöver, was den Transit für größere U-Boote weiter erschwert. Kleinere U-Boote mit einziehbaren Hilfsmotoren für langsame Manöver bieten in diesen Umgebungen Vorteile, da sie sich effektiver unter dem Eis positionieren können, sowohl für offensive als auch defensive Operationen [636].

Letztendlich bleibt der Nuklearantrieb trotz der Fortschritte in der AIP-Technologie unverzichtbar für langfristige Operationen in der Arktis. Die wachsende Anzahl nuklearbetriebener U-Boote in Chinas Flotte wird ihre Fähigkeiten in der Arktis verbessern, doch würde eine ständige Präsenz in den polaren Gewässern selbst eine modernisierte Flotte stark belasten. Die operationellen Anforderungen von Arktismissionen, einschließlich der Notwendigkeit, unentdeckt zu bleiben und Hochgeschwindigkeitsfahrten durchzuführen, machen den Nuklearantrieb zur einzigen praktikablen Option für langfristige strategische Einsätze [636].

Berücksichtigung von Frosttemperaturen

Das Design von U-Booten für polare Gewässer erfordert ein umfassendes Verständnis der extremen Umweltbedingungen in diesen Regionen, insbesondere der Herausforderungen durch Frosttemperaturen und Eisbildung. Die Ansammlung von Eis auf externen Komponenten und kritischen Systemen kann die Funktionsfähigkeit erheblich beeinträchtigen, die Betriebsrisiken erhöhen und die Einsatzbereitschaft gefährden. Um diesen Problemen entgegenzuwirken, sind U-Boote für den arktischen Einsatz mit speziellen Beschichtungen auf exponierten Oberflächen, wie Rümpfen und Periskopen, ausgestattet, die selbst unter extremen Bedingungen eine Eisbildung verhindern. Diese Beschichtungen sind entscheidend, um einen reibungslosen Betrieb bei der Navigation und beim

Auftauchen zu gewährleisten, da sie die Wahrscheinlichkeit eisbedingter Blockierungen deutlich reduzieren, die die Einsatzfähigkeit behindern könnten [637].

Zusätzlich zu den Schutzbeschichtungen verwenden U-Boote fortschrittliche Wärmemanagementsysteme, um die Funktionsfähigkeit der Bordelektronik und der Antriebssysteme aufrechtzuerhalten. Diese Systeme sind so konzipiert, dass sie gezielt Wärme im gesamten Fahrzeug verteilen und so verhindern, dass wichtige Komponenten einfrieren, um einen unterbrechungsfreien Betrieb während längerer Missionen unter dem Eis zu gewährleisten [106]. Die Bedeutung des Wärmemanagements wird durch die einzigartigen thermischen Dynamiken der Polarregionen unterstrichen, wo das Risiko des Einfrierens durch das Betriebsprofil des U-Bootes und das umgebende eisige Wasser verstärkt werden kann [638].

Die Navigation unter Eis bringt zusätzliche Komplexitäten mit sich, insbesondere in Randbereichen mit Eis, in denen Eiskämme tief unter die Oberfläche ragen können. Diese Regionen erfordern eine präzise Manövrierfähigkeit, um Kollisionen zu vermeiden und das Fahrzeug zum Auftauchen durch Polynyas oder dünnes Eis zu positionieren. Standard-Antriebssysteme, die typischerweise für den Betrieb in offenen Gewässern optimiert sind, können in diesen Szenarien unzureichend sein. Daher sind U-Boote für Arktismissionen mit zusätzlichen Antriebssystemen wie einziehbaren Thruster ausgestattet, die die Manövrierfähigkeit bei niedrigen Geschwindigkeiten verbessern. Diese Thruster ermöglichen es U-Booten, seitliche Bewegungen auszuführen und sich effektiv zwischen Eisformationen neu zu positionieren, wodurch die betriebliche Sicherheit und Effizienz verbessert wird [639].

Die Bedeutung dieser Zusatzsysteme zeigt sich besonders bei Missionen, die präzise Manöver erfordern, wie Überwachungen in der Nähe von eisbedeckten Küsten oder das Auftauchen durch enge Öffnungen im Eis. Einziehbare Thruster bieten eine verbesserte Kontrolle, insbesondere in Situationen, die schnelle Richtungsänderungen erfordern, um Unterwasserhindernissen auszuweichen. Diese Fähigkeit ist entscheidend, um sicher in unvorhersehbaren Eisbedingungen aufzutauchen, in denen das Kollisionsrisiko mit Eisformationen erhöht ist [640]. Darüber hinaus ist die präzise Kontrolle der Tiefe in diesen Umgebungen von entscheidender Bedeutung; U-Boote müssen sorgfältig ihr Auftriebsmanagement steuern, um stabile Positionen unter dem Eis ohne übermäßigen Antrieb zu halten, wodurch Energie gespart und Lärmemissionen minimiert werden [641].

U-Boot-Einsätze in Küstenzonen

U-Boot-Einsätze in Küstenzonen stellen spezifische Herausforderungen dar und erfordern spezialisierte Taktiken aufgrund der komplexen Umweltbedingungen, die diese Küstengewässer mit sich bringen. Im Gegensatz zum offenen Ozean, wo große Wassertiefen herrschen, sind Küstenzonen durch flache Gewässer, dynamische Strömungen, wechselnde Salzgehalte und hohe Umgebungsgeräusche aus natürlichen und menschlichen Aktivitäten geprägt. Diese Bedingungen können den Einsatz traditioneller Sonar- und Navigationssysteme erschweren, was die Durchführung von Tarnungsoperationen, die Navigation und die Zielerkennung erheblich kompliziert.

Küstenzonen, definiert als Küstenregionen, in denen das Land auf das Meer trifft, zeichnen sich durch flaches Wasser aus, das sich vom Hochwassermark bis zur Tiefe erstreckt, in der kein Sonnenlicht mehr auf den Meeresboden fällt. Diese Zonen umfassen verschiedene maritime Umgebungen wie Flussmündungen, Lagunen, Buchten, Gezeitenzonen und Küstengewässer bis zum Rand des Kontinentalschelfs. Die ökologische Bedeutung von Küstenzonen ist gut dokumentiert; sie sind entscheidende Lebensräume für eine Vielzahl von Organismen, darunter Fische, Wirbellose und Wasserpflanzen. Studien zeigen, dass Küstenzonen den Großteil der Artenvielfalt in Gewässern unterstützen, was ihre Bedeutung für den Erhalt der Biodiversität unterstreicht【642, 643†source】. Das Vorhandensein von Sonnenlicht in diesen flachen Gewässern fördert das Wachstum von Wasserpflanzen und Algen, was zur hohen Produktivität dieser Ökosysteme beiträgtogischer Sicht dienen Küstenzonen als wesentliche Brut- und Nahrungsgebiete für viele Meeresorganismen. Sie sind oft reich an Biodiversität und bieten Lebensraum für verschiedene Arten, einschließlich Korallenriffe und Mangroven, die für die ökologische Stabilität unverzichtbar sind

【644, 645†source】. Die Anwesenheit von strukturierten Habitaten in Küstenzonen unterstützt nicht nur eine Vielzahl von Arten, sondern beeinflusst auch deren Verteilung und Häufigkeit. Zum Beispiel korreliert die Häufigkeit bestimmter Fischarten in Küstenzonen positiv mit der Verfügbarkeit von strukturierten Habitaten, die das Risiko von Räubern verringern . Darüber n die ökologischen Dynamiken in diesen Zonen durch Faktoren wie Wasserstandsschwankungen geprägt, die die Struktur und Funktion dieser Ökosysteme erheblich beeinflussen können 【643, 647†source】.

In militärischen und maritimen Kontexten haben Küstenzonen aufgrund ihrer Nähe zur Küste strategische Bedeutung. In diesen Gebieten werden häufig Marineoperationen wie Überwachungs- und Aufklärungsmissionen durchgeführt. Die geringen Tiefen von Küstenzonen stellen besondere Herausforderungen für U-Boote und andere Marinefahrzeuge dar, da die Navigation durch Unterwasserhindernisse und hohe Umgebungsgeräusche erschwert wird . Die operativen Dynasen Regionen werden durch das Erfordernis der Manövrierfähigkeit und die Risiken durch Küstenverteidigungssysteme beeinflusst, was Küstenzonen zu einem kritischen Bestandteil militärischer Strategien macht .

Eine der Hauptschwierigkeitenbieten ist die Navigation in flachem Wasser. U-Boote müssen ihre Tiefe sorgfältig kontrollieren, um Grundberührungen oder Kollisionen mit Unterwasserhindernissen wie Sandbänken, Riffen und Wracks zu vermeiden. Zusätzlich erhöht die Nähe zur Küste das Risiko, von Küstenradar, U-Boot-Abwehrpatrouillen und Flugzeugen entdeckt zu werden. Diese Nähe erfordert, dass U-Boote mit niedriger Geschwindigkeit operieren und ein geringes akustisches Profil beibehalten, um ein Aufspüren durch aktive Sonarsysteme von Überwasserschiffen oder Küsteninstallationen zu vermeiden.

Die hohen Umgebungsgeräusche in Küstenzonen, die durch Wellenschlag, Sedimentbewegungen und Schiffsverkehr verursacht werden, stellen sowohl Herausforderungen als auch Chancen für U-Boot-Operationen dar. Während das Geräusch das U-Boot-Geräusch maskieren kann, stört es auch die Wirksamkeit von Sonarsystemen. U-Boote müssen auf passive Sonarsysteme angewiesen sein, um feindliche Schiffe zu orten, ohne die eigene Position preiszugeben. Jedoch macht die überfüllte akustische Umgebung die Unterscheidung zwischen echten Zielen und Hintergrundgeräuschen schwieriger. In Reaktion darauf verwenden U-Boote in diesen Zonen oft fortschrittliche Signalverarbeitung und akustische Filter, um die Zielidentifikation zu verbessern und gleichzeitig unentdeckt zu bleiben.

Ein weiterer wichtiger Faktor bei Operationen in Küstenzonen ist das erhöhte Risiko der Entdeckung aufgrund der Nähe zu feindlichen Kräften und Überwachungssystemen. Küstengewässer werden oft stark überwacht, was es Gegnern erleichtert, die Bewegungen von U-Booten zu verfolgen. U-Boote müssen Taktiken wie das "Aufsetzen" auf den Meeresboden anwenden, um unentdeckt zu bleiben. Diese Taktik erfordert präzise Navigation, um Unterwasserhindernisse zu vermeiden und das Schiff strategisch für potenzielle Hinterhalte oder Überwachungsmissionen zu positionieren.

U-Boote, die in Küstenzonen operieren, müssen auch die dynamischen Wasserbedingungen berücksichtigen. Gezeitenströmungen, Flussmündungen und Thermoklinen (scharfe Temperaturänderungen im Wasser) können die Manövrierfähigkeit und Sonarleistung eines U-Boots beeinflussen. Diese Faktoren erfordern eine kontinuierliche Überwachung und Anpassung der Navigationssysteme, um Kontrolle und eine effektive Missionsausführung zu gewährleisten. Küsten-U-Boote verwenden häufig Doppler-Geschwindigkeitsprotokolle (DVL) und fortschrittliche Trägheitsnavigationssysteme, um diesen Umweltfaktoren entgegenzuwirken und präzise Bewegungen durch das Wasser sicherzustellen.

Die Einsatzplanung für Missionen in Küstenzonen betont außerdem die koordinierte Zusammenarbeit mit anderen Marine- und Lufteinheiten. U-Boote werden oft als Teil eines größeren Netzwerks eingesetzt und arbeiten mit Überwasserschiffen, Flugzeugen und unbemannten Unterwasserfahrzeugen (UUVs) zusammen, um Aufgaben wie Aufklärung, Minenräumung und U-Boot-Abwehr durchzuführen. Die Koordination mit diesen Einheiten gewährleistet, dass U-Boote in der engen und komplexen Küstenumgebung effektiv operieren können, während die Risiken minimiert werden.

Design

Für den Einsatz in Küstenzonen entworfene U-Boote weisen mehrere spezialisierte Designmerkmale auf, die die einzigartigen Herausforderungen in flachen Küstengewässern wie Manövrierfähigkeit, Tarnung und Widerstandsfähigkeit in dynamischen Umgebungen adressieren. Diese Merkmale ermöglichen es ihnen, sich in engen Räumen zu bewegen, unentdeckt zu bleiben und effektiv in Küstennähe zu operieren, wo traditionelle Hochsee-U-Boote möglicherweise Schwierigkeiten haben könnten.

Küsten-U-Boote sind oft kleiner als ihre ozeantauglichen Gegenstücke, was ihre Fähigkeit verbessert, in engen Räumen wie schmalen Kanälen, Häfen oder nahe der Küste zu navigieren. Die geringere Größe ermöglicht es diesen U-Booten auch, sich mit größerer Agilität zwischen Unterwasserhindernissen wie Sandbänken, Riffen oder Wracks zu bewegen.

Um die Manövrierfähigkeit bei niedrigen Geschwindigkeiten zu verbessern, sind Küsten-U-Boote mit Hilfsantriebssystemen ausgestattet, wie beispielsweise einziehbaren Schubdüsen. Diese Schubdüsen bieten präzise Kontrolle für Operationen in beengten Bereichen und unterstützen bei empfindlichen Bewegungen wie dem Andocken oder dem Positionieren unter feindlichen Schiffen. Diese Funktion ist in Umgebungen entscheidend, in denen Feinabstimmungen erforderlich sind, um Hindernisse zu vermeiden oder die Tarnung zu wahren.

Viele Küsten-U-Boote verwenden luftunabhängige Antriebssysteme (AIP), um die Notwendigkeit des Auftauchens zu verringern und so längere Zeit getaucht zu bleiben. Diese Fähigkeit ist in Küstengebieten von entscheidender Bedeutung, da häufiges Auftauchen das Risiko der Entdeckung erhöht. U-Boote mit AIP-Antrieb können Tarnoperationen, einschließlich Überwachung und Aufklärung, durchführen, ohne sich feindlichen Kräften auszusetzen.

Küstenzonen sind akustisch komplex aufgrund von Geräuschen durch Wellen, Meereslebewesen und menschliche Aktivitäten. Um effektiv zu navigieren, sind U-Boote mit fortschrittlichen Sonarsystemen ausgestattet, wie vorwärts- und aufwärtsgerichtetem Sonar, das hilft, Hindernisse, Unterwasserminen und potenzielle Bedrohungen zu erkennen. Doppler-Geschwindigkeitsprotokolle (DVL) erhöhen die Präzision, indem sie Bewegungen relativ zum Meeresboden verfolgen und so eine genaue Navigation in starken Strömungen und flachen Gewässern gewährleisten.

Küsten-U-Boote setzen auf Tarnung, um in Gebieten mit hoher Überwachung unentdeckt zu bleiben. Sie sind mit anechoischen Fliesen ausgestattet, die Schallwellen absorbieren und das akustische Profil reduzieren. Motoren und Antriebssysteme sind so konstruiert, dass sie leise laufen, und Technologien zur Vibrationsisolierung minimieren die Geräusche von Bordmaschinen. Dadurch bleibt das U-Boot in lärmreichen Küstenumgebungen schwerer zu entdecken.

In Küstengewässern ist die Kommunikation mit den Kommandostellen ohne Preisgabe der Position des U-Boots unerlässlich. Küsten-U-Boote verwenden oft geschleppte Kommunikationsbojen oder Niederfrequenzantennen, um Daten zu übermitteln, während sie getaucht bleiben. Dies ermöglicht es ihnen, wichtige Informationen weiterzugeben, ohne auftauchen zu müssen, und bewahrt somit die operative Sicherheit.

Küsten-U-Boote sind flexibel konstruiert, mit modularen Abteilen, die missionsspezifische Ausrüstung aufnehmen können. Diese U-Boote können für verschiedene Operationen konfiguriert werden, einschließlich Minensuche, Spezialeinsatzkräfte-Einsatz oder Informationsbeschaffung. Diese Vielseitigkeit ermöglicht es ihnen, sich schnell an sich ändernde Missionsanforderungen in komplexen Küstenumgebungen anzupassen.

Die folgenden Beispiele zeigen Küsten-U-Boote verschiedener Marinen, die speziell für den Einsatz in flachen Küstengewässern konzipiert sind, in denen Tarnung und Manövrierfähigkeit entscheidend sind:

1. **Gotland-Klasse (Schweden)** – Diese Klasse ist bekannt für ihre Tarnfähigkeiten und nutzt luftunabhängigen Antrieb (AIP), was ihr ermöglicht, über längere Zeiträume getaucht zu bleiben. Sie ist sowohl in Küsten- als auch in Hochseeumgebungen effektiv einsetzbar und weist minimale Geräuschemissionen auf.

2. **Sōryū-Klasse (Japan)** – Diese fortschrittlichen diesel-elektrischen U-Boote sind mit großen Lithium-Ionen-Batterien ausgestattet, die die Unterwasser-Ausdauer erhöhen. Obwohl sie für verschiedene Missionen ausgelegt sind, eignet sich die Sōryū-Klasse mit ihrer Manövrierfähigkeit und dem leisen Antriebssystem besonders gut für Küstengewässer.

3. **Typ 212 (Deutschland und Italien)** – Diese Klasse nutzt AIP-Technologie und gehört zu den leisesten U-Booten im Einsatz. Mit exzellenten Tarnmerkmalen ist der Typ 212 ideal für Operationen nahe der Küsten und wird für Aufklärungs- und Spezialoperationen eingesetzt.

4. **Scorpène-Klasse (Frankreich, Indien, Brasilien und andere)** – Diese modulare und vielseitige Klasse zeichnet sich durch ihre geringe Größe und ihre Tarntechnologie in Küstenzonen aus. Sie wird weit verbreitet für Überwachung, U-Boot-Abwehr und Spezialeinsätze eingesetzt.

5. **Yuan-Klasse (China)** – Diese moderne Klasse, die ebenfalls AIP nutzt, stellt eine bedeutende Entwicklung der chinesischen Marine für den Einsatz in beengten Küstengewässern dar. Das Design konzentriert sich auf verbesserte Tarnung und verlängerte Unterwasserausdauer.

6. **Archer-Klasse (Singapur)** – Diese Klasse basiert auf den schwedischen U-Booten der Västergötland-Klasse und ist für den Einsatz in den stark frequentierten und flachen Gewässern um Singapur optimiert. Diese U-Boote sind mit modernisierten Systemen ausgestattet und können verdeckte Missionen in Küstenzonen durchführen.

Abbildung 126: Das zweite Scorpène-Klasse U-Boot der Königlich-Malaysischen Marine, KD Tun Abdul Razak, angedockt an seinem Marinesteg in Awana Porto Malai, Langkawi. Rizuan, CC BY-SA 3.0, über Wikimedia Commons.

Diese U-Boote sind auf die Herausforderungen des Einsatzes in engen, flachen Gewässern zugeschnitten, in denen größere Tiefsee-Fahrzeuge Schwierigkeiten haben. Littorale U-Boote spielen eine entscheidende Rolle in der regionalen Verteidigung, Aufklärung und bei Spezialoperationen und bieten nahe der Küstenlinie sowohl Tarnung als auch Flexibilität.

Umweltauswirkungen und Nachhaltigkeit

Die Umweltauswirkungen und die Nachhaltigkeit von U-Booten sind entscheidende Überlegungen aufgrund ihres Betriebs in empfindlichen marinen Ökosystemen sowie des erheblichen Energie- und Ressourcenverbrauchs über ihren gesamten Lebenszyklus hinweg. Die direkten und indirekten Auswirkungen von U-Booten auf die Umwelt umfassen Lärmbelastung, chemische Einleitungen, Energieverbrauch und Auswirkungen auf die marine Biodiversität, die alle ein umfassendes Verständnis und die Umsetzung nachhaltiger Praktiken in der Entwicklung und im Betrieb von U-Booten erfordern.

Eine der drängendsten Umweltfragen im Zusammenhang mit U-Booten ist der Lärm, den sie erzeugen, insbesondere von ihren Antriebssystemen und Sonargeräten. Diese Lärmbelastung kann marine Ökosysteme erheblich stören, insbesondere für Meeressäuger, die auf Klang für Kommunikation, Navigation und Jagd angewiesen sind. Studien haben gezeigt, dass aktive Sonarsysteme hochintensive Schallwellen aussenden, die zu Verhaltensänderungen und sogar zu Strandungen bei Arten wie Walen und Delfinen führen können [649]. Darüber hinaus kann der mechanische Lärm von U-Boot-Motoren die natürliche Klanglandschaft des Ozeans verändern, was zusätzliche Risiken für das marine Leben in empfindlichen Lebensräumen darstellt [650]. Die kumulativen Auswirkungen solcher Störungen können langfristige Veränderungen in der marinen Biodiversität und der Gesundheit des Ökosystems zur Folge haben [650].

U-Boote, ähnlich wie andere maritime Fahrzeuge, können während routinemäßiger Operationen verschiedene Chemikalien in die marine Umwelt freisetzen. Schmierstoffe, Kühlmittel und Kraftstoffrückstände können insbesondere während Wartungs- oder Oberflächenoperationen in den Ozean gelangen [651]. Dieselelektrische U-Boote tragen durch Emissionen ihrer Dieselmotoren zur Luft- und Wasserverschmutzung bei, während nukleare U-Boote mit einzigartigen Herausforderungen im Zusammenhang mit der Handhabung des radioaktiven Abfalls, der durch ihre Reaktoren erzeugt wird, konfrontiert sind [652]. Die Protokolle zur Verhinderung von Umweltverschmutzung durch diese Einleitungen sind entscheidend, da unsachgemäße Handhabung zu erheblichen ökologischen Schäden führen kann [653].

U-Boote sind von Natur aus energieintensiv, wobei nuklearbetriebene Fahrzeuge komplexe Reaktoren und Brennstoffsysteme erfordern. Obwohl nukleare U-Boote eine verlängerte Betriebsbereitschaft bieten, tragen die Prozesse, die mit der Uranextraktion, dem Betrieb des Reaktors und dem Brennstoffmanagement verbunden sind, zu ihrem gesamten CO_2-Fußabdruck bei [654]. Im Gegensatz dazu verlassen sich dieselelektrische U-Boote auf fossile Brennstoffe und stoßen während der Oberflächenoperationen Treibhausgase aus [655]. Um diese Umweltauswirkungen zu verringern, integrieren moderne U-Boot-Designs zunehmend luftunabhängige Antriebssysteme (AIP) und erkunden hybride Energielösungen, um die Effizienz zu steigern und die Emissionen zu reduzieren [656].

Die Operationen von U-Booten, insbesondere in flachen und küstennahen Gewässern, können marine Ökosysteme und Lebensräume stören. Aktivitäten wie Manöver können den Meeresboden, Korallenriffe und Brutgebiete verschiedener Meeresspezies stören [657]. Der Lärm und die Vibrationen, die von U-Booten erzeugt werden, können das Verhalten von Tieren verändern und zur Fragmentierung von Lebensräumen führen, was die marine Biodiversität weiter gefährdet [658]. Die ökologische Rolle von U-Boot-Schluchten, die als kritische Lebensräume dienen, ist besonders anfällig für solche Störungen [659].

Nachhaltigkeit gewinnt zunehmend an Bedeutung in der U-Boot-Entwicklung und im Lebenszyklusmanagement. Innovationen zur Reduzierung des Energieverbrauchs umfassen verbesserte Hydrodynamik und leisere Antriebssysteme sowie den Einsatz leichter Materialien zur Minimierung des Ressourcenverbrauchs [660]. Die Stilllegung von U-Booten, insbesondere von nuklearbetriebenen, stellt erhebliche Umweltprobleme dar und erfordert eine sorgfältige Planung und das Management des radioaktiven Abfalls, um Kontamination zu vermeiden [661]. Effektive Strategien zum Abbau von U-Booten und zum Management ihres Lebenszyklus sind entscheidend, um ihren ökologischen Fußabdruck zu minimieren [152].

Die U-Boot-Industrie beginnt, nachhaltigere Praktiken zu übernehmen, wie die Entwicklung von hybrid-elektrischen U-Booten, die Lithium-Ionen-Batterien und erneuerbare Energiequellen nutzen [662]. Auch die Forschung zu ozeanbasierten Energiegewinnungssystemen ist im Gange, um die Unterwasserbetriebszeit ohne Abhängigkeit von fossilen Brennstoffen oder nuklearer Energie zu verlängern [663]. Verbesserte Recyclingprozesse während der Stilllegung und die Umsetzung strengerer Umweltpolitik sind entscheidend, um die Umweltauswirkungen von U-Boot-Operationen im Laufe der Zeit zu reduzieren [664].

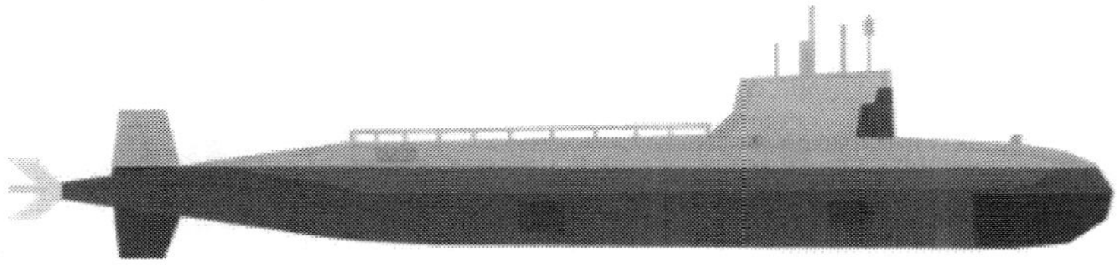

Kapitel 14

Projektmanagement im U-Boot-Bau

Entwurfs- und Entwicklungsprozess

Der Entwurf und die Entwicklung von U-Booten ist ein hochkomplexer, interdisziplinärer Prozess, der umfangreiche Planung, Ingenieurwesen, Tests und Integration umfasst. Dieser Prozess kann mehrere Jahre oder sogar Jahrzehnte in Anspruch nehmen, da spezialisierte Technologien, Materialien und Systeme beteiligt sind. Die Entwicklung von U-Booten erfordert die Zusammenarbeit von Schiffsarchitekten, Ingenieuren, Verteidigungsauftragnehmern, Regierungen und Marinekräften, um sicherzustellen, dass das Fahrzeug die operationellen Anforderungen erfüllt und gleichzeitig Sicherheit, Tarnfähigkeit und Nachhaltigkeit gewährleistet.

Phasen des Entwurfs und der Entwicklung:

1. Konzeptioneller Entwurf und Machbarkeitsstudien

Der Entwicklungsprozess beginnt mit der Definition der Mission und der operationellen Anforderungen. Die Marinekräfte skizzieren die benötigten Fähigkeiten basierend auf den erwarteten Missionen, wie z. B. U-Boot-Kriegsführung, Überwachung oder Spezialoperationen. Diese Anforderungen leiten die ersten Machbarkeitsstudien, bei denen Schiffsarchitekten bewerten, ob die gewünschten Merkmale unter Berücksichtigung der aktuellen Technologien und Budgetbeschränkungen praktisch umgesetzt werden können. In dieser Phase erkunden die Designer auch grundlegende Konfigurationen hinsichtlich Größe, Antrieb, Ausdauer und Lasten.

Diese Phase beginnt oft mit einer Systemanalyse-Methode, die verschiedene Entwurfsalternativen basierend auf den operationellen Bedürfnissen, den technologischen Fähigkeiten und den Kostenüberlegungen bewertet [665]. In dieser Phase ist die hydrodynamische Leistung ein zentrales Anliegen, da sie die Geschwindigkeit, Manövrierfähigkeit und Tarnfähigkeiten des U-Bootes erheblich beeinflusst. Fortgeschrittene rechnergestützte Werkzeuge und numerische Simulationen werden eingesetzt, um die hydrodynamischen Eigenschaften unter verschiedenen Betriebsbedingungen zu bewerten, einschließlich im Unterwasserbetrieb und bei Schnorcheltiefe [24, 666].

Darüber hinaus ermöglicht die Integration von Multi-Objective-Optimierungstechniken, wie genetischen Algorithmen, den Designern, die Form des U-Boot-Rumpfes zu verfeinern, um den Widerstand zu minimieren und gleichzeitig das Innenvolumen zu maximieren [63]. Diese Optimierung ist entscheidend, um die operationale Effizienz und die Gesamtleistung des U-Bootes zu verbessern.

2. Vorläufiger Entwurf

In der Phase des vorläufigen Entwurfs erstellen Ingenieure detaillierte Zeichnungen und digitale Modelle, wobei der Fokus auf Hydrodynamik, Rumpfform und allgemeinen Systemlayouts liegt. Simulationen mit Computational Fluid Dynamics (CFD) werden verwendet, um das Rumpfdesign für reduzierten Widerstand und verbesserte Unterwasserleistung zu optimieren. Kritische Elemente wie Ballasttanks, Steuerflächen (Ruder und Tauchflächen) und Antriebssysteme werden skizziert. Kompromisse zwischen Geschwindigkeit, Tarnung und operationeller Ausdauer werden sorgfältig bewertet. U-Boote, die für arktische oder littorale Umgebungen entworfen wurden, unterziehen sich einer spezialisierten Analyse, um sicherzustellen, dass das Fahrzeug unter herausfordernden Bedingungen operieren kann.

3. Detaillierter Entwurf und Systemintegration

Sobald der vorläufige Entwurf genehmigt ist, beginnt der Prozess des detaillierten Entwurfs. In dieser Phase wird jeder Aspekt des U-Bootes sorgfältig geplant, einschließlich der Antriebssysteme (wie diesel-elektrische Motoren oder Kernreaktoren), Navigationssysteme, Sonararrays, Kommunikationssysteme und Lebensunterstützungsausrüstung. Die Designer erstellen 3D-Modelle und Blaupausen für jedes Bauteil, die präzise in den begrenzten Raum des Rumpfes des U-Bootes passen müssen.

Die Phase des detaillierten Entwurfs umfasst die Erstellung umfassender Spezifikationen und Ingenieurdokumente. Diese Phase nutzt fortschrittliche Modellierungstechniken, einschließlich der Finite-Elemente-Analyse (FEA) und Computational Fluid Dynamics (CFD), um die strukturelle Integrität und die Fluidinteraktionen zu bewerten [666, 667]. Der Einsatz von modellbasierten Systems Engineering (MBSE)-Werkzeugen ist ebenfalls verbreitet, da sie die Übersetzung von funktionalen Anforderungen in detaillierte Entwurfsspezifikationen erleichtern und sicherstellen, dass alle Aspekte der Systeme des U-Bootes kohärent integriert sind [668].

Die Phase des detaillierten Entwurfs in der U-Boot-Entwicklung umfasst die Erstellung präziser Konstruktionszeichnungen und technischer Spezifikationen, die sicherstellen, dass alle Komponenten korrekt gebaut und integriert werden. Diese Phase nutzt fortschrittliche rechnergestützte Werkzeuge, um jeden Aspekt des U-Bootes zu modellieren, zu analysieren und zu verfeinern. Dies umfasst:

Schritt 1: Entwicklung umfassender Konstruktionszeichnungen und Spezifikationen

Die erste Aufgabe besteht darin, das hochrangige Designkonzept in detaillierte Blaupausen zu übersetzen. Diese Dokumente enthalten Spezifikationen für:

- Rumpfstruktur (einschließlich Form, Materialien und Abmessungen).
- Antriebssysteme (Kernreaktoren oder diesel-elektrische Systeme).
- Navigations- und Steuerungssysteme (Ruder, Tauchflächen und Sonararrays).
- Elektrische und lebensunterstützende Systeme.

Jedes System und jede Komponente muss in 2D- und 3D-CAD-Software gezeichnet werden, um Präzision zu gewährleisten. Die detaillierten Zeichnungen müssen den regulatorischen Standards entsprechen und sowohl Sicherheits- als auch Funktionalitätsanforderungen Rechnung tragen.

Schritt 2: Finite-Elemente-Analyse (FEA)

Sobald die Konstruktionszeichnungen erstellt sind, wird die Finite-Elemente-Analyse (FEA) verwendet, um die strukturelle Integrität des U-Bootes unter verschiedenen Bedingungen zu bewerten. Diese Technik besteht darin, komplexe Strukturen in kleinere Elemente zu zerlegen, um zu simulieren, wie sie auf reagieren:

- Druck in operationellen Tiefen.
- Thermische Ausdehnung durch nukleare oder dieselbetriebene Antriebssysteme.
- Stress durch Kollisionen oder andere mechanische Kräfte.

FEA hilft, Schwachstellen im Design zu identifizieren, sodass Änderungen vorgenommen werden können, bevor mit dem physischen Bau begonnen wird.
Die Finite-Elemente-Analyse (FEA) ist eine rechnergestützte Technik, die verwendet wird, um vorherzusagen, wie eine Struktur oder Komponente auf äußere Kräfte, Druck, Wärme und andere physikalische Phänomene reagiert. Sie beinhaltet die Aufteilung komplexer Strukturen in kleinere, handhabbare Elemente und die Analyse jedes Elements, um das Gesamverhalten des Systems zu bestimmen. FEA wird branchenübergreifend, z. B. in der Luft- und Raumfahrt,

im Automobilbau und im Marineingenieurwesen, insbesondere im U-Boot-Design, eingesetzt, um sicherzustellen, dass Strukturen hohen Belastungen, Druck und Umweltbedingungen standhalten können.

FEA ist entscheidend für die Optimierung der strukturellen Integrität, da sie Ingenieuren ermöglicht, potenzielle Schwachstellen zu bewerten und informierte Entschlussfassungen zu treffen, bevor physische Prototypen gebaut werden. Durch die Simulation verschiedener Szenarien kann FEA Spannungszustände identifizieren, Materialverformungen vorhersagen und bewerten, wie das Design unter dynamischen Lasten oder extremen Bedingungen, wie sie U-Boote in großen Tiefen erleben, funktioniert.
Die Durchführung einer Finite-Elemente-Analyse umfasst:

1. Modellerstellung

Der erste Schritt in der FEA besteht darin, ein digitales Modell der Struktur oder Komponente zu erstellen, die analysiert werden muss. Dieses Modell wird typischerweise mit Computer-Aided Design (CAD)-Software erstellt. Für komplexe Systeme wie U-Boote umfassen die Modelle Komponenten wie Rumpfabschnitte, Schotten und Steuerflächen.

2. Netzgenerierung

Das Modell wird dann in kleinere diskrete Elemente unterteilt, die an Knotenpunkten verbunden sind, ein Prozess, der als Vernetzung bekannt ist. Das Netz kann aus verschiedenen Elementtypen bestehen, wie z. B. Dreiecken oder Vierecken in 2D oder Tetraedern und Hexaedern in 3D. Die Qualität des Netzes hat direkten Einfluss auf die Genauigkeit der Analyse: Feinere Netze bieten mehr Präzision, erfordern jedoch mehr rechnerische Ressourcen, während gröbere Netze schneller laufen, aber die Genauigkeit beeinträchtigen können.

3. Zuweisen von Materialeigenschaften

Als Nächstes definieren Ingenieure die Materialeigenschaften der Komponenten im Modell, wie Dichte, Youngsches Modul (Elastizität), Poisson-Zahl und Wärmeleitfähigkeit. Diese Eigenschaften spiegeln das tatsächliche Verhalten des Materials unter verschiedenen Belastungsbedingungen wider. Zum Beispiel müssen die Materialien des U-Boot-Rumpfes, wie HY-80-Stahl, genau dargestellt werden, um Spannungen unter Druck vorherzusagen.

4. Anwenden von Lasten und Randbedingungen

In diesem Schritt werden äußere Kräfte und Einschränkungen auf das Modell angewendet, um reale Bedingungen zu simulieren. Lasten können Wasserdruck in verschiedenen Tiefen, Temperaturgradienten oder mechanische Kräfte wie Vibrationen des Motors umfassen. Randbedingungen – wie feste Punkte oder eingeschränkte Bewegungen entlang bestimmter Achsen – werden ebenfalls angewendet, um darzustellen, wie die Struktur mit ihrer Umgebung interagiert (z. B. Anschlüsse zu anderen Komponenten).

5. Lösen des Modells

Sobald die Einrichtung abgeschlossen ist, wird die Analyse mit spezialisierter FEA-Software (z. B. ANSYS, Abaqus oder COMSOL) durchgeführt. Die Software löst eine Reihe von mathematischen Gleichungen für jedes Element basierend auf den angewendeten Lasten und Randbedingungen. Dieser Prozess berechnet Verschiebungen, Spannungen und Dehnungen über die gesamte Struktur. Große oder komplexe Modelle können erhebliche Rechenleistung und Zeit zum Lösen erfordern.

6. Nachbearbeitung und Ergebnisauswertung

Nach der Analyse werden die Ergebnisse mit den Nachbearbeitungswerkzeugen der Software visualisiert. Ingenieure können grafische Ausgaben wie farbcodierte Spannungsdiagramme, Verformungsanimationen und Lastverteilungsdiagramme überprüfen. Diese Erkenntnisse helfen, Bereiche zu identifizieren, in denen die Struktur versagen oder verstärkt werden muss. Wenn beispielsweise Spannungszustände um die Tauchflächen des U-Bootes auftreten, könnten Ingenieure diese Komponenten neu gestalten, um die Kräfte gleichmäßiger zu verteilen.

7. Validierung und Verfeinerung

Die Ergebnisse der FEA werden häufig durch den Vergleich mit experimentellen Daten oder analytischen Berechnungen validiert. Wenn Abweichungen festgestellt werden, muss das Modell möglicherweise verfeinert werden, indem die Netzdichte, Randbedingungen oder Materialeigenschaften angepasst werden. Mehrere Iterationen sind möglicherweise erforderlich, um ein Design zu erreichen, das die Leistungs- und Sicherheitskriterien erfüllt.

Schritt 3: Computational Fluid Dynamics (CFD) für Hydrodynamik

U-Boote müssen unter Wasser effizient arbeiten, was stromlinienförmige Formen erfordert, um den Widerstand zu reduzieren. Computational Fluid Dynamics (CFD)-Simulationen modellieren, wie Wasser um den Rumpf und andere externe Komponenten wie Ruder und Propeller strömt. Die CFD-Analyse hilft dabei:

- Die Rumpfform zu optimieren, um den Widerstand zu reduzieren.
- Kavitationsphänomene zu minimieren, bei denen sich Blasen um die Propeller bilden, was zu erhöhtem Geräusch und Beeinträchtigung der Tarnung führen kann.
- Stabilität und Manövrierfähigkeit in komplexen Umgebungen wie Küstengewässern sicherzustellen. Die Ergebnisse dieser Simulationen leiten Designanpassungen zur Verbesserung der Hydrodynamik und der Antriebseffizienz.

Computational Fluid Dynamics (CFD) ist ein Teilgebiet der Fluidmechanik, das numerische Analysen und Algorithmen verwendet, um Probleme im Zusammenhang mit Strömungsbewegungen zu lösen und zu analysieren. Ingenieure und Wissenschaftler nutzen CFD, um das Verhalten von Fluiden (wie Luft oder Wasser) zu simulieren, wenn sie mit Oberflächen oder Objekten interagieren, und helfen ihnen, komplexe Phänomene wie Widerstand, Turbulenz und Druckverteilung zu verstehen. Im U-Boot-Design ist CFD entscheidend für die Optimierung der Rumpfformen, die Reduzierung des Widerstands, die Minimierung von Geräuschen und die Verbesserung der Effizienz von Antriebssystemen, die für Tarnung und Leistung wesentlich sind.

CFD ersetzt die Notwendigkeit teurer physischer Modelle, indem es Ingenieuren ermöglicht, virtuelle Experimente durchzuführen, die es ihnen ermöglichen, vorherzusagen, wie Fluide unter verschiedenen Bedingungen reagieren. Dieser Ansatz wird in Branchen wie Luft- und Raumfahrt, Automobilindustrie und Marineengineering häufig verwendet.

Um CFD durchzuführen:

1. Modellerstellung

Der erste Schritt besteht darin, ein 3D-Digitalmodell des zu analysierenden Objekts oder Systems zu erstellen. Dieses Modell könnte den U-Boot-Rumpf, den Propeller oder andere Komponenten darstellen, die mit dem Fluid interagieren. CAD-Software (Computer-Aided Design) wie SolidWorks oder AutoCAD wird häufig verwendet, um diese Modelle zu erstellen.

2. Netzgenerierung

Die Netzgenerierung ist der Prozess, bei dem die Geometrie in ein Netzwerk kleiner Elemente unterteilt wird, die als Netz bezeichnet werden. Jedes Element repräsentiert einen Teil des Fluidbereichs und die Oberfläche, mit der das Fluid interagiert. Ein feineres Netz mit mehr Elementen führt zu höherer Genauigkeit, erfordert jedoch mehr rechnerische Ressourcen, während ein gröberes Netz die Rechenzeit verkürzt, aber die Präzision beeinträchtigen kann. Ingenieure müssen ein Gleichgewicht zwischen der Netzauflösung und den Rechenkosten finden.

3. Definition der Physik des Problems

Als Nächstes werden die Fluid-Eigenschaften und Umweltbedingungen spezifiziert. Zum Beispiel:

- Fluidtyp (z. B. Wasser oder Luft).
- Dichte- und Viskositätswerte, die den Widerstand des Fluids gegen Strömung beschreiben.
- Randbedingungen, wie Strömungsgeschwindigkeit, Temperatur oder Druck an den Ein- und Auslässen des Systems.
- Turbulenzmodelle, die chaotisches Fluidverhalten simulieren, das häufig in realen Szenarien auftritt.

CFD kann verschiedene Strömungsarten simulieren, einschließlich laminarer Strömung (glatt und ordentlich) oder turbulenter Strömung (chaotisch und unregelmäßig). Die Wahl des Turbulenzmodells, wie das k-epsilon- oder Reynolds-averaged Navier-Stokes (RANS)-Modell, ist entscheidend für die genaue Erfassung des Fluidverhaltens.

4. Solver-Einrichtung

Die CFD-Software (z. B. ANSYS Fluent, OpenFOAM oder COMSOL) wird konfiguriert, um die Berechnungen durchzuführen. Diese Software verwendet mathematische Modelle – insbesondere die Navier-Stokes-Gleichungen – um die Bewegung von Fluiden zu beschreiben. Diese Gleichungen werden diskretisiert und iterativ gelöst, um Parameter wie Druck, Geschwindigkeit und Temperatur an jedem Punkt im Netz zu berechnen.

Der Solver muss sorgfältig konfiguriert werden, einschließlich:

- Festlegung der Zeitschritte für transiente Analysen (wenn zeitabhängige Strömungen untersucht werden).
- Angabe der Anzahl von Iterationen, die der Solver zur Erreichung der Konvergenz durchführen wird.
- Gewährleistung der Stabilität durch Überwachung möglicher Fehler oder unphysikalischer Ergebnisse während der Berechnung.

5. Durchführung der Simulation

Die Simulation wird ausgeführt, wobei die Software das Fluidverhalten über die Zeit berechnet. Je nach Komplexität des Modells und der Netzgröße kann die Simulation von einigen Stunden bis zu mehreren Tagen dauern. Ingenieure verwenden typischerweise Hochleistungscomputer oder cloudbasierte Rechenplattformen, um den Prozess zu beschleunigen.

6. Nachbearbeitung und Visualisierung

Sobald die Simulation abgeschlossen ist, werden die Ergebnisse mithilfe von Nachbearbeitungswerkzeugen visualisiert. Ingenieure verwenden Software wie ANSYS oder ParaView, um farbcodierte Konturplots, Vektorfelder und 3D-Animationen zu erstellen. Diese Visualisierungen helfen dabei, zu verstehen:

- Wie das Fluid über die Oberfläche des U-Bootes strömt.
- Bereiche mit hohem Widerstand oder Druck.
- Potenzielle Turbulenzzonen, die Geräusche oder Instabilität verursachen könnten. Animationen und Plots ermöglichen es Ingenieuren zu sehen, wie sich Änderungen im Design auf das Strömungsverhalten und die Leistung auswirken, und helfen ihnen, datengestützte Designverbesserungen vorzunehmen.

7. Validierung und Iteration

Der letzte Schritt besteht darin, die CFD-Ergebnisse zu validieren, indem sie mit experimentellen Daten oder analytischen Berechnungen verglichen werden. Wenn Abweichungen festgestellt werden, verfeinern die Ingenieure das Modell, passen die Netzdichte an oder ändern die Randbedingungen. Dieser iterative Prozess wird fortgesetzt, bis die Simulation dem erwarteten realen Verhalten nahe kommt.

Schritt 3: Computational Fluid Dynamics (CFD) für Hydrodynamik

U-Boote müssen unter Wasser effizient arbeiten, was stromlinienförmige Formen erfordert, um den Widerstand zu reduzieren. Computational Fluid Dynamics (CFD)-Simulationen modellieren, wie Wasser um den Rumpf und andere externe Komponenten wie Ruder und Propeller strömt. Die CFD-Analyse hilft dabei:

- Die Rumpfform zu optimieren, um den Widerstand zu reduzieren.
- Kavitationsphänomene zu minimieren, bei denen sich Blasen um die Propeller bilden, was zu erhöhtem Geräusch und Beeinträchtigung der Tarnung führen kann.
- Stabilität und Manövrierfähigkeit in komplexen Umgebungen wie Küstengewässern sicherzustellen.
- Die Ergebnisse dieser Simulationen leiten Designanpassungen zur Verbesserung der Hydrodynamik und der Antriebseffizienz.

Computational Fluid Dynamics (CFD) ist ein Teilgebiet der Fluidmechanik, das numerische Analysen und Algorithmen verwendet, um Probleme im Zusammenhang mit Strömungsbewegungen zu lösen und zu analysieren. Ingenieure und Wissenschaftler nutzen CFD, um das Verhalten von Fluiden (wie Luft oder Wasser) zu simulieren, wenn sie mit Oberflächen oder Objekten interagieren, und helfen ihnen, komplexe Phänomene wie Widerstand, Turbulenz und Druckverteilung zu verstehen. Im U-Boot-Design ist CFD entscheidend für die Optimierung der Rumpfformen, die Reduzierung des Widerstands, die Minimierung von Geräuschen und die Verbesserung der Effizienz von Antriebssystemen, die für Tarnung und Leistung wesentlich sind.

CFD ersetzt die Notwendigkeit teurer physischer Modelle, indem es Ingenieuren ermöglicht, virtuelle Experimente durchzuführen, die es ihnen ermöglichen, vorherzusagen, wie Fluide unter verschiedenen Bedingungen reagieren. Dieser Ansatz wird in Branchen wie Luft- und Raumfahrt, Automobilindustrie und Marineengineering häufig verwendet.

Um CFD durchzuführen:

1. Modellerstellung

Der erste Schritt besteht darin, ein 3D-Digitalmodell des zu analysierenden Objekts oder Systems zu erstellen. Dieses Modell könnte den U-Boot-Rumpf, den Propeller oder andere Komponenten darstellen, die mit dem Fluid interagieren. CAD-Software (Computer-Aided Design) wie SolidWorks oder AutoCAD wird häufig verwendet, um diese Modelle zu erstellen.

2. Netzgenerierung

Die Netzgenerierung ist der Prozess, bei dem die Geometrie in ein Netzwerk kleiner Elemente unterteilt wird, die als Netz bezeichnet werden. Jedes Element repräsentiert einen Teil des Fluidbereichs und die Oberfläche, mit der das Fluid interagiert. Ein feineres Netz mit mehr Elementen führt zu höherer Genauigkeit, erfordert jedoch mehr rechnerische Ressourcen, während ein gröberes Netz die Rechenzeit verkürzt, aber die Präzision beeinträchtigen kann. Ingenieure müssen ein Gleichgewicht zwischen der Netzauflösung und den Rechenkosten finden.

3. Definition der Physik des Problems

Als Nächstes werden die Fluid-Eigenschaften und Umweltbedingungen spezifiziert. Zum Beispiel:

- Fluidtyp (z. B. Wasser oder Luft).

- Dichte- und Viskositätswerte, die den Widerstand des Fluids gegen Strömung beschreiben.
- Randbedingungen, wie Strömungsgeschwindigkeit, Temperatur oder Druck an den Ein- und Auslässen des Systems.
- Turbulenzmodelle, die chaotisches Fluidverhalten simulieren, das häufig in realen Szenarien auftritt.

CFD kann verschiedene Strömungsarten simulieren, einschließlich laminarer Strömung (glatt und ordentlich) oder turbulenter Strömung (chaotisch und unregelmäßig). Die Wahl des Turbulenzmodells, wie das k-epsilon- oder Reynolds-averaged Navier-Stokes (RANS)-Modell, ist entscheidend für die genaue Erfassung des Fluidverhaltens.

4. Solver-Einrichtung

Die CFD-Software (z. B. ANSYS Fluent, OpenFOAM oder COMSOL) wird konfiguriert, um die Berechnungen durchzuführen. Diese Software verwendet mathematische Modelle – insbesondere die Navier-Stokes-Gleichungen – um die Bewegung von Fluiden zu beschreiben. Diese Gleichungen werden diskretisiert und iterativ gelöst, um Parameter wie Druck, Geschwindigkeit und Temperatur an jedem Punkt im Netz zu berechnen. Der Solver muss sorgfältig konfiguriert werden, einschließlich:

- Festlegung der Zeitschritte für transiente Analysen (wenn zeitabhängige Strömungen untersucht werden).
- Angabe der Anzahl von Iterationen, die der Solver zur Erreichung der Konvergenz durchführen wird.
- Gewährleistung der Stabilität durch Überwachung möglicher Fehler oder unphysikalischer Ergebnisse während der Berechnung.

5. Durchführung der Simulation

Die Simulation wird ausgeführt, wobei die Software das Fluidverhalten über die Zeit berechnet. Je nach Komplexität des Modells und der Netzgröße kann die Simulation von einigen Stunden bis zu mehreren Tagen dauern. Ingenieure verwenden typischerweise Hochleistungscomputer oder cloudbasierte Rechenplattformen, um den Prozess zu beschleunigen.

6. Nachbearbeitung und Visualisierung

Sobald die Simulation abgeschlossen ist, werden die Ergebnisse mithilfe von Nachbearbeitungswerkzeugen visualisiert. Ingenieure verwenden Software wie ANSYS oder ParaView, um farbcodierte Konturplots, Vektorfelder und 3D-Animationen zu erstellen. Diese Visualisierungen helfen dabei, zu verstehen:

- Wie das Fluid über die Oberfläche des U-Bootes strömt.
- Bereiche mit hohem Widerstand oder Druck.
- Potenzielle Turbulenzzonen, die Geräusche oder Instabilität verursachen könnten.

Animationen und Plots ermöglichen es Ingenieuren zu sehen, wie sich Änderungen im Design auf das Strömungsverhalten und die Leistung auswirken, und helfen ihnen, datengestützte Designverbesserungen vorzunehmen.

7. Validierung und Iteration

Der letzte Schritt besteht darin, die CFD-Ergebnisse zu validieren, indem sie mit experimentellen Daten oder analytischen Berechnungen verglichen werden. Wenn Abweichungen festgestellt werden, verfeinern die Ingenieure das Modell, passen die Netzdichte an oder ändern die Randbedingungen. Dieser iterative Prozess wird fortgesetzt, bis die Simulation dem erwarteten realen Verhalten nahe kommt.

Schritt 5: Iteratives Testen und Verfeinern

Während der detaillierten Entwurfsphase werden virtuelle Prototypen erstellt und getestet. Das Design wird basierend auf den Erkenntnissen aus FEA-, CFD- und MBSE-Simulationen verfeinert. Ingenieure überprüfen auch potenzielle Risiken, wie Ausfallmodi, und passen die Spezifikationen an, um diese zu mindern.

Regelmäßige Entwurfsprüfungen werden durchgeführt, bei denen Experten aus mehreren Disziplinen (z. B. Struktur-, Elektro- und Maschinenbau) zusammenkommen, um sicherzustellen, dass jeder Aspekt mit den Betriebszielen und Sicherheitsstandards übereinstimmt.

Diese Phase umfasst auch die Systemintegration, bei der Ingenieure sicherstellen, dass alle Teilsysteme – wie Antrieb, Steuerung, Waffensysteme und Sensoren – harmonisch zusammenarbeiten. Das Testen einzelner Komponenten in Isolation ist entscheidend, um Kompatibilität und Zuverlässigkeit zu bestätigen. Bei Atom-U-Booten liegt ein zusätzlicher Fokus auf dem Strahlenschutz des Reaktors, den Kühlsystemen und den nuklearen Sicherheitsprotokollen.

Die Manövrierfähigkeit von U-Booten, insbesondere unter intakten und degradierenden Bedingungen, wird mithilfe von Simulationen mit sechs Freiheitsgraden (6-DoF) analysiert, die Einblicke in die Handlingeigenschaften des U-Bootes bieten [669].

4. Materialauswahl und Rumpfbau

Die für den U-Boot-Bau verwendeten Materialien werden sorgfältig auf Festigkeit, Korrosionsbeständigkeit und niedrige magnetische Signaturen ausgewählt, um eine Entdeckung zu vermeiden. HY-80- und HY-100-Stahl werden häufig für Druckrümpfe verwendet, da sie in der Lage sind, den enormen Drücken in der Tiefe standzuhalten. Der Bau des Rumpfes umfasst das präzise Schweißen der Stahlsektionen, um sicherzustellen, dass keine Schwachstellen die Integrität des Schiffs beeinträchtigen.

Der Rumpfbau erfolgt in spezialisierten Werften, oft unter Verwendung modularer Techniken. U-Boote werden in Sektionen gebaut, die später zu größeren Modulen zusammengefügt werden. Diese Module enthalten interne Komponenten, wie Antriebseinheiten und Wohnräume, die vorgefertigt werden, um den abschließenden Montageprozess zu vereinfachen.

5. Prototyping und Testen

Die Prototyping-Phase ist entscheidend, um Entwurfsentscheidungen zu validieren und die Leistung unter realen Bedingungen zu bewerten. Diese Phase umfasst typischerweise den Bau von Maßstabsmodellen oder Vollprototypen, die rigorosen Tests in kontrollierten Umgebungen, wie Schleppbecken oder spezialisierten Testeinrichtungen, unterzogen werden. Die Testphase bewertet verschiedene Leistungskennzahlen, einschließlich hydrodynamischer Effizienz, Stabilität und Manövrierfähigkeit [24, 666].

Darüber hinaus wird die Integration fortschrittlicher Technologien, wie autonome Systeme und fortschrittliche Materialien, getestet, um Zuverlässigkeit und Effektivität sicherzustellen. Beispielsweise wird der Einsatz von Verbundmaterialien im Design des Druckrumpfes untersucht, um optimale Auftriebseigenschaften und strukturelle Integrität unter extremen Bedingungen zu erreichen [667].

6. Produktion

Sobald das Design durch Tests validiert wurde, beginnt die Produktionsphase. Diese Phase umfasst die tatsächliche Herstellung des U-Bootes, bei der präzise Technik und Qualitätskontrolle von größter Bedeutung sind. Der Produktionsprozess muss strengen Sicherheits- und Leistungsstandards entsprechen, insbesondere für atomgetriebene U-Boote, bei denen Sicherheitsprotokolle aufgrund der Komplexität der nuklearen Systeme kritisch sind [670].

Lebenszyklusmanagementpraktiken werden ebenfalls implementiert, um sicherzustellen, dass das U-Boot während seiner Lebensdauer betriebsfähig bleibt. Dies umfasst regelmäßige Wartung, Upgrades und Modifikationen, die auf sich entwickelnde technologische Fortschritte und betriebliche Anforderungen basieren [671].

Abbildung 127: USS Arkansas (SSN-800) im Bau. Huntington Ingalls Industries, CC BY-SA 4.0, über Wikimedia Commons.

5. Test- und Seeversuche

Nachdem das U-Boot zusammengebaut ist, wird es umfangreichen Tests unterzogen, um sein Design und seine Leistung zu validieren. Diese Tests beginnen mit statischen Tests in Trockendocks, wo Ingenieure die Integrität des Rumpfes und der Systeme überprüfen. Drucktests werden durchgeführt, um sicherzustellen, dass das U-Boot den Kräften standhalten kann, die es in operativen Tiefen antreffen wird.

Das U-Boot wird anschließend Seetests unterzogen, bei denen es unter realen Bedingungen getestet wird. Die Versuche bewerten Antrieb, Auftriebskontrolle, Geräuschpegel, Sonarleistung und Navigationssysteme. U-Boote, die für Tarnung konzipiert sind, werden akustischen Tests unterzogen, um ihre Geräuschsignatur zu messen. Alle während der Versuche auftretenden Probleme werden behoben, und notwendige Modifikationen werden vorgenommen, um Sicherheit und Leistung zu gewährleisten.

6. Ausbildung und Zertifizierung der Besatzung

U-Boote sind hochkomplexe Fahrzeuge, die eine spezialisierte Ausbildung für die Besatzungsmitglieder erfordern. Bevor das U-Boot vollständig operationell ist, muss die Besatzung darin geschult werden, jedes System an Bord zu bedienen, einschließlich Antrieb, Navigation und Notfallverfahren. Diese Ausbildung erfolgt durch eine Kombination aus Unterricht im Klassenraum, Simulatoren und praktischen Erfahrungen während der Seetests. Kernkraft-U-Boote erfordern zudem zusätzliche Zertifizierungen, um die Einhaltung der nuklearen Sicherheitsstandards zu gewährleisten.

Abbildung 128: Ein beschädigtes Advanced SEAL Delivery System wird im Marinearsenal und in der Instandhaltungsanlage von Pearl Harbor in ein Trainings-Mini-U-Boot umgewandelt. Das U-Boot wird für praktische Schulungen in verschiedenen Gewerken genutzt, die an U-Booten arbeiten. Defense Visual Information Distribution Service, Public Domain, via GetArchive.

7. Inbetriebnahme und Einsatz

Sobald das U-Boot alle Tests bestanden hat und die Besatzung vollständig ausgebildet ist, wird das Schiff offiziell in den Dienst gestellt. Während der Inbetriebnahme wird das U-Boot formell von der Marine akzeptiert und in die operativen Flotte integriert. An diesem Punkt steht das U-Boot für den Einsatz zur Verfügung, sei es für

Ausbildungsübungen oder reale Missionen wie das Patrouillieren in territorialen Gewässern oder das Durchführen von Überwachungsmissionen.

8. Wartung und Lebenszyklusmanagement

U-Boote erfordern regelmäßige Wartung während ihrer Betriebsdauer, um Sicherheit und Zuverlässigkeit zu gewährleisten. Die Wartung umfasst geplante Trockendocks, Systemaufrüstungen und Reparaturen. Atom-U-Boote müssen auch in bestimmten Abständen eine Brennstofferneuerung und Überholung des Reaktors durchlaufen. Der Lebenszyklus des U-Bootes wird sorgfältig verwaltet, mit Aufrüstungen der Elektronik, der Waffensysteme und der Antriebssysteme, um das Schiff mehrere Jahrzehnte lang betriebsbereit zu halten.

9. Außerdienststellung und Entsorgung

Wenn ein U-Boot das Ende seiner Betriebslebensdauer erreicht, wird es außer Dienst gestellt. Bei Atom-U-Booten beinhaltet die Außerdienststellung das sichere Abbrechen des Reaktors und die Entsorgung radioaktiver Abfälle. Dieser Prozess ist komplex und erfordert spezialisierte Einrichtungen, um die Umweltsicherheit zu gewährleisten. Konventionelle U-Boote werden entweder verschrottet, für zivile Zwecke umgebaut oder als Exponate in Museen erhalten.

Ein herausragendes Beispiel für den Design- und Entwicklungsprozess von U-Booten ist das AUKUS SSN-AUKUS-Projekt, eine Zusammenarbeit zwischen dem Vereinigten Königreich, Australien und den Vereinigten Staaten. Diese ehrgeizige Initiative zielt darauf ab, eine neue Klasse von konventionell bewaffneten, atomgetriebenen Angriffs-U-Booten zu entwickeln, um die Astute-Klasse-U-Boote des Vereinigten Königreichs zu ersetzen und ähnliche Fähigkeiten für die Royal Navy Australiens einzuführen.

Das SSN-AUKUS-Programm befindet sich derzeit in der detaillierten Designphase. Diese Phase folgt umfangreicher konzeptioneller Arbeit, um die Anforderungen der drei beteiligten Nationen in Einklang zu bringen, wobei der Fokus auf der Verbesserung von Tarnung, Ausdauer und operativer Effektivität in umkämpften maritimen Umgebungen liegt. Das Programm betont ein modulares Design, das sowohl amerikanische als auch britische Technologien integriert, und zielt darauf ab, sich entwickelnden geopolitischen Herausforderungen zu begegnen.

Das Design wird fortschrittliche Berechnungstools nutzen, um die Hydrodynamik zu optimieren und die Einsatzbereitschaft in verschiedenen Umgebungen, einschließlich Tiefseeoperationen und Küstenzonen, sicherzustellen. Eines der Ziele des Projekts ist es, eine zukunftssichere Plattform zu schaffen, die in der Lage ist, autonom mit minimaler Besatzung zu operieren, moderne Sensorsysteme und Antriebssysteme zu integrieren und KI für Navigation und Datenanalyse zu nutzen.

In Bezug auf den Bau wird das Projekt stark auf BAE Systems, Babcock und Rolls-Royce für kritische Komponenten und Infrastrukturen, wie zum Beispiel atomare Reaktoren, angewiesen sein. Der erste Bau wird voraussichtlich in Barrow-in-Furness, UK, stattfinden, während Australien gleichzeitig seine industrielle Kapazität aufbaut, um zukünftige nationale U-Boot-Fertigungen zu unterstützen. Dieses Bemühen umfasst einen Fokus auf die Entwicklung der Arbeitskräfte, wobei australisches Personal auf britischen und amerikanischen Schiffen ausgebildet wird, um betriebliche Erfahrungen mit atomaren Systemen zu sammeln.

Im Rahmen der Test- und Prüfungsphase werden die U-Boote umfangreichen Seetests unterzogen, bei denen jedes Bauteil – vom Antrieb bis zur Tarnung – unter realen Bedingungen bewertet wird. Nach diesen Tests und erforderlichen Verfeinerungen sind die ersten SSN-AUKUS-U-Boote geplant, um bis Ende der 2030er Jahre in der Royal Navy in Dienst gestellt zu werden, wobei Australien seine Varianten in den frühen 2040er Jahren erhalten soll.

Das AUKUS-Programm umfasst auch Pläne für das Lebenszyklusmanagement, um sicherzustellen, dass die U-Boote über Jahrzehnte betriebsfähig bleiben. Dieser Ansatz beinhaltet kontinuierliche Aufrüstungen der Elektronik, Waffensysteme und Reaktortechnologien sowie Wartungspläne zur Optimierung der Verfügbarkeit des Schiffes.

Dieses U-Boot-Programm verdeutlicht die komplexe und kollaborative Natur der modernen U-Boot-Entwicklung, die Expertise aus mehreren Nationen kombiniert, um sowohl technische Herausforderungen als auch strategische Ziele im sich entwickelnden globalen Sicherheitsumfeld zu bewältigen. Das SSN-AUKUS-Projekt fördert nicht nur die U-Boot-Technologie, sondern stärkt auch die militärischen Allianzen zwischen Australien, dem Vereinigten Königreich und den USA, um sicherzustellen, dass sie in der Lage bleiben, zukünftige maritime Bedrohungen effektiv abzuwehren.

Entwicklungszeiträume und Personalressourcen

Die Produktionszeitlinie für U-Boote, sei es konventionell diesel-elektrisch oder atomgetrieben, wird von verschiedenen Faktoren beeinflusst, darunter die Designkomplexität, technologische Anforderungen und die spezifischen gewünschten Fähigkeiten. Im Allgemeinen kann der gesamte Prozess von der ersten Planung bis zur Inbetriebnahme zwischen 6 und 15 Jahren dauern. Dieser Zeitraum umfasst mehrere Phasen, einschließlich konzeptioneller Gestaltung, detaillierter Planung, Konstruktion, Tests und endgültiger Lieferung [240].

Bei konventionellen diesel-elektrischen U-Booten liegt die Produktionszeitlinie tendenziell am kürzeren Ende dieses Spektrums, oft zwischen 6 und 10 Jahren. Dies liegt hauptsächlich an ihrem einfacheren Design und den geringeren technologischen Komplexitäten im Vergleich zu atomgetriebenen U-Booten. Im Gegensatz dazu erfordern atomare U-Boote typischerweise einen längeren Entwicklungszeitraum, der oft bis zu 15 Jahre oder mehr betragen kann. Dies wird der fortschrittlichen Technologie der nuklearen Antriebssysteme, strengen Sicherheitsprotokollen und dem Bedarf an umfangreichen Test- und Zertifizierungsprozessen zugeschrieben [240, 672].

Die für jede Phase der U-Boot-Produktion erforderlichen Personalressourcen variieren ebenfalls erheblich. Die Entwurfsphase erfordert ein interdisziplinäres Team von Ingenieuren, einschließlich Schiffbauarchitekten, Maschinenbauingenieuren und Systemingenieuren, das oft aus Hunderten von Mitarbeitern besteht. Während der Konstruktionsphase kann sich diese Zahl dramatisch erhöhen, da die Werften Tausende von Arbeitern beschäftigen, darunter Fachkräfte wie Schweißer, Elektriker und Qualitätsinspektoren. Die Testphase, die entscheidend ist, um sicherzustellen, dass das U-Boot alle betrieblichen Spezifikationen erfüllt, benötigt zusätzliches spezialisiertes Personal, einschließlich Experten für Systemintegration und Unterwasserakustik [240, 672, 673].

Darüber hinaus kann die Komplexität des Missionsprofils des U-Bootes auch die erforderlichen Personalressourcen beeinflussen. Zum Beispiel können U-Boote, die für fortschrittliche Tarn- und Kampffähigkeiten ausgelegt sind, zusätzliches Personal für spezialisierte Systeme wie Sonar- und Waffensysteme erfordern, was die Gesamtzahl der benötigten Arbeitskräfte im gesamten Produktionszyklus erhöht [240, 672].

Die folgende Übersicht gibt einen Überblick über die geschätzte Dauer jeder Phase und die typischerweise beteiligten Humanressourcen.

1. Entwurf und Planung

- **Dauer:** 1 bis 3 Jahre
- **Schlüsselpersonal:**
    - Schiffbauarchitekten
    - Systemingenieure
    - Berechnungsanalysten (CFD- und FEA-Experten)
    - Projektmanager
    - Regierungs- und Militärvertreter

Diese Phase umfasst die Definition der Betriebsanforderungen, die Planung der Systemarchitektur und die Durchführung von Simulationen zur Optimierung des Rumpfes und der Antriebssysteme. Die Zusammenarbeit zwischen Militärkräften und Auftragnehmern beginnt hier und legt den Grundstein für die verbleibenden Phasen.

2. Modulare Konstruktion und Rumpfherstellung

- **Dauer:** 3 bis 7 Jahre
- **Schlüsselpersonal:**
    - Bauingenieure
    - Schweißer und Stahlbauer
    - Elektriker
    - Werftarbeiter
    - Spezialisten für Qualitätssicherung

Dies ist die arbeitsintensivste Phase. Die Arbeiter stellen einzelne Rumpfabschnitte her und montieren interne Systeme wie Antriebseinheiten, Ballasttanks und Lebenserhaltungssysteme. Die modulare Konstruktion ermöglicht die gleichzeitige Bearbeitung verschiedener Abschnitte des U-Bootes, wodurch der Prozess beschleunigt wird.

3. Systemintegration

- **Dauer:** 2 bis 4 Jahre (überlappt oft mit der Konstruktion)
- **Schlüsselpersonal:**
    - Integrationsingenieure
    - Spezialisten für Steuerungssysteme
    - Elektroingenieure
    - Softwareentwickler
    - Techniker für Sonar- und Waffensysteme

Ingenieure stellen sicher, dass alle Subsysteme des U-Bootes – Antrieb, Navigation, Sonar und Waffensysteme – integriert sind und wie vorgesehen funktionieren. Umfassende Tests in dieser Phase stellen sicher, dass alle Komponenten harmonisch zusammenarbeiten.

4. Tests und Seetests

- **Dauer:** 1 bis 2 Jahre
- **Schlüsselpersonal:**
    - Marineingenieure
    - Testpiloten und Betreiber
    - Marineoffiziere
    - Techniker für akustische Analysen und Auftriebsprüfungen

Das U-Boot durchläuft Dock- und Seetests, um die Leistung unter realen Bedingungen zu überprüfen. Die Tarnsysteme werden während der akustischen Tests bewertet, und Ingenieure optimieren die Antriebs- und Steuerungssysteme. Alle während der Tests auftretenden Störungen werden behoben, bevor das U-Boot in Betrieb genommen wird.

5. Ausbildung und Zertifizierung der Besatzung

- **Dauer:** 6 Monate bis 1 Jahr (überlappt sich manchmal mit den Tests)
- **Schlüsselpersonal:**
    - Marineausbilder
    - Simulationsspezialisten
    - Reaktoringenieure (für nukleare U-Boote)
    - Kommandoffiziere

Die Besatzungen von U-Booten werden mit Hilfe von Simulatoren und echtem Equipment ausgebildet, um sicherzustellen, dass sie mit jedem System an Bord vertraut sind. Atom-U-Boote erfordern zusätzliche Schulungen im Umgang mit Reaktoren, Sicherheitsprotokollen und Notfallverfahren.

6. Inbetriebnahme und Einsatz

- **Dauer:** 6 Monate
- **Schlüsselpersonal:**
    - Marineoffiziere
    - Logistikteams
    - Regierungsvertreter

Die Inbetriebnahme umfasst die endgültige Fertigstellung des U-Bootes für den aktiven Dienst, die Durchführung von Zeremonien und die Integration des Schiffes in die Flotte. Logistikteams koordinieren die Versorgung und Einsatzstrategien, um sicherzustellen, dass das U-Boot einsatzbereit ist.

7. Wartung und Lebenszyklusmanagement

- **Laufend (bis zu 30 Jahre oder mehr)**
- **Schlüsselpersonal:**
    - Wartungsingenieure
    - Techniker für regelmäßige Upgrades
    - Nuklearingenieure (für die Betankung von Reaktoren)
    - Logistikunterstützungsteams

Während seiner Betriebslebensdauer unterliegt das U-Boot routinemäßiger Wartung und Systemupgrades, um sicherzustellen, dass es effektiv bleibt. Atom-U-Boote müssen außerdem alle 10-15 Jahre den Reaktor betanken.

8. Außerbetriebnahme und Entsorgung

- **Dauer:** 1 bis 2 Jahre
- **Schlüsselpersonal:**
    - Nuklearentsorgungsspezialisten (für Reaktoren)
    - Umweltingenieure
    - Werftarbeiter

Am Ende seiner Dienstzeit wird das U-Boot außer Betrieb genommen und entweder demontiert oder recycelt. Atom-U-Boote erfordern eine spezielle Handhabung, um radioaktive Komponenten sicher zu entsorgen. Konventionelle U-Boote können verschrottet, für zivile Zwecke umgebaut oder als Museumsexponate erhalten werden.

Der Produktionsprozess für U-Boote erfordert Tausende von spezialisierten Arbeitskräften aus mehreren Disziplinen, einschließlich Bauingenieurwesen, Elektronik, Software und Nuklearwissenschaft. Der gesamte Prozess kann über ein Jahrzehnt dauern, wobei laufende Upgrades und Wartung die Lebensdauer des U-Bootes auf mehrere Jahrzehnte verlängern. Die modulare Konstruktion und Integration ermöglichen es, einige Phasen zu überlappen, was einen reibungsloseren Arbeitsablauf und eine Reduzierung von Verzögerungen sicherstellt.

Entwicklung der Virginia-Klasse U-Boote

Die Entwicklung der U-Boote der Virginia-Klasse bietet eine detaillierte Fallstudie über den komplexen, mehrstufigen Produktionsprozess, der beim Bau moderner nuklearbetriebener U-Boote erforderlich ist. Der Bau und die Montage dieser U-Boote werden von zwei großen Werften übernommen: General Dynamics Electric Boat und Newport News

Shipbuilding. Jede Werft liefert spezifische Module des U-Bootes, wobei sich eine auf Abschnitte wie das Heck und den Torpedoraum und die andere auf den Maschinenraum und den Kontrollraum konzentriert.

Das Programm für U-Boote der Virginia-Klasse stellt einen bedeutenden Fortschritt in den Unterwasserkapazitäten der US Navy dar, das ins Leben gerufen wurde, um die alternden U-Boote der Los Angeles-Klasse zu ersetzen. Offiziell 1998 gestartet, hatte das Programm das Ziel, die operationale Effektivität der Navy in verschiedenen Missionen zu verbessern, einschließlich U-Boot-Kriegsführung, Informationsbeschaffung und Unterstützung von Sonderoperationen. Das erste U-Boot dieser Klasse, USS Virginia (SSN-774), wurde 2004 in Dienst gestellt und markierte einen entscheidenden Wandel in der U-Boot-Technologie und -Konstruktion [674].

Die Produktion jedes U-Bootes der Virginia-Klasse dauert in der Regel etwa fünf bis sieben Jahre, einschließlich der Bau-, Seetests- und Prüfphasen.

Abbildung 129: Das Angriffs-U-Boot der Virginia-Klasse Minnesota (SSN 783) wird bei Huntington Ingalls Newport News Shipbuilding gebaut. U.S. NAVY, Gemeinfrei, via Picryl.

Die U-Boote der Virginia-Klasse werden nach einem modularen Designansatz konstruiert, der eine iterative Blockbau-Strategie ermöglicht. Diese Methode erlaubt die Einführung technologischer Fortschritte mit jedem neuen Block, was die Fähigkeiten der U-Boote im Laufe der Zeit verbessert. Zum Beispiel führte Block III neue Lastrohre ein, die die Vielseitigkeit der Bewaffnung des U-Bootes erheblich erhöhten, während Block V das Virginia Payload Module (VPM) integrierte, das die Fähigkeit zur Trägerschaft von Raketen erweitert, um die Alterung der U-Boote der Ohio-Klasse auszugleichen [674, 675]. Der modulare Bau optimiert nicht nur den Bauprozess, sondern ermöglicht auch die gleichzeitige Produktion verschiedener U-Boot-Abschnitte, wodurch der gesamte Zeitrahmen von der Konstruktion bis zur Indienststellung, der typischerweise fünf bis sieben Jahre umfasst, optimiert wird [676].

Die Strategie der U.S. Navy für das Virginia-Klasse-Programm umfasst Pläne zur kontinuierlichen Produktion bis in die 2030er Jahre, mit einer erwarteten Produktion von etwa zwei U-Booten pro Jahr, um den operativen Anforderungen gerecht zu werden. Bis 2024 wurden mehr als 26 U-Boote der Virginia-Klasse in Dienst gestellt, was den Erfolg des Programms bei der Verbesserung der U-Boot-Flotte der Navy demonstriert [671, 674]. Darüber hinaus plant die Navy bereits die nächste Generation von Angriffs-U-Booten, die als SSN(X) bezeichnet werden, mit der Beschaffung, die voraussichtlich um 2040 beginnen soll, um sicherzustellen, dass die USA an der Spitze der maritimen Fähigkeiten bleiben [674].

Der Entwicklungsprozess der U-Boote der Virginia-Klasse betont die integrierte Produkt- und Prozessentwicklung (IPPD), die sicherstellt, dass die Designüberlegungen mit den Bauanforderungen in Einklang stehen. Dieser Ansatz bezieht frühzeitig Beiträge verschiedener Interessengruppen, einschließlich Ingenieuren und Marinebetreibern, in die Entwurfsphase ein, wodurch die Gesamteffizienz und Effektivität des Programms verbessert wird [675]. Die Verwendung von kommerziellen Standardtechnologien (COTS) hat ebenfalls eine entscheidende Rolle bei der Kostensenkung und der Erleichterung von Systemupgrades im Laufe der Betriebszeit der U-Boote gespielt [677].

Budgetierung, Zeitplanung und Risikomanagement

Projektbudget

Die Entwicklung eines Budgets für ein U-Boot-Bauprojekt ist in der Tat ein hochkomplexer Prozess, der sorgfältige Planung, genaue Prognosen und effektive Koordination zwischen mehreren Interessengruppen erfordert. Die Komplexität dieses Prozesses wird durch die Notwendigkeit unterstrichen, die operativen, sicherheitstechnischen und technologischen Anforderungen mit den Einschränkungen der nationalen Verteidigungshaushalte in Einklang zu bringen.

Die Einbindung der Interessengruppen spielt eine entscheidende Rolle in diesem Budgetierungsprozess. Eine frühe Beteiligung der Stakeholder während der Projektdefinitionsphase ist unerlässlich, um sicherzustellen, dass alle Parteien ein klares Verständnis des Projektumfangs und der Ziele haben, was die Genauigkeit des Budgets und den Projekterfolg erheblich beeinflussen kann [678]. Die Komplexität von U-Boot-Bauprojekten erfordert häufig vertragliche Vereinbarungen, die Verantwortlichkeiten und Erwartungen zwischen den Stakeholdern festlegen, um eine reibungslosere Zusammenarbeit zu erleichtern und die Wahrscheinlichkeit von Kostenüberschreitungen zu verringern [678]. Darüber hinaus kann ein effektives Stakeholder-Management zu einer verbesserten Projektleistung führen, indem bessere Beziehungen gefördert und Unsicherheiten in der Vorbereitungsphase reduziert werden [679].

Eine genaue Kostenschätzung ist ein weiterer kritischer Aspekt der Budgetierung für den U-Boot-Bau. Es gibt verschiedene Methoden zur Schätzung der Projektkosten, und die Wahl der Methode kann die Zuverlässigkeit der Budgetprognosen erheblich beeinflussen. Beispielsweise haben probabilistische Techniken gezeigt, dass sie die Genauigkeit der Kostenschätzungen verbessern, indem sie Unsicherheiten berücksichtigen, die in Bauprojekten inhärent sind [680]. Darüber hinaus kann die Integration fortschrittlicher Technologien, wie z. B. Building Information Modelling (BIM), den Prozess der Kostenschätzung rationalisieren, indem sie zuverlässige Daten bereitstellt, die mit dem Projektumfang und dem Entwicklungsstand übereinstimmen [681]. Dies ist besonders relevant im Kontext des U-Boot-Baus, wo die Komplexität und Einzigartigkeit jedes Projekts einen robusten Schätzrahmen erfordern, um Budgetabweichungen zu vermeiden und die finanzielle Rentabilität sicherzustellen [682].

Die Entwurfsphase beeinflusst ebenfalls erheblich die Budgetergebnisse. Forschungen zeigen, dass die Bereitstellung ausreichender Zeit und Ressourcen für die frühen Entwurfsphasen zu genaueren Budgetschätzungen führen kann, da sie ein gründliches Verständnis der Komplexität und des Umfangs des Projekts ermöglicht [683]. Dies ist besonders wichtig bei U-Boot-Projekten, wo technologische Fortschritte und betriebliche Anforderungen zusätzliche Schichten von Komplexität einführen können, die im Budget berücksichtigt werden müssen [684]. Darüber hinaus kann die Anwendung fortschrittlicher Kostenkontrollmethoden, wie z. B. solche, die auf künstlicher Intelligenz basieren, die

Präzision der Budgetprognosen verbessern, indem sie verschiedene Einflussfaktoren analysiert und Einblicke in potenzielle Kostenüberschreitungen gibt [685].

1. Definition der Projektanforderungen und des Umfangs

Der Prozess beginnt mit der Definition des Umfangs und der missionsspezifischen Anforderungen des U-Bootes. Dies erfolgt in Zusammenarbeit zwischen der Marine, Verteidigungsauftragnehmern und Regierungsbehörden. Die Anforderungen umfassen Spezifikationen für Tarnung, Geschwindigkeit, Nutzlast, Ausdauer und Betriebsumgebungen (z. B. arktische oder küstennahe Zonen).

- Diese Anforderungen werden in technische Spezifikationen übersetzt, wie Materialien, Antriebssysteme und Bordwaffen.
- Der Projektumfang hilft, die Komplexität und den erwarteten Zeitrahmen abzustecken und bildet die Grundlage für das Budget.

Diese Phase erfordert enge Zusammenarbeit zwischen mehreren Interessengruppen, einschließlich der Marine, Verteidigungsauftragnehmern und Regierungsbehörden. Ihr gemeinsames Feedback stellt sicher, dass das Fahrzeug mit den strategischen Bedürfnissen des Militärs übereinstimmt und gleichzeitig Einschränkungen wie Kosten und technologische Machbarkeit berücksichtigt.

Die missionsspezifischen Anforderungen skizzieren typischerweise die Rollen, die das U-Boot erfüllen wird, wie z. B. U-Boot-Abwehr, Aufklärung oder Raketenstart. Weitere Überlegungen umfassen die Betriebsumgebungen – ob das U-Boot hauptsächlich in küstennahen Zonen (flache Küstengewässer) oder offenen Ozeanen operiert oder ob es spezielle Fähigkeiten für arktische Einsätze benötigt. Das Missionsprofil informiert über die technischen Aspekte, die erforderlich sind, wie Tarnniveaus, Geschwindigkeit, Ausdauer und Nutzlastkapazität.

Diese Anforderungen werden in technische Spezifikationen übersetzt. Beispielsweise beeinflussen die Ausdaueranforderungen, ob das U-Boot nukleare Antriebssysteme für lange Missionen oder diesel-elektrische Antriebssysteme für kürzere Einsätze verwenden wird. Die Überlegungen zur Tarnung bestimmen die verwendeten Materialien, wie HY-80-Stahl oder fortschrittliche Verbundwerkstoffe mit niedrigen magnetischen Signaturen, und Formentscheidungen zur Minimierung akustischer Signaturen. Die Nutzlastkapazität und die Waffensysteme werden ebenfalls hier definiert, wodurch der Typ und die Anzahl der Raketen, Torpedos oder unbemannten Fahrzeuge festgelegt werden, die das U-Boot transportieren wird.

Der Projektumfang bildet die Grundlage für den gesamten Lebenszyklus des Projekts, indem er den Umfang und die Komplexität des U-Boot-Baus detailliert. Er skizziert die wichtigsten Meilensteine, wie Entwurfsphasen, Systemintegration, Seetests und Liefertermine. Dies hilft bei der Formulierung eines ersten Zeitplans und einer Budgetschätzung, um sicherzustellen, dass Ressourcen effizient zugewiesen und Zeitrahmen realistisch gestaltet werden.

Im Wesentlichen bietet diese Phase den Fahrplan für den Erfolg, indem sie sicherstellt, dass die technischen Merkmale des U-Bootes mit den strategischen Zielen der Marine übereinstimmen. Ein klarer und gut definierter Umfang minimiert Risiken, verhindert das Ausschweifen des Umfangs in späteren Phasen und sorgt dafür, dass alle Stakeholder ausgerichtet sind, bevor wesentliche Investitionen getätigt werden.

2. Kostenschätzung nach Komponenten

Ein U-Boot-Projekt wird in Hauptkostenkategorien unterteilt, wie zum Beispiel:

1. **Rumpfbau** (z. B. Materialien wie HY-80-Stahl)
2. **Antriebssysteme** (nukleare Reaktoren, diesel-elektrische Motoren)
3. **Waffensysteme und Nutzlast** (Torpedos, Raketenanlagen)
4. **Elektronik- und Sonarsysteme** (Navigation, Kommunikation)
5. **Besatzungsunterkünfte und Lebenserhaltungssysteme**

Jede Komponente erfordert eine detaillierte Kostenschätzung, die auf Marktpreisen, Lieferantenverträgen, Lohnkosten und Daten aus früheren Projekten basiert. Diese Schätzungen werden aggregiert, um eine anfängliche Kostenprognose zu erstellen.

Der Kostenschätzungsprozess für den U-Boot-Bau ist ein detaillierter und methodischer Aufwand, bei dem das Projekt in Hauptkomponenten unterteilt wird. Jede dieser Komponenten stellt einen wesentlichen Teil des Gesamtbudgets dar, und ihre Kosten müssen genau berechnet werden, um sicherzustellen, dass das Projekt im Zeitplan und innerhalb der finanziellen Grenzen bleibt. Nachfolgend eine detaillierte Aufschlüsselung, wie die Kosten für jede dieser Schlüsselkomponenten geschätzt werden.

- **Rumpfbau**: Der Rumpfbau umfasst die Herstellung des Druckrumpfes aus spezialisierten Materialien wie HY-80 oder HY-100-Stahl, die die erforderliche Festigkeit bieten, um hohen Unterwasserdruck standzuhalten. Die Kosten umfassen nicht nur die Rohmaterialien, sondern auch das Schweißen, Formen und Zusammenbauen der Rumpfsegmente, die qualifizierte Arbeitskraft erfordern. U-Boot-Rümpfe werden häufig in modularen Abschnitten gefertigt, und jedes Modul muss strenge Toleranzen einhalten, um die strukturelle Integrität zu gewährleisten. Historische Daten aus ähnlichen Projekten und Lohnkosten in Werften werden verwendet, um die Ausgaben für diese kritische Komponente zu schätzen.

- **Antriebssysteme**: Das Antriebssystem stellt einen der größten Kostenfaktoren dar. Bei nuklearbetriebenen U-Booten umfasst dies den nuklearen Reaktor, Kühlsysteme und Dampfturbinen sowie Sicherheitsmechanismen. Bei diesel-elektrischen U-Booten sind die Kosten mit Dieselmotoren, Batterien und Elektromotoren verbunden. Jedes Antriebssystem hat seine eigenen Herausforderungen. Beispielsweise erfordern nukleare Reaktoren umfangreiche regulatorische Aufsicht, spezialisierte Komponenten und Langzeitlagerung von Brennstoffen, was alles zu den Kosten beiträgt. Diese Kosten werden auf der Grundlage von Lieferantenverträgen, aktuellen Marktpreisen und historischen Daten früherer U-Boote mit ähnlichen Antriebssystemen geschätzt.

- **Waffensysteme und Nutzlast**: U-Boote tragen eine Vielzahl von Waffensystemen und Nutzlasten, wie z. B. Torpedos, Marschflugkörper und ballistische Raketen. Die Kosten der Waffen werden durch die Anzahl der Waffenräume, Torpedorohre und speziellen Raketen-Silos, die für das Design erforderlich sind, beeinflusst. Im Fall fortschrittlicher U-Boote trägt die Integration von Startkontrollsystemen und automatisierten Waffensystemen zu den Kosten bei. Diese Kategorie berücksichtigt auch unbemannte Unterwasserfahrzeuge (UUVs), falls sie als Teil der Nutzlast enthalten sind, was den wachsenden Trend zu autonomen Systemen widerspiegelt.

- **Elektronik- und Sonarsysteme**: Die Elektronik an Bord eines U-Bootes spielt eine entscheidende Rolle bei der Navigation, Kommunikation und den Kampfsystemen. Dazu gehören fortschrittliche Sonararrays, Radar, Satellitenkommunikationsverbindungen und Feuerleitsysteme. Die Kostenschätzung dieser Systeme erfordert Konsultationen mit spezialisierten Anbietern und die Berücksichtigung der Entwicklung und Integration maßgeschneiderter Software. Die Kosten können auch Wartungsverträge mit Lieferanten widerspiegeln, um sicherzustellen, dass die Systeme über den Lebenszyklus des U-Bootes betriebsbereit bleiben.

- **Besatzungsunterkünfte und Lebenserhaltungssysteme**: Der Entwurf eines U-Bootes zur Unterbringung von Besatzungsmitgliedern für lange Einsätze verursacht erhebliche Kosten. Lebenserhaltungssysteme umfassen Luftreinigungssysteme, Sauerstoffgeneratoren, Frischwasserversorgung, Abfallmanagement und Temperaturkontrolle. Darüber hinaus hat die Gestaltung von Wohnräumen, Essbereichen, medizinischen Einrichtungen und Freizeiträumen Auswirkungen auf die Gesamtkosten. Diese Elemente müssen optimiert werden, um Komfort und Betriebseffizienz zu gewährleisten, insbesondere bei nuklearen U-Booten, bei denen Missionen mehrere Monate ohne Auftauchen dauern können.

Aggregation der Komponenten Kosten für die Anfangsprojektion

Die geschätzten Kosten jeder Komponente werden aggregiert, um die anfängliche Budgetprognose zu bilden. Dies umfasst nicht nur direkte Ausgaben, sondern auch Arbeitskosten, Anbieterpreise und langfristige Wartungsverträge. Projektmanager nutzen historische Daten aus früheren U-Boot-Programmen (wie den Virginia-Klasse oder Columbia-Klasse U-Booten), um genaue Schätzungen zu gewährleisten. Sie berücksichtigen auch Inflation und potenzielle Risiken in der Lieferkette, um zukünftige Kostenüberschreitungen zu vermeiden.

Die aggregierten Kostenschätzungen werden als umfassender Haushaltsvorschlag präsentiert, der die Grundlage für die Sicherstellung von Regierungsfinanzierungen bildet. Dieses anfängliche Budget wird auch verwendet, um Rücklagen für unerwartete Ausgaben während des Baus festzulegen. Die regelmäßige Überwachung und finanzielle Nachverfolgung während des Projekts stellt sicher, dass das Projekt im Zeitrahmen bleibt, wobei bei Bedarf Anpassungen vorgenommen werden.

3. Verwendung von Kostenmodellen und historischen Daten

Budgetplaner verlassen sich auf Kostenmodelle und historische Daten aus früheren U-Boot-Programmen (z. B. Virginia-Klasse). Diese Modelle helfen, die Ausgaben für Materialien, Arbeitskräfte, Tests und Wartung vorherzusagen. Zum Beispiel:

- Nukleare U-Boote erfordern typischerweise höhere anfängliche Investitionen aufgrund von Reaktoren und spezialisierten Komponenten.
- Programme wie die Virginia-Klasse oder Columbia-Klasse bieten nützliche Vergleichswerte zur Schätzung der Beschaffungs- und Wartungskosten neuer U-Boot-Designs.

Budgetplaner verlassen sich stark auf Kostenmodelle und historische Daten aus früheren U-Boot-Programmen, um die Ausgaben für neue U-Boot-Designs vorherzusagen. Diese Modelle sind wesentliche Werkzeuge zur Schätzung nicht nur der Baukosten, sondern auch der langfristigen Betriebs- und Wartungskosten. Programme wie die Virginia-Klasse und Columbia-Klasse U-Boote bieten wertvolle Einblicke, wie Budgets im Laufe der Zeit gebildet und angepasst werden, um sowohl finanziellen Einschränkungen als auch betrieblichen Anforderungen gerecht zu werden.

Kapitalkosten von nuklearen U-Booten

Nukleare U-Boote erfordern im Allgemeinen höhere Anfangsinvestitionen im Vergleich zu diesel-elektrischen Modellen. Der Hauptgrund für diese erhöhten Kosten liegt in der Einbeziehung von nuklearen Reaktoren und den damit verbundenen Sicherheits- und Regulierungsmechanismen. Nukleare Reaktoren erfordern auch spezialisierte Abschirmungen, Kühlsysteme und qualifizierte Arbeitskräfte für den Bau, was die Komplexität und die Kosten des Projekts erhöht. Planer müssen sowohl die Lebenszykluskosten des Reaktors (einschließlich zukünftiger Nachbetankungen) als auch die Kosten für die Einhaltung strenger nuklearer Sicherheitsprotokolle berücksichtigen.

Diese Elemente werden in die Kostenmodelle integriert, um genaue Prognosen für zukünftige nuklearbetriebene U-Boote zu erstellen.

Benchmarking mit früheren U-Boot-Programmen

Historische Daten von Virginia-Klasse und Columbia-Klasse U-Booten dienen als Benchmarks zur Schätzung der Beschaffungs- und Wartungskosten für neue U-Boot-Projekte. Zum Beispiel hilft das Virginia-Klasse-Programm, das auf modularer Konstruktion basiert, Planern, die kostensparenden Vorteile des gleichzeitigen Baus mehrerer U-Boote zu verstehen. Daten aus diesen Programmen bieten Einblicke in die Preise von modularen Rumpfsegmenten, Sonarsystemen und Antriebskomponenten, die bei der Budgetplanung für neue U-Boote mit ähnlichen Konfigurationen angewendet werden können.

Darüber hinaus sind U-Boot-Programme typischerweise darauf ausgelegt, mehrere Jahrzehnte zu dauern, was Prognosen nicht nur für Baukosten, sondern auch für langfristige Wartung, Upgrades und Überholungen erfordert. Diese historischen Modelle helfen Planern, zukünftige Betriebskosten zu schätzen, wie z. B. die Nachbetankung von Reaktoren für nuklearbetriebene U-Boote sowie periodische technologische Upgrades, die erforderlich sind, um die Kampfeffektivität aufrechtzuerhalten.

Kostenmodellierungstechniken

Planer verwenden parametrische Kostenmodelle, die Daten aus früheren U-Boot-Programmen integrieren. Diese Modelle berücksichtigen Variablen wie Arbeitsstunden, Materialkosten und Systemkomplexität, um die finanziellen Anforderungen neuer Designs vorherzusagen. Wenn beispielsweise die historischen Daten der Virginia-Klasse-U-Boote durchschnittliche Baukosten von 4,5 Milliarden US-Dollar pro Einheit zeigen, verwenden die Planer diese Zahl als Basislinie und passen sie an Inflation, technologische Verbesserungen und Änderungen des Umfangs für das neue Projekt an.

Diese prädiktiven Modelle sind auch entscheidend, um potenzielle Kostenüberschreitungen frühzeitig im Planungsprozess zu identifizieren, sodass Rücklagen gebildet werden können. Historische Daten ermöglichen es Planern, Bereiche zu erkennen, die anfällig für Verzögerungen oder erhöhte Ausgaben sind, wie neue Technologien oder unvorhergesehene Störungen in der Lieferkette.

4. Berücksichtigung von Unwägbarkeiten und Risikomanagement

Angesichts des hohen Maßes an Unsicherheit bei komplexen Verteidigungsprojekten beinhalten Budgets Rücklagen für unerwartete Kosten, wie Verzögerungen, Materialengpässe oder Änderungen im Design. Planer nutzen Risikoanalysetools, um potenzielle Risiken zu identifizieren und die Mittel entsprechend zuzuweisen.

Berücksichtigung von Unwägbarkeiten und Risikomanagement in der U-Boot-Budgetierung

In komplexen Verteidigungsprojekten wie dem U-Boot-Bau sind Rücklagen und Risikomanagementpraktiken wesentliche Bestandteile des Budgetierungsprozesses. Diese großangelegten Projekte sind von Natur aus unsicher, und potenzielle Risiken können sich aus technologischen Herausforderungen, Problemen in der Lieferkette, Verzögerungen oder sich entwickelnden Missionsanforderungen ergeben. Die Berücksichtigung von Unwägbarkeiten stellt sicher, dass das Projekt unvorhergesehene Ereignisse bewältigen kann, ohne das zugewiesene Budget zu überschreiten oder die Qualität zu beeinträchtigen.

Rücklagen für unvorhergesehene Kosten

Aufgrund des hohen Maßes an Unsicherheit im U-Boot-Bau enthalten Budgets in der Regel Rücklagen, um unerwartete Ausgaben zu decken. Diese Rücklagen dienen als finanzielle Puffer, um Kosten zu adressieren, die in den ursprünglichen Schätzungen nicht identifiziert wurden, wie zum Beispiel:

- Verzögerungen bei der Lieferung aufgrund von Engpässen in der Werft oder Arbeitskräftemangel.
- Materialengpässe oder Preisschwankungen bei kritischen Komponenten, wie spezialisierten Stählen oder fortschrittlicher Elektronik.
- Designänderungen, die während des Baus eingeführt werden, sei es aufgrund technischer Probleme oder aktualisierter Missionsanforderungen.

Die Höhe der Rücklagen variiert je nach Komplexität und Zeitrahmen des Projekts, wird jedoch normalerweise als Prozentsatz des Gesamthaushalts ausgedrückt, der typischerweise zwischen 10 und 20 % liegt. Planer können den Prozentsatz für Rücklagen bei Projekten mit innovativen Technologien oder neuen Komponenten erhöhen, da diese zusätzliche Unsicherheiten mit sich bringen.

Risikoanalyse und Identifikationstools

Risikomanagement spielt eine entscheidende Rolle bei der Bestimmung, wie viel Rücklagenfinanzierung notwendig ist. Projektmanager verlassen sich auf Risikoanalysetools, um potenzielle Risiken systematisch zu identifizieren und deren Wahrscheinlichkeit zu bewerten. Zu den häufig verwendeten Werkzeugen gehören:

- Risikomatrizen, um Risiken nach Wahrscheinlichkeit und Auswirkungen auf Kosten oder Zeitplan zu kategorisieren.
- Monte-Carlo-Simulationen, die mehrere Szenarien generieren, um potenzielle Kostenvariationen über die Zeit vorherzusagen.
- Expertenpanels, die die technischen, operationellen und finanziellen Risiken im Zusammenhang mit neuen Technologien oder komplexen Komponenten bewerten.

Diese Tools helfen Planern, risikobehaftete Bereiche zu priorisieren, sodass sie Rücklagenmittel effektiv dorthin zuweisen können, wo die Wahrscheinlichkeit von Kostenüberschreitungen am höchsten ist.

Dynamisches Risikomanagement während der Konstruktion

Die dynamische Natur des U-Boot-Baus erfordert eine kontinuierliche Risikobeobachtung während des gesamten Lebenszyklus des Projekts. Während das Projekt durch verschiedene Phasen fortschreitet—Design, Konstruktion, Tests und Inbetriebnahme—können neue Risiken auftreten, die Anpassungen erfordern.

Risikomanagement über den gesamten Projektlebenszyklus

Das dynamische Management von Risiken ist während der Entwicklung und des Baus des U-Bootes von entscheidender Bedeutung. Während das Projekt voranschreitet, können neue Risiken entstehen, die fortlaufende Anpassungen der Rücklagen erfordern. Beispielsweise können Probleme, die während der frühen Testphasen identifiziert werden, Änderungen an Designs, Systemen oder Materialien erforderlich machen. Projektmanager führen regelmäßig Risikobewertungen durch, um aktuelle Bedingungen zu berücksichtigen und gegebenenfalls Ressourcen neu zuzuweisen. Dies stellt sicher, dass potenzielle Probleme proaktiv angegangen werden, um Unterbrechungen während des Baus zu minimieren.

Darüber hinaus werden Echtzeitüberwachungstools eingesetzt, um kritische Meilensteine zu verfolgen und Abweichungen vom Projektplan zu erkennen. In Fällen, in denen mehrere Auftragnehmer und Werften beteiligt sind—wie beim Virginia-Klasse U-Boot-Programm—wird die Kommunikation zwischen den Interessengruppen entscheidend. Frühwarnsysteme geben Alarm, wenn Arbeitskräftemangel, Störungen in der Lieferkette oder technische Herausforderungen auftreten, wodurch Zeit für Risikominderungsmaßnahmen bleibt.

Strategische Zuweisung von Rücklagen

Rücklagen werden nicht einheitlich über das Budget verteilt; vielmehr werden sie strategisch basierend auf identifizierten Risikobereichen zugewiesen. Zum Beispiel:

- Fortschrittliche Technologien oder ungetestete Komponenten könnten einen größeren Anteil an Rücklagen erhalten, da sie höhere Unsicherheiten mit sich bringen.
- Kritische Pfadaktivitäten—also solche, die den Zeitplan des Projekts direkt beeinflussen—könnten zusätzliche Mittel zugewiesen bekommen, um kaskadierende Verzögerungen bei Problemen zu vermeiden.
- Regulatorische und Compliance-Risiken, insbesondere bei nuklear betriebenen U-Booten, könnten zusätzliche Budgetpuffer erfordern, um Sicherheitsinspektionen oder Designanpassungen basierend auf sich entwickelnden Sicherheitsstandards abzudecken.

Das Ziel besteht darin, die finanziellen Auswirkungen von Risiken zu minimieren, während das Projekt im Zeitrahmen bleibt. Wenn Risiken nicht eintreten, können die nicht genutzten Rücklagen auf andere Teile des Projekts umgewiesen oder die Gesamtkosten des Projekts reduziert werden.

5. Beschaffungsplanung und Lieferantenverträge

Die Beschaffungsphase beinhaltet die Zusammenarbeit mit Auftragnehmern und Lieferanten, um Komponenten zu erwerben. Marinewerften wie General Dynamics Electric Boat und Huntington Ingalls Industries geben Schätzungen für Arbeits- und Materialkosten ab. Langfristige Verträge können Mengenrabatte bieten, erfordern jedoch auch eine sorgfältige Verwaltung des Cashflows.

Einige Kosten umfassen:

- Alleinlieferanten für spezialisierte Komponenten (z. B. Sonararrays, Reaktorbauteile).
- Arbeitskosten für Fachkräfte, wie Schweißer, Ingenieure und Elektriker.
- Kosten für Werftanlagen und Infrastruktur für den modularen Bau.

Die Beschaffungsphase des U-Boot-Baus ist ein kritischer Teil des Entwicklungsprozesses, der Koordination zwischen Werften, Auftragnehmern und Lieferanten erfordert, um die benötigten spezialisierten Komponenten und Systeme zu beschaffen. Diese Phase stellt sicher, dass die erforderlichen Materialien, Arbeitskräfte und Infrastrukturen verfügbar sind, um die Produktionszeitpläne einzuhalten. Marinewerften wie General Dynamics Electric Boat (GDEB) und Huntington Ingalls Industries (HII) übernehmen in dieser Phase die Führung, indem sie eng mit Regierungsbehörden und Anbietern zusammenarbeiten, um Verträge abzuschließen, Kosten zu verwalten und einen effizienten Cashflow während des gesamten Bauprozesses zu gewährleisten.

<u>Engagement mit Auftragnehmern und Lieferanten</u>

Während der Beschaffung arbeiten Werften mit einer Vielzahl von Lieferanten zusammen, von denen viele hochspezialisierte Komponenten bereitstellen, die für den Betrieb von U-Booten unerlässlich sind. Dazu gehören:

- Sonararrays, die für Navigation und Bedrohungserkennung entscheidend sind.
- Teile von Kernreaktoren, die in nuklear betriebenen U-Booten verwendet werden und präzise Ingenieurleistungen sowie die Einhaltung von Sicherheitsstandards erfordern.

Einige dieser Komponenten können nur von Alleinlieferanten bezogen werden—Anbietern, die die exklusiven Anbieter einer bestimmten Technologie oder eines bestimmten Teils sind. Die Zusammenarbeit mit Alleinlieferanten erfordert sorgfältige Verhandlungen und Planung, da Verzögerungen oder Störungen in diesen Partnerschaften erhebliche Auswirkungen auf den gesamten Projektzeitplan haben können.

Arbeitskosten und Fachkräfte

Die Beschaffungsphase umfasst auch die Schätzung und Verwaltung der Arbeitskosten. Der U-Boot-Bau erfordert eine qualifizierte Belegschaft, einschließlich Schweißern, Ingenieuren, Elektrikern und Maschinenbauern. Diese Arbeitskräfte sind nicht nur für die Herstellung des U-Boot-Rumpfes, sondern auch für die Montage von Antriebssystemen, Waffensystemen und elektronischen Geräten an Bord unerlässlich.

Arbeitintensive Aufgaben, wie das Schweißen von HY-80-Stahl für den Druckrumpf, erfordern Fachkenntnisse und Präzision. Daher müssen die Arbeitskosten die Verfügbarkeit von Fachpersonal, mögliche Überstunden und Tarifverträge berücksichtigen. Werften beschäftigen oft Tausende von Arbeitern für U-Boot-Projekte, wobei die Beschäftigung mehrere Jahre vom Bau bis zu den Seetests umfasst.

Werftanlagen und Kosten für modularen Bau

Moderne U-Boote, wie die aus dem Virginia-Klasse-Programm, werden unter Verwendung modularer Bauverfahren hergestellt. Bei dieser Methode werden verschiedene Abschnitte des U-Bootes oder Module unabhängig voneinander gefertigt und dann in der Werft zusammengebaut. Dieser Ansatz beschleunigt den Bauprozess und ermöglicht es mehreren Teams, gleichzeitig an verschiedenen Teilen des U-Bootes zu arbeiten.

Werften wie GDEB und HII investieren erheblich in die Infrastruktur zur Unterstützung dieses Prozesses. Dazu gehören spezialisierte Trockendocks, Fertigungsanlagen und Transportsysteme zum Bewegen großer Module. Die mit der Wartung und dem Upgrade dieser Einrichtungen verbundenen Kosten sind erheblich und werden in das Beschaffungsbudget einbezogen.

Langfristige Verträge und Cashflow-Management

Während der Beschaffungsphase verhandeln Werften häufig langfristige Verträge mit Lieferanten, um einen stetigen Fluss von Materialien und Komponenten zu gewährleisten. Diese Verträge bieten mehrere Vorteile, wie Mengenrabatte auf Rohstoffe, einschließlich Stahl und Verbundmaterialien. Das Management dieser Verträge erfordert jedoch eine sorgfältige Überwachung, um sicherzustellen, dass das Projekt während des gesamten Bauzeitplans über einen stabilen Cashflow verfügt.

Das Cashflow-Management ist besonders wichtig für mehrjährige Projekte, da Verzögerungen bei Zahlungen von Regierungsbehörden oder Lieferanten die Produktion verlangsamen könnten. Werften verwenden Finanzplanungstools, um Zahlungen zu planen und sicherzustellen, dass Mittel verfügbar sind, wenn sie benötigt werden, um Engpässe in der Lieferkette zu vermeiden.

6. Phasenweise Budgetentwicklung

Das Budget wird typischerweise in Phasen unterteilt, die den wichtigsten Meilensteinen entsprechen:

1. Forschung und Entwicklung (F&E): Deckt frühe Design- und Machbarkeitsstudien ab.
2. Bau: Umfasst Materialbeschaffung, Arbeitskosten und Montage.
3. Tests und Seetests: Weist Mittel für Prüfungen, Reparaturen und Anpassungen zu.
4. Inbetriebnahme: Abschließende Überprüfungen und Ausbildung der Besatzung.

5. Betrieb und Wartung: Gewährleistet Unterstützung während des Lebenszyklus, Upgrades und Nachbetankungen für nukleare U-Boote.

In einem U-Boot-Bauprojekt wird das Budget in Phasen unterteilt, die den wichtigen Meilensteinen im Lebenszyklus des Schiffes entsprechen. Dieser phasenweise Ansatz der Budgetentwicklung stellt sicher, dass die Mittel in jeder Phase angemessen zugewiesen werden, wodurch das Risiko von Überschreitungen reduziert und sichergestellt wird, dass das Projekt auf Kurs bleibt. Jede Phase hat unterschiedliche finanzielle Bedürfnisse, von Forschung und Entwicklung über Inbetriebnahme bis hin zu Betrieb und langfristiger Wartung. Diese Struktur bietet eine bessere finanzielle Übersicht und ermöglicht Anpassungen, während das Projekt voranschreitet.

1. Forschung und Entwicklung (F&E): Die F&E-Phase konzentriert sich auf frühe Designarbeiten, Machbarkeitsstudien und Machbarkeitsnachweise. Während dieser Phase werden Mittel für das konzeptionelle Design, die Missionsanalyse und erste technische Studien zugewiesen. Marineingenieure arbeiten mit Verteidigungsauftragnehmern zusammen, um neue Technologien zu erkunden und die Machbarkeit der Erfüllung der Missionsanforderungen innerhalb der Budgetgrenzen zu bewerten. Computermodellierung und Simulationen—wie Computational Fluid Dynamics (CFD) und Finite Element Analysis (FEA)—werden oft in dieser Phase eingesetzt.

Diese Phase ist entscheidend, um potenzielle Herausforderungen frühzeitig zu identifizieren und Risiken in späteren Phasen zu reduzieren. F&E kann einen signifikanten Prozentsatz des Gesamtbudgets ausmachen, insbesondere bei nuklear betriebenen U-Booten, da sie Forschungen zu fortschrittlichen Materialien, Antriebstechnologien und Waffensystemen erfordern.

2. Bau: Die Bauphase ist der kapitalintensivste Teil des Projekts. Sie umfasst die Beschaffung von Materialien, wie HY-80-Stahl für den Druckrumpf, und die Sicherstellung von Komponenten wie Antriebssystemen und Sonar-Ausrüstungen. Die Arbeitskosten machen einen großen Teil des Budgets aus, da Werften qualifizierte Arbeitskräfte (z. B. Schweißer, Ingenieure und Elektriker) beschäftigen, um die Module des U-Bootes zusammenzubauen.

Der Bau erfolgt modular, wobei verschiedene Abschnitte separat gefertigt und dann in das endgültige Schiff integriert werden. Effektives Budgetmanagement in dieser Phase erfordert langfristige Verträge mit Lieferanten, um die Materialverfügbarkeit zu gewährleisten und Kostenfluktuationen zu verhindern. Das Bau-Budget umfasst auch Mittel für Infrastrukturkosten, wie Trockendocks und spezialisierte Werftanlagen.

3. Tests und Seetests: Nach der Montage durchläuft das U-Boot umfangreiche Tests und Seetests zur Validierung der Leistung. Diese Phase erfordert Budgetzuweisungen für Reparaturen und Anpassungen, da häufig Probleme während der Tests identifiziert werden. Antrieb, Auftrieb, Sonarsysteme und Elektronik an Bord werden alle unter realen Bedingungen getestet, wobei Mittel für Fehlersuche und Neugestaltung zugewiesen werden, wenn dies erforderlich ist.

In dieser Phase werden auch akustische Signaturtests durchgeführt, um sicherzustellen, dass das U-Boot die Tarnungsanforderungen erfüllt. U-Boote, die für den Einsatz in arktischen oder tiefseegewässern konzipiert sind, benötigen möglicherweise spezielle Tests, die das Budget erhöhen. Das Ziel ist es, Probleme vor der Inbetriebnahme zu identifizieren und zu beheben, um sicherzustellen, dass das Schiff sicher und kampfbereit ist.

4. Inbetriebnahme: Die Inbetriebnahmephase markiert den offiziellen Eintritt des U-Bootes in den Dienst. Budgetzuweisungen während dieser Phase konzentrieren sich auf abschließende Überprüfungen, Zertifizierungen und die Ausbildung der Besatzung. Spezialisierte Ausbildungsprogramme stellen sicher, dass die Besatzung die Systeme des U-Bootes sicher und effektiv bedienen kann. Bei nuklear betriebenen U-Booten ist eine zusätzliche Zertifizierung erforderlich, um die Einhaltung von nuklearen Sicherheitsprotokollen zu gewährleisten.

Es werden auch Mittel für die Ausstattung des U-Bootes mit anfänglichen Nutzlasten, wie Torpedos oder Raketen, sowie für die Durchführung abschließender Inspektionen an Bord bereitgestellt. Am Ende dieser Phase wird das U-Boot Teil der operativen Flotte und ist einsatzbereit.

5. Betrieb und Wartung: Sobald das U-Boot betriebsbereit ist, tritt es in die Betriebs- und Wartungsphase (O&M) ein, die seine fortdauernde Leistung über die Jahre sichert. Diese Phase erfordert laufende Mittel für routinemäßige Wartung, System-Upgrades und Reparaturen. Nuklear-U-Boote benötigen insbesondere regelmäßige Nachbetankungen des Reaktors und Überholungen in festgelegten Intervallen, die einen erheblichen Teil des O&M-Budgets darstellen.

Das O&M-Budget berücksichtigt auch die Ausbildung der Besatzung und missionsspezifische Upgrades, um das U-Boot technologisch auf dem neuesten Stand zu halten. Zum Beispiel können bei Bedarf neue Sonarsysteme oder aktualisierte Kommunikationsgeräte integriert werden. Der Lebenszyklus eines U-Bootes kann mehrere Jahrzehnte umfassen, und regelmäßige Wartung gewährleistet, dass das Schiff während seiner Dienstzeit zuverlässig und kampfbereit bleibt.

7. Genehmigung und staatliche Aufsicht

Sobald das Budget entwickelt ist, wird es den zuständigen Regierungsstellen zur Genehmigung vorgelegt. In den USA umfasst dies mehrere Überprüfungsstufen durch das Verteidigungsministerium (DoD), den Kongress und die Marine. Budgetplaner müssen sicherstellen, dass das vorgeschlagene U-Boot in die breiteren Verteidigungsausgabenprioritäten passt.

- **Mehrjahresbeschaffungsstrategien** können eingesetzt werden, um die Kosten über mehrere Haushaltsjahre zu verteilen.
- Budgets müssen mit langfristigen Schiffbauplänen in Einklang stehen, um die Einsatzbereitschaft und Fähigkeiten der Flotte aufrechtzuerhalten.

Nachdem das Budget für ein U-Boot-Bauprojekt entwickelt wurde, durchläuft es einen strengen Genehmigungsprozess, der mehrere Ebenen staatlicher Aufsicht umfasst. In den USA ist dieser Prozess entscheidend, um sicherzustellen, dass das Projekt mit den Verteidigungsprioritäten und finanziellen Beschränkungen des Landes übereinstimmt. Das Verteidigungsministerium (DoD), der Kongress und die US-Marine spielen jeweils eine entscheidende Rolle bei der Überprüfung, Genehmigung und Verwaltung des Budgets während des gesamten Lebenszyklus des Projekts. Diese Aufsicht stellt sicher, dass Steuergelder effektiv eingesetzt werden und das U-Boot-Programm die strategischen Ziele der Streitkräfte unterstützt.

Der Genehmigungsprozess beginnt im Verteidigungsministerium, wo das U-Boot-Budget überprüft wird, um sicherzustellen, dass es mit den breiteren militärischen Zielen übereinstimmt. Das DoD bewertet, ob das vorgeschlagene U-Boot-Projekt Schlüsselmissionen wie Abschreckung, Seekontrolle und Fähigkeiten im Unterwasserkrieg unterstützt. Nach der Genehmigung durch das DoD wird der Budgetvorschlag als Teil des jährlichen Verteidigungshaushaltsantrags dem Kongress vorgelegt.

Der Kongress hält dann Anhörungen und Beratungen ab, bei denen die Gesetzgeber die Kosten, den Umfang und die Notwendigkeit des U-Boot-Programms überprüfen. Sie bewerten, ob das Projekt in die allgemeinen Verteidigungsausgabenprioritäten passt und ob es mit den nationalen Sicherheitsstrategien übereinstimmt. Budgetplaner müssen möglicherweise Anpassungen auf der Grundlage des Feedbacks des Kongresses vornehmen, bevor das Budget genehmigt und zur Ausgabe freigegeben wird.

Die US-Marine spielt während dieses Prozesses eine integrale Rolle und stellt sicher, dass das Design und die operationale Fähigkeiten des U-Bootes mit den langfristigen Zielen der Marine übereinstimmen. Die Marine kommuniziert auch die operationale Notwendigkeit an den Kongress und rechtfertigt die Bedeutung des Programms.

Angesichts der hohen Kosten und langen Zeitrahmen, die mit dem U-Boot-Bau verbunden sind, wird das Projektbudget oft über mehrere Haushaltsjahre hinweg durch Mehrjahresbeschaffungsstrategien aufgeteilt. Dieser Ansatz ermöglicht es der Marine, die Kosten über die Zeit zu verteilen und die finanzielle Belastung der jährlichen Verteidigungshaushalte zu verringern. Zum Beispiel nutzt das Virginia-Klasse-U-Boot-Programm Mehrjahresbeschaffungsverträge, die dazu beitragen, die Produktionszeitpläne zu stabilisieren und die Kosten zu senken, indem sie den Lieferanten über mehrere Jahre eine garantierte Nachfrage bieten.

Mehrjahresstrategien ermöglichen es den Werften auch, Arbeit und Ressourcen zu optimieren, was den Bauprozess effizienter macht. Diese Verträge erfordern jedoch die Genehmigung des Kongresses, da sie langfristige finanzielle Verpflichtungen beinhalten, die innerhalb zukünftiger Verteidigungshaushalte gerechtfertigt werden müssen.

U-Boot-Budgets müssen mit den langfristigen Schiffbauplänen der Marine übereinstimmen, um sicherzustellen, dass die Flotte operational und fähig bleibt. Der 30-Jahres-Schiffbauplan der Marine skizziert die Anzahl und Arten von U-Booten, die benötigt werden, um die Einsatzbereitschaft der Flotte und die strategische Abschreckung aufrechtzuerhalten. Jedes neue U-Boot-Projekt, wie das Columbia-Klasse-U-Boot mit ballistischen Raketen, muss in diesen breiteren Rahmen passen, um die gewünschte Anzahl von Schiffen langfristig aufrechtzuerhalten.

Der Genehmigungsprozess für das Budget berücksichtigt auch Wartungs- und Modernisierungspläne für bestehende U-Boote. Wenn neue Schiffe in Dienst gestellt werden, werden ältere U-Boote außer Dienst gestellt oder aufgerüstet, um sicherzustellen, dass die Marine eine optimale Mischung aus Fähigkeiten aufrechterhält. Planer müssen die Mittel für den Neubau sorgfältig mit den Kosten für die Wartung und Aufrüstung der aktuellen Flotte in Einklang bringen.

8. Überwachung und Anpassungen während des Baus

Während des Baus sind Budgetverfolgung und -überwachung entscheidend. Projektmanager verwenden Kostenverfolgungssoftware und Leistungskennzahlen, um sicherzustellen, dass das Projekt im Zeitplan und im Budget bleibt. Wenn die Kosten die Erwartungen übersteigen, können Auftragnehmer zusätzliche Mittel aushandeln oder die Projektzeitpläne anpassen.

Während der Bauphase eines U-Boot-Projekts sind Budgetverfolgung und kontinuierliche Überwachung unerlässlich, um sicherzustellen, dass das Projekt im Zeitplan und innerhalb der finanziellen Vorgaben bleibt. Der U-Boot-Bau ist äußerst komplex und umfasst mehrere Komponenten, Auftragnehmer und Phasen, was eine präzise Überwachung erforderlich macht. Projektmanager verwenden spezialisierte Werkzeuge und Prozesse, um Kosten zu verfolgen, Leistungskennzahlen zu überwachen und die Einhaltung der vereinbarten Zeitpläne sicherzustellen. Diese Systeme ermöglichen die frühzeitige Identifizierung potenzieller Risiken, was rechtzeitige Anpassungen zur Vermeidung von Verzögerungen und Kostenüberschreitungen ermöglicht.

Kostenverfolgungssoftware und Leistungskennzahlen

Ein effektives Kostenmanagement während des Baus erfordert den Einsatz von Kostenverfolgungssoftware. Diese Werkzeuge ermöglichen es Projektmanagern, die Echtzeitausgaben im Vergleich zum genehmigten Budget zu überwachen und Abweichungen zu identifizieren, bevor sie eskalieren. Die Software integriert Daten aus verschiedenen Quellen, wie Arbeitskosten, Materialkäufen und Rechnungen von Auftragnehmern, und bietet umfassende Dashboards, die wichtige finanzielle Kennzahlen anzeigen.

Leistungskennzahlen wie das Earned Value Management (EVM) werden häufig verwendet, um den Fortschritt zu bewerten. EVM vergleicht den Wert der abgeschlossenen Arbeiten mit dem geplanten Budget und Zeitrahmen, was den Managern hilft zu bestimmen, ob das Projekt auf Kurs ist. Kennzahlen wie die Kostenabweichung (CV) und die Zeitplanabweichung (SV) heben Bereiche hervor, in denen Ausgaben oder Fortschritt von den Erwartungen abweichen, und erfordern sofortige Korrekturmaßnahmen.

Umgang mit Kostenüberschreitungen

Trotz sorgfältiger Planung können Kostenüberschreitungen aufgrund verschiedener Faktoren auftreten, wie Materialengpässen, Arbeitsineffizienzen oder unerwarteten technischen Herausforderungen. In solchen Fällen können Auftragnehmer zusätzliche Mittel durch Änderungsaufträge anfordern oder bestimmte Vertragsbedingungen neu verhandeln. Wenn das Budget keine zusätzlichen Ausgaben zulässt, muss das Projektteam möglicherweise Zeitpläne anpassen, bestimmte Komponenten priorisieren oder nicht wesentliche Phasen des Baus verzögern.

Projektmanager können auch Rücklagen umschichten, um unvorhergesehene Probleme zu beheben. Regelmäßige Finanzüberprüfungen helfen, sicherzustellen, dass das verbleibende Kontingentbudget sorgfältig verwaltet wird. In einigen Fällen sind Änderungen an Beschaffungsplänen oder Arbeitsverschiebungen erforderlich, um Engpässe zu beheben, ohne die Kosten weiter zu erhöhen.

Zusammenarbeit zwischen den Beteiligten

Die Überwachung während des Baus erfordert eine enge Zusammenarbeit zwischen Auftragnehmern, Lieferanten und maritimen Aufsichtsteams. Wöchentliche oder monatliche Meetings ermöglichen es den Beteiligten, den Fortschritt zu überprüfen, Herausforderungen anzugehen und datengestützte Entscheidungen zu treffen. Abweichungen vom ursprünglichen Plan müssen dokumentiert werden, wobei die Projektaufsichtskommission entsprechende Begründungen erhält. Auftragnehmer müssen auch Fortschrittsberichte vorlegen, die darlegen, wie die Mittel genutzt werden, um die Verantwortung während des gesamten Projektlebenszyklus sicherzustellen.

Flexibilität für kontinuierliche Anpassungen

Angesichts der langen Zeitrahmen, die mit dem U-Boot-Bau verbunden sind, wird Flexibilität in das Budget und den Projektzeitplan integriert, um Anpassungen zu ermöglichen. Wenn beispielsweise eine neue Technologie verfügbar wird oder bestimmte Komponenten Verzögerungen erfahren, muss das Projektteam möglicherweise die Prioritäten neu organisieren, um auf Kurs zu bleiben. Einige Teile des Bauprozesses können parallel verlaufen, um verlorene Zeit auszugleichen, was überarbeitete Arbeitszuweisungen und aktualisierte Zeitpläne erfordert.

Die modulare Bauweise, die in Programmen wie dem Virginia-Klasse-U-Boot verwendet wird, hilft bei solchen Anpassungen. Modulare Abschnitte können unabhängig gebaut und später montiert werden, was eine effiziente Integration ermöglicht, selbst wenn bestimmte Module Verzögerungen haben. Die Fähigkeit, Ressourcen zwischen den Modulen zu verschieben, sorgt für reibungslosere Anpassungen während des Baus.

9. *Berichterstattung und Prüfung*

Regierungen führen Prüfungen durch, um Transparenz und Verantwortlichkeit sicherzustellen. U-Boot-Programme wie die Virginia-Klasse unterliegen regelmäßigen Überprüfungen, um die Effizienz der Ausgaben zu bewerten und Verbesserungsmöglichkeiten zu identifizieren. Diese Überprüfungen helfen, Kostenüberschreitungen zu vermeiden und sicherzustellen, dass die Mittel verantwortungsbewusst ausgegeben werden.

Die Berichterstattungs- und Prüfungsphase beim U-Boot-Bau ist entscheidend für die Aufrechterhaltung von Verantwortung, Transparenz und Effizienz bei der Verwendung öffentlicher Mittel. Angesichts der erheblichen finanziellen Verpflichtungen, die mit dem Bau fortschrittlicher U-Boote wie denen des Virginia-Klasse-Programms verbunden sind, stellen die Regierungen sicher, dass alle Phasen des Projekts regelmäßigen Prüfungen und Überprüfungen unterzogen werden. Dieser Prozess ermöglicht die Erkennung von Ineffizienzen, die Verhinderung von Kostenüberschreitungen und sorgt dafür, dass Mittel verantwortungsbewusst zugewiesen und ausgegeben werden.

Regierungsprüfungen dienen als Mechanismus zur finanziellen Aufsicht, um sicherzustellen, dass öffentliche Mittel gemäß den geltenden Gesetzen, Richtlinien und Vorschriften verwaltet werden. Für U-Boot-Programme ist dies besonders wichtig, da diese Projekte oft mehrere Jahre dauern und mehrere Beteiligte umfassen, darunter Verteidigungsauftragnehmer, Werften und Regierungsbehörden. Prüfungen verifizieren, dass jede Partei ihren finanziellen Verpflichtungen nachkommt, was sicherstellt, dass die Vertragsbedingungen eingehalten werden und keine Mittel missbraucht werden.

Darüber hinaus helfen Prüfungen sicherzustellen, dass die Finanzierung mit den beabsichtigten Ergebnissen übereinstimmt, und bestätigen, dass das zugewiesene Budget direkt zu den operativen Fähigkeiten, der Sicherheit und dem Lieferzeitplan des U-Bootes beiträgt. U-Boot-Programme wie die Virginia-Klasse durchlaufen mehrere Prüfungszyklen, um zu beurteilen, ob die Ausgaben den zuvor genehmigten Finanzplänen folgen und ob das Projekt im Budget bleibt.

U-Boot-Programme unterliegen während der Bau-, Test- und Betriebsphasen regelmäßigen finanziellen und leistungsbezogenen Überprüfungen. Diese Überprüfungen umfassen detaillierte Berichte von Auftragnehmern an die zuständigen Regierungsbehörden, wie die U.S. Navy und das Verteidigungsministerium (DoD). Die Berichte verfolgen den Fortschritt des Projekts, den Stand des Budgets und etwaige Abweichungen vom ursprünglichen Plan. Sie liefern auch Einblicke in potenzielle Herausforderungen, wie Verzögerungen oder steigende Materialkosten, die weitere Prüfungen oder Korrekturmaßnahmen auslösen können.

Diese regelmäßigen Überprüfungen helfen Projektmanagern und Regierungsbeamten, fundierte Entscheidungen darüber zu treffen, ob zusätzliches Funding oder Zeitverlängerungen benötigt werden. Zum Beispiel haben regelmäßige Prüfungen im Virginia-Klasse-Programm Bereiche aufgezeigt, in denen Kostensenkungsmaßnahmen implementiert werden könnten, wie verbesserte modulare Bautechniken und optimierte Beschaffungsprozesse.

Die Prüfung spielt eine Schlüsselrolle bei der Verhinderung von Kostenüberschreitungen, indem sichergestellt wird, dass die Ausgaben sorgfältig verfolgt werden. Wenn Abweichungen zwischen dem genehmigten Budget und den tatsächlichen Ausgaben festgestellt werden, arbeiten die Prüfer mit den Projektmanagern zusammen, um die Ursachen zu untersuchen und zu beheben. Eine frühzeitige Erkennung von Budgetfehlmanagement hilft, Verzögerungen zu vermeiden und sicherzustellen, dass das U-Boot rechtzeitig geliefert werden kann.

Prüfungen stellen auch die Einhaltung von Verträgen sicher, indem sie bestätigen, dass Anbieter und Auftragnehmer sich an vereinbarte Zeitpläne und Qualitätsstandards halten. Durch die Verantwortung aller Beteiligten tragen Prüfungen dazu bei, dass das U-Boot seine Leistungsanforderungen erfüllt, ohne dass übermäßig zusätzliche Mittel benötigt werden.

Die aus Prüfungen und Überprüfungen gewonnenen Erkenntnisse tragen zur kontinuierlichen Verbesserung beim U-Boot-Bau bei. Erkenntnisse aus jedem Programm, wie Kostensenkungsmaßnahmen oder die Auswirkungen spezifischer Risiken, fließen in zukünftige Projekte ein und stellen sicher, dass die Budgetprognosen im Laufe der Zeit genauer werden. In großen, laufenden Programmen wie der Virginia-Klasse oder der Columbia-Klasse sorgt das Feedback aus den Prüfungen dafür, dass Ressourcen effizient für zukünftige Bauprojekte umgeschichtet werden.

Regierungsbehörden nutzen diese Berichte auch, um mit dem Kongress und anderen Aufsichtsbehörden zu kommunizieren und Transparenz darüber zu schaffen, wie die Verteidigungshaushalte ausgegeben werden. Diese Verantwortung stärkt das öffentliche Vertrauen in die Beschaffungsprogramme des Militärs und stellt sicher, dass U-Boot-Bauprojekte im Einklang mit den nationalen Verteidigungsprioritäten bleiben.

Insgesamt ist die Entwicklung eines Budgets für ein U-Boot-Bauprojekt ein facettenreicher Prozess, der technische Anforderungen, Risikobewertungen und Beschaffungsstrategien integriert. Es erfordert sorgfältige Planung, Koordination zwischen Werften und Auftragnehmern sowie die Aufsicht durch Regierungsstellen, um eine effiziente Nutzung der Ressourcen sicherzustellen. Da U-Boot-Programme oft mehrere Jahrzehnte umfassen, müssen Budgets flexibel genug sein, um Änderungen zu berücksichtigen, während die finanzielle Disziplin während des gesamten Lebenszyklus des Fahrzeugs aufrechterhalten wird.

Ein Beispiel dafür sind die nuklearbetriebenen Angriffs-U-Boote der Virginia-Klasse (SSNs), die seit Beginn ihrer Beschaffung im Haushaltsjahr 1998 eine Grundsäule der U-Boot-Flotte der U.S. Navy darstellen. Diese U-Boote sind dafür konzipiert, mehrere Rollen zu erfüllen, darunter Überwachung, Unterstützung von Spezialoperationen, U-Boot-Kriegsführung und Seeüberwachung. Ein Virginia-Klasse-U-Boot kostet derzeit über 4,5 Milliarden Dollar pro Einheit, wenn es mit einer Rate von zwei pro Jahr beschafft wird [686].

Der Bau dieser U-Boote erfolgt durch General Dynamics Electric Boat (GD/EB) und Huntington Ingalls Industries (HII/NNS). Diese beiden Werften sind die einzigen Einrichtungen in den USA, die in der Lage sind, nuklearbetriebene U-Boote zu bauen, und bilden einen entscheidenden Teil der industriellen Basis für den U-Boot-Bau des Landes [686].

Das SSN(X)-Programm zielt darauf ab, aufkommende Bedrohungen durch nahezu gleichwertige Wettbewerber zu bekämpfen und die Unterwasserkapazitäten der Marine zu verbessern. Die Marine stellt sich vor, dass das SSN(X) folgende Merkmale aufweist [686]:

- Höhere Geschwindigkeit und verbesserte Tragfähigkeit.
- Verbesserte akustische Tarnung und Reduzierung der nicht-akustischen Signatur.
- Höhere operationale Verfügbarkeit für längere Missionen.
- Koordinationsfähigkeiten mit externen Fahrzeugen, Sensoren und unbemannten Systemen.

Marinebeamte haben angedeutet, dass das SSN(X) wahrscheinlich Elemente aus früheren U-Boot-Designs integrieren wird [686]:

- Geschwindigkeit und Tragfähigkeit der Seawolf-Klasse (SSN-21).
- Akustische Tarnung und Sensoren der Virginia-Klasse.
- Erweiterte operationale Verfügbarkeit, modelliert nach den ballistischen Raketen-U-Booten der Columbia-Klasse.

Das Ergebnis wird voraussichtlich ein größeres U-Boot als die ursprüngliche Virginia-Klasse sein, mit einer prognostizierten untergetauchten Verdrängung von über 10.100 Tonnen, basierend auf den Projektionen des Congressional Budget Office (CBO) [686].

Die Verschiebung der Beschaffung des SSN(X) auf das Haushaltsjahr 2040 bringt erhebliche Herausforderungen für die industrielle Basis des U-Boot-Designs mit sich. Da das Columbia-Klasse SSBN-Programm voraussichtlich abgeschlossen sein wird, bevor der Bau des SSN(X) beginnt, muss die Marine eine verlängerte Designlücke managen. Diese Verzögerung birgt das Risiko, Arbeitskräfte zu destabilisieren, die Fachkenntnisse zu verringern und die Lieferkette für spezialisierte Komponenten zu belasten [686].

Das SSN(X) wird voraussichtlich höhere Beschaffungskosten haben als seine Vorgänger. Die Marine schätzt, dass jedes SSN(X) zwischen 6,7 Milliarden und 7 Milliarden Dollar pro U-Boot (in konstanten Haushaltsjahr 2023-Dollars) kosten wird, während die Schätzung des CBO bei 7,7 Milliarden bis 8 Milliarden Dollar liegt, was einem Anstieg von 14-15 % im Vergleich zu den Schätzungen der Marine entspricht. Dieser Preisunterschied ergibt sich aus Annahmen über die erhöhte Verdrängung, verbesserte Fähigkeiten und sich entwickelnde Technologien, die in das SSN(X) integriert werden [686].

Das Haushaltsantrag der Marine für das Haushaltsjahr 2025 fordert 586,9 Millionen Dollar an Forschungs- und Entwicklungsmitteln (F&E), um die frühe Entwicklung des SSN(X) zu unterstützen. Dies sind jedoch 208 Millionen Dollar weniger als ursprünglich vorgeschlagen, was auf anhaltende budgetäre Einschränkungen hinweist. Die Kongresskomitees haben die Förderanträge der Marine überprüft und angepasst, was Bedenken hinsichtlich des Umfangs und der Durchführbarkeit des Projekts widerspiegelt [686].

Es sind mehrere Fragen aufgetaucht, die die Zukunft des SSN(X)-Programms beeinflussen werden [686]:

1. **Fähigkeitsanforderungen vs. Kosten**: Der Kongress muss bewerten, ob die Marine die erforderlichen Fähigkeiten des SSN(X) genau identifiziert hat und ob diese Fähigkeiten die projizierten Kosten rechtfertigen.
2. **Auswirkungen auf die allgemeinen Verteidigungsausgaben**: Es bestehen Bedenken hinsichtlich der Auswirkungen des SSN(X) auf andere Marineprogramme, insbesondere wenn sich die höheren Kostenschätzungen des CBO als genauer herausstellen.
3. **Aufrechterhaltung der U-Boot-Überlegenheit**: Eine Verzögerung der SSN(X)-Beschaffung könnte die Fähigkeit der Marine gefährden, in Zukunft die Unterwasserüberlegenheit aufrechtzuerhalten.
4. **Management der industriellen Basis**: Die Verwaltung der Lücke zwischen dem Bau der Columbia-Klasse und der Entwicklung des SSN(X) erfordert strategische Planung, um die U-Boot-Designarbeitskräfte und die Lieferkette aufrechtzuerhalten.
5. **Reaktortechnologie und nukleare Politik**: Es wird weiterhin diskutiert, ob das SSN(X) niederangereicherten Uran (LEU)-Reaktoren anstelle von hochangereicherten Uran (HEU)-Reaktoren annehmen sollte. Die Marine hat jedoch Bedenken geäußert, dass LEU-Reaktoren die Leistung, Ausdauer und die Gesamtstruktur der Streitkräfte negativ beeinflussen könnten.

Das SSN(X)-Programm stellt die nächste Evolution in der U-Boot-Flotte der U.S. Navy dar, mit ehrgeizigen Zielen, um den Herausforderungen moderner Unterwasserkriegführung zu begegnen. Während das Programm darauf abzielt, die besten Eigenschaften aus früheren Klassen zu integrieren, bringt die Verschiebung der Beschaffung auf das Haushaltsjahr 2040 erhebliche Risiken für die Aufrechterhaltung der Einsatzbereitschaft und die Stabilität der industriellen Basis mit sich. Mit geschätzten Kosten zwischen 6,7 Milliarden und 8 Milliarden Dollar pro U-Boot wird eine sorgfältige Überwachung erforderlich sein, um die Entwicklung von Fähigkeiten mit den budgetären Realitäten in Einklang zu bringen. Der Kongress muss diese Faktoren sorgfältig abwägen, um sicherzustellen, dass das SSN(X)-Programm die Bedürfnisse der Marine erfüllt und gleichzeitig die finanzielle Verantwortung wahrt [686].

Nachfolgend finden Sie eine detaillierte Budgetaufstellung für ein Projekt zum Bau eines nuklearen U-Bootes. Dieses Beispiel basiert auf typischen Kostenstrukturen, die in modernen U-Boot-Programmen wie den SSNs der Virginia-Klasse und den SSBNs der Columbia-Klasse zu sehen sind, angepasst, um wichtige Komponenten, Arbeitskosten, F&E-Bedarf und Projektphasen zu berücksichtigen.

Musterbudget für ein Projekt zum Bau eines nuklearen U-Bootes

Category	Estimated Cost (USD)	Details
1. Research & Development (R&D)	$2.0 billion	Includes conceptual design, feasibility studies, simulations (CFD and FEA), prototyping, and testing.
2. Hull Construction	$1.5 billion	HY-80 or HY-100 steel procurement, modular assembly, and welding at shipyard facilities.
3. Propulsion System	$3.5 billion	Nuclear reactor (e.g., HEU core), reactor shielding, steam turbines, and auxiliary generators.
4. Weapons Systems	$1.2 billion	Torpedo launch tubes, VLS (vertical launch system), and missile payload modules (e.g., Tomahawk or Trident).
5. Electronics & Sonar Systems	$900 million	Sonar arrays, communications equipment, radar, and combat control systems.
6. Life-Support & Crew Systems	$600 million	Environmental control, oxygen generation, crew quarters, and emergency systems.
7. Labor Costs & Shipyard Operations	$2.8 billion	Skilled labour (welders, engineers, electricians) and operational expenses at GD Electric Boat or Huntington Ingalls.
8. Testing and Trials	$800 million	Sea trials, acoustic tests, performance verification, and adjustments.
9. Project Management & Oversight	$500 million	Contractor oversight, reporting, and compliance with naval standards.
10. Contingency Fund	$1.0 billion	Allocated for unexpected delays, material shortages, and design changes.
11. Commissioning & Crew Training	$300 million	Final system checks, crew simulations, and on-board training.
12. Operations & Maintenance Planning	$600 million	Establishing lifecycle support, spare parts inventory, and maintenance protocols.

Abbildung 130: Budgetübersicht.

Budgetaufteilung nach Phase

1. Forschungs- und Entwicklungsphase:

- Geschätzte Kosten: 2 Milliarden US-Dollar
- Beinhaltet das konzeptionelle Design, computergestützte Modellierung (CFD und FEA) sowie erste Prototypen. Diese Phase stellt sicher, dass alle Systeme kohärent funktionieren und die operativen Anforderungen der Marine erfüllen.

2. Konstruktionsphase:

- Geschätzte Kosten: 7,8 Milliarden US-Dollar
- Die Konstruktionsphase umfasst die Montage des Rumpfes, die Installation des Reaktors und die Integration von Antriebs-, Elektronik- und Waffensystemen. Diese Phase nutzt modulare Konstruktionsmethoden zur Verbesserung der Effizienz.

3. Test- und Seeversuche:

- Geschätzte Kosten: 800 Millionen US-Dollar
- Diese Phase validiert die Leistung des U-Boots und stellt die Einhaltung von Sicherheits- und Betriebsstandards sicher. Zu den Tests gehören Tiefseeversuche, Geräuschsignaturtests und Bewertungen der Kampfsysteme.

4. Inbetriebnahme und Crew-Training:

- Geschätzte Kosten: 300 Millionen US-Dollar
- Die Inbetriebnahme bereitet das U-Boot auf den operativen Einsatz vor, indem Systeme finalisiert und die Crew durch Simulationen und praktische Erfahrungen vorbereitet wird.

5. Betriebs- und Wartungsplanung:

- Geschätzte Kosten: 600 Millionen US-Dollar
- Deckt die Einrichtung der Lebenszyklusunterstützung ab, um das U-Boot über seine 30- bis 40-jährige Dienstzeit instand zu halten, einschließlich Reaktortankfüllung und Planung der routinemäßigen Wartung.

6. Notfallfonds:

- Bereitgestellter Betrag: 1 Milliarde US-Dollar
- Diese Reserve stellt sicher, dass unerwartete Herausforderungen, wie Störungen in der Lieferkette oder technische Neugestaltungen, den Projektzeitplan oder das Budget nicht gefährden.

Wichtige Überlegungen

- Kosten für nukleare Antriebe: Der Reaktor und die Antriebssysteme machen einen erheblichen Teil des Budgets aus, da die komplexe Technik und die regulatorischen Anforderungen im Zusammenhang mit der nuklearen Technologie berücksichtigt werden müssen.
- Arbeits- und Werftkosten: Die Werftarbeit ist hochspezialisiert, und der Konstruktionsprozess erfordert eine große Anzahl von Facharbeitern, die über mehrere Jahre hinweg beschäftigt sind. Die Zusammenarbeit zwischen General Dynamics Electric Boat und Huntington Ingalls treibt diese Kosten.
- Kosten für Waffen und Lasten: Angesichts der steigenden Nachfrage nach fortschrittlichen Raketen-Systemen umfasst das Waffenbudget Kosten für Torpedorohre, vertikale Abschussrampen und spezialisierte Lasten wie Tomahawk-Raketen.

Geschätzte Gesamtkosten: 11,3 - 12,0 Milliarden US-Dollar pro U-Boot

Angesichts der Komplexität und des Umfangs von U-Boot-Projekten können die Budgets je nach technologischen Fortschritten, regulatorischen Anforderungen und Herausforderungen in der Lieferkette schwanken. Regelmäßige Prüfungen und Berichterstattung sorgen dafür, dass die Ausgaben innerhalb der genehmigten Grenzen bleiben, während Notfallfonds unvorhergesehene Ausgaben abdecken.

Zum weiteren Kontext hat das AUKUS-U-Boot-Programm, ein trilaterales Sicherheitsabkommen zwischen Australien, den Vereinigten Staaten und dem Vereinigten Königreich, erhebliche Aufmerksamkeit aufgrund seines ehrgeizigen Budgets und seiner strategischen Auswirkungen erregt. Es wird erwartet, dass das Programm bis zu 368 Milliarden AUD (etwa 235 Milliarden USD) über mehrere Jahrzehnte kosten wird und die Entwicklung, Beschaffung und den Bau von nuklearbetriebenen U-Booten in Australien umfasst. Diese erhebliche Investition beinhaltet auch Verbesserungen der lokalen Schiffbaukapazitäten und der Entwicklung der Arbeitskräfte und spiegelt das Engagement wider, die Verteidigungsinfrastruktur und technologischen Fähigkeiten Australiens zu stärken [687-689].

Australiens anfängliches Engagement von 3 Milliarden USD zur Unterstützung der U.S.- und UK-U-Boot-Industriebasen ist ein entscheidender Aspekt des AUKUS-Abkommens. Diese Finanzierung zielt darauf ab, die Produktionskapazitäten zu verbessern und die Zusammenarbeit zwischen den drei Nationen zu erleichtern, um einen robusteren und effizienteren U-Boot-Bauprozess sicherzustellen [690, 691]. Der strategische Ansatz hinter AUKUS besteht nicht nur darin, die militärischen Fähigkeiten zu verbessern, sondern auch Chinas wachsenden Einfluss im Indopazifik auszugleichen. Die Partnerschaft wird als wichtiger Schritt angesehen, um die regionale Sicherheit und Stabilität zu erhalten und die bestehenden Allianzen zwischen diesen Nationen zu stärken [692-694].

Darüber hinaus bedeutet das AUKUS-Abkommen einen Wandel in der geopolitischen Landschaft mit Auswirkungen auf die internationalen Sicherheitsdynamiken. Die Vereinbarung soll den technologischen Austausch und die maritime Zusammenarbeit fördern, die für die Bewältigung zeitgenössischer Sicherheitsherausforderungen in der Region von entscheidender Bedeutung sind [689, 694, 695]. Kritiker warnen jedoch, dass AUKUS, obwohl es darauf abzielt, Aggressionen abzuschrecken, unbeabsichtigt Spannungen eskalieren und zu einem Rüstungswettlauf im Indopazifik beitragen könnte [694, 696]. Die von AUKUS etablierten rechtlichen und operationellen Rahmenbedingungen werden ebenfalls eine entscheidende Rolle dabei spielen, wie effektiv das Programm langfristig ist und wie es sich auf die regionale Stabilität auswirkt [697, 698].

Projektzeitplanung

Die Zeitplanung eines U-Boot-Bauprojekts ist ein komplexes Unterfangen, das zahlreiche Phasen, Abhängigkeiten und einen strengen Zeitrahmen umfasst. Dieser Prozess erstreckt sich typischerweise über mehrere Jahre, beginnend mit der Konzeptionsphase und bis zur Inbetriebnahme. Die darin enthaltenen Komplexitäten erfordern eine sorgfältige Koordination zwischen verschiedenen Interessengruppen, einschließlich Werften, Auftragnehmern und Marinebehörden.

Eine der Hauptherausforderungen bei der Zeitplanung von U-Boot-Bauprojekten ist die Abhängigkeit der Aufgaben. Die Dependency Structure Matrix (DSM) hat sich als effektives Werkzeug zur Verwaltung solcher komplexen Projekte erwiesen, da sie die Abhängigkeiten zwischen den verschiedenen Komponenten des Projekts genau darstellt [699]. Diese Matrix erleichtert die Identifizierung kritischer Pfade und potenzieller Engpässe und verbessert damit den gesamten Planungsprozess. Darüber hinaus zeigt die Literatur, dass die Interaktion zwischen kooperativen und wettbewerbsorientierten Gruppenprozessen die Ergebnisse der Zeitplanung erheblich beeinflussen kann, insbesondere in Umgebungen mit hoher Aufgabenabhängigkeit [700]. Dies unterstreicht die Bedeutung gemeinsamer Anstrengungen aller an dem Bauprozess beteiligten Parteien.

Eine Dependency Structure Matrix (DSM) ist ein fortschrittliches Projektmanagement-Tool, das verwendet wird, um Abhängigkeiten zwischen verschiedenen Aufgaben oder Komponenten in einem komplexen Projekt, wie dem U-Boot-Bau, zu kartieren und zu analysieren. Sie stellt sicher, dass voneinander abhängige Aktivitäten effizient verwaltet werden, um Verzögerungen und Kostenüberschreitungen zu vermeiden.

So funktioniert die DSM im U-Boot-Bau:

1. **Identifikation der Schlüsseltasks und Module:** In einem U-Boot-Bauprojekt könnten diese Aufgaben die Rumpfabwicklung, die Integration des Antriebssystems, die Installation von Waffensystemen und die Prüfung des Sonarsystems umfassen. Jede Aufgabe oder Komponente wird als Zeile und Spalte in der Matrix dargestellt.
2. **Abhängigkeiten kartieren:** Eine DSM hebt hervor, welche Aufgaben von anderen abhängen. Beispielsweise muss die Integration des Reaktors erfolgen, nachdem der Rumpfabschnitt abgeschlossen ist, während die Prüfung des Antriebssystems möglicherweise auf vorherige Installationsphasen angewiesen ist. Abhängigkeiten werden in der Matrix markiert, wo sich Aufgaben kreuzen.
3. **Analyse des Aufgabenflusses:** Die Matrix zeigt sequenzielle, parallele und iterative Abhängigkeiten. Wenn mehrere Aufgaben parallel durchgeführt werden können (z. B. die gleichzeitige Anfertigung verschiedener Module), werden sie entsprechend abgebildet, um Effizienz sicherzustellen. Iterative Schleifen kennzeichnen Bereiche, in denen Nacharbeiten erforderlich sein könnten, wenn die Abhängigkeiten eng verknüpft sind, wie bei der iterativen Prüfung und Anpassung von Sonarsystemen.
4. **Optimierung der Arbeitsreihenfolge:** Die DSM hilft, kritische Pfade und potenzielle Engpassbereiche zu identifizieren. Wenn zwei abhängige Aufgaben Konflikte in den Zeitplänen haben, kennzeichnet die Matrix diese Konflikte frühzeitig, sodass Manager Aufgaben neu sequenzieren oder mehr Ressourcen zuweisen können.
5. **Änderungen und Unsicherheiten managen:** Der U-Boot-Bau ist oft mit unvorhergesehenen Problemen konfrontiert, wie Verzögerungen in der Lieferkette oder technischen Neugestaltungen. Mit einer DSM können Manager die Folgewirkungen von Änderungen bewerten, indem sie die Matrix anpassen. Wenn beispielsweise eine Verzögerung bei der Sonarinstallation auftritt, werden automatisch nachfolgende Verzögerungen in den Test- und Integrationsphasen hervorgehoben.

Nachfolgend ein vereinfachtes Beispiel einer Dependency Structure Matrix (DSM) für ein U-Boot-Bauprojekt. In dieser Matrix sind die Aufgaben sowohl entlang der Zeilen als auch der Spalten organisiert, um die Abhängigkeiten widerzuspiegeln. Jede Zelle zeigt an, ob eine Aufgabe von einer anderen abhängt. Die Werte in den Zellen können entweder binär (1 für Abhängigkeit, 0 für keine Abhängigkeit) oder komplexere Beziehungen wie die Stärke der Abhängigkeit darstellen.

Beispiel einer Dependency Structure Matrix (DSM) für den U-Boot-Bau

Tasks	Concept Design	Hull Fabrication	Reactor Installation	Propulsion Integration	Sonar System Testing	Sea Trials
Concept Design	0	1	0	0	0	0
Hull Fabrication	0	0	1	1	0	0
Reactor Installation	0	0	0	1	0	0
Propulsion Integration	0	0	0	0	1	0
Sonar System Testing	0	0	0	0	0	1
Sea Trials	0	0	0	0	0	0

Abbildung 131: Beispiel einer Dependency Structure Matrix (DSM) für den U-Boot-Bau.

Erläuterung der Matrix:

- **Konzeptdesign:** Diese Aufgabe initiiert das Projekt und ist eine Voraussetzung für alle nachfolgenden Aufgaben. Daher hängt die Rumpfabwicklung vom Konzeptdesign ab (markiert als 1).
- **Rumpfabwicklung:** Muss abgeschlossen sein, bevor die Reaktormontage und die Integration des Antriebssystems erfolgen können.
- **Reaktormontage:** Kann erst durchgeführt werden, wenn der Rumpf fertiggestellt und zusammengebaut ist. Sie beeinflusst die Integration des Antriebssystems.
- **Antriebsintegration:** Nachdem der Antrieb integriert ist, kann das Sonarsystem getestet werden.
- **Sonarsystemtests:** Müssen abgeschlossen sein, bevor die Seeversuche durchgeführt werden.
- **Seeversuche:** Letzte Aufgabe ohne weitere Abhängigkeiten.

Diese DSM hilft Projektmanagern, den kritischen Pfad und die Abhängigkeiten zwischen verschiedenen Aufgaben zu identifizieren. Sie zeigt, dass jede Verzögerung bei der Rumpfabwicklung direkte Auswirkungen auf die Reaktormontage und die Antriebsintegration und letztendlich auf das gesamte Projekt haben wird. Die Matrix sorgt auch für eine effiziente Ressourcenallokation, indem sie Aufgaben hervorhebt, die parallel durchgeführt werden können (z. B. können einige Teile des Antriebs- und Sonarsystems gleichzeitig integriert werden). Durch die Analyse dieser DSM können Anpassungen im Zeitplan vorgenommen werden, um Engpässe zu vermeiden und sicherzustellen, dass das Projekt rechtzeitig abgeschlossen wird. Darüber hinaus wird der Zeitrahmen für den U-Boot-Bau oft durch strenge regulatorische und betriebliche Anforderungen diktiert. Das U-Boot-Entwicklungsprogramm der indischen Marine verdeutlicht beispielsweise die Notwendigkeit eines langfristigen Planungsansatzes, da es einen 30-jährigen

Zeitrahmen für den Bau mehrerer U-Boote umfasst [701]. Eine solche umfassende Planung ist entscheidend, um sicherzustellen, dass alle Bauphasen mit den nationalen Verteidigungsstrategien und technologischen Fortschritten in Einklang stehen.

Schlüsselfasen und Meilensteine im U-Boot-Bau

Der U-Boot-Bau ist ein langwieriger, mehrstufiger Prozess, der Jahre dauert. Jede Phase baut auf der vorherigen auf und stellt sicher, dass das Schiff systematisch entwickelt wird und Sicherheits-, Leistungs- und Betriebsziele erfüllt. Die Hauptphasen umfassen:

- **Forschungs- und Entwicklungsphase (F&E):** Die F&E-Phase dauert typischerweise 2 bis 4 Jahre. In dieser Zeit liegt der Fokus auf der Durchführung von Machbarkeitsstudien, der Definition technischer und betrieblicher Spezifikationen und der Erstellung erster Prototypen. Diese Phase umfasst intensive Simulationen, Computer-Modellierung und erste Tests zur Beurteilung, ob das Design die Leistungsanforderungen erfüllen kann. Ziel ist es, technische Risiken vor dem Beginn des Baus zu reduzieren und sicherzustellen, dass das Design mit den strategischen Anforderungen der Marine übereinstimmt.
- **Bauphase:** Die Bauphase erstreckt sich über 5 bis 7 Jahre und umfasst die Herstellung des Rumpfes, die Montage modularer Komponenten sowie die Integration von Antrieb, Elektronik, Waffensystemen und Lebenserhaltungssystemen. Moderne modulare Bauverfahren ermöglichen es, verschiedene Teile des U-Bootes gleichzeitig an unterschiedlichen Standorten zu bauen und später im Schiffbau zu montieren. Die Werften koordinieren sich eng, um die präzise Installation empfindlicher Komponenten, wie nuklearer Reaktoren oder Sonararrays, sicherzustellen, die spezielle Infrastruktur erfordern.
- **Test- und Versuchsphase:** Die Test- und Versuchsphase dauert etwa 1 bis 2 Jahre. Nach Abschluss des Baus durchläuft das U-Boot rigorose Tests, um sicherzustellen, dass jedes System wie beabsichtigt funktioniert. Dazu gehören Seeversuche, bei denen der Antrieb, die Auftriebseigenschaften, Sensoren, Waffen und die Tarnfähigkeiten des Schiffes unter realen Bedingungen getestet werden. Akustische Tests werden durchgeführt, um die Geräuschsignaturen zu messen und sicherzustellen, dass das U-Boot verdeckt operieren kann. Alle während dieser Phase festgestellten Leistungsprobleme werden durch Reparaturen oder Modifikationen behoben.
- **Inbetriebnahmephase:** Die Inbetriebnahmephase dauert mehrere Monate und markiert den letzten Schritt, bevor das U-Boot in den operativen Dienst übergeht. Sie umfasst umfassende Inspektionen, Systemvalidierungen und die Ausbildung der Besatzung, um sicherzustellen, dass das Schiff einsatzbereit ist. Die Ausbildung konzentriert sich auf die Bedienung der Systeme des U-Bootes, das Üben von Notfallverfahren und die Vertrautmachung der Besatzung mit den einzigartigen Anforderungen von Unterwasser-Missionen. Nach der Inbetriebnahme wird das U-Boot formell in die Marineflotte integriert und ist bereit für Trainingsmissionen und reale Einsätze.

Diese Phasen stellen zusammen sicher, dass U-Boote die höchsten Sicherheits-, Leistungs- und strategischen Bereitschaftsstandards erfüllen. Jede Phase erfordert die Koordination zwischen Werften, Auftragnehmern und der Marine, um strikten Zeitplänen einzuhalten und Verzögerungen zu vermeiden, wobei der gesamte Prozess oft 8 bis 15 Jahre von der ersten Idee bis zur endgültigen Inbetriebnahme in Anspruch nimmt.

Kritisches Pfadmanagement in U-Boot-Bauprojekten

Das kritische Pfadmanagement (CPM) spielt eine zentrale Rolle bei der Planung von U-Boot-Bauprojekten und stellt sicher, dass miteinander verbundene Aufgaben rechtzeitig abgeschlossen werden. Ein kritischer Pfadzeitplan (CPS) identifiziert die längste Sequenz von Aufgaben, die rechtzeitig abgeschlossen werden müssen, um Verzögerungen im Projekt zu verhindern. Diese Sequenz umreißt die wesentlichen Aktivitäten, ohne die das U-Boot nicht innerhalb des festgelegten Zeitrahmens geliefert werden kann.

Die CPM-Methodik ermöglicht es Projektmanagern, die längste Sequenz abhängiger Aufgaben zu identifizieren, die die Mindestdauer des Projekts bestimmt. Durch die Konzentration auf diese kritischen Aufgaben können Projektmanager Ressourcen effektiver zuweisen und Aktivitäten priorisieren, die sich direkt auf den Zeitrahmen des Projekts auswirken [702, 703]. Im Kontext des Arihant-Klassen-Projekts würde die Verwendung von CPM die Identifizierung kritischer Meilensteine wie Rumpfbau, Reaktormontage und Systemintegration erleichtern, die für die Einsatzbereitschaft des U-Bootes entscheidend sind.

Darüber hinaus ist die Integration von Risikomanagementpraktiken innerhalb des CPM-Rahmens entscheidend, um Unsicherheiten zu adressieren, die die Projektergebnisse beeinflussen könnten. Studien zeigen, dass effektives Risikomanagement zu erheblichen Verbesserungen der Projektleistung führen kann, insbesondere in risikobehafteten Umfeldern wie Verteidigungsprojekten [704, 705].

Die aktuellste U-Boot-Klasse der indischen Marine ist das Arihant-Klasse, ein nuklearbetriebenes ballistisches Raketen-U-Boot (SSBN). Die Indienststellung der INS Arighaat, des zweiten U-Bootes dieser Klasse, wird für 2024 erwartet und stellt eine erhebliche Erweiterung der strategischen nuklearen Fähigkeiten Indiens dar. Diese Induktion stärkt Indiens nukleare Triade und bietet ein glaubwürdiges Zweitschlagpotenzial, das entscheidend für die Aufrechterhaltung der Abschreckung in einer Region ist, die von zunehmenden geopolitischen Spannungen und antagonistischen Haltungen geprägt ist, insbesondere von Nachbarländern wie China und Pakistan [706].

Die SSBNs der Arihant-Klasse wurden im Rahmen des Projekts „Fortgeschrittenes Technologie-Schiff" (ATV) indigen entwickelt, was Indiens zunehmende Selbstständigkeit in der Verteidigungstechnologie verdeutlicht. Die INS Arighaat, ähnlich wie ihr Vorgänger INS Arihant, hat eine Verdrängung von etwa 6.000 Tonnen und ist in der Lage, sowohl K-4 ballistische Raketen mit einer Reichweite von 3.500 km als auch K-15 Raketen mit einer kürzeren Reichweite von 750 km abzufeuern. Diese Fähigkeiten sind entscheidend für Indiens strategische Abschreckungshaltung, da sie eine effektive Reaktion auf potenzielle Bedrohungen ermöglichen und die gesamte militärische Einsatzbereitschaft erhöhen [706].

Der Bau und die Indienststellung der SSBNs der Arihant-Klasse erforderten eine komplexe Planung und effizientes kritisches Pfadmanagement (CPM). Die Komplexität des Projekts machte eine sorgfältige Zeitplanung erforderlich, um sicherzustellen, dass abhängige Systeme ohne Verzögerungen ausgerichtet und integriert werden konnten. Jede Phase, vom Konzeptdesign bis zur endgültigen Indienststellung, wurde sorgfältig orchestriert, um kaskadierende Verzögerungen zu verhindern, die die Einsatzbereitschaft dieser U-Boote gefährden könnten. Dieses Maß an Projektmanagement spiegelt Indiens Engagement wider, seine maritimen Fähigkeiten voranzutreiben und sicherzustellen, dass seine strategischen Assets auf dem höchsten Standard gehalten werden [707].

Für das Arihant-Klassen-Projekt würde die Identifizierung potenzieller Risiken—wie technische Herausforderungen, Störungen in der Lieferkette oder regulatorische Hürden—es Projektmanagern ermöglichen, Strategien zur Risikominderung zu entwickeln, die die Einhaltung von Zeitplänen und Budgetvorgaben sicherstellen [708].

Die Anwendung des Critical Chain Project Management (CCPM), einer Erweiterung des CPM, die Ressourcenschränkungen und Puffer berücksichtigt, könnte die Effektivität des Projektmanagements im Arihant-Klassen-Projekt weiter steigern. CCPM betont die Bedeutung des Managements von Unsicherheiten und der Optimierung des Arbeitsflusses, was besonders relevant in einem Projekt ist, das durch komplexe Abhängigkeiten und begrenzte Ressourcen gekennzeichnet ist [709, 710]. Durch die Implementierung strategischer Puffertechniken können Projektmanager Verzögerungen bei nicht kritischen Aufgaben besser abfedern, ohne den gesamten Projektzeitplan zu beeinträchtigen.

Darüber hinaus erfordert die kollaborative Natur des Arihant-Klassen-Projekts, an dem mehrere Stakeholder aus verschiedenen Sektoren beteiligt sind, robuste Kommunikations- und Koordinationsmechanismen. Die Methodik des Project Management Institute (PMI), die die Einbindung der Stakeholder und das proaktive Risikomanagement betont, passt gut zu den Anforderungen solcher komplexen Projekte [711, 712]. Effektive Kommunikation zwischen Teammitgliedern und Stakeholdern ist entscheidend, um sicherzustellen, dass alle Parteien mit den Projektzielen und -zeitplänen übereinstimmen, wodurch die Wahrscheinlichkeit von Missverständnissen verringert wird, die zu Verzögerungen führen könnten.

Im U-Boot-Bau ist die modulare Montage die zentrale Methode, bei der verschiedene Abschnitte—wie der Reaktorkern, die Antriebssysteme und die Sonareinheiten—simultan an verschiedenen Standorten entwickelt werden. Jede Komponente hat Abhängigkeiten. Zum Beispiel kann die Reaktormontage nicht beginnen, bis die Rumpfabwicklung abgeschlossen ist, und die Antriebstests müssen auf die endgültige Reaktorkonfiguration warten. Wenn eine kritische Aufgabe wie die Rumpfabwicklung Verzögerungen hat, wirkt sich dies auf abhängige Aufgaben wie die Systemintegration und die Seeversuche aus und verlangsamt das gesamte Projekt.

Effektives CPM hilft dabei, solche Abhängigkeiten und potenzielle Engpässe frühzeitig zu identifizieren. Dies ermöglicht es Projektmanagern, Ressourcen neu zuzuweisen, Zeitpläne anzupassen oder Aufgaben, die nicht auf dem kritischen Pfad liegen, zu verschieben, um sicherzustellen, dass das Projekt im Zeitplan bleibt. Darüber hinaus stellt der CPS sicher, dass die Komplexität der Tests und Versuche mit ausreichend Zeit eingeplant wird, um etwaige Probleme zu lösen, ohne die endgültige Inbetriebnahme zu beeinträchtigen. Durch ein sorgfältiges Management des kritischen Pfades verringern U-Boot-Bauer das Risiko von kaskadierenden Verzögerungen und verbessern die Wahrscheinlichkeit, enge operationale Zeitrahmen einzuhalten.

Beispiel für kritisches Pfadmanagement im U-Boot-Bau

Betrachten wir ein Projekt zum Bau eines nuklearbetriebenen U-Bootes mit wichtigen Aufgaben wie Rumpfabwicklung, Reaktormontage, Integration des Antriebssystems, Installation des Sonars und Seeversuchen. Im Folgenden wird ein Beispiel dafür gegeben, wie kritisches Pfadmanagement (CPM) angewendet wird:

1. **Rumpfabwicklung (6 Monate):** Dies ist der Ausgangspunkt. Alle internen Systeme hängen von der Fertigstellung des Rumpfes ab.

2. **Reaktormontage (4 Monate):** Kann nur beginnen, wenn der Rumpf vollständig ist. Jede Verzögerung bei der Rumpfabwicklung verzögert die Reaktormontage.

3. **Integration des Antriebssystems (5 Monate):** Beginnt nach der Installation des Reaktors, da es direkt mit dem Reaktor für Tests verbunden wird.

4. **Installation und Test des Sonars (3 Monate):** Läuft parallel zu den letzten Phasen der Antriebsintegration, muss jedoch vor den Seeversuchen abgeschlossen sein.

5. **Seeversuche (2 Monate):** Die letzte kritische Aufgabe, die von der rechtzeitigen Fertigstellung aller vorherigen Phasen abhängt.

In diesem Szenario, wenn die Rumpfabwicklung um einen Monat verzögert wird, hat dies Auswirkungen auf den kritischen Pfad und verschiebt die Reaktormontage sowie nachfolgende Aufgaben, einschließlich der Seeversuche und der Indienststellung. Um den Zeitplan zu verwalten, könnten Projektmanager entscheiden, nicht kritische Aufgaben zu überlappen, wie z. B. frühzeitige Arbeiten am Sonar oder die Vormontage von Antriebseinheiten, um Engpässe zu reduzieren.

Diese modulare Bauweise mit überlappenden Zeitplänen hilft, den Zeitrahmen zu optimieren. CPM stellt jedoch sicher, dass die wichtigsten Abhängigkeiten—wie die Integration des Reaktors nach der Rumpfabwicklung—priorisiert bleiben, um kaskadierende Verzögerungen zu vermeiden. Durch diesen strukturierten Ansatz behalten U-Boot-Bauer die Kontrolle über den Projektzeitplan und gewährleisten eine pünktliche Lieferung.

Die modulare Bauweise ist ein innovativer Ansatz, der in modernen U-Boot-Projekten wie den Virginia-Klasse-U-Booten verwendet wird, um den Bauprozess zu optimieren. Diese Methode umfasst die Unterteilung des U-Bootes in verschiedene Teilmontagen oder Module, von denen jedes separat gefertigt wird. Nach der Fertigstellung werden diese Module dann integriert, um die endgültige Struktur zu bilden. Die modulare Bauweise hat die U-Boot-Herstellung revolutioniert, indem sie die Effizienz erhöht, die Zeit verkürzt und eine bessere Ressourcenverteilung ermöglicht.

Ein wesentlicher Vorteil der modularen Bauweise besteht darin, dass mehrere Werften gleichzeitig an verschiedenen Abschnitten des U-Bootes arbeiten können. Zum Beispiel kann der Rumpf in einer Werft gebaut werden, während Systeme wie Reaktoren, Sonarsysteme, Antriebseinheiten oder Besatzungsunterkünfte in einer anderen Einrichtung gefertigt werden. Diese separaten Module werden dann zu einem zentralen Montageort transportiert, wo sie integriert werden. Diese Methode minimiert Engpässe, da verschiedene Arbeitsabläufe parallel fortschreiten, anstatt darauf zu warten, dass eine Aufgabe abgeschlossen ist, bevor eine andere beginnt.

Im Virginia-Klasse-U-Boot-Programm teilen sich Werften wie General Dynamics Electric Boat und Huntington Ingalls Industries die Verantwortlichkeiten für verschiedene Module. Diese Verteilung der Aufgaben reduziert den gesamten Bauzeitrahmen, da jede Einrichtung sich auf ihren spezifischen Abschnitt des U-Bootes konzentrieren kann, was den Montageprozess effizienter und besser verwaltbar macht.

Die modulare Bauweise verkürzt die Bauzeit komplexer Systeme wie U-Boote drastisch. Anstatt eines linearen Prozesses, bei dem jeder Schritt dem vorhergehenden folgen muss, bringt die Modularität Flexibilität mit sich, indem sie die Überlappung von Aufgaben ermöglicht. Diese Flexibilität gilt auch für Reparaturen und Upgrades. Module können ersetzt oder aufgerüstet werden, ohne das gesamte U-Boot zu demontieren, was besonders nützlich ist für U-Boote, die für lange Lebensdauern ausgelegt sind.

Zum Beispiel werden, sobald der Rumpf und die Antriebsabschnitte fertig sind, sie mit Waffensystemen, Elektronik und Kommandostrukturen zusammengebracht, was die Montagezeit erheblich verkürzt. Die modulare Bauweise vereinfacht auch Tests und Qualitätskontrollen, da jedes Modul vor der Integration einzeln getestet werden kann, wodurch die Wahrscheinlichkeit von Fehlern verringert wird, die ansonsten in einem vollständig montierten U-Boot schwerer zu identifizieren wären.

Die Integration der Module ist ein komplexer, aber effizienter Prozess. Sobald die Module zusammengebracht werden, passen Ingenieure sie präzise an, um sicherzustellen, dass der U-Boot-Rumpf wasserdicht ist und die Systeme nahtlos verbunden sind. Diese Integration erfordert fortschrittliche Technologien und qualifizierte Arbeitskräfte, profitiert jedoch auch von vorgefertigten Schnittstellen zwischen den Modulen, die so gestaltet sind, dass sie mit minimalem Nachbearbeitungsaufwand zusammenpassen.

Für U-Boote wie die Virginia-Klasse, die fortschrittliche Tarn- und Antriebstechnologien integriert, gewährleistet die modulare Bauweise, dass das U-Boot technologisch an der Spitze bleibt. Neue Systeme können in bestehende Designs integriert werden, ohne eine umfassende Überholung des Schiffs zu erfordern, was technologische Upgrades und Verbesserungen im Laufe der Zeit ermöglicht.

Arbeitskräfte- und Ressourcenplanung im U-Boot-Bau

Eine effektive Arbeitskräfte- und Ressourcenplanung ist entscheidend für den Erfolg von U-Boot-Bauprojekten. Die Komplexität des U-Boot-Baus – ob nuklearbetrieben oder diesel-elektrisch – erfordert eine Vielzahl von qualifizierten Arbeitskräften, präzises Ressourcenmanagement und sorgfältige Planung. Wenn diese Aspekte nicht verwaltet werden, kann dies zu kostspieligen Verzögerungen und Ineffizienzen führen, insbesondere in großangelegten Projekten, in denen jede Aufgabe miteinander verbunden ist.

Ein U-Boot-Bauprojekt erfordert eine hochqualifizierte Belegschaft, darunter Schweißer, Elektriker, Ingenieure, Rohrleger und Mechaniker, um spezialisierte Aufgaben auszuführen. Zum Beispiel sind Schweißer entscheidend für den Zusammenbau des Druckrumpfes, während Elektriker sich auf die Verkabelung kritischer Systeme wie Sonar- und Kommunikationsanlagen konzentrieren. Jede dieser Rollen erfordert eine fortgeschrittene Ausbildung, insbesondere im Kontext eines nuklearen U-Bootes, wo Präzision und Sicherheit von größter Bedeutung sind.

In der Planung müssen Projektmanager sicherstellen, dass die richtige Anzahl qualifizierter Arbeitskräfte in den verschiedenen Phasen des Projekts verfügbar ist. Dies bedeutet, dass Zeiten mit hohem Bedarf – wie während der Rumpfabwicklung oder der Reaktormontage – identifiziert werden müssen, und dass genügend Arbeiter eingeplant werden, um diesen Anforderungen gerecht zu werden, ohne die Belegschaft während weniger intensiver Phasen, wie Test- oder Endmontage, zu überlasten.

Die Verwaltung von Arbeitsschichten spielt ebenfalls eine bedeutende Rolle, um Müdigkeit zu verhindern und eine konstante Qualität sicherzustellen. Der U-Boot-Bau erfolgt oft rund um die Uhr in Werften, was eine sorgfältige Planung der Schichten und Rotationen erfordert. Dies hilft, die Produktivität aufrechtzuerhalten, während sichergestellt wird, dass die komplexe, detailorientierte Arbeit auf höchstem Niveau abgeschlossen wird. Wenn diese Schichten nicht angemessen geplant sind, kann dies zu Erschöpfung der Arbeiter, Fehlern bei kritischen Aufgaben oder Verzögerungen im gesamten Bauzeitplan führen.

Die Ressourcenplanung umfasst die rechtzeitige Beschaffung von Materialien, wie HY-80 oder HY-100 Stahl, die für den Bau des Rumpfes, elektronischer Systeme und Komponenten für Antrieb und Waffensysteme erforderlich sind. U-Boote werden häufig mit modernsten Materialien und Technologien gebaut, was längere Beschaffungszeiten mit sich bringen kann.

Die Planung muss die rechtzeitige Bestellung von Materialien umfassen, um Engpässe zu vermeiden, die den Bau stoppen oder verlangsamen können. Verzögerungen bei der Beschaffung bestimmter Sonar- oder Reaktorkomponenten können beispielsweise zu Verzögerungen bei der Systemintegration und in den Testphasen führen. Die Gewährleistung einer zuverlässigen Lieferkette für diese spezialisierten Materialien ist entscheidend, um das Projekt auf Kurs zu halten.

In U-Boot-Bauprojekten stammen viele kritische Komponenten, wie Reaktoren oder ballistische Raketenstartsysteme, von Alleinlieferanten aufgrund der hochspezialisierten Natur der Materialien. Verzögerungen oder Störungen bei diesen Lieferanten können erhebliche Auswirkungen haben, sodass der Aufbau starker Beziehungen und Notfallpläne unerlässlich ist.

Die Infrastruktur der Werft spielt ebenfalls eine Schlüsselrolle für den Projekterfolg. Die Einrichtungen müssen instand gehalten werden, um den Bau von U-Booten zu unterstützen, insbesondere solche, die Trockendocks, Kräne und Montagehallen benötigen, die große, schwere Komponenten handhaben können. Regelmäßige Wartung dieser Einrichtungen stellt sicher, dass sie bei Bedarf voll funktionsfähig sind, und eine Vernachlässigung kann zu erheblichen Ausfallzeiten führen.

Zum Beispiel können Verzögerungen bei der Verfügbarkeit von Trockendocks den Zusammenbau modularer Abschnitte verhindern, oder Probleme mit Überkopfkränen können den Prozess der Integration großer Abschnitte wie des Reaktors oder der Antriebseinheit in den U-Boot-Rumpf verlangsamen. Sicherzustellen, dass die Einrichtungen der Werft ordnungsgemäß gewartet werden und in der Lage sind, den Bauzeitplan zu unterstützen, ist ein entscheidendes Element der Ressourcenplanung.

All diese Elemente – Arbeitskräfteverwaltung, Materialbeschaffung und Instandhaltung der Einrichtungen – müssen synchronisiert werden, um sicherzustellen, dass das Projekt im Zeitplan bleibt. Dies erfordert integrierte

Projektplanungstools, die oft durch Software unterstützt werden, die es Projektmanagern ermöglicht, Abhängigkeiten von Aufgaben und die Ressourcenverteilung zu visualisieren. Wenn beispielsweise eine Verzögerung bei der Beschaffung eines wichtigen Materials festgestellt wird, können Arbeitsressourcen auf andere Aufgaben umverteilt werden, um Ausfallzeiten zu vermeiden und sicherzustellen, dass in anderen Bereichen des Projekts weiterhin Fortschritte erzielt werden.

Eine effektive Planung umfasst auch Puffer für unerwartete Verzögerungen bei der Materiallieferung oder Arbeitskräftemangel, um sicherzustellen, dass das Projekt diese Herausforderungen bewältigen kann, ohne den gesamten Zeitplan zu gefährden. Durch das Gleichgewicht zwischen der Nachfrage nach Arbeitskräften und den verfügbaren Ressourcen sowie die rechtzeitige Beschaffung von Materialien können Projektmanager einen stetigen Fortschritt in Richtung Projektabschluss aufrechterhalten.

Risikominderung und Flexibilität in U-Boot-Bauprojekten

Risikominderung und Flexibilität sind integrale Bestandteile jedes U-Boot-Bauprojekts, angesichts der Komplexität und der hohen Einsätze, die damit verbunden sind. Der Bauprozess erstreckt sich über mehrere Jahre, umfasst zahlreiche voneinander abhängige Systeme und ist stark anfällig für Risiken wie Materialengpässe, technische Ausfälle und Testprobleme. Effektive Strategien zur Risikominderung helfen sicherzustellen, dass das Projekt im Zeitplan und im Budget bleibt, während integrierte Flexibilität es den Teams ermöglicht, auf unvorhergesehene Herausforderungen zu reagieren, ohne das gesamte Projekt zu gefährden.

Eine der wichtigsten Methoden zur Risikosteuerung im U-Boot-Bau besteht darin, Puffer in den Zeitplan einzuarbeiten. Puffer sind Zeiträume, die hinzugefügt werden, um potenzielle Verzögerungen zu berücksichtigen, ohne den Gesamtzeitplan zu beeinträchtigen. Zum Beispiel stellen Puffer in kritischen Phasen wie der Reaktorintegration oder den Seeversuchen sicher, dass, wenn etwas schiefgeht, Zeit bleibt, um das Problem zu beheben, ohne das gesamte Projekt zurückzustellen.

Wenn in einem Szenario Materialengpässe die Beschaffung kritischer Komponenten wie HY-80 Stahl für den Druckrumpf verzögern, ermöglicht ein zusätzlicher Zeitraum von einigen Wochen im Zeitplan, dass das Projekt die Verzögerung absorbiert, ohne nachfolgende Phasen zu stören. Diese Puffer sind nicht einheitlich im Projekt verteilt; sie sind strategisch dort platziert, wo die Risiken am höchsten sind, wie während der Systemintegration, wo technische Kompatibilitätsprobleme zwischen verschiedenen Modulen auftreten können, oder während der finalen Testphase, wenn Ausfälle in Systemen wie Antrieb oder Waffentechnik Neugestaltungen oder Reparaturen erfordern können.

Einige Phasen des U-Boot-Baus sind besonders empfindlich gegenüber Verzögerungen, wie die Seeversuche und die Reaktorintegration. Diese sind hochtechnische und sicherheitskritische Phasen, die oft modernste Technologien beinhalten. Während der Seeversuche wird die Leistung des U-Bootes unter realen Bedingungen getestet, einschließlich akustischer Dämpfung, Antriebseffizienz und Kampfsystemen. Ausfälle während der Seeversuche können eine Rückkehr ins Trockendock erfordern, wo Ingenieure auftretende Probleme beheben müssen. Ohne Notfallpläne oder Puffer können solche Ausfälle zu kostspieligen Verzögerungen führen.

Ähnlich ist die Reaktorintegration bei nuklearbetriebenen U-Booten eine hochspezialisierte Phase, in der Fehltritte das gesamte Projekt gefährden können. Die Integration und Prüfung von nuklearen Reaktoren erfordert strenge Sicherheitsprotokolle, und alle Probleme, die während der Betriebstests des Reaktors festgestellt werden, könnten bedeuten, dass frühere Phasen des Baus erneut durchlaufen werden müssen. Die Notfallplanung für diese risikobehafteten Phasen umfasst typischerweise die frühzeitige Identifizierung potenzieller Fehlerquellen, die Sicherstellung des Zugangs zu kritischen Ersatzteilen und die Bereitstellung von Backup-Teams, die unerwartete Komplikationen managen.

Materialengpässe sind ein weiterer wesentlicher Risikofaktor, insbesondere angesichts der spezialisierten Komponenten, die im U-Boot-Bau verwendet werden, wie Sonaranlagen, Antriebssysteme und fortschrittliche Materialien für den Rumpf. Viele dieser Komponenten stammen von Alleinlieferanten, was bedeutet, dass jede Störung in der Lieferkette Verzögerungen verursachen kann.

Um diese Risiken zu mindern, etablieren U-Boot-Bauprojekte häufig langfristige Verträge mit Lieferanten, um die Verfügbarkeit kritischer Materialien zu garantieren. Darüber hinaus übernehmen einige Projekte, wo möglich, eine Multi-Lieferanten-Strategie, um sicherzustellen, dass alternative Quellen für Materialien zur Verfügung stehen, falls der Hauptlieferant Störungen erfährt. In Fällen, in denen dennoch Materialengpässe auftreten, stellen Beschaffungs-Puffer sicher, dass alternative Pläne in die Tat umgesetzt werden können, entweder durch das Finden von Ersatzmaterialien oder durch das Neuterminieren der Integration anderer Komponenten, um das Projekt voranzubringen.

Die Verwendung modularer Konstruktion im U-Boot-Bauprojekten fügt dem Zeitplan ebenfalls Flexibilität hinzu. Durch die Unterteilung des U-Bootes in verschiedene Module – wie den Rumpf, Antrieb, Waffensysteme und elektronische Systeme – kann jedes Modul separat gebaut und getestet werden. Das bedeutet, dass Verzögerungen in einem Modul nicht zwangsläufig den Fortschritt in anderen Bereichen stoppen. Wenn beispielsweise ein Problem mit dem Reaktormodul auftritt, kann die Arbeit an den Sonar- oder Raketenmodulen fortgesetzt werden, was es dem Gesamtprojekt ermöglicht, auf Kurs zu bleiben. Sobald das verzögerte Modul fertiggestellt ist, kann es ohne erhebliche Verzögerungen in den Gesamtzeitplan integriert werden.

Dieser modulare Ansatz hilft auch, Risiken während der Integration zu mindern, da einzelne Module getestet und validiert werden, bevor sie zusammengebracht werden. Wenn während des Tests ein Problem auftritt, kann es innerhalb des Moduls behoben werden, wodurch die Notwendigkeit entfällt, ein vollständig montiertes U-Boot zu zerlegen.

Das Risikomanagement ist ein kontinuierlicher Prozess während des gesamten U-Boot-Baus. Projektmanager nutzen Echtzeitdaten aus verschiedenen Quellen, einschließlich Materialbeständen, Verfügbarkeit der Arbeitskräfte und Fortschritt der Aufgaben, um die Gesundheit des Projekts zu überwachen. Softwaretools können helfen, potenzielle Risiken zu visualisieren und ihre Auswirkungen auf den Zeitplan des Projekts zu bewerten. Wenn Verzögerungen auftreten oder Risiken realisiert werden, können Anpassungen vorgenommen werden, um Ressourcen umzuleiten, Arbeitskräfte in priorisierte Bereiche zu verschieben oder die Reihenfolge der Aufgaben zu ändern, um weitere Verzögerungen zu vermeiden.

Wenn beispielsweise bei Tests Mängel im Sonarsystem festgestellt werden, könnten Ingenieure sich darauf konzentrieren, diese Probleme zu beheben, während andere Teams mit der Schulung der Besatzung oder der Installation des Waffensystems fortfahren. Dieser flexible Ansatz minimiert die Auswirkungen lokalisierter Probleme auf den umfassenderen Projektzeitplan.

Werkzeuge und Technologien im U-Boot-Bau

U-Boot-Bauprojekte sind komplexe Unternehmungen, die sorgfältige Planung, Ressourcenmanagement und Präzision in der Ausführung erfordern. Verschiedene Werkzeuge und Technologien werden eingesetzt, um sicherzustellen, dass das Projekt auf Kurs bleibt und die höchsten Qualitätsstandards erfüllt. Zu diesen Werkzeugen gehören Projektmanagement-Software, Earned Value Management (EVM) und digitale Zwillinge, die gemeinsam dazu beitragen, die Abläufe zu optimieren, die Effizienz zu steigern und Risiken zu minimieren.

Projektmanagement-Software

Ein wesentliches Werkzeug im U-Boot-Bau ist die Projektmanagement-Software. Diese Technologie hilft Projektmanagern, Zeitpläne, Ressourcen und Budgets in Echtzeit zu verfolgen und bietet eine zentrale Plattform für die

Planung und Überwachung jeder Phase des Projekts. Angesichts der voneinander abhängigen Natur des U-Boot-Baus, bei der Verzögerungen in einer Phase den Gesamtzeitplan beeinflussen können, ist das Echtzeit-Tracking entscheidend, um die Fortschritte des Projekts im Blick zu behalten.

Diese Softwareplattformen ermöglichen es Projektmanagern, detaillierte Gantt-Diagramme oder Critical Path Schedules (CPS) zu erstellen, um wichtige Meilensteine und Fristen zu visualisieren. Durch die Überwachung der Verfügbarkeit von Arbeitskräften, der Materialbeschaffung und des Fortschritts der modularen Konstruktion können Projektmanager potenzielle Engpässe oder Verzögerungen schnell ansprechen. Darüber hinaus sorgen die Funktionen zur Ressourcenallokation der Software dafür, dass Fachkräfte wie Schweißer oder Elektriker effizient den Aufgaben zugewiesen werden, für die sie in jeder Phase des Bauprozesses benötigt werden. Durch die Integration von Daten aus verschiedenen Quellen, wie Werftbetrieb und Beschaffungssystemen, hilft die Software auch, den Cashflow zu verwalten, Lieferantenverträge zu überwachen und die finanzielle Aufsicht zu gewährleisten.

Earned Value Management (EVM)

Earned Value Management (EVM) ist ein weiteres kritisches Werkzeug, das im U-Boot-Bau verwendet wird, um die Leistung zu messen und sicherzustellen, dass das Projekt im Zeitplan und im Budget bleibt. EVM kombiniert Daten zu Projektumfang, Kosten und Zeitplan, um eine umfassende Bewertung des Fortschritts des Projekts im Vergleich zum ursprünglichen Plan zu bieten. Diese Methode bietet Einblicke darüber, ob das Projekt im Voraus oder im Rückstand ist und ob es über oder unter Budget liegt, was proaktive Anpassungen ermöglicht.

Im U-Boot-Bau hilft EVM, potenzielle Kostenüberschreitungen oder Verzögerungen frühzeitig im Prozess zu identifizieren, sodass Korrekturmaßnahmen ergriffen werden können, bevor Probleme eskalieren. Wenn beispielsweise die Installation eines Antriebssystems im Rückstand ist, wird EVM diese Verzögerung kennzeichnen, sodass die Manager entweder Ressourcen umverteilen können, um den Fortschritt zu beschleunigen, oder nachgelagerte Aufgaben anpassen, um die Verzögerung zu berücksichtigen. Dieses Maß an Einsicht ist besonders wertvoll in großangelegten Projekten, in denen einzelne Komponenten – wie nukleare Reaktoren, Sonaranlagen und Waffensysteme – gleichzeitig entwickelt und integriert werden.

Digitale Zwillinge

Die Verwendung digitaler Zwillinge ist eine hochmoderne Technologie, die den U-Boot-Bau verbessert, indem sie eine virtuelle Nachbildung des U-Bootes erstellt. Digitale Zwillinge ermöglichen es Ingenieuren und Designern, Montageprozesse zu simulieren und vorherzusagen, wie verschiedene Komponenten funktionieren werden, bevor sie physisch hergestellt werden. Dies reduziert die Notwendigkeit für Ausprobieren und Irren während der tatsächlichen Bauphase, die zeitaufwendig und kostspielig sein kann.

Im Fall des U-Boot-Baus werden digitale Zwillinge verwendet, um kritische Systeme wie Antriebseinheiten, Reaktoren und Waffensysteme zu modellieren. Durch die Simulation dieser Systeme in einer virtuellen Umgebung können Ingenieure verschiedene Konfigurationen testen und potenzielle Probleme identifizieren, bevor die physische Montage beginnt. Dies stellt sicher, dass die tatsächlichen Komponenten beim Bau und bei der Integration wie vorgesehen funktionieren, ohne dass umfangreiche Nacharbeiten erforderlich sind.

Digitale Zwillinge spielen auch während der Tests und Seeversuche eine Rolle. Durch den Vergleich der realen Leistung des U-Bootes mit dem virtuellen Modell können Ingenieure Diskrepanzen identifizieren und das Design verfeinern. Dieser Ansatz ist besonders wertvoll, um die Tarnfähigkeiten sicherzustellen und die akustische Signatur des U-Bootes zu minimieren, da der digitale Zwilling eine Feinabstimmung der Rumpfformen, Materialeigenschaften und Technologien zur Geräuschreduzierung ermöglicht.

Diese Werkzeuge – Projektmanagement-Software, Earned Value Management und digitale Zwillinge – sind entscheidend für die Bewältigung der Komplexität des U-Boot-Baus. Sie ermöglichen Echtzeit-Tracking, Leistungsbewertung und prädiktives Modellieren, um sicherzustellen, dass jede Phase des Projekts effizient und nach höchsten Standards abgeschlossen wird. Durch den Einsatz dieser Technologien können U-Boot-Bauprojekte strengen betrieblichen Anforderungen gerecht werden, während Risiken gemindert und kostspielige Verzögerungen vermieden werden.

Staatliche Aufsicht und Berichterstattung in U-Boot-Bauprojekten

Die staatliche Aufsicht und Berichterstattung sind kritische Bestandteile von U-Boot-Bauprojekten, angesichts der enormen öffentlichen Investitionen und nationalen Sicherheitsinteressen, die dabei auf dem Spiel stehen. Diese Projekte erfordern eine enge Abstimmung zwischen den Marinebehörden, Regierungsstellen, Verteidigungsauftragnehmern und Werften. Um Transparenz zu gewährleisten, Verantwortung sicherzustellen und Projekte im Zeitplan zu halten, müssen regelmäßige Fortschrittsberichte zu jedem bedeutenden Meilenstein eingereicht werden. Diese Berichte dienen als formelles Mittel zur Überprüfung, ob das Projekt mit den ursprünglich genehmigten Budgetzuweisungen und Zeitplänen übereinstimmt, und heben potenzielle Herausforderungen wie Verzögerungen oder Kostenüberschreitungen hervor.

Während des U-Boot-Baus wird das Projekt in mehrere Phasen und Meilensteine unterteilt. Diese Meilensteine können den Abschluss wichtiger Entwurfsphasen, den Beginn der Rumpfherstellung, die Integration von Antriebssystemen oder den Beginn von Seeversuchen umfassen. Jeder dieser Meilensteine ist typischerweise an spezifische Budgetzuweisungen gebunden, was bedeutet, dass mit dem Erreichen eines Meilensteins zusätzliche Mittel für die nächste Phase des Projekts freigeschaltet werden. Daher müssen Fortschrittsberichte detaillierte Einblicke geben, ob das Projekt im Zeitplan liegt, und Aspekte wie Einhaltung des Zeitplans, Kostenanalyse und Ressourcennutzung abdecken.

Wenn ein Projekt einen Meilenstein vor dem Zeitplan oder unter Budget erreicht, ist dies ein Indikator für Effizienz. Treten jedoch Verzögerungen auf – sei es aufgrund technischer Herausforderungen, Beschaffungsprobleme oder Ressourcenmangel – müssen diese Verzögerungen in den Fortschrittsberichten dokumentiert werden, ebenso wie die damit verbundenen budgetären Auswirkungen. Eine zeitgerechte Berichterstattung ermöglicht es sowohl der Marine als auch den Regierungsbehörden, potenzielle Probleme zu antizipieren und informierte Entscheidungen über das weitere Vorgehen zu treffen.

Der U-Boot-Bau ist ein komplexes Unterfangen, und Verzögerungen oder Kostenüberschreitungen sind nicht ungewöhnlich. Wenn Probleme auftreten, sind Zeitplananpassungen und in einigen Fällen die Neuverhandlung von Verträgen notwendig, um zu verhindern, dass das Projekt ins Stocken gerät. Beispielsweise können Verzögerungen bei der Beschaffung kritischer Komponenten wie nuklearer Reaktoren oder Sonarsysteme zu zeitlichen Verschiebungen bei anderen abhängigen Aufgaben führen. Solche Verzögerungen müssen transparent kommuniziert werden, damit die Marinebehörden entscheiden können, ob Ressourcen umverteilt oder der Projektumfang angepasst werden muss.

Im Falle von Kostenüberschreitungen müssen Fortschrittsberichte die spezifischen Gründe für die zusätzlichen Ausgaben darlegen – ob aufgrund von steigenden Arbeitskosten, Änderungen bei Materialpreisen oder unvorhergesehenen technischen Schwierigkeiten. Auftragnehmer können aufgefordert werden, diese Überschreitungen zu rechtfertigen und Pläne zur Minderung weiterer finanzieller Auswirkungen vorzulegen. Eine Neuverhandlung von Verträgen oder eine Anpassung des Arbeitsumfangs kann erforderlich sein, um das Projekt im Einklang mit den verfügbaren Budgets zu halten. Earned Value Management (EVM) wird oft verwendet, um zu beurteilen, ob das Projekt innerhalb akzeptabler Kosten- und Zeitparameter bleibt, und um Entscheidungsträger bei Bedarf anzupassen.

Transparenz bei der Verfolgung und Berichterstattung ist nicht nur für das Projektmanagement entscheidend, sondern auch für die Aufrechterhaltung des öffentlichen und staatlichen Vertrauens. Da der U-Boot-Bau oft Milliarden von Dollar an öffentlichen Mitteln umfasst, erwarten Regierungsstellen wie der Kongress oder das Verteidigungsministerium (DoD) klare, konsistente Updates über Fortschritte und Ausgaben. Regelmäßige Audits und unabhängige Überprüfungen können ebenfalls durchgeführt werden, um die Einhaltung des genehmigten Budgets sicherzustellen und zu überprüfen, dass das Projekt allen Sicherheits- und Vorschriftenstandards entspricht.

In großen Projekten wie den U-Boot-Programmen der Virginia- oder Columbia-Klasse ist die Berichterstattung und Aufsicht während des gesamten Lebenszyklus des Projekts fortlaufend. Die Auftragnehmer müssen sicherstellen, dass es keine versteckten Kosten oder ungenehmigten Änderungen am Entwurf oder am Bauprozess gibt. Regierungsprüfungen helfen sicherzustellen, dass Mittel effizient eingesetzt werden, dass Sicherheitsprotokolle strikt eingehalten werden und dass das Endprodukt alle operativen Anforderungen erfüllt, ohne an Qualität einzubüßen.

Neben der internen Aufsicht bietet die staatliche Prüfung eine zusätzliche Ebene der Kontrolle. Diese Prüfungen sollen sicherstellen, dass die Ausgaben effizient sind und dass jeder Dollar, der zugewiesen wird, verantwortungsvoll genutzt wird. Regelmäßige Überprüfungen und Bewertungen helfen auch, Bereiche zu identifizieren, in denen Effizienzen verbessert oder Kosten gesenkt werden können, ohne das Endprodukt zu gefährden. Diese Überprüfungen können auch Empfehlungen für Vertragsänderungen geben, insbesondere wenn unerwartete Herausforderungen auftreten.

Wenn beispielsweise während des Baus einer neuen U-Boot-Klasse Probleme mit fortschrittlichen Materialien oder Antriebssystemen auftreten, könnte dies zu Änderungen im Design führen, was wiederum die Neuverhandlung der Vertragsbedingungen erforderlich machen könnte. Diese Neuverhandlungen basieren auf den Ergebnissen von unabhängigen Überprüfungen und den Aufsichtsbehörden der Regierung, um sicherzustellen, dass Entscheidungen auf gründlicher Analyse und nicht auf reaktiven Maßnahmen beruhen.

Risikomanagement

Das Risikomanagement in U-Boot-Bauprojekten hat aufgrund der komplexen Natur dieser Vorhaben, die fortschrittliche Technologien, erhebliche finanzielle Investitionen, lange Zeitrahmen und bedeutende Auswirkungen auf die nationale Sicherheit umfassen, höchste Priorität. Die Komplexität der U-Boot-Bauprojekte erfordert einen umfassenden Ansatz für das Risikomanagement, der die Identifizierung potenzieller Risiken, die Bewertung ihrer Wahrscheinlichkeit und Auswirkungen sowie die Umsetzung effektiver Minderungsstrategien umfasst. Dieser vielschichtige Prozess ist entscheidend, um sicherzustellen, dass die Projekte termingerecht, im Rahmen des Budgets und gemäß den festgelegten Anforderungen abgeschlossen werden.

Der Bau von U-Booten ist von Natur aus riskant, da er fortschrittliche Ingenieurtechnik und Technologien umfasst, die unter extremen Bedingungen zuverlässig funktionieren müssen. Beispielsweise erfordern der Bau und Betrieb von Unterseekabeln, die für Kommunikation und Stromübertragung von entscheidender Bedeutung sind, eine rigorose Überwachung und Risikobewertung, um Ausfälle zu verhindern, die schwerwiegende Folgen für die nationale Sicherheit und die Infrastruktur haben könnten [713]. Die Verwundbarkeit von Unterseekabelnetzen, insbesondere im Kontext geopolitischer Spannungen, unterstreicht die Notwendigkeit effektiver Risikomanagementstrategien [714]. Darüber hinaus verdeutlichen die operationellen Risiken im Zusammenhang mit Unterseekabeln, wie Schäden durch äußere Einflüsse, die Notwendigkeit, robuste Schutzmaßnahmen zu implementieren [715].

Effektives Risikomanagement im U-Boot-Bau schöpft auch aus den Lehren anderer Ingenieurdisziplinen. Beispielsweise können die Methoden, die zur Risikobewertung beim Bau von Untertunneln entwickelt wurden, auf U-Boot-Projekte angewandt werden, wobei die Bedeutung der kumulierten Risikokontrolle und der Anwendung analytischer Hierarchieprozesse (AHP) für die Risikobewertung hervorgehoben wird [716]. Darüber hinaus können die Erkenntnisse aus der Untersuchung geologischer Risiken für U-Boote die Entwicklung von Risikozonierungsstrategien informieren, die die Sicherheit und Zuverlässigkeit von U-Boot-Bauprojekten erhöhen [717].

Identifizierung von Risiken

Bei der Konstruktion von U-Booten ist die Identifizierung von Risiken entscheidend, um sicherzustellen, dass die Projekte reibungslos, innerhalb des Budgets und im Zeitplan verlaufen. Angesichts der Komplexität und des Umfangs dieser Vorhaben ist es entscheidend, potenzielle Risiken frühzeitig im Prozess zu identifizieren und anzugehen, um den Erfolg des Projekts sicherzustellen. Diese Risiken können in mehrere Hauptkategorien eingeteilt werden: technische Risiken, Zeitplanrisiken, finanzielle Risiken, Sicherheitsrisiken und Risiken in der Lieferkette. Im Folgenden wird jede Art im Detail untersucht.

Technische Risiken

Technische Risiken zählen zu den bedeutendsten Herausforderungen im U-Boot-Bau aufgrund der beteiligten hochentwickelten Technologien. U-Boote, insbesondere moderne nuklearbetriebene Schiffe, integrieren fortschrittliche Systeme wie nukleare Antriebstechnologie, Sonararrays, Stealth-Technologien und Waffensysteme. Jede dieser Komponenten beruht auf den neuesten Entwicklungen im Ingenieurwesen und Innovation, was zwangsläufig das Risiko eines technischen Versagens oder Verzögerungen bei der Integration mit sich bringt.

Beispielsweise könnte ein hochmodernes nukleares Antriebssystem während der frühen Testphasen auf Schwierigkeiten stoßen, die möglicherweise mit dem komplexen Design oder unerwarteten Leistungsproblemen unter Betriebsbedingungen zusammenhängen. Ebenso könnten fortschrittliche Sonarsysteme, die für die Stealth-Fähigkeit und Bedrohungserkennung von U-Booten entscheidend sind, Schwierigkeiten bei der Integration mit anderen Systemen haben oder mehr Zeit zur Verfeinerung benötigen als ursprünglich erwartet. Diese technischen Verzögerungen wirken sich nicht nur auf den Zeitplan aus, sondern haben auch eine Kettenreaktion auf die Koordination verwandter Systeme, was möglicherweise die gesamte Fertigstellung des U-Bootes verzögert.

Die Bewältigung technischer Risiken erfordert umfangreiche Tests in den frühen Entwicklungsphasen sowie eine ständige Überwachung während der Integration. Der Einsatz von digitalen Zwillingen – virtuellen Modellen von U-Boot-Komponenten – kann helfen, die Leistung zu simulieren und potenzielle Probleme zu erkennen, bevor die physische Montage beginnt, und damit einige der technischen Risiken frühzeitig zu mindern.

Zeitplanrisiken

U-Boot-Bauprojekte können über ein Jahrzehnt dauern, und in dieser Zeit können zahlreiche Variablen den Zeitrahmen beeinflussen. Zeitplanrisiken treten auf, wenn Verzögerungen in einer Phase die nachfolgenden Phasen betreffen und zu kaskadierenden Zeitverschiebungen führen. Diese Verzögerungen können aus technischen Schwierigkeiten, Materialengpässen oder unvorhergesehenen Änderungen der Entwurfsspezifikationen resultieren. Die Herausforderung bei Zeitplanrisiken besteht darin, dass sie sich schnell eskalieren können und oft das gesamte Projekt betreffen.

Wenn beispielsweise die Beschaffung von Materialien – wie speziellen Metallen für den U-Boot-Rumpf – verzögert wird, kann dies die Montagephase nach hinten verschieben, was wiederum die Integration kritischer Systeme wie Antrieb oder Waffentechnologie verzögert. In einigen Fällen können Designänderungen oder Testfehler eine Neugestaltung wichtiger Komponenten erforderlich machen, was die Verzögerungen weiter verstärkt.

Ein effektives Management von Zeitplanrisiken beinhaltet die Schaffung von Pufferzeiten im Projektzeitrahmen und die Anwendung von Critical Path Management (CPM), um wichtige Meilensteine zu identifizieren, die erreicht werden müssen, um das Projekt auf Kurs zu halten. Der Einsatz von Projektmanagement-Software ist entscheidend, um diese Meilensteine zu verfolgen und Probleme zu beheben, bevor sie zu erheblichen Verzögerungen führen.

Finanzielle Risiken

Der Bau von U-Booten ist ein Milliarden-Dollar-Unterfangen, bei dem einzelne U-Boote oft Kosten von über 4 Milliarden bis 5 Milliarden Dollar verursachen. Finanzielle Risiken sind häufig, insbesondere bei langfristigen Projekten, bei denen die Materialpreise schwanken und die Arbeitskosten im Laufe der Zeit steigen. Darüber hinaus können Verzögerungen im Bau zu erheblichen Kostenüberschreitungen führen, was die Auftragnehmer und Regierungen zwingt, Verträge neu zu verhandeln oder Budgets anzupassen.

Beispielsweise kann ein starker Anstieg der Kosten für spezielle Materialien wie HY-80 oder HY-100 Stahl – die für den Bau von Druckrumpfen für U-Boote verwendet werden – das Projektbudget über die ursprünglichen Schätzungen hinaus treiben. Arbeitskräftemangel oder unerwarteter Bedarf an Facharbeitern können ebenfalls die Gesamtkosten erhöhen. Darüber hinaus können Beschaffungsverzögerungen oder Designänderungen, die durch unvorhergesehene technische Herausforderungen erforderlich werden, zu zusätzlichen Ausgaben führen, da Systeme überarbeitet oder alternative Komponenten beschafft werden müssen.

Finanzielle Risiken werden durch detaillierte Kostenprognosen, Rücklagen und regelmäßige Finanzprüfungen gemanagt. Regierungen und Auftragnehmer müssen die Finanzplanung flexibel gestalten, um unerwartete Ausgaben zu berücksichtigen, während das Projekt innerhalb des genehmigten Budgets bleibt.

Sicherheitsrisiken

Der Bau und Betrieb von U-Booten – insbesondere von nuklearbetriebenen U-Booten – beinhaltet eine Reihe bedeutender Sicherheitsrisiken. Eine strikte Einhaltung der Sicherheitsprotokolle ist erforderlich, um die Sicherheit sowohl der Besatzung als auch der Umwelt zu gewährleisten. Jegliches Versagen beim Bau oder Betrieb sicherheitskritischer Systeme – wie dem Kernreaktor, den Ballastsystemen oder den Notfall-Lebensstützungssystemen – kann katastrophale Folgen haben. Dies schließt Ausrüstungsfehler, Reaktorunfälle oder Kollisionen ein, die sowohl menschliche Opfer als auch schwerwiegende rechtliche oder finanzielle Konsequenzen nach sich ziehen können.

Sicherheitsrisiken werden gemindert, indem redundante Sicherheitssysteme eingesetzt, gründliche Qualitätskontrollen während des Baus durchgeführt und internationale Sicherheitsstandards eingehalten werden. Die Schulung der Besatzung in Sicherheitsverfahren und regelmäßige Notfallübungen sind ebenfalls entscheidend, um sicherzustellen, dass U-Boote sicher betrieben werden.

Risiken in der Lieferkette

U-Boot-Bauprojekte sind auf eine umfangreiche und komplexe Lieferkette für spezielle Materialien und Komponenten angewiesen. Risiken in der Lieferkette entstehen, wenn Verzögerungen oder Probleme bei der Beschaffung dieser Materialien den Bauzeitplan stören. Viele dieser Materialien, wie hochfesten Stahl, Komponenten für Kernreaktoren und fortschrittliche Elektronik, stammen von Alleinlieferanten. Wenn diese Lieferanten Produktionsprobleme, finanzielle Schwierigkeiten oder Versandverzögerungen erleben, kann das gesamte Projekt zum Stillstand kommen.

Wenn beispielsweise der Lieferant von Reaktorbauteilen mit Produktionsverzögerungen oder Problemen bei der Lieferung von Teilen an die Werft konfrontiert ist, könnte die Integration des nuklearen Antriebssystems verzögert werden, was erhebliche Auswirkungen auf den Zeitplan des Projekts hat. Materialengpässe oder Schwierigkeiten bei der Beschaffung hochfester Materialien, die für den Bau des Rumpfes verwendet werden, können ebenfalls die Produktionspläne stören.

Um Risiken in der Lieferkette zu mindern, schließen U-Boot-Projekte oft langfristige Verträge mit Lieferanten ab und diversifizieren, wo möglich, ihre Lieferantenbasis. Notfallpläne, wie die Identifizierung alternativer Quellen für kritische Komponenten, sind ebenfalls entscheidend, um Störungen in der Lieferkette zu minimieren.

Bewertung von Risiken in U-Boot-Bauprojekten

Nachdem potenzielle Risiken in einem U-Boot-Bauprojekt identifiziert wurden, besteht der nächste entscheidende Schritt darin, diese Risiken hinsichtlich ihrer Wahrscheinlichkeit und Auswirkungen zu bewerten. Dieser Prozess ist unerlässlich, um festzustellen, welche Risiken sofortige Aufmerksamkeit und Ressourcen erfordern und welche passiver überwacht werden können. Das am häufigsten verwendete Werkzeug in dieser Phase ist die

Risikobewertungsmatrix, die Risiken in niedrige, mittlere oder hohe Kategorien für sowohl ihre Eintrittswahrscheinlichkeit als auch die Schwere ihrer Auswirkungen auf das Projekt einordnet. Ziel ist es, Risiken zu priorisieren, damit Ressourcen effektiv zugewiesen werden können, um größere Störungen zu verhindern.

Risikobewertungsmatrix: Wahrscheinlichkeit und Auswirkungen

Die Risikobewertungsmatrix ist ein einfaches, aber effektives Werkzeug zur Visualisierung und Kategorisierung von Risiken. Die Matrix zeigt typischerweise die Wahrscheinlichkeit (wie wahrscheinlich es ist, dass ein Risiko auftritt) auf einer Achse und die Auswirkungen (die Schwere der Konsequenzen, wenn das Risiko eintritt) auf der anderen Achse. Dies schafft ein Gitter, das es Projektmanagern ermöglicht, Risiken auf einen Blick zu bewerten und zu entscheiden, welche proaktive Minderung erfordern und welche über die Zeit überwacht werden können.

Ein Risiko mit hoher Auswirkung und hoher Wahrscheinlichkeit fällt beispielsweise in eine kritische Kategorie, die sofortige Maßnahmen erfordert, während ein Risiko mit niedriger Wahrscheinlichkeit, aber hoher Auswirkung möglicherweise eng überwacht, aber nicht sofort interveniert werden muss, es sei denn, es beginnt sich zu materialisieren. Das gleiche gilt für Risiken mit niedriger Auswirkung und niedriger Wahrscheinlichkeit, die im Allgemeinen eine niedrigere Priorität haben und möglicherweise weniger Ressourcen für die Minderung benötigen.

Hochwahrscheinlichkeits-, Hochrisiko-Risiken

Ein Beispiel für ein hochrisikobehaftetes, hochwahrscheinliches Risiko im U-Boot-Bau könnten Verzögerungen bei der Beschaffung wesentlicher Materialien wie spezialisierten Stahls für den Rumpf oder Reaktorbauteilen sein. Die Wahrscheinlichkeit von Beschaffungsverzögerungen ist hoch aufgrund der begrenzten Verfügbarkeit solcher Materialien und der Abhängigkeit von Alleinlieferanten. Die Auswirkungen dieser Verzögerungen können schwerwiegend sein, da sie den gesamten Bauzeitplan betreffen und möglicherweise den Fortschritt in mehreren Bereichen wie modulare Montage und Integration von Schlüsselssystemen wie Antriebseinheiten stoppen.

In solchen Fällen würde die Risikominderung wahrscheinlich den Aufbau von Notfallplänen mit Ersatzlieferanten, die Festlegung langfristiger Beschaffungsverträge oder den Aufbau von Zeitplanpuffern zur Berücksichtigung potenzieller Verzögerungen umfassen. Diese proaktiven Maßnahmen stellen sicher, dass ein hochwahrscheinliches, hochrisikobehaftetes Risiko das Projekt nicht zum Stillstand bringt.

Wahrscheinlichkeitsarme, aber hochriskante Risiken

Ein Risiko mit niedriger Wahrscheinlichkeit, aber hoher Auswirkung könnte das katastrophale Versagen eines neu entwickelten Antriebssystems während der Tests sein. Während die Wahrscheinlichkeit eines solchen Versagens gering sein mag – insbesondere bei rigorosen Test- und Simulationsprotokollen – könnten die Auswirkungen enorm sein. Ein Antriebsausfall könnte massive Projektverzögerungen, Neugestaltungen des Designs und erhebliche finanzielle Verluste nach sich ziehen, sowie einen Reputationsschaden, wenn die Sicherheit des Schiffes betroffen ist.

Für solche Risiken kann die Minderung umfangreiche Tests und Redundanzen im Systemdesign umfassen. Backup-Systeme könnten parallel entwickelt werden, und digitale Zwillingssimulationen könnten genutzt werden, um potenzielle Probleme zu identifizieren, bevor die physischen Tests beginnen. Dieser Ansatz hilft, Risiken zu managen, die unwahrscheinlich, aber katastrophal sein könnten, wenn sie eintreten.

Mittlere Risikokategorien

Mittlere Risikokategorien, die oft durch mittlere Wahrscheinlichkeit und mittlere Auswirkungen gekennzeichnet sind, können Probleme wie Arbeitskräftemangel oder geringfügige technische Herausforderungen bei der Systemintegration umfassen. Während diese Risiken wichtig sind, benötigen sie möglicherweise keine sofortige Aufmerksamkeit, wenn sie nicht die gesamte Projektzeitlinie oder das Budget bedrohen.

Beispielsweise können vorübergehende Arbeitskräftemängel bestimmte Montageabschnitte verzögern, aber diese Verzögerungen können möglicherweise durch andere Aktivitäten, die parallel fortgesetzt werden, ausgeglichen werden. Die enge Überwachung dieser Risiken durch Projektmanagement-Software und Zeitplanverfolgungstools stellt sicher, dass sie verwaltet werden, ohne die Ressourcen, die kritischeren Risiken gewidmet sind, zu überlasten.

Priorisierung für die Risikominderung

Der Hauptvorteil der Verwendung einer Risikobewertungsmatrix besteht darin, dass sie bei der Priorisierung von Risiken hilft. Hochwahrscheinliche, hochriskante Risiken werden sofort angegangen, mit detaillierten Milderungsstrategien und Ressourcenallokation. Mittlere Risiken erfordern möglicherweise eine Überwachung und periodische Überprüfung, um sicherzustellen, dass sie nicht eskalieren, während Risiken mit geringer Auswirkung und geringer Wahrscheinlichkeit möglicherweise keine direkte Intervention benötigen, aber für zukünftige Bewertungen im Auge behalten werden sollten.

Die Priorisierung ist der Schlüssel zu einem effektiven Risikomanagement, da sie sicherstellt, dass Ressourcen – sei es finanzieller, technischer oder arbeitsbezogener Natur – effizient eingesetzt werden. Die Fokussierung auf die drängendsten Risiken zuerst stellt sicher, dass das Projekt auf Kurs bleibt und größere Störungen vermieden werden, während gleichzeitig Flexibilität im Umgang mit weniger priorisierten Risiken ermöglicht wird.

Nachfolgend ist eine Beispiel-Risikobewertungsmatrix aufgeführt, die im Kontext eines U-Boot-Bauprojekts verwendet werden kann. Diese Matrix hilft, Risiken basierend auf ihrer Wahrscheinlichkeit (Eintretenswahrscheinlichkeit) und ihren Auswirkungen (Folgen, wenn das Risiko eintritt) zu bewerten.

Risk Description	Likelihood	Impact	Risk Category	Mitigation Strategy
Delay in Hull Material Procurement	High	High	Critical	Establish backup suppliers, contract negotiation
Failure in Nuclear Propulsion Testing	Low	High	Major	Implement redundant testing and backup systems
Labor Shortage	Medium	Medium	Moderate	Workforce planning, flexible labour shifts
Supply Chain Disruption for Sonar Tech	Medium	High	Critical	Build inventory buffer, alternate supplier agreements
Design Changes in Control Systems	High	Medium	Major	Build design flexibility, fast-track testing phases
Unexpected Technical Challenges	Low	Medium	Minor	Regular system testing, contingency funds
Regulatory Delays in Testing Phase	Medium	High	Critical	Early regulatory engagement, buffer timeline

Abbildung 132: Beispiel für eine Risikobewertungsmatrix.

Risikokategorien:

1. **Kritisch:** Diese Risiken erfordern aufgrund ihrer hohen Wahrscheinlichkeit und schwerwiegenden Auswirkungen auf das Projekt sofortige Aufmerksamkeit.
2. **Hoch:** Mittlere Wahrscheinlichkeit mit erheblichen Auswirkungen, die eine genaue Überwachung und geplante Minderung erfordern.
3. **Moderat:** Mittlere Risiken, die moderate Störungen verursachen können und durch regelmäßige Überwachung verwaltet werden können.
4. **Gering:** Niedrige Wahrscheinlichkeit und Auswirkungen, die in der Regel überwacht werden, jedoch keine sofortige Ressourcenallokation erfordern.

Legende für Wahrscheinlichkeit und Auswirkungen:

- **Wahrscheinlichkeit:**
    - Hoch: Wahrscheinlich (z. B. mehr als 50 % Wahrscheinlichkeit).
    - Mittel: Mögliche Auftretenswahrscheinlichkeit (z. B. 20 % - 50 % Wahrscheinlichkeit).
    - Niedrig: Unwahrscheinlich (z. B. weniger als 20 % Wahrscheinlichkeit).
- **Auswirkungen:**
    - Hoch: Schwere Konsequenzen für Budget, Zeitplan oder Sicherheit.
    - Mittel: Wahrnehmbare Auswirkungen, die moderate Störungen verursachen können.
    - Niedrig: Geringe Auswirkungen mit wenig bis keinen Störungen des Gesamtprojekts.

Durch die Verwendung dieser Risikobewertungsmatrix können Projektmanager besser identifizieren, welche Risiken sofortige Maßnahmen erfordern und welche zur Überwachung auf potenzielle Eskalation angemeldet werden können.

Risikominderung in U-Boot-Bauprojekten

Nachdem Risiken im U-Boot-Bau identifiziert und bewertet wurden, besteht der nächste wichtige Schritt darin, Minderungsstrategien zu entwickeln. Diese Strategien sollen entweder die Wahrscheinlichkeit des Auftretens des Risikos oder dessen potenzielle Auswirkungen im Falle des Auftretens verringern. Jedes signifikante Risiko erfordert einen auf seine spezifischen Merkmale zugeschnittenen Minderungsplan. Effektive Risikominderung stellt sicher, dass das Projekt mit minimalen Störungen, Verzögerungen oder Kostenüberschreitungen fortgesetzt wird. Nachfolgend sind detaillierte Erklärungen zu gängigen Minderungsstrategien aufgeführt, die in großangelegten U-Boot-Bauprojekten verwendet werden.

<u>Technische Minderungen</u>

Bei technischen Risiken umfasst die Minderung häufig die Schaffung paralleler Entwicklungswege oder Backup-Systeme, um sicherzustellen, dass technologische Herausforderungen den Gesamtfortschritt nicht aufhalten. Ein bedeutendes technisches Risiko im U-Boot-Bau könnte beispielsweise die Integration eines neu entwickelten Sonarsystems sein. Wenn Integrationsprobleme auftreten, kann dies den Bauprozess verzögern und nachgelagerte

Aufgaben beeinträchtigen. In solchen Fällen könnte eine Minderungsstrategie darin bestehen, ein zuvor validiertes Sonarsystem für die vorübergehende Installation bereitzuhalten. Dies ermöglicht es, den Bauprozess fortzusetzen, während das technische Team die Integrationsprobleme mit dem neuen System löst. Durch die Implementierung dieser Art von Backup-Lösungen werden potenzielle Engpässe vermieden, wodurch sichergestellt wird, dass der Bau und die Systementwicklung gleichzeitig voranschreiten.

Ein weiterer Aspekt der technischen Minderung umfasst rigoroses Testen während der Entwicklungsphasen. Dazu gehört die Verwendung digitaler Werkzeuge wie Computational Fluid Dynamics (CFD) oder Finite Element Analysis (FEA), um die Leistung zu simulieren, bevor die physikalischen Tests beginnen. Solche Werkzeuge helfen, potenzielle technische Fehler frühzeitig zu identifizieren und das Risiko von Verzögerungen während der tatsächlichen Bauphase zu verringern.

Zeitpuffer

Verzögerungen sind ein häufiges Risiko in großen, komplexen Projekten wie dem U-Boot-Bau, und das Management von Zeitrisiken ist entscheidend, um das Projekt auf Kurs zu halten. Eine der effektivsten Strategien zur Minderung von Zeitrisiken besteht darin, Puffer in den Projektzeitplan einzubauen. Diese Puffer wirken wie ein Polster und bieten zusätzliche Zeit für kritische Phasen, die wahrscheinlich auf Herausforderungen stoßen werden.

Zum Beispiel sind die Integration eines nuklearen Reaktors oder die Testung von Sonarsystemen Phasen, in denen unvorhergesehene technische Schwierigkeiten auftreten können, die zu Verzögerungen führen. Durch die Einplanung von Zeitpuffern bleibt der Projektzeitplan flexibel, sodass Anpassungen möglich sind, ohne den Gesamtzeitrahmen zu stark zu verzögern.

Puffer sind besonders nützlich während der Seeversuche, in denen das U-Boot realen Tests unterzogen wird. In diesen Versuchen können unerwartete technische oder Leistungsprobleme Anpassungen oder sogar kleinere Umgestaltungen erforderlich machen, und wenn zusätzliche Zeit für diese Eventualitäten eingeplant ist, wird sichergestellt, dass sie nicht zu längeren Verzögerungen führen.

Finanzielle Rücklagen

Finanzielle Risiken sind in kostenintensiven Projekten wie dem U-Boot-Bau unvermeidlich. Preisschwankungen bei Materialien, Arbeitskräftemangel oder Änderungen im Projektumfang können zu Kostenüberschreitungen führen. Um diese Risiken zu steuern, legen Projektmanager häufig Rücklagen für unvorhergesehene Ausgaben beiseite. Diese Mittel sind speziell für unvorhergesehene Ausgaben reserviert und stellen sicher, dass das Projekt fortgesetzt werden kann, selbst wenn bestimmte Kosten die ursprünglichen Schätzungen überschreiten.

Ein plötzliches Ansteigen der Preise für hochfesten Stahl, der für U-Boot-Rümpfe verwendet wird, könnte die Materialkosten erheblich erhöhen. Ein Rücklagenfonds würde diese zusätzlichen Ausgaben decken und verhindern, dass Verträge neu verhandelt oder die Produktion gestoppt werden muss. Ebenso kann das Rücklagenbudget solche Erhöhungen abfangen, falls die Arbeitskosten aufgrund eines Mangels an qualifizierten Arbeitskräften steigen, ohne die finanzielle Gesundheit des Gesamtprojekts zu beeinträchtigen.

Durch die Planung für solche finanziellen Schwankungen kann das Projekt fortgeführt werden, ohne dass ständige Budgetrevisionen erforderlich sind, die andernfalls Verzögerungen verursachen oder das Vertrauen zwischen Auftragnehmern und der Regierung verringern könnten.

Lieferantenvereinbarungen

Die Lieferkette ist einer der kritischsten und anfälligsten Aspekte des U-Boot-Baus. Die benötigten spezialisierten Materialien und Komponenten stammen oft aus einem kleinen Pool von Lieferanten, und Verzögerungen eines einzelnen Lieferanten können das gesamte Projekt beeinflussen. Um die Risiken der Lieferkette zu mindern, werden langfristige Vereinbarungen mit Lieferanten getroffen. Diese Vereinbarungen enthalten häufig Bestimmungen für

Prioritätsproduktion, feste Preise und Mengenrabatte, die dazu beitragen, die erforderlichen Materialien innerhalb des Zeitrahmens und Budgets des Projekts zu sichern.

Darüber hinaus ist die Aufrechterhaltung eines Netzwerks von alternativen Lieferanten eine wichtige Minderungsstrategie. Wenn beispielsweise ein Lieferant von Reaktorkomponenten aufgrund von Produktionsproblemen nicht in der Lage ist, Fristen einzuhalten, kann ein alternativer Lieferant einspringen, wodurch die Verzögerung minimiert wird. Dieses Netzwerk von Lieferanten stellt sicher, dass, wenn eine Quelle ausfällt, eine andere verfügbar ist, um das Projekt fortzusetzen, wodurch das Risiko einer Produktionsunterbrechung verringert wird.

Die Aufrechterhaltung von Beständen an kritischen Komponenten hilft auch in Fällen, in denen plötzliche Lieferunterbrechungen auftreten, und stellt sicher, dass das Projekt über einen Bestand an notwendigen Materialien verfügt, um die Arbeiten kurzfristig fortzusetzen, während neue Lieferungen beschafft werden.

Kontinuierliche Überwachung und Risikobewertungen

Im U-Boot-Bau ist das Risikomanagement ein fortlaufender, dynamischer Prozess, der eine kontinuierliche Überwachung während des gesamten Lebenszyklus des Projekts erfordert. Die Komplexität und das Ausmaß des U-Boot-Baus bedeuten, dass neue Risiken auftreten können, während zuvor identifizierte Risiken sich in ihrer Natur und ihrem Einfluss weiterentwickeln können, während das Projekt voranschreitet. Es ist entscheidend, Mechanismen zu haben, um diese Risiken in Echtzeit zu verfolgen und den Projektplan entsprechend anzupassen, um ihre Auswirkungen zu mindern.

Echtzeit-Tracking-Tools werden häufig eingesetzt, um sicherzustellen, dass alle Aspekte des Projekts planmäßig und im Budgetrahmen vorankommen. Diese Tools ermöglichen es Projektmanagern, einen Überblick über verschiedene Meilensteine und gleichzeitig entwickelte Komponenten zu behalten. Wenn es beispielsweise eine Verzögerung bei der Herstellung des U-Boot-Rumpfes aufgrund von Materialengpässen oder Lieferantenproblemen gibt, kann das Echtzeit-Tracking-System dieses Problem sofort kennzeichnen. Dadurch kann das Management-Team das Problem umgehend angehen, sei es durch die Umverteilung von Ressourcen, die Anpassung des Zeitplans für andere verwandte Komponenten oder die Sicherstellung alternativer Materialquellen.

Earned Value Management (EVM) ist ein weiteres wichtiges Tool, das in der kontinuierlichen Überwachung eingesetzt wird. EVM ist ein integriertes System zur Messung der Projektleistung n Bezug auf Kosten und Zeitplan. Es ermöglicht Projektmanagern, die tatsächlich geleistete Arbeit mit der geplanten Arbeit und den budgetierten Kosten zu vergleichen, wodurch frühzeitig angezeigt wird, ob das Projekt auf Kurs ist oder ob Abweichungen vorliegen, die korrigiert werden müssen. Durch die Verwendung von Schlüsselkennzahlen (KPIs) wie Kostenabweichung und Terminabweichung können Projektmanager schnell einschätzen, ob Risiken auftreten und Maßnahmen ergreifen, um diese zu managen, bevor sie signifikante Störungen verursachen.

Wenn die EVM-Daten anzeigen, dass die Terminabweichung aufgrund von Verzögerungen in einem Bereich des Baus zunimmt, können die Projektmanager die Ursache untersuchen—ob es sich um Materialverzögerungen, Arbeitskräftemangel oder technische Schwierigkeiten handelt—und korrigierende Maßnahmen ergreifen. Diese könnten die Verlängerung der Arbeitszeiten, die Erhöhung der Arbeitskräfte oder die Änderung der Projektsequenzen umfassen, um sicherzustellen, dass andere Teile des Projekts weiterlaufen, während das Problem behoben wird.

Wenn Risiken identifiziert oder zu materialisieren beginnen, muss das Projektteam möglicherweise schnell Anpassungen bei Zeitplänen, Budgets oder Ressourcenallokationen vornehmen. Diese Flexibilität ist im U-Boot-Bau entscheidend, da Risiken in Kaskaden wirken und mehrere Phasen des Projekts beeinträchtigen können, wenn sie nicht angegangen werden. Ein Materialmangel, der die Rumpfbau beeinträchtigt, könnte beispielsweise die Installation von Antriebssystemen oder internen Komponenten beeinflussen, wenn nicht umgehend gehandelt wird.

Risikobewertungen werden basierend auf der Schwere und Wahrscheinlichkeit der identifizierten Risiken vorgenommen. Ein geringfügiger Verzug bei der Lieferung nicht wesentlicher Komponenten kann möglicherweise ohne signifikante Zeitverschiebungen bewältigt werden, während eine Verzögerung bei der Lieferung kritischer Komponenten wie dem Kern des Kernreaktors möglicherweise umfassende Anpassungen erfordert, einschließlich der Neuplanung oder Umverteilung von Ressourcen, um andere Abschnitte des Projekts weiter voranzutreiben.

Notfallpläne und Flexibilität in U-Boot-Bauprojekten

In großangelegten U-Boot-Bauprojekten sind Notfallplanung und Flexibilität wesentliche Bestandteile eines effektiven Risikomanagements. Trotz bester Minderungsbemühungen werden einige Risiken unvermeidlich eintreten, was zu Verzögerungen, Kostenüberschreitungen oder technischen Rückschlägen führen kann. Um auf diese Eventualitäten vorbereitet zu sein, werden in der Planungsphase Notfallpläne entwickelt, die sicherstellen, dass das Projekt reibungslos fortgesetzt werden kann, selbst wenn unerwartete Störungen auftreten. Diese Pläne konzentrieren sich auf alternative Lösungen, Backup-Ressourcen und flexible Zeitpläne, um die Auswirkungen von Problemen auf den Gesamtzeitplan und das Budget der Konstruktion zu verringern.

Alternative Entwurfslösungen

Ein wichtiger Bestandteil eines Notfallplans im U-Boot-Bau besteht darin, alternative Entwurfslösungen bereit zu haben, die eingesetzt werden können, wenn neue Technologien nicht wie erwartet funktionieren. Zum Beispiel sind U-Boote oft auf modernste Technologien angewiesen, wie fortschrittliche Antriebssysteme oder Stealth-Funktionen. Diese Systeme können jedoch manchmal während Tests oder der Integration technische Probleme aufweisen. Wenn ein neu entwickeltes Antriebssystem, das darauf abzielt, Geräusche zu reduzieren, die Leistungsanforderungen nicht erfüllt, kann ein zuvor getestetes und validiertes System als temporäre oder permanente Lösung verwendet werden, um weitere Verzögerungen zu vermeiden.

Diese Flexibilität ist besonders wichtig in einem Projekt, in dem die Einführung neuer Technologien ein risikobehafteter Bereich ist. Das Bereithalten eines Satzes vorab genehmigter alternativer Designs oder Rückfalloptionen ermöglicht es, den Konstruktionsprozess fortzusetzen, ohne den Fortschritt zu stoppen. Während das technische Team an der Behebung der Probleme mit dem neuen System arbeitet, kann die Alternative sicherstellen, dass die Fristen eingehalten werden und das U-Boot im Zeitplan für die Lieferung bleibt. Diese Methode der Integration von Backup-Technologien wird oft in den frühen Entwurfsphasen diskutiert und getestet, um sicherzustellen, dass das Team auf jede technologische Fehlfunktion vorbereitet ist, die auftreten könnte.

Alternative Lieferanten

Ein weiterer kritischer Aspekt der Notfallplanung besteht darin, alternative Lieferanten zu haben, um Störungen in der Lieferkette zu minimieren. Im U-Boot-Bau werden bestimmte Komponenten—wie Reaktorteile, spezialisierten Stahl oder elektronische Systeme—häufig von spezialisierten Lieferanten bezogen. Das Verlassen auf einen einzigen Lieferanten für diese kritischen Materialien kann jedoch erhebliche Risiken mit sich bringen. Wenn ein Lieferant Verzögerungen erlebt, etwa durch Produktionsprobleme oder Transportprobleme, kann das gesamte Projekt betroffen sein.

Um dieses Risiko zu mindern, bauen U-Boot-Projekte Beziehungen zu mehreren Lieferanten für wichtige Komponenten auf. Ein vielfältiges Liefernetzwerk bedeutet, dass, wenn ein Lieferant seine Lieferfristen nicht einhalten kann, ein anderer Lieferant einspringen kann, um sicherzustellen, dass die Produktion mit minimalen Unterbrechungen weitergeht. Wenn beispielsweise ein Lieferant von Komponenten für das Sonarsystem des U-Bootes aufgrund unvorhergesehener Umstände nicht liefern kann, kann ein alternativer Lieferant die Teile innerhalb des benötigten Zeitrahmens bereitstellen.

Diese Strategie stellt nicht nur die rechtzeitige Beschaffung von Materialien sicher, sondern bietet auch die Flexibilität, um andere Probleme wie Preisschwankungen oder Qualitätsbedenken zu bewältigen. Durch die Diversifizierung der Lieferkette wird das Projekt widerstandsfähiger gegenüber externen Störungen, und das Risiko erheblicher Verzögerungen wird erheblich reduziert.

Flexibilität in der Planung und Ressourcenallokation

Notfallpläne beinhalten auch Flexibilität in der Planung und Ressourcenallokation, um potenzielle Störungen zu berücksichtigen. Durch den Einbau von Pufferzeiten in den Projektzeitplan, insbesondere für kritische Phasen wie Seeversuche oder Systemintegration, stellen Projektmanager sicher, dass es Spielraum gibt, um Probleme zu beheben, ohne den gesamten Zeitplan zu gefährden. Diese Puffer werden während der Projektplanungsphase eingeplant und sind entscheidend, um Verzögerungen zu absorbieren, die durch unerwartete Probleme wie Materialengpässe oder technische Fehler verursacht werden.

Neben Zeitpuffern ist die Flexibilität bei Ressourcen eine weitere Möglichkeit, um einen reibungslosen Betrieb sicherzustellen. Wenn beispielsweise eine Phase des Bauprozesses aufgrund eines Materialmangels verzögert wird, können Arbeiter und Ingenieure anderen Abschnitten des Projekts zugewiesen werden, die planmäßig vorankommen. Dieses adaptive Ressourcenmanagement stellt sicher, dass die Produktivität hoch bleibt, selbst wenn bestimmte Komponenten oder Abschnitte des Projekts verzögert werden.

Finanzielle Flexibilität

Neben technischer und zeitlicher Flexibilität wird auch finanzielle Flexibilität in die Notfallpläne integriert. Dies geschieht oft in Form von Rücklagen, die für unvorhergesehene Kosten reserviert sind, die während des Bauprozesses entstehen. Diese könnten Lohnerhöhungen, Materialengpässe oder zusätzliche Tests umfassen, die aufgrund von Entwurfsänderungen oder technischen Fehlern erforderlich werden. Ein finanzieller Puffer stellt sicher, dass das Projekt fortgesetzt werden kann, ohne dass umfassende Budgetneuverhandlungen oder zusätzliche Genehmigungen der Regierung erforderlich sind, die andernfalls den Fortschritt verzögern könnten.

Risikokommunikation in U-Boot-Bauprojekten

In komplexen Projekten wie dem U-Boot-Bau ist eine effektive Risikokommunikation entscheidend, um sicherzustellen, dass alle Beteiligten—Regierungsstellen, Marinebehörden, Auftragnehmer und Lieferanten—über potenzielle Risiken, aktuelle Minderungsmaßnahmen und alle Änderungen im Zeitplan oder Budget des Projekts informiert sind. Transparente und kontinuierliche Kommunikation hält nicht nur alle Parteien auf dem gleichen Stand, sondern verbessert auch die Fähigkeit, rechtzeitig Entscheidungen zu treffen, wenn Risiken eskalieren oder sich entwickeln.

Im Verlauf des Bauzyklus werden regelmäßig Risikoberichte erstellt und während Projektbesprechungen geteilt. Diese Berichte bieten aktuelle Informationen zu potenziellen Risiken, deren Wahrscheinlichkeit und Auswirkungen. Die Berichte umreißen auch die vorhandenen Minderungsstrategien und ob Anpassungen erforderlich sind, basierend auf neuen Risiken.

Wenn beispielsweise Verzögerungen aufgrund von Materialengpässen erwartet werden, können die Beteiligten beurteilen, wie sich diese Engpässe auf den Zeitplan, das Budget oder kritische Projektmeilensteine wie die Systemintegration oder die Seeversuche auswirken. Durch die Information aller Beteiligten erleichtert die Risikokommunikation proaktive Reaktionen anstelle reaktiver Maßnahmen, wodurch kleinere Risiken nicht zu größeren Problemen heranwachsen, die das Projekt gefährden könnten.

Diese Überprüfungssitzungen dienen als formelle Plattform, auf der alle Beteiligten Einblicke teilen, Fragen stellen und notwendige Anpassungen vereinbaren können. Die regelmäßige Natur dieser Berichte und Überprüfungen stellt sicher, dass das Risikomanagement während des gesamten Projekts Priorität hat und keine Risiken unbemerkt oder unbeachtet bleiben.

Wenn Risiken eskalieren, ermöglicht ein starkes Kommunikationssystem eine schnelle Entscheidungsfindung. Wenn das Risiko an Wahrscheinlichkeit oder Auswirkungen zunimmt—wie bei der Nichteinhaltung eines wichtigen Lieferanten bei der Lieferung kritischer Komponenten—muss diese Information sofort kommuniziert werden, um eine schnelle Ressourcenverlagerung oder Zeitplanänderungen zu ermöglichen. Die transparente Kommunikation zwischen Auftragnehmern, Marinebehörden und Lieferanten stellt sicher, dass das Projekt in Echtzeit reagieren kann, was die Gesamtdisruption minimiert.

Wenn beispielsweise die Integration eines neuen Antriebssystems auf technische Schwierigkeiten stößt, können die Auftragnehmer diese Probleme frühzeitig an die Marinebehörden und Regierungsstellen kommunizieren. Diese frühzeitige Kommunikation ermöglicht es ihnen zu entscheiden, ob zusätzliche Ressourcen bereitgestellt werden sollen, um die technischen Probleme zu beheben, oder ob zu einem alternativen System zurückgekehrt werden soll, um das Projekt voranzutreiben. Klare und rechtzeitige Kommunikation ist entscheidend, um kaskadierende Verzögerungen zu verhindern, da sie eine schnelle Umsetzung von Notfallplänen ermöglicht.

U-Boot-Bauprojekte unterliegen häufig strenger staatlicher Aufsicht, insbesondere angesichts ihrer strategischen und finanziellen Bedeutung für die nationale Verteidigung. Diese Aufsicht stellt sicher, dass Risiken klar kommuniziert werden und dass alle Parteien verantwortlich bleiben für das Management und die Minderung von Risiken gemäß den vereinbarten Projektplänen.

Regierungsbehörden spielen eine entscheidende Rolle bei der Überwachung, wie Budgets zugewiesen werden, und stellen sicher, dass die Risikominderungsstrategien mit den nationalen Verteidigungsprioritäten übereinstimmen. Wenn ein Projekt Kostenüberschreitungen oder erhebliche Verzögerungen erfährt, müssen die Regierungsstellen umgehend informiert werden, und die notwendigen Genehmigungen für zusätzliche Mittel oder Zeitplananpassungen müssen eingeholt werden. Dies hält das Projekt im Einklang mit übergeordneten Verteidigungszielen und stellt sicher, dass die finanzielle Verantwortung während des gesamten Bauzyklus gewahrt bleibt.

Zusammenarbeit mit Militär- und Zivbehörden

Bei der Planung und dem Bau von U-Booten ist die Zusammenarbeit zwischen militärischen Behörden, zivilen Agenturen und Verteidigungsauftragnehmern entscheidend für die erfolgreiche Durchführung dieser komplexen und ressourcenintensiven Projekte. Diese Partnerschaft wird in erster Linie durch die Notwendigkeit einer Abstimmung zwischen den operativen Anforderungen der Marine, dem technischen Fachwissen der Verteidigungsauftragnehmer sowie den regulatorischen und umweltrechtlichen Überlegungen der zivilen Behörden vorangetrieben. Eine solche Zusammenarbeit ist entscheidend, um den Designprozess zu optimieren, Projektzeitpläne zu verwalten und die Einhaltung sowohl nationaler als auch internationaler Gesetze sicherzustellen.

Die Integration von zivilen und militärischen Sektoren wurde als wesentlicher Bestandteil verschiedener verteidigungsbezogener Projekte, einschließlich des U-Boot-Baus, anerkannt. Zum Beispiel betont das Konzept der zivil-militärischen Integration die Bedeutung der Zusammenarbeit zwischen militärischen Unternehmen und zivilen Agenturen zur Verbesserung der operativen Effizienz und Innovation in Verteidigungsprojekten [718]. Diese Integration ermöglicht das Pooling von Ressourcen und Fachwissen, was im Kontext des U-Boot-Designs besonders vorteilhaft ist, wo fortschrittliche Technologien und die Einhaltung von Vorschriften von entscheidender Bedeutung sind [719]. Darüber hinaus kann die Etablierung eines kollaborativen Innovationssystems den Wissensaustausch und die Weitergabe von Best Practices erleichtern, was letztendlich zu besseren Projektergebnissen führt [718].

Darüber hinaus spielen Umweltüberlegungen eine bedeutende Rolle bei U-Boot-Projekten, was enge Kooperationen zwischen militärischen und zivilen Behörden erforderlich macht. Forschungen haben gezeigt, dass

Risikobewertungsmethoden, die umweltrechtliche Rahmenbedingungen einbeziehen, bei U-Boot-Ableitungsprojekten unerlässlich sind [720]. Solche Methoden stellen sicher, dass Umweltauswirkungen systematisch bewertet und gemindert werden, wodurch sie den von zivilen Agenturen festgelegten regulatorischen Anforderungen entsprechen. Diese Übereinstimmung hilft nicht nur bei der Einhaltung, sondern verbessert auch die Nachhaltigkeit der U-Boot-Operationen [721].

Zusätzlich wurde das strategische Outsourcing bestimmter Funktionen an private Auftragnehmer im Kontext der zivil-militärischen Integration diskutiert. Dieser Ansatz ermöglicht eine größere Flexibilität und Reaktionsfähigkeit bei der Projektdurchführung, da Verteidigungsauftragnehmer ihr spezialisiertes Wissen und ihre Fähigkeiten nutzen können, um die einzigartigen Anforderungen des U-Boot-Baus zu erfüllen [722]. Die Anpassung der Verteidigungsunternehmen an Veränderungen in den Finanzierungs- und Forschungsschwerpunkten unterstreicht zusätzlich die Notwendigkeit kollaborativer Partnerschaften, um die Komplexität moderner Verteidigungsprojekte zu bewältigen [723].

Die Festlegung militärischer Anforderungen und operativer Eingaben für U-Boote ist ein kritischer Aspekt der maritimen Verteidigungsstrategie. Dieser Prozess wird stark von den strategischen Zielen des Militärs beeinflusst, die die operativen Fähigkeiten diktieren, die erforderlich sind, damit U-Boote ihre Rollen in der Überwachung, der nuklearen Abschreckung, der U-Boot-Bekämpfung und bei Spezialoperationen erfüllen können. Der Beitrag des Militärs ist entscheidend für die Definition von Spezifikationen im Hinblick auf Tarnung, Geschwindigkeit, Nutzlastkapazität, Ausdauer und Anpassungsfähigkeit an verschiedene Umgebungen, einschließlich arktischer und küstennaher Zonen [724].

Die Marinebehörden arbeiten eng mit Verteidigungsauftragnehmern zusammen, um sicherzustellen, dass die U-Boot-Designs mit diesen operativen Anforderungen übereinstimmen. Diese Zusammenarbeit ist entscheidend für die Integration fortschrittlicher Technologien und die Anpassung an sich entwickelnde geopolitische Umstände, die die Fähigkeitsanforderungen ändern könnten. Mit dem Fortschritt der Technologie können sich auch die operativen Anforderungen ändern, was Designänderungen erforderlich macht, um neue Funktionen oder Einsatzprofile zu berücksichtigen, die während des tatsächlichen Einsatzes entstehen [724]. Der kontinuierliche Feedbackprozess zwischen militärischen Bedürfnissen und Designprozessen stellt sicher, dass U-Boote in der Lage sind, sowohl taktische als auch strategische Ziele effektiv zu erreichen.

Darüber hinaus erstreckt sich der operative Beitrag des Militärs über die Phasen von Design und Bau, um sicherzustellen, dass U-Boote so gebaut werden, dass sie den Anforderungen des Krieges standhalten. Dies umfasst Überlegungen zur Überlebensfähigkeit und die Fähigkeit, die operative Effektivität unter verschiedenen Bedrohungsbedingungen aufrechtzuerhalten. Zum Beispiel ist das Design von elektrischen Energiesystemen auf U-Booten direkt mit den operativen Bedürfnissen verbunden und betont die Bedeutung von Überlebensmetriken und der Kontinuität des Dienstes [725]. Darüber hinaus ermöglichen Fortschritte in der Simulationstechnologie die Bewertung der operativen Effektivität in maritimen Aufgaben und verbessern weiter die Fähigkeit des Militärs, operative Anforderungen zu definieren und zu verfeinern [726].

Die Einbeziehung zivilen Behörden in die Entwicklung von U-Booten, insbesondere von nuklearbetriebenen, ist entscheidend für die Einhaltung von Sicherheitsvorschriften und Umweltstandards. Agenturen wie die Nuclear Regulatory Commission (NRC) in den Vereinigten Staaten spielen eine zentrale Rolle bei der Überwachung der Sicherheit von Kernreaktoren auf U-Booten während ihrer Bau- und Betriebsphasen. Die NRC legt strenge Sicherheitsanforderungen fest, die erfüllt werden müssen, um sowohl das Personal als auch die Umwelt vor potenziellen Gefahren im Zusammenhang mit Kernenergie zu schützen.

Neben der nuklearen Aufsicht sind Umweltbehörden aktiv in den Bauprozess von U-Booten eingebunden, um potenzielle ökologische Auswirkungen zu mildern. Diese Behörden arbeiten mit militärischen und zivilen Auftragnehmern zusammen, um sicherzustellen, dass die U-Boot-Operationen marine Ökosysteme nicht negativ beeinflussen. Beispielsweise sind Umweltverträglichkeitsprüfungen erforderlich, um die potenziellen Auswirkungen der Bauaktivitäten von U-Booten auf empfindliche Küstenregionen zu bewerten, insbesondere im Hinblick auf internationale Verträge zur Bekämpfung von Verschmutzung und zur Reduzierung von Unterwassergeräuschen. Solche Bewertungen sind entscheidend, um militärische Bedürfnisse mit dem Umweltschutz in Einklang zu bringen, da sie helfen, Maßnahmen zu identifizieren und umzusetzen, die Schäden an der Meeresfauna während des Baus und Betriebs minimieren.

Darüber hinaus unterliegt der Bau von U-Boot-Stromkabeln und anderer Unterwasserinfrastruktur ebenfalls den Vorschriften der zivilen Behörden. Diese Vorschriften stellen sicher, dass solche Projekte die Umweltstandards einhalten und marine Lebensräume nicht stören. Die Platzierung von Unterwasserkabeln wird durch Regierungsrichtlinien beeinflusst, die darauf abzielen, marine Umgebungen zu schützen und gleichzeitig technologische Fortschritte zu ermöglichen. Die Integration von Umweltüberlegungen in die Planung und Durchführung von U-Boot-Projekten spiegelt das wachsende Bewusstsein für die Notwendigkeit nachhaltiger Praktiken in maritimen Operationen wider.

Im Kontext der Verteidigungsvergaben, insbesondere beim U-Boot-Bau, ist das Engagement zwischen Auftragnehmern und Lieferanten entscheidend, um operative Anforderungen in funktionale Designs zu übersetzen. Große Verteidigungsauftragnehmer wie General Dynamics Electric Boat und Huntington Ingalls Industries müssen komplexe Beziehungen sowohl zu militärischen als auch zu zivilen Behörden navigieren, um die Einhaltung technischer Spezifikationen und regulatorischer Standards sicherzustellen. Dies umfasst die Einhaltung militärischer Spezifikationen für Waffensysteme und Sonararrays sowie die Zusammenarbeit mit zivilen Behörden, um die Umweltvorschriften zu erfüllen, was einen wesentlichen Aspekt moderner Verteidigungsvergaben darstellt [727, 728].

Die Zusammenarbeit zwischen Auftragnehmern und Lieferanten ist entscheidend für die erfolgreiche Integration spezialisierter Komponenten, wie zum Beispiel Kernreaktoren und Antriebssystemen. Forschungen zeigen, dass effektive Beziehungen zwischen Auftragnehmern und Lieferanten die Projektleistung verbessern können, insbesondere wenn Lieferanten frühzeitig in den Designprozess eingebunden werden. Diese frühe Einbindung ermöglicht es den Lieferanten, ihre Fähigkeiten an die Bedürfnisse des Auftragnehmers anzupassen, wodurch Innovation gefördert und die Gesamtergebnisse des Projekts verbessert werden [729, 730]. Darüber hinaus hat die Betonung der Umweltfähigkeiten bei den Lieferanten zunehmend an Bedeutung gewonnen, da Auftragnehmer versuchen, umweltfreundliche Praktiken im Lieferkettenmanagement in ihren Projekten umzusetzen [728, 731].

Darüber hinaus werden die Dynamiken der Zusammenarbeit zwischen Auftragnehmern und Lieferanten durch die Notwendigkeit von Qualitäts- und Sicherheitsstandards beeinflusst, die oft von militärischen und zivilen Behörden überwacht werden. Diese Behörden spielen eine entscheidende Rolle bei der Zertifizierung von Materialien und stellen sicher, dass alle Parteien die festgelegten Vorschriften einhalten. Die Komplexität dieser Beziehungen erfordert einen strategischen Ansatz zur Auswahl und Verwaltung von Lieferanten, wobei die Bedeutung von Zusammenarbeit und Kommunikation in der gesamten Lieferkette betont wird [732, 733]. Studien haben gezeigt, dass ein integrierterer Ansatz im Lieferkettenmanagement, der Partnerschaften anstelle von rein transaktionalen Beziehungen fördert, zu einer verbesserten Leistung und reduzierten Kosten in Bauprojekten führen kann [730, 734].

Die staatliche Aufsicht und Rechenschaftspflicht spielen eine entscheidende Rolle bei der Planung und dem Bau von U-Booten, insbesondere bei der Sicherstellung, dass diese Projekte die budgetären Vorgaben und nationalen Verteidigungsprioritäten einhalten. Das US-Verteidigungsministerium (DoD) ist hauptsächlich dafür verantwortlich, die Verteidigungsausgaben zu überwachen, die erhebliche Investitionen in U-Boot-Programme umfassen. Es wird berichtet, dass über ein Drittel des jährlichen Budgets des DoD, das seit 2005 im Durchschnitt mehr als 150 Milliarden Dollar beträgt, für den Erwerb von Material, Systemen und Dienstleistungen verwendet wird, was die Komplexität und die politische Natur der Verteidigungsbeschaffung unterstreicht [735]. Effektives Programmmanagement innerhalb des DoD ist entscheidend, um die Rechenschaftspflicht aufrechtzuerhalten und sicherzustellen, dass Steuergelder effizient verwendet werden [736].

Darüber hinaus spielen gesetzgebende Körperschaften, einschließlich des Kongresses, eine bedeutende Rolle bei der Überwachung der Verteidigungsausgaben. Sie stellen sicher, dass Mittel angemessen zugewiesen werden und dass

Projekte, wie der Bau von U-Booten, termingerecht und im Budgetrahmen abgeschlossen werden. Diese Aufsicht ist entscheidend, nicht nur für die finanzielle Rechenschaftspflicht, sondern auch dafür, dass die U-Boote die notwendigen operativen Anforderungen erfüllen und die internationalen Verträge und Verteidigungsrichtlinien einhalten. Die Zusammenarbeit zwischen militärischen und zivilen Behörden ist in diesem Kontext von entscheidender Bedeutung, da militärische Behörden die erforderlichen taktischen Fähigkeiten definieren, während zivile Behörden die rechtlichen Rahmenbedingungen durchsetzen, die diese Fähigkeiten regeln [238].

Neben der finanziellen Aufsicht erstreckt sich die staatliche Rechenschaftspflicht auf die Einhaltung internationaler Verträge, insbesondere solcher, die sich auf nukleare Waffen und Rüstungskontrolle beziehen. Der Einsatz von nuklearen U-Booten wirft erhebliche rechtliche und ethische Überlegungen auf, die eine enge Zusammenarbeit zwischen militärischen und zivilen Stellen erfordern, um die Einhaltung internationaler Normen und Vorschriften sicherzustellen [238]. Die Integration von Prinzipien der Governance komplexer Systeme (CSG) kann das Management dieser komplexen, voneinander abhängigen Systeme weiter verbessern und so die Risiken im Zusammenhang mit auftretenden Herausforderungen in der U-Boot-Entwicklung verringern [737].

Die Zusammenarbeit während der Test- und Inbetriebnahmephasen von U-Booten ist entscheidend, um die betriebliche Leistung und die Einhaltung von Sicherheitsstandards zu gewährleisten. Während die U-Boote in die Testphase übergehen, spielen militärische und zivile Behörden eine entscheidende Rolle. Militärische Behörden überwachen die Seetests, um zu validieren, dass die U-Boote die operativen Leistungsstandards erfüllen, während zivile Behörden, insbesondere die für die nukleare Sicherheit zuständigen, sicherstellen, dass das nukleare Antriebssystem des U-Bootes den regulatorischen Standards entspricht, bevor das Schiff für den aktiven Dienst freigegeben wird. Diese duale Aufsicht ist entscheidend für die Aufrechterhaltung sowohl der militärischen Einsatzbereitschaft als auch der öffentlichen Sicherheit, insbesondere im Kontext nuklearbetriebener U-Boote.

Eine effektive Zusammenarbeit wird durch transparente Kommunikation zwischen allen Beteiligten, einschließlich militärischer, ziviler und Auftragnehmerstellen, gefördert. Regelmäßige Projektüberprüfungen, Risikobewertungen und Updates sind wichtig, um die Ausrichtung zwischen diesen Gruppen aufrechtzuerhalten. Solche Praktiken fördern effektive Entscheidungsfindung und ermöglichen die zeitnahe Lösung von Problemen, die während der Testphase auftreten können. Beispielsweise ermöglicht die Integration von Hardware-in-the-Loop (HIL)-Simulationen Echtzeittests und -validierungen von Steuerungssystemen, was die Risiken im Zusammenhang mit der Inbetriebnahme von U-Booten erheblich reduzieren kann [738]. Dieser Ansatz verdeutlicht, wie kooperative Anstrengungen die Zuverlässigkeit und Sicherheit von U-Boot-Operationen verbessern können.

Darüber hinaus kann die Bedeutung von Qualitätskontrolle und Risikomanagement in den frühen Phasen von Design und Planung nicht genug betont werden. Ein effektives Management der mit Offshore-Anlagen verbundenen Risiken hat sich als wirksam erwiesen, um Vorfälle zu verhindern, die die Sicherheit und die betriebliche Integrität gefährden könnten [739]. Die aus den Praktiken der Offshore-Öl- und Gasindustrie gewonnenen Erkenntnisse können auf die Inbetriebnahmeprozesse von U-Booten angewendet werden, was die Notwendigkeit eines umfassenden Ansatzes zur Qualitätssicherung betont, der von Anfang an alle Beteiligten einbezieht [739].

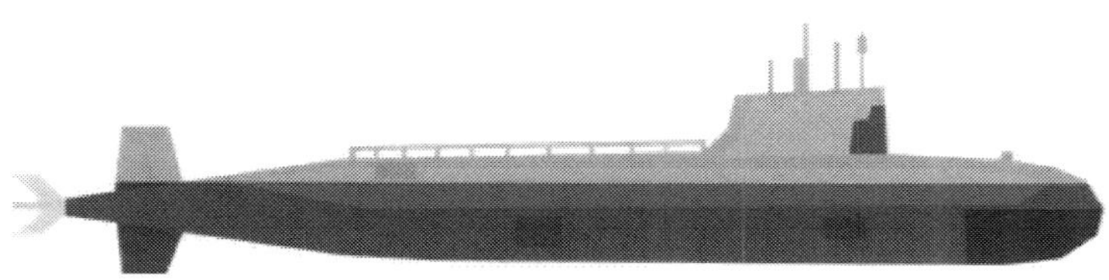

Referenzen

1. Bila, T.V.S., W. Widodo, and B.A. Yulianto, *Policy Review of the Effectiveness of the Submarine Technology Transfer Roadmap Between Indonesia and South Korea*. Jurnal Pertahanan Media Informasi TTG Kajian & Strategi Pertahanan Yang Mengedepankan Identity Nasionalism & Integrity, 2023. **9**(3): p. 467-478.
2. Joiner, K.F., et al., *Cybersecurity for Allied Future Submarines*. World Journal of Engineering and Technology, 2018. **06**(04): p. 696-712.
3. Leorocha, F., et al., *Comparative Study on Maritime Security Theory of Mahan Alfred Thayer and Geoffrey Till on the Strategic and Practical Implications of Constructing a Sea Defense*. International Journal of Progressive Sciences and Technologies, 2023. **38**(1): p. 456.
4. Cunningham, F.S. and M.T. Fravel, *Assuring Assured Retaliation: China's Nuclear Posture and U.S.-China Strategic Stability*. International Security, 2015. **40**(2): p. 7-50.
5. O'Donnell, F. and Y. Joshi, *Lost at Sea: The<i>Arihant</I>in India's Quest for a Grand Strategy*. Comparative Strategy, 2014. **33**(5): p. 466-481.
6. Mehar, A.K. and P. Muralidhar, *Analysis of Submarine With the Study of Mechanical Investigations Using Borei - Class Submarine Model*. International Journal of Engineering Research And, 2020. **V9**(08).
7. Zhang, X., et al., *Modelling Research on Breaking Through the Blockade Area*. Destech Transactions on Engineering and Technology Research, 2018(pmsms).
8. Kang, K. and J. Kugler, *Assessment of Deterrence and Missile Defense in East Asia: A Power Transition Perspective*. International Area Studies Review, 2015. **18**(3): p. 280-296.
9. Herz, M., L. Dawood, and V.C. Lage, *A Nuclear Submarine in the South Atlantic: The Framing of Threats and Deterrence*. Contexto Internacional, 2017. **39**(2): p. 329-350.
10. Masood, M. and M.A. Baig, *Potential Impact of Lethal Autonomous Weapon Systems on Strategic Stability and Nuclear Deterrence in South Asia*. Margalla Papers, 2023. **27**(2): p. 27-43.
11. Raju, N. and T. Erästö, *The Role of Space Systems in Nuclear Deterrence*. 2023.
12. Chakraborty, S., *Introduction to Submarine Design*. 2019, Marine Insight.
13. Zhang, J., *Lead–bismuth eutectic (lbe): a coolant candidate for gen. iv advanced nuclear reactor concepts*. Advanced Engineering Materials, 2013. **16**(4): p. 349-356.
14. Li, B., R. Chiong, and L. Gong, *Search-Evasion Path Planning for Submarines Using the Artificial Bee Colony Algorithm*. 2014.
15. O'Donnell, F. and Y. Joshi, *Lost at Sea: The Arihant in India's Quest for a Grand Strategy*. Comparative Strategy, 2014. **33**(5): p. 466-481.
16. Cao, L., et al., *Review on the Hydro- And Thermo-Dynamic Wakes of Underwater Vehicles in Linearly Stratified Fluid*. Journal of Marine Science and Engineering, 2024. **12**(3): p. 490.
17. Heidemann, J., M. Stojanovic, and M. Zorzi, *Underwater Sensor Networks: Applications, Advances and Challenges*. Philosophical Transactions of the Royal Society a Mathematical Physical and Engineering Sciences, 2012. **370**(1958): p. 158-175.
18. Rubino, F., et al., *Marine Application of Fiber Reinforced Composites: A Review*. Journal of Marine Science and Engineering, 2020. **8**(1): p. 26.
19. Qu, Z. and M. Lai, *A Review on Electromagnetic, Acoustic, and New Emerging Technologies for Submarine Communication*. Ieee Access, 2024. **12**: p. 12110-12125.
20. Mahmutoğlu, Y., K. Türk, and C. Albayrak, *Investigation of Underwater Wireless Optical Communication Channel Capacity for Different Environment and System Parameters*. Hittite Journal of Science & Engineering, 2020. **7**(4): p. 279-285.
21. Polmar, N.C. and N. Friedman, *submarine*, in *Britannica*. 2024.
22. Rayner, J., *'The Deadliest Thing That Keeps the Seas': The Technology, Tactics and Terror of the Submarine in <i>The War Illustrated</I> Magazine*. Journal for Maritime Research, 2017. **19**(1): p. 1-22.
23. Winokur, R.S., *Naval Oceanography Contributions to Underwater Acoustics—The Cold War Era*. The Journal of the Acoustical Society of America, 2015. **137**(4_Supplement): p. 2306-2307.

24. Toxopeus, S., et al., *Submarine Hydrodynamics for Off-Design Conditions.* Journal of Ocean Engineering and Marine Energy, 2022. **8**(4): p. 499-511.
25. Fay, D., N.A. Stanton, and A.P. Roberts, *All at Sea With User Interfaces: From Evolutionary to Ecological Design for Submarine Combat Systems.* Theoretical Issues in Ergonomics Science, 2019. **20**(5): p. 632-658.
26. Kong, D., et al., *An Improved Wake Vortex-Based Inversion Method for Submarine Maneuvering State.* Computational Intelligence and Neuroscience, 2023. **2023**(1).
27. Empyrea Consulting, *Under Pressure: The Science of Submarine Hulls*. 2023.
28. Davis, B., *How thick is a submarine's hull? What material is it made out of?* 2022, Medium.
29. Szturomski, B. and R. Kiciński, *Material Properties of HY 80 Steel After 55 Years of Operation for FEM Applications.* Materials, 2021. **14**(15): p. 4213.
30. Lee, J., et al., *Application of Macro-Instrumented Indentation Test for Superficial Residual Stress and Mechanical Properties Measurement for HY Steel Welded T-Joints.* Materials, 2021. **14**(8): p. 2061.
31. Fathallah, E., et al., *Optimal Design Analysis of Composite Submersible Pressure Hull.* Applied Mechanics and Materials, 2014. **578-579**: p. 89-96.
32. Helal, M., et al., *Numerical Analysis of Sandwich Composite Deep Submarine Pressure Hull Considering Failure Criteria.* Journal of Marine Science and Engineering, 2019. **7**(10): p. 377.
33. Jeong, H.Y. and P. Henry, *Optimal Design of Deep-Sea Pressure Hulls Using CAE Tools.* Journal of the Computational Structural Engineering Institute of Korea, 2012. **25**(6): p. 477-485.
34. Fathallah, E. and M. Helal, *Optimum Structural Design of Deep Submarine Pressure Hull to Achieve Minimum Weight.* The International Conference on Civil and Architecture Engineering, 2016. **11**(11): p. 1-22.
35. Fathallah, E., et al., *Optimal Structure Design of Elliptical Deep-Submersible Pressure Hull.* Materials Science Forum, 2015. **813**: p. 85-93.
36. Balaji, V., S.S.A. Ravi, and P. Chandran, *FEM Method Structural Analysis of Pressure Hull by Using Hyper Mesh.* International Journal of Engineering & Technology, 2017. **7**(1.5): p. 258.
37. MacKay, J.R. and F.v. Keulen, *Partial Safety Factor Approach to the Design of Submarine Pressure Hulls Using Nonlinear Finite Element Analysis.* Finite Elements in Analysis and Design, 2013. **65**: p. 1-16.
38. Helal, M., et al., *Minimizing Buoyancy Factor of Metallic Pressure-Hull Subjected to Hydrostatic Pressure.* Intelligent Automation & Soft Computing, 2023. **35**(1): p. 769-793.
39. Sohn, J.M., et al., *Development of Numerical Modelling Techniques for Composite Cylindrical Structures Under External Pressure.* Journal of Marine Science and Engineering, 2022. **10**(4): p. 466.
40. Maalawi, K.Y., *Optimal Buckling Design of Anisotropic Rings/Long Cylinders Under External Pressure.* Journal of Mechanics of Materials and Structures, 2008. **3**(4): p. 775-793.
41. Molavizadeh, A. and A.M. Rezaei, *Progressive Damage Analysis and Optimization of Winding Angle and Geometry for a Composite Pressure Hull Wound Using Geodesic and Planar Patterns.* Applied Composite Materials, 2019. **26**(3): p. 1021-1040.
42. Messager, T., et al., *Optimal Laminations of Thin Underwater Composite Cylindrical Vessels.* Composite Structures, 2002. **58**(4): p. 529-537.
43. Paik, J.K. and P.A. Frieze, *Ship Structural Safety and Reliability.* Progress in Structural Engineering and Materials, 2001. **3**(2): p. 198-210.
44. Chakraborty, S., *Understanding Structure Design of a Submarine*. 2021, Marine Insight.
45. Hsu, C.Y., et al., *The Effect of Roundness on the Buckling Strength for the Submerged Pressure Hull.* Applied Mechanics and Materials, 2014. **644-650**: p. 5133-5137.
46. Pei, Z., T. Xu, and W. Wu, *Progressive Collapse Test of Ship Structures in Waves.* Polish Maritime Research, 2018. **25**(s3): p. 91-98.
47. Xing, J.T., Z. Tian, and X. Yan, *The Dynamics of Ship Propulsion Unit-Large Hull–water Interactions.* Ocean Engineering, 2016. **124**: p. 349-362.
48. Plotkina, V.A., *Reliability Performance of Shipboard Power Complexes With Regard to Ecosystem Effects.* E3s Web of Conferences, 2021. **320**: p. 01005.
49. MacKay, J.R., et al., *Experimental Investigation of the Strength and Stability of Submarine Pressure Hulls With and Without Artificial Corrosion Damage.* Marine Structures, 2010. **23**(3): p. 339-359.
50. Sinaga, L.T.P., *Experimental Analysis on Sinking Time of Littoral Submarine in Various Trim Angle.* Applied Mechanics and Materials, 2018. **874**: p. 128-133.

51. Ibrahim, A.E., M.N. Karsiti, and I. Elamvazuthi, *Experimental Depth Positioning Control for a Spherical Underwater Robot Vehicle (URV).* Applied Mechanics and Materials, 2015. **785**: p. 729-733.
52. Pan, K. and I.M. Chao, *Analysis of Operating Principles and Flow Field Characteristics for a Diving Ballast Tank.* Defence Science Journal, 2020. **70**(5): p. 564-570.
53. Alsubal, S., M.S. Liew, and L.E. Shawn, *Preliminary Design and Dynamic Response of Multi-Purpose Floating Offshore Wind Turbine Platform: Part 1.* Journal of Marine Science and Engineering, 2022. **10**(3): p. 336.
54. Xiang, G., et al., *A Study on the Influence of Unsteady Forces on the Roll Characteristics of a Submarine During Free Ascent From Great Depth.* Journal of Marine Science and Engineering, 2024. **12**(5): p. 757.
55. Zhang, S., et al., *Numerical Simulation Study on the Effects of Course Keeping on the Roll Stability of Submarine Emergency Rising.* Applied Sciences, 2019. **9**(16): p. 3285.
56. Zhang, S., et al., *Experimental Investigation on Roll Stability of Blunt-Nose Submarine in Buoyantly Rising Maneuvers.* Applied Ocean Research, 2018. **81**: p. 34-46.
57. Chakraborty, S., *Understanding Stability of Submarine*. 2021, Marine Insight.
58. Globe Composite, *Buoyancy in Submersibles and Submarines*. 2024, Globe Composite Solutions.
59. Hien Le Tat, N., N. Nguyen Duy Anh, and N. Nguyen Thi Ngoc Hoa, *Numerical Investigate the Effect of Turbulence Models on the CFD Computation of Submarine Resistance.* CFD Letters, 2024. **16**(10): p. 126-139.
60. Lv, B. and Y. Chen, *The Influence of Different Diving Angles on the Hydrodynamic Noise of Submarine Enclosures.* Journal of Physics Conference Series, 2023. **2565**(1): p. 012006.
61. Moonesun, M., et al., *Optimization on Submarine Stern Design.* Proceedings of the Institution of Mechanical Engineers Part M Journal of Engineering for the Maritime Environment, 2016. **231**(1): p. 109-119.
62. Parunov, J., et al., *Hydrodynamic Tests of Innovative Tourist Submarine.* Journal of Marine Science and Engineering, 2023. **11**(6): p. 1199.
63. Vasudev, K.L., R. Sharma, and S.K. Bhattacharyya, *Multi-Objective Shape Optimization of Submarine Hull Using Genetic Algorithm Integrated With Computational Fluid Dynamics.* Proceedings of the Institution of Mechanical Engineers Part M Journal of Engineering for the Maritime Environment, 2017. **233**(1): p. 55-66.
64. Wu, X., et al., *An Effective CFD Approach for Marine-Vehicle Maneuvering Simulation Based on the Hybrid Reference Frames Method.* Ocean Engineering, 2015. **109**: p. 83-92.
65. White, F.M. and H. Xue, *Fluid mechanics*. Vol. 3. 2003: McGraw-hill New York.
66. Ke, L., J. Ye, and Q. Liang, *Experimental Study on the Flow Field, Force, and Moment Measurements of Submarines With Different Stern Control Surfaces.* Journal of Marine Science and Engineering, 2023. **11**(11): p. 2091.
67. Zhao, G., et al., *Submarine Maneuvering Performance Analysis: A Study of the Effect of Different Rudder Angle Settings on the Turning Dynamics of SUBOFF Submarine.* 2024. **1**(2).
68. Wang, W., et al., *A Fault-Tolerant Steering Prototype for X-Rudder Underwater Vehicles.* Sensors, 2020. **20**(7): p. 1816.
69. Wang, C., et al., *Influence of Stern Rudder Type on Flow Noise of Underwater Vehicles.* Journal of Marine Science and Engineering, 2022. **10**(12): p. 1866.
70. Anderson, D.M., et al., *Stability of Floating Objects at a Two-Fluid Interface.* European Journal of Physics, 2024. **45**(5): p. 055001.
71. Sakagami, N., et al., *An Attitude Control System for Underwater Vehicle-Manipulator Systems.* 2010.
72. Li, Q., S. Abdullah, and M.R.M. Rasani, *A Review of Progress and Hydrodynamic Design of Integrated Motor Pump-Jet Propulsion.* Applied Sciences, 2022. **12**(8): p. 3824.
73. Kim, J.-H., et al., *Performance Prediction of Composite Marine Propeller in Non-Cavitating and Cavitating Flow.* Applied Sciences, 2022. **12**(10): p. 5170.
74. Ku, G., et al., *Numerical Investigation of Tip Vortex Cavitation Inception and Noise of Underwater Propellers of Submarine Using Sequential Eulerian–Lagrangian Approaches.* Applied Sciences, 2020. **10**(23): p. 8721.
75. Grządziela, A., et al., *Experimental Validation of an FEM Model Based on Lifting Theory Applied to Propeller Design Software.* Polish Maritime Research, 2024. **31**(2): p. 67-76.
76. Indiaryanto, M., et al., *Design and Analysis of Cavitation on 22 M Submarine Propellers.* Majalah Ilmiah Pengkajian Industri, 2023. **14**(2): p. 163-171.
77. Liu, L., et al., *Full-Scale Simulation of Self-Propulsion for a Free-Running Submarine.* Physics of Fluids, 2021. **33**(4).

78. Özgen, C., *İsrail'in Savunma Stratejisi'nde Denizaltı Filosu'nun Rolü*. Güvenlik Stratejileri Dergisi, 2019. **15**(31): p. 497-545.
79. Duarte, A., et al., *GRASP With Path Relinking Heuristics for the Antibandwidth Problem*. Networks, 2010. **58**(3): p. 171-189.
80. Indiaryanto, M., et al., *Design and Hydrodynamic Model Test of Mini Submarine Propeller With High Efficiency and Low Cavitation*. Epi International Journal of Engineering, 2018. **1**(2): p. 59-64.
81. Putra, Y.D., A.F. Zakki, and A. Trimulyono, *Design of Kaplan-Series Propeller for Commercial Submarine by Varying Rake Angle and Number of the Blade to Obtain the Highest Thrust and Efficiency.* Iop Conference Series Materials Science and Engineering, 2021. **1096**(1): p. 012032.
82. Paredes, R., et al., *Numerical Flow Characterization Around a Type 209 Submarine Using OpenFOAM*. Fluids, 2021. **6**(2): p. 66.
83. Javadi, M., et al., *Experimental Investigation of the Effect of Bow Profiles on Resistance of an Underwater Vehicle in Free Surface Motion*. Journal of Marine Science and Application, 2015. **14**(1): p. 53-60.
84. Moonesun, M., et al., *Computational Fluid Dynamics Analysis on the Added Resistance of Submarine Due to Deck Wetness at Surface Condition.* Proceedings of the Institution of Mechanical Engineers Part M Journal of Engineering for the Maritime Environment, 2016. **231**(1): p. 128-136.
85. Chen, J., et al., *Study on Resistance Characteristics of Submarine Near Water Surface*. Matec Web of Conferences, 2022. **355**: p. 01002.
86. Gourlay, T. and E. Dawson, *A Havelock Source Panel Method for Near-Surface Submarines*. Journal of Marine Science and Application, 2015. **14**(3): p. 215-224.
87. Mitari, I.G., W. Sulistyawati, and P.J. Suranto, *Hydrodynamic Analysis in Redesigning a Monohull Passenger Ship Into a Catamaran*. E3s Web of Conferences, 2021. **328**: p. 07007.
88. Utama, I.K.A.P., et al., *CFD Analysis of Biofouling Effect on Submarine Resistance and Wake.* Journal of Marine Science and Engineering, 2023. **11**(7): p. 1312.
89. Gangemi, P.J., et al., *Active Control of the Accordion Modes of a Submerged Hull*. Journal of Low Frequency Noise Vibration and Active Control, 2011. **30**(3): p. 169-184.
90. Trost, L.C.S., *Moving Towards the Next Milestone of Submarine Design*. Naval Engineers Journal, 2000. **112**(2): p. 53-60.
91. Chen, F., Y. Chen, and H. Hu, *Coupled Vibration Characteristics of a Submarine Propeller-Shaft-Hull System at Low Frequency.* Journal of Low Frequency Noise Vibration and Active Control, 2019. **39**(2): p. 258-279.
92. Merz, S., R. Kinns, and N. Kessissoglou, *Influence of a Resonance Changer on the Sound Radiation of a Submarine*. The Journal of the Acoustical Society of America, 2008. **123**(5_Supplement): p. 3953-3953.
93. The Editors of Encyclopaedia, *naval architecture*. 2018, Britannica.
94. Overpelt, B. and B. Nienhuis, *Bow Shape Design for Increased Surface Performance of an SSK Submarine*. 2014: p. 117-126.
95. Sarraf, S., et al., *Experimental and Numerical Investigation of Squat Submarines Hydrodynamic Performances*. Ocean Engineering, 2022. **266**: p. 112849.
96. Guang-hui, Z. and J. Zhu, *Study on Key Techniques of Submarine Maneuvering Hydrodynamics Prediction Using Numerical Method*. 2010.
97. Pan, Y.-c., H. Zhang, and Q. Zhou, *Numerical Prediction of Submarine Hydrodynamic Coefficients Using CFD Simulation*. Journal of Hydrodynamics, 2012. **24**(6): p. 840-847.
98. Zarnetske, M.R. and J.B. Blottman, *Carbon Nanotube Thermoacoustic Projectors for Undersea Vehicles*. The Journal of the Acoustical Society of America, 2013. **134**(5_Supplement): p. 4091-4091.
99. Gad, A.M., *Antimicrobial and Antifouling Activities of the Cellulase Produced by Marine Fungal Strain; Geotrichum Candidum MN638741.1*. Egyptian Journal of Aquatic Biology and Fisheries, 2021. **25**(6): p. 49-60.
100. Slayter, J., N. McNaughton, and P. Bremner, *How do you design a submarine propulsion system that is efficient, reliable, and stealthy?* 2024, LinkedIn.
101. Defencyclopedia, *Anti-Submarine Warfare (Part-2) : Diesel-Electric Submarines*. 2014, Defencyclopedia.
102. Pekelney, R., *Submarine Main Propulsion Diesels: NavPers 16161*. 2007: San Francisco Maritime National Park Association.
103. Rothmund, M., *Underwater*. 2014, MTU.
104. Friedman, N., *nuclear submarine*, in *Encyclopedia Britannica*. 2024, Encyclopedia Britannica.
105. Nassersharif, B. and D. Thomas, *Nuclear Propulsion*. 2023.

106. Ismaeel, S.M.E., *New Applications for Linear Induction Drives Used for Silent Propulsion Systems in Nuclear Submarines and Supercarriers*. Arab Journal of Nuclear Sciences and Applications, 2020. **0**(0): p. 1-11.

107. World Nuclear Association, *Nuclear-Powered Ships*. 2023, World Nuclear Association.

108. J.M.K.C. Donev et al., *Pressurized water reactor*. 2024, Energy Education.

109. Jeon, B. and M. Khorsand, *Energy Management System in Naval Submarines*. 2020.

110. Phong, C.X., N.Q. Q, and C.X.C.X. P, *Early-Stage Analysis of Air Independent Propulsion Based on Fuel Cells for Small Submarines*. Advances in Military Technology, 2022. **17**(2): p. 457-469.

111. Wien, T., N. Gartner, and R. Geertsma, *Risk Mitigation for Application of Li-Ion Batteries on Submarines by Modelling of Heat and Combustible Gasses Development During a Thermal Runaway*. 2022.

112. Piłat, T., et al., *Implementation of the Assessment Method of the Lead–acid Battery Electrical Capacity in Submarines*. Journal of Marine Engineering & Technology, 2017. **16**(4): p. 326-330.

113. Yamashita, Y., H.N. Giang, and T. Oyama, *Investigating the Performance of Japan's Competitive Grant Grants-in-Aid for Scientific Research System*. International Journal of Higher Education, 2018. **7**(5): p. 167.

114. Depetro, A., G. Gamble, and K. Moinuddin, *Fire Safety Risk Analysis of Conventional Submarines*. Applied Sciences, 2021. **11**(6): p. 2631.

115. Madani, S.S., *Experimental Study of the Heat Generation of a Lithium-Ion Battery*. Ecs Transactions, 2020. **99**(1): p. 419-428.

116. Lai, X., et al., *Mechanism, Modeling, Detection, and Prevention of the Internal Short Circuit in Lithium-Ion Batteries: Recent Advances and Perspectives*. Energy Storage Materials, 2021. **35**: p. 470-499.

117. Sidhu, A., A. Izadian, and S. Anwar, *Adaptive Nonlinear Model-Based Fault Diagnosis of Li-Ion Batteries*. Ieee Transactions on Industrial Electronics, 2015. **62**(2): p. 1002-1011.

118. Ke, K. and S. Pang, *Working Principle and Application of Hydrogen Fuel Cells*. Highlights in Science Engineering and Technology, 2024. **90**: p. 97-104.

119. Wang, F., et al., *Boosting Electrochemical Performance of a Nanocomposite Ni-GDC Anode via Oxygen Vacancy and Ni Dispersion Modulation for Solid Oxide Fuel Cells*. Acs Applied Energy Materials, 2023. **6**(18): p. 9409-9416.

120. Ni, M., Z. Shao, and K.Y. Chan, *Modeling of Proton-Conducting Solid Oxide Fuel Cells Fueled With Syngas*. Energies, 2014. **7**(7): p. 4381-4396.

121. Gao, Z., et al., *A Perspective on Low-Temperature Solid Oxide Fuel Cells*. Energy & Environmental Science, 2016. **9**(5): p. 1602-1644.

122. Huerta, G.V., et al., *Impact of Multi-Causal Transport Mechanisms in an Electrolyte Supported Planar SOFC With (ZrO2)x−1(Y2O3)x Electrolyte*. Entropy, 2018. **20**(6): p. 469.

123. Lust, E., et al., *Development of Medium-Temperature Solid Oxide Fuel Cells and CO₂ and H₂O Co-Electrolysis Cells in Estonia*. Ecs Transactions, 2015. **68**(1): p. 3407-3415.

124. Almutairi, G., F. Alenazey, and Y. Alyousef, *Impact of Changing Mode on the Execution of 100 W Solid Oxide Fuel Cells (SOFCs)*. Journal of New Materials for Electrochemical Systems, 2019. **22**(4): p. 179-184.

125. Li, C.Y. and Z. Lv, *Preparation and Performance of Ni-Cu/SDC Anodes*. Advanced Materials Research, 2010. **113-116**: p. 1951-1954.

126. Bozorgmehri, S. and M. Hamedi, *Modeling and Optimization of Anode-Supported Solid Oxide Fuel Cells on Cell Parameters via Artificial Neural Network and Genetic Algorithm*. Fuel Cells, 2012. **12**(1): p. 11-23.

127. Zhou, F., et al., *Direct Ammonia-Fed Liquid Metal Anode Solid Oxide Fuel Cell for Co-Generation of Hydrogen and Electricity*. Ecs Transactions, 2023. **111**(6): p. 1517-1523.

128. Gadsbøll, R.Ø., et al., *Solid Oxide Fuel Cells Powered by Biomass Gasification for High Efficiency Power Generation*. Energy, 2017. **131**: p. 198-206.

129. Rahmanta, M.A., et al., *Nuclear Power Plant to Support Indonesia's Net Zero Emissions: A Case Study of Small Modular Reactor Technology Selection Using Technology Readiness Level and Levelized Cost of Electricity Comparing Method*. Energies, 2023. **16**(9): p. 3752.

130. Jiang, W., et al., *Numerical Analysis of the Hydrodynamic Performance of RDT With Varying Blade Numbers*. Journal of Physics Conference Series, 2022. **2271**(1): p. 012010.

131. Yan, X., et al., *A Review of Progress and Applications of Ship Shaft-Less Rim-Driven Thrusters*. Ocean Engineering, 2017. **144**: p. 142-156.

132. Dubas, A., N.W. Bressloff, and S.M. Sharkh, *Numerical Modelling of Rotor–stator Interaction in Rim Driven Thrusters*. Ocean Engineering, 2015. **106**: p. 281-288.

133. Zhang, L., et al., *Numerical Prediction of Cavitation Performance for Rim Driven Thruster*. 2018: p. 777-782.
134. Kim, J.-W., et al., *Parametric Study of the Hydrodynamic Characteristics of the Pumpjet Propulsor for the SUBOFF Submarine*. Journal of Marine Science and Engineering, 2023. **11**(10): p. 1926.
135. Kao, J.-H. and Y. Liao, *Discussion of the Fluid Acceleration Quality of a Ducted Propulsion System on the Propulsive Performance*. Computer Modeling in Engineering & Sciences, 2022. **130**(3): p. 1325-1348.
136. Chen, W., T. Liang, and V. Dinavahi, *Comprehensive Real-Time Hardware-in-the-Loop Transient Emulation of MVDC Power Distribution System on Nuclear Submarine*. 2022.
137. Ding, H., et al., *Effect of Frequency–Amplitude Parameter and Aspect Ratio on Propulsion Performance of Underwater Flapping-Foil*. Biomimetics, 2024. **9**(6): p. 324.
138. Han, L., Q. Huang, and G. Pan, *Investigation on the Propulsion of a Pump-Jet Propulsor in an Effective Wake*. Journal of Fluids Engineering, 2022. **144**(5).
139. Chakraborty, S., *Different Systems on a Naval Submarine*. 2021, Marine Insight.
140. Zaccone, R., U. Campora, and M. Martelli, *Optimisation of a Diesel-Electric Ship Propulsion and Power Generation System Using a Genetic Algorithm*. Journal of Marine Science and Engineering, 2021. **9**(6): p. 587.
141. Jafarboland, M. and M. Zadehbagheri, *Modeling of Belt-Pulley and Flexible Coupling Effects on Submarine Driven System Electrical Motors*. Journal of Power Electronics, 2011. **11**(3): p. 319-326.
142. Giovanni Benvenuto and Ugo Campora, *Economic and Environmental Comparison Between Diesel-Electric and Mechanical Propulsion Plants for a Small Cruise Ship*. International Journal of Frontiers in Engineering and Technology Research, 2023. **5**(2): p. 012-029.
143. Altosole, M., et al., *Progress in Marine Hybrid Propulsion Drive Systems*. 2023.
144. Pekelney, R., *Submarine Electrical Installations: NavPers 16112*. 2007: San Francisco Maritime National Park Association.
145. Sterling Thermal Technology, *The challenges of cooling submarine generators and motors*. 2023, Sterling Thermal Technology.
146. Le, H.N. and E. Tedeschi, *Comparative Evaluation of AC and DC Power Distribution Systems for Underwater Vehicles Based on Multiobjective Optimization Techniques*. Ieee Transactions on Power Delivery, 2021. **36**(6): p. 3456-3465.
147. Toshinsky, G.I. and V.V. Petrochenko, *Modular Lead-Bismuth Fast Reactors in Nuclear Power*. Sustainability, 2012. **4**(9): p. 2293-2316.
148. Wang, Y.-F., et al., *Study on ± 500 kV VSC-HVDC Submarine Cable Transmission Bottlenecks Under Different Laying Methods*. 2022.
149. Zhang, H., et al., *Overload Capacity Analysis of Extra High Voltage AC XLPE Submarine Cable*. Frontiers in Energy Research, 2023. **11**.
150. Jang, E.-H., et al., *Experimental Study on the Toxicity Characteristics of Non-Class 1E Cables According to Accelerated Deterioration*. Fire Science and Engineering, 2019. **33**(6): p. 105-113.
151. Youn, D.J., et al., *Controlling Factors of Degassing in Crosslinked Polyethylene Insulated Cables*. Polymers, 2019. **11**(9): p. 1439.
152. Li, Q., et al., *Numerical Study of the Local Scouring Process and Influencing Factors of Semi-Exposed Submarine Cables*. Journal of Marine Science and Engineering, 2023. **11**(7): p. 1349.
153. Wang, W., et al., *Failure of Submarine Cables Used in High-voltage Power Transmission: Characteristics, Mechanisms, Key Issues and Prospects*. Iet Generation Transmission & Distribution, 2021. **15**(9): p. 1387-1402.
154. Zhu, W., et al., *Thermal Effect of Different Laying Modes on Cross-Linked Polyethylene (XLPE) Insulation and a New Estimation on Cable Ampacity*. Energies, 2019. **12**(15): p. 2994.
155. Zhang, Z., et al., *The Study of Burial Depth and Risk Assessment of Submarine Power Cable*. Destech Transactions on Environment Energy and Earth Science, 2019(gmee).
156. Dong, W., et al., *Acetylated SEBS Enhanced DC Insulation Performances of Polyethylene*. Polymers, 2019. **11**(6): p. 1033.
157. Liu, Z., et al., *Morphological, Structural, and Dielectric Properties of Thermally Aged AC 500 kV XLPE Submarine Cable Insulation Material and Its Deterioration Condition Assessment*. Ieee Access, 2019. **7**: p. 165065-165075.

158. AbdelGawad, A.F., M. Elshaher, and H.E. Mostafa, *Stability of Double Base Propellants, a Comparison Between Classical Stability Tests and Modern Analytical Techniques.* The International Conference on Chemical and Environmental Engineering, 2014. **7**(7): p. 1-8.

159. Dai, X., et al., *Multi-Dimensional Analysis and Correlation Mechanism of Thermal Degradation Characteristics of XLPE Insulation for Extra High Voltage Submarine Cable.* Ieee Transactions on Dielectrics and Electrical Insulation, 2021. **28**(5): p. 1488-1496.

160. Wang, L., et al., *Research on Electromagnetic Loss Characteristics of Submarine Cables.* Energy Engineering, 2023. **120**(11): p. 2651-2666.

161. Wang, X., et al., *Physicochemical and Electrical Property of a New AC 500kV XLPE Submarine Cable Insulation With Different Thermal Aging Condition.* 2018.

162. Lee, J.H., H.S. Kim, and I.-S. Lee, *State of Health Monitoring of a Battery Module Using Multilayer Neural Network and Internal Resistance.* International Journal of Engineering Research and Technology, 2020. **13**(11): p. 3240.

163. Gao, Z., et al., *Design and Implementation of a Smart Lithium-Ion Battery System With Real-Time Fault Diagnosis Capability for Electric Vehicles.* Energies, 2017. **10**(10): p. 1503.

164. Skiba, R., *Battery Powered: The Social, Economical, and Environmental Impacts of the Lithium Ion Battery.* 2024: After Midnight Publishing.

165. Tang, Z., et al., *Numerical Analysis of Heat Transfer Mechanism of Thermal Runaway Propagation for Cylindrical Lithium-Ion Cells in Battery Module.* Energies, 2020. **13**(4): p. 1010.

166. Larsson, F. and B.-E. Mellander, *Abuse by External Heating, Overcharge and Short Circuiting of Commercial Lithium-Ion Battery Cells.* Journal of the Electrochemical Society, 2014. **161**(10): p. A1611-A1617.

167. Gao, A., F. Xu, and W. Dong, *The Concept of Early Monitoring and Warning of Thermal Runaway of Lithium-Ion Power Battery Using Parameter Analysis.* Journal of Physics Conference Series, 2022. **2181**(1): p. 012020.

168. Liang, K., Q. Zhu, and X.U.N. Zhou, *Simulation and Characteristic Analysis of High-Temperature Thermal Runaway Process in Ternary Lithium- Ion Batteries.* 2023.

169. Ma, X., et al., *Advances in Simulation Research for Thermal Runaway of Lithium-Ion Batteries.* Destech Transactions on Materials Science and Engineering, 2021(ameme).

170. Kimura, S., et al., *Influence of Aerogel Felt With Different Thickness on Thermal Runaway Propagation of 18650 Lithium-Ion Battery.* Electrochemistry, 2022. **90**(8): p. 087003-087003.

171. Yang, T., et al., *Thermal Performance Analysis of a Prismatic Lithium-Ion Battery Module Under Overheating Conditions.* Batteries, 2024. **10**(3): p. 86.

172. Ling, Z., et al., *A Hybrid Thermal Management System for Lithium Ion Batteries Combining Phase Change Materials With Forced-Air Cooling.* Applied Energy, 2015. **148**: p. 403-409.

173. Wen, L., et al., *Gas Characterization-Based Detection of Thermal Runaway Fusion in Lithium-Ion Batteries.* Electrochemistry, 2023. **91**(5): p. 057006-057006.

174. Li, B., et al., *A Thermoelectric Material Suitable for Early Warning of Thermal Runaway for Energy Storage Batteries: Monolayer GeP₃.* Journal of Physics Conference Series, 2024. **2788**(1): p. 012010.

175. Koch, S., K.P. Birke, and R. Kuhn, *Fast Thermal Runaway Detection for Lithium-Ion Cells in Large Scale Traction Batteries.* Batteries, 2018. **4**(2): p. 16.

176. Snyder, M. and A. Theis, *Understanding and Managing Hazards of L<scp>ithium-ion</Scp> Battery Systems.* Process Safety Progress, 2022. **41**(3): p. 440-448.

177. Ouyang, D., et al., *A Review on the Thermal Hazards of the Lithium-Ion Battery and the Corresponding Countermeasures.* Applied Sciences, 2019. **9**(12): p. 2483.

178. Liu, Y., et al., *Experimental Study on the Efficiency of Dodecafluoro-2-Methylpentan-3-One on Suppressing Lithium-Ion Battery Fires.* RSC Advances, 2018. **8**(73): p. 42223-42232.

179. Ghiji, M., et al., *Lithium-Ion Battery Fire Suppression Using Water Mist Systems.* Frontiers in Heat and Mass Transfer, 2021. **17**.

180. Jung, S., et al., *The Early Detection of Faults for Lithium-Ion Batteries in Energy Storage Systems Using Independent Component Analysis With Mahalanobis Distance.* Energies, 2024. **17**(2): p. 535.

181. Essl, C., A.W. Golubkov, and A. Fuchs, *Influence of Aging on the Failing Behavior of Automotive Lithium-Ion Batteries.* Batteries, 2021. **7**(2): p. 23.

182. Kaliaperumal, M., et al., *Cause and Mitigation of Lithium-Ion Battery Failure—A Review.* Materials, 2021. **14**(19): p. 5676.

183. Feng, X., et al., *Mitigating Thermal Runaway of Lithium-Ion Batteries*. Joule, 2020. **4**(4): p. 743-770.
184. Shen, J. and A. Khaligh, *A Supervisory Energy Management Control Strategy in a Battery/Ultracapacitor Hybrid Energy Storage System*. Ieee Transactions on Transportation Electrification, 2015. **1**(3): p. 223-231.
185. Tshiani, C.T. and P. Umenne, *The Impact of the Electric Double-Layer Capacitor (EDLC) in Reducing Stress and Improving Battery Lifespan in a Hybrid Energy Storage System (HESS) System*. Energies, 2022. **15**(22): p. 8680.
186. Xue, X.D., et al., *Loss Analysis of Hybrid Battery-Supercapacitor Energy Storage System in EVs*. 2017.
187. Park, E.Y. and J. Choi, *The Performance of Low-Pressure Seawater as a CO2 Solvent in Underwater Air-Independent Propulsion Systems*. Journal of Marine Science and Engineering, 2020. **8**(1): p. 22.
188. Banaei, M., et al., *Energy Management of Hybrid Diesel/Battery Ships in Multidisciplinary Emission Policy Areas*. Energies, 2020. **13**(16): p. 4179.
189. Wang, Y., et al., *A Comparative Study of Power Distribution Strategies for Fuel Cell and Supercapacitor Hybrid Power Source System*. Destech Transactions on Environment Energy and Earth Science, 2019(iceee).
190. Karimi, S., M.K. Zadeh, and J.A. Suul, *Evaluation of Energy Transfer Efficiency for Shore-to-Ship Fast Charging Systems*. 2020.
191. Shen, C. and L. Wan, *A Design Methodology for Lithium-Ion Battery Management System and Its Application to an Autonomous Underwater Vehicle*. Advanced Materials Research, 2011. **383-390**: p. 7175-7182.
192. Zhao, Q., et al., *Designing Solid-State Electrolytes for Safe, Energy-Dense Batteries*. Nature Reviews Materials, 2020. **5**(3): p. 229-252.
193. Banerjee, A., et al., *Interfaces and Interphases in All-Solid-State Batteries With Inorganic Solid Electrolytes*. Chemical Reviews, 2020. **120**(14): p. 6878-6933.
194. Fang, Y., et al., *High-Performance Dual-Ion Battery Based on a Layered Tin Disulfide Anode*. Acs Omega, 2022. **7**(9): p. 7616-7624.
195. Makaremi, M., B. Mortazavi, and C.V. Singh, *2D Hydrogenated Graphene-Like Borophene as a High Capacity Anode Material for Improved Li/Na Ion Batteries: A First Principles Study*. Materials Today Energy, 2018. **8**: p. 22-28.
196. Feng, G., *Transformation of Lithium Battery Material Design and Optimization Based on Artificial Intelligence*. Academic Journal of Materials & Chemistry, 2024. **5**(2): p. 18-22.
197. Samin, N.K., et al., *Synthesis and Battery Studies of Sodium Cobalt Oxides, NaCoO₂ Cathodes*. Advanced Materials Research, 2012. **545**: p. 185-189.
198. Sun, X., *Application and Performance Evaluation of Solid State Batteries in Renewable Energy Storage Systems*. 2023. **1**: p. 22-26.
199. Trinca, D., *Near Future Submarine: Development of a Combined Air Independent and Lithium Battery Propulsion System (AI-LiB Propulsion System)*. 2022.
200. Lus, T., *Waiting for Breakthrough in Conventional Submarine's Prime Movers*. Transactions on Maritime Science, 2019. **8**(1): p. 37-45.
201. Moody, M. and D. Mitchell, *Battery Technology – Where It Came From and Where Its Going*. 2021.
202. Min, F., et al., *Research on the Heading Control of Underwater Vehicle Under Hover Condition*. Ieee Access, 2020. **8**: p. 220908-220920.
203. Yu, J., et al., *Redundancy Optimization of Standby Phased-Mission Systems*. 2010.
204. Ottaviano, A., et al., *ControlPULP: A RISC-V on-Chip Parallel Power Controller for Many-Core HPC Processors With FPGA-Based Hardware-in-the-Loop Power and Thermal Emulation*. 2023.
205. Zhao, Y., Q. Wang, and D. Ha, *A Sliding-Mode Duty-Ratio Controller for DC/DC Buck Converters With Constant Power Loads*. Ieee Transactions on Industry Applications, 2014. **50**(2): p. 1448-1458.
206. Qun-ying, S., et al., *Power and Energy Management in Integrated Power System*. 2011.
207. Pekelney, R., *Submarine Air Systems: NavPers 16164*. 2007: San Francisco Maritime National Park Association.
208. Wu, Q., et al., *Advances and Status of Anode Catalysts for Proton Exchange Membrane Water Electrolysis Technology*. Materials Chemistry Frontiers, 2023. **7**(6): p. 1025-1045.
209. d'Amore-Domenech, R., et al., *Alkaline Electrolysis for Hydrogen Production at Sea: Perspectives on Economic Performance*. Energies, 2023. **16**(10): p. 4033.
210. Wang, W., et al., *The Oxygen Generation Performance of Hollow-Structured Oxygen Candle for Refuge Space*. Journal of Chemistry, 2018. **2018**: p. 1-9.
211. Goodall, A., *The Development of a Non-Powered Oxygen Generator for Royal Navy Submarines*. 2012.

212. Shu, W., et al., *Study on Chemical Oxygen Source in Underground Emergency Refuge System*. 2014: p. 571-576.
213. Jin, L., et al., *Development of a Low Oxygen Generation Rate Chemical Oxygen Generator for Emergency Refuge Spaces in Underground Mines*. Combustion Science and Technology, 2015. **187**(8): p. 1229-1239.
214. Goeppert, A., et al., *Easily Regenerable Solid Adsorbents Based on Polyamines for Carbon Dioxide Capture From the Air*. Chemsuschem, 2014. **7**(5): p. 1386-1397.
215. Zoannou, K.-S., D.J. Sapsford, and A.J. Griffiths, *Thermal Degradation of Monoethanolamine and Its Effect on CO2 Capture Capacity*. International Journal of Greenhouse Gas Control, 2013. **17**: p. 423-430.
216. Dani, C., *Automated Control of Inspired Oxygen (FiO₂) in Preterm Infants: Literature Review*. Pediatric Pulmonology, 2019. **54**(3): p. 358-363.
217. Lellouche, F. and E. L'Her, *Automated Oxygen Flow Titration to Maintain Constant Oxygenation*. Respiratory Care, 2012. **57**(8): p. 1254-1262.
218. Malli, F., et al., *Automated Oxygen Delivery in Hospitalized Patients With Acute Respiratory Failure: A Pilot Study*. Canadian Respiratory Journal, 2019. **2019**: p. 1-7.
219. Hallenberger, A., et al., *Closed-Loop Automatic Oxygen Control (CLAC) in Preterm Infants: A Randomized Controlled Trial*. Pediatrics, 2014. **133**(2): p. e379-e385.
220. Roca, O., et al., *Closed-Loop Oxygen Control Improves Oxygen Therapy in Acute Hypoxemic Respiratory Failure Patients Under High Flow Nasal Oxygen: A Randomized Cross-Over Study (The HILOOP Study)*. Critical Care, 2022. **26**(1).
221. Hollier, C.A., et al., *Moderate Concentrations of Supplemental Oxygen Worsen Hypercapnia in Obesity Hypoventilation Syndrome: A Randomised Crossover Study*. Thorax, 2013. **69**(4): p. 346-353.
222. Vivodtzev, I., et al., *Automated O₂ Titration Improves Exercise Capacity in Patients With Hypercapnic Chronic Obstructive Pulmonary Disease: A Randomised Controlled Cross-Over Trial*. Thorax, 2018. **74**(3): p. 298-301.
223. Lellouche, F., et al., *Automated Oxygen Titration and Weaning With FreeO₂ In Patients With Acute Exacerbation of COPD: A Pilot Randomized Trial*. International Journal of Chronic Obstructive Pulmonary Disease, 2016. **Volume 11**: p. 1983-1990.
224. Kaltsogianni, O., et al., *Does Closed-Loop Automated Oxygen Control Reduce the Duration of Supplementary Oxygen Treatment and the Amount of Time Spent in Hyperoxia? A Randomised Controlled Trial in Ventilated Infants Born at or Near Term*. Trials, 2023. **24**(1).
225. Sturrock, S., et al., *A Randomised Crossover Trial of Closed Loop Automated Oxygen Control in Preterm, Ventilated Infants*. Acta Paediatrica, 2020. **110**(3): p. 833-837.
226. Hansen, E.F., et al., *Automated Oxygen Control With O2matic® During Admission With Exacerbation of COPD*. International Journal of Chronic Obstructive Pulmonary Disease, 2018. **Volume 13**: p. 3997-4003.
227. Cormoş, C.-C., et al., *Assessment of Hybrid Solvent—Membrane Configurations for Post-Combustion CO2 Capture for Super-Critical Power Plants*. Energies, 2021. **14**(16): p. 5017.
228. Capocelli, M. and M.D. Falco, *Generalized Penalties and Standard Efficiencies of Carbon Capture and Storage Processes*. International Journal of Energy Research, 2021. **46**(4): p. 4808-4824.
229. Johnson, N., I. Ikoko, and A.J. Chukwuma, *Driving Sustainability in Power Generation: Amine Scrubbing Integration as a Cost-Effective Measure for Carbon Dioxide Mitigation*. 2024.
230. García-Mariaca, A. and E. Llera-Sastresa, *Energy and Economic Analysis Feasibility of CO₂capture on a Natural Gas Internal Combustion Engine*. Greenhouse Gases Science and Technology, 2022. **13**(2): p. 144-159.
231. Gervasi, J., L. Dubois, and D. Thomas, *Screening Tests of New Hybrid Solvents for the Post-Combustion CO2 Capture Processby Chemical Absorption*. Energy Procedia, 2014. **63**: p. 1854-1862.
232. Al-Saedi, R., *A Review on Modified MOFs as CO2 Adsorbents Using Mixed Metals and Functionalized Linkers*. Samarra Journal of Pure and Applied Science, 2023. **5**(1): p. 1-18.
233. Katayev, N., et al., *An Intelligent Fuzzy-Pid Controller for Supporting Comfort Microclimate in Smart Homes*. International Journal of Advanced Computer Science and Applications, 2024. **15**(2).
234. Tunyagi, A., et al., *Automatic System for Continuous Monitoring of Indoor Air Quality and Remote Data Transmission Under SMART_RAD_EN Project*. Studia Universitatis Babeş-Bolyai Ambientum, 2017. **62**(2): p. 71-80.

235. Chen, Y., *Research on Energy-Saving Conventional Submarine Air-Conditioning System Based on Heat and Humidity Load Calculation*. Highlights in Science Engineering and Technology, 2023. **56**: p. 407-414.
236. Lawson, S., et al., *Amine-Functionalized MIL-101 Monoliths for CO₂ Removal From Enclosed Environments*. Energy & Fuels, 2019. **33**(3): p. 2399-2407.
237. Pekelney, R., *Submarine Refrigerating and Air-Conditioning Systems: NavPers 16163*. 2007: San Francisco Maritime National Park Association.
238. Миан, З., M.V. Ramana, and A.H. Nayyar, *Nuclear Submarines in South Asia: New Risks and Dangers*. Journal for Peace and Nuclear Disarmament, 2019. **2**(1): p. 184-202.
239. Merk, B., et al., *On a Long Term Strategy for the Success of Nuclear Power*. 2017.
240. Hippel, F.v., *Mitigating the Threat of Nuclear-Weapon Proliferation via Nuclear-Submarine Programs*. Journal for Peace and Nuclear Disarmament, 2019. **2**(1): p. 133-150.
241. Hao, X., et al., *Analysis of Heat Stress and the Indoor Climate Control Requirements for Movable Refuge Chambers*. International Journal of Environmental Research and Public Health, 2016. **13**(5): p. 518.
242. Trezza, B.M., et al., *Environmental Heat Exposure and Cognitive Performance in Older Adults: A Controlled Trial*. Age, 2015. **37**(3).
243. Jwo, C.S., et al., *Energy Saving Analysis on Application of Condensing Heat Recovery to Constant Temperature/Humidity System*. Applied Mechanics and Materials, 2013. **291-294**: p. 1805-1811.
244. Li, C.L., X. Zhang, and S.L. Chung, *Temperature and Humidity Control Inside an Automobile During Heating Period*. Journal of the Chinese Institute of Engineers, 2012. **35**(6): p. 641-654.
245. Roberts, A.P., N.A. Stanton, and D. Fay, *Land Ahoy! Understanding Submarine Command and Control During the Completion of Inshore Operations*. Human Factors the Journal of the Human Factors and Ergonomics Society, 2017. **59**(8): p. 1263-1288.
246. Pope, K.A., A.P. Roberts, and N.A. Stanton, *Investigating Temporal Implications of Information Transition in Submarine Command Teams*. 2018: p. 243-253.
247. Loft, S., et al., *The Chronic Detrimental Impact of Interruptions in a Simulated Submarine Track Management Task*. Human Factors the Journal of the Human Factors and Ergonomics Society, 2015. **57**(8): p. 1417-1426.
248. Mitchell, S.W., *Transitioning the <scp>SWFTS</Scp> Program Combat System Product Family From Traditional Document-Centric to Model-Based Systems Engineering*. Systems Engineering, 2013. **17**(3): p. 313-329.
249. Seo, K.-M., et al., *Measurement of Effectiveness for an Anti-Torpedo Combat System Using a Discrete Event Systems Specification-Based Underwater Warfare Simulator*. The Journal of Defense Modeling and Simulation Applications Methodology Technology, 2011. **8**(3): p. 157-171.
250. Liu, X., et al., *Research on the Collaborative Search Problem of Unmanned Surface Vehicles*. 2023.
251. Tatasciore, M., et al., *The Benefits and Costs of Low and High Degree of Automation*. Human Factors the Journal of the Human Factors and Ergonomics Society, 2019. **62**(6): p. 874-896.
252. Asundi, R.V., et al., *Sonar Interface With FCS and Target Detection*. International Journal of Engineering & Technology, 2018. **7**(3.12): p. 541.
253. Kim, J.Y., et al., *Design, Implementation and Navigation Test of Manta-Type Unmanned Underwater Vehicle*. International Journal of Ocean System Engineering, 2011. **1**(4): p. 192-197.
254. Stanton, N.A. and K. Bessell, *How a Submarine Returns to Periscope Depth: Analysing Complex Socio-Technical Systems Using Cognitive Work Analysis*. Applied Ergonomics, 2014. **45**(1): p. 110-125.
255. Costa, E.P.L.D. and D.P. Júnior, *Comparing the Effectiveness of Nuclear and Air-Independent Propulsion Submarine Fleets*. Estudos Internacionais Revista De Relações Internacionais Da Puc Minas, 2023. **10**(2): p. 42-58.
256. Zhao, K., B. Yu, and J. Wang, *Simulations of the Anti-Torpedo Tactic of the Conventional Submarine Using Decoys and Jammers*. Applied Mechanics and Materials, 2011. **65**: p. 165-168.
257. Silva, M.V.M.d., *Safeguards and the Nuclear-Powered Submarines of the NNWS: There Is No Gap; There Is a First Time | Submarinos De Propulsão Nuclear Dos NNWS E as Salvaguardas Da AIEA: Não Há Lacuna; Há Uma Primeira Vez*. Mural Internacional, 2023. **14**: p. e75437.
258. Hause, M. and J. Hallett, *Model-Based Product Line Engineering to Plan and Track Submarine Configuration*. Insight, 2019. **22**(2): p. 57-66.
259. Zheng, Y., et al., *Research on the Interception Capability of Distributed UUV Swarm*. 2024.

260. Zheng, Y., W. Liu, and H.F. Li, *Research on the Effect of Load on the Fatigue Tearing of the Elastic Element*. Advanced Materials Research, 2013. **753-755**: p. 1836-1841.
261. Park, K.-m., et al., *Modeling and Simulation for Anti-Submarine HVU Escort Mission*. Journal of the Korea Society for Simulation, 2014. **23**(4): p. 75-83.
262. Naval History and Heritage Command, *Navy's Use of Torpedoes*. 2024, Naval History and Heritage Command,.
263. Pekelney, R., *The Fleet Type Submarine Online 21-Inch Submerged Torpedo Tubes*. 2007: San Francisco Maritime National Park Association.
264. Zhang, L., et al., *Synthetic Evaluation of Warfare Capability of Submarine Launched Torpedoes Based on Projection Pursuit Model*. Advanced Materials Research, 2012. **490-495**: p. 2956-2960.
265. Korbut, M. and D. Szpica, *A Review of Compressed Air Engine in the Vehicle Propulsion System*. Acta Mechanica Et Automatica, 2021. **15**(4): p. 215-226.
266. Mikalsen, R. and A.P. Roskilly, *The Design and Simulation of a Two-Stroke Free-Piston Compression Ignition Engine for Electrical Power Generation*. Applied Thermal Engineering, 2008. **28**(5-6): p. 589-600.
267. Wang, X.P., J.J. Dang, and Z.C. Zhao, *Research on Closed-Loop Control of the Step Response*. Applied Mechanics and Materials, 2011. **127**: p. 71-76.
268. Liu, Y., et al., *Study of Mechanism of Counter-Rotating Turbine Increasing Two-Stage Turbine System Efficiency*. International Journal of Fluid Machinery and Systems, 2013. **6**(3): p. 160-169.
269. Liu, F., et al., *Active Fault Localization of Actuators on Torpedo-Shaped Autonomous Underwater Vehicles*. Sensors, 2021. **21**(2): p. 476.
270. Huang, C.-N., et al., *Experimental Investigation on the Performance of a Compressed-Air Driven Piston Engine*. Energies, 2013. **6**(3): p. 1731-1745.
271. Budge, K.G., *Torpedoes*, in *The Pacific War Online Encyclopedia*. 2016, The Pacific War Online Encyclopedia.
272. Krzyscik, M.A., Ł. Opaliński, and J. Otlewski, *Novel Method for Preparation of Site-Specific, Stoichiometric-Controlled Dual Warhead Conjugate of FGF2 via Dimerization Employing Sortase a-Mediated Ligation*. Molecular Pharmaceutics, 2019. **16**(8): p. 3588-3599.
273. Yu, W., D.J. Weber, and A.D. MacKerell, *Integrated Covalent Drug Design Workflow Using Site Identification by Ligand Competitive Saturation*. Journal of Chemical Theory and Computation, 2023. **19**(10): p. 3007-3021.
274. Wang, C., T. Ma, and J. Ning, *Experimental Investigation of Penetration Performance of Shaped Charge Into Concrete Targets*. Acta Mechanica Sinica, 2008. **24**(3): p. 345-349.
275. Hong, Z., et al., *Fluid-Structure Interaction Simulation and Accurate Dynamic Modeling of Parachute Warhead System Based on Impact Point Prediction*. Ieee Access, 2021. **9**: p. 104418-104428.
276. Wang, J., et al., *Selective Covalent Targeting of Pyruvate Kinase M2 Using Arsenous Warheads*. Journal of Medicinal Chemistry, 2023. **66**(4): p. 2608-2621.
277. Gehringer, M. and S. Laufer, *Emerging and Re-Emerging Warheads for Targeted Covalent Inhibitors: Applications in Medicinal Chemistry and Chemical Biology*. Journal of Medicinal Chemistry, 2018. **62**(12): p. 5673-5724.
278. Newman, A.M., et al., *Optimizing Assignment of Tomahawk Cruise Missile Missions to Firing Units*. Naval Research Logistics (Nrl), 2011. **58**(3): p. 281-294.
279. Li, R. and Y. Shi, *A Time-Fuel Optimal Control Problem of a Cruise Missile Based on an Improved Sliding Mode Variable Structure Model*. The Anziam Journal, 2009. **51**(2): p. 261-276.
280. None, N. and M. Banasik, *Multi-Domain Concept of Using A2/Ad Capabilities in the Military Strategy of the Russian Federation*. Polish Political Science Yearbook, 2023. **52**(3): p. 119-131.
281. Köklücan, S. and M.K. Leblebicioğlu, *Energy-Optimal Control of a Submarine-Launched Cruise Missile*. 2020.
282. Dwivedi, P.N., A. Bhattacharyya, and R. Padhi, *Improved Capturability of Terminal Angles With Modified Suboptimal Mid-Course Guidance*. Ifac Proceedings Volumes, 2011. **44**(1): p. 3891-3896.
283. Wu, Z., et al., *Three-Dimensional Cooperative Mid-Course Guidance Law Against the Maneuvering Target*. Ieee Access, 2020. **8**: p. 18841-18851.
284. Guo, C., H. Cai, and G.H.M.v.d. Heijden, *Guidance and Control of a Cruise Missile Flying Along a Geomagnetic Isoline*. Proceedings of the Institution of Mechanical Engineers Part G Journal of Aerospace Engineering, 2013. **228**(7): p. 1215-1224.
285. Wu, L., et al., *Dynamic Sequential Radar Cross Section Properties of Airborne Corner Reflector in Array*. Iet Radar Sonar & Navigation, 2023. **17**(9): p. 1405-1419.

286. Sun, K. and W. Yin, *Research on Optimization of Ship Radar RCS Based on PO-MOM Algorithm*. 2024: p. 83.
287. Luo, Y., et al., *Study on the Jamming-Position Maneuver Algorithm of Off-Board Active Electronic Countermeasure Unmanned Surface Vehicles*. Ieee Access, 2021. **9**: p. 61184-61192.
288. Pekelney, R., *Submarine Sonar Operator's Manual: NavPers 16167*. 2007: San Francisco Maritime National Park Association.
289. Eliav, R. and I. Klein, *INS/Partial DVL Measurements Fusion With Correlated Process and Measurement Noise*. 2018. **39**: p. 34.
290. Xia, X. and Q. Sun, *Initial Alignment Algorithm Based on the DMCS Method in Single-Axis RSINS With Large Azimuth Misalignment Angles for Submarines*. Sensors, 2018. **18**(7): p. 2123.
291. Zhang, L., et al., *A Novel Monitoring Navigation Method for Cold Atom Interference Gyroscope*. Sensors, 2019. **19**(2): p. 222.
292. Xu, H., et al., *Application and Development of Fiber Optic Gyroscope Inertial Navigation System in Underground Space*. Sensors, 2023. **23**(12): p. 5627.
293. Guo, R., et al., *Metrology and Measurement Systems*. 2019.
294. Zhang, Q., et al., *An Accurate Calibration Method Based on Velocity in a Rotational Inertial Navigation System*. Sensors, 2015. **15**(8): p. 18443-18458.
295. Klein, I. and R. Diamant, *Observability Analysis of DVL/PS Aided INS for a Maneuvering AUV*. Sensors, 2015. **15**(10): p. 26818-26837.
296. Cha, J., et al., *Integration of Inertial Navigation System With EM-log Using H-Infinity Filter*. E3s Web of Conferences, 2019. **94**: p. 01013.
297. Zhang, K., et al., *Underwater Navigation Based on Topographic Contour Image Matching*. 2010.
298. Ye, K., et al., *A Mobile Prototype-Based Localization Approach Using Inertial Navigation and Acoustic Tracking for Underwater*. Frontiers in Marine Science, 2024. **11**.
299. Akbarian, H. and M.h. Sedaaghi, *Underwater Acoustic Target Recognition Using Spectrogram ROI Approximation With Mobilenet One-Dimensional and Two-Dimensional Networks*. 2023.
300. Peyvandi, H., et al., *SONAR Systems and Underwater Signal Processing: Classic and Modern Approaches*. 2011.
301. Hu, Q., *Sonar Technology*. 2019: p. 1-9.
302. Fernandes, J.d.C.V., N.M.J.N.D. Moura, and J.M. Seixas, *Deep Learning Models for Passive Sonar Signal Classification of Military Data*. Remote Sensing, 2022. **14**(11): p. 2648.
303. Wei, G., X. Yu, and X. Long, *Novel Approach for Identifying Z-Axis Drift of RLG Based on GA-SVR Model*. Journal of Systems Engineering and Electronics, 2014. **25**(1): p. 115-121.
304. Qiao, W. and S. Li, *Submarine Target Recognition Based on GPS Positioning System*. Iop Conference Series Materials Science and Engineering, 2020. **740**(1): p. 012207.
305. Adams, G.W. and M.P. Gokhale, *Fiber Optic Gyro Based Precision Navigation for Submarines*. 2000.
306. Li, K., et al., *Federated Ultra-tightly Coupled GPS/INS Integrated Navigation System Based on Vector Tracking for Severe Jamming Environment*. Iet Radar Sonar & Navigation, 2016. **10**(6): p. 1030-1037.
307. Niu, M., et al., *A New Self-Calibration and Compensation Method for Installation Errors of Uniaxial Rotation Module Inertial Navigation System*. Sensors, 2022. **22**(10): p. 3812.
308. El-Shafie, A., et al., *Performance Enhancement of Underwater Target Tracking by Fusing Data of Array of Global Positioning System Sonobuoys*. Journal of Computer Science, 2009. **5**(3): p. 199-206.
309. El-Shafie, A., et al., *Performance Evaluation of a Non-Linear Error Model for Underwater Range Computation Utilizing GPS Sonobuoys*. Neural Computing and Applications, 2010. **19**(7): p. 1057-1067.
310. Kissai, A. and M.G. Smith, *UAV Dead Reckoning With and Without Using INS/GPS Integrated System in GPS Denied Polar Regions*. International Journal of Aeronautics and Aerospace Engineering, 2019. **1**(2): p. 58-67.
311. Zhang, H., et al., *A Real Time Localization System for Vehicles Using Terrain-Based Time Series Subsequence Matching*. Remote Sensing, 2020. **12**(16): p. 2607.
312. Hide, C., T. Moore, and M.J. Smith, *Adaptive Kalman Filtering for Low-Cost INS/GPS*. Journal of Navigation, 2003. **56**(1): p. 143-152.
313. Wölfl, A.-C., et al., *Seafloor Mapping – The Challenge of a Truly Global Ocean Bathymetry*. Frontiers in Marine Science, 2019. **6**.
314. Heyuan, S., et al., *Bathymetric Prediction Using Multisource Gravity Data Derived From a Parallel Linked BP Neural Network*. Journal of Geophysical Research Solid Earth, 2022. **127**(11).

315. Neupane, D. and J. Seok, *A Review on Deep Learning-Based Approaches for Automatic Sonar Target Recognition*. Electronics, 2020. **9**(11): p. 1972.
316. Song, D., et al., *Construction of Secure Adaptive Frequency Hopping Sequence Sets Based on AES Algorithm*. Iet Communications, 2024. **18**(8): p. 490-502.
317. Ning, B., et al., *Probabilistic Frequency-hopping Sequence With Low Probability of Detection Based on Spectrum Sensing*. Iet Communications, 2017. **11**(14): p. 2147-2153.
318. Yuan, Z., et al., *Intelligent Reception of Frequency Hopping Signals Based on CVDP*. Applied Sciences, 2023. **13**(13): p. 7604.
319. Niu, X., et al., *A Construction of Optimal Frequency Hopping Sequence Set via Combination of Multiplicative and Additive Groups of Finite Fields*. Ieee Transactions on Information Theory, 2020. **66**(8): p. 5310-5315.
320. Peng, Q., et al., *Performance Improvement of Underwater Continuous-Variable Quantum Key Distribution via Photon Subtraction*. Entropy, 2019. **21**(10): p. 1011.
321. Ruan, J.X., Y. Xu, and M. Cui, *Frequency-Hopping Communication Technology Based on Self-Adaptive MIMO-OFDM System*. Advanced Materials Research, 2014. **945-949**: p. 2230-2236.
322. Roberts, A.P. and N.A. Stanton, *Macrocognition in Submarine Command and Control: A Comparison of Three Simulated Operational Scenarios*. Journal of Applied Research in Memory and Cognition, 2018. **7**(1): p. 92-105.
323. Pekelney, R., *Submarine Hydraulic Systems: NavPers 16169*. 2007: San Francisco Maritime National Park Association.
324. Tkáč, Z., et al., *Experimental Hydraulic Device for the Testing of Hydraulic Pumps and Liquids*. Tribology in Industry, 2018. **40**(1): p. 149-155.
325. Hujo, Ľ., et al., *Measurement of Flow Characteristics of a Gear Hydraulic Pump by Simulating the Operating Load of the Tractor's Hydraulic System*. Matec Web of Conferences, 2021. **338**: p. 01010.
326. Quilumba, F.L., et al., *Improving Hydraulic System Energy Efficiency With High-Performance Hydraulic Fluids*. Ieee Transactions on Industry Applications, 2014. **50**(2): p. 1313-1321.
327. Shi, P.C. and Y. Sun, *Hydraulic Fluid Mathematical Modeling*. Applied Mechanics and Materials, 2013. **432**: p. 127-132.
328. Deuster, S. and K. Schmitz, *Holistic Efficiency Measurements of a Mobile Working Machine: Comparison of Conventional Mineral Oils and a Sustainable Water-Based Fluid*. 2024: p. 102-114.
329. Wan, H., J. Fang, and H. Huang, *Numerical Simulation on a Throttle Governing System With Hydraulic Butterfly Valves in a Marine Environment*. Journal of Marine Science and Application, 2010. **9**(4): p. 403-409.
330. Chanbua, W. and U. Pinsopon, *Influence of RBD Palm Olein on Hydraulic Pump Performance*. Advanced Materials Research, 2014. **931-932**: p. 403-407.
331. Majdan, R., et al., *Effect of Ecological Oils on the Quality of Materials of Hydraulic Pump Components*. Advanced Materials Research, 2013. **801**: p. 1-6.
332. Salloom, M.Y. and Z. Samad, *Experimental Test of Magneto-Rheological Directional Control Valve*. Advanced Materials Research, 2011. **383-390**: p. 5409-5413.
333. Wu, S., J. Zhang, and H. Zhu, *An Integrated Simulation and Evolution Platform of Multiple Control Valve Based on AMESim*. 2011.
334. Liu, D.D., C. Tang, and C. Zhao, *The Electro-Hydraulic Control Directional Valve Based on Magneto-Rheological Fluid*. Key Engineering Materials, 2013. **567**: p. 139-142.
335. Hamilton, P.B., K. Strom, and D.C.J.D. Hoyal, *Hydraulic and Sediment Transport Properties of Autogenic Avulsion Cycles on Submarine Fans With Supercritical Distributaries*. Journal of Geophysical Research Earth Surface, 2015. **120**(7): p. 1369-1389.
336. Zhang, F., *Design of Hydraulic Control System for Press Machine and Analysis on Its Fluid Transmission Features*. International Journal of Heat and Technology, 2021. **39**(1): p. 161-169.
337. García-Valdovinos, L.G., et al., *Modelling, Design and Robust Control of a Remotely Operated Underwater Vehicle*. International Journal of Advanced Robotic Systems, 2014. **11**(1).
338. Brandt, H., *Submarine Technologies? A Source for Solutions!* 2012.
339. Piwowarski, M., *The Analysis of Turbine Propulsion Systems in Nuclear Submarines*. Key Engineering Materials, 2013. **597**: p. 99-105.

340. Satish, U., et al., *Is CO ₂ an Indoor Pollutant? Direct Effects of Low-to-Moderate CO ₂ Concentrations on Human Decision-Making Performance.* Environmental Health Perspectives, 2012. **120**(12): p. 1671-1677.
341. Lowe, R., G.M. Huebner, and T. Oreszczyn, *Possible Future Impacts of Elevated Levels of Atmospheric CO₂ on Human Cognitive Performance and on the Design and Operation of Ventilation Systems in Buildings.* Building Services Engineering Research and Technology, 2018. **39**(6): p. 698-711.
342. Perrone, C., *SDO-SuRS Deployable Assets Program*. 2022.
343. Kotsky, M.A., et al., *Opportunity of Liquid Ventilation Method Implementation in Advanced Technologies of Accidental Submarine Crews Rescue.* Russian Journal of Occupational Health and Industrial Ecology, 2022. **62**(9): p. 566-578.
344. Ponton, K., D. Parera, and J. Irons, *The Submarine Habitability Assessment Questionnaire: A Survey of RAN Submariners.* Journal of Marine Science and Engineering, 2021. **9**(1): p. 54.
345. Yang, J. and W. Li, *Reliability Optimization Design of Submarine Free-Running Model Systems.* International Journal of Engineering and Technology, 2016. **8**(5): p. 323-328.
346. Yu, J., S.H. Chen, and G.Q. Huang, *Method Based on Knowledge Modules of Hydraulic Fault and It's Application.* Advanced Materials Research, 2011. **186**: p. 66-70.
347. Tile, P., *Materials and Manufacturing Process used in Submarines*. 2022, Medium.
348. Uppal, R., *Advanced Materials and Technologies Transforming Submarine Hulls for Enhanced Warfighting Capabilities*. 2023, International Defense, Security & technology (CA, USA).
349. Nurulloh, M.I., L. Simbolon, and G.R. Deksino, *Barium Ferrite Magnet as Anti-Radar Material.* Techno (Jurnal Fakultas Teknik Universitas Muhammadiyah Purwokerto), 2022. **23**(1).
350. Airimiţoaie, T.-B., et al., *Algorithms for Adaptive Feedforward Noise Attenuation—A Unified Approach and Experimental Evaluation.* Ieee Transactions on Control Systems Technology, 2021. **29**(5): p. 1850-1862.
351. Li, B., et al., *Research on Characteristics of Flow Noise and Flow-Induced Noise.* Applied Sciences, 2023. **13**(19): p. 11095.
352. He, S., et al., *Study on the Relationship Between Reflectivity and Thickness of Radar-Absorbing Material.* Journal of Physics Conference Series, 2024. **2808**(1): p. 012084.
353. Zhang, H., et al., *Application of the General Matching Law on the Study of Multi-Coated Radar Absorbing Materials.* E3s Web of Conferences, 2020. **165**: p. 05027.
354. Khashaba, U.A., *Toughness, Flexural, Damping and Interfacial Properties of Hybridized GFRE Composites With MWCNTs.* Composites Part a Applied Science and Manufacturing, 2015. **68**: p. 164-176.
355. Jerome, S., et al., *Studies on Mechanical Properties and Wear Behaviour of ≪i>In Situ ≪/I>Al-TiC Composites*. Advanced Materials Research, 2011. **328-330**: p. 1654-1658.
356. Łabuński, P. and L. Witek, *Experimental Analysis of Damping Properties of Viscoelastic Materials.* Acta Metallurgica Slovaca, 2021. **27**(2): p. 63-67.
357. Rafiee, M., F. Nitzsche, and M.R. Labrosse, *Processing, Manufacturing, and Characterization of Vibration Damping in Epoxy Composites Modified With Graphene Nanoplatelets.* Polymer Composites, 2019. **40**(10): p. 3914-3922.
358. Curle, U.A., J.D. Wilkins, and G. Govender, *Industrial Semi-Solid Rheocasting of Aluminum A356 Brake Calipers.* Advances in Materials Science and Engineering, 2011. **2011**: p. 1-5.
359. Duc, D.M. and N.H. Hai, *Study on Rheo-Continuous Casting of Al-Si A356 (EN AC4200) Alloys.* Key Engineering Materials, 2016. **682**: p. 220-225.
360. Möller, H., et al., *Comparison of Heat Treatment Response of Semisolid Metal Processed Alloys A356 and F357.* International Journal of Cast Metals Research, 2010. **23**(1): p. 37-43.
361. Guan, T.Y., et al., *Effects of Annular Electromagnetic Stirring Melt Treatment on Microstructure and Mechanical Properties of 7050 Rheo-Casting.* Solid State Phenomena, 2019. **285**: p. 219-223.
362. Pramanik, R. and A. Arockiarajan, *Effective Properties and Nonlinearities in 1-3 Piezocomposites: A Comprehensive Review.* Smart Materials and Structures, 2019. **28**(10): p. 103001.
363. Sun, R., et al., *Characterization of 1-3 Piezoelectric Composite With a 3-Tier Polymer Structure.* Materials, 2020. **13**(2): p. 397.
364. Mirza, M.S., et al., *Dice-and-Fill Processing and Characterization of Microscale and High-Aspect-Ratio (K, Na)NbO3-Based 1–3 Lead-Free Piezoelectric Composites.* Ceramics International, 2016. **42**(9): p. 10745-10750.

365. Woodward, D.I., et al., *Additively-<scp>m</Scp>anufactured Piezoelectric Devices.* Physica Status Solidi (A), 2015. **212**(10): p. 2107-2113.

366. Yang, H.C., et al., *Crosstalk Reduction for High-Frequency Linear-Array Ultrasound Transducers Using 1-3 Piezocomposites With Pseudo-Random Pillars.* Ieee Transactions on Ultrasonics Ferroelectrics and Frequency Control, 2012. **59**(10): p. 2312-2321.

367. Jiang, L., et al., *Fabrication of a (K,Na)NbO3-Based Lead-Free 1-3 Piezocomposite for High-Sensitivity Ultrasonic Transducers Application.* Journal of Applied Physics, 2019. **125**(21).

368. Park, H. and Y. Roh, *Design of Ultrasonic Fingerprint Sensor Made of 1–3 Piezocomposites by Finite Element Method.* Japanese Journal of Applied Physics, 2017. **56**(7S1): p. 07JD06.

369. Pyo, S. and Y. Roh, *Optimization of the Structure of 1–3 Piezocomposite Materials to Maximize the Performance of an Underwater Acoustic Transducer Using Equivalent Circuit Models and Finite Element Method.* Japanese Journal of Applied Physics, 2015. **54**(7S1): p. 07HB03.

370. Jeronimo, K., et al., *PDMS-ZnO Piezoelectric Nanocomposites for Pressure Sensors.* Sensors, 2021. **21**(17): p. 5873.

371. Zhou, M., et al., *Fabrication and Properties of 1-3-2 Multi-Element Piezoelectric Composite.* Journal of Electroceramics, 2012. **28**(2-3): p. 139-143.

372. Golbabaei, F. and M. Khadem, *Air Pollution in Welding Processes — Assessment and Control Methods.* 2015.

373. Ilić, A., et al., *Analysis of Influence of the Welding Procedure on Impact Toughness of Welded Joints of the High-Strength Low-Alloyed Steels.* Applied Sciences, 2020. **10**(7): p. 2205.

374. Layus, P., et al., *Study of the Sensitivity of High-Strength Cold-Resistant Shipbuilding Steels to Thermal Cycle of Arc Welding.* International Journal of Mechanical and Materials Engineering, 2018. **13**(1).

375. Mraz, L., et al., *Identification of Weld Residual Stresses Using Diffraction Methods and Their Effect on Fatigue Strength of High Strength Steels Welds.* Materials Science Forum, 2013. **768-769**: p. 668-674.

376. Li, Z.L., et al., *Research on Welding Process of Low Alloy High Strength Steel 20MnTiB.* Key Engineering Materials, 2019. **815**: p. 114-119.

377. Fydrych, D. and J. Łabanowski, *Weldability of High Strength Steels in Wet Welding Conditions.* Polish Maritime Research, 2013. **20**(2): p. 67-73.

378. Kornookar, K., et al., *Influence of Heat Input on Microstructure and Mechanical Properties of Gas Tungsten Arc Welded HSLA S500MC Steel Joints.* Metals, 2022. **12**(4): p. 565.

379. Tiwadi, D., et al., *Interrelationship Modeling Among Weld Strength Improvement by Parametric Approach in TIG Welding Using DEMATEL Software.* Evergreen, 2023. **10**(4): p. 2564-2569.

380. Karganroudi, S.S., et al., *Experimental and Numerical Analysis on TIG Arc Welding of Stainless Steel Using RSM Approach.* Metals, 2021. **11**(10): p. 1659.

381. Devakumar, D., et al., *Characterization of Duplex Stainless Steel/Cold Reduced Low Carbon Steel Dissimilar Weld Joints by GTAW.* Applied Mechanics and Materials, 2015. **766-767**: p. 780-788.

382. Vasudevan, M., et al., *Genetic Algorithm for Optimisation of a-Tig Welding Process for Modified 9Cr–1Mo Steel.* Science and Technology of Welding & Joining, 2010. **15**(2): p. 117-123.

383. Mohammed, R., G.M. Reddy, and K.S. Rao, *Effect of Filler Wire Composition on Microstructure and Pitting Corrosion of Nickel Free High Nitrogen Stainless Steel GTA Welds.* Transactions of the Indian Institute of Metals, 2016. **69**(10): p. 1919-1927.

384. Kumar, R., S.C. Vettivel, and H. Kumar Kansal, *Bulletin of the Polish Academy of Sciences: Technical Sciences.* 2021.

385. Peasura, P., *Experiment Design With Full Factorial in Gas Tungsten Arc Welding Parameters on Aluminium Alloy 5083.* Advanced Materials Research, 2013. **711**: p. 183-187.

386. Ridzuan, M.N.H.B., *Mechanical Properties and Microstructural Analysis of 304 Stainless Steel by TIG Welding.* 2017.

387. Tseng, K.-H. and C.-J. Hsu, *Performance of Activated TIG Process in Austenitic Stainless Steel Welds.* Journal of Materials Processing Technology, 2011. **211**(3): p. 503-512.

388. Yuan, X., et al., *Profiling Inclusion Characteristics in Submerged Arc Welded Metals of EH36 Shipbuilding Steel Treated by CaF₂–TiO₂ Fluxes.* Science and Technology of Welding & Joining, 2022. **27**(8): p. 683-690.

389. Vinay Yadav, G.S., Manish Bharti, *Research of Arc Stability in Submerged Arc Welding Based on SiO2 and TiO2 Flux System*. International Journal of Innovative Technology and Exploring Engineering, 2019. **8**(12S): p. 282-286.
390. Gook, S., et al., *Joining 30 Mm Thick Shipbuilding Steel Plates EH36 Using a Process Combination of Hybrid Laser Arc Welding and Submerged Arc Welding*. Journal of Manufacturing and Materials Processing, 2022. **6**(4): p. 84.
391. Yamada, S., et al., *Experimental Study of the Ductility of a Submerged Arc Welded Corner Joint in a High-Performance Steel Built-Up Box Column*. International Journal of Steel Structures, 2020. **20**(5): p. 1454-1464.
392. Kanjilal, P., T.K. Pal, and S. Majumdar, *Combined Effect of Flux and Welding Parameters on Chemical Composition and Mechanical Properties of Submerged Arc Weld Metal*. Journal of Materials Processing Technology, 2006. **171**(2): p. 223-231.
393. Patnaik, A., S. Biswas, and S.S. Mahapatra, *An Evolutionary Approach to Parameter Optimisation of Submerged Arc Welding in the Hardfacing Process*. International Journal of Manufacturing Research, 2007. **2**(4): p. 462.
394. Satheesh, M., et al., *Multi Objective Optimization of Weld Parameters of Boiler Steel Using Fuzzy Based Desirability Function*. Journal of Engineering Science and Technology Review, 2014. **7**(1): p. 29-36.
395. Towsyfyan, H., et al., *Comparing the Regression Analysis and Artificial Neural Network in Modeling the Submerged Arc Welding (SAW) Process*. Research Journal of Applied Sciences Engineering and Technology, 2013. **5**(9): p. 2701-2706.
396. Nowacki, J. and P. Rybicki, *The Influence of Welding Heat Input on Submerged Arc Welded Duplex Steel Joints Imperfections*. Journal of Materials Processing Technology, 2005. **164-165**: p. 1082-1088.
397. Karaoğlu, S. and A. Seçgin, *Sensitivity Analysis of Submerged Arc Welding Process Parameters*. Journal of Materials Processing Technology, 2008. **202**(1-3): p. 500-507.
398. Siddharth, P.N. and C.S. Narayanan, *A Review on Electron Beam Welding Process*. Journal of Physics Conference Series, 2020. **1706**(1): p. 012208.
399. Zheng, Q., et al., *Effect on LY12 Aluminum Alloy Welding Joint Microstructure and Properties With Electron Beam Welding Technical Parameters*. Applied Mechanics and Materials, 2013. **475-476**: p. 1275-1279.
400. Górka, J., S. Błacha, and D. Zagrobelny, *Electron Beam Welding of TMCP Steel S700MC*. Biuletyn Instytutu Spawalnictwa, 2020(4): p. 17-23.
401. Wang, F., et al., *Effect of Electron Beam Welding on Microstructure and Mechanical Properties of Spray-Deposited Al-Zn-Mg-Cu Alloy*. Applied Mechanics and Materials, 2013. **302**: p. 230-235.
402. Singh, J.K., G.G. Roy, and J.D. Majumdar, *Studies on the Effect of Process Parameter on Corrosion Behaviour of Electron Beam Welded Ti-Based Alloy (Ti6Al4V)*. Welding in the World, 2023. **67**(12): p. 2731-2747.
403. Guo, R., et al., *Preparation and Welding Performance of Ti–6Al–4V Powder Compact Fabricated by Hot Isostatic Pressing*. Materials Science Forum, 2016. **849**: p. 760-765.
404. Kotlarski, G., et al., *Electron-Beam Welding of Titanium and Ti6Al4V Alloy*. Metals, 2023. **13**(6): p. 1065.
405. Xiao, G., et al., *Bionic Structure on Complex Surface With Belt Grinding for Electron Beam Welding Seam of Titanium Alloy*. Applied Sciences, 2020. **10**(7): p. 2370.
406. Ol'shanskaya, T.V., et al., *Application of Dynamic Beam Positioning for Creating Specified Structures and Properties of Welded Joints in Electron-Beam Welding*. Materials, 2020. **13**(10): p. 2233.
407. Fan, J., et al., *Influence of Multi-Beam Electron Beam Welding Technique on the Deformation of Ti6Al4V Alloy Sheet*. Rare Metal Materials and Engineering, 2017. **46**(9): p. 2417-2422.
408. Karhu, M. and V. Kujanpää, *Controlling Root Penetration in Electron Beam Welding by a Through-Current Feedback*. Welding in the World, 2022. **67**(3): p. 777-791.
409. Nayak, L.J. and G.G. Roy, *Role of Beam Oscillation on Electron Beam Welded Zircaloy-4 Butt Joints*. Science and Technology of Welding & Joining, 2021. **26**(6): p. 478-486.
410. Ltd., E.B.P., *The Electron Beam Welding Process Explained*. 2024, Electron Beam Processes Ltd.
411. Oyyaravelu, R., P. Kuppan, and A. Natarajan, *Metallurgical and Mechanical Properties of Laser Welded High Strength Low Alloy Steel*. Journal of Advanced Research, 2016. **7**(3): p. 463-472.
412. Sisodia, R.P.S., M. Gáspár, and L. Draskóczi, *Effect of Post-Weld Heat Treatment on Microstructure and Mechanical Properties of DP800 and DP1200 High-Strength Steel Butt-Welded Joints Using Diode Laser Beam Welding*. Welding in the World, 2020. **64**(4): p. 671-681.

413. Vemanaboina, H., et al., *Thermal Analysis Simulation for Laser Butt Welding of Inconel625 Using FEA.* International Journal of Engineering & Technology, 2018. **7**(4.10): p. 85.

414. Fahlström, K., et al., *Correlation Between Laser Welding Sequence and Distortions for Thin Sheet Structures.* Science and Technology of Welding & Joining, 2017. **22**(2): p. 150-156.

415. Andersson, O., et al., *Experimental Measurements and Numerical Simulations of Distortions of Overlap Laser-Welded Thin Sheet Steel Beam Structures.* Welding in the World, 2017. **61**(5): p. 927-934.

416. Pala, Z., et al., *Study of Residual Stress Surface Distribution on Laser Welded Steel Sheets.* Applied Mechanics and Materials, 2013. **486**: p. 3-8.

417. Schimek, M., et al., *Laser Bead-on-Plate Welding and Overlap Seams for Increasing the Strength and Rigidity of High Strength Steel.* Advanced Materials Research, 2010. **137**: p. 161-190.

418. Subbaiah, K., et al., *Comparative Evaluation of Tungsten Inert Gas and Laser Beam Welding of AA5083-H321.* Sadhana, 2012. **37**(5): p. 587-593.

419. Landowski, M., *Influence of Parameters of Laser Beam Welding on Structure of 2205 Duplex Stainless Steel.* Advances in Materials Science, 2019. **19**(1): p. 21-31.

420. Buschenhenke, F., T. Seefeld, and F. Vollertsen, *Strategies for Reduced Distortion During Laser Beam Welding of Shaft-hub Joints.* Materialwissenschaft Und Werkstofftechnik, 2012. **43**(1-2): p. 105-111.

421. Hong, J., K.-H. Lee, and C. Lee, *The Frame Optimization and Validation of Resistance Spot Welding Gun.* International Journal for Simulation and Multidisciplinary Design Optimization, 2020. **11**: p. 22.

422. Farrahi, G.H., et al., *Analysis of Resistance Spot Welding Process Parameters Effect on the Weld Quality of Three-Steel Sheets Used in Automotive Industry: Experimental and Finite Element Simulation.* International Journal of Engineering, 2020. **33**(1).

423. Xu, C., et al., *Study on Microstructure and Fracture Morphology of 2205 Duplex Stainless Steel Resistance Spot Welds.* Materials Science Forum, 2014. **804**: p. 289-292.

424. Arabi, S.H., M. Pouranvari, and M. Movahedi, *Pathways to Improve the Austenite–ferrite Phase Balance During Resistance Spot Welding of Duplex Stainless Steels.* Science and Technology of Welding & Joining, 2019. **24**(1): p. 8-15.

425. Chandio, A.D., et al., *Failure Study of Two Dissimilar Steels Joined by Spot Welding Technique.* Key Engineering Materials, 2018. **778**: p. 262-267.

426. Yang, Y., R.J. Zhou, and F.X. Wang, *Numerical Simulation of the Temperature Field During DP1000 Dual-Phase Steel Resistance Spot Welding.* Advanced Materials Research, 2011. **391-392**: p. 666-671.

427. Wang, N.N., et al., *Resistance Spot Welding Between Mild Steel and Stainless Steel.* Applied Mechanics and Materials, 2014. **675-677**: p. 23-26.

428. Viňáš, J. and Ľ. Kaščák, *Analysis of Welds Made by Delta Spot Method.* Materials Science Forum, 2015. **818**: p. 229-232.

429. Gandomkar, M. and M. Moshref-Javadi, *The Crack Resolution Required to Ensure Fatigue Life of a Rescue Submarine's Transfer Skirt.* The International Journal of Maritime Engineering, 2022. **163**(A4).

430. Zhu, Y., J. Yang, and H. Pan, *Three-Dimension Crack Propagation Behavior of Conical-Cylindrical Shell.* Metals, 2023. **13**(4): p. 698.

431. Hu, Y., et al., *Research on Development and Test Analysis of Full-Scale Fatigue Test System of X65 Submarine Pipeline.* E3s Web of Conferences, 2021. **253**: p. 01055.

432. Garcia, J.H.N., et al., *Corrosion Behavior of 316L and Alloy 182 Dissimilar Weld Joint With Post-Weld Heat Treatment.* Matéria (Rio De Janeiro), 2019. **24**(3).

433. Oikonomou, A.G. and G.A. Aggidis, *Determination of the Corrosion Resistance of the Welded Steels Used in Underwater Marine Systems (Including the Submerged Parts of Wave Energy Converters).* Materials Today Proceedings, 2021. **44**: p. 5048-5053.

434. Agarwal, K., et al., *Mechanical Properties of Fiber Reinforced Polymer Composites: A Comparative Study of Conventional and Additive Manufacturing Methods.* Journal of Composite Materials, 2018. **52**(23): p. 3173-3181.

435. Han, K., et al., *Six-Dof CFD Simulations of Underwater Vehicle Operating Underwater Turning Maneuvers.* Journal of Marine Science and Engineering, 2021. **9**(12): p. 1451.

436. Zhang, N. and S. Zhang, *Numerical Simulation of Hull/Propeller Interaction of Submarine in Submergence and Near Surface Conditions.* Journal of Hydrodynamics, 2014. **26**(1): p. 50-56.

437. Yu, P., et al., *Simulation Analysis of Modular Assembly Accuracy of Marine Power Shafting Based on 3DCS*. 2022.
438. Farooq, M.U., et al., *Process Parameters Optimization and Performance Analysis of Micro-Complex Geometry Machining on Ti6Al4V*. International Journal on Interactive Design and Manufacturing (Ijidem), 2024.
439. Farooq, M.U. and S. Anwar, *Investigations on the Surface Integrity of Ti6Al4V Under Modified Dielectric(s)-Based Electric Discharge Machining Using Cryogenically Treated Electrodes*. Processes, 2023. **11**(3): p. 877.
440. Yang, X., et al., *A Novel Evaluation Method on the Precision of Linear Motor Feed System in High-Speed Machine Tools*. Materials Science Forum, 2016. **836-837**: p. 220-227.
441. Rao, J.M., et al., *Sensitivity Analysis of a Double Corrugated Waveguide Slow Wave Structure for a 151 – 161.5 GHz TWT*. Asian Journal of Physics, 2023. **32**(9-12): p. 559-571.
442. Zhou, Y., et al., *Fast Anti-Turbidity Underwater Topography Measurement Based on Rotating Structured Light*. 2024.
443. Miller, A.B., B.W. Miller, and G. Miller, *Navigation of Underwater Drones and Integration of Acoustic Sensing With Onboard Inertial Navigation System*. Drones, 2021. **5**(3): p. 83.
444. Tetsui, T., *Practical Use of Hot-Forged-Type Ti-42Al-5Mn and Various Recent Improvements*. Metals, 2021. **11**(9): p. 1361.
445. Azhagan, M.T., B. Mohan, and A. Rajadurai, *Comparative Study of Squeeze Casting of AA6061 With and Without Employing Ultrasonic Cavitations*. Applied Mechanics and Materials, 2014. **541-542**: p. 349-353.
446. Qi, Y., et al., *Preparation and Properties of Special Vehicle Cover via a Novel Squeeze Casting Quantitative Feeding System of Molten Metal*. Metals, 2020. **10**(2): p. 266.
447. Men, Z., et al., *Analysis on the Free Forging Process of the Heavy Rack for Ship Lift*. Applied Mechanics and Materials, 2017. **865**: p. 105-108.
448. Gryguc, A., et al., *A Method for Comparing the Fatigue Performance of Forged AZ80 Magnesium*. Metals, 2021. **11**(8): p. 1290.
449. Dziubińska, A., *The New Technology of Die Forging of Automotive Connecting Rods From EN AB-71100 Aluminium Alloy Cast Preforms*. Materials, 2023. **16**(7): p. 2856.
450. Böhmichen, U., et al., *From Casting to Forging—The Combined Simulation for a Steel Component*. Engineering Reports, 2021. **4**(7-8).
451. Zhang, Q., et al., *Research on Integrated Casting and Forging Process of Aluminum Automobile Wheel*. Advances in Mechanical Engineering, 2014. **6**: p. 870182.
452. Yu, Z., et al., *Numerical Model Simulation of the Double-Roll Rotary Forging of Large Diameter Thin-Walled Disk*. Metals, 2021. **11**(11): p. 1767.
453. Zhao, Z., et al., *Microstructure and Corrosion Behavior of Cold-Sprayed Zn-Al Composite Coating*. Coatings, 2020. **10**(10): p. 931.
454. Prasai, D., et al., *Graphene: Corrosion-Inhibiting Coating*. Acs Nano, 2012. **6**(2): p. 1102-1108.
455. Ke, Y., et al., *Urushiol Titanium <scp>polymer-based</Scp> Composites Coatings for Anti-corrosion and Antifouling in Marine Spray Splash Zones*. Journal of Applied Polymer Science, 2021. **138**(34).
456. Wang, Y., et al., *Modification and Corrosion Resistance of Halloysite Carrier With Metal Nanoinhibitor in Marine Corrosion Environment*. Anti-Corrosion Methods and Materials, 2022. **69**(4): p. 371-379.
457. Zhang, J., et al., *Non-Destructive Evaluation of Coating Thickness Using Water Immersion Ultrasonic Testing*. Coatings, 2021. **11**(11): p. 1421.
458. Han, L., Q. Pang, and X. Yu, *Application of Organic Coating in Marine Anticorrosion*. Highlights in Science Engineering and Technology, 2023. **58**: p. 131-141.
459. Uzun, D., et al., *A CFD Study: Influence of Biofouling on a Full-Scale Submarine*. Applied Ocean Research, 2021. **109**: p. 102561.
460. Cui, M., B. Wang, and Z. Wang, *Nature-Inspired Strategy for Anticorrosion*. Advanced Engineering Materials, 2019. **21**(7).
461. Liu, L., et al., *Double-Layer Superhydrophobic Coating: Enhanced Anti-Corrosion and Anti-Fouling Resistance Through Star Cross-Linking of FPI/POSS@POA/F-SiO 2*. 2024.
462. Saifullah, A., et al., *Mechanical Properties of Layered-Carbon Fiber Reinforced With Vacuum Infusion Process*. Journal of Energy Mechanical Material and Manufacturing Engineering, 2021. **6**(1): p. 33-40.

463. Buchacz, A., et al., *An Investigation of the Influence of a Fiber Arrangement of a Laminate on the Values of Stresses in the Composite Panel of a Modified Freight Wagon Using the FEM Method*. Matec Web of Conferences, 2017. **112**: p. 04015.
464. Salman, S.D., W.S.W. Hassim, and Z. Leman, *Experimental Comparison Between Two Types of Hybrid Composite Materials in Compression Test*. Manufacturing Science and Technology, 2015. **3**(4): p. 119-123.
465. Zhou, Y. and C. Zheng, *Impact Resistance Performance and Structural Optimization of Lightweight Composite Target Plate*. Polymer Composites, 2024. **45**(7): p. 6482-6497.
466. Xie, X., et al., *Experiments on Vibration Transmission Control in a Shaft-Hull System Excited by Propeller Forces via an Activemulti-Strut Assembly*. Proceedings of the Institution of Mechanical Engineers Part M Journal of Engineering for the Maritime Environment, 2022. **236**(3): p. 688-700.
467. Gatin, I., et al., *CFD Study on the Influence of Exostructure Elements on the Resistance of a Submarine*. Journal of Marine Science and Engineering, 2022. **10**(10): p. 1542.
468. Chrismianto, D., et al., *Development of Cubic Bezier Curve and Curve-Plane Intersection Method for Parametric Submarine Hull Form Design to Optimize Hull Resistance Using CFD*. Journal of Marine Science and Application, 2015. **14**(4): p. 399-405.
469. Patri, M., *Naval Materials and Energy Systems*. Technology Focus, 2020. **28**(6).
470. Miasnikov, E., *The Future of Russia's Strategic Nuclear Forces: Discussions and Arguments*. The Center For Arms Control, Energy, and Environmental Studies: at Moscow Institute of Physics and Technology, 1995.
471. Yuan, B., et al., *Underwater Acoustic Properties of Graphene Nanoplatelet-Modified Rubber*. Journal of Reinforced Plastics and Composites, 2018. **37**(9): p. 609-616.
472. Caresta, M. and N. Kessissoglou, *Acoustic Signature of a Submarine Hull Under Harmonic Excitation*. Applied Acoustics, 2010. **71**(1): p. 17-31.
473. Liu, Y., Y. Li, and D. Shang, *The Generation Mechanism of the Flow-Induced Noise From a Sail Hull on the Scaled Submarine Model*. Applied Sciences, 2018. **9**(1): p. 106.
474. Xu, W. and Z. Li, *Study on Two-Stage Mounting Systems Having Distributed Intermediate Mass*. Journal of Vibroengineering, 2020. **22**(2): p. 313-321.
475. Qiu, Y., W. Xu, and Z. Li, *Performance Evaluation of a Novel Intelligent Distributed Mounting System for Marine Mechanical Equipment*. International Journal of Advanced Robotic Systems, 2019. **16**(6).
476. Hooper, C., *Virginia Class: When does hull coating separation endanger the boat?* 2010, Next Navy.
477. Xia, Q.Q., et al., *Research on Metal-Rubber Composite Damping Steel Plate Application in Acoustic Bridge for Double Cylindrical Shell*. Advanced Materials Research, 2012. **490-495**: p. 3505-3510.
478. Takahashi, K., J. Arai, and T. Mori, *Numerical Study on Multiple-Blade-Rate Unsteady Propeller Forces for Underwater Vehicles*. Journal of Ship Research, 2021. **66**(04): p. 349-368.
479. Andersen, P., J.J. Kappel, and E. Spangenberg. *Aspects of propeller developments for a submarine*. in *Proceedings of the First International Symposium on Marine Propulsors–smp*. 2009.
480. nasiri, m. and m. nazemizadeh, *Hydromagnetic Propulsion System in Marine Applications: A Literature Review*. Mechanic of Advanced and Smart Materials, 2022. **2**(1): p. 13-34.
481. Yeo, S.-J., et al., *Integrated Analysis of Flow-Induced Noise From Submarine Under Snorkel Condition*. Proceedings of the Institution of Mechanical Engineers Part M Journal of Engineering for the Maritime Environment, 2020. **234**(4): p. 771-784.
482. Zhu, Z., et al., *A Review of Underwater Acoustic Metamaterials for Underwater Acoustic Equipment*. Frontiers in Physics, 2022. **10**.
483. Cao, H. and L. Wen, *High-Precision Numerical Research on Flow and Structure Noise of Underwater Vehicle*. Applied Sciences, 2022. **12**(24): p. 12723.
484. Jawahar, A., et al., *Advanced Submarine Integrated Weapon Control System*. Indian Journal of Science and Technology, 2015. **8**(35).
485. Su, P., et al., *Research Status and Development Trend of Acoustic Array Integrating Technology*. 2023.
486. Luo, X., et al., *A Survey of Underwater Acoustic Target Recognition Methods Based on Machine Learning*. Journal of Marine Science and Engineering, 2023. **11**(2): p. 384.
487. Kumar, S., et al., *Submarine Acoustic Target Strength Modeling at High-Frequency Asymptotic Scattering*. Ieee Access, 2024. **12**: p. 4859-4870.
488. Jiang, S., *On Securing Underwater Acoustic Networks: A Survey*. Ieee Communications Surveys & Tutorials, 2019. **21**(1): p. 729-752.

489. Likun, M.E.I. and C. Zhili, *Based on YOLOv5 Lightweight Submarine Target Detection Algorithm.* 2023.
490. Mei, L. and Z. Chen, *An Improved YOLOv5-Based Lightweight Submarine Target Detection Algorithm.* Sensors, 2023. **23**(24): p. 9699.
491. Barr, S., J. Wang, and B. Liu, *An Efficient Method for Constructing Underwater Sensor Barriers.* Journal of Communications, 2011. **6**(5).
492. Liu, Z.-K. and Z. Tang, *Numerical Analysis of Multi-Scale Pressure Pulsation on the Energy Accumulation for Submarine-Based Tracking and Pointing Systems.* Measurement and Control, 2021. **54**(3-4): p. 196-208.
493. Schaefer, D., et al., *Above Water Electric Potential Signatures of Submerged Naval Vessels.* Journal of Marine Science and Engineering, 2019. **7**(2): p. 53.
494. Chen, Y. and J. Yuan, *Methods of Differential Submarine Detection Based on Magnetic Anomaly and Technology of Probes Arrangement.* 2015.
495. Zhang, Z.Y. and J. Yi, *Measuring the Submarine's Induced Magnetic Field by Geomagnetic Simulation Method.* Advanced Materials Research, 2014. **981**: p. 579-584.
496. Kim, Y., Y.H. Kim, and K. Shin, *Efficiency of Exponential Deperm Protocol.* Journal of Magnetics, 2013. **18**(3): p. 326-330.
497. Nguyen, T.S., et al., *Ships Magnetic Anomaly Computation With Integral Equation and Fast Multipole Method.* Ieee Transactions on Magnetics, 2011. **47**(5): p. 1414-1417.
498. Badr, A., A.A. Elserougi, and A.A. Hossam-Eldin, *Analyzing the Effect of Flux Intensification Due to Propeller Shaft and Rudder Upon the 3D Induced Magnetic Signature of Marine Vessels.* Ieee Access, 2022. **10**: p. 131627-131639.
499. Madrid, A.V. and A.Á. Melcón, *Process for Compensating Local Magnetic Perturbations on Ferromagnetic Surfaces.* Journal of Electromagnetic Analysis and Application, 2012. **04**(10): p. 387-399.
500. SchoolTube Community, *Stealth Submarines: The Science Behind Silent Warfare.* 2024, SchoolTube Community.
501. Vice Admiral A.K. Chawla (Retd), *Unseen & Unheard: The Role of Stealth.* 2023, SP's Naval Forces.
502. Sutton, H.I., *Chinese Submarine Is First To Exploit New Stealth Technology.* 2023, Naval News.
503. Dehghani, R. and H.M. Khanlo, *A Regressor-Free Robust Adaptive Controller for Autonomous Underwater Vehicles.* Proceedings of the Institution of Mechanical Engineers Part M Journal of Engineering for the Maritime Environment, 2016. **231**(2): p. 569-582.
504. Wang, J., T. Xu, and Z. Wang, *Adaptive Robust Unscented Kalman Filter for AUV Acoustic Navigation.* Sensors, 2019. **20**(1): p. 60.
505. Ma, H. and X. Mu, *Adaptive Navigation Algorithm With Deep Learning for Autonomous Underwater Vehicle.* Sensors, 2021. **21**(19): p. 6406.
506. He, B., et al., *Autonomous Navigation for Autonomous Underwater Vehicles Based on Information Filters and Active Sensing.* Sensors, 2011. **11**(11): p. 10958-10980.
507. Ying, F., et al., *Maximum Correntropy Based Unscented Particle Filter for Cooperative Navigation With Heavy-Tailed Measurement Noises.* Sensors, 2018. **18**(10): p. 3183.
508. Rypkema, N.R., E.M. Fischell, and H. Schmidt, *One-Way Travel-Time Inverted Ultra-Short Baseline Localization for Low-Cost Autonomous Underwater Vehicles.* 2017.
509. Palomer, A., P. Ridao, and D. Ribas, *Inspection of an Underwater Structure Using Point-cloud SLAM With an AUV and a Laser Scanner.* Journal of Field Robotics, 2019. **36**(8): p. 1333-1344.
510. Zhang, T., et al., *AUV Positioning Method Based on Tigntly Coupled SINS/LBL for Underwater Acoustic Multipath Propagation.* Sensors, 2016. **16**(3): p. 357.
511. Villar, S.A., et al., *Evaluation of an Efficient Approach for Target Tracking From Acoustic Imagery for the Perception System of an Autonomous Underwater Vehicle.* International Journal of Advanced Robotic Systems, 2014. **11**(2).
512. Lyu, W., X. Cheng, and J. Wang, *Adaptive Federated IMM Filter for AUV Integrated Navigation Systems.* Sensors, 2020. **20**(23): p. 6806.
513. Zhan, B., et al., *Three-Dimensional Path Planning for AUVs Based on Standard Particle Swarm Optimization Algorithm.* Journal of Marine Science and Engineering, 2022. **10**(9): p. 1253.
514. Soares, J.M., et al., *Joint ASV/AUV Range-Based Formation Control: Theory and Experimental Results.* 2013.
515. Yan, X., et al., *Formation Control and Obstacle Avoidance Algorithm of a Multi-Usv System Based on Virtual Structure and Artificial Potential Field.* Journal of Marine Science and Engineering, 2021. **9**(2): p. 161.

516. Chen, C.-W., Y. Chen, and Q.-W. Cai, *Hydrodynamic-Interaction Analysis of an Autonomous Underwater Hovering Vehicle and Ship With Wave Effects*. Symmetry, 2019. **11**(10): p. 1213.
517. Wang, Y., et al., *Investigation and Optimization of Appendage Influence on the Hydrodynamic Performance of AUVs*. Journal of Marine Science and Technology, 2018. **24**(1): p. 297-305.
518. Miller, L.I., et al., *Drag Reduction and Power Optimization Due to an Innovative, Toroidal Hull Form of an AUV*. Iop Conference Series Materials Science and Engineering, 2023. **1288**(1): p. 012039.
519. Omeke, K.G., et al., *Energy Optimisation Through Path Selection for Underwater Wireless Sensor Networks*. 2020.
520. Gao, T., et al., *Hull Shape Optimization for Autonomous Underwater Vehicles Using CFD*. Engineering Applications of Computational Fluid Mechanics, 2016. **10**(1): p. 599-607.
521. Guo, Y., et al., *Research on the Influence of Turbulent Flow Induced by Dunes on AUVs*. Applied Sciences, 2023. **13**(18): p. 10273.
522. Wang, Z., et al., *Development of an Autonomous Underwater Helicopter With High Maneuverability*. Applied Sciences, 2019. **9**(19): p. 4072.
523. Chen, C.-W. and Y. Lu, *Computational Fluid Dynamics Study of Water Entry Impact Forces of an Airborne-Launched, Axisymmetric, Disk-Type Autonomous Underwater Hovering Vehicle*. Symmetry, 2019. **11**(9): p. 1100.
524. Mitra, A., J.P. Panda, and H. Warrior, *The Effects of Free Stream Turbulence on the Hydrodynamic Characteristics of an AUV Hull Form*. Ocean Engineering, 2019. **174**: p. 148-158.
525. Joung, T.-H., et al., *Shape Optimization of an Autonomous Underwater Vehicle With a Ducted Propeller Using Computational Fluid Dynamics Analysis*. International Journal of Naval Architecture and Ocean Engineering, 2012. **4**(1): p. 44-56.
526. Sun, T., et al., *Design and Optimization of a Bio-Inspired Hull Shape for AUV by Surrogate Model Technology*. Engineering Applications of Computational Fluid Mechanics, 2021. **15**(1): p. 1057-1074.
527. Alkan, B., *Hydrodynamic Design Optimization of an Autonomous Underwater Vehicle Based on Response Surface Methodology*. 2020.
528. Lin, Y., et al., *Study on the Motion Stability of the Autonomous Underwater Helicopter*. Journal of Marine Science and Engineering, 2022. **10**(1): p. 60.
529. DeVries, L., et al., *Hull Shape Actuation for Speed Regulation in an Underwater Vehicle*. Journal of Mechanisms and Robotics, 2019. **12**(1).
530. Xu, X.-S. and L. H, *An Improved Collaborative Algorithm With Artificial Neural Network in Multidisciplinary Design Optimization of AUV*. 2017.
531. Tang, X., *Head Optimization Design for Small Commercial AUV Based on CFD*. 2022.
532. Yan, G., G. Pan, and Y. Shi, *Ricochet Characteristics of AUVs During Small-Angle Water Entry Process*. Mathematical Problems in Engineering, 2019. **2019**(1).
533. Helmaoui, M., et al., *Layout Effect of Two Autonomous Underwater Vehicles on the Hydrodynamics Performances*. Wseas Transactions on Systems, 2020. **19**: p. 47-54.
534. Lin, H., et al., *Numerical Investigation on Hydrodynamic Performance of a Portable AUV*. Journal of Marine Science and Engineering, 2021. **9**(8): p. 812.
535. Zhu, H., et al., *The Design and Application of a Vectored Thruster for a Negative Lift-Shaped AUV*. Actuators, 2024. **13**(6): p. 228.
536. Font, D., et al., *Design and Implementation of a Biomimetic Turtle Hydrofoil for an Autonomous Underwater Vehicle*. Sensors, 2011. **11**(12): p. 11168-11187.
537. Singh, S., et al., *Modeling and Control Design for an Autonomous Underwater Vehicle Based on Atlantic Salmon Fish*. Ieee Access, 2022. **10**: p. 97586-97599.
538. Gasparoto, H.F., et al., *Advances in Reconfigurable Vectorial Thrusters for Adaptive Underwater Robots*. Journal of Marine Science and Engineering, 2021. **9**(2): p. 170.
539. Roper, D., et al., *A Review of Developments Towards Biologically Inspired Propulsion Systems for Autonomous Underwater Vehicles*. Proceedings of the Institution of Mechanical Engineers Part M Journal of Engineering for the Maritime Environment, 2011. **225**(2): p. 77-96.
540. Phillips, A.B., et al., *Nature in Engineering for Monitoring the Oceans: Comparison of the Energetic Costs of Marine Animals and AUVs*. 2012: p. 373-405.

541. Russo, R., et al., *Biomechanical Model of Batoid (Skates and Rays) Pectoral Fins Predicts the Influence of Skeletal Structure on Fin Kinematics: Implications for Bio-Inspired Design*. Bioinspiration & Biomimetics, 2015. **10**(4): p. 046002.
542. Heinen, Y., I. Tanev, and T. Kimura, *The Effect of a Limited Underactuated Posterior Joint on the Speed and Energy Efficiency of a Fish Robot*. Applied Sciences, 2024. **14**(12): p. 5010.
543. Zamora-Méndez, A., T.J. Leo, and M.A. Herreros, *Current State of Technology of Fuel Cell Power Systems for Autonomous Underwater Vehicles*. Energies, 2014. **7**(7): p. 4676-4693.
544. You, F., et al., *State of Charge Estimation of Lithium-Ion Batteries Based on an Adaptive Iterative Extended Kalman Filter for AUVs*. Sensors, 2022. **22**(23): p. 9277.
545. Faria, C., S. Priya, and D.J. Inman, *Modeling and Control of a Jellyfish-Inspired AUV*. 2013.
546. Anevlavi, D., E. Filippas, and K. Belibassakis, *Hydrodynamic Optimization of Actively Deforming Flapping-Foil Thrusters for Auv Propulsion*. 2023: p. 206-222.
547. Leonard, N.E., et al., *Coordinated Control of an Underwater Glider Fleet in an Adaptive Ocean Sampling Field Experiment in Monterey Bay*. Journal of Field Robotics, 2010. **27**(6): p. 718-740.
548. Dinc, M. and C. Hajiyev, *Integration of Navigation Systems for Autonomous Underwater Vehicles*. Journal of Marine Engineering & Technology, 2015. **14**(1): p. 32-43.
549. Li, P., et al., *A Robust INS/USBL/DVL Integrated Navigation Algorithm Using Graph Optimization*. Sensors, 2023. **23**(2): p. 916.
550. Wan, J., et al., *Fractional-Order PID Motion Control for AUV Using Cloud-Model-Based Quantum Genetic Algorithm*. Ieee Access, 2019. **7**: p. 124828-124843.
551. Ajmal, M., M. Labeeb, and D.V. Dev, *Fractional Order PID Controller for Depth Control of Autonomous Underwater Vehicle Using Frequency Response Shaping Approach*. 2014.
552. Yu, M., Q. Zhi, and H. Chen, *Kalman-Pd Control for Depth System of Autonomous Underwater Vehicle*. Applied Mechanics and Materials, 2014. **530-531**: p. 990-998.
553. Hu, Z., et al., *Trajectory Tracking and Re-Planning With Model Predictive Control of Autonomous Underwater Vehicles*. Journal of Navigation, 2018. **72**(2): p. 321-341.
554. Fischell, E.M., N.R. Rypkema, and H. Schmidt, *Relative Autonomy and Navigation for Command and Control of Low-Cost Autonomous Underwater Vehicles*. Ieee Robotics and Automation Letters, 2019. **4**(2): p. 1800-1806.
555. Hollinger, G.A., et al., *Underwater Data Collection Using Robotic Sensor Networks*. Ieee Journal on Selected Areas in Communications, 2012. **30**(5): p. 899-911.
556. Islam, K.Y., et al., *Green Underwater Wireless Communications Using Hybrid Optical-Acoustic Technologies*. Ieee Access, 2021. **9**: p. 85109-85123.
557. Han, X., et al., *The Research Progress in Underwater Wireless Optical Communication Technology*. 2023.
558. Noh, H., K. Kang, and J.-Y. Park, *Risk Analysis of Autonomous Underwater Vehicle Operation in a Polar Environment Based on Fuzzy Fault Tree Analysis*. Journal of Marine Science and Engineering, 2023. **11**(10): p. 1976.
559. Ashry, I., et al., *CNN-based Detection of Red Palm Weevil Using Optical-Fiber-Distributed Acoustic Sensing*. 2022.
560. Shen, T., et al., *Research on a Blue–Green LED Communication System Based on an Underwater Mobile Robot*. Photonics, 2023. **10**(11): p. 1238.
561. Ataner, E., et al., *İnsansız Su Altı Araçlarında Haberleşme Ve Güç Sistemlerinin Tasarımı*. European Journal of Science and Technology, 2020.
562. Pan, X., et al., *RAP-MAC: A Robust and Adaptive Pipeline MAC Protocol for Underwater Acoustic String Networks*. Remote Sensing, 2024. **16**(12): p. 2195.
563. Campbell, K.J., S. Kinnear, and A. Thame, *AUV Technology for Seabed Characterization and Geohazards Assessment*. The Leading Edge, 2015. **34**(2): p. 170-178.
564. Hofmann, A.F., et al., *High-Resolution Topography-Following Chemical Mapping of Ocean Hypoxia by Use of an Autonomous Underwater Vehicle: The Santa Monica Basin Example*. Journal of Atmospheric and Oceanic Technology, 2013. **30**(11): p. 2630-2646.
565. Unterseh, S. and W. Letaief, *Time-Lapse Attempt Using AUV Survey Data in Geohazards Prone Area, Results and Lessons Learned*. 2017.

566. Jakuba, M.V., et al. *Toward automatic classification of chemical sensor data from autonomous underwater vehicles*. in *2011 IEEE/RSJ International Conference on Intelligent Robots and Systems*. 2011. IEEE.
567. Weng, Y., et al., *Autonomous underwater vehicle link alignment control in unknown environments using reinforcement learning.* Journal of Field Robotics, 2024.
568. Flores, C.H. and U.S. ten Brink, *Photogrammetry of the Deep Seafloor from Archived Unmanned Submersible Exploration Dives.* Journal of Marine Science and Engineering, 2024. **12**(8): p. 1250.
569. Rogowski, P., et al., *Ocean outfall plume characterization using an autonomous underwater vehicle.* Water Science and Technology, 2013. **67**(4): p. 925-933.
570. Xia, Z., et al., *Revolutionizing marine Protection: Innovative designs for In-Situ applicable underwater antifouling superoleophobic coatings.* Chemical Engineering Journal, 2024. **496**: p. 154157.
571. Hwang, M.S., M.K. Park, and H.S. Lee, *A Study on the Visual Effects Production Process for Efficient Underwater Explosion CG Visualization.* Journal of Coastal Research, 2024. **116**(SI): p. 518-522.
572. Mahmoodi, K.A. and M. Uysal. *AUV trajectory optimization for an optical underwater sensor network in the presence of ocean currents*. in *2021 IEEE International Black Sea Conference on Communications and Networking (BlackSeaCom)*. 2021. IEEE.
573. Woithe, H.C. and U. Kremer, *Feature based adaptive energy management of sensors on autonomous underwater vehicles.* Ocean Engineering, 2015. **97**: p. 21-29.
574. González-García, J., et al., *Autonomous underwater vehicles: Localization, navigation, and communication for collaborative missions.* Applied sciences, 2020. **10**(4): p. 1256.
575. Xing, T.Y., et al., *Improved Artificial Potential Field Algorithm Assisted by Multisource Data for AUV Path Planning.* Sensors, 2023. **23**(15): p. 6680.
576. Wibisono, A., et al., *An Autonomous Underwater Vehicle Navigation Technique for Inspection and Data Acquisition in UWSNs.* Ieee Access, 2024. **12**: p. 8641-8654.
577. Danielis, P., et al., *Integrated Autonomous Underwater Vehicle Path Planning and Collision Avoidance Algorithms.* Transactions on Maritime Science, 2024. **13**(1).
578. Zhao, Y., et al., *Research on Modeling Method of Autonomous Underwater Vehicle Based on a Physics-Informed Neural Network.* Journal of Marine Science and Engineering, 2024. **12**(5): p. 801.
579. Okereke, C.E., et al., *An Overview of Machine Learning Techniques in Local Path Planning for Autonomous Underwater Vehicles.* Ieee Access, 2023. **11**: p. 24894-24907.
580. Zhu, Z., et al., *An Efficient Multi-Auv Cooperative Navigation Method Based on Hierarchical Reinforcement Learning.* Journal of Marine Science and Engineering, 2023. **11**(10): p. 1863.
581. Atyabi, A., S. MahmoudZadeh, and S. Nefti-Meziani, *Current Advancements on Autonomous Mission Planning and Management Systems: An AUV and UAV Perspective.* Annual Reviews in Control, 2018. **46**: p. 196-215.
582. Zhang, L., et al., *Cooperative Navigation Based on Cross Entropy: Dual Leaders.* Ieee Access, 2019. **7**: p. 151378-151388.
583. Hernández, J.D., et al., *Online Motion Planning for Unexplored Underwater Environments Using Autonomous Underwater Vehicles.* Journal of Field Robotics, 2018. **36**(2): p. 370-396.
584. Meurer, C., et al., *Differential Pressure Sensor Speedometer for Autonomous Underwater Vehicle Velocity Estimation.* Ieee Journal of Oceanic Engineering, 2020. **45**(3): p. 946-978.
585. Wang, C., et al., *AUV Planning and Calibration Method Considering Concealment in Uncertain Environments.* Frontiers in Marine Science, 2023. **10**.
586. Ridao, P., et al., *Intervention AUVs: The Next Challenge.* Annual Reviews in Control, 2015. **40**: p. 227-241.
587. Carreras, M., et al., *Sparus II AUV—A Hovering Vehicle for Seabed Inspection.* Ieee Journal of Oceanic Engineering, 2018. **43**(2): p. 344-355.
588. Guevara, A.M., T.J. Leo, and M.A. Herreros, *Fuel Cell Power Systems for Autonomous Underwater Vehicles: State of the Art.* 2014.
589. Roper, D., et al., *Evaluating the Use of Lithium Sulphur Batteries for a Deep Ocean Pressure Balanced AUV Energy Source.* 2016.
590. Li, B., et al., *Study on Battery Thermal Management of Autonomous Underwater Vehicle by Bionic Wave Channels With Liquid Cooling.* International Journal of Energy Research, 2021. **45**(9): p. 13269-13283.
591. Potrykus, S., et al., *Advanced Lithium-Ion Battery Model for Power System Performance Analysis.* Energies, 2020. **13**(10): p. 2411.

592. Ji, D.-H., et al., *Design and Analysis of the High-Speed Underwater Glider With a Bladder-Type Buoyancy Engine*. Applied Sciences, 2023. **13**(20): p. 11367.

593. Zhang, F., D. Xu, and C. Cheng, *An Underwater Distributed SLAM Approach Based on Improved GMRBnB Framework*. Journal of Marine Science and Engineering, 2023. **11**(12): p. 2271.

594. Xing, T., et al., *A Multi-Source-Data-Assisted AUV for Path Cruising: An Energy-Efficient DDPG Approach*. Remote Sensing, 2023. **15**(23): p. 5607.

595. Zhi, L. and Y. Zuo, *Collaborative Path Planning of Multiple AUVs Based on Adaptive Multi-Population PSO*. Journal of Marine Science and Engineering, 2024. **12**(2): p. 223.

596. Gao, H., et al., *Distributed Path Tracking for Autonomous Underwater Vehicles Based on Pseudo Position Feedback*. Journal of Marine Science and Engineering, 2022. **10**(10): p. 1477.

597. Albarakati, S., et al., *Multiobjective Risk-Aware Path Planning in Uncertain Transient Currents: An Ensemble-Based Stochastic Optimization Approach*. Ieee Journal of Oceanic Engineering, 2021. **46**(4): p. 1082-1098.

598. Anderson, J. and G.A. Hollinger, *Communication Planning for Cooperative Terrain-Based Underwater Localization*. Sensors, 2021. **21**(5): p. 1675.

599. Fish, F.E., *Advantages of Aquatic Animals as Models for Bio-Inspired Drones Over Present AUV Technology*. Bioinspiration & Biomimetics, 2020. **15**(2): p. 025001.

600. Mondal, K., *Autonomous Underwater Vehicles: Recent Developments and Future Prospects*. International Journal for Research in Applied Science and Engineering Technology, 2019. **7**(11): p. 215-222.

601. Li, Q., et al., *Interface Engineering Enhances the Photovoltaic Performance of Wide Bandgap FAPbBr₃ Perovskite for Application in Low-Light Environments*. Advanced Functional Materials, 2023. **33**(40).

602. Hasan, M.B., *Yaw Angle Tracking Control Design of Underactuated AUV by Using State Dependent Riccati Equations (SDRE)-LQT*. Jeee-U (Journal of Electrical and Electronic Engineering-Umsida), 2019. **3**(2): p. 325-337.

603. Wang, T., et al., *DOB-Net: Actively Rejecting Unknown Excessive Time-Varying Disturbances*. 2020.

604. Li, B., P. Wang, and L. Du, *Path Planning Technologies for Autonomous Underwater Vehicles-a Review*. Ieee Access, 2019. **7**: p. 9745-9768.

605. Fernández, R.P., et al., *Nonlinear Attitude Control of a Spherical Underwater Vehicle*. Sensors, 2019. **19**(6): p. 1445.

606. Fu, Z. and Z. Jia, *Integrating Seabed Topography and Ocean Current Dynamics for Submarine Trajectory Analysis*. Highlights in Science Engineering and Technology, 2024. **104**: p. 180-187.

607. Zhang, T., Q. Li, and X. Liu, *An Object Detection and Classification Method for Underwater Visual Images Based on the Bag-of-Words Model*. Proceedings of the Institution of Mechanical Engineers Part M Journal of Engineering for the Maritime Environment, 2022. **237**(2): p. 487-497.

608. Ghafoor, H. and Y. Noh, *An Overview of Next-Generation Underwater Target Detection and Tracking: An Integrated Underwater Architecture*. Ieee Access, 2019. **7**: p. 98841-98853.

609. Chen, L., et al., *Underwater Target Recognition Based on Improved YOLOv4 Neural Network*. Electronics, 2021. **10**(14): p. 1634.

610. Hożyń, S., *A Review of Underwater Mine Detection and Classification in Sonar Imagery*. Electronics, 2021. **10**(23): p. 2943.

611. Polymenis, I., et al., *Virtual Underwater Datasets for Autonomous Inspections*. Journal of Marine Science and Engineering, 2022. **10**(9): p. 1289.

612. Stevens, R.H. and T. Galloway, *Are Neurodynamic Organizations a Fundamental Property of Teamwork?* Frontiers in Psychology, 2017. **8**.

613. Cao, X., *A Leader–follower Formation Control Approach for Target Hunting by Multiple Autonomous Underwater Vehicle in Three-Dimensional Underwater Environments*. International Journal of Advanced Robotic Systems, 2019. **16**(4): p. 172988141987066.

614. Stevens, R.H. and T. Galloway, *Teaching Machines to Recognize Neurodynamic Correlates of Team and Team Member Uncertainty*. Journal of Cognitive Engineering and Decision Making, 2019. **13**(4): p. 310-327.

615. Ming, L., et al., *Cognition-Based Hybrid Path Planning for Autonomous Underwater Vehicle Target Following*. International Journal of Advanced Robotic Systems, 2019. **16**(4): p. 172988141985755.

616. Zhang, M., et al., *Localization Uncertainty Estimation for Autonomous Underwater Vehicle Navigation*. Journal of Marine Science and Engineering, 2023. **11**(8): p. 1540.

617. Christensen, L., et al., *Recent Advances in AI for Navigation and Control of Underwater Robots.* Current Robotics Reports, 2022. **3**(4): p. 165-175.
618. Yang, H., et al., *Underwater Acoustic Research Trends With Machine Learning: Passive SONAR Applications.* Journal of Ocean Engineering and Technology, 2020. **34**(3): p. 227-236.
619. Merveille, F.F.R., B. Jia, and Z. Xu, *Advancements in Underwater Navigation: Integrating Deep Learning and Sensor Technologies for Unmanned Underwater Vehicles.* 2024.
620. Fayyad, J., et al., *Deep Learning Sensor Fusion for Autonomous Vehicle Perception and Localization: A Review.* Sensors, 2020. **20**(15): p. 4220.
621. Oludayo Olatoye Sofoluwe, N., et al., *AI-enhanced Subsea Maintenance for Improved Safety and Efficiency: Exploring Strategic Approaches.* International Journal of Science and Research Archive, 2024. **12**(1): p. 114-124.
622. Osayi Philip Igbinenikaro, N., N. Oladipo Olugbenga Adekoya, and N. Emmanuel Augustine Etukudoh, *A Comparative Review of Subsea Navigation Technologies in Offshore Engineering Projects.* International Journal of Frontiers in Engineering and Technology Research, 2024. **6**(2): p. 019-034.
623. Zhang, T., et al., *Current Trends in the Development of Intelligent Unmanned Autonomous Systems.* Frontiers of Information Technology & Electronic Engineering, 2017. **18**(1): p. 68-85.
624. None, N., et al., *Artificial Intelligence and Machine Learning Enhance Robot Decision-Making Adaptability and Learning Capabilities Across Various Domains.* 2024. **1**(3): p. 14-27.
625. Kozhubaev, Y., et al., *Controlling of Unmanned Underwater Vehicles Using the Dynamic Planning of Symmetric Trajectory Based on Machine Learning for Marine Resources Exploration.* Symmetry, 2023. **15**(9): p. 1783.
626. Wang, Z., et al., *Bio-Inspired Cooperative Control Scheme of Obstacle Avoidance for UUV Swarm.* Journal of Marine Science and Engineering, 2024. **12**(3): p. 489.
627. Liao, Y., et al., *Research on Disturbance Rejection Motion Control Method of USV for UUV Recovery.* Journal of Field Robotics, 2022. **40**(3): p. 574-594.
628. Gao, H., et al., *Energy Management of Hybrid Power System in UUV Based on Pontryagin's Minimum Principle.* E3s Web of Conferences, 2020. **182**: p. 03001.
629. Martínez de Alegría, I., et al., *Wireless Power Transfer for Unmanned Underwater Vehicles: Technologies, Challenges and Applications.* Energies, 2024. **17**(10): p. 2305.
630. Zhang, Z., et al., *Design and Implementation of a Modular UUV Simulation Platform.* Sensors, 2022. **22**(20): p. 8043.
631. Zhu, D., T. Yan, and S.X. Yang, *Motion Planning and Tracking Control of Unmanned Underwater Vehicles: Technologies, Challenges and Prospects.* Intelligence & Robotics, 2022. **2**(3): p. 200-222.
632. Farré, A.B., et al., *Commercial Arctic Shipping Through the Northeast Passage: Routes, Resources, Governance, Technology, and Infrastructure.* Polar Geography, 2014. **37**(4): p. 298-324.
633. Barker, L.D.L., et al., *Scientific Challenges and Present Capabilities in Underwater Robotic Vehicle Design and Navigation for Oceanographic Exploration Under-Ice.* Remote Sensing, 2020. **12**(16): p. 2588.
634. Norgren, P. and R. Skjetne, *Using Autonomous Underwater Vehicles as Sensor Platforms for Ice-Monitoring.* Modeling Identification and Control a Norwegian Research Bulletin, 2014. **35**(4): p. 263-277.
635. Randeni, S., et al., *A High-resolution AUV Navigation Framework With Integrated Communication and Tracking for Under-ice Deployments.* Journal of Field Robotics, 2022. **40**(2): p. 346-367.
636. Choi, T. and A. Lajeunesse, *Some Design Considerations for Arctic-Capable Submarines*. 2020.
637. Brandt, H., et al., *A Multi-Purpose Submarine Concept for Arctic Offshore Operations.* 2015.
638. Janout, M., et al., *Episodic Warming of Near-bottom Waters Under the Arctic Sea Ice on the Central Laptev Sea Shelf.* Geophysical Research Letters, 2016. **43**(1): p. 264-272.
639. Barro, R.D. and D.C. Lee, *Excitation Response Estimation of Polar Class Vessel Propulsion Shafting System.* Transactions of the Korean Society for Noise and Vibration Engineering, 2011. **21**(12): p. 1166-1176.
640. Barro, R.D. and D.C. Lee, *Transient Torsional Vibration Analysis of Ice-Class Propulsion Shafting System Driven by Electric Motor.* Transactions of the Korean Society for Noise and Vibration Engineering, 2014. **24**(9): p. 667-674.
641. Stroeve, J., A.P. Barrett, and A. Schweiger, *Using Records From Submarine, Aircraft and Satellite to Evaluate Climate Model Simulations of Arctic Sea Ice Thickness.* 2014.
642. Bess, Z., et al., *Fish Diversity and Use of Nearshore and <scp>Open-Water</Scp> Habitats in Terminal Lakes.* Fisheries, 2024. **49**(4): p. 159-168.

643. Evtimova, V. and I. Donohue, *Quantifying Ecological Responses to Amplified Water Level Fluctuations in Standing Waters: An Experimental Approach.* Journal of Applied Ecology, 2014. **51**(5): p. 1282-1291.
644. Polte, P., et al., *Ontogenetic Loops in Habitat Use Highlight the Importance of Littoral Habitats for Early Life-Stages of Oceanic Fishes in Temperate Waters.* Scientific Reports, 2017. **7**(1).
645. Zohary, T. and A. Gasith, *The Littoral Zone.* 2014: p. 517-532.
646. Dupuch, A., et al., *Does Predation Risk Influence Habitat Use by Northern Redbelly Dace<i>Phoxinus Eos</I>at Different Spatial Scales?* Journal of Fish Biology, 2009. **74**(7): p. 1371-1382.
647. Evtimova, V. and I. Donohue, *Water-level Fluctuations Regulate the Structure and Functioning of Natural Lakes.* Freshwater Biology, 2015. **61**(2): p. 251-264.
648. Fanini, L., et al., *The Extended Concept of Littoral Active Zone Considering Soft Sediment Shores as Social-Ecological Systems, and an Application to Brittany (North-Western France).* Estuarine Coastal and Shelf Science, 2021. **250**: p. 107148.
649. Leo, F.C.D., et al., *Submarine Canyons: Hotspots of Benthic Biomass and Productivity in the Deep Sea.* Proceedings of the Royal Society B Biological Sciences, 2010. **277**(1695): p. 2783-2792.
650. Ramirez-Llodra, E., et al., *Man and the Last Great Wilderness: Human Impact on the Deep Sea.* Plos One, 2011. **6**(8): p. e22588.
651. McClain, C.R. and J. Barry, *Habitat Heterogeneity, Disturbance, and Productivity Work in Concert to Regulate Biodiversity in Deep Submarine Canyons.* Ecology, 2010. **91**(4): p. 964-976.
652. Pham, C.K., et al., *Marine Litter Distribution and Density in European Seas, From the Shelves to Deep Basins.* Plos One, 2014. **9**(4): p. e95839.
653. Fakiris, E., et al., *Multi-Frequency, Multi-Sonar Mapping of Shallow Habitats—Efficacy and Management Implications in the National Marine Park of Zakynthos, Greece.* Remote Sensing, 2019. **11**(4): p. 461.
654. Jobstvogt, N., et al., *How Can We Identify and Communicate the Ecological Value of Deep-Sea Ecosystem Services?* Plos One, 2014. **9**(7): p. e100646.
655. Fagervold, S.K., et al., *Microbial Communities in Sunken Wood Are Structured by Wood-Boring Bivalves and Location in a Submarine Canyon.* Plos One, 2014. **9**(5): p. e96248.
656. Úrgeles, R. and A. Camerlenghi, *Submarine Landslides of the Mediterranean Sea: Trigger Mechanisms, Dynamics, and Frequency-Magnitude Distribution.* Journal of Geophysical Research Earth Surface, 2013. **118**(4): p. 2600-2618.
657. García-Davis, S., et al., *Bioprospecting Antiproliferative Marine Microbiota From Submarine Volcano Tagoro.* Frontiers in Marine Science, 2021. **8**.
658. Townsend, M., S.F. Thrush, and M.J. Carbines, *Simplifying the Complex: An 'Ecosystem Principles Approach' to Goods and Services Management in Marine Coastal Ecosystems.* Marine Ecology Progress Series, 2011. **434**: p. 291-301.
659. Nestorowicz, I.-M., et al., *Identifying Habitats of Conservation Priority in the São Vicente Submarine Canyon in Southwestern Portugal.* Frontiers in Marine Science, 2021. **8**.
660. Kenchington, R. and J.C. Day, *Zoning, a Fundamental Cornerstone of Effective Marine Spatial Planning: Lessons Learnt From the Great Barrier Reef, Australia.* Journal of Coastal Conservation, 2011. **15**(2): p. 271-278.
661. Raffaelli, D., *Biodiversity and Ecosystem Functioning: Issues of Scale and Trophic Complexity.* Marine Ecology Progress Series, 2006. **311**: p. 285-294.
662. Taormina, B., et al., *A Review of Potential Impacts of Submarine Power Cables on the Marine Environment: Knowledge Gaps, Recommendations and Future Directions.* Renewable and Sustainable Energy Reviews, 2018. **96**: p. 380-391.
663. Santora, J.A., et al., *Submarine Canyons Represent an Essential Habitat Network for Krill Hotspots in a Large Marine Ecosystem.* Scientific Reports, 2018. **8**(1).
664. Oehler, T., et al., *DSi as a Tracer for Submarine Groundwater Discharge.* Frontiers in Marine Science, 2019. **6**.
665. Nordin, M., *In Search of the Best Design – A Systems Analysis Methodology for Submarine Design.* 2014: p. 1-12.
666. Gaggero, S., et al., *Numerical Approaches for Submarine Hydrodynamic Design and Performance Analysis.* 2022.
667. Helal, M. and E. Fathallah, *Finite Element Analysis and Design Optimization of a Non-Circular Sandwich Composite Deep Submarine Pressure Hull.* Materials Testing, 2020. **62**(10): p. 1025-1032.

668. Shelton, J.H., V. Heisler, and K. Sebacher, *Formulas and Guidelines for Deriving Functional System Requirements From a Systems Engineering Model*. Incose International Symposium, 2021. **31**(1): p. 111-143.
669. Piaggio, B., et al., *Submarine Manoeuvrability Design: Traditional Cross-Plane vs. X-Plane Configurations in Intact and Degraded Conditions*. Journal of Marine Science and Engineering, 2022. **10**(12): p. 2014.
670. Cole, H., *The Influence of the Facility Nuclear Safety Case on the Design of Naval Refit Support Equipment*. 2018.
671. Goff, C.I., et al., *Maximizing Platform Value: Increasing VIRGINIA Class Deployments*. Naval Engineers Journal, 2011. **123**(3): p. 119-139.
672. Pak, J.-M., et al., *Effectiveness Analysis for a Lightweight Torpedo Considering Evasive Maneuvering and TACM of a Target*. Journal of the Korea Society for Simulation, 2011. **20**(4): p. 1-11.
673. Westwood, J.D., *Global Prospects for AUVs*. 2001.
674. Dc, N.P.W.N.Y., *SSN 774 Virginia Class Submarine (SSN 774)*. 2013.
675. Zimmerman, P., et al., *Considerations and Examples of a Modular Open Systems Approach in Defense Systems*. The Journal of Defense Modeling and Simulation Applications Methodology Technology, 2018. **16**(4): p. 373-388.
676. Knox, C., D.D. Reid, and T.M. Winters, *A Qualitative Study of Affordability: Virginia and San Antonio Class Programs*. 2014.
677. Johnson, D., et al., *Managing Change on Complex Programs: VIRGINIA Class Cost Reduction*. Naval Engineers Journal, 2009. **121**(4): p. 79-94.
678. Aapaoja, A., H. Haapasalo, and P. Söderström, *Early Stakeholder Involvement in the Project Definition Phase: Case Renovation*. Isrn Industrial Engineering, 2013. **2013**: p. 1-14.
679. Lawanga, P.W.A.H. and Y.G. Sandanayake, *Lean Design Management Practices Associated With Stakeholder Management During Pre-Construction Stage in Sri Lanka*. 2021: p. 392-402.
680. Hannan, A., et al., *Estimation of Highway Project Cost Using Probabilistic Technique*. Destech Transactions on Engineering and Technology Research, 2017(ictim).
681. McCuen, T., *BIM and Cost Estimating: A Change in the Process for Determining Project Costs*. 2015: p. 63-81.
682. Wu, W., *Application of Project Whole Process Cost Control in Construction Project Cost Audit*. Forest Chemicals Review, 2021: p. 240-246.
683. Daluwatte, L. and M. Ranasinghe, *Effects of Inputs From the Preconstruction Activities on the Design Phase of Construction Projects*. Engineer Journal of the Institution of Engineers Sri Lanka, 2018. **51**(2): p. 31.
684. Psallidas, K., C.A. Whitcomb, and J.C. Hootman, *Forecasting System-Level Impacts of Technology Infusion in Ship Design*. Naval Engineers Journal, 2010. **122**(1): p. 21-31.
685. Wang, Y.L., G.X. Wang, and Y. Yan, *Scientific Research Project Cost Estimating Method and System Based on Improved BP Neural Network*. Advanced Materials Research, 2013. **756-759**: p. 1696-1700.
686. O'Rourke, R., *Navy Next-Generation Attack Submarine (SSN[X]) Program: Background and Issues for Congress*. 2024.
687. Sumadinata, R.W.S., *Analysis of the AUKUS Agreement on Security in the South China Sea Region*. Neo Journal of Economy and Social Humanities, 2023. **1**(4): p. 265-271.
688. Terebov, O., *The Present-Day Condition and Prospects for Development of the AUKUS Program*. Russia and America in the 21st Century, 2023(6): p. 0.
689. McKenzie, S. and E. Massingham, *AUKUS: The Regulation of the Ocean and the Legal Dangers of Working Together*. Ocean Yearbook Online, 2023. **37**(1): p. 136-170.
690. Arthamevya Zherlindya Putri Darmawan, N. and N. Ratu Salmazahra Karmilawaty, *Proposal Nuclear Naval Propulsion Dari Indonesia Untuk PBB Sebagai Respons Atas Dinamika Keamanan Di Indo-Pasifik*. 2023. **1**(1): p. 39-59.
691. Novita, A.A.D., *AUKUS Alliance: United States Strategic Interest in Indo-Pacific*. Jurnal Diplomasi Pertahanan, 2022. **8**(1).
692. Poshedin, O., *A New Enhanced Trilateral Security Partnership Between Australia, the United Kingdom, and the USA (AUKUS): Reasons for Creation, Consequences for International Security*. Problems of World History, 2022(19): p. 123-142.
693. Korwa, J.R.V. and M.S.F. Wambrauw, *A Constructivist Analysis of the Establishment of the AUKUS Security Pact and Its Implications for Regional Stability in the Indo-Pacific*. Jurnal Hubungan Internasional, 2023. **16**(1): p. 19-35.

694. Hanggarini, P., et al., *AUKUS: Unresolved Threats to the International System?* Multidisciplinary Reviews, 2023. **6**(3): p. 2023027.
695. Cheng, M., *AUKUS: The Changing Dynamic and Its Regional Implications.* European Journal of Development Studies, 2022. **2**(1): p. 1-7.
696. Sobarini, E., *AUKUS Pact in the Perspective of Security Dilemma.* International Journal of Social Science and Human Research, 2021. **04**(12).
697. McKenzie, S. and E. Massingham, *AUKUS, the Regulation of the Ocean and the Legal Perils of Working Together.* 2022.
698. Rusli, M.H.M., *The Legality of Passage of the Nuclear-Powered Submarines: Are Malaysia and Indonesia in Catch-22?* Moscow Journal of International Law, 2023(4): p. 34-43.
699. Gálvez, E.D. and S.F. Capuz-Rizo, *Assessment of Global Sensitivity Analysis Methods for Project Scheduling.* Computers & Industrial Engineering, 2016. **93**: p. 110-120.
700. Sayre, T. and C.M. Graham, *The Effects of Task Interdependency on Cooperative and Competitive Group Processes: An Example of Scheduling Audit Engagements.* Human Resource Management Research, 2013. **2**(5): p. 74-82.
701. Ramkumar, K.G. and P. Panneerselvam, *Indian Navy's Submarine Development Programme: A Critical Assessment.* Journal of Asian Security and International Affairs, 2023. **10**(3): p. 395-416.
702. Bagshaw, K.B., *NEW PERT and CPM in Project Management With Practical Examples.* American Journal of Operations Research, 2021. **11**(04): p. 215-226.
703. Ahmed, A., B. Kayis, and S. Amornsawadwatana, *A Review of Techniques for Risk Management in Projects.* Benchmarking an International Journal, 2007. **14**(1): p. 22-36.
704. Pimchangthong, D. and V. Boonjing, *Effects of Risk Management Practices on IT Project Success.* Management and Production Engineering Review, 2017. **8**(1): p. 30-37.
705. Raz, T., A.J. Shenhar, and D. Dvir, *Risk Management, Project Success, and Technological Uncertainty.* R and D Management, 2002. **32**(2): p. 101-109.
706. Kristensen, H.M. and M. Korda, *Indian Nuclear Forces, 2020.* Bulletin of the Atomic Scientists, 2020. **76**(4): p. 217-225.
707. Joshi, Y., *From Ambivalence to Resurgence: India's Journey as a Nuclear Power.* India Quarterly a Journal of International Affairs, 2022. **78**(2): p. 350-370.
708. None, N., et al., *A Step-by-Step Hybrid Approach Based on Multi-Criteria Decision-Making Methods and a Bi-Objective Optimization Model to Project Risk Management.* Decision Making Applications in Management and Engineering, 2024. **7**(1): p. 442-472.
709. Ali Alshehhi, H.S.M., R.S. Mat Sidek, and E.A. Rozali, *The Function of Risk Management in Improving Construction Project Implementation Efficiency.* International Journal of Academic Research in Accounting Finance and Management Sciences, 2024. **14**(1).
710. Anastasiu, L., C. Campian, and N. Roman, *Boosting Construction Project Timeline: The Case of Critical Chain Project Management (CCPM).* Buildings, 2023. **13**(5): p. 1249.
711. Scally, W.A., *Advanced Multi-Project Management: Achieving Outstanding Speed and Results With Predictability.* Project Management Journal, 2013. **44**(6): p. e1-e1.
712. Bueno, J. and R.G. Parra, *Enhancing Construction and Urban Planning Outcomes: An Examination of Project Management Institute Methodology.* Journal of Urban Development and Management, 2023. **2**(2): p. 95-103.
713. Zheng, X., et al., *Research on 3D Shape Monitoring System of Submarine Cable.* Journal of Physics Conference Series, 2023. **2474**(1): p. 012062.
714. Xie, Y. and C. Wang, *Vulnerability of Submarine Cable Network of Mainland China: Comparison of Vulnerability Between Before and After Construction of Trans-Arctic Cable System.* Complexity, 2021. **2021**: p. 1-14.
715. Lu, Z., et al., *Research on Improving the Working Efficiency of Hydraulic Jet Submarine Cable Laying Machine.* Journal of Marine Science and Engineering, 2021. **9**(7): p. 745.
716. Meng, K., M. Li, and J. Zhou, *Study on Control of Cumulative Risk for Submarine Tunnel Shield Construction.* Advances in Civil Engineering, 2023. **2023**: p. 1-18.
717. Wang, Z., et al., *Risk Zonation of Submarine Geological Hazards in the Chengdao Area of the Yellow River Subaqueous Delta.* Frontiers in Marine Science, 2023. **10**.
718. Xu, X., et al., *Subject Behavior of Collaborative Innovation in Civil-Military Integration: An Evolutionary Game Analysis.* Mathematical Problems in Engineering, 2021. **2021**: p. 1-7.

719. Wadjdi, A.F., J. Tambayong, and E.M.T. Sianturi, *Enhancing National Defense Capabilities Through Collaborative Programs: Insights and Policy Recommendations for Indonesia.* Insights Into Regional Development, 2023. **5**(3): p. 10-23.
720. Mendonça, A., et al., *Incorporating a Risk Assessment Procedure Into Submarine Outfall Projects and Application to Portuguese Case Studies.* Coastal Engineering Proceedings, 2012(33): p. 18.
721. Mendonça, A., et al., *Risk Assessment in Submarine Outfall Projects: The Case of Portugal.* Journal of Environmental Management, 2013. **116**: p. 186-195.
722. Lavallee, T.M., *Civil-Military Integration: The Politics of Outsourcing National Security.* Bulletin of Science Technology & Society, 2010. **30**(3): p. 185-194.
723. Belin, J., et al., *Defense Firms Adapting to Major Changes in the French R&D Funding System.* Defence and Peace Economics, 2018. **30**(2): p. 142-158.
724. Morris, B.A., *A Framework for Identifying and Managing New Operational Requirements During Naval Vessel Batch-Building Programs.* Incose International Symposium, 2021. **31**(1): p. 713-727.
725. Doerry, N., *Designing Electrical Power Systems for Survivability and Quality of Service.* Naval Engineers Journal, 2007. **119**(2): p. 25-34.
726. Anghinolfi, D., et al., *A System Supporting the Evaluation of the Operational Effectiveness of Naval Tasks Based on Agent Simulation.* Scalable Computing Practice and Experience, 2014. **15**(3).
727. Bemelmans, J., H. Voordijk, and B. Vos, *Supplier-contractor Collaboration in the Construction Industry.* Engineering Construction & Architectural Management, 2012. **19**(4): p. 342-368.
728. Kim, M.G., et al., *Environmental Capabilities of Suppliers for Green Supply Chain Management in Construction Projects: A Case Study in Korea.* Sustainability, 2016. **8**(1): p. 82.
729. Mirawati, N.A., S.a. Othman, and M.I. Risyawati, *Supplier-Contractor Partnering Impact on Construction Performance: A Study on Malaysian Construction Industry.* Journal of Economics Business and Management, 2015. **3**(1): p. 29-33.
730. Sariola, R., *Utilizing the Innovation Potential of Suppliers in Construction Projects.* Construction Innovation, 2018. **18**(2).
731. Woo, C., et al., *Suppliers' Communication Capability and External Green Integration for Green and Financial Performance in Korean Construction Industry.* Journal of Cleaner Production, 2016. **112**: p. 483-493.
732. Bemelmans, J., et al., *Assessing Buyer-Supplier Relationship Management: Multiple Case-Study in the Dutch Construction Industry.* Journal of Construction Engineering and Management, 2012. **138**(1): p. 163-176.
733. Sundquist, V., K. Hulthén, and L.E. Gadde, *From Project Partnering Towards Strategic Supplier Partnering.* Engineering Construction & Architectural Management, 2018. **25**(3): p. 358-373.
734. Segerstedt, A. and T. Olofsson, *Supply Chains in the Construction Industry.* Supply Chain Management an International Journal, 2010. **15**(5): p. 347-353.
735. Eckerd, A. and K.F. Snider, *Does the Program Manager Matter? New Public Management and Defense Acquisition.* The American Review of Public Administration, 2016. **47**(1): p. 36-57.
736. Karnes, F.L.J.L. and C.R.F. Mortlock, *Aligning Program Management Competencies to Industry Standards.* Defense Acquisition Research Journal, 2021. **28**(98): p. 366-419.
737. Bradley, J., et al., *Evaluating Australia's Most Complex System-of-systems, the Future Submarine: A Case for Using New Complex Systems Governance.* Incose International Symposium, 2017. **27**(1): p. 187-199.
738. Monfre, F.O. and C.d. Costa, *Hardware-in-the-Loop Emulation of a Control and Longitudinal Compensation System of a Submarine.* International Journal of Advanced Engineering Research and Science, 2019. **6**(8): p. 171-178.
739. McLaurin, D., A. Aston, and J.C.D. Brand, *Prevention of Offshore Wind Power Cable Incidents by Employing Offshore Oil/Gas Common Practices.* 2021.

Index